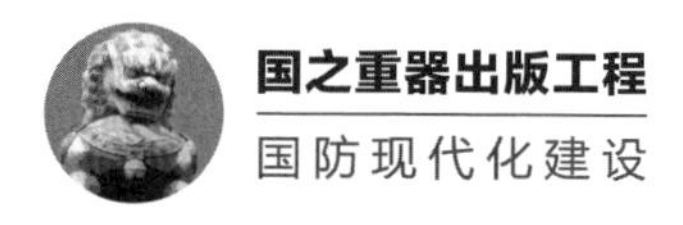

陆战装备科学与技术 · 坦克装甲车辆系统丛书

装甲车辆故障诊断技术

Armored Vehicle Fault Diagnosis Technology

郑长松　冯辅周　张丽霞　江鹏程　编著

北京理工大学出版社
BEIJING INSTITUTE OF TECHNOLOGY PRESS

《陆战装备科学与技术·坦克装甲车辆系统丛书》
编写委员会

编者序

坦克装甲车辆作为联合作战中基本的要素和重要的力量，是一个最具临场感、最实时、最基本的信息节点，其技术的先进性代表了陆军现代化程度。

装甲车辆涉及的技术领域宽广，经过几十年的探索实践，我国坦克装甲车辆技术领域的专家积累了丰富的研究和开发经验，实现了我国坦克装甲车辆从引进到仿研仿制再到自主设计的一次又一次跨越。在车辆总体设计、综合电子系统设计、武器控制系统设计、新型防护技术、电子电气系统设计及嵌入式软件设计、数字化与虚拟仿真设计、环境适应性设计、故障预测与健康管理、新型工艺等方面取得了重要进展，有些理论与技术已经处于世界领先水平。随着我国陆战装备系统的理论与技术所取得的重要进展，亟需通过一套系统全面的图书，来呈现这些成果，以适应坦克装甲车辆技术积淀与创新发展的需要，同时多年来我国坦克装甲车辆领域的研究人员一直缺乏一套具有系统性、学术性、先进性的丛书来指导科研实践。为了满足上述需求，《陆战装备科学与技术·坦克装甲车辆系统丛书》应运而生。

北京理工大学出版社联合中国北方车辆研究所、内蒙古金属材料研究所、北京理工大学、中国人民解放军陆军装甲兵学院、南京理工大学、中国人民解放军陆军军事交通学院和中国兵器科学研究院等单位一线的科研和工程领域专家及其团队，策划出版了本套反映坦克装甲车辆领域具有领先水平的学术著作。本套丛书结合国际坦克装甲车辆技术发展现状，凝聚了国内坦克装甲车辆技术领域的主要研究力量，立足于装甲车辆总体设计、底盘系统、火力防护、电气系统、电磁兼容、人机工程等方面，围绕装甲车辆“多功能、轻量化、网络化、信息化、全电化、智能化”的发展方向，剖析了装甲车辆的研究热点和技术难点，既体现了作者团队原创性科研成果，又面向未来、布局长远。为确保其科学性、准确性、权威性，丛书由我国装甲车辆领域的多位领军科学家、总设计师负责校审，最后形成了由14分册构成的《陆战装备科学与技术·坦克装甲车辆系统丛书》（第一辑），具体名称如下：《装甲车辆行驶原理》《装甲车辆构造与原理》《装甲车辆制造工艺学》《装甲车辆悬挂系统设计》《装甲车辆武器系统设计》《装甲防护技术研究》《装甲车辆人机工程》《装甲车辆试验学》《装甲车辆环境适应性研究》《装甲车辆故障诊断技术》《现代坦克装甲车辆电子综合系统》《坦克装甲车辆电气系统设计》《装甲车辆嵌入式软件开发方法》《装甲车辆电磁兼容性设计与试验技术》。

《陆战装备科学与技术·坦克装甲车辆系统丛书》内容涵盖多项装甲车辆领域关键技术工程应用成果，并入选“‘十三五’国家重点出版物出版规划”项目、“国之重器出版工程”和“国家出版基金”项目。相信这套丛书的出版必将承载广大陆战装备技术工作者孜孜探索的累累硕果，帮助读者更加系统全面地了解我国装甲车辆的发展现状和研究前沿，为推动我国陆战装备系统理论与技术的发展做出更大的贡献。

丛书编委会

前　言

装甲车辆故障诊断是装备运用与维修保障领域的重点研究内容，对装备的使用安全性、可靠性具有十分重要的意义。随着设备故障诊断技术的发展与应用，近年来有很多检测、信号分析处理、故障诊断及预测等新技术、新方法陆续在装甲车辆上得到应用。要想在一本书中详细介绍那么多的技术内容比较困难，为此，本书重点以坦克装甲车辆动力传动系统为对象，阐述其常见故障及机理、典型性能及状态检测参数、适用的信号处理及特征提取方法以及典型应用案例。本书是作者及所在单位多年来从事装甲车辆及其关键系统设计、试验与使用维修等技术相关的教学与科研工作成果的总结，以近20年来发表的学术论文和博士、硕士学位论文为基础，吸收了由国防工业出版社出版的原中国人民解放军总装备部研究生精品教材《军用车辆故障诊断学》的部分内容，同时融入了他人的最新研究成果，对装甲车辆动力传动系统故障诊断技术进行了全面系统的归纳和总结。

本书的特色是以设备故障诊断技术研究及系统实施的主要环节——故障机理、状态检测（监测）、特征提取、故障诊断等为主线，在融合设备故障诊断学科领域的经典理论、方法和最新研究成果的基础上，密切结合我军装甲车辆的结构原理、工作特点及部队装备运用与维修的实际，全面系统地介绍了装甲车辆的常见故障及其机理、性能及状态检测技术，分析归纳了装甲车辆常用的状态信号分析处理方法、故障诊断方法及其关键系统的状态评估与典型故障的诊断案例等内容。最后介绍了针对装甲车辆发动机、综合传动装置及底盘机械液压系统的几种典型故障诊断系统的功能、特点及系统结构，提出了装甲车辆

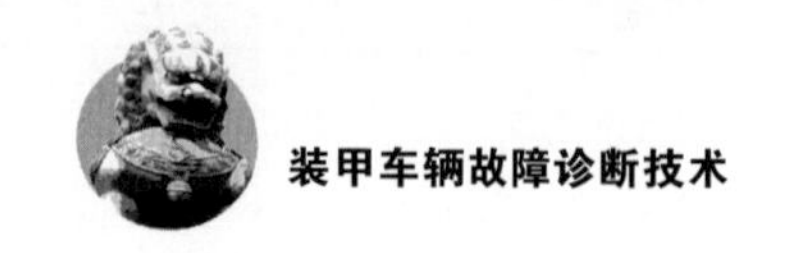

故障预测与健康管理（PHM）系统的发展展望。

全书共分7章，包括绪论，装甲车辆常见故障模式及机理、性能及状态参数检测技术、状态信号的常用处理方法、常用故障诊断方法和故障诊断技术的实施模式及典型应用等内容。其中郑长松完成了第4、5、6章的部分内容，张丽霞负责完成了第2章，江鹏程完成了第3、7章的部分内容，其余章节均由冯辅周负责完成，全书由冯辅周统稿，郑长松负责校对。

本书具有系统性强、内容全面、原理与应用并重、通俗易懂、实用性强等特点。它不仅可作为高等院校机械、车辆、兵器、舰船等专业师生的教学用书以及工程技术人员进行继续工程教育的教材，也可作为机械工程及设备维护管理方面工程技术人员的参考书。

本书在编写和出版过程中得到了国家自然科学基金、武器装备预研基金及军队计划科研项目的支持，还得到了北京理工大学、中国人民解放军陆军装甲兵学院等单位各级领导的大力支持和帮助，特向他们表示衷心的感谢。

受水平和经验所限，书中难免存在一些缺点和错误，恳请读者予以批评指正。

作　者

目　录

第1章 绪论

人类为了实现某种目的制造的各种设备或系统，都要经历研制、设计、制造、使用、维修、报废这样的一个全寿命周期过程。人们在设计和制造设备或系统的时候，要求设备或系统在其寿命周期内应发挥和执行各种特定的功能，功能不能正常发挥时就称设备有“故障”(fault)。关于故障这一概念，目前没有一个严格、统一的定义。基于不同的文献资料或不同的应用环境往往有不同的解释。按照GJB451

给出的定义，故障是指产品或产品的一部分不能或将不能完成规定功能的事件或状态。对于不可修产品，如电子元器件、弹药引信元件等，也称失效。产品不能完成规定的功能表现在：在规定的条件下工作时，它的一个或几个性能参数不能保持在要求的上、下限之间；其结构部分、组件、元件等在工作条件下破损、断裂、丧失完成功能的能力。产品所需完成的功能、根据产品应用于不同场合；规定的工作条件应由技术条件预先规定。同种产品用于不同场合，完成功能的标准可能不同，如军用或民用，军用不合格时，民用可能是合格的。

按照国家标准（GB 3187—1982）的规定，给定层次（级）上的子（分）系统的故障是指该子（分）系统“丧失规定的功能”，或者说，给定层次（级）上的子（分）系统的输出与所预期的输出不相符合。

按原电子工业部行业标准（SJ—2166—1982）的规定，所谓故障是指以下几个方面。

（1）设备（系统）在规定的条件下不能完成规定的功能。

（2）在规定的条件下，设备（系统）的一个或几个性能参数不能保持在规定的上、下限值之间。

（3）设备（系统）在规定的应力范围内工作时，导致其不能完成规定功能的机械零件、结构件或元器件的破裂、断裂、卡死等损坏状态。

另外，从设备维修的角度，故障被定义为：设备运行的功能失常，或者是设备的整体或局部的功能失效。从诊断对象出发，故障又可以被认为是系统的观察值与系统的行为模型所得的预测值之间存在的差异。从状态识别的观点来看，故障被定义为设备的不正常状态。也有专家认为，设备故障是设备在运行过程中出现异常，不能达到预定的性能要求，或者表征其工作性能的参数超过某一规定界限，有可能使设备部分或全部丧失功能的现象。

美国《工程项目管理人员测试性与诊断性指南》（AD－A208917）把故障定义为“造成装置、组件或元件不能按规定方式工作的一种物理状态”。

在工程应用中，一般用设备的状态来定义故障。设备的基本状态通常被认为有三种，即正常状态、异常状态和故障状态。可见，故障也属于设备的一种状态。所谓设备正常，就是指它在执行规定的动作时没有缺陷，或者虽有缺陷，但仍在允许的限度范围内。异常则是指设备的缺陷开始产生或已有一定程度的扩展，使设备的状态信号（如振动、温度、压力等）发生变化，设备的工作性能逐步劣化，但仍能维持工作。故障则是指设备的性能指标严重降低，并低于正常要求的最低极限值，设备已无法维持正常工作。设备的故障一般包括以下两点。

（1）引起设备系统立即丧失功能的破坏性故障。

（2）与降低设备性能相关联的性能故障。

设备故障往往是由于某种缺陷不断扩大并经由异常后再进一步发展而形成的。这就是说，故障的形成应当具有一个过程。设备故障的种类繁多，不同故障发生时会在状态信号中表现出不同的特征，这是设备状态能被认识和诊断的客观基础。当然，不同故障发生时也可能表现出部分相同的特征，但总会有部分特征存在差异，因此通过分析比较设备的故障状态和正常状态特征参量的异同点，可以区分不同的设备状态。

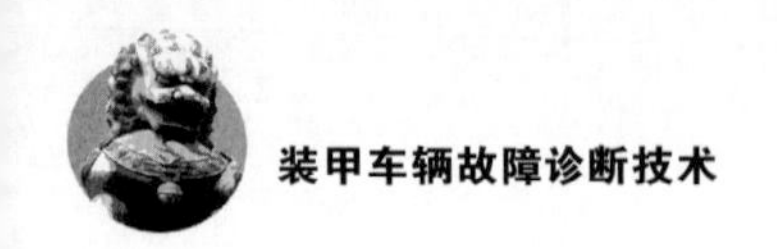

1.1 故障诊断的相关概念

1.1.1 故障模式

在可靠性实验或现场使用中，产品的故障模式（failure mode，FM）是最基本的故障数据，可由此分析故障产生的原因，寻找薄弱部分，改进产品的可靠性。故障模式是指设备或元器件故障的一种表现形式，通常是能被观察到的一种故障现象。设备的故障必定表现为一定的物质状况及特征的变化，这些变化反映出物理、化学、材料等方面的异常现象，并导致设备功能的丧失。常见的故障模式有以下几种。

（1）零部件材料性能故障。零部件材料性能故障包括零部件材料的疲劳、断裂、裂纹、蠕变、过度变形、材质劣化等。

（2）零部件理化状况异常故障。零部件理化状况异常故障包括零部件的腐蚀、油质劣化、绝缘绝热劣化、导电导热劣化、熔融、蒸发等。

（3）零部件运动状态故障。零部件运动状态故障包括零部件的振动、渗漏、堵塞、异常噪声等。

（4）零部件多因素综合故障。零部件多因素综合故障包括零部件的磨损、配合件的间隙增大、配合件的过盈量丧失、固定和紧固装置松动等。

对一个系统而言，其组成的基础是零（元）、部件。所以系统的故障主要是由零、部件故障引起的。因此，研究零、部件故障，分析其故障模式，是研究一个系统故障的基础。在描述系统的故障模式时，要尽量以零、部件故障模式来表征，只有在难以用零、部件故障进行描述或无法确认是哪一个零、部件发生故障时，才可以用子系统或系统本身的故障模式进行描述。这一点在后面故障模式、影响及其危害性分析中也可以看到，根据系统的结构和功能层次，下一层级的故障模式可能就是上一层级故障模式对应的故障原因。

1.1.2 故障模式、影响及其危害性分析

故障模式、影响及其危害性分析（failure mode，effect and causality analysis，FMECA）是通过对产品各组成单元潜在的各种故障模式及其对产品功能的影响进行分析，并把每一个潜在故障模式按其严酷度进行分类，提出可以采取的预防措施，以提高产品可靠性的一种设计方法。它通常在工程设计（可以是整体，也可以是局部）完成后用于检查和分析设计图纸（就电子设备来说，是对电路的设计图纸）的正确性，同时又是维修性设计特别是故障安全设计的基础，也是产品责任预防（product liability prediction，PLP）分析的代表性方法。该分析方法能指明被研究对象具体单元可能发生的失效或故障模式（例如，对电路来说，是发生开路失效或短路失效、饱和阻塞，还是参数漂移等）、产生的效应和后果，因而有助于提出改进可靠性的具体工程方案。

1.1.3 故障诊断

故障诊断（fault diagnosis，FD）是指检测和隔离故障的活动，需要回答“是否有故障”和“故障是什么”这样两个问题，包括故障的检测和隔离。首先是要检测系统或设备是否发生了功能下降并发展成所谓的“故障”，若存在故障，就需要进一步隔离到故障发生的具体部位或复杂机电系统的现场可更换单元或故障模式。诊断要求不同，隔离和定位的层次也不同。

1.1.4 故障机理

目前比较流行的一种理解——故障机理（fault mechanism，FMe），是指引起设备故障的物理、化学和材料特性等变化的内在原因，如机械零件的疲劳、过载、电化学环境，电器零件的高电压、大电流，等等。如前所述，故障模式是故障的外在表现，即能观察（包括检测）到的不正常现象，而故障机理则是引起这些故障现象的内在原因，即这种故障现象是因何种故障的存在而出现的。但目前在机电系统故障诊断学术领域中，故障机理的研究是以材料科学、力学和故障物理等为理论基础，研究故障的形成和发展过程，明确故障的动态

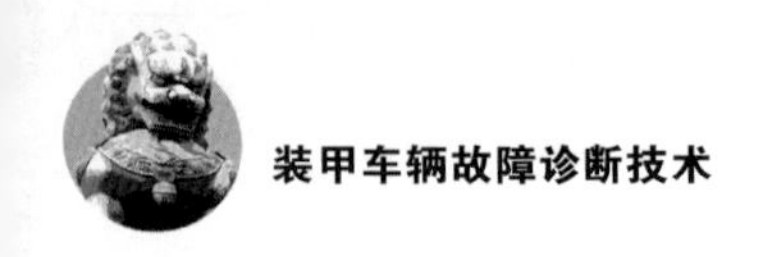

特性，从而进一步掌握典型的故障信号，提取故障征兆，建立故障样本模式。故障机理的研究是故障诊断的基础，是获得准确、可靠的诊断结果的保证。它主要研究系统内部存在某故障时其外部可观测信号，如振动、温度、压力等状态信号表现出的一些频率和能量分布特征，据此来识别和诊断系统出现了“何种故障”，也称故障机理研究。此时的故障机理研究重点是研究“故障”与可观测信号“征兆”之间的关系。

1.1.5 测试性

一个系统、设备或产品的可靠性再高也不能保证其永远正常工作，使用者和维修者要掌握其健康状况，要确知其有无故障或者何处发生了故障，要对其进行监控和测试。我们希望系统或设备本身能为此提供方便，这种系统或设备本身所具有的便于监控其健康状况、易于进行故障诊断测试的特性，就是系统或设备的测试性（testability）。比较权威的定义是 GJB 3385—1998，GJB 2547A—2012，MIL—HDBK—2165 比较一致的定义：测试性是指产品或设备能及时准确地确定其状态（可工作、不可工作或性能下降）并隔离其内部故障的一种设计特性。

（1）设计特性。测试性是一种设计特性，是需要在产品或设备的设计中予以考虑并实现的特性，因此提高测试性的重点是改进产品或设备的设计。由于在测试性的定义中没有限定所采用的技术方法，因此产品的设计应该面向具体的使用需求来开展。针对不同的使用需求，相同的设计特性所对应的测试性表现并不相同。

（2）状态确定能力。测试性的目标之一是能够确定出产品或设备的状态（或者运行状态）。定义中对状态的可能情况进行了简单的描述，如可工作、性能下降、不可工作等，但并不限于这些类别。

（3）故障隔离能力。测试性的目标之二是对产品或设备的内部故障进行隔离。故障隔离需要将故障确定到产品或设备内部的可更换单元上。

（4）效率高。测试性应该实现高效率的状态确定和故障隔离，因此具有及时、准确和费效等约束内容。

（5）适用于电气、电子、机械和软件。测试性设计不仅适用于电子产品，还可以用于电气、机械、软件等产品及其组合产品或设备。

1.1.6 故障检测率

故障检测率（fault detection ratio，FDR）定义为在规定的时间内，用规定的方法正确检测到的故障数与被测单元发生的故障总数之比，用百分数表示。

其数学模型可表示为

$$\gamma_{FD}=\frac{N_D}{N_T}\times 100\% \tag{1.1}$$

式中，N_T 为故障总数，或在工作时间 T 内发生的实际故障数；N_D 为正确检测到的故障数。式（1.1）主要用于测试性实验验证和外场数据统计。

1.1.7 故障隔离率

故障隔离率（fault isolation ratio，FIR）定义为在规定的时间内，用规定的方法正确隔离到不大于规定的可更换单元的故障数与同一时间内检测到的故障数之比，用百分数表示。其计算公式如下：

$$\gamma_{FI}=\frac{N_L}{N_D}\times 100\% \tag{1.2}$$

式中，N_L 为在规定条件下用规定方法正确隔离到小于等于 L 个可更换单元的故障数；N_D 为在规定条件下用规定方法正确检测到的故障数。

1.1.8 虚警率

虚警率（fault alarming ratio，FAR）定义为在规定的工作时间内发生的虚警数与同一时间内的故障指示总数之比，用百分数表示。其计算公式为

$$\gamma_{FA}=\frac{N_{FA}}{N}\times 100\% =\frac{N_{FA}}{N_F+N_{FA}}\times 100\% \tag{1.3}$$

式中，N_{FA}为虚警数；N_F 为真实故障指示数；N 为故障指示（报警）总数。

1.1.9 故障等级和危害度

故障等级和危害度是（fault level and hazard degree，FL&HD）根据故障对设备失常的影响程度而划分的等级。故障等级是根据故障最终影响的程度来划分的，应综合考虑性能、费用、周期、安全和风险等诸方面的因素，即考虑产品的故障对人身安全、任务完成、经济损失等的影响程度。经过对故障影响程度的分析，可用严酷度将故障分为以下四类。

Ⅰ类（灾难的）——这是一种造成人员伤亡或系统（如飞行器、船舶、车辆等）毁坏的故障。

Ⅱ类（致命的）——这是一种会引起人员严重伤害、重大经济损失或导致任务失败的系统严重损坏的故障。

Ⅲ级（临界的）——这是一种会引起人员的轻度伤害、一定的经济损失或导致任务延误或降级的系统轻度损坏的故障。

Ⅳ级（轻度的）——这是一种不足以导致人员伤害、一定的经济损失或系统损坏的故障，但会导致非计划性维护或修理。

1.1.10　平均故障间隔时间

设某设备或系统寿命 T 的故障概率密度函数为 $f(t)$，那么它的数学期望为

$$E(t) = \int_0^{\infty} tf(t)\,\mathrm{d}t \tag{1.4}$$

式中，数学期望 $E(t)$ 指单台设备或系统两次相邻故障间工作时间的平均值，称为平均故障间隔时间（mean time between faults，MTBF），以 MTBF 表示。

平均故障间隔时间越长，说明设备或系统越可靠。平均故障间隔时间可用下述公式估计：

$$\mathrm{MTBF} = \hat{\theta} = \frac{\sum_{i=1}^{n} \Delta t_i}{n} \tag{1.5}$$

式中，$\hat{\theta}$ 为平均故障间隔时间；Δt_i 为第 i 次故障前的无故障工作时间；n 为发生故障的总次数。

1.1.11　检测参数

检测参数（testing parameter，TP）是为了评估和诊断设备的技术状况而应该采集的性能及状态参数，通常是直接物理量，如扭矩、振动、转速、温度、压力等。

1.1.12　特征参量

基于采集得到的检测参数是离散时间序列数据（有时称原始检测数据），通过一定的数学分析处理方法得到的数值结果，如最大（小）值、均值、方差、分段频谱能量、车辆加速性等，通称为特征参量（characteristic parameter，CP）。由此可见，特征参量是来自原始检测数据的派生量或采用一定的算法处理后得到的二次特征数据。

1.1.13　评估指标

评估指标（assessment index，AI）是用于建立状态评估或故障诊断模型时所用的特征参量，通常具有两个或多个特征参量。

1.1.14　状态评估

根据实测检测参数的离散数据，通过计算相应的状态评估（condition

assessment，CA）指标或特征参量，建立特定的线性或非线性映射模型，结合特定对象的状态评估标准，实现装备技术状况的分类评价，一般将状态评估结果划分为良好、堪用、禁用（继续使用、停止使用、送修等）等不同状态等级。

1.1.15 故障预测与健康管理

故障预测与健康管理（prognostics and health management，PHM）是指利用尽可能少的传感器来采集系统的各种数据信息，借助各种智能推理算法来评估装备系统自身的健康状态，在系统故障发生前对其故障进行预测，并结合各种可利用的资源提供一系列的维修保障措施，最终实现装备系统的视情维修。

1.1.16 故障与失效

按国军标（GJB 451—1990）规定，坦克故障是“坦克或其组件不能或将不能完成规定功能的事件或状态”，“对某些电子元器件、弹药等称失效”。通常，故障一词用于可修复的装备，失效用于不可修复的装备。装甲装备是一种可修复装备，在使用过程中，各种局部功能的丧失一般都是可修复的，因而我们在使用过程中把零部件不能或将不能完成预定功能的现象称为故障。故障在某种意义上来说，具有一定的相对性。故障（fault）是指设备（或其零部件）在它应达到的功能上丧失了能力；失效（failure）是指设备（或其零部件）丧失了在预定期限内的正常功能。

1.2 设备故障诊断的意义

从最直接的意义上说，故障诊断的目的，就是查找出系统功能失常的原因和部位，通过维修活动，排除故障，恢复其原有功能。但是，“故障诊断”作为一个新的科学技术领域的提出和形成，自然有其特殊的背景和原因。随着人类社会科学技术的发展，在当今世界上人类制造的系统遍布地球的各个角落，地上、地下、海上、海下、空中、太空无不活动着各种人类制造的系统和设备。大到航空母舰、航天飞机，小到微机电系统，结构愈来愈复杂，制造愈来愈精密，生产制造成本愈来愈高，系统失效造成的损失和危害也愈来愈大。美国“挑战者”号、“哥伦比亚”号航天飞机发生故障，造成机毁人亡的悲惨事

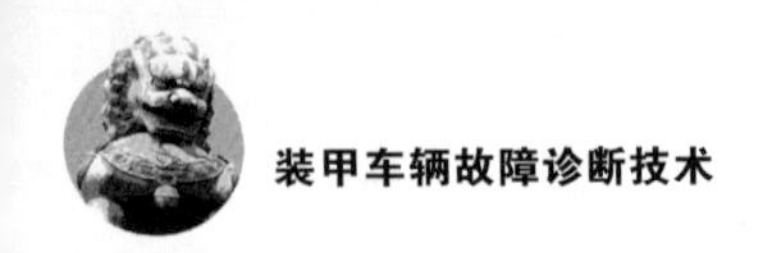

件，以及苏联切尔诺贝利核电站发生爆炸导致大量生命毁灭的空前灾难，给人类敲起了设备运行安全的警钟。因此，从更广泛的意义上讲，故障诊断，不仅仅是恢复原系统的原有功能，还关系到其他的系统；不仅仅是技术和经济问题，还关系到人的生命和社会问题。人类制造的系统，机电占了相当大的比重。一般说来，从事机电设备系统的故障诊断研究的意义主要表现在降低事故的发生率，降低维修费用，减少维修时间，增加运行时间。据日本统计，采用故障诊断技术后，事故率减少了75%，维修费用降低了25%~50%。具体目的和意义表现在以下几方面。

1.2.1 提高设备的安全性和可靠性，保证设备具有足够高的完好率

人类制造的一切机电设备，无论大小、复杂程度如何，都是为了完成一定的功能，车辆、船舶、航天器执行运载任务；武器设备执行作战任务；机床生产零件；火电、水电、核电设备用于转化能量；石油、化工设备生产各种燃油、化工产品；农业机械用于耕种、收获庄稼。这些设备如果可靠性低，频发故障，就很难持久地发挥其应有的功能。设备的固有可靠性是设计属性，但其使用可靠性在很大程度上是由管理水平决定的。对设备开展卓有成效的故障诊断研究工作，可以显著地降低故障率，提高可靠性，保证设备经常处于完好状态，可以直接获得持久不断的社会经济效益。

1.2.2 降低维修费用，获取间接的经济效益

设备一旦发生故障，就不能正常发挥其功能，必然要进行维修工作。设备在维修期间，不能正常发挥其应有的功能、创造价值，而且需要投入相当的人力、物力来进行检修、排除故障，恢复其正常功能。随着现代设备的精密度和复杂度的提高，投入的设备维修保障费用是相当可观的。设备的寿命周期费用可以表达如下：

设备寿命周期费用（LCC）=研制费用+生产费用+使用、维修费用
=购置费用+使用、维修费用

设备购置费用是一次性投资，又称非再现性费用，是设备寿命周期费用中的重要组成部分。设备的使用、维修费用又称再现性费用，常称维持费用。对于可靠性低，又没有及时开展有效故障诊断的设备系统，其维持费用可以达到设备购置费用的几倍，甚至几十倍。

另外，设备故障诊断技术的应用将对维修制度变革产生巨大的推动作用，可以大大节省人力资源，改变维修方式，以先进的“按状态维修方式”逐步取代“按计划维修方式”，也会对维修器材、备品备件的储存供应方式产生积

极的影响。

1.2.3 避免重大事故的发生，将带来显著的社会效益

随着科学技术的发展和人类生产力水平的提高，现代机电设备功率、所占空间、活动范围愈来愈大，一旦发生故障，轻则设备不能工作，重则伤人、影响环境，造成的间接经济损失和社会危害有时是难以估量的。近几十年来，在世界各地发生的设备事故，造成的灾难性后果的例子，举不胜举。根据监测结果作出一次成功的故障诊断，尤其是能适度提前报告出了故障，将会产生明显的效益，这种效益在特殊的情况下甚至是极为可观的。

1.3 故障诊断技术国内外研究状况

机械状态监测是采用各种测量和监视方法，记录和显示设备运行状态，对异常状态作出报警，为设备的故障分析提供数据和信息。机械故障诊断则是根据状态监测所获得的信息，结合设备的结构和参数，对可能要发生或已经发生的故障进行预报、分析和判断，确定故障的类别、部位和原因，提出维修对策，使设备恢复到正常状态。

从20世纪60年代末开始，国内外的许多学者和技术人员对机械故障诊断技术的理论与工程应用方面进行了深入系统的研究，新理论、新技术、新方法不断涌现，很多先进的理论和仪器设备都在故障诊断中得到了应用。机械故障诊断技术已经发展成为一门多学科交叉的综合性技术，涉及系统论、控制论、信息论、检测与估计理论、计算机科学等多方面的内容，现已成为集数学、物理、力学、化学、信息处理、计算机、电子、传感器技术、人工智能等基础学科于一体的新兴交叉学科。

从故障和诊断概念所含的基本意义上讲，故障诊断技术是随着人类自然科学技术和思维科学发展而发展的，因为它是一种主动的、有意识的行为。起源于医学领域的疾病诊断就是明证。而对机电设备的故障诊断，作为一项科学技术进行系统的探索和研究是近几十年才发展起来的。一方面，由于工业化和科学技术的发展，大量技术含量高、系统复杂、价格昂贵的机电设备得以广泛应用，人们对其可靠性、可用性、维修性、经济性与安全性的认识和期望都提到了新的高度；另一方面，信息科学、计算机科学、传感器技术、微电子技术和信号分析与处理理论、人工智能理论都得到了快速发展和大规模推广应用。故

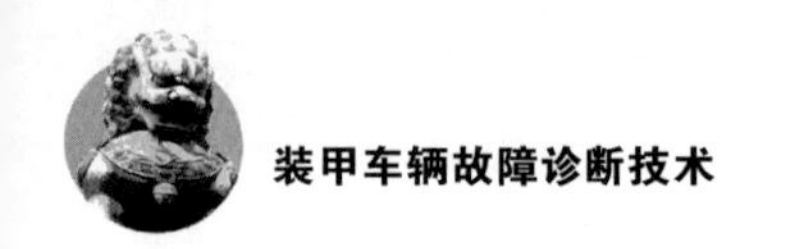

障诊断学科的形成，不但满足了生产力发展的需求，而且获得了强大的理论和技术支撑。

以美国为代表的工业化强国，开展机电设备故障诊断的机构主要分布在国家主管部门、高等院校、研究机构和技术公司，应用领域覆盖航天、航空、核动力、军事和普通民用等各种设备，研究领域包括故障诊断的理论和技术、故障评价标准两个方面。我国故障诊断技术的研究和先进国家相比，落后20余年。研究机构、研究领域、应用领域的分布和国外相仿，相对故障诊断技术本身而言，对设备故障诊断的评价标准研究落后更多一些。

状态监测和故障诊断技术的发展大致经历了以下三个阶段。

第一个阶段是故障诊断技术的初级阶段，诊断结果建立在领域专家的感观和专业经验的基础上，仅对诊断信息作简单的处理，其诊断水平极大地受到个人生理条件和经验水平的限制。

第二个阶段是以传感器技术和动态测试技术为手段、以信号处理和建模处理为基础的常规诊断技术。其中，信号处理包括统计分析、相关分析、频谱分析、小波分析、模态分析等；建模处理包括参数估计、系统辨识、模式识别等，其理论基础是系统论、信息论和控制论。在这一阶段，故障诊断技术在工程上得到了广泛的应用，其自身也得到了空前的发展，诞生出许多新的诊断方法，如振动诊断技术、声发射诊断技术、铁谱诊断技术、光谱诊断技术、无损诊断技术、热成像诊断技术等。

第三个阶段是智能诊断技术阶段。20世纪80年代中期以来，由于机器设备的大型化、复杂化以及连续高速运行的需要，加之自动化制造系统的诞生和发展，单靠信号处理和人工分析判断难以实现精确诊断；人工智能技术的发展，特别是基于知识的专家系统、并行分布处理为特征的人工神经网络、机器学习算法、深度学习等智能算法在设备故障诊断中的应用，使得故障诊断技术进入一个新的智能化阶段。

1.3.1 国外设备故障诊断技术研究状况

早在第二次世界大战期间，大量军事装备因缺乏诊断技术和维修手段而造成的非战斗性损坏，使人们意识到监测技术和故障诊断的重要性。20世纪60年代以来，由于半导体的发展，集成电路的出现，电子技术、计算机技术的更新换代，特别是1965年FFT（快速傅里叶变换）方法获得突破性进展后出现了数字信号处理和分析技术的新分支，成为机械设备监测和故障诊断发展的重要技术基础。

美国最早开展机械设备状态监测与故障诊断技术的研究，英国、瑞典、挪威、丹麦、日本等国紧随其后。早在1967年美国就成立了机械故障预防小组（MFPG），开始有组织、有计划地对机械设备监测和诊断技术进行专题研究，并成功地运用于航天、航空、军事等行业。日本在钢铁、化工、铁路等民用工业部门的应用方面发展很快并具有较高水平。丹麦在机械振动监测、诊断和声发射监测仪器方面具有较高水平。

在状态监测的具体应用技术方面，美国有数个单位从油液分析、过程参数趋势分析、红外热成像技术、声发射技术、摩擦磨损微粒分析、振动分析、电气冲击波分析等多个领域进行，其中振动分析是最主要的研究内容。对于振动分析，他们正在进行相关的信息处理技术研究，如恒百分比带宽分析（CPB）、最小误差分解（MVDS）、小波分析等。在残余寿命预测方面，利用概率诊断和系统危险评估方法进行最优化计算。对大型汽轮发电机组的状态监测、故障诊断不仅限于轴系部件，还扩展到通流部分、调速系统、主变等电气一次主设备，利用网络系统进行远程监测和诊断已是容易做到的。西方国家正在研究开发新型的、开放性更高的平台，研究并力图推行状态监测数据通信标准（MIMOSA），以提高监测系统的兼容性和便利性，提高信息资源的网络利用率。

美国西屋公司开发的汽轮机人工智能诊断系统（Turbine AID）、发电机人工智能诊断系统（Gen AID），中心设在奥兰多，连接了10个电厂，运行已10多年，有介绍说这套系统使得克萨斯7台机组的非计划停机率从1.4%下降到0.2%，平均可用率由95.2%上升到96.1%。

西方国家机组状态监测和故障诊断的商品化应用系统有本特利公司的数据管理系统DM 2000，趋势分析系统2000；Philips的PR 3000状态监测系统；申克的VIBROCOM 4000、VI-BROCOM 5000计算机化的状态监测系统，CSI的3130，IRD公司的6600机器保护和诊断系统，B&K的COMPASS系统，等等。这些硬件和软件产品被有效地用于生产，它们利用高速信息传输，建立了州级和地区性的振动监测分析大型网络，实现了对机组的远距离集中实时监测、分析与诊断；利用建立的机组运行状态数据库，如北美能源可靠性咨询数据系统（NERC-GADS）数据库，准确预测设备性能或潜在故障的趋势，为电厂的运行监测和状态检修提供了可靠的技术依据。

冶金行业中的设备状态监测与故障诊断技术在国外先进钢铁企业如新日铁、JFE千叶制铁所、奥钢联、美钢联、韩国浦项等均得到了广泛深入的应用，并经过30多年的发展，逐渐形成了完善的状态监测与故障诊断网络化系统。

日本新日铁君津制铁所在所有生产线上均安装了在线监测系统，在线监测点达到7 000多个，设备故障率大大降低，取得了较好的效果，并且依据状态监测结果制订了备件计划及维修计划等，经济效益明显提高。

奥钢联对21条生产线建立了在线监测系统，系统投入运行后设备利用率等各项指标均有较大程度的提高，实现了全厂关键设备有效状态监测。

在车辆状态监测与评估评价方面，自20世纪80年代以来，国外军方在该领域开展了大量的研究工作并已经跨过了电子系统故障诊断的时代，进入了整车状态监测与评估评价的阶段。如法国的勒克莱尔主战坦克是西方国家最早采用车辆综合故障诊断系统的现役主战坦克；英国为挑战者2主战坦克研制了以1553B数据总线为核心的车辆综合电子信息系统，使该型坦克实现了信息化。装甲车辆的故障诊断和智能维修技术已经被美国国防部列为重要的发展技术之一。美军为其陆军军用车辆研究了多种工况监测和分析系统，已得到广泛应用的有STE－X系统、Autosense诊断系统和BITE坦克监测装置等，并研制了多种随车监测设备，可在野外现场和修理厂对军用车辆的工作状态、故障类型、故障原因和设备损坏程度进行技术状态的监测与评估评价。最近，美国已经开发研制成功了在线红外光谱仪、在线磁性颗粒感应器、在线润滑和液压系统水分检测器等，为在线监测与评估评价技术的研究提供了硬件基础。俄军也研制了多种随车监测装置，以便随时发现车辆的异常情况。英国SMT公司可以在车辆传动装置的狭小空间内进行轴、齿轮的工况载荷实验测试。如可测试曲轴用于测取坦克装甲车辆在道路上行驶时各种工况下的柴油发动机的扭转振动信号和输出扭矩，如图1.1所示。可测试行星机构用于测取坦克装甲车辆在道路上行驶时不同工况下的行星变速机构的各种动态参数，用以研究行星机构构件（齿轮、轴、轴承等）的动态强度和油膜形成等问题，如图1.2所示。主动轮和变速箱操纵油压嵌入式测试分别如图1.3和图1.4所示。

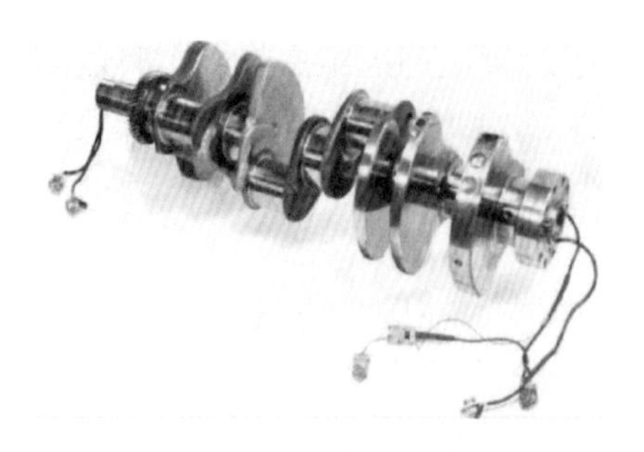

图1.1　可测性部件——曲轴

图1.2　可测性部件——行星机构

图 1.3 可测性部件——主动轮

图 1.4 变速箱操纵油压嵌入式测试

由于在线监测与评估评价技术属高科技，保密性强，很难得到相关技术的设计与实施细节。

1.3.2 国内设备故障诊断技术研究状况

状态监测与故障诊断技术自从20世纪70年代末引入我国以来，经过了40多年的努力开拓，目前主要是在飞机和航天飞机上运用。其基本思想是在工程结构中植入传感系统、信号处理与控制系统以及驱动系统等，对结构的状态进行在线实时监控，对出现的故障进行诊断、及时修复或处理。过去的结构在线监测与故障诊断方面的研究主要集中在大型空间站、飞行器与航天飞机、离岸结构和桥梁工程上，这是与它们昂贵的造价和特殊的工作任务分不开的。现在，随着信号提取与处理的软、硬件技术的进步，电子计算机的快速发展及其价格的不断降低，在线监测与故障诊断技术在结构中的应用越来越广泛。目前已在冶金、电力、石化等行业中得到了广泛应用，并已向其他行业迅速扩展，从理论到应用都有了巨大的进步。

（1）20世纪80年代，监测系统首先在电力企业中得到应用，开始时功能简单、测点较少，主要为在线监测离线分析方式。随着技术的进步，现在已出现了远距离光纤传输集中监测系统和多装置分散监测系统，并朝着多测点、多机组、集中远程诊断的方向发展。网络化程度越来越高，也越来越适应流程化生产的特点和需要。

（2）从引进新技术，到依靠自身技术创新，国内已有不少专业的监测诊断系统供应商实现了监测诊断软、硬件的商品化，促进了国内诊断技术的发展与应用。

（3）振动频谱分析、油液监测、红外热成像等先进技术在企业的应用与发展，促进和扩大了各种监测技术的应用领域，监测与诊断的对象不断扩大，不再只限于旋转机械，液压设备、电器、压力容器等都已包括在内。状态监测

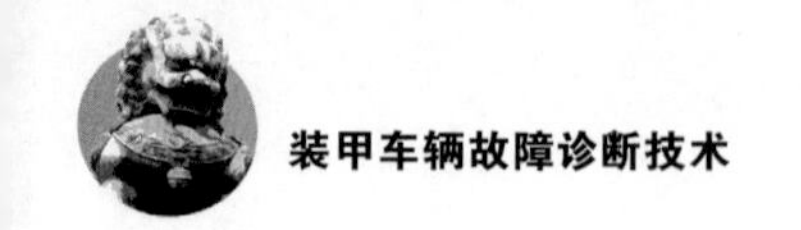

与故障诊断技术对企业的生产安全与质量管理及维修的作用越来越大。

(4) 不少企业正在与世界趋势接轨，建立了状态监测专业队伍，进一步成立了各种专业监测诊断公司，使状态监测诊断工作走向社会化。

迄今为止，国内外许多学者都在从事工程结构的故障诊断研究，且取得了不少的成果，发表了不少的论文，提出了很多新方法，其主要涉及监测方法、诊断方法、诊断应用等。黄文虎、纪常伟、姜兴渭提出了一种基于故障树模型的诊断方法，给出了故障树和故障传播矩阵，并基于该矩阵提出了一种确定性推理方法。张令弥综合评述了智能结构研究的进展与应用，发展智能结构的四大关键技术，即智能传感技术、智能自动技术、主动控制技术和智能材料集成技术，以及智能结构在航天、航空工程中的应用。虞和济研究了一种新的状态识别方法，即人工神经网络诊断法。他通过对 BP 算法的改进，用基因遗传工程思路指导神经网络的训练，用实例说明了该方法的实用性和可靠性。郑明刚、刘天雄、朱继梅、陈兆能分析了曲率模态用于桥梁状态监测的可行性，并进行了有限元验证，发现曲率模态对故障较为敏感，能够反映桥梁的局部状态变化，可以用来检测损伤位置及损伤程度，且高阶的曲率模态对故障的敏感性要优于低阶的曲率模态。陈塑寰、宋大同、韩万芝提出了一种计算重特征值的特征向量导数的新方法。由于重特征值的特征向量导数对故障较为敏感，因而可用于结构的故障诊断中。马宏伟、杨桂通对目前结构损伤探测的基本方法和最新的研究进展进行了回顾，介绍了用结构的振动响应和系统动态特性参数进行结构损伤探测的方法与研究进展；对利用应力波效应和神经网络技术的损伤探测方法做了简要的介绍与评述，对这一研究领域未来的若干研究方向进行了展望。于德介、李佳升提出了用广义柔度法诊断结构损伤部位，然后再根据结构有限元模型和实测模型参数估计损伤部位的结构参数，并给出了诊断实例。

钢铁行业是我国的支柱产业之一，起步早，设备相对比较落后，维修制度大致经历了早期的事后维修、20 世纪 50 年代的计划预修、80 年代以来逐步推广的全员生产维护（TPM）和点检定修制。目前设备维护普遍以常规点检为基础，包括设备的清洁、润滑、检查、调整、排除故障等步骤，仍属于预防维修的范畴。

在国内钢铁企业中，武钢、宝钢等特大型冶金企业的设备管理水平较高，状态监测与故障诊断技术的应用广泛，使企业的设备管理水平有了质的飞跃。

上海宝钢建厂时就全套引进了日本新日铁的设备点检管理模式和全员生产维护（TPM），并于 1995 年成立了社会化专业维修的上海宝钢工业检测公司。企业各分厂设备日常点检工作由各厂点检人员自行完成，点检人员如发现异常情况，即委托宝钢工业检测公司进行精密诊断确定异常原因。对于关键、重要设备，宝钢设备部每年下发指标给宝钢工业检测公司进行定期的监测与精密诊断，并把监测结果在企业内部管理网络设备状态信息发布系统上公布，设备部据此制订维修检测计划，推动了关键、重要设备公司级受控。宝钢还自主研发了多套状态监测与故障诊断系统，并利用其内部管理网络对各监测系统数据格式进行统一，直接指导和参与受控设备的管理，把诊断结果与管理、维修、备品备件的物流管理有机地结合起来，取得了非常显著的效果，对企业实施管理信息化起到了关键性的作用。

我军在新一代装备研制中对装备的测试性和信息化能力有了新的认识，研究进展迅速。在三代大改的项目中，基于电子综合化技术构建了坦克装甲车辆信息化平台。其中，采用1553B总线构建了车内指控系统；采用MIC总线构建了车辆控制和电源电气管理系统、推进控制系统。但是由于种种原因，该系统对提高新一代装备的状态监测水平的贡献还有待提高。其中在底盘推进系统中布设的控制总线系统以柴油发动机、综合传动、联合制动、半主动悬挂等控制功能为主，间接地将实施控制时使用的参数信息实现了共享，但是还没有功能完善的状态监测和评估评价系统。

在现役装备管理中，装备部门针对信息化水平较低的问题，研制了针对多种车型的“黑匣子”，通过对装甲装备的工况参数进行记录，力图提高装备管理的信息化水平。这项工作为减少人为误差、提高技术管理的效率提供了很好的技术手段。但是因为采集的参数信息有限，还远远不能实现装甲车辆底盘系统运行状态的在线评估与预测。我军配备的数字化机步师主战装备的底盘系统除在线监测温度、压力及转速等常规工况参数外，对其他参数还基本上没有监测能力。

国内专门针对底盘推进系统状态监测、评价与诊断技术的研究主要集中在有关的地方院校、军队院校和研究所。例如北京理工大学、原装甲兵工程学院、装甲兵装备技术研究所、军械工程学院、兵器工业集团第201所及第70研究所等。在中文期刊网上查阅到的相关参考文献不足百篇，其中基于油液分析的状态监测研究较多，如北京理工大学通过油液的光谱与铁谱分析研究了综合传动装置的磨损状态和磨合特性；基于振动信号分析的多数方法是从定轴式箱体类变速装置借鉴过来的，如基于人工神经网络的综合传动故障诊断研究。

总体来看，国内针对坦克车辆底盘推进系统，尤其是动力传动装置的状态监测与评估评价技术研究整体上尚处于初期发展阶段，与国外相比还存在相当大的差距，如在动力传动系统的动力学特性和热力学特性分析，尤其是通过二者的耦合建模来分析动力传动装置故障机理的研究方面在国内仍处于空白；在综合考虑箱体的热负荷特性及机械冲击特性的基础上，对动力传动系统的状态

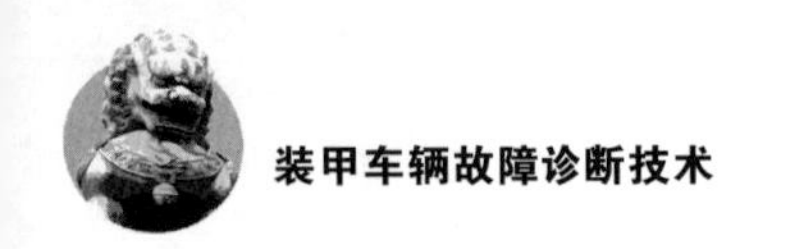

监测参数体系、测点优化布置、故障机理以及实用的状态评估模型等方面的相关研究很少。

1.3.3 故障诊断技术的发展趋势

机电设备故障诊断技术，经过几十年的研究、发展和应用，取得了相当大的成果，但它毕竟是一个新兴学科，从工程应用情况分析，其未来的发展趋势，应当集中在以下几个方面。

1.3.3.1 设备的测试性研究和设计

现代大型机电设备的寿命周期都在几十年以上，而故障诊断技术的研究和应用大都针对已有的设备，这些设备在当初研制和设计时，很少考虑测试性属性，结果导致设备的状态特征信号难于获取。根据故障诊断的研究成果和碰到的问题，在设备研制和设计阶段，把测试性作为和可靠性等一样的性能指标进行系统的设计是一个极为重要的研究方向。

1.3.3.2 故障隔离、故障定位理论和技术的深入研究

对于典型的机电设备来说，故障都发生在零件、元件级别上，但机电设备又是一个复杂的系统，系统的层次性和零部件的关联性，给故障的隔离和定位造成了极大的困难。研究在什么级别上分析和隔离故障及其相关理论，是故障诊断工程必须解决的课题。

1.3.3.3 故障机理、故障模式和故障特征参数的表达研究

通过建立设备或系统的虚拟样机或动态特性分析模型，研究不同故障模式在系统动力学模型的注入方式，研究故障产生的原因和机理，分析特定故障模式下系统表现出的可观测信号及其征兆特点与规律，建立故障与征兆之间的线性或非线性映射关系，是提高故障诊断准确率和改进设备设计的基础。

1.3.3.4 故障评价标准的研究

设备或系统的功能异常，是个模糊的概念。要评价设备或系统的功能异常，即到底如何界定是否属于故障（如传动装置齿轮的磨损、柴油发动机功率的下降），到底磨损到什么程度、功率下降到何种程度可以确定为故障，关键是故障评价标准问题。一旦确定为设备故障，就需要进一步分析功能失常的原因，确定设备的故障部位、不同故障对设备和环境造成的危害度。达到这一目标的前提是研究和制定故障评价标准。

1.3.3.5 设备的故障诊断和维修制度的结合

设备的维修制度和故障诊断技术的发展是密切相关的。现行的大型设备大都实行的是定期维修制度，其结果容易带来“维修过剩”和“维修不足”的问题。故障诊断技术的发展和应用，必将促进维修制度的改革。采取何种诊断策略、何时进行适度维修，是设备管理必须研究解决的课题。

1.4 装甲车辆的基本构成及特点

坦克装甲车辆属于一种用于作战目的的特种车辆，也是一种特殊的武器装备。装甲车辆的底盘一般由动力子系统、传动子系统、操纵子系统、行动子系统和相互间的支撑连接件组成。从专业技术领域看，装甲车辆涉及柴油发动机、机械、液压、气动、电气、电子、计算机、仪器仪表等学科。图1.5所示为典型装甲车辆底盘的结构原理。

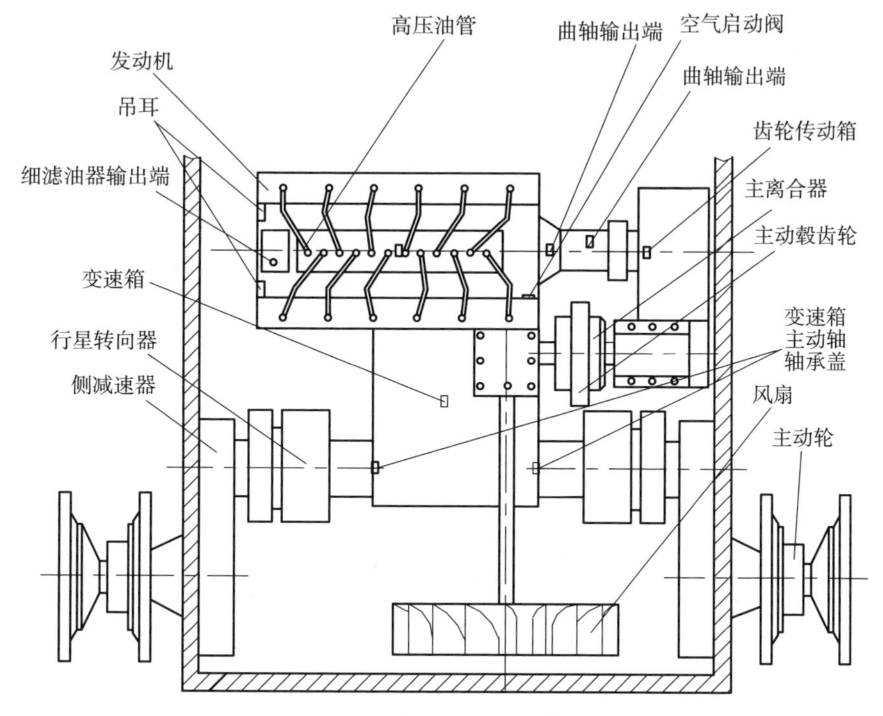

图1.5 典型装甲车辆底盘的结构原理

装甲车辆在机动行驶的过程中，还要完成各种特殊的作业。对于遂行军事任务的特种车辆，完成特殊作业的部分一般称为上装部分，完成驱动行驶的部分仍称底盘。装甲车辆的结构远比通用车辆的结构复杂。坦克是一种最典型的装甲车辆，底盘的行动子系统采用的是由主动轮驱动的履带结构，而不是通用车辆的轮式结构。上装部分由武器系统、火控系统、通信系统与支撑它们的结——炮塔组成。出于防护的目的，其甲板也远比通用车辆的车厢板厚。现代坦克结构复杂，涉及的学科几乎覆盖了工学门类下的全部学科，并应用了最先进的科学技术成果。价格昂贵，使用环境极其恶劣。研究以坦克为代表的装甲车辆的故障诊断技术不但有其重要的应用价值，而且在学术上有普遍的指导意义。图1.6所示为典型现代坦克的外观，图1.7所示为法国“勒克莱尔”的内部结构。

图1.6　典型现代坦克的外观

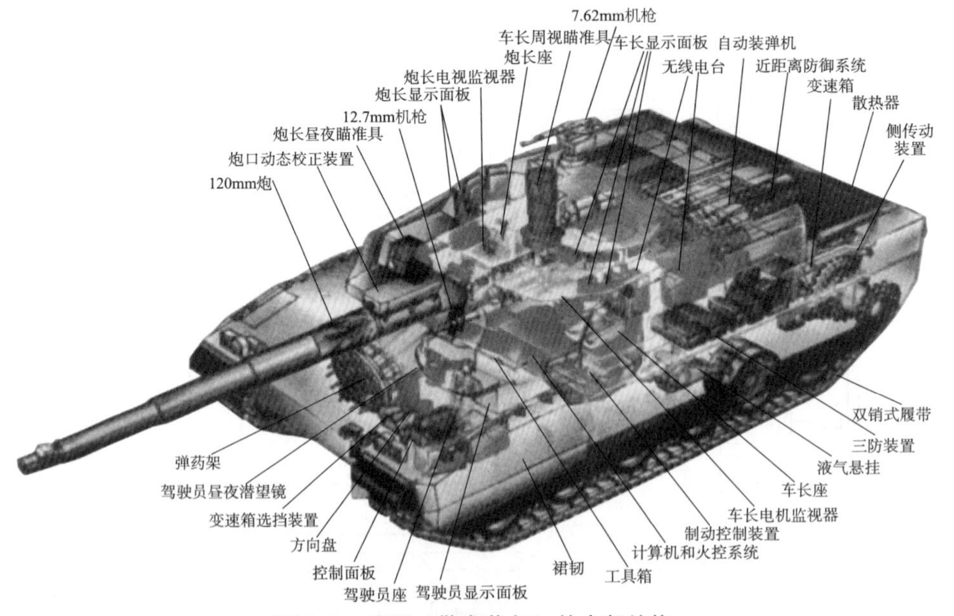

图1.7　法国“勒克莱尔”的内部结构

通常，装甲车辆在作战、训练和日常使用维护过程中具有如下特点。

1.4.1 环境恶劣、危险

（1）任务特殊、危险。在作战过程中，随时随地都可能被敌方武器所毁伤。

（2）地理环境恶劣。由于是武器装备，随时可能在山地、平原、丘陵、沙漠、湿地的各种路面上执行任务，装备要承受比一般民用设备远为严酷的应力载荷。

（3）气候条件复杂。由于现代战争的突发性，随时可能需要在严寒、酷热、风沙、雨天等气候环境下执行作战任务，承受的环境载荷变化剧烈。

（4）电磁干扰。现代战场处在多频谱的电磁环境中，装备的各种电子设备随时都要承受电磁干扰。

1.4.2 工作载荷复杂多变

由于军用车辆是高度机动性的武器装备，在训练和作战过程中经常需要经历换挡、变速、爬坡、越障、转向、射击等工况，各种机、电、液零部件承受的工作载荷随机变化大。

1.4.3 必须具备持续作战的能力

装甲车辆的关键部件，包括机械部件、仪器仪表等电子器件必须具备高可靠性、高可用性。一旦武器装备发生失效和毁伤，不但会造成巨大的经济损失、人员伤亡，而且还会影响到战争的成败，直接威胁国家的安全。

以上因素决定了装甲车辆状态测试与故障诊断的重要性。只有通过先进、有效的测试技术，对军用车辆的各种状态参数进行测试，才能准确地掌握装甲车辆的技术状态变化，有利于进行状态监控和维护或故障诊断，从而在很大程度上保证装甲车辆良好的技战术性能。

随着现代科学技术的发展，大量高新科学技术被应用于装甲车辆上，在提高作战能力的同时，也为装甲车辆故障诊断技术提出了新的挑战，因此装甲车辆故障诊断技术是一个任务艰巨而又意义重大的研究领域。

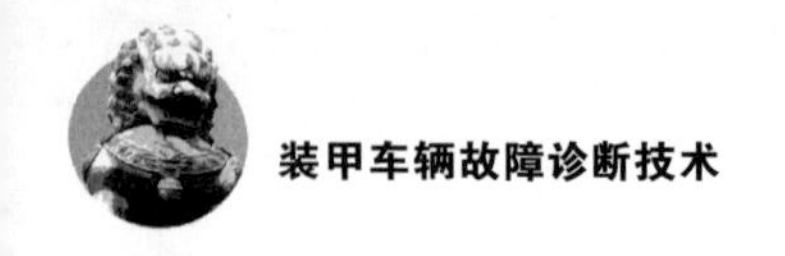

1.5 装甲车辆故障诊断的特点、研究目的和范围

1.5.1 装甲车辆常见故障模式及故障诊断的特点

1.5.1.1 装甲车辆的常见故障模式

一般来讲，可以把装甲车辆故障模式分为损坏、退化、松脱、失调、堵塞或渗漏、功能下降及其他七种类型。

(1) 损坏型故障模式有裂痕、裂纹、破裂、裂开、断裂、碎裂、变坏、扭坏、变形过大、塑性变形、拉伤、卡伤、卡死、烧蚀、烧坏、烧断、击穿、磨料磨损、点蚀、蠕变、剥落、短路、开路、断路、错位等。

(2) 退化型故障模式有老化、变色、变质、表面层脱落、侵蚀、腐蚀、正常磨损、积炭、发卡等。

(3) 松脱型故障模式包括松动、脱开、脱掉、脱焊等。

(4) 失调型故障模式包括间隙不适、流量过大或过小、压力不当、电压超调、电流不适、行程不当、响度不适等。

(5) 堵塞或渗漏型故障模式包括不畅、堵塞、渗油、渗水、漏油、漏水、漏气、漏风、漏电、漏雨等。

(6) 功能下降型故障模式包括功能不正常、性能不稳定、性能下降、性能失效、起动困难、运动超前、运动滞后、运动干涉、转向过度、转向沉重(控制不灵活)、转向不回位、离合器结合不稳、分离不彻底、分离不开、控制刹车跑偏、流动不畅、指示不准、参数输出不准、失调、抖动、温升过高、漂移、声不响、灯不亮、接触不良、有异响等。

(7) 其他类型故障模式指上述六个方面不能包括的故障模式，如润滑不良、没油、缺油、缺水、柴油发动机冒黑烟等。

1.5.1.2 故障诊断的特点

装甲车辆是一种典型的机电系统，其故障诊断的应用基本理论和技术基础与一般机电系统是一样的，如传感器技术、信号调理技术、信号采集技术、信号处理和分析技术、人工智能技术和模式识别技术等，但在工程应用和实践时却有很大的差别。具体表现在以下几个方面。

1）装甲车辆承受的是随机载荷，故障的发生服从统计规律

装甲车辆是一种高度机动的机电设备，和在厂房中固定安装的机电系统作业时承受的载荷有很大的差别。其承受的地理环境和气候环境应力变化范围大，随机性很强。例如，铺装路、砂石路、越野地面对车辆功能和裂化程度的影响显然不同，低温、高温、高湿、干燥的气候对车辆的影响也不同。环境的恶劣导致故障率高，载荷和应力随机导致的故障发生规律呈现统计特性。即使是一般在铺装路面上作业的运输车辆，也时时承受空载和满载的交变载荷。

2）装甲车辆的空间狭小，高温、油污等环境恶劣，状态信号采集困难

为了提高机动性和功率利用率，在满足完成任务的前提下，车辆设计得都极为紧凑，特别是底盘部分的动力传动舱，一般都很狭小，而且存在高温、油污等恶劣化环境。这给传感器的安装和信号采集带来了极大的困难，特别是测试性设计差的装甲车辆，就更为困难。

3）同一种装甲车辆的单个样本状态特征离散性大

同一种车辆一般从事同一种作业，但环境应力的随机性和维修保养的差异性，导致行驶同样里程的车辆的技术状态呈现较大的离散性。

1.5.2 装甲车辆故障诊断的研究目的和范围

装甲车辆作为陆军的重要突击力量，其使用可靠性和安全性对把握战机至关重要。当装甲车辆发生故障时，不仅其本身遭到破坏，而且影响部队的作战能力，还有可能直接危害人员的安全，甚至影响到战争的胜负。例如，1973年10月爆发的第四次中东战争，在该次战争中，双方共动用了5 000辆坦克进行大决战。战争初期，埃及与叙利亚联军两面夹攻，将以色列军队完全压制住。然而，最后以色列军队反败为胜。当然，影响战争的因素很多，但最重要的是，以色列的机械设备故障诊断和维修技术远远超过了埃及与叙利亚，这使以军坦克的出动率和完好率大大超过埃及与叙利亚联军，而且在战争的最后7天，以色列方面在战场上维修好了埃及与叙利亚联军因故障与损坏而丢弃的1 000多辆坦克并将其投入战斗，最终取得了战争的胜利。由上述事实可见机械故障诊断技术的重要性。

本书所言的装甲车辆故障诊断是以装甲车辆底盘的动力传动装置为主要研究对象，包括的主要研究内容有故障诊断的理论、技术和工程应用方法，其目的是提高装甲车辆的使用可靠性和寿命，保持装甲车辆的设计功能与性能，降低维修成本，提高装备的使用效益。具体研究的内容和范围包括以下几方面。

（1）统计、分析装甲车辆在使用过程中发生的故障规律，研究不同部件、不同故障对车辆功能的危害度，根据故障率高和危害度大的原则，确定需要重

点诊断的系统和零部件。

（2）研究诊断装甲车辆系统或零部件故障可用的有效信息源和参数，以及获取信息和参数的传感器系统。

（3）研究对装甲车辆进行状态监控和故障诊断的测试方式，以及提取车辆技术状态和故障特征参数的理论。

（4）研究装甲车辆故障识别、分类和故障隔离、定位的理论和方法。

（5）研究装甲车辆故障的机理和预测理论、技术以及可测试性设计。

第2章 装甲车辆常见故障模式及其机理

故障机理的研究是设备状态监测与故障诊断的基础，一般是指引起产品故障的物理、化学变化等内在原因、规律及其原理，通常是从理论分析和实验研究两个方面进行的。理论分析主要从机械动态特性、状态效应、故障动力学特征以及故障的行为过程，零部件故障机理、系统故障机理、多故障的综合效应、机械的振动性质、摩擦磨损特性、流体振动特性、随机故障特性及征兆、切削颤振机理、疲劳过程特性、性能劣化机理等动力学的角度，研究故障的原因和发展，以掌握故障的本质特征；传统的实验研究是通过各种实验设备来完成的。随着计算机软、硬件技术的飞速发展，虚拟现实技术（virtual reality technology, VRT）、虚拟试验技术（virtual test technology, VTT）等新技术把人们从产品研发、设计、制造和实验的传统方式带入了美妙的计算机虚拟世界，在故障机理研究中可以部分替代重大设备的故障仿真或现实中难以进行的实验，或者是费时、费力和费钱的实验，并得到了人们越来越多的重视。

合理有效的故障机理分析必须做到：透彻了解研究对象的结构和工作状况，掌握一定的数学建模的基础理论，同时还应具备一定的机械电子知识。

研究装甲车辆典型部件的故障机理对于了解其振动响应及故障诊断具有重要意义，而动力学特性分析是揭示故障机理的有效途径，动力学建模和求解动态响应是研究动力学特性的基础、揭示其故障机理、进行故障诊断的有效手段。

本章对于故障机理的分析主要是从动力学的角度，以装甲车辆典型故障为例，通过常用的动力学建模分析方法，介绍不同建模方法在装甲车辆故障的机理研究中的应用，为故障诊断提供理论和仿真实验分析。故障机理的研究不仅可以促进研究者对于故障信号耦合机理的进一步认识，还能促进故障信号处理方法的研究，因此故障机理研究对于故障诊断研究有着重要意义。

2.1　常用的动力学建模分析方法

动力学分析的主要任务是建模，建模的过程是对问题的归纳总结和再认识的过程，研究重点是研究对象的物理模型和数学模型。建模方法分为正问题模型和反问题模型，正问题模型就是分析模型，也是本章的内容——机理模型，主要涉及微分方程模型、传递函数模型和状态空间模型等建立的基础理论与参数配置。

系统的动力学平衡方程通常可写为

$$\boldsymbol{M}\ddot{\boldsymbol{u}}+\boldsymbol{C}\dot{\boldsymbol{u}}+\boldsymbol{K}\boldsymbol{u}=\boldsymbol{f}(t) \tag{2.1}$$

式中，$\boldsymbol{M}$ 为整个系统的惯性矩阵；$\boldsymbol{K}$ 为整个系统的刚度矩阵；$\boldsymbol{C}$ 为整个系统的阻尼矩阵；$\boldsymbol{u}$ 为系统位移；$\boldsymbol{f}(t)$ 为系统所受外力。

式（2.1）是动力学中最一般的通用表达式，它适合于描述任何力学系统的特征，并且包含了所有可能的非线性影响。求解上述动力问题需要对运动方程在时域内积分，空间有限元的离散化可以把空间和时间上的偏微分基本控制方程组在某一时间上转化为一组耦合的、非线性的、普通微分方程组。

在实际工程问题中，由于机械结构的几何形状和边界条件较为复杂，很难用解析法推导出对整个求解域均适用的微分方程，因此通常是把连续的分布参数系统简化为离散的多自由度的集中参数系统。建立离散化分析模型的方法主要有两大类：集中质量参数法和有限元法。早期的动力学建模方法主要基于集中质量参数法。集中质量参数法是首先将无穷多个自由度的连续系统离散化为具有有限个自由度的集中质量参数模型，然后采用数学化方法由动力学模型推出分析模型。随着计算机技术的不断进步，有限元法被广泛运用在动力学建模上，主要通过对单元形态的选择确定近似的位移模式或应力模式以及离散系统的自由度，即将离散化和数学化融为一体，将建立动力学模型的过程和推导分析模型的过程合二为一。如图 2. 1 所示，这些不同的建模研究方法，为解决复杂动力学问题，特别是不易得到解析解的动力学问题，提供了手段。

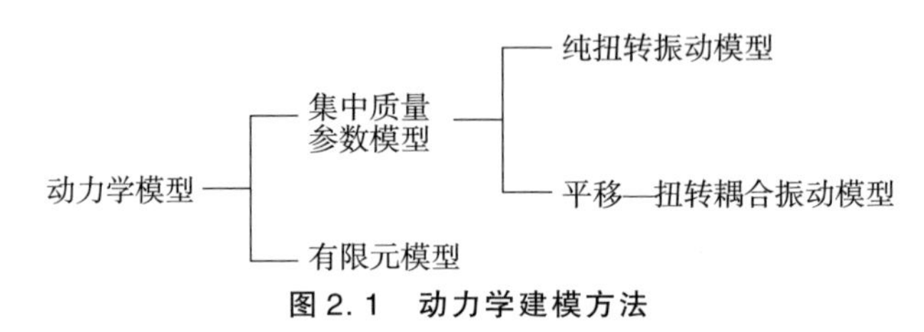

图 2. 1　动力学建模方法

2. 1. 1　有限元模型

有限元法（finite element method）是一种求解各种复杂数学、物理问题的通用数值方法。其基本思想是将一个复杂的连续介质的求解区域离散为有限个形状简单的子区域（单元）作为区域的等效域，并以子区域（单元）的结点信息（位移、应力等）为变量，建立平衡、几何、物理以及边界方程组，通过求解方程组解出单元结点上的场变量值，其力学基础是弹性力学，常用的数学求解方法是弹性问题近似的虚功原理、最小势能原理及其变分基础。有限元法的应用和实现是随着电子计算机技术的发展而迅速发展起来的，常用的有限元软件分析过程包括前处理（建模、材料特性、单元类型、划分网格、边界条件和加载荷）和后处理（以图形或数据形式显示应力、应变等求解结果），其具体分析流程如图 2. 2 所示。

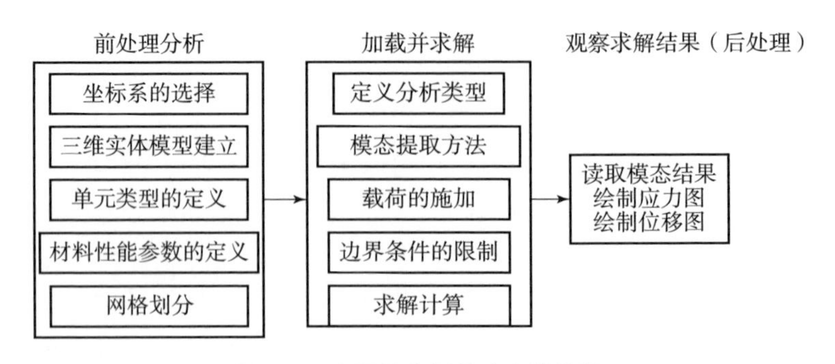

图 2. 2　有限元分析的动力学流程

有限元模型的思想是通过离散的方法来求解受力及响应分析的问题，有限元的思想在 1941 年就得到了应用，并采用离散元素法求解了系杆结构的弹性力学问题。

在故障机理的研究方法中，有限元法作为虚拟实验技术的一种有效手段，通常可以实现典型故障的模拟和仿真实验，主要用于模态实验和瞬态响应分析以及非线性分析。

2.1.2 ADAMS 建模

ADAMS（automatic dynamic analysis of mechanical system）软件，使用交互式图形环境、零件库、约束库、力库，创建完全参数化的机械系统几何模型，其求解器采用多刚体动力学理论中的拉格朗日方程方法，建立动力学方程，对机械系统进行静力学、运动学、动力学的分析，输出位移、速度、加速度和作用力曲线，其虚拟样机流程见表 2.1。其仿真可用于预测机械系统的性能、运动范围、碰撞检测、峰值载荷和计算有限元的输入载荷。该软件是由美国机械动力公司开发的最优秀的机械系统动态仿真软件，是世界上最具权威的、使用范围最广的机械系统动力学分析软件，其领先的“功能化数字样机”技术使它成为 CAE（计算机辅助工程）领域适用范围最广、应用行业最多的机械系统动力学仿真工具，广泛应用于汽车、航空、航天、船舶、重型机械等行业。ADAMS 一方面是机械系统动态仿真的应用软件，用户可以运用该软件非常方便地对虚拟样机进行运动学和动力学分析；另一方面是机械系统动态仿真分析开发工具，其开放性的程序结构和多接口可以成为特殊行业用户进行特殊理性机械系统动态仿真分析的二次开发工具平台。利用 ADAMS 软件建立参数化模型可以进行虚拟设计研究、虚拟实验设计和优化分析，为系统参数优化提供了一种高效开发工具。

表 2.1 ADAMS 虚拟样机流程

阶段	内　容
建模阶段	建模工具：部件、约束、力、驱动、碰撞
实验阶段	实验工具：测量、动画模拟、仿真、绘图 模型验证工具：输入、比较实验数据与仿真结果
复查阶段	检查模型：添加摩擦、函数、部件弹性、控制系统 修改设计：参数化、设计变量
改进阶段	改进方法：设计实验法、优化设计法 自动化方法：定制菜单、定制宏、定制对话框

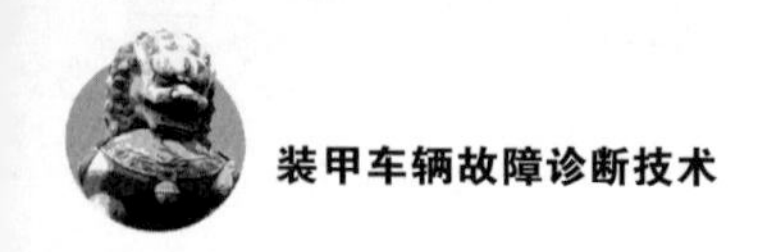

ADAMS 具有强大的建模功能、卓越的分析能力和灵活的后处理手段，在模拟现实工作条件的虚拟环境下能够逼真地模拟所有运动情况，使用户对系统的各种动力学性能进行有效的评估，快速分析比较各种设计思想，直至获得最优的设计方案。

2.1.3　集中质量参数模型

集中质量法也称凝聚参数法，是把一个连续结构的分布质量在一些恰当的位置集中起来，简化成若干个集中质量块，这些质量块只有质量，而没有刚度参数，各个质量块之间采用弹簧或阻尼连接，将各部件的运动看成刚体运动与弹性变形的叠加，从而构成一个多自由度的振动系统。系统可以简化为一个离散、简单的有限自由度的刚体，从而简化计算。这是一种当量化的处理方法，但是由于与实际有一定的差距，没有考虑轴系的阻尼，因此应用有一定的限制。根据集中质量运动模式处理方式的不同，集中质量参数模型可以分为两类：第一类为纯扭转振动模型，仅考虑各部件的扭转振动，此模型自由度较少，求解也相对简单，对于精度要求不太高的场合，能够得到较好的振动响应，且更加实用；第二类为平移—扭转耦合振动模型，除了考虑各部件的扭转振动外，还需考虑零件的平移振动，此种模型较为复杂，求解也相对困难。

2.1.3.1　纯扭转振动模型

当计算传动系统固有频率时，采用纯扭转振动模型和平移—扭转耦合振动模型计算结果相差很小，且在支撑刚度是啮合刚度的 10 倍或更大时，纯扭转振动模型在某种程度上与平移—扭转耦合振动模型等价，纯扭转振动模型又称精简模型。

2.1.3.2　平移—扭转耦合振动模型

当支撑刚度小于啮合刚度的 10 倍时，采用纯扭转振动模型求解的振动响应精度较差，此时需要建立平移—扭转耦合振动模型。此模型除考虑零件的扭转振动外，还考虑了零件的平移振动。平移—扭转耦合振动模型又称复杂模型。

2.1.4　状态变量模型

随着液压技术的快速发展，液压系统在新型装备中得到日益广泛的应用，其制动、转向、换挡等操控功能越来越先进，涉及机、电、液、热等多系统耦合的复杂结构，在优化和增强装备性能的同时，使液压系统的故障特征具有多

样性和复杂性，这种复杂性体现为液压系统所具有的非线性、不连续和多耦合等复杂物理属性，因此对液压系统的测试和诊断提出了更高、更新、更严的要求。据初步统计，国内某 CH 系列综合传动装置液压系统在台架和实车实验过程中暴露出很多故障问题，主要的故障现象包括操纵压力超限、油滤报警、油液渗漏、液位异常、功能失效（无转向、无挡位）等，甚至发生液压控制阀组损坏等严重问题。

传统的液压系统的测试与诊断主要存在测试信息获取难、信息传递的非线性以及测试费用高、虚警率高等问题，无法解决复杂系统的测试与诊断，因此在一定程度上降低了武器装备的战斗力。

系统的动态分析是解决液压系统故障机理的重要方法，其最大的困难在于获取系统和元件的准确参数数据以及建立能准确描述系统的动态性能的数学模型。

常用的建模仿真方法有基于传递函数的建模仿真法、基于状态空间的建模仿真法、基于功率键合图建模仿真法和面向对象的建模仿真法等。

对于液压系统而言，基于传递函数的建模仿真法通常是基于古典控制理论的传递函数分析法，将液压系统看作定常线性系统，这和液压系统实际的非线性环节以及内部参数变化不确定性有一定的差距，因此具有一定的局限性。基于状态空间的建模仿真法，是基于现代控制理论的状态变量模型，充分考虑了多输入、多输出和非线性时变系统的动态分析问题，这种利用状态变量的模型，更适合用计算机进行液压系统动态特性数字仿真，易于实现计算机辅助分析、设计和系统控制。

基于功率键合图建模仿真法和 AMESim 的建模仿真法就是基于状态变量模型的动态特性仿真分析方法。

2.1.4.1　功率键合图建模仿真法

键合图（bond graph，BG）是以能量守恒定律为基础，主要思想是将机械系统、电系统、液压系统多种物理量统一地用势、流、广义动量和广义位移四个变量来表示，能更清楚、更直观地表达系统的能量特性、物理特性和系统的物理本质及其内在联系。由于键合图符号是一种广义的网络符号，可以用来模拟各种类型的物理系统，而液压系统也是一个功率转换和功率传递系统，系统的动态响应可以用发生在其内部的动态功率流来表示，因此功率键合图建模仿真法在液压系统领域的动态特性分析研究中得到了广泛应用。它的主要特点是：①用图示形式将功率的流向、汇集、分配和能量转换流程简洁地表示出来；②功率流的模块化结构与系统各部分物理结构、动态影响因素之间的关系直观而形象；③BG 与系统状态方程间具有一致性；④BG 是系统原型和数学模型的纽带，其详细的流程如图 2.3 所示。

2.1.4.2　AMESim 的建模法

AMESim 采用基于物理模型的图形化建模方式，可修改模型和仿真参数进行稳态及动态仿真、绘制曲线并分析仿真结果，其友好的图形化界面使得用户可以通过在完整的应用库中选择需要的模块来构造复杂系统的模型并能方便地进行优化设计，非常适用于机械与液压领域的建模。

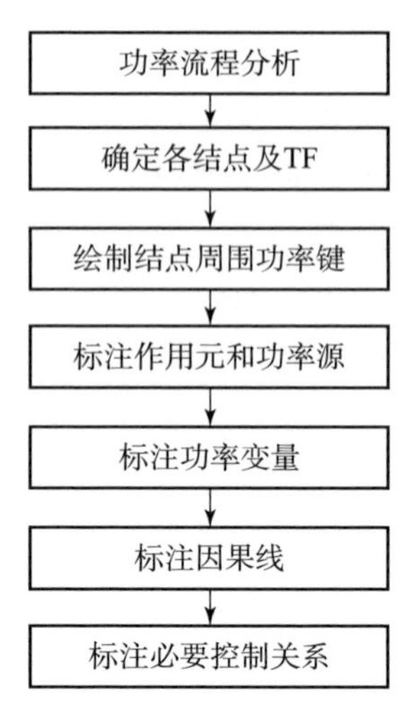

图 2.3　功率键合图建模流程

AMESim 软件是基于功率键合图原理进行模型的建立，但比功率键合图法更为先进。原因在于 AMESim 为用户提供了一个更加直观的图形化建模仿真环境，利用其所建立的仿真模型与原理图极为相似，因此更能直观地反映系统或元件的工作原理；另外，不限制元件之间传递的数据个数，从而能够拓宽所研究参数的范围。

利用 AMESim 对液压系统进行建模仿真，主要用到控制库、机械库、液压库、液压元件设计库和液压阻尼库。液压库提供了常用的液压元件模块，当液压库提供的液压元件不能满足建模需求时，可通过在液压元件设计库中选取模块搭建相应的模型，其详细的流程如图 2.4 所示。

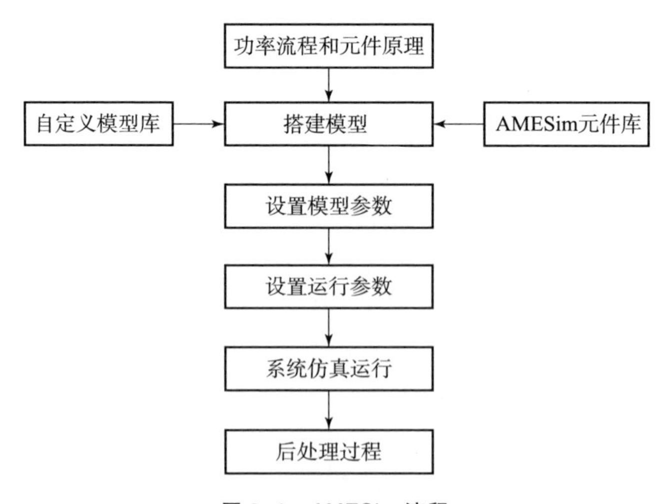

图 2.4　AMESim 流程

2.2　装甲车辆柴油发动机常见故障模式及机理

2.2.1　柴油发动机常见故障

柴油发动机是车辆的心脏，它产生的故障占全车的比例最高，单位里程的配件消耗和保修工时消耗占首位。柴油发动机的故障诊断和维修水平在车辆修理中最为重要，它对车辆的动力性、经济性、可靠性产生最直接的影响。

柴油发动机的故障可以分为两类：确定性故障和非确定性故障。本节主要研究确定性故障。确定性故障主要是指故障现象与故障原因之间有确定的因果关系，这类故障常属于柴油发动机的功能性故障。故障发生后，柴油发动机不能继续完成本身的功能，或伴随着某些功能丧失和不完善，如柴油发动机不能起动等。它们的特点是根据一个或几个故障现象就能确定一个或几个故障部位。

确定性故障又可分为两类：一类是系统故障，系统故障是指柴油发动机功能子系统的常发故障；另一类是柴油发动机在运转过程中，驾驶员可以直观感觉到的常见故障。常见故障是指影响柴油发动机起动、运转正常与性能的，且故障引发部位与原因涉及柴油发动机机械部分、油路、电路等多个系统的综合性故障。

根据柴油发动机本身的结构，又可以把系统故障分为图 2.5 所示的五大类。

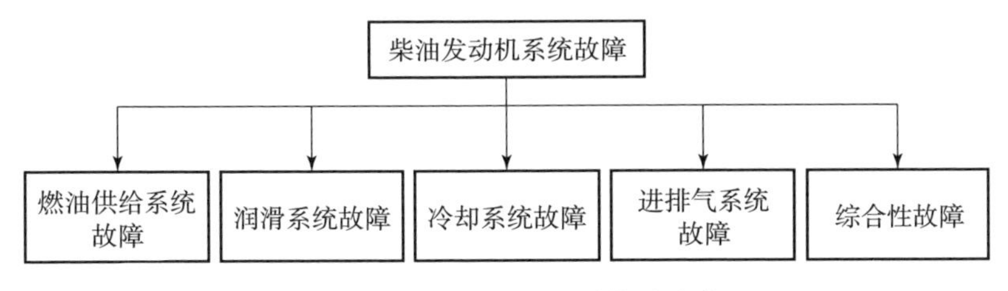

图 2.5　柴油发动机系统故障分类

表 2.2 所示是某主战坦克柴油发动机故障统计情况，样本数量为 23 辆。

某主战坦克柴油发动机各子系统故障统计如表 2.3 所示。

某主战坦克柴油发动机故障模式分类统计如表 2.4 所示。

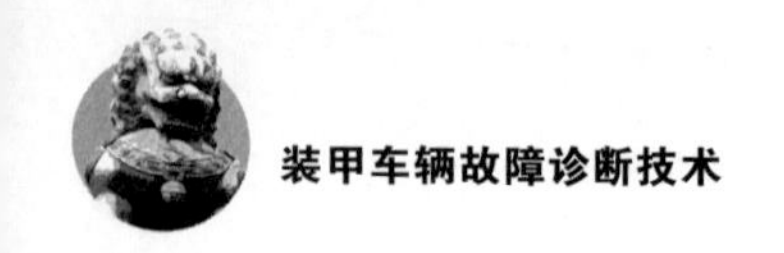

表 2.2 某主战坦克柴油发动机故障统计情况

序号	战斗编号	故障部位	次数	故障现象描述 ［故障现象应该是可直观感受到的表现，如肉眼可看到的柴油发动机冒黑烟，仪表显示油压低、发动机水温高等，或者车体底部漏油等，或者通过油尺检查发现润滑油增加（一般是机油进水或柴油所致）等］
1	420	柴油发动机	2	通气器喷机油冒白烟
2	411	柴油发动机		通气器喷机油冒白烟
3	386	柴油发动机喷油嘴	1	行驶中冒黑烟
4	243	机油管	3	机油管爆裂导致油压快速下降
5	245	机油管		机油管爆裂
6	392	机油管		机油管变形
7	412	机油泵	2	机油泵渗油
8	415	机油泵		柴油发动机没有油压
9	387	机油箱	2	机油箱渗漏
10	426	机油箱		机油箱漏油
11	251	空压机	6	不充气
12	257	空压机		不充气
13	262	空压机		不充气
14	250	空压机		不充气
15	256	空压机		不充气
16	388	空压机		不充气
17	255	空气分配器	1	无法利用空气瓶起动
18	372	车长室右侧空气管	1	充气达不到 5 MPa
19	373	空压机固定螺杆	1	空压机漏机油
20	399	柴油发动机连接齿套双头螺栓	1	连接齿套双头螺栓折断
21	397	低压柴油泵密封装置	1	机油箱进柴油
22	417	密封垫	2	空气压缩机结合面渗油
23	400	密封垫		空气压缩机结合面渗油

表2.3　某主战坦克柴油发动机各子系统故障统计

项目		次数	百分比/%
子系统	本体	3	13.04
	起动系统	9	39.13
	燃油供给系统	2	8.70
	进气系统	0	0.00
	排气系统	0	0.00
	润滑系统	7	30.43
	冷却系统	2	8.70
	加温系统	0	0.00
总计		23	100

表2.4　某主战坦克柴油发动机故障模式分类统计

项目		次数	百分比/%
故障模式	磨损	2	8.70
	变形	1	4.35
	开裂	4	17.39
	老化	2	8.70
	折断	6	26.09
	泄漏	4	17.39
	锈蚀	1	4.35
	损坏	3	13.04
总计		23	100

2.2.2　柴油发动机轴瓦磨损机理分析

在柴油发动机的零部件中，轴瓦是一个十分关键的部件，安装在柴油发动机曲轴、连杆、凸轮轴和平衡轴等高速旋转轴形零件的轴颈处。轴瓦的材料主要是铜铅合金，是一种比较软的合金材料，它的作用就是减小摩擦副间的阻力。柴油发动机的曲轴在高速转动期间，在主轴承下瓦和主轴颈之间形成的流体摩擦的油膜将二者分隔开，实现液体动压润滑。此时轴瓦和轴颈间不发生磨损，是最佳的摩擦理想状况，摩擦表面的微观实际接触面积只有总面积的0.01%～0.1%，接触峰点瞬间温度可达1 000 ℃以上。油膜最小厚度决定了这种摩擦理想状况的改变，其最小厚度值取决于主轴承工作表面所承载的径向载荷强度和轴承承载特性系数。轴瓦发生磨损后首先导致轴瓦径向工作间隙变大，使得供给的润滑油泄漏量加大，供油压力降低，轴承承载能力下降；同时轴瓦径向工作间隙变大也使得相对间隙变大和曲轴轴系振动加剧。这些复合因素使得轴瓦流体动压润滑遭到破坏，轴瓦的承载能力降低，主轴承轴瓦和轴颈因直接接触形成边界摩擦而加剧磨损，甚至发生轴瓦的黏着或烧熔咬死，最后曲轴主轴颈被严重划伤、发蓝和烧结抱轴而无法继续运作。

2.2.2.1 轴瓦磨损的分类和机理

（1）黏着磨损：轴瓦损坏的重要形式。它是指因轴瓦与轴颈间的液体润滑条件（油膜）被破坏，滑动摩擦时摩擦副接触面局部发生金属黏着，在随后相对滑动中黏着处被破坏，有金属屑粒从零件表面被拉拽下来或零件表面被擦伤的一种磨损形式。例如，柴油发动机长时间在高负荷条件下运转、冬季起动柴油发动机的操作不当、机油变质或润滑系统中机油严重不足，等等，这些都可能引起曲轴轴颈和轴瓦的两表面因发生直接接触而产生高温，使轴瓦烧熔，即一般所说的烧瓦故障。

（2）磨粒磨损：外界硬颗粒或者两摩擦表面上的硬突起物或粗糙峰在摩擦过程中引起表面材料脱落的现象称为磨粒磨损，也称磨料磨损。磨粒磨损是最普遍的磨损形式，据统计，磨粒磨损所造成的损失占磨损总体损失的一半左右。在动力总成润滑油中存在数量多、颗粒较大的污垢，它们随着润滑油的循环渗入轴瓦间隙。在压力作用下，它们会嵌入软金属（减摩材料）或刮伤硬金属，或者两种情形同时出现。

（3）疲劳磨损：轴瓦疲劳主要是交变载荷连续长期作用的结果。首先有或多或少的细小裂纹表现出来。随着时间的延续，这些裂纹在数量、大小、深度上都在增加，直到深达轴瓦背部。然后，有小部分金属在润滑油压力的作用下脱落。另外，轴瓦的腐蚀和穴蚀也是轴瓦的损坏形式。穴蚀造成的轴瓦损坏总是只限于镀层，且主要发生在高速大功率柴油发动机上。在通常情况下，微观疲劳多出现在磨合阶段，因而不是发展性的磨损。

2.2.2.2 轴瓦磨损的原因分析

当轴瓦的油膜被破坏时，接触的金属表面就会软化或熔化，接触点就产生“黏着—撕脱—黏着—撕脱”的循环过程，使接触表面的材料从一个表面转移到另一个表面，从而在其中一个表面（或两个表面）上形成划痕和沟槽，导致黏着磨损。黏着磨损引起的原因主要有摩擦副材料、载荷、表面温度和润滑

条件。

平衡轴轴瓦尺寸、材料、载荷等已验证，没有发现异常，所以重点分析平衡轴中间轴瓦的润滑条件。

调查故障柴油发动机和同批次柴油发动机的润滑油路，发现平衡轴轴瓦表面有大量划伤，并有因为划伤而引起的毛刺。根据表面划伤及毛刺产生的部位，可以得出划伤及毛刺的产生是由轴瓦在压入过程中被平衡轴孔里面的油槽边缘划伤而导致的。轴瓦背面被划伤后，机油从轴瓦背面向缸体间泄漏，轴瓦润滑油压不足，平衡轴高速转动时轴瓦发生黏着磨损。归纳起来主要有以下几个原因：

（1）径向外加载荷的影响。

（2）润滑油特性的影响。

（3）润滑油质量的影响。

综上所述，要避免轴瓦的磨损，就要保证轴瓦工作在流体动压润滑状态，同时还要加强润滑油油质的管理，净化机械杂质和减小水分含量，避免润滑油酸化变质。

2.2.3 柴油发动机敲缸故障机理分析

敲缸是柴油发动机的常见故障之一，它是指曲柄机构振动与气体波动撞击气缸壁或气缸盖的异常现象，活塞对气缸壁的敲击主要发生在上止点和下止点的附近，且以压缩上止点附近的敲击最为严重，敲击的强度取决于气缸的最高爆发压力和活塞与气缸之间的间隙，所以活塞敲击噪声既与燃烧有关，又与柴油发动机结构有关。敲缸故障发生时，伴随有较明显的噪声和剧烈的振动，同时零件受力增加，严重影响柴油发动机的正常工作，造成机器使用寿命缩短。

2.2.3.1 敲缸故障机理

导致活塞敲击缸壁的原因是活塞所受到的侧向力，而敲击之所以能实现，是因为在活塞与缸壁之间不可避免地存在着间隙。图2.6所示以压缩上止点附近为例说明了活塞所受到的侧向力的周期变化。在压缩上止点的前与后，在推动活塞向顶部运动的力 W 和燃烧过程中气体产生的高压力 P 共同作用下，连杆都是受压的，因此随着越过上止点后连杆位置的改变，活塞所受的侧向力 F 也由指向次推力面变成指向主推力面。侧向力 F 方向的周期变化，必然导致活塞从一侧移向另一侧的横向运动，造成对缸壁推力面的敲击，从而发生图2.6（b）所示的敲缸现象。高速运行时，这种敲击的速度高，敲击力大。由于活塞可绕活塞销转动，所以活塞敲击可以在任何位置发生，但以上、下止点，尤其是压缩上止点附近最强。

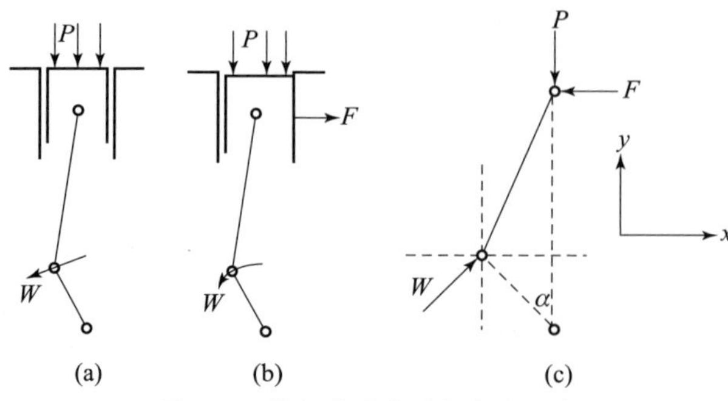

图 2.6　单缸柴油发动机点火示意

在活塞撞击缸壁的瞬时，如不考虑摩擦力，连杆受力情况可用图 2.6（c）表示。

图 2.7 给出了缸内气体压力 P 与曲轴转角之间的关系曲线。从图 2.7 中可以看出，活塞敲缸与气体压力的最高点几乎同步发生，两者共同作用便出现柴油发动机敲缸故障，但主要是活塞敲缸，而气体压力直接作用于缸盖的激励是次要的。

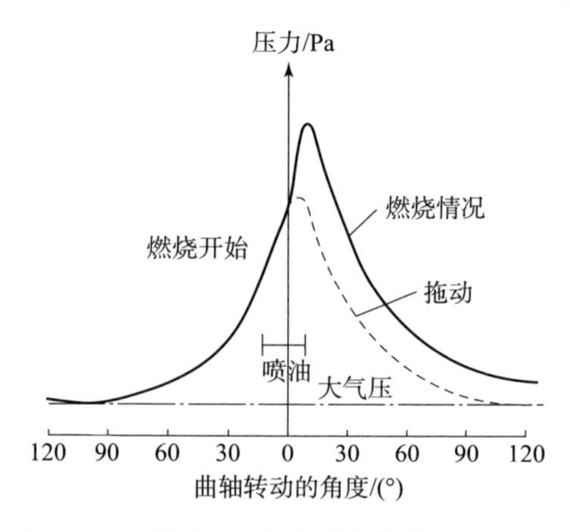

图 2.7　缸内压力曲线

2.2.3.2　故障原因

柴油发动机敲缸的主要原因如下：

（1）喷油提前角不正确。

（2）喷油雾化不良。

（3）供油量过大。

2.2.3.3　敲缸故障信号的特征

图2.8所示为某机车柴油发动机敲缸故障信号与正常信号比较情况，其中图2.8（a）表示正常情况，图2.8（b）表示严重敲缸时的时域波形和频谱图。

从图2.8（a）可以看出，柴油发动机发火时的加速度响应幅值为0.999 V，时间延迟为7.4 ms，加速度响应的功率谱成分在0～4.5 kHz，响应的整个频率段可划分为三个频带，即0～1.5 kHz，1.5～3.0 kHz，3.0～4.5 kHz，而振动能量主要集中在第一、二频带。

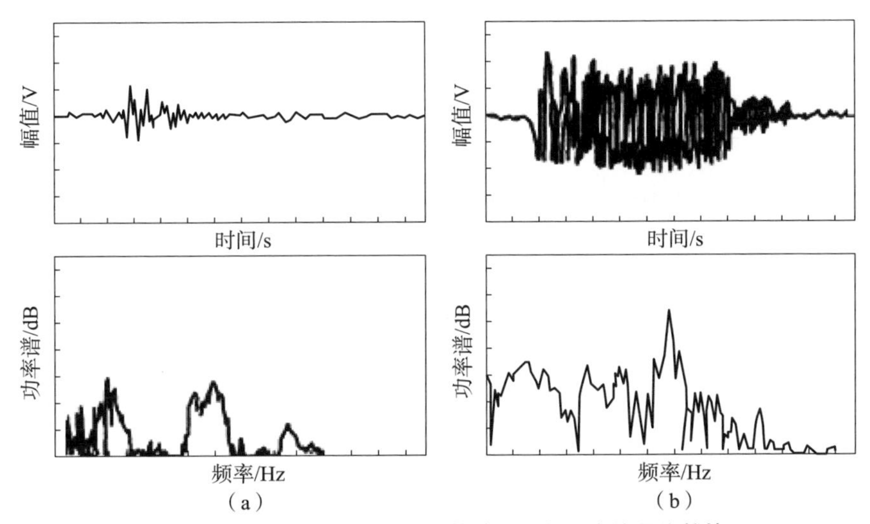

图2.8　某机车柴油发动机敲缸故障信号与正常信号比较情况

（a）正常信号；（b）严重敲缸时的信号

发生轻微敲缸时，柴油发动机振动的加速度响应幅值上升到正常状态的1.63倍，时间延迟为20 ms，约为正常状态时间延迟的2.70倍。在频域内三个频带的功率谱峰值均比正常状态有明显增加。

严重敲缸时，柴油发动机发火时的加速度响应值为4.860 V，是正常状态的4.9倍，时间延迟为22.5 ms，为正常状态的3.04倍。而在频域内，功率谱在三个频带的能量都显著增大，特别是第一、二频带，分别比正常状态增加了24.9 dB和23.9 dB，如图2.8（b）所示。

2.2.4　柴油发动机拉缸故障机理分析

在正常情况下，往复式压缩机或柴油发动机的曲轴和连杆轴颈等运动部件飞溅出来的润滑油落到气缸壁上，活塞的“泵油”作用使活塞环、活塞及缸套表面形成一层极薄的油膜。这层油膜一方面使运动部件之间的摩擦系数降低；另一方面使相对运动的零件间建立起流体压力，以支承活塞环和活塞。如果油膜形成得良好，便可以保证机器正常运转，否则会产生拉缸现象。

2.2.4.1 拉缸故障机理

引起拉缸的原因很多，但从拉缸的现象和机理分析来看，主要是由活塞与气缸壁局部区域的油膜被破坏造成的。摩擦副表面产生的热量与其相对运动速度、作用压力和摩擦系数的乘积有关，摩擦产生的热量使局部区域温度升高，导致局部点状膨胀凸起。若能及时得到润滑与冷却，就能将刚出现膨胀凸起的部分磨合掉；若不能得到良好的润滑与冷却，摩擦热就会继续增长，加上热量不能及时传出，会造成气缸与活塞过热，油膜被完全破坏，温度上升到高于金属黏附的临界温度，凸起由点状发展成块状，硬质金属颗粒磨落成为磨料，加剧磨损的恶性循环，最终导致拉缸故障的发生。

拉缸可分为轻度拉缸和严重拉缸。轻度拉缸时，通常在气缸壁上有几条深约10 μm的条状贯通拉伤痕迹，在排气口筋部及其上方或燃烧室附近有较大面积的拉伤痕迹，活塞环外表面只有局部拉伤条纹，在活塞裙部外表面无拉伤痕迹。严重拉缸时，在缸套工作表面会出现较大面积的拉伤痕迹，有非常明显的手触感，在活塞裙外表面有严重的较大面积的拉伤，甚至有明显的咬合痕迹。在这种情况下，很有可能已发生了抱缸故障，属于严重事故。

2.2.4.2 故障原因

根据上述分析可知，造成拉缸故障的主要原因有以下几点：

（1）设计间隙过小或新缸套、新活塞、新活塞环配合间隙过小，磨合时间不够即投入使用。

（2）材质不均匀、局部膨胀量过大。

（3）柴油发动机油温过高，润滑油黏度降低。

（4）润滑油位过低。

（5）润滑油脏或主油道有异物。

（6）润滑油中进水，导致润滑性能下降。

（7）润滑油泵故障导致润滑失效。

（8）冷却机低温强迫起动。

（9）活塞环折断损坏。

2.2.4.3 拉缸信号的特征及其分析

发生拉缸故障时，高频部分的能量变化较为显著。当柴油发动机活塞由下

止点向上止点运动时，通过气缸套对气缸盖产生向上的冲击。由于在上止点处曲柄连杆机构侧压力换向，活塞对缸套的冲击最大，与柴油发动机的发火几乎同步。柴油发动机出现拉缸故障后，油膜被破坏，活塞与缸套之间的摩擦比正常工作时大幅度增加，因此气缸盖向上的冲击力也有较大的增加。

图2.9给出了某柴油发动机发生拉缸故障与正常状态下的振动信号对比情况。正常工作时，柴油发动机发火时的加速度响应幅值为0.386 0 V，如图2.9（a）所示。发生拉缸故障时，柴油发动机发火时的加速度响应幅值为0.504 2 V，为正常时的1.31倍，如图2.9（b）所示。

往复式压缩机或柴油发动机的气缸盖上振动加速度响应的功率谱分布在0～4.5 kHz，大致可划分为三个频带：①0～1.5 kHz；②1.5～3.0 kHz；③3.0～4.5 kHz。

在正常工作情况下，能量主要分布在第一个和第二个频带内，如图2.9（a）所示。

当柴油发动机拉缸时，第一个和第二个频带比正常情况下略有增加，第三个频带比正常时有所拓宽，而且能量也比正常时有明显增加，如图2.9（b）所示。

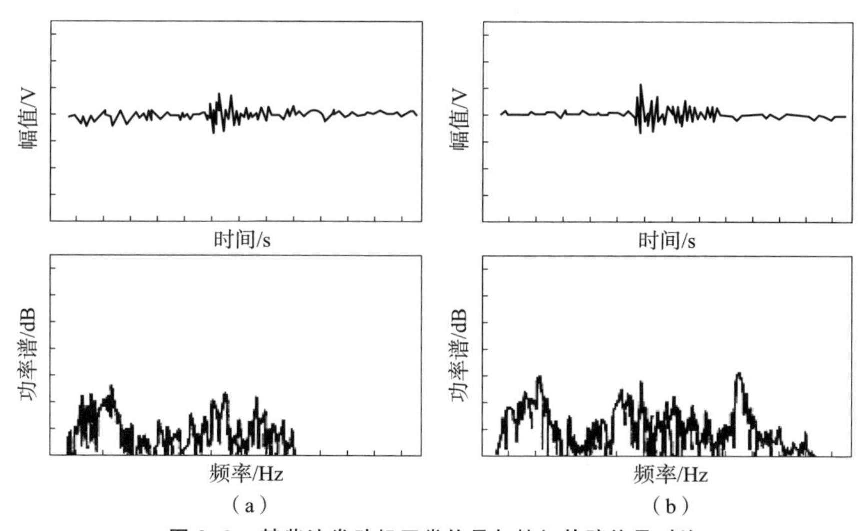

图2.9 某柴油发动机正常信号与拉缸故障信号对比

（a）正常时加速度时域信号与功率谱；（b）拉缸时加速度时域信号与功率谱

发生拉缸故障后，缸套内壁油膜被破坏，活塞环与气缸套在油膜被破坏的区域称为干摩擦，金属表面被拉伤，粗糙度大大增加，因而活塞环对气缸套由于摩擦而产生的激励为高频激励，这就是功率谱中第三个频带比正常时有所拓宽、能量也有明显增加的原因。

2.2.5 柴油发动机高压油路故障机理分析

2.2.5.1 三偶件磨损

在柴油发动机的工作过程中，供油系统的故障多发生在高压油路，而三偶件，即柱塞偶件、出油阀偶件和喷油器针阀偶件，又是整个供油系统的关键部件，它们的性能好坏直接影响着系统乃至整个柴油发动机的工作性能。

1）柱塞偶件

柱塞偶件通常经研磨和选配而成，精度很高，两者的配合间隙很小。在使用过程中，由于受到高速、高压和带有机械杂质的柴油的冲刷，在柱塞做往复运动时会产生磨损。其磨损部位如图 2.10（a）中所示的 1、2、3、4、5、6。

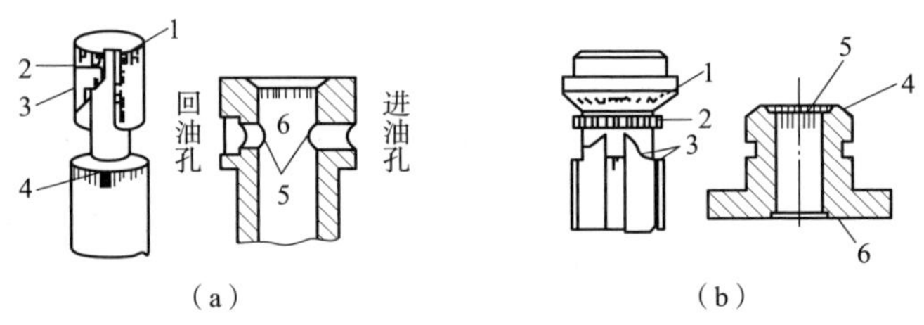

图 2.10 柱塞与柱塞套筒、出油阀与出油阀座的磨损情况

（a）柱塞偶件的磨损情况；（b）出油阀偶件的磨损情况

柱塞偶件磨损后，柱塞与套筒之间的间隙增大，使漏油增加，造成供油规律和燃料喷射规律发生变化（图 2.11），结果使供油时间推迟，供油量减少，开始和终了的喷油速度降低，喷油延续时间增加，燃油喷雾不良，柴油发动机在低负荷甚至在空转时冒黑烟。此外，由于柱塞供油的漏失，供油量不足，喷射压力减小，从而使柴油发动机的功率降低。喷射压力的降低还会使喷油嘴容易积炭和卡住。

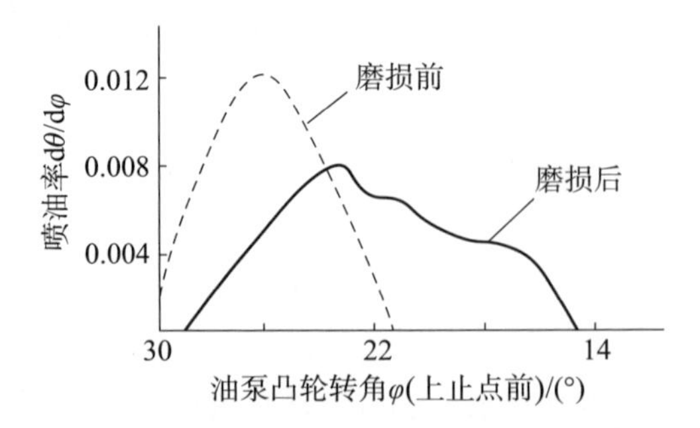

图 2.11 柱塞偶件磨损后的供油规律（供油量相同的情况下）

2）出油阀偶件

出油阀偶件非常精密，它通常的磨损部位如图2.10（b）所示。出油阀密封锥面的磨损［图2.10（b）中的位置1］，是由出油阀弹簧和高压油管中的高压油压力波的反射与残余压力，促使阀芯向阀座密封锥面撞击，以及柴油发动机中杂质的作用造成的。

出油阀密封锥面磨损后，失去密封作用，使高压油管不规则地往回漏油，从而使高压油管中残余压力降低且不稳定，使供油量减少甚至不供油。出油阀密封锥面的磨损，使燃油雾化质量降低和喷油延迟，进而导致柴油发动机燃烧过程变坏，柴油发动机性能指标降低。

减压环带与座孔的磨损［图2.10（b）中的位置2、4］，是由切断供油后，减压环带进入座孔时，被夹入间隙中的机械杂质磨削所致。减压环带与座孔磨损后，配合间隙增大，出油阀供油过程中升程减少，卸载过程中减压效果降低，因而使高压油管中有较高的残余压力和较大的压力波，供油量增多，停止供油不迅速，有可能形成二次喷射，造成喷雾不良和滴油、燃烧不完全，使柴油发动机工作粗暴、功率降低。

出油阀导向部分与座孔磨损［图2.10（b）中的位置3、5］一般较轻，磨损后间隙加大，出油阀上下运动时会晃动，影响锥面对中，密封性下降，且使减压环带偏磨。

对于多缸柴油发动机，出油阀或柱塞偶件磨损程度不同，使各缸供油量不均匀，喷油压力和喷油提前角都会不一致，造成柴油发动机工作不平稳。

3）喷油器针阀偶件

喷油器针阀偶件在工作中，因高压柴油及高温燃气的冲刷、机械杂质的磨削、针阀弹簧的冲击而很容易发生故障。

（1）针阀偶件磨损。针阀偶件经常发生磨损的部位是密封锥面、针阀导向部分及起雾化作用的倒锥体，如图2.12所示。

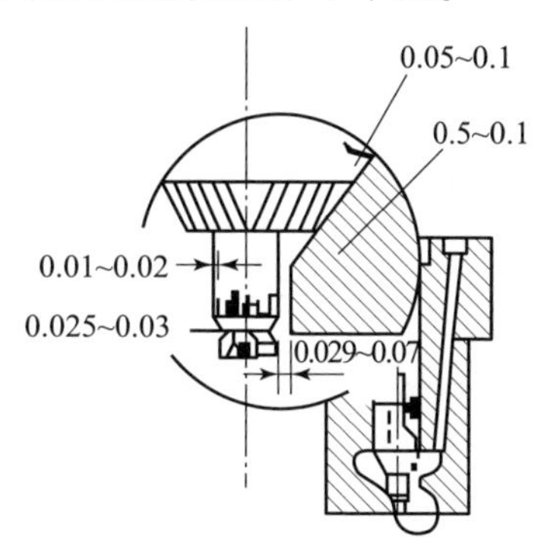

图2.12　针阀偶件磨损

密封锥面的磨损，是由喷油器弹簧的冲击与柴油中杂质的冲刷共同所致。密封锥面磨损后，密封性能变坏，使喷油嘴头部压力室的压力升高不足，产生雾化不良和滴油现象，使柴油发动机冒黑烟、喷油嘴头部积炭。此外，喷油嘴密封性能变坏后，高压的燃气就会很容易窜入喷油嘴内部，严重时可能烧坏喷油嘴或引起燃油结焦而使针阀卡死。针阀与喷油嘴导向部分的磨损大部分发生在导向部分的下端，是由柴油带入的杂质磨削造成的。若磨损严重，将会使喷油嘴的回油量增多、供油量减少、喷油压力降低、喷油时间延迟等，还会引起柴油发动机功率下降，甚至不能工作。

（2）针阀卡住。针阀卡住的主要原因有：在柴油发动机负荷过大、工作温度过高和冷却不良的情况下，由于喷嘴过热导致针阀变形而卡住；针阀升程过长，落座时间延长，在落座之前，内腔的柴油压力低于气缸中的压力，因而燃气将会从喷孔倒流入内腔，引起针阀卡住；喷油嘴内柴油带进来的杂质多或喷孔附近积炭严重会使针阀卡住；喷油器弹簧变软或喷油压力调整过低，使针阀不能及时关闭，燃气窜入喷嘴内，使针阀烧坏变形而卡住；等等。

如果针阀在开启状态时卡住，则喷油嘴因喷出的燃油雾化不好、燃烧不完全而冒黑烟，同时未燃烧的燃油还会冲刷气缸壁上的机油，加速缸套等零件的磨损。如果针阀在关闭状态时卡住，再大的喷油泵压力都不能打开针阀，该缸不能正常工作，并使喷油泵因压力过高而被顶得发响，甚至顶坏喷油泵，高压油管发生颤动。

2.2.5.2 喷油压力的改变

在柴油发动机的工作过程中，喷油压力往往会发生变化，有时过高，有时过低。喷油压力过高，会使喷油泵柱塞偶件及喷油器早期磨损，有时还会把高压油管胀裂，柴油发动机工作时产生敲缸；喷油压力过低，会使燃油雾化不良，喷嘴易于积炭，不易起动。

引起喷油压力改变的主要原因有：调压弹簧的弹力变小或折断，使喷油压力减小；针阀导向部分与针阀体间隙过大或针阀锥面等密封不严，也会使喷油压力减小。当针阀在关闭状态被卡住，或喷孔被堵塞时，喷油压力会增高。

2.2.5.3 供油提前角变化

直接影响燃烧性能的是供油提前角的变化。由于测量喷油提前角的变化比较麻烦，所以通常以测量供油提前角来代替。供油提前角对柴油发动机的工作性能影响很大，主要是影响柴油发动机的经济性、压力升高率和最高燃烧压力。如果供油提前角过大，则燃油在压缩过程中燃烧的量就多，不仅增加压缩负功，使燃油消耗率增高、功率下降，而且将使着火延迟较长，压力升高率和最高燃烧压力迅速上升，工作粗暴；如果供油提前角过小，则燃油不能在上止点附近迅速燃烧，后燃增加，不仅最高燃烧压力较低，而且燃油消耗率和排气温度增高，从而导致柴油发动机过热。所以柴油发动机的每个工况对应有一个

最佳的供油提前角，此时燃油消耗率最低。

在柴油发动机的使用过程中，引起供油提前角变化的主要原因有：油泵联轴器的连接盘固定螺钉松动移位，使各缸的供油提前角滞后；喷油泵滚轮挺柱上调螺钉松动，使个别缸供油提前角改变；个别喷油器针阀关闭不严或喷油压力降低，以及出油阀关闭不严，使个别缸喷油提前角增大；喷油压力调整过高时会使提前角减小；喷油泵滚轮挺柱、油泵凸轮、柱塞与套筒等磨损，会使供油提前角减小。

2.3　装甲车辆变速箱常见故障模式及机理

以某型主战装甲车辆变速箱为对象，通过分析变速箱常见故障模式及产生原因，建立其典型故障状态下的动力学模型，采用有限元分析方法，分析变速箱典型故障的影响因素和故障状态时系统的振动响应，揭示变速箱传动典型故障机理，在仿真结果的指导下得出变速箱的故障频率，使之可用于故障诊断。

2.3.1　变速箱常见故障模式

定轴式变速箱内部结构复杂，箱体结构在整个系统中起支撑与密封作用，其故障概率比较低，而齿轮、轴和轴承主要承担动力的传递作用，其故障率较高（表2.5），因此研究齿轮、轴、轴承的振动机理、失效模式和故障特征非常重要。变速箱零件失效比重可参考表2.5。

表2.5　变速箱零件失效比重

失效零件	失效比重/%
齿轮	60
轴承	19
轴	10
箱体	7
紧固件	3
油封	1

2.3.1.1　齿轮典型失效模式

由于齿轮制造、操作、维护以及齿轮材料、热处理、操作运行环境与条件等因素不同，齿轮会产生各种形式的异常。常见的齿轮故障模式有齿面磨损、齿面接触疲劳、齿面胶合和擦伤、弯曲疲劳裂纹与断齿等。

1）齿面磨损

齿轮用材不当、接触面间存在硬质颗粒、润滑油不足或油质不清洁往往会引起齿轮的早期磨损，使接触表面发生尺寸变化，重量损失，齿廓显著改变，侧隙加大，齿厚过度减薄，从而导致断齿。磨损失效形式可以分为磨粒磨损、腐蚀磨损和齿轮端面冲击磨损。

2）齿面接触疲劳

齿轮在啮合过程中，存在相对滚动和相对滑动两种运动模式，而且相对滑动的摩擦力在结点两侧的方向相反，从而产生脉动载荷，使齿轮表面层深处产生脉动循环变化的剪应力，当剪应力超过齿轮材料的剪切疲劳极限时，在齿轮表面将产生疲劳裂纹。裂纹扩展，最终会使齿面金属小块剥落，在齿面上形成小坑，成为点蚀。当点蚀扩大，连成一片时，形成齿面上金属块剥落。此外，材质不均或局部擦伤，也易在某一齿上出现接触疲劳，产生金属剥落。其失效形式有点坑、疲劳剥落、浅层疲劳剥落和硬化层疲劳剥落。

3）齿面胶合和擦伤

重载和高速的齿轮传动，会使齿面工作区温度很高，当润滑条件不好时，齿面间的油膜破裂，导致一个齿面的金属会熔焊在与之啮合的另一个齿面上，在齿面上形成垂直于节线的划痕胶合。新齿轮未经跑合时，常在某一局部产生这种现象，使齿轮擦伤。

4）弯曲疲劳裂纹与断齿

轮齿在承受的周期性载荷应力超过齿轮材料的弯曲疲劳极限时，会在齿根处产生裂纹，并逐步扩展，当齿根剩余部分无法承受外载荷时就会发生断齿。齿轮在工作中，由于严重的冲击、过载、接触线上的过分偏载以及材质不均，可能发生断齿现象。

2.3.1.2 轴承典型失效模式

滚动轴承在运转过程中可能会由于各种原因而受到损坏，如装配不当、润滑不良、水分和异物侵入、腐蚀和过载等。即使在安装、润滑和使用维护都正常的情况下，经过一段时间运转，轴承也会因出现疲劳剥落和磨损而不能正常

工作。常见的滚动轴承故障模式有疲劳剥落、塑性变形、腐蚀、磨损、断裂等。

1）疲劳剥落

在滚动轴承中，滚道和滚动体表面既承受载荷，又有相对滚动。由于交变载荷的作用，首先在表面一定深度处形成裂纹，继而扩展到表层形成剥落坑，最后发展到大片剥落。疲劳剥落会造成运转时的冲击载荷、振动和噪声加剧。疲劳剥落是滚动轴承失效的主要模式。

2）塑性变形

轴承受到过大的冲击载荷、静载荷、落入硬质异物等时，会在滚道表面上形成压痕或划痕，而且一旦有了压痕，其引起的冲击载荷就会进一步使邻近表面剥落。

3）腐蚀

润滑油、水或空气中的水分会引起轴承表面锈蚀，当轴承停止工作后，轴承温度下降，空气中水分凝结成水滴附在轴承表面上也会引起腐蚀。此外，轴承套圈在座孔中或轴颈上微小的相对运动也会造成微振腐蚀。

4）磨损

滚道和滚动体间的相对运动及杂质异物的侵入都会引起表面磨损，而润滑不良也会加剧磨损。即便在轴承不旋转的情况下，也可能出现微振磨损，即在振动的作用下，滚动体和滚道接触面间由于微小的、反复的相对滑动而产生磨损，从而在滚道表面上形成振动纹状的磨痕。

5）断裂

过高的载荷可能会引起轴承零件断裂。磨削、热处理和装配不当都会引起残余应力，工作时热应力过大会引起轴承零件断裂。另外，装配方法、装配工艺不当，也可能造成轴承套圈挡边和滚子倒角处掉块。

2.3.1.3　传动轴典型故障模式

1）传动轴旋转质量不平衡

传动轴上装配的各个零部件材质不均匀（如铸件中存在气孔、砂眼等）、加工误差、装配偏心、某些固定件松动以及长期运转产生的不均匀磨损、腐蚀、变形等会导致零部件发生质心偏移，造成传动轴的不平衡振动。传动轴旋转时产生的离心力是造成不平衡振动的直接原因，其大小与质量、偏心距及转速的平方成正比。如果传动轴发生弯曲变形，那么在传动轴上相距较远的两个齿轮平面上会产生离心力形成的力偶（图 2. 13），产生传动轴动不平衡引起的振动激励。

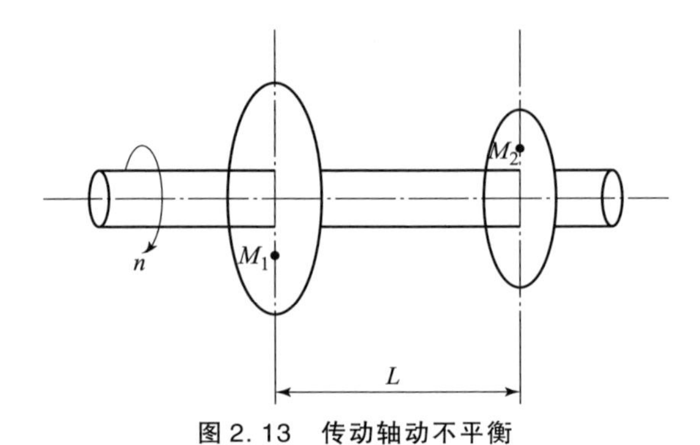

图 2. 13　传动轴动不平衡

2）传动轴和轴承不对中

传动轴和轴承不对中是指变速箱内传动轴的轴颈与两端轴承不对中（图 2. 14），或传动轴与齿轮不对中。当变速箱采用滚动轴承时，其不对中主要是由两端轴承座孔不同轴、轴承元件损坏、外圈配合松动、两端支座变形等引起的。当轴承不对中时，将产生附加弯矩，给轴承增加附加载荷，使轴承间的负荷重新分配，形成附加激励，从而引起变速箱的振动激励。

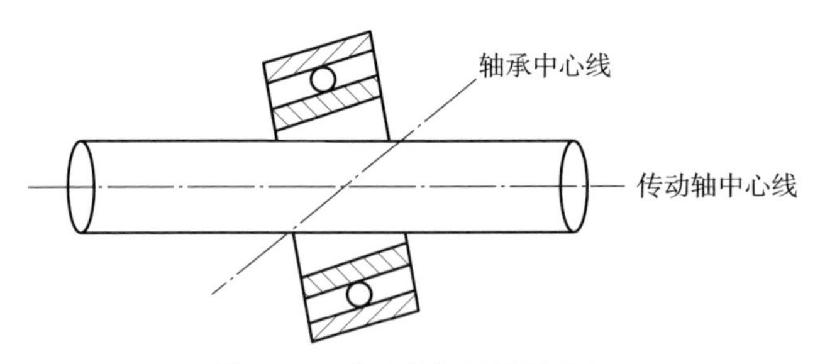

图 2. 14　传动轴与轴承不对中

2. 3. 2　齿轮裂纹故障机理分析

裂纹是齿轮发生故障最常见的损伤形式，齿轮的裂纹失效会在齿根处产生，并逐步扩展，直至发生断齿。本节从齿轮传动振动的动力学方程入手，分

析发生裂纹时方程的参数变化关系，建立裂纹故障的数学模型，最后通过动力学分析，得到裂纹发生时齿轮刚度和动力学特性的变化规律或特点。

2.3.2.1　裂纹故障数学模型

1）齿轮传动振动的动力学方程

为了简化齿轮动力学模型，假设下列条件成立：

（1）不考虑变速箱体的共振。

（2）不考虑轴及轴承的质量、刚度和阻尼对齿轮传动系统的影响。

（3）齿轮的轮廓是理想的渐开线，不存在任何几何误差、累积误差及径向跳动误差等。直齿轮啮合振动模型如图 2.15 所示。

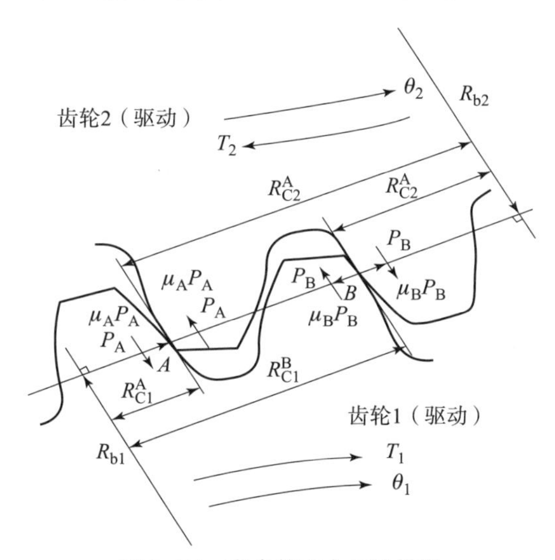

图 2.15　直齿轮啮合振动模型

图 2.15 中，T_1、T_2 分别代表输入输出扭矩，R_{b1}、R_{b2} 表示啮合齿轮对的基圆半径，P_A、P_B 表示相啮合的两对轮齿在接触点 A、B 处的动态接触载荷，R_{C1}^i、R_{C2}^i（i = A，B）均分别表示啮合点处的曲率半径，μ_A、μ_B 表示接触点处的瞬时摩擦系数，齿轮 1，2 的角位移用 θ_1 和 θ_2 表示。

在以上条件成立的情况下齿轮 1，2 的运动方程可表示为

$$J_1\ddot{\theta}_1 + c_m R_{b1}\dot{\delta} + (\lambda_{1A} + \lambda_{1B})\delta = T_1 + \Delta_1$$

$$J_2\ddot{\theta}_2 + c_m R_{b2}\dot{\delta} + (\lambda_{2A} + \lambda_{2B})\delta = -T_2 - \Delta_2 \tag{2.2}$$

式中，J_1，J_2 分别为齿轮 1、2 的极惯性矩；c_m 为齿轮对的啮合阻尼，其值的大小取决于接触齿轮间润滑油膜的阻尼比 ζ，一般在 0.1 ~ 0.2，其他参数可用

下式计算：

$$\begin{aligned}&\delta=(R_{b1}\theta_1-R_{b2}\theta_2)\\&\lambda_{iA}=(R_{bi}\mp R_{Ci}^{A}\mu_A)K_A\quad(i=1,2)\\&\lambda_{iB}=(R_{bi}\pm R_{Ci}^{B}\mu_B)K_B\quad(i=1,2)\\&\Delta_i=\lambda_{iA}\varepsilon_A+\lambda_{iB}\varepsilon_B\quad(i=1,2)\end{aligned}\tag{2.3}$$

式中，ε_A、ε_B 为啮合点 A、B 处的综合的齿廓偏差；μ_A、μ_B 为接触点处的瞬时摩擦系数；K_A、K_B 为齿轮 1、2 在啮合点 A、B 处的单齿啮合刚度，由于参与啮合的轮齿对数不同、啮合点位置不同，所以单个轮齿所承受的载荷不断地变化，啮合刚度也在不断地变化。

2）动力学方程的参数分析

一对齿轮间的啮合刚度主要由两部分组成：齿面接触刚度和轮齿弯曲刚度。

（1）齿面接触刚度。

齿面接触刚度可用啮合齿面的赫兹接触刚度表示：

$$K_h=\frac{\pi E}{4(1-\upsilon^2)}\tag{2.4}$$

式中，E 为齿轮材料的杨氏模量；υ 为泊松比，单位宽度赫兹刚度仅与齿轮材料有关，沿齿轮接触轨迹保持为常数。

（2）轮齿弯曲刚度。

基于有限元分析结果可知：径向变位的渐开线齿轮的单齿弯曲刚度 $K_i(r)$ 可采用下式计算：

$$K_i(r)=(A_0+A_1X_i)+(A_2+A_3X_i)\frac{r-R_i}{(1+X_i)m}\quad(i=1,2)\tag{2.5}$$

式中，$K_i(r)$ 为第 i 个轮齿在承载位置 r 处单齿弯曲刚度；X_i 为齿轮 i 径向变位系数；r 为径向距离；R_i 为节圆半径；m 为模数。

钢齿轮的曲线拟合系数用下式计算：

$$\begin{aligned}A_0&=3.867+1.612N_i-0.029\,16N_i^2+0.000\,155\,3N_i^3\\A_1&=17.060+0.728\,9N_i-0.017\,28N_i^2+0.000\,099\,9N_i^3\\A_2&=2.637-1.222N_i+0.0221\,7N_i^2-0.000\,117\,9N_i^3\\A_3&=-6.330-1.033N_i+0.020\,68N_i^2-0.000\,113\,0N_i^3\end{aligned}\tag{2.6}$$

式中，N_i 为第 i 齿轮的齿数。

在接触点 A、B 处，齿轮副的单齿啮合刚度 K_A 和 K_B 可通过单位齿宽刚度 $K_1(r_{1A})$，$K_2(r_{2A})$，$K_1(r_{1B})$，$K_2(r_{2B})$ 的串联合成刚度近似代替：

$$\frac{K_A}{F}=\frac{K_1(r_{1A})K_2(r_{2A})K_h}{K_1(r_{1A})K_2(r_{2A})+K_1(r_{1A})K_h+K_2(r_{2A})K_h} \tag{2.7}$$

$$\frac{K_B}{F}=\frac{K_1(r_{1B})K_2(r_{2B})K_h}{K_1(r_{1B})K_2(r_{2B})+K_1(r_{1B})K_h+K_2(r_{2B})K_h} \tag{2.8}$$

式中，F 为齿轮的齿宽强度，在传动系统中，齿轮啮合刚度随轮齿啮合对数和接触点位置不同而交替变更。

3）齿轮裂纹的数学模型

由于材料、加工过程和条件不同，齿根裂纹的尺寸、形状和位置不同，用简单的公式准确地预测各种齿根裂纹的扩展规律很困难。但是根据力学知识，当齿轮的齿根出现裂纹时，轮齿的弯曲刚度就会减小。由于轮齿的齿根截面积一定，裂纹的尺寸与轮齿的弯曲刚度有一定的关系，裂纹的尺寸扩展越大，轮齿的弯曲刚度就会变得越小。为了区分有裂纹的轮齿刚度和无裂纹的轮齿刚度的大小，假设有裂纹的轮齿刚度表示为

$$K'_i(r)=[1-\beta(r,s)]K_i(r)\quad (i=1,2) \tag{2.9}$$

式中，$\beta(r,s)$ 被称为与轮齿裂纹位置 r 和表面尺寸大小 s 有关的刚度削弱因子，它是裂纹表面尺寸 s 和裂纹位置 r 的非线性函数。

对于某一确定的裂纹表面尺寸 s 而言，在弯曲载荷作用时，在轮齿发生小弯曲变形的前提条件下，根据麦克劳林公式展开刚度削弱因子并保留变量 r 的有限次函数，可以把 $\beta(r,s)$ 简化为 r 的多项式函数 $\beta(r)$。分别用 $K'_1(r)K'_2(r)$ 代替式（2.7）和式（2.8）中的 $K_1(r)K_2(r)$，我们就可以得到有裂纹轮齿的轮齿对啮合刚度。

$$\frac{K'_A}{F}=\frac{K'_1(r_{1A})K'_2(r_{2A})K_h}{K'_1(r_{1A})K'_2(r_{2A})+K'_1(r_{1A})K_h+K'_2(r_{2A})K_h} \tag{2.10}$$

$$\frac{K'_B}{F}=\frac{K'_1(r_{1B})K'_2(r_{2B})K_h}{K'_1(r_{1B})K'_2(r_{2B})+K'_1(r_{1B})K_h+K'_2(r_{2B})K_h} \tag{2.11}$$

把式（2.10）、式（2.11）代入式（2.3）和动力学方程（2.2），即可得到一对有裂纹齿轮的运动仿真的模拟数字响应。

2.3.2.2　裂纹齿轮的模态分析

模态分析是研究结构动力特性的一种近代方法，是系统辨别方法在工程振动领域中的应用。模态是机械结构的固有振动特性，每个模态都具有特定的固有频率、阻尼比和模态振型。这些模态参数可以由计算或实验分析取得，这样一个计算或实验分析过程称为模态分析。

模态分析可以确定一个结构的固有频率和振型，同时也可以作为其他更详细的动态分析的起点，如瞬时动态分析、谐波响应分析和谱分析。

齿轮发生裂纹故障时，其模态参数（固有频率与振型）将会发生显著的变化，因此可以考虑将固有频率作为诊断齿轮裂纹故障的一个重要参数。模态分析的最终目标是识别出系统的模态参数，为结构系统的振动特性分析、振动故障诊断和预测以及结构动力特性的优化设计提供依据。

模态分析主要包括以下步骤：①模型建模；②约束条件和加载；③结果分析。

1）模型建模

采用 SolidWorks 建模，通过 ANSYS 接口导入的方法建立单齿轮裂纹故障模型，其齿轮基本性能参数如表 2.6 所示。

表 2.6　齿轮基本性能参数

模数 /mm	中心距 /mm	齿厚 /mm	齿数	压力角 /(°)	齿厚 /mm	基圆直径 /mm
2.0	18	3.141 59	18	20	4.5	33.828 9

在齿根处建立深度分别为 0.5 mm、1 mm、1.5 mm、2 mm、2.5 mm、3 mm的裂纹，完全贯穿整个齿轮，用来模拟实际裂纹。实体单元采用 10 结点四面体三维单元 Solid 185，齿轮材料为 45 号钢，定义弹性模量 $E=207$ GPa，泊松比 $v=0.3$，密度 $\rho=7\ 850\ \mathrm{kg/m^3}$，采用智能划分网格方法进行总体网格划分，并对裂纹周围进行网格细化。图 2.16 所示为齿轮裂纹故障模型。

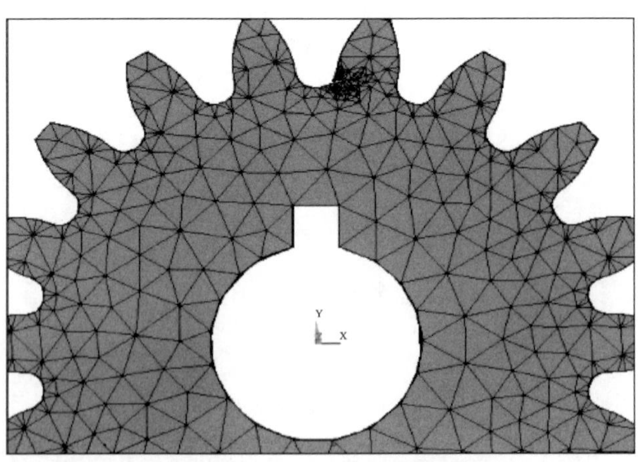

图 2.16　齿轮裂纹故障模型

2）约束条件和加载

在齿根处建立不同深度裂纹的齿轮模型来探讨裂纹对固有频率的影响。裂纹齿轮单元类型和网格划分方式的选取均与正常齿轮相同。

在工作条件下，齿轮和传动轴之间为过盈配合，因此边界条件约束了齿轮内表面各结点 x、y、z 方向的平动自由度和绕 x、y 轴的转动自由度。模态是由系统固有特性决定的，与外载荷无关，因此不需要设置载荷边界条件。

3）结果分析

采用 Block Lanczos 法提取正常齿轮和裂纹齿轮的前 5 阶自由振动的模态，如表 2.7 所示。

表 2.7　齿轮的固有频率值　Hz

尺寸＼阶次	1 阶	2 阶	3 阶	4 阶	5 阶
正常齿轮	29 825	33 887	35 774	37 594	40 941
裂纹 0.5 mm	29 601	33 776	35 402	37 556	40 749
裂纹 1 mm	29 455	33 671	35 378	37 519	40 668
裂纹 1.5 mm	29 335	33 646	35 283	37 478	40 469
裂纹 2 mm	29 269	33 592	35 163	37 409	40 382
裂纹 2.5 mm	29 134	33 504	35 129	37 365	40 330
裂纹 3 mm	27 824	29 798	33 570	35 181	37 460

从表 2.7 可以看出，随着裂纹深度的加大，裂纹齿轮的固有频率明显降低。

为了探讨裂纹深度大小对齿轮固有频率的影响，以无故障齿轮的固有频率 ω 作为基准，故障齿轮的固有频率记为 ω_n，将表 2.7 中故障与无故障的固有频率比作为纵坐标、裂纹深度作为横坐标，可得到裂纹深度对齿轮前 5 阶固有频率的影响情况，如图 2.17 所示。从图 2.17 中可以看出，随着裂纹深度的增加，固有频率呈现明显的下降趋势，尤其是前几阶固有频率受裂纹的影响程度较大。考虑公式

$$\omega = \sqrt{\frac{K}{M}} \tag{2.12}$$

式中，ω 为固有频率；K 为刚度；M 为质量。当裂纹出现时，齿轮的质量并没有明显的改变，所以由式（2.12）可以推出，齿轮裂纹的存在降低了齿轮刚度，而裂纹越大，对齿轮结构刚度损伤越大。

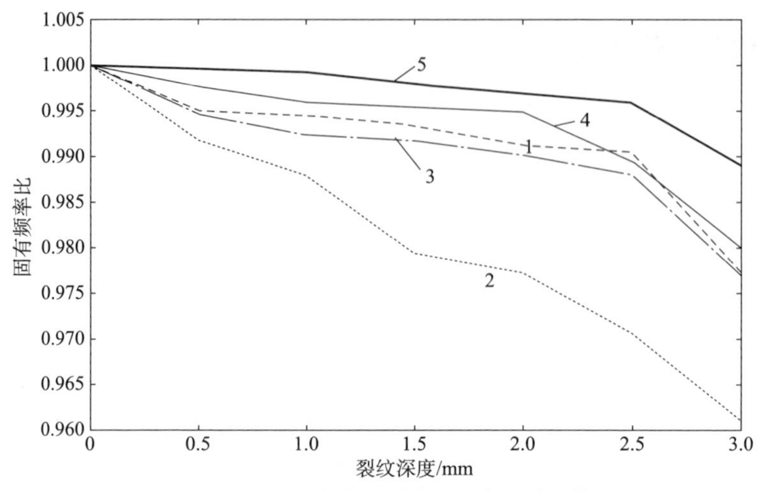

图 2.17　固有频率随裂纹深度变化的趋势

1，2，3，4，5—对应固有频率阶次

从图 2.17 中还可以看到，2.5 ~ 3 mm 处固有频率值变化比较明显，表明当裂纹深度达到 2.5 mm 时，该齿轮刚度发生更为明显的变化，这一现象可由图 2.18 ~ 图 2.21 解释。图 2.18 ~ 图 2.21 所示为不同深度裂纹的位移振型，虚线表示原有位移。

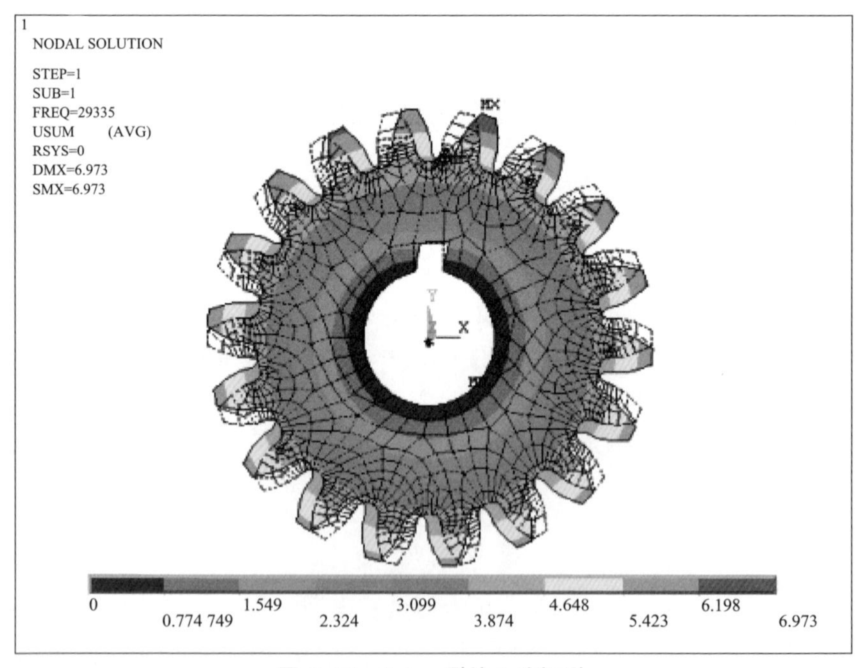

图 2.18　1 mm 裂纹 1 阶振型

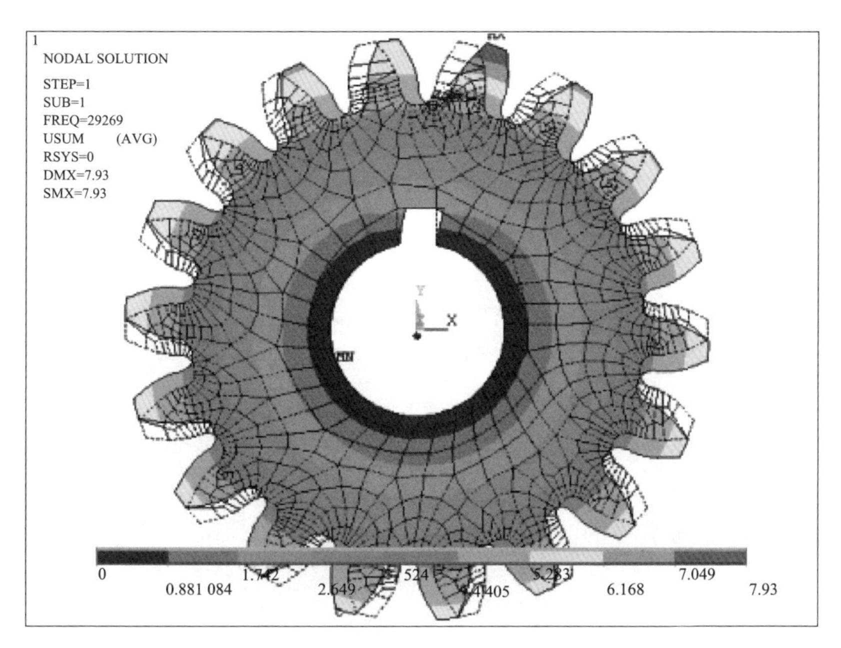

图 2.19　2 mm 裂纹 1 阶振型

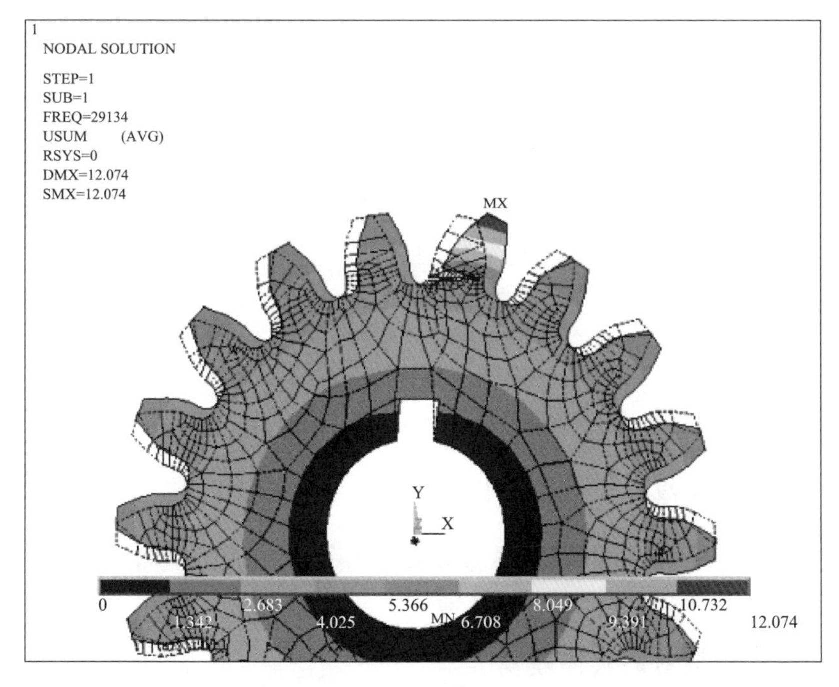

图 2.20　2.5 mm 裂纹 1 阶振型

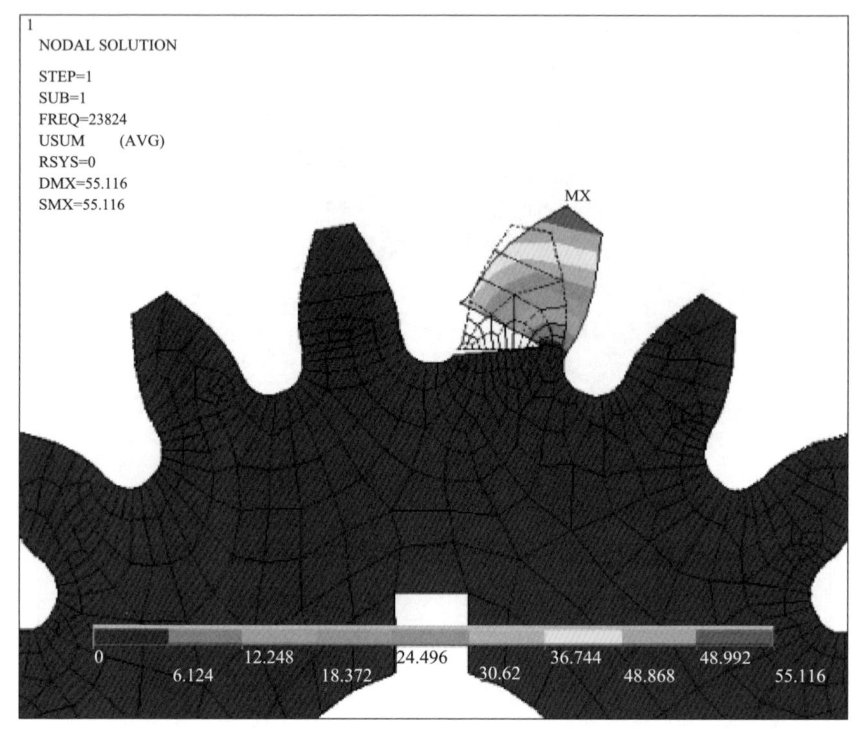

图 2.21 3 mm 裂纹 1 阶振型

从图 2.18 ~ 图 2.21 中可以看到，齿轮的最大变形量总是发生在裂纹存在的齿上，这就进一步表明，由于裂纹的存在，该齿强度变低，迫使裂纹齿发生较大的位移变形，并且随着裂纹深度的增加，裂纹的变形将成为影响齿轮的主要因素。

将图 2.19 ~ 图 2.21 加以比较可以发现，在出现 2 mm 裂纹时，虽然最大位移发生在裂纹齿上，但轮齿根部没有发生明显的断裂倾向。但在出现 2.5 mm裂纹时，齿轮已经存在发生断裂的倾向，这一现象在出现 3 mm 裂纹时更为明显，这就表明，随着裂纹深度的增大，齿轮最终将会发生断齿现象。这也是图 2.17 固有频率在 2.5 mm 处发生明显转折的原因。

2.3.2.3 裂纹齿轮接触分析

由于变速箱中齿轮实际工作状态总是有啮合齿轮对在运转，因此，需要考虑齿轮发生裂纹时啮合齿轮接触的状态分析。

1）齿轮接触对的实体建模

该模型是通过 ANSYS 参数化建模方法来建立的。实体单元采用 Solid 185

单元，齿轮材料为45号钢，定义弹性模量 $E=207$ GPa，泊松比 $\upsilon=0.3$，密度 $\rho=7\ 850\ \mathrm{kg/m^3}$，采用智能划分网格方法进行总体网格划分，其齿轮基本性能参数如表2.8所示，图2.22和图2.23所示为单齿轮裂纹故障模型和齿轮接触模型。

表2.8　齿轮基本性能参数

齿轮	模数/mm	齿数	分度圆压力角/(°)	齿顶高系数	顶隙系数
大齿轮	2	28	20	1	0.25
小齿轮	2	18	20	1	0.25

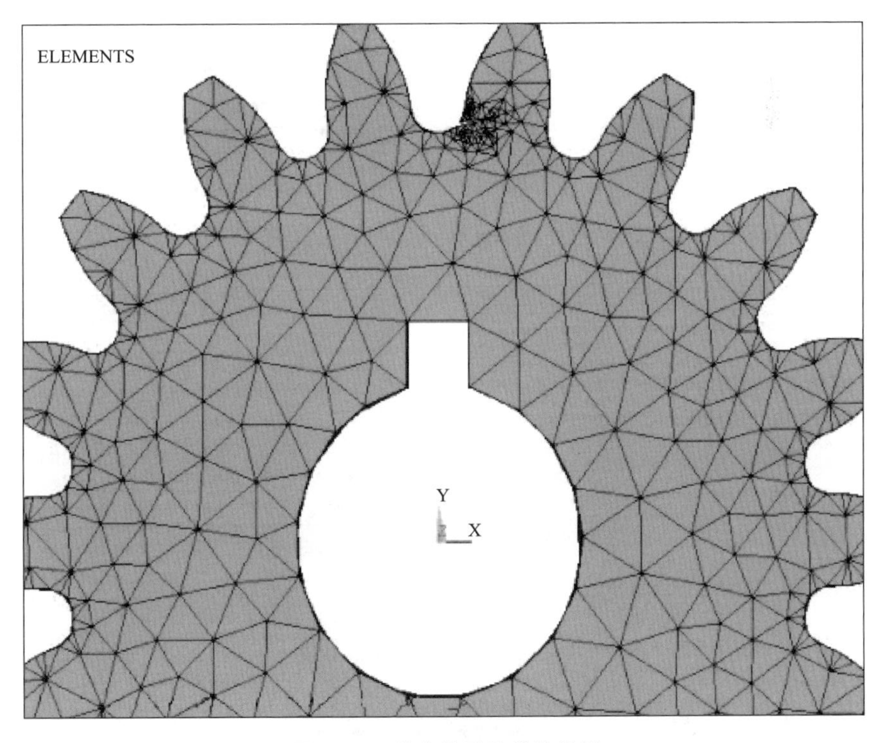

图2.22　单齿轮裂纹故障模型

ANSYS支持三种接触方式：点—点、点—面和面—面接触，本节采用面—面接触模型模拟齿面的接触，因为这种模型支持发生大滑动和摩擦的大变形，而且对复杂接触表面和动态接触问题能进行有效的处理。面—面接触模型是把两个接触面分为“目标”面和“接触”面，接触单元采用Targe 170模拟目标面、Conta 174模拟接触面。

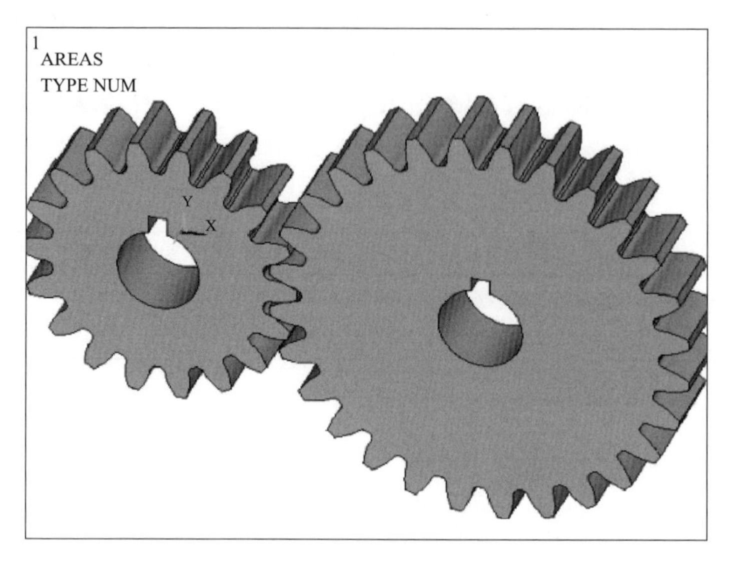

图 2.23　齿轮接触模型

通过 ANSYS 的接触向导创建啮合轮齿的面—面接触对，设置小齿轮的轮齿齿面为目标面，大齿轮的轮齿齿面为接触面，由此便可生成一个接触对。轮齿接触对模型如图 2.24 所示。

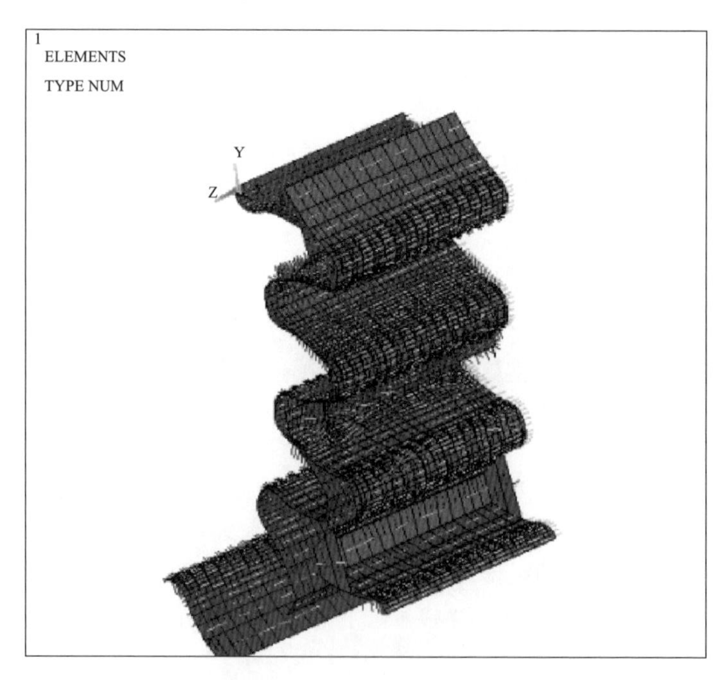

图 2.24　轮齿接触对模型

2）载荷及边界条件的施加

能否正确地施加边界条件和载荷直接关系到模型求解的结果。由齿轮的传动特性可以知道，主动轮和从动轮都做绕其中心轴的转动，只有一个自由度。在 Solid185 所建模型中，只有三个自由度的约束，因此，为了能使齿轮绕 z 轴转动，在齿轮中心处建立刚性结点并与齿轮相接，约束除转动外的自由度。在齿轮传动过程中，从动轮是靠主动轮轮廓的推动来运动的，所以在做分析时，给予从动轮随着时间变化的转动位移来模拟转动过程，给主动轮施加转矩载荷。考虑传动特性，将柴油发动机的输出扭矩作为传动箱的驱动力矩，用线性函数公式表示为

$$T = -158.84\omega + 3.0165 \times 10^{6} \tag{2.13}$$

式中，T 为扭矩；ω 为齿轮轴转速，设为 300 rad/min。

图 2.25 所示为载荷及边界条件的施加。设置分析类型为瞬态分析，时间为 1.5 s，步长为 15 步，求解结果。

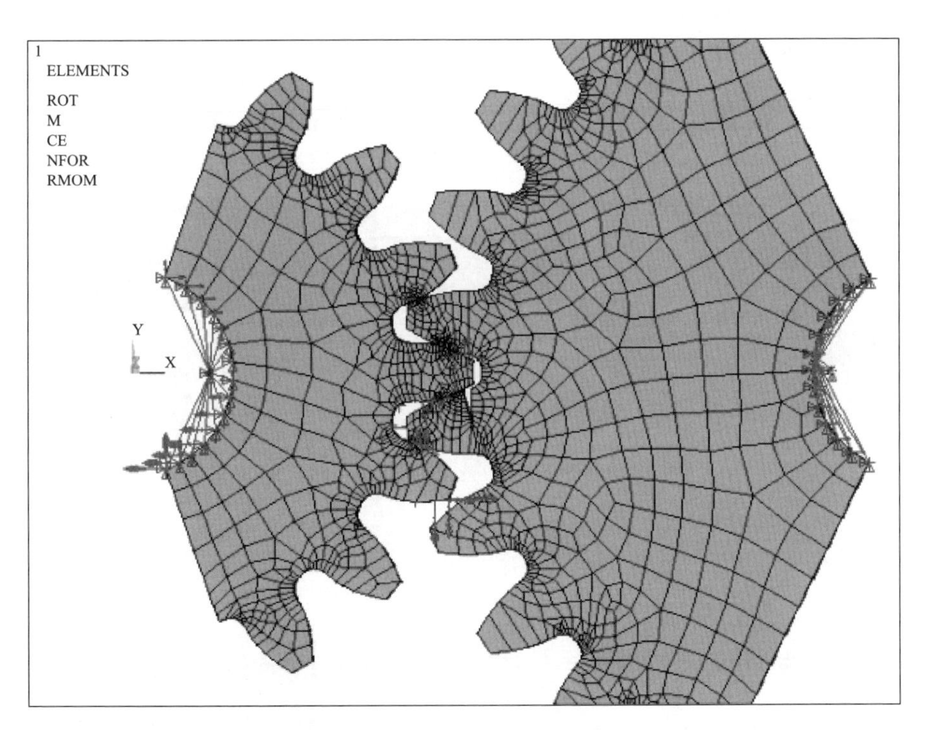

图 2.25 载荷及边界条件的施加

3）结果分析

图 2.26～图 2.28 所示为齿轮在 1.5 s 时的应力云图。

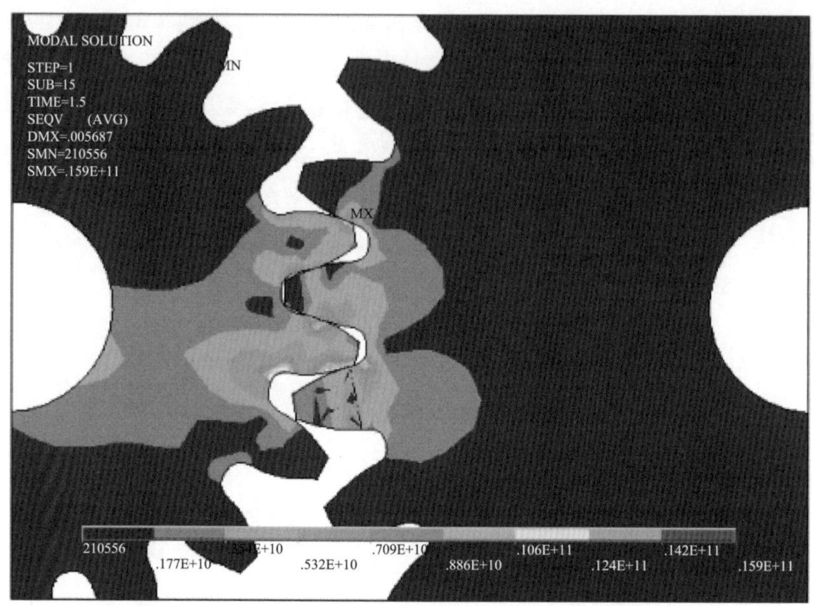

图 2.26　正常齿轮的应力云图

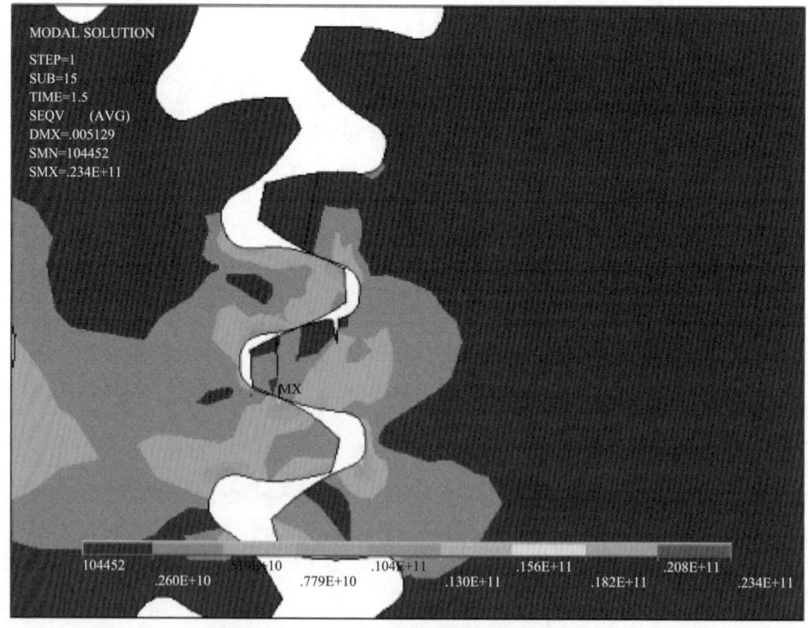

图 2.27　1 mm 裂纹齿轮的应力云图

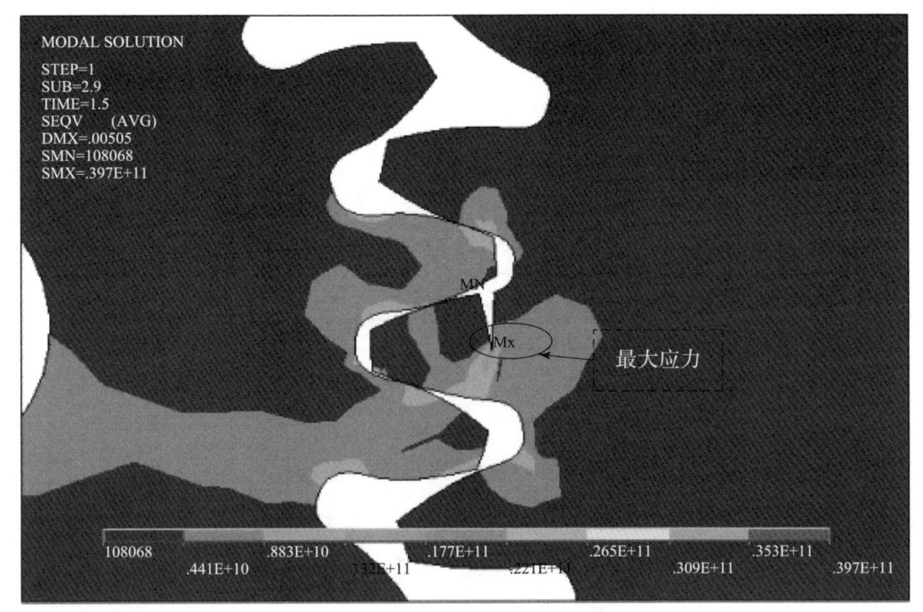

图 2. 28　2 mm 裂纹齿轮的应力云图

从图 2. 26 和图 2. 27 的应力云图中可以看出，齿轮上应力最大的位置都发生在齿轮齿顶和齿根处，而在接触位置上，接触区的应力明显大于非接触区的应力；有齿根裂纹轮齿的应力大于无齿根裂纹齿轮的应力，所以裂纹的存在会增大接触应力的应力集中程度，降低轮齿的强度。

图 2. 28 则表明，随着裂纹深度的增加，将会出现应力集中现象，其应力最大处都在裂纹尖端处，且随着裂纹深度的加大，其应力亦越大。由此可知，随着齿轮的使用，并在一定强度的循环载荷作用下，这些裂纹会不断扩展，最终导致断齿事故发生，且随着裂纹的进一步扩展，齿轮扭转啮合刚度亦随之减小，使齿轮的传动误差进一步加大，这与齿根裂纹对齿轮传动的影响是相符合的。

2. 3. 3　齿轮断齿故障机理分析

断齿是齿轮发生故障最主要也是最严重的损伤形式，齿轮的断齿失效不仅会造成生产设备完全停机，甚至会导致二次故障和人员伤亡事故。本节从断齿的理论分析入手，分析断齿故障数学模型，并通过动力学分析，得到断齿下的啮合频率和啮合力。

2. 3. 3. 1　齿轮断齿故障数学模型

图 2. 29 所示为齿轮啮合物理模型。考虑到啮合力作用于啮合线方向，与

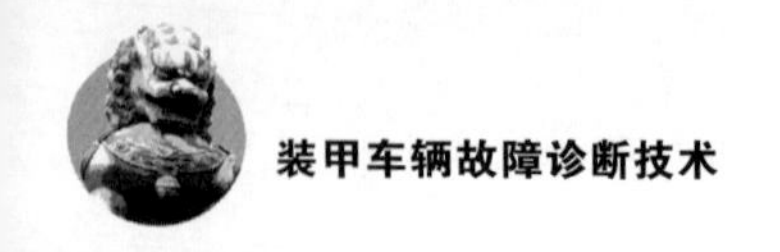

其垂直方向的运动对轮齿载荷影响不大，所以对其可忽略不计，其运动方程如下：

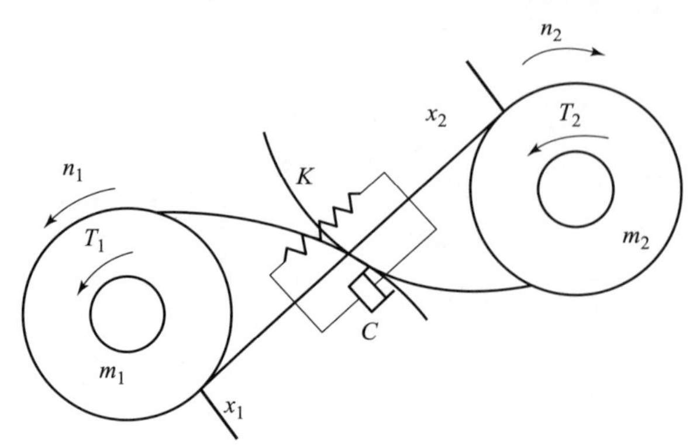

图 2.29　齿轮啮合物理模型

$$M_i \ddot{x}_i + C_i \dot{x}_i + K_i x_i = F_s + F_d \tag{2.14}$$

$$J_i \ddot{\theta}_i + C_i \dot{\theta}_i + K_i \theta_i = (F_s - F_d) r_{gi} \tag{2.15}$$

式中，$i=1$，2；M_i 为齿轮 i 的质量；J_i 为齿轮 i 的转动惯量；C_i 为阻尼系数；K_i 为刚度；x_i 为齿轮的轴位移；θ_i 为齿轮的转角；F_s 为齿轮的静载荷；F_d 为齿轮的动载荷；r_{gi}为齿轮 i 的基圆半径。

若不考虑齿轮轴的横向振动并忽略轴的扭转刚度及阻尼，则式（2.15）变为

$$J_i \ddot{\theta}_i = (F_s - F_d) r_{gi} \tag{2.16}$$

该条件下的动载荷可以表示为

$$F_d = \begin{cases} k(t)[x_1 - x_2 - e(t)] + c(x_1 - x_2) & (x_1 - x_2 < -\mathrm{BL}) \\ 0 \quad (-\mathrm{BL} \leqslant x_1 - x_2 \leqslant 0) & \\ k(t)[x_1 - x_2 + \mathrm{BL} - e(t)] + c(x_1 - x_2) & (x_1 - x_2 > 0) \end{cases} \tag{2.17}$$

式中，$x_1 = r_{g1}\theta_1$，$x_2 = r_{g2}\theta_2$；$e(t)$ 为齿轮误差；$k(t)$ 为啮合刚度；BL 为齿轮齿侧间隙；c 为啮合阻尼系数。

若不考虑齿轮运转过程中的齿面分离状态，令 BL = 0，则动载荷表示为

$$F_d = k(t)[r_{g1}\theta_1 - r_{g2}\theta_2 - e(t)] + c(r_{g1}\dot{\theta}_1 - r_{g2}\dot{\theta}_2) \tag{2.18}$$

对于制造安装理想的齿轮传动机构，齿轮发生断齿故障时，故障点处齿轮啮合刚度会产生一个阶跃，断齿的齿轮产生一个偏心质量 m，齿轮在运转过程中偏心质量产生一个大小为 $mr\omega^2$ 的离心力。ω 为故障齿轮所在轴的旋转角速度，r_{gi}为齿轮基圆半径。

对于直齿轮，考虑到齿轮断齿对齿轮啮合刚度的影响，则一个啮合周期内

齿轮的动载荷可表示为

$$F_{\mathrm{d}}=\begin{cases}\Delta k[x_1-x_2-e(t)]+c(x_1-x_2) & \left(0\leqslant t<\dfrac{T}{N}\right)\\ k_{\mathrm{m}}[x_1-x_2-e(t)]+c(x_1-x_2) & \left(\dfrac{T}{N}\leqslant t<T\right)\end{cases}\tag{2.19}$$

令 $M_1=\dfrac{J_1}{r_{\mathrm{g1}}^2}$，$M_2=\dfrac{J_2}{r_{\mathrm{g2}}^2}$；$M=\dfrac{M_1M_2}{M_1+M_2}$，$x=x_1-x_2-e(t)$；$k(t)$ 为啮合周期 T 的函数，将式（2.19）代入式（2.14），整理可得

$$M\ddot{x}+C\dot{x}+K(t)x=F_{\mathrm{s}}-k(t)e(t)\tag{2.20}$$

忽略齿轮的制造与安装误差等因素的影响，仅考虑由于齿轮断齿而引起的不平衡质量，即偏心质量产生的离心力和齿轮断齿引起的齿轮啮合刚度变化的影响，则式（2.20）可以写为

$$M\ddot{x}+C\dot{x}+K(t)x=mr\omega^2\cos\omega t\tag{2.21}$$

式（2.21）为分段线性方程。对式（2.21）进行无量纲化处理，令 $\tau=\omega t$，则有 $\dfrac{\mathrm{d}x}{\mathrm{d}t}=\omega x'$，$\dfrac{\mathrm{d}^2x}{\mathrm{d}t^2}=\omega^2x''$，代入式（2.21）可得

$$\omega^2x''+\frac{c\omega}{M}x'+\frac{k(t)}{M\omega^2}x=\frac{m}{M}r\omega^2\cos\tau\tag{2.22}$$

两边同时除以 ω^2，令 $\lambda=\dfrac{\omega_{\mathrm{n}}}{\omega}$，$\xi=\dfrac{c}{2M\omega_{\mathrm{n}}}$，$\omega_{\mathrm{n}}=\dfrac{k}{M}$，其中 ω_{n} 是固有角频率。

$$\ddot{x}+2\xi\lambda\dot{x}+\lambda^2x=\frac{m}{M}r\cos\tau\tag{2.23}$$

式（2.23）即为齿轮系统断齿的振动微分方程。它是量纲为 1 的方程，不依赖于具体的物理量纲，只具有形式上的特点。

2.3.3.2　断齿齿轮的动力学分析

参照裂纹齿轮啮合分析，完成齿轮断齿的动力学分析过程。图 2.30 所示为断齿齿轮模型。得到的相应的啮合力如图 2.31 和图 2.32 所示。

对于断齿故障模型，每隔一定的时间，啮合力会有一个巨大的冲击，冲击处的啮合力达到了 296.2 kN，这是由于断齿齿轮没有按照正常的啮合造成的冲击现象。

从图 2.32 中可以看出从 0.10 ~ 0.30 s 出现冲击的时刻：0.117 s，0.157 5 s，0.198 s，0.238 5 s，0.279 s。所以，时间间隔 t 为 0.040 5 s，即冲击频率：$f_1=1/t=24.691$ Hz；此时，主动轮转速 n 为 1 481.5 r/min，所以计算断齿的频率：$f_2=n/60=24.691$ Hz，因此，$f_1=f_2$，验证了模型和分析方法的正确性。

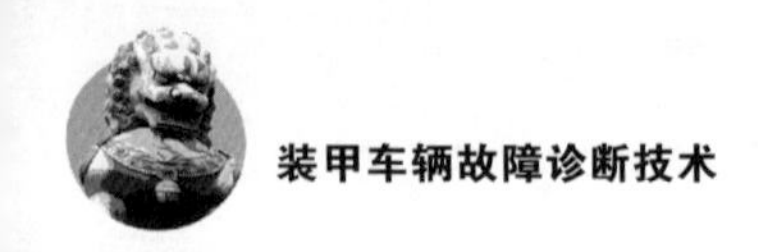

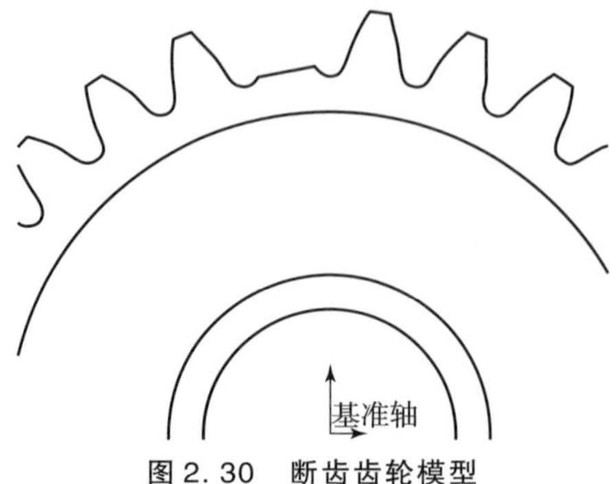

图 2.30　断齿齿轮模型

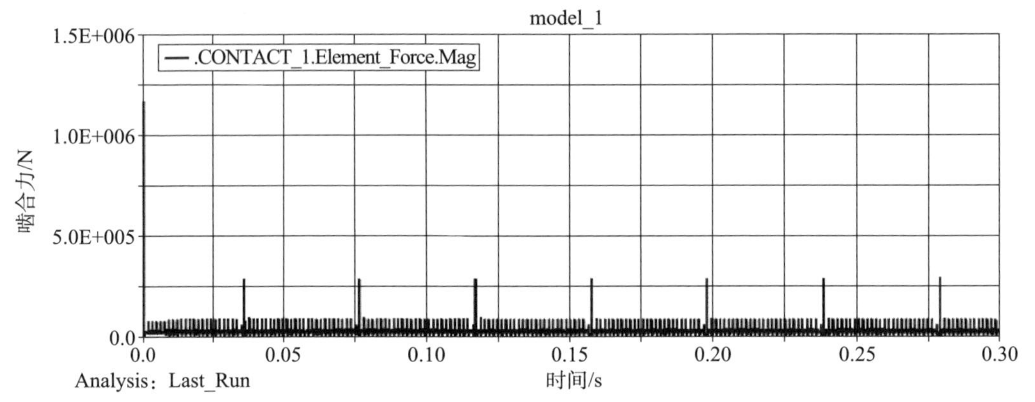

图 2.31　断齿齿轮的啮合力

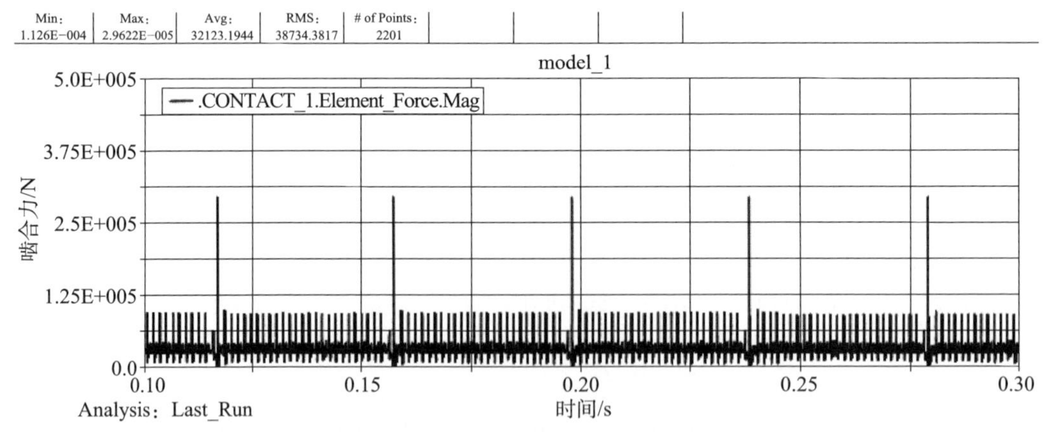

图 2.32　断齿齿轮啮合力的放大效果

2.3.4　传动轴松动故障机理分析

由螺栓的松动或过大的间隙引起的机械松动是变速箱机械常见的故障之

一。松动产生的原因一般是安装质量不好或者是系统的长期振动等。具有松动故障的转子系统在不平衡力的作用下，会引起支座的跳动，导致系统的刚度变化，因而经常会出现非常复杂的运动现象。目前对基础松动故障的研究，普遍采用的是分段线性非线性动力学模型。

2.3.4.1　轴松动故障数学模型

机械松动通常可分为旋转部件松动和基础松动两种形式，其中轴承座与基础之间的松动是旋转机械常见的故障。支承部件的长期振动或安装质量不高，支承系统结合面间隙过大、预紧力不足，外力和温升作用的影响，固定螺栓强度不足导致断裂或缺乏防松措施造成部件松动，基础施工质量欠佳等，都是造成松动的常见原因。一旦出现松动间隙，连接刚度就会下降，机械阻尼降低，振动特性发生变化，从而导致振动异常。带有松动故障的旋转机械工作时，由于偏心产生不平衡力，当不平衡力超过重力时，机械就会被周期性地抬起，使系统产生周期性碰摩，从而系统刚度也产生周期性的变化。图 2.33 所示为具有松动故障的转轴模型。

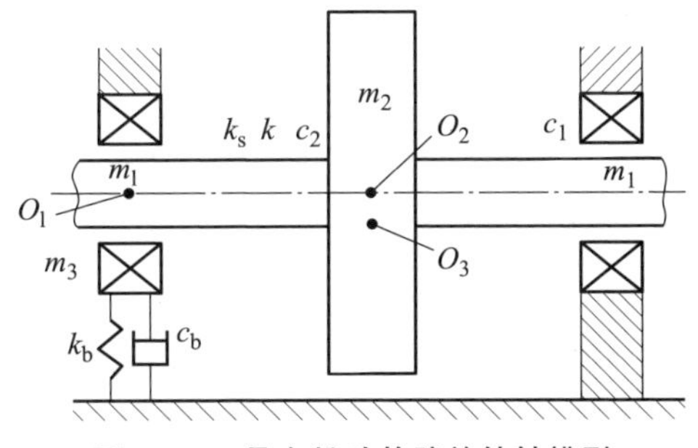

图 2.33　具有松动故障的转轴模型

图 2.33 所示转轴的两端有两个相同的滑动轴承，假设松动的最大间隙为 δ_0。转子两端采用对称结构圆柱轴承支承，O_1 为轴瓦几何中心，O_2 为转子几何中心，O_3 为转子质心，e 为质量偏心量系数，两端滑动轴承处的等效集中质量为 $m_1 = m_r = m_1$，转子圆盘的等效集中质量为 m_2，松动轴承支座处的等效集中质量为 m_3，k 和 k_s 为转轴线性和非线性刚度系数，c_1 为转子在轴承处的阻尼系数，c_2 为转子圆盘处的阻尼系数，c_b 为地面对于支座处的阻尼系数，k_b 为地面对于支座的刚度系数，视转子与轴承之间为无质量弹性轴。由于松动支座在水平方向的位移很小，所以在此仅考虑其在铅垂方向的位移，记为 y_4。

当支座发生松动故障时，轴承座与基础之间的等效阻尼和刚度系数 c_b、k_b 为分段线性函数，其表达式为

$$c_b=\begin{cases}c_{b1} & (y_4<0)\\ c_{b2} & (0\leqslant y_4\leqslant \delta_0)\\ c_{b3} & (y_4>\delta_0)\end{cases},\quad k_b=\begin{cases}k_{b1} & (y_4<0)\\ k_{b2} & (0\leqslant y_4\leqslant \delta_0)\\ k_{b3} & (y_4>\delta_0)\end{cases} \tag{2.24}$$

则该转子系统动力学方程可表示为

$$\begin{cases}m_1\ddot{x}_1+c_1\dot{x}_1+k(x_1-x_2)+k_s(x_1-x_2)[(x_1-x_2)^2+(y_1-y_2)^2]=\\ \quad F_x(x_1,y_1,\dot{x}_1,\dot{y}_1)\\ m_1\ddot{y}_1+c_1\dot{y}_1+k(y_1-y_2)+k_s(y_1-y_2)[(x_1-x_2)^2+(y_1-y_2)^2]=\\ \quad F_y(x_1,y_1,\dot{x}_1,\dot{y}_1)-m_1g\\ m_2\ddot{x}_2+c_2\dot{x}_2+k(2x_2-x_1-x_3)+k_s(2x_2-x_1-x_3)[(2x_2-x_1-x_3)^2+(2y_2-y_1-y_3)^2]=\\ \quad m_2e\omega^2\cos(\omega t)\\ m_2\ddot{y}_2+c_2\dot{y}_2+k(2y_2-y_1-y_3)+k_s(2y_2-y_1-y_3)[(2x_2-x_1-x_3)^2+(2y_2-y_1-y_3)^2]=\\ \quad m_2e\omega^2\cos(\omega t)-m_2g\\ m_1\ddot{x}_3+c_1\dot{x}_3+k(x_3-x_2)+k_s(x_3-x_2)[(x_3-x_2)^2+(y_3-y_2)^2]=\\ \quad F_x(x_3,y_3-y_4,\dot{x}_3,\dot{y}_3-\dot{y}_4)\\ m_1\ddot{y}_3+c_1\dot{y}_3+k(y_3-x_2)+k_s(y_3-x_2)[(x_3-x_2)^2+(y_3-y_2)^2]=\\ \quad F_y(x_3,y_3-y_4,\dot{x}_3,\dot{y}_3-\dot{y}_4)-m_1g\\ m_3\ddot{y}_4+c_b\dot{y}_4+k_by_4=-F_y(x_3,y_3-y_4,\dot{x}_3,\dot{y}_3-\dot{y}_4)-m_3g\end{cases} \tag{2.25}$$

式中，m_1，y_1 分别为未松动端轴承处轴心在水平和垂直方向的位移；x_2，y_2 分别为圆盘处位移；x_3，y_3 分别为松动端轴心位移；ω 为转子角速度，$F_x(x_1,y_1,\dot{x}_1,\dot{y}_1)$，$F_y(x_1,y_1,\dot{x}_1,\dot{y}_1)$，$F_x(x_3,y_3-y_4,\dot{x}_3,\dot{y}_3-\dot{y}_4)$，$F_y(x_3,y_3-y_4,\dot{x}_3,\dot{y}_3-\dot{y}_4)$ 分别为未松动端和松动端轴承油膜力在 x、y 方向上的分量。

2.3.4.2 正常状态主轴模态分析

变速箱主轴是变速箱的重要组成部分，通过动力学分析可以判断出主轴转速是否合理，结构中有无薄弱环节，并且通过故障仿真，为轴类故障机理研究提供一定的依据。

本小节应用 ANSYS Workbench 有限元软件对某型坦克变速箱主轴进行模态分析，研究主轴的振型、固有频率和临界转速，并判定松动故障和不对中故障对主轴的影响。

1）变速箱主轴模型及前处理

（1）将模型导入 ANSYS。

将 SolidWorks 模型导入 ANSYS 软件中的几种不同方法，比较各种模型数据交换文件的优缺点。利用 SolidWorks 和 ANSYS 之间的数据交换，充分发挥两软件在实体建模和结构分析各自领域的优越性，能有效地弥补 ANSYS 软件处理复杂结构模型时的不足，从而提高 ANSYS 软件分析复杂结构模型的能力。ANSYS 提供了与各种 CAD 软件的专用接口，其自带的图形接口能识别 IGES、Parasolid、CATIA、Pro/E、UG 等标准的文件。

采用 Parasolid 格式将三维主轴模型导入 ANSYS 软件。具体的数据交换步骤如下。

第一步，在 SolidWorks 中创建模型。选择：文件（F）→另存为（A）→保存类型（T）→Parasolid（＊. x_t）输出模型。

第二步，在 ANSYS 中导入 Parasolid 格式的文件。File→Import→PARA 弹出图 2. 34所示的 ANSYS 与 Parasolid 接口的对话框，设计人员根据自己的需要选择相应的设置，完成模型的导入。

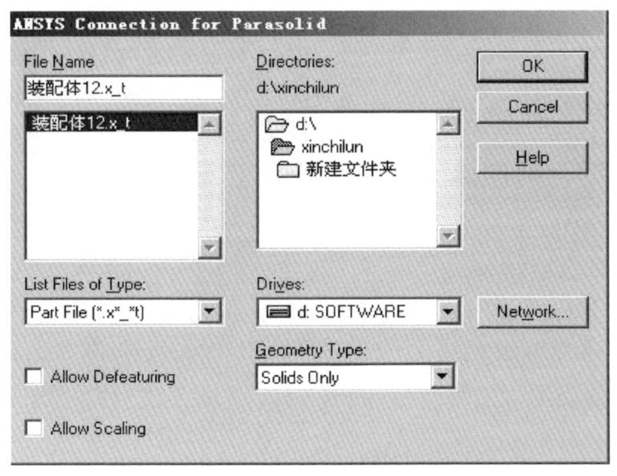

图 2. 34　ANSYS 导入界面

（2）定义单元类型和材料属性。

第一，定义单元类型。ANSYS 的单元库提供了 100 多种单元类型，单元类型选择的工作就是将单元的选择范围缩小到少数几个单元上。

适用于主轴的单元类型有 Solid 95、Solid 92、Solid 45，Solid 95 是 Solid 45（3 维 8 结点）高阶单元形式，此单元能够容许不规则形状，并且不会降低精确性，特别适合边界为曲线的模型；同时，其偏移形状的兼容性好，Solid 95

有 20 个结点定义，每个结点有 3 个自由度（x，y，z 方向），此单元在空间的方位任意，Solid 92、Solid 95 都很精确，Solid 95 可以划分为映射网格，用比 Solid 92 少的计算规模得到同样的精度，特别是大规模的模拟计算。所以，本节主轴采用的是 Solid 95。变速箱主轴的形式为花键轴。选择单元类型为 ANSYS 程序中的 20 结点三维单元 Solid 95，该单元能很好地适应曲线边界模型。

第二，定义材料属性。选择 Material Props→Material Models，材料 45#，泊松比 $v=0.3$，弹性模量 $E=206$ GPa，密度为 7 800 kg/m^3。

设置主轴材料的密度 $\rho=7\ 800$ kg/m^3、杨氏模量 2.07×10^{11} Pa、泊松比 $v=0.29$，其界面如图 2.35 所示。

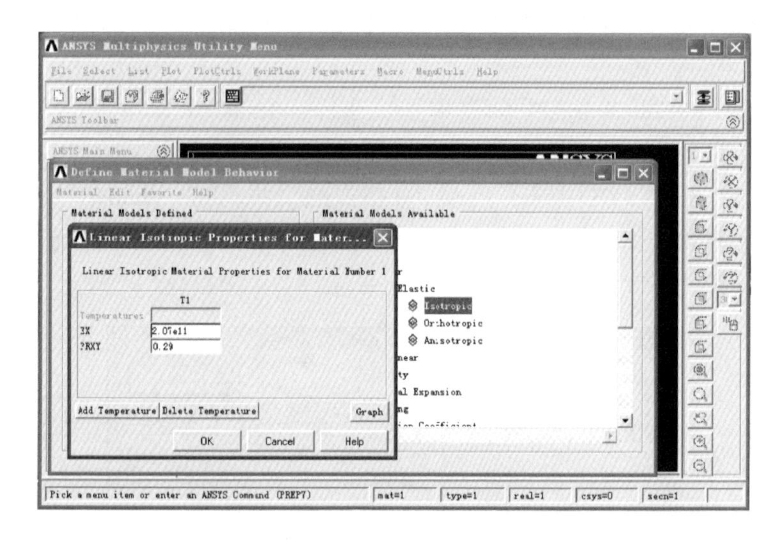

图 2.35　选择材料属性界面

（3）划分网格。

网格划分是建立有限元模型的关键环节，划分网格的方式直接影响着计算速度和精度，ANSYS 中主要提供了自由网格划分、映射网格划分和体扫掠网格划分三种方法。

采用自由网格划分方法对主轴有限元模型进行网格划分。

具体步骤为：选取 Smart Size→Size Control→6 Default。之后 Mesh→Volumes→Free→Pick all，ANSYS 将自动开始对主轴模型进行自由网格划分。网格划分结果如图 2.36 所示。

（4）约束及模态分析方法选取。

第一，添加约束。单个主轴添加了 5 个约束，留下 1 个绕轴线旋转的自由度即可。

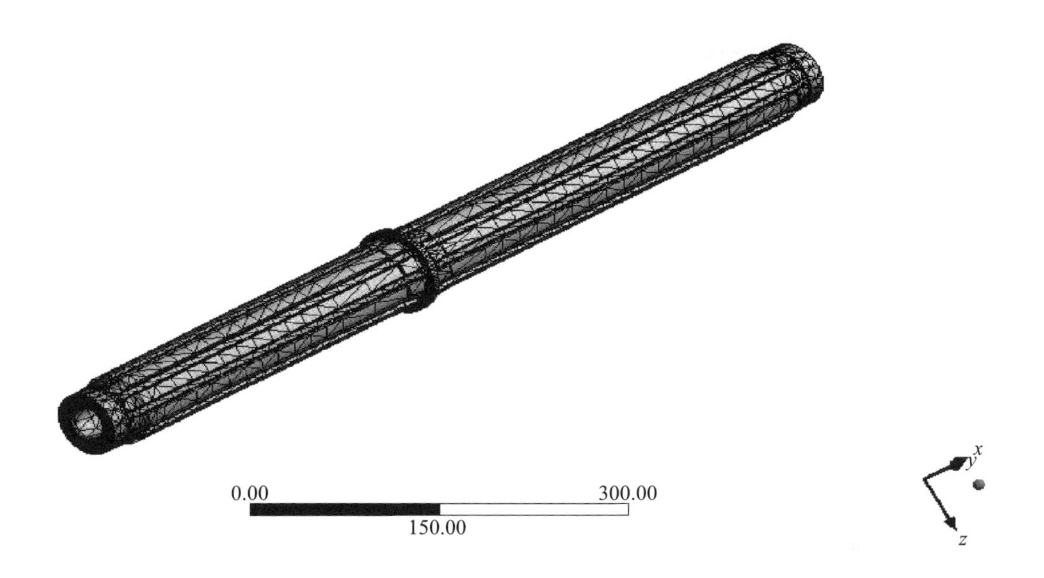

图 2.36　网格划分结果（主轴有限元模型）

第二，选取合适的模态提取方法。划分网格完成后退出 ANSYS 前处理器，单击 Solution 进入 ANSYS 求解处理器。首先设置分析类型为 Modal。然后在 Analysis Options 中设置模态提取方法和模态个数以及扩展模态个数，设置频率范围。

在 ANSYS 中有 Block Lanczos 法、Subspace 法、Powerdynamics 法、Reduced 法、Damped 法等提取模态的方法，其中 Block Lanczos 法是一种功能强大的方法，可以在众多场合中使用。当提取中型到大型模型的大量振型时，这种方法很有效，所以其经常使用在具有实体单元或壳单元的模型中；在具有或没有初始截断点时同样有效，还可以很好地处理刚体振型，但是这种方法有一缺点，就是需要很大的内存。

使用何种模态提取方法主要取决于模型大小（相对于计算机的计算能力而言）和具体的应用场合。综合考虑计算机硬件和求解精度问题，选择 Block Lanczos 法进行计算，其参数设置如图 2.37 所示。

单击“OK”按钮，出现所要提取的固有频率范围设置对话框，在其中设置提取的频率范围，单击“OK”按钮，完成设置，如图 2.38 所示。

2）结果分析

主轴临界转速 $N_c = 60f$，基于各阶固有频率可算出各阶临界转速。主轴前 8 阶固有频率如表 2.9 所示。

Modal Analysis
[MODOPT] Mode extraction method
Block Lanczos
Subspace
Powerdynamics
Reduced
Unsymmetric
Damped
QR Damped
No. of modes to extract 10
(must be specified for all methods except the Reduced method)
[MXPAND]
Expand mode shapes Yes
NMODE No. of modes to expand 10
Elcalc Calculate elem results? Yes
[LUMPM] Use lumped mass approx? No
-For Powerdynamics lumped mass approx will be used
[PSTRES] Incl prestress effects? No
[MSAVE] Memory save No
-only applies if the PowerDynamics method is selected
OK Cancel Help

图 2.37　模态分析参数设置界面

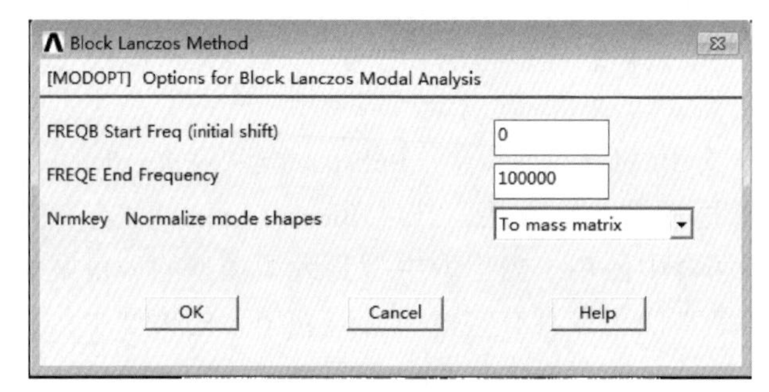

图 2.38　频率范围设置界面

表 2.9　主轴前 8 阶固有频率

阶数	1	2	3	4	5	6	7	8
频率/Hz	321.0	321.6	873.9	874.1	1 450.6	1 681.5	1 681.6	2 307.1

主轴模态前 6 阶振型如图 2.39（a）和（b）为 1 阶、2 阶主振型振动模态，为刚体的弯曲模态；图 2.39（c）、（d）、（f）分别为两个正交的弯曲模态，对应的主振型分别为 3 阶、4 阶、6 阶弯曲模态；图 2.39（e）对应 5 阶扭转模态。

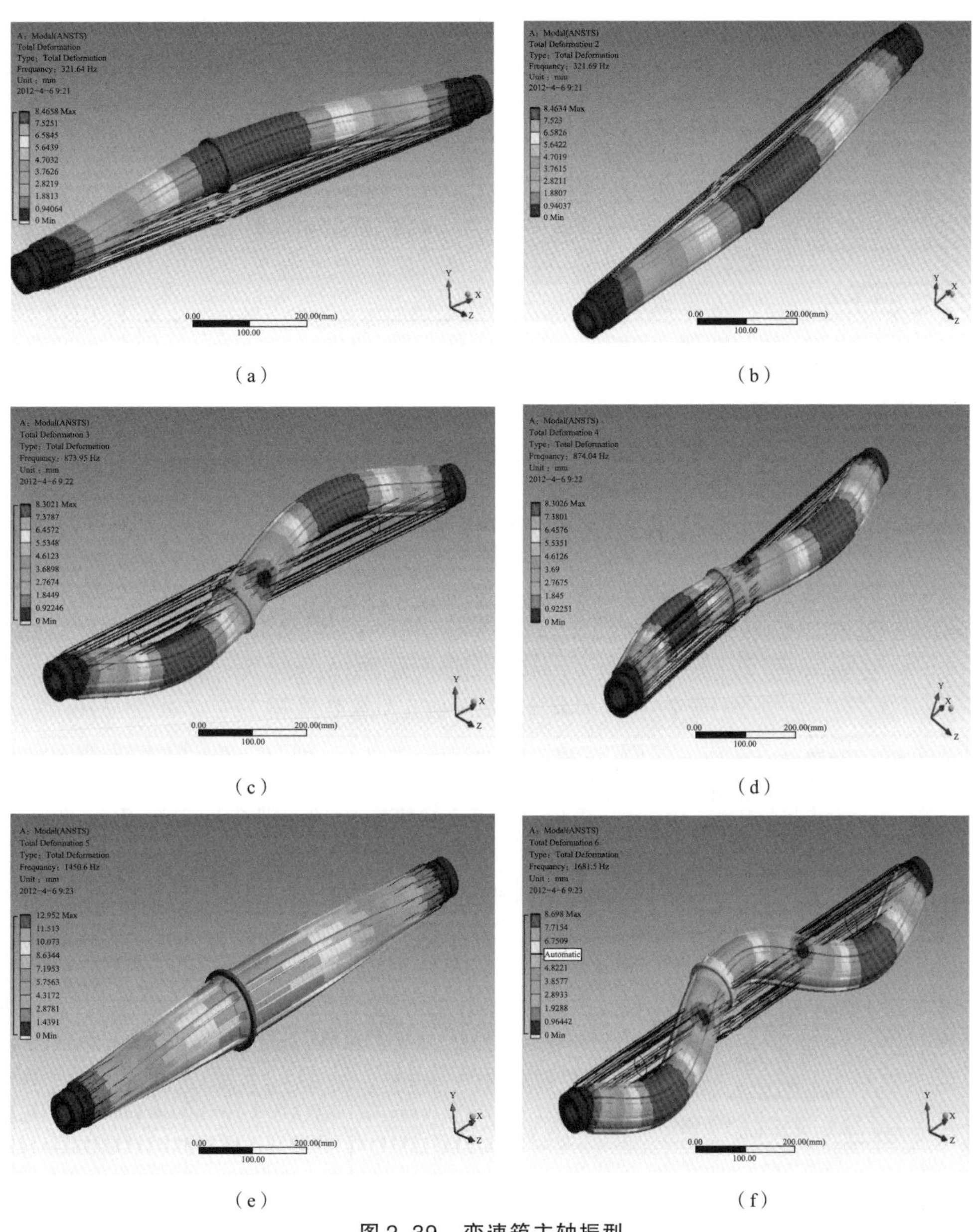

图 2.39　变速箱主轴振型

(a) 1 阶振型；(b) 2 阶振型；(c) 3 阶振型；
(d) 4 阶振型；(e) 5 阶振型；(f) 6 阶振型

2.3.4.3　轴松动的模态分析

松动将使系统刚度发生变化，长期运转将使松动间隙不断增大，直至系统无法正常工作，甚至发生事故。对于主轴松动故障，两侧的主轴轴承固定座的松动会使主轴产生剧烈的振动，因而对主轴约束松动这一故障进行模拟，有助于了解主轴的振型以及故障状态，对排除松动故障以及研究松动故障机理有着指导作用。

图 2.40 给出了松动故障的模拟设置原理，这里将固定约束简化为弹簧一阻尼约束，根据弹簧刚度和阻尼的变化来模拟不同程度的松动故障。

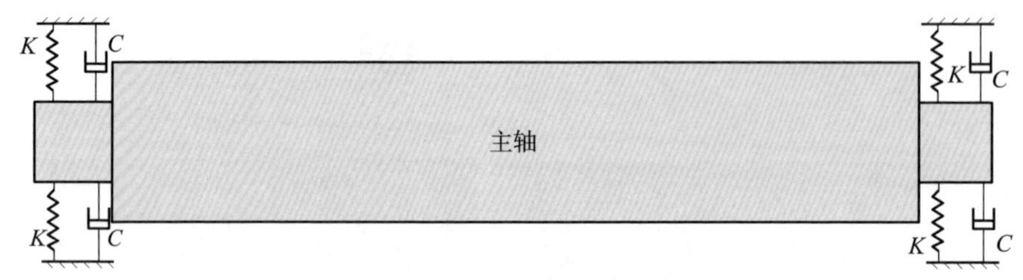

图 2.40 松动故障的模拟设置原理

可以设定松动状态下施加在单位面积上的刚度为 $k=1\times10^5\ \text{N/mm}^3$，阻尼大小设为 0。松动故障模式设为两端松动，为验证刚度简化理论的正确性，将设定不同刚度模式，各故障模式下固有频率的求解结果如表 2.10 所示。

表 2.10 约束松动故障前 8 阶模态频率 Hz

阶数		1	2	3	4	5	6	7	8
故障模式	自由状态	0	0	0	0	0.001 33	0.002 04	372.7	372.72
	两端松动（$k=5\times10^5\ \text{N/mm}^3$）	31.95	90.61	208.19	208.27	684.47	684.55	1 443.3	1 443.4
	两端松动（$k=5\times10^6\ \text{N/mm}^3$）	89.441	209.63	209.8	260.1	686.61	686.82	1 446.1	1 446.3
	两端松动（$k=5\times10^7\ \text{N/mm}^3$）	210.36	211.27	267.21	687.55	688.71	694.29	1 447.2	1 448.4
	两端松动（$k=5\times10^8\ \text{N/mm}^3$）	214.51	220.1	692.74	696.42	720.44	1 180.4	1 452.6	1 461.0
	两端松动（$k=5\times10^9\ \text{N/mm}^3$）	235.57	249.5	721.46	742.73	1 359.2	1 473.4	1 484.2	1 509.5
	两端松动（$k=5\times10^{10}\ \text{N/mm}^3$）	276.1	284.44	785.86	801.06	1 405.6	1 560.3	1 580.2	2 012.1
	约束状态	321.6	321.6	873.9	874.1	1 450.6	1 681.5	1 681.6	2 307.1

以主轴模态阶数为横坐标，固有频率为纵坐标，绘制故障模式图，观察松动故障对主轴固有频率的影响，效果如图 2.41 所示。

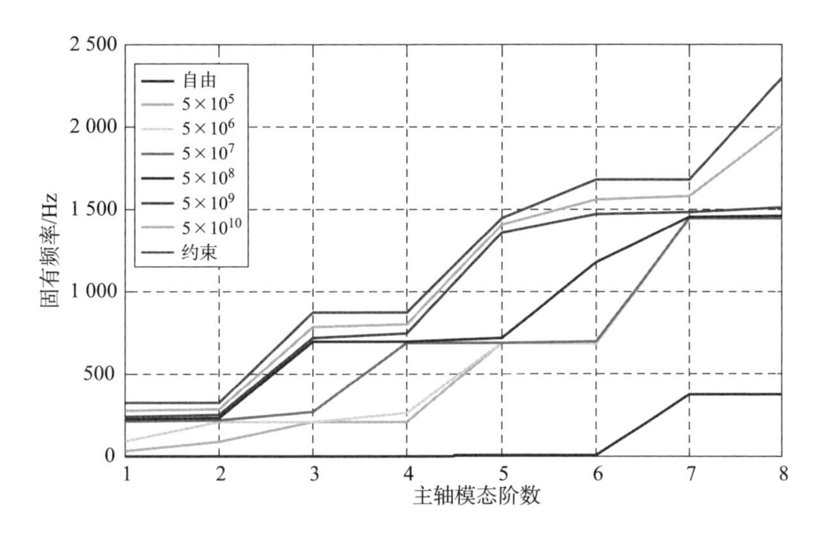

图 2.41　松动故障影响效果

由表 2.10 和图 2.41 可以得到以下结论。

（1）轴承座约束松动对主轴的固有频率影响较大，它会大大降低主轴的固有频率，并导致主轴临界转速降低，从而更加容易引起振动。

（2）松动故障其实是完全约束与自由模态的中间类型，刚度越大，模态频率越靠近固定约束，当刚度无穷大或达到一定值时，可认为是固定约束；相反，当刚度减小至零时，变为自由状态，因此将固定约束简化成弹簧阻尼约束是可行的。

2.3.5　轴不平衡机理分析

质量不平衡是旋转机械最常见的故障。据统计，旋转机械约有一半的故障与质量不平衡有关。

图 2.42 所示为具有不平衡故障的转子——滑动轴承系统模型，转子两端采用对称结构圆柱轴承支承，O_1 为转子几何中心，O_2 为转子质心，e 为质量偏心量系数；左右两端滑动轴承处的等效集中质量分别为 $m_{b1}=m_{br}=m_b$，转子圆盘的等效集中质量为 m；k 和 k_s 为转轴线性和非线性刚度系数，c_b 为转子在轴承处阻尼系数，c_1 为转子圆盘处阻尼系数，视转子与轴承之间为无质量弹性轴。

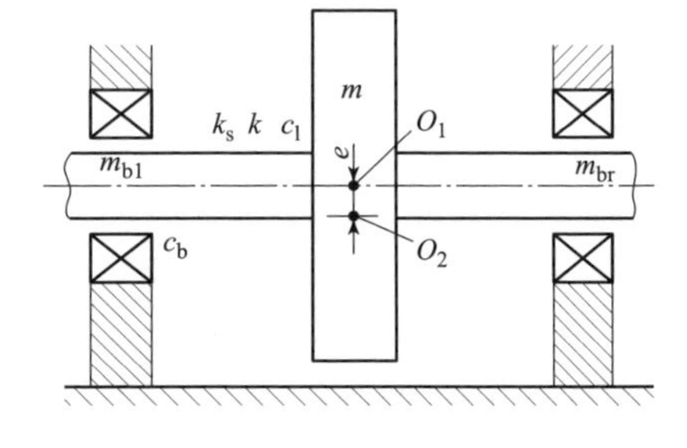

图 2.42　具有不平衡故障的转子——滑动轴承系统模型

设转子圆盘水平和垂直方向位移分别为 x、y，轴承座的位移分别为 x_0、y_0，不考虑其他故障，则具有非线性刚度轴和线性阻尼的转子—轴承系统动力学方程如下：

$$\begin{cases} m\ddot{x}+c_1\dot{x}+k(x-x_b)+k_s[(x-x_b)^2+(y-y_b)^2](x-x_b)=me\omega^2\cos(\omega t) \\ m\ddot{y}+c_1 y+k(y-y_b)+k_s[(x-x_b)^2+(y-y_b)^2](y-y_b)=me\omega^2\sin(\omega t)-mg \\ m_b\ddot{x}_b+c_b\dot{x}_b+k(x_b-x)+k_s[(x_b-x)^2+(y_b-y)^2](x_b-x)=F_x \\ m_b\ddot{y}_b+c_b\dot{y}_b+k(y_b-y)+k_s[(x_b-x)^2+(y_b-y)^2](y_b-y)=F_y-m_b g \end{cases} \tag{2.26}$$

式中，F_x、F_y 为轴承座反作用力；ω 为转速。

2.3.6 轴不对中故障机理分析

2.3.6.1 轴不对中故障的数学模型

在机器处于工作状态时，各转子轴线不平行或不重合，一个或多个轴承安装倾斜或偏心等对中变化误差统称为不对中。转子不对中可分为联轴器不对中和轴承不对中，造成不对中的原因是机器的安装误差、调整不到位、承载后的变形、机器基础的沉降不均匀等。具有不对中故障的转子系统在运行过程中将产生一系列有害于设备的动态效应，轴承早期损坏、油膜失稳和轴的挠曲变形等，将导致机器发生异常振动，危害极大。

图 2.43 所示为具有不对中故障的转子——滑动轴承模型，转子两端采用对称结构圆柱轴承支承，其中 m 为转子在圆盘处的等效集中质量；转子在左、右端轴承处的等效集中质量为 $m_{bl}=m_{br}=m_b$；m_c 为联轴器外壳质量；k、k_s 为转轴线性和非线性刚度系数；c_1、c_b 为转子在圆盘处、轴承处阻尼系数；δ 为左右两转子间的平行不对中量；e 为质量偏心量；视转子与轴承之间为无质量弹性轴。不考虑其他故障，则具有非线性刚度轴和线性阻尼的转子—轴承系统动力学方程如下：

$$\begin{cases} m\ddot{x}+c_1\dot{x}+k(x-x_b)+k_s[(x-x_b)^2+(y-y_b)^2](x-x_b)=me\omega^2\cos(\omega t)+F_{cx} \\ my+c_1 y+k(y-y_b)+k_s[(x-x_b)^2+(y-y_b)^2](y-y_b)=me\omega^2\sin(\omega t)+F_{cy}-mg \\ m_b\ddot{x}_b+c_b\dot{x}_b+k(x_b-x)+k_s[(x_b-x)^2+(y_b-y)^2](x_b-x)=F_x \\ m_b\ddot{y}_b+c_b\dot{y}_b+k(y_b-y)+k_s[(x_b-x)^2+(y_b-y)^2](y_b-y)=F_y-m_b g \end{cases} \tag{2.27}$$

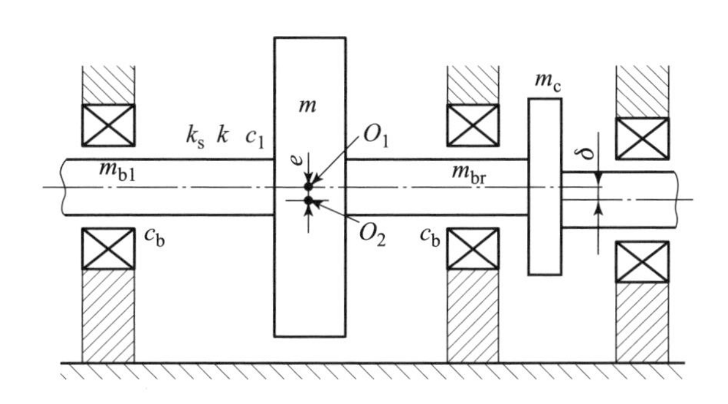

图 2.43　具有不对中故障的转子——滑动轴承模型

式中，F_x，F_y 为轴承座反作用力；F_{cx}，F_{cy} 为不对中处力在 x 和 y 方向的分量。

2.3.6.2　轴不对中频谱分析

在正常状态下轴承座位移和加速度响应如图 2.44（a）、（b）所示，其频谱如图 2.44（c）、（d）所示。

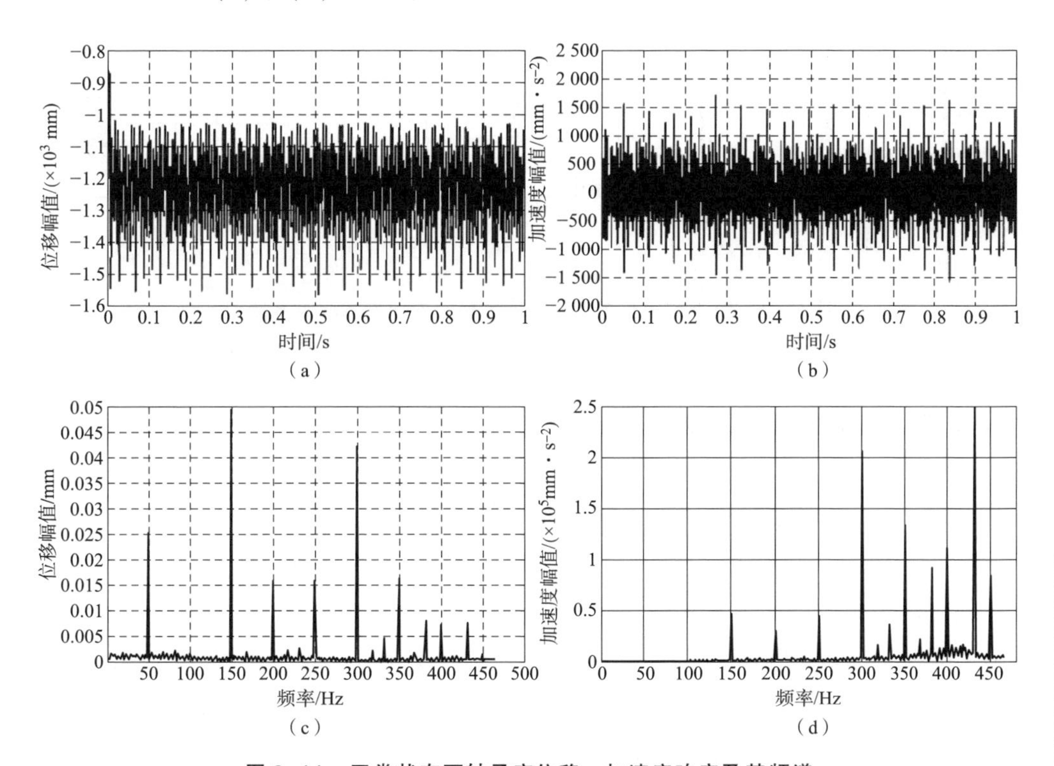

图 2.44　正常状态下轴承座位移、加速度响应及其频谱

（a）位移响应；（b）加速度响应；（c）位移响应频谱；（d）加速度响应频谱

当发生轴不对中故障时，轴承座位移和加速度响应结果如图 2.45（a）、（b）所示，其频谱如图 2.45（c）、（d）所示，由于不对中的存在对轴承的作用力明显不平衡，所以造成了随着系统的转动而周期性剧烈波动的变化。其加速度响应信号虽不明显，但仍能明显看到波动的迹象。

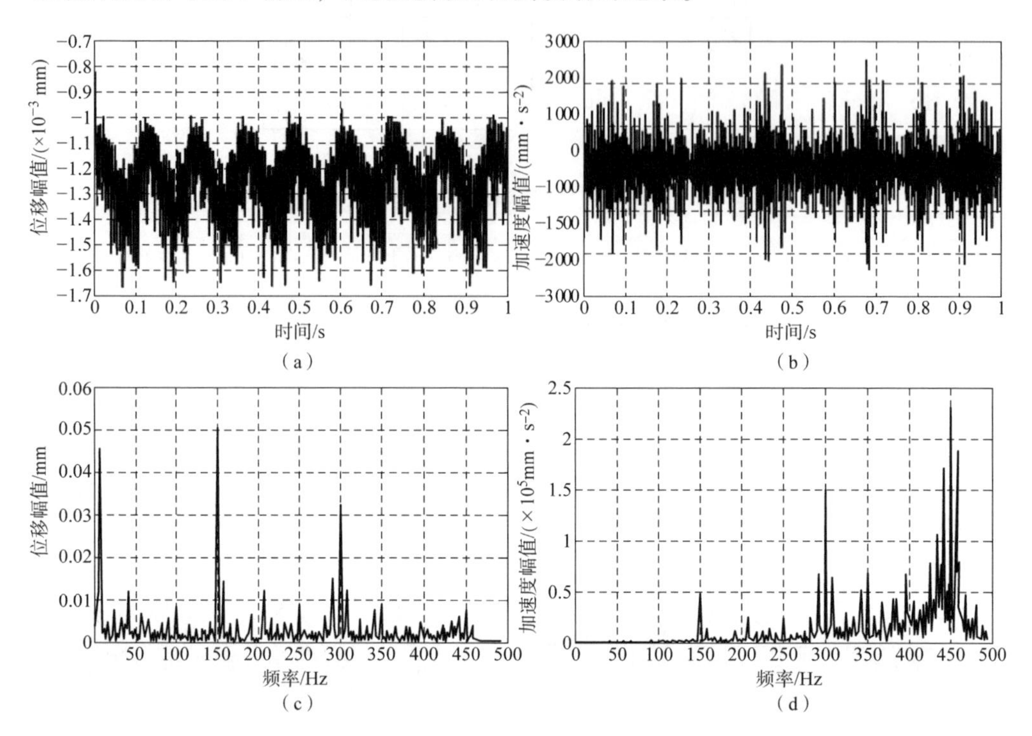

图 2.45 轴不对中状态下轴承座位移、加速度响应及其频谱

（a）位移响应；（b）加速度响应；（c）位移响应频谱；（d）加速度响应频谱

2.3.7 轴承振动故障机理分析

在机械运转时，由于滚动轴承本身的结构特点、加工装配误差和运行过程中出现的故障等内部因素，以及传动轴上其他零部件的运动和力的作用等外部因素，传动轴以一定的转速并在一定载荷下运转时对轴承和轴承座或外壳组成的系统产生激励，使该系统振动，其振动产生的机理可用图 2.46 表示。

由内部因素产生的轴承振动可分以下几种类型，其各自的特征频率如下所述。

2.3.7.1 滚动体通过载荷方向的振动

滚动体在工作过程中分为承载区和非承载区，承载区最下面的滚动体受力

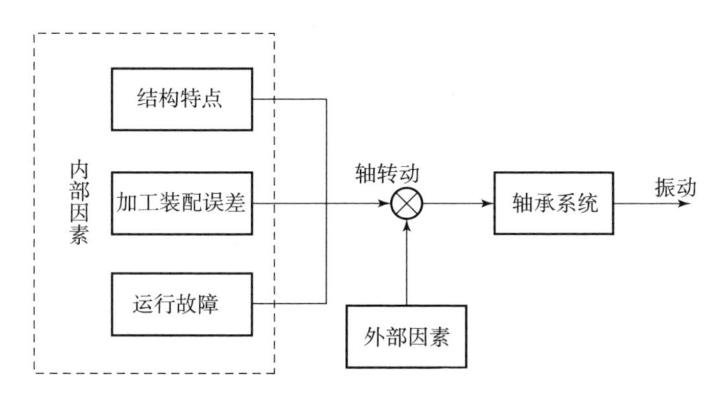

图 2.46　轴承振动机理

最大，非承载区最上面的滚动体受力最小，其余滚动体的受力大小随位置的不同而不同。随着转轴的旋转，最下面的滚动体从承载区向非承载区滚动，接触力由大变小，并且引起轴颈中心的位移，因此，只要转轴在旋转，每个滚动体从承载区向非承载区滚动时都会发生一次力的变化，这会对轴承座产生激励的作用，激励频率称为通过频率 f_e，即

$$f_e = zf_c$$

式中，f_c 为保持架转速频率；z 为滚动体个数。

2.3.7.2　轴承内外圈的固有振动

滚动轴承在工作时，内、外圈都会受到冲击性的激励力。当这些冲击力的频率达到内、外圈的固有频率时，均会加剧内、外圈的振动。内、外圈的固有频率计算公式为：

$$f_{nr} = \frac{n(n^2-1)}{2\pi(D/2)^2\sqrt{n^2+1}}\sqrt{\frac{EI}{M}}$$

式中，I 为内、外圈绕中性轴的惯性矩；D 为圆环中性轴直径；M 为圆环单位长度的质量；E 为材料的弹性模数；n 为振动阶数。

2.3.7.3　轴承弹性引起的振动

滚动体在运动的过程中会产生弹性变形，但是它的刚度很大，具有非线性弹簧的特性，在润滑不好的情况下，会出现非线性的振动。振动频率包括转轴的旋转频率 f、转频的谐波 if 和转频的分数谐波 $\frac{f}{i}$（$i=1$，2，3，…）。

2.3.7.4 轴承内圈、外圈、滚道和滚动体波纹度引起的振动

虽然轴承的内圈、外圈、滚道和滚动体是由精加工制造的，但是仍然会有一些微小的加工波纹存在，这些微小的加工波纹也会引起轴承的振动。轴承接触面波纹度与振动频率的关系如表 2.11 所示。

表 2.11 轴承接触面波纹度与振动频率的关系

波纹位置	波纹度		振动频率	
	径向或角度方向	轴向	径向或角度方向	轴向
内圈	$nz \pm 1$	nz	$nzf_i + f$	nzf_i
外圈	$nz \pm 1$	nz	nzf_c	nzf_c
滚动体	$2n$	$2n$	$nzf_c + f_o$	nzf_o
注：n 为正整数（$n = 1, 2, 3, \cdots$）；z 为滚动体个数；f 为轴转速频率；f_i 为一个滚动体在内圈上通过频率；f_c 为保持架转速频率；f_o 为滚动体相对于保持架的转速频率。				

2.3.7.5 滚动体大小不均匀和内、外圈偏心引起的振动

滚动轴承在工作中，滚动体的大小不同不仅会使直径大的滚动体受到较大的应力而过早产生疲劳剥落，而且轴承在工作中容易受到振动冲击，产生噪声。轴承随轴旋转时，其内圈中心将随大直径滚动体位置的变动而做周期性的甩转，这时振动频率既有滚动体的公转频率，也就是保持架的转速频率 f_c，又有轴的转速频率 f，因此滚动体大小不均的振动频率为 $nf_c \pm f$（$n = 1, 2, 3, \cdots$）。内、外圈偏心会引起转轴轴心的甩转运动，其振动频率为轴的转频及其多倍频 nf（$n = 1, 2, 3, \cdots$）。

2.3.7.6 内、外圈和滚动体接触面缺陷引起的振动

当滚动体和滚道接触处有局部缺陷时，轴承在运动过程中就会产生一个冲击信号，当缺陷在不同的元件上时，接触点经过缺陷的频率是不相同的，这个频率就称为冲击的间隔频率或特征频率。滚动轴承不同元件间隔频率如表 2.12 所示。

表 2.12 滚动轴承不同元件间隔频率

缺陷位置	间隔频率/Hz	备注
内圈	$f_i = \frac{n}{2 \times 60}\left(1 + \frac{D}{d_m}\cos \alpha\right)z$	z 个滚动体通过内圈上一处缺陷频率

续表

缺陷位置		间隔频率/Hz	备注
外圈		$f_c = \frac{n}{2\times 60}\left(1 - \frac{D}{d_m}\cos\alpha\right)z$	z 个滚动体通过外圈上一处缺陷频率
滚动体	冲击单侧轨道	$f_{o1} = \frac{n}{2\times 60}\frac{d_m}{D}\left(1 + \frac{D^2}{d_m^2}\cos^2\alpha\right)$	滚动体自转频率
	冲击双侧轨道	$f_{o2} = \frac{n}{60}\frac{d_m}{D}\left(1 + \frac{D^2}{d_m^2}\cos^2\alpha\right)$	滚动体一处缺陷冲击内外圈频率
保持架与外圈摩擦		$f_{ec} = \frac{n}{2\times 60}\left(1 - \frac{D}{d_m}\cos\alpha\right)$	保持架转速频率
保持架与内圈摩擦		$f_{ic} = \frac{n}{2\times 60}\left(1 + \frac{D}{d_m}\cos\alpha\right)$	一个滚动体通过内圈上某一点的频率
注：D 为滚动体直径；d_m 为滚动轴承平均直径；α 为接触角。			

2.4　装甲车辆综合传动装置常见故障模式及机理

综合传动装置作为履带装甲车辆推进系统的主要组成部分之一，是将柴油发动机驱动功率传递给行动装置，根据车辆使用需要改变行驶速度和牵引力，并具有转向、制动功能的动力传递装置，是将柴油发动机有限调速范围的动力性能转变为车辆机动性能的关键部件系统，对提高履带装甲车辆的战役机动性和战术机动性都起着非常重要的作用。

但是，由于多数装备的综合传动装置还没有实现一体化控制、动力协同控制等功能，所以还不具备故障诊断功能，只是完成部分温度、压力等工况参数的监测。

因此，本节以综合传动装置为研究对象，针对其定型实验和出厂考核实验过程中出现的液压、磨损、频率耦合、带排故障等问题，采用理论和实验仿真分析等方法，分析综合传动装置典型故障的机理。

2.4.1　综合传动装置常见故障模式

通过调研收集资料和部队使用数据，统计 CH 系列综合传动装置在样机台架实验、定型实验和初期部署部队阶段的故障数据，采用故障模式及其影响分析（FMECA）的方法，将系统的故障按油泵组、液力减速器及控制阀、箱体部件、联体泵马达、供油系统、操纵电控系统与液压操纵系统、变速机构总成、状态监测与故障诊断系统、转向机构总成9个功能模块进行统计分析。各功能模块发生故障的部件构成如下。

（1）液力减速器及控制阀：液力减速器控制阀。

（2）转向机构总成：方向盘、转向耦合器、转向软轴、转向机构。

（3）箱体部件：箱体。

（4）联体泵马达：联体泵马达。

（5）操纵电控系统与液压操纵系统：操纵阀、传动电控系统电缆插头、工况机、换挡电磁铁电源线。

（6）油泵组：泵组。

（7）状态监测与故障诊断系统：传动油温传感器及其线路、车速传感器、压力传感器、转向油压信号传感器、润滑油压传感器、转向油温传感器。

（8）供油系统：转向油压高压信号管组合垫、转向泵信号油管、组合垫、转向油箱回油管、转向油箱、油管、操纵精滤。

（9）变速机构总成：行星变速机构、变速摩擦片、C1摩擦片、换挡手柄、闭锁开关。

某综合传动装置子部件故障统计如表2.13所示。

表2.13 某综合传动装置子部件故障统计

序号	零部件名称	故障发生次数	故障率/%
1	换挡手柄	9	15.00
2	状态监测与故障诊断系统	7	11.67
3	方向盘	1	1.67
4	箱体	3	5.00
5	转向耦合器	1	1.67
6	转向软轴	6	10.00
7	联体泵马达	1	1.67
8	转向油压信号传感器	1	1.67
9	转向油压高压信号管组合垫	1	1.67
10	转向泵信号油管	1	1.67

续表

序号	零部件名称	故障发生次数	故障率/%
11	行星变速机构	3	5.00
12	操纵阀	1	1.67
13	组合垫	1	1.67
14	传动油温传感器及其线路	4	6.67
15	转向油箱回油管	1	1.67
16	转向油箱	1	1.67
17	压力传感器	1	1.67
18	操纵精滤	1	1.67
19	车速传感器	3	5.00
20	传动电控系统电缆插头	1	1.67
21	变速摩擦片	2	3.33
22	润滑油压传感器	1	1.67
23	工况机	2	3.33
24	转向油温传感器	1	1.67
25	换挡电磁铁电源线	1	1.67
26	液力减速器控制阀	1	1.67
27	转向机构	1	1.67
28	油管	1	1.67
29	泵组	1	1.67
30	闭锁开关	1	1.67
合计		60	100.00

从表 2.13 可以看出，综合传动装置发生故障最多的是变速机构总成中的换挡手柄，占整个故障的百分比为 15.00%。

若故障的严重度按四级评定：一级是灾难性的，可能造成人身伤亡或全系统损坏；二级是严重的，可能造成严重损害，使系统工作失效；三级是一般的，可能造成一般损害，使系统性能下降；四级是次要的，不会造成系统损害，但可能需要计划外维修。按功能模块对综合传动装置划分，相应的故障统计结果和严重度等级如表 2.14 所示。

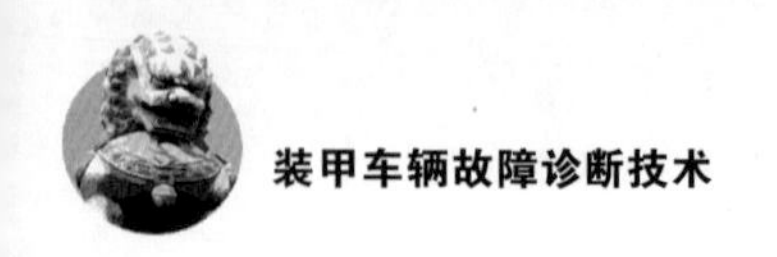

表 2.14　综合传动装置各功能模块故障统计结果和严重度等级

各子系统		系统功能	故障严重度/%	严重等级
编号	名称			
1	变速机构总成	变速	25.00	二级
2	操纵电控系统与液压操纵系统	电控操纵与液压操纵	8.34	二级
3	供油系统	供油	11.69	二级
4	联体泵马达	和转向机构共同用于实现转向功能	1.67	二级
5	箱体	连接和固定，并为系统提供内部连接油路和压力油箱	5.00	三级
6	液力减速器及控制阀	制动	1.67	三级
7	油泵组	传动装置的主油源	1.67	三级
8	转向机构总成	转向	15.03	二级
9	状态监测与故障诊断系统	实现传动装置状态监测和故障报警功能	29.93	三级
合计			100.00	

2.4.2　综合传动装置典型液压系统故障机理

以典型液压系统变矩器补偿支路为研究对象，详细分析了变矩器补偿支路的工作原理和典型故障模式，提出了一种基于键合图模型的故障检测与隔离（fault diagnosis and isolation，FDI）方法，建立残差和故障特征的对应关系——故障特征矩阵（FSM），从而完成故障的检测、隔离，并实现故障的准确定位。

2.4.2.1　工作原理及键合图模型的建立

1）工作原理

油箱的油液经过粗滤后，由前泵经管道泵至精滤，之后分为两路：一路流入变矩器给其提供补偿油液，之后流经变矩器出口定压阀；另一路流经变矩器进口定压阀，两路汇合后流入散热器散热，再进入变速箱一轴和二轴进行润滑，最后流入油箱。变矩器补偿支路工作原理如图 2.47 所示。

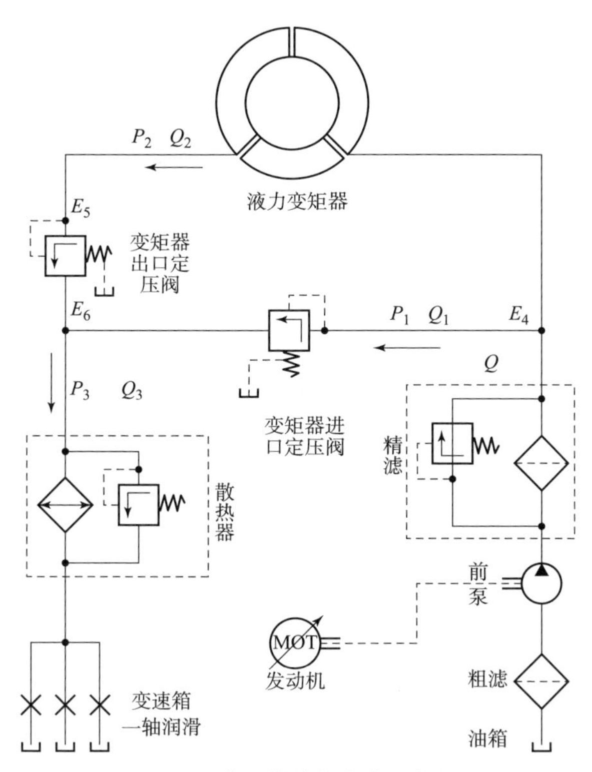

图 2.47　变矩器补偿支路工作原理

变矩器进口定压阀的作用是限制变矩器入口压力在一定范围内，并调节经过变矩器的流量，出口定压阀给变矩器提供背压，防止变矩器出现汽蚀。当定压阀入口处的压力大于其弹簧预压力时，定压阀开启。

2）键合图建模

为方便建模，对系统作如下简化。

（1）不考虑内部的摩擦力。

（2）忽略阀体所受的瞬态液动力和稳态液动力（对定压阀建模）。

仅考虑泵的泄漏，将其简化为流源和液阻；精滤器由精滤和旁通阀组成，当精滤阻塞时旁通阀才开启，精滤器的液阻增大，仅考虑精滤器的阻塞故障，将其简化为一个液阻元件；液力变矩器被看作一个液阻元件和液容元件；根据变矩器进（出）口定压阀结构和工作原理，将其阻尼孔模拟为液阻元件 R，油液对阀芯的压力 P 需要经转换元件 TF 转化为驱动力 F，将弹簧看作容性元件 C，将阀芯看作惯性元件 I，将定压阀的进出口液阻定为 R；与精滤器类似，将散热器看作液阻元件 R；油液仅对一、二轴起润滑作用，此部分可简化为液阻

元件 R。变矩器补偿支路键合图如图 2.48 所示。

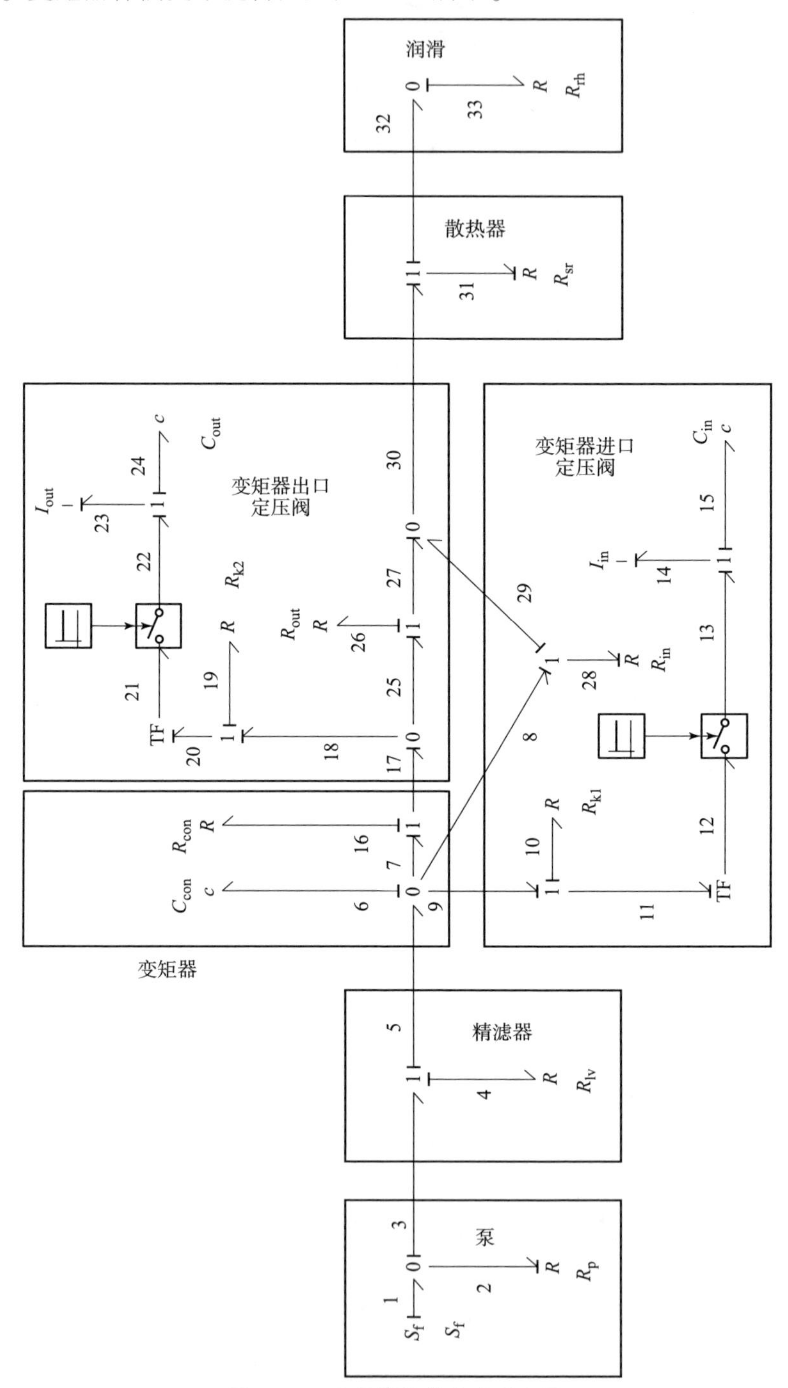

图 2.48　变矩器补偿支路键合图

3）液压系统模型参数方程

图2.48中，S_f为泵流源，R_p为泵的液阻，R_{lv}为精滤器的液阻，R_{con}为液力变矩器的液阻，C_{con}为液力变矩器的液容，R_{k1}（R_{k2}）为变矩器进（出）口定压阀液阻，I_{in}（I_{out}）为变矩器进（出）口定压阀阀芯惯量，C_{in}（C_{out}）为变矩器进（出）口定压阀弹簧刚度，R_{sr}（或R_{31}）为散热器液阻，R_{rh}（或R_{33}）为润滑器液阻。

对泵内0－结，存在

$$\left.\begin{aligned} &e_1=e_2=e_3\\ &f_1-f_2-f_3=0\\ &f_2=e_2/R_p\\ &f_1=S_f \end{aligned}\right\} \tag{2.28}$$

对精滤器内的1－结，存在

$$\left.\begin{aligned} &e_3-e_4-e_5=0\\ &f_3=f_4=f_5\\ &e_4=R_{lv}\cdot f_4 \end{aligned}\right\} \tag{2.29}$$

由式（2.28）和式（2.29）得

$$f_5=\frac{S_f\cdot R_p-e_5}{R_{lv}+R_p} \tag{2.30}$$

对变矩器内0－结，存在

$$\left.\begin{aligned} &f_5-f_6-f_7-f_8-f_9=0\\ &e_5=e_6=e_7=e_8=e_9 \end{aligned}\right\} \tag{2.31}$$

对变矩器内容性元件C，存在

$$e_6=\frac{1}{C_{con}}\int f_6\mathrm{d}t \tag{2.32}$$

对变矩器内1－结，存在

$$\left.\begin{aligned} &e_7-e_{16}-e_{17}=0\\ &f_7=f_{16}=f_{17}\\ &e_{16}=R_{con}\cdot f_{16} \end{aligned}\right\} \tag{2.33}$$

由式（2.31）～式（2.33）得到

$$f_7=\frac{e_5-e_{17}}{R_{con}} \tag{2.34}$$

对变矩器进口定压阀内R_{in}所连接的1－结，存在

$$\left.\begin{aligned} &e_8 - e_{28} - e_{29} = 0 \\ &f_8 = f_{28} = f_{29} \\ &e_{28} = R_{in} \cdot f_{28} \end{aligned}\right\} \tag{2.35}$$

R_{in}的液阻为时变非线性，其函数为

$$R = \begin{cases} \infty(x) & (x \leqslant x_0) \\ \dfrac{1}{C_d \pi d(x - x_0)} \sqrt{\dfrac{\rho}{2}(e_8 - e_{29})} & (x \leqslant x_0) \end{cases} \tag{2.36}$$

由式（2.35）和式（2.36）得到

$$f_8 = \sqrt{(e_6 - e_{30})} \cdot \sqrt{\frac{2}{\rho}} \cdot C_d \pi \mathrm{d}(x - x_0) \tag{2.37}$$

对变矩器进口定压阀的阻尼孔 R_{k1} 所连接的 1 – 结，有

$$\left.\begin{aligned} &e_9 - e_{10} - e_{11} = 0 \\ &f_9 = f_{10} = f_{11} \\ &e_{10} = R_{k1} \cdot f_{10} \end{aligned}\right\} \tag{2.38}$$

对变矩器进口定压阀的转换元件 TF，有

$$\left.\begin{aligned} &F_{12} = e_{11} \cdot A_1 \\ &f_{11} = v_{12} \cdot A_1 \end{aligned}\right\} \tag{2.39}$$

式中，F_{12}为转换输出力；e_{11}为流体压力；f_{11}为输入流量；v_{12}为活塞运动速度；A_1 为定压阀工作面积。

对变矩器进口定压阀的容性元件连接的 1 – 结，有

$$\left.\begin{aligned} &F_{13} - F_{14} - F_{15} = 0 \\ &v_{13} = v_{14} = v_{15} \\ &F_{13} = m\frac{\mathrm{d}^2 x}{\mathrm{d}t^2} \\ &F_{14} = kx \\ &F_{15} = kx_0 \end{aligned}\right\} \tag{2.40}$$

由式（2.31）、式（2.38）～式（2.40）计算可得

$$f_9 = \frac{e_5}{R_{k1}} - \frac{1}{A_1 R_{k1}}\left[m\frac{\mathrm{d}^2 x}{\mathrm{d}t^2} + k(x + x_0)\right] \tag{2.41}$$

2.4.2.2 故障注入、检测和隔离

1）主要故障模式

统计综合传动装置液压系统变矩器补偿支路的故障，其故障模式主要有以

下几种。

（1）泵泄漏：R_{p-}。

（2）精滤器阻塞：R_{lv+}。

（3）变矩器进口定压阀卡滞：R_{29+}、k_{1-}。

（4）变矩器出口定压阀卡滞：R_{27+}、k_{2-}。

（5）液力变矩器泄漏：R_{con-}。

（6）散热器阻塞：R_{31+}。

（7）润滑器阻塞：R_{33+}。

为方便对各种典型故障进行模拟，采用键合图仿真软件 20 - sim 进行仿真实验模拟，仿真实验只需要在键合图的模型中设置故障参数，即可完成故障注入。

相比基于键合图模型的故障注入，基于键合图模型的故障响应是一个难点，涉及故障检测和隔离。

2）建立 GARR

采用基于解析冗余关系向量（ARR）的故障检测和隔离技术，对图 2.48 的键合图模型在键 5、7、30、33 位置处添加 4 个传感器 me_5、me_7、me_{30}、me_{33}，建立其诊断键合图模型（diagnosis hybrid bond graph，DHBG），如图 2.49 所示。

由于定压阀含有开/闭两个模式，变矩器进、出口定压阀的模式分别用 a、b 表示，则系统模式即为［b a］。根据系统实际工作状态，存在以下四种工作模式：［0 0］、［0 1］、［1 0］和［1 1］。

有了 DHBG，根据布尔变量 a、b，可以利用生成程序推导全局解析冗余关系（GARR）。

由于

$$\mathrm{GARR}_1=f_5-f_6-f_7-f_8-f_9$$

因此，GARR_1 的推导过程如下：

$$\begin{aligned}\mathrm{GARR}_1=&\frac{S_f\cdot R_p-e_5}{R_{lv}+R_p}-C_0\frac{\mathrm{d}e_6}{\mathrm{d}t}-\frac{e_5-e_{17}}{R_{con}}-\\&a\cdot\sqrt{(e_6-ae_{30})}\cdot\sqrt{\frac{2}{\rho}}\cdot C_d\pi d(x-x_0)-\\&a\frac{e_5}{R_{k1}}+a\frac{1}{A_1R_{k1}}\left[m\frac{\mathrm{d}^2x_1}{\mathrm{d}t^2}+k_1(x_1+x_{10})\right]\end{aligned}\tag{2.42}$$

同理，可推得变矩器出口定压阀处的 GARR_2、GARR_3 和 GARR_4，详情如下：

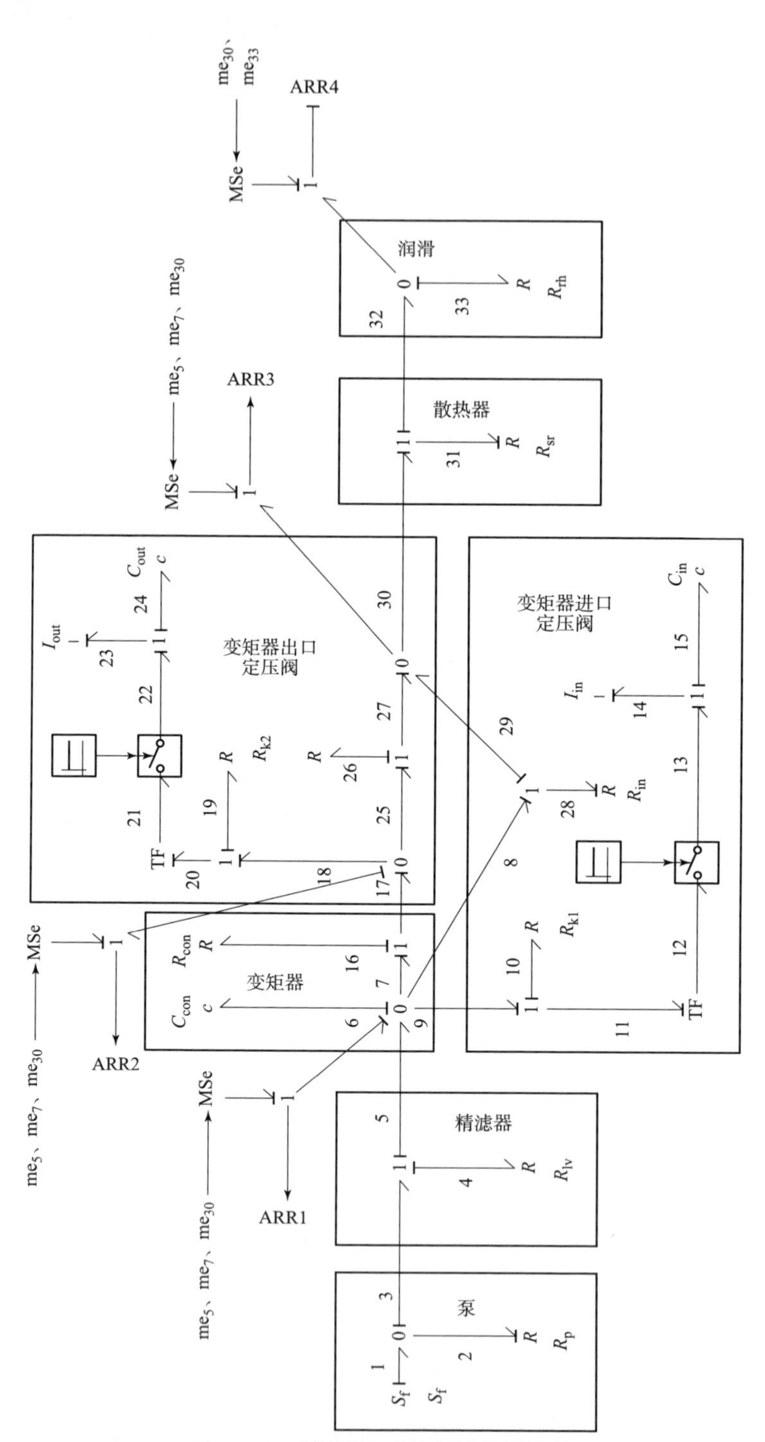

图 2.49　变矩器支路诊断键合图模型

$$\mathrm{GARR}_2 = b \cdot \frac{e_5 - e_{17}}{R_{\mathrm{con}}} - b \cdot \frac{e_{17}}{R_{\mathrm{k2}}} + b \cdot \frac{1}{R_{\mathrm{k2}} A_2}\left[m \frac{\mathrm{d}^2 x_2}{\mathrm{d}t^2} + k_2(x_2 + x_{20})\right] - b\sqrt{(e_{18} - e_{30})} \cdot \sqrt{\frac{2}{\rho}} \cdot C_{\mathrm{d}} \pi d_2 (x_2 - x_{20}) \tag{2.43}$$

$$\mathrm{GARR}_3 = b\sqrt{(e_{18} - e_{30})} \cdot \sqrt{\frac{2}{\rho}} \cdot C_{\mathrm{d}} \pi d_2 \cdot (x_2 - x_{20}) + a\sqrt{(e_6 - e_{30})} \cdot (x_1 - x_{10}) \cdot \sqrt{\frac{2}{\rho}} \cdot C_{\mathrm{d}} \pi d_1 - \frac{e_{31} - e_{33}}{R_{31}} \tag{2.44}$$

$$\mathrm{GARR}_4 = e_{31}/R_{31} - e_{33}/R_{33} = (e_{30} - e_{33})/R_{31} - e_{33}/R_{33} \tag{2.45}$$

2.4.2.3　系统故障特征矩阵

基于 GARR 的 FSM 原理

GARR 的公式受系统键合图模型约束，取决于元件的参数，通过已知的变量（例如，输入量、传感器检测量和物理参数等）进行表达，通常由物理定律推导而得，如牛顿定律和基尔霍夫定律。由键合图模型推导出的 ARR 通常具有如下形式。

$$F_l(\boldsymbol{\theta}, \mathrm{De}, \mathrm{Df}, u) = 0 \quad (l = 1, \cdots, m) \tag{2.46}$$

式中，m 为 ARR 的数量；$\boldsymbol{\theta} = [\theta_1, \cdots, \theta_p]^{\mathrm{T}}$ 为元件的参数，p 表示键合图中用于描述系统的参数数量；u 为系统的输入量；De 和 Df 分别为键合图的势和流传感器检测量。当考虑系统在各种运行模式下的复杂状态时，ARR 就变为 GARR。

基于 GARR 的故障诊断是对 GARR 进行数值估计得到残差。当残差在设定阈值范围内时，系统无故障发生；当残差超出设定阈值范围时，存在参数故障的可能。残差的评估一般是通过建立残差和故障特征的对应关系（FSM），根据实测行为与系统故障特征矩阵（FSM）对照来进行故障诊断。

由系统的 m 个 ARR 可以生成一个 FSM，从而实现系统故障的可检测性和故障可隔离性分析。一个典型的故障特征矩阵如表 2.15 所示。

表 2.15 故障特征矩阵

	r_1	…	r_m	D_b	I_b
θ_1	1 或 0				
…					
θ_p					

其中，列标题分别为残差 r_1，…，r_m，故障可检测性（D_b）和故障可隔离性（I_b）。表 2.15 中的每个输入值是一个布尔值，每一行表示在 r_1，…，r_m 下布尔输入值组成的参数 θ_i 的故障特征，其与 θ_i 中出现的故障相对应。无论是潜在故障还是突发故障，故障都可以通过将 θ_i 的值由正常值改变为故障值来描述。在每一个残差列下，数值 1 表示残差对该行的相应参数故障是敏感的；数值 0 表示残差对参数故障不敏感。如果至少有一个 1 在参数 θ_i 的故障特征中出现，则该参数是故障可检测的，这可以由矩阵中的 $D_b=1$ 表示。当参数的故障特征可隔离为 1 时，该参数是故障可隔离的，用 $I_b=1$ 表示。

对于该混合系统，得到四个 GARR。为了从 GARR 中推断故障可检测性和故障可隔离性，则需要推导四种模式的 FSM。$\{r_1, r_2, r_3, r_4\}$ 表示从 $\{GARR_1, GARR_2, GARR_3, GARR_4\}$ 评估得到的残差，表 2.16 为模式 [0 0] 的故障特征矩阵。

表 2.16 模式 [0 0] 的故障特征矩阵

故障参数	r_1	r_2	r_3	r_4	D_b	I_b
R_{lv}	1	0	0	0	1	0
R_p	1	0	0	0	1	0
R_{con}	1	0	0	0	0	0
R_{29}	0	0	0	0	0	0
k_1	0	0	0	0	0	0
k_2	0	0	0	0	0	0
R_{27}	0	0	1	0	1	1
R_{31}	0	0	1	1	1	1
R_{33}	0	0	0	1	1	1

同理可建立其他模式，如 [0 1]、[1 0] 和 [1 1] 的故障特征矩阵，如表 2.17 ~ 表 2.19 所示。

表 2.17　模式［0 1］的故障特征矩阵

故障参数	r_1	r_2	r_3	r_4	D_b	I_b
R_{lv}	1	0	0	0	1	0
R_p	1	0	0	0	1	0
R_{con}	0	1	0	0	1	1
R_{29}	0	0	0	0	0	0
k_1	0	0	0	0	0	0
k_2	0	1	0	0	1	0
R_{27}	0	1	1	0	1	1
R_{31}	0	0	1	1	1	1
R_{33}	0	0	0	1	1	1

表 2.18　模式［1 0］的故障特征矩阵

故障参数	r_1	r_2	r_3	r_4	D_b	I_b
R_{lv}	1	0	0	0	1	0
R_p	1	0	0	0	1	0
R_{con}	0	0	0	0	0	0
R_{29}	1	0	1	0	1	1
k_1	1	0	0	0	1	0
k_2	0	0	0	0	0	0
R_{27}	0	0	1	0	1	1
R_{31}	0	0	1	1	1	1
R_{33}	0	0	0	1	1	1

表 2.19　模式［1 1］的故障特征矩阵

故障参数	r_1	r_2	r_3	r_4	D_b	I_b
R_{lv}	1	0	0	0	1	0
R_p	1	0	0	0	1	0
R_{con}	1	1	0	0	1	1
R_{29}	1	0	1	0	1	1
k_1	1	0	0	0	1	0
k_2	0	1	0	0	1	0
R_{27}	0	1	1	0	1	1
R_{31}	0	0	1	1	1	1
R_{33}	0	0	0	1	1	1

2.4.2.4 故障检测与隔离

根据表 2.16 ~ 表 2.19 建立系统的模式转换特征矩阵（mode change signature matrix，MCSM）（表 2.20），进而得出各故障参数的可检测性和可隔离性（表 2.21），为测试优化提供参照。

表 2.20 系统的模式转换特征矩阵

模式参数	r_1	r_2	r_3	r_4	D_b	I_b
a	1	0	1	0	1	1
b	0	1	1	0	1	1

表 2.21 故障参数的可检测性和可隔离性

故障参数	可检测性	可隔离性
R_{lv}	全模式可测	不可隔离
R_p	全模式可测	不可隔离
R_{con}	$B=1$ 可测	$B=1$ 可隔离
R_{29}	$A=1$ 可测	$A=1$ 可隔离
k_1	$A=1$ 可测	不可隔离
k_2	$B=1$ 可测	不可隔离
R_{27}	$A=1$ 可测	$A=1$ 可隔离
R_{31}	全模式可测	可隔离
R_{33}	全模式可测	可隔离

2.4.3 锥齿轮磨损故障机理

锥齿轮磨损会在啮合频率处出现比较明显的峰值，并且有边频带分布，如图 2.50（a）、（b）所示；测试条件为柴油发动机转速 1 190 r/min、Ⅱ挡、轻载工况。

通过带通滤波可以将磨损齿轮副啮合频率对应的频带能量提取出来，如图 2.50（c）所示。利用希尔伯特变换等调制解调方法，可以得到明确的对应轴运转频率，如图 2.50（d）所示。对应的啮合频率为 33.6 Hz、42.4 Hz，有明确的峰值；并且，33.3 Hz 处能量占优。经过检查，同综合传动装置相应齿轮的磨损状况相互对应。

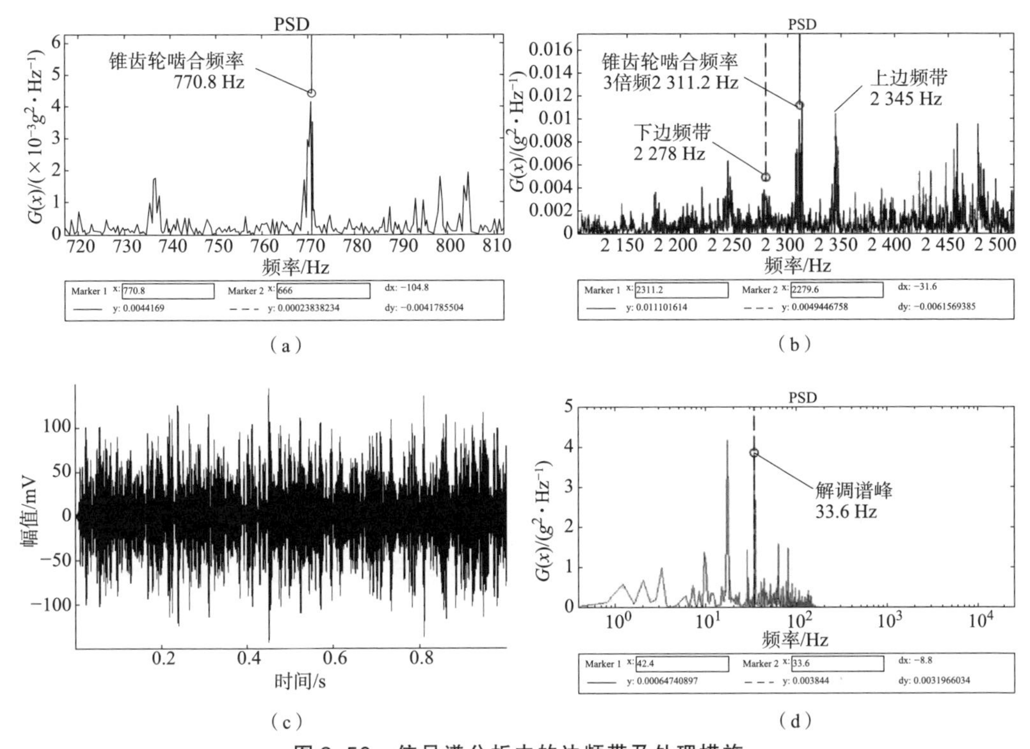

图 2.50　信号谱分析中的边频带及处理措施

(a) 锥齿轮啮合频率谱峰；(b) 锥齿轮啮合频率 3 倍频谱峰及边频带；
(c) 针对基频的带通滤波信号；(d) 调制解调变换后的谱峰

由于磨损轻微，边频带和峰值比较微弱。磨损情况发展，相应振动能量增加，谱峰和边频带能量会进一步增加。

由于综合传动装置运行工况复杂，振动加速度幅值同转速、扭矩具有线性对应关系，所以可在计算中建立一种适合归一化的特征向量——谱峰比，即两个谱峰值的比值，来衡量振动加速度的相对剧烈程度。谱峰比还可以使用啮合频率处基频与倍频处谱峰值之和同输入轴（柴油发动机曲轴）旋转频率四倍频处谱峰值的比值对振动过程进行表示。输入轴（柴油发动机曲轴）旋转频率四倍频是柴油发动机激励的基频，其谱峰值代表了传动装置传递扭矩值的高低。这一参数的使用，可以有效地在识别和诊断过程中，解决不同载荷下传动装置状态的相互参照问题。

判断磨损程度的另一个依据，是信号全频段的峭度系数、带通滤波信号的标准差和峭度系数。全频段的峭度系数保持在 3 ~ 4，说明综合传动装置处于总体运转比较平稳的阶段。带通滤波信号的能量比例有限，峭度系数值接近整体信号的值，表明磨损程度轻微。

锥齿轮副旋转频率、啮合频率、倍频成分及其边频带，也是锥齿轮磨损后啮合不良的特征。

2.4.4 箱体的固有频率耦合问题

箱体具有一定的柔性，在不同的误差和装配情况，以及不同的温度和载荷作用下会发生变形。变形会在一定程度上影响到各级齿轮的啮合和轴承的配合、汇流行星排运转。

在测试中，发现在某些运转工况下，不同通道的传感器信号不服从线性的能量分布规律：激振源距离汇流行星排位置较远，相应频率的谱峰反而非常高。通过对激振数据的分析，确定这是齿轮啮合频率同箱体局部的固有频率耦合造成的现象。

图2.51给出了综合传动装置传动简图、传感器布置与激励源的方位。图2.52中列举的是在柴油发动机转速1 820 r/min、Ⅰ挡、轻载荷的工况下，综合传动装置运转中不同传感器信号中相应频率成分的比较。图2.52（a）~（e）中所列举的数据，是1~5号传感器测试结果中的某振动分量（前传动啮合信号，1 158 Hz）的峰值。数据显示，1~5号通道信号1 158 Hz分量分布一致、能量接近，并大致呈现由激振源处向远端辐射的衰减关系，如激励源同侧的信号峰值较高，对侧的峰值偏低。

而与此趋势相反的是处于激励源对侧的6号传感器响应数据。激励源同6号传感器的距离在各传感器中是最远的，而该谱峰比其他传感器信号高出两个数量级［图2.52（f）］。出现这种情况的原因是由于箱体局部对激励的耦合所造成的。在激励源附近激振条件下，响应数据显示：箱体局部（6号传感器附近）存在一个1 195 Hz左右的响应，如图2.53和图2.54所示。图中数据显示，在1 172 Hz处，存在一个固有频率峰值。由于耦合是局部的，综合传动装置整体的运行状态和振动加速度总能量未明显偏离线性变化。

在实验中，还发现另一种固有频率耦合现象，即存在50 Hz及150 Hz分量的耦合。一旦综合传动装置在运转中遇到50 Hz的分量（包括谐波），则会耦合出很明显的峰值。在运转中出现明显冲击时，也会诱发该固有频率的耦合。该固有频率在前泵和转向泵附近箱体处较明显，通过多种工况的比较和适调不同的灵敏度，排除电气干扰或仪器误差的因素。采用急加速激励和阶次分析的技术手段时，同转速有关成分的频率随着转速提高而迅速增加，而同结构有关的固有频率则不会变化，此时这种耦合关系表现得更明显。

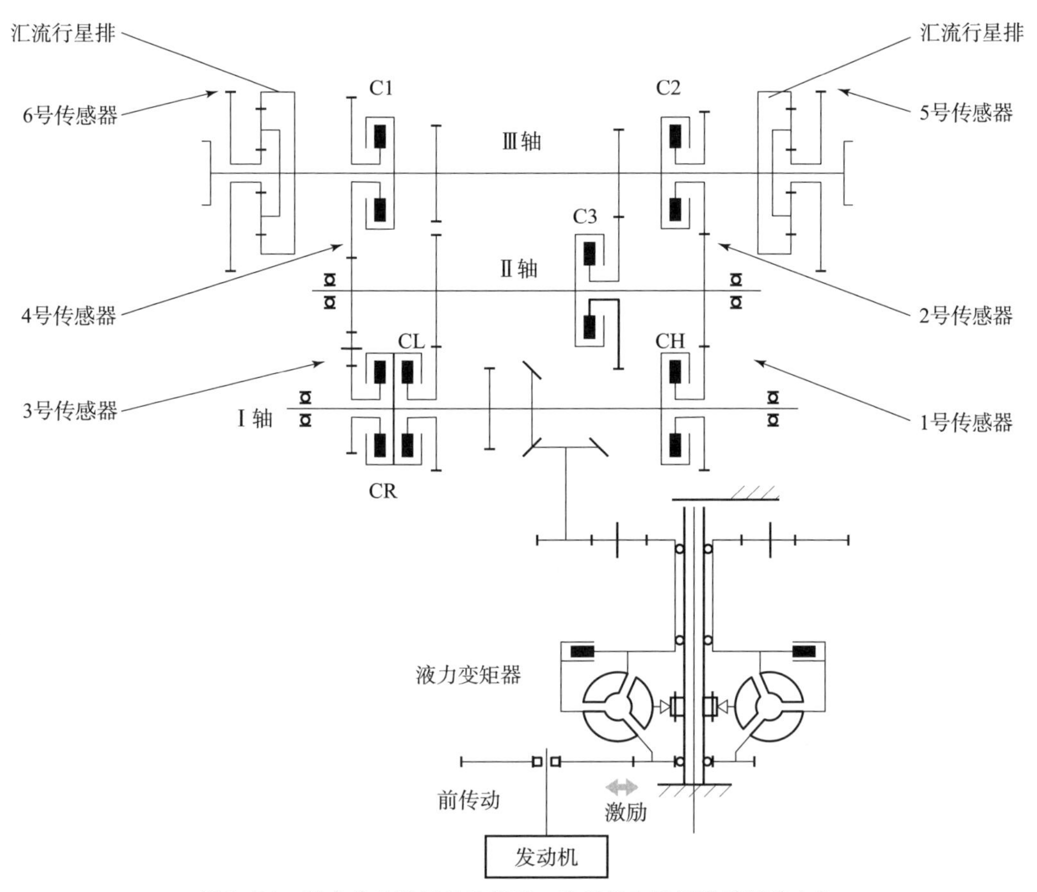

图 2.51　综合传动装置传动简图、传感器布置及激励源的方位

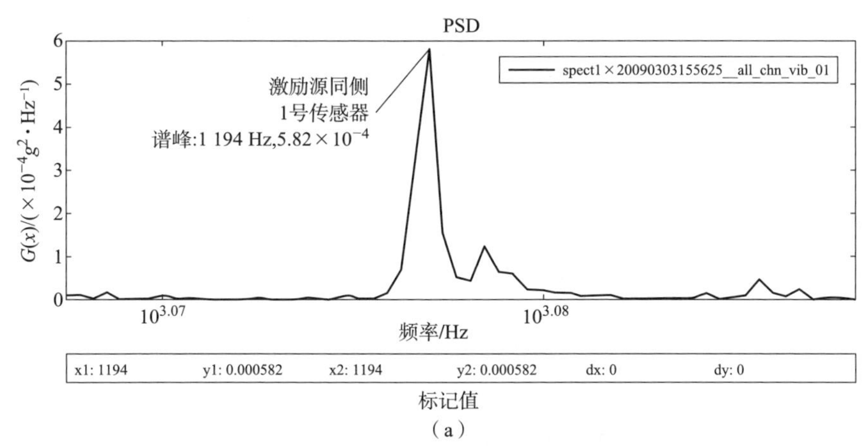

(a)

图 2.52　1 ~6 号传感器对同一激励的响应信号

(a) 激励源同侧的 1 号传感器信号

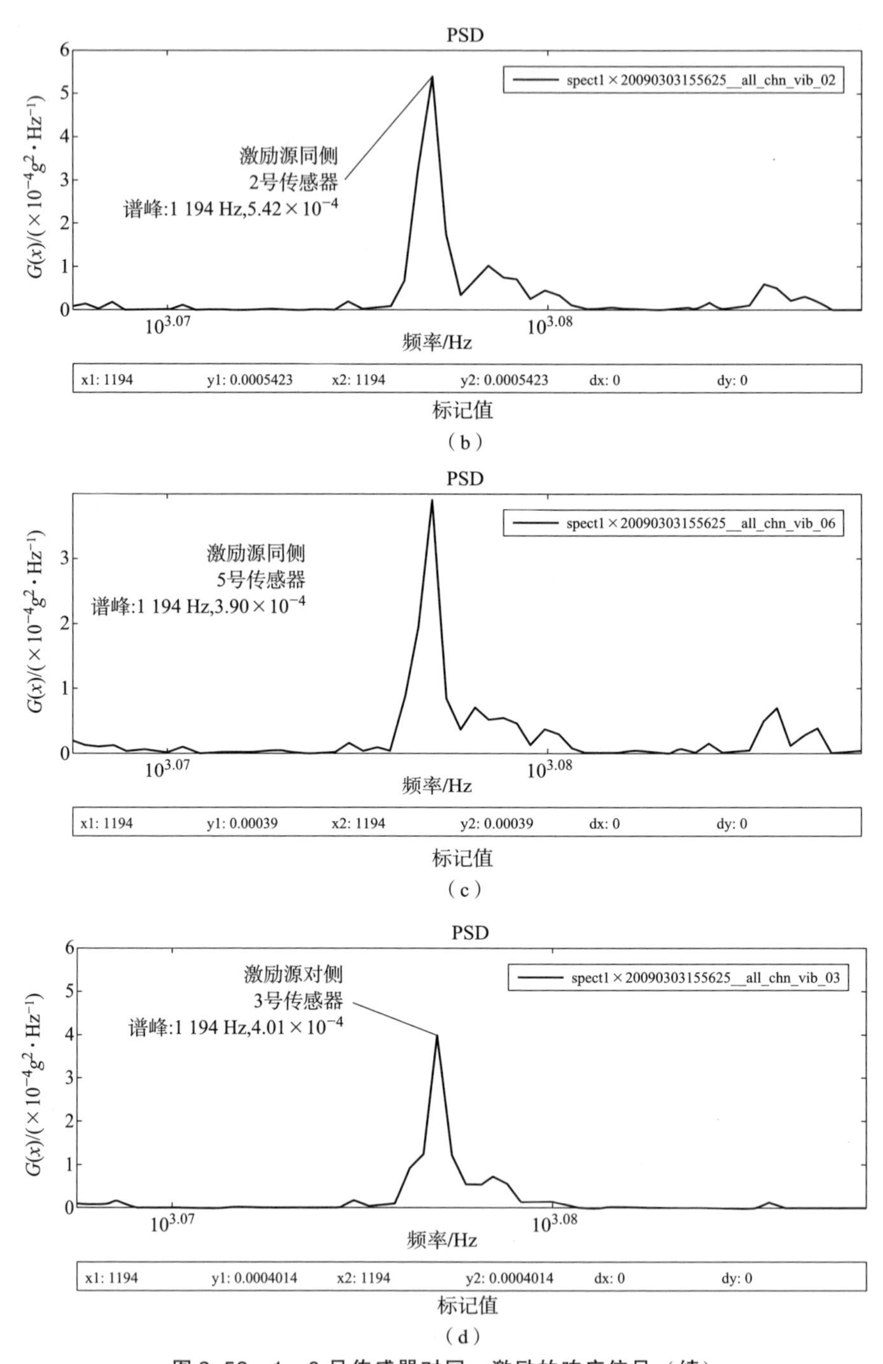

图 2.52 1~6 号传感器对同一激励的响应信号（续）

（b）激励源同侧的 2 号传感器信号；（c）激励源同侧的 5 号传感器信号；

（d）激励源对侧的 3 号传感器信号

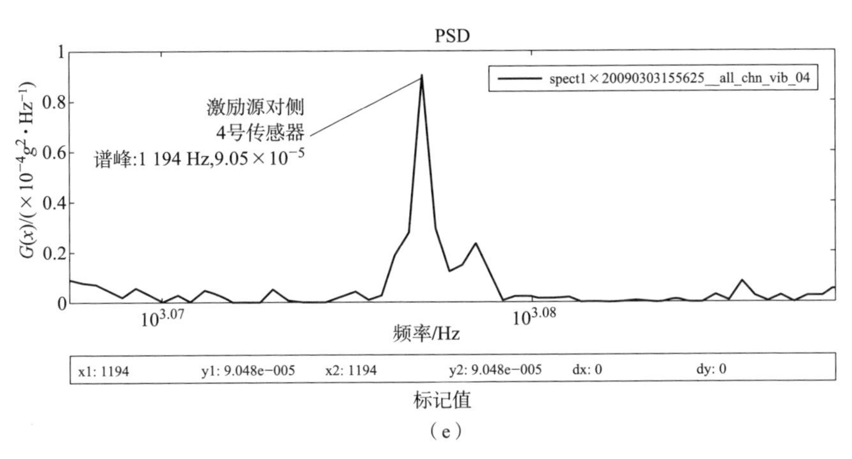

(e)

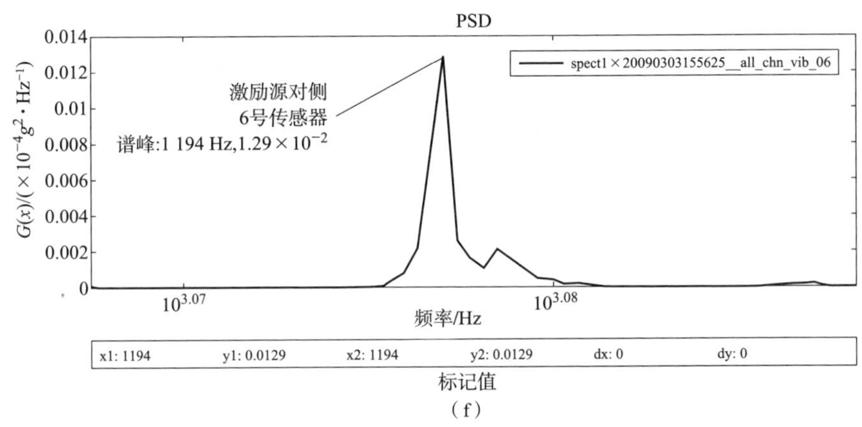

(f)

图 2.52　1～6 号传感器对同一激励的响应信号（续）

(e) 激励源对侧的 4 号传感器信号；(f) 距离激励源最远的对侧 6 号传感器响应信号

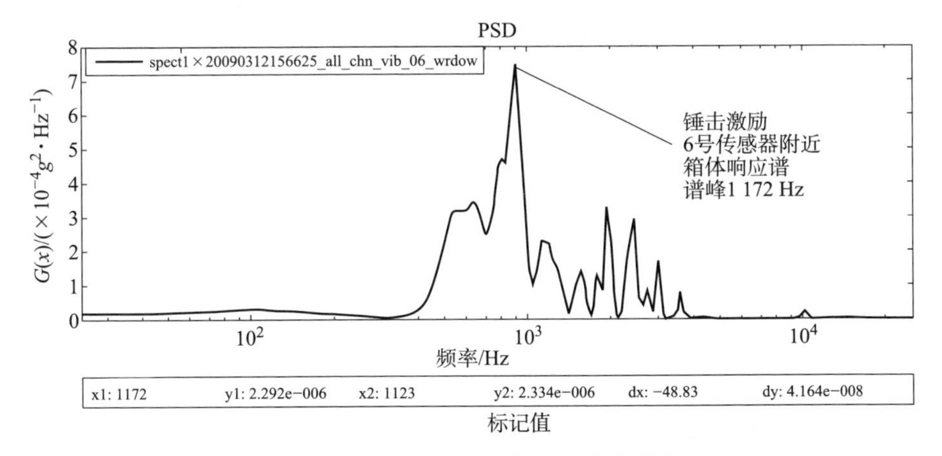

图 2.53　锤击实验中 6 号传感器响应数据的谱信号（1）

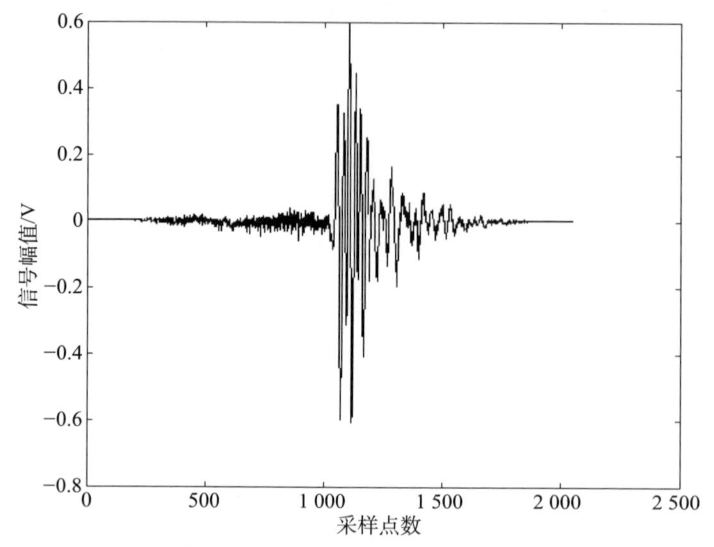

图 2.54 锤击实验中 6 号传感器响应的时域信号（2）

2.4.5 带排故障机理

带排现象是综合传动装置中离合器分离状态下，由液黏特性等原因引起的离合器片分离不彻底现象。带排现象对综合传动装置运转和机械效率有一定的影响。经过 6 000 km 道路实验的综合传动装置，由于技术状态的变化，带排的影响会明显出现，如造成挡位分离不彻底、循环功率以及加速零件磨损。

在综合传动故障诊断过程中，带排现象的特征是出现了不属于传动路线内的齿轮啮合频率，如表 2.22 所示是某工况测试数据，检测的条件是柴油发动机转速1 050 r/min、四挡（CH、C2 接合，CL、C1 、C3 、CR 分离），轻载荷。

表 2.22 带排现象齿轮啮合信号的频率成分 Hz

倍频	曲轴输出齿轮	变矩器输出齿轮	离合器 CH	离合器 C3
1	668.8	437.76	495.3	335.5
2	1 337.6	875.52	990.6	671.0
3	2 006.4	1 313.28	1 485.9	1 006.6
4	2 675.2	—	1 981.2	1 342.1
5	3 344	—	—	—

振动数据分析的结果如下：

（1）信号中包含曲轴输出齿轮（液力变矩器输入）啮合信号、变矩器输出齿轮啮合信号、CH 啮合信号等。

（2）在信号中还包含基频为355.5 Hz的一组谐波。

出现355.5 Hz的基频及其高次谐波是由离合器C3未彻底分离而出现了带排现象引起的。带排现象影响机械效率，会造成一定的磨损。此外，还会出现相应的齿轮啮合频率及其倍频成分。带排现象所引起的附加载荷，还会影响到轴系的挠变，引起有色噪声，进而影响到汇流行星排测试。

2.4.6　汇流行星排滚针轴承磨损故障机理

汇流行星排滚针轴承磨损是综合传动装置的一种典型故障。该故障在运行过程中引起的状态变化不明显，无法从运行参数上表现出来。使用油液分析的方法，由于有其他零件的磨损成分干扰，存在对相关故障不敏感的情况。该种故障诊断研究对综合传动装置的使用和维护具有重要意义。

齿轮啮合频率高、转速范围宽是综合传动装置运转中最突出的特点。综合传动装置输出轴的旋转速度可以达到3 000 r/min以上，部分滚针轴承（汇流行星排）的转速可以达到5 000 r/min以上。行星轮同齿圈或太阳轮的啮合频率范围为40 Hz～7 kHz，甚至更高。振动信号中齿轮啮合成分占绝对优势，这影响着对滚针轴承磨损的监测及其故障诊断。

2.4.6.1　汇流行星排滚针轴承的润滑破坏及滚针磨损机制

汇流行星排滚针轴承在运行中存在适当厚度的润滑油膜。经过计算，该油膜厚度最少可以达到0.442 μm左右，同配合副表面粗糙度设计参数相互比较所得到的膜厚比达到3.73，具备形成弹性流体动压润滑的条件。在综合传动装置工作状态不变、柴油发动机转速负荷及油温稳定的条件下，滚针轴承在充分润滑的机制中形成具有一定承载能力的动压油膜。

对完成6 000 km道路实验的综合传动装置以及模拟故障的综合传动装置的测试数据反映：①在换挡工况下，伴随离合器工作过程出现瞬时脉冲信号；②在快速增减负荷过程的瞬态工况中，出现瞬时脉冲；③在测试信号中有轴系挠度引起的倍频成分，以及带排作用引起的齿轮啮合信号。

以上信号的出现说明，综合传动装置在使用中磨损到一定程度后，会使整个轴系的配合和工作状态发生变化，出现附加载荷，甚至是轴系的非稳定运转。

轴系的非稳定运转主要是指轴的柔性、轴的挠度以及轴承磨损间隙等所引起的轴的附加运动方式，如横向弯曲、横向摆动等附加运动，如图2.55所示。

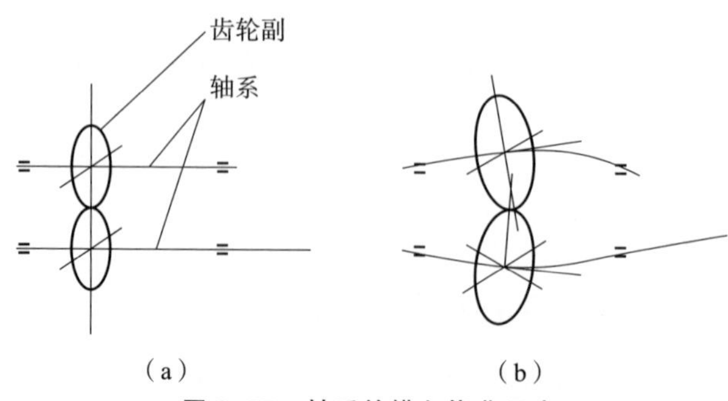

图 2.55 轴系的横向挠曲示意

(a) 理想状态运转的轴系；(b) 实际运转中轴系的挠曲

此类附加运动方式对齿轮、轴承工作过程的影响虽然较难计算，但引起的磨损是非常明显的。在瞬态工况的测试数据中大量出现的瞬时脉冲是滚针轴承油膜破坏、配合副表面金属直接发生相互作用形成的。对汇流行星排滚针轴承影响最大的轴系非稳定运转主要是轴的横向摆动和横弯（挠曲）。下面以汇流行星排滚针轴承的磨损为例来加以说明。

汇流行星排滚针轴承在正常运转中的情形如图 2.56（a）所示，滚针轴线平行于滚道轴线。在这种运行方式下，动压润滑油膜形成顺利，并且有相应的承载能力。在轴承转速和承载不超过允许值时，对外载荷和转速变化有一定的缓冲和调节能力，不会频繁出现油膜击穿的情况。

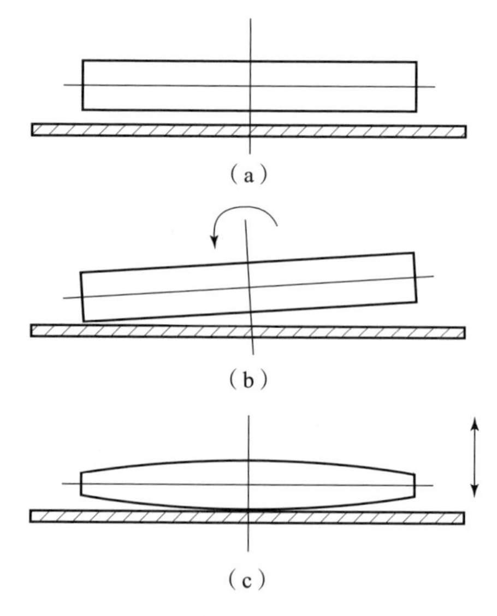

图 2.56 滚针轴承运转时的状态、滚针横摆及磨损

(a) 滚针同滚道间隔均匀油膜；

(b) 滚针在运转中产生横摆；

(c) 滚针在运转中的径向运动

而在轴系横摆的附加运动影响下，滚针轴承的滚针和滚道，会由于载荷的瞬时作用发生相对摆动，其运动学关系如图 2.56（b）和图 2.57 所示。在这种情况下，润滑油膜的承载能力急剧降低，正常油膜的形成机制受到干扰。

如果摆动超过油膜厚度所允许的量，则会造成油膜击穿，如图 2.56（c）和图 2.57 所示。油膜击穿后，滚针和滚道相互撞击，发出宽频的瞬时脉冲。在高频噪声能量有限的情况下，该脉冲很容易被获取。

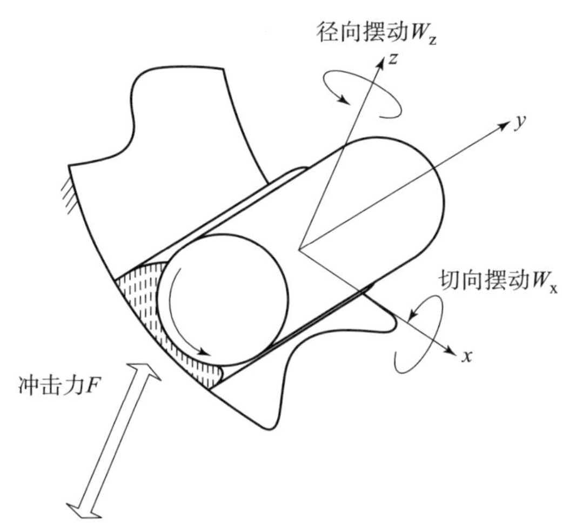

图 2.57　多自由度滚针运动学模型

同时，由于滚动体和滚道之间具有相对速度，瞬间撞击会形成一定的磨损。经过规定里程道路实验后，磨损积累后会形成滚针的鼓形磨损。滚动体磨损，中间磨损量小，两端磨损量大，磨损后的滚针已经形成“鼓形”。经过实际测量，滚针磨损规律符合上面的分析。从运动学分析、力学分析和实际测量结果分析，磨损的早期乃至轴承构造被破坏前，以轴系相对摆动所造成的磨损为主，并进一步影响轴承油膜的承载能力。轴系摆动因素有两个：一个是轴承和配合副的配合间隙与磨损间隙；另一个是轴系的横向挠曲。这两个因素同时作用，随磨损程度增加而明显。

滚针磨损后的形状和尺寸分布对润滑是不利的。动压油膜形成的条件会由于滚针尺寸和表面形状的变化而受到极大的干扰。动压油膜形成的稳定性受到影响，并且油膜的承载能力由于油膜厚度沿滚针轴向分布不均匀而有所降低。在超载条件下，会形成图 2.57 所示的油膜破坏形式，并形成滚针和滚道的直接撞击与摩擦，如图 2.58 所示。其中，F 为冲击力，v_0 为周向速度，ω_0 为旋转角频率，v_1 为径向速度。

润滑状态的劣化，进一步加速了配合副的磨损。润滑状态会由动压润滑过渡为边界润滑，再恶化为半干摩擦、干摩擦。滚针磨损到无法形成适当的润滑后，滚针轴承的工作状态会发生恶劣的变化，甚至会破坏轴承结构，形成严重的磨料磨损。

分析和实例表明，在轴承滚针磨损后，润滑状态由滚动形成的线接触转化为滑动支撑，轴颈和滚道之间形成新的润滑与磨损机制。由于润滑油供应得充分，滚道和轴颈之间会形成一定程度的油膜。该油膜受到磨损表面破坏程度的

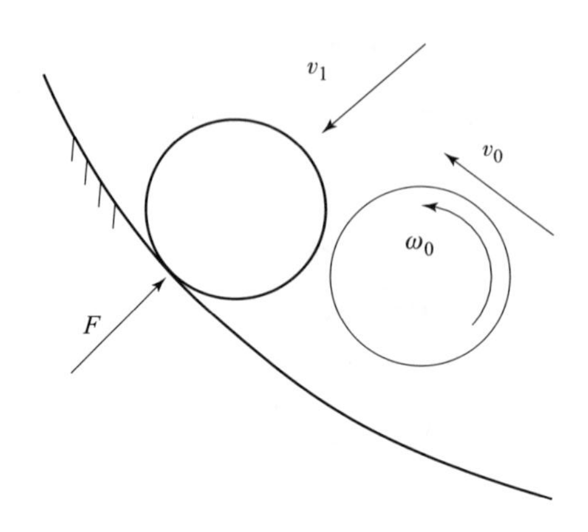

图 2.58　滚针轴承径向撞击滚道

制约，在滚道和轴颈表面粗糙度及形位公差有限破坏的条件下，仍然可能形成具有一定承载能力的油膜，减缓进一步的磨损。

2.4.6.2　滚针磨损规律

1）滚针磨损量沿滚针轴线分布不均匀，呈鼓形（或梭形）

测量结果显示，磨损后的滚针的圆柱度、圆度、直径偏差都呈现一定的规律。规律表明：滚针轴承的磨损无论是沿滚针的轴向还是周向分布，都不是均匀和线性的。

数据统计结果显示：①滚针明显磨损；②滚针磨损量不均匀，沿纵轴线呈鼓形分布；③滚针磨损量的均方差有差异，沿纵轴线呈鼓形分布，与磨损量有一致性；④滚针磨损程度两端有明显区别。

滚针磨损的部分测量数据和统计值如图 2.59 和表 2.23 所示。

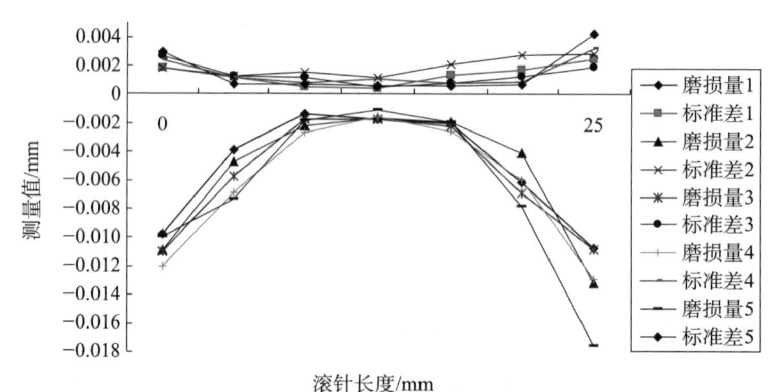

图 2.59　轴承滚针磨损量及统计值分布

表2.23 轴承滚针磨损量测量值

横坐标/mm	0	0~3	8~18	10~15	13~19	22~25	25
磨损值/μm	-10	-3	-2	-2	4	-5	-11
	-10	-2	-2	-3	-3	-5	-16
	-7	-5	-2	-2	-2	-7	-12
	-11	-6	0	-1	2	-5	-12
	-12	-7	-3	-1	-4	-4	-8
	-13	-6	-2	-2	-2	-5	-14
	-12	-4	-2	1	-4	-5	-12
	-11	-5	-2	0	-2	-4	-14
	-8	-4	-1	-3	-2	-6	-13
	-11	-5	1	-2	-3	-6	-13
	-11	-5	-2	0	-3	-5	-11
	-12	-7	0	-3	-5	-5	-12
	-11	-5	-5	-2	0	6	-12
	-8	-3	-5	-2	-2	-4	-18
	-10	-3	-5	-3	-2	-3	-20
	-11	-5	-1	-2	-3	-5	-10
	-13	-5	-2	-2	-2	-4	-10
	-12	-4	-3	-1	-1	-3	-19
	-15	-5	-3	-2	-2	-2	-10
	-10	-6	-3	-2	-3	-5	-19
平均值/μm	-10.7	-4.7	-2.1	-1.7	-1.9	-4.2	-13.2
标准差/μm	1.64	1.36	1.67	1.13	2.13	2.71	2.88

2）滚针两端磨损不一致

滚针两端磨损量和磨损程度有明显差异。一端不仅磨损量大于另一端，磨损程度也较严重，滚针磨损后的圆度和圆柱度大于另一端，如图2.59和表2.23所示。

其原因是在轴系运转过程中，轴端存在一定的挠角，并形成轴向推力和附加扭矩。轴承一侧负荷比另一侧重。相应地，轴承向单侧摆动的幅度也不对称，所以造成了上面的情况。

根据油膜厚度参数、相关公式、测量结果及经验，大致可以估算一个综合传动装置滚针轴承的加工和使用的限度，即配合表面加工粗糙度不高于0.08 μm；计算数据显示，在配合表面的粗糙度或形貌公差高于0.32 μm的条件下，低速大扭矩行驶、起步等工况，可能会改变润滑模式；通过适当磨合进一步降低配合表面的粗糙程度，提高接触面积，从而改善磨损状况。从磨损件的测量结果看，考虑到磨损速率的因素，轴承滚针磨损达到10 μm时，轴承仍能维持运转。所以，适当时机进行汇流行星排滚针轴承等零件的更换和保养，以维持汇流行星排轴承的动压润滑、减少磨损，是非常必要的。

2.4.6.3 滚针轴承运转和磨损的内在联系

根据以上分析，可以归纳出综合传动装置滚针轴承运转和磨损规律的内在联系，这些规律对解决综合传动装置的故障诊断问题，乃至工程改进都具有重要的参考作用。具体内容如下。

（1）行驶到规定里程后，由于整体的技术状况劣化，配合副磨损间隙增大，滚针轴承在运转中存在随轴系挠变和摆动而形成的对滚道的相对摆动。

（2）由于滚针轴承的动压润滑油膜相对较薄，容易在出现轴系及轴承摆动为主的相对运动时遭到破坏，从而加速磨损。

（3）滚针轴承存在偏磨，两端磨损程度重，中间磨损程度轻，两端磨损程度也有明显差异，一端磨损量大，磨损量差异大；另一端磨损量小，同时磨损量差异程度轻。

（4）滚针轴承的偏磨，原因是磨损后轴系运转中的不同轴及轴挠曲变形增大引起的附加载荷。

2.4.6.4 汇流行星排滚针轴承故障特征

在实际测试中，发现瞬态工况下会形成一定的随机、瞬时、宽频冲击脉冲。此脉冲反映动压润滑油膜在该瞬态工况遭到破坏，并形成滚动体同滚道的撞击和摩擦。这同轴承的失效机理分析能够相互符合。

轴承磨损后，动压润滑油膜破坏概率增加，随机脉冲增多。随磨损和失效程度增加，润滑状态发生变化，脉冲的幅度和概率增加，最后形成一定规律的周期振动信号。

通过测试和故障模拟，发现有随机高频脉冲出现的时机、幅度、概率等同汇流行星排及滚针轴承的失效程度有密切关系。通过拆检，排除了其他零部件或失效模式产生该种特点信号的可能。该类信号是在轴承运转过程中出现的，并且同零件失效程度、工况瞬态变化和润滑状态改变密切相关。

第3章 装甲车辆状态参数测试技术

开展装甲车辆故障诊断的前提是获得与其关键系统性能及状态相关的信号，因此首先必须梳理与装甲车辆总体性能、关键系统性能及状态密切相关的常用参数，掌握获取各参数的测试原理、传感器及其实车安装方式。本章重点介绍上述内容。

3.1 概述

3.1.1 测试技术概念

测试技术包含测量和试验两方面，是具有试验性质的测量，或者可以理解为测量和试验的综合，而测量是指以确定被测对象属性量值为目的的全部操作。凡需要考察事物的状态、变化和特征等，并对它进行定量描述时，都离不开测试工作。测试技术是人类认识客观世界的手段，是科学研究的基本方法。

与其他学科一样，测试技术的发展也经历了一个漫长的过程。20 世纪 50 年代以前，作为参数测量的感受元件较多属于机械式传感器，如弹簧压力传感器、膨胀式温度传感器等。进入 60 年代后，开始应用非电量电测技术和相应的二次仪表，使测试技术上了一个新的台阶。随着计算机与电子技术的发展，测试技术开始了一个新的发展阶段。80 年代开始应用计算机和智能化仪表，以实现对动态参数的实时检测和处理。随后，即 80 年代至今，许多新型传感技术的相继出现，诸如振动测试、噪声测试、激光全息摄影技术、光纤传感技术、红外 CT（电子计算机断层扫描）技术、超声波测试技术等高新技术，大大促进了学科的发展。

随着科学技术的进步，测试技术已逐步成为一门完整、独立的学科，同时它又是与传感技术、电子及计算机技术、应用数学及控制理论等相互交叉的学

科。在工程实际中，无论是工程研究、产品开发、性能试验，还是过程监控、故障诊断等，都离不开测试技术。测试技术已渗透到人类活动的每个领域，无处不在，被广泛应用于工农业生产、科学研究、对外贸易、国防建设、战场侦察、交通运输、医疗卫生、环境保护和人们生活的各个方面，并在其中发挥着越来越重要的作用，成为国民经济和社会进步的一项必不可少的重要基础技术。使用先进的测试技术已成为经济高度发展和科技现代化的重要标志之一。

3.1.2　装甲车辆状态测试的重要性

装甲车辆作为一种特殊的地面突击装备，在其设计、研制、生产、使用、维修及报废等全寿命周期过程中，在不同阶段需要开展不同的试验和测试以验证其各项指标是否达到规定的技术指标要求，或者判断装备关键系统技术状态的劣化程度，是否可定性为故障或进行维修。在装备的定型试验阶段，需要对装备的各项战技指标，如爬坡能力、越障能力、最大速度、加速性、油耗、火炮射程及命中精度、通信系统的距离及误码率等指标进行考核，这就需要根据国家军事标准要求来设定特定的试验测试项目和测试，获取一些关键参数，结合一定的数据处理方法得到相应的技术指标，并与设计指标及其上下限作比较，进而判断指标是否合格；在装备运用阶段，指挥员想了解装备技术状况的好坏，传统方法是靠经验，随着技术的发展和进步，现在可以开展一些专项测试以把握装备技术状态；大项驻训任务前，通过一些测试可帮助部队指挥人员优选适合驻训任务的装备；装备动用前，通过听声音、摸温度、感受振动等定性测试（有时称检查），可以粗略判断装备的技术状态，避免故障装备进入训练场等；按照现行装备“定时＋视情”的维修制度，在装备进入维修阶段时，仍然需要一些特定的测试技术以便将故障隔离到可更换单元，尤其是电子设备，如火控计算机和炮控箱等内部故障，在维修时要求隔离到某块板卡或板卡上更小的模块单元。由此可见，在装备全寿命周期过程的任何阶段，掌握装备的技术状态都离不开测试技术的应用。

3.2　装甲车辆状态参数的确定

3.2.1　装甲车辆状态参数分类

装甲车辆是一个复杂的机电系统，包含武器系统、推进系统和指挥控制系统等重要部分，其状态和技术性能的变化可通过多个状态参数来表现。主要的状态参数可分为功能参数、结构参数和响应参数三大类。典型有代表性的参数包括速度、加速度、位移、扭矩、转速、功率、噪声、温度等。当然，随着武器装备性能的提升、人们对未知事物探索的深入和测试技术的进步，还有一些非常用的测试参数，如火炮发射后的气体成分测试、柴油发动机排放尾气成分测试等。具体的参数分类如下。

（1）功能参数。功能参数是指表征元件或系统完成规定任务的能力指标参数，主要用于表征装备的战技指标，而且有时会出现多个战技指标是通过某个参数的测试，经过一定处理后计算得到，如车辆行驶的最大速度、平均速度、加速时间等指标是通过车辆的机动速度测试来计算的；柴油发动机的输出功率、最大扭矩、最大转速；火控系统的观瞄精度、跟踪时间、射界、射角；火炮的直射距离、弹丸初速；吨功率、百公里①耗油量等。装备在论证和定型试验时，战技性能指标的考核就是通过在特定条件下（温度、湿度、风向及风速、地形等使用环境条件和车速、转速等装备试验条件）测试这类参数来评价完成的。

（2）结构参数。结构参数主要用于表征组成装备的各种零部件的材料、性能、几何尺寸（位移、转角等）、加工和配合间隙等，装备工程设计和生产部门应用的是这类参数。在装甲车辆使用过程中，零部件的磨损，使得配合间隙、位移量和紧固程度等发生变化，从而影响到车辆性能。这里主要介绍对磨损间隙、操纵杆位移的测量方法。在装甲车辆使用过程中，零部件的磨损、老化等使得活塞—气缸壁和齿轮副的配合间隙、操纵杆位移量和紧固程度等发生变化，进而影响车辆的功率和操纵性能。

（3）响应参数。响应参数是指在装备执行某功能任务时，因内部某种输入激励的作用，元件或系统不可避免地表现出的一些物理或化学参数，它们的取值及频率成分等与装备的结构和工况密切相关，如行驶过程中装甲车辆各零部件的振动、噪声、轴承温度，润滑油的黏度、密度、酸碱度、压力和排放气体等；装甲车辆动力传动系统在运行过程中，内部的零部件受到机械应力、热应力等多种物理作用影响，正常的技术状态不断发生变化，随之产生异常、故障或劣化状态，从而导致相应的振动、噪声等二次效应。由于在装配后和运行中无法对系统内的关键零部件直接测试，所以根据二次效应得到的系统状态特征就成为故障信息的重要载体。目前，无论是军用装备，还

① 1 公里 = 1 000 米。

是民用设备，在进行状态监测和故障诊断时，绝大多数都使用这类参数。

3.2.2 测试参数的选择原则

在上述的状态参数中，对于装甲车辆技术状况的影响并不相同，在实际的状态监测中，可以进行一定的选择。测试参数选择得好坏，对装甲车辆技术状态的检测和故障诊断的结果影响极大，在相当大的程度上，决定了故障诊断的成败。一般应当遵循下列原则。

3.2.2.1 敏感性和有效性

测试参数应当对系统或零部件的技术状况有极高的敏感性和有效性，即测试参数能够有效地、敏感地反映装备关键系统技术状况的变化。

3.2.2.2 因果性和规律性

测试参数的变化规律应当与系统或零部件的技术状况变化规律相一致，单调变化最好，即随着装备关键系统技术状况劣化程度的加剧，被测参数的幅值大小或某些频段的信号能量大小会随之增大或减小，不能出现无规律的震荡。

3.2.2.3 易测性

测试参数要具备易于测试的特点，该原则是监控系统能否真正实现工程应用的关键。根据我军目前的装甲车辆维修体制，基层部队的维修保障力量和人员是不能进行经常性的解体拆修的，一拆一装对车辆配合件的配合和精密程度都会造成一定的损害，而且费时费力。这样的维修必然影响车辆的可靠性，使车辆的磨合性能变差。所以，应该积极地推进不解体状态监测和故障诊断，同时强烈要求简化测试操作过程。因此，我们在选择测试参数时，不仅要考虑采集到故障诊断所需要的信息，也要考虑尽可能地简化测试操作，尽量做到不解体测试。

3.2.2.4 稳定性

测试参数对监控对象技术状况的表征能力具有很高的稳定性，这是监测和评价结果可靠与否的关键。

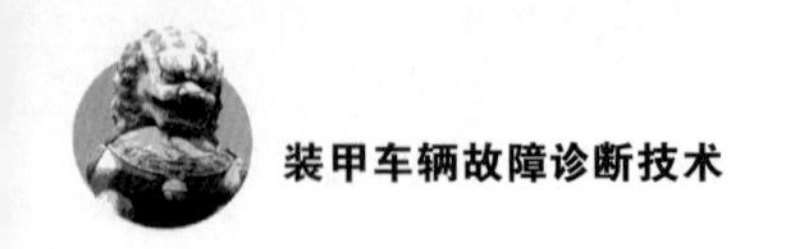

3.3 装甲车辆主要性能参数测试技术

根据上述原则确定的装甲车辆状态参数，结合装甲车辆在定型试验和使用维修过程中经常用到的性能及状态参数，本节选择了转速、扭矩、油耗、振动、噪声、温度、压力等参数，系统深入地介绍了每个参数对装甲车辆战技指标的表征能力、参数测试的常用传感器原理及安装方式等内容，为后续章节基于状态信号的特征提取、故障诊断模型的建立等提供技术支撑。

3.3.1 转速测试

在装甲车辆动力传动系统的故障诊断中，转速是一个重要的参数。转速不仅是衡量动力传动系统性能的一个指标，也是动力传动系统的输出功率、振动信号频谱分析、齿轮和轴承的故障诊断、多缸柴油发动机的工作均匀性等分析中的一个重要参数。柴油发动机的机械损失和零件的机械负荷与热负荷等均和转速有着直接的关系。在进行柴油发动机台架试验或实际使用柴油发动机时，首先要测量或了解的参数就是柴油发动机的转速。瞬时转速是指柴油发动机在转过一微小曲轴转角时的转速，它是柴油发动机输出扭矩直接作用的结果，反映了柴油发动机缸内工作过程的进展情况，能综合反映出柴油发动机的工作状态和工作质量。根据转速和曲轴输出扭矩，即可计算出柴油发动机的有效功率。另外，柴油发动机转速的特定值也能反映出柴油发动机的技术状况与水平，如最低稳定转速明显高于给定值，说明柴油发动机燃油供给系统机件如喷油泵、调速器或喷油器等存在某些故障。在给定的条件下，柴油发动机最高空转转速明显低于规定值，则表明柴油发动机燃油供给系统存在故障现象，或者柴油发动机的机械损失偏大（摩擦损失增加、泵气损失加大或附件耗功增加）。

转速测量是一项较为成熟的技术。早期有机械转速传感器，利用元件的离心力感受转速的变化并通过指示机构显示出来。在坦克装甲车辆柴油发动机上多使用电动式转速传感器，如12150L柴油发动机的转速传感器就是由一个小型三相交流发电机和相关电路与表头组成的。现代车辆柴油发动机一般在机体上对应飞轮处安装一个转速传感器，将脉冲信号送至柴油发动机电控单元，电控单元根据脉冲信号计算出柴油发动机的转速，并根据转速大小发出相应的控制信号，同时也将转速的数值显示在仪表盘上。

转速测量装置分为固定式和便携式（手持式）两类。柴油发动机试验台上一般使用固定式，实车检测时则根据具体情况选择。转速测量装置主要由感受转速元件（传感器）和信号处理与显示部分组成。便携式转速测量装置将两者集成为一个转速传感器。固定式转速测量装置中的传感器、信号处理和显示部分一般是分置的。

目前市面上常用的转速传感器，根据其测速原理的不同，可分为光电式、磁电式、霍尔和激光转速传感器等。其原理分述如下。

3.3.1.1　光电式转速传感器

光电式转速传感器是将光能转换为电能的一种传感器。它是利用某些金属或半导体物质的光电效应制成的。当具有一定能量的光子投射到这些物质的表面时，具有辐射能量的微粒将透过受光的表面层，赋予这些物质的电子以附加能量，或者改变物质的电阻大小，或者使其产生电动势，引发与其相连的闭合电路中电流的变化，从而实现了光一电转换过程。光电式转速传感器有透射式和反射式两种，通常由光源、光电传感器、遮光盘或透镜等组成。图 3.1 所示为光电式转速传感器。

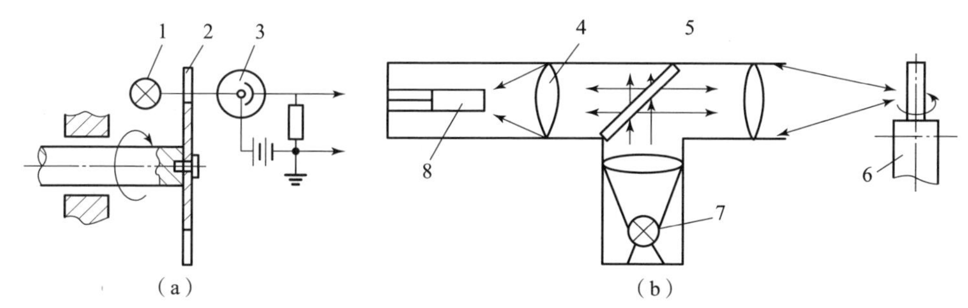

图 3.1　光电式转速传感器

(a) 双光头照射式；(b) 单头反射式

1，7—光源；2—遮光盘；3—光电管；4—透镜；5—反光镜；6—被测轴；8—光敏管

透射式转速传感器的遮光盘安装在被测转速的轴上，遮光盘上均布许多狭缝，测速时，遮光盘间断地遮住光源射向光电管（光电传感器）的光束，使光电管集电极电流发生交替变化。遮光盘每转一圈，传感器就发出与狭缝数目相同的脉冲信号。

反射式传感器将光源与光敏管（光电传感器）合成一体，在被测轴的某一部位沿圆周方向均匀地涂上黑白相间的线条或贴上反光带，使光线的聚焦点落在被测轴的测量部分（线条区域）。当被测轴旋转时，由于聚焦点从反光面到无光面交替变动，光敏管随着光的强弱变化而产生相应的电脉冲信号。被测轴转一圈，传感器就发出与反光带数目相同的脉冲信号。

3.3.1.2　磁电式转速传感器

把被测参数变换为感应电动势的传感器称为磁电式转速传感器（也称感应式传感器）。磁电式转速传感器是以导线在磁场中运动产生电动势的原理为基础的。根据电磁感应定律，线圈感应电动势的大小取决于穿过该线圈磁通的变化率。当线圈附近的磁阻发生变化时，线圈电动势也随之改变。图 3.2 所示为磁电式转速传感器。在被测轴上安装一个由导磁材料制成的齿轮；线圈和永久磁铁构成磁头，将其安装在靠近齿轮外缘（约 2 mm）的固定位置。每一个齿转过磁头时，磁通都会发生变化，线圈就产生一个感应电动势脉冲信号。被测轴转一圈，传感器就发出与齿数相同的脉冲信号。

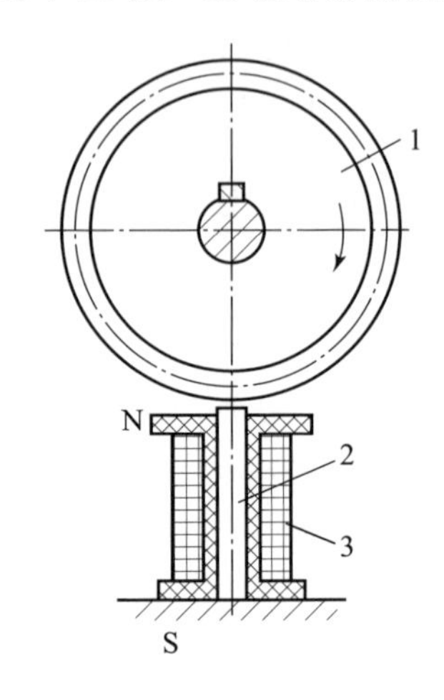

图 3.2　磁电式转速传感器

1—齿轮；2—永久磁铁；3—线圈

实际上，光电式传感器和磁电式传感器就其本质来说，都是增量式编码器，属于数字式传感器。它们发出一系列脉冲信号，经数字电路处理后即可反映出转速的大小。

另一种编码器为绝对式编码器，目前常用的是光电式码盘（图 3.3）。码盘随轴转动，沿码盘半径方向分为数个环形区域，称为码道，在每个码道对应的位置设置一个光电式传感器和光源。每个码道在圆周方向按二进制规律均匀分为若干等分（由里到外依次为 2、4、8、16），相邻部分的区别为透明和不透明或黑色（不反射）与白色（强反射）。这样整个码盘就相当于分成了许多小块面积，这些面积在光的照射下，只可能有两种状态，即透光和不透光或反光和不反光。码道上的光电式传感器输出或为 0 或为 1。码盘上的码道数就是数码的位数，这些码道信号构成一个二进制数。如图 3.3 所示，四个码道的角度分辨率为 360°/16 = 22.5°。这种传感器给出的信号实际上是轴的圆周方向的绝对位置。根据

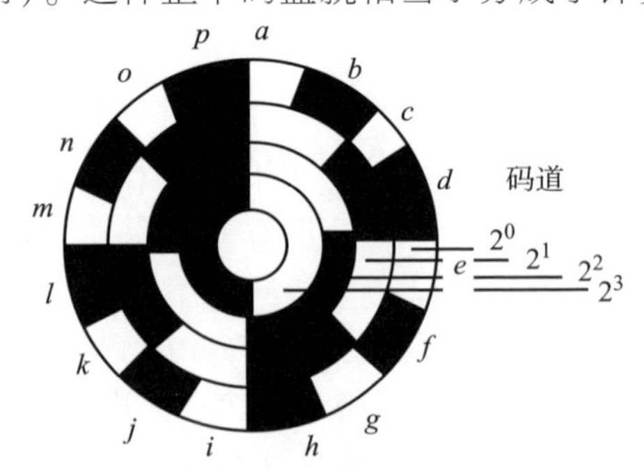

图 3.3　光电式码盘结构示意

不同时刻轴所处的位置即可计算出轴的转速。

如欲提高码盘定位的精度，可增大码道数量，如码道为5时，角度分辨率为360°/32 = 11.25°；码道数为6时，角度分辨率为5.625°。

3.3.1.3　霍尔转速传感器

霍尔转速传感器的基本原理是利用霍尔元件的霍尔效应将旋转轴或齿轮的转速转换为与转速成比例的电压脉冲信号。霍尔效应是指一种长方体的特殊材料（霍尔元件）在一定磁场强度 B 作用下（垂直于长方体的一个端面），在另一个端面的法线方向上通电流 I，则在第三个端面的法线方向上产生感应电动势 U_h 的现象，而且产生的感应电动势 $U_h = S_h \cdot B \cdot I$，它与施加的磁场强度、通电电流大小成正比，其中 S_h 是由霍尔元件材料特性参数和结构参数决定的霍尔系数。在工程上应用时，通常利用触发磁片或铁磁性轮齿改变通过霍尔元件的磁场强度，从而使霍尔元件产生脉冲的霍尔电压信号，经放大整形后即得到曲轴位置传感器的输出信号，如图3.4所示。

图3.4　霍尔转速传感器测量原理

3.3.1.4　反射式红外转速传感器

反射式红外转速传感器与光电式转速传感器相似，不同的是用红外线发射管取代了光源，用红外线接收管取代了光敏管或光电管。图3.5所示为反射式红外转速传感器。在被测轴圆周或转盘的表面贴一片专用反光纸，这种反光纸的一面密布着均匀的颗粒很小的反光珠，使反射效果更好。测量时，红外线发射管发出红外线，经半透膜（透镜）反射到被测轴或转盘上反光纸所在的圆周区域，从该区域反射的红外线又穿过半透膜照射到红外线接收管。当反光纸转到红外线照射的区域时，红外线接收管就收到较强的信号。如果在圆周上只贴一片反光纸，则被测轴每转一圈，传感器就发

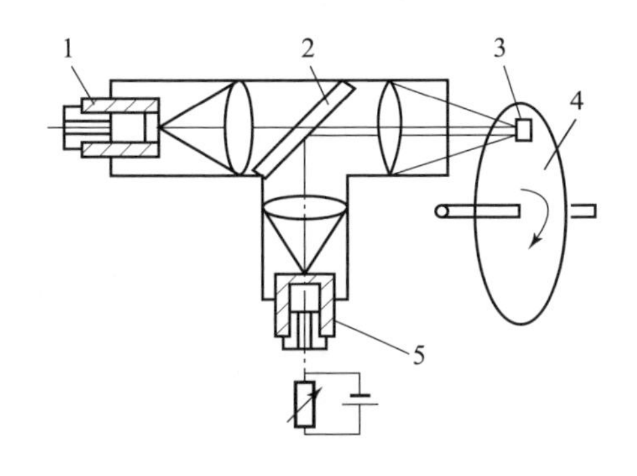

图3.5　反射式红外转速传感器

1—红外线接收管；2—半透膜；3—反光纸

4—转盘；5—红外线发射管

出一个脉冲信号。为增加反射差别，可将反光纸附近区域涂成黑色，并避免阳光直接照射。

3.3.1.5 激光转速传感器

激光是一种高亮度、低发散角的单色光源，在转速测量中得到了很好的应用。激光测量转速对被测轴没有扰动，不受环境条件限制，可实现远距离遥控测量，而且测量精度高、测量范围宽。图 3.6 所示为激光测量转速示意情况。

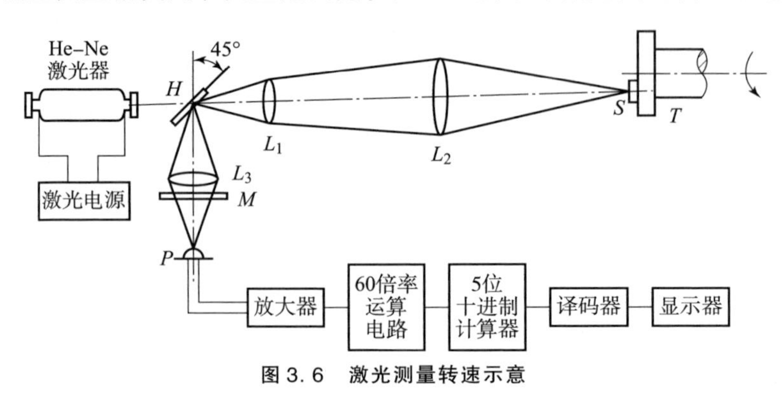

图 3.6 激光测量转速示意

氦氖激光器以连续方式工作，发出红色光束。激光束穿过半透半反镜后，50% 的透射激光束继续沿入射方向前进，经过透镜组成的光学发射系统后，聚焦在轴的表面。在轴的表面上贴有一小块定向反射材料（反射纸），没有贴反射纸的部分被激光束照射时，会产生没有固定方向的漫散射，激光传感器不会感受到任何信息。当反射纸转到激光束照射的区域时，一部分激光束沿发射光轴原路返回，经光学发射系统后聚焦于半透半反镜上，其中一半沿 45° 反射经透镜聚焦到光电管 P 上。于是，被测轴转一圈，光电管就接收到一个激光脉冲，经光电转换后产生一个电脉冲，经信号处理后，显示轴的转速。

3.3.1.6 转速检测实例

目前所用的测速仪表大多采用频测法来实现。按此方法设计的转速传感器实际上是一个数字频率计。图 3.7 所示为其组成与工作原理。转速传感器发出的信号经整形放大后成为一系列脉冲，供计数器计数。脉冲计数只有在门控开启时才可进行。门控系统受标准时间信号控制，标准时间信号是由石英晶体振荡器产生的标准脉冲频率经过脉冲分频器分频以后得到的。当选定标准时间信号后，发光二极管显示的数字就是标准时间内的累加脉冲数。通常取 1 s 作为标准时间，根据标准时间内脉冲数和轴转一圈所发出的脉冲数即可知道标准时间内轴转了几圈，转速也就得到了。

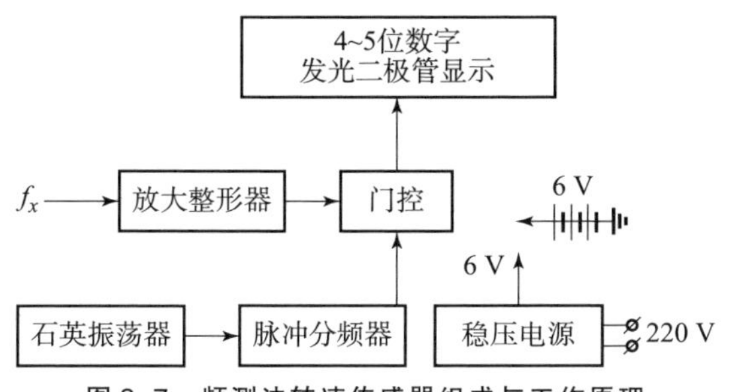

图 3.7　频测法转速传感器组成与工作原理

实车转速测量根据不同目的采用不同的方法，作为车辆的使用者，一般就用车辆配置的转速测量系统。我军坦克装甲车辆柴油发动机的转速测量多用电动式转速传感器，在柴油发动机的传动系统中专门有一个分支，将传感器安装在此，传感器感受柴油发动机转速的变化，将信号送至仪表盘上的显示仪表，为驾驶员提供运行中柴油发动机的转速信息。如果进行状态检测或故障诊断，一般要使用车外的测速系统。通常，各种需要转速信息的综合测试仪器都有转速测试的功能，如坦克柴油发动机使用期原位测试仪（图 3.8），转速是该测试系统非常重要的一个测试参数，测量时，将一片珠光反光纸贴在柴油发动机输出轴上（或动力传动系统的某一轴段），在车辆相应的固定部位安装红外光电转速传感器。轴转动时，传感器向测试系统发送脉冲信号，测试系统内的计算机对信号进行处理，并将柴油发动机的转速显示在液晶显示屏上。

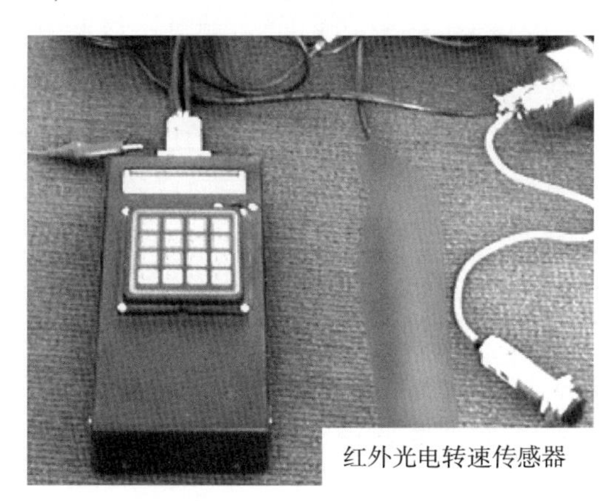

图 3.8　坦克柴油发动机使用期原位测试仪转速测量系统

3.3.2　扭矩测试

柴油发动机在工作时，曲轴的动力输出端向传动装置传递转速和扭矩。柴油发动机每个工作循环气缸内压力呈周期性变化，导致曲轴的扭矩也发生周期变化，只是随气缸数目不同其频率大小不一样。从柴油发动机曲轴输出端直到车辆传动和行动部分都受这个交变扭矩的影响。对于柴油发动机扭矩的检测，不同的测试目的其测试方法有所不同。如果是为了最终测取柴油发动机的有效功率而测量柴油发动机输出扭矩，那么可以用各种类型的测功机，这些测功机测量的是曲轴的平均输出扭矩。如果想通过曲轴输出扭矩检测柴油发动机的技术状况或通过扭矩测试的方法对整个车辆轴系的扭转振动状况进行测量，则需要使用能够测试瞬时扭矩的测试系统。

3.3.2.1 扭矩传感器基本原理

扭矩传感器基本原理是：在扭矩作用下，轴段产生相应于扭矩大小的变形，传感器通过不同的方式感受此变形量，并将其转换为电信号，经处理后显示、记录并传送到需要扭矩信息的测试系统或计算机中。按工作原理分类，扭矩传感器可分为应变式与相位差式两类。

1）应变式扭矩传感器

应变式扭矩传感器是利用应变原理来测量扭矩的，是应变式传感器的一种，所以这里要先介绍一下应变式传感器的原理，它是以电阻应变式传感器为敏感元件的传感器。自 1856 年发现金属材料的应变效应，1936 年制成第一个电阻应变式传感器和 1940 年发明应变式传感器以来，它已成为应用最广泛和最成熟的一种传感器。该种传感器与相应的测量电路组成的测压、测力、称重、测位移、测加速度、测扭矩、测温度等测试系统，目前已成为冶金、电力、交通、石化、外贸、生物医学及国防等部门进行称重和测力、过程检测以及实现生产自动化不可缺少的手段之一。它之所以应用如此广泛，主要是由于它具有以下一些优点。

（1）精度高，测量范围广。应变式传感器的可测应变范围为几 $\mu\varepsilon$ 至数千 $\mu\varepsilon$。

（2）使用寿命长，性能稳定可靠。

（3）结构简单，尺寸小，重量轻。在测试时，对试件工作状态及应力分布影响小。

（4）频响特性好。金属应变式传感器响应时间约为 10^{-7} s，半导体应变式传感器可达 10^{-11} s。若能在弹性元件设计上采取措施，则由它们构成的电阻应变传感器可测几十甚至上百 kHz 的动态过程。

（5）可在高低温、高速、高压、强烈振动、强磁场、核辐射和化学腐蚀等恶劣环境下工作。

（6）易于实现小型化、整体化。目前已有人将测量电路甚至 A/D 转换与传感器组成一个整体，传感器可直接接入计算机进行数据处理，这就简化了测试系统。

（7）应变式传感器种类繁多。各种不同规格和品种的应变式传感器达两万多种，且价格便宜。

应变式传感器的转换原理基于应变效应。所谓应变效应是指金属丝的电阻值随其变形而发生改变的一种物理现象。由物理学可知，金属丝的电阻值 R_s 与其长度 L_s 和电阻率 ρ_s 成正比，与其截面面积 A_s 成反比，其公式表示为

$$R_s = \rho_s \frac{L_s}{A_s} \tag{3.1}$$

式中，R_s 为金属丝的电阻，Ω；ρ_s 为金属丝的电阻率，Ω·m；L_s 为金属丝的长度，m；A_s 为金属丝的截面面积，m^2。

如果金属丝沿轴线方向上受力而变形（图3.9），其电阻必随之变化。

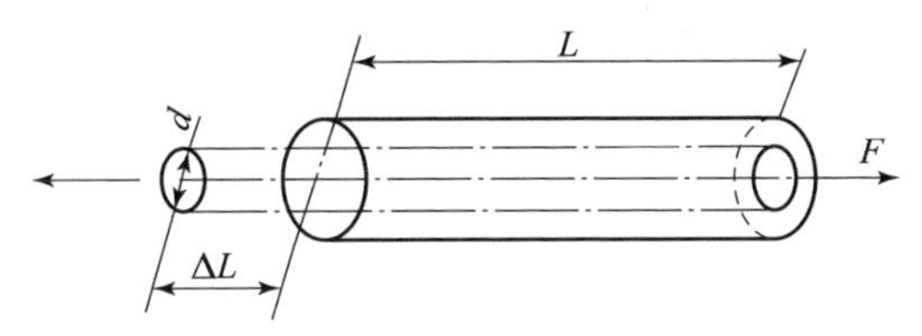

图3.9 金属导线的电阻—应变效应

当金属丝长度伸长为 ΔL_s、面积变化为 ΔA_s、电阻率的变化为 $\Delta\rho_s$ 时，电阻相对变化可按下式求得，即

$$\frac{\Delta R_s}{R_s} = \frac{\Delta\rho_s}{\rho_s} + \frac{\Delta L_s}{L_s} - \frac{\Delta A_s}{A_s} \tag{3.2}$$

式中，$\Delta L_s/L_s$ 为金属丝长度的相对变化，用应变 ε_s 来表示

$$\varepsilon_s = \frac{\Delta L_s}{L_s} \tag{3.3}$$

$\Delta A_s/A_s$ 为导线截面面积的相对变化，对于圆形截面，若其直径为 D_s，则有

$$\frac{\Delta A_s}{A_s} = 2\frac{\Delta D_s}{D_s} = -2\mu_s\varepsilon_s \tag{3.4}$$

式中，μ_s 为金属材料的泊松比（或称横向变形系数），$\mu_s = -(\Delta D_s/D_s)/(\Delta L_s/L_s)$。

研究表明：

$$\frac{\Delta\rho_s}{\rho_s} = C_s\frac{\Delta V_s}{V_s} = C_s(1-2\mu_s)\frac{\Delta L_s}{L_s} \tag{3.5}$$

式中，$V_s = A_sL_s$ 为电阻丝的体积；C_s 为决定于金属导体晶格结构的比例系数。

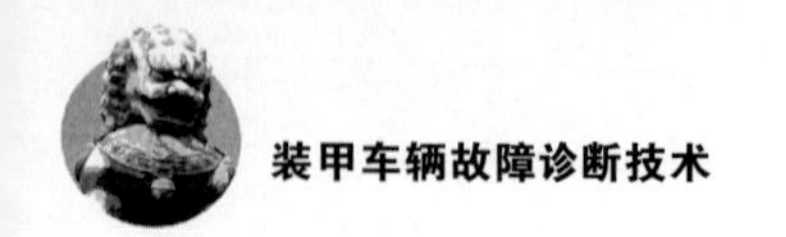

由上述公式可得

$$\frac{\Delta R_s}{R_s}=[1+2\mu_s+C_s(1-2\mu_s)]\varepsilon_s \tag{3.6}$$

令

$$K_s=1+2\mu_s+C_s(1-2\mu_s) \tag{3.7}$$

则得

$$\frac{\Delta R_s}{R_s}=K_s\varepsilon_s \tag{3.8}$$

式中，K_s 为金属丝的灵敏系数，其物理意义为单位应变所引起的电阻相对变化。

实践表明，许多金属在塑性变形区内，体积基本不变化，泊松比 $\mu_s=0.3$，$K_s=2$。但在弹性变形区内，则不能忽略体积变化对 $\Delta\rho_s/\rho_s$ 的影响。

由材料力学知识可知，在受到纯扭的给定转轴截面上，最大剪应力 τ_{max} 与转轴扭矩的关系为

$$\tau_{max}=\frac{M_n}{W_n} \tag{3.9}$$

式中，M_n 为作用于轴上的扭矩；W_n 为轴截面的抗扭模数。对于实心轴，$W_n=0.2D^3$，对于空心轴

$$W_n=0.2D^3\left(1-\frac{d^4}{D^4}\right)$$

式中，D 为外径，d 为内径。

最大剪应力 τ_{max} 是不能用应变式传感器测量的，但它的数值等于主应力。主应力方向与转轴轴线方向成45°，通过应变式传感器测主应力可获得最大剪应力，这样就得到了轴上的扭矩。为此有下列关系：

$$\sigma_1=-\sigma_3=\tau_{max}=\frac{M_n}{W_n} \tag{3.10}$$

从图3.10所示的剪切应力方向示意图（又称莫尔图）中可以看出：

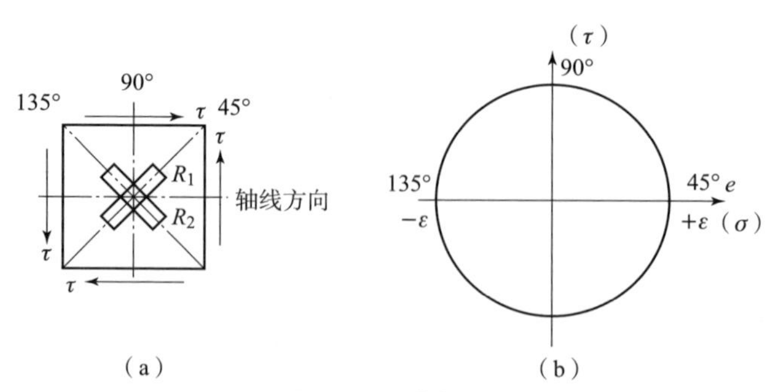

图3.10　莫尔图

在莫尔图上，R_1 方向应为 $+\varepsilon$，R_2 方向应为 $-\varepsilon$。在沿轴线方向和垂直于轴线方向上，$\varepsilon=0$。

根据胡克定律：

$$\varepsilon_1=\frac{\sigma_1}{E}-\mu\sigma_3/E \tag{3.11}$$

又因为 $\sigma_1=-\sigma_3$，故

$$\varepsilon_1=\frac{\sigma_1}{E}+\mu\frac{\sigma_1}{E}=(1+\mu)\frac{\sigma_1}{E}=\frac{(1+\mu)}{E}\frac{M_n}{W_n} \tag{3.12}$$

由式（3.12）可知，测得 ε_{45°，也就可以计算出扭矩 M_n 的值。

在传感器使用过程中，除受扭矩作用外，还受轴向力和弯矩的作用，因而产生误差。所以在实际使用中，采用图 3.11 所示的贴片和接桥方式，可以消除轴向力和弯矩的影响。图中 R_1、R_2、R_3、R_4 构成图 3.11（a）所示的全桥，且 R_1、R_2 和 R_3、R_4 在位置上是完全对称的，这样可消除轴向力和弯矩的影响。

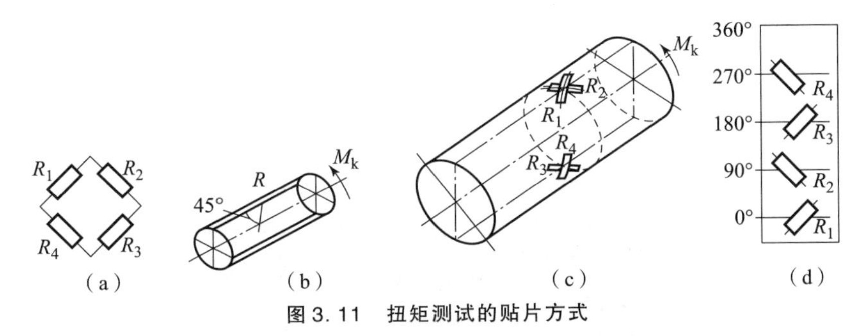

图 3.11　扭矩测试的贴片方式

当被测轴承受扭矩作用时，产生切应力，最大应力发生在轴外表面上，两个主应力轴线沿轴外表面成 45°和 135°角（图 3.12）。因此，在轴外表面上沿主应变方向粘贴应变片，可以最大限度地感受轴的应变，将扭矩变化转换为应变片的电信号输出。

为了提高测量的灵敏度，可用四个应变片按承受的拉压应力平均分配，在轴外表面相对位置各贴两个应变片：一个承受拉应变；一个承受压应变。四个应变片组成全桥回路，输出信号不受温度影响，为纯扭矩信号。

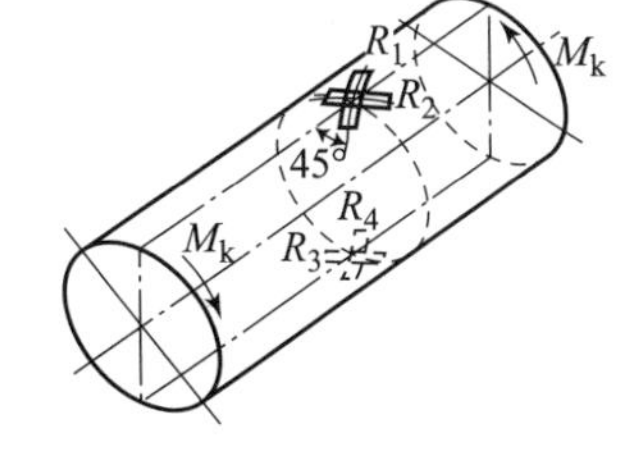

图 3.12　应变式扭矩传感器应变片的贴片方式

电桥信号的输出方式有滑环接触式与非接触感应式两种。滑环接触式的电刷接触电阻对测试精度的影响较大，且安装较为复杂。非接

触感应式的发射机外形尺寸较小，可以装在轴上，通过环形天线向外发射应变片的电信号，由接收装置接收，经处理后最终传送到显示屏或计算机上。在具有较好的抗干扰设施的情况下，非接触感应式测量方法的测量精度较高。

2）相位差式扭矩传感器

相位差式扭矩传感器是利用被测轴在弹性变形范围内其相隔一定距离的两个截面上所产生的相位差与扭矩大小成正比的原理制造的。根据感受元件的不同，相位差式扭矩传感器可分为光电式和磁电式两类。

（1）光电式扭矩传感器。在被测轴上安装两个光栅盘（图3.13），光栅盘沿径向做成放射状黑白相间的图形，黑色表示不能透光部分，白色表示能透光部分。在两个光栅盘外侧方向分别设置一个光源和一个光电管。当轴不受扭矩作用时，两个光栅盘的周向位置为黑白色交错状态，即光不能透过两个光栅盘，光电管感受不到光源的照射，输出电流为零。当轴受扭矩作用发生扭转变形时，两个光栅盘在圆周方向相对错开一个角度，形成一个透光口，光源发出的光能够穿过两个光栅盘照射到光电管上。扭矩越大，透光口的开度就越大，光电管被照射的时间就越长。反映扭矩大小的光电管输出电流信号送至显示仪表，就可知道被测轴所受扭矩的大小。

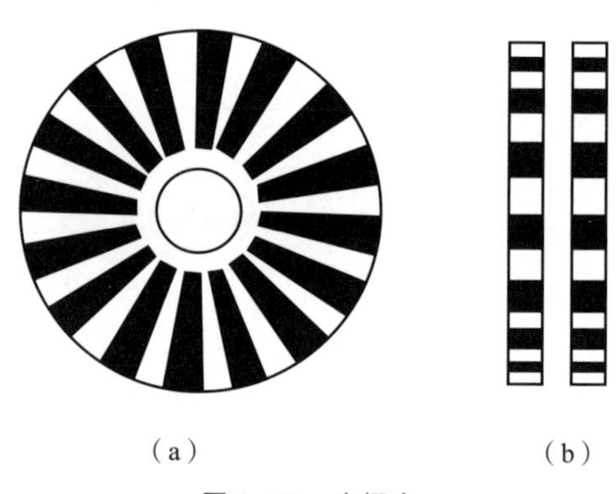

图3.13 光栅盘

（a）两光栅盘正视图；（b）两光栅盘侧视图

（图示两光栅盘相对位置处于光通量通过最大位置）

（2）磁电式扭矩传感器。在被测轴上相距一定距离的两个截面上安装两个带齿的圆盘以及构造与性能均相同的磁电式扭矩传感器（图3.14），轴每转一圈，传感器就产生数目与齿数相同的脉冲信号。当轴受扭矩作用发生扭转变形时，从两个磁电式扭矩传感器上得到的两列脉冲波形间将产生一个与扭转角度成正比的相位角。将此相位差信号输入测量电路并进行数据处理后，即可求

出扭矩的大小。

3.3.2.2　扭矩测试

扭矩测试在实车和试验室条件下大不相同。一般实车测试柴油发动机的扭矩要受到诸多限制，尤其是坦克装甲车辆。一方面暴露在外部的轴段部分很短，轴段扭转角度小，无法使用相位差式扭矩传感器测量扭矩；另一方面可供测量的轴段一般较粗，应变有限，使得采用应变式扭矩传感器测量的扭矩存在一定的误差。若要彻底解决实车柴油发动机扭矩测量问题，就必须在柴油发动机及车辆的设计阶段予以考虑，预先留好传感器的安装位置或直接将传感器设计为柴油发动机曲轴的一部分。

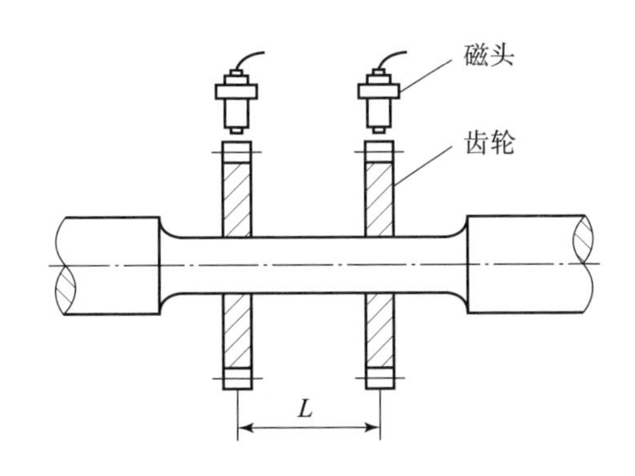

图3.14　磁电式扭矩传感器

在试验室条件下，扭矩的测量要容易一些。一般将前述各种扭矩传感器与测量轴一起制成一个扭矩仪，安装在柴油发动机的输出轴和传动轴之间，这样测量轴与柴油发动机输出轴转速和扭矩均相等，可实时测定柴油发动机的瞬时输出扭矩。图3.15所示就是采用光电式扭矩仪的例子。

在实车条件下，可采用应变式扭矩传感器测量柴油发动机输出扭矩。图3.16所示为应变式扭矩传感器的敏感元件应变片的实物图。传感器采用4个应变片组成全桥回路，按承受的拉压应力平均分配，并制作成一体。两个承受拉应力的应变片粘贴位置在曲轴动力输出端外圆0°、180°处，并与轴线成135°，两个承受压应力的应变片粘贴位置在曲轴动力输出端外圆90°、270°处并与轴线成45°。为了实时获得，发动机输出轴或传动装置转轴所承受的扭矩通常采用存储式扭矩测试方法测量。扭矩的存储式测试方法是近几年发展起来的，适用于运动体上各种参数的测试。其原理是将测试装置与被测对象结合在一起，从而将获得的运动体的动态参数存入测试装置的存储器。待

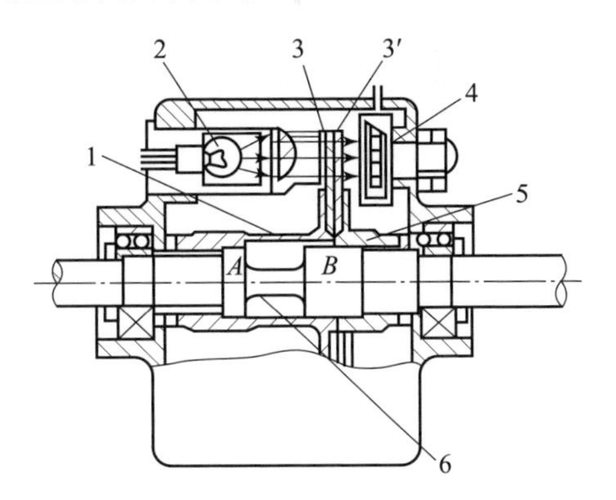

图3.15　光电式扭矩仪

1，5—套筒；2—光源；3，3′—光栅盘；4—光电管；6—扭转轴

测试工作完成后，将测试装置拆下，通过测试装置上的计算机接口［通常为网口或 USB（通用串行总线）口］连接计算机，导出测试数据至计算机，在计算机中编写应变信号到扭矩值的计算程序来计算扭矩。存储式扭矩测试方法是将存储式测试方法应用于扭矩测试工作中，存储式扭矩测试仪的基本工作原理如图 3.17 所示。

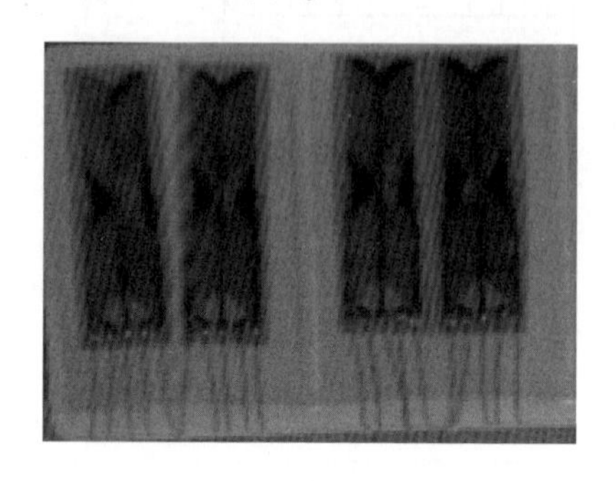

图 3.16　应变式扭矩传感器的敏感元件应变片实物

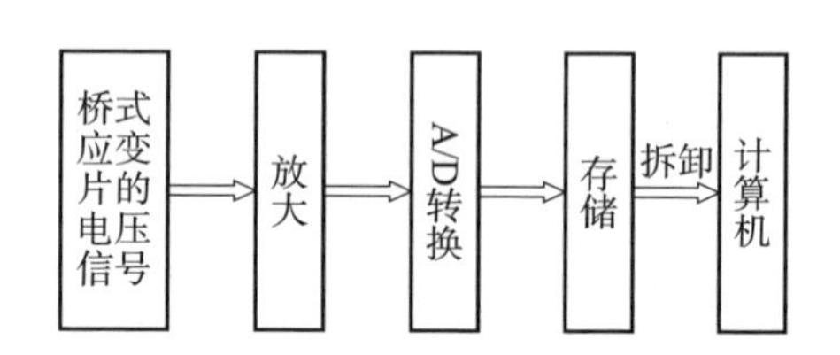

图 3.17　存储式扭矩测试仪的基本工作原理

存储式扭矩测试系统及其安装如图 3.18 所示。存储式扭矩测试方法因电池容量的限制适合传动轴扭矩的短时间测试，不能实现传动轴扭矩的长时间在线监测，并且装甲车辆传动系统狭小的空间不便于做测试装置的频繁拆卸，从而使其最终无法满足长期在线监测的需要。于是人们又发展了集流环供电、无线非接触供电等技术，以满足扭矩参数的长期实时在线监测的需要。

存储式扭矩测试系统硬件电路的结构框图如图 3.19 所示。由图可知，扭矩测试系统可分为几个相互关联的部分。

图 3.18　存储式扭矩测试系统及其安装

（1）数据采集与存储部分。这部分主要包括数据采集系统芯片 ADuC812、数据存储器 28F320J5 以及地址锁存器 74HC573 等元件，这部分是测试系统的核心。

（2）信号的预处理部分。测试信号包括扭矩和转速。对扭矩信号的预处理包括电路的调零、信号的放大和抗混频滤波等，对转速信号的预处理主要是信号的整形。其主要元器件有调零电位器、程控放大器、通用运算放大器、与非门等。

（3）测试系统与计算机的通信接口部分。这部分主要包括 TTL 与 RS232 的电平转换器和 RS232 接口。

（4）电源部分。电源部分包括可充电的电池组及稳压电源模块。

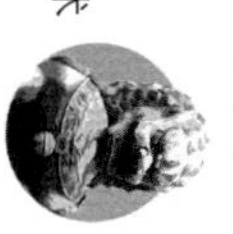

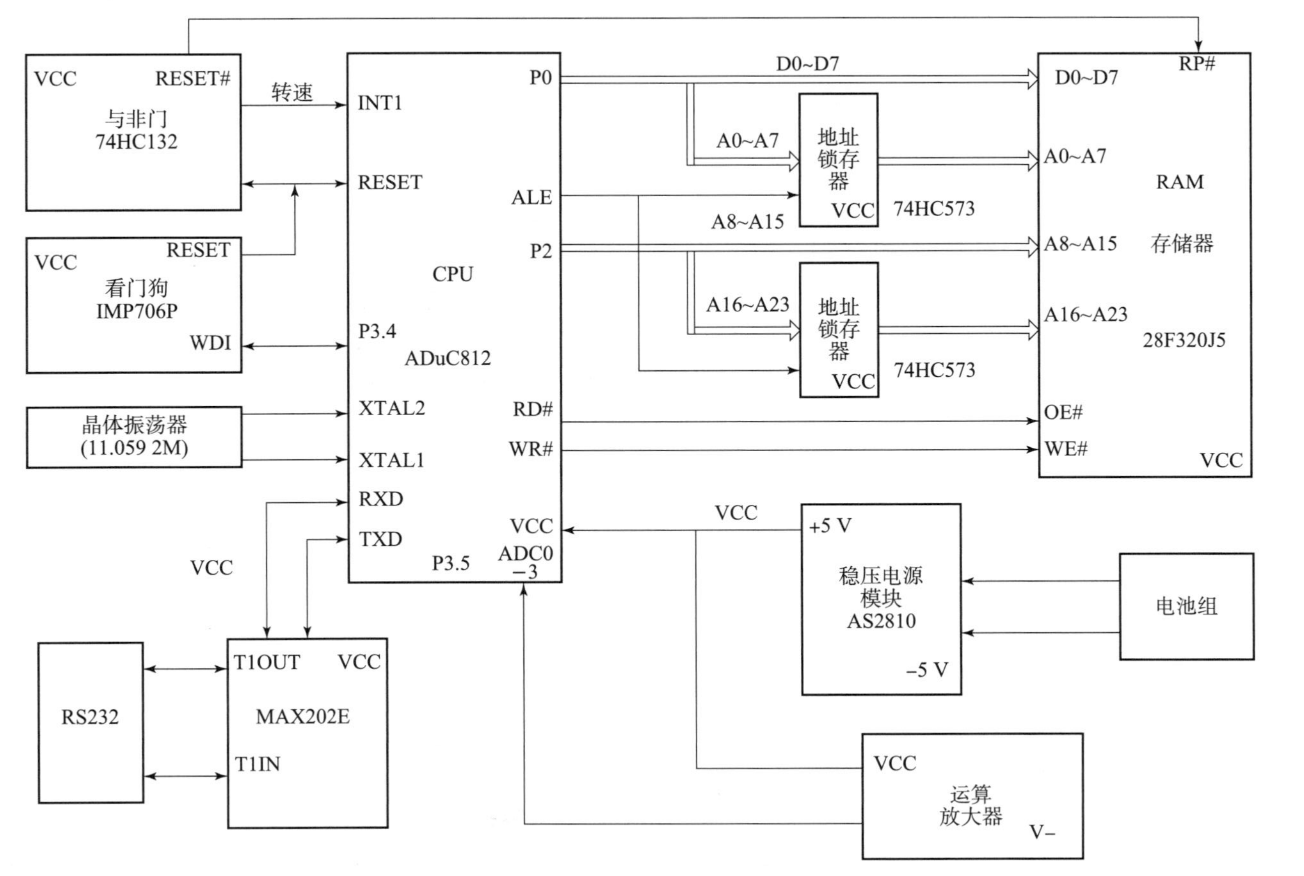

图 3.19　存储式扭矩测试系统硬件电路的结构框图

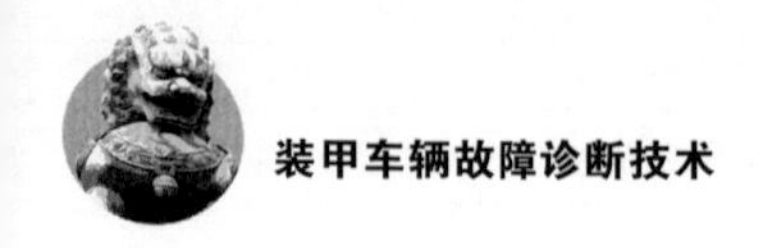

3.3.3 运动速度测试

最大速度是在一定路面和环境条件下，柴油发动机达到尽可能高的稳定转速时车辆的最大行驶速度。理论上它应该等于柴油发动机在标定最大转速时的最高挡变速传动的稳定车速，相应道路条件应该是接近水平的良好沥青或水泥路面（$f \approx 0.05$），这是车辆快速性的重要标志。第二次世界大战后，各国装甲车辆的最大速度都有了较大提高，20 世纪 50 年代的水平为 50 ~ 56 km/h，60—70 年代的则为 60 ~ 65 km/h，而 80 年代的为 65 ~ 70 km/h。我们国家目前最先进坦克的公路最大行驶速度达到了 80 km/h，越野路面的行驶速度也达到了 50 km/h左右。

最大速度主要取决于车辆的单位功率值，同时也和传动系统的性能有关，尤其是对越野车辆而言，悬挂装置的性能以及操纵系统的性能在很大程度上都制约着最高行驶速度。

3.3.3.1 基于主动轮转速的车辆运动速度测试

这种测试的基本原理是通过实时测量主动轮转速、履带节距及主动轮齿数来换算得到车辆机动速度。履带车辆的履带是有一定节距的链条，并不是柔性的，所以包络在主动轮上的履带也不是圆弧形，而是一个边长等于履带节距的多边形的一部分。这样即便是主动轮以匀速转动，实际上由于柴油发动机转速不可能绝对均匀，主动轮转速也不可能绝对均匀，履带车辆的运动速度也是不均匀的，所以通常说的履带车辆运动速度系指平均速度。这里说的平均速度与平时说的履带车辆平均运动速度不同，前者指履带车辆在某一距离内包括不同排挡行驶、停车等时间在内的平均速度，后者指的是因传动不均匀造成速度脉动时的平均速度，以 V_ρ 表示，则

$$V_\rho = 0.006zln_z \tag{3.13}$$

式中，z 为主动轮齿数；l 为履带节距，m；n_z 为主动轮转速，r/m；0.006 为单位换算常数（将 m/s 换算成 km/h）；V_ρ 为平均速度，km/h。如果以柴油发动机转速 n 表示，由于 $n_z = \dfrac{n}{i_\omega}$，代入式（3.13）得

$$V_\rho = 0.037\frac{zln}{i_\omega} \tag{3.14}$$

式中，n 为柴油发动机转速，r/m；i_ω 为总传动比。

上述通过测定主动轮的转速，按给定的理论公式换算后得到履带相对车体的运动速度。在无滑移的条件下，认为这就是履带车辆的运动速度。但是由于

主动轮的磨损，履带板间距变化，主动轮和履带的实际啮合半径不是一个固定标准值，再加上车辆行驶过程中出现滑移和滑转，所以这种方法所测得的车速存在一定的误差，一些在民用车辆领域常用的非接触测速仪器和设备也逐渐在装甲车辆机动性能测试中得到应用。

3.3.3.2　基于多普勒雷达测速仪的车辆运动速度测试

多普勒雷达测速仪是近年来较先进的测速方法之一，已用于交通管制、汽车速度监测。它是利用电磁波或超声波，在传递过程中遇见和该波源有相对运动的反射体造成频率偏移的原理而制成的。测量发射和接收信号波之间频率的变化，而这种频率的变化与车辆速度成一定比例关系。这种测速仪测定的是绝对运动速度，符合实际情况，应用价值较大，可以精确测量各种车辆的运动速度和距离，已广泛用于在公路、铁路、砂石、冰雪等复杂地形和路面上的跑车试验。

设装甲车辆运动方向和波传播方向一致，发射波的频率为 f_1，波的传播速度为 V_P，装甲车辆运动速度为 V_T，则根据多普勒效应，反射波的频率 f_2 为

$$f_2 = f_1\left(1 \pm \frac{V_T}{V_P}\right) \tag{3.15}$$

当装甲车辆向着测量者驶来时，式（3.15）中取正号；当装甲车辆离开测量者驶远时，式（3.15）中取负号。

发射频率 f_1 的信号，遇见装甲车辆测得的反射信号频率 f_2 时，

$$V_T = V_P\left(\frac{f_2}{f_1} \pm 1\right) \tag{3.16}$$

当装甲车辆行驶方向和波传播方向有夹角 α 时，测得的速度为 $V_T\cos\alpha$。多普勒雷达测速仪也可以安装固定在装甲车辆上，利用固定不动的地物为目标，向其发射频率 f_1 的波，测得反射波 f_2，从而测定车辆的速度。设装甲车辆向某一固定物运动的速度为 V_T，有

$$f_2 = f_1\frac{V_P}{V_P - V_T} \tag{3.17}$$

$$V_T = V_P\left(1 - \frac{f_1}{f_2}\right) \tag{3.18}$$

图 3.20 所示为 DRS－6 多普勒雷达测速仪。

图 3.20　DRS－6 多普勒雷达测速仪

为减少因装甲车辆车体的倾斜而产生误差，DRS－6 安装了两个用作发

射器/接收器的雷达天线。它们的安装位置彼此成110°，同时与水平线成35°，一个用于表征运动的方向，另一个用于表征它的相对方向。内置的数字信号处理器，可对两路雷达信号进行解算，通过转换线与速度线一定比例的频率方波和电压，得出速度结果。

国内和国外在进行最高车速试验时，都是按一定的试验规范进行的。对于汽车，我国规定在跑道1.6 km的最后500 m作为测速区，往返各一次，取其平均值作为最高车速。借鉴国内外测量速度的试验规程，结合试验场地的实际情况，对于装甲车辆各挡的最大速度测试，通常先要找到一段长约2 km的比较平直的高速路面，然后进行图3.21所示的场地设置。

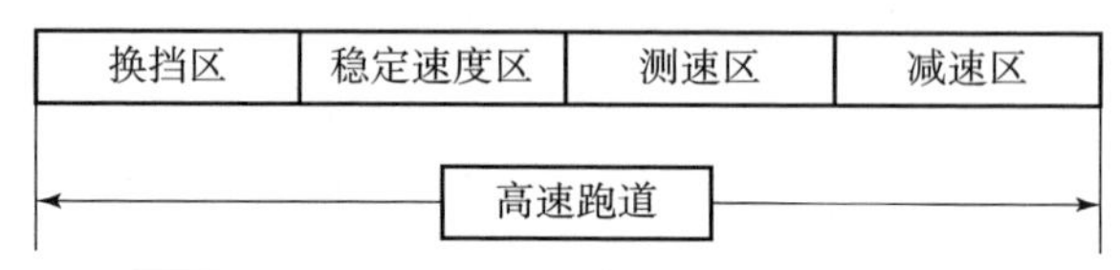

图3.21　场地设置示意

对于换挡区，规定车辆在该区间内换上试验所要求的挡位，并开始逐渐增大油门；对于稳定速度区，要求驾驶员在此区间内将车辆油门踩至规定转速，保持稳定行驶；对于测速区，要求记录车辆行驶的有关参数；对于减速区，车辆开始减速，防止出现意外情况。在实际操作时，测试仪安装好之后，所有数据可以在装甲车辆起动出发时就开始记录数据，试验结束后再进行数据分析处理，得到不同挡位的最大机动速度。

试验步骤如下。

（1）车辆以全油门和最低挡行驶。

（2）记录所能达到的最高车速和柴油发动机转速。

（3）车辆以相反方向行驶，重复第（1）和第（2）步。

（4）车辆以全油门和较高一挡行驶。

（5）记录所能达到的最高车速和柴油发动机转速。

（6）更换挡位，直到所有挡位试验完毕。

多普勒雷达测速仪通过吸盘稳固地吸附在连接在后装甲板上的安装支架上，如图3.22所示。

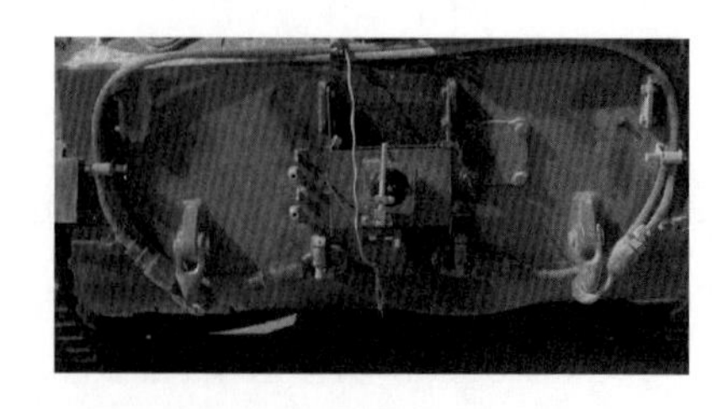

图3.22　多普勒雷达测速仪在实车上的安装

从理论上讲，评价车辆的加速性，一般都用车辆在特定条件下从起步开始以最快的速度换挡、变速并加速到某一距离或某一车

速的时间来表示。军用履带车辆以从起步加速到 32 km/h 速度时所需要的时间为加速性指标，反映了装甲车辆在一定时间内加速至给定速度的能力，其描述方法为加速特性图，即车辆加速时间与加速距离同各排挡下车辆速度之间的关系曲线。也就是说，在特定的试验条件下，只要测得了车辆从起动开始到加速到 32 km/h 以上的车辆速度试验数据，即可直接计算得到装甲车辆的 0 ~ 32 km/h的加速性能指标值。在现代战争条件下，为了抢夺阵地或规避敌方武器的攻击，加速特性是直接关系到作战能力和生存能力的重要性能指标，标志着装备改变自身行驶速度的能力，加速特性的好坏反映了车辆动力特性的优劣，因此车辆的加速性能日益受到重视，已成为装甲车辆最重要的战术技术性能指标之一。20 世纪 60 年代以前，坦克的 0 ~ 32 km/h 的加速时间一般大于 15 s，20 世纪 80 年代有的先进坦克已缩短到 6 s 左右，如 M1A2 坦克已经达到了 7 s，勒克莱尔是 6.5 s，挑战者是 8.4 s，T80 坦克是 5.8 s，该指标主要与单位功率的提高和传动操纵装置的改进有极大关系。加速性越好，其在战场上越灵活，生存力越高。

3.3.4　油耗测试

燃油是机械化作战装备的血液，其消耗率决定着装备在战场上持续使用时间的长短。维持车辆的使用取决于许多因素，其中最重要的是燃油的储备，其次是再加油需要的时间。为了使后勤人员了解作战车辆的燃油需要量，最重要的是正确地测量和记录在不同使用条件下各种车辆的燃油消耗量。百公里燃油消耗量是指对一定道路和环境条件，在战斗全质量状态下，车辆以一定速度每行驶 100 km 所消耗的燃料和润滑油的平均数量。这不但是车辆使用的经济性指标，也密切影响后勤供应和最大行程等。

测量柴油发动机的燃油消耗量，可在一定程度上判别柴油发动机的技术状况。如果同时结合功率测量，可计算柴油发动机比油耗。比油耗定义为

$$b_e = B \times 10^3 / P_e \tag{3.19}$$

式中，P_e 为柴油发动机的有效功率；B 为柴油发动机小时耗油量。

比油耗不但是柴油发动机一个重要的经济性指标，而且还在很大程度上反映出柴油发动机的技术状况。当柴油发动机接近其使用寿命，活塞环和气缸严重磨损时，压缩过程漏入曲轴箱的空气量会增多，导致燃烧不完全，后燃增加；膨胀过程漏气增多，活塞做功能力下降；排气冒黑烟，有效功率下降。在相同的供油量下，柴油发动机的平均指示压力和平均有效压力降低，比油耗则有所增加。柴油发动机主要摩擦副，如主轴颈与主轴承、连杆轴颈与连杆轴承之间磨损较大会导致间隙增大和润滑状况恶化，以及柴油发动机附件的技术状

况变差，也会导致柴油发动机摩擦阻力增加、附件耗功增大、内部损耗即机械损失功率增大；在柴油发动机指示功率不变的情况下，由于机械损失功率的增大，最终输出的有效功率会下降，比油耗会升高。

另外，当柴油发动机喷油系统存在故障，如加油齿杆卡滞、供油提前角发生偏差、开始喷油压力过大或过小、喷油器针阀卡死、喷孔堵塞、偶件磨损等时，循环的喷油量 Δg 会增加或喷射质量变差，直接影响柴油发动机的燃烧过程，使柴油发动机的有效功率减小，比油耗偏高或超高。

当空气供给系统的空气滤清器和配气机构的技术状况发生变化时，如配气相位错乱、空气滤清器阻力加大、滤清效率降低、气门磨损导致漏气等时，柴油发动机每循环进入气缸的新鲜空气量就会不足，从而导致燃烧不完全，造成有效功率下降和比油耗增加。

由上述分析可见，测定柴油发动机的比油耗，就可以为判断柴油发动机及其附件的技术状况和故障诊断提供有力的证据。

3.3.4.1 台架试验测量方法

通过台架试验来测定柴油发动机的比油耗是较为常用和准确的方法，由定义可知，测取比油耗需要测定柴油发动机的有效功率和小时耗油量即燃油流量。

在用台架试验测定燃油流量 B 时，要使柴油发动机在某一转速和功率下稳定工作一段时间，用天平或磅秤测量某一时间间隔内柴油发动机消耗的油量，这个方法称为称量法或重量法测燃油耗。图 3.23 所示为重量法测燃油耗示意情况。

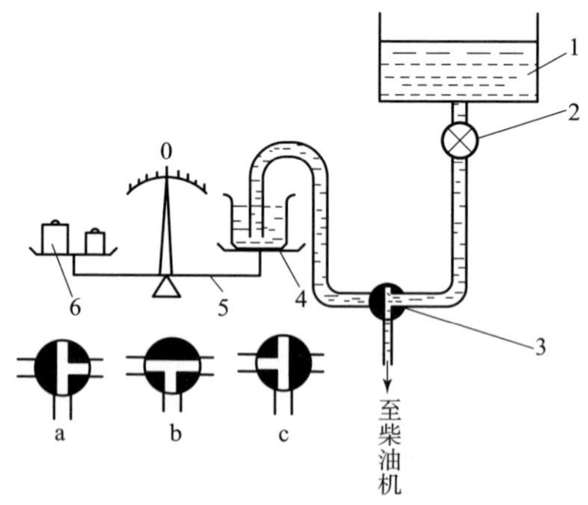

图 3.23 重量法测燃油耗示意

1—油箱；2—开关；3—三通阀；4—油杯；5—天平；6—砝码；

a—供油；b—测量；c—充油

根据柴油发动机功率大小，设置一个量程适当的天平，在天平两端的托盘上分别放置砝码和油杯。在燃油箱至柴油发动机和油杯的油路上设置一个三通阀（图3.24）。当三通阀置于图3.24（a）的位置时，燃油箱直接向柴油发动机供油；测量时，先将三通阀顺时针转至图3.24（b）所示位置，使燃油箱在继续向柴油发动机供油的同时，向油杯充油；当油杯内注入的燃油稍多于预先设定的数量而比砝码重时，托盘偏向油杯一端，然后将三通阀转至图3.24（c）所示的位置，于是供给柴油发动机的燃油完全来自油杯。随着燃油的消耗，油杯内燃油的重量和托盘上砝码的重量趋向相等，使天平逐渐回到水平位置。当天平指针指向零时，立即按下秒表，开始计时；然后取下重量为 m 的砝码，天平又偏向油杯一端，直到油杯内所耗燃油量等于取下的砝码的重量时，天平再次回到平衡位置，在指针指向零的瞬间再次按下秒表。这样，就测出了消耗重量为 m 的燃油所需的时间，由此时间和重量 m 即可简单地计算出燃油流量 B，结合该工况的有效功率最终得到比油耗 b_e。测量完毕，将三通阀转至图3.24（a）所示的位置。

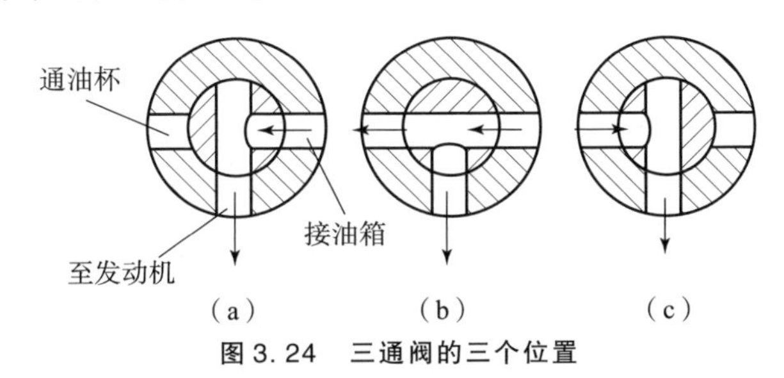

图3.24　三通阀的三个位置

每次测量所消耗的燃油量（取下砝码的重量）应根据试验工况下柴油发动机有效功率的大小来确定，一般应使每次测量的时间不少于30 s，以保证测量精度。相同的工况重复测量一次，取其平均值。

3.3.4.2　实车检测

对使用中的柴油发动机进行燃油比油耗检测的主要目的是从一个方面判定柴油发动机的技术状况，如果将柴油发动机从其使用环境（如车上）拆下，再送到台架上检测比油耗，就失去了检测的意义，因此基于诊断目的的比油耗检测必须在实车上进行。

实车测定燃油消耗量需要使用液体流量传感器。一般工业或试验室用液体流量传感器的基本原理是通过某种中间转换元件或机构，将管道中流动的液体流量转换成压差、位移、力、转速等参量，然后将这些参量转换成电量，从而得到与液体流量成一定函数关系（线性或非线性）的电量（模拟或数字）

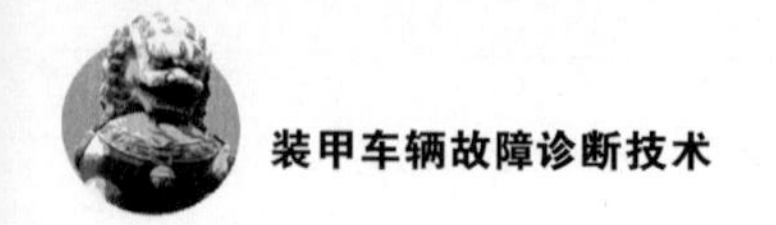

输出。

常用的流量传感器有差压式流量传感器、转子流量传感器、靶式流量传感器、涡轮流量传感器和容积式流量传感器等。下面主要介绍涡轮流量传感器的工作原理和使用方法。

1）涡轮流量传感器

涡轮流量传感器的结构如图 3.25 所示，涡轮转轴的轴承由固定在壳体上的导流器所支承，流体顺着导流器流过涡轮时，推动叶片使涡轮转动，其转速与流量 Q 呈一定的函数关系，通过测定转速即可确定对应的流量 Q。

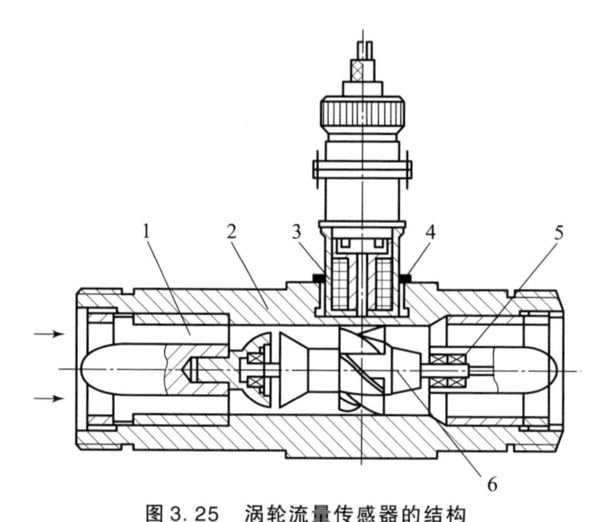

图 3.25　涡轮流量传感器的结构

1—导流器；2—壳体；3—感应线圈；4—永久磁铁；5—轴承；6—涡轮

由于涡轮是被封闭在管道中的，因此采用非接触式磁电检测器来测量涡轮转速。从图 3.25 中可以看出，在不导磁的管壳外面安装的检测器是一个套有感应线圈的永久磁铁，涡轮的叶片是用导磁材料制成的。若涡轮转动，叶片每次掠经磁铁下面时，都要使磁路的磁阻发生一次变化，从而输出一个电脉冲。显然，输出脉冲的频率与转速成正比，测量脉冲频率即可确定瞬时流量。若累计一定时间内的脉冲数，便可得到这段时间内的累计流量。在装甲车辆上检测柴油发动机供油管道在 1 h 内的燃油流量，即可得到小时耗油量。

如果忽略轴承的摩擦及涡轮的功率输出，则量纲分析表明，涡轮流量传感器有如下关系：

$$\frac{Q}{nD^3}=f\left(\frac{nD^2}{v}\right) \tag{3.20}$$

式中，Q 为通过流量传感器的体积流量，m^3/s；n 为涡轮每秒的转数；D 为流

量传感器的通径，m；v 为被测流体介质的运动黏度，m^2/s。也就是说，$\frac{Q}{nD^3}$为$\frac{nD^2}{v}$的某种函数。例如，图 3.26 所示为 $D = 25$ mm 的涡轮流量传感器的实测特性曲线。从图 3.26 中可以看出，只有当$\frac{nD^2}{v}$足够大时，即通过流量传感器的流体处于充分紊流状态时，$\frac{Q}{nD^3} = \text{const}$ 的关系才成立。也就是说，只有此时才存在以下关系：

$$Q = Kn \tag{3.21}$$

式中，K 为常数，并且与流体的性质无关。由于涡轮转速 n 与流量传感器输出的脉冲频率成正比，因此有

$$Q = f/\xi \tag{3.22}$$

式中，f 为输出脉冲信号的频率，Hz；ξ 为频率 - 流量转换关系的仪表常数（脉冲数/m^3）。

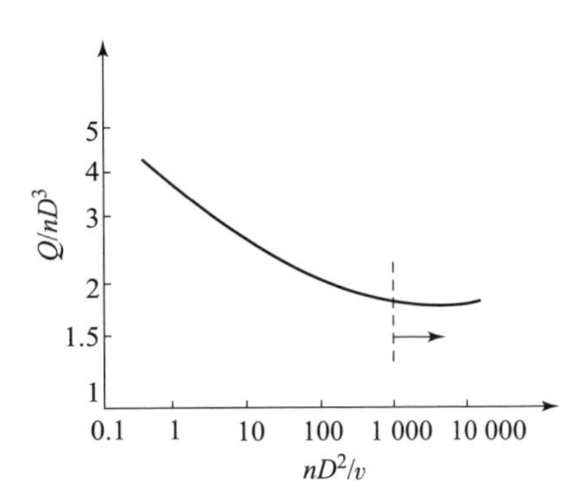

图 3.26　涡轮流量传感器的特性曲线

涡轮流量传感器出厂时是以水为介质来标定的。以水作为工作介质时，每种规格的流量传感器在规定的测量范围内，以一定的精度保持这种线性关系。当被测流体的运动黏度小于 5×10^{-6} m^2/s 时，在规定的流量测量范围内，可直接使用厂家给出的仪表常数 ξ，不必另行定度。但是在液压系统的流量测量中，由于被测流体的黏度较大，在厂家提供的流量测量范围内上述线性关系不成立（特大口径的流量传感器除外），仪表常数 ξ 随液体的温度（或黏度）和流量的不同而变化。在这种情况下流量传感器必须重新定度。对每种特定介质，可得到一簇定度曲线，利用这些曲线就可对测量结果进行修正。由于这种曲线簇以温度为参变量，因此，在流量测量中必须测量通过流量传感器的流体温度。当然，也可以使用反馈补偿系统来得到线性特性。

就涡轮流量传感器本身来说，其时间常数为 2 ~ 10 ms，因此具有较好的响应特性，可用来测量瞬变或脉动流量。涡轮流量传感器在线性工作范围内的测量精度为 0.25% ~1.0%。

2）坦克柴油发动机燃油流量检测

以某型坦克 12150L 柴油发动机为例，柴油发动机在工作时，柴油经柴油箱、柴油分配开关、加温器柴油管、手摇输油泵、柴油粗滤器、柴油细滤器、

高压油泵、喷油器到缸内，流量传感器检测的是经细滤器流入高压油泵的动态柴油流量。在进行实车检测时，将连接柴油发动机细滤器出口与高压油泵入口的油管拆下，通过油管将涡轮流量传感器串接在柴油发动机细滤器出口与高压油泵入口之间。涡轮流量传感器及其安装如图 3.27 所示。

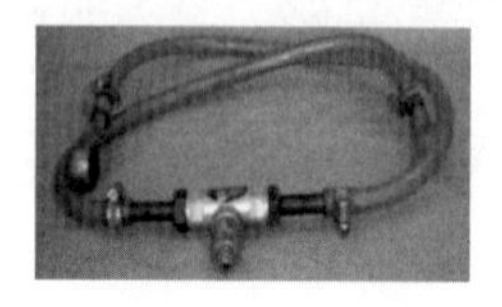

（a）

（b）

图 3.27 涡轮流量传感器及其安装

（a）涡轮流量传感器；（b）实车安装

如果采用计算机对信号进行处理，则需要数据采集器对流量信号进行采集。由于无法采集频率信号，所以应设计频率—电压转换（f—V）电路，将频率信号转换成电压信号后再进行采集。当流量传感器输出的频率信号比较微弱时，需要采用放大电路将信号放大，经 f—V 转换成电压信号后再输出。

3.4 装甲车辆振动测试

3.4.1 概述

机械振动是工程技术和日常生活中常见的物理现象。在大多数情况下，机械振动是有害的。振动往往破坏机器的正常工作，振动的动载荷使机器加快失效，甚至损坏造成事故，降低机器设备的使用寿命。振动本身或由振动造成的噪声在生理和心理上危害人类的健康，因而已被列为需要控制的公害。但振动也有可以被利用的一面，如输送、夯实、捣固、清洗、脱水、时效等振动机械，只要设计合理，它们都有耗能小、效率高、结构简单的特点。因此，除利用振动原理工作的机器设备外，对大多数机器都应将振动量控制在允许的范围内。即使利用振动原理工作的机械，也必须采取适当措施，不让其振动影响周围机器设备的工作或危害人类。

现代工业技术的发展，对各种机械提出了低振级和低噪声的要求，对各种结构要求有较高的抗振能力，因而要进行机械结构的振动分析或振动设计。在实际中遇到的机械或结构都是比较复杂的振动系统，往往要做许多简化后才能

解析处理，故最终都需要用试验来验证理论分析的正确性。对于现成的机械或结构，为改善其抗振性能，也要测量振动的强度（振级）、频谱，甚至动态响应，以了解振动的状况，寻找振源，采取合理的减振措施（如隔振、吸振、阻振等）。总之，振动测试在振动和噪声研究领域内占有重要地位。

机械振动测试技术不仅应用于寻找振源、振动强度和可靠性、隔振、减震、舒适性等问题分析，近年来又成功地应用于重要机械设备的监测和控制、预报和识别故障等方面，因而极大地提高了机械设备的效率和可靠性。任何机械设备在工作或运行过程中都会产生振动信号，其中包含极其丰富的机械状态信息。当机械内部发生异常时，随之会出现振动加大或者其他变化。机械振动信号的测试可在不停机和不解体的情况下进行，且机械振动的理论和测试方法都比较成熟，所以在机械设备的状态监测与故障诊断中，振动诊断是普遍采用的基本方法。通过对振动信号的分析处理，可以诊断机械设备的故障，并对其劣化程度进行评估。所以我们选择振动作为一个重要的测试参数。一般的振动测试大致包括以下两方面的内容。

（1）振动基本参数的测量：测量振动物体上某点的位移、速度、加速度，进而分析振动信号中包含的频率成分及相位。振动位移、振动速度、振动加速度三者具有微分关系。

（2）结构或部件的动态特性：以某种激振力作用在被测件上，使它产生受迫振动，测量输入（激振力）和输出（被测件振动响应），从而确定被测件的固有频率、阻尼、刚度和振型等动态参数。这一类试验叫“频率响应试验”或“机械阻抗试验”。

涉及机械故障诊断时，振动测试主要是对振动基本参数进行测量。下面主要介绍常见的振动加速度和速度测量方法。

3.4.2　振动加速度传感器

在机械振动测试中，常见的是振动加速度传感器，而振动加速度传感器中最常用的是压电式加速度传感器。压电式加速度传感器在频率范围内具有平直的动态特性、测量动态范围大、稳定性好、质量小、体积小等特点，而且具有足够的灵敏度，输出的信号经过积分电路也可获得振动位移或振动速度信号。因此，我们选择压电式加速度传感器作为测量振动参数的传感器。压电式加速度传感器的特点是输出阻抗非常高，工作频率范围理论上可为零至几十千赫。与其配接的放大器有两种：电压放大器和电荷放大器。由于电压放大器的输入阻抗较低，必须在传感器和电压放大器之间加接阻抗变换器，所以通常使用电荷放大器。下面以压电式加速度传感器为例来介绍设备振动的测试原理。

3.4.2.1 压电效应

从物理学知道，某些晶体材料在受到压力或机械变形作用时，在其表面上会产生正负电荷，内部出现极化现象。当压力撤去后，材料重新回到不带电状态，这种现象称为压电效应。压电晶体受外载荷作用时，在压电晶体表面上产生的电荷为

$$q_a = c_x \cdot \sigma \cdot A \tag{3.23}$$

式中，q_a 为晶体的电荷量，C；c_x 为晶体的压电系数，C/N；σ 为晶体的压力强度，N/m^2；A 为晶体的工作表面积，m^2。

在压电传感器中，石英晶体应用较早，但随后被灵敏度极高的酒石酸盐所代替，而计量方面应用最多的是兼有以上二者优点的压电陶瓷材料，如钛酸钡、锆钛酸铅等。虽然压电陶瓷的灵敏度不如酒石酸盐，但是它适应于较恶劣的工作条件。在 0 ℃ ~ 80 ℃的温度范围内，它的压电系数 c_x(C/N) 几乎是常数。压电陶瓷的压电系数大约为 1.2×10^{-10}(C/N)，相当于石英晶体的 50 ~ 60 倍。因此压电陶瓷被广泛地应用于测量技术中。因为石英晶体稳定性最好，所以常用来制造标准传感器。

3.4.2.2 压电式加速度传感器的常见结构型式与工作原理

压电式加速度传感器按照压缩弹簧的固定方式和质量块位置的不同，可分为正装中心压缩型、周边压缩型、倒置中心压缩型及三角剪切型等结构型式，如图 3.28 所示。

在图 3.28 中，压电式加速度传感器的敏感元件由两个压电陶瓷片（简称压电片）（图 3.28 中的 3）组成，其上放有一重金属制成的质量块（图 3.28 中的 2），用一弹性元件（图 3.28 中的 4）将质量块和压电片预先夹紧在传感器壳体（图 3.28 中的 1）上。即先要给晶体一个预应力，这是为了达到晶体受惯性质量振动力作用时，使晶体始终受到压力，从而消除晶体受小压力时输出电压与压力之间的非线性。因为晶体表面与输出接触片在没有预压力时不能均匀接触，所以接触电阻在小压力时不是常数，影响输出线性。当然，预压力也不能加得太大，否则将影响灵敏度。整个组件装在金属壳体中。

1）正装中心压缩型

如图 3.28（a）所示，压电晶体、质量块和弹性元件是装在芯轴上的，由芯轴螺栓压紧在基座上。这种结构的特点是结构紧凑、刚度好，所以固有频率高、灵敏度也较高。由于壳体起屏蔽作用，所以抗干扰性较好。然而，受基座

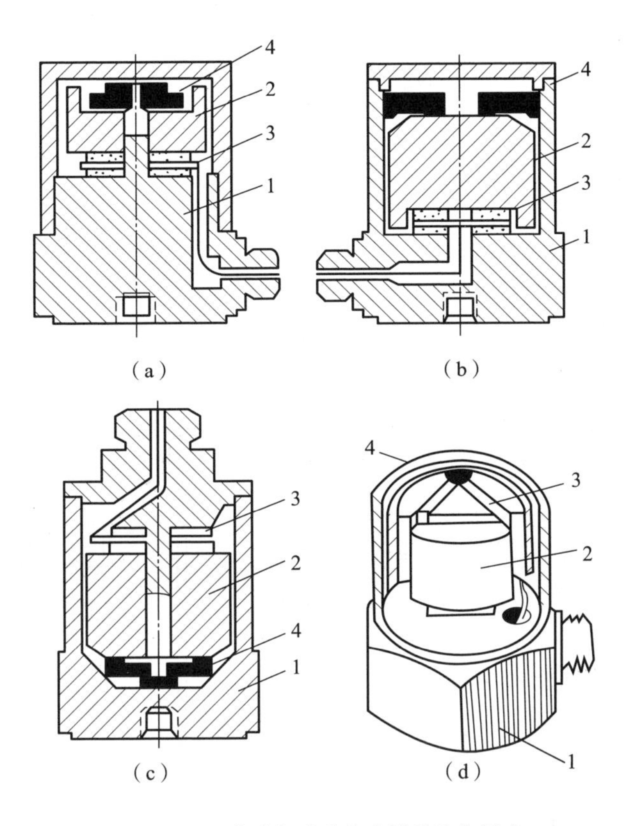

图3.28　压电式加速度传感器的结构型式

(a) 正装中心压缩型；(b) 周边压缩型；(c) 倒置中心压缩型；(d) 三角剪切型

1—传感器壳体；2—质量块；3—压电片；4—弹性元件

应变和横向效应影响较大，因而这种型式的传感器适用于被测振动物体应变不大且横向振动较小的场合。

2）周边压缩型

如图3.28（b）所示，压电晶体和质量块是通过弹性元件由周边旋紧在基座的上盖，压紧在基座上的。这种结构的特点是结构简单且强度较大、固有频率高、灵敏度也较高，适用于加速度变化较大的场合。然而，由于晶体是由上盖并与基座相连而压紧的，所以抗干扰能力很差。因而这种型式在国内外已趋淘汰。

3）倒置中心压缩型

如图3.28（c）所示，压电晶体和质量块通过芯轴螺栓压紧在上盖上。与正装中心压缩型相比，由于晶体远离基座，因而基座应变影响极小，适用于振动物体应变较大的场合，可满足精密测量需求。然而，由于结构刚性差，其固有频率低，仅适合被测物体振动频率较低的场合。

4）三角剪切型

如图3.28（d）所示，圆柱型压电晶片立置，质量块和弹簧通过芯轴压在基座上，利用晶片产生剪切变形的压电效应制成。由于许多环境干扰不会引起剪切变形，所以抗干扰性能好。由于压电元件的极化方向和热梯度方向垂直，所以几乎没有热电效应引起的输出，声灵敏度、磁灵敏度以及稳定性等都很好。其固有频率和电荷灵敏度都较高，适用于测试精度要求较高的场合。

图3.29所示为压电式加速度传感器原理。压电式加速度传感器可简化为由压电元件和作用在它上面的弹簧 K（刚性系数为 k）、质量块 M（质量为 m）和阻尼器等组成。当传感器装在被测振动物体上一起运动 S 时，由于 m 一定，则压电元件上将被施加与下式给出的加速度成比例的力：

$$a=\frac{\mathrm{d}^2S}{\mathrm{d}t^2} \tag{3.24}$$

因而传感器输出端便产生与加速度 a 成比例的电荷。此即为压电式加速度传感器的工作原理。

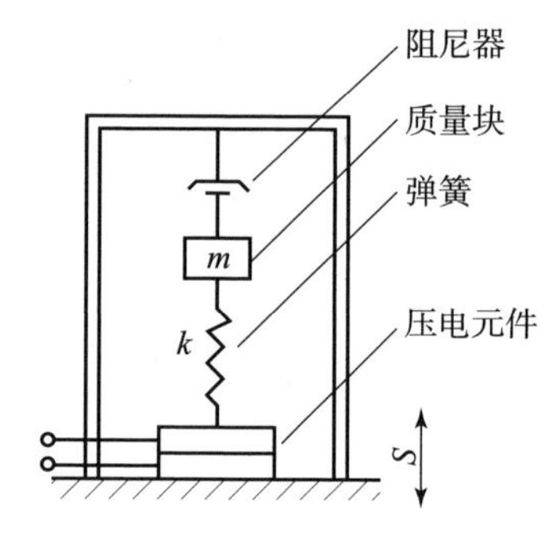

图3.29　压电式加速度传感器原理

3.4.2.3　压电式加速度传感器的主要特性

1）固有频率 ω_n

加速度传感器的固有频率 ω_n 为

$$\omega_n=\sqrt{\frac{k}{m}} \tag{3.25}$$

式中，k 为弹簧、压电片和基座上的螺栓的组合刚性系数，N/m；m 为质量块的质量，kg。

当传感器结构确定后，则其刚性系数 k 和质量 m 为定值，因而固有频率 ω_n 为定值，具体数值通常由制造厂商经试验给出。

加速度传感器工作时，被测物体振动频率（也就是加速度传感器工作的频率）ω 应该远低于加速度传感器的固有频率 ω_n，即 $\omega \ll \omega_n$。为了实际测量的需

要，制造厂推出具有各种 ω_n 值的加速度传感器。为获得足够高的测量精度和足够宽的工作频带，通常总是尽可能地提高压电式加速度传感器的固有频率。例如，可以做到 10 kHz 甚至 50 kHz 的量级。

2）灵敏度

表征压电式加速度传感器的灵敏度有两种：一种是电压灵敏度 S_V，其单位为 $mV/(m \cdot s^{-2})$；另一种是电荷灵敏度 S_q，其量纲为 $pC/(m \cdot s^{-2})$。

压电式加速度传感器的等效电路如图 3.30 所示。如前所述，只要满足工作频率 f 远远低于加速度传感器的固有频率 ω_n 或 f_n ($f_n = \omega_n / 2\pi$) 这个条件，压电片上承受的压力 $P = \sigma \cdot A$ 就与被测振动的加速度 a 成正比，即

$$\sigma \cdot A \propto a$$

根据式（3.23）可知，在压电片的工作表面上产生的电荷 q_a 也与被测振动的加速度 a 成比例，即

$$q_a = c_x \cdot \sigma \cdot A \propto a$$

$$q_a = S_q \cdot a \tag{3.26}$$

式中，比例系数 S_q 就是压电式加速度传感器的电荷灵敏度。

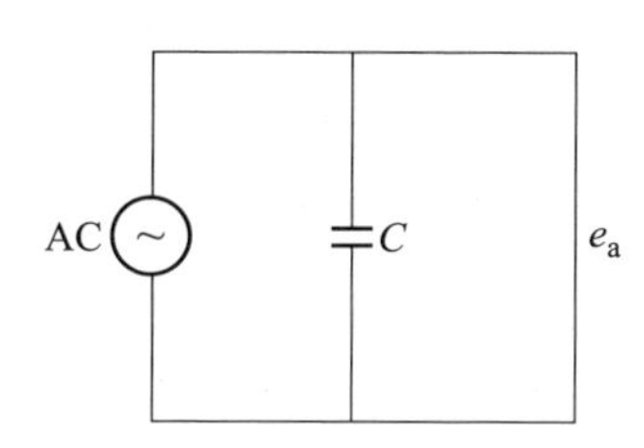

图 3.30　压电式加速度传感器的等效电路

从图 3.30 中可以看出，此压电式加速度传感器的开路电压 e_a 应为

$$e_a = \frac{q_a}{C_a} \tag{3.27}$$

式中，C_a 为加速度传感器的内部电容量，对于一个特定的压电式加速度传感器来说，C_a 为一确定的值，所以有

$$e_a = \frac{S_q}{C_a} \cdot a = S_V \cdot a \tag{3.28}$$

也就是说，压电式加速度传感器的开路电压 e_a 与被测加速度 a 成比例，比例系数 S_V 就是压电式加速度传感器的电压灵敏度。

以往由于压电式加速度传感器多通过阻抗变换器与电压放大器配用，所以使用电压灵敏度。随着电荷放大器技术的实用化发展，压电式加速度传感器几乎都与电荷放大器配用，因此，制造厂直接给出电荷灵敏度。

然而，当前某些制造厂仍只给出电压灵敏度，且同时给出压电式加速度传感器的电容 C_a(PF)、制造厂标定电压灵敏度时采用的低噪声电缆的电容 C_c(PF)，以及阻抗变换器输入电容 C_i(PF)。可用下式计算出压电式加速度传感器的电荷灵敏度：

$$S_q = (C_a + C_c + C_i) \times S_V \times 10^{-3} \tag{3.29}$$

压电式加速度传感器的压电材料，虽然在制造时经老化处理，但其压电常数仍随时间增长而降低，每年降低值达百分之几。若多年测量都始终用制造厂给出的灵敏度，显然会有测量误差。因此，建议每半年对所用传感器进行一次标定。

随着集成电路技术的发展，人们已经逐渐将原来与压电式加速度传感器的电荷放大器或电压放大器等设计成集成电路，并装到传感器壳体内。这种传感器有的称为 IEPE 传感器，有的称为 ICP 传感器，其特点是要求外部供电才能工作。但它要求的电源不是恒压源，而是恒流源，典型的恒流源要求24 V，4 mA。另外，它输出的被测交流振动加速度信号是叠加在加速度传感器的 8 ~ 12 V 偏置电压上，后续处理电路中必须有一个高通隔直滤波器，以滤除直流成分，保留加速度信号中的交流成分。典型的恒流源模块电路原理如图 3. 31 所示。图 3. 31 中点画线内为恒流源模块电路原理，模块通过 V_i 既对传感器提供横流供电，还将传感器测得的振动加速度信号引出。此时交变的振动加速度信号叠加在 8 ~ 12 V 的直流偏置电压上，须经 470 μF 电容隔直后从 V_0 输出。引脚 f_L 内接 CR 高通滤波器，R 阻值为 20 kΩ。引脚 f_L 是否接地，取决于用户要求的低频下限和测试仪器的输入阻抗。一般来说，f_L 应比被测频率低 10 倍以上。引脚 f_L 不接地，CR 的高通 R 即为测试仪器的输入电阻；引脚 f_L 接地，R 为 20 kΩ 电阻与测试仪器输入电阻并联。高通 − 3 dB 截止频率 $f_L = 1/(2\pi RC)$，引脚 f_L 通常在测试仪器输入阻抗较大时才接地；若后续仪器是数据采集器，其输入阻抗为 100 kΩ，当引脚 f_L 不接地时，低频下限频率 $f_L = 1/(2\pi \times 100 \times 10^3 \times 470 \times 10^{-6}) \approx 0.003\,4(\text{Hz})$；当引脚 f_L 接地时，低频下限频率 $f_L = 1/\{2\pi \times [20 \times 100/(20+100)] \times 10^3 \times 470 \times 10^{-6}\} \approx 0.02(\text{Hz})$。

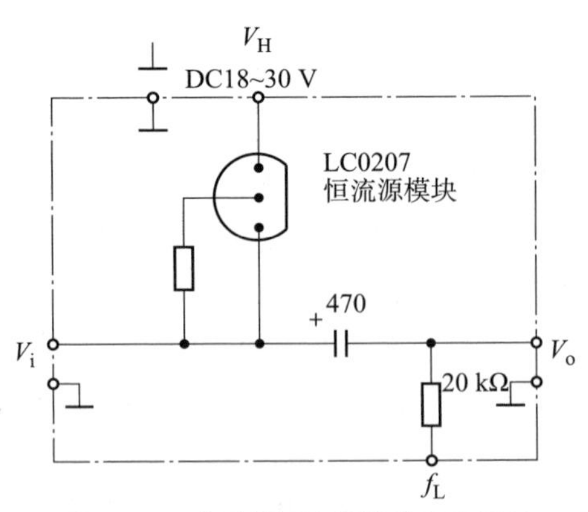

图 3. 31　典型的恒流源模块电路原理

3）压电式加速度传感器的频率特性

由测试技术中测量系统的特性可知，压电式加速度传感器为二阶测量系统。二阶测量系统的幅频特性表达式为

$$A(\omega)=\frac{K}{\sqrt{\left[1-\left(\frac{\omega}{\omega_{\mathrm{n}}}\right)^{2}\right]^{2}+\left[2\xi\left(\frac{\omega}{\omega_{\mathrm{n}}}\right)\right]^{2}}} \tag{3.30}$$

相频特性表达式为

$$\varphi(\omega)=-\arctan\frac{2\xi\left(\frac{\omega}{\omega_{\mathrm{n}}}\right)}{1-\left(\frac{\omega}{\omega_{\mathrm{n}}}\right)^{2}} \tag{3.31}$$

式中，ξ 为阻尼比；K 为静态灵敏度。

对于加速度传感器，输入为被测加速度 a，输出为质量块相对壳体的位移 x（压电晶体的变形），则静态灵敏度 $K=\frac{x}{a}$，由于 $kx=ma$，所以 $K=\frac{m}{k}=\frac{1}{\omega_{\mathrm{n}}^{2}}$，代入式（3.30）中，可得加速度传感器的幅频特性表达式为

$$A(\omega)=\frac{\frac{1}{\omega_{\mathrm{n}}^{2}}}{\sqrt{\left[1-\left(\frac{\omega}{\omega_{\mathrm{n}}}\right)^{2}\right]^{2}+\left[2\xi\left(\frac{\omega}{\omega_{\mathrm{n}}}\right)\right]^{2}}} \tag{3.32}$$

相频特性表达式为

$$\varphi(\omega)=-\arctan\frac{2\xi\left(\frac{\omega}{\omega_{\mathrm{n}}}\right)}{1-\left(\frac{\omega}{\omega_{\mathrm{n}}}\right)^{2}} \tag{3.33}$$

以频率比 $\omega/\omega_{\mathrm{n}}$ 为横坐标，以 $\omega_{\mathrm{n}}^{2}A(\omega)$ 为纵坐标，可绘出加速度传感器的幅频特性曲线，如图3.32所示。相频特性曲线如图3.33所示。

在传感器的实际应用中，压电式加速度传感器应工作在幅频特性曲线上平坦的直线区域内，即不希望传感器的灵敏度随工作频率 ω 而变化。因为实际被测设备的振动往往是由多个频率成分组成的，若传感器灵敏度随频率变化，则各频率成分间的幅值大小关系经传感器转换后将发生变化，导致测得的信号产生幅值畸变。通常取频率比 $\frac{\omega}{\omega_{\mathrm{n}}}=0.1$，使传感器工作在频率比在0.1以下的区域内，即所选用的压电式加速度传感器的固有频率 ω_{n} 应比被测振动不可忽视分量的频率 ω 高10倍。

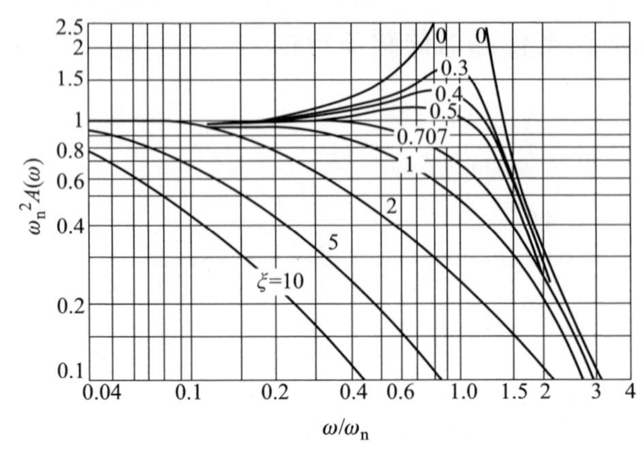

图 3.32　加速度传感器幅频特性曲线

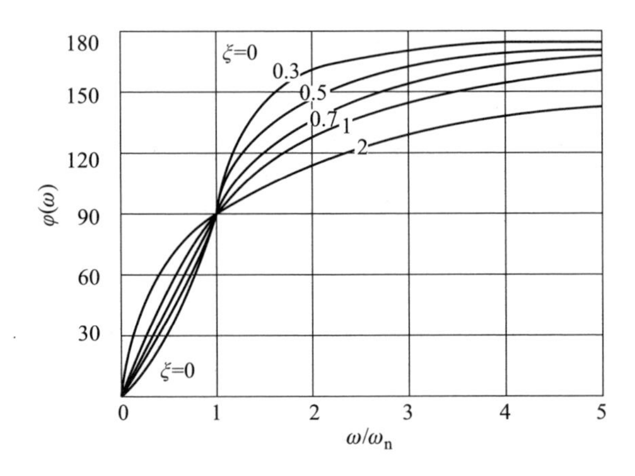

图 3.33　加速度传感器相频特性曲线

从相频特性曲线上可以看出，当取频率比$\dfrac{\omega}{\omega_n}=0.1$时，则各频率分量的相移 φ 都趋于零，则测得的信号几乎没有相位畸变。

综上所述，为避免压电式加速度传感器测得的信号产生幅值和相位畸变，通常选用压电式加速度传感器的固有频率 ω_n，比被测振动不可忽视分量的频率 ω 高 10 倍。也就是说，如果我们关心被测设备的振动信号在 20 kHz 以下或者说最高频率成分不超过 20 kHz，则选择振动加速度传感器时，其固有频率 ω_n 应该在 200 kHz 以上，否则测得的振动信号会失真，不能真实反映被测设备的实际振动。

4）线性与动态范围

对于传感器的工程应用而言，总是要求它有尽可能宽的动态范围，即不

仅能感受极微弱的振动，也能承受强烈的振动，并且希望它的灵敏度随输入量的变化很小。理想的传感器灵敏度应为一常数。但实际传感器的振动输入与输出不可能是完全线性关系的。灵敏度的变化率在一允许限度以内的量程范围就是传感器的线性范围。传感器在线性范围内不受干扰能够测量的最低和最高振级的范围即为传感器的动态范围。通用型加速度传感器可保持线性至 $50\sim100\ \mathrm{km/s^2}$，而一只专用于测量冲击振动的加速度传感器则能保持线性至 $1\ 000\ \mathrm{km/s^2}$。能测量的最低量级与所连接的放大器有关，对通用型的仪器来说，可低至 $1\ \mathrm{m/s^2}$ 的1/100。在使用传感器之前，要知道这些特性。

5）横向灵敏度

垂直于加速度传感器主轴线平面内的灵敏度叫作横向灵敏度。通常用主轴线灵敏度的百分数来表示。

图3.34所示为压电式加速度传感器主轴灵敏度、横向灵敏度和最小灵敏度轴之间的几何关系。如果主轴灵敏度为 S_z，设它为100%，若在 xOy 平面内的 $O\eta$ 方向具有最大的横向灵敏度 S_{xy}，那么垂直于 $Oz\eta$ 平面的 $O\zeta$ 轴就是该加速度传感器的最小灵敏度轴，这个轴线的位置在产品出厂时都用一红点标记来表明。由图3.34可见，压电式加速度传感器的最大灵敏度为 S_m。横向灵敏度应尽可能的小，否则，其输出信号就不能只反映一个方向（主轴方向）的振动加速度，而是将各个方向的振动加速度都反映出来。这就给测量和分析造成麻烦。横向灵敏度主要是由于压电材料的不均匀性、不规则性所引起的，同时还与压电片和金属零件间的配合有关。一个较好的压电式加速度传感器，其横向灵敏度应当小于主轴灵敏度的3%，即

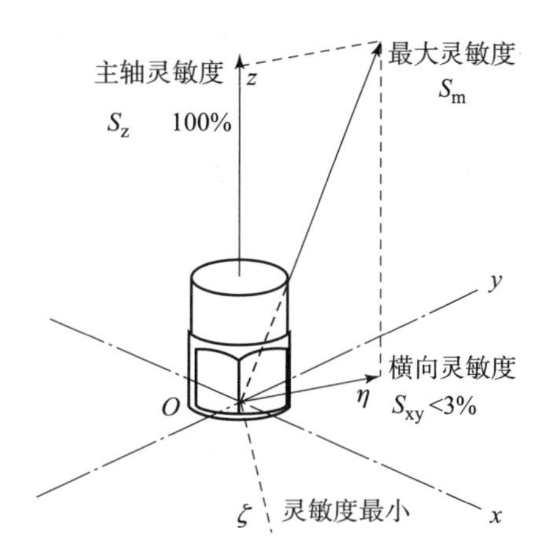

图3.34　压电式加速度传感器的横向灵敏度

$$S_{xy}<3\%S_z$$

6）温度效应和时间稳定性

当使用的环境温度变化时，压电式加速度传感器的灵敏度也随之改变，而以石英为压电材料做成的加速度传感器温度系数最小、最稳定。用人工陶瓷制作的压电、加速度传感器，随温度的升高，其电压灵敏度降低。如果在生产时

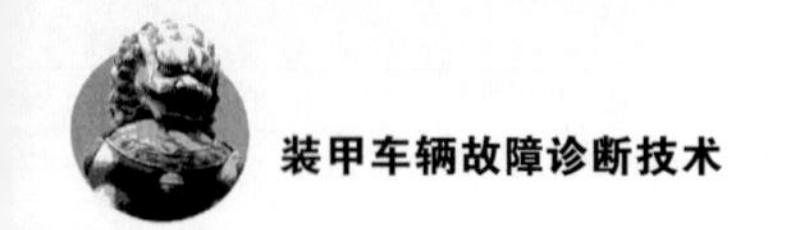

经过温度循环人工老化处理，温度—灵敏度变化关系较稳定，即当温度再回到正常状态时，灵敏度也回到正常值。普通加速度传感器能承受高达 150 ℃的温度，在更高温度时，压电陶瓷失去极性，灵敏度会受到永久性的损伤。在高温环境下使用压电式加速度传感器时，可以用不同的冷却方式来冷却它，或者选用耐高温的压电陶瓷加速度传感器（一般可达 260 ℃）。

7）电缆效应

在使用压电式加速度传感器的过程中，常会出现电缆产生的误差，也称电缆噪声。这些噪声可能是由于不正确接地形成接地回路感应电噪声；也可能是连接加速度传感器和放大器的同轴电缆在测量中因受振动，在屏蔽层和绝缘层之间摩擦生电而感生的电压引起的。不好的电缆可达 3 mV/(m · s^2)。消除电缆噪声对于高阻抗的压电式传感器是很重要的，除了正确地安装和连接电缆外，还要尽可能减少电缆的曲折并使电缆固定。当然要使用专用电缆，国产的专用电缆有 STYV－2 低噪声和 SYV－50－1 聚乙烯同轴射频电缆。

3.4.2.4 压电式加速度传感器的安装方式

在测试过程中传感器需要与被测物体良好地接触（必要时传感器与被测物体应有牢固的连接）。如果在水平方向产生滑动或者在垂直方向脱离接触，测试结果都会产生畸变。如在固定时采用固定件，会使传感器与被测物体间增加一个弹性垫层，从而产生寄生振动。在振动测试中首先应尽量减少不必要的固定件，最好使传感器直接固接于被测物体上，但在必要时才设置固定件。良好的固接要求固定件的自振频率大于被测振动频率 5～10 倍，这时可使寄生振动减少。几种相关安装方式如图 3.35 所示。图 3.35（a）用钢螺栓，图 3.35（b）用胶合剂和胶合螺栓，图 3.35（c）用绝缘螺栓和云母垫圈，图 3.35（d）用永久磁铁，图 3.35（e）用蜡或蜂蜜橡胶泥黏附，图 3.35（f）用手持探针。这六种安装方式各有不同特点。第一种安装方式的频率响应最好，基本符合加速度传感器实现的标准曲线所要求的条件。每次使用安装螺栓时，请特别注意：不要将螺栓完全拧入传感器基座的螺孔中，不然，会引起基座面弯曲，从而影响加速度传感器的灵敏度。第二种安装方式用于适合应用胶合技术的振动件。最好用 502 胶和环氧树脂连接螺栓。第三种安装方式是当加速度传感器和振动体之间需要电绝缘时采用。第四种安装方式是利用永久磁铁的吸引力固定。该磁铁也需和振动件电绝缘，磁铁使用闭合回路，所以在加速度传感器处没有泄漏场。第五种安装方式是将一薄层蜡或蜂蜜将加速度传感器黏附在振动物体的面上，虽然蜡和蜂蜜的硬度差，但这种安装频率响应也能够适应很

多场合。第六种安装方式是用手持探针测量，它适用于快速测试，如在测点很多而又不能固定的场合。但是，测试频率不能太高，一般在 1 000 Hz 频率范围内。

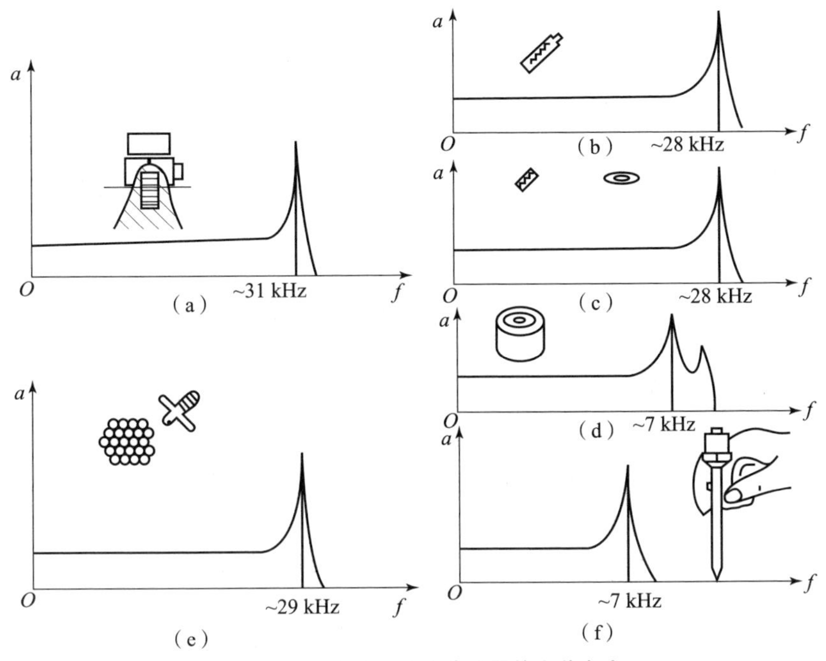

图 3.35　压电式加速度传感器的安装方式

3.4.2.5　传感器的后接放大电路

从电压效应来看，压电式加速度传感器可以被看作一个能产生电荷的高内阻发电元件。传感器产生的电荷量很小，不能用一般的仪表直接进行测量。这是因为一般的测量仪表的输入阻抗是有限的，压电片上的电荷量会通过测量电路的输入电阻而被释放掉。若输入阻抗很高，就有可能把变化的电荷量测量出来。测量电路的输入阻抗越高，被测参数的变化越快（频率越高），所测结果就越接近电荷的实际变化。目前，通常有两种办法可测量压电式加速度传感器输出的电荷量：一种是把电荷量转变成电压，然后测量电压值，称为电压放大器；另一种是直接测量电荷量的值，称为电荷放大器。电压放大器要求输入的阻抗必须在 100 MΩ 以上，放大器的灵敏度和频率特性受连接电缆的影响大。电荷放大器不受连接电缆的影响，且精度高，目前被广泛采用。下面分别介绍这两种放大器。

1）电压放大器

图3.36所示为压电式加速度传感器至电压放大器的等效电路。电压放大器的功用是放大压电式加速度传感器的微弱输出信号，并把压电式加速度传感器的高输出阻抗转换成较低值，再输送给主放大器。

图3.36中 q_a 是压电式加速度传感器产生的总电荷量；C_a 是传感器内部的电容；C_c 是连接电缆的分布电容；C_i 是电压放大器的输入电容；R_a 是传感器的内部电阻；R_i 是电压放大器的输入电阻。

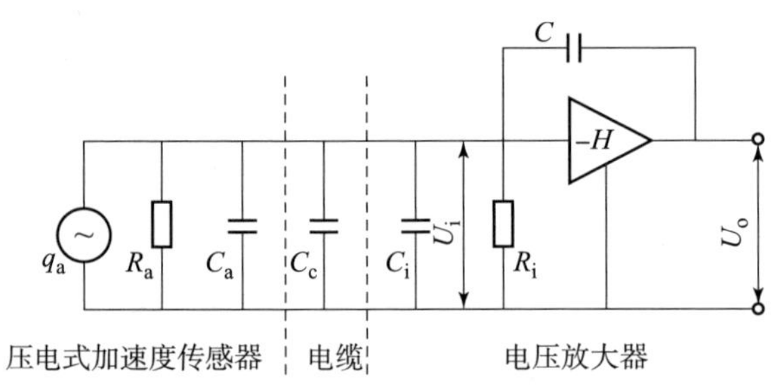

图3.36　压电式加速度传感器至电压放大器的等效电路

为了讨论方便，将图3.36简化成图3.37所示的简化等效电路。

图3.37中等效电容 $C = C_a + C_c + C_i$；等效电阻 $R = \frac{R_a R_1}{R_a + R_1}$；压电式加速度传感器产生的总电荷量为

$$q_a = q_{a1} + q_{a2} = C_x \cdot F \quad (3.34)$$

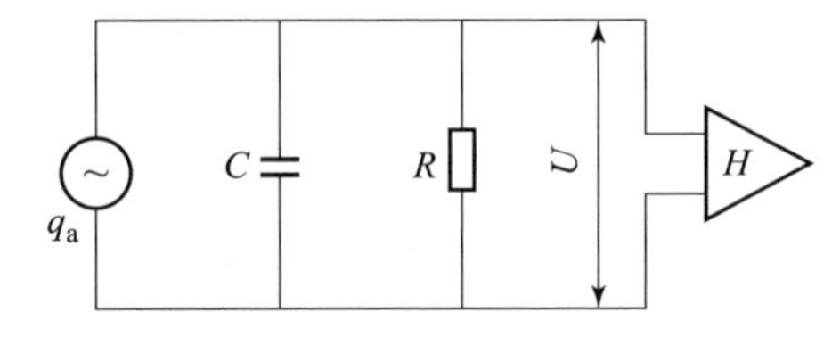

图3.37　简化等效电路

式中，C_x 为压电系数；F 为作用于压电晶体上的交变力；q_{a1} 为使电容 C 充电到电压 U 的电荷，与电压和电容的关系可由下式决定：

$$U = \frac{q_{a1}}{C} \quad (3.35)$$

q_{a2} 为经电阻泄漏的电荷，并在电阻 R 上产生压降，其值也相当于电压 U，与电压和电阻的关系可由下式决定：

$$U = \frac{\mathrm{d}q_{a2}}{\mathrm{d}t} \cdot R \quad (3.36)$$

若将压电式加速度传感器产生的作用力 $F = F_m \sin \omega t$ 代入式（3.34），并对时间求导数，则有

$$RC\frac{\mathrm{d}U}{\mathrm{d}t} + U = C_x R F_m \omega \cos \omega t \quad (3.37)$$

此微分方程的全部解由齐次方程的通解和非齐次方程的特解组成，齐次方程的通解为

$$U_1 = A\mathrm{e}^{-t/RC} \tag{3.38}$$

非齐次方程的特解为

$$U_2 = U_{\mathrm{m}}\cos\omega t \tag{3.39}$$

将式（3.39）代入式（3.37），经整理得

$$U_{\mathrm{m}} = \frac{C_{\mathrm{x}}F_{\mathrm{m}}\omega R}{\sqrt{1+(\omega RC)^2}} \tag{3.40}$$

设电导 $G=\frac{1}{R}$，代入式（3.40），则有

$$U_{\mathrm{m}} = \frac{C_{\mathrm{x}}F_{\mathrm{m}}\omega}{\sqrt{G^2+(\omega C)^2}} \tag{3.41}$$

从式（3.41）可以看出：

（1）当测量静态参数（$\omega=0$）时，$U_{\mathrm{m}}=0$，即压电式加速度传感器没有输出，这时不能测量静态参数。

（2）当测量频率足够大（$G\ll\omega C$）时，

$$U_{\mathrm{m}} \approx \frac{C_{\mathrm{x}}F_{\mathrm{m}}}{C}$$

即电压放大器的输入电压与频率无关，不随频率变化。

（3）当测量低频振动（$G\gg\omega C$）时，

$$U_{\mathrm{m}} \approx C_{\mathrm{x}}\cdot F_{\mathrm{m}}\cdot\omega\cdot R$$

即电压放大器输入电压是频率的函数，随频率的下降而下降。

通常，下限截止频率规定为电压放大器的输入电压与高频时的输入电压比值下降到 $-3\mathrm{dB}\left(0.707U_{\mathrm{m}}，因为 -3\ \mathrm{dB}=20\ \lg\frac{1}{\sqrt{2}}\right)$处的频率。所谓下降到 $0.707U_{\mathrm{m}}$，即

$$\frac{U_{\mathrm{m}}}{C_{\mathrm{x}}F_{\mathrm{m}}/C} = \frac{\omega C}{\sqrt{G^2+(\omega C)^2}} = \frac{1}{\sqrt{2}} = 0.707$$

此时，$G=\omega C$，即 $R\omega C=1$。如用 $f_{下}$ 表示截止频率，则

$$R\cdot 2\pi f_{下}\cdot C = 1$$

或

$$f_{下} = \frac{1}{2\pi RC} \tag{3.42}$$

可以看出，增大 RC（时间常数）的数值可以使低频工作范围加宽。但是，加大电容量 C 是不好的，这是因为总电容量的增加势必造成传感器的灵敏度下

降（因为 $e_a = \frac{q_a}{C_a}$，而 e_a 变小即为开路输出电势变小）。因此，只有设法增大等效电阻 R，即最大限度增大放大器的输入电阻 R_i 和绝缘电阻 R_a。输入电阻越大，绝缘性能越好，低频响应也就越好。反之，由于传感器的漏电和放大器输入电阻上的分流作用，会产生很大的低频误差。

现在讨论电缆电容对电压放大器测量系统的影响。由于压电式加速度传感器的电压灵敏度 S_V 与电荷灵敏度 S_q 有下列关系：

$$S_V = \frac{S_q}{C_a} \tag{3.43}$$

而电压放大器输入电压 U_i（因为 R_a 和 R_i 足够大，可以忽略不计）为

$$U_i = \frac{C_a}{C_a + C_e + C_i} \cdot e_a \tag{3.44}$$

所以电压放大器的输入电压 U_i 等于压电式加速度传感器的开路电压 e_a 与系数 $\frac{C_a}{C_a + C_e + C_i}$ 的乘积。一般 C_a 和 C_i 都是定值，而电缆电容 C_e 是随导线的长度和种类而变化的。所以，随着电缆的长度和种类的改变，输入电压也改变，电压灵敏度也变化；同时，使用的频率下限 $f_{下}$ 也要变化。这些变化在实际测量中是不被允许的，因此，测量时必须用一根专用的电缆（电缆的长度应尽可能的短，型号应采用低噪声电缆），同时，配用的放大器也要相对固定，应使用同型号的放大器。

综上所述，对于使用压电式加速度传感器作为传感器，在应用电压放大器时，首先要求连接的电缆越短越好，并且应使用低噪声电缆；其次要求放大器的输入电阻越大越好。电缆长度的限制，使电压放大器与传感器很近，使用时就很不方便，而电荷放大器就可以克服这一缺点。

2）电荷放大器

通过对电压放大器的分析可知：为了扩展系统的可用频率范围，必须尽可能地提高放大器的输入电阻。但通过精心设计的阻抗变换器只能达到 R_i = 1 000 MΩ的水平。如果线路总电容量为 100 pF，则

$$f_{下} = \frac{1}{6.28 \times 10^9 \times 100 \times 10^{-12}} \approx 1.6 \ (\text{Hz})$$

由此可见，使用前置电压放大器时，只能进行一般振动的测量，而不能进行频率很低的振动测量。

在保证有足够输出强度的条件下，用一种适当地加大线路总电容量 C 的方法使下限截止频率变得更低，又不受电缆的分布电容的影响，电荷放大器就是

基于这一原理而设计出来的。

电荷放大器是一种输出电压与输入电荷量成正比的前置放大器。实际上它是由一个运算放大器与一个电压并联负反馈网络所组成的。它的等效电路如图3.38所示。

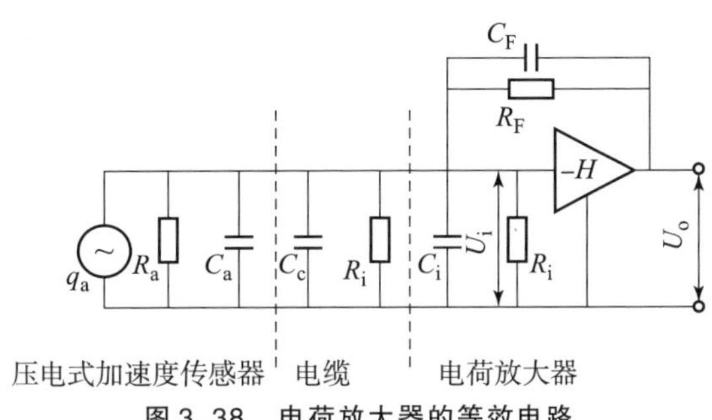

图3.38　电荷放大器的等效电路

图3.38中C_F是负反馈网络电容；H为运算放大器的放大倍数（增益）；其他符号同前。

通常压电式传感器的内部电阻R_a远大于放大器的输入电阻R_i，而且放大器的输入电阻R_i数值也很大，故可略去不计。

根据电路方程，电荷放大器的输入电压为

$$U_i=\frac{q_a}{C+(1+H)C_F}=\frac{C_a}{C+(1+H)C_F}\cdot e_a \tag{3.45}$$

而电荷放大器的输出电压为

$$U_o=-HU_i=-\frac{Hq_a}{C+(1+H)C_F} \tag{3.46}$$

因为电荷放大器是高增益的，即$H\gg1$，因此，$(1+H)C_F\gg C$，则有

$$U_o=\left|-\frac{q_a}{C_F}\right|=\left|-\frac{S_q}{C_F}\cdot a\right| \tag{3.47}$$

由式（3.47）可知：电荷放大器的输出电压仅与传感器产生的电荷量q_a和负反馈网络的电容C有关，而与连接电缆的分布电容无关。因此在长距离（电缆较长）测量或经常要改变输入电缆长度时，采用电荷放大器是很有利的。

电荷放大器的下限截止频率$f_下$主要取决于负反馈网络的参数。为使运算放大器的工作稳定，可在负反馈网络中跨接一个电阻R_F。图3.39所示为前置电荷放大器的实际等效电路。其中，K为运算放大器的倍数；C_F为反馈电容，R_F为反馈电阻。

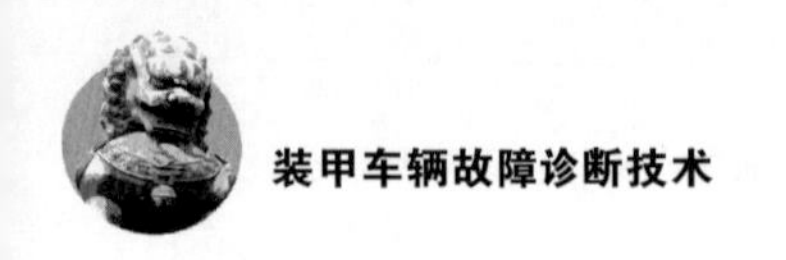

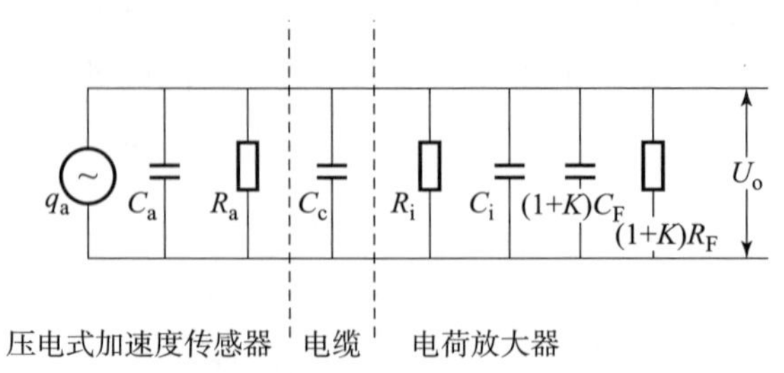

图 3.39 前置电荷放大器的实际等效电路

根据电路方程可得电荷放大器的输出电压与传感器产生的电荷量的关系

$$U_o \approx -\frac{q_a}{C_F + \dfrac{G_F}{j\omega}} \tag{3.48}$$

式中，G_F 为负反馈网络的电导，与负反馈网络的电阻 R_F 的关系为 $G_F = 1/R_F$；$j\omega$ 为频率的复数形式。

由式（3.48）可知：实际电荷放大器的输出电压不仅取决于传感器产生的电荷量和负反馈网络的参数，还与信号的频率有关。当信号频率越来越低时，G_F 项越不易被忽略。若使 $\left|\dfrac{G_F}{\omega}\right| = |C_F|$，则有

$$U_o = -\frac{q_a}{C_F} \cdot \frac{1}{\sqrt{2}}$$

即输出电压下降到理想状态 $\left(\dfrac{q_a}{C_F}\right)$ 的 $\dfrac{1}{\sqrt{2}}$，亦即下降到半功率点（因为功率的比等于电压的平方比，故电压比为 $\dfrac{1}{\sqrt{2}}$ 时，功率比为 $\dfrac{1}{2}$，即功率比理想状态时减少一半，故称半功率点）时，对应的频率称为下限截止频率，即

$$f_{下} = \frac{1}{2\pi R_F C_F} \tag{3.49}$$

较好的电荷放大器可以做到 $f_{下} = 0.003$ Hz。

电荷放大器的频率上限主要取决于运算放大器的性能。

由于电荷放大器是一种精密的仪器，因此必须严格地按照说明书的规定使用和保养。一般要注意以下几点：

（1）正确接地。当接地点选择不正确时，会引起很大噪声干扰，输出端会出现很大的交流噪声，甚至使测量无法进行。整个测量系统应只有一个接地点，当接地点选在电荷放大器的输入端时，会产生地电流，造成系统干扰。正确的接地点应在记录显示设备的输入端，并要求压电式加速度传感器对被测物

体绝缘。

（2）防止输入击穿。由于放大器的输入阻抗极高，因而输入端有极小的漏电流就可能击穿管子。故在测量前，先接好传感器与电荷放大器、记录器，可靠接地后，再接通电源。测量结束时，应先全部切断电源，最后拆卸传感器与电荷放大器连接插头。千万不能在仪器接通电源后再装卸输入插头。仪器的输出端也不能短接，切不可在接通电源的情况下，用手触摸输入端来检查有无信号输出。此外，输入端不能直接接入磁电式传感器、信号发生器或直流电压等的电压信号。

（3）泄放残存电荷。在连接传感器与电荷放大器之前，应把连接电缆芯线与外屏蔽皮短接一次，以泄放掉残存电荷。

（4）保持插件的高绝缘电阻。要保持插座及电缆插头的清洁与干燥，不允许用手摸插件。若插件工作在恶劣的环境下，应采取插件密封措施。

（5）不能盲目加长输入电缆。虽说电荷放大器不受连接电缆的限制，但这只是在理想的情况下，因此，连接电缆也不宜过长，否则会使高频衰减。

（6）合理选择上、下限频率。根据被测物体振动频率范围，选择合适的上、下限频率范围，以减小噪声和干扰。

3.4.3　振动速度传感器

振动速度传感器可分为绝对式速度传感器和相对式速度传感器两种类型，分别如图 3.40 和图 3.41 所示。

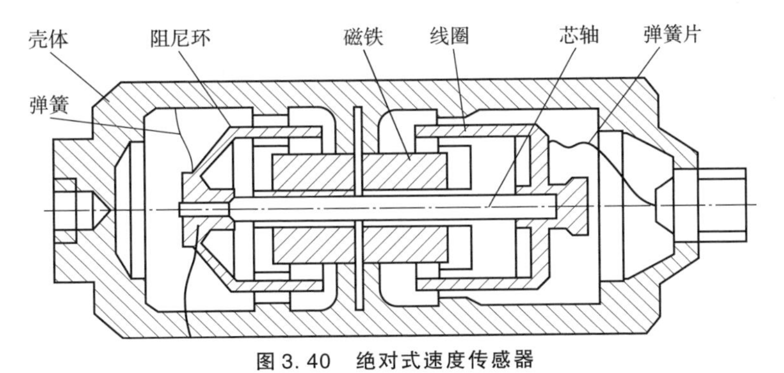

图 3.40　绝对式速度传感器

图 3.40 中，磁铁与壳体形成磁回路，装在芯轴上的线圈和阻尼环组成惯性系统的质量块并在磁场中运动。弹簧片径向刚度很大、轴向刚度很小，使惯性系统既得到可靠的径向支承，又保证有很低的轴向固有频率。铜制的阻尼环一方面可增加惯性系统质量，降低固有频率，另一方面又可利用闭合铜环在磁场中运动产生的磁阻尼力使振动系统具有合理的阻尼。

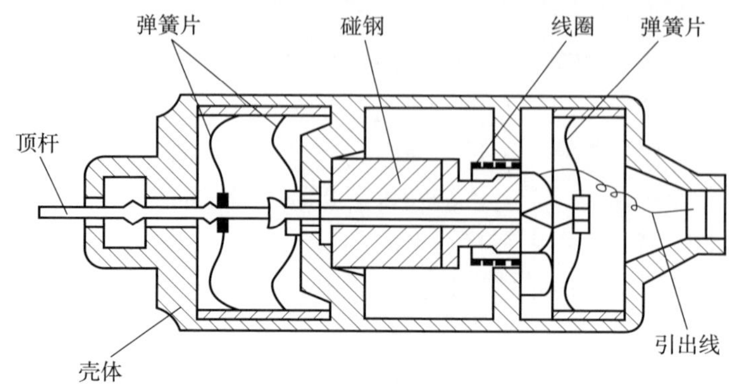

图 3.41 相对式速度传感器

线圈在磁场中运动，切割磁力线产生电动势 e：

$$e = nBlv \tag{3.50}$$

式中，n 为线圈匝数；B 为磁场强度；l 为线圈一匝长度，当传感器设计完成时，这些皆为定值；v 为线圈运动速度。所以传感器的输出电压与被测速度成比例。这就是速度传感器的工作原理。

由上述速度传感器的工作原理可知，速度传感器为二阶测量系统。其幅频特性曲线如图 3.42 所示，相频特性曲线如图 3.43 所示。当 $\omega \gg \omega_n$ 时，$A(\omega)$ 接近于 1，表明质量块和壳体的相对运动（输出）和基础的振动（输入）近乎相等，即表明质量块在绝对空间几乎处于静止状态，从而被测物（它和壳体固接）与质量块的相对位移、相对速度就分别近似于其绝对位移和绝对速度。

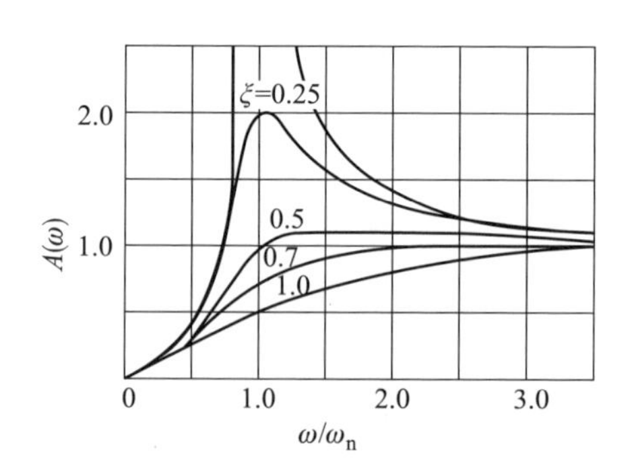

图 3.42 速度传感器的幅频特性曲线

为了扩展速度传感器的工作频率下限，应采用 $\xi = 0.5 \sim 0.7$ 的阻尼比，在幅值误差不超过 5 的情况下，工作下限可扩展到 $\frac{\omega}{\omega_n} = 1.7$。这样的阻尼比也有助于迅速衰减意外瞬态扰动所引起的瞬态振动。在图 3.33 中，$\xi = 0.5 \sim 0.7$ 的相频特性曲线与频率不成线性关系，在靠近 ω_n 处这种现象更加严重。若要达到 180°相移使之成为一个反相器，ω 必须大于（7 ~ 8）ω_n。这些表明，用这类传感器在低频范围内无法保证测量的相位精度，测得的波形也有相位失真。从使用要求来看，希望尽量降低绝对式速度传感器的固有频率，但过大的

质量块和过低的弹簧刚度使其在重力场中静变形很大，结构上有困难。因此其固有频率一般取为 10 ~ 15 Hz。

图 3.41 中，壳体固定在一个试件上，顶杆顶住另一个试件，两试件之间的相对振动速度通过与顶杆连在一起的线圈在磁场气隙中的运动转换成电压输出。

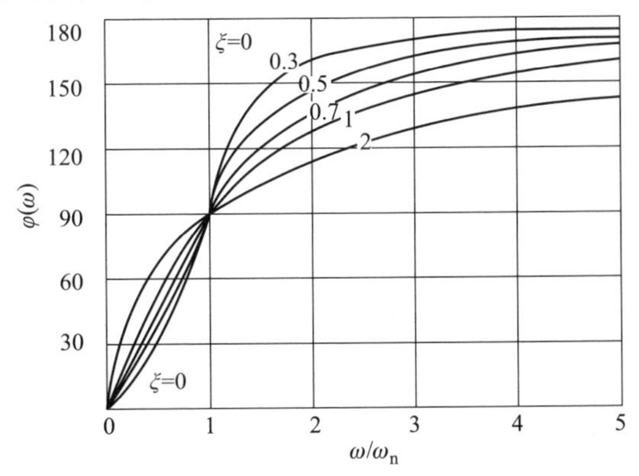

图 3.43　速度传感器的相频特性曲线

3.4.4　振动测试的应用实例

3.4.4.1　柴油发动机缸套磨损监测

用振动诊断技术来监测柴油发动机的状态（如正常缸套磨损拉缸）是一种有效的方法。活塞与缸套的间隙变化将引起缸套的振动特征发生改变，进而引起气缸盖和机身振动特性的变化。根据活塞撞击—缸套—机身振动的传递特性和对激励源的分析，可利用机身振动特性的变化来预测间隙状态的变化。

在现场监测时，将传感器安置于柴油发动机机身或气缸盖上。尽管各种冲击力都将引起机身的振动，但由于活塞撞击对气缸套和机身的振动具有一定的传递特性，通过对缸套振动和机身振动进行相干分析，发现机身横向振动的主要激励源是活塞撞击引起的。图 3.44 所示为过度磨损时缸套与机身振动的加速度响应功率谱，其特征完全相同。

1）响应加速度功率谱图特征

不同间隙状态时机身振动加速度响应的功率谱（PSD）如图 3.45 所示。由图 3.45 可知，振动主要分布在 0.8 ~ 1.4 kHz 与 1.5 ~ 2.2 kHz 两个频带内，小间隙时能量主要在第一频带内，大间隙时则在第二频带内。过度磨损时，第一频带内的峰值增加 4.8 倍，而第二频带内的峰值增加 146 倍，振动特征有明显变化。

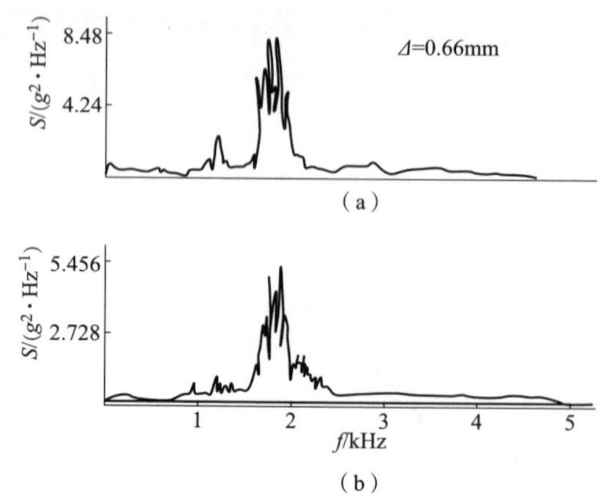

图 3. 44 过度磨损时缸套与机身振动的加速度响应功率谱

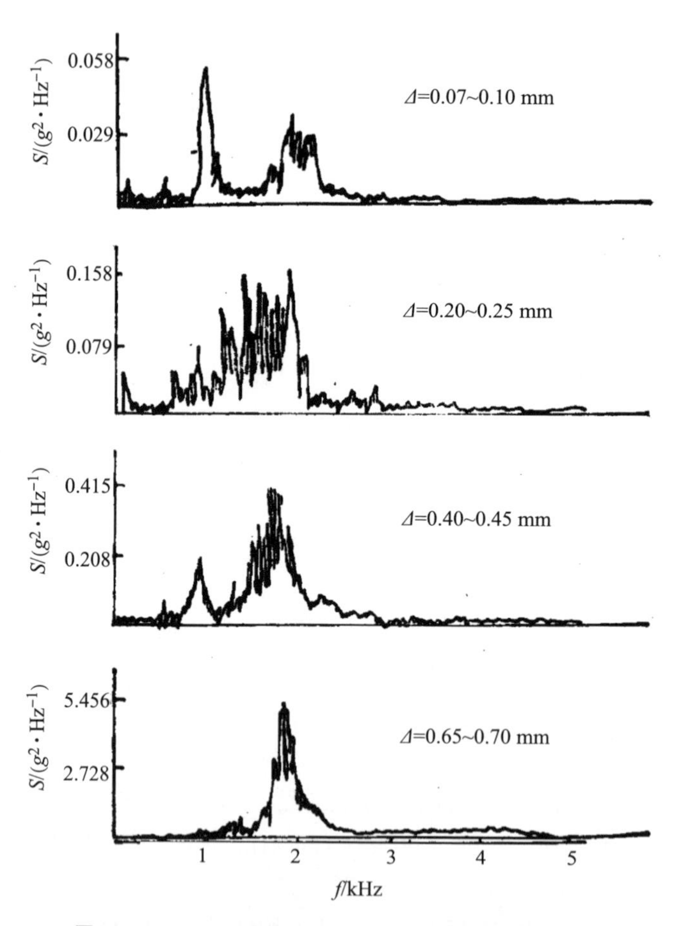

图 3. 45 不同间隙状态时机身振动加速度响应的 PSD

拉缸时除总振级明显下降外，振动功率谱中的高频成分明显增加，如图 3.46 所示。此特征与正常状态时不同，表明宽带激励成分明显增加。

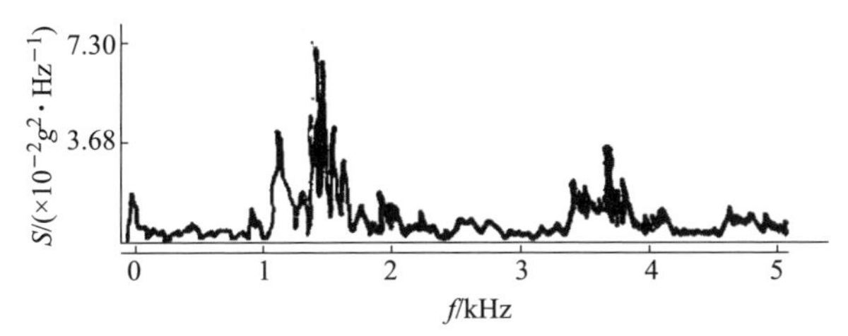

图 3.46　拉缸时机身振动加速度响应的 PSD

2）振动加速度总振级

间隙的变化对机身振动影响的另一个重要特征是振动加速度总振级 L_a 的变化。拉缸时，L_a 较正常情况明显下降；在正常磨损情况下，L_a 缓慢增加；磨损达到极限值附近时，L_a 急剧增加，曲线较陡。过度磨损时，总振级是正常情况的好几倍，如图 3.47 所示。

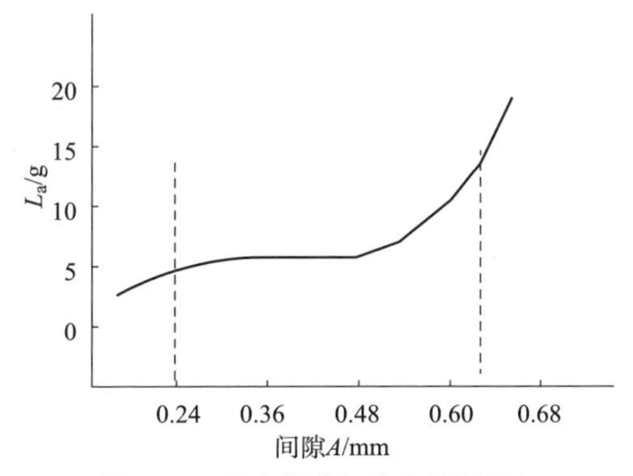

图 3.47　机身振动加速度总振级 L_a

根据以上分析，可以得到如下判别活塞缸套磨损和拉缸故障的结论：

（1）利用振动加速度总振级的变化趋势，可判断活塞缸套的间隙（磨损）变化情况与拉缸故障。

（2）根据机身振动加速度响应功率谱的变化，可以判断活塞缸套的间隙状态。

（3）功率谱图中高频成分明显增加时，可判断为拉缸的前兆，结合 L_a 的值，可判断是否发生拉缸故障。

3.4.4.2　变速箱状态监测

变速箱是装甲车辆底盘系统的重要组成部分，与传动箱、主离合器、行星转向机等几个部件共同完成装甲车辆的起动、停车、转向、变速等功能。变速箱由于不断经受各种振动冲击，所以成为故障率较高的部分。

在某型坦克变速箱的测试试验中，选定四种状态的同类型变速箱进行测量，分别代表齿轮正常、中度磨损、严重磨损和断齿四种状态。对于正常状态的变速箱，其实际使用150摩托小时，在该车的故障登记履历表上未出现过故障；对于中度磨损故障状态的变速箱，已使用500摩托小时，且未出现过严重故障；对于严重磨损故障状态的变速箱，已使用1 050摩托小时，变速箱部分未出现过严重故障；对于断齿故障状态的变速箱，通过将变速箱一挡被动齿轮拆下并锯掉一个齿，再重新安装好来模拟。

由于变速箱箱体为铝合金铸造，考虑到在不破坏变速箱的情况下，用与铝合金表面有很高的黏结强度和抗剪强度的黏合剂把一刚性非常好的钢制底座粘贴到箱体表面上，而后把振动加速度传感器通过螺母安装到底座上。振动加速度传感器的实车安装如图3.48所示。对四种不同状态的变速箱，分别获取在1、2、3挡位下1 500 r/min转速下的振动信号，对每个变速箱进行6次测试，得到不同状态的振动信号样本6组。通过分别计算6组不同状态变速箱振动信号的短时能量函数二阶累积量，对比分析不同状态下的特征值，结果如图3.49所示。从图3.49中可以看出同类状态下不同样本计算得到的二阶累积量值基本稳定，但随着故障状态的恶化，该特征值呈现明显的增大趋势。

图3.48　振动加速度传感器的实车安装

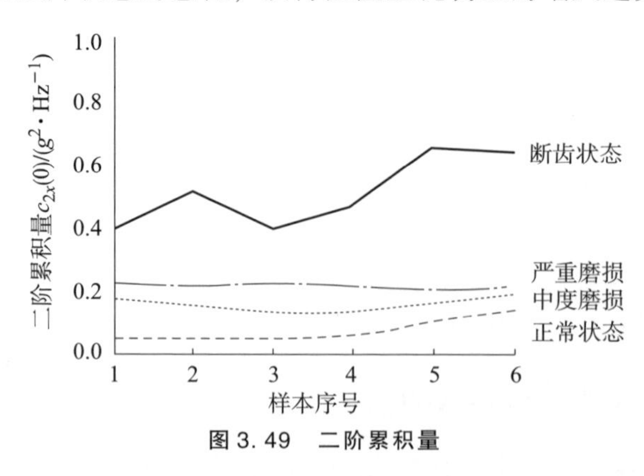

图3.49　二阶累积量

3.5　装甲车辆噪声测试

3.5.1　概述

机械系统运行过程中，在产生振动信号的同时往往还会激发噪声信号。当机器产生故障时，如某个零部件发生磨损、裂纹等物理变化时，其振动信号和声音信号的特性，尤其是频率成分及其能量，也会发生变化。当零部件振动时，其表面辐射的声功率 W 可表示为

$$W = R \cdot \psi_{v}^{2} \cdot S \cdot \sigma \tag{3.51}$$

式中，R 为声辐射阻抗；ψ_{v}^{2} 为物体表面振动速度（烈度）均方值；S 为振动表面面积，σ 为声辐射系数，与声源的几何尺寸、波长及振型有关。由式（3.51）可知，声音的大小随表面的振动速度而变化。研究噪声的频率组成及其幅值的变化，就可能得到反映机械结构状态变化特征的有用信息。

利用噪声信号可以对机器故障进行诊断，尤其是对柴油发动机这类往复式机械可以实现整体式诊断。柴油发动机轴系的扭振、转速的波动、载荷的变化、各气缸的状态差异、地面激励突变等使得其运动状态变化较大，柴油发动机各部分的振动状态差异也很大。如多缸柴油发动机处于失火故障状态时，各气缸的振动状态也互不相同，这时如果采用振动诊断就要求采用多路传感器来获取信息，否则不容易得到精确的诊断结果。而我们测量到的噪声信号通常是各部分振动激发噪声的综合，所以有助于对柴油发动机实行整体式诊断。实际上，有经验的技术人员通过监听柴油发动机的噪声能大致判断柴油发动机是否存在影响其使用寿命的各种故障。基于噪声信号的故障诊断采用非接触测量，噪声信号可以用无损的非接触的方法测取，测点位置的选取和转移都非常方便，测量非常方便，安装操作十分容易，便于在线检测。由于噪声信号通过空气介质传播，比较容易受环境噪声干扰，所以如何从被环境噪声污染的声音信号中提取有效的信号特征，是成功进行噪声诊断的关键。

3.5.2　声学测试仪器

声学测试仪器包括传声器、声级计、频率分析仪、校准器及附件如风罩、鼻锥无规入射校准器等。传声器的种类很多，有电阻式、压电式、电动式、永电式及电容式等。其中，电容式传声器具有性能稳定、频响平直、灵敏度高、

体积小及对它所在声场影响小的优点，所以在噪声检测中，电容式传声器得到了广泛的应用。

3.5.2.1 声学基础

声音是在气体、液体或固体介质里的一种机械振动。因此，声音具有的振动特性是以频率、幅值和相位来表征的。下面主要介绍描述声的常用物理量。

1）声压与声压级

声压是指声波波动引起传播介质中压力变化的量值。通常，以其均方根值来衡量其量值的大小，其要比大气压小得多。声压单位为帕（Pa）。例如，对一台柴油发动机的工作噪声，在距离柴油发动机表面1 m处的声压只有1 Pa左右，仅为大气压的十万分之一。正常人能够听到频率为1 000 Hz的最弱声压为2×10^{-5} Pa，称为听阈声压，国际上把此声压作为基准声压。当声压达20 Pa时，人耳开始感到疼痛，这一声压称为痛声压。可见，人耳能听到的声压范围为$2\times10^{-5}\sim20$ Pa，两阈值相差100万倍，直接用Pa计量声压很不方便。为此，声学上引入“级”的概念来计量相对的声压。相对于声压为p(Pa)的声音，其声压级L_p(dB)的定义为

$$L_p=10\lg\left(\frac{p}{p_0}\right)^2=20\lg\frac{p}{p_0} \tag{3.52}$$

式中，p_0为基准声压，$p_0=2\times10^{-5}$ Pa。

声压级L_p的单位为分贝（dB），它没有量纲。引入声压级后，人耳能听到的声压范围为$0\sim120$ dB，而声压增大10倍时，声压级仅增大1倍。

2）声强与声强级

声音具有一定的能量，可用它的能量来表示声音的强弱。声场中某点在指定方向的声强，是指单位时间内通过该点与指定方向垂直的单位面积上的声能。用符号I表示，单位为瓦/米^2（W/m^2）。声强级L_I(dB)定义为

$$L_I=10\lg\frac{I}{I_0} \tag{3.53}$$

式中，I为声强，W/m^2；I_0为基准声强，$I_0=10^{-12}$ W/m^2。

3）声功率与声功率级

声功率是指声源在单位时间内发射出的总能量，以符号W表示，单位为瓦（W）。

声功率级 L_W 定义为

$$L_W = 10\lg\frac{W}{W_0} \tag{3.54}$$

式中，W 为声功率，W；W_0 为基准声功率，$W_0 = 10^{-12}$ W。

4）声频率

与振动一样，单位时间内声音变量变化的周期数称为这个声音的频率。

$$c = f\lambda \tag{3.55}$$

式中，c 为波速；f 为波长，λ 为频率。

声音频率的相互作用会产生出可区别声音和噪声的音调效应，但是这种效应会影响声音监测的后果。

5）声响度

声的特性，除了声波和声频之外，还有作为声压函数的响度，可用与响度电平同相的有关频率来主观描述，或者以贝或分贝表示的压力来直接描述。

“方”（phon）是响度的单位。声和噪声的响度级“方”数是选取频率为1 000 Hz的纯音为基准声，如果所测声音听起来与某一声压级的基准声一样响，则该基准声的声压级分贝值就是所测声音的响度级。如响度级为85 phon的声音听起来与声压级为85 dB、频率为1 000 Hz的纯音一样响。

6）声场

声波传播的空间称为声场。允许声波在任何方向作无反射自由传播的空间叫自由声场，而允许声波在任何方向作无吸收传播的空间叫混响声场。显然，自由声场可以是一种没有边界、介质均匀且各向同性的无反射空间，也可以是一种能将各方向的声能完全吸收的消声空间。与此相反，混响声场是一种全反射声场。除人为建造外，否则在现实环境中并不存在上述两种极端的空间。如果某一空间仅以地面为反射面，而其他各个方向上均符合自由声场的条件，则称作半自由声场。对于房屋等生活空间，其边界（墙壁、地面、天花板和设施等）既不完全反射声波，也不完全吸收声波，这种空间称为半混响声场。

3.5.2.2　传声器

声音的实际测量是用传感器将声学量转换成电信号，然后用放大器和仪表放大到一定电压，再进行测量、分析和数据处理。

由于计算技术的发展，许多需要测量后进一步计算和分析的声学测量都可以用计算机来完成。在测量仪表中使用微处理机不但能使仪表微型化，而且能实现仪器故障自动诊断、检验和操作自动化。

在进行声测量时通常要有特殊的测量环境，常用的有消声室、混响室等用以提供测量用的行波声场和混响声场。

1）传声器的种类

传声器是把声能转变为电能的变换器。常用的传声器有三种类型：动圈式、压电式和电容式。

动圈式传声器的工作原理是：由声波冲击薄膜而引起动圈在永久磁场中做轴向振动，从而产生与振动速度成正比的电压。但是电力机械发出的漏磁场会产生假信号而产生误差。这种传声器的灵敏度较低，体积较大，易受电磁干扰，频率响应特性也不平直，而且对低频段声音衰减大，故一般不常用。这种传声器的优点是固有噪声小，能在高温下工作。

压电式传声器是利用压电片受声压作用后产生的正压电效应实现声电转换的，其灵敏度高，频率特性好，结构简单，价格便宜，但工作性能受温度的影响较大。

电容式传声器的结构如图 3.50 所示。它由膜片 4 和后极板 3 组成电容的两个电极，两电极间预先加一恒定的直流电压，使之处于不变的充电状态。当膜片在声压作用下产生振动时，电极间距发生变化，即电容发生变化，从而引起极板间电压的变化。这种传声器具有灵敏度高、频带宽、输出性能稳定等特点。因此，在声响检测中使用的传声器都采用电容式。

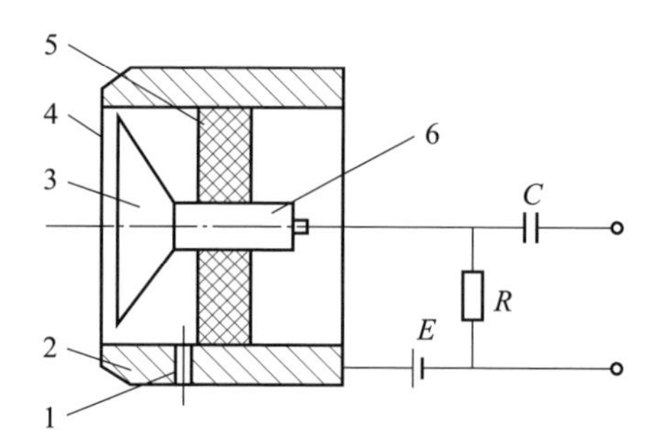

图 3.50 电容式传声器的结构

1—均压孔；2—外壳；3—后极板；4—膜片；5—绝缘体；6—导体

2）传声器特性

（1）声场灵敏度。声场灵敏度 M_f 为传声器输出端开路电压与传声器所在位置处自由声场声压之比，因此也称自由声场灵敏度。在进行自由声场声响测量时，用自由声场灵敏度表示。

$$M_f = \frac{U}{P_f} \tag{3.56}$$

式中，U 为开路电压；P_f 为传声器所在位置处自由声场声压。

声场灵敏度用分贝表示为

$$\rho_{\mathrm{f}} = 20\lg \frac{U}{P_{\mathrm{f}}} \tag{3.57}$$

(2) 声压灵敏度。声压灵敏度 M_{p} 为传声器输出端开路电压与实际作用在传声器膜片上的声压之比。当在一个腔内进行声响测量时，用声压灵敏度表示。

$$M_{\mathrm{P}} = \frac{U}{P_{\mathrm{P}}} \tag{3.58}$$

式中，U 为开路电压；P_{p} 为作用在传声器膜片上的实际声压。

声压灵敏度用分贝表示为

$$\rho_{\mathrm{P}} = 20\lg \frac{U}{P_{\mathrm{P}}} \tag{3.59}$$

(3) 频率特性

传声器频率特性表示传声器的灵敏度随声频的变化关系。图3.51所示为传声器频率特性。图中 f 为声场灵敏度曲线，f_1 为加无规入射校正器后的声场灵敏度曲线，P 为声压灵敏度随声频的变化曲线。由该频率特性曲线可知，在一定的频率范围内，频率特性曲线是平直的，灵敏度不随频率改变，测量结果没有畸变，传声器应工作在该频率范围内。

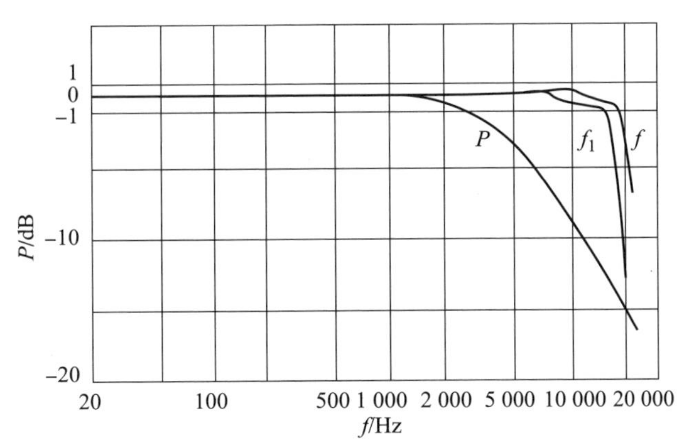

图3.51 传声器频率特性

3) 传声器选择

在选择最适用的传声器时，必须考虑环境和技术上的因素。

(1) 传声器类型。为适应自由声场和压力场测量的需要，制造出两种类型的传声器，即场型传声器和压型传声器。两种类型的传声器只有使用在相应的声场中才具有较宽的工作频率范围。在自由声场中测量声响时，如室外噪声

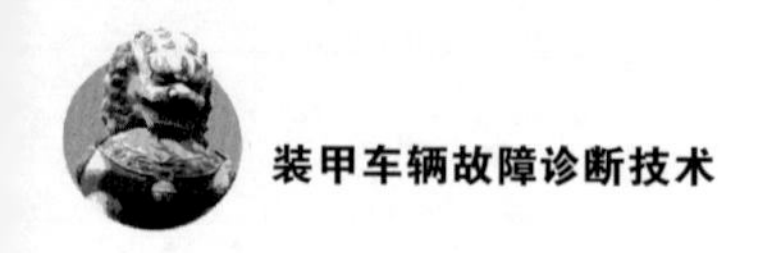

测量，应选用场型传声器，如国产的 CH11、CH13 传声器。若在压力场中测量，如在某腔壳内测量声响时，应选用压型传声器，如 CH12、CH14 传声器，否则会使测得的信号产生畸变。

（2）频率特性、灵敏度和外径。由传声器变换原理可知，当传声器外径较大时，后极板面积也较大，在相同的极化电压下，声压引起的电容量就越大，灵敏度就越高。然而，外径越大，固有频率就越低。因此在选择传声器时要权衡频率特性与灵敏度。

（3）指向性。在理想的情况下，应该是针对所有入射角来的声音，只要它们的声压相同，传声器就有相同的输出，即具有全方向性。然而，实际上，传声器只对某些方向入射的声音敏感，这即为传声器的指向性。对于高频，小外径的传声器的全方向性比大外径的好得多。因此在要求改善指向性的场合，应该选择外径较小的传声器。

（4）湿度。在高湿度环境中，传声器的电容会产生漏声，严重影响传声器正常工作。因此，在高湿度环境中应用时，应选电容绝缘表面经特殊处理的、适用高湿应用的传声器。

（5）温度范围。一般电容传声器的工作温度范围为 -30 ℃～65 ℃，超过这一温度范围，将会引起损坏或不能正常工作。

（6）极化电压。不同型号的电容传声器，往往极化电压不同，常有 200 V、60 V 和 28 V 多种。因此，不能把低极化电压的传声器配接在提供高极化电压的声级计或声学仪器上，这会使电容传声器膜片被击穿；反之，也不能把高极化电压的传声器配接在提供低极化电压的声级计等声学仪器上，这时传声器的灵敏度大为降低，以致不能正常工作。

3.5.2.3 声级计

声级计是采用一定频率和时间计权来测量噪声的仪器，它测量的结果接近复杂的用人耳平衡法所得的结果。它由放大器、衰减器、计权网络、检波器、倍频滤波器和指示表头等组成。

放大器用来放大传声器的输出信号。其基本要求是高增益，在声频范围内线性好，固有噪声低，工作性能稳定；衰减器用来控制指示表头的显示量程，通常每一挡的衰减量为 10 dB；为了能使声级计的输出与人耳对声音的主观感觉一致，在声级计中采用计权网络，通过计权网络测量出的声压级称为声级。为了模仿人耳对低、中、高声级的响应特性，分别设计出 A、B、C 计权网络；在测量中，指示表头直接指示被测声音的均方根值，即有效值。因此，放大器的输出信号经均方根检波器后，送至表头；倍频滤波器用于对声响信号进行频

谱分析。

3.5.3　噪声测试应用实例

多缸柴油发动机工作的不均匀性是指各缸在工作过程中对外表现出的振动噪声等差异。各缸工作均匀一致是保证柴油发动机良好运行的重要条件之一，但由于加工制造误差、变形、磨损、松动、污垢等原因，柴油发动机各缸工作的均匀性和发火间隔往往发生变化。柴油发动机各缸工作不均匀会导致柴油发动机的性能恶化、经济性变差、振动噪声增大、可靠性变坏和排放增加。因此，研究各缸工作不均匀性对于减轻柴油发动机的振动，提高单缸动力性和经济性指标，避免由于各缸工作不均匀所引起的功率下降，为改善进气系统和供油系统提供理论依据，以及通过单缸使用性能的调整以达到整机综合性能的最佳等都具有重要的意义。

这里对某型坦克柴油发动机在不同状态下的排气噪声进行了对比分析。在此基础上，从信号峰值间隔变化的角度提取特征参数，建立了一种适合于坦克柴油发动机实车不解体检测的各缸工作不均匀性评价方法。

3.5.3.1　排气噪声的测量

坦克柴油发动机在工作过程中，排气噪声受转速的影响很大。转速较低时，由于各缸工作能力的差异和调速器的作用，自身运转的平稳性较差，噪声“忽大忽小”较为明显。因此，本书采用柴油发动机油门位置固定在转速 1 000 r/min、原地空挡条件下进行测试。测点选在排烟口附近。采用拧松高压油管的方法对一缸和两缸供油不足进行了模拟试验，测取了正常工作状态和供油不足时的排气噪声信号。

3.5.3.2　噪声信号的特征提取

1）信号预处理

对测得的排气噪声信号，去除均值后，再进行低通数字滤波。滤波器的设计参数为通带上限截止频率 $f_p = 100$ Hz，阻带下限截止频率 $f_s = 200$ Hz，通带最大衰减 $a_p = 2$ dB，阻带最小衰减 $a_s = 2$ dB，采样频率 $f = 4$ kHz。图 3.52 所示为柴油发动机原状态、一缸供油不足和两缸供油不足时经预处理后的噪声信号。

通过不同状态下的时域波形对比可以看出，柴油发动机在正常状态下波峰与波峰之间的时间间隔比较均匀，而出现供油不足后，原有的排气规律被破坏，波峰与波峰之间的时间间隔在有的时间段内仍比较均匀，而在有的时间段内被拉伸或压缩，整体时间间隔的均匀性变差。

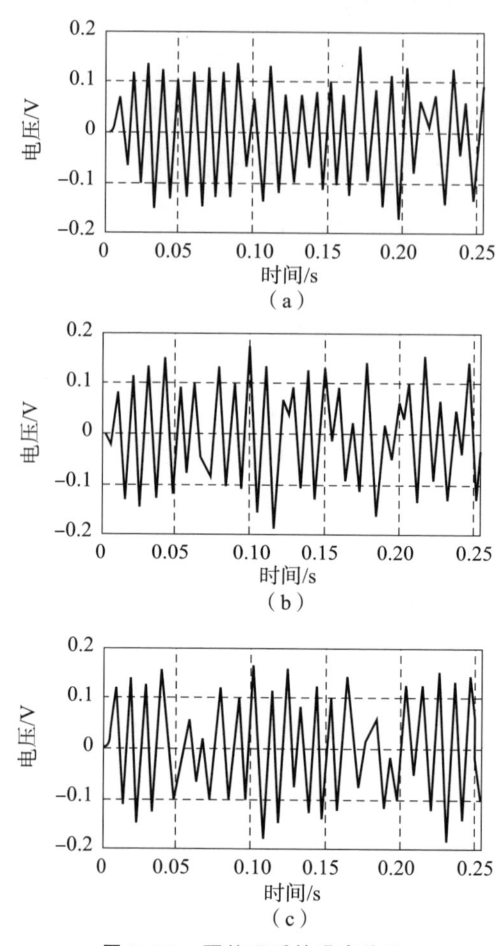

图 3.52　预处理后的噪声信号

(a) 原状态；(b) 一缸供油不足；(c) 两缸供油不足

2）特殊处理

为了更加清楚地反映波峰与波峰之间的均匀性，这里将时域波形作如下特殊处理：寻找波峰点和波谷点。如果是波峰，就将该点的值赋为“1”；如果是波谷，就将该点的值赋为“-1”；其余的点均赋为“0”。图 3.53 所示分别为柴油发动机正常状态、一缸供油不足和两缸供油不足经特殊处理后的三值化波形。

经特殊处理后的波形可直观地展示出柴油发动机正常状态与供油不足时排

气噪声波峰与波峰之间时间间隔的变化。

3）特征参数提取

为了反映排气噪声信号波峰（谷）与波谷（峰）之间时间间隔的均匀程度，我们可以按照以下方法对信号进行处理：对于特殊处理后的序列 $x(n)$，假设其波峰和波谷的总数为 M 个，设第 i 波峰（谷）对应的时间为 t_{i-1}，相邻的下一个波谷（峰）对应的时间为 t_i，那么可以构造一个新的序列 $\Delta t_j = t_i - t_{i-1}$，它具有时间量纲（毫秒）。图 3. 54 所示分别为柴油发动机原状态、一缸供油不足和两缸供油不足时峰值间隔时域波形。

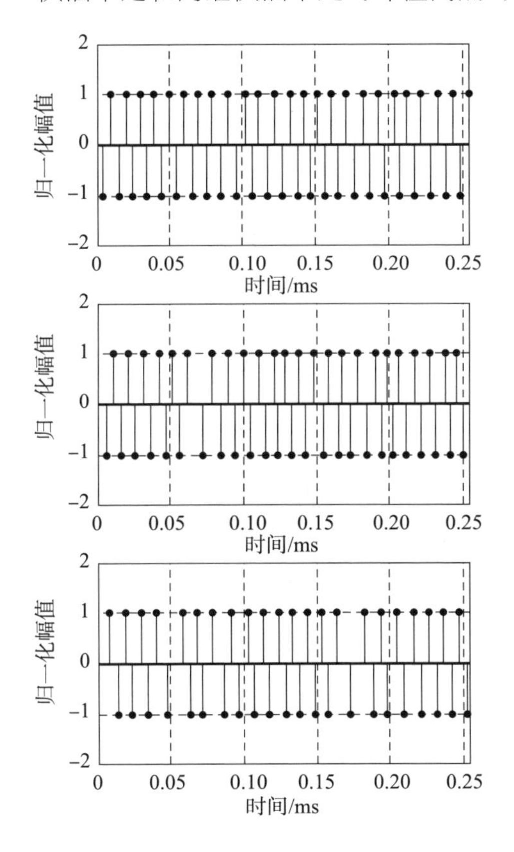

图 3. 53 特殊处理后的波形

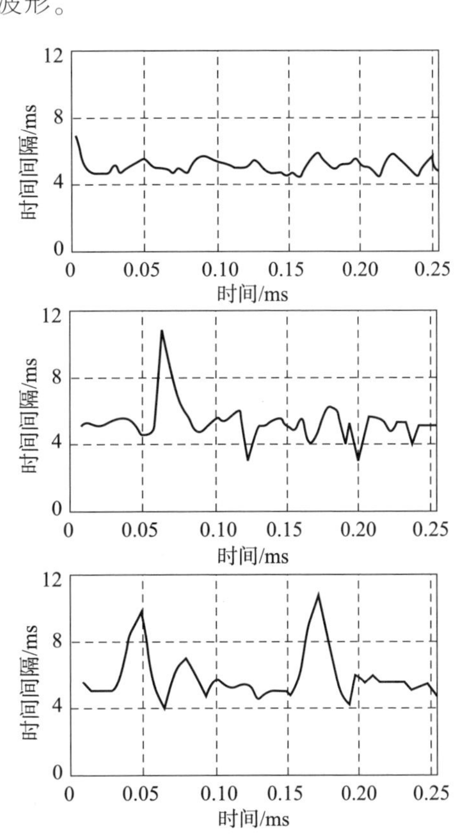

图 3. 54 峰值间隔变化

这里用 Δt_j 的标准方差 σ 作为各缸工作不均匀性的评价参数。σ 越小，说明柴油发动机排气噪声的峰值间隔越均匀，各缸工作也就越均匀；σ 越大，说明柴油发动机排气噪声的峰值间隔越不均匀，各缸工作也就越不均匀。如果把失火故障看作柴油发动机各缸工作不均匀的一种严重情况，σ 同样可以用于失火故障检测。

4）状态评价

将坦克柴油发动机各缸工作均匀性评价分为四个等级：良好、满意、不满意和不合格。各等级的 σ 值如表 3.1 所示。

表 3.1　评价等级界限值

评价等级	特征参数 σ/ms
良好	<0.35
满意	0.35～0.45
不满意	0.45～0.6
不合格	>0.6

3.6　装甲车辆油液分析技术

3.6.1　概述

装甲车辆的柴油发动机和综合传动装置都是采用液体润滑剂且以磨损为主要失效形式的机械设备。国内外润滑磨损领域长期的应用和研究表明，汇集多种油液分析方法的油液监测技术能对大型柴油发动机的润滑磨损故障进行有效监测与诊断。润滑油液不仅对摩擦副表面起到润滑、降温的作用，还可以通过油液的循环系统将外界侵入或磨损下来的微粒物质带走，达到减磨、清洁的目的。油液中的微粒物质和油液状态，包含着装备零部件磨损状况、损伤状况、工作状态及系统污染程度等多方面丰富的信息，因此对具有代表性油液样品进行分析，便可以实现装备的不解体状态监测与故障诊断。油液分析是指对装备中的油液（包括润滑油和液力系统的液体工质）及油液中所含的微粒物质进行分析的技术和方法。

油液分析技术在保障装备安全使用、防止突发事故、提高机器利用率、减少停机损失、节约能源与材料等方面，都已取得显著效果，对维修体制的改革也具有重要意义，所以在国内外得到普遍应用。

铁路上利用油液分析监测内燃机车的状态，最早是从美国开始的。第二次世界大战以后，美国铁路即大量采用内燃机车，1941 年，美国最古老的西部

铁路公司首先对内燃机车润滑油进行光谱分析，经过长期努力，证明了光谱分析对预防性维修的作用。英国 Reading 铁路公司从 1966 年开始采用润滑油光谱分析诊断柴油磨损状态，成功使换油周期由 6 个月延长至 12 个月。英国道比铁路研究中心曾在 12RP200L 柴油发动机上对光谱分析与铁谱分析结果做了对比，结果证实，铁谱分析用于有色金属零件较多的场合价值有限，而光谱分析则是极有价值的预防性维修的监测手段。加拿大太平洋铁路公司和国家铁路公司从 20 世纪 60 年代末开始对拥有的 3 000 多台内燃机车柴油发动机进行光谱分析，其中太平洋铁路公司利用多年积累的数据和经验开发了故障诊断电子文档管理系统（EDMS），在改进铁路机车的维修管理、减少零件和油料更换、预防柴油发动机磨损故障以及保存宝贵知识和经验方面取得了重大的经济效益与社会效益。此外，比利时、德国、苏联、日本等国都较早开展了基于油液分析的磨损监测工作。

在军用方面，1955 年，美国海军 Florida Pensacola 飞行站开始执行一项鉴定飞机柴油发动机的机械故障的油液分析计划，这是美国三军油液监测工作的先驱。经过长期试用，美国国防部认为光谱油料分析在磨损状态监测和防止事故方面是美国航空史上的重大突破，对其他军种也有同样价值，因此在 1966 年 12 月颁布了 AR750－1 命令，限令三军都要无一例外地监测所有飞机柴油发动机，并在力所能及的条件下兼顾其他军用设施。1975 年，美国国防部确定建立三军联合油液分析机构 JOAP（Joint Oil Analysis Program），负责研究开发油液分析设备，提出并更新军用规范，开发颁布统一的失效准则、分析准则和取样周期等工作。JOAP 利用油液分析技术、SEM 能谱表面分析技术等，对履带装甲车辆的柴油发动机和传动箱、海军直升机的变速箱等装备的磨损状况进行了监测研究，大大提升了武器装备的使用可靠性和使用寿命。海湾战争期间，美国军方在战地安排了近 60 台 MOA 光谱仪，每天每台光谱仪可以分析 300 个油样，全面监控飞机、舰艇、坦克、装甲车的油样，保证了这些武器装备的可靠性，在战争中发挥了重要的保障作用。1996 年，美国 Aberdeen 军队试验中心全面开展了军用车辆油液污染监测分析与控制研究，主要以柴油发动机和传动为监控对象，指导实施了视情维修与换油工作。美军军备工程研究发展中心对大口径火炮炮管磨损与腐蚀带来的危害进行了详细研究，并提出了有效的改进措施。此外，美军坦克及机动车辆司令部专门开展过油液分析仪器的市场调查，寻求适合于装甲履带车辆油液分析的仪器和技术，为全面推广坦克装甲车辆油液状态监测起到了积极作用。

在民用方面，基于油液分析的磨损状态监测技术得到了广泛应用，并取得了大量重要研究成果。SKF 轴承制造商通过大量试验，深入研究了负荷、油液黏度、颗粒污染物等各种因素对轴承寿命的影响并得出结论：清除润滑油中 2～5 μm 的固体颗粒，滚动轴承疲劳寿命可延长到原来的 10～50 倍。柴油发动机综合研究证实，使用改良后的清洁型机器润滑油能将柴油发动机寿命延长 8 倍。1997 年 BHP（澳大利亚墨尔本大学维护技术研究院）钢铁维修委员会在日本 BHP 钢铁公司两大轧钢厂中，通过运行中润滑与污染控制问题的应用研究，使得 1975—1985 年 NSC 钢厂设备故障率由每年 342 起减少至 85 起，设备故障率减少 87%。全厂范围内轴承购买率减少 5%，液压泵更新率减少 80%，润滑油消耗减少 83%，润滑故障频率减少 90%。资料表明，滤清效果改善 60% 以上，磨损寿命可延长 4 倍；滤清效果改善 93% 以上，磨损寿命可延长 12 倍。

油液分析技术按分析对象和分析方法，有以下几类：铁谱分析法、光谱分析法、颗粒计数法和油液理化指标分析法等。各种分析方法使用的仪器和能提取的特征信息如图 3.55 所示。下面分别介绍每种方法的基本原理、常用仪器和典型应用。

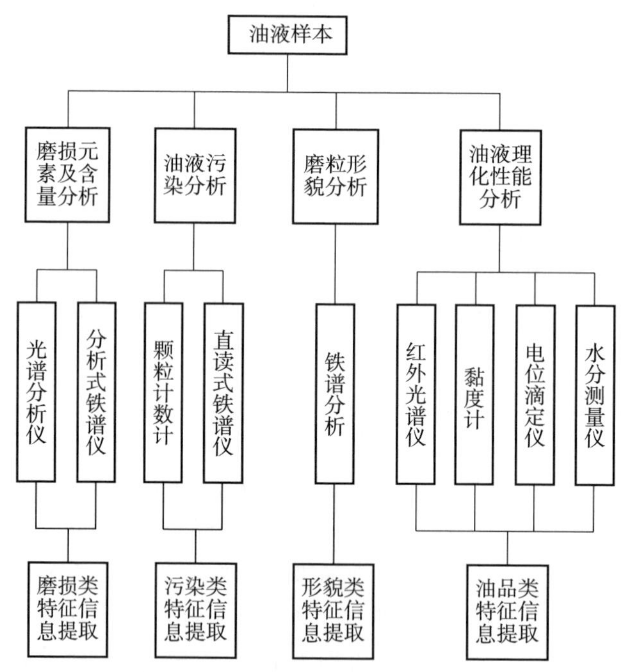

图 3.55 油液分析方法及特征信息

3.6.2 油液理化指标分析法

油液理化指标分析法是在实验室内利用仪器来化验分析油液的主要理化指

标，以确定油液污染和变质状况以及装备磨损状况的方法。油液的主要理化指标为外观、气味、黏度、闪点、水分、酸值和金属磨粒等不溶解物成分含量。该方法是国标中规定的理化指标的监测方法，监测精度高，可以分别监测出润滑油的各项性能指标，可以全面地确定油液本身的状况和是否应该换油，也可以判断机器状态，可有效延长润滑油的更换期限。然而，对每个理化指标都需一整套化验分析设备，且分析周期很长。这种方法目前多用于确定油液污染与变质状况。常用的理化油品分析仪有黏度计、滴定仪和红外光谱仪等。

3.6.3　颗粒计数法

颗粒计数法是把油样内的颗粒进行粒度测量，且按预选的粒度阈值进行分类计数，从而得到颗粒粒度分布信息，以评定油液污染程度和机器状态的方法。

这种方法的特点是利用油液中颗粒粒度的分布特征来评定油液与机器状态。适用该方法检测的粒度范围为0.5～1 000 μm。颗粒计数法易于油液在线监测，便于与计算机相连以实现油液自动监测系统，多用于油液在线污染监测。但是该法不能获得颗粒是什么物质、何种成分及其含量的信息。

3.6.4　光谱分析法

3.6.4.1　原理及特点

光谱分析法是采用化学分析的光谱分析技术，对油液中所含各类微量元素浓度进行测定，从而评定各种材料零部件摩擦副技术状态，以判定机器状态的方法。各微量元素的浓度值以相对浓度值表示，单位为ppm（百万分之一）。

光谱分析数据具有离散性、动态性的特点，对光谱数据的分析一般包括以下几方面的内容。

（1）各种磨损元素浓度绝对值大小的评价。元素浓度的大小与综合传动装置某种摩擦副磨损量的大小有直接的关系，它是评价磨损状态的重要参考因素，通常用浓度界限值对油样浓度进行评价。

（2）磨损元素趋势变化的评价。磨损元素的趋势值随综合传动装置的运行时间、运行里程的增加而变化，具有动态性，相邻两次取样间隔的单位时间或行驶里程内的浓度变化量叫趋势值，它表示设备摩擦副中磨损元素的磨损率，是反映设备磨损率变化的重要指标，通常用趋势界限值对油样趋势分析结果进行评价。趋势值随时间或行驶里程变化的函数关系，反映了浓度动态变化的规律性。

（3）不同磨损元素浓度变化之间的相关性。若某几种元素浓度的变化具有相关性，则说明这几种元素的磨损变化规律相似，有可能来自同一摩擦副，因而可以判断磨损部位。

（4）不同磨损故障模式中浓度的变化规律。利用判别分析方法，对不同故障模式的元素浓度变化规律进行研究，判别分析不同元素浓度的变化规律，分析其相关性，从而判断可能的磨损类型。

（5）元素浓度分布规律。利用直方图法对浓度的分布规律进行研究，从分布情况可以得出某种磨损元素浓度各级控制界限值。

3.6.4.2 典型分类

光谱分析法按原理分为如下几类。

1）发射光谱法

根据原子物理学，物质的原子是由原子核与在一定轨道上绕核旋转的核外电子组成。当外部能量加到原子上时，核外电子便吸收能量从较低能级跃迁到高能级轨道上，此时原子能态是不稳定的，电子会自动由高能级跃迁回原能级，与此同时便以发射光子形式把它所吸收的能量辐射出去。所辐射的能值 E 与光子的频率 ν 成正比，即 $E=h\nu$，其中 h 为普朗克常数。由于不同元素原子核外电子轨道具有不同能级，所以，原子受激后所放出的光辐射都具有与该元素相对应的特征频率。根据辐射线的频率和强度，便可以判定某种元素的存在和它的浓度。

典型的油液分析发射光谱仪，其激发光源采用电弧，一极是石墨棒，另一极是缓慢旋转的石墨圆盘，石墨圆盘的下半部浸入被分析油样中，旋转时油液被带到两极间。电弧穿透油膜，使油样中微量金属元素受激而发射特征辐射线，辐射线经光学系统分光，各元素的特征辐射线照到相应位置的光电倍增管上，转换为电信号，经信号处理便自动给出油样所含元素与其 ppm 值。

发射光谱法可以同时测定 20 多种元素，测定速度快，但易受环境干扰，分析误差较大，一般为 5% ~20%，灵敏度较低，所含元素太少时不易测出。

2）吸收光谱法

原子处于吸收状态时，只能吸收与该元素相对应的特征频率辐射线。根据被吸收掉的特征频率辐射线与强度，便可以判断某种元素的存在及其浓度。

典型的油液吸收光谱仪，其空心阴极灯用所需分析元素制成，当它被点燃时，便发出该元素的特征频率辐射线。被分析油样到达燃烧器时被雾化，使油

液中各种金属元素被原子化而处于吸收态。当空心阴极灯发出的特征频率辐射线穿过火焰时，若油液中存在与阴极灯相同的元素，则特征频率辐射线被吸收，吸收量正比于油样中该种元素的浓度。单元素灯只能分析一种元素，分析其他元素则需更换阴极灯；采用多元素灯，一次可分析多种元素，各元素特征频率辐射线穿过火焰后，经分光器，射到光电倍增管，转换成电信号，经信号处理后，自动读出油液中各种金属元素的浓度。

吸收光谱法由于高度消除了周围环境的干扰，所以误差小，分析精度高。

3）X 射线荧光光谱分析法

X 射线荧光光谱分析法，激发源不用电弧，而是一种硬 X 射线。被分析元素受硬 X 射线激发后，发射出具有特征频率的软 X 射线，把这种属于二次发射的软 X 射线检出并测出它的强度，便可探测出某种元素的存在及其含量。

典型的 X 射线荧光光谱仪，由伦琴管产生硬 X 射线，照射在油样上，使油样内被测金属元素二次发射特征频率辐射线，经分析晶体，射到盖格探测器，最后用记录器和计数器输出。这种光谱仪灵敏度高、可靠性好、操作简单、分析速度快。这种技术更适用于装备的状态监测与故障诊断，可制成便携式光谱仪。光谱分析仪复杂而昂贵，不易推广。

光谱分析法的特点是能精确地检测出油液中含有何种金属元素颗粒及其浓度，用金属元素的发现及其浓度的变化速度判定机器零部件技术状况和损伤状态。然而，光谱分析法只适于分析小的金属颗粒，对于大于 2 μm 的金属颗粒很不灵敏，而大于 2 μm 微粒的存在带有装备损伤的重要信息。此外，光谱分析法也无法了解油液中颗粒的大小和形态。

3.6.4.3　光谱分析法在装甲车辆油液分析中的应用

装甲车辆的综合传动装置属于双功率流传动，其传递动力分为依靠齿轮和离合器结合进行传递的直驶功率流与由液压泵和液压马达组成的液压传动系统进行传递的转向功率流，汇流行星机构负责将直驶功率流和转向功率流汇聚后输出，结构和功能的复杂使得其磨损部位与磨损形式多样，某型综合传动装置主要磨损部位如图 3.56 所示。

从图 3.56 中可以看出，综合传动装置的六个磨损主要部位分别为：换挡离合器、传动齿轮、铸铁密封环、轴承、汇流行星排和柱塞泵马达；其中换挡离合器摩擦副包括外齿钢片和内齿摩擦片，传动齿轮主要指输入动力的螺旋锥齿轮和传递扭矩的圆柱直齿齿轮，轴承包括滑动轴承和滚动轴承，汇流行星排主要指滚针、行星轮轴和滚针轴承隔环，不同的磨损部位有不同的磨损形式，分属于不同的磨损机理，表现为不同的失效形式。这些磨损部位的磨损机理和失效形式既有共性，亦有个性。

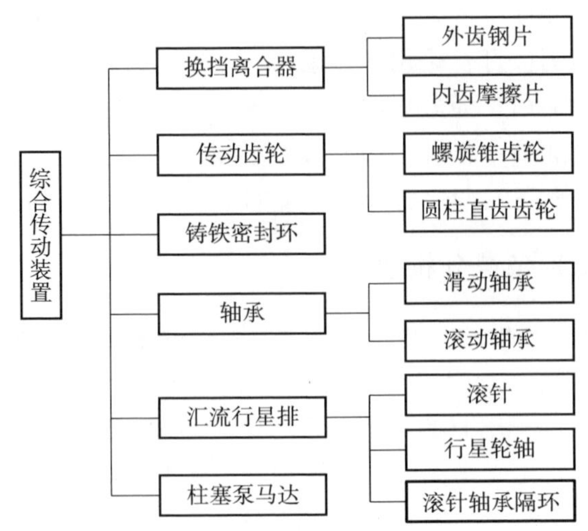

图 3.56　综合传动装置主要磨损部位

综合传动装置磨损颗粒油液分析流程如图 3.57 所示。

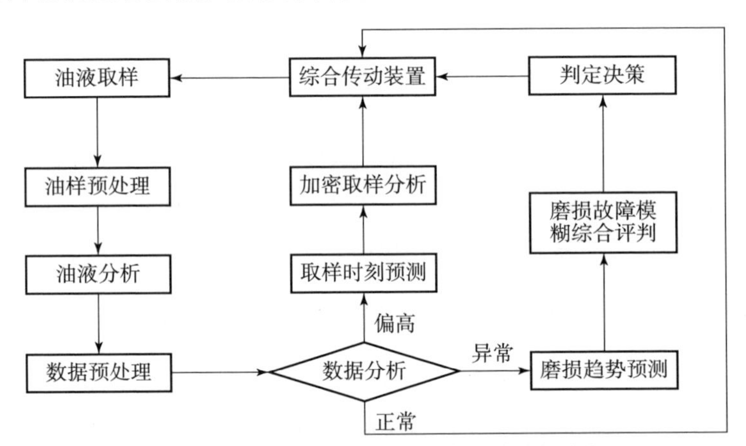

图 3.57　综合传动装置磨损颗粒油液分析流程

如图 3.57 所示，磨损颗粒油液分析流程主要包括油液取样、油样预处理、油样分析、数据预处理、数据分析等步骤。若数据分析结果偏高，则进行取样时刻预测和加密取样分析；若分析结果异常，则进行磨损趋势预测和磨损故障模糊综合评判，并最终给出判定决策，指导现场维修保障人员采取措施；若分析结果正常，则继续运行。图 3.57 中所述的各个环节中，油液取样和油液分析过程需严格遵循操作规程；而数据分析需要借助于合适的数学方法，取样时刻预测和加密取样分析需建立数学模型来实现；对于磨损趋势预测和磨损故障

模糊综合评判，数学方法选择的恰当与否直接影响着诊断和预测的正确性与准确性；判定决策环节是在诊断和预测的基础上进行的，是对油液分析结果的运用。实践证实，基于油液分析技术的磨损状态监测是解决目前综合传动装置型号研制中避免重大磨损故障发生的有效技术手段。

1）综合传动装置油液取样

油液取样是油液分析的第一步，是油液分析、数据处理和状态判断的基础，是保证整个油液分析取得正确结果的重要前提。由于各种设备的结构和工作原理不同，所以取样也应根据具体设备而定。油液取样应遵循以下准则。

（1）取样应该基于一个换油周期，取样的次数应满足统计要求。

（2）取样的部位应是最能代表设备油液中磨损颗粒含量的部位，既不能在有沉淀发生的部位，也不能在含有过多非溶性大颗粒的部位。

（3）取样工具要保证洁净，没有被污染。

（4）取样时应先放掉取样口附近的残留油液而采集后面放出的新油。

（5）取样同时获取设备对应运行时间、运行工况。

综合传动装置油液取样规范主要包括取样工具、取样部位、取样周期、基准油样和取样时机等五个方面。

（1）取样工具。综合传动装置油液取样工具的确定原则是保证所采集的油样没有被其他物质污染并且操作、保存、运输方便。取样工具主要包括取样瓶和取样器，取样瓶应为干净的塑料瓶（防腐蚀的）或者是透明的无色玻璃瓶，在取样瓶上要有取样的刻度范围，以便于在取样时掌握取样量。取样器的选择与取样部位有关，动态取样时可以选用图 3.58 所示的动态取样工具；静态取样时常采用图 3.59 所示的取样泵。

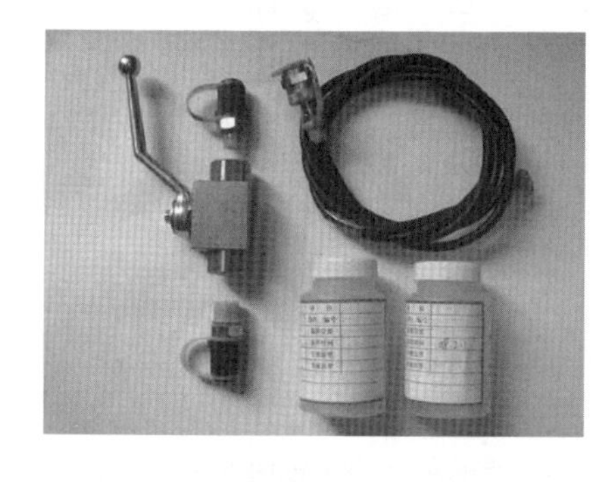

图 3.58　动态取样工具

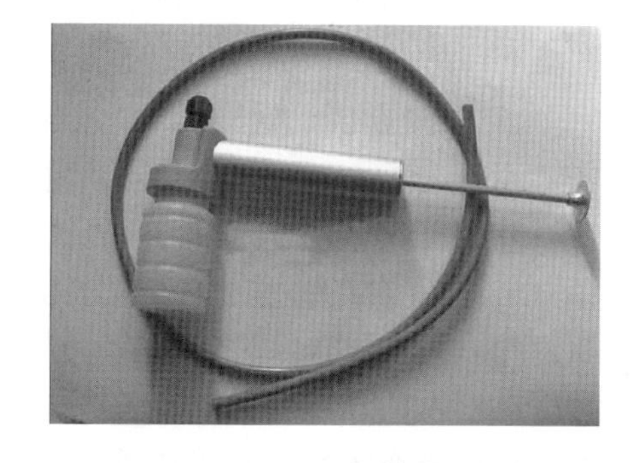

图 3.59　取样泵

（2）取样部位。取样时必须保证取样点固定，综合传动装置取样位置选择在图 3.60 所示的前泵和精滤器之间，即操纵精滤器入口处。该处的油液是液压润滑系统的油液回到油箱后，再重新进行新一轮循环的起点，集中了综合传动装置工作过程中液压、润滑、污染、磨损等大量的信息，虽经过前泵粗滤器过滤，但没有遗失掉有用的信息。

图 3.60　综合传动装置取样位置

（3）取样周期。在取样规范中，取样周期的确定非常重要，如果取样周期过短，势必增加分析费用和分析时间；如果取样周期过长，则有可能遗漏某些重要故障信息，并且给样本统计带来困难。如何确定最佳的取样周期，目前仍没有定量的确定方法。通常，取样周期的确定要综合考虑设备的重要性程度、使用寿命、运转程序和负荷特征等因素。

综合传动装置的取样周期根据试车换油周期确定，目前一般的换油里程为 3 000 km，可将取样周期定为 300 km，这样的话，一个换油周期内可以取油样 10 个，基本可以较好地反映综合传动装置的运行状态，也可以满足样本统计的要求。

此外，取样间隔可根据运行时间的长短和技术状态随时进行调整。在设备运行初期和设备处于报废期，应缩短取样间隔；在设备正常工作期，应延长取样间隔。在设备出现异常状况时，应进行加密取样分析。在综合传动装置的磨合期，为及时捕捉磨损量变化信息，应缩短取样时间。

（4）基准油样。基准油样也叫初始油样，是某一取样过程中的第一个油样。在综合传动装置动态取样过程中，第一个油样采集必须在液压润滑系统完成一个循环、油液中磨损颗粒基本混合均匀以后进行。对于台架试验阶段取样，要求是开机 20 min 以后，油液混合均匀且油温开始升高时采集基准油样。

（5）取样时机。综合传动装置最高工作油温可达 120 ℃，最低油温 -40 ℃；最高输入转速 2 100 ~ 2 200 r/min，最低输入转速 800 r/min。综合传动装置一般有 4 ~ 6 个前进挡，不同的挡位对应不同的液压工作管路，取样时应尽量保持油温、转速、挡位的一致性，避免因工况不同造成的油液中磨损颗粒的分布不均。对于道路试验，要求在完成当天行驶里程时、柴油发动机熄火前取样。

2）油样预处理方法

综合传动装置油液预处理主要包括以下几点。

（1）振荡。采用振荡器或者手晃动的方法，将取样瓶中的油液摇匀，时间约 10 min。

（2）加温。将油液温度加热到 30 ℃ ~40 ℃。

（3）除气泡。用超声波清洗仪清洗 3 ~5 min。

油样预处理方式因分析手段不同而异，综合传动装置磨损规律研究主要采用光谱分析、铁谱分析、铁含量分析和颗粒计数分析四种主要分析技术，图 3.61 所示为不同综合传动装置油液分析技术分别采用的油样预处理方法。

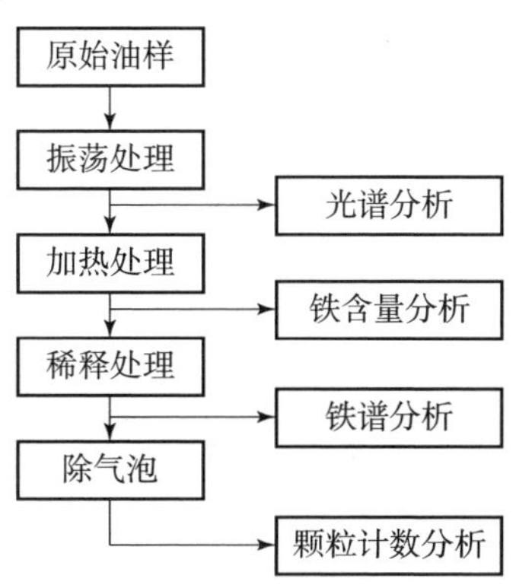

图 3.61　综合传动装置磨损颗粒油样分析预处理方法

如图 3.61 所示，原始油样在光谱分析之前，只需要进行振荡处理；在铁含量分析前需进行振荡和加热处理；在铁谱分析前，需依次进行三种预处理；在颗粒计数分析之前，需依次进行四种预处理。

3）磨损故障案例分析

基于某型综合传动装置磨合试验过程取得的油液样本，经光谱分析后得到油液光谱分析数据，如表 3.2 所示。

表 3.2　某型综合传动装置油液光谱分析数据

取样日期	行驶里程/km	Fe	Cr	Pb	Cu	Al	Si	Ni	Mn	Mo
—	2 095	103	1.2	38.6	55.2	11.6	6.50	1.9	1.8	0.1
—	2 300	118	1.8	53.5	76.5	12.9	7.6	2.0	1.9	0.4
趋势值/［$\mu g \cdot mL^{-1} \cdot (100\ km)^{-1}$］		7.3	0.29	7.3	10.4	0.63	—	—	—	—

（1）界限值判别。

光谱数据显示，当车辆行驶到 2 300 km 时，Fe 元素浓度值达到 118 $\mu g \cdot mL \cdot (100\ km)^{-1}$，已经远远超出 C3A 型综合传动装置初样车 Fe 元素浓度界限值；同时，Cr 元素浓度达到 1.8 $\mu g \cdot mL \cdot (100\ km)^{-1}$，也超过异常界限值；此外，还有 Al 元素、Mn 元素超过异常值，Pb 元素和 Cu 元素浓度达到警戒值。因此判断，该综合传动装置存在严重异常磨损，磨损部位包括齿轮、箱体和离合器等部件。

(2) 模糊综合评判。

按照模糊综合评判方法的计算过程，可以得到浓度值评判矩阵为[0.250 9　0.175 8　0.573 3]，显然评判结果为磨损异常；对趋势值进行评判，得到评判矩阵为[0.028 4　0.359 3　0.612 4]，评判结果为磨损异常。将浓度值和趋势值权系数均取为0.5，加权后的模糊综合评判矩阵为[0.139 6　0.267 5　0.592 8]，因此，最终综合评判结果为磨损异常。

(3) 拆检结果。

第一，1号离合器摩擦片烧结变形。如图3.62、图3.63所示，1号离合器内齿摩擦片均烧蚀和严重翘曲变形，摩擦片铜基粉末被大量黏结在外齿钢片上（过铜现象）。

图3.62　1号离合器内齿摩擦片烧蚀、翘曲

图3.63　外齿摩擦片黏结、过铜和磨损严重

第二，二轴端盖和轴头磨损。如图3.64所示，综合传动装置右护罩被刮磨，主要是被脱落的锁紧螺母、防松钢丝及被碾碎的轴承刮磨。变速二轴右侧支撑轴承被完全碾碎，二轴右侧轴头严重磨损（图3.65），轴头螺纹被磨光。

第三，3号离合器主、被动齿轮严重磨损。拆检发现变速部分3号离合器主、被动齿轮磨损严重（图3.66和3.67）。

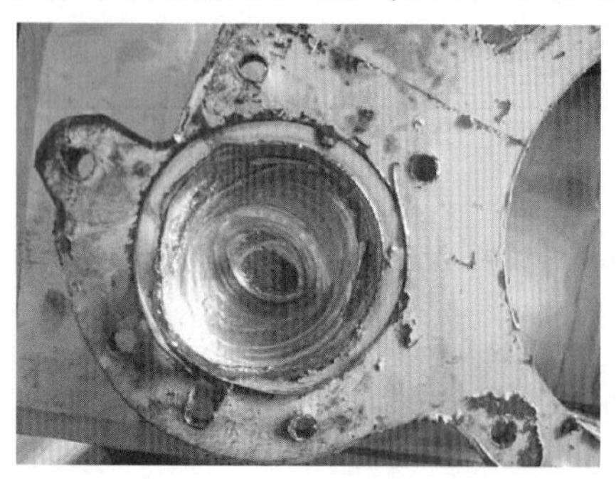

图3.64　汇流排右侧护罩被刮伤

图3.65　变速二轴右侧轴头严重磨损

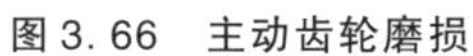

图3.66　主动齿轮磨损

图3.67　被动齿轮磨损

3.6.5　铁谱分析法

铁谱分析技术是利用磁力梯度和重力梯度将金属磨粒从润滑油中分离并按大小排列的油液检测技术，其特点是能把油液中的金属颗粒以及污染微粒分离出来后，通过分析检测磨粒的形态、尺寸、密度以及材料成分等来确定装备主要摩擦副或磨损元件的状态，评定某个零部件的技术状况或损伤状况。它是20世纪70年代就开始发展起来的油液分析技术，如今已经成为对机械系统磨损状况进行监测的主要方法之一。铁谱分析法中的定量铁谱还不是很准确，磨粒分析主要依赖操作者的知识水平和实践经验，所以仍存在判断的人为因素很大、采样不具有代表性、制作铁谱也需用很长时间及分析速度不高等问题。铁谱分析法适用于坦克柴油发动机和传动系统的状态监测与故障诊断。为此，这里主要介绍铁谱分析法及其在坦克状态监测与故障诊断中的应用。

3.6.5.1　分析式铁谱仪

1）仪器的组成

分析式铁谱仪通常由铁谱仪、铁谱显微镜和铁谱片读数器三大部分组成。其中铁谱仪用来从被分析的油液样品中把金属颗粒分离出来，并制成按颗粒粒度由大到小依次排列的铁谱片。铁谱显微镜用以观察分析金属磨粒的形态、成分等，并进行定性分析。铁谱片读数器可以对铁谱片上大、小磨粒进行定量分析。

2）铁谱片的制作原理

按规定把被分析的油液制成油样，如图3.68所示。铁谱基片的放置与磁铁成一定角度，所以铁谱基片处于高梯度强磁场中。油样由微量泵输送到基片高端，在油样下流过程中，在该磁场作用下铁磁性磨屑便从油样中分离出来，且按其自身粒度由大到小依次沉积在铁谱基片的不同位置上，沿磁力线方向排列成链状，再经清除残油和固定磨粒处理后，便制成铁谱片，如图3.69所示。在铁谱片入口端，即55～56 mm位置，沉积着大于5 μm的磨粒；在50 mm位置，沉积着1～2 μm的磨粒；在50 mm以下是亚微米级的磨粒。

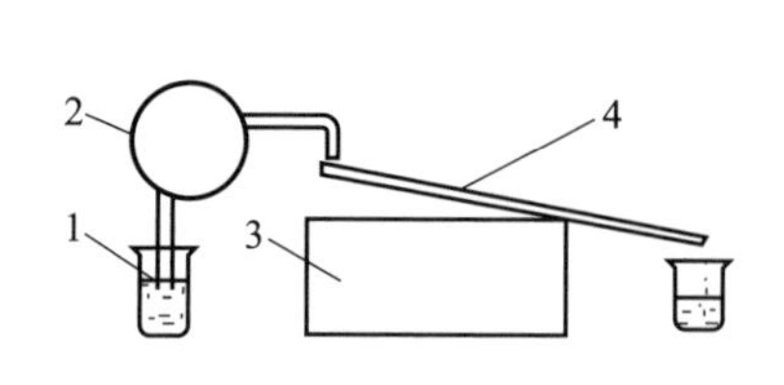

图3.68 制作铁谱片原理

1—油样；2—微量泵；3—磁铁；4—铁谱基片

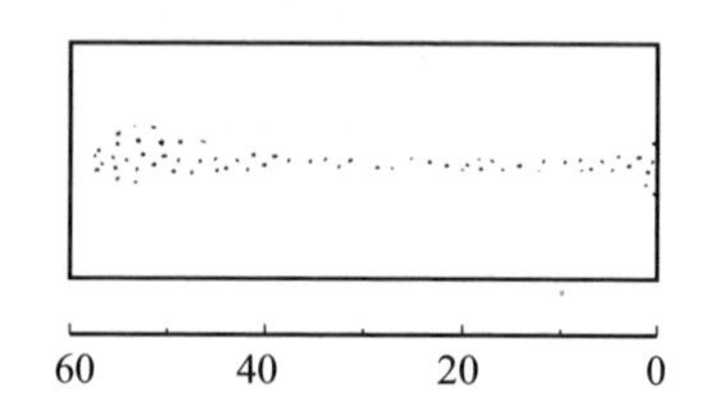

图3.69 铁谱片

3）铁谱显微镜

铁谱显微镜通常为同时采用反射光照明和透射光照明的双色显微镜。它有两路独立的光源：一路经红色滤色镜向下照射在铁谱片上构成反射光源；另一路经绿色滤色镜向上穿过铁谱片构成透射光源。

铁谱片上不透明的金属磨屑等遮住绿光，只反射红光，所以显微镜中为红色。其他透明或半透明微粒能透过绿光部分反射红光，所以随厚度差异呈现为绿色、黄色或粉红色等，使在显微镜下磨粒轮廓清晰，能清楚地观测磨屑的形态、尺寸大小、粒度分布，分辨是金属颗粒还是其他杂质微粒等，为定性分析装备零部件损伤状态提供了依据。

为了能用铁谱片判别金属磨屑的成分，可采用铁谱片加热法。原理是厚度不同的氧化层会产生不同颜色的干涉色。具体做法是把铁谱片加热到330 ℃，再保持90 s，然后放在铁谱显微镜下进行观察，不同合金成分的游离金属屑会出现不同的回火色。例如，铸铁为草黄色、低碳钢为烧蓝色、铝屑仍为白色等，铜、铅加热后仍不变色。依此可粗略分辨金属成分。

扫描电子显微镜分辨率高且焦深长，当要求更准确地观测磨屑形态、磨粒表面细节，要求得到立体感很强的照片时，可以采用扫描电子显微镜。

4）铁谱片读数器

铁谱片读数器是一个具有光电池的光密度计，光电池安装在铁谱显微镜

上。光密度计能测定出显微镜视野内沉积的磨粒所覆盖的面积，并可以显示出磨粒覆盖面积的百分数。

规定在铁谱片 55 mm 处检测大于 5 μm 的大磨粒覆盖面积百分数为 A_1，在铁谱片 50 mm 处检测 1 ~ 2 μm 小磨粒覆盖面积百分数为 A_s。铁谱定量分析参量如下所述：

（1）总磨损（A_1+A_s）。它表征油液中大、小磨粒总量，当（A_1+A_s）值急剧增加时，表明装备开始严重磨损。

（2）磨损度（A_1-A_s）。当机器在磨合期外正常运转时，A_1 值比 A_s 值稍大。当非正常磨损时或出现损伤时，大磨粒覆盖面积，百分数 A_1 显著增大，它反映了磨粒尺寸构成的相对变化，是区分正常与非正常磨损状态的重要参量。

（3）磨损度指数 I_s。

$$I_s=(A_1-A_s)(A_1+A_s)=A_1^2-A_s^2 \tag{3.60}$$

磨损度指数 I_s 由（A_1+A_s）和（A_1-A_s）两项构成，所以它包含前两个参量所携带的信息，能更全面地描述装备磨损状态。当装备产生损伤或非正常磨损时，I_s 值显著增大，因此常采用 I_s 的变化大小表征装备的磨损状态。

（4）累积总磨损值 $\sum(A_1+A_s)$。（A_1+A_s）只反映采油样时的总磨损信息，而累积总磨损值 $\sum(A_1+A_s)$ 则包含以往总磨损信息。

（5）累积磨损度值 $\sum(A_1-A_s)$。（A_1-A_s）只反映采油样时的磨损度信息，而累积磨损度值 $\sum(A_1-A_s)$ 则包含以往磨损度的信息。

5）铁谱的定性分析与定量分析

（1）铁谱的定性分析。磨粒是零件表面磨损的产物，磨粒的形态和尺寸可以表征零件的磨损或损伤状况。因此，用铁谱显微镜或电子显微镜检测磨粒的形态和尺寸，便可以定性判定装备损伤状态。通常有如下定性判定标准。

第一，一般只出现小于 5 μm 的小片状磨粒，表明装备为正常磨损状态。

第二，当发现大于 5 μm 的切削形、螺旋形、圈状或弯曲形磨屑且数量较多时，表明装备发生严重磨损。

第三，当出现尺寸为 1 mm 的磨粒时，表明零件表面已拉沟或装备已处于严重损伤。

第四，当球形磨粒大量出现时，表明滚动轴承开始早期损坏。

因为装备种类不同、载荷差异以及材料不同等，应根据大量观测值给出具

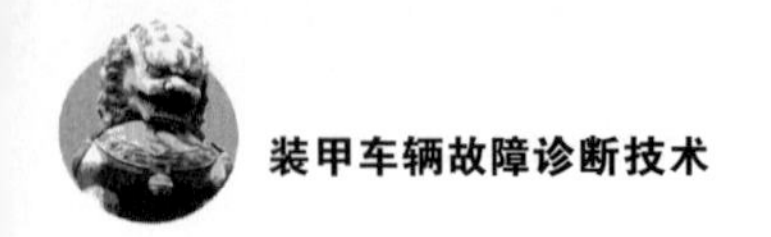

体定性判定标准。

（2）铁谱的定量分析。铁谱的定量分析通常采用上述定量分析参量随时间（或其他过程变量）的变化规律来分析，这种规律常被绘成变化趋势曲线，即绘出横坐标为时间、纵坐标分别为 $(A_l + A_s)$、$(A_l - A_s)$、I_s、$\sum(A_l + A_s)$ 和 $\sum(A_l - A_s)$ 的变化曲线。

例如，$\sum(A_l + A_s)$ 和 $\sum(A_l - A_s)$ 随时间 t 的变化趋势曲线，当两条曲线随时间呈稳定缓慢上升时，表明装备处于正常状态。当两条曲线斜率在某一时间迅速增加，即变化的增量突然增大时，或两曲线发生相互接近趋势时，表明装备出现严重磨损。此后，当出现两曲线交叉时，则表明装备开始损坏或产生严重损伤。

3.6.5.2 其他类型铁谱仪

1）直读式铁谱仪

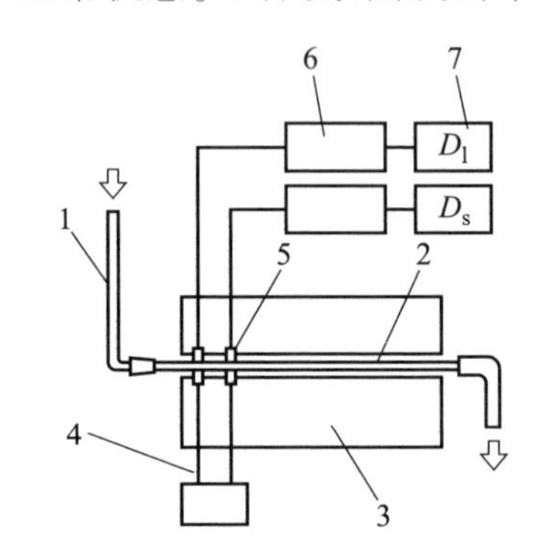

图 3.70 直读式铁谱仪原理

1—毛细管；2—磨粒沉积管；3—磁铁；4—光导纤维；5—光敏探头；6—模数转换器；7—数码管

直读式铁谱仪原理如图 3.70 所示。油样在毛细管的虹吸作用下，流经位于磁铁上方的磨粒沉积管。在大于 5 μm 大磨粒沉积处和 1 ~ 2 μm 小磨粒沉积处，用光导纤维引入两束光。采用光敏探头接收穿透磨粒的光信号，光信号的强弱反映了磨粒沉积量的大小。光敏探头将光信号转换为电信号，再经放大、运算和模数转换，最后在数码管上直接显示出表征大小磨粒沉积量的两个相对值 D_l 和 D_s。D_l 和 D_s 由下式计算：

$$D_l = \lg\left(\frac{I_o}{I_l}\right) \tag{3.61}$$

$$D_s = \lg\left(\frac{I_o}{I_s}\right) \tag{3.62}$$

式中，I_o 为无磨粒时的光信号强度；I_l 为大磨粒处的光信号强度；I_s 为小磨粒处的光信号强度。由 D_l 和 D_s 可得 $I_s = D_l^2 - D_s^2$。

直读式铁谱仪特点是分析速度快，只进行定量分析。通常用它来完成监测油液中大小磨粒的变化，一旦发现 I_s 急剧增大，就采用分析式铁谱仪观察磨粒形态、分析成分，判断损伤状况，两者配合使用。

2）在线式铁谱仪

在线式铁谱仪有许多种，大都由传感器和测量显示两大单元组成。传感器可以并联方式接入油路，也可以串联方式装入油路。传感器有电容式、电感式等多类。如电容式传感器的原理为：油液中的磨粒沉积在电容器上，沉积量与电容值变化有一定关系，用测量电路把电容变化测出，转换成电信号，再经计算电路和模数转换，直接显示出磨粒的浓度值。完成测量过程后，自动清洗掉传感器上沉积的磨粒，为下一次检测做好准备。仪器也分大小磨粒两个通道。

这类铁谱仪的特点是，可以实现在线铁谱监测，不用取油样，适用于安装在大型设备上，完成设备的状态监测。

3）旋转式铁谱仪

旋转式铁谱仪工作原理如图 3.71 所示。它的核心部分是磁场装置，由永久磁铁、极靴和磁扼共同构成闭合磁路，极靴上有三个同心环形非铁磁性间隙（0.5 mm左右）作为工作磁场，铁谱玻璃基片固定在上面，工作位置和磁力线平行于玻璃基片。制谱时，油样由定量移液管输送到被固定在磁头上端面的玻璃基片上，磁头、玻璃基片在电机的带动下旋转。由于离心作用，油样沿玻璃基片向四周流动，油样中的铁磁性及顺磁性磨粒，在磁场力、离心力、液体黏滞阻力和重力作用下，按磁场力分布沉积在玻璃基片上，沿磁力线方向即径向排列。残油从玻璃基片边缘甩出。玻璃基片经清洗、固定和甩干处理后，便制成了铁谱片。

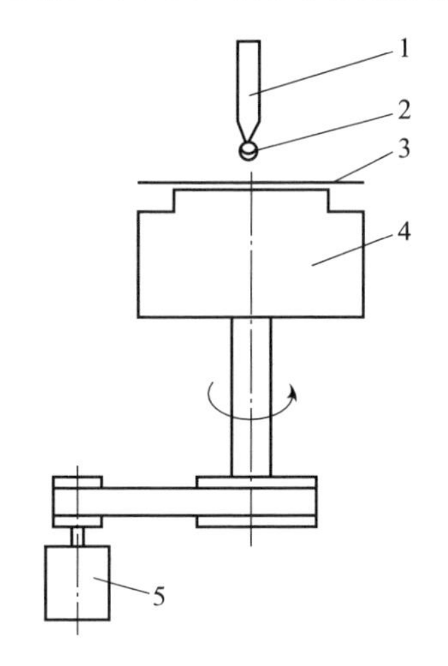

图 3.71　旋转式铁谱仪工作原理

1—定量移液管；2—油样；
3—玻璃基片；4—磁头；5—电机

对铁谱片，可用铁谱显微镜进行定性分析，用铁谱片读数器，读出大小磨粒的 A_l 和 A_s 值，计算 I_s 等后进行定量分析。

旋转式铁谱仪的主要特点是，由于采用旋转方式和专门设计的极靴，所以磨粒在基片上分离度好，不易堆积重叠，从而有利于观测定性分析且定量读数准确。其次，可检测的磨粒尺寸范围很宽，为 0.1 ~ 1 000 μm，即大小磨粒都能检测；适用范围广，制谱时不需微量泵，所以磨屑不会被挤碎，能保持原来的形态；制谱速度快，一般为 10 min 左右；特别适用于分析污染

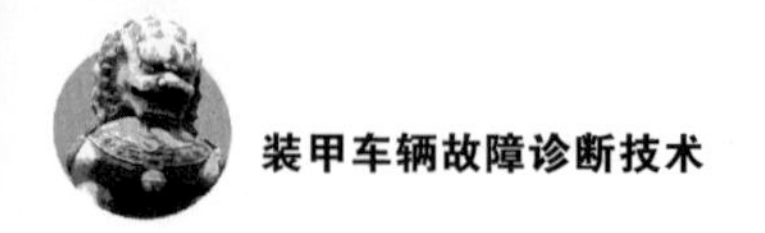

严重的油样。

4）铁量仪

铁量仪是一种新型的油液含铁量检测仪，如图 3.72 所示。

（1）铁量仪技术原理。

YTC－1 型油液含铁量检测仪（铁量仪）是一种从润滑油中分离和测量铁磁性磨粒的定量测试仪器。铁量仪采用新型磁吸应变式含铁量传感器，利用高场强永久磁铁将油液中铁磁性磨损颗粒吸附沉淀在传感器表面，利用传感器表面膜片的变形来测量铁磁性颗粒的多少，从而实现油液含铁量的精确测量。

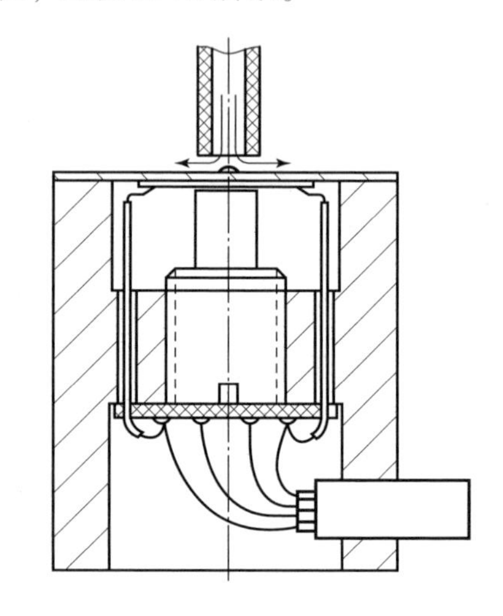

图 3.72　铁量仪

铁量仪主要由传感器、读数仪和恒流泵等组成。铁量仪的核心部分是高性能磁吸应变式含铁量传感器，传感器上表面的弹性合金膜片内粘贴有高灵敏度应变片，在膜片下方中心有一高场强永久磁铁，当油样被缓慢地泵送到传感器表面中心时，磁铁就将液体中大于 5 μm 的铁磁性磨粒吸附在弹性膜片表面中心，引起膜片变形，应变片将这微小变形转变成相应的电信号输出，经读数仪标定、放大并显示，给出被检测油样中的含铁量读数。

磁吸应变式含铁量传感器，配以直流电桥、低漂移放大器、大规模集成电路 A/D 和三位半液晶显示，测试精度高、稳定性好，其定量检测精度比铁谱技术提高了一个数量级。采用电子恒流泵可保证油样分析的测试精度和方便性。测试一个油样只需 5～15 min。铁量仪读数不受油样中非铁磁性颗粒的影响，油样处理简单，测试迅速，适用于各种机械油样，尤其是污染较重、含铁量较高的油样。磁吸应变式含铁量传感器能捕捉到油样中大于 5 μm 的铁磁性颗粒，因而能通过检测油样含铁量及时反映出装备内部的异常工况。

（2）特点。

第一，采用磁吸应变式含铁量传感器。这种传感器实现了一次转换检测原理，能准确测量油样中大于 5 μm 的铁磁性磨粒含量。

第二，实现了油液含铁量的精确测量。铁量仪的重现性误差小于 2%，比铁谱定量分析精度提高了一个数量级。同时，铁量仪的测量线形区域很宽，能在大范围内对油液含量进行精确测量。

第三，对油样中异常大磨粒尤为敏感。铁量仪读数不仅取决于传感器所吸附到的铁磁性磨粒的多少，还与磨粒的大小有关，传感器对吸附到的大磨粒的读数有“放大作用”（因磁阻小，故输出信号增强）。这种“放大作用”随磨粒尺寸上升而大大增强，故铁量仪能通过油样检测对装备出现的异常工况及时做出反映。图 3.73 所示为一齿轮箱油样用铁谱仪（ZTP）和铁量仪（YTC）检测结果的对比。由图 3.73 可见，齿轮箱从横点数“4”对应时刻开始出现异常工况。

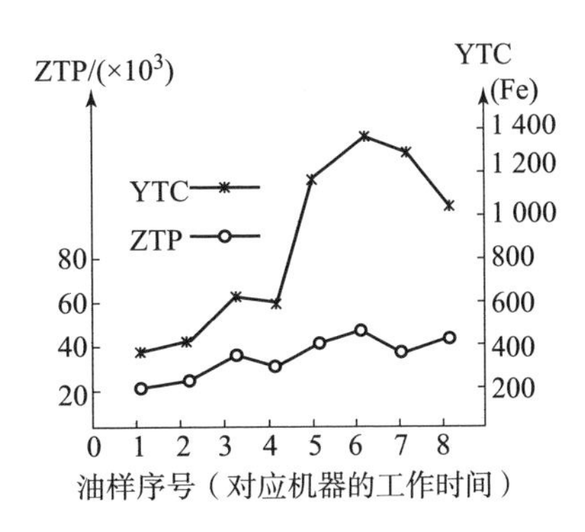

图 3.73　检测结果对比

同时，铁量仪对油液中的污染物不敏感，克服了铁谱技术分析结果受油液中污染物影响大的缺点，简化了油样的分析过程，能满足各种在恶劣工况下工作的装备油液含铁量检测的需要。

第四，可实现装备油液含铁量在线连续检测。

3.6.5.3　铁谱分析在坦克状态监测与故障诊断中的应用

试验采用 FTP－1 分析式铁谱仪。坦克柴油发动机系统油样采集点在润滑油的回油管路中，通过机油箱放油口利用专用工具采样。

将坦克变速箱、传动箱和侧减速器的油样采集点确定在各箱体放油口处，采用放油工具采集。关于变速箱右侧箱油样，在加油口用吸管抽取。每次取样量约为10 mL，要求在坦克行驶回场后立即采样。

1）装车后坦克柴油发动机磨合期铁谱分析

坦克中修时均更换为大修过的柴油发动机，大修过的柴油发动机虽然出厂前都进行过磨合试车和性能试车，但铁谱分析表明，大修过的柴油发动机装车以后，仍存在短时期的磨合期。

装车后柴油发动机磨合期铁谱分析如图 3.74 所示。磨损度指数 I_s 在开始运行的短时期内值较大，表明磨屑量总量和大磨屑量都较少，而后 I_s 便较小，表明磨屑总量和大磨屑量都较少，运行开始的短时期内存在磨合期。同样，累积总磨损值 $\sum(A_l + A_s)$ 和累积磨损度值 $\sum(A_l - A_s)$ 在开始运行时都增长很快，而后则趋于平稳，这表明磨合期是存在的。

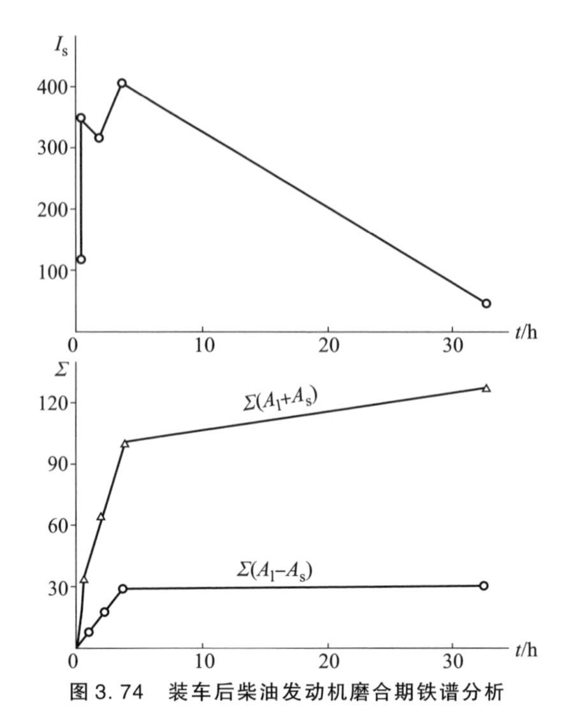

图 3.74　装车后柴油发动机磨合期铁谱分析

根据磨合理论，装备运行初期，由于配合面有一定的粗糙度，实际接触面积减小，应力大，高应力接触点产生塑性变形，经反复作用而导致断裂产生磨屑，所以磨合期磨屑尺寸大且数量多，形态多为切削型磨粒与滑动磨损型磨粒。图 3.75（a）所示为装车后柴油发动机运行初期的铁谱片在铁谱显微镜下的一个视场，可见磨屑尺寸较大且数量多，发现磨屑呈丝状弯曲成弧形或螺旋形，是典型的切削型磨料。此外，还发现较多滑动磨损大磨粒，这是在配合面局部的润滑油膜被破坏，又高温高压下产生的，磨屑表面有明显划痕或融溶痕迹。

图 3.75（b）所示为而后的铁谱特征。由此可见切削磨损磨粒与滑动磨损磨粒数量显著减少，磨粒尺寸趋于均匀，表明机器各工作配合面已进入稳定的工作期。

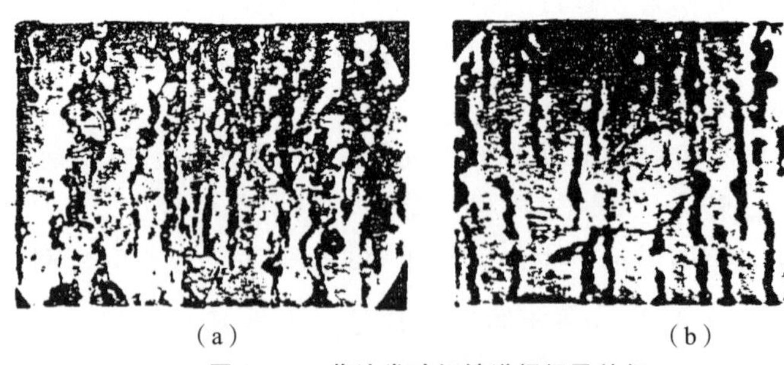

（a）　　　　　　　　　　　　（b）

图 3.75　柴油发动机铁谱视场及特征

［6092］250 mm × 55.3 mm；［6092］250 mm × 54.7 mm

上述定性分析也表明，装车后柴油发动机运行初期存在短期的磨合期。

2）柴油发动机故障铁谱分析

在一次驾驶训练中，某辆坦克柴油发动机油压变为零，驾驶员发现后立即停车熄火，检查曲轴，发现曲轴还可以转动，但无法知道柴油发动机内部的损伤情况，于是，他采用铁谱分析法诊断故障。

图3.76所示为该柴油发动机铁谱片的一个视场，其中有一颗严重滑动磨损铜磨粒，表面划痕深，长轴尺寸达120 μm，且有融熔痕迹，说明其经历了高温。此外，视场中还有少量钢质切削磨粒和滑动磨损磨粒，说明钢质件也有损伤。

用铁谱定性分析判断，该柴油发动机曲轴瓦因缺油已被严重损伤，且曲轴也有轻度损坏，故不能继续使用，决策为送修。

图3.76 轴瓦损伤视场

[6271] 250 mm×57.6 mm

当然，同样是为了分析油液中的金属磨损颗粒含量，据此判断机械设备关键摩擦副的磨损程度，有研究人员提出了磁塞监测法。其基本原理是，在装备油液系统的适当位置上，设置永久磁铁制成的磁塞，磁塞能把油液中的铁磁性材料颗粒吸附收集起来，定期卸下磁塞，取下它收集的颗粒，分析颗粒的总数量、粒度分布、颗粒形态以及色泽等，依此评定装备的状态。

磁塞结构极为简单，通常由自封阀体和磁性探头组成。自封阀体在磁性探头被拆下时能自动密封以使油液不泄漏。磁塞应设置在油液系统易收集铁磁微粒的部位。磁塞监测法的特点是结构简单、体积小，特别适用于机载在线监测。磁塞适用于检出大于50 μm的大颗粒，对小颗粒灵敏度较低。磁塞往往需与铁谱分析法及其他分析法相结合使用。

3.7 装甲车辆压力测试

装甲车辆柴油发动机、传动装置及操纵装置的状态检测与故障诊断等很多地方都涉及压力的测试，如气缸压缩压力、机油压力、液压操纵系统的工作压力等，特别要提到的是，压力是液压系统的重要工作参数，而且柴油发动机在工作时，也存在空气、燃油、水和机油的流动，这些流体的压力在一定程度上可以反映出柴油发动机在某方面的技术状况。本节主要介绍压力测量仪表及与柴油发动机技术状况相关的机油压力、进气管真空度、燃油压力、气缸压缩压力和液压管路压力的测量。

3.7.1 常用的压力检测仪表

对柴油发动机和液压系统所测量的压力通常是指流体压力。流体压力可分为绝对压力和表压力，一般所说的压力就是指表压力，它是绝对压力与当地大气压力的差值。测量压力的仪表按作用原理的不同分为液柱式、弹性式和电测式三类。

3.7.1.1 液柱式测压仪表

液柱式测压仪表是利用工作液柱所产生的压力与被测压力平衡时，根据液柱高度来确定被测压力大小的压力计。常用的工作液体有水、酒精和水银，主要结构型式如图 3.77 所示。

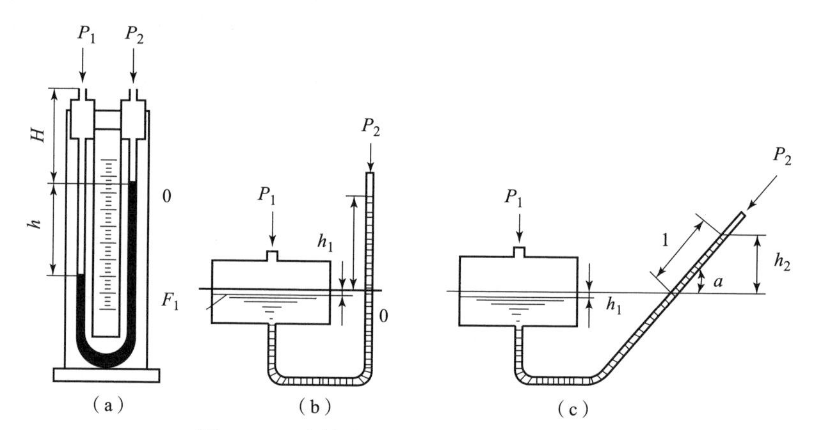

图 3.77 液柱式测压仪表的主要结构型式

(a) U 形管压力计；(b) 单管压力计；(c) 斜管压力计

U 形管压力计是最常用的一种液柱式测压仪表，根据被测压力的大小及要求，其工作液体可使用水或水银。U 形管压力计的测压范围最大不超过 0.2 MPa。

单管压力计和斜管压力计一般用于微压测量，其工作液体为水或酒精。

测量坦克装甲车辆柴油发动机空气滤清器的阻力时，一般使用液柱式测压仪表。

使用液柱式测压仪表时，应使压力计处于垂直位置，接头处不得有泄漏，否则会产生安装误差。测取读数时，对水和酒精，应从凹面的谷底算起，对水银，应从凸面的顶峰算起。眼睛应与工作液体的凹面或凸面持平并沿切线方向

读数，否则会产生读数误差。

3.7.1.2　弹性式测压仪表

弹性式测压仪表以各种形式的弹性元件（弹簧管、（金属）膜片和波纹管）受压后产生的弹性变形来反映压力的大小。弹性变形的位移传递到仪表的指针或记录器上后，仪表即显示出压力的大小。

在弹簧管式压力计中，弹簧管的横截面呈椭圆形或扁圆形。弹簧管是一根空心的金属管，其一端封闭为自由端，另一端固定，与被测介质（流体）相通的管接头连接。当具有一定压力的流体进入管内腔后，在压力的作用下，管子截面趋于变圆，产生弹性变形，弹簧管向外伸张，在自由端产生位移，经杆系和齿轮机构带动指针，指示出压力（图 3.78）。

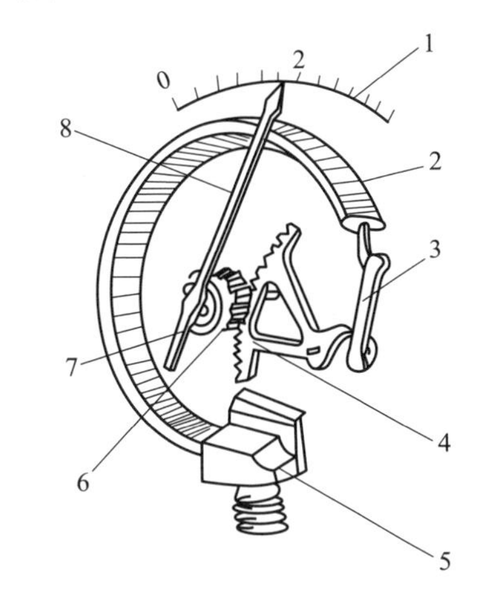

图 3.78　弹簧管式压力计

1—刻度盘；2—管状弹簧；3—连接杆；4—扇形齿；5—接头；6—小齿轮；7—游丝；8—指针

在膜片式压力计中，膜片呈圆形，一般由金属制成，并在其上压有环状同心波纹。膜片的外缘被固定，测压时，膜片向压力低的一面弯曲，其中心产生的位移量即反映出压力的大小。通过传动机构带动指针转动，指示出被测压力。

波纹管式压力计以波纹管为感压元件，波纹管的一端固定，另一端则随管内外压力差的大小而处于不同位置，从而带动指针指示出压力。

3.7.1.3　电测式测压仪表

前述两种测压仪表均为通用型仪表，适用于测量压力稳定的场合，测试结果需要人工读取。在柴油发动机上安装的压力测试仪表和需要测量瞬时压力的测试仪表则只可采用电测式测压仪表。

电测式测压仪表的核心是压力传感器。常用的压力传感器有压电式压力传感器、压阻式压力传感器、电容式差压传感器和霍尔式压力传感器等。

1）压电式压力传感器

图 3.79 所示为石英晶体压电传感器的构造，这种传感器利用压电晶体的压电效应感受压力的大小与变化。测压时，被测压力作用在弹性膜片上，通过

传力件作用在石英片上。在脉动压力作用下，两片石英工作片产生交变的电荷，通过电荷放大器将信号放大，并转换成电压或电流信号输出。压电式压力传感器不能用于静态压力的测量，一般用于测量 10 ~ 20 kHz 的脉动压力。

2）压阻式压力传感器

压阻式压力传感器是利用某些材料的压阻效应制成的。常用的压阻材料是硅和锗，它们的电阻率随外力作用有较大的变化。这种传感器工作可靠，缺点是受温度影响较大，使用时应进行温度补偿。

3）电容式差压传感器

图 3. 80 所示为电容式差压传感器的结构。这种传感器的外壳用高强度金属制成，壳体内部浇注玻璃绝缘子，其内侧为光滑的镀有金属膜的球面，作为电容的固定极板。中心感压膜片为电容的动极板。中心感压膜片两侧腔内充有硅油，被测压力通过两边的硅油作用在中心膜片两侧，有压差时，膜片偏向压力低的一侧，电容发生变化，通过测量电容量的大小即可知道压差的值。

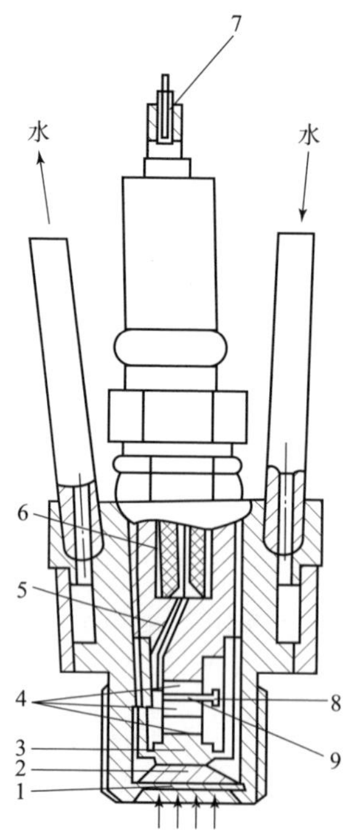

图 3. 79　石英晶体压电传感器的构造

1—弹性膜片；2—传力件；3—底座；4—石英片；5—玻璃导管；6—胶玻璃导管；7—引出线接头；8—导电环；9—金属箔

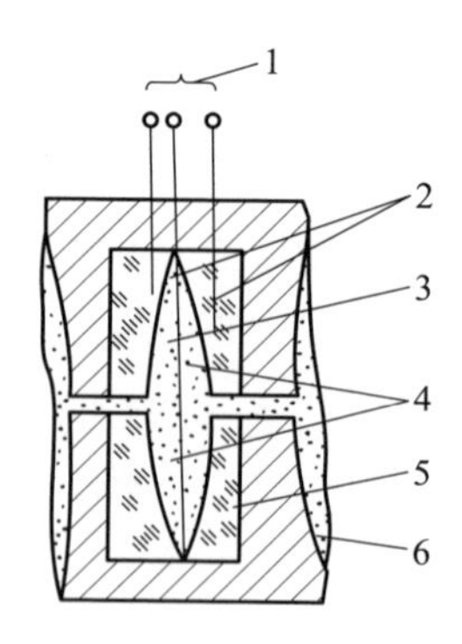

图 3. 80　电容式差压传感器的结构

1—电极导线；2—球形电极；3—中心感压膜片；4—硅油；5—玻璃绝缘子；6—隔离膜片

4）霍尔式压力传感器

霍尔式压力传感器的核心是霍尔元件。霍尔元件是一种利用霍尔效应的半导体磁敏元件，在测试领域得到广泛的应用。当用于压力测试时，霍尔元件与弹性元件共同组成压力传感器（图3.81）。当被测流体进入弹簧管后，使弹簧管变形并带动固定于自由端的霍尔元件产生位移。若以稳压电源供给霍尔元件控制电流，霍尔元件即输出一个电动势，利用毫伏计就可测得输出电压。

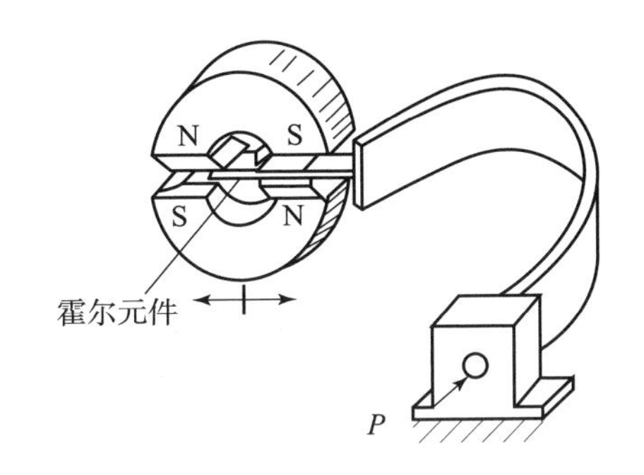

图3.81　弯管式霍尔压力传感器原理

3.7.2　机油压力测试

润滑系统是柴油发动机的一个重要系统，它工作正常与否关系到柴油发动机的摩擦、磨损程度和使用寿命的长短。表征润滑系统工作状况的最重要的参数就是机油压力。

机油压力指的是柴油发动机机油主油道处的压力。柴油发动机的机油压力传感器安装在机油主油道中，传感器输出的电信号传送到仪表盘上的压力传感器，显示机油压力。通常，机油从机油泵泵出，经过机油滤清器滤清后再进入主油道，机油在主油道内分若干路流向各主轴承等重要润滑部位。由于机油滤清器和各润滑部位及管路等对机油的流动均构成一定的阻力，而机油温度的不同也使流动阻力有所不同，这样，柴油发动机在实际使用过程中就有一个正常的机油压力范围。机油压力若超出此范围，则表明柴油发动机润滑系统工作不正常或存在其他问题。许多因素可以导致机油压力变化，如机油滤清器较脏时，由于流动阻力增大，流到主油道的机油压力就会降低，与此同时机油的流量减小；当柴油发动机主要摩擦副间隙由于磨损严重而变大时，主油道下游的流动阻力减小，使得主油道机油压力随之降低（图3.82），而机油流量则略有增加。机油流动路线上任何位置的泄漏都会导致机油压力的降低。机油泵的磨损和机油泵调压阀弹簧力的减小也会使机油

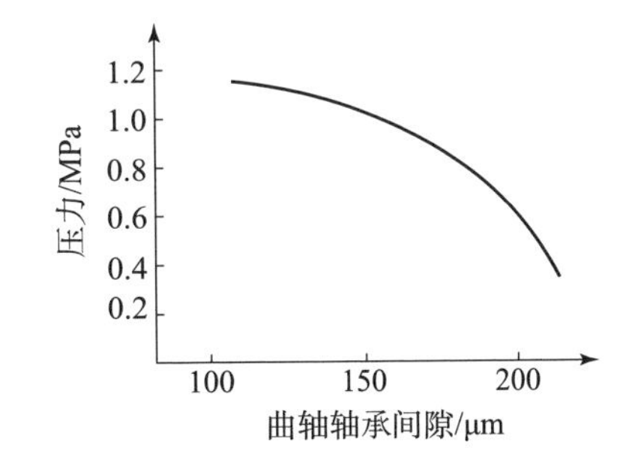

图3.82　机油压力与曲轴主轴承间隙的关系

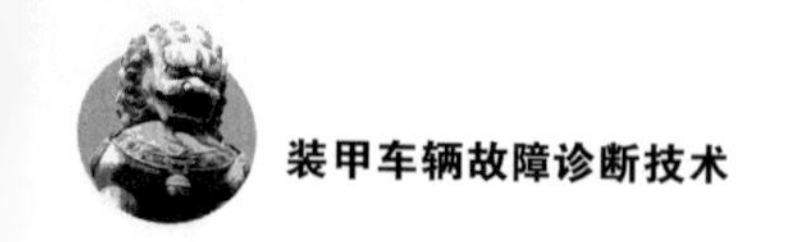

压力下降。另外，机油被进入润滑系统的柴油稀释或机油中混入水分导致黏度下降、机油箱中机油储量不足也使主油道机油压力降低。机油流通路线发生堵塞时，主油道压力也会有明显变化，主油道的上游有堵塞，机油压力下降，主油道出油口堵塞，则使机油压力升高。

综上所述，柴油发动机主油道机油压力的大小受到诸多因素的影响，这些因素多数与柴油发动机的技术状况有关，因此无论是对柴油发动机进行技术状况检测还是正常使用柴油发动机，均需知道柴油发动机主油道机油压力的大小。

在车辆的使用过程中，要时刻注意机油压力传感器的读数，一旦出现紧急情况，如机油压力骤然降低，就应立即停车、检查并排除故障。

机油压力的检测比较简单，无论是台架试验还是实车检测，都使用柴油发动机上配置的压力传感器及显示仪表。需要说明的是，检测机油压力时，一定要知道柴油发动机工作于何种工况，同时要知道机油的温度。

3.7.3 进气真空度

柴油发动机工作时，由于进气的抽吸作用，在进气管内（空气滤清器出气口）形成一定的真空度。柴油发动机用于不同场合，由于空气滤清器结构各异，进气管真空度大小不同。在进气管不漏气的情况下，进气管真空度所反映的主要是空气滤清器滤清阻力的大小。空气滤清器工作正常时，进气管真空度有一定范围。进气管真空度的值随柴油发动机转速变化，一般以某一转速下进气管真空度作为衡量其值是否在正常范围的标志。例如，某型坦克 12150L 柴油发动机进气真空度在 1 800 r/min 下为 550 ~ 600 mmH_2O。

造成进气管真空度超出正常范围的主要因素是空气滤清器的技术状况。如果进气管真空度偏大（压力偏低），则说明滤清阻力较大，可能的原因有滤芯过脏、空气滤清器内部或入口流通截面被阻塞。保养不当，如滤芯的滤尘丝涂油过多，也会使进气管真空度增大，但这种情况一般随着柴油发动机的使用而消失。进气管真空度偏小，除了进气管漏气外，还可能是空气滤清器被击穿，全部或部分空气不经滤清直接进入进气管造成的。如遇这种情况，应对整个进气系统的密封性进行认真的检查。

现代车辆动力系统一般在空气滤清器上安装一个压力传感器，感受滤清器出口的真空度。柴油发动机工作时在仪表板上就可以看到进气管真空度的具体值。当压力出现异常时，有的还可发出报警信号。较早一些时间生产和装备的坦克装甲车辆则没有这个装置，如需测量进气管真空度，则可在空气滤清器出口与进气管之间的接管上连接一个胶皮管，用水柱 U 型管测量真空度。

3.7.4　气缸压缩压力

气缸压缩压力是指在柴油发动机不工作（不加油），用起动电机拖动柴油发动机曲轴旋转的情况下，压缩过程气缸内的最高压力。

3.7.4.1　反映气缸密封性

气缸压缩压力的大小与柴油发动机气缸密封状况有关。气门密封不严、气缸垫漏气、活塞环与气缸体磨损严重等都会使气缸压缩压力降低。随着柴油发动机使用时间的推移，气缸压缩压力呈逐渐减小的变化趋势，当其降低到一定程度时，就说明柴油发动机已被严重磨损，不能继续使用。气缸压缩压力还与转速有关，实际测出的压力值应换算为规定转速下的压力方可进行比较和判别。测定气缸压缩压力可以从总体上评价柴油发动机气缸的密封性，但造成密封性下降的原因是活塞环与气缸磨损过度还是气门关闭不严，则需进一步的检查。

3.7.4.2　检测方法

如前所述，气缸压缩压力可以反映出柴油发动机的技术状况，因此通过测量气缸压缩压力，可以对柴油发动机气缸磨损状况、气门密封状况和气缸密封状况等作出判断，为柴油发动机技术状况的全面检测提供可靠的依据。

1）最大压力传感器检测

图3.83所示为机械式最大压力传感器，它由弹簧管式压力传感器、放气阀和止回阀组成。测量时，气缸压力通过止回阀进入压力传感器，直接指示压力。测量结束后，打开放气阀。

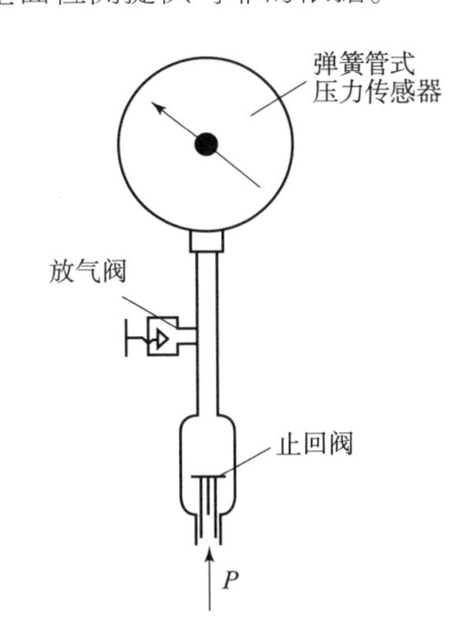

图3.83　机械式最大压力传感器

实车检测时，先拆下气缸盖上的空气起动阀，并在该处安装一个最大压力传感器，用起动电机拖动柴油发动机曲轴旋转，读取最高压力值，并记录下拖动转速，然后换算为150 r/min时的压缩压力，与标准值比较。这种测试方法需要拆卸空气起动阀的连接部分，需要用到专用工具，而且拖动转速的记录与换算也比较麻烦，尤其是多个气缸逐一测试时，工作量很大。

2）压力传感器检测

一般可使用电测式压力传感器，如压电式压力传感器。将空气起动阀拆下，安装压力传感器，这样可测得拖动过程中气缸压力的变化，当然也就知道了气缸的压缩压力。图 3. 84 所示为压力变送器，图 3. 85 所示为采用压力变送器测得的气缸压缩压力曲线。

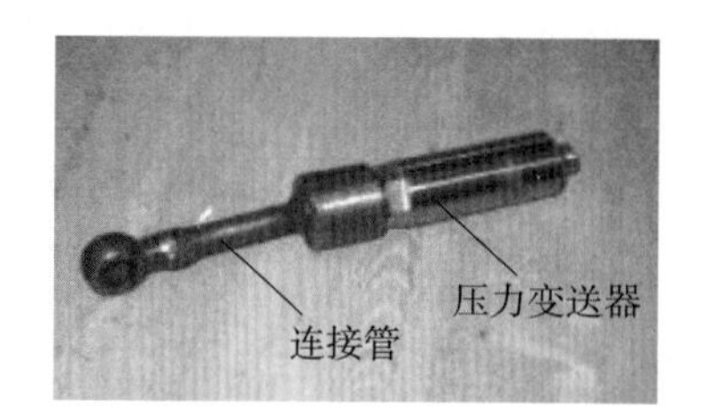

图 3. 84　压力变送器

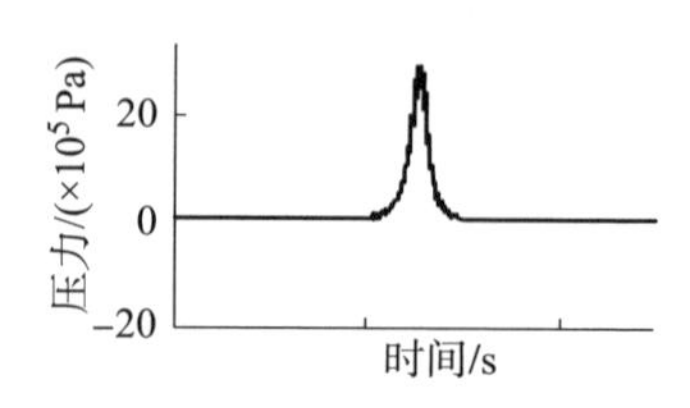

图 3. 85　气缸压缩压力曲线

3）不解体检测

不解体检测气缸压缩压力的实质是通过测取拖动电流来间接判定各缸压缩压力。所谓拖动电流是指起动电机接通电源拖动柴油发动机曲轴旋转但不起动柴油发动机（不给油）时流过起动电机的电流。

用起动电机拖动柴油发动机时，电流大小取决于柴油发动机作用于起动电机的反扭矩。由于柴油发动机为往复活塞式，无论是正常工作还是被拖动，气缸内的压力和往复运动件的惯性力均随曲轴转角而变化。这样，柴油发动机的反扭矩就呈现出周期性的变化。起动电机拖动柴油发动机时，其功率主要消耗在柴油发动机的机械损失即各摩擦副摩擦功、泵气和各附件的耗损功上。往复运动件的惯性力只影响扭矩曲线的形状而并不耗功。在气缸的压缩过程中，起动电机的电能转变成缸内气体的压力能。如果气缸不存在漏气和传热情况，这部分能量会在气缸的膨胀过程中释放出来。实际情况则存在漏气和向气缸壁的传热损失，这就造成膨胀过程释放的能量小于压缩过程消耗于空气压缩的功。由此可见，在拖动过程中，起动电机所消耗的电能除了用于柴油发动机机械损失部分外，还有一小部分消耗于漏气和传热造成的损失。

拖动电流呈现出周期性的波动，如前所述，其平均值反映了柴油发动机在该拖动转速下的机械损失和由漏气与传热造成的损失，而其波动部分则主要反映气缸压缩压力和往复运动件惯性力的影响。在拖动状态下，由于转速较低（一般低于 180 r/min），最大加速度也小（180 r/min 时为 40 m/s^2），相应的往复运动件惯性力约为 22 kg（12150L 柴油发动机）。很显然，这样小的惯性力对扭矩波动的影响是很小的，远不能与标定转速时相比（12150L 柴油发动机 2 000 r/min时，往复运动件惯性力最大值约为 2.7 t）。因而，可以认为拖动电流的波动基本不受往复运动件惯性力的影响。与漏气相比，传热造成的损失一方面因为拖动过程中缸内气体与水套内冷却水温差不大；另一方面传热损失对拖动电流波动的影响主要是使其趋于均匀地减小，对拖动电流曲线的形状影响要小一些。由以上分析可见，只要找出气缸压缩压力与拖动电流波动的关系，就可以由拖动电流间接判断出气缸的压缩压力，从而达到不拆卸柴油发动机任何部件、不用压力传感器就能测出各缸压缩压力的目的。

气缸密封性越好，气缸压缩压力越高，则拖动电流的波动程度就越大，但两者的关系很难用数学公式表达，因而有必要确定一个表征拖动电流波动程度的指标，在测取一定数量的实车气缸压缩压力和拖动电流的基础上，用线性回归的方法找到一个经验公式，建立起该指标与气缸压缩压力的关系，这样就可以只测取拖动电流就能得到各缸压缩压力，再按拖动转速换算为 150 r/min 时的压力值，即可对柴油发动机气缸的技术状况作出判断。

图 3.86 所示为典型的拖动电流曲线，其平均值为 i_m，柴油发动机的机械损失越大，i_m 就越大。高于 i_m 的部分表现了活塞上行压缩过程，这部分电流在一循环内的积分就反映了压缩空气的功。气缸漏气越少，这部分功就越大，即高于 i_m 的面积越大（图中阴影部分）。将阴影部分面积除以相应的曲轴转角，就得到一个平均压缩电流，用 i_p 表示。i_p 正比于压缩功，其大小可以反映出气缸压缩压力 p_c。这样，问题就集中在如何找出气缸压缩压力 p_c 与平均压缩电流 i_p 关系上。

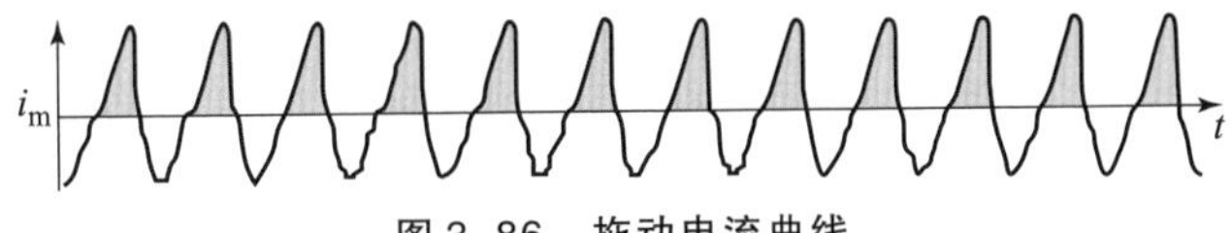

图 3.86　拖动电流曲线

由于影响拖动电流和气缸压缩压力的因素很多，而且许多还是随机性的，所以无法从理论上导出 p_c 与 i_p 的数学关系式，只能通过大量的实车试验，在起动电机拖动柴油发动机曲轴转动，测取拖动电流和拖动转速的同时，用装在气缸盖上空气起动阀处的气缸压力传感器或压力传感器测取气缸压缩压力值。用线性回归的方法找出两者之间的变化关系。

3.7.4.3　测试仪器与传感器

图 3.87 所示为坦克柴油发动机使用期原位测试仪的气缸压缩压力检测部分，主要由霍尔传感器（霍尔钳）及数据处理与显示部分（集成于检测仪主

机内）组成，该仪器可对坦克 12150L 柴油发动机的气缸压缩压力进行不解体检测。

测取拖动电流主要靠霍尔传感器，起动电机拖动柴油发动机时，电流很大（约1 000 A），这样在导线周围形成强磁场，利用霍尔传感器即可通过对该磁场的感应而测出电流的大小。

图 3.87　霍尔钳与检测仪

实测时将霍尔传感器夹持在蓄电池输出导线上。当起动电机工作时，传感器输出电压信号，送至工况检测仪。工况检测仪对霍尔传感器的信号采样，采样在拖动转速稳定后进行。采样时间为曲轴转两圈，采样点数为1 000个，采样开始和结束由左一缸上止点触发。上止点信号是通过贴在柴油发动机曲轴输出联轴器刻度盘上的反光片和光电传感器产生的。这样，就得到对应柴油发动机一个循环内不同时刻的拖动电流值，同时也得到相应的拖动转速。

实测时，要求柴油发动机水温和油温在 50 ℃ ~ 60 ℃，以减少由于试验条件不同而产生的误差。每次测试前，都使柴油发动机预热到规定温度，然后停机，每次测试进行三次后取平均，以减小随机误差。

将前述数据处理方法及得到的回归方程输入工况检测仪，就可以对相应的坦克柴油发动机气缸压缩压力进行不解体检测。根据测取的拖动电流，经数据处理后由回归方程推算出气缸压缩压力，再根据压力与拖动转速的关系换算出 150 r/min 时的气缸压缩压力，与规定值（18 kg/cm^2）比较，即可知道柴油发动机气缸的技术状况。

需要说明的是，如果使用环境大气压力与标准大气压相差较大，则应先将气缸压缩压力规定最低值（18 kg/cm^2）换算为使用环境下的值，才可进行比较。

3.7.5　液压系统压力

液压技术和系统在新一代主战坦克、步兵战车、装甲输送车、装甲抢修车、架桥车等装甲装备中的应用越来越广泛。主战坦克的液压系统主要有转向助力操纵系统、离合器助力系统、高低稳定器中液压子系统。主要液压元件包括齿轮泵、溢流阀、先导阀、油箱和连接管路等。液压系统最主要的功能参数是压力和流量。压力是实现装甲装备不解体监测最有效的参数。

压力传感器可应用高灵敏的压电式压力传感器，为了提高抗干扰能力和消除振动的影响，设计了倍压结构和定位卡具。为了提高检测效率，设计了两组

传感器。应用时，在每一个液压元件的两端，各安装一组传感器，同时测定元件的进、出口压力，作为诊断元件状态的基础。液压管件管壁压力传感器及安装如图3.88所示。

图3.88　液压管件管壁压力传感器及安装

具体的测点设置与目的可参考表3.3。

表3.3　测点设置与目的

项目	第一测点	第二测点	第三测点
卡具安装位置	*A*：主泵入口 *B*：主泵出口	*A*：油滤出口 *B*：主泵出口	*A*：油滤出口 *B*：主回油路
目的	该测点主要由*B*点检测油泵出口压力，以确定液压源是否正常，同时*A*点是否有负压是一个参考因素	设置这个测点用于检测滤油器和单向阀工作是否正常	本测点用来检测主压力回路的油压，配合用户拉动左、右操纵杆和踏下离合器踏板检测来测定相应的助力油缸是否有内漏

3.7.6　柴油发动机燃油压力

柴油发动机的燃油压力对于燃烧具有直接影响，关系到柴油发动机的经济性和动力性能。通过测量燃油压力，可以检测燃油喷射系统的工作状态和故障。在台架上测量燃油压力可以采用在高压油路内串接压力传感器的方法来进行，在实车检测时通常采用外卡式的压力传感器来间接测量燃油压力。由于间接测量燃油压力，所以传感器安装方便，不需拆卸喷射系统，适合对燃油喷射系统进行不解体快速检测与诊断。

3.7.6.1　外卡式传感器的检测机理

燃油喷射系统为了尽量减小高压油管的弹性膨胀对喷射过程的影响，一般高压油管均采用厚壁无缝钢管。即使如此，高压油管在燃油的高压下还是会产生一定的弹性变形，外卡式传感器就是感受此变形来测量高压油管内瞬时压力的变化过程。

据工程力学，高压油管可被视为内壁受压的厚壁圆管来处理。当油管受内压，轴向伸长完全被阻碍，即外壁处于二向应力状态时，油管外壁面的径向变形可用下述公式计算：

$$\mu = \frac{p}{E} \cdot \frac{2+\lambda}{k^2-1} \tag{3.63}$$

式中，μ 为高压油管外壁面的径向变形，mm；p 为高压油管内燃油的压力，MPa；E 为高压油管的弹性模量，取值为 2.06×10^4；λ 为高压油管的泊松比，取值为 0.28；k 为外内径之比，即 $k=R/r$；R 为高压油管的外径，mm；r 为高压油管的内径，mm。

以 12150L 柴油发动机为例，$R=3.5$ mm，$r=1$ mm，$p=73.5$ MPa（750 kg/cm^2），代入式（3.63）计算得外壁面径向变形为 2.5×10^{-4} mm。可见，外径面径向变形是非常小的。另外，通过此公式可知，高压油管外壁面的径向变形与高压油管的材料有关。当材料一定时，主要受外内径之比 k 的影响，即壁厚 Δr 的影响，Δr 越大，k 越大，μ 就越小。

外卡式高压油管压力传感器如图 3.89 所示。

3.7.6.2 燃油喷射系统故障诊断实例

通过模拟故障试验，将外卡式压力传感器卡持在高压油管外壁面上，如图 3.90 所示。利用数据采集系统测取不同故障状态下的高压油管燃油压力波。故障模式分为正常喷射（M1），喷孔堵塞 1 个（M2）、2 个（M3）、4 个（M4），启喷压力 20 MPa（M5）、18.5 MPa（M6），喷油器弹簧折断（M7），针阀下卡死（M8），针阀偶件磨损（M9）九种模式，分别以 M1 ~ M9 表示。图 3.91 所示为正常状态下的燃油压力波形。

图 3.89　外卡式高压油管压力传感器

图 3.90　外卡式压力传感器的安装

在图3.91中，当出油阀打开时（a点），由于柱塞的挤压，高压油管内压力开始急剧上升，在b点针阀打开，燃油开始喷入气缸，由于进入喷油器的燃油量大于喷入气缸的燃油量，压力略有升高，到达最大压力（c点），此后由于回油孔打开，燃油不再进入喷射系统，伴随燃油喷入气缸，压力开始急剧下降，直至针阀关闭（d点）。因此压力波形的变化特征反映了喷油系统的技术状况。

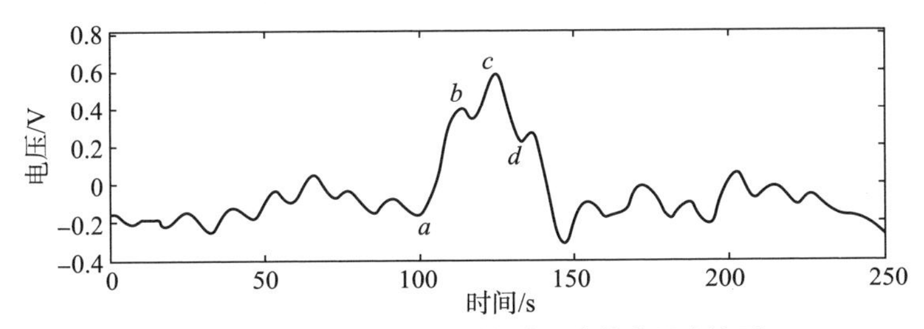

图3.91　外卡式传感器测得的正常状态压力波形

经过数据计算，提取的不同故障模式下的压力波特征量见表3.4。为了消除特征量量纲和数量级的差异对其在特征空间相对位置的影响，常采用归一化的方法，在这里采用将故障状态下的特征量与正常状态下的特征量相除的方法，即表3.4中数据是经过归一化处理后的数值。

表3.4　不同故障模式下的压力波特征量

故障模式	M1	M2	M3	M4	M5	M6	M7	M8	M9
最大幅值	1.000 0	1.034 8	1.104 9	1.200 1	0.980 3	0.961 4	0.940 8	1.553 8	0.985 5
平均幅值	1.000 0	1.126 1	1.420 8	1.904 8	0.970 4	0.929 2	0.980 7	2.069 5	0.939 5
方差	1.000 0	1.129 0	1.758 9	2.822 3	1.033 6	1.147 7	0.961 6	3.051 4	3.131 2
波形指标	1.000 0	0.983 1	0.793 0	0.637 3	1.100 9	1.119 5	1.085 4	0.613 5	1.163 2
峭度指标	1.000 0	1.207 3	1.819 8	2.558 5	0.923 8	0.859 5	0.829 3	3.672 9	0.881 6

根据这些特征值，即可以采用人工神经网络、模糊模式识别等方法进行故障判别。

3.8　其他参数测试技术

除了以上的主要性能参数、振动、噪声、压力及油液检测技术外，还有温

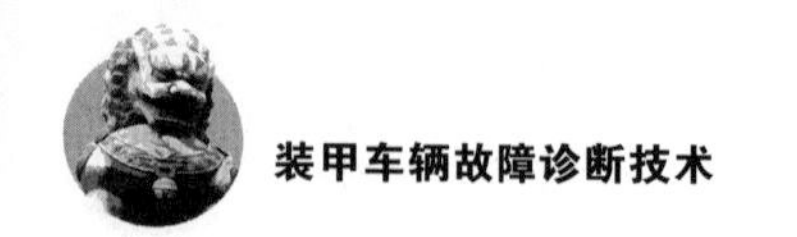

度、气体成分、烟度等参数的测试技术。

3.8.1 温度测试

柴油发动机工作时，气体、水和机油的温度都是非常重要的参数，这些温度的高低反映出柴油发动机及其辅助系统的工作状况，在一定程度上也反映出柴油发动机在某方面的技术状况。对柴油发动机的润滑油温、冷却水温、进排气温度等进行测量，是了解柴油发动机工作状况的一个重要方面。本节主要介绍温度传感器分类及工作原理、柴油发动机的台架试验温度测量及实车温度测量。

3.8.1.1 温度传感器

温度的测量是一个较为成熟的技术。按测温头是否必须与被测介质接触，温度传感器可分为接触式和非接触式两类。非接触式温度传感器多为光学式，在柴油发动机上的应用一般仅限于在专门试验台上测量气缸内燃气的温度，这种试验台要求在被测位置安装透明石英窗。接触式温度传感器按测温头的测温原理、测温头的材料可分为膨胀式、电阻式和热电偶式三种。

1）膨胀式温度传感器

利用某些物质的体积随温度升高而变化的特性制作的温度传感器称为膨胀式温度传感器。

（1）玻璃管液体温度传感器。玻璃管液体温度传感器根据所充填工作液体的不同，可分为水银温度传感器和有机液体温度传感器两种，其中水银温度传感器不黏玻璃，不易氧化，容易获得较高的精度，在 -38 ℃ ~356 ℃保持液态，在200 ℃以下，其膨胀系数几乎与温度呈线性关系，所以可以作为精密的标准温度传感器。

（2）压力式温度传感器。压力式温度传感器由温包、毛细管和弹簧管所构成的密闭系统及传动指示机构组成，如图3.92所示。

密闭系统内所充工作物质可为气体（包括蒸汽）或液体，这些气体或液体感受温度的作用，产生相应的压力或体积改变，最终驱动传动机构，由指针指示出温度的大小。

（3）金属片温度传感器。双金属片温度传感器是用线膨胀系数不同的两种金属制成的金属片作为感温元件。当温度变化时，两种金属的膨胀程度不同，双金属片就产生与被测温度大小成比例的变形，这种变形通过相应的传动机构由指针指示出温度值。

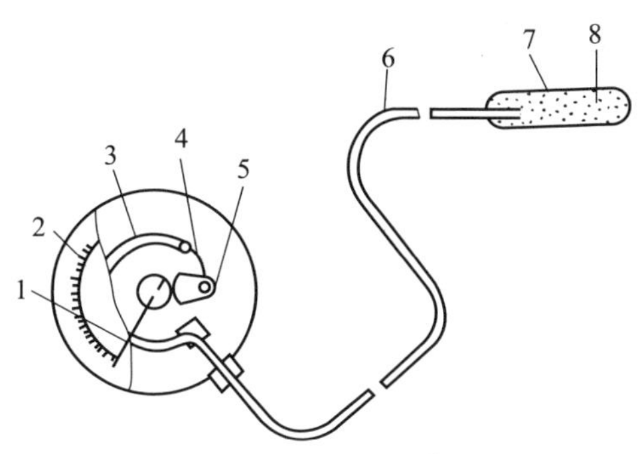

图 3.92　压力式温度传感器

1—指针；2—刻度盘；3—弹簧管；4—连杆；
5—传动机构；6—毛细管；7—温包；8—感温物质

2）电阻式温度传感器

电阻式温度传感器又称热电温度传感器，它是利用导体或半导体的电阻值随温度而变化的特性所制成的测温仪表。

电阻式温度传感器由热电阻、显示仪表或变送器、调节器和连接导线等组成，测量精度较高，响应速度快，并在整个测量范围内呈线性关系，因而可实现远距离测量显示和自动记录。

常用的热电阻材料有铂热电阻和铜热电阻。图 3.93 所示为铂热电阻温度传感器。

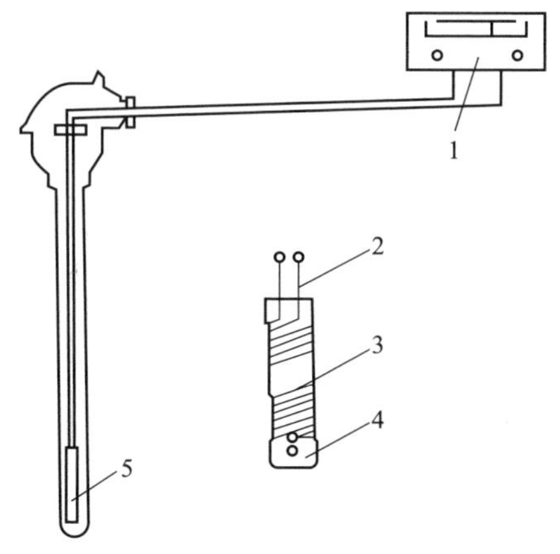

图 3.93　铂热电阻温度传感器

1—显示仪表；2—引出线；3—铂丝；4—骨架；5—感温元件

电阻式温度传感器的显示仪表一般采用动圈式比率计和自动平衡电桥两种。

3）热电偶式温度传感器

热电偶式温度传感器是利用热电效应制成的一种测温传感器。所谓热电效应是指：用两种不同的金属导线按图3.94所示连接起来，当结点 b 的温度为 T_0、结点 a 的温度为 T 时，在 c 端就会产生与两个结点温度差成正比的热电势。

热电偶测温结点的安装型式有绝缘型、露头型和接地型（图3.95）。绝缘型用于高温及防止热电偶与介质接触的场合。露头型用于要求响应快而灵敏，又要有一定强度的场合。接地型用于热电偶不能与介质直接接触而又要求响应快而灵敏的场合。

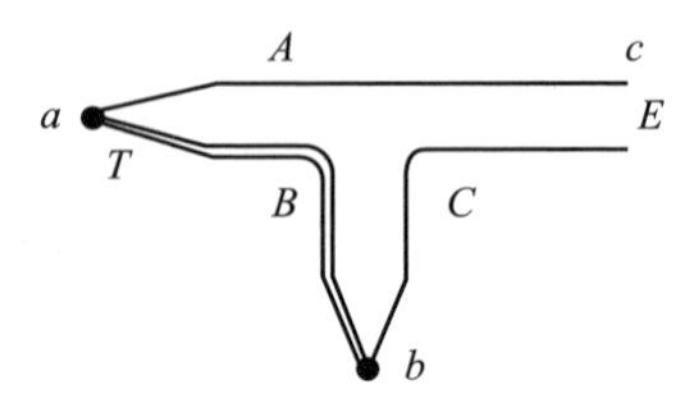

图3.94　热电效应示意

缆式热电偶是将热电偶与保护管制成一体的结构，并可制成双芯或单芯（图3.96）。保护管与热电极之间的绝缘是采用氧化镁、三氧化二铝或氧化铍等填料。它的工作端面型式根据需要也可做成露头型、接地型和绝缘型。由于缆式热电偶具有外径尺寸小并可以弯曲、可以根据需要确定长度、时滞时间短、耐振动等优点，因此有取代工业热电偶的趋势。

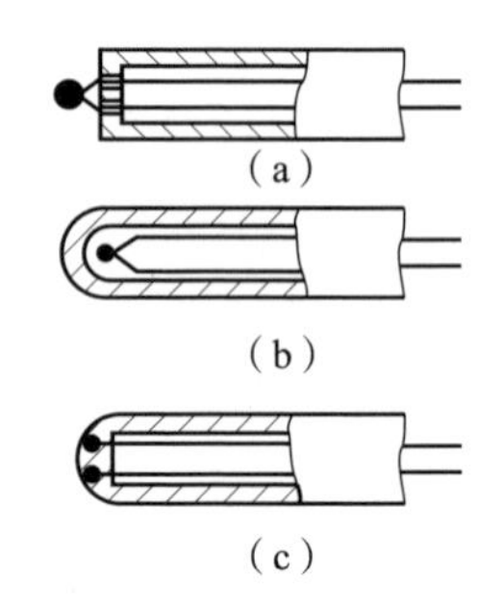

图3.95　热电偶测温结点的安装型式
（a）露头型；（b）绝缘型；（c）接地型

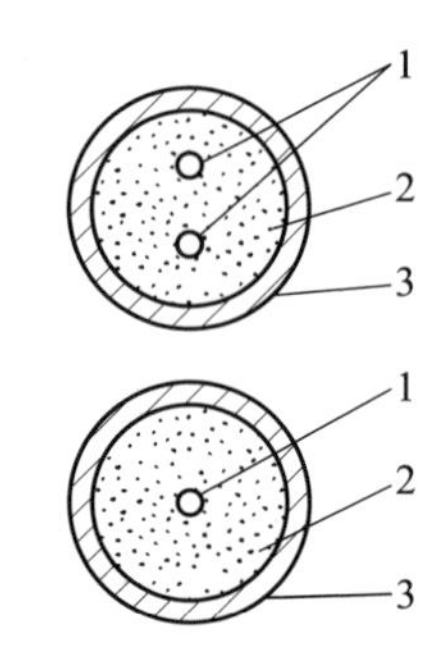

图3.96　缆式热电偶断面
1—热电极；2—绝缘填料；3—保护管

3.8.1.2　柴油发动机台架温度测量

在进行柴油发动机台架试验时，温度测量是一个非常重要的项目。柴油发动机试验台架的控制台上往往有许多温度显示与控制仪表，通过众多温度参数的测量，可以得到许多有关柴油发动机工作状况、效率及附件和零部件技术状况的信息。在柴油发动机台架试验中，必须测量的温度有大气温度、冷却水温度、机油温度、进气温度和排气温度。在一些专门的试验中，还需测量气缸

盖、活塞和气缸套等零件表面的温度场，为分析它们的热负荷提供技术数据。

1）大气温度

大气温度对于内燃机性能测试有着至关重要的作用。同一台柴油发动机，在不同的大气温度下，其性能参数有很大不同，如在南方炎热季节，柴油发动机每循环进入气缸空气量的减少导致有效功率有所下降。国家标准规定，在对内燃机产品进行性能考核和比较时，必须将实测的功率、比油耗和扭矩等参数按对应的修正方法换算到标准大气状态下的值。因此，任何台架性能试验数据必须包括大气温度，否则，这些数据将失去实际意义。

台架试验时大气温度的测量比较简单，用一般的水银温度传感器即可。

2）冷却水温度

冷却水温度包括柴油发动机进水温度和出水温度，其中出水温度尤为重要。柴油发动机工作时，出水温度反映了柴油发动机的热状况，出水温度高说明柴油发动机零部件的温度也较高，每台柴油发动机都有最高出水温度极限，超过此极限温度时，柴油发动机必须降低负荷使用。

在进行柴油发动机性能参数检测时，要求柴油发动机出水温度在规定的范围内，这是因为在不同的出水温度下，柴油发动机的散热损失不一样。如果柴油发动机在不同出水温度下，发出相同的功率，由于散热损失不同，比油耗就不相同，但由此对柴油发动机的经济性参数进行比较显然是不准确的。

在台架试验中，柴油发动机的进水温度反映的是冷却系统的工作，如果冷却强度大，进水温度就低。通常台架试验中柴油发动机的冷却系统与试验台是相通的，可以人为控制冷却强度。

柴油发动机进水和出水温度的测量一般是在试验台上与柴油发动机进水管和出水管连接的部位安装温度传感器（电阻式或热电偶式），将温度信号转变为电信号传送到控制台的温度显示仪表上。

3）机油温度

机油温度也反映柴油发动机的热状况，特别是出油温度，它是柴油发动机负荷大小的一个重要标志。机油温度高一方面说明柴油发动机主要零部件温度高，另一方面说明主要的摩擦副负荷较重。机油温度高导致其黏度下降，油膜的承载能力降低，有可能进入不良润滑状态，因此在柴油发动机的使用中应注意机油温度的高低。与出水温度类似，柴油发动机的机油出油温度（回油温度）也有极限值，使用中如果超过极限，应立即降低柴油发动机的负荷。

在试验台上，机油的进油温度反映的是对机油冷却的强度，这也是可以人为控制的。

柴油发动机机油进油和出油温度的测量一般是在试验台上机油箱出口和机油冷却器进口部位安装温度传感器（电阻式或热电偶式），将温度信号转变为电信号传送到控制台的温度显示仪表上。

4）进排气温度

进气温度的高低主要影响进入气缸的空气量。对于非增压柴油发动机，由于试验台上不设专门的空气滤清器，进气温度基本就是大气温度。对增压柴油发动机，进气温度为中冷器后的温度，其高低还影响到柴油发动机的热负荷，同时进气温度也反映了中冷器的工作状况。

对非增压柴油发动机进行试验时，一般不专门测量进气温度。增压柴油发动机进气温度可在中冷器至柴油发动机进气管的路线上安装温度传感器进行测量。

排气温度是柴油发动机的一个重要参数，一般在外特性和负荷特性曲线上都标有排气温度。排气温度值是柴油发动机热负荷大小的主要标志。排气温度过高，往往反映了柴油发动机的气缸盖、活塞及排气管等热负荷很重。对于增压柴油发动机来说，排气温度高还导致涡轮进口温度高。排气温度异常有时是由于缸内燃烧不正常造成的。无论何种原因造成的柴油发动机排气温度过高，都对柴油发动机的使用寿命有不利影响，因此在柴油发动机台架试验中，必须测量柴油发动机的排气温度，这一方面是为了监测和保护柴油发动机零部件不致破坏，另一方面测量出在相应负荷和转速下柴油发动机的正常排气温度也为正确使用柴油发动机提供了技术数据。

在台架试验中，测量柴油发动机排气温度基本上都是使用热电偶。一般将热电偶安装在排气总管上，安装时，应使热电偶的测温结点位于排气管中心，最好使热电偶与废气的流动形成逆流［图 3.97（a）］，如无法实现逆流安装，可采用迎气流方向斜插［图 3.97（b）］的方式，至少也应与气流方向垂直［图 3.97（c）］。热电偶插入深度不够或与气流方向形成顺流都会带来较大的测量误差。

3.8.1.3 柴油发动机实车温度测试

实车条件测试柴油发动机的温度，其目的主要是了解柴油发动机的工作状况和技术状况，所测试的温度为冷却水出水温度和机油回油（出柴油发动机）温度，使用的监测仪表一般就是车辆配置的。

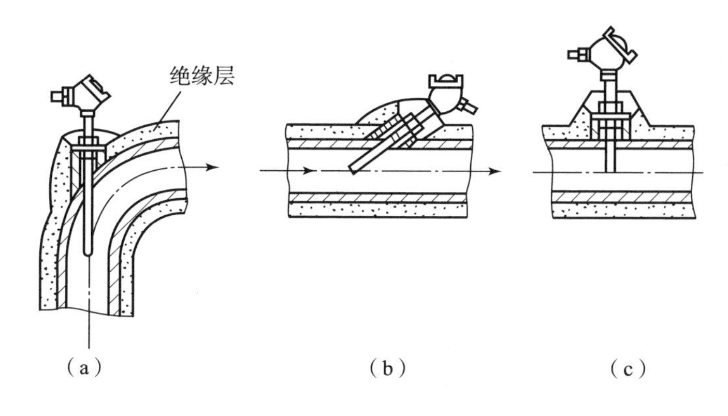

图3.97　热电偶安装示意

考虑到柴油发动机的经济性、动力性要求和使用寿命，冷却水和机油温度都规定了正常工作范围，如某型坦克柴油发动机冷却水和机油的正常工作温度范围都是70 ℃～90 ℃。柴油发动机在温度超过高限的情况下只能短时间工作，机油和冷却水温度较低时（刚起动），必须原地自行加温，待温度达到规定值后（五九坦克柴油发动机为机油温度超过40 ℃），柴油发动机才能带负荷工作，否则会加快柴油发动机的磨损。由此可见，柴油发动机在使用过程中，必须时时监测冷却水和机油的温度，并通过车辆所提供的调控措施尽量使其在正常范围内工作。

机油温度和冷却水温度往往可以反映出柴油发动机及其辅助系统的技术状况。温度的异常既是某些故障的现象，又是判断故障的重要依据。例如，柴油发动机在负荷不大时水温却很高，说明冷却系统存在问题，可能是水散热器冷却不良，也可能是冷却水量减少。遇到这种情况，应立即停车检查，排除故障，以免造成拉缸事故。

在实车条件下，特殊情况或特殊部位的温度检测应根据实际要求使用适宜的测温仪器仪表。

3.8.2　位移测试

我军一、二代装甲车辆多采用机械式操纵装置。一般由拉杆、弹簧、杠杆、凸轮和滑轮等组成。由于系统的拉杆变形、转轴和凸轮的磨损以及被操纵件的变形和磨损、支架变形等原因，操纵装置需要在各级保养中进行检查和调整，以保证操纵系统能正常而可靠地工作。为掌握操纵装置的特性，常需对操纵系统进行测试，测试量是拉杆操纵力和行程。本节主要介绍拉杆行程的位移测量方法及常用传感器。

3.8.2.1 电阻式位移传感器

电阻式位移传感器将位移变换成电阻值的变化。它是一个触头可移动的变阻器。根据结构型式的不同，触头可以是平移的、转动的或者是两者的组合(螺旋运动)，因此可以对线位移或角位移进行测量。

电阻式位移传感器的动态特性主要受到运动部件质量的限制，小型的可以在 50 ~ 60 Hz 获得平坦的幅频特性。其主要缺点是电噪声比较大。

YHD 型滑线电阻式位移传感器（图 3.98）由精密无感电阻 8 和滑线电阻 2 构成测量电桥的两个桥臂。测量前，利用电路中的电阻电容平衡器平衡电桥。测量时，将测量轴 1 与被测物体接触，当物体有位移时，测量轴随之移动，与之相连的触头 3 也就随着在滑线电阻 2 上移动，从而使电桥失去平衡，输出一个相应的电压增量。测出此电压值，根据定度曲线就可换算出位移量。这种传感器可以与应变仪连用。YHD 型滑线电阻式位移传感器的量程有10 mm、50 mm、100 mm 等几种。其分辨率最小可达 0.01 mm。

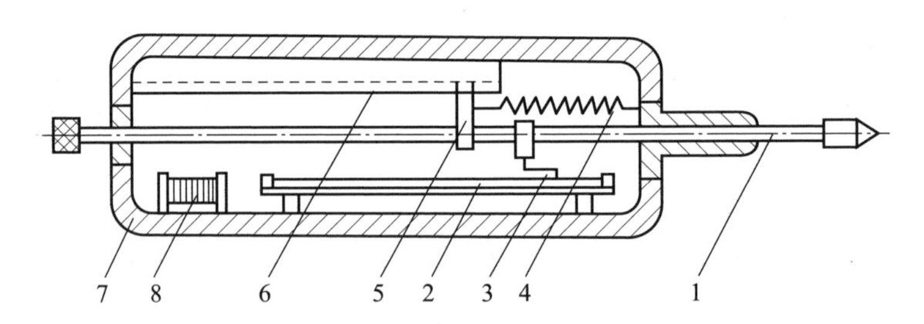

图 3.98 滑线电阻式位移传感器

1—测量轴；2—滑线电阻；3—触头；4—弹簧；5—滑块；6—导轨；7—外壳；8—无感电阻

3.8.2.2 电阻应变式位移传感器

粘贴有电阻应变片的弹性元件，可以构成位移传感器。弹性元件把接收的位移量转换为一定的应变值，而应变片则将应变值变换成电阻变化率，接在应变仪的电桥中，就可实现位移测量。位移传感器所用弹性元件的刚度应当小，否则会因弹性恢复力过大而影响被测物体的运动。位移传感器的弹性元件可采用不同的形式，最常用的是梁式元件。

图 3.99 所示为一种悬臂梁—弹簧组合式位移传感器。当测点位移传递给测杆 5 后，测杆带动拉簧 4，使弹簧伸长，并使悬臂梁 1 产生变形。因此，测点的位移 x 为弹簧伸长量 x_2 和悬臂梁自由端位移量 x_1 之和，即 $x = x_1 + x_2$。设

悬臂梁的刚度为 k_1，弹簧刚度为 k_2，考虑到悬臂梁上的作用力和弹簧上的作用力相等，应有 $x_1 k_1 = x_2 k_2$ 或 $x = \frac{k_1 + k_2}{k_2} x_1$，即在悬臂梁自由端变形相同的情况下，可测位移量的范围扩大了 $\frac{k_1 + k_2}{k_2}$ 倍。在测量较大位移时，弹簧刚度 k_2 应选得很小，一般取 $k_1/k_2 > 10$。

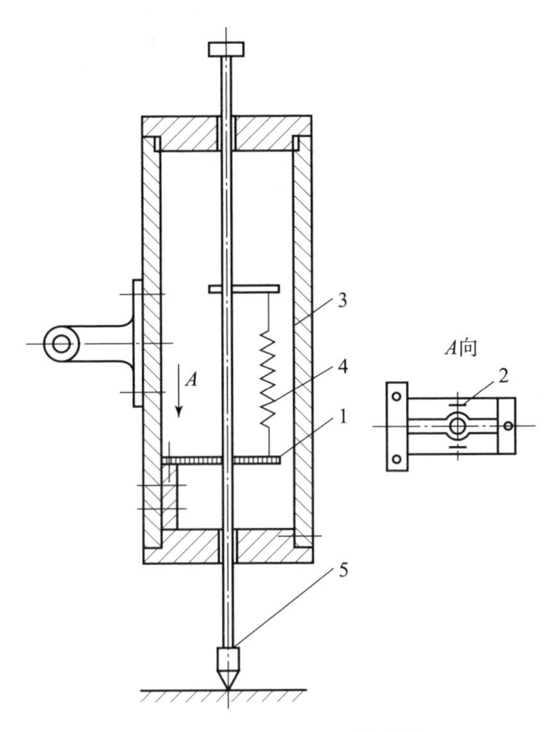

图 3.99　组合式位移传感器

1—悬臂梁；2—应变片；3—外壳；4—拉簧；5—测杆

电阻应变式位移传感器的动态特性，除与应变片有关外，主要决定于弹性元件刚度和运动部件的质量。

3.8.2.3　电感式位移传感器

1）涡电流式位移传感器

位移测量中所采用的涡电流式位移传感器多为高频反射式。CZF3 型涡电流式位移传感器（图 3.100）线圈架 2 的端部粘贴着线圈 3，外面罩有聚酰亚胺保护套 4。使用时利用壳体 1 上的螺纹和固定螺母 6 将其固定在测量位置上，并与被测表面相距一个原始间距（1 mm 左右）。涡电流式位移传感器对原始间距要求不严格，因而调整比较方便。CZF3 型涡电流式位移传感器的线性范围为 1.5 mm，非线性度 $<3\%$。

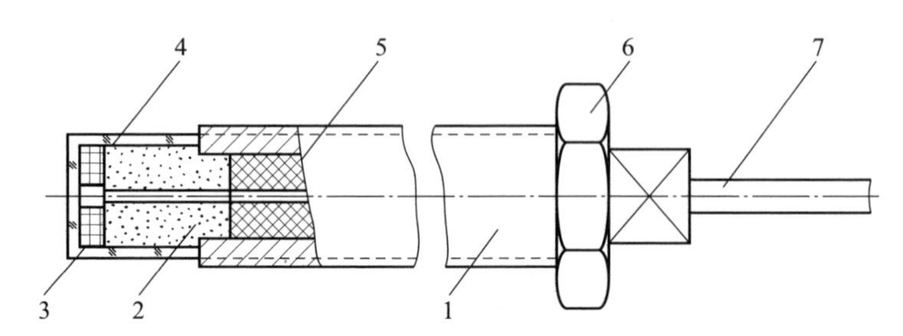

图 3.100 CZF3 型涡电流式位移传感器

1—壳体；2—线圈架；3—线圈；4—保护套；5—填料；6—固定螺母；7—线缆

实际上，涡电流式位移传感器及其后继测量电路的输出不仅与位移有关，而且与被测物体的形状及表面层电导率 γ、磁导率 μ 等有关，因而被测物体的形状、材料、表面状况变化时，将引起传感器灵敏度的变化。

如果涡电流式位移传感器测头下所对应的是被测物体的局部平面，而且面积较测头大得多，则其面积的变化不影响灵敏度。当物体被测表面积比测头面积小时，则灵敏度将随被测面积的减小而显著降低。

如物体被测表面为圆柱面，则相对灵敏度 K_r 将视圆柱直径 D 与线圈直径 d 的比值而定，如图 3.101 所示。当 $D/d>3.5$ 时，$K_r\approx 1$，此时可将圆柱表面视为平面。

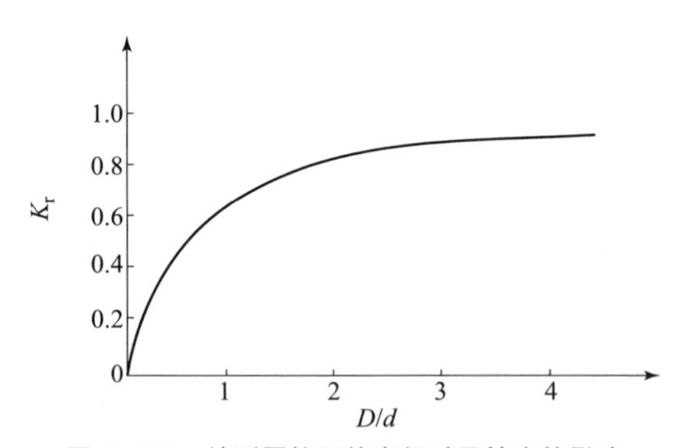

图 3.101 被测圆柱面的直径对灵敏度的影响

试验结果表明，表面光洁度对测量结果无影响。材质对灵敏度有影响，其电导率越高，灵敏度越大。表面镀层也影响灵敏度。此外，表面层如有裂纹等缺陷，则对测量结果影响很大。

涡电流式位移传感器线性范围较大，灵敏度高，结构简单，抗干扰能力

强。它的最大优点是按非接触方式进行测量，对被测物体不施加载荷，因而非常适合用于测量旋转轴的振动和位移。

2）差动变压器式位移传感器

图3.102所示为差动变压器式位移传感器的结构。测头1通过轴套2和测杆3连接，活动衔铁4固定在测杆上。线圈架5上绕有三组线圈，中间是初级线圈，两端是次级线圈，它们都通过导线9与测量电路相连。线圈外面有屏蔽筒6，用以增加灵敏度和防止外磁场的干扰。测杆用圆片弹簧7做支承，以弹簧8复位。

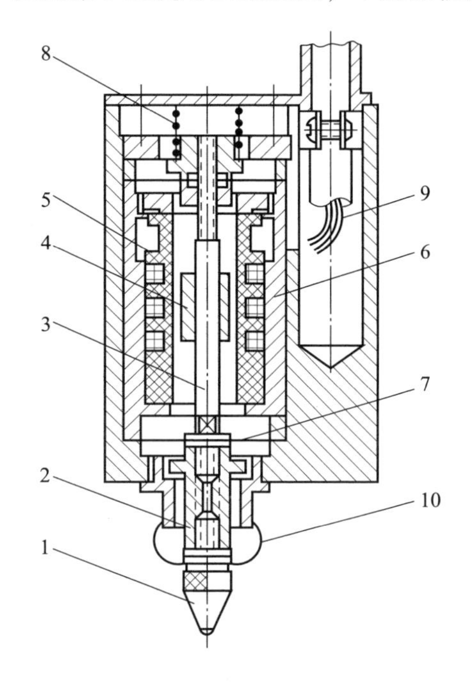

图3.102　差动变压器式位移传感器的结构

1—测头；2—轴套；3—测杆；4—衔铁；5—线圈架；6—屏蔽筒；7—圆片弹簧；8—弹簧；9—导线；10—防尘罩

差动变压器线圈中段的线性度较好，一般取此段作为差动变压器的工作范围。各种规格的差动变压器所能达到的测量范围是（±0.08～±75）mm。非线性度约为0.5%。差动变压器的灵敏度是以单位激励电压的作用下，衔铁每移动单位距离时输出信号的大小来表示的。用400 Hz的电源激励时，其电压灵敏度可达500～2 000 mV/(mm·V)，电流灵敏度可达1 mA/(mm·V)。用50 Hz左右的电源激励时，其电压灵敏度为100～500 mV/(mm·V)，电流灵敏度为0.1 mA/(mm·V)。如果后继测量电路具有高输入阻抗，则用电压灵敏度表示；如果具有低输入阻抗，则用电流灵敏度表示。对差动变压器施加的激励电压愈高，其灵敏度愈高。

差动变压器的动态特性在电路方面主要受电源激励频率的限制，一般应保证激励频率大于所测信号中最高频率的数倍甚至数十倍。在机械方面，则受到衔铁运动部分的质量——弹簧特性的限制。

3.8.2.4　电容式位移传感器

电容式位移传感器，多数采用可变极间距离的平板电容器。图3.103所示为这种类型位移传感器的结构实例。

这种电容式位移传感器的结构特别简单，能实现非接触式测量，对所测物体不施加负载，且灵敏度高、分辨率好，能检测 0.01 μm 甚至更小的位移，动态响应性能也好。电容式位移传感器是目前高精度微小位移动态测试的主要手段之一，其应用日益广泛。它的主要缺点是测量范围不大，并有较大的非线性度。为了改善其线性度，可以采用差动式或者改用变面积式的结构，也可在测量电路中作非线性度补偿。

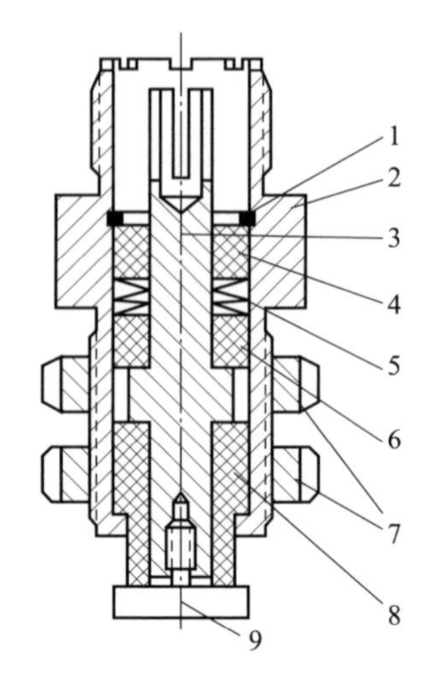

图 3.103　电容式位移传感器的结构

1—弹簧卡圈；2—壳体；3—电极座；4，6，8—绝缘衬套；5—盘形弹簧；7—螺帽；9—电极

3.8.2.5　其他位移传感器

常用的位移测量传感器还有旋转变压器式角位移传感器、微动同步器式角位移传感器、光栅式数字位移传感器等，在此不作具体介绍。

测量位移时，应当根据不同的测量对象，选择恰当的测量点、测量方向和测量系统。位移测量系统由位移传感器、相应的测试电路和终端显示装置组成。位移传感器选择恰当与否，对测试精度影响很大，必须特别注意。

3.8.2.6　实车测试实例

对操纵杆位移的测试可采用电阻式位移传感器。测量时将位移传感器用磁铁固定在装甲板上，另一端（探头）套在操纵杆上。如果同时用力传感器测量操纵力，可绘出操纵杆行程和操纵力的变化关系。在曲线图上可明显看出力和行程的特征值，如最大行程和最大操纵力；还可看出力突然变化的位置和操纵功。对比标准曲线和实测曲线的差别，即可对操纵装置的技术状况作出判断。

实车测试某型坦克主离合器及转向机构操纵力 P 和行程 S 曲线如图 3.104 和图 3.105 所示。

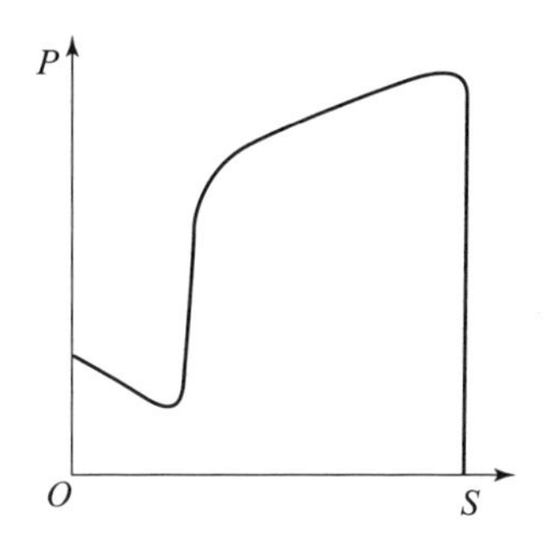

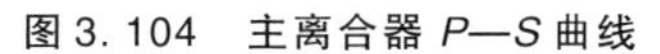
图 3.104　主离合器 P—S 曲线

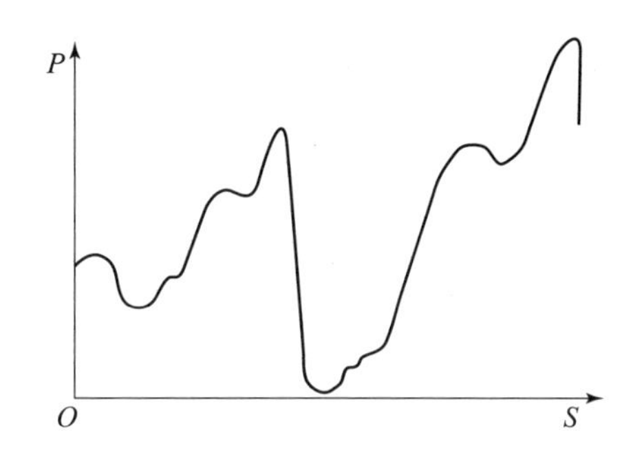

图 3.105　转向机构 P—S 曲线

3.8.3　气体成分分析

随着能源危机和环境污染问题的日益突出，改善车用内燃机的燃料经济性及其排放质量已成为举世瞩目的研究课题。因此，在有关的生产过程与科学研究中，气体成分及其浓度的测量也得到了应有的重视。人们通过对燃烧产物浓度的测定，判断燃烧情况的优劣，探讨其对排放质量的影响，最终实现对燃烧过程的优化控制。

在车用内燃机中，气体成分分析包括燃烧过程生成物的测量和各种排放物的监测，常见的成分有 CO、HC、NO_x、SO_2、CO_2 和 O_2 等。对于众多的气体成分，其分析方法和测量仪器也是多种多样的，需要根据具体要求来选用。常用的分析仪器有氧化锆氧量分析仪、气相色诺分析仪、红外气体分析仪和化学发光检测器等。

必须指出，要想得到准确的分析结果，不仅要有精确的仪器，还要保证分析气样具有代表性。取样的方法有很多种，如直接取样法（direct sampling）、全量取样法（full flow sampling）、比例取样法（proportional sampling）以及定容取样法（constant volume sampling，CVS）等，应根据被测气体的特性和分析仪器的具体要求选用。对于燃烧产物分析，一般要求取样点设在燃烧过程已结束且不存在气体分层、停滞和循环流动的位置，同时还要考虑取样点处的温度应为取样装置所能承受的温度。试验证明，对于大截面的排放通道，截面上的气体成分及其浓度分布是不均匀的，存在明显的分层现象。为此，最好设置多个取样点，然后取各点测量结果的平均值。当然，这样做会增加测量时间，造成测量滞后，故有时就用试验的方法求取一个较有代表性的取样位置作为经常测量的取样点。

目前，气体成分分析仪器的种类及其应用范围还在不断扩展，相关技术的研究也在进一步深入。

3.8.4 烟度测量

在车用内燃机的排放气体中，时常能明显地看到黑烟。由于黑烟污染环境，因此有关控制对策与监测技术早为世人所重视，如各国制定的内燃机排放法规中均有严格的排烟标准。实际上，黑烟的生成与燃烧条件（包括燃料及其燃烧过程的组织）密切相关，所以黑烟的测定除用于环境污染的监测外，还常常用于燃烧过程的研究。

黑烟中所含的成分十分复杂，如内燃机排放气体中的黑烟，除碳质成分（碳烟）外，还含有硫酸雾等液体成分、各种金属和盐类微粒、多环芳香烃等高沸点有机成分。目前，有关黑烟测量技术的发展主要有两个方面：一方面是以其中的烟气浓度（烟度）为测量对象；另一方面是以其中的粒状物质成分及其含量（颗粒排放）为测量对象。

烟度的测量方法主要有两类：一类是利用烟气对光的吸收作用，即通过测量光从烟气中的透过度来确定烟度，这种方法叫透光度法；另一类是先用滤纸收集一定量的烟气，再通过比较滤纸表面对光的反射率的变化来测量烟度，这种方法叫滤纸法，也称反射法。这两种方法各自相应的测量仪表分别称作透光式烟度计和滤纸式烟度计（也称反射式烟度计）。

3.8.5 起动电流测试

根据电磁场基本理论可知，通电导线周围一定会产生磁场，其大小与电流成正比。根据霍尔效应原理（图3.106），若恒电流为 I，磁场强度为 B，则输出的霍尔电压为

$$V_{\mathrm{H}} = RIB/d \tag{3.64}$$

式中，R 为霍尔系数；d 为霍尔片厚度。

测定直流大电流用的传感器，比较理想的是霍尔钳，它的核心是半导体霍尔片。由软磁性材料制成的霍尔钳钳口，呈对分的环形（圆环或口字形）。在其中一个接合面上，贴有霍尔片。当钳口夹在起动电动机电源线外面时，与起动电流成正比的磁感应强度为 B 的磁力线垂直通过霍尔片，若霍尔片输入的恒流为 I，则输出电压与从电源线流过的起动电流成正比。

实车检测时，将霍尔钳夹持在起动电机主电路电源线上，测量装甲车辆倒拖起动时蓄电池正极线通过的电流。实车上霍尔转速传感器的安装如图3.107所示。

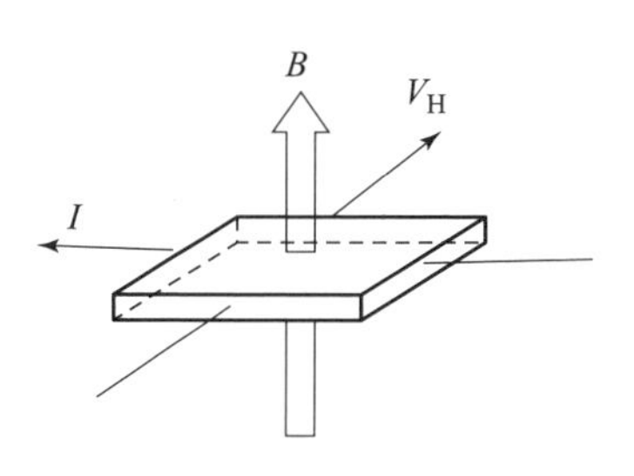

图 3.106　霍尔效应原理

图 3.107　实车上霍尔转速传感器的安装

第4章 装甲车辆状态信号的常用处理方法

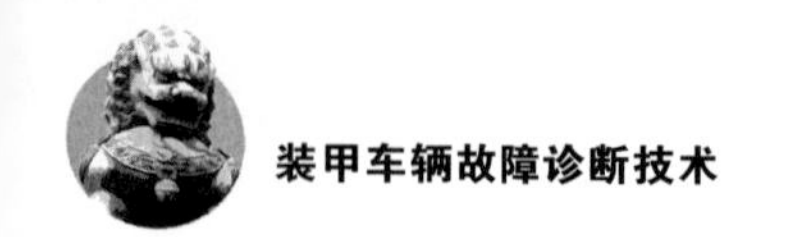

4.1 概述

装甲车辆在运行过程中，与运行状态有关的各种物理量随时间的变化呈现一定的规律。这些物理量包括振动、噪声、温度、压力等。用各种相应的传感器及测量仪器测得它们随时间的变化就能获得信号。信号中常常包含对装甲车辆状态识别与诊断非常有用的各种信息。有效地分析、处理这些信息，建立它们和装甲车辆运行状态之间的联系，是故障诊断的基础。然而，信号中常伴有各种噪声和干扰，要消除和减少噪声与干扰的影响，需对信号进行预处理，如模拟信号的放大、滤波、离散化或数字化等。为了更有效地进行识别和诊断，通常还要对离散化的数字信号进行“深加工”处理，抽取时域、幅域、频域及时频域特征参量。如果抽取的某些特征与装甲车辆的状态或某种故障有较强的依赖关系，就能获得好的诊断效果。在故障诊断中，信号处理的目的就是去伪存真，提取与装甲车辆状态有关的特征信息。特征信息或特征量一般可分为以下三类。

（1）物理的：如频率、振型、图像、光谱、色谱、铁粉含量。

（2）结构的：刚度、阻尼、裂纹长度/深度/宽度、结构参数等。

（3）数学的：如各种统计量、特征值和特征向量。

前两类特征量用作识别对象视觉、触觉以及其他感觉器官的发现，可直接采用传感器和仪器来观测，已成为构造一个识别系统的基本特征量并用于分类

器的设计和故障诊断中，但在使用计算机去构造识别系统时，应用这些特征量有时比较复杂，而计算机在抽取数学特征方面则比人工强得多，因此本章重点阐述模拟信号的预处理及采集方法、基于离散数据样本的数字特征计算方法与特征降维方法（特征选择与特征提取）。

特征计算、特征选择与提取的目的是将样本数据或图像从高维的原始特征空间变换到维数大大减少的特征空间，该变换通常由以下三个步骤组成。

4.1.1　特征计算或形成

根据被测对象的原始离散化状态数据获得的一组最基本的原始特征参量的过程称作特征计算或形成。这些基本的原始特征量可以通过一定的计算公式求解（当识别对象是波形或数学图像时）。对于某个原始样本数据，可以计算得到多个特征参量，若它们之间彼此不相关，就可将这些特征参量组合成一个特征向量，该向量中的每个分量对应不同的特征参量。此时，该特征向量就对应于原始特征空间（高维空间）的一个点，在高维空间直接建立状态分类模型异常复杂，通常要将高维空间的特征样本集投影到低维空间，在此空间中无论是分类模型的学习与建立，还是模型的应用，都将变得更为容易实现。

4.1.2　特征提取

特征提取是通过变换或映射的方法，把高维的原始特征空间的模式向量投影到低维的特征空间，用低维特征空间的新的模式向量来表达原始特征向量，从而找出最有代表性的、最有效的特征。新特征是原始特征的某种组合（通常是线性组合）。从广义上讲，特征提取是一种数学变换，若 Y 是测量空间，X 是特征空间，则 A: $Y \to X$ 变换就称作特征提取器。

4.1.3　特征选择

特征选择是从原始特征中挑选出一些最有效的、最能反映故障模式的特征量、降低特征空间维数的另一种方法。最简单的特征选择方法就是根据专家知识来挑选那些对分类最有影响的特征量。另一个可能就是用数学的方法，如最优搜索算法、遗传算法等进行筛选比较，找出对分类最有效的信息特征量。

本章主要是在介绍装甲车辆状态信号的预处理及采集方法的基础上，阐述常用的时域、幅域、频域和时频域分析方法的原理及相应的特征参量计算方法。其中的一些算法和特征参量实例来自某型装甲车辆的实测振动信号的分析结果。

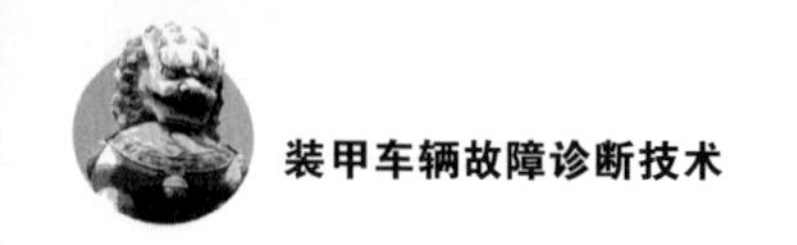

4.2 装甲车辆状态信号的预处理及采集

数字信号处理技术的诞生与发展非常迅速。20 世纪 40 年代末 Z 变换理论的出现，使得人们可以用离散序列表示波形，为数字信号处理奠定了理论基础；50 年代，电子计算机的出现及大规模集成电路技术的飞速发展，为数字信号处理奠定了物质基础；60 年代，一些高效信号处理算法的出现，尤其是 1965 年快速傅里叶变换（FFT）的问世，为数字信号处理奠定了技术基础。数字信号处理具有精度高、灵活性大、可靠性强和易于集成等优点，能实现模拟信号处理很难或无法获得的功能。数字信号处理可以在专用的信号处理仪上进行，也可以在通用计算机上通过编写应用软件来实现。本节重点围绕将模拟信号转换为数字信号的过程中，关于信号的采样、量化、截断等处理带来的一些理论方法和技术进行介绍。

4.2.1 信号预处理及采集的基本步骤

模拟信号的离散化（数字化）步骤如图 4.1 所示，它具体包括信号调理、模数（A/D）转换、数字信号分析及输出结果。

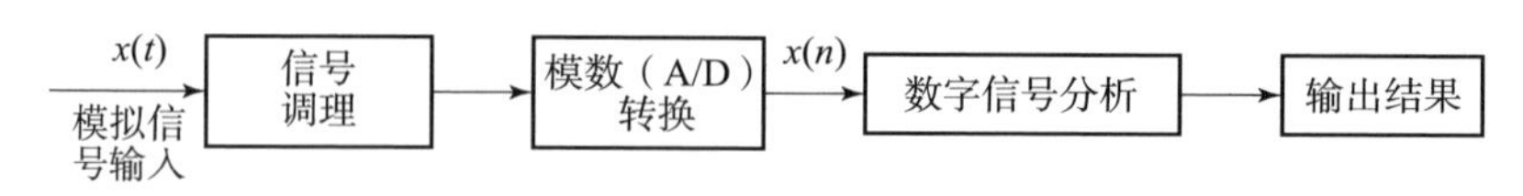

图 4.1 模拟信号的离散化步骤

4.2.1.1 信号调理

在数据采集之前，对信号用模拟方法进行调理，目的在于把信号变成适于模数转换的形式。常见的信号调理方式有以下几种。

（1）解调：如果信号在传输过程中，经过了调制处理，在数据采集之前，需要先进行解调处理，使信号原貌得以恢复。

（2）放大（衰减）：对微弱信号进行幅度放大，或对较强信号的幅度进行衰减，将输入信号的幅度调整到与 A/D 转换装置的动态范围相适应的大小。

（3）滤波处理：滤波器可使信号中特定的频率成分通过，而将其他频率成分极大衰减。利用滤波器的这种选频作用，可以减弱信号中不感兴趣部分的影响。

（4）隔直电路：如果信号中混有较大的直流成分，会造成信号超出 A/D 转换装置的动态范围。如果这种直流成分对测试工作没有意义，则可以使用隔直电路滤掉信号中的直流分量。

信号调理环节应根据测试对象、信号特点及数字信号处理设备的能力来安排。

4.2.1.2　模数（A/D）转换

将连续信号变成数字信号是在计算机或 DSP（需求方平台）上实现信号数字处理的必要步骤。A/D 转换过程主要包括采样、量化、编码三个部分。在实际工作中，信号的采样是由 A/D 芯片来完成的。A/D 芯片与采样保持电路等组成模数转换装置，又称 A/D 卡、数据采集器等，其功能除了对模拟信号进行时间和幅值上的离散外，还需要完成一些控制、数据存储和数据传输方面的功能，使计算机或 DSP 设备读取转换结果，将数据存到指定位置。

4.2.1.3　数字信号分析

经过 A/D 转换后模拟信号变成了在时间上离散、在幅值上量化、在长度上有限的离散序列 $x(n)$。这样的信号就可在通用计算机或专用数字信号处理设备上进行分析，如相关分析、功率谱分析等。

4.2.1.4　输出结果

数字信号运算结果可以直接以数字方式显示、打印或网络传输，也可经数模（D/A）以模拟量的形式输出，以控制继电器或控制系统中的其他执行机构。

4.2.2　连续时间信号的采样及采样定理

4.2.2.1　信号的采样

对于以时间为自变量的模拟信号而言，在其连续定义域内时刻都有取值，按照高等数学中的微积分思想，就意味着存在无穷多个取值。为了便于计算机处理，必须将自变量进行离散化以解决定义域密集的问题。用于采样的采样装置或器件，一般由电子开关组成，其工作采样过程如图 4.2（b）所示。采样开关每隔 T_s 秒短暂闭合一次以接通连续时间信号 $x(t)$，实现一次信号幅值的取样。若每次开关闭合时间为 τ 秒，则取样器的输出将是一列重复周期为 T_s、宽度为 τ 的脉冲序列 $s(t)$，其波形如图 4.2（c）所示。该脉冲序列的幅度等于该脉冲所在时刻相应连续时间信号的幅度，即脉冲序列信号的幅度被原来的连续时间信号所调制。这种信号称为采样信号，记为 $x_s(t)$，可表示为

$$x_s(t)=x(t)s(t)$$

其波形如图 4.2（e）所示。

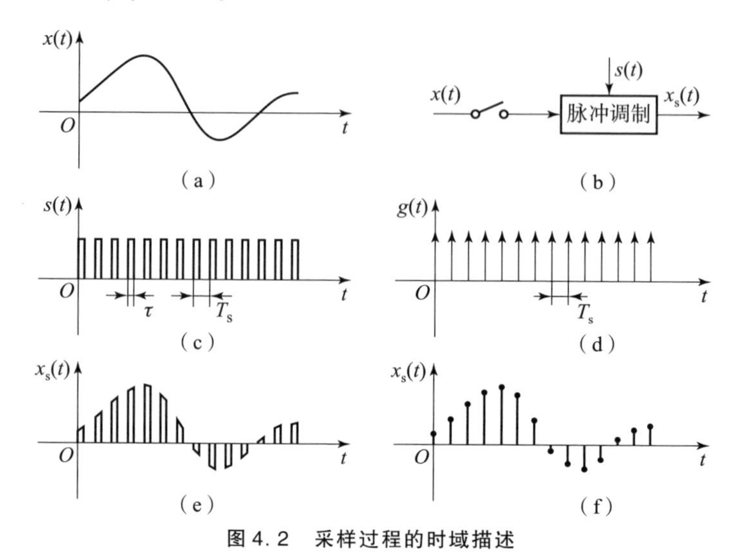

图 4.2　采样过程的时域描述

由于脉冲宽度 $\tau \ll T_s$，在 $\tau \to 0$ 的情况下，脉冲序列将成为冲激序列，如图 4.2（d）所示。理想冲激采样序列可表示为

$$g(t)=\sum_{n=-\infty}^{\infty}\delta(t-nT_s)\quad(n=0,\pm1,\pm2,\cdots)\tag{4.1}$$

式中，T_s 为冲激序列的周期，又称采样间隔，记作 $f_s=1/T_s$，称为采样频率。这些冲激函数能够准确确定采样时间，此时采样信号可表示为

$$x_s(t)=x(t)g(t)=x(t)\sum_{n=-\infty}^{\infty}\delta(t-nT_s)=\sum_{n=-\infty}^{\infty}x(nT_s)\delta(t-nT_s)\tag{4.2}$$

理想冲激采样可以被看作实际采样的一种科学抽象，能够集中反映采样过程的本质特性。

4.2.2.2　采样频率对采样信号的影响

在信号的采样过程中，一个非常重要的问题是如何确定合适的采样间隔 T_s，以保证采样后的离散化数字信号能真实地代表原来的连续信号。对于长度为 T 的模拟信号 $x(t)$，若采样间隔 T_s 小，亦即采样频率 f_s 高，则采样的数据量 $N=T/T_s$ 将很大，采集到的信号越逼近原信号 $x(t)$，但较大的数据量中可能含有较多的冗余数据，处理这样的信号要求计算机具有较大的内存，所需处理时间也较长，不利于信号的实时分析处理。反之，当采样频率降低到一定程度时，采集

到的信号就可能难以真正反映原始信号的波形特征，因丢失 $x(t)$ 的某些信息或歪曲 $x(t)$ 的本来面目，后续处理时会出现错误的分析结果，如图 4.3 所示。图中 $x_1(t)$、$x_2(t)$、$x_3(t)$ 分别表示三个连续信号，圆圈表示经时间间隔 T_s 采样后得到的信号采样值。从图中可以明显地看出，圆圈对应的信号幅值既可以看成来自信号 $x_1(t)$，也可以说是来自信号 $x_2(t)$ 或 $x_3(t)$，反过来说，就是仅根据采样后的离散信号是无法知道它到底来自哪个原始信号的。

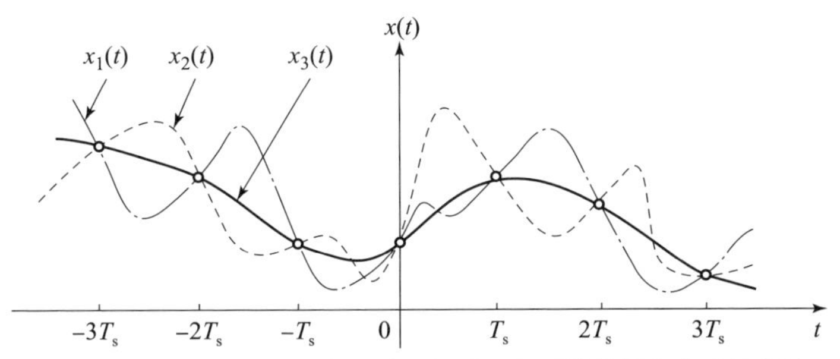

图 4.3　过低采样频率下得到的采样信号与原始信号存在明显差异

图 4.4 给出了以不同采样间隔对同一频率为 f_0 的正弦信号 $x(t)=A\sin(2\pi f_0 t+\varphi)$ 采样后的结果分析实例。

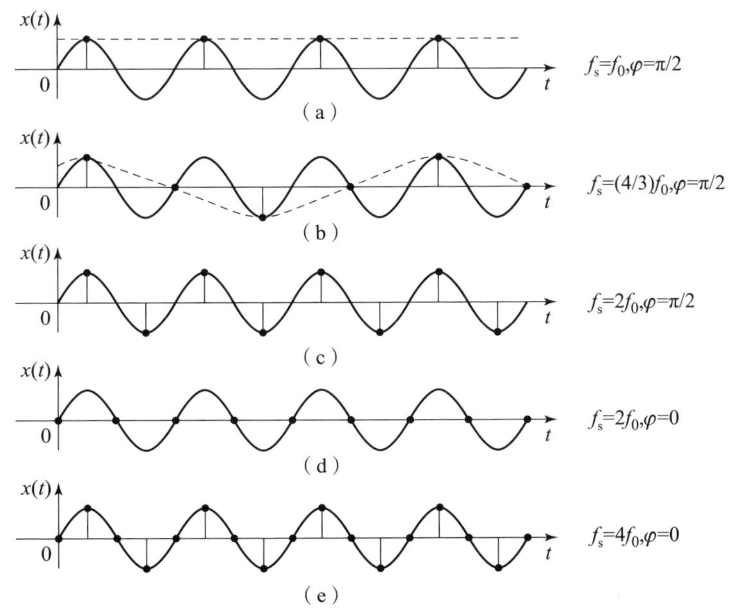

图 4.4　不同采样频率对采样信号产生的影响

如果采样频率 $f_s=f_0$，在一个周期内只采一个点，采集到的数据为一条直线，如图 4.4（a）所示；如果采样频率 $f_s=(4/3)f_0$，在三个周期内采四个点，采集到的数据波形低于原信号频率，如图4.4（b）所示；如果$f_s=2f_0$，在一个周期内采集到两点，这两个点随相位φ的不同而不同。若$\varphi=\pi/2$，则采集数据波形如图4.4（c）所示，这样一个序列已看不出$x(t)$的形态，它可能来源于方波、三角波或别的某种波形。若$\varphi=0$，那么采集到的序列波形如图4.4（d）所示，这时采集到的信号更不能如实反映$x(t)$的信息。

对于正弦信号更有如下结论，令

$$f_k=f_0+kf_s \quad (k=\pm1,\pm2,\cdots) \tag{4.3}$$

并由此得到一组正弦信号

$$x_k(t)=A\sin(2\pi f_k t+\varphi) \quad (k=\pm1,\pm2,\cdots)$$

如果记$x_s(t)$是用f_s对$x(t)=A\sin(2\pi f_0 t+\varphi)$的采样，那么$x_s(t)$也是用$f_s$对$x_k(t)$的采样。

证明：用f_s对$x(t)=A\sin(2\pi f_0 t+\varphi)$采样时，有

$$x_s(t)=x(t)\big|_{t=n}T_s=A\sin(2\pi f_0 nT_s+\varphi)=A\sin(2\pi nf_0/f_s+\varphi)$$

用f_s对$x_k(t)$采样时，有

$$\begin{aligned}x_{ks}(t)=x_k(t)\big|_{t=n}T_s&=A\sin(2\pi f_k nT_s+\varphi)\\&=A\sin(2\pi nf_k/f_s+\varphi)\\&=A\sin[2\pi n(f_0+kf_s)/f_s+\varphi]\\&=A\sin[2\pi nf_0/f_s+\varphi+2\pi nk]\\&=A\sin(2\pi nf_0/f_s+\varphi)\end{aligned}$$

所以$x_s(t)=x_{ks}(t)$。

上述结论说明，以采样频率f_s对频率为f_0正弦信号抽样时，所得的采样信号对应的原信号并不唯一。极有可能把一个原本高频信号经采样后当成一个低频信号。

4.2.2.3 采样信号频谱的周期延拓

设采样信号$x_s(t)=x(t)g(t)$，对$x_s(t)$进行傅里叶变换时，由时域卷积定理可知，时域乘积对应频率卷积，即

$$\begin{aligned}X_s(f)&=F[x_s(t)]=F[x(t)g(t)]=X(f)\cdot G(f)\\&=X(f)\cdot\frac{1}{T_s}\sum_{n=-\infty}^{\infty}\delta\left(f-\frac{n}{T_s}\right)\\&=\frac{1}{T_s}\sum_{n=-\infty}^{\infty}X(f-nf_s)\end{aligned} \tag{4.4}$$

式（4.4）表明，将连续信号$x(t)$经采样变成$x_s(t)$后，$x_s(t)$的频谱$X_s(f)$是将原信号的频谱$X(f)$依次平移至各采样脉冲对应的频域序列点处，

然后叠加而成。也就是说，在频域脉冲对应的每个频域序列点上复制 $X(f)$。这样 $x_s(t)$ 的频谱将变成周期的，周期为 $f_s = 1/T_s$。这种现象称为频谱的周期延拓，如图 4.5 所示。

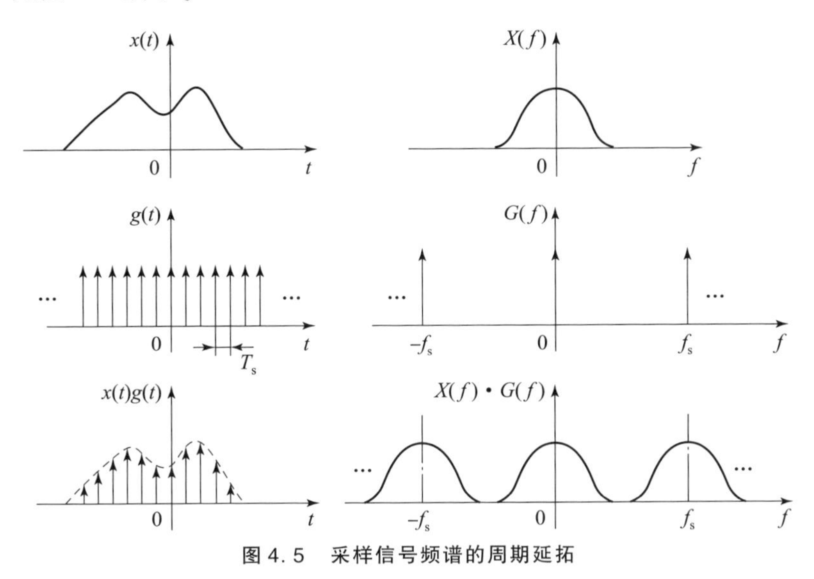

图 4.5　采样信号频谱的周期延拓

通过以上分析可以得到以下结论：时域信号经过取样后，得到频域的周期信号，且其周期等于采样频率 f_s。这一点在以后的讨论中经常用到，必须清楚理解。

4.2.2.4　频率混叠

在采样信号频谱的周期延拓过程中，设 $x(t)$ 为有限带宽，如果 $X(f)$ 的平移距离 f_s 过小，即采样时间间隔 T_s 过大，那么移至各采样脉冲对应的频域序列点处的频谱 $X(f)$ 叠加时就会有一部分交叠，这种现象称为频域“混叠”（aliasing）现象，如图 4.6 所示。

频率混叠现象的出现有以下两种情形：①信号不是有限带宽的；②采样频率太低。由此产生的结果是我们无法从 $x_s(t)$ 恢复出 $x(t)$，有可能使频谱分析的幅值出现偏差，也有可能出现虚假“谱线”。

4.2.2.5　采样定理与抗混频滤波

对于带限信号，为了避免频率混淆，希望采样间隔 T_s 要小，这样采样信号周期延拓时，其周期 f_s 就大。与此同时带来的问题是，单位时间内采集到的数据量大。那么，有没有一个可遵循的原则，它既可避免频率混叠，又不过分增加单位时间内的数据点数？

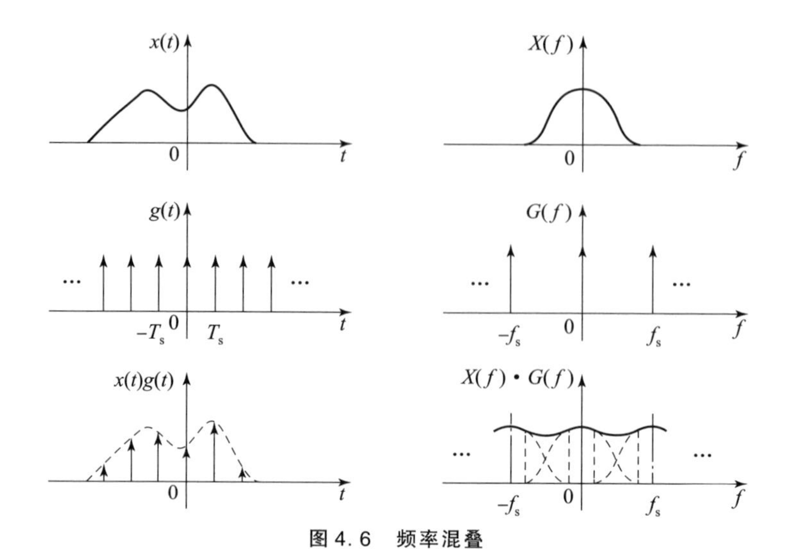

图 4.6　频率混叠

如果 $x(t)$ 是有限带宽信号，设其最高频率为 f_m，其频谱如图 4.7（a）所示。如果用 f_s 进行采样，其频谱在周期延拓过程中，若 $f_s/2 < f_m$，则将会发生频率混叠，如图 4.7（b）所示；若 $f_s/2 > f_m$，则不会发生频率混叠，如图 4.7（d）所示；若 $f_s/2 = f_m$，则进入发生混叠和不发生混叠的临界状况。为此，有以下采样定理（sampling theory）：

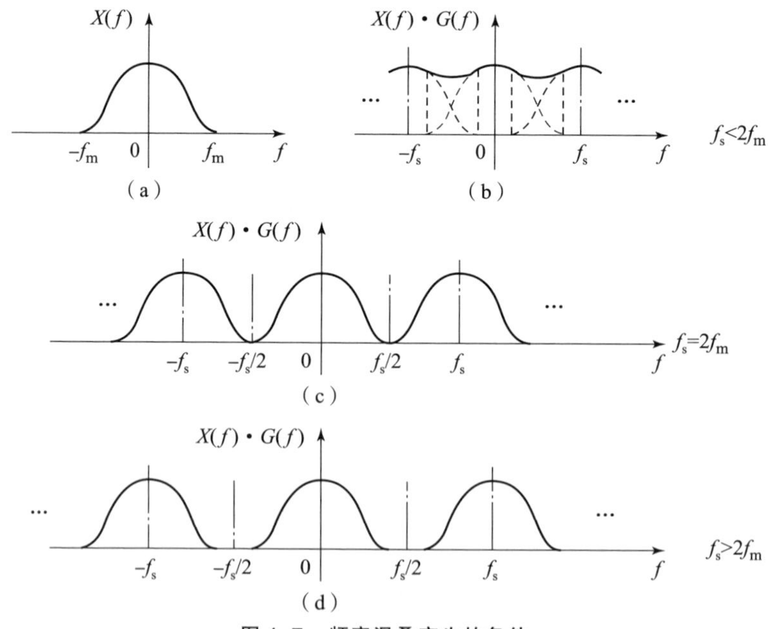

图 4.7　频率混叠产生的条件

若连续信号 $x(t)$ 是有限带宽的，其频谱的最高频率为 f_m，那么对 $x(t)$ 采样时，为保证采样频率

$$f_s \geqslant 2f_m \tag{4.5}$$

可由 $x_s(t)$ 恢复出 $x(t)$，即 $x_s(t)$ 保留了 $x(t)$ 的全部信息。

采样定理是由 Nyquist 和 Shannon C. E. 分别于 1928 年和 1949 年提出的，所以又称 Nyquist 采样定理或 Shannon 采样定理。该定理给我们指出了对信号进行抽样时所必须遵守的基本原则。

在实际工程应用中，对 $x(t)$ 采样时，首先要了解 $x(t)$ 的最高频率 f_m，以确定应采用的采样频率 f_s。若 $x(t)$ 不是有限带宽的，在采样前应对 $x(t)$ 进行模拟滤波，以去掉 $f > f_m$ 的高频部分。这种用以防混叠的模拟滤波器又称“抗混叠（anti - aliasing）滤波器”。使频谱不发生混叠的最小采样频率，即 $f_s = 2f_c$ 称为“Nyquist 频率”。信号频谱中任何对于 $f_s/2$ 的分量，都将以 $f_s/2$ 为对称点折叠回来，因此称 $f_s/2$ 为折叠频率。

对于带限信号，若其最高频率为 f_m，工程上采样频率一般取 $f_s = (2.56 \sim 4)f_m$。如果使用抗混叠滤波器，且滤波器的截止频率为 f_z，则

$$f_z = f_s/(2.56 \sim 4) \tag{4.6}$$

4.2.3　量化和量化误差

模拟信号要变成适合于计算机处理的数字信号，时间上离散的同时也需要对 $x(t)$ 在 $t = nT_s$ 时刻的幅度用数字值表示，即对其幅值进行量化，解决值域密集的问题。量化方法采用二进制编码的形式。我们知道模拟信号的幅度可取它本身最大值与最小值之间的所有值，而计算机用二进制表示数字，比特数（bit）限制了它所能表示的数的大小，同时它表示的数是不连续的。

若 A/D 转换装置的位数为 N，最大标定模拟范围为 A，那么它对模拟信号编码时，每个采样值必须编码为 2^N 个编码电平之一，各电平的间隔称为量化步长（quantization step）：

$$R = \frac{A}{2^N}$$

量化步长的大小有时称为 A/D 转换装置的分辨率（resolution）。可见，对于给定范围，随着比特数（位数）的增加，量化步长变小，分辨率也就得到相应提高。当采样信号 $x(t)$ 落在某一小间隔内，经过截尾或舍入方法变为有限值时，自然而然会产生误差，这里把量化过程中引入的误差称为量化误差。量化误差等于量化后的值与该采样点的实际值之差：

$$量化误差 = 量化值 - 实际值$$

截尾量化方案如图 4.8（a）所示，舍入量化方案如图 4.8（b）所示。对于采用截尾量化，当信号的幅度达不到上一个量化电平时，会量化为与模拟信号幅度邻近的较小的电平值，如图 4.9（a）所示。很明显，截尾时的最大量化误差可达一个量化步长 $-R$。对于采用舍入量化，当信号的幅度处于两个量化电平之间时，会量化为与幅度值最相近的量化电平值，如图 4.9（b）所示。因此舍入量化的最大量化误差为半个步长 $\pm 0.5R$。

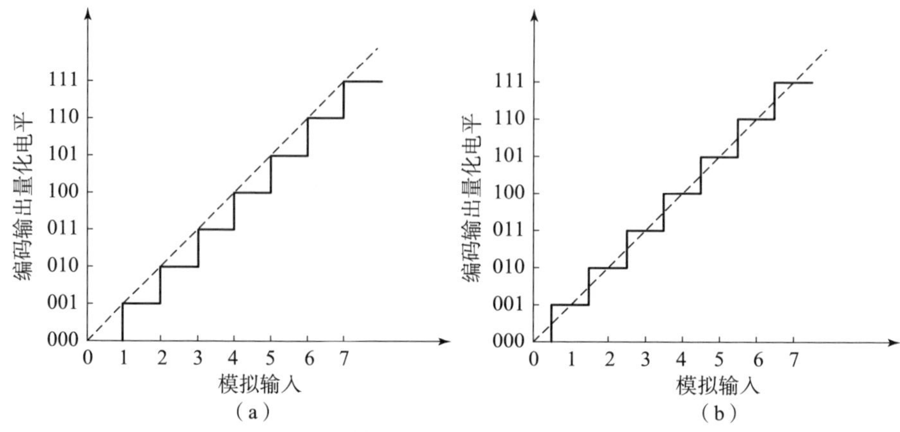

图 4.8　截尾量化方案和舍入量化方案

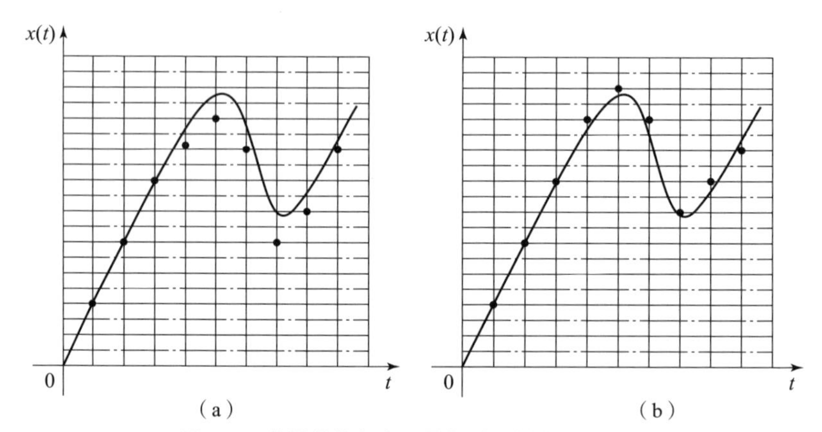

图 4.9　截尾量化与舍入量化对采样信号的影响

量化误差呈等概率分布，其分布密度函数为 $p(x)=1/R$，如图 4.10（a）和图 4.10（b）所示。量化误差的方差为

$$\sigma_x^2=\int_{-\infty}^{\infty}(x-\mu_x)^2p(x)\mathrm{d}x=\int_{-R/2}^{R/2}(x-\mu_x)^2p(x)\mathrm{d}x \tag{4.7}$$

将 $p(x)=1/R$，$\mu_x=0$ 代入，可得舍入误差的方差

$$\sigma_x^2 = \frac{R^2}{12} 或 \sigma_x = 0.29R \tag{4.8}$$

将 $p(x) = 1/R$，$\mu_x = -R/2$ 代入，可得截尾误差的方差，其与舍入误差的方差相同。

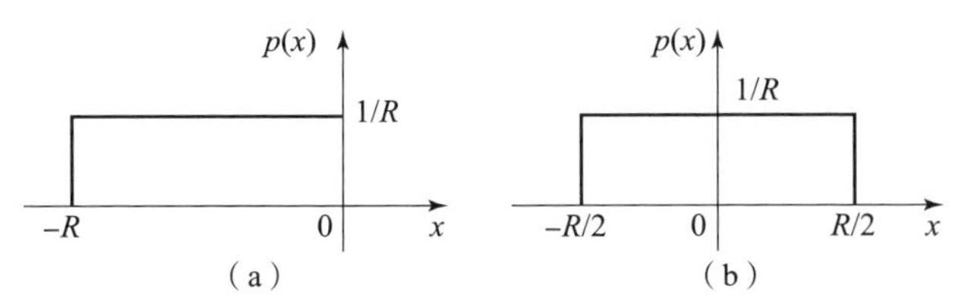

图 4.10　截尾量化与舍入量化的概率分布

因为最大量化误差由量化步长的大小决定，所以增加 A/D 转换装置的位数，可以减小误差，但不能完全消除。我们可以把量化误差看成模拟信号在数据采集处理时的附加噪声，故而又称量化噪声（quantization noise）。A/D 转换装置的标定范围越小，位数越高，量化步长就越小；所带来的量化误差越小，转换精度也就越高。如果不考虑 A/D 转换装置的量程，那么不同位数 A/D 转换装置的量化电平数、量化步长和转换精度的关系如表 4.1 所示。

表 4.1　A/D 转换装置的量化电平数、量化步长和转换精度的关系

A/D 转换装置位数	量化电平数	量化步长	转换精度/%
8	256	0.003 9	±(0.5 ~ 1)
10	1 024	0.000 98	±(0.1 ~ 0.2)
12	4 096	0.000 24	±(0.025 ~ 0.05)
14	16 384	0.000 061	±(0.006 ~ 0.012)
16	65 536	0.000 015	±(0.001 5 ~ 0.003)
24	16 777 216	0.000 000 06	±(0.000 006 ~ 0.000 012)

这里以十二位 A/D 转换装置为例进行说明，十二位二进制数可表示的整数范围为 000H ~ FFFH 或 0 ~ 4095（$0 \sim 2^{12}$），因此 A/D 转换装置只能用 000H ~ FFFH 的某个整数来表示相应模拟信号的幅值。若 A/D 转换装置的输出范围是 −5 ~ +5 V，设某时刻信号幅值的编码结果为 *xxx*H（000H ≤ *xxx*H ≤ FFFH），先将 *xxx*H 转换成十进制数 X，再代入下式

$$Y = \frac{X}{2^{12}} \times 10.0 - 5.0 \tag{4.9}$$

即可得到相应的模拟信号的幅值 Y。编码为 000H 对应的值为 -5，001H 对应的值为 -4.997 558 593 75，002H 对应的值为 -4.995 117 187 5，…，800H 对应的值为 0，…，FFFH 对应的值为 4.997 558 593 75。如果输入信号 $x(t)$ 的幅值过大，超出了 A/D 转换装置的有效量化范围，就会出现“削波”现象，也有可能过载损伤某些器件，甚至烧毁仪器设备。

4.2.4 截断、泄漏与窗函数

许多现实信号在时间历程上是无限的，而我们无法对无限长的信号一直观测下去。同时受存储量的限制，计算机也无法处理时间无限长的信号。因此，必然将无限或较长时间历程进行截断，从中截取部分信号。截断相当于对信号进行加窗，“窗”的意思是指通过窗口来观察其中的部分信号，原始信号在时窗以外的部分均视为零。这样我们可以把截断过程看作无限长信号 $x(t)$ 与一个有限长窗函数 $w(t)$ 的乘积（图 4.11），即

$$x_w(t)=x(t)w(t) \tag{4.10}$$

其傅里叶变换为

$$X_w(f)=X(f)\cdot W(f) \tag{4.11}$$

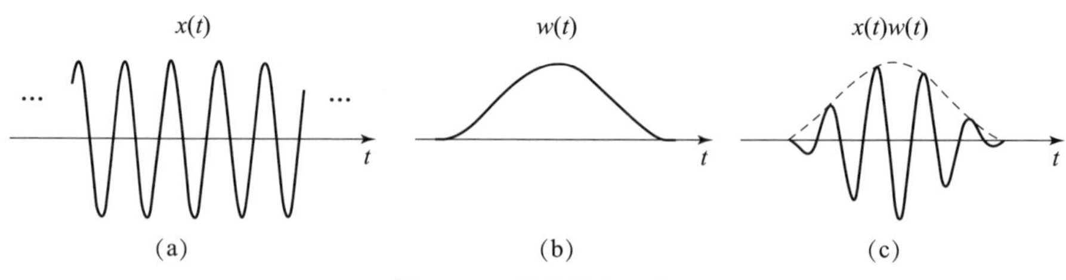

图 4.11　信号截断示意

信号的截断有可能产生频谱泄漏，如图 4.12 所示。这里我们以矩形窗对余弦 $x(t)=A\cos(2\pi f_0 t)$ 截断为例进行说明。通常截断就自然加了一个矩形窗，其时域表达式为

$$w(t)=\begin{cases}1\ (0\leqslant|t|\leqslant T)\\0\ (|t|>T)\end{cases} \tag{4.12}$$

余弦函数的频谱 $X(f)$ 如图 4.12（b）所示，矩形窗函数的频谱如图 4.12（d）所示，二者卷积后的频谱如图 4.12（f）所示。事实上，矩形窗的频谱是 $\mathrm{sinc}(t)$ 型函数，其带宽是无限的，因此余弦截断后信号 $x_w(t)$ 的频谱 $X_w(f)$ 也为无限带宽的。从能量的角度来讲，原先集中于频率 f_0 处的功率现在分散到 f_0 附近一个很宽的频带上了，这一现象便称为“泄漏”效应。

由冲激函数的卷积特性可知，如果 $W(f)$ 是理想的冲激函数，那么 $X(f)$

与 $W(f)$ 卷积还是 $X(f)$ 本身。对于矩形窗来说，如果增加矩形窗的宽度 T，可使 $\sin c(t)$ 型函数的主瓣变窄，旁瓣向主瓣密集，虽然在理论上其频谱范围仍为无限宽，但可使中心频率以外的频率分量较快衰减，泄漏将减少。当 $T\to\infty$时，$W(f)$ 将变为 $\delta(f)$ 函数，它与 $X(f)$ 的卷积还是 $X(f)$，这也说明没有截断也就没有泄漏。

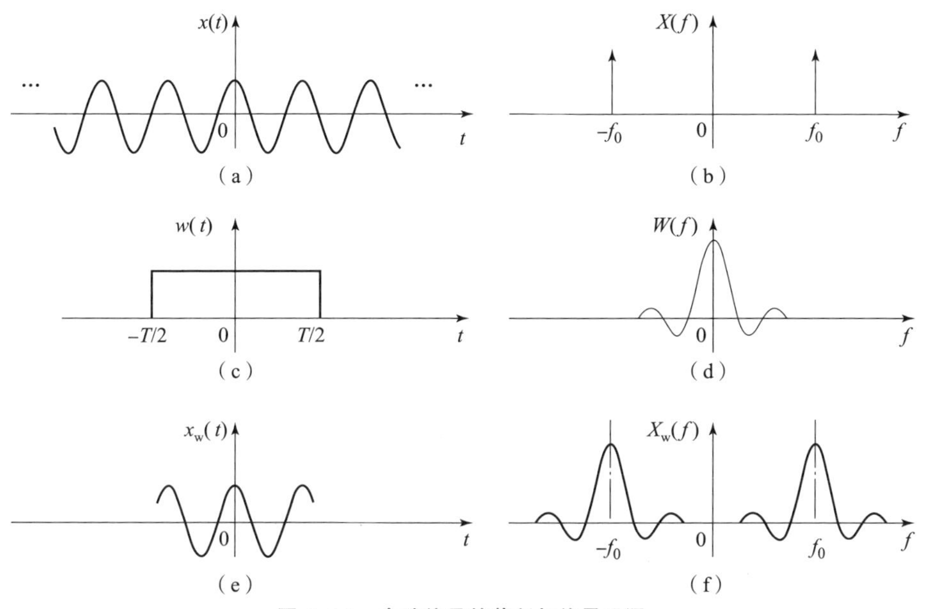

图 4.12 余弦信号的截断与能量泄漏

通过以上分析可知，减少泄漏的有效措施是选择频谱函数尽可能类似冲激函数的窗函数。一般来说，一个好的窗函数，其频谱的主瓣应窄，旁瓣应小。主瓣窄，意味着能量集中、分辨率高；旁瓣小，意味着能量泄漏小。评价一个窗函数的性能指标通常有以下几个。

（1） -3 dB 带宽 B。它是主瓣归一化的幅值 $20\lg|W(f)/W(0)|$下降至 -3 dB时的带宽。带宽 B 为 $\Delta\omega$ 或 Δf。

（2） 最大旁瓣峰值 A(dB)。它是主瓣归一化的幅值曲线中最大旁瓣的峰值的取值。

（3） 旁瓣峰值衰减率 D。它表示最大旁瓣峰值与相距 10 倍频处旁瓣峰值之比。

以上三个参数的定义如图 4.13 所示。理想的窗函数应具有最小的 B 和 A 以及最大的 D。工程上常用的窗函数除了矩形窗以外，还有三角（triangular）窗、汉宁（hanning）窗、哈明（hamming）窗、布莱克曼（blackman）窗、高斯（gauss）窗、平顶（flat－top）窗、凯塞－贝塞尔（kaiser－bessel）窗等。

下面介绍信号处理中常用的几种窗函数。

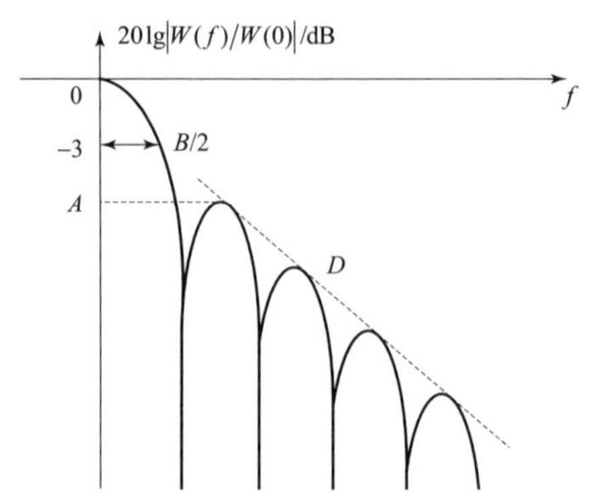

图 4.13 −3 dB 带宽 B、最大旁瓣峰值 A 和旁瓣峰值衰减率 D 的定义

4.2.4.1 矩形窗函数

$$w(t)=\begin{cases}1(|t|\leqslant T/2)\\0(|t|>T/2)\end{cases}$$

其傅里叶变换为

$$W(f)=TSa(\pi fT)$$

矩形窗函数时域波形及其频谱如图 4.14 所示。矩形窗的使用非常广泛，信号截断不加窗就相当于加了一个矩形窗，并且矩形窗的主瓣是最窄的。

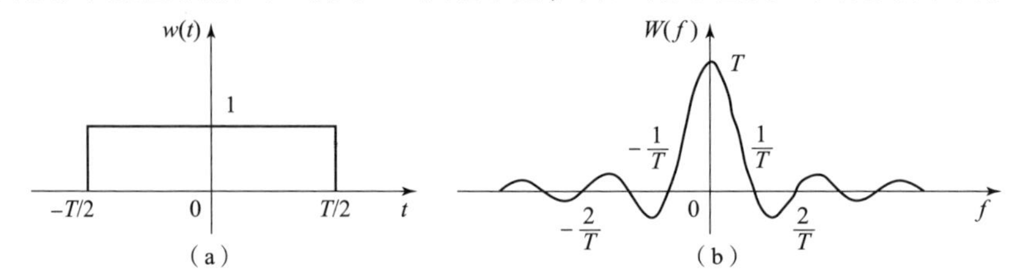

图 4.14 矩形窗函数时域波形及其频谱

4.2.4.2 三角窗函数

$$w(t)=\begin{cases}1-\dfrac{2|t|}{T} & (|t|\leqslant T/2)\\0 & (|t|>T/2)\end{cases}\tag{4.13}$$

其傅里叶变换为

$$\begin{aligned}X(f)&=\int_{-\infty}^{\infty}w(t)\mathrm{e}^{-\mathrm{j}2\pi ft}\mathrm{d}t=\int_{-T/2}^{0}(1+2t/T)\mathrm{e}^{\mathrm{j}2\pi ft}\mathrm{d}t+\int_{0}^{T/2}(1-2t/T)\mathrm{e}^{-\mathrm{j}2\pi ft}\mathrm{d}t\\&=2\int_{0}^{T/2}(1-2t/T)\cos(2\pi ft)\mathrm{d}t\end{aligned}$$

$$= 2\frac{\sin(2\pi ft)}{2\pi f}(1-2t/T)\bigg|_0^{T/2} + \frac{4}{T}\int_0^{T/2}\frac{\sin(2\pi ft)}{2\pi f}\mathrm{d}t$$

$$= -\frac{4}{T}\frac{\cos(2\pi ft)}{(2\pi f)^2}\bigg|_0^{T/2} = -\frac{4}{T(2\pi f)^2}[\cos(\pi fT)-1]$$

$$= \frac{T}{2}\frac{\sin^2(\pi fT/2)}{(\pi fT/2)^2}$$

$$= \frac{T}{2}Sa^2(\pi fT/2)$$

三角窗函数时域波形如图 4.15（a）所示，其频谱如图 4.15（b）所示，主瓣较宽，约为矩形窗的两倍，但旁瓣较小，且无负旁瓣。

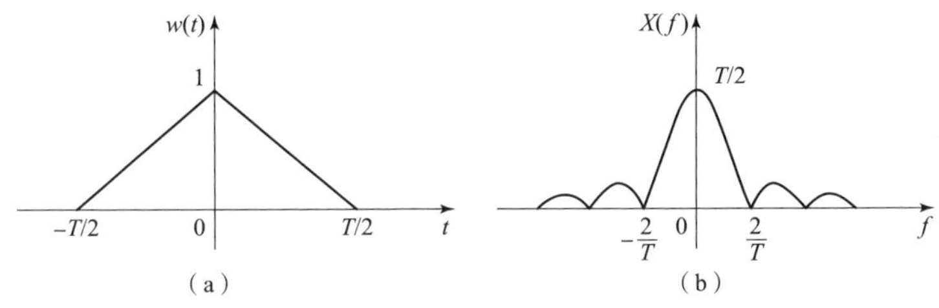

图 4.15　三角窗函数时域波形及其频谱

4.2.4.3　汉宁窗函数

$$w(t) = \begin{cases} 0.5 + 0.5\cos\left(\dfrac{2\pi t}{T}\right) & (|t| \leqslant T/2) \\ 0 & (|t| > T/2) \end{cases} \tag{4.14}$$

其傅里叶变换为

$$W(f) = 0.5Q(f) + 0.25[Q(f+1/T) + Q(f-1/T)]$$

式中，$Q(f) = TSa(\pi fT)$。

汉宁窗函数时域波形如图 4.16（a）所示，频谱如图 4.16（b）所示。汉宁窗和矩形窗相比，旁瓣小得多，因而泄漏也少得多。从减少泄漏的角度来看，汉宁窗优于矩形窗，但汉宁窗的主瓣较宽，相当于分析频率加宽，频率分辨率下降。

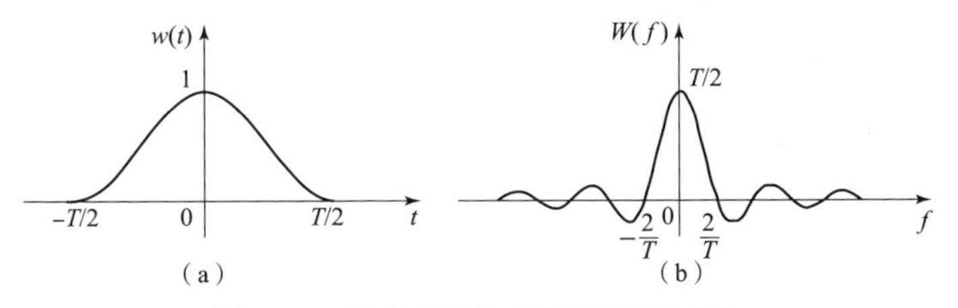

图 4.16　汉宁窗函数时域波形及其频谱

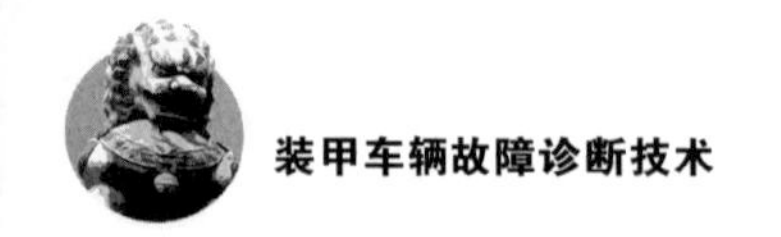

4.2.4.4 哈明窗函数

$$w(t)=\begin{cases}0.54+0.46\cos\left(\dfrac{2\pi t}{T}\right) & (|t|\leq T/2)\\ 0 & (|t|>T/2)\end{cases} \tag{4.15}$$

哈明窗本质上与汉宁窗是一样的，只是系数不同。哈明窗比汉宁窗消除旁瓣的效果好一些，而且主瓣稍窄；不利的方面是旁瓣衰减较慢。

从上述几种典型窗函数的时域波形及频谱特点可以得到它们的性能指标对比结果，如表 4.2 所示。

表 4.2 典型窗函数的性能

窗函数	-3 dB 带宽/Hz	最大旁瓣峰值/dB	旁瓣峰值衰减速度
矩形窗	$0.89\Delta f$	-13	-6
三角窗	$1.28\Delta f$	-27	-18
汉宁窗	$1.44\Delta f$	-32	-18
哈明窗	$1.30\Delta f$	-43	-6

在进行工程信号处理时，应根据不同类型的信号选用合适的窗函数。在对随机信号进行截断或对周期信号进行非整周期截断时，被截取信号的两端会产生不连续的间断点，从而在频谱中产生额外的高频成分。为了有效地抑制泄漏，常加旁瓣较小、减弱较快的窗函数，如汉宁窗、平顶窗或凯塞—贝塞尔窗。此时在 DFT（离散傅里叶变换）的周期延拓过程中，不间断点会得到平滑和削弱，如图 4.17（a）所示。

对于冲击和瞬态过程产生的信号大都随时间而衰减。在一般情况下，信号的开始部分信噪比较好；随着时间的增加，信号减弱后信噪比变差，此时加汉宁窗会削弱信号的重要部分。为了保持信号的原貌，一般加矩形窗，如图 4.17（b）所示。

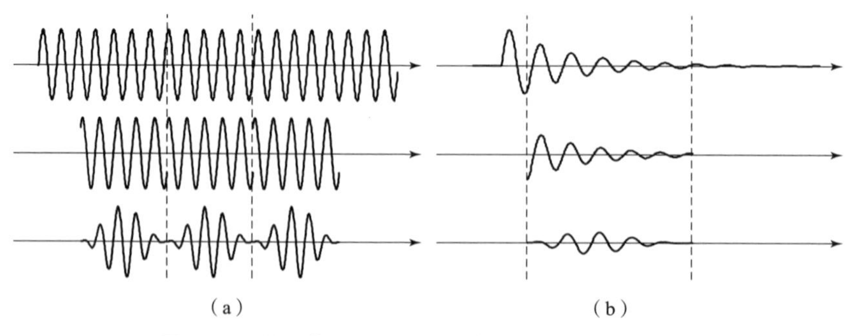

图 4.17 信号截断周期延拓的时域波形及其频谱变化

4.3　信号的幅域分析及其特征参量计算

对信号幅值进行的各种处理，称作幅域分析。常用的特征参数包括：简单统计特征参量，如均值、方差、均方值、峰峰值和匀幅特征等；高阶统计特征参量；幅域无量纲特征参数；随机信号的概率密度函数等。

以下各节中所涉及的计算，除特别申明外，均采用离散数据序列 x_1，x_2，…，x_N 来表示所用的离散信号数据，数据长度用 N 表示，离散数据相邻两点之间的时间间隔用 Δt 表示。

4.3.1　简单统计特征参量

4.3.1.1　均值

均值反映信号中不随时间变化的静态分量或直流成分。该值越大，表示信号越强，反之亦然。

$$\bar{X} = \frac{1}{N}\sum_{i=1}^{N} x_i \tag{4.16}$$

式（4.16）给出的是直接数学计算方法。在工程应用中，为避免计算机溢出及重复计算，并利用前一步的计算结果，N 项序列的前 n 项均值的计算一般采取如下的递推算法：

$$\bar{X}_n = \frac{n-1}{n}\bar{X}_{n-1} + \frac{1}{n}x_n \tag{4.17}$$

式中，$\bar{X}_n$、$\bar{X}_{n-1}$ 分别为第 n 次和第 $n-1$ 次递推计算的均值。

4.3.1.2　方差

方差描述信号中的动态分量，表示信号幅值偏离其均值的平方均值，即分散程度。该值越大，表示信号幅值的离散程度越高，线性度越差，反之亦然。

$$\sigma_x^2 = \frac{1}{N}\sum_{i=1}^{N}(x_i - \bar{X})^2 \tag{4.18}$$

标准差为方差的正的平方根。

4.3.1.3　均方值

均方值是信号幅值平方的均值，它表征了信号的平均功率（强度），可被

看作电流 $x(t)$ 通过阻值为 1 Ω 的电阻时在单位时间内产生的平均热量，即功率。

$$X_{\text{rms}}^2 = \frac{1}{N}\sum_{i=1}^{N} x_i^2 \tag{4.19}$$

4.3.1.4 峰峰值

峰峰值反映了信号的幅值波动范围。在旋转机械故障诊断过程中，一般取整周期的信号来计算该值，即用旋转轴转动一周的数据，通过计算最大、最小幅值之间的差而求得。该值越大，表示信号在一周内的波动越剧烈，信号就越不稳定。一般旋转机械稳态工作时，该值在相当长的时间内越小越好，越稳定越好。

$$X_{\text{p-p}} = \max\{|x_i|\} - \min\{|x_i|\} \tag{4.20}$$

事实上，均方根反映了信号的功率大小，方差表示了信号幅值的离散程度，它们之间存在如下的数学关系：

$$\sigma_{\text{x}}^2 = X_{\text{rms}}^2 - \bar{X}^2 \tag{4.21}$$

4.3.1.5 匀幅特征

匀幅特征参数的数学原理来自匀布指标，匀布指标的数学原理为：假设有一个数据序列，将它们按大小顺序排列后为 $0 \leqslant x_1 \leqslant x_2 \leqslant \cdots \leqslant x_n$，若 $x_1 + x_2 + \cdots + x_n = \text{const}$（常数），则下式成立。

$$x_1 x_2 \cdots x_n \leqslant \left(\frac{x_1 + x_2 + \cdots + x_n}{n}\right)^n \tag{4.22}$$

当且仅当 $x_1 = x_2 = \cdots = x_n$ 时，式（4.22）的等号成立。

把式（4.22）变形为：$L = (x_1 x_2 \cdots x_n) / \left(\frac{x_1 + x_2 + \cdots + x_n}{n}\right)^n \leqslant 1$。由此式可知，$x_1$，$x_2$，…，$x_n$ 之间差别越大，L 值就越小；反之，则 L 值越大。

由此可以得到匀幅指标的定义，假设在幅值域上将时间序列划分为 n 个区域，即 $[y_1, y_2), \cdots, (y_n, y_{n+1}]$，如图 4.18 所示。设落入各个区间的采样点数分别为 n_1，n_2，…，n_n，且满足条件 $n_i \geqslant 1$，$n_1 + n_2 + \cdots + n_n = N$，$N$ 是单个样本序列的长度。最终可得到匀幅指标的定义，如下式所示。同样，当 $n_1 = n_2 = \cdots = n_n$ 时，$M = 1$，而且 M 随划分区域个数 n 的改变而变化。

$$M = (n_1 n_2 \cdots n_n) / \left(\frac{n_1 + n_2 + \cdots + n_n}{N}\right)^n \leqslant 1 \tag{4.23}$$

式中，n 相当于匀幅指标的灵敏度调节系数，n 越小，匀幅指标越不灵敏，稳

定性越好；反之，则越灵敏，稳定性越差。在实际使用中，应根据被测信号的实际情况进行选择。

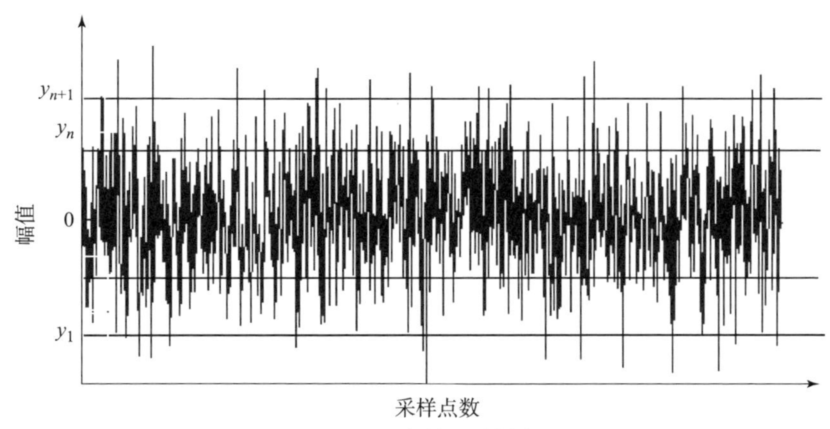

图 4.18 幅值区域划分

$$\alpha = \frac{1}{N}\sum_{i=1}^{N}\left(\frac{x_i - \bar{x}}{\sigma}\right)^3 \tag{4.24}$$

4.3.2 高阶统计特征参量

高阶统计特征参量主要包括斜度或偏度、峭度或陡度、峰态、高阶累积量等。

(1) 斜度或偏度 (skewness)：也称偏态、偏态系数，能够反映信号正负幅值分布的不对称性特征或正负幅值的比例特征，常用符号 α 表示。α 值越大，信号取值越不对称。

(2) 峭度或陡度 (kurtosis)：可定量地表征信号幅值分布的陡峭或广阔程度的特征，常用符号 K 表示。从数学上看，该值对信号中的大幅值有放大作用，而对小幅值有缩小作用，因此对信号中的大幅值变化非常敏感，当信号取大幅值的概率增加时，该值将迅速增大，这有利于探测信号中含有脉冲成分的故障。

$$K = \frac{1}{N}\sum_{i=1}^{N}\left(\frac{x_i - \bar{x}}{\sigma}\right)^4 \tag{4.25}$$

(3) 峰态：对离散数据去均值并用标准差归一化后四次方再求均值。和陡度比较可知，峰态与信号中的静态分量无关，只突出了信号中的动态分量，而且由于用标准差做了归一化处理（规范化），所以便于对不同信号之间的峰态值作比较。峰态是描述信号中所有取值分布形态陡缓程度的统计量，是表征概率密度分布曲线在平均值处峰值高低的特征。

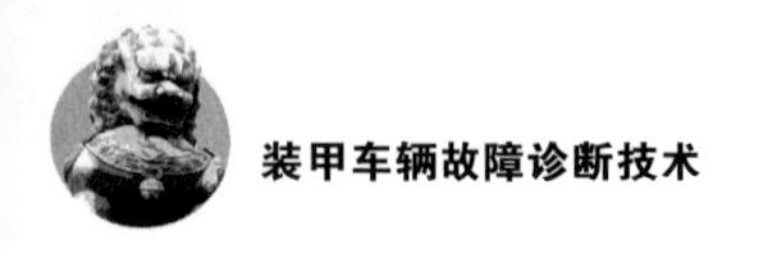

$$\beta_4 = \frac{1}{N}\sum_{i=1}^{N}\left(\frac{x_i - \bar{X}}{\sigma_x}\right)^4 \tag{4.26}$$

峰态是对变化的幅度四次乘方，因此大的幅值增加很剧烈，所以峰态对信号幅值的短时间骤增很敏感。

典型信号的峰态值：正弦波 $\beta_4 = 1.5$，矩形波 $\beta_4 = 1.0$，三角波 $\beta_4 = 1.8$，高斯噪声 $\beta_4 = 3$。

斜度 α 反映信号的幅值对于横坐标的不对称性，不对称越厉害，α 取值越大。一般说来，随着故障的发生和发展，均方根值 X_{rms}、平均幅值 $\bar{X}$ 以及峭度 K 均会逐渐增大。

（4）高阶累积量：高阶统计量理论是在二阶统计量（相关函数和功率谱）分析的基础上发展起来的。它克服了二阶统计量因缺少相位信息而无法直接处理非最小相位系统的固有缺陷，并包含更为丰富的内容。概言之，一切用二阶统计量可以处理但又不能圆满解决的问题，原则上都可以利用高阶统计量的方法加以处理，典型的高阶统计量包括高阶矩、高阶累积量（higher - order cumulant，HOC）、高阶矩谱和高阶累积量谱，这里只介绍高阶累积量。高阶累积量不仅是信号高阶相关性的一种度量，也是信号非高斯性的一种度量，在实际工程应用中，根据有限长的来自平稳随机过程的离散信号 x_i，$i = 1, 2, \cdots, N$，一般是无法知道该信号各阶累积量的真实值的，但在通常情况下各阶累积量的均方一致估计可以通过下列有偏估计值来获得，尤其对于 2，3，4 阶情况，有

$$c_{2x}(k) = m_{2x}(k) - m_{1x}^2 = E\{x_i x_{i+k}\} - m_{1x}^2 \tag{4.27}$$

$$\begin{aligned} c_{3x}(k_1, k_2) = E\{x_i x_{i+k_1} x_{i+k_2}\} - m_{1x}(E[x_i x_{i+k_1}] + \\ E[x_i x_{i+k_2}] + E[x_{i+k_1} x_{i+k_2}]) + 2m_{1x}^2 \end{aligned} \tag{4.28}$$

$$\begin{aligned} & c_{4x}(k_1, k_2, k_3) = \\ & m_{4x}(k_1, k_2, k_3) - m_{2x}(k_1) m_{2x}(k_3 - k_2) - m_{2x}(k_2) m_{2x}(k_3 - k_1) - \\ & m_{2x}(k_3) m_{2x}(k_2 - k_1) - m_{1x}[m_{3x}(k_2 - k_1, k_3 - k_1) + m_{3x}(k_2, k_3) + \\ & m_{3x}(k_1, k_2)] + m_{1x}^2[m_{2x}(k_1) + m_{2x}(k_2) + m_{2x}(k_3) + m_{2x}(k_3 - k_1) + \\ & m_{2x}(k_3 - k_2) + m_{2x}(k_2 - k_1)] - 6m_{1x}^4 \end{aligned} \tag{4.29}$$

式中，m 为矩运算，$m_{1x} = E[x_i]$，$m_{2x}(k) = E[x_i x_{i+k}]$，$m_{3x}(k_1, k_2) = E[x_i x_{i+k_1} x_{i+k_2}]$；$E$ 为数学期望；R_x 为相关函数。

特别地，对于零均值的平稳随机过程而言，式（4.25）~式（4.27）可分别简化为：

$$\begin{aligned} c_{2x}(k) &= R_x(k) \\ c_{3x}(k_1, k_2) &= E\{x_i x_{i+k_1} x_{i+k_2}\} \end{aligned} \tag{4.30}$$

$$c_{4x}(k_1,k_2,k_3)=m_{4x}(k_1,k_2,k_3)-R_x(k_1)R_x(k_3-k_2)-R_{2x}(k_2)R_x(k_3-k_1)-R_x(k_3)R_x(k_2-k_1) \tag{4.31}$$

4.3.3　幅域无量纲特征参数

有量纲幅域特征参数的数值常随负载、转速等条件的变化而改变，实际中很难进行同类机组或设备在不同运行状态下的特征参数横向量化比较。改善的办法是引入量纲为一的幅域参数，它们对信号的幅值和频率的变化不敏感，即和机器工作条件关系不大，而对故障足够敏感。常用的量纲为一的幅域参数有以下几个。

4.3.3.1　波形指标

$$S_f=\frac{X_{rms}}{\bar{X}} \tag{4.32}$$

波形指标（shape factor）为均方根值 X_{rms}除以均值 $\bar{X}$，经过均值归一化处理之后可表征均值不同信号的相对强度。

4.3.3.2　峰值指标

$$C_f=\frac{X_{max}}{X_{rms}} \tag{4.33}$$

式中，$X_{max}=\max|x_i|$，表示信号的峰值。

峰值指标（crest factor）为峰值的最大值 X_{max}除以均方根值 X_{rms}，可表征单位信号能量下信号峰值的相对大小。

4.3.3.3　脉冲指标

$$I_f=\frac{X_{max}}{\bar{X}} \tag{4.34}$$

脉冲指标（impulse factor）为峰值的最大值 X_{max}除以信号的平均值 $\bar{X}$，可表征单位信号平均幅值下（或单位静态分量下），信号峰值的相对大小。

4.3.3.4　裕度指标

$$CL_f=\frac{X_{max}}{X_r} \tag{4.35}$$

式中，$X_r=\left(\frac{1}{N}\sum_{i=0}^{N}\sqrt{|x_i|}\right)^2$ 为信号的方根幅值。裕度指标（clearance factor）为

峰值的最大值 X_{max} 除以信号的方根幅值 X_r，可表征单位方根幅值下信号峰值的相对大小。

4.3.3.5 峰态因数

$$K_v = \frac{K}{X_{rms}^4} \tag{4.36}$$

式中，K 为峭度指标。

在选择上述各项指标时，可按其诊断能力大小顺序排列，大体上为峰态因数（kurtosis value）、裕度指标、脉冲指标、峰值指标、波形指标。经验表明，峭度指标、裕度指标和脉冲指标对于冲击脉冲类故障比较敏感，特别是在故障发生的早期，它们有明显的增加；但上升一定程度后，随故障的逐渐发展，它们反而会下降，表明它们对早期故障有较高的敏感性，但稳定性不好。一般来说，均方根值的稳定性较好，但对早期故障信号不敏感。因此为了取得较好的效果，常同时使用这几个指标以兼顾它们对故障的敏感性和稳定性。表 4.3 比较了不同幅域参数对故障的敏感性和稳定性。

表 4.3　不同幅域参数的敏感性和稳定性的比较

幅域参数	敏感性	稳定性	幅域参数	敏感性	稳定性
波形指标 S_f	差	好	裕度指标 CL_f	好	一般
峰值指标 C_f	一般	一般	峰态因数 K_v	好	差
脉冲指标 I_f	较好	一般	均方根值 X_{rms}	较差	较好

4.3.4 随机信号的概率密度函数

4.3.4.1 定义

随机信号的概率密度函数表示幅值 $x(t)$ 落在某一个指定范围内的概率大小。图 4.19 中，$x(t)$ 落在 $(x, x+\Delta x)$ 范围内的总时间为 T_x，当时间趋于无穷时，T_x/T 将趋于确定的概率。因此，概率密度函数可定义为

$$p(x) = \lim_{\Delta x \to 0} \frac{P[x < x(t) < x + \Delta x]}{\Delta x} = \lim_{\Delta x \to 0} \frac{1}{\Delta x}(\lim T_x/T) \tag{4.37}$$

从上述定义式可以明显地看出，在实际工程应用中，不可能取无限长时间的数据，且幅值步长 Δx 也不可能趋近于 0，所以实际计算出来的概率密度函数不仅与所选择的数据时间长度有关，还与 Δx 的大小有关。

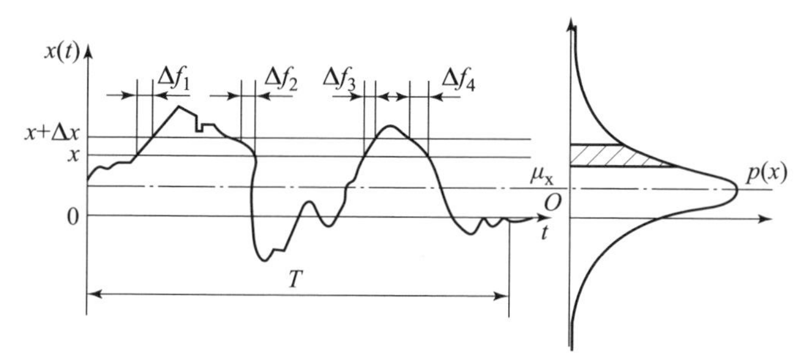

图 4.19　概率密度函数

4.3.4.2　概率密度函数的理论计算

1）正弦波信号的概率密度函数

$$p(x)=\frac{1}{\pi\sqrt{A^2-X^2}} \tag{4.38}$$

2）正态分布随机信号的概率密度函数

$$p(x)=\frac{1}{\sigma\sqrt{2\pi}}\exp\left[-\frac{(x-\mu_x)^2}{2\sigma_x^2}\right] \tag{4.39}$$

3）混有正弦波的高斯噪声的概率密度函数

$$p(x)=\frac{1}{\sigma_n\pi\sqrt{2\pi}}\int_0^{\pi}\exp\left[-\left(\frac{x-S\cos\theta}{4\sigma_n}\right)\right]^2\mathrm{d}\theta \tag{4.40}$$

4.3.4.3　概率密度函数的工程计算

对于各态历经的随机过程，可以根据观测样本估计其概率密度函数。对于时域波形可按图 4.20 所示的方法作平行于时间轴的等间距平行线，间距为 Δx。统计落入区间（x_i，$x_i+\Delta x$）中的数据点数并记为 N_i，则有

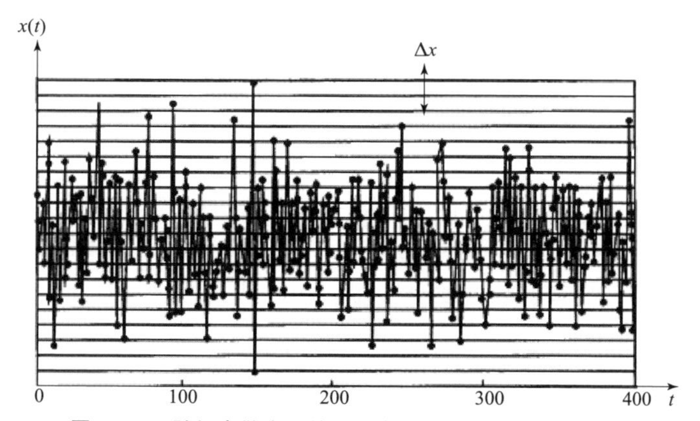

图 4.20　随机离散序列的概率密度函数的工程估计方法

$$p\{x \in (x_i, x_i + \Delta x)\} = \lim_{N \to \infty} \frac{N_i}{N} \quad (4.41)$$

式中，N 为数据序列的总长度及总点数。当 $\Delta x \to 0$ 时，由式（4.41）可得到该概率密度函数的估计。在实际应用中，由于观测样本长度总是有限的，因此在对序列的取值区间进行平行线分割时不能使 $\Delta x \to 0$，此时常采用如下的经验公式来确定区间的数目 K，即

$$K = 1.87(N-1)^{0.4} \quad (4.42)$$

因此，离散时间序列的概率密度函数可按如下四个步骤来计算。

（1）确定离散时间序列的最大值 $x_{\max}$ 和最小值 $x_{\min}$。

（2）根据式（4.42）确定的分段数 K 来计算间距，$\Delta x = (x_{\max} - x_{\min})/K$。

（3）统计信号幅值落在每个幅值区间

$(x_{\min}, x_{\min} + \Delta x), (x_{\min} + \Delta x, x_{\min} + 2\Delta x), \cdots, [x_{\min} + (i-1)\Delta x, x_{\min} + i\Delta x], \cdots, [x_{\min} + (K-1)\Delta x, x_{\max}]$ 内的点数 N_i。

（4）根据式（4.41）计算概率密度函数。

4.4 信号的时域分析方法及其特征参量计算

时域分析的最重要特点就是能够反映信号取值的时间顺序，即离散数据产生的先后顺序。本节主要讨论时域分析中的时域波形分析、自相关分析、互相关分析和时间序列分析等。

4.4.1 时域波形分析

工程信号通常以时域波形（或称时间或时基波形）的形式来显示。通过时域波形分析，可以初步观察信号的周期和幅值分布范围等特性，具有直观、易于理解等特点。该方法最大的缺点是不太容易看出信号所包含的信息与设备存在故障之间的联系。对于某些故障信号，其波形具有明显的特征，这时可以利用时间波形作出初步判断。例如，对于旋转机械，其不平衡故障较严重时，信号中有明显的以旋转频率（转频）为特征的周期部分［图 4.21（a）］；而转轴不对中时，信号在一个周期内，比旋转频率大一倍的高频成分明显加大，即一周波动 2 次［图 4.21（b）］。

一般情况下，以计算机为核心的状态检测系统比较容易实现整周期采样，在时间波形上将采样键相点（相位）以不同颜色醒目标出，能增加时域波形

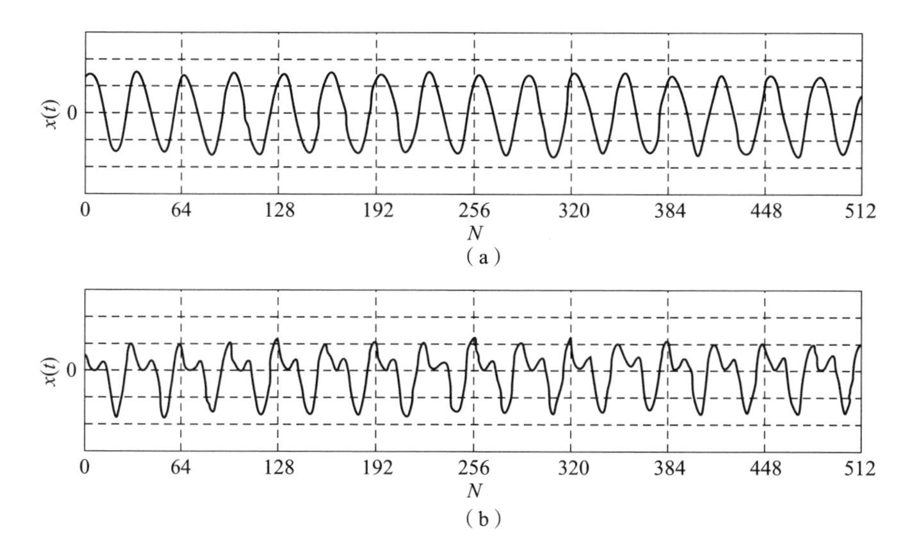

图4.21　具有典型时域波形特征的故障信号

(a) 不平衡；(b) 不对中

的可识别性。因为键相点（相位）的漂移等信息对于诊断故障是极为有用的。键相点信息一般可通过键相器来获得，其功能是既能为多路信号的采样提供时间基准，确保各路信号的采样起始点同步，为来自同一被测对象相同工况下测得的多组时域信号的相加平均提供基准，也可为转轴的动平衡提供相位信息。键相器通常可由一个单独的电涡流传感器来实现。该传感器可观测转轴上每转一次的不连续点。电涡流传感器可以观测转轴上的凹槽或键槽，或转轴上的凸出部分。很明显，键相器传感器必须装在转轴与任何振动探测传感器不同的轴向位置处，如图4.22所示。转轴上的不连续点每次经过键相器下方时，传感器就会感受到在间隙距离上的巨大变化，因而输出的电压值也会有相应的变化，这项输出电压的跳变，发生在不连续点出现的很短的时间内，因而表现为每转一次所产生的电压脉冲。由于朝着电涡流传感器方向的运动产生一个正向的信号，因此观测轴上突出部分的传感器就会产生一连串的正向电压升，而凹槽或键槽的键相器传感器则会产生一连串的负相电压降。这两种输出信号是振动和键相器信号的典型代表，在图4.23中顶部的振动信号可以连同键相器信号一起，以时基范畴显示在示波器上，正如上节所述的时域波形分析。键相器的主要作用是在两种基本的转轴动态运动之间提供一个基准。每个旋转部件都围绕一条轴线做旋转运动，而该轴线又另有一种运动，即所谓振动。键相器的基准提供了必需和及时的标记，以建立起转轴旋转运动与轴线中心线动态运动之间的关系。键相器产生脉冲时，转轴旋转的初始位置就确定了。在振动信号出现正向峰值的时刻对应着转轴最靠近振动测量传感器的安装位置。有了这部分信息，就可以确定转轴在其旋转周期中任何时刻的位置。如果把键相器脉冲信号叠加在示波器上显示的振动信号波形上，就会出现空白区和亮点，亮点代表脉冲出现的时刻。实际上，空白区代表键相器脉冲的后沿部分。由于转轴每转一圈就会产生一个键相器脉冲，所以键相器亦可以用来测量转轴的旋转频率或振动周期以及转轴的正、反进动的问题。

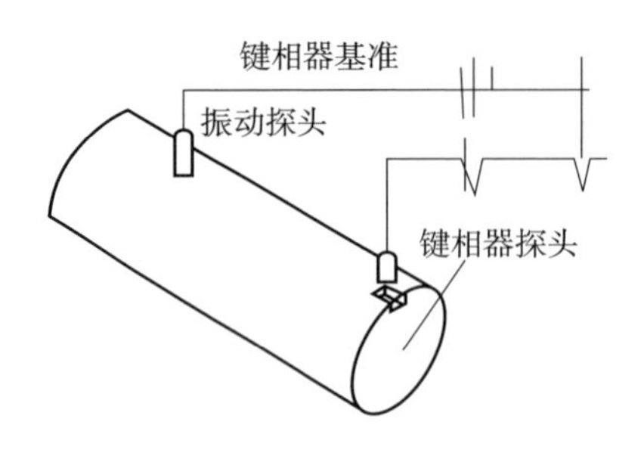

图 4.22　键相器

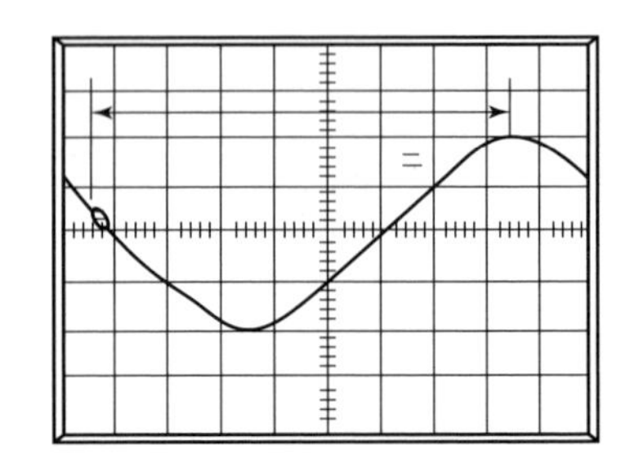

图 4.23　相位显示

如果要测量振动的相角，键相器亦是必不可少的。相角的定义是：从键相器脉冲到振动信号的下一个正峰值出现的时间间隔内转轴转动的角度。为了能精确测量出相角，振动信号的频率必须和转轴转动的频率相同或为其整数倍，因此必须提取出振动信号中的转频成分。图 4.23 表示转轴上相邻键相传感器的一个振动传感器在键相脉冲之后的振动信号波形。由图 4.23 可以看出，转轴在键相器脉冲之后转动了 270°，图上的标尺是 10 刻度/周期，每刻度相当于 360°/10 = 36°。转轴振动最靠近振动传感器安装位置的瞬间，在信号的时域波形上对应于信号的峰值位置，通常称该位置为高点，它提供了转轴动平衡时应该加配重的方向信息。

相角测量也可以鉴别出几种不同的机械故障，某些机械故障与相角有着密切的、确定的关系。还有一些故障形式与相角的变化特征有一定的对应关系。当然，工作转速高于一个或多个平衡共振频率的机器，在经过共振频率区时，一般都会发生 180°的相位变化。因此相角测量可用于检测转轴共振速度或临界速度的存在。

键相器的另一种功能是测量旋转机械转轴中心线涡动的方向，或转轴的涡动方向。图 4.24 给出了利用键相器测量转轴的涡动方向的示例。图上键相器探头给出一个带负值前沿及正值后沿的键相器脉冲。正如前面所解释的，脉冲负值一侧在波形或轨迹上产生一个空白区。脉冲的正值一侧产生一个亮点，轨迹显示在顺时针方向上，空白区在亮点的前面。由于转轴旋转方向也是顺时针

的，因此转轴中心线的涡动与转轴旋转方向是相同的，通常称为正向涡动，反之称为反向涡动。虽然大多数机器都呈现正向涡动的动态运动，如由于不平衡或油膜引起的涡动，但是某些机械故障亦会产生反向涡动的现象，如动静部件的摩擦。

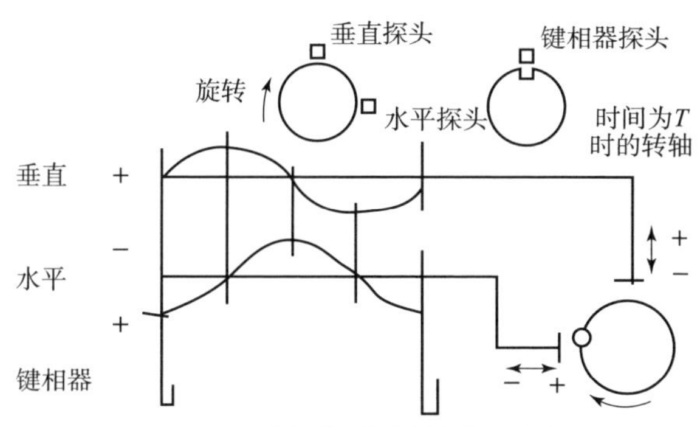

图 4.24　用键相器测量转轴的涡动方向

4.4.2　时域相加平均

相加平均原理，是将原始信号 $x(t)$ 用周期为 T 的脉冲信号 $g(t)$ 触发采样，采样周期为 T_s，即相当于信号 $x(t)$ 被分段截取成 N 段，把这 N 段信号中与脉冲信号具有相同相位的幅值相加平均，也即将 N 段中对应的采样值相加平均。所得结果为 $y(t)$，其离散形式为

$$y(t_m) = \frac{1}{N}\sum_{i=0}^{N-1} x(nT + m\Delta T)\,(m = 0,1,2,\cdots,M-1) \tag{4.43}$$

式中，n 为分段号数，$n=0,1,2,\cdots,N-1$；$\Delta T = 1/T_s$ 为采样间隔；m 为采样序号。M 值常为 1 024 或 2 048 点。

值得注意的是，对于具有旋转周期的旋转机械，通常取采样触发的周期 T 为所测转轴旋转一圈所用的时间，即所谓转频的倒数。在进行振动信号检测时，同时安装一个键相传感器来检测转轴的转速（转轴每旋转一圈输出一个幅值发生较大跳变的方波脉冲），将键相信号的上升沿或下降沿作为对振动信号的分段起始时刻，将连续多个分段信号对应的时刻相加平均后即得到转轴旋转一圈的振动信号，这就是相加平均处理的结果。如果所分析信号的噪声是均值为零的随机信号（噪声不相关），且所分析信号中的有用部分是可使其本身重复的（周期信号周期内相关），则将总信号的 N 组或 N 段采样信号中的同一时刻对应的信号幅值相加后平均，那么信号中的周期成分必然会增强，随机信号将会逐渐自行抵消。这种结果即使在有用信号和噪声处于相同频段时也成立。例如，以某齿轮旋转一周为周期，进行时域信号平均，可以排除该齿轮以外的其他干扰，使齿轮缺陷产生的周期分量突出，提高信噪比。

相加平均方法的特点：首先，可以提取与采样脉冲周期相同的周期信号，消除该项周期信号以外的周期分量和随机噪声干扰，提高信噪比。其次，与谱分析相比，相加平均可以消除指定周期信号以外的所有其他成分，而谱分析本身则不能除掉输入信号中的任何分量。最后，比较适用于旋转件或往复件的状态信息提取。不过该方法要求触发采样脉冲相位稳定，且必须检测所需周期的触发采样脉冲信号。

4.4.3 自相关分析

4.4.3.1 定义

信号的自相关函数可以描述信号相邻时刻取值之间的相似程度，它可以反映信号在一个时刻 t 的取值与另一个与之相差时延为 τ 的 $t+\tau$ 时刻的取值之间的依赖关系，如图 4.25 所示。自相关函数的定义可以写为

$$R_x(\tau) = \lim_{T\to\infty}\frac{1}{T}\int_0^T x(t)x(t+\tau)\,dt \tag{4.44}$$

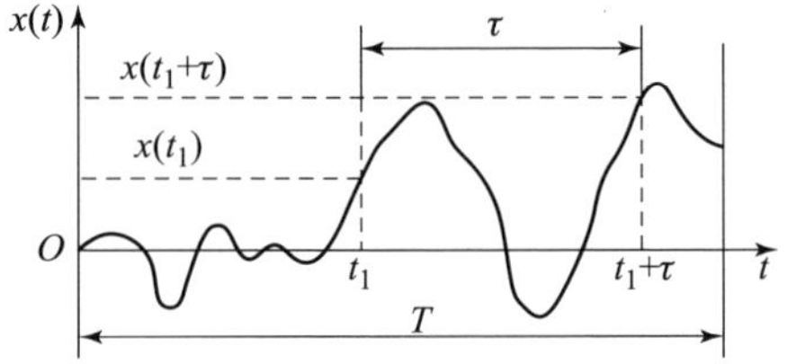

图 4.25 自相关测量

应当说明的是，信号的性质不同，自相关函数的表达形式也不同。对于周期信号（功率信号）和非周期信号（能量信号），自相关函数的表达形式分别为

周期信号：
$$R_x(\tau) = \frac{1}{T}\int_0^T x(t)x(t+\tau)\,dt \tag{4.45}$$

非周期信号：
$$R_x(\tau) = \int_{-\infty}^{+\infty} x(t)x(t+\tau)\,dt \tag{4.46}$$

在实际工程应用中，通常得到的是时间序列的离散数据，若要估计 x_i 在时间延迟为 m 时取值之间的相关性，可用下式来计算相关函数。

$$R_x(m\Delta t) = \frac{1}{N-m}\sum_{i=1}^{N-m} x(i)x(i+m)\ (m=0,1,2,\cdots,M,M=N) \tag{4.47}$$

式中，N 为采样点数；$x(i)$ 为时间序列；m 为用于计算相关函数的两值之间的时延数（简称计算时延量）；M 为最大时延数；Δt 为离散数据序列中相邻数据之间的时间间隔，对应于第 3 章“采样定理”一节的采样频率的

倒数。

为了保证计算精度，应使最大的计算时延量 M 远小于数据点数 N。上述计算用计算机实现，计算量较大；近代信号分析仪中常根据自相关函数和自功率谱密度函数的关系，采用傅里叶逆变换来计算自相关函数，可参考 4.5 节。

4.4.3.2　自相关函数的性质

从自相关函数的数学定义和物理意义可以分析得出，自相关函数具有如下性质。

（1）$R_x(m)$ 为偶函数，即

$$R_x(m) = R_x(-m) \tag{4.48}$$

（2）$R_x(0)$ 为最大值且等于离散数据的均方值，即

$$R_x(m) \ll R_x(0) = X_{rms}^2 \tag{4.49}$$

（3）若定义自相关系数

$$\rho_x(m) = R_x(m)/R_x(0) \tag{4.50}$$

则有

$$|\rho_x(m)| \leqslant 1 \tag{4.51}$$

$R_x(m)$ 是有量纲的，与信号的功率密切相关，因此不同信号的自相关函数很难进行横向比较；而 $\rho_x(m)$ 是量纲为一的参数，将其作为信号相关性的度量更为直观。通常可以根据自相关系数的比较来判断两信号波形之间的相似性或接近程度。

（4）若 $\lim\limits_{m\to\infty} R_x(m)$ 存在，则有

$$R_x(\infty) = \mu_x^2 \tag{4.52}$$

（5）若 x_i 中有一周期分量，则 $R_x(m)$ 中有同样周期的周期分量，即

$$x_i = \sum_{i=1}^{n} A_i \cos(\omega_i t + \theta_i) \tag{4.53}$$

则

$$R_x(m) = \sum_{i=1}^{n} \frac{A_i^2}{2} \cos \omega_i m \tag{4.54}$$

式（4.54）表明 $R_x(m)$ 和 x_i 具有相同的周期（频率成分），其振幅由 A_i 变为 $A_i^2/2$，但相位信息丢失了。

4.4.3.3　自相关函数的直接数值计算方法

直接数值计算方法是直接根据自相关函数的定义，首先计算相隔给定时延数的离散数据点之间的乘积，求和后再平均，以此来估计自相关函数，称为自

相关估计。具体算式如下：

$$R_x(m) = R_x(m\Delta t) = \frac{1}{N-m}\sum_{i=1}^{N-m} x(i)x(i+m) \tag{4.55}$$

将式（4.55）展开为

$$R_x(0) = \frac{1}{N}\sum_{i=1}^{N} x_i^2$$

$$R_x(\Delta t) = \frac{1}{N-1}\sum_{i=1}^{N-1} x_i x_{i+1}$$

$$R_x(2\Delta t) = \frac{1}{N-2}\sum_{i=1}^{N-2} x_i x_{i+2}$$

$$\vdots$$

$$R_x(M\Delta t) = \frac{1}{N-M}\sum_{i=1}^{N-M} x_i x_{i+m}$$

最大时延数 M 与估计的最大时延 T_{max} 之间具有如下关系：

$$\tau_{max} = M\Delta t$$

在工程应用中，时间滞后为 $m\Delta t$ 时的自相关函数也可用下式来计算：

$$R_x(m) = R_x(m\Delta t) = \frac{1}{N}\sum_{i=1}^{N-m} x_i x_{i+m} \tag{4.56}$$

式中，系数之分母由数据序列的总点数 N（离散数据确定后该值为常数）代替变数 $N-m$，这样计算得到的是自相关函数的有偏估计。但当 N 很大且 $m \ll N$ 时，得到的值差别很小。经验表明：当 $m=(0.1\sim0.2)N$ 时，这一误差可以忽略不计。

4.4.3.4 自相关函数的应用

（1）由自相关函数的性质（5）可知，根据自相关函数的形状来判断原信号的性质。例如周期信号的自相关函数仍为同周期的周期函数。

（2）自相关函数可应用于检测混在随机噪声中的确定性信号。因为周期信号或任何确定性信号在所有时延上都有其自相关函数，而随机信号的自相关函数会随着时延的增加逐步趋向于零。

（3）自相关函数不仅能帮助建立信号 $x(t)$ 任何时刻的取值对未来时刻取值的影响，而且对其作傅里叶变换后可以求得自功率谱密度函数，即

$$G_x(f) = 2\int_{-\infty}^{\infty} R_x(\tau)\mathrm{e}^{-i2\pi f\tau}\mathrm{d}\tau \quad (f \geq 0) \tag{4.57}$$

表 4.4 列出了常用信号的自相关函数图及其数学表达式。从表中可以看出，不同信号的自相关函数具有不同的特点。将设备的故障状态和正常状态

相比，信号一定会发生某些变化，其自相关函数也会发生变化，因此利用设备处于不同状态下的信号计算得到的自相关函数可作为设备故障诊断的依据。

表4.4　常用信号的自相关函数图及其数学表达式

类型	自相关函数图	自相关函数数学表达式
常数		$R_x(\tau)=c^2$
正弦波		$R_x(\tau)=\frac{x^2}{2}\cos 2\pi f_0\tau$
白噪声		$R_x(\tau)=a\delta(\tau)$
低通白噪声		$R_x(\tau)=aB\left(\frac{\sin 2\pi B\tau}{2\pi B\tau}\right)$
带通白噪声		$R_x(\tau)=aB\left(\frac{\sin \pi Br}{\pi B\tau}\right)\cos 2\pi f_0\tau$
指数		$R_x(\tau)=e^{-a\lvert\tau\rvert}$
指数余弦		$R_x(-\tau)=e^{-a\lvert\tau\rvert}\cos 2\pi f_0\tau$
指数正弦		$R_x(\tau)=e^{-a\lvert\tau\rvert}(b\cos 2\pi f_0\tau+c\sin 2\pi f_0\lvert\tau\rvert)$

工程应用表明，正常状态下运行的设备，其平稳状态下轴承振动信号的自相关函数往往与宽带随机噪声的自相关函数接近；当出现故障，特别是周期性冲击故障时，在时延量为转轴周期的整数倍时刻的自相关函数就会出现较大峰值。图4.26所示为某机器中的滚动轴承在不同状态下的振动加速度信号的自相关函数，其中图4.26(a)所示因外圈滚道上有疵点，在间隔为14 ms处有峰值出现，该型轴承的外圈故障特征频率为1 000/14≈71.43(Hz)；图4.26(b)所示为内圈滚道上有疵点，因而在间隔11 ms处出现了峰值；图4.26(c)为正常状态下的自相关函数，接近于宽带随机噪声的自相关函数，在时间延迟等于0时，自相关函数取最大值，随着时间延迟的增大，自相关函数取值趋近于零。

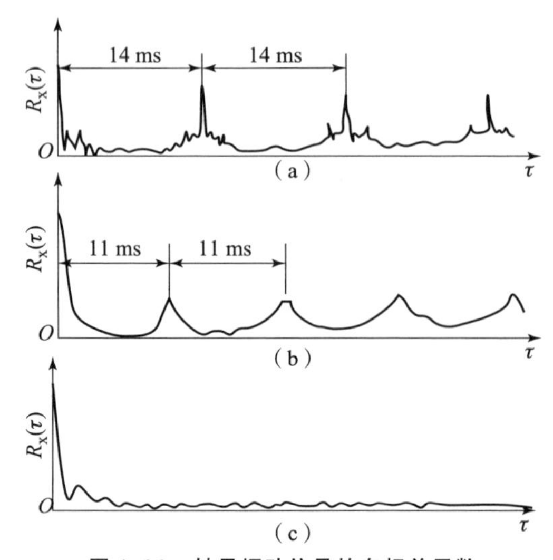

图 4.26　轴承振动信号的自相关函数

(a)外圈滚道上有疵点;(b)内圈滚道上有疵点;(c)正常轴承

4.4.4　互相关分析

4.4.4.1　定义

图 4.27 给出了互相关函数的计算示意图。互相关函数 $R_{xy}(\tau)$ 表示两组离散数据(信号)$x_i, y_i, i=1,2,\cdots,N$ 之间依赖关系的相关统计量,可以通过式(4.58)来计算时延数为 m 时的互相关函数:

$$R_{xy}(m\Delta\tau) = \frac{1}{N-m}\sum_{i=1}^{N-m} x_i y_{i+m} \tag{4.58}$$

式中,N 为离散数据的总点数;i 为时间序列的序号;m 为时延数。

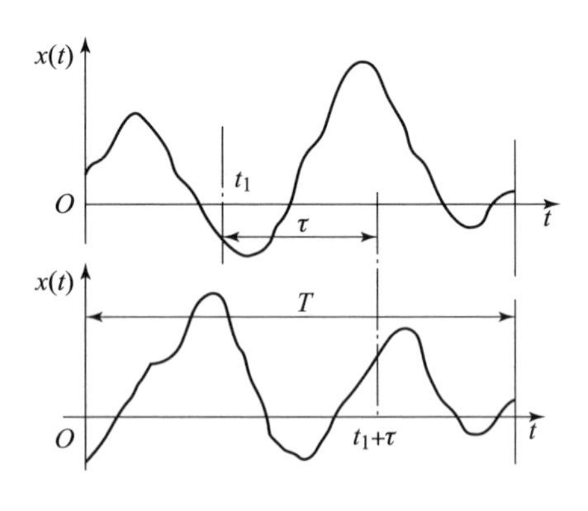

图 4.27　互相关函数的计算示意

4.4.4.2　互相关函数的性质

从互相关函数的数学定义和物理意义可以分析得出,互相关函数具有如下性质。

(1) $R_{xy}(m)$ 为函数,即 $R_{xy}(m) = R_{yx}(-m)$。

（2）$|R_{xy}(m)| \leqslant \sqrt{R_x(0)R_y(0)}$，即互相关函数的最大值不出现在时延数为零的位置，即不等于$R_{xy}(0)$，并且没有特定的物理意义，因为它并不表示均方值，这一点与自相关函数存在明显的差别。但是互相关函数的峰值偏离原点的位置m_0反映了两信号的时延数为m_0，即时移为$m_0\Delta t$时相关程度最大。

（3）若两个具有零均值的平稳随机过程产生的数据序列$\{x_i\}$和$\{y_i\}$是相互独立的，则有$R_{xy}(m)=0$，即它们的互相关函数始终等于0，与时延数无关。利用该性质可以检测隐藏在噪声中的周期性确定性信号，因为两个不同频率的周期信号之间的互相关函数等于零。

若两个不同频率的周期信号表达式为

$$x_i = x_0\sin(\omega_1 t + \theta_1), \quad y_i = y_0\sin(\omega_2 t + \theta_2)$$

则它们之间的互相关函数为

$$\begin{aligned}R_{xy}(\tau) &= \frac{1}{T}\int_0^T x(t)y(t+\tau)\mathrm{d}t \\ &= \frac{x_0 y_0}{T}\int_0^T \sin(\omega_1 t + \theta_1)\sin(\omega_2 t + \theta_2)\mathrm{d}t \\ &= \frac{-x_0 y_0}{2T}\int_0^T \{\cos[(\omega_1+\omega_2)t + \theta_1 + \theta_2 + \omega_2\tau] - \\ &\quad \cos[(\omega_1-\omega_2)t + \theta_1 - \theta_2 - \omega_2\tau]\}\mathrm{d}t\end{aligned}$$

根据余弦函数的特性，一个周期内幅值求和的平均等于0的性质可知$R_{xy}(\tau)=0$，也就是说两个不同频率的周期信号是不相关的。类似地，还可以推出两个频率相同的正弦和余弦函数互不相关。

（4）若定义互相关系数

$$\rho_{xy}(m) = \frac{R_{xy}(m)}{\sqrt{R_x(0)R_y(0)}} \tag{4.59}$$

则

$$|\rho_{xy}(m)| \leqslant 1 \tag{4.60}$$

同样，可以通过互相关系数来判断不同信号之间的相关性。它一般用于判断三个以上信号的两两之间的相关性。

4.4.4.3　互相关函数的直接数值计算方法

与自相关函数的直接计算方法一样，互相关函数的估计$\hat{R}_{xy}$为

$$\hat{R}_{xy}(m\Delta t) = \frac{1}{N-m}\sum_{i=1}^{N-m} x_i y_{i+m}$$

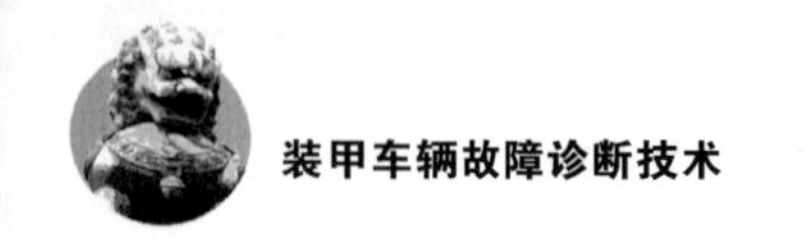

$$\hat{R}_{yx}(m\Delta t) = \frac{1}{N-m}\sum_{i=1}^{N-m} y_i x_{i+m} \tag{4.61}$$

上面两个互相关函数 $\hat{R}_{xy}(m\Delta t)$ 和 $\hat{R}_{yx}(m\Delta t)$ 在于对换了 x_i 和 y_i 的数据序列。当 N 很大，且 $m \ll N$ 时，可以用较简单的近似公式

$$\hat{R}_{xy}(m\Delta t) = \frac{1}{N}\sum_{i=1}^{N-m} x_i y_{i+m} \tag{4.62}$$

来计算互相关函数的估计，一般不会出现大的误差。

4.4.4.4　互相关函数的应用

(1) 互相关函数在时延等于信号在不同通道系统传递所需时间值的差值时，将出现峰值，据此可以确定信号在复杂系统中的不同传递通道。

图 4.28 给出了利用相关法来测量声音传播的距离（通道）及材料音响特性的原理。图中 A 为声源，记录的声信号为 $x(t)$，B 为声接收器，所记录的信号为 $y(t)$。信号 $y(t)$ 包括两个部分：第一部分来源于从 A 经直线距离 d 直接传过来的声波信号；第二部分则是经被试验材料反射后传播的声波，这部分声波经过的路程为 $a+b$。对 $x(t)$ 和 $y(t)$ 所作的互相关运算所得结果 $R_{xy}(\tau)$ 的曲线可出现两个峰：第一个峰值出现在 $\tau_1 = d/v$ 处，v 为声速；第二个峰值出现在 $\tau_2 = (a+b)/v$ 处。因此由 τ_2 及其峰值幅度便可测出被试验材料的位置及其音响特性。

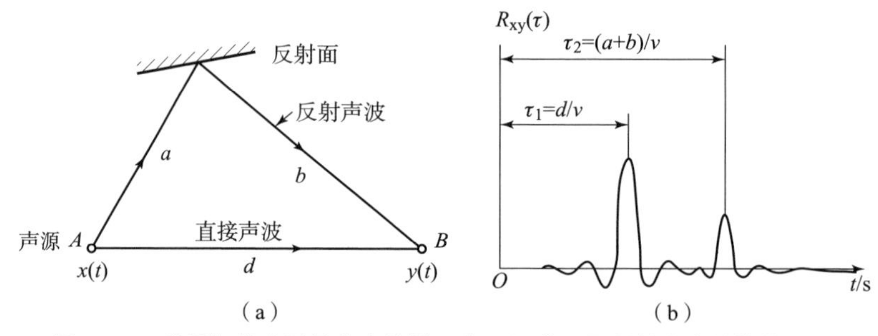

图 4.28　利用相关法测量声音传播距离（通道）及材料音响特性的原理

反过来，在已知声传播距离的条件下，也可测定声音传播的速度。这种方法常用来识别振动源或振动传播的途径，也被用于测定运动物体的速度。

图 4.29 所示为一种测量轧钢过程中带钢运行速度的系统。带钢表面的反射光被两个光电检测元件 E_1 和 E_2 所接收，所接收到的光强随着带钢表面存在的不规则的微小不平度呈随机变化。所形成的两个随机信号因来自带钢上的同一轨迹，因而形成两个有一时差 τ_0 的基本相同的光电信号 $x(t)$ 和 $y(t)$。将 $x(t)$ 经写入磁头录入磁带记录仪的磁带上，然后经读出磁头重放，由于写入

磁头与读出磁头间有一距离，因而重放的信号与录入信号间有一时延τ，信号变为$x(t+\tau)$。信号$x(t+\tau)$与$y(t)$被输入一相关器作相关运算，所得曲线如图4.29右上角所示。控制装置C根据相关器输出$R_{xy}(\tau)$位于图中曲线峰值的左右位置来控制电机M的转向，从而改变两磁头间的距离L_1，亦即改变信号的延时τ，直至τ_0值稳定为止。τ_0便代表了带钢上各点从传感器E_1运动至E_2所经过的时间，若已知两光点间直线距离为L，则带钢的运动速度便为$v=\frac{L}{\tau_0}$。

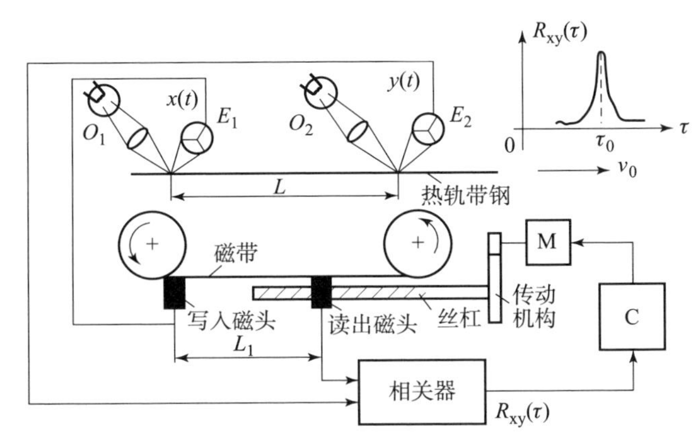

图 4.29　带钢测速系统

利用相关法还可测量流速和流量，图4.30所示为利用相关法测定流量的原理。在流体流动的方向相继放置两个传感器，理想状况下它们会产生两个相同的信号。由于两个传感器相隔一定的距离，因而两信号间存在一个时间差T。相关法测量的基本做法是，将第一个传感器接收到的信号人为地延迟一个时间τ。相关计数器的任务是调整延迟时间τ，使$\tau=T$，目的在于使延迟信号$\mu_1(t-\tau)$等于第二个传感器收到的信号$\mu_2=\mu_1(t-\tau)$。一般来说，相关计数器应使两信号的均方差为最小：

$$E(\Delta\mu^2)=E\{[\mu_1(t)-\mu_2(t)]^2\}=E\{[\mu_1(t-\tau)-\mu_1(t-T)]^2\}=\min \tag{4.63}$$

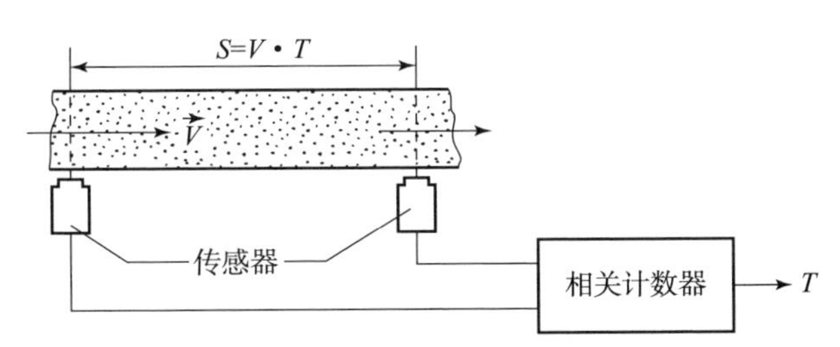

图 4.30　利用相关法测定流量的原理

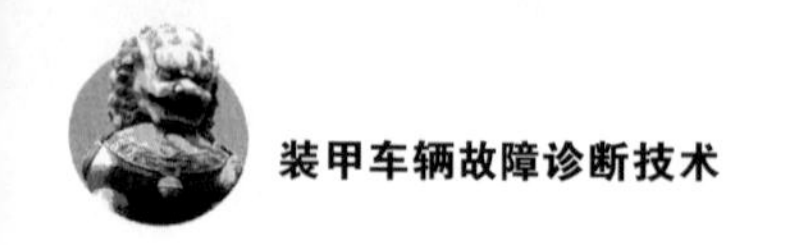

对一个稳态信号来说，理想情况下有

$$E[\mu_1^2(t-\tau)]=E[\mu_1^2(t-T)]=\text{const} \tag{4.64}$$

$$E[\mu_1(t-\tau)\mu_1(t-T)]=R_{\mu_1\mu_2}(t-T) \tag{4.65}$$

当 $\tau=T$ 时，两信号的相关函数为最大。相关计数器用扫描方式逐步求出互相关为最大的运行时间 $\tau_{\max}$，从而有 $T=\tau_{\max}$，通过确定传感器间的距离 S，便可由公式 $V=\dfrac{S}{T}$求出流速。由流速进而又可确定流量。

利用相关法测定流量的出发点是假设流体中存在随机干扰，由涡流或其他混合物造成的干扰引起的流动介质的压力、温度、导电性、静电荷、速度或透明度的局部、无规则的波动便是这种随机干扰的表现形式，因此用作测量的传感器也可以有多种不同的型式。上述测量的原理实际上与带钢测速的原理是一样的。

（2）线性相关的两个信号的互相关函数总是在信号间的时延为零时出现峰值，因此信号经过一个线性系统后的时间滞后可直接利用输入、输出信号之间的互相关分析得出，相关函数图中峰值对应的时间位移就是系统响应的时间滞后。

（3）与自相关函数一样，互相关函数也可用来检测混有外界噪声的周期信号。

设周期信号 $x(t)$ 和 $y(t)$ 分别为

$$x(t)=A\sin(\omega t+\theta)$$

$$y(t)=B\sin(\omega t+\theta-\varphi)$$

式中，θ 为 $x(t)$ 的初始相位角；φ 为 $x(t)$ 与 $y(t)$ 的相位差。

由于 $x(t)$、$y(t)$ 为周期函数，故可用一个周期的平均值代替其整个时间历程的平均值，其互相关函数为

$$\begin{aligned}R_{xy}(\tau)&=\lim_{T\to\infty}\frac{1}{T}\int_0^T x(t)y(t+\tau)\,\mathrm{d}t\\&=\frac{1}{T_0}\int_0^{T_0}A\sin(\omega t+\theta)\cdot B\sin[\omega(t+\tau)+\theta-\varphi]\,\mathrm{d}t\\&=\frac{1}{2}AB\cos(\omega\tau-\varphi)\end{aligned}$$

由上述结果可知，两具有相同频率的周期信号，其互相关函数中保留了该两个信号的频率 ω、对应的幅值 A 和 B，以及相位差 φ 的信息。简言之，两个非同频率的周期信号是不相关的，对应的互相关函数应为 0；两个同频率的周期信号是相关的，它们的互相关函数仍为同频率的周期信号，幅值为两信号幅值乘积的一半，相位等于两周期信号的相位差。所以说，采用一个已知频率的

周期信号与一个混有外界噪声的周期信号做互相关分析，根据互相关函数的特点可判断原混有噪声的信号中是否含有同频的周期成分。

4.4.5　时间序列分析——ARMA 模型

时间序列分析属于数理统计的一个重要分支，是一种以参数模型为基础的分析方法。但是，作为现代数据处理方法之一的时间序列分析还是在 20 世纪 20 年代后期才开始出现的。在 20 世纪 60 年代后期，时间序列分析在谱分析与谱估计方面取得突破性进展后得到了迅速发展。

时间序列分析起源于预测，特别是市场经济的预测。这也就是说，时间序列分析本来的目的是预测。但是，随着对时间序列分析的理论与应用这两方面的深入研究，时间序列分析应用的范围日益扩大。目前，它已涉及天文、地理、生物、物理、化学等自然科学领域，图像识别、语音通信、声呐技术、遥感技术、核工程、环境工程、医学工程、海洋工程、冶金工程、机械工程等工程技术领域，国民经济、市场经济、生产管理、人口等社会经济领域，并已取得不少重大的成就。

从时序应用及其研究的情况来看，时序的工程应用大致可分为六个方面：①系统辨识；②系统分析；③谱分析；④模式识别；⑤模态参数估计；⑥预测与控制。这里侧重时间序列数据的建模分析，即系统辨识的应用。

目前，在设备故障诊断领域研究和应用较广的模型有自回归滑动平均（auto - regressive moving average，ARMA）模型、双线性模型、门限自回归模型、指数自回归模型等。不同的时序模型有其各自的适用范围，如 ARMA 模型主要应用于平稳正态过程，门限自回归模型适用于描述非线性自激振动的极限环等非线性现象。由于每一种模型有其各自的应用领域，所以选用合适的模型是非常重要的。模型一旦确定，就可以得到一组模型参数，以模型参数为基础，可以进行参数识别、谱估计、预报等。因此在建立数学模型之前，应对时间序列数据进行统计特性分析和判别，并作必要的预处理，如平稳性检验、正态性检验、随机趋势的检验和处理等，使得建立的模型能够真实地表征时间序列对应系统的特性。

4.4.5.1　ARMA 模型的典型结构

ARMA 模型主要应用于零均值平稳正态时间序列，具有广泛的代表性。ARMA(m, n) 模型可由如下的随机差分方程描述：

$$x_t - \sum_{i=1}^{n} \varphi_i x_{t-i} = a_t - \sum_{j=1}^{m} \theta_j a_{t-j} \tag{4.66}$$

式中，n，m 分别为模型的自回归部分（AR）和滑动平均部分（MA）的阶次；$\varphi_i(i=1,2,\cdots,n)$，$\theta_j(j=1,2,\cdots,m)$ 为模型参数，$\{a_t\}$ 为零均值白噪声序列。顺便指出，离散序列 x_t 与连续函数 $x(t)$ 具有相同的含义，都是表示 x 在 t 时刻（$t=0$，1，…，N）的取值。为了表示离散序列与连续函数的区别，离散序列的变量 t 被放在下标位置。由模型（4.66）描述的时间序列 $\{x_t\}$ 也称 ARMA 序列。若后移算子用 B 表示，则 ARMA(n，m) 模型可表示为

$$\Phi(B)x_t=\Theta(B)a_t \tag{4.67}$$

式中，

$$\Theta(B)=1-\sum_{j=1}^{m}\theta_j B_j,\quad \Phi(B)=1-\sum_{i=1}^{n}\varphi_i B_i$$

若表示成传递函数的形式，则有

$$x_t=\frac{\Theta(B)}{\Phi(B)}a_t \tag{4.68}$$

因此，用于建立 ARMA(n，m) 模型的时间序列 $\{x_t\}$ 可以被看作一个传递函数为 $\Theta(B)/\Phi(B)$ 的系统，在白噪声序列 $\{a_t\}$ 激励下的响应，如图 4.31 所示。至此，我们实际上建立了 ARMA 模型与线性系统模型之间的一种对应关系。

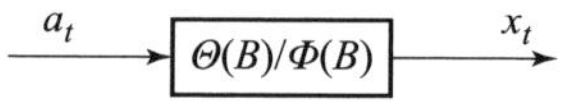

图 4.31　ARMA 模型与线性系统之间的关系

ARMA(n，m) 在应用中的主要困难是难以满足在线建模的需要，因为在参数估计时，观察值 $\{x_t\}$ 可通过检测读出，而残差 $\{a_{t-j}\}$ 则需要递推计算求出，因此参数估计时间长。但是表达一个系统模型不是唯一的，方程（4.66）仅仅是一个数学表达式，用该模型计算得到的数据序列在 t 时刻的取值不仅与以前的观测值有关，而且与 $\{a_{t-j}\}$ 也是相关的，若 $m=0$，即不考虑 $\{a_{t-j}\}$ 对数据序列的影响，认为系统的主要信息都用观测值 $\{x_{t-i}\}$ 本身的相关性描述，则式（4.69）表示的模型称为自回归模型，简称 AR(n) 模型，此时 $m=0$，即

$$x_t-\sum_{i=1}^{n}\varphi_i x_{t-i}=a_t \tag{4.69}$$

或

$$x_t=\frac{1}{\Phi(B)}a_t \tag{4.70}$$

若 $n=0$，则称为滑动平均模型［简称 MA(m) 模型］，它在机械设备的故障诊断中应用较少。

4.4.5.2　自回归模型的参数估计

AR 模型的参数估计方法大致可分为两类：一类称为直接估计法，这类方法根据观测数据或数据的统计特性来估计模型参数；另一类称为递推估计法，根据递推对象与递推方式的不同，又可分为矩阵递推估计法、参数递推估计法和实时递推估计法。矩阵递推估计法是指参数估计过程中所使用的矩阵可由低阶矩阵递推计算出来，即递推对象是矩阵；参数递推估计法是指高阶模型参数可由低阶模型参数递推估计出来，即递推对象是模型参数；实时递推估计法是一种不断采集新数据、不断根据新数据来调整原估计模型参数的实时算法。图 4.32 给出了 AR 模型参数估计的常用算法。

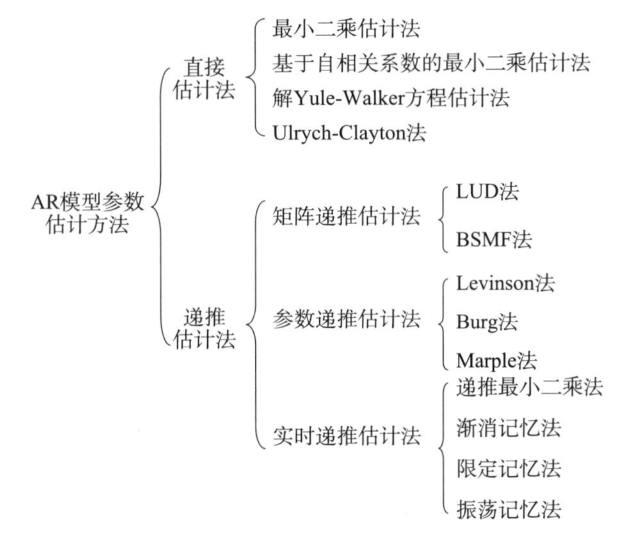

图 4.32　AR 模型参数估计的常用算法

下面给出 AR(n) 模型的参数估计的解 Yule-Walker 方程估计法的计算过程。

式（4.69）的两端同时乘以 x_{t-i} 可以得到

$$x_t \cdot x_{t-i} = \phi_1 x_{t-1} \cdot x_{t-i} + \phi_2 x_{t-2} \cdot x_{t-i} + \cdots + \phi_n x_{t-n} \cdot x_{t-i} + a_t \cdot x_{t-i} \quad (4.71)$$

再对式（4.71）两端同时取数学期望，当 $i \geqslant 1$ 时，因 a_t 与 x_{t-i} 是相互独立的，满足 $E[a_t \cdot x_{t-i}] = 0$，因此有

$$\gamma_i = \phi_1 \gamma_{i-1} + \phi_2 \gamma_{i-2} + \cdots + \phi_n \gamma_{i-n} \quad (4.72)$$

式中，$\gamma_i = E[x_t \cdot x_{t-i}]$ 为表示时间序列的自协方差，且有 $\gamma_{-i} = \gamma_i$。将式（4.72）展开，即可得到由 n 个线性方程组成的方程组

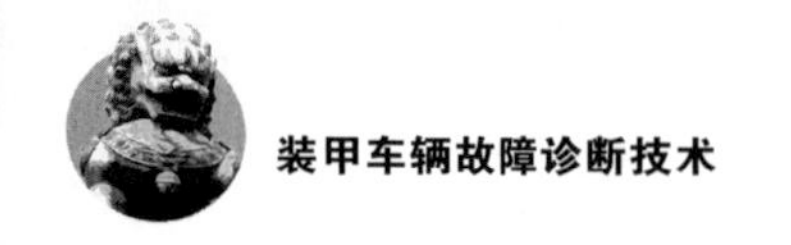

$$\left.\begin{aligned}\gamma_1&=\phi_1\gamma_0+\phi_2\gamma_1+\cdots+\phi_n\gamma_{n-1}\\\gamma_2&=\phi_1\gamma_1+\phi_2\gamma_0+\cdots+\phi_n\gamma_{n-2}\\&\vdots\\\gamma_n&=\phi_1\gamma_{n-1}+\phi_2\gamma_{n-2}+\cdots+\phi_n\gamma_0\end{aligned}\right\}\tag{4.73}$$

写成矩阵形式有

$$\begin{bmatrix}\gamma_1\\\gamma_2\\\vdots\\\gamma_n\end{bmatrix}=\begin{bmatrix}\gamma_0&\gamma_1&\cdots&\gamma_{n-1}\\\gamma_1&\gamma_0&\cdots&\gamma_{n-2}\\\vdots&\vdots&\vdots&\vdots\\\gamma_{n-1}&\gamma_{n-2}&\cdots&\gamma_0\end{bmatrix}\begin{bmatrix}\phi_1\\\phi_2\\\vdots\\\phi_n\end{bmatrix}\tag{4.74}$$

即

$$\boldsymbol{\gamma}=\boldsymbol{T\Phi}$$

$$\boldsymbol{\Phi}=\boldsymbol{T}^{-1}\boldsymbol{\gamma}\tag{4.75}$$

式（4.75）称为 Yule – Walker 方程，$\boldsymbol{T}$ 是自协方差矩阵，它不仅对称，而且各条对角线平行线上的元素对称相等，是一个 Toeplitz 矩阵。在 Toeplitz 矩阵求逆的运算中，可以采用 Levinson – Durbin 循环递推法来简化运算过程。在 Matlab 中可以直接用矩阵的除法来计算。

根据时间序列 $\{x_t\}$ 可以直接估计各阶自协方差函数，从而得到矩阵 $\boldsymbol{\gamma}$ 和 $\boldsymbol{T}$，因而直接求得自回归模型的各阶参数 ϕ_j，$j=1, 2, \cdots, n$。自回归模型反映了被测试系统本身的特性，因此可将模型参数作为特征参量来判断系统运行状态的变化。但是，由于正常状态与故障状态下测得的时间序列数据在建立 ARMA 或 AR 模型时的最佳阶次不一定相同，所以在应用时要特别注意这一点。

4.4.5.3 自回归模型的常用定阶方法

这里主要讨论最佳准则函数定阶法，即确定出一个准则函数，该函数既要考虑用某一模型拟合时对原始数据的接近程度，同时又要考虑模型中所含待定参数的个数。建模时按照准则函数的取值确定模型的优劣，以决定取舍，使准则函数达到极小的模型即为所谓的最佳模型。

设时间序列为 $\{x_t\}$，$t=1, 2, \cdots, n$，若用 AR(n) 模型来描述它，则有

$$x_t=\phi_1x_{t-1}+\phi_2x_{t-2}+\cdots+\phi_nx_{t-n}+a_t$$

模型的残差估计值可以用下式表示：

$$\sigma_n^2=\frac{1}{N-n}\sum_{t=n-1}^{N}a_t^2=\frac{1}{N-n}\sum_{t=n-1}^{N}(x_t-\phi_1x_{t-1}-\cdots-\phi_nx_{t-n})^2\tag{4.76}$$

对于不同的阶次 n，模型的残差估计值 σ_n^2 也不同，故可认为它是模型阶次的函数。

1）FPE 准则

FPE（final prediction error）准则是通过模型的预报误差来判断自回归模型的阶数是否恰当。若时间序列所代表的真实模型是 AR(n)，而且用 AR(p)（$p<n$ 或 $p>n$）来进行拟合，则不论是欠参数拟合（$p<n$）或过参数拟合（$p>n$），都会使模型预报误差的方差增大。

定义 FPE 准则函数为

$$\mathrm{FPE}(n)=(N+n)(N-n)^{-1}\sigma_n^2 \tag{4.77}$$

式中，N 为所用时间序列数据的长度；n 为 AR 模型的阶数；σ_n^2 为模型的残差。

一般来讲，当 n 较小时，σ_n^2 较大。当 n 增大时，σ_n^2 逐步下降。但当 n 增大到一定程度时，式（4.77）右侧的分式部分上升较快，使得 FPE 值上升。使得 FPE 值达到最小的 n 值是模型的最佳阶数。在实际工程应用中，常采用如下的定阶方法：取正整数 $M(N)$，通常取 $M(N)=N/3\sim 2N/3$，使之大于 AR 模型的真实阶数。在 $0\leqslant n\leqslant M(N)$ 范围内，n 值从小到大逐次建立各阶 AR 模型，并计算出相应的 FPE(n) 值，找出使最终预报误差 FPE(n) 达到极小值时对应的模型阶数 n'，此时的 AR(n') 模型就是描述该时间序列的最佳模型，即满足下式的阶次 n' 即为最佳的模型阶次，相应的 AR(n') 模型即为在 FPE 准则下的最佳模型。

$$\mathrm{FPE}(n')=\min_{0\leqslant n\leqslant M(N)}\mathrm{FPE}(n) \tag{4.78}$$

2）AIC 最小信息准则

AIC（A－information criterion）准则函数的定义如下：

$$\mathrm{AIC}(n)=\ln\sigma_n^2+2n/N \tag{4.79}$$

当阶次 n 增大时，式（4.79）右边第一项模型残差的方差将下降，ln 表示自然对数，它是单调函数，因此第一项是单调下降的；时间序列数据确定后，其长度 N 将是一常数，因式（4.79）右边的第二项随阶次 n 的增大而增大，所以从 $n=1$ 开始，逐次增大模型的阶次，在建立时间序列数据的自回归模型时，AIC(n) 的值呈下降趋势，这时起决定作用的是模型残差的方差。当它达到某一阶次 n'时，AIC(n) 值达到极小；随着模型阶次的继续增大，残差方差的变化甚微，于是模型阶次 n 将起关键性的作用，AIC(n) 值将随阶次 n 值的增大而增大。对于事先给定的最高阶次 $M(N)$，若

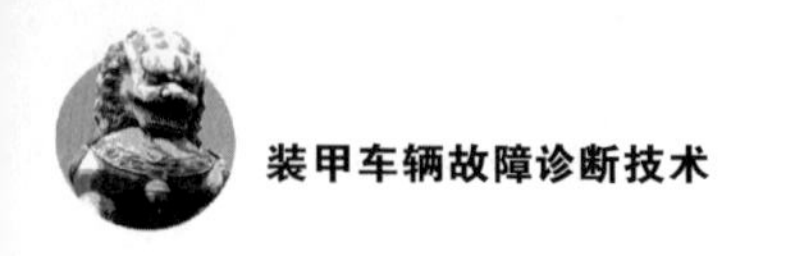

$$\mathrm{AIC}(n') = \min_{0 \leqslant n \leqslant M(N)} \mathrm{AIC}(n) \tag{4.80}$$

则 n'就是最佳自回归模型的阶数。

当时间序列的长度 N 足够大时，采用 AIC 准则对 AR 模型定阶，在大多数场合下能够比较准确地确定阶数，有时也会出现偏高的现象，但一般不会偏低。

3）BIC 准则及其他

在对时间序列进行建模定阶时，还可定义与 AIC 准则类似的其他准则函数。

BIC 准则函数定义如下：

$$\mathrm{BIC}(n) = \ln \sigma_n^2 + (n \cdot \ln N)/N \tag{4.81}$$

若某一阶次 n'满足

$$\mathrm{BIC}(n') = \min_{0 \leqslant n \leqslant M(N)} \mathrm{BIC}(n) \tag{4.82}$$

则 n'为模型的最佳阶次。

与式（4.79）定义的 AIC 准则函数相比，式（4.81）右边第二项用 $\ln N$ 代替了系数 2，一般来讲 $\ln N > 2$，因此 AIC 准则函数达到极小时所对应的阶次往往比 BIC 准则函数达到极小时所对应的阶次高，这说明对同一时间序列数据建立 AR 模型时，用 AIC 准则往往比用 BIC 准则确定的阶次要高。

类似地，还可以定义其他类型的准则函数，如

$$\mathrm{BIC}(n) = \ln \sigma_n^2 + C\ln N/N \tag{4.83}$$

式中，C 是给定常数。定义不同的准则函数，其目的是对模型的残差方差与参数个数之间进行不同的权衡，以体现使用者对残差与阶次二者重要性的不同侧重。

在实际问题中，用不同阶次模型得到的准则函数值，往往不是理想的下凸函数，而是总的趋势符合下凸函数变化规律，同时具有随机起伏，此时应具体问题具体分析。

4.4.5.4　ARMA 模型的特征参数

1）自回归模型参数 φ_j

建立 AR(n) 模型所用的观测数据序列 $\{x_t\}$ 蕴含着系统特性与系统工作状态的所有信息，因而基于 $\{x_t\}$ 按某一方法估计出来的 n 个模型参数 φ_j 也必然蕴含着这些信息，这正是所有参数模型的一个最大特点，即将大量数据所蕴

含的信息凝聚成为少数几个模型参数，特别是直接根据 φ_1、φ_2 等模型参数进行机械系统的故障诊断。

2）ARMA 模型的特征根

以 AR(2) 模型为例，由模型方程（4.69）可以得到一个差分方程，即

$$(1-\varphi_1 B-\varphi_2 B^2)x_t=a_t \tag{4.84}$$

可以将该差分方程齐次部分的特征方程表示成

$$\lambda^2-\varphi_1\lambda-\varphi_2=0 \tag{4.85}$$

式（4.85）的特征根为

$$\lambda_{1,2}=\frac{1}{2}\left(\varphi_1\pm\sqrt{\varphi_1^2+4\varphi_2}\right) \tag{4.86}$$

特征根 λ_1，λ_2 实质上是 AR(2) 模型的极点，它决定了系统的稳定性，由时间序列分析理论可知 AR(2) 模型的渐近稳定性条件为

$$|\lambda_i|<1, i=1,2 \tag{4.87}$$

上述结论可以推广到一般情形，可以证明，若 AR(n) 模型具有特征根 $\lambda_i, i=1,2,\cdots,n$，其渐近稳定性条件为

$$|\lambda_i|<1, i=1,2,\cdots,n \tag{4.88}$$

模型的稳定性与系统的稳定性有着必然的联系。一般说来，若系统处于正常工况下的稳定状态，则系统的响应（状态信号的输出）为平稳过程，这种稳定性必然体现在表征系统输出特性的时序模型中。因此我们可以应用时序模型的稳定性条件，通过分析模型的稳定性来判别机械系统的状态和工况属性。

3）格林函数 G_k

若 ARMA 模型是稳定的，对式（4.68）中的 $\Theta(B)/\Phi(B)$ 应用长除法可得

$$x_t=\sum_{k=0}^{\infty}G_k B_k a_t=\sum_{k=0}^{\infty}G_k a_{t-k} \tag{4.89}$$

称 $G_k(k=0,1,\cdots)$ 为格林函数（green’s function）。

由式（4.89）可以看出，若在 $(t-k)$ 时刻，对 ARMA(n, m) 模型描述的线性系统施以单位脉冲激励，则 $x_t=G_k$ 正是 t 时刻系统对该激励的响应。换言之，格林函数就是系统受到单位脉冲作用后的响应序列。稳定线性系统在受到一次脉冲激励后，随着时间的推移，系统对于该激励的响应会逐渐衰减，并恢复到受激励前的稳定状态，因此可以利用格林函数的特性趋势来分析机械设备运行工况状态的变化。

在具体应用时，若给定一个 ARMA(n, m) 模型的自回归（AR）部分特征根 λ_i，$i=1,2,\cdots,n$ 和滑动平均（MA）部分特征根 η_j，$j=1,2,\cdots,m$，且满足 $\lambda_i \neq \lambda_j, i\neq j$，$|\lambda_i|<1, i=1,2,\cdots,n$，则由时间序列分析理论可知，格林函数可按下式计算：

$$G_k = \sum_{i=1}^{n} g_i \lambda_i^k \tag{4.90}$$

式中

$$g_i = \lambda_i^{n-m+1} \frac{\prod_{j=1}^{m}(\lambda_i - \eta_j)}{\prod_{\substack{k=1 \\ k\neq i}}^{n}(\lambda_i - \lambda_k)}$$

格林函数反映了系统的稳定性，若 G_k 是衰减的，则系统在某时刻受到某干扰引起的响应经过足够长的时间就会衰减掉，回到平衡位置附近，所以系统是稳定的。

4）自协方差函数 r_k

自协方差函数表示时间序列在不同时刻取值之间的相关性，平稳时间序列 $\{x_t\}$ 的自协方差函数 r_k 可定义为

$$r_k = E[(x_t - Ex_t)(x_{t+k} - Ex_{t+k})] \tag{4.91}$$

式中，E 为数学期望，也就是平均值。

对于均值为零的平稳时间序列，因 $Ex_t = Ex_{t+k} = 0$，所以有

$$r_k = E(x_t x_{t+k}) \tag{4.92}$$

它和系统的格林函数一样，也可以描述系统的特性，这里的自协方差函数可以通过模型的特征根和格林函数用下式求得

$$r_k = E(x_t x_{t+k}) = E\left[\left(\sum_{i=0}^{\infty} G_i a_{t-i}\right)\left(\sum_{j=0}^{\infty} G_j a_{t+k-j}\right)\right] = \sigma_a^2 \sum_{j=0}^{\infty} G_j G_{j+k} \tag{4.93}$$

由式（4.93）可得到其自相关系数的计算公式：

$$\rho_k = \frac{r_k}{r_0} = \frac{\sum_{j=0}^{\infty} G_j G_{j+k}}{\sum_{j=0}^{\infty} G_j^2} \tag{4.94}$$

5）模型的 AIC 指标

模型的 AIC 指标见式（4.76）。

6）模型的归一化残差平方和

模型的归一化残差平方和见式（4.78）。

4.4.5.5　模型应用时应注意的问题

不论是式（4.66）还是式（4.69），它们都是线性差分方程表达式，也就是说该方程只适合描述线性系统。如果系统含有某种趋势性或其他非线性成分，就不能直接采用 ARMA 模型，而必须对用于建模的数据序列进行预处理，如平稳化处理之后再建立 ARMA 模型，或建立其他非线性模型。

4.4.6　信号的熵特征分析

4.4.6.1　熵理论的概念及发展

关于信息的度量最早是由 Hartley 提出的，根据相关文献，Hartley 认为应选择对数来度量信息。相关研究人员为了解释 Hartley 的定义，假定通信系统中不存在干扰，该系统只传送“接通”和“断开”两种消息，此时仅需两个符号即能表示这两种状态，如“接通”用“1”表示，“断开”用“0”表示。研究人员设定“断开”或“接通”的机会相等，即系统中出现“0”或“1”的概率相等。假如该系统传送四种消息（对应四种状态），且仍采用“0”“1”来表示四种状态，在接收端为了区分不同的状态，每种状态至少使用两个二进制数表示（00，11，01，10）。以此类推，如果系统要传送 8 种状态，则最少使用三个二进制数表示（000，111，110，001，101，010，011，100）才能区分出不同的状态。信息量与二进制数的关系如表 4.5 所示。

表 4.5　信息量与二进制数的关系

信息量	消息数量	二进制数的位数
$\log_2 2 = 1$	2 个等概率出现的消息（0，1）	用 1 位二进制数分别表示 2 个消息
$\log_2 4 = 2$	4 个等概率出现的消息（00，11，10，01）	用 2 位二进制数表示 4 个消息
$\log_2 8 = 3$	8 个等概率出现的消息 （000，111，110，001，101，010，011，100）	用 3 位二进制数表示 8 个消息
…	…	…
$\log_2 n = m$	n 个等概率出现的消息	用 m 位二进制数表示 n 个消息

由表 4.5 可知，对消息数量取以 2 为底的对数，得到表示这些消息所需的二进制数的位数（亦称单元符号数）。消息出现的概率越小，不确定性就越大，信息量越大，即消息数量的对数可以表示不确定性的大小。设 n 个等概率出现的消息的信息量为 h_{p}，信息量等于消息数量 n 的对数，即

$$h_p = \log_2 n = -\log_2 p \tag{4.95}$$

式中，$p = 1/n$ 为消息出现的概率。

以上即为 Hartley 信息量的由来，即等概率出现的消息的信息量等于表示这些消息所需二进制码的最小位数，即消息数量的对数。

Hartley 信息量仅描述了消息等概率出现的情况，并没有考虑消息概率不等的情况。1948 年，Shannon 在《贝尔系统技术杂志》上发表论文，将 Hartley 的公式扩大到概率不等的情况，提出了“信息熵”的概念，进而解决了对信息的量化度量问题。

Shannon 指出，如果将信源输出的众多消息看作一个事件集，设集合中某一事件 x 出现的概率为 $p(x)$，则该事件的信息量为 $I(x)$，参考等概率事件的情况，该事件的信息量可表示为

$$I(x) = \log_2 \frac{1}{p(x)} \tag{4.96}$$

信息量 $I(x)$ 通常称为事件的自信息量。

$I(x)$ 之所以能用于表达事件 x 出现的信息量，具体原因如下。

（1）当 $p(x)=1$ 时，$I(x)=0$。$p(x)=1$ 表明是必然事件，而必然事件具有确定性，因而信息量为零，符合常理。

（2）$I(x)$ 是事件 x 的发生概率 $p(x)$ 的单调递减函数，即随着随机事件 x 的发生概率 $p(x)$ 的增加，信息量将减小，满足一一对应关系，如图 4.33 所示。

（3）用对数表示信息量，使得信息量具有可加性。例如，有两个独立的事件 a_1，a_2，其出现的概率为 $p(a_1)$ 和 $p(a_2)$，则两个事件同时出现的信息量为

$$\begin{aligned} I(a_1,a_2) &= -\log_2[p(a_1)\cdot p(a_2)] \\ &= -\log_2 p(a_1) - \log_2 p(a_2) \\ &= I(a_1) + I(a_2) \end{aligned} \tag{4.97}$$

由式（4.97）可知，事件 a_1 和 a_2 同时出现的信息量为事件 a_1，a_2 各自信息量之和。

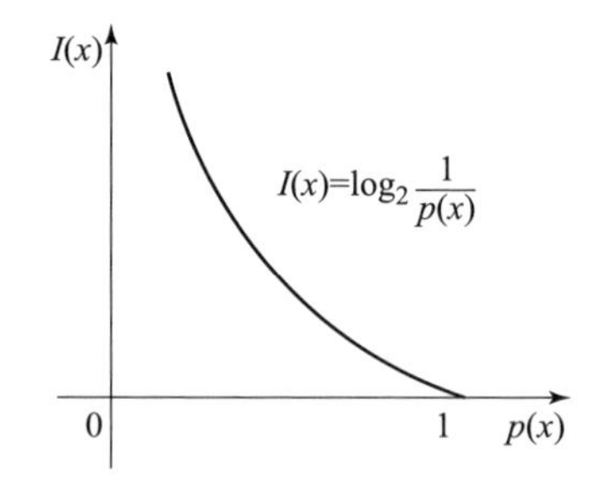

图 4.33　信息量与事件发生概率的关系

以上主要针对信息蕴含于不确定性事件之中的情况，而在概率论中不确定性事件是用随机事件或随机变量来描述的。

如随机事件或随机变量取值于一个离散集合，则该信息源称为离散信息源。设离散集合 $A=\{a_1,a_2,\cdots,a_n\}$，则称 A 为信息源符号表，其对应符号的

概率分别为 $\boldsymbol{P}=\{p_1,p_2,\cdots,p_n\}$，$p_i\geqslant 0$，且 $\sum p_i=1$，符号表 A 又被称为有限事件集，$\boldsymbol{P}$ 为概率空间中的概率向量。

设信息源共输出 N 个消息，共包括 n 个不同的消息，其中第 i 个消息重复出现 h_i 次，$\sum h_i=N$，则信息源输出消息的平均信息量表示为

$$I_{\mathrm{m}}=\frac{1}{N}\sum_{i=1}^{n}h_iI_i \tag{4.98}$$

式中，I_i 为第 i 消息的信息量，即

$$I_i=\log_2\frac{1}{p_i}=-\log_2 p_i \tag{4.99}$$

式中，p_i 为第 i 消息出现的概率，$p_i=h_i/N$。

将式（4.99）代入式（4.98）得

$$I_{\mathrm{m}}=-\sum_{i=1}^{n}p_i\log_2 p_i \tag{4.100}$$

式（4.100）为信息源的平均信息量，Shannon 将计算结果称为信息熵，单位是每符号 bit（比特），用 H 表示，即

$$H=-\sum_{i=1}^{n}p_i\log_2 p_i \tag{4.101}$$

信息熵从总体平均特性出发，其计算结果仅与变量的概率大小有关，不受变量自身的影响，可以用于度量系统的无序程度。随着对信息熵的理解不断深入，熵的概念不断被扩充，出现了各种形式的信息熵。各种熵的定义虽然具有不同的含义，但彼此间存在着一定的联系。各种信号的分析处理方法从不同角度描述系统的特性，基于信息熵理论的各类熵特征逐渐成为各行各业中评价系统复杂度的特征参量。

由于信息熵能够有效地识别时间序列的动力学特性，因此，信息熵在机械系统特征提取及故障诊断中的应用越来越引起人们的重视。自 Shannon 建立信息熵的数学模型后，机械系统异常检测、故障诊断和故障预测等领域的相关学者对其进行了深入研究，并与其他学科或方法相结合，提出了动态熵、灰度熵、小波熵、近似熵、样本熵、排列熵等熵特征计算方法。

4.4.6.2　小波熵

小波熵（wavelete entropy，WE）是将小波变换理论与信息熵相结合的信号分析方法，小波变换是一种多分辨率信号处理方法，其具有多尺度细化及凸显局部特性的优点，信息熵可用来度量信号的统计特性。小波熵可以提取出信号不同细节方面的特性。

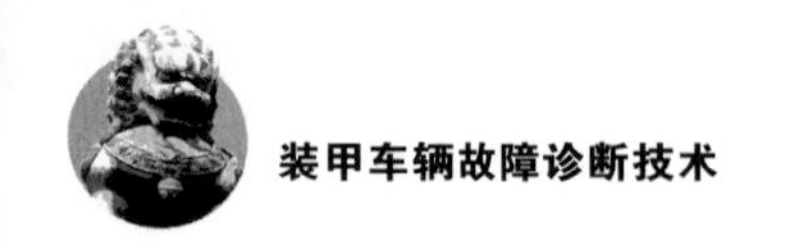

（1）设 $x(t)$ 为有限能量函数，其小波变换为

$$W_x(a,b)=\int x(t)\psi_{a,b}(t)\mathrm{d}t(a>0) \tag{4.102}$$

式中，函数族 $\psi_{a,b}(t)$ 由基本小波函数 $\psi(t)$ 通过伸缩和平移产生：

$$\psi_{a,b}(t)=a^{-1/2}\psi\left(\frac{t-b}{a}\right) \tag{4.103}$$

式中，a 为尺度参数，b 为定位参数。

在小波变换理论中，小波基函数的选取不是唯一的，有多种选择方式，所以要根据信号类型选取适合的小波基，以达到最佳效果。

（2）当小波基函数为一组正交基函数时，小波变换具有能量守恒的性质。对信号 $x(t)$ 进行 m 层分解后，每一层的能量 E_i 为该层小波系数的平方和，即

$$E_i=\|W_i\|^2(1\leqslant i\leqslant m) \tag{4.104}$$

则信号的总能量 E 为各层能量之和：

$$E=\sum_{i=1}^{m}E_i \tag{4.105}$$

相对小波能量定义为

$$p_i=E_i/E \tag{4.106}$$

式中，$\sum_{i=1}^{m}p_i=1$。

（3）从上述定义可以看出，p_i 的分布情况可以在时间尺度上表征信号能量的密集程度。结合信息熵的理论，定义小波熵为

$$S_{\mathrm{WE}}=-\sum_{i=1}^{m}p_i\lg p_i \tag{4.107}$$

小波熵可以体现出信号在不同尺度上的能量分布情况，其值越大，对应尺度上的能量占比就越大。

4.4.6.3 排列熵

排列熵（pemutation entropy，PE）是一维时间序列复杂度的一种测度，它可以将以前不能定量描述或是很难定量描述的系统复杂程度用一种较为简便的方法描述出来。由于排列熵算法原理简单、计算速度快，且能够放大信号中的微小变化，因此排列熵的发展在机械系统振动信号特征提取和故障诊断领域得到了广泛的应用。排列熵基本原理如下。

（1）选择合适的信号。排列熵算法针对的是离散的时间序列，因此若信号是连续的，首先要对原始信号进行离散化处理：$L=\{x(i),i=1,2,\cdots,n\}$。

（2）相空间重构。根据延迟嵌入定理，对原始信号进行相空间重构，得

到重构矩阵 $\boldsymbol{Y}$。

$$\boldsymbol{Y}=\begin{bmatrix}\boldsymbol{Y}(1)\\ \boldsymbol{Y}(2)\\ \vdots\\ \boldsymbol{Y}(j)\\ \vdots\\ \boldsymbol{Y}(K)\end{bmatrix}=\begin{bmatrix}x(1) & x(1+\tau) & \cdots & x(1+(m-1)\tau)\\ x(2) & x(2+\tau) & \cdots & x(2+(m-1)\tau)\\ \vdots & \vdots & \vdots & \vdots\\ x(j) & x(j+\tau) & \cdots & x(j+(m-1)\tau)\\ \vdots & \vdots & & \vdots\\ x(K) & x(K+\tau) & \cdots & x(K+(m-1)\tau)\end{bmatrix} \tag{4.108}$$

式中，$j=1,\ 2,\ \cdots,\ K$；m 和 τ 分别为嵌入维数和延迟时间，$K=n-(m-1)\tau$。矩阵 $\boldsymbol{Y}$ 中的每一行 $\boldsymbol{Y}(j)$ 可被看作一个含有 m 个元素（分量）的时间序列向量，共有 K 个这样的重构向量。

（3）对每个重构向量进行排序。重构矩阵 $\boldsymbol{Y}$ 中的每一个分量 $\boldsymbol{Y}(j)$ 实际上是一个维数为 m 的向量，按照其各组成元素数值的大小进行升序排列，即 $x(i+(j_1-1)\tau)\leqslant x(i+(j_2-1)\tau)\leqslant\cdots\leqslant x(i+(j_m-1)\tau)$，$j_1,j_2,\cdots,j_m$ 表示重构向量中各个元素所在列（位置）的索引。如果重构向量中存在相等的值，即 $x(i+(j_p-1)\tau)=x(i+(j_q-1)\tau)$，则按照 j_p 和 j_q 值的大小来排序，也就是当 $j_p<j_q$ 时，有 $x(i+(j_p-1)\tau)\leqslant x(i+(j_q-1)\tau)$。

因此，对于任意一个时间序列重构所得的矩阵 $\boldsymbol{Y}$ 中每一行 $\boldsymbol{Y}(j)$ 都可以得到一组符号序列：$S(l)=(j_1,j_2,\cdots,j_m)$，其中，$l=1,2,\cdots,k$，且 $k\leqslant m!$，m 维相空间映射不同的符号序列 $(j_1,j_2,\cdots,j_m)$，总共有 $m!$ 种，符号序列 $S(l)$ 是其中的一种排列。

（4）概率计算。计算每一种符号序列出现的概率 $p_1,\ p_2,\ \cdots,\ p_k$，此时时间序列 $x(i)$ 的 k 种不同符号序列的排列熵，可以按照信息熵的形式来定义：

$$H_{\mathrm{p}}(m)=-\sum_{j=1}^{k}p_j\ln(p_j) \tag{4.109}$$

（5）归一化处理。当 $p_j=1/m!$ 时，$H_{\mathrm{p}}(d)$ 就达到最大值 $\ln(m!)$。为了方便，通常用 $\ln(m!)$ 将 $H_{\mathrm{p}}(d)$ 进行归一化处理，即

$$0\leqslant H_{\mathrm{p}}=H_{\mathrm{p}}/\ln(m!)\leqslant 1 \tag{4.110}$$

H_{p} 值的大小表示时间序列 $\{X(i),i=1,2,\cdots,n\}$ 的随机程度：H_{p} 的值越小，说明时间序列越规则，反之时间序列越接近随机。$H_{\mathrm{p}}=0$ 时，表示时间序列是连续递增或连续递减的；$H_{\mathrm{p}}=1$ 时，表示系统是完全随机的。H_{p} 的变化反映并放大了时间序列的微小细节变化。

4.4.6.4　近似熵

1991 年 Steven M. Pincus 提出了近似熵（approximatic entropy，ApEn）算

法，近似熵通过度量时间序列中出现新模式的概率大小来描述其复杂性，即熵值越小，说明时间序列中出现新模式的概率越小，相应的复杂性及不确定性越小，反之亦然。

设一时间序列为 $X\{x(n), n=1,2,\cdots,N\}$，近似熵的计算过程如下。

（1）设定嵌入维数 m，将序列 X 重构成一组 m 维向量：

$$\boldsymbol{Y}(i)=[x(i),x(i+1),\cdots,x(i+m-1)] \tag{4.111}$$

式中，$i=1\sim N-m+1$。

（2）定义 $\boldsymbol{Y}(i)$ 与 $\boldsymbol{Y}(j)$ 之间的距离为

$$d(i,j)=\max_{k=1,2,\cdots,m-1}[\,|x(i+k)|-|x(j+k)|\,] \tag{4.112}$$

（3）给定相似容限 $r(r>0)$，定义 $C_r^m(r)$ 为向量 $\boldsymbol{Y}(i)$ 中的 $d(i,j)<r$ 的数目与 $N-m+1$ 的比值。

（4）再对 $C_r^m(r)$ 取对数，然后计算对所有 i 的平均值，记作 $\boldsymbol{\Phi}^m(r)$。

$$\boldsymbol{\Phi}^m(r)=\frac{1}{N-m+1}\sum_{i=1}^{N-m+1}\ln C_i^m(r) \tag{4.113}$$

（5）将维数加 1，变成 $m+1$，重复步骤（1）~（4），得到 $\boldsymbol{\Phi}^{m+1}(r)$。

（6）近似熵的估计值为

$$\mathrm{ApEn}(m,r,N)=\boldsymbol{\Phi}^m(r)-\boldsymbol{\Phi}^{m+1}(r) \tag{4.114}$$

4.4.6.5 样本熵

样本熵（sample entropy，SE）是 Richman 与 Moorman 在基于近似熵算法上发展而来的新方法。与近似熵相比，样本熵的优点是对时间序列长度的依赖程度较低，且具有更好的抗噪与抗干扰能力。

设时间序列为 $X\{x(n), n=1,2,\cdots,N\}$，样本熵的计算过程如下。

（1）设定嵌入维数为 m，对时间序列 X 进行相空间重构，得到矩阵 $\boldsymbol{Y}$

$$\boldsymbol{Y}=\begin{bmatrix}\boldsymbol{Y}(1)\\ \boldsymbol{Y}(2)\\ \vdots\\ \boldsymbol{Y}(i)\\ \vdots\\ \boldsymbol{Y}(j)\\ \vdots\\ \boldsymbol{Y}(K)\end{bmatrix}=\begin{bmatrix}x(1) & x(2) & \cdots & x[1+(m-1)]\\ x(2) & x(3) & \cdots & x[2+(m-1)]\\ \vdots & \vdots & \vdots & \vdots\\ x(i) & x(i+1) & \cdots & x[i+(m-1)]\\ \vdots & \vdots & \vdots & \vdots\\ x(j) & x(j+1) & \cdots & x[j+(m-1)]\\ \vdots & \vdots & \vdots & \vdots\\ x(K) & x(K+1) & \cdots & x[K+(m-1)]\end{bmatrix} \tag{4.115}$$

式中，$1\leqslant i,\ j\leqslant K$，$K=N-m+1$。

（2）定义 $d(i,j)$ 为向量 $\boldsymbol{Y}(i)$ 与 $\boldsymbol{Y}(j)$ 之间的距离：

$$d(i,j)=\max|x(i+k)-x(j+k)|(0\leqslant k\leqslant m-1) \tag{4.116}$$
$$1\leqslant i,\ j\leqslant N-m+1,\ j\neq i$$

(3) 设相似容限为 r，定义 B_i 为向量 $\boldsymbol{Y}(i)$ 中 $d(i,j)<r$ 的数目，并计算 B_i 与向量总数 $N-m$ 的比值，记作 $B_i^m(r)$，即

$$B_i^m(r)=\frac{B_i}{N-m} \tag{4.117}$$

$B^m(r)$ 为 $N-m+1$ 个 $B_i^m(r)$ 的平均值

$$B^m(r)=\frac{1}{N-m+1}\sum_{i=1}^{N-m+1}B_i^m(r) \tag{4.118}$$

(4) 增加维数到 $m+1$，对时间序列 X 重新构造 $m+1$ 维的相空间，重复步骤 (1)~(3)，得到 $B^{m+1}(r)$。

(5) 理论上，样本熵定义为

$$\mathrm{SE}(m,r)=\lim_{N\to\infty}\left[-\ln\frac{B^{m+1}(r)}{B^m(r)}\right] \tag{4.119}$$

当 N 取有限值时，样本熵为

$$\mathrm{SE}(m,r,N)=-\ln\frac{B^{m+1}(r)}{B^m(r)} \tag{4.120}$$

由式 (4.120) 可知，数据长度 N 与相似容限 r 的选取将影响样本熵的计算结果。

从以上不同类型熵特征参数的定义和分析来看，不管采取哪种特征熵，其中都涉及一个嵌入维数 m 和延迟时间τ的选择与确定问题，尤其是排列熵，其他类型熵的计算过程中基本上直接取$\tau=1$。对于特定的时间序列，到底如何选择嵌入维数 m 和延迟时间τ，人们研究了不同算法来解决此问题，请参考其他文献和书籍。

4.4.6.6 多尺度排列熵

多尺度分析首先被 Costa 与信息熵结合用于评价时间序列在多尺度下的动力学特性。然而，采用传统的粗粒化进行多尺度分析大幅缩短了原始时间序列的长度，导致计算的特征精度下降。为了克服原始时间序列大幅缩短造成的影响，Wu 等结合滑动平均处理方法代替传统的粗粒化方法，提出了改进的多尺度分析方法。结合改进多尺度分析方法，本节提出改进多尺度排列熵 (multi-scale PE，MPE)。

多尺度排列熵的实质是计算不同尺度下的排列熵，其计算过程如下。

(1) 滑动平均处理。设振动信号的时间序列为 $X=\{x(i),i=1,2,\cdots,N\}$，

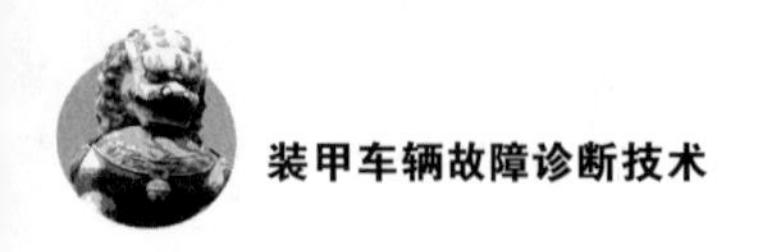

对其进行尺度化处理，设定尺度化因子为 λ，尺度化序列为 $Y=\{y_j^\tau\}$，其表达式为

$$y_j^\tau=\frac{1}{\lambda}\sum_{i=j}^{j+\lambda-1}x(i) \tag{4.121}$$

式中，$1\leqslant j\leqslant N-\lambda+1$，$\lambda$ 为正整数，此处采用尺度因子评估时间序列不同尺度的动态特性。显然当 $\lambda=1$ 时，Y 为原始序列 X；$\lambda\geqslant 1$ 时，原始序列被尺度化为长度为 $N-\lambda+1$ 的尺度序列；相对于 X，Y 的长度仅有微小变化。

（2）计算尺度因子 $\lambda\leqslant\lambda_{\mathrm{m}}$ 时所有尺度序列的排列熵特征，λ_{m} 为设定的最大尺度因子。

比较同一时间序列的多尺度熵时，如果熵值随 τ 的增加而逐渐减小，则表明序列相对规则，反之则表明序列相对复杂。对两个不同时间序列 $X(n)$，$Y(n)$ 的多尺度熵进行比较时，如果在绝大部分尺度上存在 $\mathrm{MPE}_{X(n)}>\mathrm{MPE}_{Y(n)}$，则说明$X(n)$ 的复杂程度要大于 $Y(n)$。

装甲车辆传动系统的振动信号非常复杂，包含其状态特征的信息应分布在不同的尺度上，单一尺度的熵值特征无法全面地表征振动信号的状态，因此需要在多个不同尺度上对传动系统的振动信号进行分析处理，得到更多体现传动系统，尤其是齿轮状态信息的熵值。

4.4.6.7 互信息特征

熵、相对熵、互信息是信息论中的三个重要概念，其中熵可以度量系统的无序性，相对熵用来度量两个概率分布之间的差异性，互信息（mutual information，MI）是两个随机变量之间统计关联度的重要度量，这三个概念已在工程实际中得到了非常广泛的应用。其中互信息作为衡量两个变量关系的度量，在定义互信息时并没有假设变量之间存在任何关系，因而它不仅能反映变量间的线性关系，而且能反映变量间的非线性关系。

假设两个不同的连续随机变量 X，Y 的概率密度及其联合概率密度分别是 $P_{\mathrm{X}}(x),P_{\mathrm{Y}}(y),P_{\mathrm{XY}}(x,y)$，则这两个随机变量间的互信息为

$$\mathrm{MI}(X,Y)=\int_{-\infty}^{\infty}\int_{-\infty}^{\infty}P_{\mathrm{XY}}(x,y)\lg\frac{P_{\mathrm{XY}}(x,y)}{P_{\mathrm{X}}(x)P_{\mathrm{Y}}(y)}\mathrm{d}x\mathrm{d}y \tag{4.122}$$

在工程上求解随机变量间的互信息时，需要对该式进行离散化处理。假设随机离散变量 X、Y 的离散序列值分别为 $x_1,x_2,\cdots,x_n$ 及 $y_1,y_2,\cdots,y_n$；$P_{\mathrm{X}}(x_i)$，$P_{\mathrm{Y}}(y_i)$，$P_{\mathrm{XY}}(x_i,y_j)$ 分别是离散随机变量 X、Y 的概率分布及其联合概率分布，则式（4.122）转化为式（4.123）。

$$\mathrm{MI}(X,Y)=\sum_{i=1}^{N}\sum_{j=1}^{N}P_{\mathrm{XY}}(x_i,y_j)\lg\frac{P_{\mathrm{XY}}(x_i,y_j)}{P_{\mathrm{X}}(x_i)P_{\mathrm{Y}}(y_j)} \tag{4.123}$$

由式（4.123）可知，互信息是联合概率分布与各自概率分布乘积之间的相对熵。根据式（4.123）及条件概率的定义可得到下式：

$$\mathrm{MI}(X,Y)=H(X)-H(X|Y)=H(X)+H(Y)-H(X,Y) \tag{4.124}$$

式中，$H(X,Y)=-\sum_{i=1}^{N}\sum_{j=1}^{N}P_{XY}(x_i,y_j)\lg P_{XY}(x_i,y_j)$ 是离散随机变量 X，Y 的联合熵；$H(X|Y)=-\sum_{i=1}^{N}\sum_{j=1}^{N}P_{XY}(x_i,y_j)\lg P_{XY}(x_i|y_j)$ 是离散随机变量 X，Y 的条件熵；$H(X)=-\sum_{i=1}^{N}P_X(x_i)\lg P_X(x_i)$，$H(Y)=-\sum_{i=1}^{N}P_Y(y_i)\lg P_Y(y_i)$ 分别是离散随机变量 X，Y 的熵。

根据式（4.123）、式（4.124）可知，为计算变量间的互信息值，应首先计算离散随机变量 X，Y 的概率分布及联合概率分布。图 4.34（a）、（b）和图 4.35 分别是某设备两类技术状态下一个振动加速度时间序列样本的概率分布及联合概率分布。为保证计算结果的可靠性，在计算互信息值时，以设备的 1 类技术状态下的振动加速度时间序列为基准，分别计算其他技术状态的振动加速度时间序列与基准状态的所有振动加速度时间序列间的互信息值，并对计算结果作平均处理。为对比不同技术状态的互信息值的变化，同时计算 1 类技术状态时的振动加速度时间序列间的互信息值，并对计算结果作平均处理。

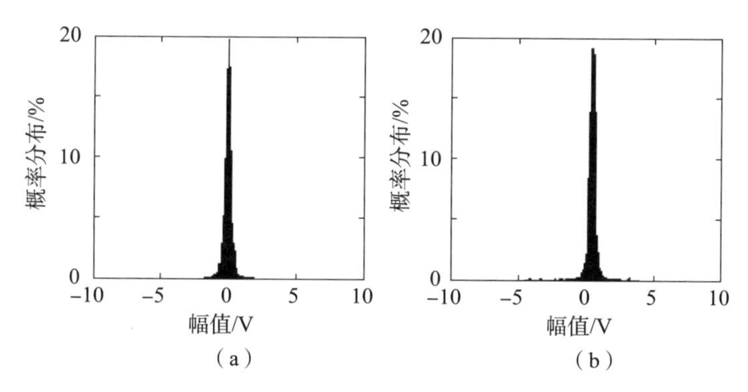

图 4.34　某设备两类技术状态下时间序列的概率分布

4.4.7　信号的包络分析

信号的包络是反映机械设备状态的一种重要形式。对于故障产生的周期性冲击振动，寻找故障信号的冲击强度和其变化的快慢缓急是一种常用的分析手段。通常有缺陷的齿轮在啮合过程中存在低频、低振幅所激发的高频、高振幅共振，此时利用包络分析法可以对高频信号的低频特征作出更详细的分析。

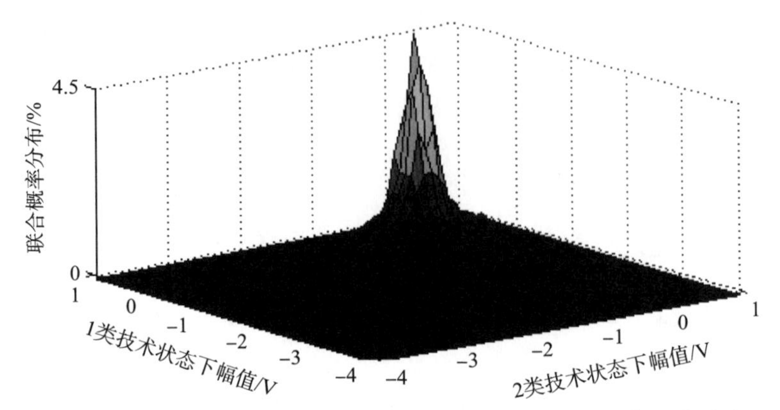

图 4.35　某设备两类技术状态下两个时间序列间的联合概率分布

信号包络的提取方法主要有三种：Hilbert 幅值解调法、检波—滤波法和高通绝对值解调法。检波—滤波法是对零均值化的原始信号作检波处理，再零均值化，然后设置以某一频率为中心频率的带通滤波器进行滤波，可得到以该频率为主要频率的包络信号。高通绝对值解调法是对零均值的时域信号作高通滤波，取绝对值，再进行低通滤波，低通滤波器的截止频率决定了包络信号的频率成分。这里主要介绍常用的 Hilbert 幅值解调法。

4.4.7.1　Hilbert 变换的定义

对于一连续的时间信号 $x(t)$，其 Hilbert 变换 $\hat{x}(t)$ 定义为

$$\hat{x}(t) = \frac{1}{\pi}\int_{-\infty}^{\infty}\frac{x(\tau)}{t-\tau}\mathrm{d}\tau = \frac{1}{\pi}\int_{-\infty}^{\infty}\frac{x(t-\tau)}{\tau}\mathrm{d}\tau = x(t) * \frac{1}{\pi t} \tag{4.125}$$

即 $\hat{x}(t)$ 是 $x(t)$ 与 $1/(\pi t)$ 的卷积。

从线性系统输入、输出和脉冲响应函数三者之间的关系来看，$\hat{x}(t)$ 可以被看作 $x(t)$ 通过一个单位脉冲响应为 $h(t)=1/(\pi t)$ 的滤波器的输出，如图 4.36（a）所示。

由傅里叶变换的理论可知，$jh(t)=j/(\pi t)$ 的傅里叶变换是符号函数 $\mathrm{sgn}(\omega)$。因此，Hilbert 变换的频率响应为

$$H(\omega) = -j\mathrm{sgn}(\omega) = \begin{cases} -j & (\omega > 0) \\ j & (\omega < 0) \end{cases} \tag{4.126}$$

其幅频特性和相频特性分别为

$$A(\omega) = |H(\omega)| = 1, \varphi(\omega) = \begin{cases} -\pi/2 & (\omega > 0) \\ \pi/2 & (\omega < 0) \end{cases} \tag{4.127}$$

Hilbert 变换的幅频特性如图 4.36（b）所示，相频特性如图 4.36（c）所

示。可见，Hilbert 变换是幅频特性为 1 的全通滤波器，信号 $x(t)$ 通过 Hilbert 变换后，其负频率成分作 $+90°$ 相移，而正频率成分作 $-90°$ 相移。利用 Hilbert 变换的这一特性可以构造出相应的解析信号，使其仅含有正频率成分，从而在时频分析时可降低信号的抽样频率。

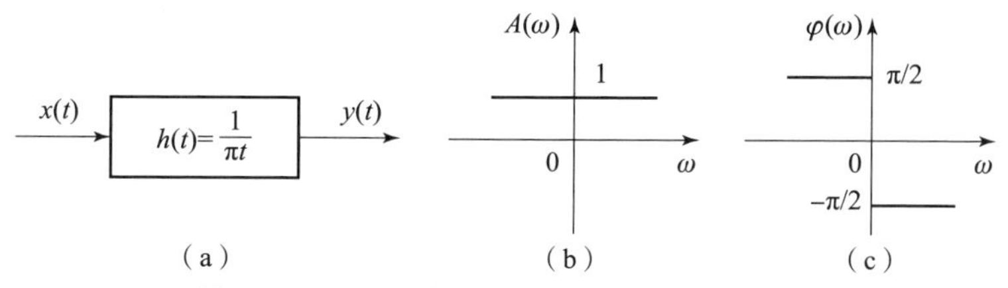

图 4.36 Hilbert 变换及其幅频特性和相频特性

4.4.7.2 信号包络的定义

设 $\hat{x}(t)$ 为 $x(t)$ 的 Hilbert 变换，定义

$$z(t) = x(t) + j\hat{x}(t) \tag{4.128}$$

为信号 $x(t)$ 的解析信号（analytic signal），并记

$$a(t) = \sqrt{x^2(t) + \hat{x}^2(t)}$$

$$\varphi(t) = \arctan\left[\frac{\hat{x}(t)}{x(t)}\right] \tag{4.129}$$

$a(t)$ 即为 $x(t)$ 的包络。需要指出，该包络是信号 $x(t)$ 幅值绝对值的包络。

4.4.7.3 信号包络的计算

离散傅里叶变换（DFT）及其快速算法（FFT）是数字信号处理中应用非常广泛的一种算法。离散信号 $x(n)$ 的包络可按如下方法求出。

（1）计算 $x(n)$ 的 DFT，得到 $X(k)$，$k=0,1,\cdots,N-1$。

（2）令 $g(k)=\begin{cases} X(k) & (k=0) \\ 2X(k) & \left(k=1,2,\cdots,\frac{N}{2}-1\right) \\ 0 & \left(k=\frac{N}{2},\frac{N}{2}+1,\cdots,N-1\right) \end{cases}$

（3）对 $g(k)$ 作逆 DFT，即可得到 $x(n)$ 的解析信号 $z(n)$，$z(n)$ 的虚部就是 $\hat{x}(n)$。

（4）求出 $z(n)$ 的幅值，即可得到 $x(n)$ 的包络 $a(n)$。

4.4.7.4 包络信号的细化谱分析

细化谱分析是一种高分辨率傅里叶分析方法，能够以指定的、足够高的频率分辨率分析频率轴上任一窄带内信号的频谱结构。它是20世纪70年代信号处理领域发展起来的一项新技术。细化谱分析的方法有多种，其中应用最广泛的是基于复调制移频的傅里叶分析法，简称Zoom－FFT（或ZFFT）方法。目前许多商品化计算机辅助测试分析系统都具有此项功能，一般可将频率细化2～128倍。

复调制细化谱分析方法包括移频（复调制）、低通数字滤波、重抽样、FFT及谱分析、频率成分调整等处理步骤，其基本原理如图4.37所示。

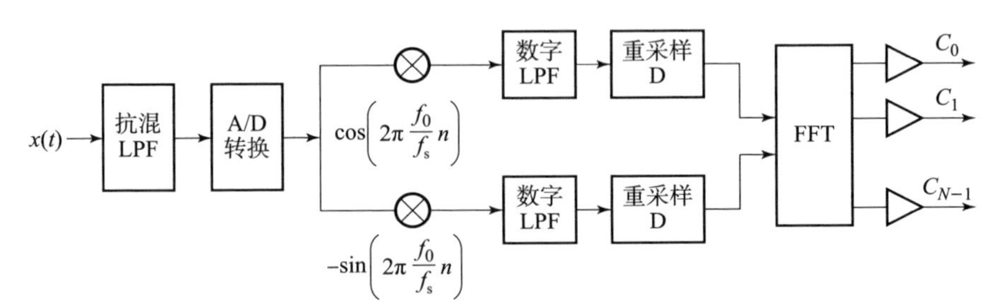

图4.37　细化谱分析的基本原理

连续信号 $x(t)$ 经抗混频低通滤波器，去掉高于 $f_s/2$ 的频率成分，以采样频率 f_s 采样，得到 N_d 点数字信号 $x_0(n)$，其离散傅里叶变换为

$$X_0(k)=\sum_{n=0}^{N-1}x_0(n)W_{N_d}^{nk}\quad(k=0,1,2,\cdots,N-1)\tag{4.130}$$

式中，$W_{N_d}=e^{-j2\pi/N_d}$。

假定要在频带（f_1，f_2）范围内进行细化分析，则欲分析频带的中心频率为

$$f_0=(f_1+f_2)/2$$

以 $e^{-j2\pi nf_0/f_s}$ 对 $x_0(n)$ 进行复调制，得到移频信号

$$\begin{aligned}x(n)&=x_0(n)e^{-j2\pi nf_0/f_s}=x_0(n)\cos(2\pi nf_0/f_s)-jx_0(n)\sin(2\pi nf_0/f_s)\\&=x_0(n)\cos(2\pi nL_0/N_d)-jx_0(n)\sin(2\pi nL_0/N_d)\end{aligned}\tag{4.131}$$

式中，L_0 为 $X_0(k)$ 对应于频率 f_0 的谱线信号。

根据离散傅里叶变换的移频性质，$x(n)$ 的离散频谱 $X(k)$ 和 $x_0(n)$ 的离散频谱 $X_0(k)$ 的关系为

$$X(k)=X_0(k+L_0)$$

上式表明，复调制使 $x_0(n)$ 的频率成分 f_0 移到 $x(n)$ 的零频点，相当于 $X_0(k)$ 中的第 L_0 条谱线移到 $X(k)$ 中零点谱线位置。

为了得到 $X(k)$ 零点附近的一部分细化谱，可用选抽（重采样）的方法把采样频率降低至 f_s/D，D 是一个比例因子，又称选抽比，这样，在频域上频谱

周期从 f_s 缩短为 f_s/D。为了保证选抽后不产生频混现象，在选抽前应进行低通滤波，滤波器的截止频率不能超过 $f_s/2D$。为了分析方便，暂假设数字低通滤波器具有理想的矩形特性，其幅频特性为

$$H(k)=\begin{cases}1 & \left(k=0,1,\cdots,\dfrac{N}{2}-1;N_d-\dfrac{N}{2},\cdots,N_d-1\right)\\ 0 & (\text{其他})\end{cases}$$

式中，$N=N_d/D$。

因此，滤波器的输出频谱为

$$Y(k)=X(k)H(k)=\begin{cases}X_0(k+L_0) & \left(k=0,1,\cdots,\dfrac{N}{2}-1;N_d-\dfrac{N}{2},\cdots,N_d-1\right)\\ 0 & (\text{其他})\end{cases}$$

根据傅里叶逆变换公式，滤波器输出的时域信号为

$$y(n)=\frac{1}{N_d}\sum_{k=0}^{N_d-1}Y(k)W_{N_d}^{-nk} \tag{4.132}$$

以比例因子 D 对 $y(n)$ 选抽，得

$$g(m)=y(Dm)$$

$$G(k)=\sum_{m=0}^{N}g(m)W_N^{mk}=\begin{cases}\dfrac{1}{D}X_0(k+L_0) & \left(k=L_0,L_0+1,\cdots,\dfrac{N}{2}-1\right)\\ \dfrac{1}{D}X_0(k+L_0-N) & \left(k=L_0-\dfrac{N}{2},L_0-\dfrac{N}{2}+1,\cdots,L_0-1\right)\end{cases}$$

所以

$$X_0(k)=\begin{cases}DG(k-L_0) & \left(k=L_0,\quad L_0+1,\cdots,\dfrac{N}{2}-1\right)\\ DG(k-L_0+N) & \left(k=L_0-\dfrac{N}{2},L_0-\dfrac{N}{2}+1,\cdots,L_0-1\right)\end{cases} \tag{4.133}$$

由以上分析可知，经过几个处理步骤分析所得的最终结果，完全能反映出原数字序列在某一频率范围内的频谱特性，幅度绝对值相差一比例常数 D。与同样点数的 FFT 相比，这一细化方法所获得的分辨率要高 D 倍。因为直接进行 FFT 分析时，频率分辨率 $\Delta f=f_s/N$，重采样以后 $\Delta f=f_s/(DN)$，故而 D 有时又被称为细化倍数。

复调制细化谱分析物理概念非常明确，犹如一个高倍放大镜，可以用来细致观察某一频带范围内的频谱。对采样得到的实信号，采用上述原理的细化选带分析，若细化前后都进行 N 点谱分析，细化前的全景谱具有 $N_d/2$ 条独立的谱线反映 $0\sim f_s/2$ 频率范围的频谱，细化后的选带谱具有 N 条独立的谱线反映 $f_1\sim f_2$ 频率范围内的频谱，显然其谱线条数是不一致的。为了使细化前后的独

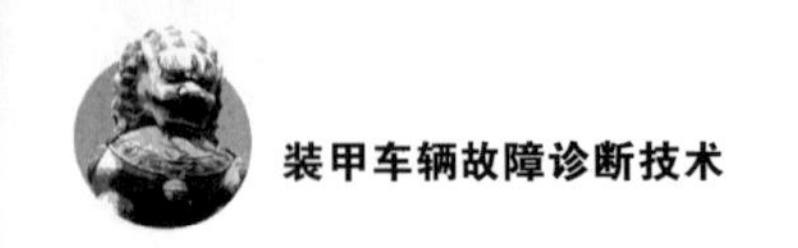

立谱线条数一致，则采用将低通数字滤波的截止频率缩窄一倍为 $f_s/4D$，隔 $2D$ 点重抽样的方法。现代大多数频谱分析仪都采用这种算法。

4.5 信号的频域分析方法及其特征参量计算

工程中测得的信号一般用时域信号及相应的时域特征来描述，然而由于设备中故障的发生、发展往往会引起设备状态信号频率结构的变化，所以为分析设备对象的动态行为，通常需要频域特征信息。将时域信号变换至频域加以分析的方法称为频域分析。频域分析是机械故障诊断过程中运用最为广泛的信号处理方法之一。频谱图形有离散谱与连续谱之别，前者用于周期性及准周期信号的分析，后者用于非周期信号及随机信号的分析。本节主要介绍离散信号的频谱分析，即离散傅里叶变换及相应的特征参量计算。

4.5.1 离散傅里叶变换

离散傅里叶变换（discret Fourier transform，DFT）是讨论经过时域采样和加窗截断后得到的有限长度的时间序列的频谱问题。涉及频谱，必然要进行傅里叶变换，由于计算机只能处理离散的、有限长的数据，所以要用计算机来实现傅里叶变换，所给出的谱线也必定是离散值。图 4.38（a）给出了连续信号 $x(t)$ 和它的傅里叶变换 $X(f)$，为了能用计算机处理，需将其修改成离散傅里叶变换，但结果应尽可能地逼近于连续傅里叶变换。关于傅里叶变换可以参考 4.6 节，时域采样和加窗截断部分的内容可参考 4.2 节。

4.5.1.1 DFT 的图解推导过程及其解释

1）对连续函数 $x(t)$ 作离散化处理

离散化就是将图 4.38（a）中的连续信号 $x(t)$ 与图 4.38（b）中的等间隔周期脉冲序列 $g_1(t)$ 对应时刻的取值相乘，得到图 4.38（c）所示的离散时间序列 $x(t)g_1(t)$。根据傅里叶变换的卷积性质可以推知，离散化时间序列的频谱应如图 4.38（c）的右侧所示。显然，此时的频谱已经具有了连续、周期的特点。这是对原始信号的第一次修改。

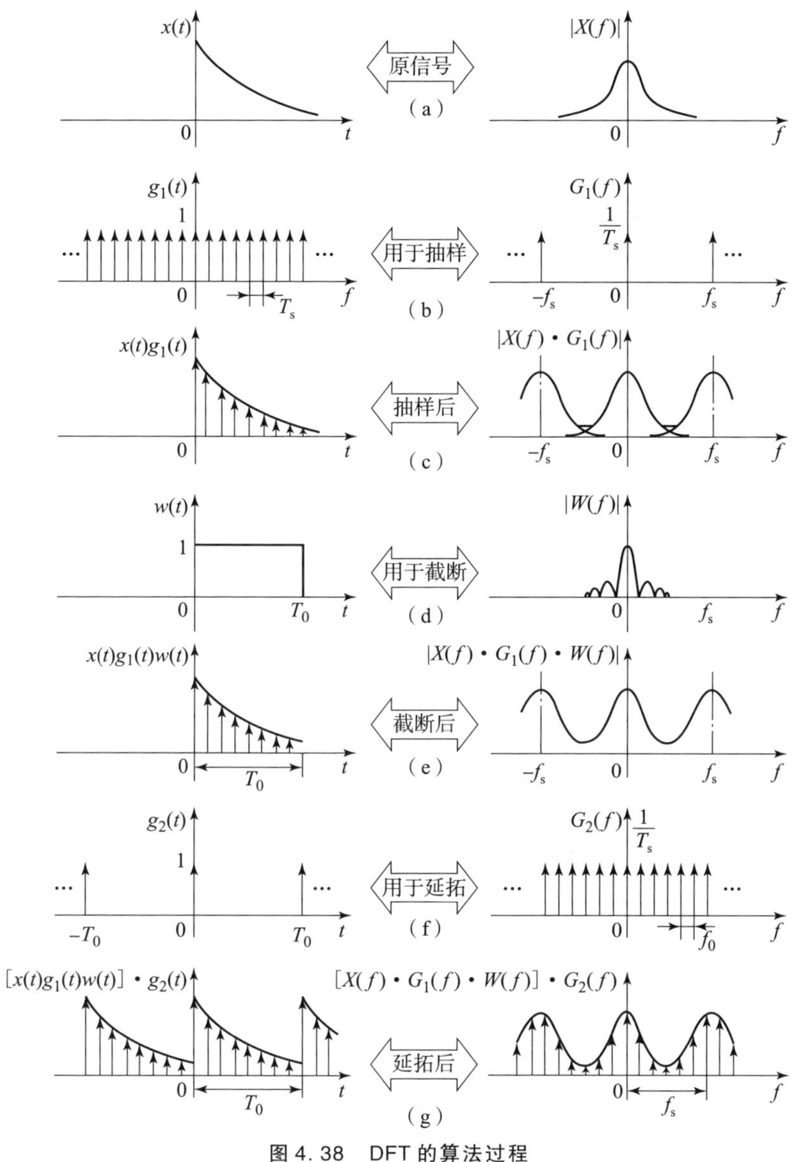

图 4.38　DFT 的算法过程

2）对离散信号的截断

无限长的离散时间序列 $x(t)g_1(t)$ 是无法在计算机中计算的，必须将采样后的离散序列加窗（这里是一个矩形窗）截断，使之变成有限长的时间序列。同样，根据傅里叶变换的卷积性质可知截断后的有限长离散数据的频谱如图 4.38（e）右侧所示。这是对原始信号的第二次修改。显然，图 4.38（d）中矩形窗函数频谱不可避免地引入了频谱的旁瓣而且频带是无限宽的，导致卷积运算时能量泄漏，产生泄漏效应，使其频谱上出现皱波，同时频谱也变成了连续的、无限长的频谱。

3）频域采样

由于截断后的离散时间序列的频谱变成了连续、无限长的频谱，计算机自然是无法处理的。因此要在计算机中处理，必须对频域的连续函数进行离散化，即作采样处理。用图 4.38（f）所示的采样脉冲 $G_2(f)$ 与离散、加窗后的信号 $[X(f)\cdot G_1(f)\cdot W(f)]$ 相乘，得到图 4.38（g）所示的离散时间序列和离散频谱，这是对原始信号的第三次修改。

图 4.38（g）给出的信号在时域和频域都是用离散值表示的，因此适合计算机处理。但应注意的是，时域上采样的结果导致频域上的周期函数；同样，频域上采样的结果将导致时域离散数据的周期化，因此离散傅里叶变换将原始的时间函数和频率函数都修改成了周期函数，而 N 个时间序列值和 N 个频率采样值分别表示时域波形和频域波形的一个周期。

4.5.1.2 离散傅里叶变换的理论推导

由于 DFT 反映的是周期信号的时、频域转换，所以 DFT 的公式可用周期函数的频谱函数来推导。我们都知道，周期函数的傅里叶级数的复指数形式为

$$x(t)=\sum_{n=-\infty}^{\infty}C_n e^{jn\omega_0 t}\qquad (n=0,\pm1,\cdots)\tag{4.134}$$

式中，$\omega_0=2\pi f_0$，f_0 表示周期函数的基频。

$$C_n=\frac{1}{T}\int_{-T/2}^{T/2}x(t)e^{-jn\omega_0 t}dt=\frac{1}{T}\int_{-T/2}^{T/2}x(t)e^{-j2\pi nf_0 t}dt\tag{4.135}$$

式中，$x(t)$ 是连续函数，按图 4.38（e）左图所示将时间长度 T_0 划分成 N 等分。相应的采样时间间隔 $\Delta t=T_s=T_0/N$，第 n 个采样点对应的时刻 $t=n\Delta t=nT_s$，$n=0,1,2,\cdots,N-1$。根据 DFT 的图解过程可知，在对信号进行时域离散的同时，频域同样需要作离散化处理。离散后的基频 $f_0=1/T_0=1/(NT_s)$，各高阶频率分别记为 $kf_0,k=0,1,2,\cdots,N-1$，则式（4.135）可以改写成如下的离散值求和形式：

$$C_k=\frac{1}{T}\sum_{n=0}^{N-1}x(n\Delta t)e^{-j2\pi kf_0(n\Delta t)}\Delta t$$

考虑到式中 $f_0\Delta t=(1/T_0)T_s=[1/(NT_s)]T_s=1/N,\Delta t/T=T_s/(NT_s)=1/N$，故

$$C_k=\frac{1}{N}\sum_{n=0}^{N-1}x(n\Delta t)e^{-j2\pi kn/N}\tag{4.136}$$

因此可得 DFT 的正变换公式

$$X(k) = \frac{1}{NT_s}\sum_{n=0}^{N-1} x(n)\mathrm{e}^{-\mathrm{j}2\pi nkT_s/(NT_s)}T_s = \frac{1}{N}\sum_{n=0}^{N-1} x(n)W_N^{nk} \tag{4.137}$$

式中，$k = 0,1,2,\cdots,N-1$ 表示频域离散化了的数据序列，$W_N = \mathrm{e}^{-\mathrm{j}\frac{2\pi}{N}}$；每个 $X(k)$ 值表示对应于离散频率点 $f_k = k\cdot\Delta f = kf_0 = k/T_0$ 处的频谱幅值，显然该值是一个复数，既包含幅值信息，又包含相位信息。相应地，离散傅里叶逆变换可以表示为

$$x(n) = \sum_{r=0}^{N-1} X(k)\mathrm{e}^{\mathrm{j}2\pi nk/N} = \sum_{r=0}^{N-1} X(k)W_N^{-nk}\quad (n = 0,1,2,\cdots,N-1) \tag{4.138}$$

4.5.1.3　离散数据频域分析的常用特征参数及其计算

DFT 是谱分析的重要手段，它在工程领域中具有十分重要的应用，在机械设备的状态监测与故障诊断领域，DFT 计算的结果也是占有核心位置的特征信息之一。DFT 直接计算的结果反映了离散时间序列数据的频谱，是包含幅值和相位信息的复数，而通常在数字信号处理中，我们关心的是离散时间序列对应的频率分布及其在各频率点上的能量分布，通常用功率谱密度函数的概念来描述信号的频域特征。

根据数字信号处理的相关理论知识可知，离散数据的功率谱密度函数有三种计算方法：第一种方法为 Blackman - Turkey 法，该方法首先要根据原始信号计算出自相关函数，然后进行傅里叶变换而得到相应的功率谱密度函数；第二种方法为模拟滤波器方法，它是采用模拟分析仪进行计算的一种方法；第三种方法是 Cooley - Turkey 法，即用快速傅里叶算法来计算功率谱。前两种方法均是早期使用的方法，而且通过离散时间序列的自相关函数或两个序列的互相关函数作傅里叶变换来计算功率谱，计算烦琐，得到的结果还与序列的长度有关。随着计算机运算速度的提高，通常用快速傅里叶算法来在线、实时地计算。下式给出了数字信号自功率谱的计算估计式。

$$S_x(k) = \frac{1}{N}|X(k)|^2 \tag{4.139}$$

式（4.139）可以由第一种计算方法推出，即它可以根据离散时间序列的自相关函数的傅里叶变换来计算功率谱密度函数。

$$\begin{aligned} S_x(k) &= \sum_{m=0}^{N-1} R_x(m)\mathrm{e}^{-\mathrm{j}2\pi mk/N} \\ &= \sum_{m=0}^{N-1}\left[\frac{1}{N}\sum_{n=0}^{N-1} x(n)x(n+m)\right]\mathrm{e}^{-\mathrm{j}2\pi mk/N} \end{aligned}$$

$$
\begin{aligned}
&= \frac{1}{N}\sum_{n=0}^{N-1} x(n)\,\mathrm{e}^{\mathrm{j}2\pi mk/N} \sum_{n+m=n}^{(N-1)+n} x(n+m)\,\mathrm{e}^{-\mathrm{j}2\pi(n+m)k/N} \\
&= \frac{1}{N} X^{*}(k) X(k) \\
&= \frac{1}{N} |X(k)|^{2}
\end{aligned}
\tag{4.140}
$$

同理，可以推导出离散时间序列的互功率谱密度函数。

$$
\begin{aligned}
S_{\mathrm{xy}}(k) &= \frac{1}{N} X^{*}(k) Y(k) \\
S_{\mathrm{yx}}(k) &= \frac{1}{N} X(k) Y^{*}(k)
\end{aligned}
\tag{4.141}
$$

信号的功率谱反映了信号的频率构成及其能量分布。当信号中各频率成分的能量比发生变化时，功率谱主能量的谱峰位置也将发生变化。另外，信号的频率结构发生变化时，一般表现为频率成分增加，功率谱上的能量分布将更分散。因此通过描述功率谱中主频带位置及能量分布情况的变化，可以很好地反映信号频域特征的变化。常用的频域特征参数有以下几个。

（1）频率重心：反映了信号功率谱密度函数在频率轴上的平均中心位置，该值越大，表示信号的高频段成分占的比例越大。其计算公式如下：

$$
\mathrm{FC} = \frac{\sum_{i=0}^{N} f_i S(f_i)}{\sum_{i=0}^{N} S(f_i)} \tag{4.142}
$$

（2）均方频率 MSF 与均方根频率 RMSF：能够反映功率谱密度函数的主频带位置的变化，计算式如下：

$$
\mathrm{MSF} = \frac{\sum_{i=0}^{N} f_i^2 S(f_i)}{\sum_{i=0}^{N} S(f_i)} \tag{4.143}
$$

$$
\mathrm{RMSF} = \sqrt{\mathrm{MSF}}
$$

（3）频率方差 VF 和频率标准差 RVF：能够描述功率谱能量的分散程度，计算公式如下：

$$
\mathrm{VF} = \frac{\sum_{i=0}^{N} (f_i - \mathrm{FC})^2 S(f_i)}{\sum_{i=0}^{N} S(f_i)}
$$

$$
\mathrm{RVF} = \sqrt{\mathrm{VF}} \tag{4.144}
$$

以轴承的故障诊断为例，当轴承无故障时，频率成分主要集中在低频，FC

较小；当轴承出现局部损伤类故障时，由于冲击引起的共振，主频区往频率增大的方向移动，FC增大；同时，MSF和RMSF的值比正常轴承的大得多。

（4）区域功率。将功率谱密度函数分成几个区域，其中心频率分别为f_1，$f_2,\cdots,f_n$，相应的每一个矩形面积内的平均功率为$p_1,p_2,\cdots,p_n$，则这样一幅功率谱图可以用一个n维向量来描述。

$$\boldsymbol{p}=(p_1,p_2,\cdots,p_n)^{\mathrm{T}} \tag{4.145}$$

4.5.2　阶次比分析

有时候在分析诸如柴油发动机、电动机等设备的横向振动信号时，常常发现有无法解释的异常振动现象或者伴随有扭转振动。这时仅用简单的FFT分析技术有时还不足以解决这类问题。其原因往往是由于这类设备具有多种多样的机械的、物理的元件，它们的动态特性影响着所获得的分析结果。又如一机器的转速在它被检测分析的时间间隔内保持不变，那么在分析其振动信号时，不必以转速的脉冲信号作为基准参考，就能获得各绝对频率点上的信号振幅。反之，假如在测试及采样的时间间隔内，机器的转速有所波动，如测量的是升速或降速过程，或者在频谱分析时，进行谱的平均，而在平均的过程中，转速已有所变化，那么所有这类转速波动都会使频谱图上转速的频率分量变得模糊，使得频谱图上的基频及其各次谐波分量的功率会分散在一连串的频谱上。这种被模糊了的转速频率分量将造成幅值测量的误差，有时它还会淹没旁瓣结构的细节，后者对于诸如齿轮箱的振动测试显得特别重要。在这种情况下，假如能使采样频率的改变与旋转转速的改变同步，进而分析显示的转速频率及其各次谐波在频谱图上的位置，并使其保持在频率轴上确定的位置，模糊现象就可以消除，各次谐波分量就可以清楚地被区分开来。这种分析方法就是阶次比分析，其中转速频率（转频）称为第一阶次，各次谐波分量对应着第n阶次。实现这种阶次比分析的基本方法就是将转速脉冲信号分频后得到的脉冲信号作为分析仪的外触发采样信号。为了进一步解释这种方法，我们可引用一个正弦扫描装置，它的频率随时间而减小，如图4.39（a）所示。在正常的条件下，以某一确定的采样频率对正弦波信号进行采样，由此在时间轴各采样点之间的间隔是常数，但是在每个周期内，采样点数都发生了变化，经过傅里叶分析后得到的频率值也随之改变。假如这时被测信号的频率变化超过其频率分辨率Δf，则频率谱线将分散在一连串的谱线上，这时显示出的频率将是一个有宽度的峰，如图4.39（b）所示。反之，如采样的频率是随转速而变化的，即使每个周期内的采样点数保持不变，同时在信号分析仪上又把这种变化的周期解释为一个常数频率，在信号分析仪上就会显示出一个单一的频率成分，如图

4.39（c）所示。另外的一个旋转机械的频谱如图4.40所示，该信号取自一台旋转机械，它包含一个基频成分及其各次谐波分量。在图4.40（a）中，用固定采样频率84 kHz对其进行采样，在采样周期中，转速变化了10 Hz，致使基频从45 Hz平移到了55 Hz，谐波分量亦发生了同样比率的变化。由此可见，由于采用固定的采样频率，模糊效果将随着频率的变化而出现。如果采用跟踪方法，则基频及其谐波的功率成分就会被约束在单独的谱线之中，如图4.40（b）所示。

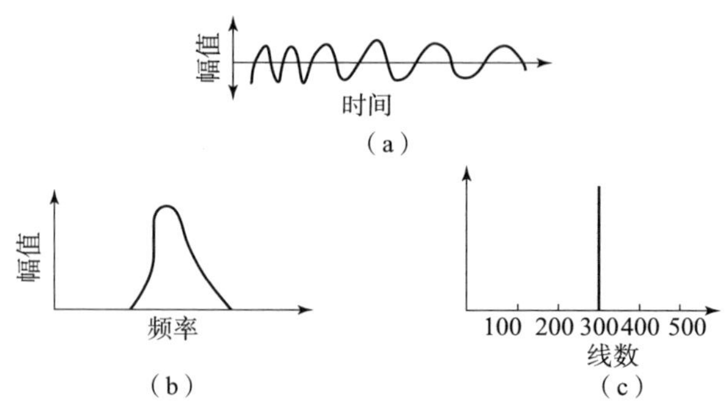

图4.39　正弦扫频信号的采样与阶次比分析

（a）正弦扫频信号；（b）正弦扫频信号的频谱；（c）正弦扫频信号频谱（跟踪采样频率）

模糊效果有时还会淹没已经出现的旁瓣。此外，由于信号功率分散在一连串的谱线上，因而幅值也会减小，而且随着频率的增加，幅值误差会进一步增大。采用跟踪还能得到不同频率点处的准确振幅值。此外，还应清楚地知道采用这种跟踪方法之后，确定的频率已不再是那些真正的绝对频率值。这时我们只能通过采样频率才能把它与绝对频率的确切值联系起来，或者干脆只是用转速的阶次来表示它，即它只代表主轴转速基频的几次谐波。从图4.40（b）可以清楚地看到其转速的第四阶次分量。与频谱方法进行比较，用这种阶次比分析方法能使机器特征分析工作大大简化。因为某些机器中振动信号的高次谐波成分确实与主旋转频率有着密切关系。例如，齿轮箱的振动频率确实受制于齿轮啮合的

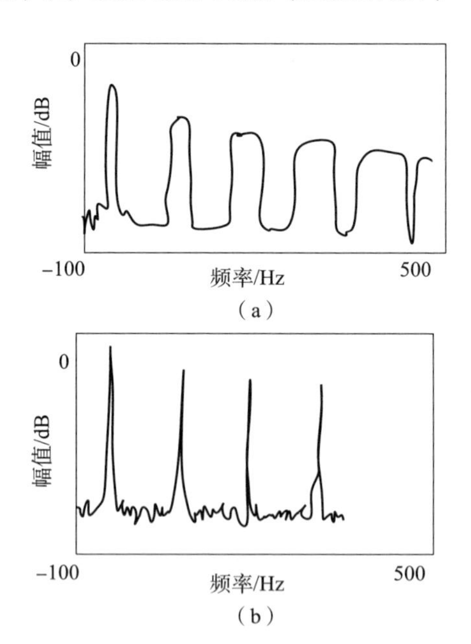

图4.40　实测旋转机械信号的阶次比分析

（a）固定采样频率；（b）跟踪采样频率

传动关系，且与主轴的旋转频率有着密切关系。此时采用阶次比分析，就能较容易确定齿轮箱中发生故障的齿轮轮齿所在的位置。

如果被测对象要在更宽的范围内变速，又要对它进行阶次比分析，那么就应当考虑选择抗混低通滤波器，连续时间信号的离散化必须考虑采样可能导致的混淆问题。为了避免混淆，低通滤波器的截止频率应该能把信号中所有大于采样频率的频率成分都排除在外，如图 4.41 所示。图 4.41 中，f_c 是被分析信号中的最高频率，f_s 是采样频率。$f_s = 2f_c$，图 4.41 中还给出了低通滤波器的截止频率。假如采样频率 f_s 远大于抗混滤波器的截止频率，则分析带宽 Δf 将被滤波器所稀释，如图 4.41（b）所示。假如采样频率 f_s 选择得太低，而抗混滤波器的截止频率又选择得相对较高，这时大于 f_c 的频率分量将与分析频段混淆，如图 4.41（c）所示。图 4.41（a）对应着选择合适或正确的采样频率情况。而图 4.41（b）、（c）两种情况都会带来一定的分析误差。

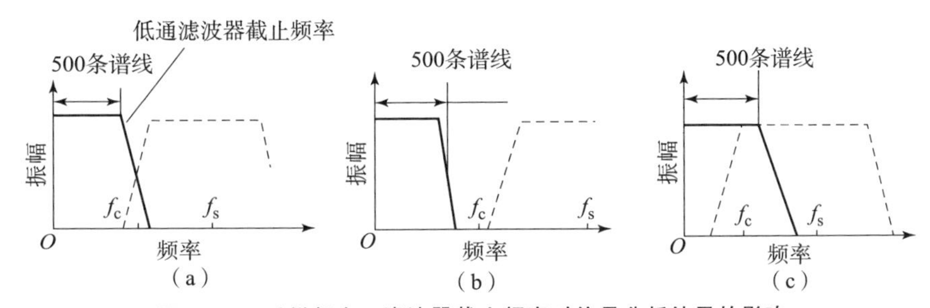

图 4.41　采样频率、滤波器截止频率对信号分析结果的影响

（a）正确的采样频率；（b）采样频率太高；（c）采样频率过低

下面我们来讨论阶次比分析时各项参数的选择方法。图 4.42 所示为一频率跟踪分析装置，用它来实现对一台透平机械进行阶次比分析。在开始分析以前，首先要确定以下几个基本参数。

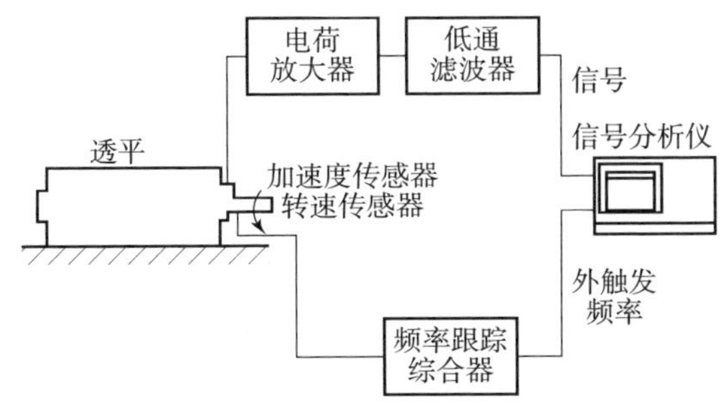

图 4.42　频率跟踪分析装置

（1）需要的采样频率。

（2）分析范围，即机器速度的范围以及所感兴趣的阶次比数。

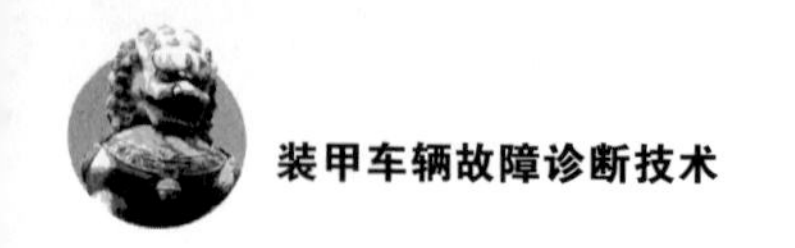

（3）设置在信号分析仪前部的、必要的抗混滤波器。

（4）外设的抗混滤波器的截止频率应这样来选择：既要使我们能够测量到的转速的变化范围为最大，同时又要把我们所感兴趣的事实上是最大的谐波频率作为它的截止频率。

（5）截止频率可以用下列关系式来确定：

$$f_c = \frac{n_{max} m}{60}$$

式中，f_c 为抗混滤波器的截止频率；n_{max} 为机器的最大转速，r/min；m 为所需分析的最大谐波阶次。

频率跟踪综合器原则上是一个分频器，它能使转速传感器的脉冲信号转换成一个合适的采样频率脉冲。从所需要的频率分析范围出发，基本上就确定了分频器频率的工作范围。当机器工作在我们所感兴趣的最大转速时，外部采样频率应选择分析仪能够达到的最高采样频率 f_s（例如，对某些分析仪来说 84 kHz）。为了在所感兴趣的最小转速（n_{min}）时防止混淆发生，此时的外部采样频率需要大于或等于 $2.8f_c$（至少为 $2.8f_c$）。由此，分频器的工作范围的频率比为

$$\frac{n_{max}}{n_{min}} = \frac{f_s}{2.8f_c} \tag{4.146}$$

外部采样频率 f_s 由下式决定，即

$$f_s = \frac{n}{60} mNk$$

式中，n 为轴的转速，r/min；N 为转速传感器在转轴转动一圈时输出的脉冲数；k 为分频器的倍乘因子。

当 f_s 表示所选用的分析仪的最高采样频率时，倍乘因子可用下式确定：

$$k = f_s \times \frac{60}{n_{max}} \frac{1}{m} \frac{1}{N} \tag{4.147}$$

下面我们以对某一透平机组在降速过程中测得信号的分析为例作进一步的说明。

某透平机组开始以 3 000 r/min 旋转。要求分析第十个阶次或谐波。我们现在使用某类信号分析仪来做分析。给出的基础频率为 50 Hz，要求第十次谐波分量为 500 Hz。分析仪的总宽带选择为 500 Hz，它给出了分辨率为 $\Delta f = 1$ Hz，采样时间为 1 s，谱线总计为 500 条，外设的抗混滤波器的截止频率为 500 Hz，由此确定的最小采样频率为 $2.8 \times 500 = 1\ 400$（Hz）。

从式（4.146）可以得出一个最大转速范围比为 84∶14 或 60∶1。可见，该分析仪能够分析而又不混淆的最小转速为 50 r/min，此转速已经相当低了。此

时的倍乘因子 k 可由式（4.147）来确定：

$$k = 84\ 000 \times \frac{60}{3\ 000}\frac{1}{10}\frac{1}{N}$$

如果 $N = 4$，那么每转 4 个脉冲，分频器的倍乘因子 $k = 42$，正确选择上述参数，就能满足各方面的需要。

4.5.3　频谱的三维分析

在机器的振动测量分析中，由于被测机器是变转速工作的，采用谱平均技术是不适当的或者是不可能的。在这种情况下，如果选用频谱的三维显示，就能够很清楚地把频谱的变化特征显示出来。三维显示根据对象及需要的不同可分成许多种类，按分辨率可分为普通三维频谱及细化三维频谱；按横坐标可分为转速谱阵及阶比跟踪谱阵；按 z 轴坐标变量可分为时间、功率、温度等参数，但最常用的是转速。为了显示清晰，各谱的排列方式亦可不同，如图 4.43 所示。下面分别介绍各种谱阵的特点。

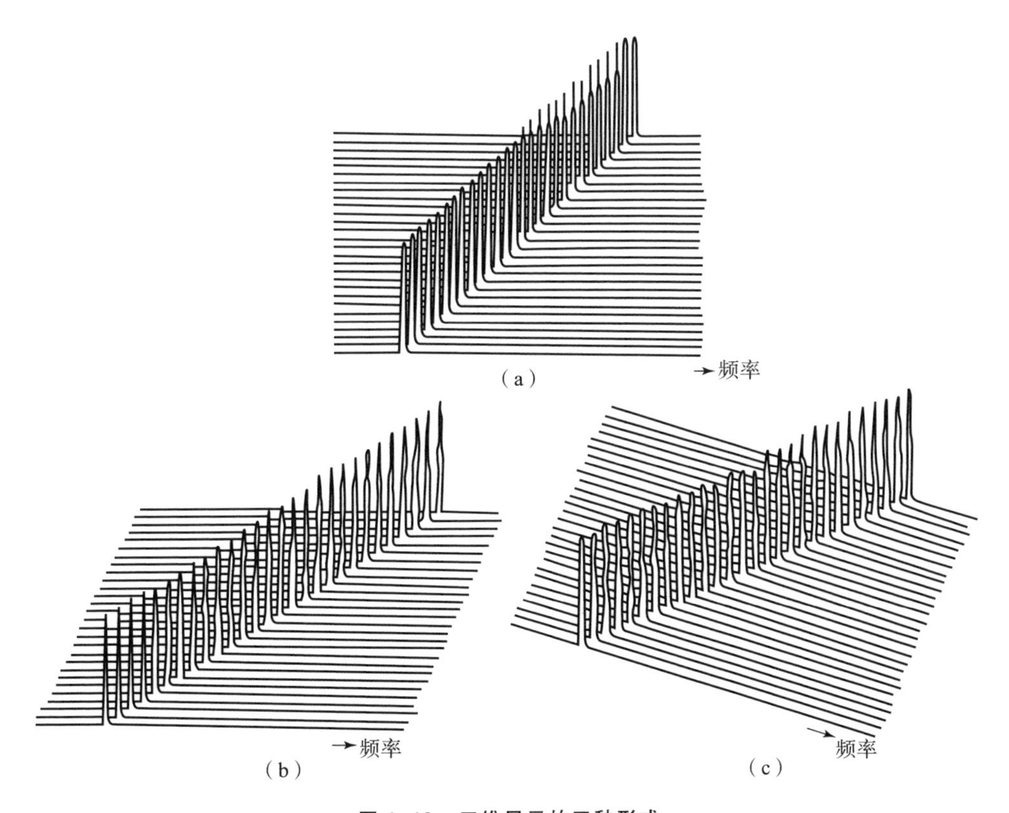

图 4.43　三维显示的三种形式

假如某设备要工作在一定的转速范围内，要确定该设备的危险转速，那么用转速跟踪分析是有效的。这种危险转速往往是使机器的某一零件处在共振状态，该零件的某阶固有频率往往就是该转速频率，或者是它的整数倍（阶次比）。按横坐标变量的不同，跟踪法可分为两种：跟踪谱阵和阶比跟踪谱阵。图 4. 44 所示为阶比跟踪谱阵的原理，它是一个随转速变化而变化的阶次比谱阵。由图可见，用这种方法可以判断在特定转速下某一共振是否已被激发起来。

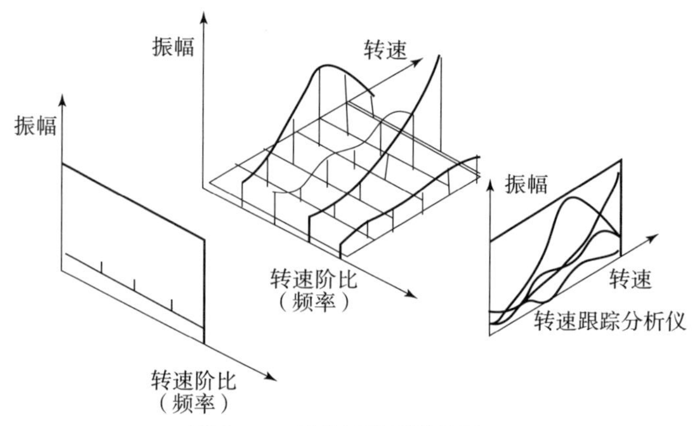

图 4. 44　阶比跟踪谱阵的原理

如果不将谱阵图以转速频率作归一化，转速又不在特定的阶次比上来观察，则这样的谱就称为转速谱阵，如图 4. 45 所示。用这种转速谱阵亦可清楚地知道旋转机械在各种转速下振动特性的变化情况。根据这些不同转速下的振动频率同样可以看出机器的动态响应情况。我们可在图上描绘一条线，以表示在各种转速下某类振动的变化状况。

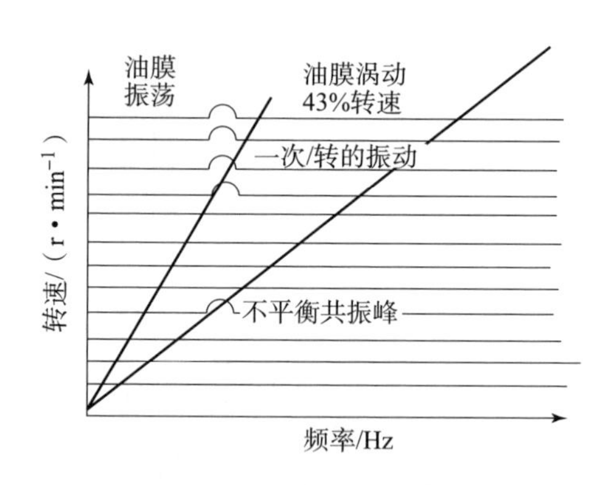

图 4. 45　转速谱阵

由图可见，占支配地位的振动频率与机器转速相同，它属不平衡振动。随转速增加时，振动幅值沿该线增加，并在大约某一转速处通过峰值，这就是临界转速。至于油膜失稳方面的振动频率，由图可见，油膜涡动在临界转速两倍处转入油膜振荡。

绘制阶比跟踪谱阵图所用仪器接线原理如图 4. 46 所示。转速脉冲通过特征分析转换器分频得到采样时钟，它是随转速而改变的，转速脉冲是用来确定

阶次的。转速谱图还可以更进一步转化成坎贝尔图。坎贝尔图是以纵轴代表机械的转速，而以横轴作为振动频率，如图 4.47 所示。所不同的是，在对应不同的转速斜线上，把强迫振动振幅或低频分量的振幅大小用圆在线上表现出来，圆的直径大小表示振幅的大小。

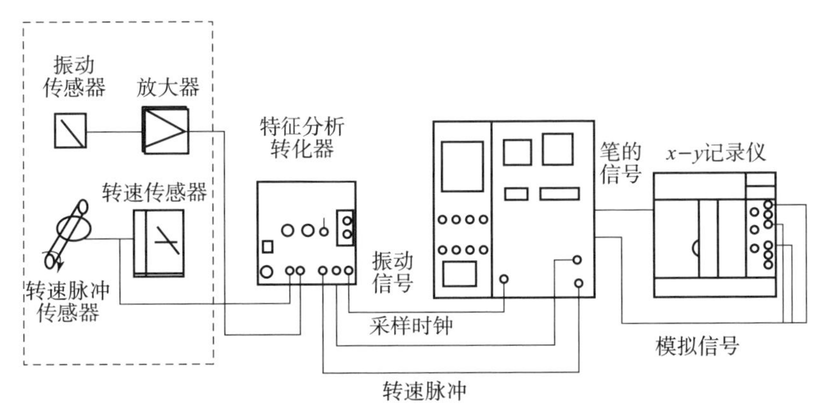

图 4.46　绘制阶比跟踪谱振图所用仪器连线原理

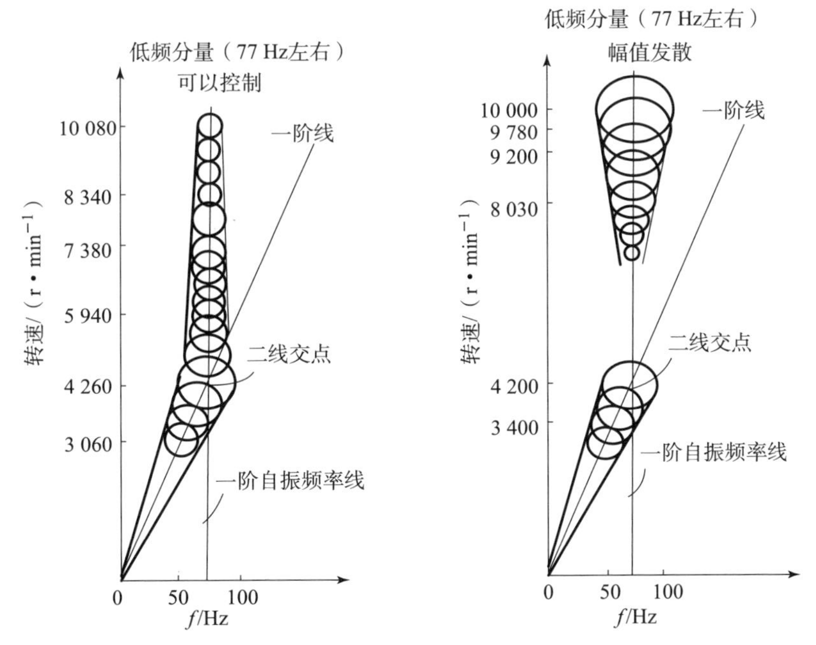

图 4.47　坎贝尔图

（a）正常运行时；（b）异常运行时

在图 4.47 中通常设置一个界限，当共振点的振幅超过确定的界限时，就被采纳作为显示图中的一部分。在图上建立起最小及最大的界限，根据这样的界限就能找到我们所感兴趣的图上特殊转速区域。在有些图上则不用圆而用垂直线来代表。有的输出用不同颜色来表示振幅大小，这好比地图上的不同山脉的高度。所以坎贝尔图实际上可以被认为是一张共振表格。它对于复杂的旋转机械动力特性的分析特别有效，如飞机柴油发动机就是一例。图 4.47 所示为一化学工业用的压缩机组的振动坎贝尔图。该机组运行时，曾出现过气体激振现象。在图 4.47 中，在一阶线与一阶自振频率线交点处圆的直径就代表机组过一临界时的振幅。图 4.47（a）是该机组正常运行时的坎贝尔图，由图可见，低频分量幅值较小；图 4.47（b）是不正常运行情况——运行过程中出现了气体激振，低频分量随转速增加而发散。在机组转速为 10 000 r/min 附近出现了明显的亚异步共振，共振频率可以从图上清晰可见，它等于一阶自振频率 77 Hz。

4.5.4 相干函数

4.5.4.1 定义

相干函数（又称凝聚函数）是在频域内鉴定两信号相关程度的指标。如评价一个测试系统的输入信号与输出信号之间的因果性，即输出信号的功率谱中有多少频率成分是由输入信号引起的，通常用相干函数这个指标来量化。其定义为

$$\gamma_{xy}^2(f_i)=\frac{|S_{xy}(f_i)|^2}{S_{xx}(f_i)S_{yy}(f_i)}\quad (0\leqslant\gamma_{xy}(f_i)\leqslant 1,\forall f_i) \tag{4.148}$$

式中，$S_{xx}(f_i)$，$S_{yy}(f_i)$ 分别为 $\{x_t\}$ 序列和 $\{y_t\}$ 序列的自功率谱且取值为非零，$S_{xy}(f_i)$ 为 $\{x_t\}$ 序列与 $\{y_t\}$ 序列之间的互功率谱。

若 $\{x_t\}$ 和 $\{y_t\}$ 分别表示一个系统的输入和输出，则当 $\gamma_{xy}^2(f_i)=1$ 时，称 $\{x_t\}$ 和 $\{y_t\}$ 为完全相干（凝聚），r_{xy}^2 的值越小表示 $\{x_t\}$ 和 $\{y_t\}$ 越不相干；若在某些频率点上 $\gamma_{xy}^2(f_i)=0$，则称 $\{x_t\}$ 和 $\{y_t\}$ 为在这些频率点上完全不相干，即不相关；若 $0<\gamma_{xy}^2(f_i)<1$，则表明在测试时有三种可能：①测试中混进了测试噪声干扰；②输出 $\{y_t\}$ 是输入 $\{x_t\}$ 和其他输入的综合输出；③被测试的系统是一个非线性系统。若被测试的系统是一个线性系统，则根据测试系统的特性可知，系统的输出等于系统的输入与系统脉冲响应函数之间的卷积：

$$y(t)=x(t)\cdot h(t)=\int_0^{\infty}x(\tau)h(t-\tau)\mathrm{d}\tau \tag{4.149}$$

根据卷积定理的性质，对应到频域的幅值谱之间的关系有

$$Y(f_i)=H(f_i)X(f_i)$$

根据式（4.139）和式（4.140）可得

$$\begin{aligned}S_{yy}(f_i)&=|H(f_i)|^2S_{xx}(f_i)\\S_{xy}(f_i)&=H(f_i)S_{xx}(f_i)\end{aligned}\tag{4.150}$$

则由式（4.148）可以推知：

$$\gamma_{xy}^2(f_i)=\frac{|S_{xy}(f_i)|^2}{S_{xx}(f_i)S_{yy}(f_i)}=\frac{|H(f_i)S_{xx}(f_i)|^2}{S_{xx}^2(f_i)H^2(f_i)}\equiv1\tag{4.151}$$

应当特别注意的是，式（4.151）中的自功率谱和互功率谱密度函数的计算都是经过平均的估计，应是经过总体或频率平均后的估计，否则会出现错误的计算结果，使得无论相干或不相干的数据都得到 $\gamma_{xy}^2(f_i)=1$ 的估计值。这是因为

$$\begin{aligned}S_{xx}(f_i)&=\frac{1}{N}|X(f_i,N)|^2=\frac{1}{N}X(f_i,N)X^*(f_i,N)\\S_{yy}(f_i)&=\frac{1}{N}|Y(f_i,N)|^2=\frac{1}{N}Y(f_i,N)Y^*(f_i,N)\\S_{xy}(f_i)&=\frac{1}{N}H(f_i)|X(f_i,N)|^2=\frac{1}{N}X^*(f_i,N)Y(f_i,N)\end{aligned}\tag{4.152}$$

式中，$X(f_i,N),Y(f_i,N)$ 分别为时间序列 $\{x_t\}$ 和 $\{y_t\}$ 在有限时间长度上的有限点离散傅里叶变换的幅值谱。

将式（4.152）代入式（4.148）可知：

$$\begin{aligned}\gamma_{xy}^2(f_i)&=\frac{S_{xy}(f_i)S_{xy}^*(f_i)}{S_{xx}(f_i)S_{yy}(f_i)}=\frac{\left[\frac{1}{N}X(f_i,N)X(f_i,N)\right]\left[\frac{1}{N}X(f_i,N)X(f_i,N)\right]^*}{\left[\frac{1}{N}X(f_i,N)X(f_i,N)\right]\left[\frac{1}{N}Y(f_i,N)Y(f_i,N)\right]}\\&=\frac{X(f_i,N)X(f_i,N)X(f_i,N)X^*(f_i,N)}{X(f_i,N)X(f_i,N)Y*(f_i,N)Y(f_i,N)}\equiv1\end{aligned}$$

由此可见，通过未经平均的谱值计算出的相干函数的估计总等于1，显然这不是我们所期望的结果。因此，要得到可靠的相干函数估计值，在计算自功率谱和互功率谱时需要多组数据的结果并进行适当次数的平均，这就要求时间序列数据 $\{x_t\}$ 和 $\{y_t\}$ 有足够的长度并且是同步采样得到的。

图4.48所示为用柴油发动机润滑油泵的油压与油压管道振动的两信号求出的自谱和相干函数。润滑油泵的转速为781 r/min，油泵齿轮的齿数为 $z=14$，所以油压脉动的基频是

$$f_0=\frac{nz}{60}\approx182.23\ \text{Hz}$$

油压脉动信号 $x(t)$ 的功率谱 $S_x(f)$ 如图4.48（a）所示，它除了包含基频谱

线外，还由于油压脉动并不完全是准确的正弦变化，而是以基频为基础的非正弦周期信号，因此还存在2～3次甚至更高的谐波谱线。此时在油压管道上测得的振动信号 $y(t)$ 的功率谱图 $S_y(f)$ 如图4.48（b）所示。将此二信号作相干分析，得到图4.48（c）所示的曲线。由该相干函数图可见，当 $f=f_0$ 时，$\gamma_{xy}^2(f)(f)\approx0.9$；当 $f=2f_0$ 时，$\gamma_{xy}^2(f)(f)\approx0.37$；当 $f=3f_0$ 时，$\gamma_{xy}^2(f)(f)\approx0.8$；当 $f=4f_0$ 时，$\gamma_{xy}^2(f)(f)\approx0.75$；…。可以看到，由于油压脉动引起各阶谐波所对应的相干函数值都比较大，而在非谐波的频率上相干函数值很小，所以可以得出结论，油管的振动主要是由油压脉动引起的。

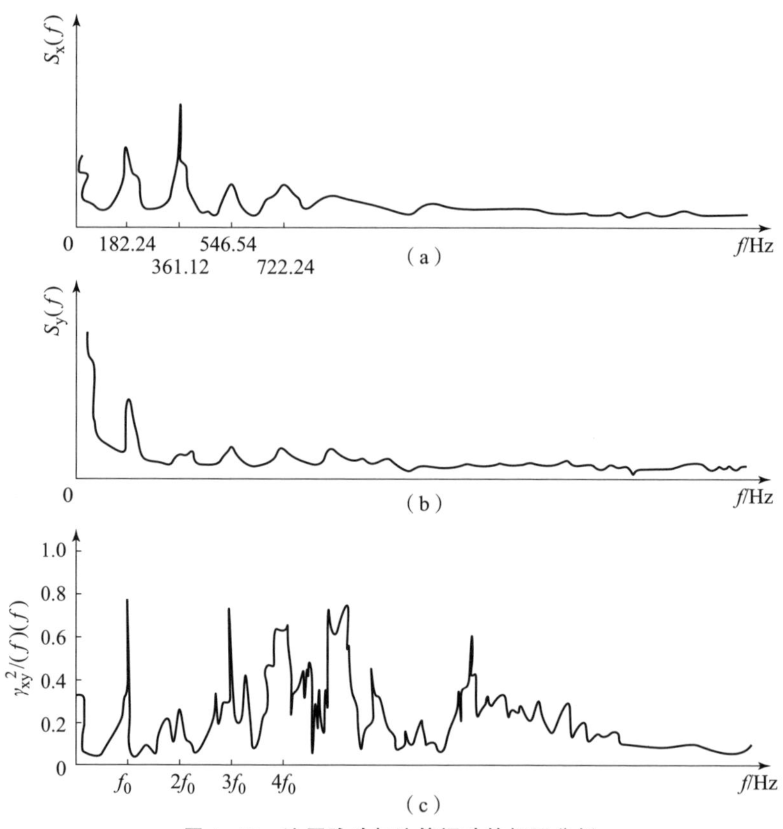

图4.48　油压脉动与油管振动的相干分析

4.5.4.2　相干函数的典型特征参数

（1）各典型特征频率点上的相干函数值，如旋转机械中的转频、齿轮的啮合频率、滚动轴承的内外环故障特征频率点等。

（2）相干函数值的最大值、最小值。

4.5.5 倒频谱

倒频谱分析也称二次频谱分析，是近代信号处理科学中的一项新技术，是检测复杂谱图中周期结构的有力工具。它包括功率倒频谱（power cepstrum）分析和复倒频谱分析（complex cepstrum）两种主要形式。它对于分析具有同族谐频或异族谐频、多成分边带等复杂信号非常有效。在语音分析的音调测定、机械振动、噪声源的识别、各种故障的诊断与预报等领域均得到了广泛应用。

倒频谱分析中的专用术语与谱分析相对应，常用的概念有倒频谱（cepstrum）、倒频率（quefrency）、倒谐波（rahmonics）、倒幅值（gamnitude）、倒相位（saphe）等。

4.5.5.1 定义

若已知时间序列 $\{x_t\}$ 的自功率谱为 $S_x(f)$，则定义它的倒频谱为

$$C_{ca}(q) = |F[\lg S(f)]| \tag{4.153}$$

式中，下标 c 表示倒频谱，a 表示幅值谱，合起来的含义就是幅值倒频谱。它可以理解为首先对原始时间序列的频谱取对数，然后取绝对值，最后作傅里叶变换而得到幅值倒频谱。由定义可知，倒谱函数的自变元 q 与自相关函数的自变元具有相同的量纲，称 q 为倒频率，实际上对应自相关函数中的时延多以毫秒（ms）计算。倒频率对于用频率分量来解释时间信号是非常有用的，因为高倒频率表明谱中的快速波动成分并不一定是高频成分，而低倒频率则表明缓慢的波动。倒频谱在功率谱的对数转换过程中给幅值分量有较高的加权，可以帮助判别谱的周期性，精确地测量频率间隔。

相应的功率倒频谱的定义如下：

$$C_{cp}(q) = C_{ca}^2(q) = |F[\lg S(f)]|^2 \tag{4.154}$$

式中，下标 c 表示倒频谱，p 表示功率谱，a 表示幅值谱，$C_{cp}(q)$ 就是功率倒频谱。

自相关函数是由自功率谱函数的傅里叶逆变换计算得到的，它还可以定义类似于自相关函数的倒频谱，即

$$C_{cr}(q) = F^{-1}[\lg S_x(f)] \tag{4.155}$$

式中，下标 c 表示倒频谱，r 表示自相关函数，$C_{cr}(q)$ 表示自相关函数的倒频谱。

4.5.5.2 实倒频谱的数值计算方法

假设 $x_i, i=1,2,\cdots,N$ 是一实的离散时间序列，该序列的实倒频谱可以用

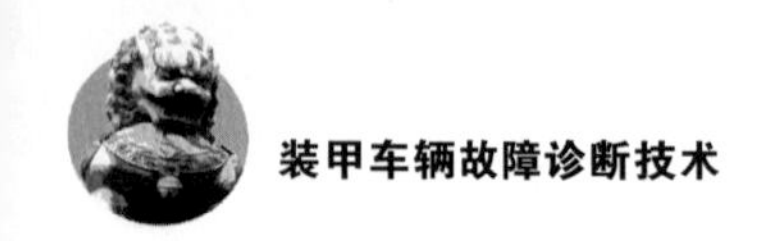

快速傅里叶变换方法来实现，即

$$C(q)=\mathrm{DFT}\{\lg|\mathrm{DFT}[x(i)]|^2\} \tag{4.156}$$

DFT 要求时间序列数据足够长，以免倒频混叠。数据序列长度不够时，可以适当补零。

4.5.5.3 倒频谱的工程应用及典型特征参数

1）分离信息通道对信号的影响

工程上实测的振动、噪声信号往往不是振源信号本身，而是振源或音源信号 $x(t)$，经过传递特性为 $h(t)$ 的传递系统或通道到测点的输出信号 $y(t)$，因此 $x(t)$，$y(t)$，$h(t)$ 三者之间的关系可用如下卷积式表示：

$$y(t)=x(t)\cdot h(t)=\int_0^{\infty}x(\tau)h(t-\tau)\mathrm{d}\tau \tag{4.157}$$

对式（4.150）第一式的两边同时取对数可得：

$$\ln S_{yy}(f)=\ln S_{xx}(f)+\ln|H(f)|^2$$

由倒谱的定义可得

$$\begin{aligned}C_{ay}(q)&=F[\lg S_{yy}(f)]\\&=F[\lg S_{xx}(f)+\lg H^2(f)]\\&=C_{ax}(q)+C_{ah}(q)\end{aligned} \tag{4.158}$$

式（4.158）表明，输入信号通过某系统后，其输出与输入、系统的传递特性三者之间在时域上呈现卷积的关系［图 4.49（a）］，在频域中呈现乘积的关系［图 4.49（b）］，而在倒频谱上表现为相加的关系。倒频域的处理使得信号与系统特性区别开来变得更为容易。

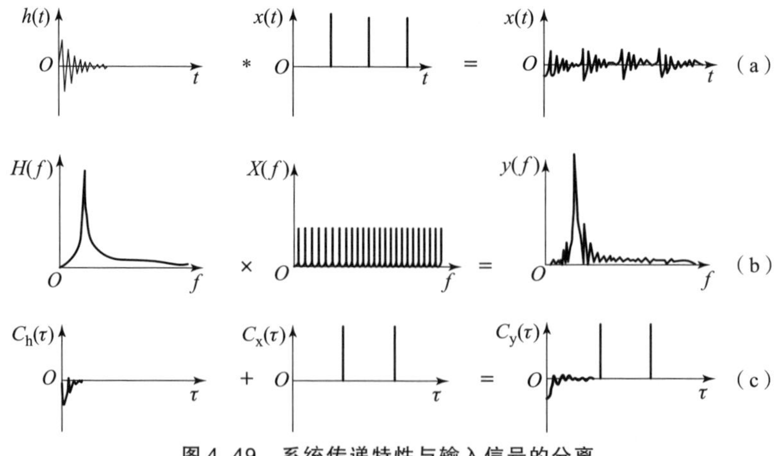

图 4.49 系统传递特性与输入信号的分离

2）信号功率谱中周期成分的识别

根据功率倒频谱的定义可知，功率倒频谱是功率谱取对数后再作傅里叶变换而得到的频谱，这相当于对功率谱作对数加权处理，其结果是对低幅值分量有较高的加权，这样更有利于判别谱的周期性。这对于识别混在其他信号中的具有无限等距边带的调频信号成分是很有用的，如图4.50所示。

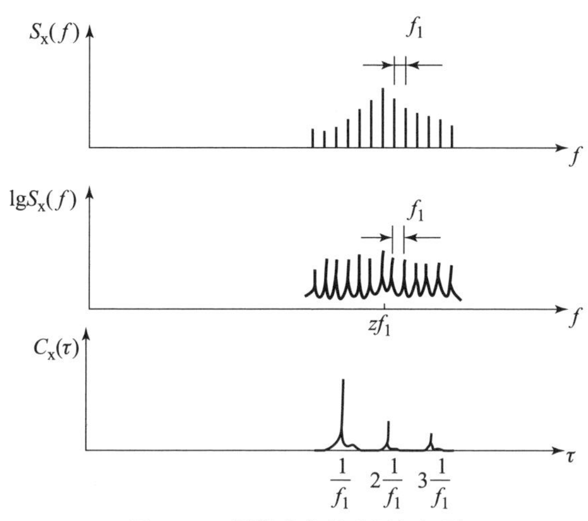

图4.50　周期成分的凸显与识别

综合看来，倒频域分析的主要特征参数应该是倒频谱中主峰值位置对应的特征频率处的幅值及其谐频的幅值，即主倒频率及其谐频处的幅值，如图4.50中$\frac{1}{f_1}$，$2\frac{1}{f_1}$，…，$n\frac{1}{f_1}$倒频率及相应的幅值。

4.5.6　极大熵谱

提到谱的概念，我们必然会想到通过FFT来计算信号或离散时间序列的自功率谱或互功率谱，这样得到的功率谱密度函数是由观测数据直接计算求得的，而这里提出的熵谱概念是通过时序模型（ARMA或AR模型）参数来计算得到的。熵谱习惯上被称为现代谱，它与传统的周期图谱占有同等重要的地位，并被广泛应用于机械设备的状态监测与故障诊断过程中。

4.5.6.1　谱熵的定义

设$g(f)$为一个时间序列的功率谱密度函数，$g(f)>0$　$\left(-\frac{1}{2\Delta T}\leqslant f\leqslant\frac{1}{2\Delta T}\right)$，其中$\Delta T$为采样间隔，那么则可定义

$$H[g(f)]=\int_{-1/2\Delta T}^{1/2\Delta T}\lg[g(f)]\mathrm{d}f \tag{4.159}$$

称 $H[g(f)]$ 为此序列的谱熵。

另外，设平稳时间序列的前 $m+1$ 个自协方差函数 $r_0,r_1,\cdots,r_m$ 已知，且其功率谱密度函数 $g(f)$ 满足如下条件：

$$\int_{-1/2\Delta T}^{1/2\Delta T}g(f)\exp(\mathrm{j}2\pi k\Delta f)\mathrm{d}f=r_k \quad (k=0,\pm1,\cdots,\pm m) \tag{4.160}$$

则通过式（4.159）计算的谱熵 $H[g(f)]$ 将达到最大，称其为最大熵谱，通常用符号 $S_{\mathrm{x}}(f)$ 来表示。故最大熵谱本质上是一种谱，即使得谱熵达到最大时的功率谱。

4.5.6.2　熵谱与时序模型参数之间的关系

假定我们已经采用 $Y-W$ 方程和定阶准则得到了描述一个时间序列 $\{x_t\}$ $(t=1,2,\cdots,N)$ 的自回归模型，即

$$x_t-\varphi_1x_{t-1}-\varphi_2x_{t-2}-\cdots-\varphi_nx_{t-n}=a_t \tag{4.161}$$

对式（4.161）两端同时进行 Z 变换，得

$$(1-\varphi_1Z^{-1}-\varphi_2Z^{-2}-\cdots-\varphi_nZ^{-n})X(Z)=A(Z) \tag{4.162}$$

将式（4.161）所描述的模型看作一个线性系统，其输入为白噪声，输出为 x_t，则该系统的传递函数为

$$H(Z)=\frac{X(Z)}{A(Z)}=\frac{1}{(1-\varphi_1Z^{-1}-\varphi_2Z^{-2}-\cdots-\varphi_nZ^{-n})} \tag{4.163}$$

根据线性系统的输入、输出的自功率谱密度和传递函数之间的关系，将 $Z=\mathrm{e}^{\mathrm{j}2\pi f\Delta T}$代入式（4.163）并结合式（4.150）可得

$$S_{\mathrm{x}}(f)=|H(Z)|^2S_{\mathrm{a}}(f)=|H(\mathrm{e}^{\mathrm{j}2\pi f\Delta T})|^2S_{\mathrm{a}}(f) \tag{4.164}$$

式中，ΔT 为时域的采样间隔；$\frac{1}{\Delta T}=f_{\mathrm{s}}$ 为采样频率；$S_{\mathrm{a}}(f)$ 为输入白噪声的功率谱密度函数，$S_{\mathrm{a}}(f)=\sigma_{\mathrm{a}}^2\Delta T$，其中 σ_{a}^2 为模型的残差估计值。
于是可以得到时间序列 $\{x_t\}$ $(t=1,2,\cdots,N)$ 的自回归谱

$$S_{\mathrm{xx}}(f)=\frac{\sigma_{\mathrm{a}}^2\Delta T}{\left|1-\sum_{i=1}^{n}\varphi_i\exp(-\mathrm{j}2\pi if\Delta T)\right|}\quad\left(-\frac{1}{2\Delta T}\leqslant f\leqslant\frac{1}{2\Delta T}\right) \tag{4.165}$$

式中，φ_1，φ_2，$\cdots$，φ_n 为自回归模型 $\mathrm{AR}(n)$ 的模型参数。

从式（4.165）可以看出，自回归谱是用一个有理函数表达的，不同于传统的傅里叶谱是复数谱，自回归谱有时又称有理谱、现代谱或时序模型谱。工程中测试信号的自相关函数一般是未知的，因此对于实际系统的测试信号，一

般是通过建立 AR 模型来估计其熵谱的。具有代表性的熵谱估计算法有伯格（Burg）算法、傅戈尔（Fugore）算法和马浦（Marple）算法等。

同理，可以推知 ARMA(m, n) 模型的熵谱或现代谱。

$$S_{xx}(f) = \sigma_a^2 \Delta T \left| \frac{1 - \sum_{r=1}^{m} \theta_r \exp(-\mathrm{j}2\pi r f \Delta T)}{1 - \sum_{i=1}^{n} \varphi_i \exp(-\mathrm{j}2\pi i f \Delta T)} \right|^2 \quad \left(-\frac{1}{2\Delta T} \leqslant f \leqslant \frac{1}{2\Delta T}\right) \tag{4.166}$$

时序法中的现代谱有许多优点，如无加窗的影响，它的频率分辨率在数据较短时比传统的傅里叶谱要高；对周期性较强的序列不要求严格的整周期采样，特别是能够提供比较准确的频域信息；对于复杂的机器运转信号，通过自回归谱分析，可以找出各个频率分量及其在信号中的比重，因此适宜用于故障源定位的分析与诊断。

4.6　时频域分析方法及其特征参量计算

时频域分析主要是针对机械设备运行过程中表现出的非平稳信号而进行的时、频域联合特征分析。所谓非平稳性，是指信号的统计特性，包括时域统计特性（如均值、方差、斜度、峭度等）和频域统计特性（如幅值谱、功率谱、互谱、相干分析等），与时间变化有关。工程中设备运行状态千变万化，存在着大量的非平稳动态信号。机械设备在运行过程中的多发故障有不平衡、不对中、剥落、摩擦、松动、冲击、裂纹等，当故障发生或发展时将导致动态信号非平稳性的出现，也就是说，信号的非平稳性可以表征某些故障的存在。还有一些设备或装备，其本身的运行工况就是复杂多变的，它们在运行过程中的转速、功率、负载等往往也是变化的，它们的运行状态具有非平稳性。还有一些机电设备，如发电机组、涡轮泵等，它们在启停机时的转速、功率等是非平稳的。种种实际情况表明，从工程中获得的动态信号，它们的平稳性是相对的、局部的，而非平稳性是绝对的、广泛的。

正因为非平稳性信号的统计特性与时间有关，所以对这类信号的处理必须同时从时域、频域两个角度来分析。在机电设备的监测诊断中，目前通常采用基于平稳过程的经典信号处理方法，分别从时域或频域给出信号的统计平均结果，无法同时兼顾信号在时域和频域的全貌与局部化特征，往往这些局部化特征就是故障的表征。

4.6.1 从傅里叶变换到时频域分析

对一个给定的信号或过程 $x(t)$，我们可以用众多的方法去描述它，如$x(t)$的函数表达式，通过傅里叶变换得到 $x(t)$ 的频谱，即 $\hat{x}(\omega)$；通过 $x(t)$ 的相关函数计算信号的能量谱或功率谱等。在众多的描述方法中，有两个最基本的物理量，即时间和频率。傅里叶变换和傅里叶逆变换作为桥梁建立了信号$x(t)$与其频谱 $\hat{x}(\omega)$ 之间一对一的映射关系，从时域到频域的映射关系为傅里叶变换：

$$x(\omega) = \int_{-\infty}^{\infty} x(t) \mathrm{e}^{-\mathrm{j}\omega t} \mathrm{d}t \tag{4.167}$$

反过来，从频域到时域的映射关系为傅里叶逆变换：

$$x(t) = \frac{1}{2\pi} \int_{-\infty}^{\infty} x(\omega) \mathrm{e}^{\mathrm{j}\omega t} \mathrm{d}\omega \tag{4.168}$$

傅里叶变换的本质思想是用一些简谐函数的加权来近似表示一个复杂的函数，这种近似表示有很多优点，它给我们分析和认识复杂现象提供了一种简便、直观有效的途径，一些在时域内难以观察到的现象和规律，在频域内往往能十分清楚地显示出来。

傅里叶变换和傅里叶逆变换属于整体或全局变换，它们只能通过整个时域信号的某种变换计算才能得到其频谱，或者只能从整个频谱信号的变换来获得信号的时域波形。也就是说，频谱 $\hat{x}(\omega)$ 中任一频率点处的幅值，需要利用时间过程$x(t)$ 在整个时域（$-\infty$，$+\infty$）上的所有取值来计算求得，即任一频谱值与 $x(t)$ 在所有时刻的取值有关；反过来，过程 $x(t)$ 在某一时刻的取值也是由其频谱 $\hat{x}(\omega)$ 在整个频域（$-\infty$，$+\infty$）上的取值所决定的。$x(t)$ 在任何时刻的微小变化都会改变整个频谱，而任何有限频段上的信息都不足以确定任意时间范围内的过程 $x(t)$。一个著名的例子是 Dirac 函数 $\delta(t)$，它在时域上是一个点脉冲，却具有在频域上正负无限延展的均匀频谱（这一点可在前面章节采样过程描述中找到），$x(t)$ 和 $\hat{x}(\omega)$ 彼此是整体刻画，不能反映各自在局部区域上的特征，不能应用于局部分析。因此，傅里叶变换只是建立了信号从一个域到另一个域的桥梁，无法从局部频率处（如 $\omega = \omega_0$ 或 $\omega_1 \leqslant \omega \leqslant \omega_2$）的频谱 $\hat{x}(\omega)$ 来得到某一局部时刻（$t = t_0$ 或 $t_1 \leqslant t \leqslant t_2$）的 $x(t)$，反过来也是如此。因此，通过傅里叶变换建立起来的时域—频域关系无“定位”功能，所以频谱 $\hat{x}(\omega)$ 只是显示了信号 $x(t)$ 中各频率分量的振幅和相位，而无法表现信号各频率分量与时间变量之间的关系，如某频率分量是存在于 $x(t)$ 的整

个时间历程中，还是仅存在一段时间后就消失等。

图4.51中的两信号 $x_1(t)$、$x_2(t)$ 可很好地说明傅里叶变换的局限性，它们的时域表示如下：

$$x_1(t)=\sin(6\pi t)+\sin(12\pi t)+\sin(18\pi t)\quad(0\leqslant t\leqslant 4\ \mathrm{s})\tag{4.169}$$

$$x_2(t)=\begin{cases}2\sin(6\pi t)+\sin(12\pi t) & (0\leqslant t<2\ \mathrm{s})\\ \sin(12\pi t)+2\sin(18\pi t) & (2\leqslant t\leqslant 4\ \mathrm{s})\end{cases}\tag{4.170}$$

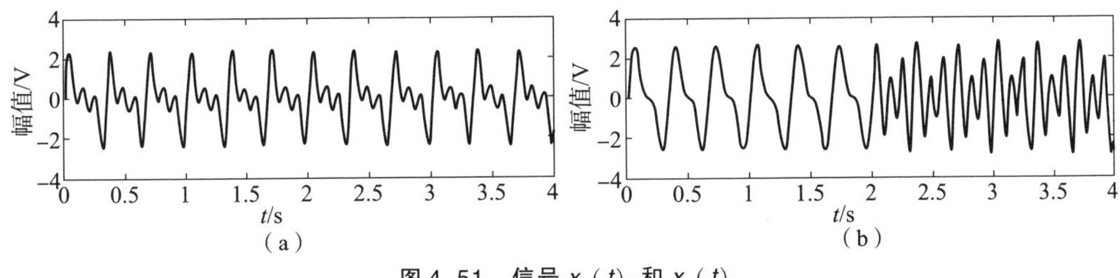

图4.51　信号 $x_1(t)$ 和 $x_2(t)$

(a) $x_1(t)$；(b) $x_2(t)$

这两个信号都是由3 Hz、6 Hz和9 Hz三个频率分量组成的，但它们的持续过程是不一样的。在 $x_1(t)$ 中，三种分量一直存在；而在 $x_2(t)$ 中，只有一个分量一直存在，另两个只是分别占信号整个过程的前一半和后一半。

图4.52所示为信号 $x_1(t)$、$x_2(t)$ 的频谱 $|\hat{x}_1(\omega)|^2$、$|\hat{x}_2(\omega)|^2$，显然这两个不同的信号具有相同的频谱，因此基于傅里叶变换的频谱分析结果是不能区分这两个信号的，也就是说，频谱与时域信号之间不是一对一的关系，相同的频谱特征可能来自完全不同的两个时域信号。

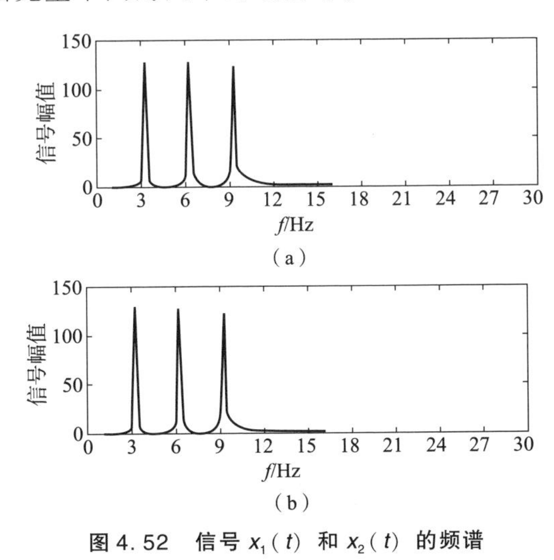

图4.52　信号 $x_1(t)$ 和 $x_2(t)$ 的频谱

(a) $|\hat{x}_1(\omega)|^2$；(b) $|\hat{x}_2(\omega)|^2$

4.6.2 短时傅里叶分析

4.6.2.1 基本定义

为了克服傅里叶变换不能同时进行时间—频率局域性分析的缺点，因发明全息照相技术而获诺贝尔奖的 Gabor 于 1946 年提出了短时傅里叶变换（STFT）。短时傅里叶变换的思想是把非平稳过程看成一系列短时平稳信号的叠加，任意一短时平稳信号都可以应用式（4.167）的傅里叶变换进行频谱分析。而短时性则是通过时域加窗来实现的，所以也称加窗傅里叶变换，定义如下：

$$\mathrm{STFT}_x(t,\omega)=\int_{-\infty}^{\infty}x(\tau)g(\tau-t)\mathrm{e}^{-\mathrm{j}\omega\tau}\mathrm{d}\tau \tag{4.171}$$

式中，$g(\tau)$ 为分析窗函数，它在时域是紧支的，一般选用能量集中在低频处的实偶函数。随着 t 的不断变化，由 g 所确定的窗口在时间轴上移动，使分析信号 $x(\tau)$ 分段逐步进入被分析的状态，因此该变换反映了信号 $x(\tau)$ 在时刻为 t、频率为 ω 分量的相对含量。

Gabor 采用 Gauss 函数 $g_a(t)$ 作为分析窗函数，此时的短时傅里叶变换也称 Gabor 变换 $G_x(\omega,\tau)$。Gauss 函数是紧支的，其傅里叶变换也是 Gauss 函数 $\hat{g}_a(\omega)$，从而保证了 Gabor 变换在时域和频域都具有局域化功能，如图 4.53 所示。

$$g_a(t)=\frac{1}{2\sqrt{\pi a}}\mathrm{e}^{-t^2/4a} \tag{4.172}$$

$$\hat{g}_a(\omega)=\mathrm{e}^{-a\omega^2} \tag{4.173}$$

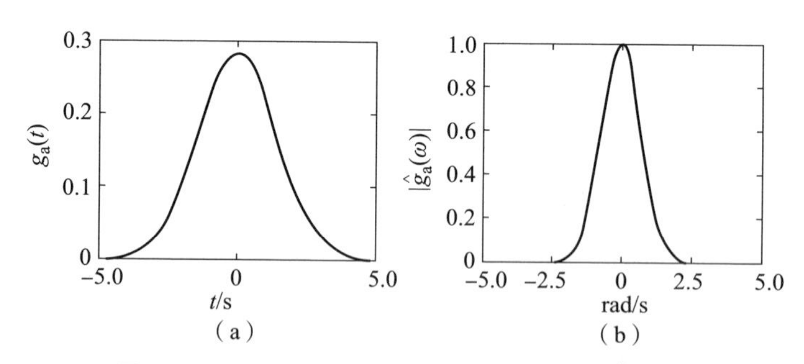

图 4.53 Gauss 函数 $g_a(t)$ 及其傅里叶变换 $\hat{g}_a(\omega)$

(a) $g_a(t)$；(b) $\hat{g}_a(\omega)$

对于 Gabor 变换，可以证明下式成立：

$$\int_{-\infty}^{\infty} G_x(\omega,\tau)\,\mathrm{d}\tau = \hat{x}(\omega) \tag{4.174}$$

这说明信号 $x(t)$ 的 Gabor 变换实际上是按给定的窗口宽度精确地分解了信号 $x(t)$ 本身的频谱 $\hat{x}(\omega)$，提取了局部频谱信息；当 τ 在整个时间轴上平移时，就给出了 $x(t)$ 的完整傅里叶变换，因此没有损失信号 $x(t)$ 在频域的任何信息。

短时傅里叶变换是能量守恒变换，对于任何窗函数，下式都成立：

$$\int_{-\infty}^{\infty} |x(t)|^2 \mathrm{d}t = \frac{1}{2\pi}\int_{-\infty}^{\infty}\int_{-\infty}^{\infty} |\mathrm{STFT}_x(\tau,\omega)|^2 \mathrm{d}\omega \mathrm{d}\tau \tag{4.175}$$

在归一化条件下，即 $\int_{-\infty}^{\infty} |x(t)|^2 \mathrm{d}t = 1$，短时傅里叶变换是可逆的，其逆变换公式如下：

$$x(t) = \frac{1}{2\pi}\int_{-\infty}^{\infty}\int_{-\infty}^{\infty} \mathrm{STFT}_x(\tau,\omega) g(t-\tau) \mathrm{e}^{\mathrm{j}\omega\tau} \mathrm{d}\omega \mathrm{d}\tau \tag{4.176}$$

图4.54和图4.55分别给出了式（4.169）和式（4.170）表示的信号 $x_1(t)$、$x_2(t)$ 的短时傅里叶变换三维结果。

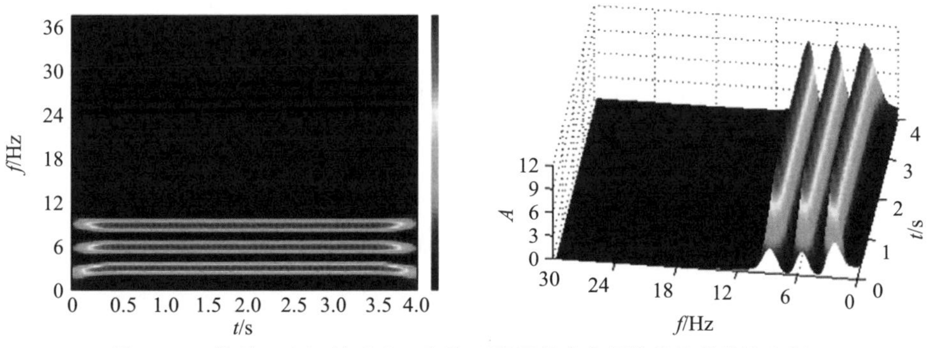

图4.54 信号 $x_1(t)$ 的 Gabor 变换（窗口长度为原始信号长度的1/8）

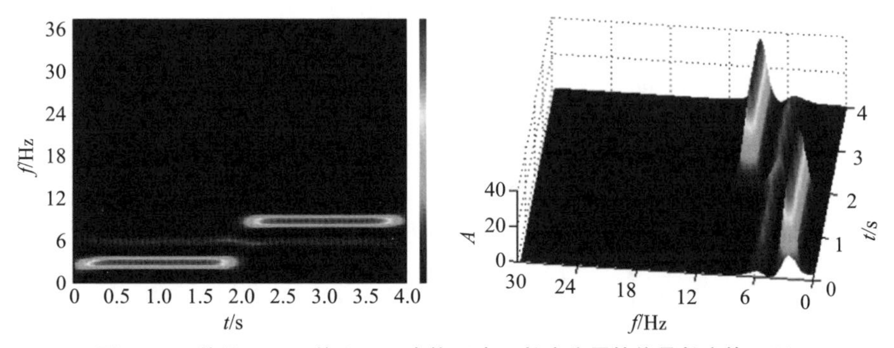

图4.55 信号 $x_2(t)$ 的 Gabor 变换（窗口长度为原始信号长度的1/8）

通过图4.54和图4.55可以很容易地分辨出 $x_1(t)$ 和 $x_2(t)$，其中各个频率分量的出现时刻及其持续时间也可清晰地观察到。如 $x_1(t)$ 的三个频率成分在整个时间段一直存在，而对于 $x_2(t)$，只有一个频率成分一直存在，而其他两个频率成分仅出现在信号整个过程的前一半和后一半。

4.6.2.2 短时傅里叶变换的时频分辨率

从上面的例子可以看出，短时傅里叶变换可以方便地分析非平稳信号，但是分析结果与分析窗函数的选择有关，因此在实际应用时如何选择分析窗函数是一个必然会遇到的问题：是不是窗口越小越好呢？先看两个极端的例子。当窗口函数选择为 $\delta(\tau)$ 时，短时傅里叶变换就变成了单点序列的傅里叶变换，因为信号 $x(t)$ 中每次被选入窗口的只有一个数据点，而我们知道，任何单点序列的傅里叶变换都是序列自身，因此

$$\mathrm{STFT}_x(t,\omega)=x(t)\mathrm{e}^{-\mathrm{j}\omega t} \tag{4.177}$$

信号 $x(t)$ 的STFT变成了信号 $x(t)$ 自身，它保持了信号的所有时间特征，有完美的时域分辨率，却无任何频域分辨率。另外，当取无限宽的窗函数时，即$g(t)=1$时，短时傅里叶变换退化成一般的傅里叶变换，即

$$\mathrm{STFT}_x(t,\omega)=\hat{x}(\omega) \tag{4.178}$$

由此可见，信号 $x(t)$ 的STFT变成了 $\hat{x}(\omega)$，它有极好的频率分辨率，但没有任何时间分辨率。为了分析傅里叶变换的时频局部化特性，引入相空间的概念。

所谓相空间是指以“时间”为横坐标，“频率”为纵坐标的欧氏空间，在相空间中的有限区域被称为窗口。相空间可用来刻画某种物理状态，具有很强的工程背景。从数学上看，如果函数 $g(t)\in L^2(R)$，且 $\tan(t)\in L^2(R)$，则 $g(t)$ 被称为窗口函数。对于相空间中的某个特定点（t_0，ω_0），若

$$\begin{aligned} t_0&=\frac{1}{\|g(t)\|^2}\int_{-\infty}^{\infty}t|g(t)|^2\mathrm{d}t \\ \omega_0&=\frac{1}{\|\hat{g}(\omega)\|^2}\int_{-\infty}^{\infty}\omega|\hat{g}(\omega)|^2\mathrm{d}\omega \end{aligned} \tag{4.179}$$

则点（t_0，ω_0）称为窗函数 $g(t)$ 的中心。式中 $\hat{g}(\omega)$ 表示窗函数 $g(t)$ 的傅里叶变换。

若定义窗函数 $g(t)$ 的时宽和频宽分别为

$$\begin{aligned} \Delta g&=\left(\frac{1}{\|g(t)\|^2}\int_{-\infty}^{\infty}(t-t_0)^2|g(t)|^2\mathrm{d}t\right)^{1/2} \\ \Delta\hat{g}&=\left(\frac{1}{\|\hat{g}(\omega)\|^2}\int_{-\infty}^{\infty}(\omega-\omega_0)^2|\hat{g}(\omega)|^2\mathrm{d}\omega\right)^{1/2} \end{aligned} \tag{4.180}$$

则相空间中以（t_0，ω_0）为中心，作一个长为$2\Delta g$、宽为$2\Delta\hat{g}$的矩形，其长宽方向分别平行于坐标轴，该矩形称为由$g(t)$确定的时频窗口。Δg越小，$g(t)$在时域上的局部化程度将越高。当选择这样一个窗函数来实现信号的短时傅里叶变换时，将取得较好的时域分辨率；同理，$\Delta\hat{g}$越小，$g(t)$在频域上的局部化程度就越高，将具有这样特性的窗函数用于短时傅里叶变换时，将取得较好的频域分辨率。由此可以证明

$$\Delta g\Delta\hat{g}\geqslant\frac{1}{2} \tag{4.181}$$

式（4.181）实际上反映了Heisenberg测不准原理在时频域变换中的表现，它表明Δg和$\Delta\hat{g}$之间存在一定的制约关系，两者不可能同时都任意小。当且仅当$g(t)$取Gauss函数时，式（4.181）中的等号才成立。从物理的直观意义上讲，信号的频率必须至少在一个周期内（$\Delta t\geqslant 1/\omega_0$）进行测量时才能准确计算，精确测量并认定某一时刻的频率是没有多大意义的；从数学上讲，任何一个完备的集合都确定了一个域，彼此一一对应的两个域构成变换域，其共轭变量之间无一例外都受到式（4.181）的制约。

图4.56给出了短时傅里叶变换的相空间表示。很明显，窗口函数$g(t)$一旦选定，Δg和$\Delta\hat{g}$也随之确定。因此对于任意给定的t_0和ω_0，短时傅里叶变换的时频分辨率可由尺度固定的分辨基元［$(t_0\pm\Delta g)\times(\omega_0\pm\Delta\hat{g})$］来表示，也就是说，短时傅里叶变换在相空间中任何一点（x_0，ω_0）给出的关于信号$x(t)$的信息，都是由Δg和$\Delta\hat{g}$这两个不确定量所限定的。

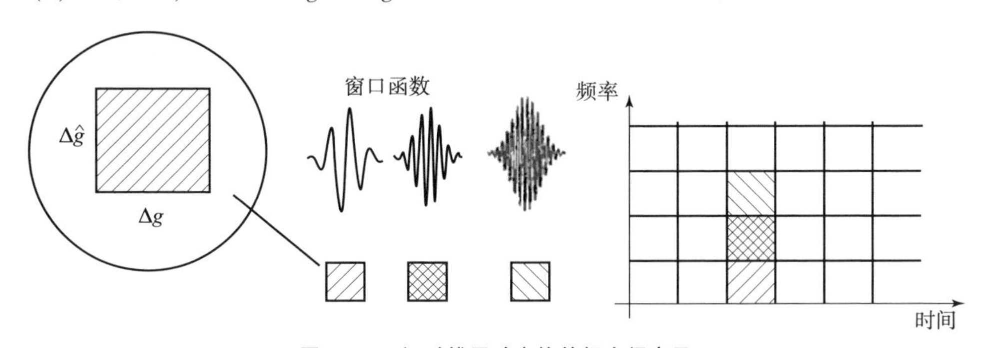

图4.56　短时傅里叶变换的相空间表示

由于短时傅里叶变换的时频窗口大小形状是固定不变的，它在时域和频域的分辨率是固定的，即在高频段和低频段有同样的分辨率，这在图4.54和图4.55上有很好的表现，从中可看出，信号中的三个不同频率成分在图上表现出了同样的带宽。为了更好地说明Δg和$\Delta\hat{g}$之间的相互制约性，这里用不同宽度的窗函数对图4.54和图4.55所描述的信号$x_1(t)$与$x_2(t)$进行了分析，

如图 4.57 所示。

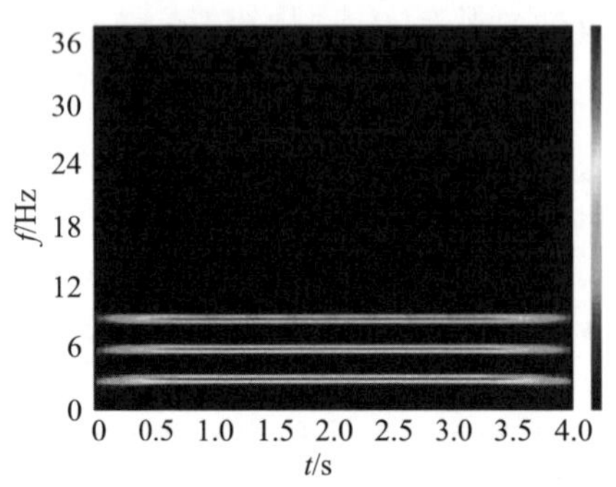

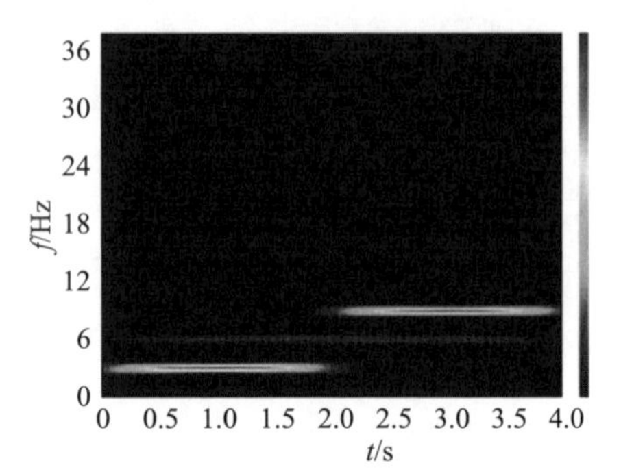

图 4.57　信号 $x_1(t)$ 和 $x_2(t)$ 的 Gabor 变换（窗口长度为 1/4 的信号长度）

比较图 4.57、图 4.54 和图 4.55 可知，时间窗口函数的变宽（由信号长度的 1/8 加宽到 1/4）可提高短时傅里叶变换结果的频率分辨率，因为图 4.57 中的每个频率分量表现出比图 4.54 和图 4.55 中更窄的直线或带。但是时间窗口函数的变宽会降低短时傅里叶变换结果的时域分辨率，这一点可以通过信号 $x_2(t)$ 的短时傅里叶变换结果看出。在图 4.55 中，两个各占信号过程一半的频率成分基本上以 2 s 点为分界，而在图 4.57 中，这两个频率分量在时间轴上并不是在 2 s 的时刻发生跳变，而是出现了一定程度的交叠区域，也就是说信号 $x_2(t)$ 中的第 1 个频率分量的消失时刻和第 2 个频率分量的出现时刻不能被精确地在短时傅里叶变换结果中显示出来。

通过上面的分析可知，应用短时傅里叶变换方法来分析信号时，如果想对高频分量分析取得很好的时域分辨率，就必须选择宽带的短时窗；如果想对低频分量分析取得很好的频域分辨率，就必须选择窄带的宽时窗，但无法同时达到这两个目的。而实际的信号过程是很复杂的，无论是单一的还是多分量的信号，为了提取高频分量或快变成分的信息，时域窗口 Δg 应尽量窄；对于慢变信号或低频成分，频域窗口 $\Delta\hat{g}$ 就应当尽量缩小，以保证有较高的频率分辨率，而且频率的相对误差满足提取信息的基本需要。实际上，在工程信号的分析需要时，频窗口具有自适应性，它可根据信号本身的频率变化特性自动改变 Δg 和 $\Delta\hat{g}$ 的大小。分析高频信号时，采用较宽的频窗、较窄的时窗；分析低频信号时，采用较窄的频窗、较宽的时窗。图 4.58 给出了一个自适应窗口的

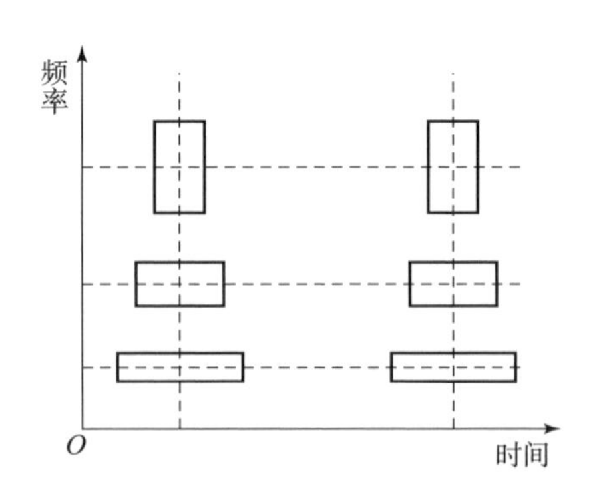

图 4.58　自适应窗口的相空间特性

相空间特性图。

短时傅里叶变换还有一个缺点就是它的离散形式没有正交展开，难以实现高效算法，这也大大限制了其应用范围。

4.6.3　小波变换

从傅里叶变换到短时傅里叶变换再到对具有自适应窗口的变换需求既体现了信号分析处理技术的发展趋势，也表明人们对信号处理结果研究的逐步深入、细致。具有自适应窗口特性和平移功能的信号处理算法，要求对信号 $x(t)$ 进行变换处理的积分核具有正交基。归结起来，变窗口（伸缩）、平移和正交性是作为信号分析最有效的数学工具的主要条件。小波变换（wavelet transform）正是为了满足这个需求而发展起来的。顾名思义，“小波”就是小的波形。所谓“小”是指局部非零，波形具有衰减性；“波”则指它具有波动性，包含有频率的特性。小波变换的目的就是既要看到森林（信号的全貌），又要看到树木（信号的细节）。小波的思想源于变窗口、平移，其主要贡献在于克服了傅里叶变换在时域中没有任何分辨能力的缺点。通俗地讲，小波分析是一种窗口大小（窗口面积）固定但其形状可以改变，时间窗和频率窗都可以改变的时频局部化分析方法，即在低频部分具有较高的频率分辨率和较低的时间分辨率，在高频部分具有较高的时间分辨率和较低的频率分辨率。正是这种特性，使小波变换对信号的分析处理具有自适应性。它能够把任何信号映射到一个由母小波伸缩（变换频率）、平移（刻画时间）组成的一组函数上去，实现信号在不同频带、不同时刻的合理分离。这种分离相当于同时使用一个低通滤波器和若干个带通滤波器而不丢任何原始信息。这些功能为动态信号的非平稳性描述、机器零部件故障特征频率的分离、微弱信号的提取以实现早期故障诊断提供了高效、有力的工具。

4.6.3.1　基本定义

设 $x(t)$ 是一有限能量函数，即 $x(t) \in L^2(R)$，则该函数的小波变换定义为以函数族 $\psi_{a,b}(t)$ 为积分核的积分变换。下式给出了该变换的定义：

$$W_x(a,b;\psi) = a^{-1/2}\int_{-\infty}^{\infty} x(t)\psi_{a,b}(t)\mathrm{d}t \quad (a > 0) \tag{4.182}$$

函数族 $\psi_{a,b}(t)$ 由基本小波函数 $\psi(t)$ 通过伸缩和平移产生：

$$\psi_{a,b}(t) = a^{-1/2}\psi\left(\frac{t-b}{a}\right) \tag{4.183}$$

式中，a 代表尺度参数；b 表示定位参数；$a^{-1/2}$ 因子是归一化常数，用来保证

变换的能量守恒，即

$$\| \psi_{a,b}(t) \|^2 = \int_{-\infty}^{\infty} |\psi_{a,b}(t)|^2 dt = \int_{-\infty}^{\infty} |\psi(t)|^2 dt \tag{4.184}$$

相应地，小波函数的频域表示如下：

$$\hat{\psi}_{a,b}(\omega) = \sqrt{a} e^{-j\omega} \hat{\psi}(a\omega) \tag{4.185}$$

由式（4.184）和式（4.185）可知，当 a 减小时，小波函数的时宽减小，频宽增大，且 $\psi_{a,b}(t)$ 的窗口中心向着 $|\omega|$ 增大的方向移动；当 a 增大时，小波函数的频宽减小，时宽增大，且 $\psi_{a,b}(t)$ 的窗口中心向着 $|\omega|$ 减小的方向移动。这说明连续小波变换的局部化是变化的，在信号的高频部分具有较高的时域分辨率和较低的频域分辨率；而遇到信号的低频成分时，表现出较低的时域分辨率和较高的频域分辨率，即具有“变焦”的性质，这正是我们所需要的自适应窗。下面以常用的 Morlet 小波函数来说明上述“变焦”的性质。

Morlet 小波是最常用的复值小波，由下式给出：

$$\psi(t) = \pi^{-1/4} (e^{-j\omega_0 t} - e^{-\omega_0^2/2}) e^{-t^2/2} \tag{4.186}$$

相应的傅里叶变换为

$$\hat{\psi}(\omega) = \pi^{-1/4} [e^{-(\omega-\omega_0)^2/2} - e^{-\omega_0^2/2} e^{-\omega^2/2}] \tag{4.187}$$

当 $\omega_0 \geq 5$ 时，$e^{-\omega_0^2} \approx 0$，此时的 Morlet 小波函数可简化为

$$\psi(t) = \pi^{-1/4} e^{-j\omega_0 t} e^{-t^2/2} \tag{4.188}$$

相应的傅里叶变换为

$$\hat{\psi}(\omega) = \pi^{-1/4} e^{-(\omega-\omega_0)^2/2} \tag{4.189}$$

图 4.59 给出了尺度参数 a 取不同值时 Morlet 小波函数的时域波形及其频谱，第一行表示时域波形，第二行表示对应的频谱图。从图中可以明显地看出，当 a 增大时，小波函数的时域波形被延展，相应的傅里叶变换图形被压缩，同时频域窗口的中心沿着坐标轴向着减小的方向移动；反之亦然。实际上，这个结论与傅里叶变换的尺度变换特性相一致，即信号的时域波形变宽，对应的频域就变窄；信号的时域波形变窄，相应的频域波形就变宽。另外，可以看出 Morlet 小波函数的频谱具有带通的特征，事实上，所有满足下面条件的小波函数的频谱都具有这样的性质。小波 $\psi(t)$ 的选择不是唯一的，很多函数都可作为小波基函数，它的选择应该满足以下条件。

（1）定义域是紧支的，即在一个很小的区间之外，函数值为零，它保证了函数的速降特性，以便获得时域局域化。

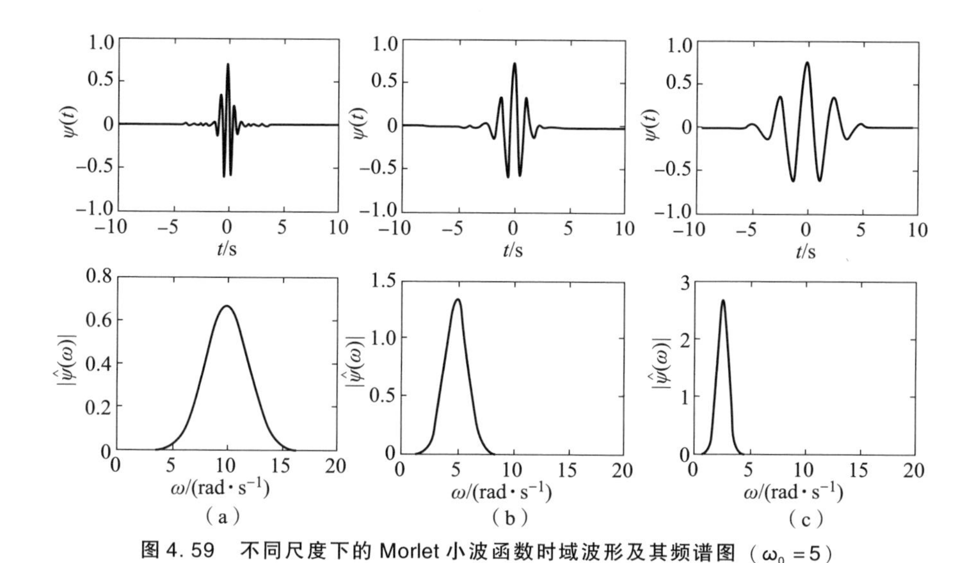

图 4.59　不同尺度下的 Morlet 小波函数时域波形及其频谱图（$\omega_0=5$）

(a) $a=0.5$；(b) $a=1$；(c) $a=2$

（2）平均值为零，也就是 $\int_{-\infty}^{\infty}\psi(t)\,\mathrm{d}t=0$，甚至 $\psi(t)$ 的高阶矩也应该为零，即

$$\int_{-\infty}^{\infty}t^{k}\psi(t)\,\mathrm{d}t=0\quad(k=0,1,\cdots,N-1)\tag{4.190}$$

我们称满足这项要求的小波函数具有 k 阶消失矩，它可以消除信号 $x(t)$ 的多项式展开式中幂次为 $t^{k}(k<N)$ 的各项在小波变换中的贡献，以便突出信号的高阶起伏和高阶导数中可能存在的奇点，因此小波变换能突出信号的高阶变化。

均值为零的条件有时也称小波容许条件，即

$$C_{\psi}=\int_{-\infty}^{\infty}\frac{|\hat{\psi}(\omega)|^{2}}{|\omega|}\mathrm{d}_{\omega}<\infty\tag{4.191}$$

式中，$\hat{\psi}(\omega)=\int_{-\infty}^{\infty}\psi(t)\mathrm{e}^{-\mathrm{j}\omega t}\mathrm{d}t$，这个条件使函数 $\psi(t)$ 的波形必定具有振荡性，并且随着 k 的增大，$\psi(t)$ 的振荡性会越来越强。

从小波变换的定义可看出，小波变换是线性变换，它的物理图案就是用一族频率不同的振荡函数作为窗口函数 $\psi_{a,b}(t)$ 对信号 $x(t)$ 进行扫描和平移，其中 a 为改变振荡频率的伸缩参数（尺度参数），b 为平移参数。实际上，此时的小波变换在某种意义上类似于短时傅里叶变换，所不同的是小波变换的时域和频域分辨率均与被分析信号的频率有关，而短时傅里叶变换在所有频段的时域和频域分辨率都是不变的。对于小波变换，在被分析信号的高频段，它具有较高的时域分辨率和较低的频域分辨率，但是对低频段信号则恰好相反。

对于任意信号 $x(t)$，$\psi(t) \in L^2(R)$，$x(t)$ 的连续小波变换的逆变换可由下式给出：

$$x(t) = \frac{1}{C_\psi}\int_{-\infty}^{\infty}\int_{-\infty}^{\infty} a^{-2} W_x(a,b;\psi)\psi_{a,b}(t)\,\mathrm{d}a\mathrm{d}b \tag{4.192}$$

利用巴塞伐尔公式以及傅里叶变换的相似性，很容易证明上述逆变换公式。这说明信号 $x(t)$ 的小波变换并没有损失任何信息，变换是守恒的，因此可推知下式：

$$\int_{-\infty}^{\infty} |x(t)|^2 \mathrm{d}t = \frac{1}{C_\psi}\int_{-\infty}^{\infty} a^{-2}\mathrm{d}a \int_{-\infty}^{\infty} |W_x(a,b;\psi)|^2 \mathrm{d}b \tag{4.193}$$

4.6.3.2 小波变换的分辨率

我们同样可以通过相空间来分析小波变换的分辨率，定义相空间的点 $(t^0_{\psi_{a,b}}, \omega^0_{\hat{\psi}_{a,b}})$ 为小波函数 $\psi_{a,b}(t)$ 的中心。

$$\left.\begin{aligned} t^0_{\psi_{a,b}} &= \frac{\int_{-\infty}^{\infty} t|\psi_{a,b}(t)|^2\mathrm{d}t}{\int_{-\infty}^{\infty}|\psi_{a,b}(t)|^2\mathrm{d}t} \\ \omega^0_{\psi_{a,b}} &= \frac{\int_{0}^{\infty} \omega|\hat{\psi}_{a,b}(\omega)|^2\mathrm{d}\omega}{\int_{0}^{\infty}|\hat{\psi}_{a,b}(\omega)|^2\mathrm{d}\omega} \end{aligned}\right\} \tag{4.194}$$

定义小波函数 $\psi_{a,b}(t)$ 的时宽 $\Delta\psi_{a,b}$ 和频宽 $\Delta\hat{\psi}_{a,b}$ 如下：

$$\begin{cases} \Delta\psi_{a,b} = \left[\int_{-\infty}^{\infty} (t - t^0_{\psi_{a,b}})^2 |\psi_{a,b}(t)|^2 \mathrm{d}t\right]^{1/2} \\ \Delta\hat{\psi}_{a,b} = \left[\int_{-\infty}^{\infty} (\omega - \omega^0_{\psi_{a,b}})^2 |\hat{\psi}_{a,b}(\omega)|^2 \mathrm{d}\omega\right]^{1/2} \end{cases} \tag{4.195}$$

则不难证明下面各式成立：

$$\begin{cases} t^0_{\psi_{a,b}} = a t^0_{\psi_{1,0}} + b \\ \omega^0_{\psi_{a,b}} = \dfrac{1}{a}\omega^0_{\psi_{1,0}} \\ \Delta\psi_{a,b} = a\Delta\psi_{1,0} \\ \Delta\hat{\psi}_{a,b} = \dfrac{1}{a}\Delta\hat{\psi}_{1,0} \end{cases} \tag{4.196}$$

由上式还可以推出

$$\Delta\psi_{a,b}\Delta\hat{\psi}_{a,b} = \Delta\psi_{1,0}\Delta\hat{\psi}_{1,0} = \mathrm{const} \tag{4.197}$$

由上述分析可知，小波函数 $\psi_{a,b}(t)$ 的频谱 $\hat{\psi}_{a,b}(\omega)$ 具有带通特性，而 $\omega^0_{\hat{\psi}_{a,b}}$ 实际就是它的通频带中心，带宽 $BW=2\Delta\hat{\psi}_{a,b}$。由式（4.196）可以看出，随着尺度参数 a 的增大，$\omega^0_{\hat{\psi}_{a,b}}$ 逐渐减小，表明带通的中心向低频位置偏移，这时小波变换分析的是信号中的低频分量，而此时的频宽 $\Delta\hat{\psi}_{a,b}$ 相应减小，时宽 $\Delta\psi_{a,b}$ 相应增大，也就是说小波变换在被分析信号的低频段可达到较高的频率分辨率和较低的时域分辨率，反之亦然。这正是我们所需要的图4.58所示的自适应窗口的特点。另外，由式（4.197）可知，在小波函数的相空间中，即使每个分辨基元的宽度（确定了时域分辨率）和高度（确定了频域分辨率）在各处不一样，但基元的面积恒定为一常数，这也正是Heisenberg测不准原理在小波变换中的体现。下面再分析一下表征小波函数滤波特性的品质因子 Q，由式（4.196）可推知下式成立：

$$Q=\frac{\text{中心频率}}{\text{带宽}}=\frac{\omega^0_{\psi_{a,b}}}{2\Delta\hat{\psi}_{a,b}}=\frac{\omega^0_{\psi_{1,0}}}{2\Delta\hat{\psi}_{1,0}}=\text{常数} \tag{4.198}$$

式中，Q 为常数，说明小波变换相当于一个具有恒定品质因子 Q 的带通滤波器，即低频处窄、高频处宽的带通滤波器，图4.60所示为小波变换的滤波特性。类似地，短时傅里叶变换的滤波特性可用图4.61来表示。

图4.62所示为小波变换的相空间表示。

这里采用小波变换对4.6.1节中的信号 $x_1(t)$ 和 $x_2(t)$ 进行了分析，图4.63给出了连续小波变换之后的时频分布结果。

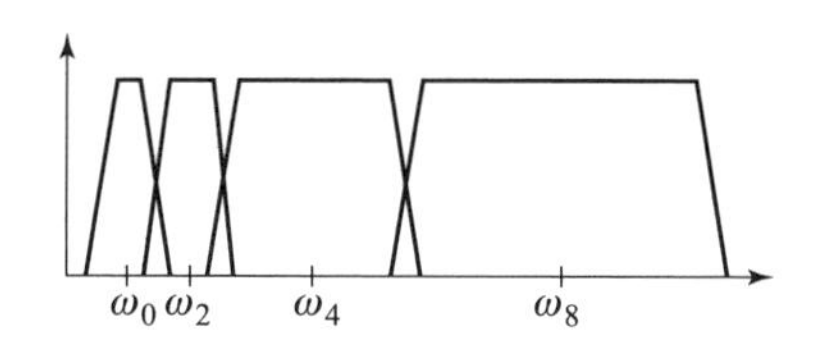

图4.60　小波变换的滤波特性

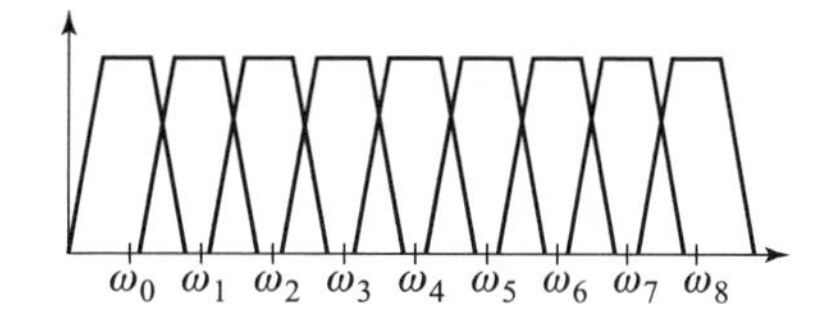

图4.61　短时傅里叶变换的滤波特性

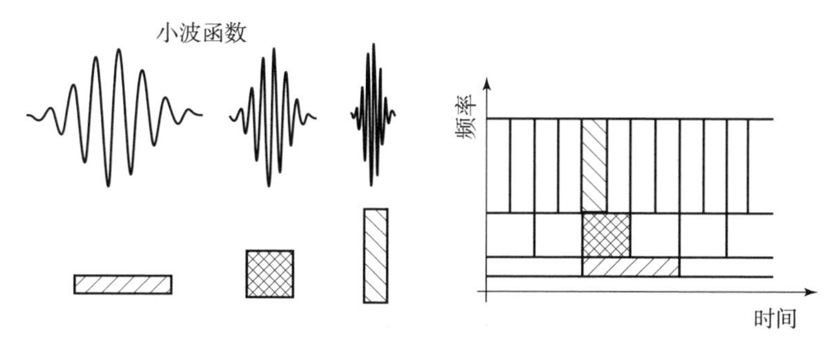

图4.62　小波变换的相空间表示

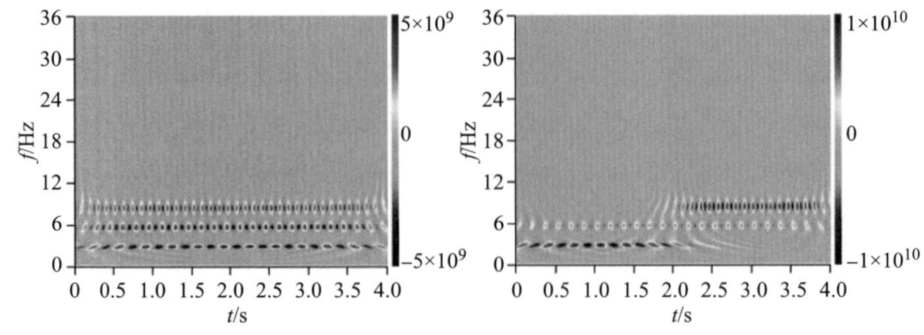

图 4.63　信号 $x_1(t)$ 和 $x_2(t)$ 的小波变换（Morlet 小波 $\omega_0=6$）

为了方便与短时傅里叶变换结果的对比，这里进行了小波函数尺度和中心频率之间的转换，故图 4.63 中的纵坐标表示频率的大小。对于任一小波，它的频谱都具有带通性质，因此这样的变换是可行的，变换公式为

$$\omega^0_{\hat{\psi}_{a,b}}=\omega^0_{\hat{\psi}_{1,0}}/a \tag{4.199}$$

比较图 4.63 和图 4.54、图 4.55 可知，小波变换和短时傅里叶变换的结果非常相似，不同之处在于小波变换图中高频分量（9 Hz 成分）表现出比低频分量（3 Hz 成分）更宽的频带，也就是说，小波变换对信号中高频分量的频域分辨率比对低频分量的分辨率低，而且从信号 $x_2(t)$ 的小波变换结果来看，本应在 2 s 时刻末期就结束的 3 Hz 频率分量在小波变换图上直到近 3 s 还存在，而本应占据 2～4 s 的 9 Hz 频率分量在小波变换图上的起始时刻提前到了 1.8 s 处，由此可见小波变换对低频分量的时域分辨率明显低于对高频分量的分辨率。

4.6.3.3　最大、最小尺度参数的确定

根据小波函数相当于一个带通滤波器的特性，当用连续小波变换来分析信号 $x(t)$，小波函数的尺度参数取值较小时，相当于信号中的高频成分进入小波函数对应的带通滤波器来分析，取较大的尺度参数时，对应着分析信号中的低频部分。有时为了分析更高的频率，尺度参数 a 的值是否要取得非常小呢？相应地，是否可用非常大的尺度参数来分析信号中的超低频率成分呢？事实上尺度参数的选择范围不是任意的，为了节约计算量，同时也为了消除小波变换结果中的无用信息，尺度参数的选择应该遵循如下原则。

以 Morlet 小波为例，它的频谱具有带通特性，尺度参数 a 对应的中心频率为 $\omega_a=\omega_0/a$，根据滤波器的特性和 Morlet 函数的性质不难得出 Morlet 小波的半功率带宽为

$$\mathrm{BW}_a=\frac{2\ln 2}{a} \tag{4.200}$$

因此，结合式（4.199）可知，当尺度参数为 a 时，Morlet 小波函数频带的上下限截止频率分别为

$$\omega_H = \omega_0/a + \frac{\ln 2}{a}$$

$$\omega_L = \omega_0/a - \frac{\ln 2}{a} \tag{4.201}$$

若信号的采样间隔用 T_s 表示，则相应的采样频率为 $f_s = 1/T_s$；信号中所包含的最高频率成分为 f_c，则根据采样定理可知

$$f_s = \frac{1}{T_s} \geqslant 2f_c = \left(\omega_0/a + \frac{\ln 2}{a}\right)/\pi \tag{4.202}$$

即

$$a \geqslant \frac{(\omega_0 + \ln 2)T_s}{\pi} \tag{4.203}$$

式（4.203）确定了尺度参数的最小取值 $a_{\min}$，尺度参数取值小于 $a_{\min}$ 时的小波变换是没有任何意义的。考虑到采样定理的要求，也可以通过信号中的最高频率成分来确定最小尺度参数，即

$$a_{\min} \approx \frac{\omega_0 + \ln 2}{2\pi f_c} \tag{4.204}$$

最大的尺度参数可以通过小波函数 $\psi_{a,b}(t)$ 的时宽来确定，为了保证小波变换具有一定的时域分辨率，考虑到 $|\psi_{a,b}(t)|$ 的幅值在 $3\Delta\psi_{a,b}$ 处将降到本身的 99.9%，一般要求

$$3\Delta\psi_{a,b} \leqslant N/2$$

式中，N 为信号的长度。

对 Morlet 小波来说，要求

$$\Delta\psi_{a,b} = a\Delta\psi_{1,0} = a \leqslant N/6 \tag{4.205}$$

式（4.205）确定了尺度参数的最大值 $a_{\max}$。

综上所述，小波变换的最大最小尺度参数是由信号的采样频率和长度所决定的。信号的采样频率或最高频率成分决定了最小尺度参数 $a_{\min}$，即最大分析频率；而信号的采样长度决定了最大尺度参数 $a_{\max}$，即最小分析频率；虽然采样频率和采样长度不会影响小波变换的分辨率，但是所选择的小波函数及尺度参数均会影响小波变换的时域、频域分辨率。

4.6.3.4　小波函数中心频率对分辨率的影响

很多小波函数的中心频率在一定范围内是可以任意选择的，如前面提到的 Morlet 小波函数和 Gaussion 包络振荡函数等。很明显，与中心频率较低的小波函数相比，中心频率高的小波函数可用比较大的尺度对给定的频率成分进行分析。由前面的分析可知，大尺度下的小波函数的半功率带宽将变窄，如对Morlet小波函数，它的半功率带宽为2 ln2/a，它和尺度参数a成反比。这就意味着，当选用不同种类的小波函数分析给定频率成分的信号时，中心频率高的小波函数比中心频率低的小波函数能达到更高的频域分辨率。

下面分析中心频率对时域分辨率的影响。还是以Morlet小波为例，它在时域的支撑区主要由$e^{-t^2/2}$决定，因此改变它的中心频率ω_0并不会改变它的时域支撑区大小，也就是说，不会改变其时域窗的宽度。图4.64所示为不同中心频率下的Morlet小波函数及其频谱。

从图4.64可看出，不同中心频率的Morlet小波函数，它们的时域紧支性（时域的支撑区域）是一样的。但这是否意味着用中心频率高的小波函数对信号进行分析时，可取得更高的频域分辨率，而它们的时域分辨率保持不变呢？答案是否定的。从前面的分析可知，小波函数的时窗宽度为$a\Delta\psi_{1,0}$，当中心频率ω_0增大时，尽管$\Delta\psi_{1,0}$不会发生变化，而分析某一特定频率成分的尺度参数a却增大了，此时窗宽度增大了。也就是说，为了分析某一特定的频率成分，增大小波函数的中心频率将会降低时域分辨率。

由此可见，分析某特定的频率成分，增大小波函数的中心频率，可使频域分辨率增加、时域分辨率降低。因此，对信号进行分析时，如果想取得比较好的频域分辨率，则可选择中心频率高的同类型小波函数；而要取得比较高的时域分辨率，则可选择中心频率较低的同类型小波函数。一般来说，可在保证频域分辨率的情况下（保证所关心的频率成分能分开），选择中心频率尽可能小的小波函数，以得到尽可能好的时域分辨率。

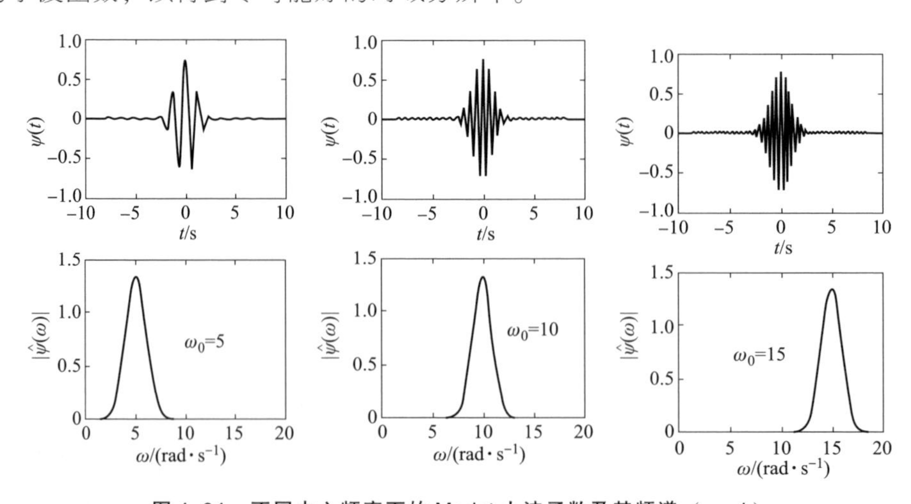

图4.64 不同中心频率下的Morlet小波函数及其频谱（$a=1$）

4.6.4　Hilbert – Huang 变换

4.6.4.1　Hilbert – Huang 变换的提出

傅里叶变换在一般条件下都是有效的，但它也受到严格的限制：首先被分析的系统必须是线性的；其次是信号必须是周期的或平稳的。不满足这两个条件，用傅里叶变换得到的结果将缺乏物理意义。那么对于非线性非平稳信号如何进行分析呢？一种通常的方法就是对系统进行线性化，把信号假定为平稳或分段平稳的，然后采用适当的方法，如短时傅里叶变换、小波变换等对信号进行分析，从而得到信号的时频分布。由于这些分析方法都是以傅里叶变换为基础的，因此存在很大的局限性。傅里叶变换中的一个基本概念是频率，而频率代表着信号的周期性，也就是平稳性的要求，而非平稳信号的特点之一就是没有周期性，这样对按傅里叶变换的方法定义的频率进行频谱分析将缺乏物理基础。为了解决这个问题，有必要定义一种新的频率描述方法，使得对非平稳信号同样可以进行频谱分析，而且与傅里叶变换的频谱分析是兼容的。正是出于这种需求，一种称为瞬时频率的概念被提出来。瞬时频率的定义有多种描述方式，其中以 Hilbert 变换为基础，对信号进行 Hilbert 变换，求出解析信号，再对其相位求导，从而得到一个具有频率量纲的参量，在满足单值性的条件下，这个参量可以定义为瞬时频率，而且与傅里叶变换的频率定义是相容的。

瞬时频率是定义在解析信号的相位求导上的，并不是任意信号都可以通过 Hilbert 变换得到瞬时频率。从严格意义上讲，只有对满足窄带条件的一类信号定义瞬时频率才有意义，那么对于非平稳信号的分解是把原始信号分解为一系列满足窄带条件信号的组合，然后进行 Hilbert 变换，求解每一分量的瞬时频率，从而得到原始信号的时频谱。如何进行分解，美国的 N. E. Huang 进行了研究，提出了对非线性非平稳信号进行分析的新方法，这种方法被称为 Hilbert – Huang 变换。

4.6.4.2　Hilbert – Huang 变换算法

Hilbert – Huang 变换是一种包含两个步骤的信号处理方法。首先用经验模态分解方法（empirical mode decomposition，EMD）获得有限数目的固有模态函数（intrinsic mode function，IMF），然后利用 Hilbert 变换和瞬时频率方法获得信号的时间—频率谱——Hilbert 谱。

由于瞬时频率方法不能对任意信号都适用，它只能对单分量信号（mono – component signal）才有意义，而对于自然界和工程应用领域，获取的信号一般都不能满足单分量信号的要求，因此必须对信号进行适当的处理。经验模态分解方法（EMD）就是通过对信号进行分解，使之能够表示为许多单分量信号之和。在 Hilbert - Huang 变换中，为了把复杂的信号分解为简单的单分量信号的组合，在进行 EMD 时，所获得的固有模态函数（IMF）必须满足下列两个条件。

（1）在整个信号长度上，一个 IMF 的极值点和过零点数目必须相等或至多只相差一点。

（2）在任意时刻，由极大值点定义的上包络线和极小值定义的下包络线的平均值为零，也就是说 IMF 的上、下包络线对称于时间轴。

满足上述条件的 IMF 就是一个单分量信号。

EMD 是 Hilbert - Huang 变换的一个关键步骤。对于给定的信号 $x(t)$，Huang 所介绍的 EMD 方法是：首先找到信号 $x(t)$ 的极大值和极小值，通过三次样条插值获得信号的上包络线 $U_x(t)$ 和下包络线 $L_x(t)$，然后计算上、下包络线的均值：

$$m_1(t) = \frac{U_x(t) + L_x(t)}{2} \tag{4.206}$$

从原始信号 $x(t)$ 中减去此均值，得到第一个分量 $h_1(t)$，即

$$h_1(t) = x(t) - m_1(t) \tag{4.207}$$

检查 $h_1(t)$ 是否满足固有模态函数（IMF）的两个必备条件。

如果 $h_1(t)$ 不满足上述两个条件，那么就应该继续进行筛选运算，即求得 $h_1(t)$ 的上、下包络线，然后得到它的均值 $m_{11}(t)$，求得其分量 $h_{11}(t)$ 为

$$h_{11}(t) = h_1(t) - m_{11}(t) \tag{4.208}$$

再检查 $h_{11}(t)$ 是否满足固有模态函数（IMF）的两个条件，如果不满足，则再进行筛选，直至得到满足条件的 $h_{1k}(t)$：

$$h_{1k}(t) = h_{1(k-1)}(t) - m_{1k}(t) \tag{4.209}$$

此最终得到的 $h_{1k}(t)$ 被看作第一个 IMF，用 C_1 表示：

$$C_1 = h_{1k}(t) \tag{4.210}$$

它包含了原始信号 $x(t)$ 中的高频部分。

从原始信号 $x(t)$ 中减去 C_1 得到残余信号 $r_1(t)$：

$$r_1(t) = x(t) - C_1 \tag{4.211}$$

将残余信号进行同上的筛选运算过程，得到更多个 IMF，直到最后的 IMF 被提取出来。最终的残余信号 $r_n(t)$ 可能是一个常数或为一个单调函数，若为单调函数，则其代表信号 $x(t)$ 中的趋势项。

至此，将信号 $x(t)$ 分解成 n 个 IMF 和残余 $r_n(t)$ 之和，即

$$x(t)=\sum_{j=1}^{n}C_j(t)+r_n(t) \tag{4.212}$$

这种分解过程可以解释成尺度过滤过程，每一个IMF分量都反映了信号的特征尺度，代表着非线性非平稳信号的内在模态特征。

对每一个IMF进行Hilbert变换：

$$Y_j(t)=\frac{1}{\pi}P\int_{-\infty}^{+\infty}\frac{C_j(\tau)}{t-\tau}\mathrm{d}\tau \tag{4.213}$$

式中，P为柯西主值。

形成的解析信号为

$$Z_j(t)=C_j(t)+iY_j(t) \tag{4.214}$$

式（4.214）亦可表示成极坐标的形式：

$$Z_j(t)=a_j(t)\cdot \mathrm{e}^{i\theta(t)} \tag{4.215}$$

式中，

$$a_j(t)=[C_j^2(t)+Y_j^2(t)]^{\frac{1}{2}},\quad \theta_j(t)=\arctan\frac{Y_j(t)}{C_j(t)}$$

解析信号的极坐标形式反映了Hilbert变换的物理含义：它是通过一正弦曲线的频率和幅值调制获得信号局部的最佳逼近。根据瞬时频率的定义，可以得到每一个IMF的瞬时频率：

$$\omega_j(t)=\frac{\mathrm{d}}{\mathrm{d}t}\theta_j(t) \tag{4.216}$$

因此，原始信号的解析信号$Z(t)$的极坐标形式可以写成：

$$Z(t)=\sum_{j=1}^{n}a_j(t)\cdot \mathrm{e}^{i[\int\omega_j(t)\mathrm{d}t]}$$

这样，原始信号可以表示成以下形式：

$$x(t)=\mathrm{Re}\left[\sum_{j=1}^{n}a_j(t)\cdot \mathrm{e}^{i[\int\omega_j(t)\mathrm{d}t]}\right] \tag{4.217}$$

注意：这里舍弃了残余项$r_n(t)$，因为它只能是一个单调函数或常数，对信号随时间变化的贡献不大，人们更关心信号的高频周期成分所包含的信息。

观察式（4.217），以时间t和瞬时频率$\omega_j(t)$为自变量，信号幅值可表示成t和$\omega_j(t)$的函数：

$$H(\omega,t)=\mathrm{Re}\left[\sum_{j=1}^{n}a_j(t)\cdot \mathrm{e}^{i[\int\omega_j(t)\mathrm{d}t]}\right] \tag{4.218}$$

式（4.218）表示的时间—频率分布称为Hilbert谱。在式（4.218）的基础上，再对时间积分即可获得信号的Hilbert边际幅值谱：

$$h(\omega)=\frac{1}{T}\int_{0}^{T}H(\omega,t)\mathrm{d}t \tag{4.219}$$

Hilbert 边际平均功率谱：

$$h(\omega) = \frac{1}{T}\int_0^T H(\omega,t)^2 \mathrm{d}t \tag{4.220}$$

瞬时能量密度水平为

$$IE(t) = \int_\omega H(\omega,t)^2 \mathrm{d}\omega \tag{4.221}$$

式（4.217）可以被看作更一般化的傅里叶变换表示。幅值和相位都是时间的函数，可变的幅值和瞬时频率不仅能够有效和灵活地表示被观测信号，而且能够直接地描述非线性非平稳信号。由于跨越了傅里叶变换中要求常幅值和常频率的限制，也就可以突破傅里叶变换仅对线性系统和平稳信号有效的不足之处，使得 Hilbert - Huang 变换成为对非线性非平稳信号进行分析的有效工具，且已被逐渐应用到故障诊断、流体力学、地震信号分析、基础结构检测等很多领域。在一些领域中，它的分析效果超过了小波变换，所以它具有很大的研究价值和广阔的应用前景。

4.6.4.3 Hilbert - Huang 变换在齿轮诊断中的应用

由于齿轮发生故障时的振动信息在传递过程中要经历很多环节才能达到测试点，所以一般设在箱体轴承座附近。这样测得的振动信号含有大量的噪声，而且高频率振动信号在传递过程中大多丢失，增加了齿轮故障诊断的难度。图 4.65 所示为测得的某型齿轮箱的断齿齿轮振动加速度信号的时域波形，齿轮的齿数为 37，转频为 7 Hz，采样频率为 1 024 Hz。从图中可以看出调幅信号的一些特征，但是要判断齿轮的缺陷还需要作进一步的分析。

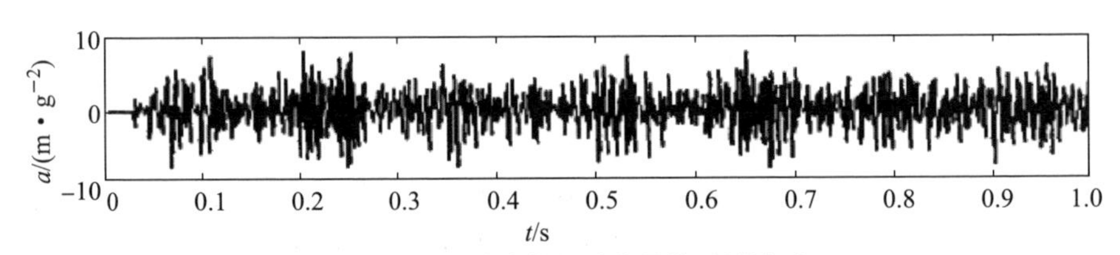

图 4.65 断齿齿轮振动信号的时域波形

采用 EMD 对齿轮的振动信号进行分解，得到第一个满足 IMF 条件的分量 c_1，如图 4.66 所示。从断齿齿轮振动信号的第一个 IMF 分量 c_1 的波形可以看出明显的冲击特征，在一个采样周期内大约有 7 个脉冲，因此脉冲产生的频率为 7 Hz，正好与齿轮的转频相等。任取齿轮一个旋转周期中分量的波形局部放大来观察（图 4.67），在这一周期内正好有 37 个冲击，产生冲击的数量正好与齿轮的齿数相等。这些特征正是断齿齿轮振动信号所具备的特征，与实际情况相符。

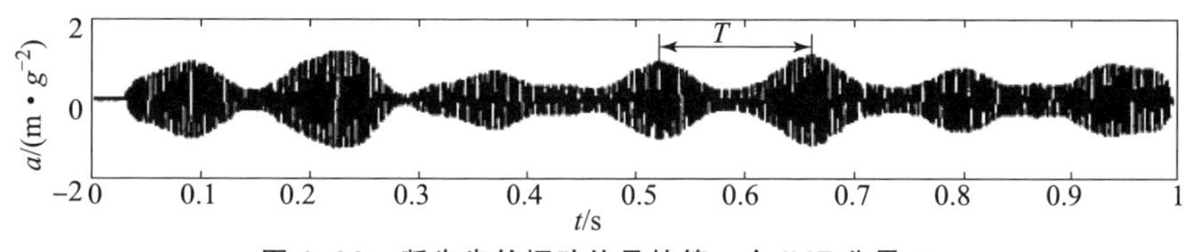

图 4.66　断齿齿轮振动信号的第一个 IMF 分量 c_1

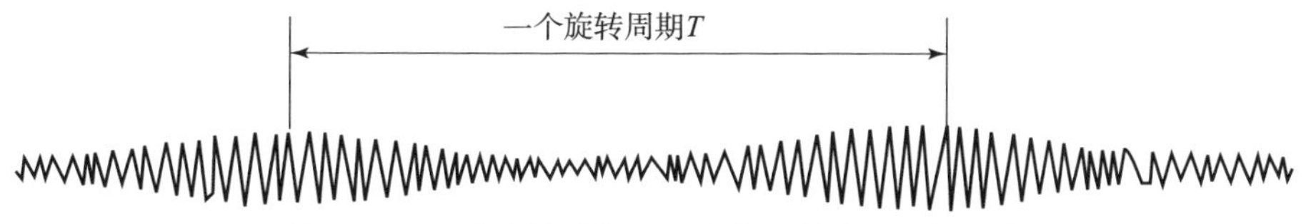

图 4.67　一个旋转周期 T 中分量 c_1 的波形局部放大

从该例可以看出 Hilbert – Huang 变换的具体应用。Hilbert – Huang 变换中关键是 EMD 分解，EMD 分解基于信号的局部特征时间尺寸，能把复杂信号分解为有限的 IMF，每一个 IMF 分量代表了一组特征尺度信号，由于其分解是依据信号本身的信息进行的自适应分解，即其分解过程依赖于信号本身包含的变化信息，因而对故障信息十分敏感。

4.6.5　各种变换之间的比较

表 4.6 ~ 表 4.9 给出了傅里叶变换、短时傅里叶变换、小波变换和 Hilbert – Huang 变换在变换类型、提供的信息、适用场合等方面的比较。

表 4.6　傅里叶变换

变换类型	频率
分析函数	三角函数（是时域支撑区无限的振荡函数）
变量	频率
提供的信息	信号包含的频率成分
适用场合	平稳信号（其频率成分不随时间变化）
备注	FFT 的计算量为 $n\lg n$

表 4.7　短时傅里叶变换

变换类型	时间—频率
分析函数	有限长度的窗函数和三角振荡函数的复合函数（每次分析时，窗函数的长度是固定的，但窗函数所包络的三角函数的频率是变化的）

续表

变换类型	时间—频率
变量	频率，窗口位置
提供的信息	窗函数越小，分析得到的时域信息越好，但可能损失在低频的频域信息；反之，窗函数越大，可以得到越好的频域信息，但时域的分析精度将降低
适用场合	准平稳信号（在窗口尺度下信号是平稳的）
备注	也称加窗傅里叶变换，当取 Gauss 函数为窗函数时，也称 Gabor 变换。傅里叶变换存在正交基，但短时傅里叶变换不存在正交基，难以实现高速算法

表 4.8　小波变换

变换类型	时间—尺度
分析函数	具有固定振荡次数，时域有限支撑的波；小波函数通过伸缩来改变“窗口”大小，同时也改变尺度，因此可以在不同的尺度下观测信号；由于振荡次数是不变的，因此小波函数的频率只是随着尺度的变换而变化
变量	频率，小波位置
提供的信息	大尺度对应窄的小波函数，它能提供好的时域局部化信息，但频域局部化信息较差；小尺度对应宽的小波函数，它能提供好的频域局部化信息，但时域局部化信息较差
适用场合	非平稳信号，如一些简单的信号（如线性调频信号）和一些在不同尺度下具有不同频率的信号（如分形信号）
备注	小波变换具有连续和离散两种形式；正交小波变换和双正交小波变换是离散小波变换的两种特殊形式；对于正交小波变换，当用快速小波变换时，对长度为 n 的信号，其计算量是 $2kn$，其中 k 是小波支集的长度

表 4.9　Hilbert - Huang 变换

变换类型	时间—频率
分析函数	根据经验模式分解算法得到的反映信号自身振荡规律的固有模态函数（IMF），用于分解原始信号的函数是自适应的
变量	时间，瞬时频率
提供的信息	时—频—能量三维信息
适用场合	非平稳、非线性信号的分析
备注	Hilbert - Huang 变换可以被看作幅值和相位随时间而变化的傅里叶变换，变化的幅值和瞬时频率不仅能有效和灵活地表示被观测信号，而且能直接地描述非线性非平稳信号。由于跨越了傅里叶变换中要求常幅值和常频率的限制，也就可以突破傅里叶变换仅对线性系统和平稳信号有效的不足之处，使得 Hilbert - Huang 变换成为对非线性非平稳信号进行分析的有效工具，而且已被逐渐应用到故障诊断、流体力学、地震信号分析、基础结构检测等很多领域。在一些领域中，其分析效果超过了小波变换，因此其具有很大的研究价值和广阔的应用前景

4.6.6　分形及其计算方法

大型机械设备发生故障时，其动力学行为将表现出一定的复杂性和非线性，振动信号也随之出现非平稳性，此时传统的平稳信号分析方法不再适用。作为非平稳信号分析的有效分析手段，如短时傅里叶变换、小波变换、Hilbert - Huang 变换等已被广泛应用于机械设备故障诊断领域。然而，这些变换方法只是把信号从时间域变换到时间—尺度域或时间—频率域，如何从变换后的信号中提取故障特征才是工程领域应用最关心的问题。因此，为了使这些时频分析方法达到工程实用化，必须研究开发变换后信号的再处理技术，提取出相应的参数指标，包括有量纲和无量纲指标。

“分形”（fractal）一词是法国数学家曼德尔布罗特（B. B. Mandelbrot）在 20 世纪 70 年代引入的一个概念，由于分形给出了传统的欧几里德几何和微积分方法不能描述的一大类不十分光滑或不规则的集合与函数的一般结构，因此分形几何（fractal geometry）的理论和应用都有了很大的发展。80 年代以来，在国内也引起了许多科技工作者的关心，他们开展了广泛的研究。有人把分形

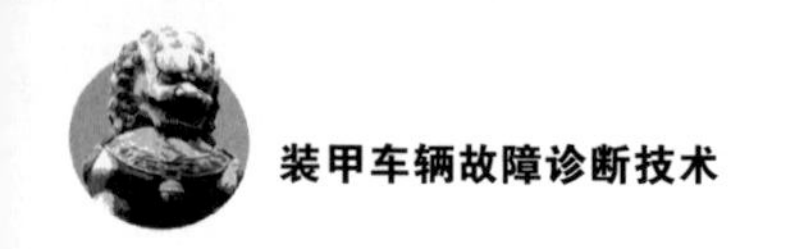

几何引入故障诊断，取得了成功。分形几何作为一种崭新的方法，可能成为故障诊断领域一个新的有效工具。本节旨在从工程应用的角度，介绍一下分形的基本概念及其典型工程应用。

4.6.6.1 分形的概念

分形一词本意是不规则的、破碎的等意思。曼德尔布罗特是想用此词来描述自然界中传统的欧几里德几何所不能描述的一大类复杂无规则的几何对象。例如，弯弯曲曲的海岸线、起伏不平的山脉、粗糙不堪的断面、随机变化的函数图像等。它们的特点是极不规则或极不光滑。直观而粗略地说，这些对象都是分形。

由于学科尚处于发展之中，人们对“分形”提出了各种各样的定义，如一个通俗化的定义是：其组成部分和整体与某种方式相似的形叫分形。但是至今分形还没有一个确切、简明、令人满意的定义。尽管如此，还是可以列出分形集 F 所具有的特征。

（1）分形集 F 具有精细结构，即在任意小的比例尺度内包含整体。

（2）无论从局部还是从整体上来看，分形集 F 是非常不规则的，不能用传统的几何语言来描述。

（3）通常分形集 F 具有某些自相似性，或许是近似的，或许是统计意义下的。

（4）通常（在某些方式下定义）分形集的“分维数”比它的拓扑维数要大。

（5）在许多情况下，分形集 F 的定义是非常简单的，或许是递归的。

古典的欧几里德几何和微积分方法不再适合于分形的研究，必须用别的方法。分形几何的主要工具是它形式众多的维数。维数是几何对象的一个重要特征量。非常粗略地说，维数就是为了确定几何对象中一个点的位置所需要的独立坐标的数目，或者说独立方向的数目。普通的几何对象，具有整数维数，如零维的点、一维的线、二维的面、三维的立体，乃至四维的“时空”，它们都是人们熟知的例子。然而，自然界中存在的几何对象——分形具有不必是整数的分形维数。

4.6.6.2 分形维数

分形维数（简称分维）是定量描述分形特征的重要参数，由于侧重描述方面和计算方法的不同，分维有很多种形式的定义，然而对理解分形的数学理论和对分维的实际计算来说，豪斯道夫（Hausdorff）维数是最基本的。

通常的维数是大家所熟知的，它表示为确定空间中一个点所需独立坐标的数目，如确定平面上一个点需两个坐标，维数为2；确定立体中一个点需三个坐标，维数为3，等等。对于一个几何对象，我们也可以算出它的维数。例如，取一正方形，每边长放大3倍，得到一个正好等于$3^2=9$个原来的正方形；类似地，把一个正方体的每个边长增加为原来的3倍，就得到$3^3=27$个原来大小的立方体。推而广之，一个d维几何对象的每个独立方向，都增加为原来的l倍，结果得到N个原来的对象。这三个数之间的关系是$l^d=N$。不难验证，对于一切普通的几何对象，这个简单关系都是成立的。把这个关系式两边取对数，写成

$$d=\frac{\ln N}{\ln l} \tag{4.222}$$

同样，我们也可以把一个图形缩小。若把一个图形划分成N个大小和形态相同的小图形，每个小图形是原图形的ε，即$l=1/\varepsilon$。则有

$$d=\frac{\ln N}{\ln(1/\varepsilon)} \tag{4.223}$$

把式（4.222）和式（4.223）推广，d不限于整数，将这样推广定义的维数称为分维D。

对于式（4.223），当ε不断缩小时，若极限存在，则

$$D=\lim_{\varepsilon\to 0}\frac{\ln N(\varepsilon)}{\ln(1/\varepsilon)} \tag{4.224}$$

若存在一个数D_H，当$D<D_H$时，$N(\varepsilon)\varepsilon^D$趋近于无穷大；当$D>D_H$时，$N(\varepsilon)\varepsilon^D$趋近于零；当$D=D_H$时，$N(\varepsilon)\varepsilon^D$趋近于一个有限数，那么数$D_H$被称作Hausdorff维数，其严格的数学定义参见相关参考文献。

分维的定义很多，常见的还有盒计数维数（简称盒维数）、关联维数、信息维数等，它们有各自不同的应用。

4.6.6.3　分维的计算方法

直接计算维数，特别是Hausdorff维数，在实际应用中对任何集合从定义出发都是很困难的。严格的维数计算通常包含复杂的计算过程与估计过程。

大多数分维数定义是基于“尺度ε下的度量”这一思想。对每个ε，观察在$\varepsilon\to 0$时这些度量的变化。例如，为得到平面几何F的维数，我们可以画边长为ε的正方形或盒网，对各个充分小的ε计算覆盖F的个数$N(\varepsilon)$（因此称为盒计数），维数是当$\varepsilon\to 0$时$N(\varepsilon)$递增的对数比率，可用双对数坐标$\ln N(\varepsilon)$与$\ln(1/\varepsilon)$曲线的斜率来估计它的分维数。

在多数情况下，人们无法确切知道相空间的维数，但可通过试验测量取得很长的数据序列。近年来发展了一种试验数据计算分维的简便方法。

考虑从试验中测得的一个数据序列

$$x_1, x_2, x_3, \cdots, x_i, \cdots$$

x_i 是第 i 时刻的观测值。由于不知道实际的相空间维数，我们先用这些数据支起一个 m 维的空间。将

$$x_1, x_2, x_3, \cdots, x_m$$

定义为 m 维空间中的一个向量 $\boldsymbol{y}_1$，然后右移一步，得到下式

$$x_2, x_3, \cdots, x_{m+1}$$

将其作为 m 维空间中的第二个向量 $\boldsymbol{y}_2$。这样就可构造出一批向量 $\boldsymbol{y}_1, \boldsymbol{y}_2, \boldsymbol{y}_3, \cdots, \boldsymbol{y}_k$。现在任意给定一个数 ε，然后检查一遍有多少点对（$\boldsymbol{y}_i$，$\boldsymbol{y}_j$）之间的距离 $r_{ij} = |\boldsymbol{y}_i - \boldsymbol{y}_j|$ 小于 ε。将距离小于 ε 的“点对”数占所有点对距离数的比例记作 $N(\varepsilon)$：

$$N(\varepsilon) = \frac{1}{k^2}\sum_{i,j=1}^{k}\theta(\varepsilon - r_{ij}) \tag{4.225}$$

式中，

$$\theta(\varepsilon - r_{ij}) = \begin{cases} 1 & (\varepsilon - r_{ij} \geqslant 0) \\ 0 & (\varepsilon - r_{ij} < 0) \end{cases}$$

基于原始数据计算得到 $N(\varepsilon)$。

如果 ε 取得太大，当然一切“点对”的距离都不会超过它，因此 $N(\varepsilon) = 1$，取对数后有 $\ln N(\varepsilon) = 0$。适当缩小 ε，可能在一段 ε 区间内有

$$N(\varepsilon) = (1/\varepsilon)^D \tag{4.226}$$

对比分维的定义可知，D 是一种维数，式（4.226）两边取对数得

$$D = \frac{\ln N(\varepsilon)}{\ln(1/\varepsilon)} \tag{4.227}$$

实际上 D 是对所谓“关联维数”的很好逼近。

从实际测量数据中计算所谓“关联维数”的方法简单易行，不需要高深的数学基础。因此，越来越多的人开始测量自己所研究对象的维数。

4.6.6.4 分形的工程应用

1）工程实际中分形的特点

分形现象在工程实际中广泛存在，分形更能很好地反映大自然的面目，然而与数学上的分形相比，自然界中实际存在的分形具有两个明显的特征。

（1）自然现象仅在一定的尺度范围、一定的层次中才表现出分形特征，其两端都受到某种特征尺寸的限制，这个具有自相似的范围叫“无标度区”。在无标度区之外，自相似现象不再存在，也就谈不上什么分形。此外，对同一自然现象可出现多个无标度区，在不同的无标度区上可能出现不同的分形特征。

（2）数学上分形嵌套和自相似可无穷地进行下去。而自然界的分形是具有自相似分布特征的随机对象，并不像数学上的分形那样单纯和“干净”、均匀和一致，因而必须从统计的角度考虑、分析和处理。

2）在设备故障诊断中的应用

设备故障诊断是通过测量反映设备运行状态的特征信号，并根据从特征信号中提取的征兆和其他信息来识别设备的运行状态。然而，在实际现场测量的这些特征信号或参数是随机变化的、不十分规则的函数图像，有些甚至是随机变化的信号。例如，我们看到从实际现场测量的振动时间波形是极不光滑的；旋转机械轴心轨迹图形也并不是正规的圆形或椭圆形，它的边缘也是极不规则的；其他状态参数（如温度、压力等）的变化趋势也没有一个确定的函数关系。这些特征信号在一定的尺度范围内都具有分形的特征。因此，把分形几何这一新的数学工具引入机械设备故障诊断领域，从那些不十分规则的特征信号中提取出它的结构特征——分维数，将是一种很有发展前途的诊断方法。

图4.68所示为利用计算机模拟出来的旋转机械几种运行状态的振动信号的时域波形。我们利用上面介绍的计算方法，在计算机上计算并估计了它们的维数，结果列于表4.10中。

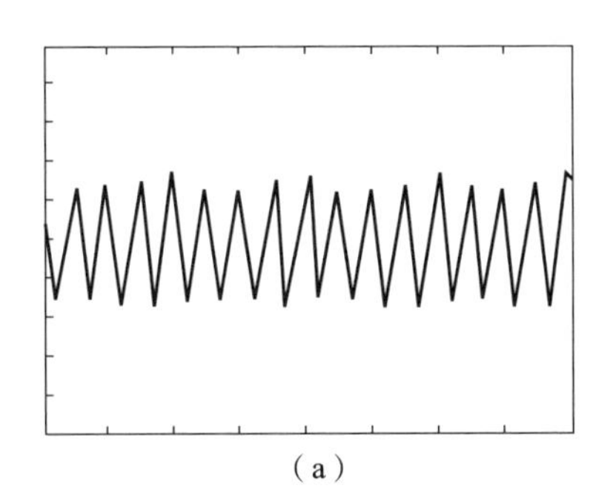

（a）

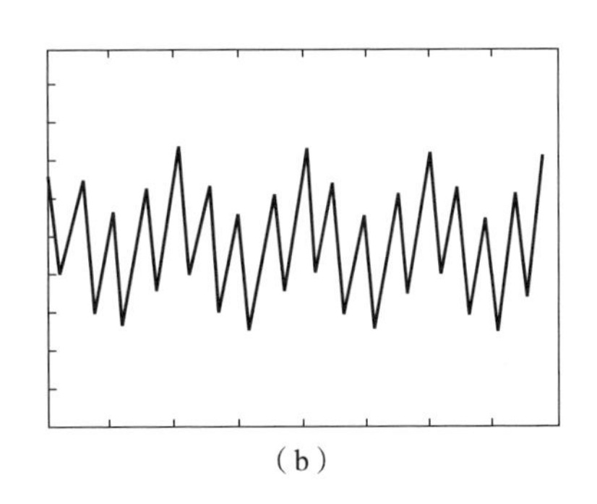

（b）

图4.68　振动信号的时域波形

（a）正常状态；（b）部件松动

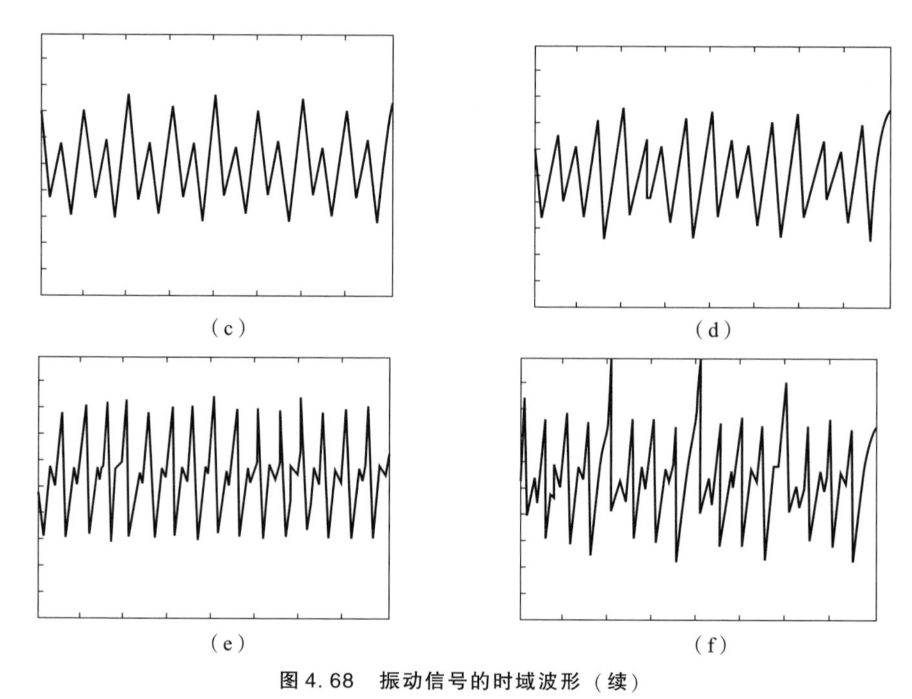

图 4.68　振动信号的时域波形（续）

(c) 油膜半速涡动；(d) 蒸汽振荡；(e) 轻微碰撞；(f) 严重碰撞

表 4.10　图 4.68 分维数的计算结果

振动波形	(a)	(b)	(c)	(d)	(e)	(f)
分维数	1.20	1.65	1.71	1.59	1.81	2.75

从以上试验分析结果可以看出，分维数对碰摩故障特别敏感，主要是因为碰摩故障产生的振动波形极不规则，谐波成分非常丰富。另外，对具有分数谐波的振动故障，如部件松动、油膜涡动、蒸汽振荡等故障也较敏感，但对正常状态或不平衡故障较迟钝，因为不平衡故障的振动波形基本上是规则的正弦波，类似于图 4.68（a）的正常状态波形。

分形几何在设备故障诊断领域中的应用研究还只是刚刚开始，目前人们对分形特征分维与故障机理之间关系的研究还很不够。尽管如此，分形几何已经给出了一个直接从测量的特征信号推测其本身特征的一种新方法和新特征量——分维数。

分形几何将在设备故障诊断的以下几个方面得到应用。

（1）设备运行状态的异常判别。

（2）设备故障的分类或诊断。

（3）设备故障征兆的早期预报。

（4）反映设备运行状态的特征参数个数的选取等。

分形和分维是从客观存在的数与形的关系中抽象出来的数学概念。实际上，对分形性质的研究需要从试验、模拟和理论这三个方面进行。在适当尺度范围内观察和度量所研究的对象，并获得它们依赖于各种参量的维数。分形几何的应用对自然科学与社会科学产生了深刻的影响，其发展前景是诱人的。

第5章 装甲车辆的常用故障诊断方法

设备故障的多样性及其与征兆之间关系的复杂性，吸引了越来越多的人投身设备故障诊断技术的研究。就设备故障诊断技术这一学科而言，重点不在于研究故障本身，而在于研究故障诊断的方法。设备的故障诊断说到底是状态识别，也就是状态分类问题。其根本任务是根据机械设备的运行状态信息来判断其运行状态的好与坏。由于故障诊断过程的复杂性，通常不只采用一种方法，而要采用多种方法。

根据各种故障诊断方法的特点，按照不同的分类准则可以得到不同的分类结果。本章主要介绍故障诊断模型的分类、常见方法的原理及优缺点分析。

5.1　概述

5.1.1　按诊断的目的和要求划分

按诊断的目的和要求划分，有：功能（性能）诊断和运行状态诊断；定期诊断和连续诊断；直接诊断和间接诊断；简易诊断和精密诊断；常规工况下诊断和特殊工况下诊断。

5.1.1.1　功能（性能）诊断和运行状态诊断

功能（性能）诊断是针对新安装或刚维修后的设备，需要检查它们的运行状态和功能是否正常，并且根据检查结果对设备进行调整。运行状态诊断是在设备正常运行过程中，通过运行状态数据的实时监测来判断是否存在故障，并预测故障的发生和发展。

5.1.1.2　定期诊断和连续诊断

定期诊断，也叫离线诊断，指定期或不定期地以巡检方式采集现场数据，就地分析与诊断。其特点是离线分析，分析精准，但实时性差，不能应对突发故障。连续诊断，也叫在线诊断，在实际应用时，传感器及采集硬件、控制计算机及监测分析软件均已固定在设备上，与设备连接信号通畅，可实时监测设备的当前状态，捕捉突发故障，及时进行精细分析。

5.1.1.3 直接诊断和间接诊断

直接诊断是直接确定关键部件状态，如主轴间隙、齿轮齿面磨损程度、汽轮机叶片的裂纹以及在腐蚀环境下管道的壁厚等。直接诊断往往受到机器结构和工作条件的限制而难以实现，这时就不得不采用间接诊断。间接诊断是通过二次诊断信息来判断机器中关键部件的状态变化。多数二次诊断信息属于综合信息，如用润滑油升温来反映主轴的运行状态，因此，在间接诊断中出现误诊和漏检两种情况的可能性都会增大。

5.1.1.4 简易诊断和精密诊断

简易诊断一般通过便携式简单诊断仪器，如测振仪、声级计、红外测温仪等，对设备进行人工监测，根据设定的标准或凭经验确定设备是否处于正常状态；精密诊断一般要采用先进的传感器采集现场信号，然后用精密诊断仪器和各种先进分析手段进行综合分析，确定故障类型、程度、部位和产生故障的原因，了解故障的发展趋势。

5.1.1.5 常规工况下诊断和特殊工况下诊断

在设备正常或稳态工况下进行的诊断，叫作常规工况下诊断。在特殊或瞬态工况下采集相关运行状态信息，叫作特殊工况下诊断。例如动力机组的起动和停车过程，需要跨过转子扭转、弯曲的几个临界转速。利用起动和停车过程的振动信号进行时频分析等，能够得到许多在常规诊断中得不到的诊断信息。

5.1.2 按故障诊断和状态识别方法提出及应用的先后顺序划分

按故障诊断和状态识别方法提出及应用的先后顺序可分为传统（经典）故障诊断方法和现代故障诊断方法。

5.1.2.1 传统（经典）故障诊断方法

传统的故障诊断方法是利用各种物理的和化学的原理与手段，通过伴随故障出现的各种物理和化学现象，利用横向或纵向比较、简单逻辑判断以及人工经验等方法直接检测故障。如利用振动、声、光、热、电、磁、射线、化学等

多种手段，观察其变化规律和特征，用以检测和诊断故障。该方法形象、快速、有效，但只能判断部分故障。

5.1.2.2　现代故障诊断方法

现代故障诊断方法是在传统（经典）故障诊断方法的基础上，将人工智能的理论和方法用于故障诊断，发展智能化的诊断方法，目前已得到广泛应用，成为设备故障诊断的主要方向。人工智能的目的是使计算机去做只有人才能完成的智能任务，包括推理、理解、规划、决策、抽象、学习等功能。专家系统是实现人工智能的重要形式，目前已广泛用于诊断、解释、设计、规划、决策等各个领域，现在国内外已发展了一系列用于设备故障诊断的专家系统，并且获得了很好的效果。

5.1.3　按故障诊断模型的实现途径划分

按故障诊断模型的实现途径可分为基于物理模型的诊断、基于数据驱动的诊断和基于知识的诊断三类方法。

5.1.3.1　基于物理模型的诊断方法

基于物理模型的诊断方法是根据系统的组成部（元）件及它们之间的关系，建立系统的结构、行为或功能模型，根据系统的模型及输入，可推导出系统在正常情况下的预期行为，如果它与系统的实际行为存在较大的差异，就说明系统存在某种故障。基于模型的方法需要建立精确的物理模型，将残差作为衡量系统实际输出与物理模型输出一致性的指标。它是在已经有明确物理模型的系统中，通过调整模型的某些参数来模拟某些故障的存在，进一步根据模型输出结果和实际现场采集数据之间的残差与特定指标的对比给出故障的诊断结果。由于基于模型的方法需要以能够构建精准的物理模型为前提，模型的局限性使得对故障类型多样性的泛化能力不强。基于模型的诊断方法又包括状态估计、参数估计、等价空间等。其中，状态估计法是构建一个系统状态观测器，将系统实际输出值与经过状态观测器得到的估计值相比对而得到一个残差序列，以检测出系统故障。参数估计诊断故障的依据是系统参数变化的统计特性。等价空间法的核心思想是采集到实际系统的输入输出信号，接着检验系统模型的等价性，通过对比来检测系统的故障并进行诊断。对于复杂机械系统，所谓基于物理模型的故障诊断，通常是指建立系统的动力学分析模型，通常为多自由度的二阶微分方程，通过研究典型故障的注入方法，并提取故障存在时的状态响应信号特征来进行故障诊断。一旦故障模型建立成功，就可以通过分析比较设备现场实测的状态信号与系统在不同故障状态下的响应信号特征之间的匹配程度来判断设备的故障类型，该方法有时也称为故障辨识。

5.1.3.2　基于数据驱动的诊断方法

基于数据驱动的诊断方法无须建立物理模型，尤其适用于复杂的物理系统，如后向传播神经网络（BPNN）、循环神经网络（RNN）等，建模过程相对简单，但对数据的数量以及质量有较高的要求。顾名思义，该类模型是建立在有一定数据量的设备状态响应信号或数据分析处理基础上的，通常包含模型的训练（构建）和测试（应用）两个阶段。前者主要是在获取设备正常及不同故障状态下的振动、温度、噪声、压力等状态信号的基础上，通过特征计算、特征选择与提取以及分类器设计等步骤，采用较复杂的线性或非线性模型得到不同的设备状态与信号特征之间的映射关系；后者是对于未知状态类别的设备状态信号，经过同样的特征计算、特征选择与提取等步骤，利用前面构建的映射关系对其状态进行预测或判别。常用的基于数据驱动的故障诊断模型包括基于神经网络的诊断、基于支持向量机的诊断、基于概率统计的诊断、基于灰色关联度的诊断等。

5.1.3.3　基于知识的诊断方法

基于知识的诊断方法，由于其不需要被研究对象的精确数学模型，在机械系统日益大型化、复杂化及系统模型难以确定的背景下，引起了越来越多学者的重视。目前在故障诊断中应用广泛的有人工经验、专家系统、故障树（诊断树）等。专家系统能对即时收集到的系统数据运用知识库中已有的规则进行推理，根据实际不断修改推理策略，以准确地找到系统的故障类型。然而，知识库完善程度直接影响专家系统的诊断能力。基于故障树的诊断方法利用由果溯因的原理，需要事先知道各故障的概率和先验知识，由系统最终的故障寻找产生故障的源头。

5.1.4　机器学习

随着人工智能技术的发展，凡是利用计算机通过已知数据集建模，并用于未知数据的分类或预测的应用，都统称为机器学习。在一个机器学习的应用中，根据数据类型及特点的不同，对一个问题的建模有不同的方式。在机器学习或者人工智能领域，人们首先会考虑算法的学习方式，将算法按照学习方式分类是一个不错的想法，这样可以在建模和算法选择的时候，便于人们根据输

入数据的特点来选择最合适的算法以获得最好的结果。机器学习按照学习方式可分成如下四类：有监督机器学习、无监督机器学习、半监督机器学习和增强学习。

5.1.4.1　有监督机器学习

有监督机器学习（supervised machine learning）能够从给定的训练数据集中学习得到一个函数（线性或非线性），当新的数据输入时，可以根据该函数来预测其对应的输出结果。监督学习的训练数据集应包括输入和输出，也即通常所说的“特征”和“目标”，训练集中的“目标”通常是人工标注的。常见的监督学习算法包括回归分析和统计分类。

简言之，有监督机器学习是指利用已知数据集推测未知样本的状态类别（离散量）或状态特征量值（连续量）的方法。这里的已知数据集包含设备的特征样本集（通常为高维特征向量）及其对应的状态集（通常为离散状态类别集合或状态量值集合）。在有监督学习的模型训练过程中，输入数据被称为“训练数据”，每组训练数据对应一个明确的状态类别标识或结果，如防垃圾邮件系统中“垃圾邮件”和“非垃圾邮件”，手写数字识别中的“1”“2”“3”“4”等字符，变速箱典型故障诊断系统中的“齿轮正常”“齿轮磨损”“齿轮断齿”等。在建立分类或预测模型时，监督式学习建立一个学习过程，将预测结果与“训练数据”的实际结果进行比较，不断地调整预测模型，直到模型的输出结果达到一个预期的准确率。

该方法的核心思想是在已知输入数据样本对应输出结果（状态类别或预测的状态值）的前提下，通过分析归纳输出结果与特征样本之间的规律，找出其中的关联，确定运算符号（模型或变换关系），即训练模型，进而利用该模型实现未知样本（新输入的数据）对应状态类别或状态值的预测。由此可见，有监督机器学习首先要基于已知数据集训练得到一个模型，使其具备预测新输入数据对应输出结果的能力。监督式学习的常见应用场景如分类（classification）问题和回归（regression）问题。其中，分类是对离散型随机变量进行建模，用于完成状态分类、故障诊断、邮件过滤、金融欺诈及预测雇员异动识别等任务。常用的分类算法包括感知机、支持向量机（SVM）、决策树、最近邻、朴素贝叶斯、判别分析、逻辑回归和神经网络等；回归是对数值型连续随机变量进行建模，用于完成房价、股票、设备剩余寿命等输出，结果为数值类型问题的预测。典型的应用包括电力负荷预测、设备状态特征变化趋势预测、剩余寿命预测等。常见的回归算法包括线性模型、非线性模型、正则化、逐步回归、决策树、神经网络和自适应神经模糊学习等。

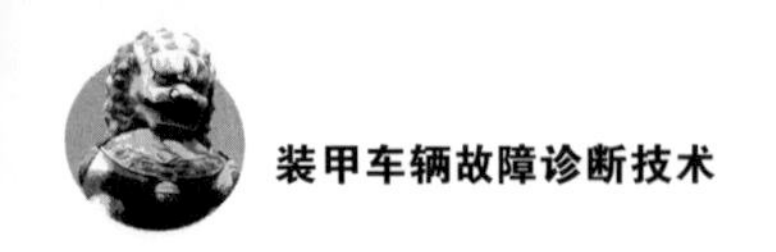

在医学领域的一个典型有监督机器学习的应用案例是：假设临床医生想要预测一个人在一年内是否会突发心脏病。他们有多位病人的既往健康检测数据，包括年龄、身高、体重和血压等。同时，他们也知道这些病人在过去的一年内是否突发心脏病。那么，他们可以把现有数据输入机器学习模型，让机器在这些病人数据的基础上预测任意一个人在一年内突发心脏病的概率。

5.1.4.2 无监督机器学习

无监督机器学习（unsupervised machine learning）又称归纳性学习或聚类（clustering），利用 K – 均值（K – means）建立中心（centriole），通过循环迭代和递减运算（iteration & descent）来减小误差以达到将原始数据集自动分成若干个簇中心或类别的目的，但并不明确每个簇或每个类别的具体含义。

无监督机器学习是通过寻找输入数据样本之间的隐藏规律和内部结构进行聚类与关联分析的方法，有时也称为无标签数据集的聚类分析方法。无监督机器学习使用的输入数据集常常是没有任何标签的，学习模型的建立旨在分析挖掘数据的一些内在分布特点及结构。常见的应用场景包括关联规则的学习以及聚类等。聚类是无监督机器学习中使用最为普遍的算法。它通过分析数据的内部结构寻找和观察样本中的自然簇群——集群（clusters），将原始数据集划分成有限的几个簇类。常用的聚类算法包括 K – 均值、层次聚类、高斯混合模型、隐马尔可夫模型、自组织映射、模糊 C 均值聚类和减法聚类等。聚类分析的典型应用包括基因序列分析、市场调研、文章推荐、新闻分类、设备状态等级划分等。

从有监督机器学习和无监督机器学习方法的定义来看，这里所说的“监督”就是指导或者干预，如房子估价例子中的成交价就是一种具有明确指向性的参数。没有这项指标时，机器学习能做的就是根据房子的特征对其进行分类，但是机器并不知道这些类别的成交价有何差别，因为没有结果可以参考。我们把这些带有明确指向性的参考叫作“标签”。

5.1.4.3 半监督机器学习

在此学习方式下，部分输入数据有标签，部分没有标签，此时得到的学习模型可以用来进行预测，但是模型首先需要学习数据的内在结构以便合理地组织数据来进行预测。应用场景包括分类和回归，算法包括一些常用监督式学习算法的延伸，这些算法首先试图对无标签数据进行建模，在此基础上再对有标签数据进行预测，如图论推理算法（graph inference）或者拉普拉斯支持向量

机（Laplacian SVM）等。

5.1.4.4 增强学习

不同于监督模型中输入数据仅仅是一个检查模型对错的输入，在增强学习模式下，输入数据直接反馈到模型中，模型必须对此立刻作出调整。常见的应用场景包括动态系统及机器人控制等。常用算法包括 Q - Learning 及时间差学习（temporal difference learning）。

国际象棋是该算法应用的一个成功例子。该程序知道游戏的规则和玩法，并会按部就班地完成一轮对弈。提供给该程序的唯一信息是它是否能赢得比赛，它会一直重播比赛，追踪自己成功的落子步骤，直到最终赢得比赛。

机器学习算法有很多种，随着应用领域的不断扩展和算法自身的发展，还不断有新算法被提出，但在机器学习领域并没有最好的办法或者适合所有问题的通用方法。而且，每一种算法都需要采用不同的流程及步骤来学习完成，因此选择一种适合的算法就变得至关重要。人们只能通过不断地尝试和总结找到最佳方法，甚至经验丰富的数据科学家在尝试之前也无法判断算法是否有效。总的来说，算法的选择取决于待处理数据量的大小和类型，以及欲通过数据学习得到的结论。这里给出数据建模之前选择机器学习算法的一些建议。

（1）如果要训练一个模型实现预测，就选择有监督机器学习——一个连续变量的未来值，如温度或股票价格；或者实现分类，如从摄像头视频片段中识别出汽车，从柴油发动机振动数据中诊断柴油发动机是否存在故障或故障类型。

（2）如果需要探索数据的内在分布规律与特点，并且想要训练一个模型来找到一个好的内部结构展示，如把数据分成若干簇（集群），那么选择无监督机器学习。

上述分类方法各有各的特点，也是人们为了满足不同需求而总结归纳出来的分类结果，不同分类结果之间本质上存在一定的对应关系。

由于基于模型的诊断主要用于控制系统、液压系统，对于机械系统而言，其本质是故障辨识，是系统动力学模型和故障模型描述及注入方式的研究，这部分内容在第 2 章的故障机理研究和第 6 章的故障诊断应用的部分内容中有介绍，这里就不再赘述。这里重点围绕基于数据驱动的故障诊断和基于知识的故障诊断两类方法展开阐述，分别介绍每类方法中的典型方法的原理、特点及其应用。

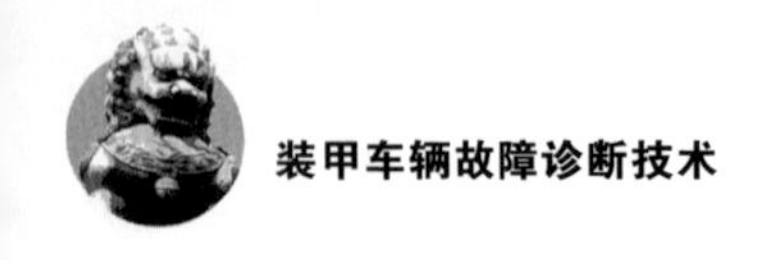

5.2 基于数据驱动的故障诊断方法

5.2.1 贝叶斯分类法

5.2.1.1 贝叶斯分类法的概念

贝叶斯（Bayes）分类法是基于概率统计分析的分类方法。我们都知道，在机械系统的运行过程中，大量的状态信息如振动、噪声等都是随机的，描述这些随机信号最严密的特征参数是概率密度函数。贝叶斯分类法就是以概率密度函数为基础实现机械系统不同技术状况分类的。

机械设备运行和机械制造过程的状态都是一个随机变量，事件出现的概率在很多的情况下是可以估计的，这种根据先验知识对工况状态的概率作出的估计，称为先验概率。因为状态是随机变量，故状态空间可写成 $\Omega_j=(\omega_1,\cdots,\omega_i,\cdots,\omega_m)$，其中 $\omega_i(i=1,2,\cdots,m)$ 是状态空间中的一个模式点，在设备的状态监测与故障诊断过程中，主要是判别工况正常与异常两种状态，它们的先验概率用 $P(\omega_1)$，$P(\omega_2)$ 表示，并有 $P(\omega_1)+P(\omega_2)=1$。但仅有先验概率还不够，还需要知道观测数据各类别的条件概率，即

$p(\boldsymbol{x}/\omega_1)$ ——正常状态的类条件概率密度

$p(\boldsymbol{x}/\omega_2)$ ——异常状态的类条件概率密度

那么根据 Bayes 公式有

$$P(\omega_i/\boldsymbol{x}) = \frac{p(\boldsymbol{x}/\omega_i)P(\omega_i)}{\sum_{j=1}^{2} p(\boldsymbol{x}/\omega_j)P(\omega_j)} \tag{5.1}$$

式中，$P(\omega_i/\boldsymbol{x})$ 为已知样本 $\boldsymbol{x}$ 属于 ω_i 类的概率，称为后验概率。Bayes 公式是通过观测值 $\boldsymbol{x}$ 把状态的先验概率 $P(\omega_i)$ 转换为后验概率 $P(\omega_i/\boldsymbol{x})$，对两类状态有

$$\begin{aligned} P(\omega_1/\boldsymbol{x}) &= \frac{p(\boldsymbol{x}/\omega_1)P(\omega_1)}{\sum_{j}^{2} p(\boldsymbol{x}/\omega_j)P(\omega_j)} \\ P(\omega_2/\boldsymbol{x}) &= \frac{p(\boldsymbol{x}/\omega_2)P(\omega_2)}{\sum_{j}^{2} p(\boldsymbol{x}/\omega_j)P(\omega_j)} \end{aligned} \tag{5.2}$$

5.2.1.2　贝叶斯分类器的类型

1）最小错误率的贝叶斯决策规则

决策规则是

$$\begin{aligned} P(\omega_1/\boldsymbol{x}) &> P(\omega_2/\boldsymbol{x}) \quad (\boldsymbol{x} \in \omega_1) \\ P(\omega_1/\boldsymbol{x}) &< P(\omega_2/x) \quad (\boldsymbol{x} \in \omega_2) \end{aligned} \tag{5.3}$$

由式（5.3）消去共同的分母，则式（5.3）的等价形式为

$$\begin{aligned} p(\boldsymbol{x}/\omega_1)P(\omega_1) &> p(\boldsymbol{x}/\omega_2)P(\omega_2) \quad (\boldsymbol{x} \in \omega_1) \\ p(\boldsymbol{x}/\omega_1)P(\omega_1) &< p(\boldsymbol{x}/\omega_2)P(\omega_2) \quad (\boldsymbol{x} \in \omega_2) \end{aligned} \tag{5.4}$$

Bayes分类法是基于最小错误率的，故还有必要提出错误率的计算问题。错误率也是分类性能好坏的一种度量，通常用平均错误率 $P(e)$ 来表示，其定义为

$$P(e) = \int_{-\infty}^{\infty} P(e,\boldsymbol{x})\,\mathrm{d}\boldsymbol{x} = \int_{-\infty}^{\infty} P(e/\boldsymbol{x})p(x)\,\mathrm{d}\boldsymbol{x} \tag{5.5}$$

式中，$\int_{-\infty}^{\infty}(\cdot)\,\mathrm{d}\boldsymbol{x}$ 表示在整个 n 维特征空间的积分。对于两类问题，由式（5.3）的决策规则可知 $P(\omega_1/\boldsymbol{x})<P(\omega_2/\boldsymbol{x})$ 应决策为 ω_2 类。在作出此决策时，$\boldsymbol{x}$ 的条件错误概率为 $P(\omega_1/\boldsymbol{x})$；反之，则应为 $P(\omega_2/\boldsymbol{x})$。故 $\boldsymbol{x}$ 的条件错误概率可表示为

$$P(e/\boldsymbol{x}) = \begin{cases} P(\omega_1/\boldsymbol{x}) & [P(\omega_1/\boldsymbol{x}) < P(\omega_2/\boldsymbol{x})] \\ P(\omega_2/\boldsymbol{x}) & [P(\omega_1/\boldsymbol{x}) > P(\omega_2/\boldsymbol{x}] \end{cases} \tag{5.6}$$

如图5.1所示，令 M 为 Ω_1，Ω_2 两类的分界面，特征向量 $\boldsymbol{x}$ 是一维时，M 将 x 轴分为两个决策域，即 Ω_1 表示 $(-\infty,M)$，Ω_2 表示 $(M,+\infty)$，则有

$$\begin{aligned} \varepsilon = P(e) &= \int_{-\infty}^{M} P(\omega_2/\boldsymbol{x})p(x)\,\mathrm{d}\boldsymbol{x} + \int_{M}^{\infty} P(\omega_1/\boldsymbol{x})p(\boldsymbol{x})\,\mathrm{d}\boldsymbol{x} \\ &= \int_{-\infty}^{M} p(\boldsymbol{x}/\omega_2)P(\omega_2)\,\mathrm{d}\boldsymbol{x} + \int_{M}^{\infty} p(\boldsymbol{x}/\omega_1)P(\omega_1)\,\mathrm{d}\boldsymbol{x} \end{aligned} \tag{5.7}$$

式（5.7）也可写成

$$\begin{aligned} P(e) &= P(\boldsymbol{x} \in \Omega_1,\omega_2) + P(\boldsymbol{x} \in \Omega_2,\omega_1) \\ &= P(\boldsymbol{x} \in \Omega_1/\omega_2)P(\omega_2) + P(\boldsymbol{x} \in \Omega_2/\omega_1)P(\omega_1) \\ &= P(\omega_2)\int_{\Omega_1} p(\boldsymbol{x}/\omega_2)\,\mathrm{d}\boldsymbol{x} + P(\omega_1)\int_{\Omega_2} p(\boldsymbol{x}/\omega_1)\,\mathrm{d}\boldsymbol{x} \\ &= P(\omega_2)P_2(e) + P(\omega_1)P_1(e) \end{aligned} \tag{5.8}$$

式（5.8）可用图5.1中的阴影部分来描述。贝叶斯决策规则的含义是对每个 $\boldsymbol{x}$ 都使 $P(e)$ 取最小值，则式（5.8）的取值也达到最小，即平均错误率 $P(e)$ 最小。

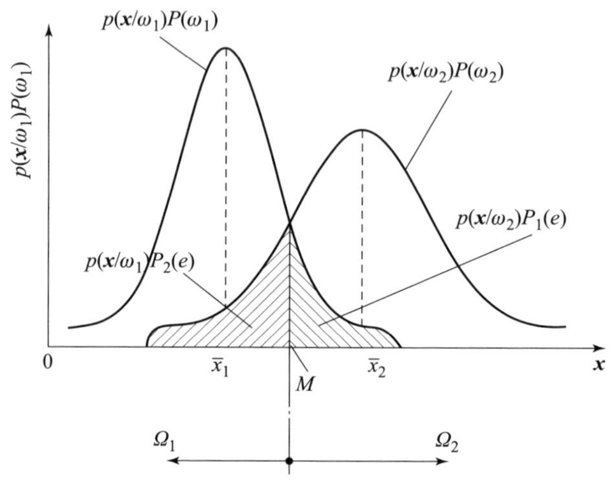

图5.1　决策错误率

2）最小平均损失（风险）的贝叶斯决策

在故障诊断中，误判的概率是客观存在的。但是误判的性质不同，后果严重性也不同。例如把正常工况错判为异常，将合格品判为废品，自然带来经济损失，但如果把异常工况判为正常工况，即将废品判为合格品，那么其影响就不再局限于该工件在某一工序过程中造成的损失，还将影响后续工序，甚至产品质量。更为严重的是，把某些废品当作正品装入机器中，将成为使用厂家生产系统突发性故障的隐患，因此后者的严重性要比前者大。最小平均损失的 Bayes 决策，就是从这一出发点考虑的。

（1）决策方法与最小平均损失的关系。设 $\boldsymbol{x}$ 是 n 维的随机向量，$\boldsymbol{x}=(x_1,x_2,\cdots,x_n)^{\mathrm{T}}$，$\Omega=(\omega_1,\omega_2,\cdots,\omega_M)$，$\alpha$ 是 p 维决策空间，$\alpha=(\alpha_1,\alpha_2,\cdots,\alpha_p)$；$L(\omega_i,\alpha_j)$ 表示损失函数，其含义是实际工况状态为 ω_i 时，采取的决策 α_j 所带来的损失，它与设备的实际运行工况状态有关，它们之间的关系可写为

$$L_{ij}=L(\omega_i,\alpha_j) \tag{5.9}$$

表5.1给出了每个决策方法 α_j 对应于 M 个状态 ω_1，ω_2，…，ω_M 时的损失函数 $L(\omega_i,\alpha_j)$。

表 5.1　损失函数

α	设备的实际运行状态					
	ω_1	ω_2	…	ω_i	…	ω_M
α_1	$L(\omega_1,\alpha_1)$	$L(\omega_2,\alpha_1)$	…	$L(\omega_i,\alpha_1)$	…	$L(\omega_M,\alpha_1)$
α_2	$L(\omega_1,\alpha_2)$	$L(\omega_2,\alpha_2)$	…	$L(\omega_i,\alpha_2)$	…	$L(\omega_M,\alpha_2)$
…	…	…	…	…	…	…
α_j	$L(\omega_1,\alpha_j)$	$L(\omega_2,\alpha_j)$	…	$L(\omega_i,\alpha_j)$	…	$L(\omega_M,\alpha_j)$
…	…	…	…	…	…	…
α_p	$L(\omega_1,\alpha_p)$	$L(\omega_2,\alpha_p)$	…	$L(\omega_i,\alpha_p)$	…	$L(\omega_M,\alpha_p)$

（2）损失函数。设决策方法为 α_j，任一个损失函数为 L_{ij}，对给定的 $\boldsymbol{x}$ 其相应的概率为 $P(\omega/\boldsymbol{x})$，则采用决策 α_j 时的条件期望损失

$$\begin{aligned}\gamma_j = \gamma(\alpha_j/\boldsymbol{x}) &= E[L(\omega_i,\alpha_j)] \\ &= \sum_{i=1}^{M} L_{ij}P(\omega_i/\boldsymbol{x}) \quad (i=1,2,\cdots,M;j=1,2,\cdots,p)\end{aligned} \tag{5.10}$$

对于不同观测值 $\boldsymbol{x}$ 采用 α_j 时，其条件风险不同，故决策 α 是随机向量 $\boldsymbol{x}$ 的函数，记为 $\alpha(\boldsymbol{x})$，它也是一个随机变量，故期望风险定义为

$$\Gamma = \int \gamma[\alpha(\boldsymbol{x})/\boldsymbol{x}]p(\boldsymbol{x})\mathrm{d}\boldsymbol{x} \tag{5.11}$$

期望风险 Γ 是表示对整个特征空间上所有 $\boldsymbol{x}$ 采用相应的决策 $\alpha(\boldsymbol{x})$ 所带来的平均风险，而条件期望损失 γ 仅表示某一个 $\boldsymbol{x}$ 取值所采用的决策 α_j 所带来的风险，要求所有 $\alpha(\boldsymbol{x})$ 都使 Γ 最小。

（3）贝叶斯决策步骤。设某一决策 α_k 能使

$$\gamma(\alpha_k/\boldsymbol{x}) = \min\gamma(\alpha_j/\boldsymbol{x}) \qquad (j=1,2,\cdots,p)$$

则

$$\alpha = \alpha_k \tag{5.12}$$

具体步骤如下。

已知 $P(\omega_i)$、$p(\boldsymbol{x}/\omega_i)$ 及待识别样本 $\boldsymbol{x}$，按式（5.1）计算后验概率

$$P(\omega_i/\boldsymbol{x}) = \frac{p(\boldsymbol{x}/\omega_i)P(\omega_i)}{\sum_{j=1}^{M} p(\boldsymbol{x}/\omega_j)P(\omega_j)}$$

利用后验概率及表 5.1，按式（5.10）计算 γ_j，有

$$\gamma_j = \sum_{i=1}^{M} L_{ij}P(\omega_i/\boldsymbol{x}) \qquad (j=1,2,\cdots,p) \tag{5.13}$$

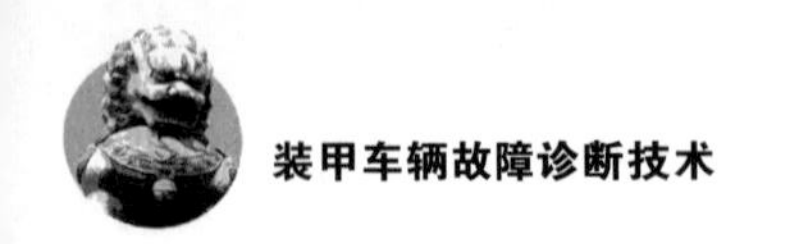

从 γ_1，γ_2，…，γ_p 中选择其最小者便是条件风险最小的 α_k。

3）最小最大决策规则

在机械加工过程中，尺寸偏差的概率密度函数等虽然都可以认为服从正态分布，在正常工况下，机械设备的运行状态特征分布也大都服从正态分布，但 $P(\omega_i)$ 不是不变的，而且人们对先验知识掌握得不够确切，若按固定的 $P(\omega_i)$ 决策，往往得不到最小错误率或最小风险，故有必要讨论在 $P(\omega_i)$ 变化时，如何最大可能地使风险最小，即在最差情况下争取得到最好的结果。

先考虑两类问题，设损失函数为

L_{11}——当 $\boldsymbol{x}\in\omega_1$ 时，决策 $\boldsymbol{x}\in\omega_1$ 的损失；

L_{12}——当 $\boldsymbol{x}\in\omega_1$ 时，决策 $\boldsymbol{x}\in\omega_2$ 的损失；

L_{21}——当 $\boldsymbol{x}\in\omega_2$ 时，决策 $\boldsymbol{x}\in\omega_1$ 的损失；

L_{22}——当 $\boldsymbol{x}\in\omega_2$ 时，决策 $\boldsymbol{x}\in\omega_2$ 的损失。

一般来说，作出错误决策所带来的损失总比作出正确决策带来的损失大，故有 $L_{12}>L_{11}$，$L_{21}>L_{22}$。若决策域 Ω_1、Ω_2 已定，则由式（5.11）可得

$$\Gamma=\int_{\Omega_1}[L_{11}p(\boldsymbol{x}/\omega_1)P(\omega_1)+L_{21}p(\boldsymbol{x}/\omega_2)P(\omega_2)]\mathrm{d}\boldsymbol{x}+\int_{\Omega_2}[L_{12}p(\boldsymbol{x}/\omega_1)P(\omega_1)+L_{22}p(\boldsymbol{x}/\omega_2)P(\omega_2)]\mathrm{d}\boldsymbol{x} \tag{5.14}$$

可见 Γ 是一个非线性函数，它与决策域 Ω_1、Ω_2 有关，一旦决策域 Ω_1、Ω_2 确定下来，风险 Γ 就是先验概率的线性函数。因为 $P(\omega_1)+P(\omega_2)=1$，并且

$$\int_{\Omega_1}p(\boldsymbol{x}/\omega_1)\mathrm{d}\boldsymbol{x}=1-\int_{\Omega_2}p(\boldsymbol{x}/\omega_2)\mathrm{d}\boldsymbol{x}$$

代入式（5.14），便得 Γ_α 和 $P(\omega_i)$ ［例如 $P(\omega_1)$］的关系

$$\begin{aligned}\Gamma_\alpha=&[L_{22}+(L_{21}-L_{22})\int_{\Omega_1}p(\boldsymbol{x}/\omega_2)\mathrm{d}\boldsymbol{x}]+\\&P(\omega_1)\{(L_{11}-L_{22})+(L_{12}-L_{11})\int_{\Omega_2}p(\boldsymbol{x}/\omega_1)\mathrm{d}\boldsymbol{x}-\\&(L_{21}-L_{22})\int_{\Omega_1}p(\boldsymbol{x}/\omega_2)\mathrm{d}\boldsymbol{x}\}=A+BP(\omega_1)\end{aligned} \tag{5.15}$$

式中，A 为式中［·］部分，B 为式中｛·｝部分，故 Γ_α 与 $P(\omega_1)$ 的关系是线性的。现用图 5.2 说明上述概念。

已知类概率密度函数 $p(\boldsymbol{x}/\omega_i)$、损失函数 L_{ij} 及某个确定的先验概率 $P(\omega_i)$。例如 $P(\omega_1)$ 成立时，可按最小风险决策确定两类状态的决策面，把特征空间分为 Ω_1、Ω_2，使风险最小，并在 0～1 区间对 $P(\omega_1)$ 取值，使得贝叶斯风险最小。Γ_α 与 $P(\omega_1)$ 的关系如图 5.2（a）中的曲线。

曲线上 a 点的纵坐标 γ_a^* 表示先验概率 $P_a^*(\omega_1)$ 对应的风险，过 a 点的直线 EF 便是式（5.15）表示的直线，直线上各点的纵坐标表示与 $P(\omega_1)$ 对应的不同风险值 γ，它不是最小风险，变化范围为 $A\sim(A+B)$。若 $B=0$，则直线 EF 平行于 $P(\omega_1)$ 轴［图 5.2（b）］，其含义是不论 $P(\omega_i)$ 如何变化，最大风险都等于 A。

因此，在 $P(\omega_1)$ 有可能改变或先验概率不确定的情况下，应选择最小风险为最大值时的 $P_a^*(\omega_1)$ 来设计分类器，在图 5.2（b）中就是 $P_b^*(\omega_1)$，其风险 γ_b^* 相对其他 $P(\omega_1)$ 最大，但不论 $P(\omega_1)$ 如何变化，都能保证最小风险为最小，故称最小最大决策。

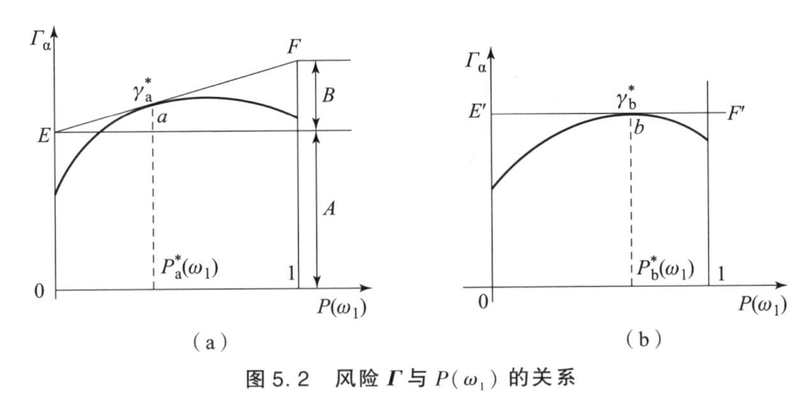

图 5.2　风险 Γ 与 $P(\omega_1)$ 的关系

5.2.2　距离函数分类法

5.2.2.1　距离判别函数的含义

由 n 个特征参数组成的特征向量相当于 n 维特征空间的一个样本点或模式点。研究证明同类模式点具有聚类性，不同类状态的模式点有各自的聚类域和聚类中心。如果我们能事先知道各类状态的模式点的聚类域并将其作为参考模式，则可将待检模式样本与参考模式间的距离作为判别函数，判别待检样本的状态属性。

5.2.2.2　空间距离（几何距离）函数

“距离”这一概念在数学上是由泛函分析 R^n 空间中的距离问题移植过来的。在几何学中，我们曾学习过空间两点之间的距离度量，其表达式可被容易地写出。但现在的问题不是两点之间，而是两个类区之间或某待检点与参考点、参考总体之间的几何距离，应该如何度量这种距离呢？

1）欧氏距离（Euclidean distance）

在欧氏空间中，向量 $\boldsymbol{X}=(x_1,x_2,\cdots,x_n)^{\mathrm{T}}$，$\boldsymbol{Z}=(z_1,z_2,\cdots,z_n)^{\mathrm{T}}$ 两点距离越近，表明它们的相似性越大，则可认为其属于同一个群聚域，或属于同一类别，这种距离称为欧氏距离，式（5.16）给出了该距离的数学定义，其几何概念如图 5.3 所示。

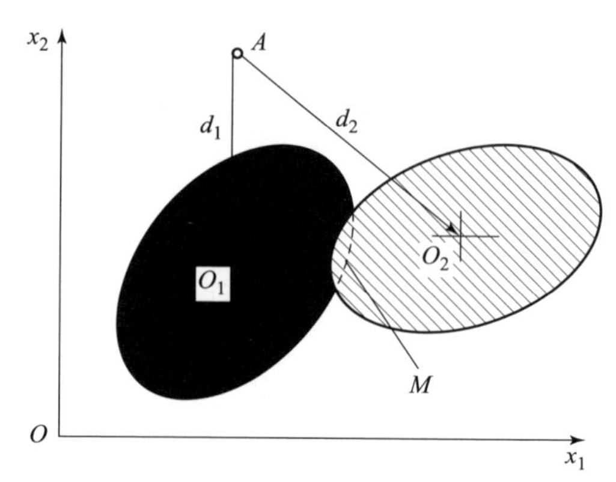

图 5.3　样本的群聚域和距离的概念

$$D_E^2=\sum_{i=1}^{n}(x_i-z_i)=(\boldsymbol{X}-\boldsymbol{Z})^{\mathrm{T}}(\boldsymbol{X}-\boldsymbol{Z}) \tag{5.16}$$

式中，$\boldsymbol{Z}$ 为标准模式向量；$\boldsymbol{X}$ 为待检向量；上标 T 为矩阵转置。

欧氏距离的特点是简单明了，且不受坐标旋转、平移的影响。为避免坐标尺度对分类结果的影响，可在计算欧氏距离之前先对特征参数进行归一化处理，如

$$x_i=\frac{x_i-x_{\min}}{x_{\max}-x_{\min}} \tag{5.17}$$

式中，$x_{\max}$ 和 $x_{\min}$ 分别为特征参数的最大值和最小值。

考虑到特征向量中的诸分量对分类起的作用不同，可采用加权方法，构造加权欧氏距离

$$D_{\mathrm{w}}^2=(\boldsymbol{X}-\boldsymbol{Z})^{\mathrm{T}}\boldsymbol{W}(\boldsymbol{X}-\boldsymbol{Z}) \tag{5.18}$$

式中，$\boldsymbol{W}$ 为权系数矩阵。

2）马氏距离（Mahalanobis distance）

这是加权欧氏距离中用得较多的一种，其形式为

$$D_{\mathrm{m}}^2=(\boldsymbol{X}-\boldsymbol{Z})^{\mathrm{T}}\boldsymbol{R}^{-1}(\boldsymbol{X}-\boldsymbol{Z}) \tag{5.19}$$

式中，$\boldsymbol{R}$ 为 $\boldsymbol{X}$ 与 $\boldsymbol{Z}$ 的协方差矩阵，即

$$\boldsymbol{R} = \boldsymbol{X}\boldsymbol{Z}^{\mathrm{T}} \tag{5.20}$$

马氏距离的优点是排除了特征参数之间的相互影响。

3）Mann 距离判别

与马氏距离相反，Mann 距离是将待检总体作为基准，度量参考模式向量与待检总体之间的马氏距离。因此，Mann 距离的定义为以待检总体协方差矩阵的逆矩阵为权矩阵的欧氏距离。

4）欧氏距离判别的应用

如前所述，在故障诊断中，由于 AR 模型是线性估计过程，且计算速度较快，便于实时在线诊断，所以一般多采用 AR 模型。这里以时间序列 AR 模型参数作为特征向量而得到残差偏移的距离函数为例。

设自回归 AR 模型的矩阵形式

$$\boldsymbol{X}\boldsymbol{\Phi} = \boldsymbol{A} \tag{5.21}$$

式中，$\boldsymbol{X}$ 为时序样本矩阵；$\boldsymbol{\Phi}$ 为自回归系数向量；$\boldsymbol{A}$ 为残差向量。

可得残差平方和

$$S = \boldsymbol{A}^{\mathrm{T}}\boldsymbol{A} = \boldsymbol{\Phi}^{\mathrm{T}}\boldsymbol{X}^{\mathrm{T}}\boldsymbol{X}\boldsymbol{\Phi} = \boldsymbol{\Phi}^{\mathrm{T}}\boldsymbol{R}\boldsymbol{\Phi} \tag{5.22}$$

式中，$\boldsymbol{R} = \boldsymbol{X}^{\mathrm{T}}\boldsymbol{X}$ 为样本序列的自协方差函数。

设待检模型残差 $\boldsymbol{A}_{\mathrm{T}} = \boldsymbol{X}_{\mathrm{T}}\boldsymbol{\Phi}_{\mathrm{T}}$，并将待检序列代入参考模型 $\boldsymbol{X}_{\mathrm{R}}\boldsymbol{\Phi}_{\mathrm{R}} = \boldsymbol{A}_{\mathrm{R}}$ 中，得到残差 $\boldsymbol{A}_{\mathrm{RT}} = \boldsymbol{X}_{\mathrm{T}}\boldsymbol{\Phi}_{\mathrm{R}}$，定义 $\boldsymbol{A}_{\mathrm{RT}} - \boldsymbol{A}_{\mathrm{T}}$ 为残差偏移距离，其物理意义表示待检模型和参考模型之间的接近程度，于是有

$$\boldsymbol{A}_{\mathrm{RT}} - \boldsymbol{A}_{\mathrm{T}} = \boldsymbol{X}_{\mathrm{T}}\boldsymbol{\Phi}_{\mathrm{R}} - \boldsymbol{X}_{\mathrm{T}}\boldsymbol{\Phi}_{\mathrm{T}} = \boldsymbol{X}_{\mathrm{T}}(\boldsymbol{\Phi}_{\mathrm{R}} - \boldsymbol{\Phi}_{\mathrm{T}}) \tag{5.23}$$

定义残差偏移距离：

$$\begin{aligned} \boldsymbol{D}_{\mathrm{A}}^{2} &= (\boldsymbol{A}_{\mathrm{RT}} - \boldsymbol{A}_{\mathrm{T}})^{\mathrm{T}}(\boldsymbol{A}_{\mathrm{RT}} - \boldsymbol{A}_{\mathrm{T}}) = (\boldsymbol{\Phi}_{\mathrm{R}} - \boldsymbol{\Phi}_{\mathrm{T}})^{\mathrm{T}}\boldsymbol{X}_{\mathrm{T}}^{\mathrm{T}}\boldsymbol{X}_{\mathrm{T}}(\boldsymbol{\Phi}_{\mathrm{R}} - \boldsymbol{\Phi}_{\mathrm{T}}) \\ &= (\boldsymbol{\Phi}_{\mathrm{R}} - \boldsymbol{\Phi}_{\mathrm{T}})^{\mathrm{T}}\boldsymbol{R}_{\mathrm{T}}(\boldsymbol{\Phi}_{\mathrm{R}} - \boldsymbol{\Phi}_{\mathrm{T}}) \end{aligned} \tag{5.24}$$

式中，$\boldsymbol{R}_{\mathrm{T}} = \boldsymbol{X}_{\mathrm{T}}^{\mathrm{T}}\boldsymbol{X}_{\mathrm{T}}$ 为待检序列的自协方差函数。

从距离函数的意义来讲，残差偏移距离实质是以自协方差矩阵为权矩阵的欧氏距离。

5.2.2.3　相似性指标

相似性指标也是在作聚类分析时衡量两个特征向量点是否属于同一类的统计量。待检模式应归入相似性指标最大（相似性距离最小）值对应的类别状态。

1）角度相似性指标（余弦度量）

$$S_c = \frac{\sum_{i=1}^{n} X_i Z_i}{\sqrt{\sum_{i=1}^{n} X_i^2 \sum_{i=1}^{n} Z_i^2}} \tag{5.25}$$

或

$$S_c = \frac{\boldsymbol{X}^{\mathrm{T}}\boldsymbol{Z}}{\|\boldsymbol{X}\| - \|\boldsymbol{Z}\|} \tag{5.26}$$

式中，$\|\boldsymbol{X}\|$ 和 $\|\boldsymbol{Z}\|$ 分别表示特征向量 $\boldsymbol{X}$ 和 $\boldsymbol{Z}$ 的模；S_c 为特征向量 $\boldsymbol{X}$ 和 $\boldsymbol{Z}$ 之间夹角的余弦，夹角为 0 时，则取值为 1，即角度相似达到最大。

2）相关系数

$$S_{XZ} = \frac{\sum_{i=1}^{n} (X_i - \bar{X})(Z_i - \bar{Z})}{\sqrt{\sum_{i=1}^{n} (X_i - \bar{X})^2 \sum_{i=1}^{n} (Z_i - \bar{Z})^2}} \tag{5.27}$$

式中，$\bar{X}$ 和 $\bar{Z}$ 分别为 X_i 和 Z_i 的均值。相关系数越大，表示相似性越强。

5.2.3 灰色理论诊断法

5.2.3.1 灰色理论诊断法概述

“灰色”是一种色阶度量，表示一种颜色。采用颜色来描述工程系统，可以将工程系统分成三类：一是白色系统，是指因素与系统性能特征之间有明确的映射关系，例如物理型系统，它有确定的系统结构和明确的作用原理。二是黑色系统，即人们对系统性能特征与因素间关系完全不知道，如时间序列分析建模方法就是基于系统是一个黑箱，无须确知系统的输入，而是根据系统的观察值建模。三是灰色系统。白色系统和黑色系统是两个极端，实际的工程系统有的信息能知道，而有的不可能知道，我们称之为灰色系统。大多数运行的机械设备都具有灰色系统的特征。故障诊断就是利用已知的信息去认识这个含有未知信息的系统特征、状态和发展趋势，并对未来作出预测和决策。

灰色系统理论是我国学者邓聚龙教授于 1982 年首先提出的。灰色系统是指系统的部分信息已知、部分信息未知的系统；区分白色系统与灰色系统的重要标志是系统各因素之间是否具有确定的关系。当各因素之间存在明确的映射关系时，就是白色系统，否则就是灰色系统或一无所知的黑色系统。灰色系统

理论是控制论的观点和方法的延拓，它是从系统的角度出发，按某种逻辑推理和理性认识来研究信息间的关系。例如，一台运行的设备实际上是一个复杂的灰色系统，这个系统有的信息清楚，有的信息知之不准或不可能知道。故障诊断就是利用已知的有限信息去揭示未知信息系统的特性、状态和发展趋势，并对未来作出预测、决策和控制。因此，灰色故障诊断从灰色系统理论来看，实质上是对一个灰色系统白化的过程。系统的白化就是找出与反映系统内部联系的现象和因素等对应的某种特征量，并将其量化；然后通过信息处理、分析和系统建模，寻找其量化关系和规律，进而对未来的发展作出定量的预测、决策与控制。白化过程就是一个对系统动态过程发展态势进行量化、比较、分析的过程。

灰色系统理论的主要内容包括灰色系统分析、灰色系统建模、灰色系统预测、灰色系统决策和灰色系统控制等问题。该理论在社会、经济、农业、生态等领域中已得到应用，并取得了明显的成果。在灰色系统理论中，灰色预测、关联度分析、灰色统计、灰色聚类和灰色决策都可能成为设备故障诊断的有力工具。从 1986 年起，我国已利用灰色系统理论解决了设备故障诊断中的若干问题。

5.2.3.2 灰色关联度分析法的基本原理

关联度分析法是用灰色系统理论进行系统分析的一个重要方法，它是根据系统各因素之间的内部联系或发展态势的相似程度来度量因素之间关联程度的方法。与数理统计方法相比，这种方法的特点如下。

（1）对样本量的多少没有过分的要求。

（2）不要求数据具有典型的分布规律。

（3）计算工作量不大，即使对于超过 10 个变量（数列）的情况，也可手算。

（4）获得的信息量更丰富，结果更全面。

（5）不会出现与定性分析不一致的反常现象。

设系统由参考模式向量构成的参考模式矩阵为

$$[X^{(R)}]=\begin{bmatrix}\{x_1^{(R)}\}^{\mathrm{T}}\\\{x_2^{(R)}\}^{\mathrm{T}}\\\vdots\\\{x_L^{(R)}\}^{\mathrm{T}}\end{bmatrix}=\begin{bmatrix}x_{1(1)}^{(R)} & x_{1(2)}^{(R)} & \cdots & x_{1(N)}^{(R)}\\x_{2(1)}^{(R)} & x_{2(2)}^{(R)} & \cdots & x_{2(N)}^{(R)}\\\vdots & \vdots & & \vdots\\x_{L(1)}^{(R)} & x_{L(2)}^{(R)} & \cdots & x_{L(N)}^{(R)}\end{bmatrix}\tag{5.28}$$

式中，$\{x_i^{(R)}\}$ 为第 i 个参考（reference）模式向量，$i=1, 2, \cdots, L$；L 为参考模式向量的数目；N 为每种参考模式向量的维数，即特征分量的个数。

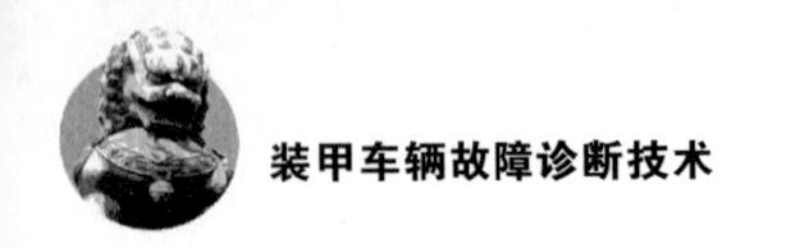

同样，系统的待检模式向量可构成待检模式矩阵：

$$[X^{(T)}]=\begin{bmatrix}\{x_1^{(T)}\}^{\mathrm{T}}\\\{x_2^{(T)}\}^{\mathrm{T}}\\\vdots\\\{x_L^{(T)}\}^{T}\end{bmatrix}=\begin{bmatrix}x_{1(1)}^{(T)}&x_{1(2)}^{(T)}&\cdots&x_{1(N)}^{(T)}\\x_{2(1)}^{(T)}&x_{2(2)}^{(T)}&\cdots&x_{2(N)}^{(T)}\\\vdots&\vdots&&\vdots\\x_{L(1)}^{(T)}&x_{L(2)}^{(T)}&\cdots&x_{L(N)}^{(T)}\end{bmatrix}\tag{5.29}$$

式中，$\{x_j^{(T)}\}$ 为第 j 个待检模式向量，$j=1，2，\cdots，M$；M 为待检模式向量的维数。

为此，可定义待检模式向量 $\{x_j^{(T)}\}$ 与参考模式向量 $\{x_i^{(R)}\}$ 两状态之间的关联程度

$$\xi_{ij(k)}=\frac{\min\limits_i\min\limits_k|x_{i(k)}^{(R)}-x_{j(k)}^{(T)}|+\zeta\max\limits_i\max\limits_k|x_{i(k)}^{(R)}-x_{j(k)}^{(T)}|}{|x_{i(k)}^{(R)}-x_{j(k)}^{(T)}|+\zeta\max\limits_i\max\limits_k|x_{i(k)}^{(R)}-x_{j(k)}^{(T)}|}\quad\begin{cases}(i=1,2,\cdots,L)\\(j=1,2,\cdots,M)\\(k=1,2,\cdots,N)\end{cases}\tag{5.30}$$

式中，$\xi_{ij(k)}$ 为待检模式向量 $\{x_j^{(T)}\}$ 与参考模式向量 $\{x_i^{(R)}\}$ 在第 k 个分量上的关联系数。$\zeta\in[0,1]$，为分辨系数，不同的 ζ 值只影响 $\xi_{ij(k)}$ 的绝对大小，并不影响 $\xi_{ij(k)}$ 的相对排列次序。随 ζ 值的减小，$\xi_{ij(k)}$ 值可变动的区间范围增大，一般取 $\zeta=0.5$。

$\{x_j^{(T)}\}$ 对 $\{x_i^{(R)}\}$ 的关联度定义为不同点关联系数的平均值，即

$$r_{ij}=\frac{1}{N}\sum_{k=1}^{N}\xi_{ij(k)}\quad\begin{cases}(i=1,2,\cdots,L)\\(j=1,2,\cdots,M)\end{cases}\tag{5.31}$$

由 r_{ij} 可组成关联度矩阵

$$[R]=\begin{bmatrix}r_{11}&r_{12}&\cdots&r_{1M}\\r_{21}&r_{22}&\cdots&r_{2M}\\\vdots&\vdots&&\vdots\\r_{L1}&r_{L2}&\cdots&r_{LM}\end{bmatrix}\tag{5.32}$$

考察矩阵 $[R]$ 的某一列 j，它表达了第 j 个待检模式向量 $\{x_j^{(T)}\}$ 与不同参考模式向量 $\{x_i^{(R)}\}$ $(i=1,2,\cdots,L)$ 的关联度，可按 $r_{ij}(i=1,2,\cdots,L)$ 的大小将 $\{x_j^{(T)}\}$ 进行归类，其归属决策规则为

$$若\ r_{i^*j}=\max_{i=1,2,\cdots,L}r_{ij},则\{x_j^{(T)}\}\in 第\ i^*\ 类\tag{5.33}$$

考察矩阵 $[R]$ 的某一行 i，它表达了第 i 个参考模式向量与不同的待检模式向量 $\{x_j^{(T)}\}(j=1,2,\cdots,M)$ 的关联度。只要选定合适的阈值 r_0，就可判断哪些待检模式应属于或不属于第 i 个参考模式类。

当参考模式向量和待检模式向量都是多个时，通过对关联矩阵 $[R]$ 中元

素间的比较分析，可以进行优势分析，即分析哪些因素属优势、哪些因素属劣势，从而探讨故障发生的主要原因和程度。通过多因素分析和判决，可提供有关现代机械设备状态监测与故障诊断方面的更精确的结果。

5.2.3.3　灰色预测方法的基本原理

灰色预测可通过两种途径用于设备状态趋势的预测：一种是基于灰色理论中灰色模型 GM(grey model) 的预测方法，一般是以 GM(1，1) 模型为基础进行的预测；另一种是基于时间序列残差辨识的预测模型，它是一种去首加权累加生成模型。该模型对于时间序列变化较平缓，且只作单步预测时具有一定的精度，不低于指数平滑的精度，然而对于一般增长型的时间序列，则不如 GM(1,1) 模型的精度高，本方法的最大优点是计算简便。

1）基于 GM（1，1）模型的预测

在灰色系统理论中，GM（1，1）是具有 1 个输出时间序列和 N 个输入时间序列的灰色模型 GM（1，N）的特例。在设备状态监测和预测中，主要采用能反映设备状态的某个时间序列 $\{x^{(0)}\}$ 来建立 GM（1，1）模型。GM（1，1）模型是最基本的灰色模型。

令原始时间序列 $\{x^{(0)}\} = \{x^{(0)}_{(1)}, x^{(0)}_{(2)}, \cdots, x^{(0)}_{(n)}\}$，此处 n 代表序列的长度。对 $\{x^{(0)}\}$ 作一次累加生成运算 AGO（accumulated generating operation），即

$$x^{(1)}_{(k)} = \sum_{i=1}^{k} x^{(0)}_{(i)} \quad (i = 1,2,\cdots,n) \tag{5.34}$$

有

$$\begin{aligned}\{x^{(1)}\} &= \{x^{(1)}_{(1)}, x^{(1)}_{(2)}, \cdots, x^{(1)}_{(n)}\} \\ &= \{x^{(0)}_{(1)}, x^{(1)}_{(1)} + x^{(0)}_{(2)}, \cdots, x^{(1)}_{(n-1)} + x^{(0)}_{(n)}\}\end{aligned}$$

对 $\{x^{(1)}\}$ 可建立下述白化形式的微分方程

$$\frac{\mathrm{d}\{x^{(1)}\}}{\mathrm{d}t} + a\{x^{(1)}\} = u\{1\} \tag{5.35}$$

这是时间序列的一阶微分方程模型，故记为 GM（1，1）。记参数序列为

$$\{\hat{a}\} = \begin{cases} a \\ u \end{cases} \tag{5.36}$$

用最小二乘法可求得 $\{\hat{a}\}$，其算式为

$$\{\hat{a}\} = ([B]^{\mathrm{T}} - [B])^{-1}[B]^{\mathrm{T}} - \{y_N\} \tag{5.37}$$

式中

$$[B] = \begin{bmatrix} -\frac{1}{2}[x_{(1)}^{(1)} + x_{(2)}^{(1)}] & 1 \\ -\frac{1}{2}[x_{(2)}^{(1)} + x_{(3)}^{(1)}] & 1 \\ \vdots & \vdots \\ -\frac{1}{2}[x_{(n-1)}^{(1)} + x_{(n)}^{(1)}] & 1 \end{bmatrix}$$

$$\{y_N\} = [x_{(2)}^{(0)} \quad x_{(3)}^{(0)} \quad \cdots \quad x_{(n)}^{(0)}]^{\mathrm{T}}$$

式（5.35）的解为

$$\hat{x}_{(k+1)}^{(1)} = \left(x_{(1)}^{(0)} - \frac{u}{a}\right)\mathrm{e}^{-ak} + \frac{u}{a} \tag{5.38}$$

式中，$\hat{x}_{(k+1)}^{(1)}$ 为 $(k+1)$ 时刻生成数列的估值，将 $\{\hat{x}^{(1)}\}$ 序列进行逆累减生成运算（IAGO），就可还原得到原始数列的预测值，其算式为

$$x_{(k+1)}^{(0)} = x_{(k+1)}^{(1)} - \sum_{i=1}^{k} x_{(i)}^{(0)}, \qquad \{x_{(1)}^{(0)}\} = \{x_{(1)}^{(1)}\} \tag{5.39}$$

利用灰色模型进行预测的特点是根据原始时间序列的生成序列来建立动态微分方程，然后通过微分方程的求解及还原运算来预测自身的发展态势，而其他的预测法往往是借助于因素模型来预测自身态势的发展。但需指出，对原始序列 $\{x^{(0)}\}$ 进行 AGO 处理，实质上就是一种数据预处理。这样做，一方面可使 $\{x^{(0)}\}$ 中含有的随机干扰成分得到减弱或消除，另一方面可使 $\{x^{(0)}\}$ 序列中所蕴含的确定性信息得到增强，使 $\{x^{(1)}\}$ 成为单调增长的“函数”，因此有助于探索和揭示出时间数列所蕴含的规律性，达到状态趋势预测的目的。

2）基于残差辨识的预测

若原始数列为 $\{x^{(0)}\} = \{x_{(1)}^{(0)} \quad x_{(2)}^{(0)} \quad \cdots \quad x_{(n)}^{(0)}\}$，则其一步预测模型为

$$\hat{x}_{(n+1)}^{0} = \delta_{(n)}x_{(n)}^{(0)} + \delta_{(n-1)}x_{(n-1)}^{(0)} + \cdots + \delta_{(2)}x_{(2)}^{(0)} + \Delta_2 \tag{5.40}$$

式中，$\hat{x}_{(n+1)}^{0}$ 为序列第 $n+1$ 步的预测值；$\hat{\delta}_{(i)}(i = n, n-1, \cdots, 2)$ 为系数（权）；Δ_i 为 i 级残差。不难看出，式（5.40）是原始时间序列 $x_{(n)}^{(0)}$，…，$x_{(2)}^{(0)}$ 以 $\hat{\delta}_{(n)}$，…，$\hat{\delta}_{(2)}$ 为权的去首加权累加生成。

$\hat{\delta}_{(i)}$ 和 Δ_i 按下述方法计算。

（1）$\hat{\delta}_{(n)}$ 是以 $x_{(n-1)}^{(0)}$ 除以 $x_{(n)}^{(0)}$ 所得的整数商。

（2）$\hat{\delta}_{(i)}(i = n-1, n-2, \cdots, 2)$ 是以 $x_{(i-1)}^{(0)}$ 除以 Δ_i 所得的整数商。

（3）Δ_n 是以 $x_{(n-1)}^{(0)}$ 除以 $x_{(n)}^{(0)}$ 所得的余数。

（4）$\Delta_i(i = n-1, n-2, \cdots, 2)$ 是以 $x_{(i-1)}^{(0)}$ 除以 Δ_{i+1} 所得的余数。

上述预测值的可信度，可由后验差检验手段进行检验。

最后指出，利用 GM(1，1) 模型可以进行多步预测，但残差辨识预测模型只能进行一步预测。然而，从预测的角度来看，GM(1，1) 模型更适用于短期预测，即数据甚至可以“短”至只有几个数据，因为系统的未来状态主要取决于系统的近期状态，这是一般的数学模型不能比拟的。若根据现场的要求设定了设备运行状态的阈值，那么可以对设备的运行状态进行实时监测，并能预测将来一段时间内设备运行状态的趋势，以便决定预防的措施。

5.2.4　时间序列模型分析法

由于数学模型能最本质地描述机械系统运行过程的动态特性，所以可根据模型结构或模型参数的变化来研究机械设备的运行状态。最为典型的模型诊断法是时间序列分析、状态分析、状态空间分析等。

时间序列分析是根据观测数据建立的数学表达式，其模型结构及其参数虽然不能直接说明动态过程的物理意义，但是如果模型正确，则动态过程的基本规律、工况状态正常与否等重要信息必然蕴含在模型结构及其参数之中。特别是模型参数、格林函数、模型的残差平方和等特征量比较敏感，这些参数的物理意义及其计算方法均已在第 4 章详细阐述。实践证明：用时间序列分析建模方法，在机械设备的状态预测、预报方面可取得很好的效果。例如，通过建立电机正常运行状态下振动加速度信号的 AR 模型，在不同偏心载荷作用下对持续 5 s 的振动加速度信号进行采集，将实测数据代入 AR 模型计算其残差的方差，根据残差方差的大小来判断电机转子的偏心质量，即残差越大，偏心质量就越大。模型分析法的缺点是建模需要时间，在实时性要求比较高的场合，应用就存在一定的困难，并且动态过程往往并不一定是线性的。如果存在非线性成分，则需要用到非线性建模方法。

5.2.5　逐步判别分析法

5.2.5.1　逐步判别分析法基本原理

逐步判别分析法是基于特征向量中各分量在分类器判别式中的作用来优先选择哪几个分量进入判别式，直到满足降维要求为止。也就是说，那些对判别作用大的分量优先进入判别式，这就要求找到一个衡量特征分量对状态分类贡献的标准。

首先定义如下变量：

对于 m 类状态的若干个样本 X_{igk}（其中 $i=1$，2，…，m；$g=1$，2，3，…，

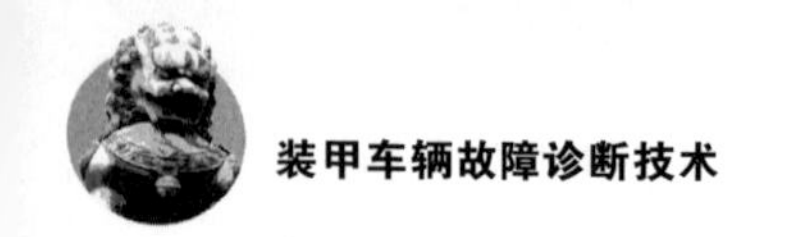

G；$k=1, 2, 3, \cdots, n_g$；i 为样本类别数；g 为每个样本的向量维数；k 为每类样本的样本个数)，引进以下各量：

$$W_{ij} = \sum_{g=1}^{G}\sum_{k=1}^{n_g}(X_{igk} - \overline{X_{ig}})(X_{igk} - \overline{X_{jg}})$$
$$T_{ij} = \sum_{g=1}^{G}\sum_{k=1}^{n_g}(X_{igk} - X_i)(X_{igk} - \overline{X_j}) \tag{5.41}$$
$$B_{ij} = \sum_{g=1}^{G} n_g(\overline{X_{ig}} - \overline{X_i})(\overline{X_{jg}} - \overline{X_j})$$

式中，$\overline{X}_{ig} = \frac{1}{n_g}\sum_{k=1}^{n_g} X_{igk}$，为类内均值；$\overline{X}_i = \frac{1}{N}\sum_{k=1}^{n_g} n_g \overline{X}_{ig}$，为总体均值；$N = \sum_{g=1}^{G} n_g$，为样本总数。

可以推知：

$$T_{ij} = W_{ij} + B_{ij} \tag{5.42}$$

若令

$$\boldsymbol{T} = \begin{bmatrix} T_{11} & T_{12} & \cdots & T_{1m} \\ T_{21} & T_{22} & \cdots & T_{2m} \\ \vdots & \vdots & & \vdots \\ T_{m1} & T_{m2} & \cdots & T_{mm} \end{bmatrix} \boldsymbol{W} = \begin{bmatrix} W_{11} & W_{12} & \cdots & W_{1m} \\ W_{21} & W_{22} & \cdots & W_{2m} \\ \vdots & \vdots & & \vdots \\ W_{m1} & W_{m2} & \cdots & W_{mm} \end{bmatrix} \boldsymbol{B} = \begin{bmatrix} B_{11} & B_{12} & \cdots & B_{1m} \\ B_{21} & B_{22} & \cdots & B_{2m} \\ \vdots & \vdots & & \vdots \\ B_{m1} & B_{m2} & \cdots & B_{mm} \end{bmatrix}$$

则有

$$\boldsymbol{T} = \boldsymbol{W} + \boldsymbol{B}$$

式中，$\boldsymbol{T}$ 为总体的离差；$\boldsymbol{W}$ 为组内离差；$\boldsymbol{B}$ 为组间离差。

判别效果希望

$$U = \frac{|W|}{|T|}$$

越小越好。式中，$|W|$和$|T|$分别为矩阵 $\boldsymbol{W}$ 和 $\boldsymbol{T}$ 的行列式。

行列式

$$\begin{vmatrix} W_{11} & W_{12} \\ W_{21} & W_{22} \end{vmatrix} = W_{11}W_{22} - W_{12}W_{21}$$

具有如下性质。

（1）若用公式 $\widetilde{W}_{ij} = W_{ij} - W_{ir}W_{rj}/W_{rr}(i \neq r)$ 消去第 r 列，即除 W_{rr}保持不变外，$\widetilde{W}_{ir} = 0(i \neq r)$，则行列式的值保持不变，即$|\widetilde{W}| = |W|$。

（2）若消去第 r 列后得到 $\widetilde{W}$，再划去 $\widetilde{W}$ 的第 r 列和第 r 行得到 $\widetilde{W}_r$，称 $\widetilde{W}_r$ 为 $\widetilde{W}_{rr}$的余子式，此时$|W| = W_{rr}|\widetilde{W}|$。

用这两条性质可以求得行列式的值。首先利用公式

$$W_{ij}^{(1)} = W_{ij} - W_{i1} W_{1j} / W_{11}$$

消去第一列得

$$|W| = W_{11} |W_1^{(1)}|$$

再用公式

$$W_{ij}^{(2)} = W_{i2}^{(1)} W_{2j}^{(1)} / W_{22}$$

消去第二列得

$$|W| = W_{11} W_{22}^{(1)} |W_2^{(2)}|$$

以此类推，消去第 m 列后得到

$$|W| = W_{11} W_{22}^{(1)} W_{33}^{(2)} \cdots W_{mm}^{(m-1)}$$

同样，对 T 也采用消去法可得

$$|T| = T_{11} T_{22}^{(1)} T_{33}^{(2)} \cdots T_{mm}^{(m-1)}$$

则

$$U = \frac{W_{11} W_{22}^{(1)} W_{33}^{(1)} \cdots W_{mm}^{m-1}}{T_{11} T_{22}^{(1)} T_{33}^{(1)} \cdots T_{mm}^{m-1}} = \frac{W_{11}}{T_{11}} \frac{W_{22}^{(1)}}{T_{22}^{(1)}} \frac{W_{33}^{(2)}}{T_{33}^{(2)}} \cdots \frac{W_{mm}^{(m-1)}}{T_{mm}^{(m-1)}} \tag{5.43}$$

若已经选择 X_1，X_2，…，X_l 进入判别式，而且再选第 $l+1$ 个变量进入判别式，则判别效果可用式（5.44）表示：

$$U(1,2,\cdots,l,l+1) = U(1,2,\cdots,l) \frac{W_{(l+1)(l+1)}^{(l-1)}}{T_{(l+1)(l+1)}^{(l-1)}} \tag{5.44}$$

式中，$U(1,2,\cdots,l)$ 选择 X_1，X_2，…，X_l 进入判别式时的判别结果为

$$U(1,2,\cdots,l) = \frac{W_{11}}{T_{11}} \frac{W_{22}^{(1)}}{T_{22}^{(1)}} \cdots \frac{W_{ll}^{(l-1)}}{T_{ll}^{(l-1)}}$$

因此选择进入判别式的 X_k 应使得

$$U_+ = U(k|1,2,\cdots,l) = \frac{W_{kk}^{(l)}}{T_{kk}^{(l)}} \quad (k \neq 1,2,\cdots,l)$$

达到最小。如果

$$F = \frac{(1-U_+)/(G-1)}{U_+/(N-G-l)} \geqslant F_{\text{in}} \tag{5.45}$$

则认为给定 X_1，X_2，…，X_r 进入判别式后再引入 X_k，就能显著地增加判别能力，于是 X_k 应被选择进入判别式。反之，则没有特征分量可以显著地增加判别能力，也就没有特征分量被选择进入判别式。对于已经进入判别式的变量 $X_r(r=1,2,\cdots,l)$，定义：

$$U_- = \frac{T_{rr}^{(r)}}{W_{rr}^{(r)}}$$

若

$$F_{-}=\frac{(1-U_{-})/(G-1)}{U_{-}/(N-G-l+1)}<F_{\text{out}} \tag{5.46}$$

则可从判别式中剔除 X_r。这里 F_{in}，F_{out}表示两个临界值，$F_{\text{in}}=F_{\text{out}}$通常取1.5～4.5内的值。一般来讲，临界值越小，进入判别式的变量就越多；反之，进入判别式的变量就越少。

5.2.5.2 逐步判别分析法的实现步骤

具体实现步骤如下。

（1）输入一组数据 X_{1gk}，X_{2gk}，…，X_{mgk}，$g=1$，2，…，G；$k=1$，2，…，n_g；m 为样本数据的向量维数；g 为数据所属的类别；k 为每类样本的个数。

（2）计算类内均值和总体均值。

类内均值 $$\overline{X}_{ig}=\frac{1}{n_g}\sum_{k=1}^{n_g}X_{igk}$$

总体均值 $$\overline{X}_{i}=\frac{1}{N}\sum_{k=1}^{n_g}n_g\overline{X}_{ig}$$

样本总数 $$N=\sum_{g=1}^{G}n_g$$

（3）计算离差矩阵 $\boldsymbol{W}$ 和 $\boldsymbol{T}$。

$$W_{ij}=\sum_{g=1}^{G}\sum_{k=1}^{n_g}(X_{igk}-\overline{X_{ig}})(X_{igk}-\overline{X_{jg}})$$

$$T_{ij}=\sum_{g=1}^{G}\sum_{k=1}^{n_g}(X_{igk}-X_{i})(X_{igk}-\overline{X}_{j})$$

（4）计算

$$U_{+}=\min_{i}\left\{\frac{W_{ii}}{T_{ii}}\right\}=\frac{W_{kk}}{T_{kk}}$$

若

$$F_{+}=\frac{(1-U_{+})}{U_{+}}\frac{(N-G)}{(G-1)}\geqslant F_{\text{in}}$$

则引入特征分量 X_k 到判别式中，对 $\boldsymbol{W}$ 和 $\boldsymbol{T}$ 采用消去变换：

$$W_{ij}^{(1)}=W_{ij}-W_{ik}W_{kj}/W_{kk}\quad(i,j\neq k)$$

$$W_{kj}^{(1)}=W_{kj}/W_{kk}\quad(j\neq k)$$

$$W_{ik}^{(1)}=-W_{ik}/W_{kk}\quad(i\neq k)$$

$$W_{kk}^{(1)}=1/W_{kk}$$

$$T_{ij}^{(1)}=T_{ij}-T_{ik}T_{kj}/T_{kk}\quad(i,j\neq k)$$

$$T_{kj}^{(1)} = T_{kj}/T_{kk} \quad (j \neq k)$$
$$T_{ik}^{(1)} = -T_{ik}/T_{kk} \quad (i \neq k)$$
$$T_{(kk)}^{(1)} = 1/T_{kk}$$

(5) 若通过 l 步已选入 X_{k1}，X_{k2}，…，X_{kr} 这些特征分量进入判别式，则计算

$$U_{-} = \max_{i \leqslant r}\left\{\frac{T_{k_ik_i}^{(l)}}{W_{k_ik_i}^{(l)}}\right\} = \frac{T_{k_0k_0}^{(l)}}{W_{k_0k_0}^{(l)}}$$

若

$$F_{-} = \frac{(1-U_{-})/(G-1)}{U_{-}/(N-G-l+1)} \leqslant F_{\text{out}}$$

则剔除 X_{k_0}，否则计算

$$U_{+} = \min_{j \neq k_i}\left\{\frac{W_{jj}^{(l)}}{T_{jj}^{(l)}}\right\} = \frac{W_{k_0k_0}^{(l)}}{T_{k_0k_0}^{(l)}}$$

若

$$F_{-} = \frac{(1-U_{+})/(G-1)}{U_{+}/(N-G-l)} \geqslant F_{\text{in}}$$

则选 X_{k_0} 进入判别式，一直到既不能剔除也不能选入为止。

(6) 不管是选入 X_{k_0} 还是剔除 X_{k_0}，均采用如下的消去运算：

$$W_{ij}^{(l+1)} = W_{ij}^{(l)} - W_{ik_0}^{(l)}W_{k_0j}^{(l)}/W_{k_0k_0}^{(l)} \quad (i,j \neq k_0)$$
$$W_{k_0j}^{(l+1)} = W_{k_0j}^{(l)}/W_{k_0k_0}^{(l)} \quad (j \neq k_0)$$
$$W_{ik_0}^{(l+1)} = -W_{ik_0}^{(l)}/W_{k_0k_0}^{(l)} \quad (i \neq k_0)$$
$$W_{k_0k_0}^{(l+1)} = 1/W_{k_0k_0}^{(l)}$$
$$T_{ij}^{(l+1)} = T_{ij}^{(l)} - T_{ik_0}^{(l)}T_{k_0j}^{(l)}/T_{k_0k_0}^{(l)} \quad (i,j \neq k_0)$$
$$T_{k_0j}^{(l+1)} = T_{k_0j}^{(l)}/T_{k_0k_0}^{(l)} \quad (j \neq k_0)$$
$$T_{ik_0}^{(l+1)} = -T_{ik_0}^{(l)}/T_{k_0k_0}^{(l)} \quad (i \neq k_0)$$
$$T_{(k_0k_0)}^{(l+1)} = 1/T_{k_0k_0}^{(l)}$$

(7) 若既不能剔除已进入判别式的变量，也不能选入尚未进入判别式的变量，则开始计算判别式的系数。若选入 X_{k1}，X_{k2}，…，X_{kr}，则

$$C_{ig} = (N-G)\sum_{j=1}^{r} W_{ik_j}^{(l)}\overline{X}_{k_jg} \quad (i = k_1,k_2,\cdots,k_r;g = 1,2,\cdots,G)$$

$$G_{0g} = -\frac{1}{2}\sum_{i=1}^{r} C_{k_ig}\overline{X}_{k_ig} \quad (g = 1,2,\cdots,G)$$

得到判别式

$$Y_g = C_{0g} + C_{k_1g}X_{k_1} + C_{k_2g}X_{k_2} + \cdots + C_{k_rg}X_{k_r} \tag{5.47}$$

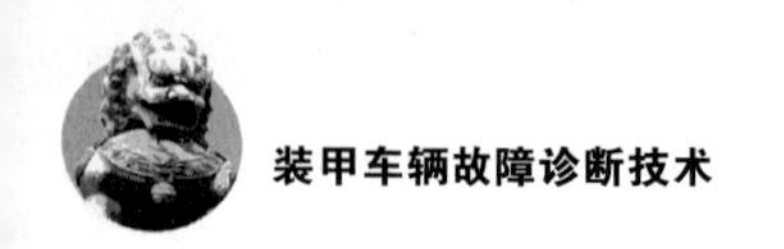

（8）对原始样本计算，若 $Y_g^* = \max_g\{Y_g\}$，则预报为 Y_g^* 类，同时求出符合率。

判别函数求出后，即分类器设计完毕。对任何特征向量的样本，只要根据判别式计算出 Y_g，找出最大值 Y_g^* 对应的类别，那么该样本就可以归到该类别中。

5.2.6 随机森林分析方法

任何一种分类器都有一定的假设条件和适用范围，存在分类误差。如果能够利用多个分类器的预测结果对一个样本集进行分类，然后对每个分类器的结果进行投票，按照得票的多少进行分类决策，就可能得到更好的结果。随机森林（random forest，RF）是利用多个分类树分类的组合分类器，组合分类器比单一分类器的分类效果好，可以应用于特征个数远大于样本个数的数据集的分类，并且不会产生过拟合现象。随机森林对于处理环境信息十分复杂、背景知识不是很清楚、推理规则不明确的分类问题具有明显优势。

5.2.6.1 RF的相关基础理论

1）重抽样技术

基于重抽样产生新的训练样本来达到改善分类器性能的方法得到了很多研究。统计调查中常用抽样调查技术。抽样方法包括无放回随机抽样、有放回随机抽样、分层抽样、二阶抽样等。无放回随机抽样是指在总体中抽取样本量为 N 的一个样本，每次总体中的每个个体以相等的概率被抽样，被抽出来的个体是不放回的。这样第一次每个个体被抽样的概率为 $1/N$，第二次被抽中的概率为 $1/(N-1)$，以此类推。这种抽样方法获得的样本之间不相互独立。有放回随机抽样指的是有限总体中每个个体被抽中的概率同为 $1/N$，并且抽样是随机的。有放回随机抽样的特点是样本独立同分布，适合用统计检验方法进行统计量的检验。

分类器训练中常涉及重抽样技术。这里的抽样方法与抽样调查中的抽样出发点不同，但方法上有相同的地方。抽样调查是抽取较少的样本进行统计推断，而分类器训练中的抽样不是用于统计推断，而是用于把样本分成训练样本和测试样本。训练样本用来训练分类器，测试样本用来评价分类器的精度。

分类器中涉及的重抽样方法主要有重复利用法、两分法、样本划分法和自助法（bootstrap）。

（1）重复利用法。

重复利用法是将样本既作为训练样本，又作为测试样本。这样，训练样本和测试样本不是独立的，得到的错误率估计将偏好。基于这种方法设计的分类器倾向于过拟合。

（2）两分法。

两分法是将 N 个训练样本随机分成两个独立的子集，一个用于训练样本，一个用于测试样本。由此得到的错误率偏差大、方差小。

（3）样本划分法。

样本划分法是将原有的 N 个样本分成 k 个子集，利用其中 $k-1$ 个子集进行训练，然后利用剩余子集中的样本来测试。当 $k=2$ 时，这种方法即两分法。而当 $k=N$ 时，这种方法即留一法，由于用于测试的只有一个样本，所以错误率估计的方差比较大。当训练样本较大时，留一法要进行大量运算，因此在大样本时使用留一法会带来性能问题。

（4）自助法。

自助法是新近发展起来的一种重抽样技术。其思想是在 N 个训练样本中，随机抽样 N 次，其中样本是有放回抽样的，重复 B 次，得到 B 个自助样本集。采用这种方法估计的错误率和留一法的结果相接近，而方差和通过重复利用法得到的结果接近。当 B 很大时，自助法得到的方差就接近于传统方法得到的方差。自助重抽样技术综合了留一法和重复利用法的优点。

2）基于分类树的组合分类器

树分类器包括分类树和回归树。分类树对应于分类响应变量，回归树对应于连续响应变量。树分类器是一种非参数分类技术，自从 20 世纪 60 年代以来就应用于医学、生物分类学、生物信息学及机器学习等领域。分类树是一种通过一系列的查询判断来进行分类的方法。其特点是实现简单，不涉及复杂的模型及参数估计问题，并且结果比较容易解释。对某些应用，树分类器的分类结果比神经网络分类器或最近邻分类器更精确，但有时分类树给出的分类结果不太稳定。

（1）分类树。

常用的分类树有 ID3、ASSISTANT 和 C4.5。最简单的分类树是单变量分裂二叉树，如图 5.4 所示。树中每个结点最多有两个分支结点，而且在任何结点的分裂上只按照一个变量是否满足域限 $m_k > T_k$ 来生长。

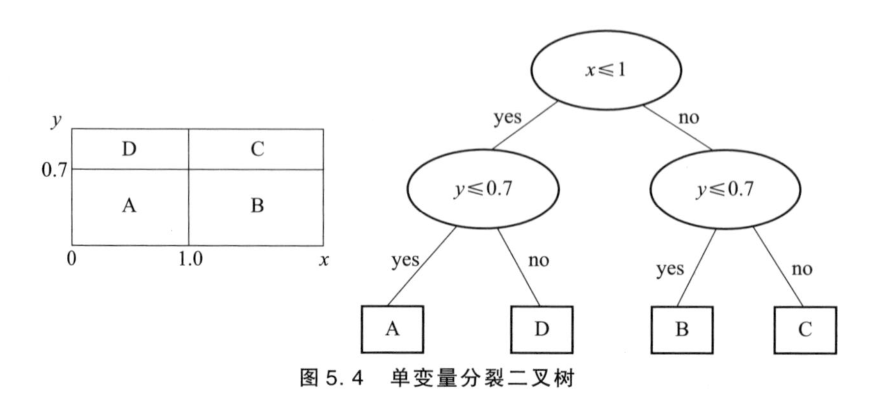

图 5.4 单变量分裂二叉树

构建分类树的关键之处是如何在结点处分裂产生新的结点。最直接的思想是使得分裂结点中样本同质性尽可能好，而且不同结点间的样本差别尽可能大。这种差异被称为结点不纯度。分类树按照结点不纯度最小的原则，首先找到一个特征把全部训练样本分成两组，然后按照同样的规则对结点处的样本进行再次分类。在二叉树中，根结点包含全部训练数据，按照分支生成规则分裂为左孩子结点和右孩子结点，它们分别包含训练数据的一个子集。孩子结点可以继续分裂。重复以上步骤继续分裂，直到满足分支停止规则停止生长为止。满足分支停止规则的每个终端结点称为叶结点。分支结点的生成是通过判断特征是否满足 $m_k \leqslant T$（T 是每个结点处判断的阈值），并按照结点不纯度最小的原则生成的。

（2）树生长中的结点不纯度最小原则。

现在人们已经提出了几种不同的数学公式用以测量“不纯度”，但它们都具有相同的特性。$i(n)$ 表示结点 N 的“不纯度”，当结点上的模式数据来自同一类别时，我们要求 $i(n)=0$；若类别标记均匀分布，则 $i(n)$ 应当很大。、如果分类数据来自方差很小的正态分布，则不纯度应该较小。常见的不纯度的度量有三种：误分类不纯度、熵不纯度和 Gini 不纯度。

假设 $P(\omega_j)$ 是结点 N 上 ω_j 类样本个数占训练样本总数的概率，则有误分类不纯度：表示结点 n 处训练样本分类误差的最小概率

$$i(n) = 1 - \max_j P(\omega_j) \tag{5.48}$$

熵不纯度：用信息量的意义定义

$$i(n) = -\sum_j P(\omega_j)\log_2 P(\omega_j) \tag{5.49}$$

Gini 不纯度：以方差的形式定义

$$i(n) = \sum_{i \neq j} P(\omega_i)P(\omega_j) = 1 - \sum_j P^2(\omega_j) \tag{5.50}$$

当生成分类树时，通常需要防止出现过拟合现象。过拟合定义如下。

定义：给定一个假设空间 H，一个假设 $h \in H$，如果存在其他的假设 $h' \in H$，使得在训练样本上 h 的错误率比 h' 小，但在整个样本分布上 h' 的错误率比 h 小，那么就说假设 h 过度拟合（overfit）训练数据。

当发生过拟合时，分类树很复杂以至于包含太多的噪声，训练数据的分类效果很好而测试数据的分类效果很差。防止过拟合的一种常见方法是令分类树充分生长，然后用剪枝技术对分类树进行修剪。与过拟合相反，欠拟合指的是分类树不能完整表示样本中的类别结构，或者忽略了数据中的重要结构。防止欠拟合的常见方法也是令分类树充分生长。图 5.5 是过拟合与欠拟合示意情况。

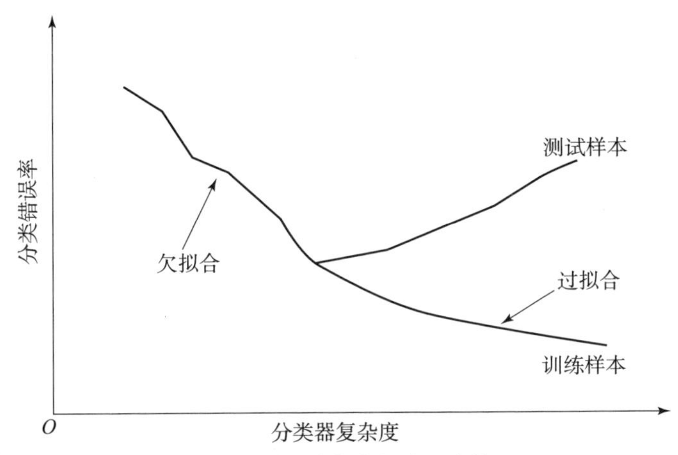

图 5.5　过拟合与欠拟合示意情况

随机森林是组合分类器的一种，它由 Breiman 发展起来，是利用树型分类器的集合方法的通称。其原理是通过自助法重抽样技术，生成很多个分类器 $\{C(x,\theta_k),k=1,\cdots\}$，其中 $\{\theta_k\}$ 是独立同分布的随机向量，每个树分类器进行一次投票，按得票多少作出分类决策。随机森林的结构如图 5.6 所示。

定理 1：随机森林是由多个决策树 $\{C(x,\Theta_k)\}$ 组成的分类器，其中 $\{\Theta_k\}$ 是相互独立且同分布的随机向量。最终由所有决策树综合决定输入向量 $\boldsymbol{X}$ 的最终类标签。

5.2.6.2　随机森林生长方法

RF 采用分类与回归树（classification and regression tree，CART）方法进行单个分类树的生长，不过，生成分类树的规则与传统的 CART 方法有差异，停止树生长时不进行裁减，使树最大化地生长。

生成随机森林的步骤如下。

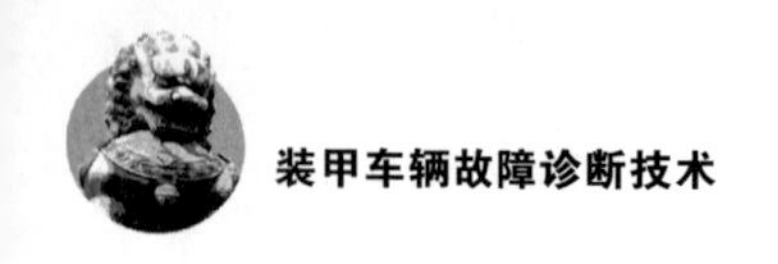

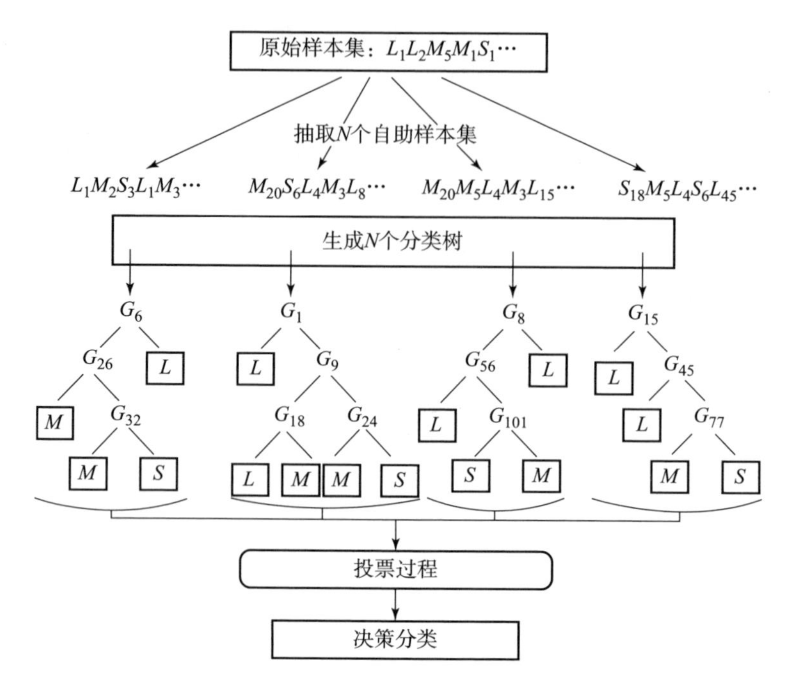

图 5.6　随机森林的结构

（1）从原始训练数据生成 N 个自助样本集。每个自助样本集是每棵分类树的全部训练数据。

（2）基于重抽样技术产生新的训练样本来达到改善分类器性能的方法得到了很多研究。其中 Bagging 和 Boosting 是两种能提高分类准确率的方法。在统计量重抽样技术中，一种新的方法是自助法。自助法是从原始的样本容量为 S 的训练样本集合中随机抽取 k 个样本生成新的训练样本集，抽样方法为有放回抽样，这样重新抽样的数据集不可避免地存在着重复的样本。独立抽样 N 次，生成 N 个独立的自助样本集。

随机森林 RF 采用 Bagging 方法，生成 N 个自助样本集，每次从原始数据集抽出约 2/3 的数据生成一个自助样本集，作为一个分类树的训练集。全体样本集中不在自助样本集中的剩余样本称为袋外数据 OOB（out - of - bag），每次抽样后大约剩余 1/3 的样本，OOB 数据被用来预测分类器的评估精度，将每次的预测结果进行汇总来得到错误率的 OOB 估计，用于评估组合分类器的正确率。OOB 数据可以用于 PE 的无偏评估，Breiman 利用实例证明应用 OOB 数据评估误差与用和训练集大小相当的测试集评估误差一样精确，且避免另外再建立用于 PE 评估的测试数据集。RF 的 Bagging 过程如图 5.7 所示。

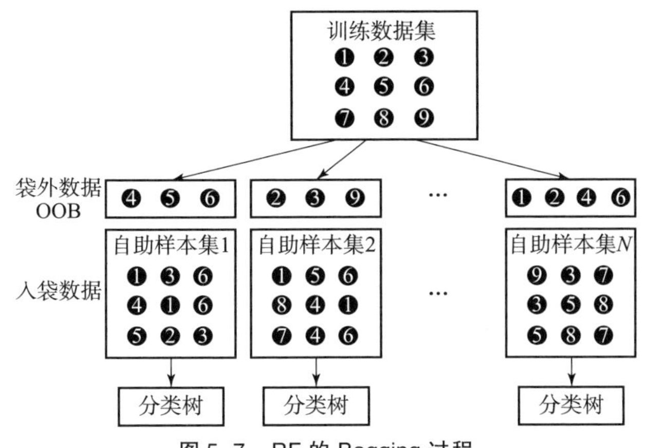

图 5.7　RF 的 Bagging 过程

（3）每个自助样本集，生长为单棵分类树。在树的每个结点处，从 M 个特征中随机挑选 m 个特征（$m \ll M$），通常默认取 $m = \sqrt{M}$（Liaw A 等通过试验得到）。按照结点不纯度最小的原则从这 m 个特征中选出一个特征进行分支生长。这棵分类树充分生长，使每个结点的不纯度达到最小，不进行剪枝操作。

（4）根据生成的多个树分类器对新的数据进行预测，分类结果按每个树分类器的投票多少而定。

在分类阶段，类标签由所有决策树的分类结果综合而成。当前使用最多的方法是投票和概率平均。对测试样例 X，预测类标签 C，可以得到：
投票

$$C_{\mathrm{p}} = \arg\max_{\mathrm{c}}\left(\frac{1}{N}\sum_{i=1}^{N} I\left(\frac{n_{\mathrm{h}_i,\mathrm{c}}}{n_{\mathrm{h}_i}}\right)\right) \tag{5.51}$$

概率平均

$$C_{\mathrm{p}} = \arg\max_{\mathrm{c}}\left(\frac{1}{N}\sum_{i=1}^{N}\left(w_i\frac{n_{\mathrm{h}_i,\mathrm{c}}}{n_{\mathrm{h}_i}}\right)\right) \tag{5.52}$$

式中，N 为森林中决策树的数目；$I(*)$ 为示性函数；$n_{\mathrm{h}_i,\mathrm{c}}$ 为树 h_i 对类 C 的分类结果；n_{h_i} 为树 h_i 的叶子结点数；w_i 为森林中的 i 棵决策树的权重。RF 使用投票的方式来决定类标签，即训练集形成自助集，通过森林中的每棵树记录下每棵树的分类结果，样本的最终类标签就是得票数最多的那些类。

5.2.6.3　RF 分类树生长中的两个随机过程

RF 的重要特征是包括两个随机过程，这两个随机过程使随机森林算法比流行的几种树型算法（CART、ID3、C4.5 等）具有更加稳定的误差率。Breiman 陈述了 RF 两个随机过程能有效提高分类精度的原因：训练集较小的

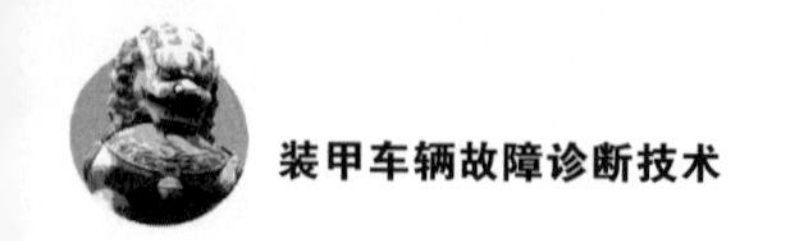

改变可以引起每个分类器及分类过程较大的变化。在 RF 中，Bagging 过程和独立分类树在每个结点处随机选择特征进行分支的过程，使每个独立的分类树之间存在差异，最小化了各棵分类树之间的相关性，以此提高了整个组合分类器的精度。

5.2.6.4 随机森林的收敛性

给定树分类器 $C_1(x)$，$C_2(x)$，$C_3(x)$，…，$C_k(x)$，从随机向量 $\boldsymbol{Y}$，$\boldsymbol{X}$ 中随机选出训练样本集。定义边缘函数：

$$\mathrm{mg}(\boldsymbol{X},\boldsymbol{Y}) = av_k I(C_k(\boldsymbol{X}) = \boldsymbol{Y}) - \max_{j\neq Y} av_k I(C_k(\boldsymbol{X}) = j) \tag{5.53}$$

式中，$I(\cdot)$ 为指示器函数。边缘分布测量在 $\boldsymbol{X}$，$\boldsymbol{Y}$ 的平均投票数是否超过了对于任何其他类的平均投票数。边缘分布函数越大，则分类的性能越好。总错误率如下：

$$PE^* = P_{X,Y}(\mathrm{mg}(\boldsymbol{X},\boldsymbol{Y}) < 0) \tag{5.54}$$

在随机森林中，$C_k(\boldsymbol{X}) = C(\boldsymbol{X},\boldsymbol{\Theta}_k)$。对于很多的分类树，服从强大数定理。

定理 2：当分类树数目增加时，对于几乎所有的序列 $\boldsymbol{\Theta}_1$，…，PE^* 收敛到

$$P_{X,Y}(P_\Theta(C(\boldsymbol{X},\boldsymbol{\Theta}) = \boldsymbol{Y}) - \max_{j\neq Y} P_\Theta(C(\boldsymbol{X},\boldsymbol{\Theta}) = j) < 0) \tag{5.55}$$

5.2.6.5 随机森林的精度

随机森林的总错误率可用两个参数来描述，一个是单个分类器的精确性，另一个是分类器之间的依赖性。随机森林的边缘函数定义为

$$\mathrm{mr}(\boldsymbol{X},\boldsymbol{Y}) = P_\Theta(C(\boldsymbol{X},\boldsymbol{\Theta}) = \boldsymbol{Y}) - \max_{j\neq Y} P_\Theta(C(\boldsymbol{X},\boldsymbol{\Theta}) = j) \tag{5.56}$$

式中，$C(\cdot)$ 为示性函数。该边缘函数刻画了对向量 $\boldsymbol{X}$ 正确分类 $\boldsymbol{Y}$ 的平均得票数超过其他任何类平均得票数的程度。可以看出，边际越大，分类的置信度就越高。

定义原边缘函数为

$$\mathrm{rmg}(\boldsymbol{\Theta},\boldsymbol{X},\boldsymbol{Y}) = I(C(\boldsymbol{X},\boldsymbol{\Theta}) = \boldsymbol{Y}) - I(C(\boldsymbol{X},\boldsymbol{\Theta}) = \hat{j}(\boldsymbol{X},\boldsymbol{Y})) \tag{5.57}$$

$\mathrm{mr}(\boldsymbol{X},\boldsymbol{Y})$ 是 $\mathrm{rmg}(\boldsymbol{\Theta},\boldsymbol{X},\boldsymbol{Y})$ 对应于 $\boldsymbol{\Theta}$ 的数学期望。独立分类器 $C(\boldsymbol{X},\boldsymbol{\Theta})$ 的强度定义为

$$S = E_{X,Y}\mathrm{mr}(\boldsymbol{X},\boldsymbol{Y}) \tag{5.58}$$

式中，$E_{X,Y}$ 为边缘函数在 $\boldsymbol{X}$，$\boldsymbol{Y}$ 空间上的期望值。

然后，计算边缘函数的方差

$$\mathrm{var}(\mathrm{mr}) = \bar{\rho}\,(E_\Theta \mathrm{sd}(\boldsymbol{\Theta}))^2 \leqslant \bar{\rho} E_\Theta \mathrm{var}(\boldsymbol{\Theta})$$

进而得到

$$E_{\Theta}\mathrm{var}(\boldsymbol{\Theta}) \leqslant E_{\Theta}(E_{X,Y}\mathrm{rmg}(\boldsymbol{\Theta},\boldsymbol{X},\boldsymbol{Y}))^2 - S^2 \leqslant 1 - S^2 \tag{5.59}$$

式中，$\bar{\rho}$ 为相关系数的均值；sd(·) 为原边缘函数 $\mathrm{rmg}(\boldsymbol{\Theta},\boldsymbol{X},\boldsymbol{Y})$ 的标准差。

根据式（5.58）、式（5.59）和切比雪夫不等式，可推出定理 3。

定理 3：给出总错误率的上界

$$PE^* \leqslant \bar{\rho}(1 - S^2)/S^2 \tag{5.60}$$

5.2.7　模糊诊断法

5.2.7.1　概述

模糊数学中的“不相容原理”指出：“当系统的复杂性增加时，我们使之精确且有效地描述系统行为的能力就减少，当达到某一阈值时，精确性和有效性或相关性变得相互排斥。”一些现实系统，如大规模的信息处理系统、结构/机械设备系统等领域中，就存在随机意义上的不确定性，即存在所谓的模糊性。模糊性是事物的差异在中间过渡时所呈现出的“亦此亦彼”性。

随着现代科学技术的飞速发展，机械设备不断复杂化，根据 Zadeh 的“不相容原理”，机械设备的复杂性越高，机械设备系统的模糊性就越强。这一特性迫使我们进行设备状态监测与故障诊断时，必须处理大量的模糊信息，必须运用模糊数学这一新的数学工具，分析处理设备状态监测和故障诊断各个环节中所遇到的各种模糊信息，对它们进行科学的、定量的处理和解释。例如故障征兆特征用许多模糊的概念来描述，如“振动强烈”“噪声大”，故障原因用“偏心大”“磨损严重”等。同一种机器，在不同的条件下，由于运行状态的差异，机器的动态行为不尽一致，人们对同一种机器状态的评价只能在一定范围内作出估计，而不能作出明确的判断；还有不同的技术人员由于种种原因，如个人经历、业务素质、主观判断能力等，对同一台机器的评价得不到确切的结论。从事实本身来看，模糊现象往往是客观规律，例如磨削烧伤时，马氏体转变为回火马氏体。对模糊现象与因素间关系用数学表达式描述，并用数学方法进行计算，得到某种确切的结果，这就是模糊诊断的技术。

在经典集合论中，对于论域 U 中的任一个元素 u 与集合 A 来说，它们之间的关系只能有 $u \in A$ 或 $u \notin A$ 两种情况，二者必居且仅居其一。若用函数形式来表示，则有

$$x_A(u) = \begin{cases} 1 & (u \in A) \\ 0 & (u \notin A) \end{cases}$$

式中，函数 $x_A(u)$ 为集合 A 的特征函数，在模糊数学中常将其称为 A 的隶属度函数。x_A 在 u 处的值 $x_A(u)$ 称为 u 对 A 的隶属度。当 u 属于 A 时，u 的隶属度

$x_A(u)=1$，表示 u 绝对隶属于 A；当 u 不属于 A 时，u 的隶属度 $x_A(u)=0$，表示 u 绝对不属于 A。

模糊数学是将上述 u 对 A 的隶属度函数 $x_A(u)$ 从 0、1 的二值逻辑扩充到可取［0，1］闭区间中任意值的连续逻辑，通常用 $\mu_A(x)$ 来代替 $x_A(u)$，以表示 $\boldsymbol{x}$ 对 A 的隶属度即隶属函数，$\mu_A(\boldsymbol{x})$ 满足 $0\leqslant\mu_A(\boldsymbol{x})\leqslant 1$。若要表征所论及的特征向量 $\boldsymbol{x}$（包含若干个特征参数）以多大程度隶属于状态空间 $\Omega=\{\omega_1,\omega_2,\cdots,\omega_n\}$ 中的子集 ω_i，可用 $\mu_i(\boldsymbol{x})$ 表示，称之为 $\boldsymbol{x}$ 对 $\{\omega_i\}$ 的隶属度，其中 $\boldsymbol{x}$ 为表征状态空间中任一状态 ω_i 的特征向量。对于故障诊断而言，当 $\mu_i(\boldsymbol{x})=0$ 时，表示产生 $\boldsymbol{x}$ 样本的设备没有出现 ω_i 类的故障；当 $\mu_i(\boldsymbol{x})=1$ 时，则表示产生 $\boldsymbol{x}$ 样本的设备肯定存在 ω_i 类的故障。隶属函数在模糊数学中占有重要地位，它是把模糊性进行数值化描述，使事物的不确定性在形式上用数学方法进行计算。在诊断问题中，隶属函数的正确选择是首要工作，若选取不当，则会背离实际情况而影响诊断精度。常用的隶属函数有 20 余种，可分为三大类：第一类是上升型，即随着 $\boldsymbol{x}$ 的增加而上升；第二类是下降型，即随着 $\boldsymbol{x}$ 的减小而下降；第三类为中间对称型。这三类隶属函数都可以通过如下的广义隶属函数来表示：

$$\mu(\boldsymbol{x})=\begin{cases} I(\boldsymbol{x}) & (\boldsymbol{x}\in[a,b)) \\ h & (\boldsymbol{x}\in[b,c)) \\ D(\boldsymbol{x}) & (\boldsymbol{x}\in(c,d]) \\ 0 & (\boldsymbol{x}\notin[a,d]) \end{cases} \quad a\leqslant b\leqslant c\leqslant d \tag{5.61}$$

式中，$I(\boldsymbol{x})\geqslant 0$，表示一个在［$a$，$b$）上的严格单调递增函数；$D(\boldsymbol{x})\geqslant 0$，为 $(c,d]$ 上的单调递减函数；$h\in(0,1]$ 称为模糊隶属函数的高度，通常取值为 1。部分常用的隶属函数列于表 5.2 中。在选择隶属函数及确定其函数时，应该结合具体问题加以研究，根据历史统计、专家经验和现场运行信息来合理选取。

表 5.2　常用的隶属函数

类型	图形	表达式
升半矩形分布	$\mu(\boldsymbol{x})$ 1 0 a_1 $\boldsymbol{x}$	$\mu(\boldsymbol{x})=\begin{cases}0 & (0\leqslant\boldsymbol{x}\leqslant a)\\1 & (\boldsymbol{x}>a)\end{cases}$

续表

类型	图形	表达式
升半正态分布	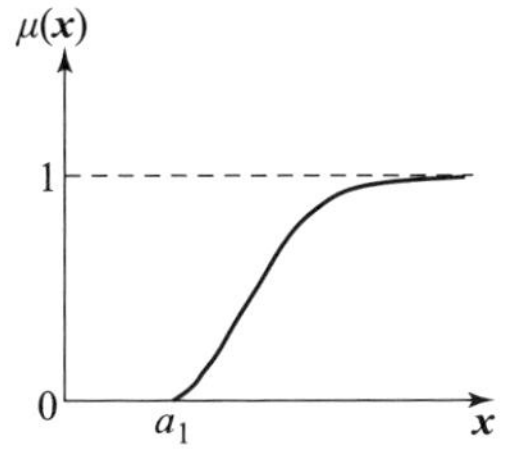	$\mu(\boldsymbol{x})=\begin{cases}0 & (0\leqslant \boldsymbol{x}\leqslant a)\\ 1-\exp(k(\boldsymbol{x}-a)^2) & (\boldsymbol{x}>a)\end{cases}$
升半梯形分布	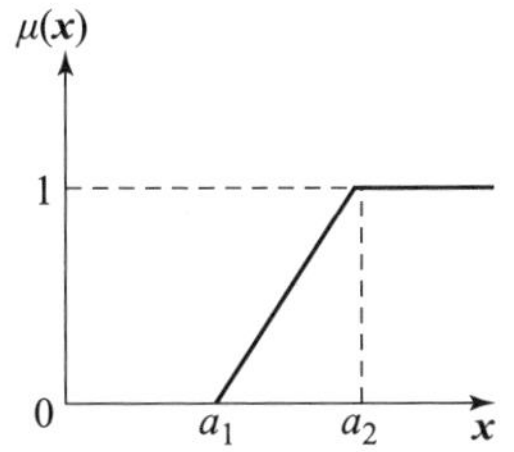	$\mu(\boldsymbol{x})=\begin{cases}0 & (0\leqslant \boldsymbol{x}\leqslant a_1)\\ (\boldsymbol{x}-a_1)/(a_2-a_1) & (a_1\leqslant \boldsymbol{x}\leqslant a_2)\\ 1 & (\boldsymbol{x}>a_2)\end{cases}$
升半指数分布	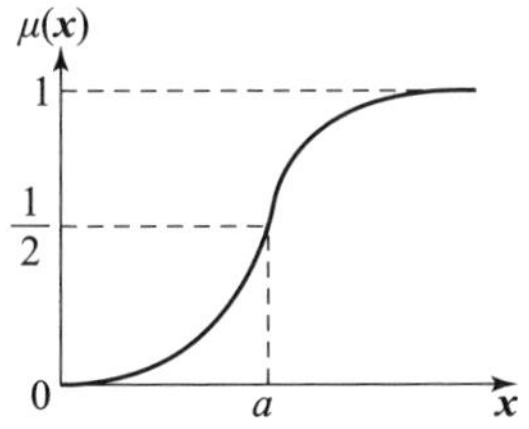	$\mu(\boldsymbol{x})=\begin{cases}1/2\exp(k(\boldsymbol{x}-a)) & (0\leqslant \boldsymbol{x}\leqslant a)\\ 1-1/2\exp(k(\boldsymbol{x}-a)) & (\boldsymbol{x}>a)\end{cases}$
升半柯西分布	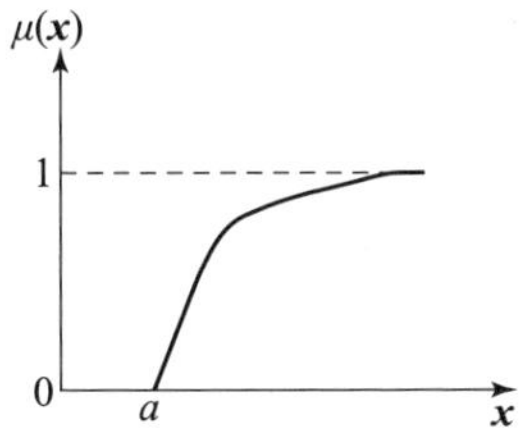	$\mu(\boldsymbol{x})=\begin{cases}0 & (0\leqslant \boldsymbol{x}\leqslant a)\\ 1-1/(1+k(\boldsymbol{x}-a)^2) & (\boldsymbol{x}>a)\end{cases}$
降半矩形分布	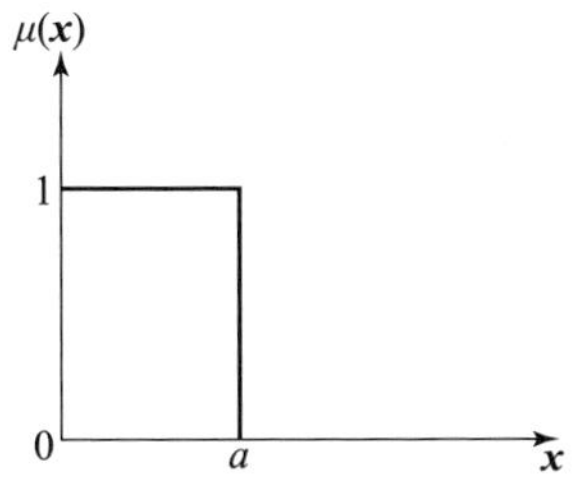	$\mu(\boldsymbol{x})=\begin{cases}0 & (0\leqslant \boldsymbol{x}\leqslant a)\\ 1 & (\boldsymbol{x}>a)\end{cases}$

有时为了简化问题，可以把连续隶属度函数近似用多值逻辑来代替，如将设备的状态根据隶属度的值分为若干等级：很好、较好、一般、较差和很差等，如图5.8所示。

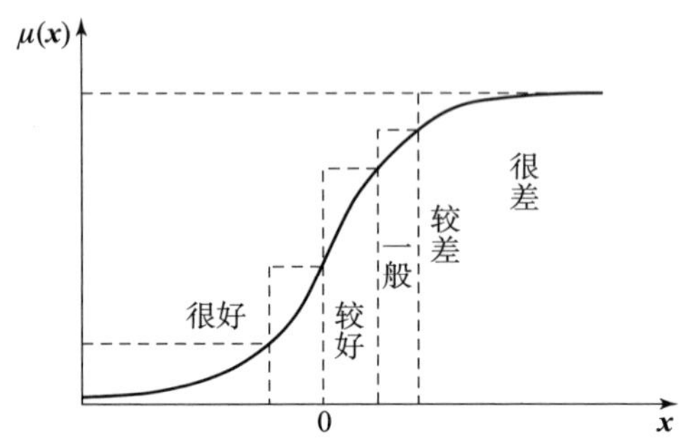

图5.8 隶属函数与近似的多值逻辑函数

5.2.7.2 模糊向量与模糊关系方程

对一个系统或一台机器设备中可能发生的故障可以用一个集合来定义，通常用状态论域来表示：

$$\Omega = \{\omega_1, \omega_2, \cdots, \omega_m\} \tag{5.62}$$

式中，m 为故障的类别数。例如，汽轮发电机组转子的主要故障有“初始质量不平衡 ω_1”“转子叶片脱落 ω_2”“轴承基础松动 ω_3”“汽封碰摩 ω_4”等。

同理，对于与这些故障有关的各种特征也用一个集合来定义，用征兆论域表示为

$$S = \{s_1, s_2, \cdots, s_n\} \tag{5.63}$$

式中，n 为特征的个数。例如，旋转机械的转子轴承系统常见的“轴系不对中”故障而言，其可能的征兆包括某轴承处轴颈垂直方向振动信号的“通频振幅 s_1”，各阶谐波的“一阶振幅 s_2”“二阶振幅 s_3”等。

状态域中的每个元素 ω_i 均和征兆论域中的 n 个特征对应，但是以上两个论域中的元素均用模糊变量而不用逻辑变量来描述，它们均有各自的隶属函数，可以理解为各故障或征兆发生的可能度，如 ω_i 的隶属函数为 μ_{ω_i}，$(i = 1, 2, \cdots, m)$；s_j 的隶属函数为 μ_{s_j}，$(j = 1, 2, \cdots, n)$，则其向量形式可具体表示为

$$\boldsymbol{A} = [\mu_{s_1}, \mu_{s_2}, \cdots, \mu_{s_n}]^{\mathrm{T}} \tag{5.64}$$

$$\boldsymbol{B} = [\mu_{\omega_1}, \mu_{\omega_2}, \cdots, \mu_{\omega_m}]^{\mathrm{T}} \tag{5.65}$$

式中，$\boldsymbol{A}$ 为特征模糊向量，是故障在某一具体征兆论域 S 上的表现；$\boldsymbol{B}$ 为故障模糊向量，是故障在具体状态论域 Ω 上的表现。

故障的模糊诊断过程，可以认为是状态论域 Ω 与征兆论域 S 之间的模糊矩阵运算。模糊关系方程为

$$\boldsymbol{B} = \boldsymbol{R} * \boldsymbol{A} \tag{5.66}$$

式中，$\boldsymbol{R}$ 为模糊关系矩阵。

$$\boldsymbol{R} = \begin{bmatrix} R_{11} & R_{12} & \cdots & R_{1n} \\ R_{21} & R_{22} & \cdots & R_{2n} \\ \cdots & \cdots & \cdots & \cdots \\ R_{m1} & R_{m2} & \cdots & R_{mn} \end{bmatrix}$$

它表示故障原因和特征之间的因果关系，满足条件 $0 \leqslant R_{ij} \leqslant 1$，$(i = 1, 2, \cdots, m;$ $j = 1, 2, \cdots, n)$，$R_{ij} = \mu_{\mathrm{R}}(\omega_i, s_j)$ 表示状态论域中的故障 ω_i 相对于征兆论域中的征兆 s_j 的隶属度（可能性程度）。运算符“ * ”为广义模糊逻辑算子，可表示不同的逻辑运算。

模糊关系矩阵有等价关系和相似关系两种。等价关系满足自反性、对称性和传递性，相似关系只能满足自反性和对称性。模糊关系矩阵的确定是模糊诊断中十分重要的一个环节，需要参考大量故障诊断的经验和试验测试及统计分析的结果。如在旋转机械故障诊断中，可参考振动征兆表和得分表，它是根据机组运行特性对各种征兆信息进行人工评价即“打分”，从而确定模糊关系矩阵中的各个元素。但是应当注意的问题是，书本上所提供得分表和所要监视的实际机器可能有很大的差别，因为故障是随机的，我们一再提醒要注意到不同的机器，在不同的运行条件下，故障模式可能不同，并且有些得分表是许多机器运行结果综合起来的，和实际被监测的机器往往有很大的距离。最好结合实际监测的机器的记录数据统计得出实际设备的故障得分表，在机器长期运行的过程中，反复修改矩阵中的元素，直到诊断结果满意为止。

模糊逻辑运算因算子的具体含义而不同，可以有多种算法，如基于合成算子运算的最大最小法、基于概率算子运算的概率算子法、基于加权运算的权矩阵法等。其中最大最小法可突出主要因素，概率算子法突出主要因素时兼顾次要因素，权矩阵法为普通的矩阵乘法运算关系，可以综合考虑诸因素不同程度的影响。

5.2.7.3　模糊诊断准则

设 U 是给定的待识别诊断对象全体的集合，U 中的每一个待诊断对象 $\boldsymbol{u}$ 有 n 个特性指标 u_1，u_2，…，u_n，每个特性指标所刻画的是待诊断对象 $\boldsymbol{u}$ 的某个

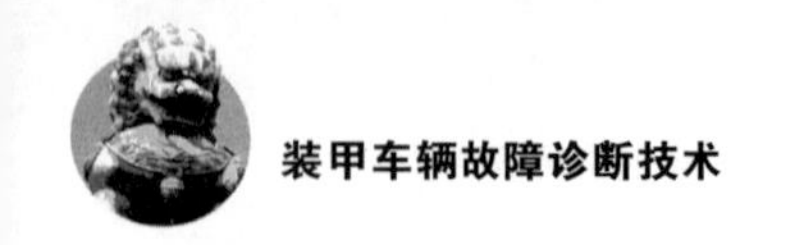

特征，于是由 n 个特性指标确定的每一个待诊断对象，可记成

$$\boldsymbol{u} = (u_1, u_2, \cdots, u_n)$$

此式称为待诊断对象的特性向量。

设识别对象集合 U 可分成 m 个类别，且每一类别均是 U 上的一个模糊集，记作：A_1，A_2，…，A_m，则称它们为模糊模式。

模糊诊断的宗旨是把对象 $\boldsymbol{u} = (u_1, u_2, \cdots, u_n)$ 划归为一个与其类似的类别 A_i。其实现过程是根据模糊关系矩阵 $\boldsymbol{R}$ 及征兆模糊向量 $\boldsymbol{A}$ 求得状态模糊向量 $\boldsymbol{B}$，从而根据判断准则大致确定有故障还是无故障。

1） 最大隶属度准则

设 A_{ω_s} 是给定状态论域 Ω 中 ω_s 类别的一个模糊子集（模糊模式），$\boldsymbol{S}_1$，$\boldsymbol{S}_2$，…，$\boldsymbol{S}_K$ 是给定征兆论域中的 K 个待诊断对象，每个待诊断对象 $\boldsymbol{S}_i$ 均是由 n 个特征参数组成的向量，即 $\boldsymbol{S}_i = (s_{i1}, s_{i2}, \cdots, s_{in})^{\mathrm{T}}$，若

$$\mu_{\omega_s}(\boldsymbol{S}_i) = \max_{1 \leqslant i \leqslant m} \{\mu_{\omega_s}(\boldsymbol{S}_1), \mu_{\omega_s}(\boldsymbol{S}_2), \cdots, \mu_{\omega_s}(\boldsymbol{S}_n)\} \tag{5.67}$$

则认为待诊断对象 $\boldsymbol{S}_i$ 优先隶属于状态 ω_s，即发生了第 s 种故障。这是一种直接的状态诊断方法。

2） 最大隶属准则

设 S_{ω_1}，S_{ω_2}，…，S_{ω_m} 分别是给定状态论域 Ω 中类别 ω_1，ω_2，…，ω_m 对应的模糊模式，$\boldsymbol{S}_0$ 为一待识别的诊断对象，若

$$\mu_{\omega_i}(\boldsymbol{S}_0) = \max(\mu_{\omega_1}(\boldsymbol{S}_0), \mu_{\omega_2}(\boldsymbol{S}_0), \cdots, \mu_{\omega_m}(\boldsymbol{S}_0))$$

则故障相对属于状态论域中的第 ω_i 类。

3） 择近准则

当被识别的对象本身也是模糊的，或者说是状态域 Ω 上的一个模糊子集 $\boldsymbol{S}_0$ 时，需通过识别 $\boldsymbol{S}_0$ 与征兆论域中 K 个已知类别的模糊子集 $\boldsymbol{S}_1$，$\boldsymbol{S}_2$，…，$\boldsymbol{S}_K$ 之间的关系，如判断贴近度。若

$$\sigma(\boldsymbol{S}_0, \boldsymbol{S}_{i^*}) = \max_{1 \leqslant i \leqslant K}(\sigma(\boldsymbol{S}_0, \boldsymbol{S}_1), \sigma(\boldsymbol{S}_0, \boldsymbol{S}_2), \cdots, \sigma(\boldsymbol{S}_0, \boldsymbol{S}_K))$$

则待识别诊断对象 $\boldsymbol{S}_0$ 相对属于状态论域中的第 i^* 类。式中，σ 为某种贴近度。设 $\boldsymbol{S}_i$，$\boldsymbol{S}_j$ 是征兆论域 $\boldsymbol{S} = \{s_1, s_2, \cdots, s_n\}$ 上的模糊集，它们对应的模式类别分别为状态论域中的 ω_i，ω_j，表 5.3 给出了几种常用的距离贴近度。

表 5.3　几种常用的距离贴近度

距离贴近度类型	数学表达式
海明贴近度	$\sigma_1(S_i,S_j)=1-d_1(S_i,S_j)=1-\frac{1}{n}\sum_{k=1}^{n}\lvert\mu_{\omega_i}(s_{ik})-\mu_{\omega_j}(s_{jk})\rvert$
欧几里德贴近度	$\sigma_2(S_i,S_j)=1-d_2(S_i,S_j)=1-\frac{1}{\sqrt{n}}\sqrt{\sum_{k=1}^{n}\lvert\mu_{\omega_i}(s_{ik})-\mu_{\omega_j}(s_{jk})\rvert^2}$
闵可夫斯基贴近度	$\sigma_3(S_i,S_j)=1-[d_3(S_i,S_j)]^p=1-\frac{1}{n}\sum_{k=1}^{n}\lvert\mu_{\omega_i}(s_{ik})-\mu_{\omega_j}(s_{jk})\rvert^p$
另一形式贴近度	$\sigma_4(S_i,S_j)=1-d_4(S_i,S_j)=1-\frac{\sum_{k=1}^{n}\lvert\mu_{\omega_i}(s_{ik})-\mu_{\omega_j}(s_{jk})\rvert}{\sum_{k=1}^{n}(\mu_{\omega_i}(s_{ik})+\mu_{\omega_j}(s_{jk}))}$

5.2.8　支持向量机模型

传统统计模式识别都是在样本数目足够多的前提下进行的，所提出的各种方法只有在样本数趋向无穷大时其性能才有理论上的保证。而在多数实际应用中，样本数目通常是有限的，这时很多方法都难以取得理想的效果。统计学习理论是一种专门的小样本统计理论，它是在传统统计学习的有关研究基础上发展起来的。为研究有限样本情况下的统计模式识别和更广泛的机器学习问题，建立了一个较好的理论框架，同时也发展了一种新的模式识别方法——支持向量机，它能够较好地解决小样本学习问题。目前，统计学习理论和支持向量机已经成为国际上机器学习领域的研究新热点。

5.2.8.1　概述

统计模式识别问题实质就是基于数据的机器学习问题。基于数据的机器学习是现代智能技术中十分重要的一个方面，主要研究如何从一些观测数据（或样本）出发得出目前尚不能通过原理分析得到的规律，并利用这些规律去分析客观对象，对未来数据或无法观测的数据进行预测。现实世界中存在大量我们尚无法准确认识但可以进行观测的数据或现象，因此这种机器学习在现代科学、技术、社会、经济等领域中都有着十分重要的应用。当我们把要研究的规律抽象成分类关系时，这种机器学习问题就是模式识别。这里我们将在基于数据的机器学习这个更大的框架下讨论模式识别问题，并将其简称为机器学习。

Vladimir N. Vapnik 等人早在20世纪60年代就开始研究有限样本情况下的机器学习问题，但当时这些研究尚不十分完善，在解决模式识别问题中往往趋于保守，直到90年代以前并没有提出能够将其理论付诸实现的较好的方法，而且当时正处在其他学习方法飞速发展的时期，这些研究一直没有得到充分的重视。直到90年代中期，有限样本情况下的机器学习理论研究逐渐成熟起来，形成了一个较完善的理论体系——统计学习理论（statistical learning theory, SLT）。与此同时，关于神经网络等较新兴的机器学习方法的研究却遇到一些重要的困难，如网络结构的确定问题、过学习与欠学习问题、局部极小点问题等。在这种情况下，试图从更本质上研究机器学习问题的统计学习理论逐步得到重视。

1992—1995年，在统计学习理论的基础上发展了一种新的模式识别方法——支持向量机（support vector machine, SVM），它在解决小样本、非线性及高维模式识别问题中表现出许多特有的优势，并能够推广应用到函数拟合等其他机器学习问题中。虽然统计学习理论和支持向量机方法中尚有很多问题需要进一步研究，但很多学者认为，它们正在成为继模式识别和神经网络研究之后机器学习领域新的研究热点，并将推动机器学习理论和技术的发展。

5.2.8.2 机器学习的基本问题和方法

1）机器学习问题的表示

机器学习问题的基本模型，可以用图5.9表示。其中系统 S 是研究对象，它在给定的输入 x 下产生一定的输出 y，LM是我们所求的学习机，输出为 $\hat{y}$。机器学习的目的是根据给定的已知训练样本来求取对系统输入输出之间依赖关系的估计，使它能够对未知输出作出尽可能准确的预测。

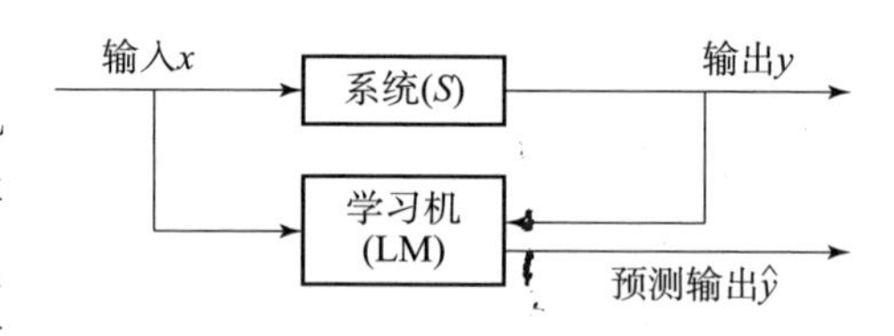

图5.9 机器学习的基本模型

机器学习问题可以形式化地表示为：已知变量 y 与输入 x 之间存在一定的未知依赖关系，即存在一个未知的联合概率 $F(x,y)$（x 和 y 之间的确定性关系可以被看作一个特例），机器学习就是根据 n 个独立同分布观测样本

$$(x_1,y_1),(x_2,y_2),\cdots,(x_n,y_n) \tag{5.68}$$

在一组函数 $\{f(x,w)\}$ 中求一个最优的函数 $f(x,w_0)$，使预测的期望风险

$$R(w)=\int L(y,f(x,w))\,\mathrm{d}F(x,y) \tag{5.69}$$

达到最小。式中，$\{f(x,w)\}$ 为预测函数集，$x \in \Omega$ 为函数的广义参数，故 $\{f(x,w)\}$ 可以表示任何函数集；$L(y,f(x,w))$ 为用 $f(x,w)$ 对 y 进行预测而造成的损失。不同类型的学习问题有不同形式的损失函数。预测函数通常也称作学习函数、学习模型或学习机器。

机器学习问题有三种基本类型，即模式识别、函数逼近和概率密度估计。对于模式识别问题（这里仅讨论有监督的模式识别问题），系统输出就是类别标号。在两类情况下，$y=\{0,1\}$ 或 $\{-1,1\}$ 是二值函数，这时预测函数称作指示函数（indicator functions），也就是本书前面称作的判别函数。模式识别问题中损失函数的基本定义可以是

$$L(y,f(x,w))=\begin{cases}0 & (y=f(x,w))\\1 & (y\neq f(x,w))\end{cases} \tag{5.70}$$

在这个损失函数定义下使期望风险，也就是 5.2.1 节讨论的贝叶斯分类的平均错误率达到最小的模式识别方法就是贝叶斯决策。当然，我们也可以根据需要定义其他的损失函数，得到其他类似的决策方法。

2）经验风险最小化

显然，式（5.70）定义的期望风险的最小化依赖联合概率 $F(x,y)$ 的信息，类似于模式识别问题中必须已知类先验概率和类条件概率密度函数。但是在实际的机器学习问题中，只能利用已知样本直接给出的如式（5.68）所示的信息，因此期望风险无法利用式（5.70）来直接计算，也就无法讨论其最小化的问题了。

根据概率论中大数定理的思想，人们自然想到用算术平均代替式（5.69）中的数学期望，于是定义

$$R_{\mathrm{emp}}(w)=\frac{1}{2}\sum_{i=1}^{n}L(y_i,f(x_i,w)) \tag{5.71}$$

来逼近式（5.69）定义的期望风险。由于 $R_{\mathrm{emp}}(w)$ 是在已知的训练样本（即经验数据）的基础上定义的，因此称作经验风险。用对参数 w 求经验风险 $R_{\mathrm{emp}}(w)$ 的最小值来代替求期望风险 $R(w)$ 的最小值，就是所谓的经验风险最小化（EMR）原则。回顾前面介绍的各种基于数据的分类器设计方法，它们实际上都是在经验风险最小化原则下提出的。

仔细研究经验风险最小化原则和机器学习问题中的期望风险最小化要求，不难发现，从期望风险最小化到经验风险最小化并没有可靠的理论依据，只是

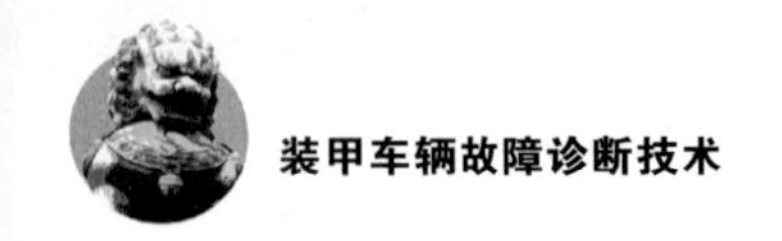

直观上合理的想当然做法。

首先，$R_{emp}(w)$ 和 $R(w)$ 都是参数 w 的函数，概率论中的大数定理只说明了（在一定条件下）当样本趋于无穷多时，$R_{emp}(w)$ 将在概率意义上趋近于$R(w)$，并没有保证使 $R_{emp}(w)$ 最小的 w^* 与使 $R(w)$ 最小的 w'^* 是同一点，更不能保证 $R_{emp}(w^*)$ 能够趋近于 $R(w'^*)$。

其次，即使我们有办法使这些条件在样本数无穷大时得到保证，也无法认定在这些前提下得到的经验风险最小化方法在样本数有限时仍能得到好的结果。

尽管存在这样的一些未知问题，经验风险最小化作为解决模式识别等机器学习问题的基本思想仍统治了这一领域的几乎所有研究，人们多年来一直将大部分注意力集中到如何更好地求取最小经验风险上。与此相反，统计学习理论则对用经验风险最小化原则解决期望风险最小化问题的前提是什么、当这些前提不成立时经验风险最小化方法的性能如何，以及是否可以找到更合理的原则等基本问题进行了深入的研究。

3）复杂性与推广能力

在早期神经网络的研究中，人们总是把注意力集中在如何使 $R_{emp}(w)$ 更小的问题上，但很快便发现，一味追求训练误差小并不总能达到好的预测效果。人们将学习机器对未来输出进行正确预测的能力称作推广性。在某些情况下，训练误差过小反而会导致推广能力的下降，这就是几乎所有神经网络研究者都曾遇到的所谓过学习（overfitting）的问题。从理论上看，模式识别中也存在同样的问题，但由于通常使用的分类器模型相对比较简单（如线性分类器），因此过学习问题没有像在神经网络的应用中那样表现得很突出。

之所以出现过学习现象，一是因为学习样本不充分，二是因为学习机器的设计不合理，这两个问题是互相关联的。下面举一个很简单的例子：假设我们有一组训练样本(x,y)，x 分布在实数范围内，而 y 在［0，1］之间取值。那么不论这些样本是依据什么函数模型产生的，只要我们用一个函数 $f(x,\alpha)=\sin(\alpha x)$ 去拟合这些样本点（其中 α 是待定参数），便总能够找到一个 α 使训练误差为零，如图 5.10 所示。但显然得到的这个“最优函数”不能正确代表原来的函数模型。出现这种现象的原因，就是试图用一个复杂的模型去拟合有限的样本，结果导致丧失了推广能力。在神经网络中，对于有限的训练样本来说，如果网络的学习能力过强，足以记住每一个训练样本，那么经验风险很快就可以收敛到很小甚至零，但我们根本无法保证它对未来新的样本是否能够给出好的预测。这就是有限样本下学习机器的复杂性与推广性之间的矛盾。

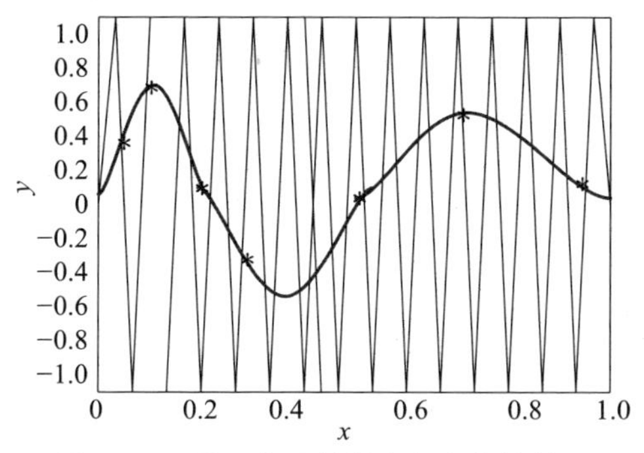

图5.10　用三角函数拟合任意点的例子

在很多情况下，即使我们已知问题中的样本来自某个比较复杂的模型，但由于训练样本有限，用复杂的预测函数对这些样本进行学习的效果通常也不如用相对简单的预测函数。当有噪声存在时就更是如此。例如，在图5.11的试验中，在有噪声条件下利用二次模型 $y = x^2$ 产生了10个样本，分别采用一次函数和二次函数根据经验风险最小化的原则去拟合该模型，结果如图5.11所示。虽然真实模型是二次多项式，但由于样本数目有限且受到噪声的影响，用一次多项式预测的结果更接近真实模型。同样的试验进行了100次，71%的试验结果是一次拟合好于二次拟合。同样的现象在模式识别问题中也很容易看到。从这些讨论我们可以得出以下基本结论。

（1）在有限样本情况下，经验风险最小并不一定意味着期望风险最小。

（2）学习机器的复杂性不但与所研究的系统有关，而且要和有限的学习样本相适应。

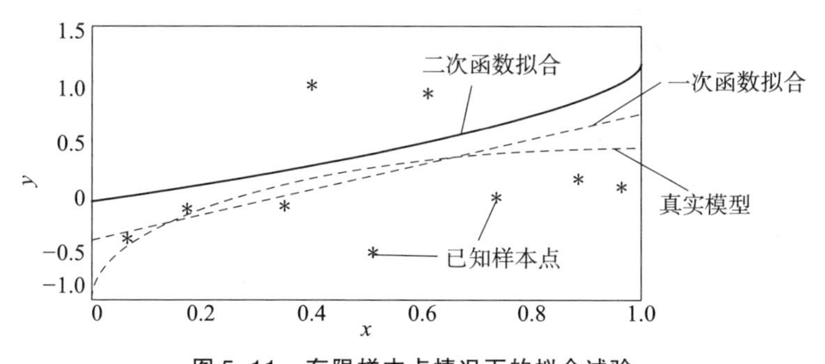

图5.11　有限样本点情况下的拟合试验

注：二次函数拟合的最小均方误差 mse = 0.084 5；一次函数拟合的 mse = 0.059 6

有限样本情况下的学习精度和推广性之间的矛盾似乎是不可调和的，采用复杂的学习机器容易使学习误差更小，但往往丧失推广性。因此很多弥补办法得以提出，如在训练误差中对学习函数的复杂性进行惩罚；或者通过交叉验证等方法进行模型选择以控制复杂度，等等，这些措施使一些方法得到了改进。但是这些方法多带有经验性质，缺乏完善的理论基础。在神经网络的研究中，我们对具体问题可以通过合理设计网络结构和学习算法达到学习精度和推广性的兼顾，但没有任何相关的理论来指导我们该如何去做。在模式识别中，人们更趋向于采用线性或分段线性等较简单的分类器模型。

4）统计学习理论的核心内容

统计学习理论被认为是目前针对小样本统计估计和预测学习的最佳理论。该理论较系统地研究了经验风险最小化原则成立的条件、有限样本时经验风险与期望风险的关系及如何利用这些理论找到新的学习原则和方法等问题。其主要内容包括以下四个方面。

（1）经验风险最小化原则下统计学习一致性的条件。

（2）在这些条件下关于统计学习方法推广性的界的结论。

（3）在这些界的基础上建立的小样本归纳推理原则。

（4）实现这些新的原则的实际方法（算法）。

这里需要指出的是，统计学习理论的四部分内容中前三部分是基础理论，本书不作详细阐述，具体内容参见边肇祺、张学工编著的《模式识别》一书。要使理论在实际中发挥作用，还要求它能够实现，这就是本书下面章节要讨论的统计学习理论中的第四部分内容，即实现其理论思想的方法——支持向量机方法。

5.2.8.3　支持向量机

这是统计学习理论中最年轻的部分，其主要内容是在 1992—1995 年才基本完成的，目前仍处在不断发展阶段。可以说统计学习理论之所以从 20 世纪 90 年代以来受到越来越多的重视，很大程度上是因为它发展出了支持向量机这一通用学习方法。因为从某种意义上讲，它可以表示成类似神经网络的形式，支持向量机在起初也曾被叫作支持向量网络。

1）最优分类面

问题是从线性判别函数引出的，在这里我们首先把问题限定在线性可分的情况下讨论，然后推广到线性不可分情况。

SVM 方法是针对线性可分情况下的最优分类面（optimal hyperplane）提出的。考虑图 5.12 所示的二维两类线性可分的情况，图中实心点和空心点分别表示两类训练样本，H 为将两类无错误分开的分类线，H_1、H_2 分别为过两类

样本中离分类线最近的点且平行于分类线的直线，H_1 和 H_2 之间的距离叫作两类的分类空隙或分类间隔（margin）。所谓最优分类线就是要求分类线不但能将两类无错误地分开，而且要使两类的分类空隙最大。前者是保证经验风险最小（为0），而通过后面的讨论可以看到，使分类空隙最大实际上就是使推广性的界中的置信范围最小，从而使真实风险最小。推广到高维空间，最优分类线就成为最优分类面。

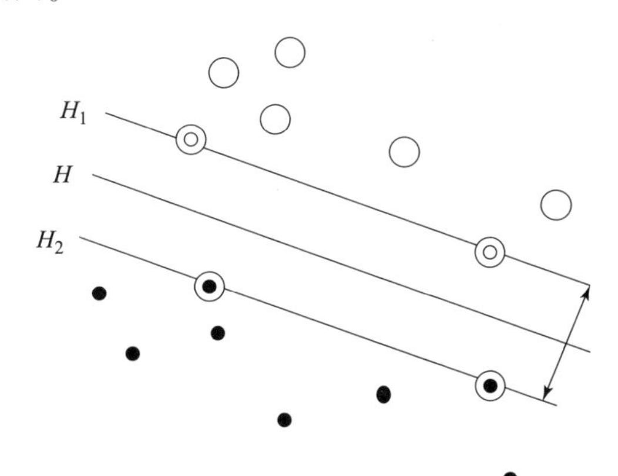

图 5.12 最优分类面示意

设线性可分样本集为(x_i, y_i)，$i=1,2,\cdots,n$，$x\in R^d$，$y\in\{+1,-1\}$是类别标号。d 维空间中线性判别函数的一般形式为 $g(x)=wx+b$，分类面方程为

$$wx+b=0 \tag{5.72}$$

我们将判别函数进行归一化，使两类所有样本都满足$|g(x)|\geqslant 1$，即使离分类面最近的样本的$|g(x)|=1$。这样，分类间隔就等于 $2/\|w\|$，因此使间隔最大等价于使 $\|w\|$（或 $\|w\|^2$）最小，而要求分类线对所有样本正确分类，就是要求它满足

$$y_i(wx_i+b)-1\geqslant 0 \quad (i=1,2,\cdots,n) \tag{5.73}$$

因此，满足上述条件且使 $\|w\|^2$ 最小的分类面就是最优分类面。过两类样本中离分类面最近的点且平行于最优分类面的超平面 H_1、H_2 上的训练样本就是式（5.73）中使等号成立的那些样本，称它们为支持向量（support vectors）。因为它们支撑了最优分类面，如图 5.12 中在分类面 H_1、H_2 上用圆圈标出的点所示。

下面我们看如何求最优分类面。根据上面的讨论，最优分类面问题可以表示成如下的约束优化问题，即在条件式（5.73）的约束下求函数

$$\varphi(w)=\frac{1}{2}\|w\|^2=\frac{1}{2}(w\cdot w) \tag{5.74}$$

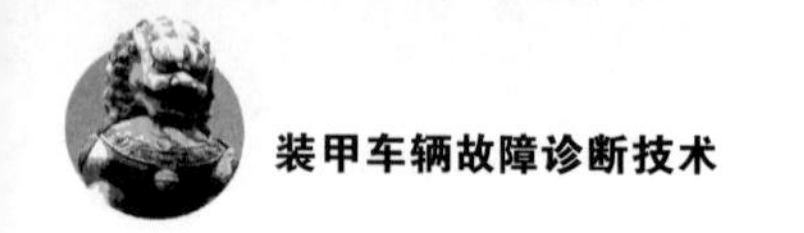

的最小值。为此，可以定义如下的 Lagrange 函数：

$$L(w,b,a) = \frac{1}{2}(w \cdot w) - \sum_{i=1}^{n} a_i\{y_i[(w \cdot x_i) + b] - 1\} \tag{5.75}$$

式中，$a_i > 0$ 为 Lagrange 系数，我们的问题是对 w 和 b 求 Lagrange 函数的极小值。

用式（5.75）分别对 w 和 b 求偏微分并令它们等于 0，就可以把原问题转化为如下这种较简单的对偶问题，即在约束条件

$$\sum_{i=1}^{n} y_i a_i = 0$$

$$(a_i \geqslant 0, i = 1,2,\cdots,n) \tag{5.76}$$

下求解下列函数的最大值：

$$Q(a) = \sum_{i=1}^{n} a_i - \frac{1}{2}\sum_{i,j=1}^{n} a_i a_j y_i y_j (x_i \cdot x_j) \tag{5.77}$$

若 a_i^* 为最优解，则

$$w^* = \sum_{i=1}^{n} a_i^* y_i x_i \tag{5.78}$$

即最优分类面的权系数向量是训练样本向量的线性组合。

这是一个不等式约束下的二次函数极值问题，存在唯一解，根据 Kühn－Tucker 条件，这个优化问题的解必须满足

$$a_i(y_i(wx_i + b) - 1) = 0 \quad (i = 1,2,\cdots,n)$$

因此，对多数样本 a_i^* 将为零，取值不为零的 a_i^* 对应于使式（5.73）等号成立的样本，即支持向量，它们通常只是全体样本中很少的一部分。

求解上述问题后得到最优分类函数

$$f(x) = \operatorname{sgn}\{(w^* \cdot x) + b^*\} = \operatorname{sgn}\left\{\sum_{i=1}^{n} a_i^* y_i (x_i \cdot x) + b^*\right\} \tag{5.79}$$

由于非支持向量对应的 a_i 均等于 0，所以式中的求和实际上只对支持向量进行。而 b^* 是分类的阈值，可以由任意一个支持向量用式（5.73）求得（因为支持向量满足其中的等式），或通过两类中任意一对支持向量取中值来计算。

2）广义最优分类面

最优分类面是在线性可分的前提下讨论的，线性不可分的情况，就是某些训练样本不能满足式（5.73）的条件，因此可以在条件中增加一个松弛因子 $\zeta_i \geqslant 0$，变成如下形式：

$$y_i[(w \cdot x_i) + b] - 1 + \zeta_i \geqslant 0 \tag{5.80}$$

对于足够小的$\sigma>0$，只要使

$$F_{\sigma}(\zeta)=\sum_{i=1}^{n}\zeta_{i}^{\sigma} \tag{5.81}$$

最小，就可以使错分样本数最小。对应线性可分情况，可使分类间隔最大，在线性不可分情况下可引入约束

$$\|w\|^{2}\leqslant c_{k} \tag{5.82}$$

在式（5.81）和式（5.82）约束条件下对式（5.80）求极小，就得到了线性不可分情况下的最优分类面，称作广义最优分类面。为了计算方便，我们取$\sigma=1$。

为了使计算进一步简化，广义最优分类面问题可以进一步演化为在条件式（5.80）的约束下求下列函数的极小值：

$$\phi(w,\zeta)=\frac{1}{2}(w\cdot w)+C\left(\sum_{i=1}^{n}\zeta_{i}\right) \tag{5.83}$$

式中，C为某个指定的常数，它实际上起控制对错分样本惩罚的程度的作用，实现在错分样本的比例与算法复杂度之间的折中。

采用与求解最优分类面时同样的方法求解这一优化问题，同样得到一个二次函数极值问题，其结果与可分情况下得到的式（5.76）～式（5.79）几乎完全相同，只是条件式（5.76）的第2式变成了

$$(0\leqslant a_{i}\leqslant C,i=1,2,\cdots,n) \tag{5.84}$$

3）规范化超平面集的子集结构

这里按照结构风险最小化原则讨论一下为什么说最优分类面和广义最优分类面是最优的。根据统计学习理论的相关知识可知，d维空间中的线性判别函数的VC维是$d+1$，但是如果我们对这些线性判别函数增加一定的限制，就可以使它们的VC维降低。

定理1：在d维空间中，设所有n个样本都在一个超球范围内（这可以通过样本归一化等方法容易地实现），即样本集为

$$X=\{x_{1},x_{2},\cdots,x_{n}\},|x_{i}-v|\leqslant R \tag{5.85}$$

式中，v为包含所有样本在内的最小超球的中心，则满足条件$\|w\|^{2}\leqslant c$的规范化超平面形成的分类面$f(x,w,b)=\operatorname{sgn}((w\cdot x)+b)$的VC维满足下面的界

$$h\leqslant\min([R^{2}c],d)+1 \tag{5.86}$$

因此最优分类面和广义最优分类面实际上就是把分类函数集$S=\{(w\cdot x+b)\}$按照其权值的模（线性可分情况下就是按照分类间隔）分成了若干规范化子集，每个子集为

$$S_k = \{(w \cdot x + b) : \| w \|^2 \leqslant c_k\} \tag{5.87}$$

对于线性可分的情况，最优分类面就是在固定经验风险为0的前提下寻求期望风险界最小的规范化子集；而在线性不可分情况下，广义最优分类面则是在控制错分样本的情况下，求期望风险的最小界。因此说，它们在期望风险的界的意义上是最优的，是结构风险最小化原则的具体实现。

值得注意的是，对于d维空间中的一般线性函数，其VC维为$d+1$，当维数较高时，VC维也相应较大，而由于受到$\| w \|^2 \leqslant c$的约束，其VC维可能大大减小，因此我们即使在十分高维的空间中也可以得到较小VC维的函数集，这就使我们有效地对付维数灾难成为可能。下面我们将看到，在最优分类面基础上的支持向量机方法是如何利用这一特点有效地在高维空间中解决非线性问题的。

4）支持向量机原理

（1）高维空间中的最优分类面。

注意，上面讨论的最优和广义线性分类函数，其最终的分类判别函数式（5.79）中只包含待分类样本与训练样本中的支持向量的内积运算(x, x_i)。同样，它的求解过程，如式（5.76）～式（5.78）中也只涉及训练样本之间的内积运算(x_i, x_j)。由此可见，要解决一个特征空间中的最优线性分类问题，我们只需要知道这个空间中的内积运算即可。

我们再来回顾一下前面提出的广义线性判别函数问题。如果一个问题在其定义的空间中不是线性可分的，那么可以考虑通过构造新的特征向量，将问题转换到一个新的空间中，该空间的维数一般比原空间的维数高，在高维空间中可以用线性判别函数代替原空间中的非线性判别函数。如构造$\boldsymbol{y} = [1 \quad x \quad x^2]^{\mathrm{T}}$，就可以用$g(\boldsymbol{y}) = \boldsymbol{a}^{\mathrm{T}}\boldsymbol{y}$的线性函数来实现$g(x) = c_0 + c_1 x + c_2 x^2$的二次判别函数，其中广义权向量$\boldsymbol{a} = [c_0 \quad c_1 \quad c_2]^{\mathrm{T}}$。一般来说，对于任意高次判别函数，都可以通过适当的变换转化为另一空间中的线性判别函数来处理。这种变换空间中的线性判别函数称作原问题的广义线性判别函数，虽然这种变换在理论上可以用简单的线性判别函数来解决十分复杂的问题，但由于变换空间的维数往往很高，容易陷入所谓维数灾难而使问题变得实际上不可解决，因此，广义线性判别函数的思想只在一些相对不是十分复杂的非线性问题中得到了应用。

按照广义线性判别函数的思路，要解决一个非线性问题，我们可以设法将它通过非线性变换转化为另一个空间中的线性问题，在这个变换空间求最优或广义最优分类面。考虑到最优分类面算法的性质，在该变换空间中只需进行内积运算。而进一步看，我们甚至没有必要知道采用的非线性变换的形式，而只

需要它的内积运算即可。只要变换空间中的内积可以用原空间中的变量直接计算得到（通常是这样的），那么即使变换空间的维数增加很多，在该空间中求解最优分类面的问题也并没有增加多少计算复杂度。

事实上，我们只需要定义变换后的内积运算，而不必真的进行这种变换。统计学习理论指出，根据 Hilbert - Schmidt 原理，一种运算只要满足 Mercer 条件，它就可以作为这里的内积使用。

定理 2（Mercer 条件）：对于任意的对称函数 $K(x,x')$，它是某个特征空间中的内积运算的充分必要条件。对于任意的 $\phi(x)\neq 0$ 且 $\int\phi^2(x)\mathrm{d}x<\infty$，有

$$\iint K(x,x')\phi(x)\phi(x')\mathrm{d}x\mathrm{d}x'>0 \tag{5.88}$$

通常这一条件并不难满足。

（2）支持向量机判别函数。

如果用内积 $K(x,x')$ 代替最优分类面中的点积，就相当于把原特征空间变换到了某一新的特征空间，此时式（5.77）的优化函数变为

$$Q(a)=\sum_{i=1}^{n}a_i-\frac{1}{2}\sum_{i,j=1}^{n}a_ia_jy_iy_jK(x_i,x_j) \tag{5.89}$$

而相应的判别函数式（5.79）也应变为

$$f(x)=\mathrm{sgn}\left(\sum_{i=1}^{n}a_i^*y_iK(x_i,x)+b^*\right) \tag{5.90}$$

算法的其他条件均不变。这就是支持向量机。

支持向量机的基本思想可以概括为：首先通过非线性变换将输入空间变换到一个高维空间，然后在这个新空间中求取最优线性分类面，而这种非线性变换是通过定义适当的内积函数实现的。

支持向量机求得的分类函数形式上类似于一个神经网络，其输出是若干中间层结点的线性组合，而每一个中间层结点对应于输入样本与一个支持向量的内积，因此也被叫作支持向量网络，如图5.13所示。

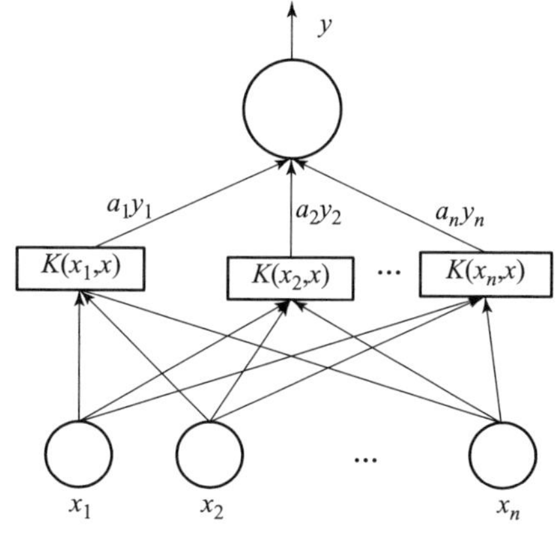

图 5.13　支持向量机示意

图5.13中的输出决策可表示为

$$y=\mathrm{sgn}\left(\sum_{i=1}^{n}a_iy_iK(x_i,x)+b\right)$$

权值：$w_i=a_iy_i$

输入向量：$\boldsymbol{X}_i=(x_i^1,x_i^2,\cdots,x_i^d)^{\mathrm{T}}$

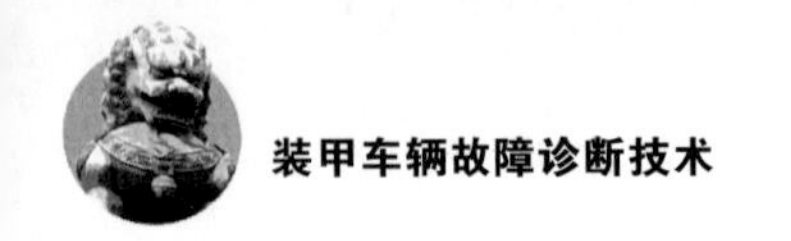

由于最终的判别函数实际上只包含与支持向量的内积和求和，因此识别时的计算复杂度取决于支持向量的个数。

另一个问题是，由于变换空间的维数可能很高，在该空间中的线性判别函数的 VC 维也可能很大，因此它并不是一个很好的分类器。如何选择这种变换才能保证支持向量机得到的判别函数具有比较好的推广性呢？根据定理 1，只要在高维空间中能够构造一个具有较小的 R^2c 值的分类面，就可以有较小的 VC 维，从而得到较好的推广能力。

关于最优和广义最优分类面的推广能力，有下面的结论。

定理 3：如果一组训练样本能够被一个最优分类面或广义最优分类面分开，则对于测试样本分类错误率的期望的上界是训练样本中平均的支持向量数占总训练样本数的比例，即

$$E[P(\text{error})] \leqslant \frac{E[\text{支持向量数}]}{\text{训练样本总数}-1} \tag{5.91}$$

因此，支持向量机的推广性与变换空间的维数是无关的，只要能够适当地选择一种内积定义，构造一个支持向量数相对较少的最优或广义最优分类面，就可以得到较好的推广性。

在这里，统计学习理论使用了与传统方法完全不同的思路，即不是像传统方法那样首先试图将原输入空间降维（即特征选择和特征变换或提取），而是设法将输入空间升维，以求在高维空间中把问题变得线性可分（或接近线性可分）；因为升维后只是改变了内积运算，算法的复杂性并没有随着维数的增加而增加，而且在高维空间中的推广能力并不受维数影响，因此这种方法是可行的。

（3）支持向量机的实例。

不同的内积函数将产生不同的支持向量机算法，目前常用的内积函数形式主要有三类，它们都与已有的方法存在对应关系。

第一，多项式形式的内积函数，即

$$K(x,x_i)=[(x\cdot x_i)+1]^q \tag{5.92}$$

此时得到的支持向量机是一个 q 阶的多项式分类器。

第二，核函数型内积。

$$K(x,x_i)=\exp\left\{-\frac{|x-x_i|^2}{\sigma^2}\right\} \tag{5.93}$$

此时得到的支持向量机是一种径向基函数分类器。它与传统径向基函数（RBF）方法的基本区别在于基函数的中心及输出权值都是由算法自动确定的，因为这里每一个基函数的中心对应着一个支持向量。

第三，S形的内积函数。

$$K(x,x_i) = \tanh(v(x \cdot x_i) + c) \tag{5.94}$$

此时得到的支持向量机就是一个两层的多层感知器神经网络，只是在这里不但网络的权值而且网络的隐层结点数目也都是由算法自动确定的。

图5.14所示是两个用合成的二维数据试验的例子。图中的小圆圈和点分别表示两类训练样本，虚线画出了用 $q=2$ 的多项式内积函数求得的支持向量机分类线，画圆圈的样本点是求得的支持向量，而画叉的样本点为错分的样本。

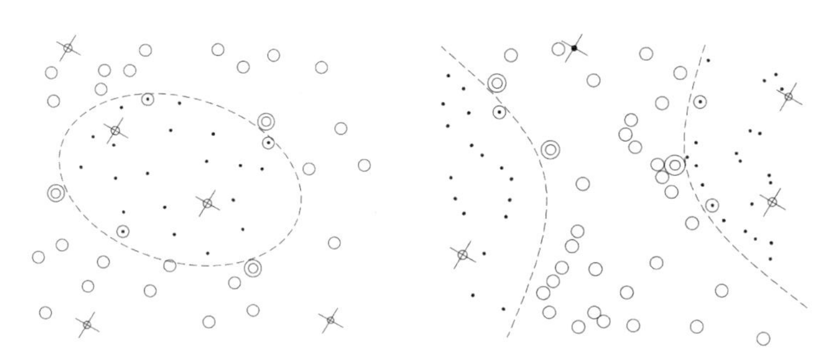

图5.14　支持向量机的试验举例

目前关于支持向量机的研究除了理论研究外，主要集中在对它和一些已有方法进行的试验对比研究上。如贝尔试验室利用美国邮政标准手写数字库进行的对比试验，这是一个可识别性比较差的数据库，每个样本数字都是 16×16 的点阵（即256维），训练集中共7 300个样本，测试集中有2 000个样本。表5.4是用人工和几种传统方法得到的分类器的测试结果，其中两层神经网络的结果是取多个两层神经网络中的最好者，而LeNet1是一个专门针对这个手写数字识别问题设计的两层神经网络。

表5.4　传统方法对美国邮政手写数字库的识别结果

分类器	错误识别率/%
人工分类	2.5
决策树方法	16.2
两层神经网络	5.9
LeNet1	5.1

对于这组数据，分别采用下面的三种内积函数形式的支持向量机进行了试验。

第一种，多项式内积函数。

$$K(x,x_i) = \left[\frac{1}{256}(x \cdot x_i)\right]^q$$

第二种，径向基内积函数。

$$K(x,x_i) = \exp\left\{-\frac{|x - x_i|^2}{256\sigma^2}\right\}$$

第三种，Sigmoid 内积函数。

$$K(x,x_i) = \tanh\left(\frac{b(x - x_i)}{256} - c\right)$$

试验用的有关参数和结果如表 5.5 所示。

表 5.5　三种支持向量机的试验结果

支持向量机类型	内积函数中的参数	支持向量个数	测试错误率/%
多项式内积	$q=3$	274	4.0
径向基内积	$\sigma^2=0.3$	291	4.1
Sigmoid 内积	$b=3$，$c=1$	254	4.2

该试验一方面初步说明了 SVM 方法较传统方法存在明显的优势，同时也说明不同的 SVM 方法可以得到性能相近的结果（不像神经网络那样十分依赖于网络模型的选择）。另外，试验中还给出了三种不同的支持向量机算法求出的支持向量，它们都只是总训练样本中的很少的一部分，而且三组支持向量中有 80% 以上是重合的，这也说明支持向量本身对不同的方法具有一定的不敏感性。遗憾的是，这些诱人的结论目前都仅仅是有限试验中观察到的现象，如果能够证明它们确实是正确的，那么会使支持向量机的理论和应用有巨大的突破。

5）讨论

统计学习理论和支持向量机方法之所以从 20 世纪 90 年代以来受到极大的关注，是因为它们对有限样本情况下模式识别中的一些根本性问题进行了系统的理论研究，并且在此基础上建立了一种较好的通用学习算法。以往困扰很多机器学习方法的问题，如模型选择与过学习问题、非线性、维数灾难问题和局部极小点问题等，在这里都得到了很大程度的解决。而且，很多传统的机器学习方法都可以被看作支持向量机方法的一种实现，因而统计学习理论和支持向量机被很多人视作研究机器学习问题的一个基本框架。

统计学习理论虽然被提出已经多年，但从它的发展、逐步完善、被广泛重视至今仅有几年的时间，应该说其中从理论到应用都还有很多尚未解决或尚未

充分解决的问题。目前，除了继续对其中的一些理论问题进行研究外，人们一方面研究如何用这个新的理论框架解决过去遇到的很多问题；另一方面则重点研究以支持向量机为代表的新的学习方法，研究如何让这些理论和方法真正在实际工程应用中发挥作用。

从本章的讨论可以看到，虽然统计学习理论有比较坚实的理论基础和严格的理论分析，但其中还有很多问题仍需人为决定。如结构风险最小化原则中的函数子集结构的设计、支持向量机中的内积函数形式的选择等，尚没有明确的理论结果指导我们进行这些选择。一种比较可行的途径是通过合理利用先验知识来确定这些因素，这方面的研究尚处在较初步的阶段。作为统计学习理论的核心之一的 VC 维在一般情况下应该如何计算和估计也尚没有解决。

除了在监督模式识别中的应用外，统计学习理论在函数拟合、概率密度估计等机器学习问题以及在非监督模式识别问题中的应用也是一个重要研究方向。

另外，一个或许是更本质的问题是，大部分的研究都是试图设计某种分类器，使某一对未来所有可能样本的预期性能最优。而在实际的很多问题中，我们的目的并不是真正用这样得到的分类器去对所有可能的样本进行识别，而往往只是对一些特定的样本进行识别。在这种情况下，从逻辑上讲我们采用的设计分类器的原则是不经济的，而且可能对于问题中的特定识别目标来说也不是最好的。是不是可以建立一种直接从已知样本出发对特定的未知样本进行识别的方法和原则呢？其实 K 近邻法就是这样一种方法，或许还可以提出更多的此类方法。但是正如在“推广性的界”中已经指出的，目前统计学习理论的这些结论并不适用于这一类方法。

在模式识别和机器学习领域，人们已经取得了很多成果，建立了一系列较完善的理论体系和方法，但也存在很多尚未解决的理论和实际问题。正因为如此，这是一个十分值得进一步深入研究的领域，我们期待着这一领域中不断有新的结果出现。

5.2.9　聚类分析

5.2.9.1　K – Means 聚类算法

K – Means 聚类算法是典型的基于划分聚类算法。其基本思想是将数据集划分为预定的类数 K，从数据集中随机选取 K 个数据样本作为初始的聚类中心，计算数据集中每个元素分别到 K 个聚类中心的距离，并将距离某个聚类中

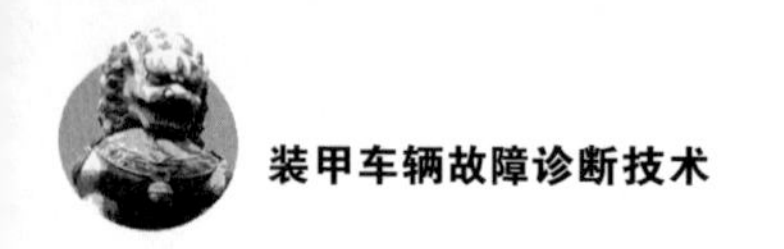

心最近的元素划分到该聚类中心所在的类（簇），确保每个元素只属于一个类。再计算各个聚类簇中所有数据的均值，将计算结果作为新的聚类中心，重复上述过程，直到规定的迭代次数或目标函数收敛为止。通常都是使用误差平方和 SSE 函数作为聚类目标函数，如式（5.95）所示。

$$\mathrm{SSE}=\sum_{i=1}^{K}\sum_{x\in E_i}\mathrm{dist}\,(e_i,x)^2 \tag{5.95}$$

式中，K 为聚类的簇数；E_i 为聚类簇中第 i 个簇；x 为样本数据；e_i 为聚类簇 E_i 的聚类中心；dist 为两个向量之间的距离，可以是欧氏距离、马氏距离等。

K – Means 聚类具体过程如下。

（1）确定初始聚类数 K。目前聚类数 K 的确定没有具体的方法，一般根据具体的情况确定，且只能凭借经验来确定。

（2）确定初始聚类中心。随机选取目标对象中的元素作为初始聚类中心，没有规律但初始聚类中心的选择对聚类结果有一定的影响，可能会使聚类结果陷入局部最优解，最终无法得到理想结果。

（3）计算目标对象中各元素到初始聚类中心的距离。距离的计算方法主要有欧几里德距离、曼哈顿距离和明可夫斯基距离三种，将距离聚类中心最近的点划分到对应的聚类簇。

（4）判断目标函数是否收敛或是否达到规定的迭代次数。若目标函数收敛，则输出聚类结果，停止聚类；若目标函数不收敛，则计算每个簇中所有元素的均值，作为新的聚类中心。

（5）重复第（3）和第（4）步，直到迭代到规定的次数或目标函数收敛，得到最终聚类结果。

其算法流程具体如图 5.15 所示。

K – Means 聚类方法具有良好的伸缩性，对于大量数据的聚类具有很高的效率。但是该方法也存在一些缺点：①初始聚类簇数 K 选择没有一定的标准，有很大的弹性，只能依据主管经验来确定；②聚类的初始中心选择对聚类结果有很大影响，无法获得理想的聚类结果。

5.2.9.2 改进聚类分析方法

由于 K – Means 聚类方法采用聚类簇的平均值作为聚类中心，当数据集存在噪声点时，受噪声数据点的干扰较大，会使聚类中心偏离真正的聚类中心，导致聚类结果不准确。同时，K – Means 聚类算法的初始聚类中心是随机选取的，导致聚类结果很可能出现局部最优解，得到聚类的结果较差。因此如何选择初始聚类中心是 K – Means 聚类方法的研究重点。理想的初始聚

类中心应分属于不同的类，而且应尽量保证与最终的聚类中心相近。针对如何选取初始聚类中心这个问题，很多学者做了大量研究。

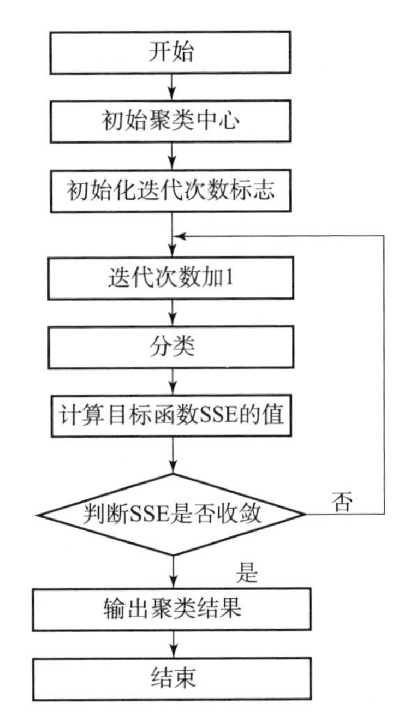

图 5.15　K－Means 算法流程

这里提出了一种针对初始聚类中心选取的改进算法，将密度聚类算法和极远邻 K 均值划分聚类算法相结合，主要思想是为了避免初始聚类中心过于接近而导致聚类结果的不稳定，同时避免在数据对象较多的类中选择多个初始聚类中心而忽略数据对象较少的类。改进算法的基本思想是：选择密度最大的数据点作为第一个聚类中心；计算数据中各点到第一个聚类中心最远数据点的距离，选择距离最远的数据点作为第二个聚类中心；计算数据集各点到第一、第二个聚类中心的距离和，选取最大的距离点作为第三个初始聚类中心。重复上述操作直到得到 K 个初始聚类中心。其具体过程如下。

（1）以数据集 $\{x_1, x_2, \cdots, x_n\}$ 中 x_i 为中心，在以给定距离阈值 ρ 为半径的集合内，计算其中数据点的数目，然后选取集合内数据点最多的中心点，即密度最大的点为第一个初始聚类中心 O_1。

（2）计算数据集内各点到第一个初始聚类中心 O_1 的距离，选取距离最大的数据点作为第二个初始聚类中心 O_2。

（3）计算数据集内各点到 O_1、O_2 的距离之和 $\mathrm{dist}(x_i, O_1) + \mathrm{dist}(x_i, O_2)$，选取距离之和最大的数据点 x_i，作为第三个初始聚类中心 O_3。

（4）重复上述操作，计算 $D_K = \max\left(\sum_{i=1}^{K-1} \mathrm{dist}(x_n, O_i)\right)$，直到得到 K 个聚类中心。

（5）按照传统的 K－Means 聚类算法进行聚类分析，得到最终的聚类结果。

该方法避免了算法在运行过程中选取的初始聚类中心来源于同一个簇或者选择了同一个簇中过多的点；同时，该方法能明显地区分数据集中数据点的分布情况，缩减迭代次数，减少计算量，并囊括边缘聚类数据点。但是随着数据集的增大，该方法的计算效率有所下降。

5.2.10 隐马尔可夫模型（HMM）

隐马尔可夫模型（hidden Markov model，HMM）是一个双重随机过程，HMM 中的真实状态需要通过观测向量进行感知。机械系统从正常到故障的演化过程通常经历多个健康状态衰退阶段，而这些健康状态同样需要通过各种参数来感知。机械系统故障演化模型和 HMM 的这种相通性，使得 HMM 可以更好地描述机械系统故障的演化过程，为建立准确的机械系统故障预测模型提供了前提条件。

这里将在深入研究 HMM 基本理论及其改进算法的基础上，建立基于 HMM 的机械系统故障预测模型。

5.2.10.1 HMM 的定义

HMM 是在马尔可夫模型的基础上发展而来的。实际问题往往比较复杂，不能被马尔可夫模型所描述。而 HMM 可解决这一问题，除了一个描述实际状态之间的转移的马尔可夫随机过程，HMM 还增加了一个描述观测变量和实际状态之间关系的随机过程，实际状态被隐藏起来而只能通过观测变量来感知，这也是叫“隐”马尔可夫模型的原因。

HMM 可用以下几个参数描述。

（1）N。N 为模型中马尔可夫链的状态数。记 N 个状态为 θ_1，θ_2，$\cdots$，θ_N，记 t 时刻马尔可夫链所处的状态为 q_t，显然 $q_t \in \{\theta_1, \theta_2, \cdots, \theta_N\}$。

（2）M。M 为观测值数。记 M 个观测值为 v_1，v_2，$\cdots$，v_M，记 t 时刻的观测值为 o_t，则 $o_t \in \{v_1, v_2, \cdots, v_M\}$。

（3）$\boldsymbol{\pi}$。$\boldsymbol{\pi}$ 为初始状态概率分布向量，$\boldsymbol{\pi} = \{\pi_1, \pi_2, \cdots, \pi_N\}$，其中

$$\pi_i = P(q_t = \theta_i) \quad (1 \leqslant i \leqslant N) \tag{5.96}$$

（4）$\boldsymbol{A}$。$\boldsymbol{A}$ 为状态转移概率矩阵，$\boldsymbol{A} = (a_{ij})_{N \times N}$，其中

$$a_{ij} = P(q_{t+1} = \theta_j \mid q_t = \theta_i) \quad (1 \leqslant i, j \leqslant N) \tag{5.97}$$

（5）$\boldsymbol{B}$。$\boldsymbol{B}$ 为观测值概率矩阵，$\boldsymbol{B} = (b_{jk})_{N \times M}$，其中

$$b_{jk} = P(o_t = v_k \mid q_t = \theta_j) \quad (1 \leqslant j \leqslant N, 1 \leqslant k \leqslant M) \tag{5.98}$$

记 HMM 为

$$\boldsymbol{\lambda} = (N, M, \boldsymbol{\pi}, \boldsymbol{A}, \boldsymbol{B}) \tag{5.99}$$

或简记为

$$\boldsymbol{\lambda} = (\boldsymbol{\pi}, \boldsymbol{A}, \boldsymbol{B}) \tag{5.100}$$

由以上描述可知，HMM 由两部分组成，即由 $\boldsymbol{\pi}$、$\boldsymbol{A}$ 来描述的马尔可夫链和由 $\boldsymbol{B}$ 来描述的随机过程，产生的输出分别为状态序列和观测值序列。图

5.16 示出了 HMM 的基本组成。

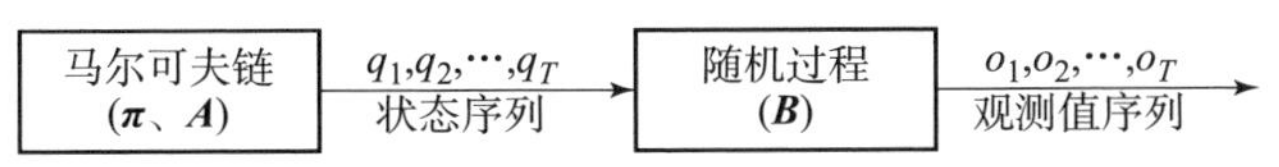

图 5.16　HMM 的基本组成示意

HMM 的拓扑结构可以用贝叶斯网络直观描述，如图 5.17 所示。

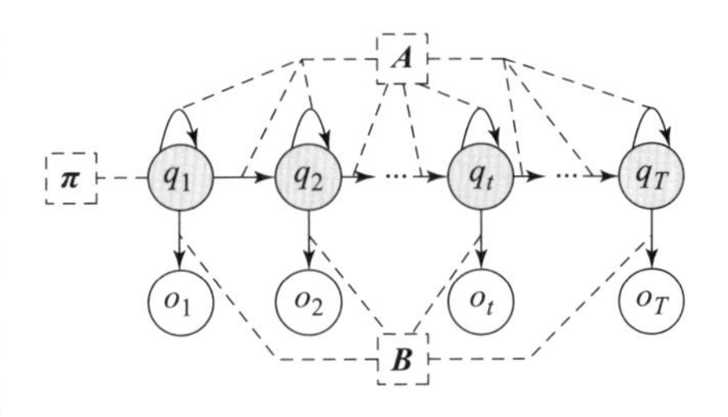

图 5.17　左右型 HMM 拓扑结构

图 5.17 清晰地描述了一个左右型 HMM 的基本结构，图中带阴影的圆圈代表实际状态，透明圆圈代表观测变量，实线箭头则表示状态之间的转移和各变量之间的依赖关系。其中 $\boldsymbol{\pi}$、$\boldsymbol{A}$ 和 $\boldsymbol{B}$ 为 HMM 的三个基本参数，初始向量 $\boldsymbol{\pi}$ 决定初始时刻系统所处的状态，转移矩阵 $\boldsymbol{A}$ 决定了各状态间的转移关系，$\{q_1,q_2,\cdots,q_T\}$ 为状态序列，$\{o_1,o_2,\cdots,o_T\}$ 为观测值序列，观测矩阵 $\boldsymbol{B}$ 决定了以上两个序列之间的依赖关系。

5.2.10.2　HMM 基本算法

要研究 HMM，首先就要研究三个基本问题，并研究其对应的基本算法。这三个问题分别如下。

问题 1：HMM 的概率计算问题

已知观测值序列 $O=\{o_1,o_2,\cdots,o_T\}$ 和模型 $\boldsymbol{\lambda}$，如何计算观测变量序列 O 在给定模型下的概率 $P(O|\boldsymbol{\lambda})$？

问题 1 解决方法——前向后向算法。

对于一个固定的状态序列 $S=\{q_1,q_2,\cdots,q_T\}$，按照常规的概率计算方法，$P(O|\boldsymbol{\lambda})$ 的求取方法如下：

$$P(O|S,\lambda)=\prod_{t=1}^{T}P(o_t|q_t,\lambda)=b_{q_1}(o_1)b_{q_2}(o_2)\cdots b_{q_T}(o_T) \quad (5.101)$$

其中，

$$b_{q_t}(o_t)=P(b_{jk}|q_t=\theta_j,o_t=v_k) \quad (1\leqslant t\leqslant T) \quad (5.102)$$

而对于给定的模型 $\boldsymbol{\lambda}$，产生 S 的概率为

$$P(S|\lambda)=\pi_{q_1}a_{q_1q_2}a_{q_2q_3}\cdots a_{q_{T-1}q_T} \quad (5.103)$$

因此所求的概率为

$$\begin{aligned}P(O|\lambda)&=\sum_S P(O|S,\lambda)P(S|\lambda)\\&=\sum_S \pi_{q_1}b_{q_1}(o_1)a_{q_1q_2}b_{q_2}(o_2)a_{q_2q_3}\cdots b_{q_T}(o_T)a_{q_{T-1}q_T}\end{aligned} \quad (5.104)$$

式（5.104）的计算量是惊人的，大约为 $2TN^T$ 数量级，当 $N=5$，$T=100$ 时，计算量即多达10^{72}，几乎不能实现。因此，为提高计算效率，前向后向算法便应运而生了。

1）前向算法

定义前向变量：

$$\alpha_t(i) = P(o_1, o_2, \cdots, o_t, q_t = \theta_i \mid \lambda) \quad (1 \leqslant t \leqslant T) \tag{5.105}$$

式中，$\alpha_t(i)$是给定模型 λ 的条件下部分观测值序列 o_1，o_2，$\cdots$，o_t（从初始时刻到时刻 t）与在时刻 t 的状态为 θ_i 的发生概率。根据 $\alpha_t(i)$ 计算 $P(O|\lambda)$的过程如下：

初始化

$$\alpha_1(i) = \pi_i b_i(o_1) \quad (1 \leqslant i \leqslant N) \tag{5.106}$$

递归

$$\alpha_{t+1}(i) = \left[\sum_{i=1}^{N} \alpha_t(i) a_{ij}\right] b_j(o_{t+1}) \quad (1 \leqslant t \leqslant T-1, 1 \leqslant j \leqslant N) \tag{5.107}$$

终结

$$P(O \mid \lambda) = \sum_{i=1}^{N} \alpha_T(i) \tag{5.108}$$

其中，递归是前向算法的关键步骤。

2）后向算法

定义后向变量为

$$\beta_t(i) = P(o_{t+1}, o_{t+2}, \cdots, o_T \mid q_t = \theta_i, \lambda) \quad (1 \leqslant t \leqslant T-1) \tag{5.109}$$

式中，$\beta_t(i)$ 是部分观测序列 o_{t+1}，o_{t+2}，$\cdots$，o_T（从时刻 $t+1$ 到结束时刻 T）在时刻 t 的状态 θ_i 与给定模型 λ 条件下发生的概率。根据 $\beta_t(i)$ 计算 $P(O|\lambda)$ 的过程如下：

初始化

$$\beta_t(i) = 1 \quad (1 \leqslant i \leqslant N) \tag{5.110}$$

递归

$$\beta_t(i) = \sum_{j=1}^{N} a_{ij} b_j(o_{t+1}) \beta_{t+1}(j) \quad (t = T-1, T-2, \cdots, 1, 1 \leqslant i \leqslant N) \tag{5.111}$$

终结

$$P(O\mid\lambda)=\sum_{i=1}^{N}\beta_t(i) \tag{5.112}$$

后向算法初始化时，对于所有的状态 θ_i 定义 $\beta_T(i)$ 等于 1。

问题 2：HMM 的最优状态序列选择问题

给定观测值序列 $O=\{o_1,o_2,\cdots,o_T\}$ 和模型 λ，怎样选择一个相应的状态序列 $S=\{q_1,q_2,\cdots,q_T\}$ 能够在某种意义上最优或更好地解释“观测变量”？

问题 2 解决方法——Viterbi 算法。

问题 2 是寻求“最优”状态序列，即使 $P(Q|O,\lambda)$ 达到最大时对应状态序列 Q^*。采用 Viterbi 算法可实现这一目的，其算法流程如下所述。

定义 $\delta_t(i)$ 为 t 时刻沿一条路径 q_1，q_2，…，q_t（且 $q_t=\theta_i$）产生出观测值序列 o_1，o_2，…，o_t 的最大概率，即有

$$\delta_t(i)=\max_{q_1,q_2,\cdots,q_{t-1}}P(q_1,q_2,\cdots,q_t,q_t=\theta_i,o_1,o_2,\cdots,o_t|\lambda) \tag{5.113}$$

那么，求最优状态序列 Q^* 的过程如下。

初始化

$$\delta_1(i)=\pi_i b_i(o_1)\quad(1\leqslant i\leqslant N) \tag{5.114}$$

$$\varphi_1(i)=0\quad(1\leqslant i\leqslant N) \tag{5.115}$$

递归

$$\delta_t(i)=\max_{1\leqslant i\leqslant N}([\delta_{t-1}(i)a_{ij}])b_j(o_t)\quad(2\leqslant t\leqslant T,1\leqslant j\leqslant N) \tag{5.116}$$

$$\varphi_t(j)=\operatorname*{argmax}_{1\leqslant i\leqslant N}[\delta_{t-1}(i)a_{ij}]\quad(2\leqslant t\leqslant T,1\leqslant j\leqslant N) \tag{5.117}$$

式中，函数 argmax 定义为，如果 $i=I$，$f(i)$ 达到最大值，那么 $I=\operatorname*{argmax}_{1\leqslant i\leqslant N}[f(i)]$。

终结

$$P^*=\max_{1\leqslant i\leqslant N}[\delta_T(i)] \tag{5.118}$$

$$q_T^*=\operatorname*{argmax}_{1\leqslant i\leqslant N}[\delta_T(i)] \tag{5.119}$$

求最佳状态序列

$$q_t^*=\varphi_{t+1}(q_{t+1}^*)\quad(t=T-1,T-2,\cdots,1) \tag{5.120}$$

问题 3：HMM 的训练问题（参数估计问题）

给定观测值序列 $O=\{o_1,o_2,\cdots,o_T\}$ 和初始向量 $\boldsymbol{\pi}$，如何调整模型参数 $\lambda=(\boldsymbol{\pi},\boldsymbol{A},\boldsymbol{B})$，使 $P(O|\lambda)$ 最大？

问题 3 解决方法——Baum - Welch 算法。

问题 3 是 HMM 的参数优化问题，采用 Baum - Welch 算法，通过递归运算来调整模型参数，可使 $P(O|\lambda)$ 达到局部最大，得到模型参数。

假设 $\xi_t(i,j)$ 为在 t 时刻马尔可夫链处于 θ_i 状态以及 $t+1$ 时刻处于 θ_j 状

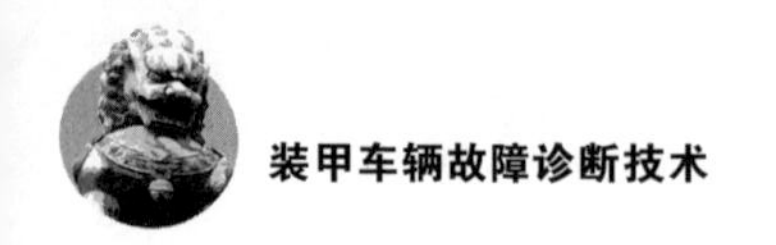

态的概率，即

$$\xi_t(i,j) = P(O, q_t = \theta_i, q_{t+1} = \theta_j \mid \lambda) \tag{5.121}$$

根据前向变量和后向变量的定义可以导出：

$$\xi_t(i,j) = [\alpha_t(i) a_{ij} b_j(o_{t+1}) \beta_{t+1}(j)] / P(O \mid \lambda) \tag{5.122}$$

那么 t 时刻马尔可夫链处于 θ_i 状态的概率为

$$\begin{aligned}\xi_t(i) &= P(O, q_t = \theta_i \mid \lambda) = \sum_{j=1}^{N} \xi_t(i,j) \\ &= \alpha_t(i) \beta_t(i) P(O \mid \lambda)\end{aligned} \tag{5.123}$$

由此可得到 Baum - Welch 算法的重估式：

$$\bar{\pi}_i = \xi_1(i) \tag{5.124}$$

$$\bar{a}_{ij} = \sum_{t=1}^{T-1} \xi_t(i,j) \Big/ \sum_{t=1}^{T-1} \xi_t(i) \tag{5.125}$$

$$\bar{b}_{jk} = \sum_{t=1}^{T-1} \xi_t(j,k) \Big/ \sum_{t=1}^{T-1} \xi_t(j), \text{且 } o_t = v_k \tag{5.126}$$

式中，$\sum_{t=1}^{T-1} \xi_t(i)$ 为从状态 θ_i 转移出去的总概率；$\sum_{t=1}^{T-1} \xi_t(i,j)$ 表示从状态 θ_i 转移到状态 θ_j 的总概率。

HMM 的参数 $\lambda = (\boldsymbol{\pi}, \boldsymbol{A}, \boldsymbol{B})$ 的求取过程为：根据观测值序列 O 和选取的初始模型 $\lambda_0 = (\boldsymbol{\pi}, \boldsymbol{A}, \boldsymbol{B})$，由重估式（5.124）~式（5.126），求得一组新的参数 $\bar{\pi}_i$，$\bar{a}_{ij}$和 $\bar{b}_{jk}$，即可得到一个新模型 $\bar{\lambda} = (\bar{\boldsymbol{\pi}}, \bar{\boldsymbol{A}}, \bar{\boldsymbol{B}})$。可以证明 $P(O \mid \bar{\lambda}) > P(O \mid \lambda)$，即新模型 $\bar{\lambda}$ 比原模型 λ 可以更好地表示观测序列 O。

反复执行以上步骤，不断更新模型参数，直至 $P(O \mid \bar{\lambda})$ 不再明显增大，此时的 $\bar{\lambda}$ 就是所求的模型。

5.2.10.3 HMM 的类型

根据不同的分类标准，HMM 可分为多种类型，这里仅简要介绍 HMM 适用于机械系统故障诊断和预测的几种常见类型。

1）基于观测变量的分类

按照观测到的随机变量统计特性，可以把 HMM 分为离散 HMM（记为 DHMM）和连续 HMM（记为 CHMM）。

（1）DHMM。

所谓 DHMM，是指每个状态的输出概率是按照可观测值离散分布的，即其观测变量是 M 个离散可观测值中的一个。

（2）CHMM。

与 DHMM 不同，CHMM 的状态观测值是一个连续变量 o，因此观测概率不能用矩阵来表示，而要由一个观测概率密度函数 $b_j(o)$ 来表示。在实际应用中，$b_j(o)$ 通常都采用几个高斯概率密度函数组合模拟产生。因此 $b_j(o)$ 可表示为

$$b_j(o) = \sum_{l=1}^{M} c_{jl} G(o, \boldsymbol{\mu}_{jl}, \boldsymbol{U}_{jl}) \tag{5.127}$$

式中，o 为观测变量；M 为每个状态包含的高斯概率密度函数的个数；c_{jl}表示第 j 个状态第 l 个高斯概率密度函数的权值；G 表示高斯概率密度函数；$\boldsymbol{\mu}_{jl}$表示第 j 个状态第 l 个高斯概率密度函数的均值向量；$\boldsymbol{U}_{jl}$表示第 j 个状态第 l 个混高斯概率密度函数的协方差矩阵。

至此，一个 CHMM 可以用以下五元组来表示：

$$\lambda = (\boldsymbol{\pi}, \boldsymbol{A}, c_{jl}, \boldsymbol{\mu}_{jl}, \boldsymbol{U}_{jl}) \tag{5.128}$$

2）基于马尔可夫链形状的分类

按照马尔可夫链的形状，HMM 可分为各态历经 HMM 和非各态历经 HMM。前者的马尔可夫链中可以从任一状态在下一时刻到达任一状态，后者又可分为多种类型。因为机械系统的故障演化过程是按照严格的左右顺序进行的，所以本书主要研究图 5.17 所示的左右型 HMM。

左右型 HMM 的状态转移概率满足以下约束：

$$a_{ij} = 0 \quad (j < i) \tag{5.129}$$

即左右型 HMM 只允许当前状态转移至自身状态或之后的状态，而不能转移到之前的状态。同时，其初始概率还满足

$$\boldsymbol{\pi}_i = \begin{cases} 0 & (i \neq 1) \\ 1 & (i = 1) \end{cases} \tag{5.130}$$

在实际应用中，左右型 HMM 通常还有以下约束：

$$a_{ij} = 0 \quad (j > i + \Delta i) \tag{5.131}$$

即当前状态只向自身状态和相邻几个状态转移。

针对图 5.17 所示的左右型 HMM 的转移矩阵的形式如式（5.132）所示（令 $T=4$），这种类型的 HMM 最适合用来建立机械系统故障诊断和预测的模型。

$$\boldsymbol{A} = \begin{bmatrix} a_{11} & a_{12} & 0 & 0 \\ 0 & a_{22} & a_{23} & 0 \\ 0 & 0 & a_{33} & a_{34} \\ 0 & 0 & 0 & a_{44} \end{bmatrix} \tag{5.132}$$

通常指定左右型 HMM 最后一个状态的转移概率为

$$a_{NN} = 1 \tag{5.133}$$

$$a_{Ni} = 0 \quad (i < N) \tag{5.134}$$

除了以上介绍的几种 HMM 类型，还有很多其他 HMM 类型，如隐半马尔可夫模型（HSMM）和耦合隐马尔可夫模型（C－HMM）等。本节将主要研究左右型 HMM，包括 DHMM 和 CHMM 及其在故障预测中的应用，后续章节将分别研究 HSMM 和 C－HMM 的基本理论及其在故障预测中的应用。

5.2.10.4 HMM 的改进算法

HMM 在实际应用中还存在初始模型选取困难、基本算法存在下溢、泛化能力差和计算过程复杂等问题，本节将针对以上问题，在 HMM 基本算法的基础上提出其改进算法。

1）初始模型的选取

根据 Baum－Welch 算法是使 $P(O|\lambda)$ 局部极大时得到模型参数的基本思想，利用同一训练数据集训练 HMM 时，选取不同的初始模型将得到不同的训练结果，而且初始模型的选取还直接影响计算效率。因此，如何选择初始模型使得最后 $P(O|\lambda)$ 最接近全局最大，已经成为一个非常重要的问题。

但是，这个问题至今还没有得到完美的解决，在实际应用中，一般是靠经验来大致确定初始模型。一般认为，初始状态概率分布向量 $\boldsymbol{\pi}$、状态转移矩阵 $\boldsymbol{A}$ 的初始值和 DHMM 中观测值概率矩阵 $\boldsymbol{B}$ 的初始值对模型训练影响不大。在通常情况下，将这些参数的初值设置为均匀分布值或非零随机数。但 CHMM 中观测值概率密度函数 $b_j(o)$ 的初值对 HMM 的训练影响较大。针对该问题，目前常用的方式是采用 K－Means（KM）聚类算法或模糊 c－均值（FCM）聚类算法对 $b_j(o)$ 进行初始化估计。但这两种聚类算法对初始条件都非常敏感，不同的初选条件会得到不同的聚类结果，而且容易导致局部最优，聚类效果往往不尽如人意。

由于 KM 聚类采取的是胜者全取（winner－takes－all）的划分策略，数据对象与最近簇的中心之间存在强关联，从而阻止了簇中心向数据的局部稠密区域之外移动，因此该算法对初始条件有很强的依赖。为解决上述问题，本书提出将 K－调和均值（K－harmonic means，KHM）的聚类算法应用于 $b_j(o)$ 的初始化估计。KHM 聚类算法解决了 KM 聚类算法存在的初始条件依赖性问题，它将每个数据对象到所有簇中心的距离的调和均值用 KM 聚类算法中数据点到簇中心的最小距离来代替。当数据对象与某一簇中心距离很近时，在调和均值

中该数据点将会取得较好的得分（即在 KHM 聚类目标函数的求和公式中与该数据点对应的加和项较小），这是调和均值的特性，同时也有效解决了 KM 算法对初始条件的依赖性。

k 个数的调和均值定义如下：

$$HA\left(\{a_i \mid (i=1,2,\cdots,k\}\right) = k\bigg/\sum_{i=1}^{k}\frac{1}{a_i}\bigg) \tag{5.135}$$

即调和均值是变量值取倒数后，再取算术平均后的倒数，也称倒数平均数。

KHM 算法的聚类计算步骤如下：

（1）随机初始化簇中心集合 $C=\{c_1,c_2,\cdots c_k\}$。

（2）计算目标函数

$$\mathrm{KHM}(X,C) = \sum_{i=1}^{N}\left(k\bigg/\sum_{j=1}^{k}(1/\|x_i-c_j\|^p)\right) \tag{5.136}$$

式中，$X=\{x_1,x_2,\cdots x_N\}$ 为聚类数据集；p 为输入参数，通常 $p\geqslant 2$。

（3）对每个数据对象 x_i，根据式（4.42）计算隶属度 $m(c_j \mid x_i)$，即数据对象 x_i 属于以 c_j 为中心的聚类簇的程度：

$$m(c_j \mid x_i) = \|x_i-c_j\|^{-p-2}\bigg/\sum_{j=1}^{k}\|x_i-c_j\|^{-p-2} \tag{5.137}$$

（4）对每个数据对象 x_i，根据式（5.138）计算其权重 $w(x_i)$：

$$w(x_i) = \sum_{j=1}^{k}\|x_i-c_j\|^{-p-2}\bigg/\left(\sum_{j=1}^{k}\|x_i-c_j\|^{-p}\right)^2 \tag{5.138}$$

（5）根据所有的数据对象 x_i 及其隶属度和权重，重新计算各簇的中心：

$$c_j = \left(\sum_{i=1}^{N}m(c_j \mid x_i)w(x_i)x_i\right)\bigg/\left(\sum_{i=1}^{N}m(c_j \mid x_i)w(x_i)\right) \tag{5.139}$$

（6）重复（2）~（5），直到目标函数 KHM(X，C) 变化不明显或达到预先设定的迭代次数为止。

（7）将数据对象 x_i 分配给具有最大隶属度值 $m(c_j \mid x_i)$ 的簇 j。

为了测试 KHM 算法的聚类性能，采用著名的 IRIS 数据作为测试样本进行实验仿真。IRIS 数据是国际公认的比较无监督聚类方法效果好坏的典型数据，数据由 4 维空间中的 150 个样本（$\{X_1,X_2,\cdots,X_{150}\}$）组成，分别隶属于 setosa，versicolor，virginica 三个不同类别，每个类别有 50 个样本，分别为 $\{X_1,X_2,\cdots,X_{50}\}$、$\{X_{51},X_{52},\cdots,X_{100}\}$ 和 $\{X_{101},X_{102},\cdots,X_{150}\}$，每个样本的四个分量分别表示 IRIS 数据的 petal length，petal width，sepal length 和 sepal width 四个特征。其中一类与其他两类有较好的分离，而另外两类之间存在一定程度的交叠。IRIS 数据的真实聚类中心位置分别为：(5.00，3.42，1.46，0.24)，(5.93，2.77，4.26，1.32)，(6.58，2.97，5.55，2.02)。试验中采用不同的聚类算法可得到不同的各类聚类中心，通过对比真实的类别数据聚类中心，得到每种聚类算法的误差指标，同时可以得到各种算法的运行时间、迭代次数等指标，进而可以评价各种算法的聚类性能。

前面讨论了 KM、FCM 和 KHM 三种聚类算法的优缺点，这里基于 IRIS 数据，通过选取不同的初始聚类中心，分析和比较上述三种算法对初始值选取的敏感度及其聚类性能，结果如表 5.6 所示。

表 5.6　初始值对三种聚类算法的影响及三种聚类算法聚类性能的比较

聚类算法	初始中心 1 (X_1, X_{51}, X_{101})			初始中心 2 (X_{26}, X_{76}, X_{126})			初始中心 3 (X_{50}, X_{100}, X_{150})		
	迭代次数	运行时间/s	误差	迭代次数	运行时间/s	误差	迭代次数	运行时间/s	误差
KM	15	1.351	0.217 5	21	2.182	0.108 2	18	1.854	0.359 6
FCM	43	2.856	0.301 2	35	2.403	0.162 1	53	3.215	0.338 1
KHM	13	0.983	0.115 6	15	1.021	0.095 3	19	1.205	0.136 5

表 5.6 中，误差为各种算法的聚类中心与真实中心的均方误差，FCM 算法选取的模糊参数为 2。从表 5.6 中可以看出，初始值对 KM 算法和 FCM 算法的影响较大，而且在迭代次数和运行时间上均不占有优势，而 KHM 算法对初始值的选取几乎不敏感，且迭代次数和运行时间均比其他两类算法都要少，这也反映了 KHM 算法优良的聚类性能。

利用 KHM 聚类算法获取 HMM 模型初始模型参数的基本流程是：首先利用经验数据或通过对原始信号进行等间隔划分的方法设置一组模型参数初值；然后，用 Viterbi 算法分割输入数据对应的状态；最后，用 KHM 算法对观测值概率矩阵 $\boldsymbol{B}$ 进行重估，得到初始模型参数 $\boldsymbol{B}$。

对于 CHMM，其观测值概率密度函数 $b_j(o)$ 的初值选取过程可简述如下：设每一个状态的概率密度函数由 R 个正态高斯概率密度函数线性叠加而成。首先，利用 KHM 聚类算法将该状态的训练数据聚类成 R 类；然后，求取同一类数据的均值向量和协方差矩阵；最后，求取混合系数，即由每一类中包含数据个数除以该状态的数据总数。至此，一个观测值概率密度函数 $b_j(o)$ 的初值就产生了。

2）算法下溢问题的处理和改进

Baum - Welch 算法是 HMM 模型参数训练的最基本方法，但它在多样本训练时存在严重的上、下溢问题，需要不断地人工介入来调整中间参数。导致该问题的原因在于计算机所能表达的浮点数范围的限制，因为在传统的前向后向算法中，一般通过递归运算来求得前向或后向概率变量，而在递归运算的过程

中，需要对小于 1 的概率密度进行大量的乘积运算，这就造成变量越来越小，甚至趋向于 0，以至于超过计算机的浮点数范围，造成数据下溢，严重影响 HMM 模型的应用。

针对这一问题，本书引入了标定系数，该标定系数仅与时间有关；在递归运算过程中，将每一步结果都除以标定系数，然后再作下一步的迭代，直至递归结束；最后再将标定系数分离出来。这样，就较好地解决了算法的下溢问题。而且，试验表明，引入标定系数还能减少运算的时间复杂度。

记标定后的前向变量、后向变量分别为 $\tilde{\alpha}_t(i)$ 和 $\tilde{\beta}_t(i)$，标定系数为 ϕ_t。基于标定系数的前向算法可描述为

$$\begin{cases}\alpha_1(i) = \pi_i b_i(o_1) \quad (1 \leqslant i \leqslant N) \\ \phi_1 = \sum_{j=1}^{N} \alpha_1(j) \\ \tilde{\alpha}_1(i) = \alpha_1(i)/\phi_1 \quad (1 \leqslant i \leqslant N)\end{cases} \tag{5.140}$$

$$\begin{cases}\alpha_t(i) = \sum_{j=1}^{N} \tilde{\alpha}_{t-1}(j) a_{ij} b_i(o_t) \quad (2 \leqslant t \leqslant T, 1 \leqslant i \leqslant N) \\ \phi_t = \sum_{j=1}^{N} \alpha_t(j) \quad (2 \leqslant t \leqslant T) \\ \tilde{\alpha}_t(i) = \alpha_t(i)/\phi_t \quad (2 \leqslant t \leqslant T, 1 \leqslant i \leqslant N)\end{cases} \tag{5.141}$$

后向变量的标定过程与前向变量的标定过程基本一致，而且由于二者数值处在相同的数量级，所以可采用与前向变量相同的标定系数。此时后向算法可描述为

$$\begin{cases}\beta_T(i) = 1 \quad (1 \leqslant i \leqslant N) \\ \tilde{\beta}_T(i) = 1 \quad (1 \leqslant i \leqslant N)\end{cases} \tag{5.142}$$

$$\begin{cases}\beta_t(i) = \sum_{j=1}^{N} a_{ij} b_j(o_{t+1}) \tilde{\beta}_{t+1}(j) \quad (t = T-1, T-2, \cdots, 1, 1 \leqslant i \leqslant N) \\ \tilde{\beta}_t(i) = \beta_t(i)/\phi_t \quad (t = T-1, T-2, \cdots, 1, 1 \leqslant i \leqslant N)\end{cases} \tag{5.143}$$

以上计算的基本思想是在每次进行 $\alpha_t(i)$ 和 $\beta_t(i)$ 的迭代计算后，再利用标定系数对其归一化，这样就可保证 $\alpha_t(i)$ 和 $\beta_t(i)$ 不会随着迭代下溢至计算机的浮点表达极限。

对前向变量和后向变量作上述处理之后，$\alpha_t(i)$ 和 $\beta_t(i)$ 标定前后之间的关系为

$$\begin{cases} \tilde{\alpha}_t(i) = \alpha_t(i) / \prod_{k=1}^{t} \phi_k \\ \tilde{\beta}_t(i) = \beta_t(i) / \prod_{k=t}^{T} \phi_k \end{cases} \tag{5.144}$$

也就是

$$\begin{cases} \alpha_t(i) = \tilde{\alpha}_t(i) \prod_{k=1}^{t} \phi_k \\ \beta_t(i) = \tilde{\beta}_t(i) \prod_{k=t}^{T} \phi_k \end{cases} \tag{5.145}$$

由此可以看出，标定后的前向变量和后向变量既保持了与未标定时计算结果的一致性，又避免了计算过程中出现的溢出问题。而在计算输出概率$P(O|\lambda)$的过程中，为了与原有计算结果保持一致，必须作相应的处理以消去标定系数的影响。由式（5.141）可以推出

$$\phi_t = \sum_{i=1}^{N} \left[\sum_{j=1}^{N} \tilde{\alpha}_{t-1}(j) a_{ij} \right] b_i(o_t) = \sum_{i=1}^{N} \alpha_t(i) / \phi_1 \phi_2 \cdots \phi_{t-1} \tag{5.146}$$

即

$$\sum_{i=1}^{N} \alpha_t(i) = \phi_1 \phi_2 \cdots \phi_t \tag{5.147}$$

因此输出概率可表示为

$$P(O \mid \lambda) = \sum_{i=1}^{N} \alpha_T(i) = \phi_1 \phi_2 \cdots \phi_T \tag{5.148}$$

3）HMM 模型泛化方法研究

在机械系统的故障预测中，为使训练的 HMM 更准确，通常需要多个训练数据集来综合训练同一 HMM。假设 D_A 和 D_B 是在同一实验条件下两次获取的数据集，首先用数据集 D_A 来训练 HMM 为 $\lambda = (\boldsymbol{\pi}, \boldsymbol{A}, \boldsymbol{B})$，这时 λ 反映了 D_A 的特性，如何用数据集 D_B 进一步训练模型 λ，让其也融合 D_B 的特性，就是本节要研究的 HMM 模型泛化问题。

为了解决此问题，一个比较直接的办法就是将 D_A 和 D_B 合在一起，重新训练一个新的 HMM，但是，这样做不但不够经济，而且常常因为得到 D_B 时 D_A 已不复存在而无法实现，因为与庞大的数据集相关，人们更愿意保留占用空间较少的模型 λ。另一个处理办法是将 λ 作为初始模型，利用 D_B 训练 λ 得到新的模型 λ^*。但遗憾的是，λ^* 在获得 D_B 特性的同时，却丧失了 D_A 的特性。

为真正解决这一问题，借鉴相关参考文献，提出了一种泛化 HMM 的训练/算法，其基本思想是：在迭代中，对 L 个训练序列分别计算其转移次数、向量

数和状态数等参量，通过对这些参量的分子、分母分别相加，而后反映在迭代后的新模型参数中。如果将 L 个训练序列分成两个训练数据集 D_A 和 D_B，对应的训练序列个数分别为 L_1 和 L_2，显然有 $L_1+L_2=L$。基于数据集 D_A 训练得到的转移次数、向量数和状态数分别记为 $TC^{(A)}$、$VC^{(A)}$ 和 $SC^{(A)}$，基于数据集 D_B 训练得到的转移次数、向量数和状态数分别记为 $TC^{(B)}$、$VC^{(B)}$ 和 $SC^{(B)}$，则重估式可以改写为

$$\bar{a}_{ij}=\frac{\sum_{l_1=1}^{L_1}TC^{(A)}(i,j,l_1)+\sum_{l_2=1}^{L_2}TC^{(B)}(i,j,l_2)}{\sum_{l_1=1}^{L_1}SC^{(A)}(i,l_1)+\sum_{l_2=1}^{L_2}SC^{(B)}(i,l_2)}=\frac{TC^{(A)}(i,j)+TC^{(B)}(i,j)}{SC^{(A)}(i)+SC^{(B)}(i)} \tag{5.149}$$

$$\bar{b}_{jk}=\frac{\sum_{l_1=1}^{L_1}VC^{(A)}(j,k,l_1)+\sum_{l_2=1}^{L_2}VC^{(B)}(j,k,l_2)}{\sum_{l_1=1}^{L_1}SC^{(A)}(j,l_1)+\sum_{l_2=1}^{L_2}SC^{(B)}(j,l_2)}=\frac{VC^{(A)}(j,k)+VC^{(B)}(j,k)}{SC^{(A)}(j)+SC^{(B)}(j)} \tag{5.150}$$

这样，基于数据集 D_A 训练得到的模型 λ 不仅保存了 $\lambda=(\boldsymbol{\pi},\boldsymbol{A},\boldsymbol{B})$ 的结果参数，而且还保存了相应的转移次数 $TC^{(A)}$、向量数 $VC^{(A)}$ 和状态数 $SC^{(A)}$。在训练数据集 D_B 时，以 λ 为初始模型，得到新的模型 λ_B 以及新的转移次数 $TC^{(B)}$、向量数 $VC^{(B)}$ 和状态数 $SC^{(B)}$。由式（5.149）和式（5.150）求得 $\bar{a}_{ij}$ 和 $\bar{b}_{jk}$，于是得到模型 λ^* 的参数，它既反映了数据集 D_A 的特性，又反映了数据集 D_B 的特性。

同理，HMM 模型泛化方法可推广至多个训练数据集，如 D_A、D_B 和 D_C；由参数估计算法分别产生模型 λ_A、λ_B 和 λ_C，并保存相应的转移次数、向量数和状态数。根据式（5.149）和式（5.150），只要将相应参数的分子、分母分别相加，即可十分灵活地得到反映 D_A+D_B、D_A+D_C、D_B+D_C 或 $D_A+D_B+D_C$ 等数据集特性的各模型参数。这样的 HMM 参数估计过程具有良好的自适应性和很强的自学习能力，新增的训练数据集信息能够反映在最后产生的模型中。

4）基于遗传算法的 HMM 参数估计

在 HMM 的应用中，参数估计是最重要的环节之一。Baum - Welch 算法是 HMM 中最常用的参数估计方法，但是在实际应用中，该算法收敛速度较慢，而且非常容易导致局部最优，需要进行改进。本书将遗传算法引入 HMM 的参数估计的改进之中。

遗传算法（genetic algorithms，GA）是一种常用的最优解搜索算法，其搜

索过程是通过选择、交叉和变异这三种算子来实现的，该算法具有多初值同时搜索功能，与传统参数估计算法相比，可以明显提高搜索速度，同时降低搜索过程中陷入局部最优解的可能性。

如前文所述，HMM 的参数估计是采用极大似然准则寻找合适的模型参数 λ 使得输出概率 $P(O|\lambda)$ 取得最大值。该过程还存在如下约束条件：

$$\begin{cases} \sum_{i=1}^{N} \pi_i = 1 \\ \sum_{j=1}^{N} a_{ij} = 1 \quad (1 \leqslant i \leqslant N) \end{cases} \tag{5.151}$$

实际上，$P(O|\lambda)$ 的最大化是一个带有约束的优化问题。因此可以采用基于惩罚策略的遗传算法来处理该问题。

首先，定义一个模型参数 λ 违反约束程度的量：

$$\mathrm{Viol}(\lambda) = M_1 \left| \sum_{i=1}^{N} \pi_i - 1 \right| + M_2 \sum_{i=1}^{N} \left| \sum_{j=1}^{N} a_{ij} - 1 \right| \tag{5.152}$$

式中，M_1 和 M_2 为极大正数。

然后，定义适应度函数：

$$f(\lambda) = \ln P(O | \lambda) - \mathrm{Viol}(\lambda) \tag{5.153}$$

运用遗传算法进行 HMM 参数估计的算法流程如下：

（1）确定 HMM 的模型参数 λ 的构成。

（2）对参数进行编码。

（3）随机生成初始化种群，设置代数 $k=0$。

（4）适应度评估。

（5）终止条件判断：若终止条件不满足，则令 $k=k+1$。

（6）遗传操作。

选择：从当前群体中选择优良的个体，使它们有机会被选中进入下一次的迭代过程，舍弃适应度低的个体，体现“适者生存”的原则。

交叉：采用交叉算子对选择的优良个体进行交叉操作，下一代中的个体信息来自父辈个体，体现了信息交换原则。

变异：随机选择中间群体中的某个个体，以变异概率改变该个体的值，变异为产生新个体提供了机会。

（7）迭代结束，输出优化后的模型参数。

应该看到的是，遗传算法也有它的缺点，它对于系统中的反馈信息利用不够充分，迭代方向有时并不是最优的方向，而且求解到一定范围时，往往会出现大量的多余迭代，使求解效率降低。因此，在实际应用中，应根据实际问题

选择最优的参数估计方法以得到合适的 HMM 模型。

5.2.10.5　HMM 在故障预测中的应用研究

故障预测任务就是在异常检测和早期故障诊断的基础上，根据当前的健康退化状态，预测系统在未来某一时间内是否发生故障或发生故障的概率，以及故障发生的时间（或剩余使用寿命）。因此，机械系统故障预测技术的研究内容主要包括退化状态识别和故障预测（或寿命预测）。这里将针对这两方面的主要内容，研究 HMM 在机械系统故障预测中的应用方法。

1）基于 HMM 的预测模型设计

基于以上的分析，这里建立了基于 HMM 的预测模型框架，如图 5.18 所示。该预测模型分为两个部分，即模型训练部分（从上至下）和模型使用部分（从左至右）。在预测模型训练时，首先对历史观测数据执行预处理和特征提取操作，然后将特征信息输入 HMM 退化状态识别模型和 HMM 全寿命模型，并利用 HMM 参数估计算法分别训练这两个模型，其中 HMM 全寿命模型在训练完毕之后即可得到各退化状态下的故障发生概率。在使用预测模型进行实际预测操作时，同样是首先处理当前观测数据，然后将得到的特征信息输入已经训练好的 HMM 退化状态识别模型中，判断当前观测数据代表的系统退化状态，最后根据系统所处的退化状态结合 HMM 全寿命模型即可得到当前状态下故障发生的概率。

2）退化状态个数的选取与优化

不同于故障诊断，故障演化 HMM 的退化状态个数并不是事先确定的，而退化状态个数又是 HMM 模型的基本参数，因此退化状态个数的选取将直接影响 HMM 与实际故障演化的相似程度，对预测结果准确性的提高具有十分重要的作用。

为了评价不同 HMM 状态数对估值结果的影响，以训练样本为基础，本书定义故障演化 HMM 所估计的最大概率退化程度 $d_{k_{max}}$ 与训练样本实际故障的退化程度 d_{o_x} 之间的平均估值距离为

$$D = D(d_{k_{max}}, d_{o_x}) = \frac{1}{m}\sqrt{\sum_{i=1}^{m}(d_{k_{max}} - d_{o_x})^2} \tag{5.154}$$

式中，m 为训练样本数。

以滚动轴承数据为例，通过对不同退化状态个数的故障演化 HMM 进行计算，可得到如图 5.19 所示的退化状态个数对估值精度的影响结果。在计算过

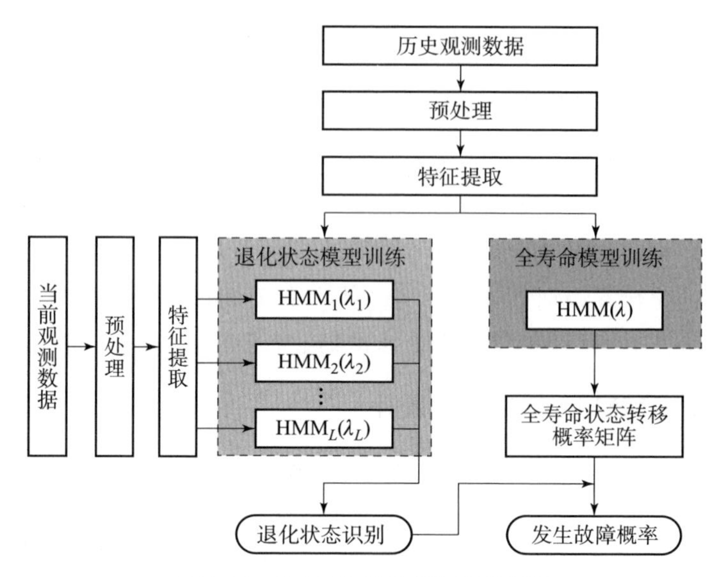

图 5.18　基于 HMM 的预测模型框架

程中，根据设定的退化状态个数 N，将全部特征点平均分为 N 段，并计算各段特征点的均值。式（5.154）中的 $d_{k_{max}}$ 对应最后一段特征点的均值，d_{o_x} 对应其他各段特征点的均值。

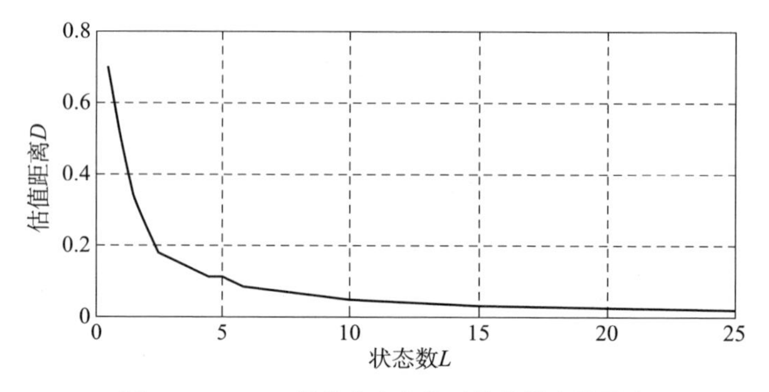

图 5.19　HMM 退化状态个数对估值精度的影响

从图 5.19 中可以看出，估值精度随着划分状态数的增多而越来越高，这是因为随着退化状态的不断细分，故障演化 HMM 与真实的机械系统退化过程越来越接近。但是，退化状态数的增加也会造成计算量的急剧增大，同时在应用过程中，能得到的退化状态样本也有很大限制。因此，退化状态的划分数并不是越多越好，应该平衡模型精度和计算量之间的关系，取其最佳值。从图 5.19 中可以看到，当退化状态数超过 6 之后，曲线很快趋于平缓，即当划分的退化状态数大于 6 时，退化状态数对模型精度的影响越来越小，因此选择 6 作为该滚动轴承故障演化 HMM 的退化状态数。

3）基于 DHMM 的故障预测方法

（1）特征向量的标量量化。

因为机械系统振动信号的特征向量是一个连续值，不满足 DHMM 的观测值为有限连续值的建模要求，所以必须对特征向量进行量化处理，这一过程称为特征向量的标量量化。向量的标量量化可采用 Lloyds 算法来实现，特征向量经标量量化处理后即可用来训练 DHMM。

标量量化的基本思想为：首先等分信号幅值为 N 个升序排列的区域，然后将这 N 个区域映射为 N 个离散值。

在升序排列中，每个区域信号 x 索引值 index(x) 定义为

$$\text{index}(x)=\begin{cases}1 & (x\leqslant \mathbf{partition}(1))\\ i & (\mathbf{partition}(i)<x\leqslant \mathbf{partition}(i+1))\\ N & (\mathbf{partition}(N-1)<x)\end{cases}\tag{5.155}$$

式中，**partition** 为长度为 $N-1$ 的分区向量。

标量量化的关键步骤是采用 Lloyds 算法通过试探减少量化失真（distortion）得到最佳的区域划分和码本参数。其中量化失真定义为原始信号（sig）和量化信号（quan）之差的平方的平均值：

$$\text{distortion}=\frac{1}{N}\sum_{i=1}^{M}(\text{sig}(i)-\text{quan}(i))^{2}\tag{5.156}$$

式中，M 为原始信号的数据点数。

图 5.20 和图 5.21 分别示出了轴承振动信号 0 ~ 5 h 小波相关排列熵序列及其用 32 个码级［式（5.155）中的 $N=32$］的 Lloyds 算法进行标量量化的结果。从这两幅图中可以看出，量化后的编码完全表达了原序列的特征。

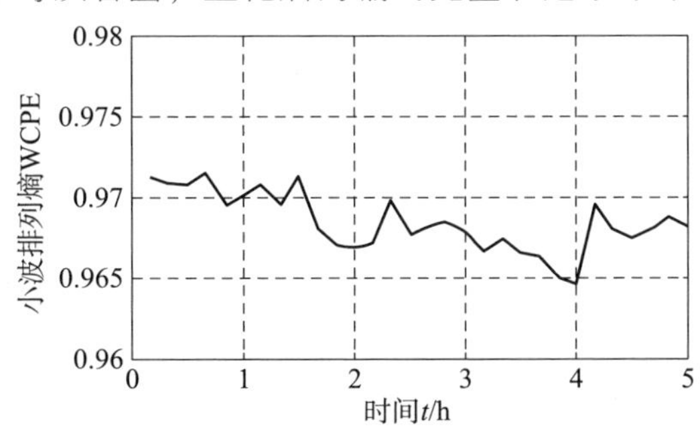

图 5.20　轴承振动信号小波相关排列熵序列

（2）基于 DHMM 的退化状态识别方法和步骤。

机械系统退化状态识别需要解决两个关键问题：一是如何确定机械系统从正常运行到严重故障整个故障演化过程所包含的退化状态数；二是如何用模型

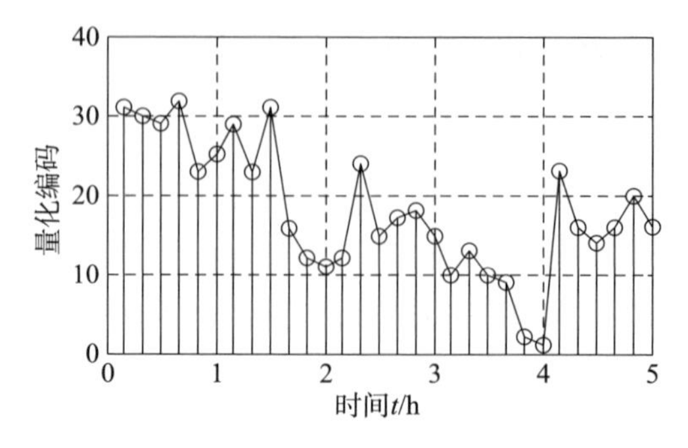

图 5.21　标量量化结果

描述各个退化状态之间的演化关系。第一个问题可归结为数据最优模型的选择问题，该问题可以用上节提到的退化状态个数选取与优化方法解决；第二个问题则可以通过建立动态 HMM 来解决。本节将以 DHMM 为例，探讨退化状态识别应用于工程实际的方法和步骤。

图 5.22 给出了基于 DHMM 的退化状态识别流程，主要包括数据预处理、特征提取、数据标量量化、确定退化状态个数、退化状态模型训练和退化状态识别等步骤。

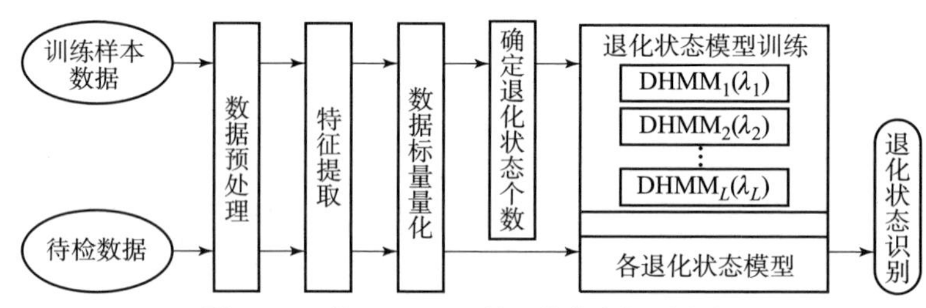

图 5.22　基于 DHMM 的退化状态识别流程

第一，数据预处理和特征提取。在规范化预处理的基础上，将测得的训练样本数据和待检数据等分为 T 段（可进行相空间重构），分别提取每段数据的特征信息，组成长度为 T 的训练和检验 DHMM 的特征观测值序列。

第二，数据标量量化。依据 Lloyds 算法，对训练样本和检验样本的特征观测值序列对应的特征向量进行标量量化，以满足 DHMM 建模的需求。

第三，确定退化状态个数。以训练样本为基础，分别计算故障演化 HMM 估计的最大概率退化程度和训练样本的实际故障退化程度，并根据两者的平均估值距离测度来优化选取退化状态个数。

第四，退化状态模型训练。根据确定的退化状态个数，建立相应数目的 DHMM，并利用相应的退化状态训练样本分别训练，得到相应的退化状态模型。

第五，退化状态识别。将特征提取后的待检样本输入训练好的 DHMM 模型中，根据输出的最大似然概率值判断待检样本所处的退化状态。

（3）基于 DHMM 的故障预测方法。

为了实现准确的故障预测，本书提出了基于全寿命数据的 DHMM 预测方法。

首先对机械系统相对完整的全寿命数据（包括所有的退化状态）进行规范化预处理，并提取整段的特征信息；然后利用这些特征信息训练一个包含所有退化状态的全寿命预测模型 DHMM(λ)，即可获得全寿命过程中各个退化状态之间的状态转移矩阵 $\boldsymbol{a}_{ij}(0\leqslant i,j\leqslant N)$；最后结合退化状态的识别结果即可求得当前退化状态下发生故障的概率。

（4）实例分析。

为验证前文提出的退化状态识别和故障预测方法的有效性与实用性，结合第 4 章研究的小波相关排列熵算法，提出一种基于小波相关排列熵和 DHMM 的退化状态识别与故障预测方法。这里采用美国 NSFI/UCR 的智能维护系统中心（IMS）提供的轴承全寿命振动数据进行分析。

第一，轴承振动数据来源。美国 NSFI/UCR 的智能维护系统中心（IMS）为研究滚动轴承的退化规律，做了多次科学严谨的试验，采集了大量的数据。本书使用的数据即来源于此。该试验是将四个轴承依次安装在一个转轴上，转轴由电动机通过皮带传动，其转速固定为 2 000 r/min，并在轴承上加载 6 000 lb 的径向载荷（约等于 26 671 N），每个轴承分别在水平方向和垂直方向上安装 1 个 ICP 加速度传感器（PCB 公司生产，353B33 型）。传感器的安装位置如图 5. 23 所示。

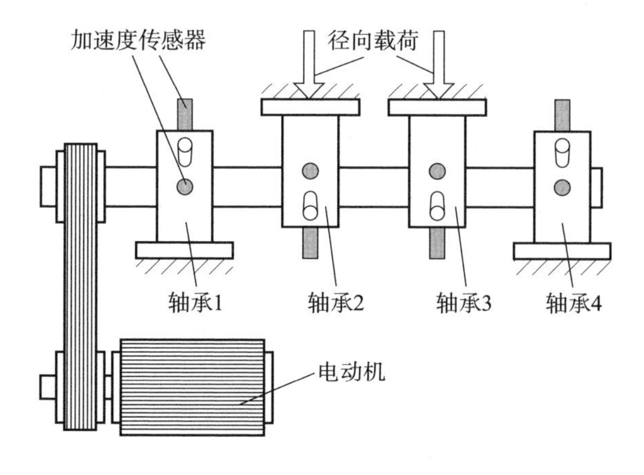

图 5. 23　传感器安装位置示意

由于该试验第二轮测试数据较为完整，本书选用该数据进行分析。试验开始时，各轴承均为全新状态，直至轴承 1 外圈故障结束，即涵盖了轴承 1 的全寿命过程。本轮试验持续了 164 h，共采集了 984 个文件，采样频率为 20 kHz，每 10 min 记录一个文件，每个文件又包含 20 480 个数据点。

第二，原始数据分析。轴承 1 垂直方向振动信号的均方根值趋势如图 5.24 所示。由图中可以看出，在试验的前期（118 h 之前），该特征值基本保持不变，这表明轴承 1 在平稳运行；在 118 h 这个时刻，该特征值出现轻微的跳动，这是异常或故障出现的前兆；在 118 ~ 160 h，该特征值在小范围内波动，说明轴承 1 在带故障运行，但故障比较轻微；当运行超过 160 h 时，该特征值出现非常剧烈的跳变；该特征值在 163.3 h 时达到最大值，此时该轴承的故障已非常严重，达到其寿命终点。

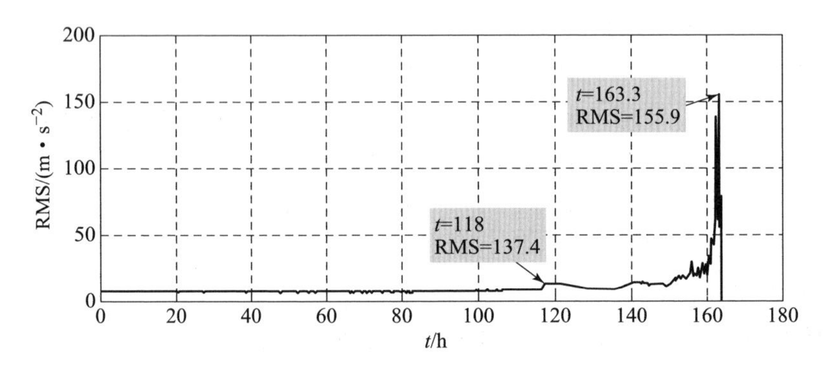

图 5.24　轴承 1 垂直方向振动信号均方根值趋势

深入分析图 5.24 可以看出，该振动信号的均方根特征值可以大致反映轴承从平稳运行、轻微异常、早期故障到严重故障的退化全过程。但当该轴承发生异常或早期故障时（118 h 开始），该信号特征反映的信息并不明显，很容易被忽略掉。而在实际的机械系统中，噪声干扰更为严重，更容易让特征信息淹没其中，这就导致早期故障的检测和诊断非常困难；当振动信号特征非常明显（超过 160 h）而被检测出来时，其故障已相当严重，维护人员往往没有时间作出维修决策，从而导致设备停止运行或发生严重事故，酿成重大损失。

①轴承振动数据预处理和特征信息提取。为实现轴承的退化状态识别及故障预测，按照图 5.18 构建的预测模型要分别建立各退化状态的 DHMM 和轴承全寿命 DHMM。根据前面的分析，基于该轴承振动数据确定的最佳退化状态个数为 6，可将其分别描述为正常状态、退化状态 1、退化状态 2、退化状态 3、退化状态 4 和故障状态，因此需要训练 6 个退化状态模型，分别记为 $DHMM_1(\lambda_1)$，$DHMM_2(\lambda_2)$，⋯，$DHMM_6(\lambda_6)$。

为保持前后数据的一致性和可对比性，这里选用小波相关排列熵特征信息来训练和检验预测模型。利用第 4 章的小波相关排列熵特征计算方法得到了振动信号的特征趋势，如图 5.25 所示。观察并对比图 5.25（a）～（e）可以看出，第一层小波相关排列熵值最早检测出信号的变化，而其他各层和重构信号的小波相关排列熵值或检出时间较晚，或趋势变化不明显。因此，第一层小波相关排列熵值可以作为轴承早期故障诊断的特征信号，这也印证了滚动轴承的故障特征信号集中在高频部分的结论。

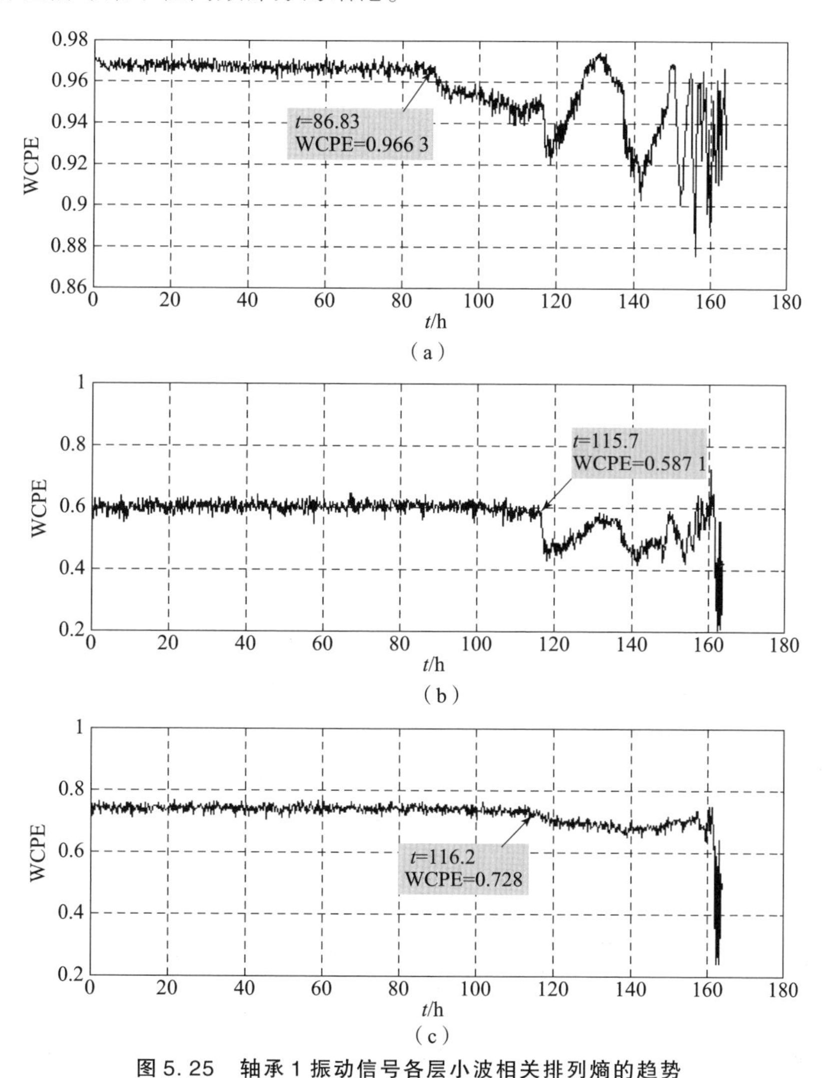

图 5.25　轴承 1 振动信号各层小波相关排列熵的趋势

（a）$m=1$；（b）$m=2$；（c）$m=3$

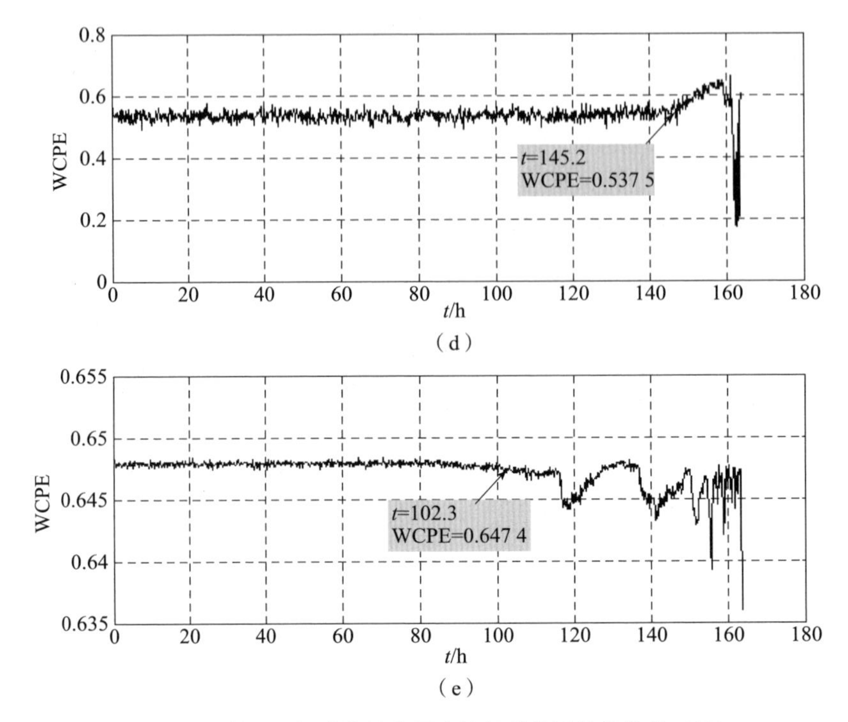

(d)

(e)

图 5.25 轴承 1 振动信号各层小波相关排列熵的趋势（续）

(d) $m=4$；(e) $x(n)$

从图中可以得出结论：当轴承运行超过 120 h（第 720 个文件）时，数据已开始剧烈波动，我们将该时间点对应的数据作为严重故障状态数据，并取 0 ~ 120 h 的数据作为轴承从正常状态到故障状态演化的全寿命数据。

本书将 720 个小波相关排列熵特征点按照每小时一个样本的标准划分为 120 个样本，即 6 个特征点为一个样本，并根据图 5.25（a）所示的趋势划分 6 个状态对应的样本分配；最后确定正常状态分配的样本数为 80 个，退化状态 1、退化状态 2、退化状态 3、退化状态 4 和故障状态分配的样本数各为 8 个，具体的样本分配如表 5.7 所示。

表 5.7 轴承各退化状态样本分配

轴承退化状态	正常状态	退化状态 1	退化状态 2	退化状态 3	退化状态 4	故障状态
样本编号	1 ~ 80	81 ~ 88	89 ~ 96	97 ~ 104	105 ~ 112	113 ~ 120
文件编号	1 ~ 480	481 ~ 528	529 ~ 576	577 ~ 624	625 ~ 672	673 ~ 720
时间/h	1 ~ 80	81 ~ 88	89 ~ 96	97 ~ 104	105 ~ 112	113 ~ 120

②数据标量量化。为满足 DHMM 建模的需求，按照 Lloyds 算法对各退化状态样本的特征观测值序列对应的特征向量进行标量量化。图 5.26 给出了采用 8 个码级的 Lloyds 算法对轴承各退化状态样本特征向量进行标量量化的结果。

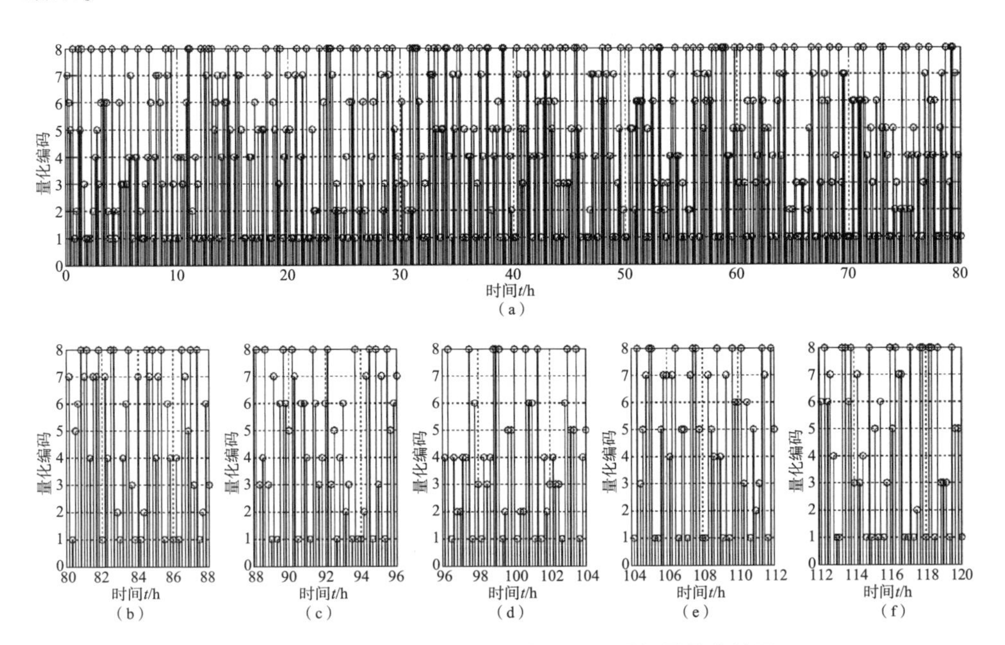

图 5.26　轴承各退化状态样本特征向量标量量化结果

(a) 正常状态；(b) 退化状态 1；(c) 退化状态 2；

(d) 退化状态 3；(e) 退化状态 4；(f) 故障状态

从图 5.26 可以看出，数据的标量量化使各退化状态的特征序列规范到了一个固定的范围，但各退化状态样本之间并没有明显的差异，这就需要作进一步的建模分析。

③退化状态模型训练。如上所述，HMM 的一个重要参数就是马尔可夫链的状态数。通常马尔可夫链的状态数可通过赤池信息准则（Akaike information criterion，AIC）和贝叶斯信息准则（Bayesian information criterion，BIC）来确定。其中，AIC 信息准则基于最大熵原理，可检验出不同模型之间的差异显著性，且能综合权衡模型的适用性与参数个数之间的关系，计算简单、客观。但 AIC 取值的大小受样本容量的影响较大，而且当样本容量相对模型参数的个数较大或较小时，偏差较大。BIC 是基于 Bayesian 理论的信息准则，对增加的模型参数附加更大的惩罚项，是一种近似估计权重方法。尽管计算简单，但是估计精度不高。基于 Anderson - Darling 统计检验理论的 ADC 准则，在小样本和

不对称样本条件下，它与 AIC、BIC 的计算结果相似。当样本的不对称程度增加时，基于 ADC 准则确定的模型更接近真实模型。

因此，针对本书中正常状态样本和退化状态样本及故障状态样本数量相差较大的实际，选取 ADC 准则来确定各退化状态 HMM 的马尔可夫链的状态数，确定最佳状态数为 5。因此 DHMM 的状态数 $N=5$，$M=6$（每个观测值特征序列包含 6 个特征点），其模型结构如图 5.27 所示。

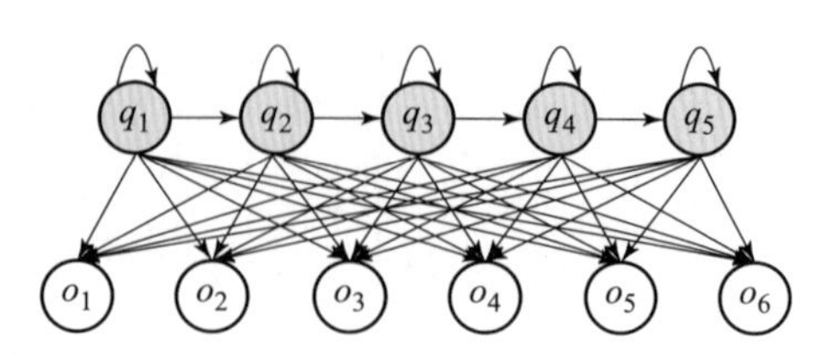

图 5.27　DHMM 模型结构

各 DHMM 的初始状态概率分布向量给定为

$$\boldsymbol{\pi} = [1\ 0\ 0\ 0\ 0] \tag{5.157}$$

采用以等概率方式产生的状态转移矩阵和观测值概率矩阵的初始值（这两者对 DHMM 的训练影响较小），得到各模型初始状态转移矩阵和初始观测值概率矩阵：

$$\boldsymbol{A} = \begin{bmatrix} 0.5 & 0.5 & 0 & 0 & 0 \\ 0 & 0.5 & 0.5 & 0 & 0 \\ 0 & 0 & 0.5 & 0.5 & 0 \\ 0 & 0 & 0 & 0.5 & 0.5 \\ 0 & 0 & 0 & 0 & 1 \end{bmatrix} \tag{5.158}$$

$$\boldsymbol{B} = \begin{bmatrix} 0.1667 & 0.1667 & 0.1667 & 0.1667 & 0.1667 & 0.1667 \\ 0.1667 & 0.1667 & 0.1667 & 0.1667 & 0.1667 & 0.1667 \\ 0.1667 & 0.1667 & 0.1667 & 0.1667 & 0.1667 & 0.1667 \\ 0.1667 & 0.1667 & 0.1667 & 0.1667 & 0.1667 & 0.1667 \\ 0.1667 & 0.1667 & 0.1667 & 0.1667 & 0.1667 & 0.1667 \end{bmatrix} \tag{5.159}$$

在上述模型及初始参数确定的情况下，选取 120 个样本中的 60 个作为训练样本来训练 $\mathrm{DHMM}_1(\lambda_1)$，$\mathrm{DHMM}_2(\lambda_2)$，…，$\mathrm{DHMM}_6(\lambda_6)$ 6 个退化状态模型。不同于故障诊断样本类别的确定性，这里样本的类别属于人工划分，各类别样本之间并没有严格的区分，存在一定程度的模糊性。因此，为保证训练效果并预留一定数量的测试样本，根据交叉选择的原则，选取奇数编号的样本作为训练样本，其余留作测试样本。其中，正常状态取 40 个作为训练样本，退化状态 1 ~ 4 及故障状态分别取 4 个样本作为训练样本，具体的训练样本分配如表 5.8 所示。

表 5.8 各退化状态训练样本分配

轴承退化状态	正常状态	退化状态1	退化状态2	退化状态3	退化状态4	故障状态
训练样本编号	1~80（奇数）	81，83，85，87	89，91，93，95	97，99，101，103	105，107，109，111	113，115，117，119

针对多观测序列样本联合训练同一个 DHMM 的问题，采用 Baum - Welch 算法和前面提到的 HMM 模型泛化方法对各退化状态模型进行训练，同时设定训练过程中最大迭代步数为 100。

图 5.28 给出了正常状态 DHMM 的训练曲线。从图中可以看出，当迭代次数达到 43 时，该模型收敛。此时得到训练后的模型参数 $\boldsymbol{A}^*$ 和 $\boldsymbol{B}^*$，分别如式（5.160）和式（5.161）所示。

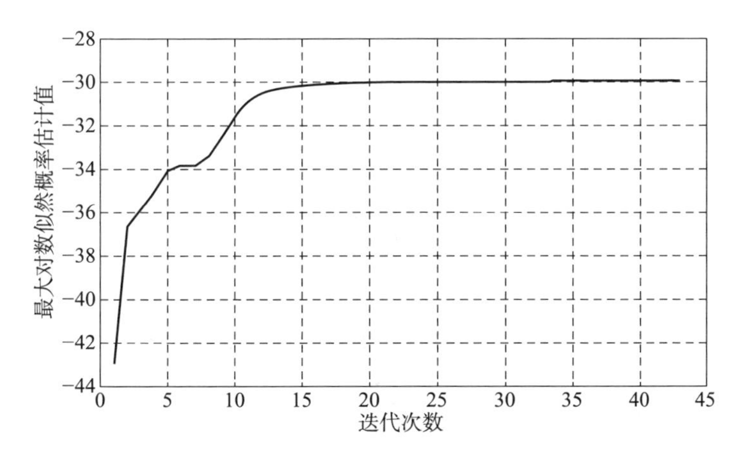

图 5.28 正常状态 DHMM 模型训练曲线

$$\boldsymbol{A}^* = \begin{bmatrix} 0.2422 & 0.7578 & 0 & 0 & 0 \\ 0 & 0.3860 & 0.6140 & 0 & 0 \\ 0 & 0 & 0.1073 & 0.8927 & 0 \\ 0 & 0 & 0 & 0.0003 & 0.9997 \\ 0 & 0 & 0 & 0 & 1 \end{bmatrix} \tag{5.160}$$

$$
\boldsymbol{B}^{*} = \begin{bmatrix} 0.1517 & 0.1274 & 0.1222 & 0.1218 & 0.1449 & 0.3320 \\ 0.3047 & 0.1551 & 0.1943 & 0.1043 & 0.0500 & 0.1916 \\ 0.1588 & 0 & 0.1266 & 0.2152 & 0.2200 & 0.2795 \\ 0.0003 & 0.3113 & 0 & 0.2401 & 0.2141 & 0.2342 \\ 0.6485 & 0.0028 & 0.1277 & 0 & 0 & 0.2211 \end{bmatrix} \tag{5.161}
$$

同时，为检验遗传算法（GA）估计 HMM 参数的效果，采用遗传算法来训练模型，并与 Baum - Welch 算法（BW）的结果进行对比分析。当采用 GA 训练 DHMM 时，设种群大小为 40、最大进化代数为 100，交叉概率和变异概率分别设为 0.8 和 0.02。图 5.29 示出了分别用 BW 和 GA 训练正常状态 DHMM 时，相对误差随迭代次数（进化代数）变化的关系。

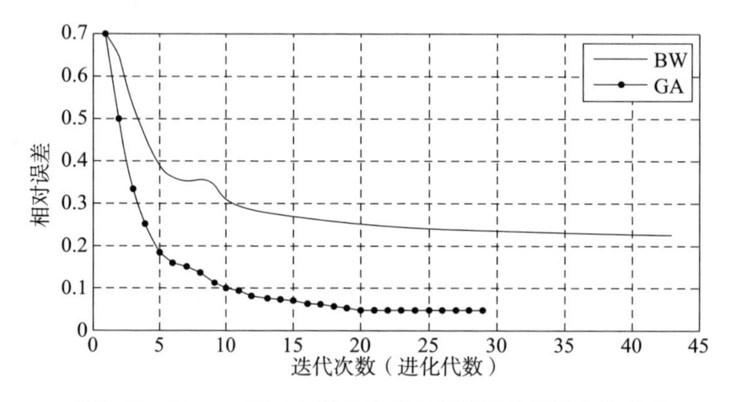

图 5.29　Baum - Welch 算法和遗传算法训练误差变化关系

从图 5.29 可以看出，与 Baum - Welch 算法的训练误差曲线相比，遗传算法的训练误差曲线明显比较平滑，而且前者存在明显的“平坦区”，这说明 Baum - Welch 算法比遗传算法更容易陷入局部最优。同时，与 Baum - Welch 算法相比，遗传算法的收敛速度更快，计算效率更高。另外，对比两种算法收敛时的相对误差，遗传算法要远低于 Baum - Welch 算法，说明在同等条件下，遗传算法的估计精度更高。

④退化状态识别。在各模型训练完毕之后，选取适当的测试样本进行退化状态的识别，以检验各退化状态模型的识别效果。由于正常状态样本较多，而其他状态的样本较少，所以这里在正常状态样本中选取 10 个作为测试样本，而在其他各状态样本中分别选取 4 个作为测试样本。表 5.9 示出了各状态测试样本的分配情况。

表 5.9　各状态测试样本分配

轴承退化状态	正常状态	退化状态 1	退化状态 2	退化状态 3	退化状态 4	故障状态
测试样本编号	51 ~ 70（偶数）	82，84，86，88	90，92，94，96	98，100，102，104	106，108，110，112	114，116，118，120

将每个测试样本分别输入 6 个训练好的退化状态模型 $DHMM_1(\lambda_1)$，$DHMM_2(\lambda_2)$，…，$DHMM_6(\lambda_6)$ 中，计算各个模型的输出概率，将输出概率最大的模型对应的退化状态作为模型对该测试样本的识别结果。

表 5.10 列出了 6 个退化状态模型对 10 个正常状态测试样本的识别结果。从表中可以看出，10 个正常状态的测试样本中，有 7 个样本识别为正常状态，2 个样本识别为退化状态 1，1 个样本识别为退化状态 2，识别正确率为 70%。采用同样的方法可计算退化状态 1 ~ 4 和故障状态的识别正确率，分别为 75%、100%、50%、75% 和 75%。因此，可得 6 个退化状态模型的总体识别率为 73.3%。

表 5.10　正常状态样本在各模型下输出的对数似然概率和识别结果

测试样本编号	正常状态模型	退化状态 1 模型	退化状态 2 模型	退化状态 3 模型	退化状态 4 模型	故障状态模型	识别结果
52	-11.73	-15.51	-35.78	-35.66	-78.39	-89.21	正常状态
54	-12.60	-21.36	-37.81	-50.37	-69.25	-98.12	正常状态
56	-10.25	-19.14	-31.22	-47.21	-82.31	-103.52	正常状态
58	-11.85	-23.87	-40.35	-55.19	-70.02	-112.64	正常状态
60	-12.34	-20.33	-41.50	-46.38	-68.27	-92.17	正常状态
62	-11.12	-9.85	-28.13	-39.98	-74.53	-83.59	退化状态 1
64	-12.42	-10.22	-26.55	-58.11	-80.81	-96.27	退化状态 1
66	-9.60	-12.32	-32.34	-48.52	-68.35	-105.70	正常状态
68	-11.25	-20.39	-42.51	-53.29	-69.72	-99.06	正常状态
70	-8.45	-12.31	-6.59	-37.15	-60.22	-89.55	退化状态 2

⑤全寿命预测模型训练。

如前所述，轴承从正常到故障经历了 6 个退化状态，因此将全寿命 DHMM

的状态数也确定为6，即 $N = M = 6$。为保证全寿命模型训练数据的覆盖性，将前述720个小波相关排列熵特征点按照各个退化状态数据交叉组合的原则组成48个全寿命训练样本，每个样本包含6个特征点，其中第一个点取自正常状态的480个特征点中按每10个点分段的第1点，第二、第三、第四、第五和第六个点依次对应退化状态1~4和故障状态分别包含的48个特征点。每个训练样本对应的记录文件编号如表5.11所示。

表5.11　轴承全寿命预测模型训练样本构成

测试训练样本	正常状态特征点编号	退化状态1特征点编号	退化状态2特征点编号	退化状态3特征点编号	退化状态4特征点编号	故障状态特征点编号
1	1	481	529	577	625	673
2	11	482	530	578	626	674
⋮	⋮	⋮	⋮	⋮	⋮	⋮
48	471	528	576	624	672	720

与退化状态模型的训练过程类似，确定全寿命预测模型的初始参数如下。

$$\boldsymbol{\pi} = [1\ 0\ 0\ 0\ 0\ 0] \tag{5.162}$$

$$\boldsymbol{A} = \begin{bmatrix} 0.5 & 0.5 & 0 & 0 & 0 & 0 \\ 0 & 0.5 & 0.5 & 0 & 0 & 0 \\ 0 & 0 & 0.5 & 0.5 & 0 & 0 \\ 0 & 0 & 0 & 0.5 & 0.5 & 0 \\ 0 & 0 & 0 & 0 & 0.5 & 0.5 \\ 0 & 0 & 0 & 0 & 0 & 1 \end{bmatrix} \tag{5.163}$$

$$\boldsymbol{B} = \begin{bmatrix} 0.1667 & 0.1667 & 0.1667 & 0.1667 & 0.1667 & 0.1667 \\ 0.1667 & 0.1667 & 0.1667 & 0.1667 & 0.1667 & 0.1667 \\ 0.1667 & 0.1667 & 0.1667 & 0.1667 & 0.1667 & 0.1667 \\ 0.1667 & 0.1667 & 0.1667 & 0.1667 & 0.1667 & 0.1667 \\ 0.1667 & 0.1667 & 0.1667 & 0.1667 & 0.1667 & 0.1667 \\ 0.1667 & 0.1667 & 0.1667 & 0.1667 & 0.1667 & 0.1667 \end{bmatrix} \tag{5.164}$$

采用基于遗传算法的参数估计方法，结合48个全寿命训练样本来训练全寿命模型（遗传算法的参数设置与前文相同）。当进化至第37代时，模型收敛，得到训练后的全寿命模型的状态转移矩阵 $\boldsymbol{A}^*$，如式（5.165）所示。

$$A^{*}=\begin{bmatrix} 0.7501 & 0.2499 & 0 & 0 & 0 & 0 \\ 0 & 0.3743 & 0.6257 & 0 & 0 & 0 \\ 0 & 0 & 0.2098 & 0.7902 & 0 & 0 \\ 0 & 0 & 0 & 0.1024 & 0.8976 & 0 \\ 0 & 0 & 0 & 0 & 0.5806 & 0.4194 \\ 0 & 0 & 0 & 0 & 0 & 1 \end{bmatrix} \tag{5.165}$$

观察状态转移矩阵 A^{*} 可知，轴承从正常状态转移到退化状态 1 的概率较小，仅为 0.249 9，而一旦进入退化状态，轴承从轻微退化状态转移到严重退化状态的概率就随之增大，这也与机械系统的退化规律相吻合。

⑥故障预测。在退化状态识别和全寿命模型训练完毕的基础上，计算当前所处状态下发生故障的概率。设轴承处于正常状态和退化状态 1 ~ 4 时发生故障的概率分别为 P_1、P_2、P_3、P_4 和 P_5，则可计算如下。

$$\begin{cases} P_1 = 0.2499 \times 0.6257 \times 0.7902 \times 0.8976 \times 0.4194 = 0.0465 \\ P_2 = 0.6257 \times 0.7902 \times 0.8976 \times 0.4194 = 0.1861 \\ P_3 = 0.7902 \times 0.8976 \times 0.4194 = 0.2975 \\ P_4 = 0.8976 \times 0.4194 = 0.3765 \\ P_5 = 0.4194 \end{cases} \tag{5.166}$$

由式（5.166）可知，如果测试样本的状态被识别为正常状态，则此时轴承发生故障的概率为 0.046 5；如果测试样本的状态被识别为退化状态 1，则此时轴承发生故障的概率为 0.186 1；如果测试样本的状态被识别为退化状态 2，则此时轴承发生故障的概率为 0.297 5；如果测试样本的状态被识别为退化状态 3，则此时轴承发生故障的概率为 0.376 5；如果测试样本的状态被识别为退化状态 4，则此时轴承发生故障的概率为 0.419 4。

4）基于 CHMM 的故障预测方法

根据前面的分析，按照观测变量是离散序列还是连续序列的不同，可将 HMM 分为 DHMM 和 CHMM 两种类型。上节讨论了基于 DHMM 的故障预测方法，即当应用该方法时，首先要对特征向量进行标量量化处理，这个过程将不同程度地损伤特征向量包含的特征信息，不利于后续的模型训练。而 CHMM 直接以特征向量作为观测值序列，可最大限度地保留原始信号的特征信息，因此采用 CHMM 进行故障预测有可能获得更高的精度。本节将讨论 CHMM 在故障预测中的应用方法，并在后续章节中对比分析 DHMM 和 CHMM 的优缺点和适用范围。

DHMM 可用 $\lambda=(\boldsymbol{\pi},\boldsymbol{A},\boldsymbol{B})$ 三元组来表示，而 CHMM 采用 $\lambda=(\boldsymbol{\pi},\boldsymbol{A},\boldsymbol{c}_{jl},\boldsymbol{\mu}_{jl},\boldsymbol{U}_{jl})$ 的五元组来描述。CHMM 和 DHMM 除了观测值序列的产生过程不同之外，具有基本一致的描述形式，因此 DHMM 中的前向后向算法、Viterbi 算法和 Baum – Welch 算法以及遗传算法都能稍加改造而为 CHMM 所用。因此，这里重点讨论 CHMM 观测值序列的生成及初始化方法，并结合上文的轴承数据，探讨基于 CHMM 的故障预测方法。

（1）CHMM 模型初始化。

由于 CHMM 的初始概率 $\boldsymbol{\pi}$ 和状态转移矩阵 $\boldsymbol{A}$ 的初始值选取对模型的训练结果影响不大，所以这里选取与 DHMM 相同的 $\boldsymbol{\pi}$ 和 $\boldsymbol{A}$，参见式（5.162）和式（5.163）。而 CHMM 中观测值概率密度函数 $b_j(o)$ 的初值对模型的训练结果影响较大，如何确定观测值概率矩阵 $\boldsymbol{B}$ 的初值，即如何初始化混合高斯概率密度函数中的均值、方差和权系数将是 CHMM 训练前需要解决的一个重要问题。针对这个问题，本书采用 K – 调和均值算法对特征向量进行聚类的方法来获得混合高斯概率密度函数的各个参数，以此来初始化观测值概率密度函数 $b_j(o)$。

从理论上讲，观测值概率密度函数 $b_j(o)$ 构建中使用的高斯概率密度函数的个数越多，拟合的精度越高，然而计算量将会大大增加，严重影响计算速度。经均衡考虑，本书对每段特征向量选取 3 个高斯概率密度函数来构建观测值概率密度函数 $b_j(o)$，每个退化状态模型的状态数同 DHMM 训练相同，取为 5。按照上述方法可对正常状态下观测值概率矩阵的混合高斯概率密度函数中的均值矩阵 $\boldsymbol{M}$、协方差矩阵 $\boldsymbol{C}$ 和权系数矩阵 $\boldsymbol{W}$ 进行如下形式的初始化（其他状态类似，不再一一列出）。

$$\boldsymbol{M}=\begin{bmatrix}0.9638 & 0.9713 & 0.9671 & 0.9676 & 0.9686\\ 0.9697 & 0.9682 & 0.9689 & 0.9680 & 0.9651\\ 0.9678 & 0.9667 & 0.9660 & 0.9664 & 0.9674\end{bmatrix} \tag{5.167}$$

$$\boldsymbol{C}=\begin{bmatrix}8.4396 & 1.6462 & 2.6657 & 3.2682 & 5.1483\\ 2.1119 & 1.0770 & 1.0463 & 1.1003 & 1.2495\\ 2.1362 & 3.5360 & 1.2710 & 7.7988 & 1.5111\end{bmatrix} \tag{5.168}$$

$$\boldsymbol{W}=\begin{bmatrix}0.1340 & 0.2828 & 0.1664 & 0.4770 & 0.4916\\ 0.3850 & 0.6586 & 0.5779 & 0.3352 & 0.1083\\ 0.4810 & 0.0586 & 0.2557 & 0.1878 & 0.4002\end{bmatrix} \tag{5.169}$$

（2）退化状态 CHMM 模型训练。

在训练6个退化状态模型 $CHMM_1(\lambda_1)$，$CHMM_2(\lambda_2)$，…，$CHMM_6(\lambda_6)$ 时，依然采用表5.9所示的训练样本，并采用了与对DHMM模型训练时参数取值完全相同的遗传算法对各模型进行训练。

图5.30给出了正常状态CHMM模型训练曲线，当进化至81代时，训练结束，得到训练后的模型参数 $\boldsymbol{A}^*$、$\boldsymbol{M}^*$、$\boldsymbol{C}^*$ 和 $\boldsymbol{W}^*$，其分别如式（5.170）～式（5.173）所示。

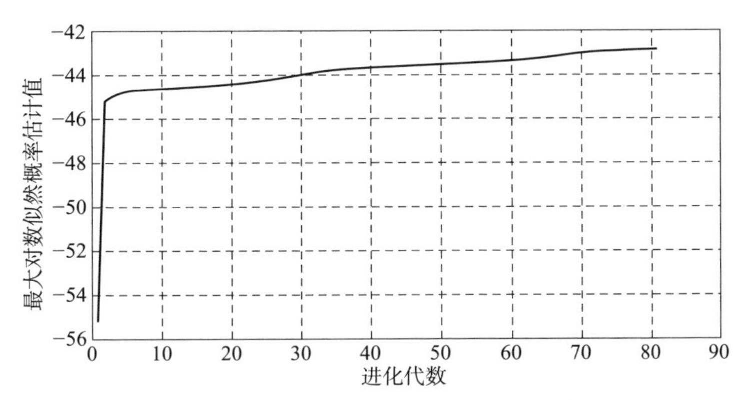

图5.30　正常状态CHMM模型训练曲线

$$\boldsymbol{A}^* = \begin{bmatrix} 0.2143 & 0.7857 & 0 & 0 & 0 \\ 0 & 0.3519 & 0.6481 & 0 & 0 \\ 0 & 0 & 0.1482 & 0.8518 & 0 \\ 0 & 0 & 0 & 0.0159 & 0.9841 \\ 0 & 0 & 0 & 0 & 1 \end{bmatrix} \tag{5.170}$$

$$\boldsymbol{M}^* = \begin{bmatrix} 0.9577 & 0.9671 & 0.9776 & 0.9676 & 0.9531 \\ 0.9703 & 0.9582 & 0.9603 & 0.9552 & 0.9639 \\ 0.9784 & 0.9656 & 0.9501 & 0.9668 & 0.9703 \end{bmatrix} \tag{5.171}$$

$$\boldsymbol{C}^* = \begin{bmatrix} 1.0488 & 2.2618 & 0.5691 & 0.6214 & 0.1690 \\ 0.5889 & 0.7243 & 0.5944 & 0.6268 & 0.4666 \\ 1.7346 & 2.0796 & 0.5848 & 0.6271 & 0.4691 \end{bmatrix} \tag{5.172}$$

$$\boldsymbol{W}^* = \begin{bmatrix} 0.0702 & 0.2363 & 0.1178 & 0.3902 & 0.3239 \\ 0.4827 & 0.7195 & 0.6165 & 0.5157 & 0.1556 \\ 0.4471 & 0.0442 & 0.2657 & 0.0941 & 0.5205 \end{bmatrix} \tag{5.173}$$

对比图5.30和图5.28可知，CHMM的训练速度明显要比DHMM的训练速度慢，这与CHMM建模过程中需要应用几个概率密度函数来表达观测向量有关。对比式（5.170）和式（5.160）可知，CHMM和DHMM训练后的状态

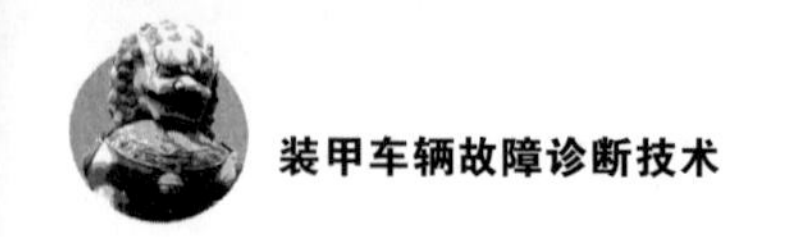

转移矩阵差别很小，这也相互印证了这两种模型的正确性和稳定性。

（3）退化状态识别。

选取表 5.9 中的测试样本分别输入 6 个训练好的退化状态模型 $CHMM_1(\lambda_1)$，$CHMM_2(\lambda_2)$，…，$CHMM_6(\lambda_6)$ 中，计算各个模型的输出概率，同样将输出概率最大的模型对应的退化状态作为模型对该测试样本的识别结果。

各状态测试样本的识别正确率分别为：正常状态为 80%，退化状态 1 为 75%，退化状态 2 为 100%，退化状态 3、退化状态 4 和故障状态均为 75%。因此 6 个退化状态模型的总体识别率为 80%。与 DHMM 模型识别结果对比可知，虽然个别状态下两种模型的识别正确率相当，但 CHMM 的总体识别正确率高于 DHMM。

与 DHMM 的故障预测过程一样，在退化状态识别完成之后，要进行全寿命 CHMM 模型的训练，进而进行故障率求取。因为 CHMM 的实际预测结果与 DHMM 的预测结果差别不大，这里就不再赘述了。

5）DHMM 和 CHMM 在故障预测中的对比分析

DHMM 和 CHMM 本质上都是 HMM 的一种类型，都是动态概率统计模型，均是通过观测值序列来揭示真实状态，而且可以较好地描述机械系统的故障演化过程，因此都适于进行机械系统的故障预测。另外，CHMM 和 DHMM 的基本形式相同，其可解决的基本问题和对应的基本算法也相同。

同时，DHMM 和 CHMM 在实际的故障预测中又各有特点，上节的实际应用结果表明，这两种模型的区别主要表现在以下几个方面。

（1）观测值序列。

DHMM 的观测变量是离散序列，应用于机械系统故障预测时要将特征向量进行标量量化处理，这个过程有可能损伤特征信息，而 CHMM 直接以特征向量作为观测值序列，可最大限度地保留原始信号的特征信息。

（2）观测概率表示。

DHMM 的观测变量是标量量化后的离散值，可以用分布式概率矩阵来表示；而 CHMM 的观测变量是连续值，可以用概率密度函数近似表达，概率密度函数通常由若干个高斯概率密度函数线性组合而成。

（3）模型参数。

DHMM 的参数可用初始状态概率向量、状态转移概率矩阵和观测概率矩阵表示，即可用 $\lambda=(\boldsymbol{\pi},\boldsymbol{A},\boldsymbol{B})$ 的三元组来表示；而 CHMM 的参数由初始状态概率向量、状态转移概率矩阵、观测向量均值、观测向量方差和概率密度混合系数组成，一个 CHMM 可以用 $\lambda=(\boldsymbol{\pi},\boldsymbol{A},\boldsymbol{c}_{jl},\boldsymbol{\mu}_{jl},\boldsymbol{U}_{jl})$ 的五元组来表示。

(4) 模型训练速度。

CHMM 的建模过程需要用若干个高斯概率密度函数来逼近观测变量，这通常需要花费较多的计算时间，而 DHMM 的标量量化过程却很迅速，因此在相同模型规模和相同训练样本的情况下，DHMM 的训练速度往往要比 CHMM 快。

(5) 故障预测性能。

退化状态识别是故障预测的基础，同时也决定着故障预测的精度。在实际试验中，CHMM 的识别正确率往往高于 DHMM，这是因为 DHMM 的标量量化过程会损伤部分有用特征信息。

另外，DHMM 和 CHMM 在故障预测中存在一个共同的不足，即均不能直接预测机械系统的剩余寿命，这在一定程度上影响了其应用范围。

5.2.11 人工神经网络模型

5.2.11.1 基本原理

人工神经网络（artificial neural network，ANN）是一门活跃的边缘性交叉学科，是在对人脑组织结构和运行机智的认识理解基础之上模拟其智能行为的一种工程系统。神经网络既是高度非线性动力学系统，又是自适应组织系统，可用来描述认知、决策及控制的智能行为，其中心问题是对智能的认知和模拟。从仿生学的角度讲，人工神经网络是对生理学上的真实人脑神经网络的结构和功能，以及若干基本特性的某种理论抽象、简化和模拟而构成的一种信息处理系统。从系统观点看，人工神经网络是由大量神经元通过极其丰富和完善的连接而构成的自适应非线性动态系统。

人工神经网络模型是模拟人的大脑思维的产物，实际上是一种数学模型。它一般含有多个（或大量）简单计算单元，单元之间具有广泛的连接，而且连接强度（有时还包括单元的计算特性）可根据输入、输出数据调节，这样的算法或结构模型称为神经网络。

神经网络模型是由多个神经元按照一定的组织结构连接而成的系统。

1）神经元

在神经网络中，神经元是一个多输入单输出的非线性器件，其结构模型如图5.31所示。图中共有 n 个输入，构成输入向量 $\boldsymbol{X}=(x_1,x_2,\cdots,x_n)^{\mathrm{T}}$，$\boldsymbol{w}=(w_1,w_2,\cdots,w_n)^{\mathrm{T}}$ 为输入向量与输出的连接权重；θ 为该处理单元的阈值。

单个神经元实现多个功能：对每个输入信息 x_i 加权；对各加权后的信息求和；通过激励函数求输出。此神经元的功能可采用式（5.174）表示：

$$y = f\left(\sum_{i=1}^{n} x_i w_i - \theta\right) \tag{5.174}$$

式中，f 为激励函数。

2）神经网络

多个神经元按照一定的组织结构连接而成的系统称为神经网络，如图 5.32 所示。神经网络一般包括输入层、中间层和输出层。

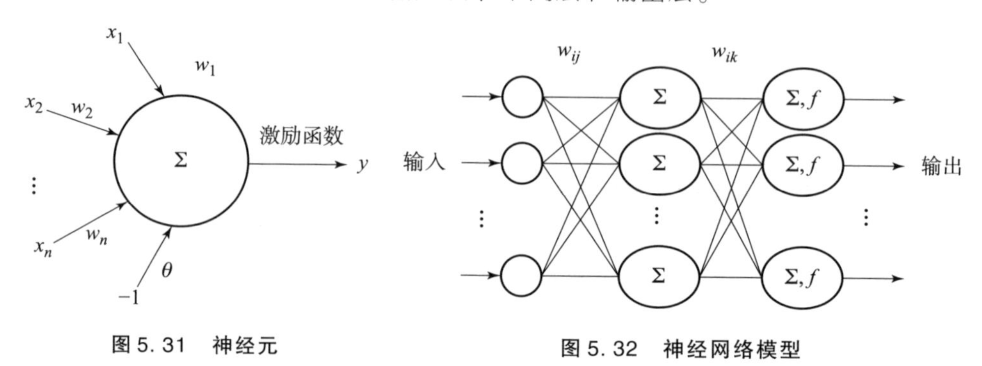

图 5.31　神经元

图 5.32　神经网络模型

3）神经网络的典型结构及特点

不同的单元计算特性（神经元类型）、单元之间的连接方式（网络结构）和连接强度调节的规律（学习算法）形成了不同的人工神经网络，主要包括竞争型神经网络、反馈型神经网络、前向型神经网络等。

（1）竞争型神经网络。

竞争型神经网络是一种以无教师方式进行训练的网络，它是通过自身训练，根据观察来寻找外界事物的内在规律，通过自适应来使网络适应环境的变化，然后自动对输入模式进行分类。竞争型神经网络是基于人的视网膜及大脑皮层对刺激的反应而引出的，神经生物学的研究结果表明：生物视网膜中，有许多特定的细胞，对特定的图形（输入模式）比较敏感，并使大脑皮层中的特定细胞产生较强的兴奋，而与其相邻的神经细胞的兴奋程度被抑制。对于某一输入模式，通过竞争在输出层中只激活一个相应的输出神经元。多个输入模式将在输出层中激活多个神经元，从而形成一个反映输入数据的“特征图形”。比较有代表性的该类网络包括著名的 Hamming 网络和 Kohonen 的自组织特征映射网络。

竞争型神经网络及其学习规则与其他类型的神经网络和学习规则相比，有它自己的鲜明特点。首先在网络结构上，它既不像阶层型神经网络那样各层神经元之间只有单向连接，也不像全连接型网络那样在网络结构上没有明显的层

次界限。它一般是由输入层（模拟视网膜神经元）和竞争层（模拟大脑皮层神经元，也叫输出层）构成的两层网络。另外，两层之间的各神经元可实现双向全连接，而且网络中没有隐含层。有时竞争层各神经元之间还存在横向连接。竞争型神经网络的基本思想是网络竞争层各神经元竞争对输入模式的响应机会，最后仅有一个神经元成为竞争的优胜者，并且只将与获胜神经元有关的各连接权值进行修正，使之朝着更有利于它竞争的方向调整。神经网络工作时，对于某一输入模式，网络中与该模式最相近的学习输入模式相对应的竞争层神经元将有最大的输出值，即以竞争层获胜神经元来表示分类结果。这是通过竞争得以实现的，实际上也就是网络回忆联想的过程。

除了竞争的方法外，还有通过抑制手段获取胜利的方法，即网络竞争层各神经元抑制所有其他神经元对输入模式的响应机会，从而使自己"脱颖而出"，成为获胜神经元。除此之外，还有一种称为侧抑制的方法，即每个神经元只抑制与自己邻近的神经元，而对远离自己的神经元不抑制。这种方法常常用于图像边缘处理，解决图像边缘的缺陷问题。

竞争型神经网络的缺点和不足：因为它仅以输出层中的单个神经元代表某一类模式，所以一旦输出层中的某个输出神经元损坏，则该神经元所代表的模式信息将全部丢失。

（2）反馈型神经网络。

反馈型神经网络是指信息一方面向输出层传播，另一方面后层的输出又反馈给前层或同层的输入端，构成反馈网络。它是通过神经元状态的变迁最终稳定为某一状态（输出）。Hopfield 神经网络是一种应用比较广泛的反馈型神经网络。1986 年美国物理学家 J. J. Hopfield 陆续发表几篇论文，提出了 Hopfield 神经网络。他利用非线性动力学系统理论中的能量函数方法研究反馈人工神经网络的稳定性，并利用此方法建立求解优化计算问题的系统方程式。基本的 Hopfield 神经网络是一个由非线性元件构成的全连接型单层反馈系统，网络中的每一个神经元都将自己的输出通过连接权传送给所有其他神经元，同时又都接收所有其他神经元传递过来的信息，即网络中的神经元 t 时刻的输出状态实际上间接地与自己在 $t-1$ 时刻的输出状态有关，其状态变化可以用差分方程来表征。反馈型神经网络的一个重要特点就是它具有稳定状态，网络达到稳定状态的时刻就是其能量函数达到最小的时候。这里的能量函数不是物理意义上的能量函数，而是在表达形式上与物理意义上的能量概念一致，表征网络状态的变化趋势，并可以依据 Hopfield 工作运行规则不断进行状态变化，最终能够达到目标函数的某个极小值。

对于同样结构的网络，当网络参数（指连接权值和阈值）有所变化时，网

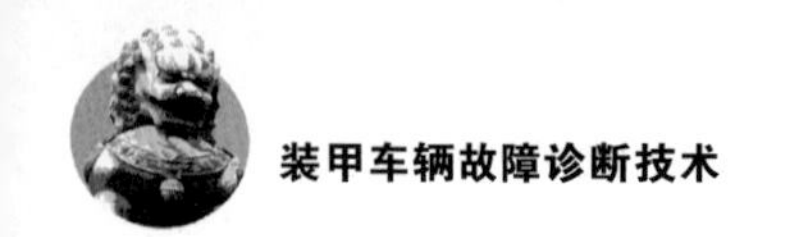

络能量函数的极小点（称为网络的稳定平衡点）的个数和极小值的大小也将发生变化。因此，可以把所需记忆的模式设计成某个确定网络状态的一个稳定平衡点。若网络有 M 个平衡点，则可以记忆 M 个记忆模式。当网络从与记忆模式较靠近的某个初始状态（相当于发生了某些变形或含有某些噪声的记忆模式，也即只提供了某个模式的部分信息）出发后，网络按 Hopfield 工作运行规则进行状态更新，最后网络的状态将稳定在能量函数的极小点。

Hopfield 神经网络的能量函数朝着梯度减小的方向变化，但它仍然存在一个问题，那就是一旦能量函数陷入局部极小值，它将不能自动跳出局部极小点而到达全局最小点，因而无法求得网络最优解。该问题可以结合模拟退火算法或遗传算法等优化算法来解决，在此不再一一介绍。

（3）前向型神经网络。

前向型神经网络结构中神经元结点间属于前馈连接，即本层结点的输入只来自前一层结点，通过加权求和转换，最后得到输出层信息。前向型网络单层或多层神经元构成的网络，比较有代表性且常用的前向型网络有多层感知网络和径向基神经网络。

其中多层感知网络中最有代表性的是误差逆向传播神经网络，也简称 BP（back propagation）。在 1986 年以 Rumelhart 和 McCelland 为首的科学家出版的 *Parallel Distributed Processing* 一书中，完整地提出了误差逆向传播的学习算法，并被广泛接受。多层感知网络是一种具有三层或三层以上的阶层型神经网络。典型的多层感知网络是三层、前馈的阶层网络，即输入层 I、隐含层（也称中间层）J、输出层 K，相邻层之间的各神经元实现全连接，即下一层的每一个神经元与上一层的每个神经元都实现全连接，而且每层的各神经元之间无连接。

多层感知神经网络的学习规则及过程：它以一种有教师示教的方式进行学习。首先由教师对每一种输入模式设定一个期望输出值；然后对网络输入实际的学习记忆模式，并由输入层经中间层向输出层传播（称为“模式顺传播”）。实际输出与期望输出的差就是误差。按照误差平方最小这一规则，由输出层往中间层逐层修正连接权值，此过程称为“误差逆传播”。随着“模式顺传播”和“误差逆传播”过程的交替反复进行。网络的实际输出逐渐向各自所对应的期望输出逼近，网络对输入模式响应的正确率也不断上升。通过此学习过程，在确定各层间的连接权值之后，网络就可以工作了。

BP 网络及误差逆传播算法含有中间隐层并有相应的学习规则可循，所以它具有对非线性模式的识别能力。特别是其数学意义明确、步骤分明的学习算法特点，更使其具有广泛的应用前景。目前，在手写字体的识别、语音识别、

文本—语言转换、图像识别以及生物医学信号处理方面已有实际的应用。但 BP 网络并不是十分完善，它存在以下主要缺陷：学习收敛速度太慢，网络的学习记忆具有不稳定性，即当给一个训练好的网络提供新的学习记忆模式时，已有的连接权值会被打乱，导致已记忆的学习模式的信息消失。

还有一类是径向基神经网络。如前所述，BP 网络存在诸多问题，为此许多研究者寻求了各种各样的替代方案，其中最有效的解决方案之一就是径向基函数（radial basis function，RBF）网络。该网络起源于数值分析中多变量插值的径向基函数方法。RBF 网络不仅与 BP 网络一样具有任意精度的泛函逼近能力，而且季洛立（Girori）和朴基奥（Poggio）证明了 RBF 网络具有最佳逼近特性，也就是说，它存在一个权重集合，其逼近效果在所有可能的权重集合中是最佳的，这种最佳逼近特性通常是传统网络所不具备的。在机械系统健康监测领域，前向型神经网络中的反传神经网络（亦称 BP 神经网络，back propagation neural network，BPNN）算法和 RBF 网络得到了比较广泛的应用。下面重点介绍这两类网络的原理及实现过程。

5.2.11.2　BP 神经网络

BP 神经网络将输入输出的映射问题转变为一个非线性优化问题。在正向计算过程中，输入信息从输入层经隐含层逐层处理，传向输出层。每一层神经元状态只影响下一层神经元状态。如果在输出层得不到希望的输出，则转向反向传播，将误差沿原来的连接通道返回。通过修改各层的网络权值和阈值，使输出误差最小。三层 BP 神经网络模型如图 5.33 所示。

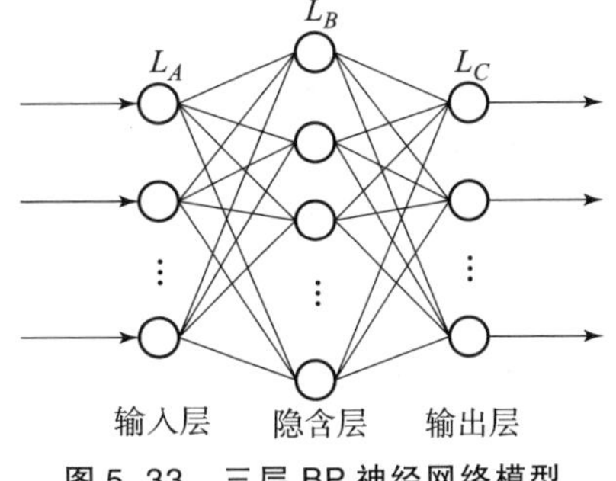

图 5.33　三层 BP 神经网络模型

设网络的输入向量 $\boldsymbol{A}=(a_1,a_2,\cdots,a_n)^{\mathrm{T}}$，隐含层输出向量 $\boldsymbol{B}=(b_1,b_2,\cdots,b_p)$，则

$$b_i=f\left(\sum_{h=1}^{n}v_{hi}\cdot a_h-\theta_i\right)\quad(i=1,2,\cdots,p)\tag{5.175}$$

式中，v_{hi}为输入层到隐含层的权值；θ_i 为隐含层的阈值。输出层的输出向量 $\boldsymbol{C}=(c_1,c_2,\cdots,c_q)$为

$$c_j=f\left(\sum_{i=1}^{p}\omega_{ij}\cdot b_i-\theta_j\right)\quad(j=1,2,\cdots,q)\tag{5.176}$$

式中，ω_{ij}为隐含层到输出层的权值；θ_j 为输出层的阈值。

根据训练样本 tr_j 计算输出层的误差 d_j：

$$d_j = (c_j - tr_j) \cdot c_j \cdot (1 - c_j) \quad (j = 1,2,\cdots,q) \tag{5.177}$$

由此计算输出的总误差

$$E = \frac{1}{q}\sum_{j=1}^{q} d_j \tag{5.178}$$

如果总误差 E 大于期望的误差，则误差转向反向传播过程，同时调整隐含层与输出层的权值及输出层的阈值：

$$\begin{aligned} \omega_{ij}(t) &= \omega_{ij}(t-1) + \alpha \cdot b_i \cdot d_j \\ \theta_j(t) &= \theta_j(t-1) + \alpha \cdot d_j \end{aligned} \tag{5.179}$$

式中，α 为隐含层到输出层的学习率。用同样的方法可调整输入层与隐含层的权值及隐含层的阈值，其学习率为 β。最后，用调整后的权值和阈值重新计算输出误差，直至输出误差减小到期望范围内，该神经网络训练完毕。

5.2.11.3 径向基函数（RBF）神经网络

在信号处理、模式识别等领域，BP 网络应用极为广泛。但是如前所述，BP 网络存在诸多问题，为此许多研究者寻求了各种各样的替代方案，其中最有效的解决方案之一就是径向基函数（radial basis function，RBF）网络。该网络起源于数值分析中多变量插值的径向基函数方法。RBF 网络不仅同 BP 网络一样具有任意精度的泛函逼近能力，而且季洛立（Girori）和朴基奥（Poggio）证明了 RBF 网络具有最佳逼近特性，也就是说，它存在一个权重集合，其逼近效果在所有可能的权重集合中是最佳的，这种最佳逼近特性，传统网络是不具备的。

1）RBF 网络模型

RBF 网络通常是一种两层的前向网络，其结构如图 5.34 所示。由图可见，RBF 网络的结构与 BP 网络十分类似，但它们有着本质的不同。

（1）RBF 网络隐层单元的激活函数为具有局部接受域性质的非线性函数，即仅当隐单元的输入落在输入空间中一个很小的指定区域中时，才会作出有意义的非零响应。而不像 BP 网络的激活函数一样在输入空间的无限大区域内非零。

（2）在 RBF 网络中，输入层至隐含层之间的所有权重固定为 1，隐含层 RBF 单元的中心及半径通常也预先确定，仅隐含层至输出层之间的权重可调。RBF 网络的隐含层执行一种固定不变的非线性变换，将输入空间 R^n 映射到一个新的隐含层空间 R^h，输出层在该新的空间中实现线性组合。显然，由于输

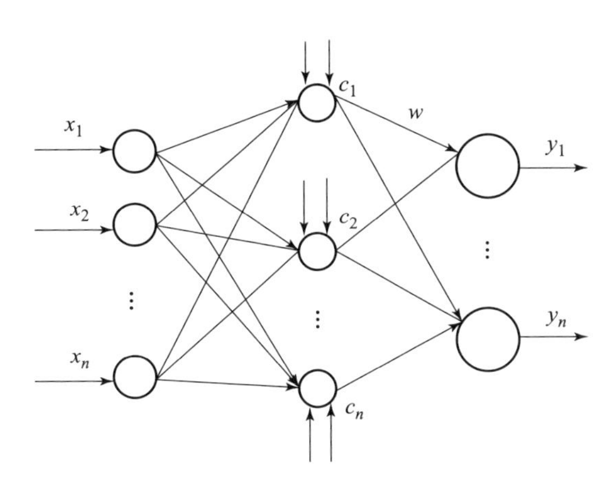

图 5.34　RBF 神经网络结构

出单元的线性特性，其参数调节极为简单，且不存在局部极小问题。

（3）RBF 网络的局部接受特性使其决策时隐含了距离的概念，即只有当输入接近 RBF 网络的接受域时，网络才会作出响应。这就避免了 BP 网络超平面分割所带来的任意划分特性。

RBF 网络最常用的非线性激活函数为高斯函数，即

$$\varphi_j(\boldsymbol{X}) = \exp\left[-\frac{\|\boldsymbol{X}-\boldsymbol{C}_j\|}{2\sigma_j^2}\right]\quad (j=1,2,\cdots,n) \tag{5.180}$$

式中，φ_j 为隐含层第 j 个单元的输出；$\boldsymbol{X}=(x_1,x_2,\cdots,x_n)^{\mathrm{T}}$ 为输入样本的模式向量；$\|\cdot\|$ 为向量范数（距离），通常取为欧氏范数，即 $\|\boldsymbol{X}-\boldsymbol{C}_j\| = (\boldsymbol{X}-\boldsymbol{C}_j)^{\mathrm{T}}(\boldsymbol{X}-\boldsymbol{C}_j)$；$\boldsymbol{C}_j$ 为隐层第 j 个高斯单元的中心；$\boldsymbol{\sigma}_j$ 为半径。显然，高斯激活函数与数理统计中的高斯（正态）分布函数形式类似，它具有以 $\boldsymbol{X}=\boldsymbol{C}_j$ 为中心的径向对称性质，这也是径向基函数这一名称的由来。

由式（5.180）可见，当 $\boldsymbol{X}=\boldsymbol{C}_j$ 时，φ_j 取得最大值 1，而当 $\boldsymbol{X}$ 远离 $\boldsymbol{C}_j$ 时，逐渐减小，直至最后趋于 0。以一维情形为例，当 $\boldsymbol{X}$ 落在区间$[\boldsymbol{C}_j-3\sigma_j,\boldsymbol{C}_j+3\sigma_j]$之外时，$\varphi_j$ 近似为 0，即其接受域为区间$[\boldsymbol{C}_j-3\sigma_j,\boldsymbol{C}_j+3\sigma_j]$。

其他类型的常用 RBF 激活函数还有以下几种。

（1）薄板样条函数：

$$\varphi(\nu) = \nu^2\lg v \tag{5.181}$$

（2）多二次函数（multiquadric function）：

$$\varphi(v) = (\nu^2+\beta^2)^{\frac{1}{2}} \tag{5.182}$$

（3）逆多二次函数（inverse multiquadric function）：

$$\varphi(v) = (\nu^2+\beta^2)^{-\frac{1}{2}} \tag{5.183}$$

一般认为，RBF 网络所利用的非线性激活函数形式对网络性能的影响并非至关重要，关键因素是基函数中心的选取。因此本节仅对具有高斯激活函数的 RBF 网络进行讨论。

图 5.34 所示的 RBF 网络可以通过式（5.184）描述：

$$y_k = \sum_{j=1}^{n} w_{kj} \cdot \varphi_j(\boldsymbol{X}) \tag{5.184}$$

写成矩阵形式有

$$\boldsymbol{Y} = \boldsymbol{W} \cdot \boldsymbol{\Phi} \tag{5.185}$$

式中，$\boldsymbol{X} = (x_1, x_2, \cdots, x_n)^{\mathrm{T}}$ 为输入向量；$\boldsymbol{Y} = (y_1, y_2, \cdots, y_m)^{\mathrm{T}}$ 为输出向量；$\boldsymbol{W} = (\boldsymbol{W}_1, \boldsymbol{W}_2, \cdots, \boldsymbol{W}_m)^{\mathrm{T}}$ 为隐含层至输出层权矩阵；$\boldsymbol{W}_k$ 为输出层第 k 个单元的权向量；$\boldsymbol{\Phi} = (\varphi_1(\boldsymbol{X}), \varphi_2(\boldsymbol{X}), \cdots, \varphi_k(\boldsymbol{X}))^{\mathrm{T}}$ 为隐含层输出向量。

除了上述 RBF 网络结构外，在实际应用中还经常采用归一化的网络结构（图 5.35），此时

$$\mathrm{out}_k = \frac{\sum_{j=1}^{n} w_{kj}\varphi_j(\boldsymbol{X})}{\sum_{j=1}^{n} \varphi_j(\boldsymbol{X})} \tag{5.186}$$

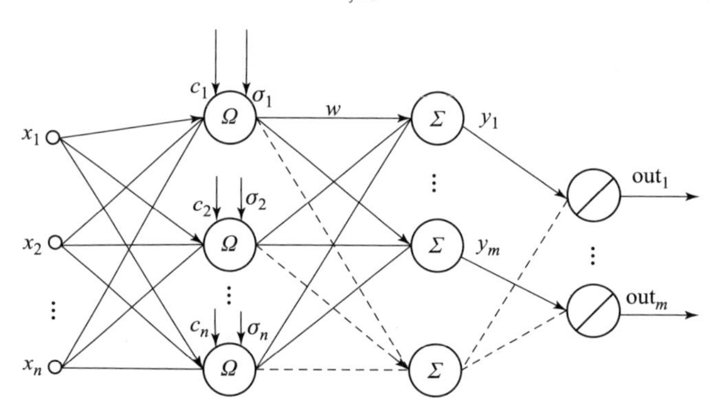

图 5.35　常用的归一化网络结构

2）RBF 网络学习算法

RBF 网络依然是典型的有指导学习网络，其学习包括以下三个步骤：确定每一个 RBF 单元的中心 $\boldsymbol{C}_j$；确定每一个 RBF 单元的半径 $\boldsymbol{\sigma}_j$；调节权矩阵 $\boldsymbol{W}$。

（1）RBF 单元中心 $\boldsymbol{C}_j$ 的确定。

在多变量插值的 RBF 方法中，中心 $\boldsymbol{C}_j$ 通常定位于所有的输入向量点，输入向量的维数决定了 RBF 网络中隐含层单元的个数。但是，由于输入数据可

能具有类聚性（尤其对模式识别问题），此时会有许多 RBF 单元，其中心相距很近，导致许多冗余单元，从而不必要地加长了训练时间，而且容易造成“过度拟合”，降低网络的推广能力。因此，目前通常先采用聚类分析技术，对输入数据进行预处理，找出有代表性的数据点（不一定是原始数据点，如聚类中心等）作为 RBF 单元的中心，从而极大地减少了隐 RBF 单元的数目，降低了网络的复杂性。

RBF 网络学习常用的聚类分析技术是 K – 均值聚类算法，其具体过程如下。

①初始化所有聚类中心 $\boldsymbol{C}_j(j=1,2,\cdots,N)$，通常将其初始化为最初的 N 个训练样本。

②将所有样本 $\boldsymbol{X}^p(p=1,2,\cdots,P)$ 最近的聚类中心分组，即如果

$$\|\boldsymbol{X}^p-\boldsymbol{C}_i\|=\min_j\|\boldsymbol{X}^p-\boldsymbol{C}_j\| \tag{5.187}$$

则将样本 $\boldsymbol{X}^p$ 划归到类别 i。

③计算各类的样本均值

$$\boldsymbol{C}_j=\frac{1}{N_j}\sum_{X^p\in j}\boldsymbol{X}^p$$

式中，N_j 为第 j 类的样本数。

④重复步骤②，③，直至所有聚类中心不再变化。利用 K – 均值聚类算法获得各个聚类中心后，即可将之赋给各 RBF 单元作为 RBF 的中心。

（2）RBF 单元半径 $\boldsymbol{\sigma}_j$ 的确定。

半径 $\boldsymbol{\sigma}_j$ 决定了 RBF 单元接受域的大小，对网络的精度有极大的影响。半径的选择必须遵循一条基本的原则，即使得所有 RBF 单元的接受域之和覆盖整个训练样本空间。图 5.36 给出了 RBF 单元接受域的示意图。图中“ * ”表示样本，$D_j(j=1,2,\cdots)$ 表示第 j 个 RBF 单元的接受域，$\cup D_j\supseteq D$，D 为样本空间。

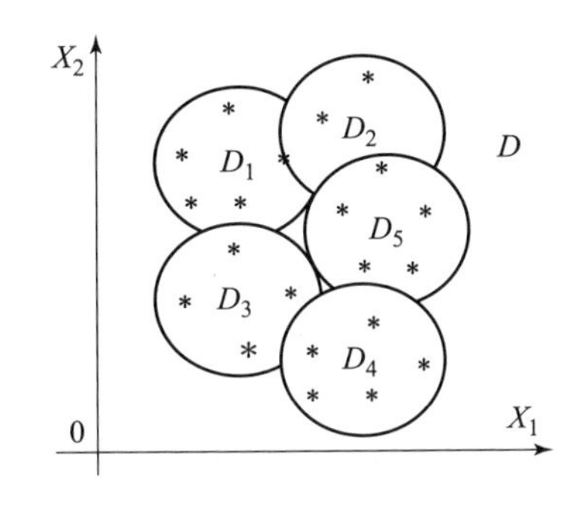

图 5.36　RBF 单元接受域的示意

通常应用 K – 均值聚类算法后，对每一个类中心 $\boldsymbol{C}_j$，可以令相应的半径 $\boldsymbol{\sigma}_j$ 等于其与属于该类的训练样本之间的平均距离，即

$$\boldsymbol{\sigma}_j=\frac{1}{N_j}\sum_{X^p\in j}(X^p-\boldsymbol{C}_j)^{\tau}(X^p-\boldsymbol{C}_j)$$

另一种选择 $\boldsymbol{\sigma}_j$ 的方法是，对第一个中心 $\boldsymbol{C}_j$，求取它与最邻近的 K 个近邻单元中心距离的平均值作为 $\boldsymbol{\sigma}_j$ 的取值。研究表明，取 $K=1$ 时，不仅可以简化计算，而且能满足大部分应用要求。

（3）权矩阵 $\boldsymbol{W}$ 的调节。

得到中心 $\boldsymbol{C}_j$ 及半径 σ_j 后，即可对 RBF 网络进行训练。调节权矩阵 $\boldsymbol{W}$，通常有以下方法。

①线性最小二乘法。由于 RBF 网络的输出与权矩阵 $\boldsymbol{W}$ 呈线性关系，因此可以采用一般的线性最小二乘法求得 $\boldsymbol{W}$。即令网络输出 $\boldsymbol{Y}=\boldsymbol{W}\cdot\boldsymbol{\Phi}=\boldsymbol{U}$，$\boldsymbol{U}$ 为目标向量，则

$$\boldsymbol{W}=\boldsymbol{U}\boldsymbol{\Phi}^{\mathrm{T}}(\boldsymbol{\Phi}\boldsymbol{\Phi}^{\mathrm{T}})^{-1} \tag{5.188}$$

该方法存在的缺陷是需要矩阵求逆运算，当矩阵 $\boldsymbol{\Phi}\boldsymbol{\Phi}^{\mathrm{T}}$ 为病态时，严重影响结果精度，因此在应用中大量采用以下梯度算法。

②梯度法。与 BP 算法一样，利用梯度下降规则逐步迭代获得权重 $\boldsymbol{W}$，其迭代公式为

$$\boldsymbol{W}(t+1)=\boldsymbol{W}(t)+\eta(U-Y)\boldsymbol{\Phi}^{\mathrm{T}} \tag{5.189}$$

由于输出为线性单元，因而可以确保梯度算法收敛于全局最优解。

RBF 网络除了上述基于聚类技术的学习算法外，另外一种有效的学习算法是正交最小二乘算法（orthogonal least squares algorithm，OLS）。该算法首先选择充分多的实际输入数据点作为初始 RBF 中心，并根据所有 RBF 应当覆盖整个输入区域的原则，确定其半径，从而最终预先确定了每一个 RBF 的形式，然后应用子集回归（subset regression）的观点，应用 Gram－Schmidt 正交化过程，从上述已确定的 RBF 中选择对网络性能影响相对较大的一部分 RBF 构成最终的网络结构。显然在 OLS 算法中，正交化学习过程所要调节的参数仅为 RBF 的权矩阵 $\boldsymbol{W}$，而对 RBF 本身则不作任何调整，这就给预先选择 RBF 带来了较大的难度，通常需要相当大数目的 RBF 才能取得较好的效果。

5.2.12　量子神经网络模型

5.2.12.1　量子神经网络的基本原理

为了解决传统 BP 神经网络收敛速度慢、分类正确率低等问题，相关专家、学者将量子理论引入神经网络中，提出了量子 BP 神经网络（quantum back propagation neural network，QBPNN），简称量子神经网络。量子神经网络是将神经网络输入层或中间层的输出量子化，将神经网络中的计算转化到量子域，从而借助量子理论的优势弥补神经网络的不足。

量子特殊的表达方式，使得量子神经网络能够明显提高神经网络的逼近能力和信息处理效率，在函数逼近、优化 PID 控制参数、模式识别等方面取得了很好的效果。

1）量子理论基础

量子比特是量子理论体系中描述量子世界的基本单位，它所表达的状态为一种叠加态。其数学表达式为

$$|\varphi\rangle = a|0\rangle + b|1\rangle \tag{5.190}$$

式中，$|0\rangle$和$|1\rangle$为量子比特的量子基态；系数 a 和 b 为量子态概率幅值，为实数或复数，概率幅的模平方为量子概率，$|a|^2$ 和$|b|^2$ 分别表示量子基态$|0\rangle$和$|1\rangle$出现的概率。

根据量子理论，量子概率幅值应满足归一化条件：

$$|a|^2 + |b|^2 = 1 \tag{5.191}$$

由式（5.190）和式（5.191）可知，量子比特描述的状态是不确定的，可以表示两种不同概率的两个基态组合而成的各种状态。如果$|0\rangle$代表振动信号的一种状态，而$|1\rangle$代表振动信号的另一种状态，则不同的系数 a 和 b 组合可表示振动信号单采样点的任何状态。

2）多量子位系统

在振动信号处理中，由于单个采样点量子化表达的信息有限，不能满足要求，往往需要同时对多个采样点进行处理，因此这里重点研究振动信号多个采样点的量子化。

若振动信号的每个采样点都采用量子比特量子化，则有 k 个采样点的振动信号可由 k 个量子位描述，其中第 i 个量子位的状态为$|\phi_i\rangle = a_i|0\rangle + b_i|1\rangle$，该振动信号可用 k 个量子比特的直积表示：

$$\begin{aligned}|\phi\rangle &= |\phi_1\rangle \otimes |\phi_2\rangle \otimes \cdots \otimes |\phi_k\rangle \\ &= a_1a_2\cdots a_k|00\cdots0\rangle + a_1a_2\cdots a_{k-1}b_k|00\cdots01\rangle + \cdots + b_1b_2\cdots b_k|11\cdots1\rangle \\ &= \sum_{i=1}^{2^k} w_i|i_b\rangle\end{aligned} \tag{5.192}$$

式中，$|i_b\rangle$为量子系统（振动信号）$|\varphi\rangle$的第 i 个态矢（在多量子位系统中，由于基态由多位符号组成，通常将基态称为态矢），态矢表达形式为二进制，$|00\cdots0\rangle$代表振动信号中幅值最小的状态，$|11\cdots1\rangle$代表振动信号中幅值最大的状态；w_i 为态矢$|i_b\rangle$概率幅值，$|w_i|^2$ 为态矢$|i_b\rangle$的概率，根据量子理论的归一化条件，有

$$\sum_{i=1}^{2^k} |w_i|^2 = 1 \tag{5.193}$$

每种态矢都可表示振动信号的一种状态，因此，态矢$|i_b\rangle$可表示振动信号

的 2^k 种状态。

假设振动信号时间序列 $X=\{x(i),i=1,2,\cdots,N\}$，取振动序列中相邻 3 个采样点为例说明多采样点的量子化过程。

设相邻三个采样点为 $X_3=\{x(m-1),x(m),x(m+1)\}$，$m\in[1\quad N-1]$，对其进行归一化，记为 $Y_3=\{y(m-1),y(m),y(m+1)\}$，可将其生成含 3 个量子位的量子系统，其态矢 $|i_b\rangle\in\{|000\rangle,|001\rangle,\cdots,|111\rangle\}$。此处归一化公式为

$$y(m)=\mathrm{abs}\left(\frac{x(m)}{\max(\mathrm{abs}(X))}\right)\tag{5.194}$$

结合式（5.192），对于 3 量子比特系统，若采用线性量子比特表示，则振动信号的 3 个相邻采样点可表示为

$$\begin{aligned}
&|y(m-1)y(m)y(m+1)\rangle=\\
&\sqrt{(1-y(m-1))(1-y(m))(1-y(m+1))}\,|000\rangle+\\
&\sqrt{(1-y(m-1))(1-y(m))y(m+1)}\,|001\rangle+\\
&\sqrt{(1-y(m-1))y(m)(1-y(m+1))}\,|010\rangle+\\
&\sqrt{(1-y(m-1))y(m)y(m+1)}\,|011\rangle+\\
&\sqrt{y(m-1)(1-y(m))(1-y(m+1))}\,|100\rangle+\\
&\sqrt{y(m-1)(1-y(m))y(m+1)}\,|101\rangle+\\
&\sqrt{y(m-1)y(m)(1-y(m+1))}\,|110\rangle+\\
&\sqrt{y(m-1)y(m)y(m+1)}\,|111\rangle=\\
&\sum_{i=1}^{8}w_i|i_b\rangle
\end{aligned}\tag{5.195}$$

相应地，若采用非线性量子比特表示，则振动信号的 3 个相邻采样点可表示为

$$\begin{aligned}
&|y(m-1)y(m)y(m+1)\rangle=\\
&\sqrt{\cos(y(m-1)\times\pi/2)\cos(y(m)\times\pi/2)\cos(y(m+1)\times\pi/2)}\,|000\rangle+\\
&\sqrt{\cos(y(m-1)\times\pi/2)\cos(y(m)\times\pi/2)\sin(y(m+1)\times\pi/2)}\,|001\rangle+\\
&\sqrt{\cos(y(m-1)\times\pi/2)\sin(y(m)\times\pi/2)\cos(y(m+1)\times\pi/2)}\,|010\rangle+\\
&\sqrt{\cos(y(m-1)\times\pi/2)\sin(y(m)\times\pi/2)\sin(y(m+1)\times\pi/2)}\,|011\rangle+\\
&\sqrt{\sin(y(m-1)\times\pi/2)\cos(y(m)\times\pi/2)\cos(y(m+1)\times\pi/2)}\,|100\rangle+\\
&\sqrt{\sin(y(m-1)\times\pi/2)\cos(y(m)\times\pi/2)\sin(y(m+1)\times\pi/2)}\,|101\rangle+\\
&\sqrt{\sin(y(m-1)\times\pi/2)\sin(y(m)\times\pi/2)\cos(y(m+1)\times\pi/2)}\,|110\rangle+
\end{aligned}$$

$$\sqrt{\sin(y(m-1)\times\pi/2)\sin(y(m)\times\pi/2)\sin(y(m+1)\times\pi/2)}\,|111\rangle = \sum_{i=1}^{8} w_i\,|i_b\rangle \tag{5.196}$$

为了更直观地反映量子化的实质，这里对任意 3 个相邻的振动信号采样点进行量子化，其过程如图 5.37 所示。由图可知，对任意相邻 3 个采样点都可进行量子化，w_i 为对应态矢 $|i_b\rangle$ 的概率幅值，$|w_i|^2$ 为对应态矢 $|i_b\rangle$ 出现的概率。在变速箱实际运行过程中，当齿轮发生故障时，将出现冲击现象，采集的振动加速度信号会突然变大或变小，因此，在振动信号量子化后，对于 3 量子位系统，一般认为态矢 $|010\rangle$ 表示振动冲击信号的波峰信息，态矢 $|101\rangle$ 表示振动冲击信号的波谷信息，对应的 $|w_i|^2$ 表示出现波峰信息和波谷信息的概率大小。波峰波谷信息反映了信号中的冲击，因此可采用量子理论提取变速箱振动信号的冲击信息。而最终采用量子位的个数多少应根据振动信号的实际情况而定。

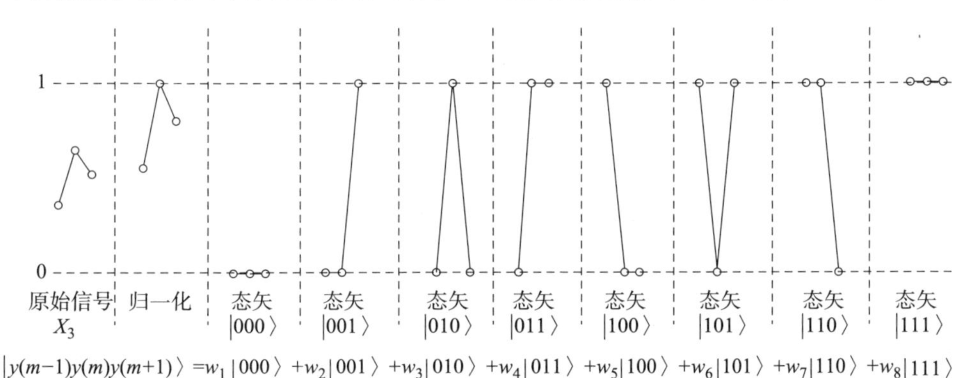

图 5.37　振动信号 3 个相邻采样点的量子化过程

3）量子神经元

单个神经元的结构由输入、传递函数和输出三部分组成，改变三部分中的任何一个都可以构造出不同类型的神经元，通常输入和输出为实数或复数。对于单个量子神经元，是在传统神经元的基础上，将输入转化到量子域，因此神经元的输入为量子比特，传递函数通过量子计算中的求模运算来计算，输出为实数。在基于多特征的量子神经网络中，输入为多特征构成的多量子位系统，设其为 $|\boldsymbol{X}\rangle = (|x_1\rangle, |x_2\rangle, \cdots, |x_n\rangle)$。单个量子神经元模型如图 5.38 所示，图中 Σ 为求和算子，f 为传递函数，由求模算子完成，能够将输出结果转换为实数。

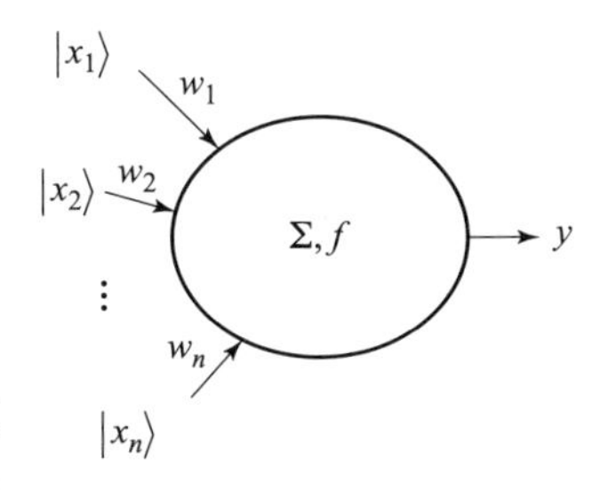

图 5.38　单个量子神经元模型

根据量子神经元模型，量子神经元的输入输出关系为

$$y = f(\sum |\boldsymbol{X}\rangle) = \left|\sum_{i=1}^{n} |x_i\rangle\right| \tag{5.197}$$

4）量子 BP 神经网络模型

量子 BP 神经网络由多个量子神经元和普通神经元按照一定的拓扑结构与连接规则组成，包含输入层、隐含层和输出层。图 5.39 为具有一个隐含层的三层简单量子神经网络，输入层有 n 个特征值，隐含层有 p 个量子神经元，输出层有 m 个普通神经元。

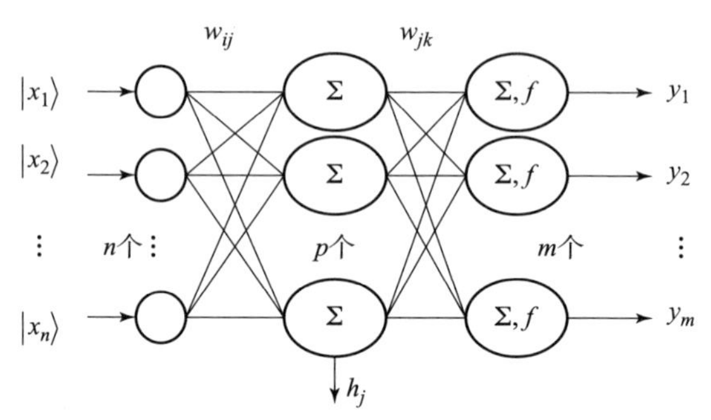

图 5.39　量子 BP 神经网络模型

在量子 BP 神经网络模型中，$|\boldsymbol{X}\rangle = (|x_1\rangle, |x_2\rangle, \cdots, |x_n\rangle)$ 为模型的输入，f 为传递函数，$h_j(j=1,2,\cdots,p)$ 为网络隐含层输出，$y_k(k=1,2,\cdots,m)$ 为网络输出，w_{ij} 和 w_{jk} 分别为输入层到隐含层和隐含层到输出层之间的连接权值。量子 BP 神经网络模型的输出输入关系为

$$h_j = \sum_{i=1}^{n} w_{ij} |x_i\rangle \tag{5.198}$$

$$y_k = f(\sum_{j=1}^{p} h_j |w_{jk}\rangle) = \sum_{j=1}^{p} w_{jk}(f(\sum_{i=1}^{n} w_{ij} |x_i\rangle)) \tag{5.199}$$

在基于多特征的量子 BP 神经网络模型构建过程中，需要重点解决以下两个问题。

（1）多特征组成的样本实值量子化。参照振动信号的时域量子化，设由 n 个特征组成的样本 $\boldsymbol{X} = (x_1, x_2, \cdots, x_n)^{\mathrm{T}}$，其对应的量子态为 $|\boldsymbol{X}\rangle = (|x_1\rangle, |x_2\rangle, \cdots, |x_n\rangle)^{\mathrm{T}}$，此处采用非线性量子化，其变换公式为

$$|\boldsymbol{x}_i\rangle = \cos\varphi_i |0\rangle + \sin\varphi_i |1\rangle \tag{5.200}$$

式中，

$$\varphi_i = \mathrm{abs}\left(\frac{\boldsymbol{x}_i}{\max(\mathrm{abs}(\boldsymbol{X}))}\right) \times \frac{\pi}{2} \tag{5.201}$$

此处，其可以表示为$|\boldsymbol{x}_i\rangle = [\cos\varphi_i \quad \sin\varphi_i]^{\mathrm{T}}$。

（2）网络模型中连接权值的更新。在量子 BP 神经网络中，连接权值 w_{ij}和 w_{jk}需要实时更新。此处定义神经网络的性能指数，即误差指数为

$$E = \frac{1}{2}\sum_{k=1}^{m}(\tilde{y}_k - y_k)^{\mathrm{T}}(\tilde{y}_k - y_k) \tag{5.202}$$

式中，$\tilde{y}_k$ 为神经网络的期望输出值；y_k 为神经网络的实际输出值。若设 $\boldsymbol{e}_k = \tilde{y}_k - y_k$，则性能指数可简化为

$$E = \frac{1}{2}\sum_{k=1}^{m}\boldsymbol{e}_k^{\mathrm{T}}\boldsymbol{e}_k \tag{5.203}$$

根据 δ 学习规则，连接权值 w_{ij} 和 w_{jk} 可根据式（5.204）、式（5.205）更新：

$$w_{ij}(l+1) = w_{ij}(l) + \eta w_{ij}(l) \tag{5.204}$$

$$w_{jk}(l+1) = w_{jk}(l) + \eta w_{jk}(l) \tag{5.205}$$

式中，η 为学习速率；l 为训练次数。

由于量子神经网络的运算是在量子理论的基础上进行的，量子计算可以并行计算，因此缩短了网络的运算时间；量子表达信息更为丰富，能够提高分类的正确率。

然而，量子神经网络中既有量子神经元，又有普通神经元，这使得量子计算的能力没有充分发挥；相互转化中增大了量子神经网络的泛化误差，降低了泛化能力，使得准确率较低；参数的更新采用的是梯度下降方法，容易使其陷入局部极小值，限制了量子神经网络的发展和应用。针对上述不足，将多种通用量子门引入量子神经网络中，提出一种新的量子神经网络——改进量子神经网络（modified quantum back propagation neural network，MQBPNN）。

5.2.12.2　改进量子神经网络

由于量子神经网络中仅有求和计算，神经元变换单一，这里将通用量子门算法引入量子神经网络，使得神经元之间的变换方式更为丰富；将模型中的求模过程删除，仅保留求和过程，且连接权重采用量子态描述，使运算过程全部采用量子计算；引入 levenberg - marquardt（LM）权值更新方法，LM 为非线性最小二乘法中的一种典型算法，能够摆脱梯度下降法造成的局部极小值，且寻优速度很快，是介于牛顿法与梯度下降法之间的一种非线性优化方法，对于过参数问题不敏感，能有效处理冗余参数问题，使函数陷入局部极小值的概率大大减小；通过改进使量子神经网络能够获得更好的训练结果和更高的准确率。

1）改进量子神经元

通用量子门以量子计算为基础，由多种量子门组成，主要由 Hadamard 门、受控 U 门和受控非门三种量子门组成。此三种通用量子门可采用以下三个矩阵描述：

$$\boldsymbol{H}=\frac{1}{\sqrt{2}}\begin{bmatrix}1 & 1\\1 & -1\end{bmatrix} \tag{5.206}$$

$$\boldsymbol{U}=\boldsymbol{\Phi}(\delta)\boldsymbol{R}_{z}(\alpha)\boldsymbol{R}_{y}(\theta)\boldsymbol{R}_{z}(\beta) \tag{5.207}$$

$$\boldsymbol{C}=\begin{bmatrix}0 & 1\\1 & 0\end{bmatrix} \tag{5.208}$$

式中，

$$\boldsymbol{\Phi}(\delta)=\begin{bmatrix}e^{i\delta} & 0\\0 & e^{i\delta}\end{bmatrix},\boldsymbol{R}_{z}(\alpha)=\begin{bmatrix}e^{\frac{-i\alpha}{2}} & 0\\0 & e^{\frac{-i\alpha}{2}}\end{bmatrix} \tag{5.209}$$

$$\boldsymbol{R}_{y}(\theta)=\begin{bmatrix}\cos\frac{\theta}{2} & -\sin\frac{\theta}{2}\\ \sin\frac{\theta}{2} & \cos\frac{\theta}{2}\end{bmatrix},\boldsymbol{R}_{z}(\beta)=\begin{bmatrix}e^{\frac{-i\beta}{2}} & 0\\0 & e^{\frac{-i\beta}{2}}\end{bmatrix} \tag{5.210}$$

式中，α，β，δ，θ 为实参数。

由此可得，改进量子神经元如图 5.40 所示，神经元的输出主要由输入经过旋转、选择、翻转、聚合以及求和等操作完成。

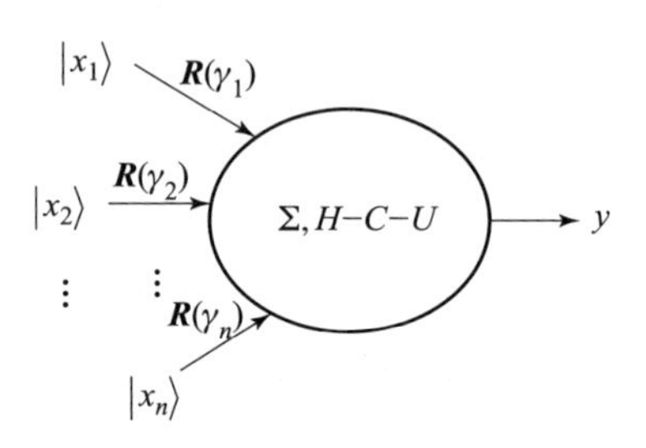

图 5.40　改进量子神经元

图 5.40 中，输入量子位 $|\boldsymbol{X}\rangle=(|x_1\rangle,|x_2\rangle,\cdots,|x_n\rangle)$，$\Sigma$ 为求和算子，y 为输出，通用量子门 $H-C-U$ 用于执行选择、翻转和聚合等操作，图 5.40 中 $\boldsymbol{R}(\gamma_i)(i=1,2,\cdots,n)$ 主要用于量子相位的旋转，其可表示为

$$\boldsymbol{R}(\gamma_i)=\begin{bmatrix}\cos\gamma_i & -\sin\gamma_i\\ \sin\gamma_i & \cos\gamma_i\end{bmatrix} \tag{5.211}$$

设 $|\boldsymbol{x}_i\rangle=[\cos\varphi_i\quad \sin\varphi_i]^{\mathrm{T}}$，则

$$\boldsymbol{R}(\gamma_i)|x_i\rangle=\begin{bmatrix}\cos(\varphi_i+\gamma_i)\\ \sin(\varphi_i+\gamma_i)\end{bmatrix} \tag{5.212}$$

由此实现了 $|\boldsymbol{x}_i\rangle$ 相位的旋转。

输入经过旋转、选择、翻转、聚合后，得到式（5.213）

$$\mathrm{UCHR}(\gamma_i)\,|\boldsymbol{x}_i\rangle = \begin{bmatrix} \mathrm{e}^{i\delta}\cos(\alpha/2)\cos(\beta/2)\cos(\varphi_i+\gamma_i+\theta/2-\pi/4) \\ \mathrm{e}^{i\delta}\cos(\alpha/2)\cos(\beta/2)\sin(\varphi_i+\gamma_i+\theta/2-\pi/4) \end{bmatrix} \tag{5.213}$$

因此，可得改进量子神经元输出

$$y = \sum_{i=1}^{n}\mathrm{UCHR}(\gamma_i)\,|\boldsymbol{x}_i\rangle = \sum_{i=1}^{n}\begin{bmatrix} \mathrm{e}^{i\delta}\cos(\alpha/2)\cos(\beta/2)\cos(\varphi_i+\gamma_i+\theta/2-\pi/4) \\ \mathrm{e}^{i\delta}\cos(\alpha/2)\cos(\beta/2)\sin(\varphi_i+\gamma_i+\theta/2-\pi/4) \end{bmatrix} \tag{5.214}$$

2）改进量子神经网络模型

将改进的神经元模型扩展到神经网络模型中，即多个输入、多个输出，采用一定的拓扑结构将通用量子门神经元连接组合。本书采用三层神经网络，即输入层、隐含层和输出层，改进量子神经网络模型如图5.41所示。

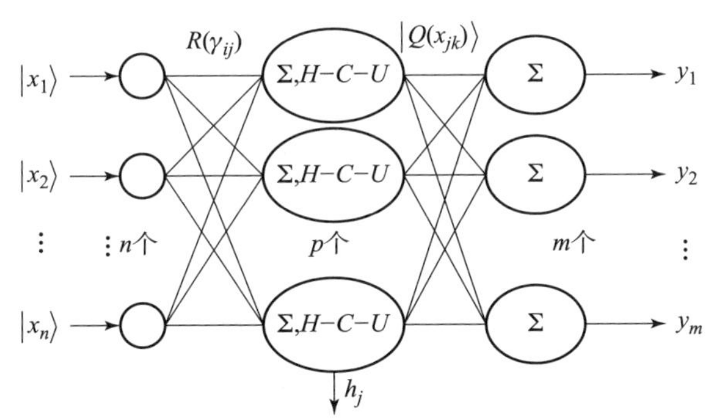

图5.41　改进量子神经网络模型

图5.41中，$|\boldsymbol{X}\rangle=(|x_1\rangle,|x_2\rangle,\cdots,|x_n\rangle)$为模型的输入，$h_j(j=1,2,\cdots,p)$为隐含层输出，$y_k(k=1,2,\cdots,m)$为网络输出，$R(\gamma_{ij})$和$|Q(x_{jk})\rangle$分别为输入层到隐含层和隐含层到输出层之间的连接权值。$H-C-U$为输入层与隐含层之间的传递函数，即能完成选择、翻转、聚合等操作。隐含层到输出层之间的连接权值可表示为

$$|Q(x_{jk})\rangle = \cos x_{jk}\,|0\rangle + \sin x_{jk}\,|1\rangle \tag{5.215}$$

即$|Q(x_{jk})\rangle=[\cos x_{jk}\quad \sin x_{jk}]^{\mathrm{T}}$。

此时，改进神经网络模型的输入输出关系为

$$h_j = \sum_{i=1}^{n}\mathrm{UCHR}(\gamma_i)\,|x_i\rangle = \sum_{i=1}^{n}\begin{bmatrix} \mathrm{e}^{i\delta}\cos(\alpha/2)\cos(\beta/2)\cos(\varphi_i+\gamma_{ij}+\theta/2-\pi/4) \\ \mathrm{e}^{i\delta}\cos(\alpha/2)\cos(\beta/2)\sin(\varphi_i+\gamma_{ij}+\theta/2-\pi/4) \end{bmatrix} \tag{5.216}$$

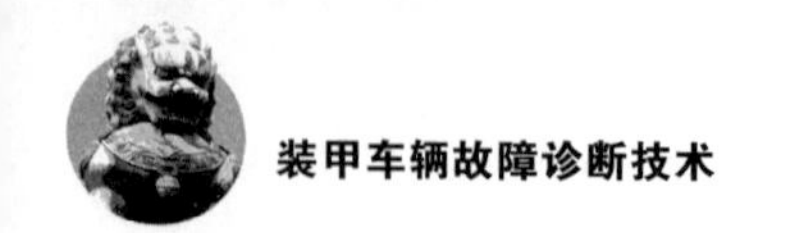

$$
\begin{aligned}
y_k &= \sum_{j=1}^{p} h_j \mid Q(x_{jk}) \rangle \\
&= \sum_{j=1}^{p} \sum_{i=1}^{n} \cos\delta\cos(\alpha/2)\cos(\beta/2)\cos(\varphi_i + \gamma_{ij} - x_{jk} + \theta/2 - \pi/4)
\end{aligned}
\tag{5.217}
$$

式中，$k=1, 2, \cdots, m$。

在改进量子神经网络中，共涉及6组参数，分别为 α，β，δ，θ，γ_{ij}，x_{jk}，其中 α，β，δ，θ 为给定的实参数，连接权值参数 γ_{ij}，x_{jk} 采用 LM 方法更新，以减少算法误差，提高准确性。

神经网络的性能指数依然采用前文的定义：

$$
E = \frac{1}{2}\sum_{k=1}^{m} (\tilde{y}_k - y_k)^{\mathrm{T}}(\tilde{y}_k - y_k) \tag{5.218}
$$

式中，$\tilde{y}_k$ 为神经网络的期望输出值；y_k 为神经网络的实际输出值。若设 $\boldsymbol{e}_k = \tilde{y}_k - y_k$，则性能指数可简化为

$$
E = \frac{1}{2}\sum_{k=1}^{m} \boldsymbol{e}_k^{\mathrm{T}}\boldsymbol{e}_k \tag{5.219}
$$

根据 LM 方法，连接权值参数 γ_{ij}，x_{jk} 更新公式如下：

$$
\Delta\gamma_{ij} = [\boldsymbol{J}^{\mathrm{T}}(\gamma_{ij})\boldsymbol{J}(\gamma_{ij}) + \lambda I]^{-1}\boldsymbol{J}^{\mathrm{T}}(\gamma_{ij})e(\gamma_{ij}) \tag{5.220}
$$

$$
\Delta x_{jk} = [\boldsymbol{J}^{\mathrm{T}}(x_{jk})\boldsymbol{J}(x_{jk}) + \lambda I]^{-1}\boldsymbol{J}^{\mathrm{T}}(x_{jk})e(x_{jk}) \tag{5.221}
$$

式中，$e(\gamma_{ij})$ 和 $e(x_{jk})$ 分别为含有 γ_{ij}，x_{jk} 的期望输出值与实际输出值之间的误差函数；λ 取0.01；$\boldsymbol{J}(\gamma_{ij})$ 和 $\boldsymbol{J}(x_{jk})$ 为雅可比矩阵：

$$
\boldsymbol{J}(\gamma_{ij}) = \begin{bmatrix}
\dfrac{\partial e(\gamma_{ij})}{\partial \gamma_{11}} & \dfrac{\partial e(\gamma_{ij})}{\partial \gamma_{12}} & \cdots & \dfrac{\partial e(\gamma_{ij})}{\partial \gamma_{1p}} \\
\dfrac{\partial e(\gamma_{ij})}{\partial \gamma_{21}} & \dfrac{\partial e(\gamma_{ij})}{\partial \gamma_{22}} & \cdots & \dfrac{\partial e(\gamma_{ij})}{\partial \gamma_{2p}} \\
\vdots & \vdots & & \vdots \\
\dfrac{\partial e(\gamma_{ij})}{\partial \gamma_{n1}} & \dfrac{\partial e(\gamma_{ij})}{\partial \gamma_{n2}} & \cdots & \dfrac{\partial e(\gamma_{ij})}{\partial \gamma_{np}}
\end{bmatrix} \tag{5.222}
$$

$$
\boldsymbol{J}(x_{jk}) = \begin{bmatrix}
\dfrac{\partial e(x_{jk})}{\partial x_{11}} & \dfrac{\partial e(x_{jk})}{\partial x_{12}} & \cdots & \dfrac{\partial e(x_{jk})}{\partial x_{1p}} \\
\dfrac{\partial e(x_{jk})}{\partial x_{21}} & \dfrac{\partial e(x_{jk})}{\partial x_{22}} & \cdots & \dfrac{\partial e(x_{jk})}{\partial x_{2p}} \\
\vdots & \vdots & & \vdots \\
\dfrac{\partial e(x_{jk})}{\partial x_{n1}} & \dfrac{\partial e(x_{jk})}{\partial x_{n2}} & \cdots & \dfrac{\partial e(x_{jk})}{\partial x_{np}}
\end{bmatrix} \tag{5.223}
$$

5.3　基于知识的故障诊断方法

5.3.1　基于人工经验的状态识别

5.3.1.1　基于人工经验的状态识别基本原理

类似于中医的望、闻、问、切，基于人工经验的状态识别是通过人的感官或简单仪表，获得设备运行过程中的温度、压力、噪声、振动等状态参量的量级，根据经验或相关行业标准来判断当前量值是否超标或达到报警限。具体地讲，人工识别的过程通常是把表征设备状态的有效特征向量转换为噪声、温度、振动、排烟状态等人能够直接感受到的物理量或化学量，根据自身经验直观地判断设备的运行状态。有经验的装甲车辆专家根据装甲车辆排黑烟或蓝烟，就可以判断柴油发动机的工作状态是功率不足还是燃烧不充分等。专家也可以拿一根钢棒顶在柴油发动机气缸盖上，通过听取柴油发动机的声音来判断各缸的工作状态。也可以参考装甲兵工程学院王仁友主编的教材《坦克使用维护与故障分析》中“坦克故障 100 例”提供的人工经验方法。

诊断人员通过连续或定期监测实际特征向量，根据诊断标准和经验知识，便可以判定机械系统关键部件的状态、故障及故障程度等。

5.3.1.2　基于人工经验的状态识别主要特点

基于人工经验的设备状态识别简便实用，不要求现场人员有太高的理论基础。但是其误判率与诊断人员的技术水平和经验密切相关，受人为因素，如情绪、身体状况等的影响较大。

5.3.2　模式匹配分析法

5.3.2.1　模式匹配分析法基本原理

首先在故障机理研究的基础上，在仿真计算和试验研究的基础上，确定与各有关状态对应的特征参量构成标准模式（也称参考模式）；然后在机械设备

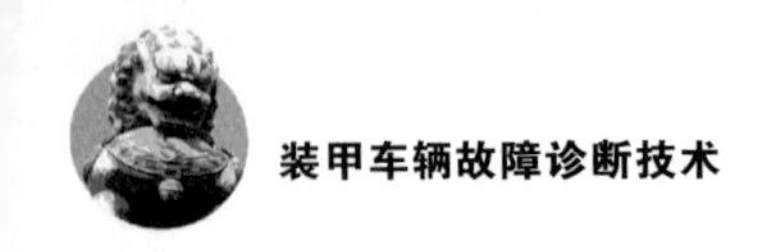

运行过程中，选择某个或几个特征参量，跟踪其变化规律并与参考模式相比较，根据设定的报警或故障阈值来判别机械设备的运行状态。对于有经验的工程技术人员来说，采用这种方法可以得到很满意的结果。例如，在旋转机械运行过程中，人们常用频谱分析仪分析振动信号的幅值谱的谱峰及频率位置的变化，并和标准模式对比来判断其技术状况是否正常，还可以识别某些典型故障及其原因。旋转机械的转子是一个转动体，由于加工误差、轴与轴承的间隙、材料质量不均、因结构设计造成转动体质量不均及加工装配误差等，当转子按一定转速旋转时，离心力很难避免。这种离心力激励着转子系统产生简谐振动，在谱图上表现为在工作频率 f 处出现明显的谱峰。若柴油发动机与齿轮传动箱的中心线不对中（包括平行或角度不对中），那么在柴油发动机轴和齿轮箱输入轴上均会产生一个附加载荷，从而导致柴油发动机工作时产生异常的较大幅度的振动，而且振动信号频谱分析中将出现典型的较大的 $2f$ 的频率成分。这些现象都可以通过理论分析和试验得到证明，有了这一客观依据，人们就把它当作参考模式，判别机器的实际运行状态。

5.3.2.2 模式匹配分析法的主要特点

这种方法能否取得成功，一方面取决于人的技术水平、专业面、对现有科学技术工具原理的理解和计算机仪器的使用操作水平；另一方面取决于使用人员对机器设备的物理背景或运行历史的了解程度。对于一台新型设备，技术人员对其故障模式不甚了解，即没有一个参考模式，所以要达到精确诊断就很困难。就像一个有经验的医生，配备了先进的检查仪器，对病人的病史又有较多的了解，便可以对病人作出精确诊断。如果技术水平不高，对病人的病史又不甚了解，即使有了先进的检查仪器也会产生误诊。

5.3.3 基于案例推理的诊断

5.3.3.1 基于案例推理诊断的基本概念

基于案例推理（case-based reasoning，CBR）的依据是相似的问题有相似的解，它通过检索先前的案例，在新的问题中重用、修正以实现问题的求解。案例推理是一种新的知识表达方式，它主要是利用先前的案例来解决问题。在 CBR 中，最基本的知识源是案例，把当前需要解决的问题称为目标案例，将以前已经发生并解决的问题称为源案例。简单地说，CBR 就是根据目标问题的提示而获得记忆中的源案例，并通过源案例来求解目标案例的一种策略。可

见，CBR 中的知识是以过去的案例来表示的，案例是过去发生的故障问题和经验，比较容易收集，经过整理就可以成为源案例，拥有较多的源案例可以大大减小获取知识时对专家的依赖，非常适合在一些难以采用模型来描述的知识领域。在需要解决类似问题时，可使用这些经验来引导推理。CBR 是通过回忆以前相似状况并重新利用那种状况的信息和知识来求解新问题的一种推理方法，它可以缩短问题求解途径，提高推理效率，在知识表达不尽理想或领域知识获取不完备、不精确的情况下，利用原有系统中的经验教训，可避免重犯错误，缩短诊断时间。

5.3.3.2　基于案例推理系统的组成及原理

基于案例推理系统通常由以下四个核心部分组成。

1）案例库

案例库用于存储过去发生的事实和经验，其基本单元是案例，通过索引信息可以组织成一定的结构。建立案例库，首先要解决案例表示问题。案例表示是指案例的形式化过程，案例的表示方法就是研究如何设计一种结构，以计算机内部代码的形式对案例进行合理的描述和存储。一个 CBR 系统就是一个以案例为核心的知识处理系统，案例的表示是建立 CBR 系统要解决的基本问题，案例表示的正确、恰当与否，直接影响着案例检索的效率和诊断质量。到目前为止，案例的表示还没有一个统一的模式，不同的 CBR 系统都是根据不同的问题领域，采用适当的案例表示形式。但是，案例的表示需要遵循如下的基本原则和要求：一是能够完整地表示案例的内容；二是有利于案例的快速检索，对于庞大的案例库，应当能保持高速的检索效率；三是便于案例的组织，可以把它们连接成树形、层次或网络，形成知识结构；四是便于案例库的维护管理，当案例库中案例改变时，只对局部产生影响，且便于完成案例的修改、增加、删除等操作。目前常用的案例表示方法有二元组、三元组、剧本、框架、谓词逻辑、语义网络、自然语言及面向对象等多种类型。不论采用哪种案例表示方法，从问题求解的角度来看，一个案例的内容应该包括问题描述、解决方案描述和效果描述三部分。其中问题描述是指问题发生时内外部环境的状态描述；解决方案描述是指针对出现的问题采取的解决方案；效果描述是指对该问题解决方案的评价与总结的描述。

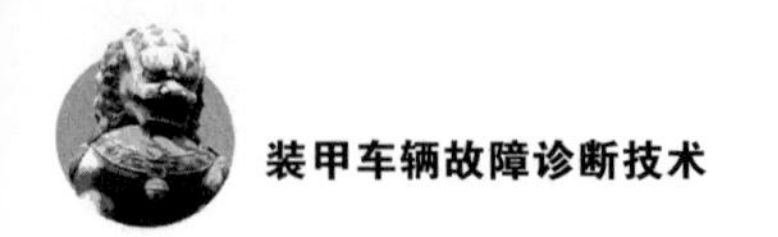

2）案例的组织和索引

案例推理的优点是无须显示领域知识、无须规则提取、知识获取的难度低等，是一个开放体系和增量式学习的学习过程，案例库的覆盖度随系统的不断使用而逐渐扩充完善，其难点在于如何建立一个有效的检索机制与案例组织方式。相关案例的集合可构成案例库，但在案例表示的基础上，如何根据案例的特征和需要，对案例进行分类和整理，建立什么样的案例组织和索引方式将直接影响案例推理的效率。根据是否对问题域属性进行索引，分为索引属性和非索引属性两类，建立索引时可参考使用如下标准：

（1）基于属性相似性的索引，即对在某一属性上比较相似的案例进行索引。

（2）选择各案例间取值相差最大的属性进行索引，这样容易区分不同案例。

（3）先对案例进行聚类分析以得到大致的案例类别，再对不同的案例类别对应的具体案例按照案例属性的取值进行索引。

（4）按照案例的问题域属性所定义权值的大小进行索引。

目前，常用的案例组织方法包括线性组织、层状组织和网状组织三种形式。线性组织的结构比较简单，适合于案例比较少且相互关系不是很紧密的应用需求；层状组织结构分明，各模块之间有一定的关系，比较适合于案例比较多且能划分为不同类别时的应用需求；网状组织的模式、结构复杂，不易实现，只有在案例间关系很复杂时才使用。由此可见，针对具体问题，到底采用哪一种案例组织方式，要视案例之间的关系来确定，有时也会将几种案例组织方式结合起来使用；案例索引从索引级别上划分为单级索引和多级索引。其中单级索引比较简单，适用于案例库不大的情况，可按某个属性的取值来建立索引。多级索引比较适用于案例库较大的情况，它有助于提高案例推理时的检索效率。

3）案例检索

通过一定的检索机制或相似度匹配算法，从案例库中检索出一个或多个与目标案例相似的源案例，并从中选择一个或几个源案例作为目标案例的参考解。每次检索到的源案例的数量和质量直接影响目标案例的求解效果，而案例检索效率的高低直接影响整个系统的推理效率。衡量一个案例检索策略的优劣通常有这样两个标准：一是检索出来的案例要尽可能少；二是检索出来的案例

要尽可能与目标案例相关或相似。案例检索一般分为三个步骤：一是特征辨识，就是对目标案例进行分析，提取有关的特征属性；二是初步匹配，就是从案例库中找到一组与目标案例特征属性相似或相关的源案例；三是最佳选定，就是采用一定的算法，从初步匹配得到的源案例中选取一个或几个与目标案例最相似的源案例。目前常用的检索方法有最近邻法、归纳检索法、知识引导法和模板检索法。

4）调整机制

根据目标案例的实际情况，依据一定的原则对选出的最佳案例的对策进行修改，推演得出满足目标案例的解。

从问题求解的过程来看，一个典型的 CBR 系统的推理过程主要包括案例检索、案例重用、案例调整和案例保存等步骤，如图 5.42 所示。

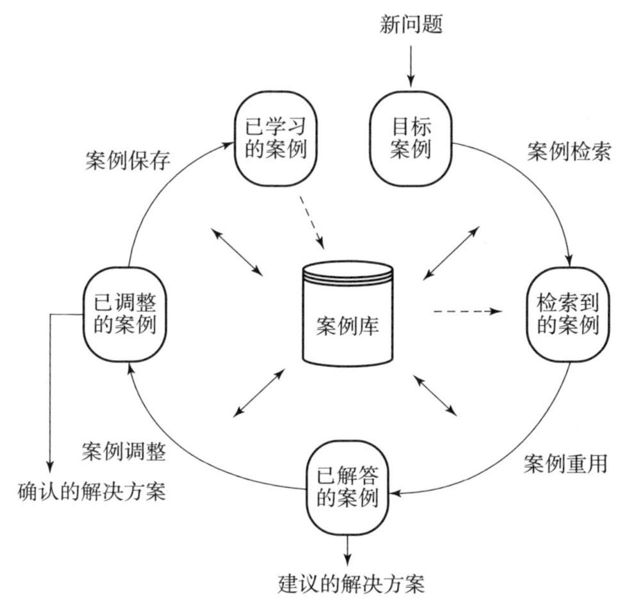

图 5.42　CBR 推理过程

案例检索是根据目标案例的特征信息描述，从案例库中检索出相似的源案例。

案例重用是将检索得到的源案例的解决办法用于解决目标案例。案例重用分为方法重用和结果重用。前者是将源案例的解决方法重新应用于目标案例，它关心的是源案例解决问题的方法，而不是其解答结果；后者是重用源案例的解决方案，直接将源案例的解决方案应用于目标案例中，也可以根据一些转换操作知识，将源案例中的各种可能的解转换为目标的相应解决方案。

案例调整是在案例重用不能适应目标案例的解的情况下，通过修改源案例的解决方案使之适应目标案例的解。

案例保存是指将目标案例及其解决方案作为一个新案例保存在案例库中，以备将来使用，该过程也常被称为案例学习。

CBR 在每次运行过程中，既是问题求解过程，也是案例学习过程，同时也是系统知识累积和更新的过程。系统在最初使用时，案例库中的案例数量可能比较少，随着使用时间的延长，案例库将变得越来越丰富，案例知识覆盖的领域也越来越广。

5.3.3.3 CBR 的优缺点

基于案例推理是基于人们的心理认知过程，根据过去解决问题的相关经验知识进行类比推理以解决新问题的过程，推理过程具有生动形象的特点，推理结果易于理解和接受。基于案例的推理具有如下优点。

（1）适用于模型建立困难的应用领域。

（2）知识获取比较容易，实现难度小。

（3）可快速提供解决方案，而不是每次都得从头开始推理。

（4）基于案例推理给用户提供的是具体的案例，容易理解。

（5）通过不断获取新案例，案例库越来越丰富，CBR 推理的结论越来越容易满足用户需求。

当然，基于案例推理也存在如下不足。

（1）当案例库容量增大到一定程度后，任何单一的检索方法，如最近邻法、归纳检索法等，其案例检索所消耗的时间也呈线性增长，检索效率急剧下降。

（2）在检索得到的源案例不能很好满足目标案例要求时，缺乏通用的案例调整机制。

（3）案例学习是一种增量式的学习，随着案例的增加，案例库越来越大，案例学习的效率将降低，还可能会出现冗余和矛盾。

5.3.4 故障树分析法

5.3.4.1 概述

故障树分析法（fault tree analysis，FTA）是可靠性设计的一种有效方法，

也是故障诊断技术的一种有效方法。故障树分析法是一种针对某个特定的不希望事件的演绎推理分析，是一种将系统故障形成的原因按树枝状由总体至局部逐级细化的分析方法。也就是说，把所研究系统的最不希望发生的故障状态作为故障分析的目标，然后寻找直接导致这一故障发生的全部因素并把它们作为第二级，依次再找出导致第二级事件发生的全部直接因素作为第三级，如此逐级展开，一直追查到那些不能再展开或无须再深究的最基本的故障事件或因素为止。基于故障的层次特性，其故障成因和后果之间的关系往往具有很多层次并形成一连串的因果链，加之一因多果或一果多因的情况就构成了树或网，这就是故障树提出的背景。通常把最不希望发生的事件称为顶事件，那些不能再展开或无须再深究的最基本事件称为底事件，介于顶事件与底事件之间的一切事件称为中间事件。用相应的符号代表这些事件，再用适当的逻辑门把顶事件、中间事件和底事件连接成树形图即故障树，以此来表示系统或设备的特定事件（不希望发生的事件）与它的各个子系统或各个部件故障事件之间的逻辑结构关系。在整个树形图的因果链或其中的一段中，凡属“由因求果”就是正问题，是寻求可能发生什么样的系统状态或故障状态的过程；而“由果求因”就是逆问题，是寻求怎样才能发生某个特定的系统状态（通常是部件故障模式）的过程。因此可以说故障树分析法就是一种由果到因的演绎分析法。

5.3.4.2　故障树分析法的特点

故障树分析法具有以下特点。

1）直观、形象

故障树以清晰的图形表述了系统的内在联系和逻辑关系，从故障树的顶端向下分析就可找出系统故障与哪些部件、零件的状态有关，全面弄清引起系统故障的原因和部位。如果从故障树的底端，即由各个底事件向上分析，则可分辨零件、部件故障对系统故障的影响及其传播途径。当各底事件的概率分布已知时，就可评价各零件、部件的故障状态及其对保证系统可靠性、安全性的重要程度。

2）灵活、方便

故障树分析法既可用来分析系统硬件（部件、零件）本身固有原因在规定的工作条件下所造成的初级故障事件，又可用来考虑一个部件或零件在它不能工作的环境条件下所发生的任何次级故障事件，还可用来考虑由于错误指令而引起的指令性故障事件等。而且故障树建成后，对没有参与系统设计与试制的管理和维修人员来讲，易于掌握，可作为使用、管理、维修和培训的技术指南。

3）通用、可算

故障树既可用于定性分析，又可进行定量分析；既可应用计算机进行辅助建树，有效地提高复杂系统故障树分析的效率，又可用于故障监测与诊断专家系统知识库的建造。

故障树分析法的缺点主要是复杂系统的建树工作量大，数据收集困难，并且要求分析人员对所研究的对象有透彻的了解，还需具有比较丰富的设计和运行经验，以及较高的知识水平和严密清晰的逻辑思维能力，否则，在建树过程中容易导致错漏和脱节。另外，大型复杂系统的故障树分析占用计算机的内存和机时很多，对于时变系统及非稳态过程需要与其他方法密切配合使用才能充分发挥其作用。

5.3.4.3 故障树的分析步骤

应用故障树分析时应遵循以下步骤。

（1）给系统以明确的定义，选择可能发生的不希望事件作为顶事件。

（2）给系统的故障进行定义，分析其形成原因（如设计、运行、人为因素等）。

（3）作出故障树逻辑图。

（4）对故障树结构作定性分析，分析各事件结构的重要度，应用布尔代数对故障树简化，寻找故障树的最小割集，以判明薄弱环节。

（5）对故障树结构作定量分析。如果掌握了各元件、各部件的故障率数据，就可以根据故障树逻辑对系统的故障作定量分析。

5.3.4.4 故障树分析法常使用的符号

故障树分析法中应用的符号可分为两类，即代表故障事件的符号和联系事件之间的逻辑门符号（参见 GB—4888）。

图 5.43 给出了内燃柴油发动机不能发动的故障树。表 5.12 为故障树分析法的常用符号。

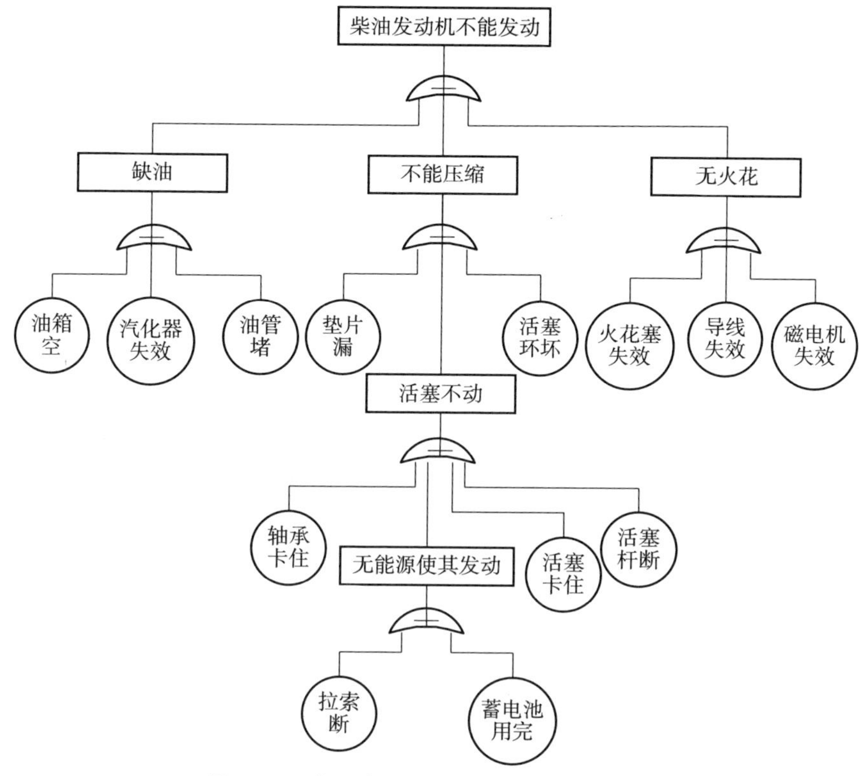

图 5.43　内燃柴油发动机不能发动的故障树

表 5.12　故障树分析法的常用符号

分类	符号	说明
逻辑门	&	与门 $Z=(x_1 \wedge x_2)=x_1 \cdot x_2$ 输入事件 $x_1 \cdot x_2$ 同时存在时，输出事件 Z 才发生
	≥1	或门 $Z-(x_1 \wedge x_2)-x_1 \mid x_2$ 至少有一个输入事件 x_1 或 x_2 存在，才有输出事件 Z 发生
	|	禁门 $Z-\overline{x}_1 \wedge x_2-\overline{x}_1 \cdot x_2$ 当禁止条件出现时，即使有输入事件，也无输出事件出现

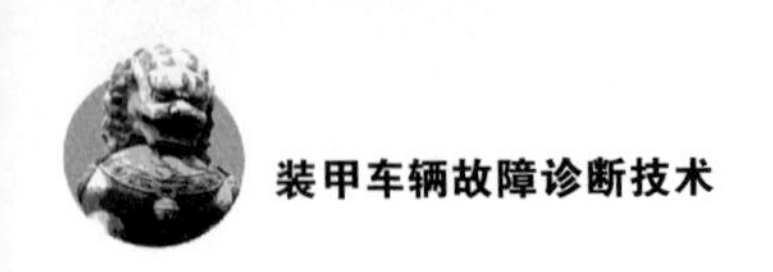

续表

分类	符号	说明
事件		中间事件 指还可辨分成底事件的事件
		底事件 指由系统内部件、元件失效或人为失误引起的事件
		不完整事件 指由于缺乏资料而不能进一步分析的事件
		条件事件 当条件满足时，该事件成立，否则除去

5.3.4.5 故障树的结构函数

故障树由构成它的全部底事件的“并”和“交”的逻辑关系联结而成。为了便于对故障树作定性分析和定量计算，必须给出故障树的数学表达式，也就是结构函数，它是对故障树进行定性和定量分析的基础。考虑由 n 个不同独立底事件构成的故障树，化简后的故障树的顶事件的状态 φ 完全由底事件 $x_i(i=1,2,\cdots,n)$ 的状态取值来确定（共 2^n 个状态），即

$$\varphi = \varphi(x_1, x_2, \cdots, x_n) \tag{5.224}$$

式中，

$$x_i = \begin{cases} 1 & (\text{当第 } i \text{ 个底事件发生时}) \\ 0 & (\text{当第 } i \text{ 个底事件不发生时}) \end{cases} \tag{5.225}$$

式中，$\varphi(x)$ 为故障树的结构函数。

图 5.44 所示为与或门故障树。图 5.44（a）所示的与门故障树的结构函数为

$$\varphi(x) = \prod_{i=1}^{n} x_i \tag{5.226}$$

图 5.44（b）所示的或门故障树的结构函数为

$$\varphi(x) = \sum_{i=1}^{n} x_i \tag{5.227}$$

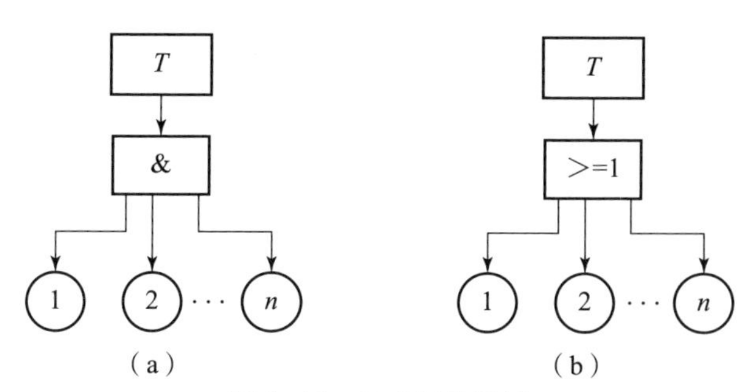

图 5.44　与或门故障树

(a) 与门故障树；(b) 或门故障树

在结构函数中，所有底事件的“并”“交”运算服从布尔代数运算规则，对于一般的故障树，可先写出其结构函数，然后利用逻辑代数运算规则和逻辑门等效交换规则获得对应的简化后的故障树。对故障树中含有 2 个以上同一事件的情况，可以通过布尔代数进行简化（图 5.45），然后根据简化式列出故障树底事件和顶事件状态的关系，如表 5.13 所示。简化方法如下：

$$T = x_1x_2x_3 = x_1(x_1 + x_4)x_3 = (x_1 + x_1x_4)x_3 = x_1x_3 \qquad (5.228)$$

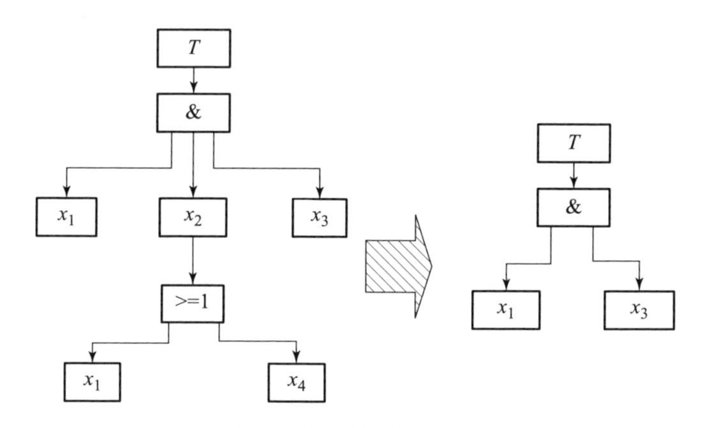

图 5.45　故障树的简化

表 5.13　故障树底事件与结构函数

X_1	X_2	X_3	X_4	T	X_1	X_2	X_3	X_4	T
0	0	0	0	0	1	0	0	1	0
0	0	0	1	0	1	0	1	0	1
0	0	1	0	0	1	0	1	1	1

续表

X_1	X_2	X_3	X_4	T	X_1	X_2	X_3	X_4	T
0	1	0	0	0	1	1	0	0	0
0	1	0	1	0	1	1	0	1	0
0	1	1	0	0	1	1	1	0	1
0	1	1	1	0	1	1	1	1	1
1	0	0	0	0	1	1	1	0	1

5.3.4.6 故障树分析

1）定性分析

故障树定性分析的主要目的是找出导致顶事件发生的所有可能的故障模式，也即弄清系统出现某种最不希望的故障事件有多少种可能性。

如果某几个底事件的集合失效将引起系统故障的发生，则这个集合就称为割集。这就是说，一个割集代表了子系统发生故障的可能性，是一种失效模式；与此相反，一个路集，则代表一种成功可能性，即系统不发生故障的底事件的集合。一个最小割集则是指包含最小数量而又最必需的底事件的割集，而全部最小割集的完整集合则代表了给定系统的全部故障。因此，最小割集的意义就在于它描述了处于故障状态的系统中必须修理的故障，它指出了系统中最薄弱的环节。定性分析的主要任务是确定系统所有的最小割集。

2）定量分析

故障树定量分析的主要任务是根据结构函数和底事件（系统基本故障事件）的发生概率，应用逻辑与、逻辑或的概率计算公式，定量地评价故障树顶事件发生的特征量（如可靠度、重要度、故障率、累积故障概率、首次故障时间等）。故障树定量分析的另一个任务是关于事件重要度的计算。一个故障树往往包含多个底事件，各个底事件在故障树中的重要性必然因它们所代表的元件（或部件）在系统中的位置（或作用）的不同而不同。因此，底事件的发生在顶事件的发生中所做的贡献称为底事件的重要度。底事件的重要度在改善系统的设计、确定系统需要监控的部位、确定系统故障诊断方

案方面有着重要的作用。工程中常计算的重要度有结构重要度、概率重要度和关键重要度三种。所谓结构重要度，是在不考虑其发生概率值情况下，观察故障树的结构，以决定该事件的位置重要度；概率重要度是指某底事件发生时顶事件发生的概率与它不发生时顶事件依然发生的概率之差；关键重要度是指顶事件发生概率的变化率与引起顶事件概率变化的底事件的故障概率的变化率之比。关键重要度能够反映零、部件触发系统故障可能性的大小，因此一旦系统发生故障，理应首先怀疑那些关键重要度大的零、部件。据此安排系统故障监测和诊断的最佳顺序，指导系统的维修。特别当要求短时间内快速排除系统故障时，按关键重要度寻找故障，往往会收到快速而又有效的效果。

5.3.5 基于测试性分析的诊断策略构建

诊断策略构建的目的是在给定的故障隔离要求下对测试执行顺序进行排序，使测试序列所耗费的时间、测试费用、诊断过程中可能对装备造成的损伤、执行测试序列造成的负面影响等因素水平越低越好。诊断策略可描述为列表、诊断树、与或树等形式，可以采用软件形式集成到故障诊断系统中，或制成手册供维修人员使用。这里针对现有诊断策略优化方法中对诊断过程可能造成的装备损伤及测试序列造成的负面影响等因素缺乏考虑的不足，在测试性建模分析得到故障—测试相关性矩阵的基础上，提出了基于故障模式危害度的诊断策略构建方法。

5.3.5.1 构建设备故障诊断策略的基本理论

假设系统测试优化选择后的故障—测试相关性矩阵中共有 m 个测试，每个测试有 n 个输出，则由这些测试最多可构成 $f(m,n)=n^m m!$ 种排序策略，诊断策略优化即从众多组的测试序列中找出最优测试序列。设备故障诊断策略构建流程如图 5.46 所示。

构建设备故障诊断策略所需基本信息如下：

（1）执行测试前的故障模式集，记为 $F=\{f_0,f_1,\cdots,f_m\}$，其中 f_0 表示系统正常状态（一种特殊的故障状态），f_m 表示系统发生第 m 类故障。

（2）测试集 $T=\{t_1,\cdots,t_n\}$，其中 t_n 输出为二值或多值，且输出结果可靠。

（3）相关性矩阵 $\boldsymbol{B}=[b_{ijk}]_{(m+1)\times N}$，$b_{ijk}$ 表示 t_j 第 k 个输出结果，取值为“1”和“0”，表示故障模式 f_i 与测试值相关或不相关。

（4）隔离要求。实际设备或系统诊断时，一般要求隔离到故障模式、现场可更换单元或部件级。

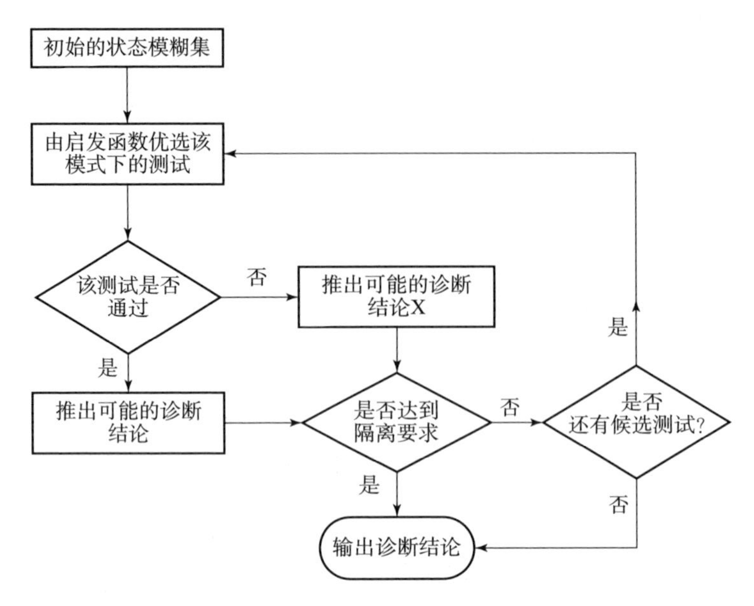

图 5.46　设备故障诊断策略构建流程

设备故障诊断策略优化的基本假设如下：

（1）诊断过程中最多只有一个故障发生，当多故障同时发生时，信号流方向将发生变化，故障与测试的相关性关系需要重新建立，多故障的测试性设计与分析将在以后的研究中予以考虑。

（2）测试操作彼此独立，每个步骤的代价与以前的操作无关，可看作常数。假定综合传动每一步测试的代价均为 1。

（3）诊断过程中，不存在间歇故障和瞬态故障，只有无故障和永久故障。

（4）有些设备或系统存在多种工作模式，对于一个特定的测试，它在不同工作模式下的输出结果不同，假定模式切换费用为 0。

5.3.5.2　基于危害度的诊断策略优化算法

针对现有算法存在的不足，在构建诊断策略前，首先对现有诊断策略优化问题的目标函数进行改进，综合测试费用、时间及故障模式可能对装备造成的损伤等因素，提出平均测试费用的优化目标函数

$$J = \min\left\{ \sum_{i=0}^{m} \left\{ \sum_{j=1}^{|p_i|} C_{\mathrm{P}i|j|} \right\} \overline{S}(f_i) \right\} \tag{5.229}$$

式中，将系统状态的相对危害度当作状态的权重计算平均测试费用，其中 p_i 为诊断策略中隔离到故障 f_i 所执行的测试序列；$|p_i|$ 为测试数量；$C_{\mathrm{P}i|j|}$ 为第 j 个

测试的执行费用；$\overline{S}(f_i)$ 为故障 f_i 的危害度权重。

假定故障模式集 $F=\{f_0,f_1,\cdots,f_m\}$ 中故障模式 f_i 单位时间内的危害度为 S_i，则故障模式的相对危害度为 S'_i：

$$S'_i=\frac{S_i}{\sum_{i=1}^{m}S_i} \tag{5.230}$$

在实际应用中，为避免当 $S_i=0$ 时，S'_i权重为 0，即系统正常时权重为 0，就对 S'_i进行修正：

$$\overline{S_i}=\frac{1+S'_i}{\sum_{i=1}^{m}(1+S'_i)} \tag{5.231}$$

在指定工作模式下，执行测试 t_j 前的故障模式集为 F，采用的启发函数为 $IG(F;t_j)/C(t_j)$，表示执行测试 t_j 获得的诊断信息，其计算方法如下：

$$K^*=\arg\max_j\{IG(F,t_j)/C(t_j)\} \tag{5.232}$$

$$IG(F;t_j)=H_{j1}(F_{j1})+H_{j2}(F_{j2})+\cdots+H_{jn}(F_{jn}) \tag{5.233}$$

$$H_{ji}(F_{ji})=-\frac{\overline{S(F_{ji})}}{\overline{S(F)}}\lg\frac{\overline{S(F_{ji})}}{\overline{S(F)}} \tag{5.234}$$

式（5.232）表示，对于给定的故障模式集 F，下一步的最佳测试为 K^*。n 为测试 t_j 对应的输出结果的个数，$n=2$ 时为二值测试，$n\geqslant3$ 时为多值测试，$C(t_j)$ 为执行测试 t_j 的费用，F_{ji}为故障—测试相关性矩阵中与测试 t_j 第 i 个输出结果相关的故障模式集，F 为执行测试 t_j 前的故障模式集，$\overline{S(F_{ji})}$ 表示故障模式集 F_{ji}的修正相对危害度，$H_{ji}(F_{ji})$ 为测试 t_j 第 i 个输出结果的诊断信息量。隔离到单个可更换单元时，$H_{ji}(F_{ji})$ 表示测试 t_j 第 i 个输出结果相关的可更换单元（其故障模式集为 F_{ji}）的诊断信息量。当故障模式集 F 中所有故障模式隶属于同一个可更换单元时，由式（5.233）和式（5.234）可知，$IG(F;t_j)=0$，即对可更换单元中的故障模式集 F 不需要再进行隔离。由于熵是∩型凸函数，且修正后的相对危害度差异比概率更小，当测试执行费用相同时，测试 t_j 输出结果越多，$H_{ji}(F_{ji})$ 越大，能获得的诊断信息越多，区分的系统故障数也越多。

由研究现状分析可知，诊断策略构建算法主要由启发函数和搜索策略构成，诊断策略构建算法可以有多种寻优策略，如单步或多步最优、全局最优搜索策略。这里提出了基于危害度的启发函数，某一模式下的寻优策略采用单步最优搜索，测试寻优策略如下。

(1) 将初始化状态模糊集 $F=\{f_0,f_1,\cdots,f_m\}$ 定义为根结点，即未解结点。

(2) 应用式 (5.232) 计算单步最优的测试，将测试作为与结点，然后根据相关性矩阵分解出与该测试输出值相对应的故障模式集结点作为当前与结点的枝结点，并标记枝结点的与结点，判断当前所有枝结点是否是叶子结点，即故障模式集不需要再分解。

(3) 若枝结点为叶子结点，则标记该枝结点为已解结点。若所有枝结点均为已解结点，则回溯到根结点时，算法结束；若当前所有枝结点中仍有未解结点，跳转至步骤 (2)。

针对多模式系统，构建诊断策略时，首先要依据指定模式 H 下的相关性矩阵，得到该模式下的诊断策略，然后针对该模式下的模糊集进行模式选择，以获得更多的诊断信息，其启发函数为

$$K^* = \arg\max_K \left\{\frac{IG(F^{\mathrm{H}};D^{\mathrm{K}})}{\mathrm{COST}(F^{\mathrm{H}};D^{\mathrm{K}}) + C_{\mathrm{HK}}}\right\} \tag{5.235}$$

$$\mathrm{COST}(F^{\mathrm{H}};D^{\mathrm{K}}) = \sum_{l=1}^{N_{\mathrm{D}}} \left(\overline{S(f_{\mathrm{K}l})} \sum_{j=1}^{N_{\mathrm{D}_{\mathrm{K}(l)}}} C_{\mathrm{D}_{\mathrm{K}(l)}[j]}\right) \tag{5.236}$$

式 (5.235) 表示对于执行给定工作模式 m_{H} 后得到的故障模式集 F^{H}，下一步最优工作模式为 K^*。D^{K} 为对于给定的故障模式集 F^{H} 执行工作模式 m_{K} 时获得的测试序列；$IG(F^{\mathrm{H}};D^{\mathrm{K}})$ 为执行模式 m_{K} 时得到的诊断信息量；$\mathrm{COST}(F^{\mathrm{H}};D^{\mathrm{K}})$ 为执行模式 m_{K} 的测试费用；C_{HK} 为由模式 m_{H} 切换成 m_{K} 时的费用，$K=0$ 时表示系统初始工作模式；N_{D} 为故障模式集 F^{H} 中的故障个数；$N_{\mathrm{D}_{\mathrm{K}}(l)}$ 为执行工作模式 m_{K} 时隔离到故障模式 $f_{\mathrm{K}l}$ 经历的测试序列的长度；$C_{\mathrm{D}_{\mathrm{K}(l)}[j]}$ 为测试序列中第 j 个测试的费用。

5.3.5.3 隔离到故障模式的诊断策略构建实例

1) 二值测试系统的诊断策略构建

针对某设备或系统，经过测试性建模分析和测试优化选择后，将得到如表 5.14 所示的故障—二值测试相关性矩阵，基于该矩阵来构建诊断策略可隔离到故障模式。

表 5.14　优化后的故障—二值测试相关性矩阵

故障	t_1	t_2	t_5	t_6	t_7	故障率	概率	危害度
f_0	0	0	0	0	0	0	0.700 0	0
f_1	1	0	0	1	1	0.814 7	0.046 3	0.814 7
f_2	1	1	0	1	1	0.905 8	0.051 5	0.905 8
f_3	0	1	1	0	1	0.127 0	0.007 2	0.127 0
f_4	0	0	0	1	1	0.913 4	0.052 0	0.913 4
f_5	0	0	1	0	1	0.632 4	0.036 0	0.632 4
f_6	1	0	1	0	1	0.097 5	0.005 5	0.097 5
f_7	0	0	1	0	0	0.278 5	0.015 8	0.278 5
f_8	0	0	0	1	0	0.546 9	0.031 1	0.546 9
f_9	0	0	0	0	1	0.957 5	0.054 5	0.957 5

首先依据表 5.14 中的危害度数据，采用式（5.230）和式（5.231）计算得到的系统故障模式集对应地修正相对危害度为

$$\overline{S}=\{0.090\,9,0.105\,0,0.106\,5,0.093\,1,0.106\,7,0.101\,8,0.092\,6,0.095\,7,0.100\,3,0.107\,4\}$$

依据启发函数式（5.232），得到测试启发函数值如下：

$$IG(F;t_j)/C(t_j)=\{0.886\,2,0.721\,2,0.960\,3,0.980\,7,0.864\,8\}$$

式中，最大值 $\max(IG(F;t_j)/C(t_j))=0.980\,7$，对应的测试为 t_6，即选择 t_6 作为与结点。依据测试输出结果，将故障模式集分为通过和不通过两个模糊集 $\{f_0, f_3, f_5, f_6, f_7, f_9\}$ 和 $\{f_1, f_2, f_4, f_8\}$，即枝结点。枝结点为未解结点，对枝结点 $\{f_0, f_3, f_5, f_6, f_7, f_9\}$ 应用启发函数，得到 $\max(IG(F;t_j)/C(t_j))$ 对应的测试为 t_5。以此类推，得到的基于危害度的诊断策略如图 5.47（a）所示。基于同样的搜索策略，采用基于概率的启发函数时得到的诊断策略如图 5.47（b）所示，图中“P”和“F”分别表示测试“通过”和“不通过”两种输出结果。两种算法得到的诊断策略中，隔离所有状态用到的总的测试结点数分别为 35 个和 37 个，采用基于危害度的诊断策略构建算法得到的诊断策略中间结点总数更少。

2）多值测试系统的诊断策略构建

下面以表 5.15 所示的优化后的故障—多值测试相关性矩阵为例，基于该矩阵构建的诊断策略，可隔离到具体的故障模式 f_i。

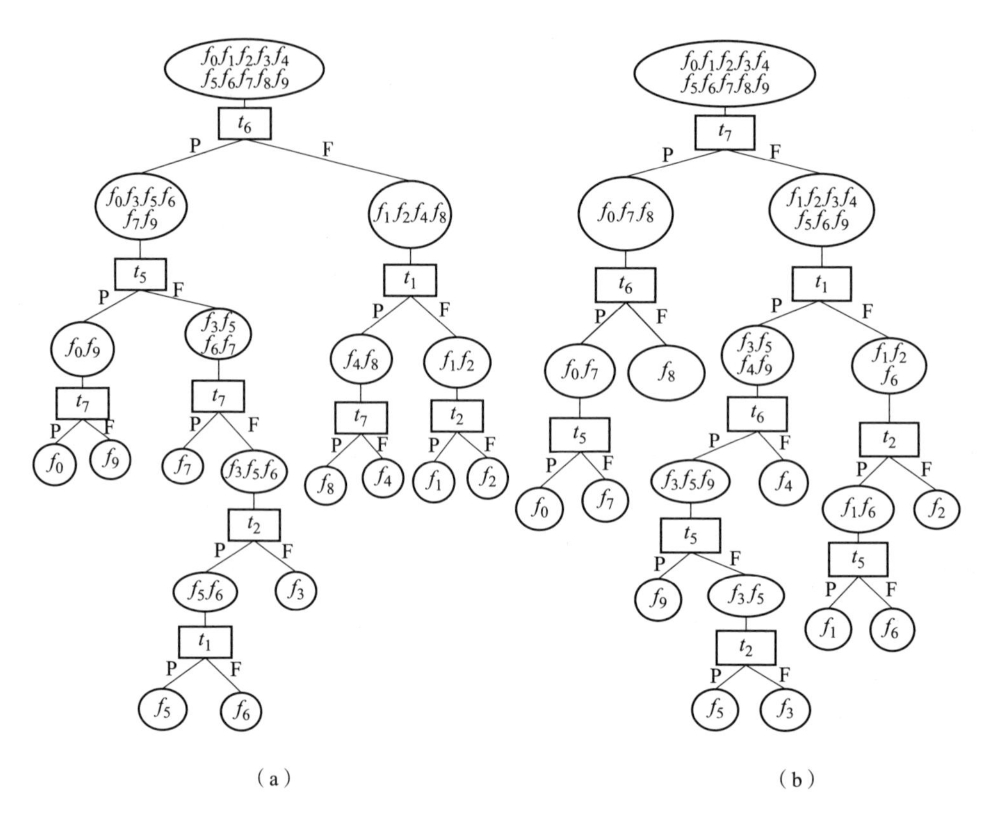

图 5.47 不同的诊断策略构建过程

（a）基于危害度的诊断策略；（b）基于概率的诊断策略

表 5.15 优化后的故障—多值测试相关性矩阵

故障	t_2			t_3			t_4			t_5			故障率	概率	危害度
	0	1	−1	0	1	−1	0	1	−1	0	1	−1			
f_0	0	0	0	0	0	0	0	0	0	0	0	0	0	0. 700 0	0
f_1	1	0	1	1	1	0	1	1	0	1	1	0	0. 913 3	0. 069 4	0. 913 3
f_2	1	1	0	1	0	1	1	1	0	1	0	1	0. 152 4	0. 011 6	0. 152 4
f_3	1	0	1	1	1	0	1	0	1	1	1	0	0. 825 8	0. 062 8	0. 825 8
f_4	1	0	1	1	0	1	1	0	1	1	0	1	0. 538 3	0. 040 9	0. 538 3
f_5	1	1	0	1	0	1	1	0	1	1	0	1	0. 996 1	0. 075 7	0. 996 1
f_6	1	0	1	1	0	1	1	0	1	1	1	0	0. 078 2	0. 005 9	0. 078 2
f_7	1	1	0	1	1	0	1	1	0	1	0	1	0. 442 7	0. 033 7	0. 442 7

采用上述分析方法隔离到具体故障模式时，得到基于危害度的诊断策略，如图 5. 48（a）所示；基于同样的搜索策略，采用基于概率的启发函数时得到的诊断策略如图 5. 48（b）所示。两种不同算法隔离所有状态所经历的中间结点总数相同。

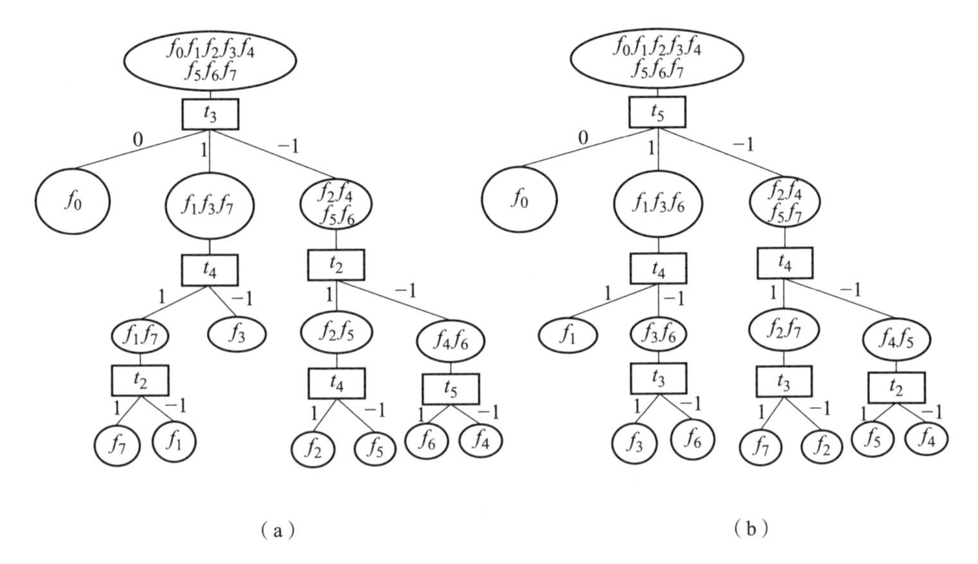

图 5. 48　不同的诊断策略构建过程

（a）基于危害度的诊断策略；（b）基于概率的诊断策略

5. 3. 6　专家系统

5. 3. 6. 1　专家系统概述

专家系统（expert system，ES）产生于 20 世纪 60 年代中期，是人工智能最为成功的一个研究领域。同时，专家系统是计算机应用的一个前沿领域，使人工智能问题可用计算机解决。目前专家系统已进入商品化阶段，广泛应用于化学分析、地质勘探、医学诊断、天气预报、财务预算及设备监测诊断等诸多领域，并已取得了巨大的经济效益和社会效益。其中故障诊断专家系统因其在实际应用中发挥的作用和取得的效益受到了工程界的普遍重视，已成为故障诊断技术发展与应用的主流。

5. 3. 6. 2　专家系统的基本结构

专家系统是一种计算机程序系统，能够在专门领域达到专家的水平。一个计算机程序要想表现其“专长”，必须能够通过推理解决问题，并得出相当可靠的结果。程序必须能存取事实集，即所谓的知识库。程序还必须能在咨询会话时，从知识库可利用的信息中推出结论。有些专家系统还能在会话期间添加新的信息，有自学功能。

专家系统可以被看作由知识库、推理机和用户接口三个部分组成，专家系统的一般结构如图 5.49 所示。

图 5.49　专家系统的一般结构

1）知识库

知识库是专家系统的核心部分。它包含描述关系、现象、方法的规则，以及在专家系统知识范围内解决问题的知识。知识库可以被认为是由事实性知识和推理性知识组成的。例如，陈述句“John F. Kennedy was the 35th President of the United States”是事实性知识的一个例子，而“If you have a headache, take two acetaminophen tablets”是推理性知识的一个例子。知识库一般存放在磁盘上或其他存储设备上。

知识表示是一组用于描述知识对象的语法和语义约定。设计知识表示的经验法则是：知识的表示形式应该自然简单，且容易存取。当运用知识表示时，必须牢记的一个原则是“保证它的简单和精确”（Keep It Simple, Scholar; KISS）。

通常由“知识工程师”（或专家系统设计者）建造系统。知识工程师与领域专家一起把专家的知识编成知识库中的代码。专家系统设计者必须能使用所给的知识，并且与领域专家一起工作。这些活动构成了正在发展中的知识工程研究领域。

在 Turbo Prolog 专家系统中，知识通常用以下两种方法之一来表示。一种方法是把事实和数据（事实性知识）分类，放到 Turbo Prolog 规则中。这种表示适用于基于规则的专家系统，基于规则的专家系统是当前最普通的系统。这类系统已被开发并广泛应用于科学、工程、商业等领域。另一种方法是把事实和数据构成子句，形成子句知识库。这种子句表示适用于基于逻辑的专家系统。

还有其他的知识表示系统，例如基于框架的系统和基于模型的系统。基于框架的系统使用基于对象属性的逻辑组合表示知识，在框架中描述的逻辑组合是为存储和检索服务的。在基于模型的系统中，系统的设计和结构基于知识的结构和研究的行为，例如用于研究某种型号汽车的专家系统就是一例。

2）推理机

推理机包括操作规则和原理。推理机“知道”如何使用知识库，以便从知识库的信息中得出合理的、前后一致的结论。当询问专家系统时，推理机进行判断推理决定采用哪种技术以及如何应用知识库中的规则来求解询问中所提的问题。实际上，推理机是通过决定激活和访问知识库中哪条适用的规则来驾驭专家系统的。推理机执行这些规则，确认是否找到可接受的解，并把结果送到用户接口。

在基于规则的和基于逻辑的系统中，用户的问题都是根据适合于系统的逻辑来回答的。在基于规则的系统中，用户的询问都被转换成与知识库规则中相应部分相匹配的形式。推理机从“dptop”规则开始进行匹配。这种起动规则的动作叫“激活”（firing）。随着匹配过程的延续，去激活适当的规则，直至发现匹配或整个知识库都找遍仍未发现匹配。在基于逻辑的系统中，转换后的查询即为和知识库子句匹配所得的值。

当推理机发现不止一个规则可被激活时，必须作出优先选哪一条规则的决定。通常优先权给予那些较为明确的规则或首先考虑更多数据的规则。这一过程称为冲突消解。

3）用户接口

用户接口是专家系统中与用户通信的部分。用户接口既可接受来自用户的信息，又可向用户发送信息。简而言之，当用户提出问题时，用户接口能确保收到所有必需的信息。根据用户输入问题的类型和性质，用户接口把有关的信息传输给推理机。当推理机将从知识库中推理得到的有用知识返回时，用户接口采用适当形式将得到的知识再回送给用户。用户接口为专家系统和用户提供通信。这种人—机通信通常包括以下几种功能。

（1）处理键盘和屏幕的输入、输出。

（2）支持用户和专家系统间的对话。

（3）识别出用户和系统间的认识差异。

（4）提供用户友善特性。

用户接口应有效地处理输入和输出。这要求用清晰简洁的形式快捷处理输入/输出数据，包括选择存储设备，如打印机、存储磁盘和辅助数据文件等。

另外，用户接口必须支持用户和专家系统之间流畅对话。对话是向专家系统咨询的一般形式。咨询结束必须以系统规定的目标清晰地给出结果，同时对推出这些目标的理由给出恰如其分的解释。

用户接口还必须能识别各种错误或用户与系统之间的认识差异，并能顺利地处理这些错误和差异。例如，当要求回答“Y”或“N”而用户却键入“1”时，或当用户问一个不相干的问题时，应给予适当错误提示或回复。

最后，用户接口应该是与用户友善的。例如，显示用户可选择作业的菜单系统是专家系统所需的特性，用户可应用自然的方式与专家系统交互，最理想的是用户能使用自然语言。

5.4 故障诊断技术的发展趋势

5.4.1 复合智能故障诊断技术研究

将多种不同的智能技术结合起来的复合诊断系统是智能故障诊断研究的一个发展趋势。其中模糊逻辑、神经网络与专家系统结合的诊断模型是目前人工智能领域的研究热点之一。同时基于多模型结合、分布式、实时诊断的专家系统及基于信息融合和智能优化的故障诊断等也是研究所趋。

5.4.2 基于因特网和无线数据传输技术的远程协作诊断技术研究

基于因特网和雷达技术的设备故障远程协作诊断是将设备诊断技术与计算机网络技术和雷达技术相结合，将若干台中心计算机作为服务器，在关键设备上设置状态监测点，采集设备状态数据，并在一定的地域空间内方便地将设备状态数据无线传输至地面服务器或基站；建立综合诊断中心，为设备提供远程技术支持和保障。跨地域、跨空间远程协作诊断的特点是测试数据、分析方法和诊断知识的网络共享，因此必须使传统诊断技术的核心部分即信号采集、信号分析优化和诊断专家系统，能够在网络上远程运行。要实现这一步应重点研

究和解决远程信号采集与分析、实时监测数据的远程传输、基于Web数据库的开放式诊断专家系统设计以及通用标准等问题。

5.4.3　复合智能仿生故障诊断技术研究

生物系统中的信息处理系统包含遗传系统、脑神经系统、免疫系统和内分泌系统四种类型，它们之间既相互区别、相互联系、相互制约，又相互依赖的机理为人工智能的综合集成提供了坚实的基础。随着科技的进步，设备的复杂程度越来越高，可以大胆设想一种具有完全的自感知、自识别、自处理以及自适应能力，能模拟人类生理信息处理系统的综合集成智能故障诊断系统。

第6章 装甲车辆关键系统的状态评估与典型故障的诊断

装甲车辆底盘推进系统，有时也称动力传动系统，是实现其机动能力的重要保障，通常底盘推进系统由柴油发动机、传动箱、离合器、变速箱、行星转向机和侧减速器等组成。从我军一、二代装备到当今的三代装备，其柴油发动机的功率体积比等性能指标得到了大幅提升，除了采用涡轮增压技术外，柴油发动机的气缸数量及缸径、冷却方式和V形排的结构形式等没有革命性的变化。但在传动系统中，它的主要功能是换挡、变速、转向和制动，原来这些功能的实现需要传动箱、离合器、变速箱、行星转向机等多个分立部件来完成。随着综合传动技术的研究深入和CH系列综合传动装置的成功研制，新装备普遍采用了综合传动装置，其特点是一个装置就能实现原来需要4~5个分立部件才能完成的换挡、变速、转向及制动等功能。本章主要在介绍装甲车辆动力传动系统关键性能及状态特征的分析计算方法的基础上，重点围绕柴油发动机、定轴变速箱、行星变速箱和综合传动装置等关键系统或装置性能状态的评估以及典型故障的诊断展开阐述。

6.1　装甲车辆典型状态信号的特征分析及应用

6.1.1　基于瞬时转速信号的柴油发动机原位加速性能指标提取

瞬时转速反映柴油发动机曲轴在某时刻的转速，它是柴油发动机输出功率直接作用的结果，能综合反映出柴油发动机的工作状态和工作质量，是反映柴油发动机调速性、运转平稳性及无外载加速测功的主要参数。之所以要研究柴油发动机的瞬时转速，一方面是由于对柴油发动机升降速等瞬态过程的研究越来越引起人们的重视，因而检测人员需要检测在整个瞬态过程中柴油发动机转速的变化；另一方面，当柴油发动机在稳定工况下运转时，虽然其平均转速是不变的，但其瞬时转速是变化的，即使是在柴油发动机的每一转中，转速也是波动的。这一呈周期性波动的瞬时转速信号，包含了柴油发动机运转过程中的许多有用信息，反映出柴油发动机工作循环内各缸的工作状态，包括燃烧正时、燃烧均匀性及充分性等。

6.1.1.1　瞬时转速检测原理和方法

瞬时转速的检测过程通常先是通过对360°曲柄转角（曲柄转动一周）进行等间距分度，然后选取合适的传感器来测量得到时域波形，再间接获得通过每一分度的时间，进而得到瞬时转速。所以瞬时转速的测量是间接测量，它包括转速脉冲信号的获取和瞬时转速的计算两部分。图 6.1 给出了基于高速采样法的瞬时转速检测流程。

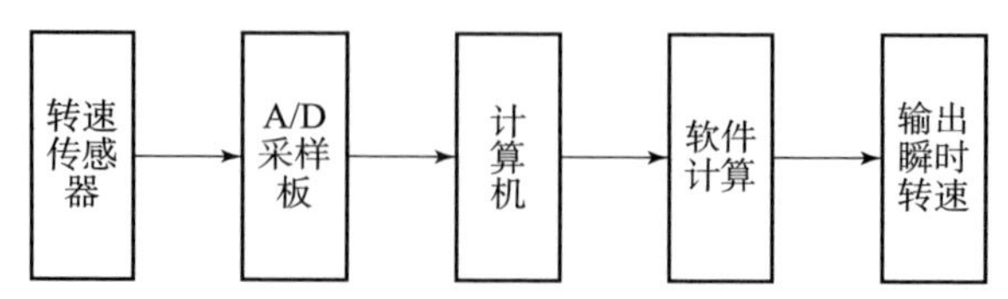

图 6.1　基于高速采样法的瞬时转速检测流程

如本书第 3 章所述，转速脉冲信号的获取方式有很多种，但在装甲车辆上主要采用光电法和磁电法。光电法是通过在曲轴或者飞轮上布置反光胶带，通过光电编码器将反射光的信号转化为电信号，其输出为矩形脉冲信号；磁电法是通过磁电传感器来获取信号，分度是通过和主轴同步的齿圈（常用飞轮上的齿圈或主离合器的外齿圈）来完成的，其输出近似为方波信号。无论采用哪种传感器，都是通过预先设定的采样频率 f_s（一般达到上百 kHz，根据瞬时转速精度要求来定）实现转速传感器输出脉冲信号的高速采样，得到转速信号的离散脉冲序列，然后根据传感器安装位置转轴旋转一周产生的脉冲数 1 个或 K 个来统计分析相邻两个或多个脉冲上升沿或下降沿之间的采样点数，即可得知转轴旋转一周对应的时间，其倒数就是转轴的转速。通常如果转轴旋转一周仅产生一个脉冲，则相邻两个脉冲对应的时间之倒数就是曲轴的平均转速（旋转一周的平均转速）；若转轴旋转一周产生了 K 个脉冲，则连续 $K+1$ 个脉冲对应的时间之倒数就是转轴的平均转速，相邻 $m(2\leqslant m\leqslant K+1)$ 个脉冲之间的转速就是转轴旋转角度为 $360°/(m-1)$ 时对应的转速，相当于这个转角期间的平均转速，也就是曲轴旋转一周过程中转过这个转角期间的瞬时转速。由此也可以看出，所谓瞬时转速概念中的“瞬时”也是相对的。借助于本书第 4 章旋转机械键相的概念，即转轴上的不连续点每次经过键相器下方时，因传感器感受到在间隙距离上的较大变化从而导致输出电压值也会相应跳变，转轴上凸出部分的传感器输出电压产生一连串的正向电压升，而凹槽处的输出电压产生一连串的负相电压降。对于磁电式转速传感器，一般安装时正对着某个齿轮的齿顶，随着齿轮旋转引起的传感器与齿轮之间距离的周期性变化，某个轮齿的齿顶正对着传感器时，传感器与齿轮之间的距离最小，可能产生正向脉冲；当轮齿之间的间隙正对着传感器时，传感器与齿轮之间的距离最大，可能产生负向脉冲。这样随着齿轮的旋转，就得到一系列正向、负向交替出现的电压脉冲信号。取采样所得原始转速信号电压幅值中间值至最大值间的某电压值为键相初始值，根据此值记下第一个键相跳变点下标，同理记下下一次相同或相似波形趋势键相跳变点的下标，由这两个数据点下标之差计算出相邻轮齿之间的

采样点数，结合高速采样时的采样频率，即可计算出一个瞬时转速值；依据此思路，去除采样数据末段不完整的采样点，最终可得到一系列的瞬时转速值，从而实现用高速采样法计算瞬时转速的目标。图 6.2 给出的是转速信号高速采样后获取的原始信号波形示意图，从中可见方波信号有明显的上升沿或下降沿。

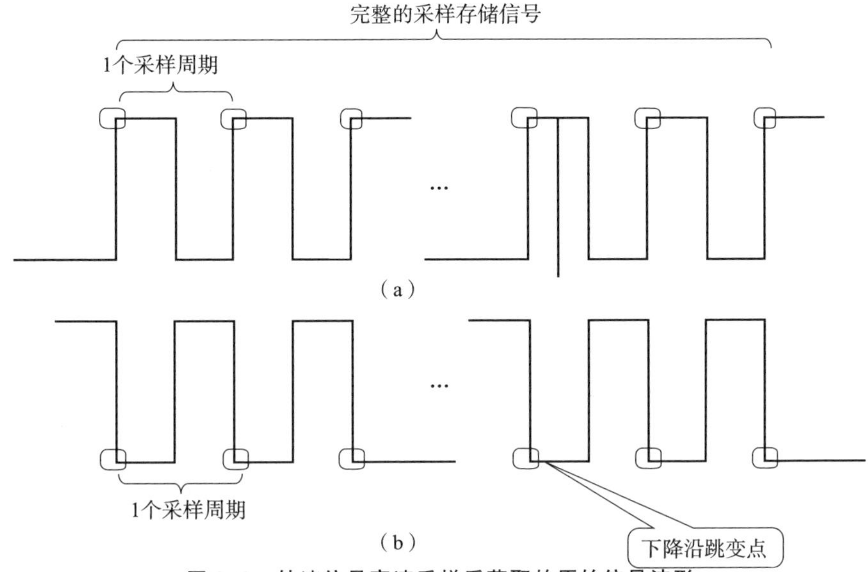

图 6.2　转速信号高速采样后获取的原始信号波形

(a) 从脉冲上升沿开始计数；(b) 从脉冲下降沿开始计数

瞬时转速计算过程如下：首先是对柴油发动机转速采样信号的第一个点与键相初始值进行比较，大则视为高电平，小则视为低电平。其次，从采集到的离散数据的第一个点开始查找，直至确定第一个脉冲的跳变点的索引，若它是上升沿，则依次查找下一个上升沿的位置，连续两个或多个上升沿之间的数据点数乘以采样频率的倒数就对应转轴旋转一周的时间；若第一个脉冲是下降沿，则依次查找下一个下降沿的位置，连续两个或多个下降沿之间的数据点数乘以采样频率的倒数就对应转轴旋转一周的时间。最后程序判断结束时跳变的次数记为 N，完整的采样周期数为 T。通过以上分析，可以建立如下瞬时转速计算模型：

$$n = 60/\Delta T = 60f_s/N_K$$

式中，n 为转速，r/min；f_s 为转速通道的采样频率，Hz；ΔT 表示转轴转过 360°/(PhaseNum − 1) 的角度所用的时间，$\Delta T = N_K/f_s$，其中 N_K 表示连续 (PhaseNum + 1)/K 个脉冲之间的采样点数，其中，PhaseNum 为键相数，这里就是齿轮的轮齿数，相当于转轴每旋转一周，对应有（PhaseNum + 1）个连续脉冲数据；K 表示待计算瞬时转速的精度要求，即齿轮转过几个轮齿或经历几个键相跳变信号计算一次瞬时转速，取值范围满足 $1 \leqslant K \leqslant \text{PhaseNum}+1$。

其具体流程如图 6.3 所示。

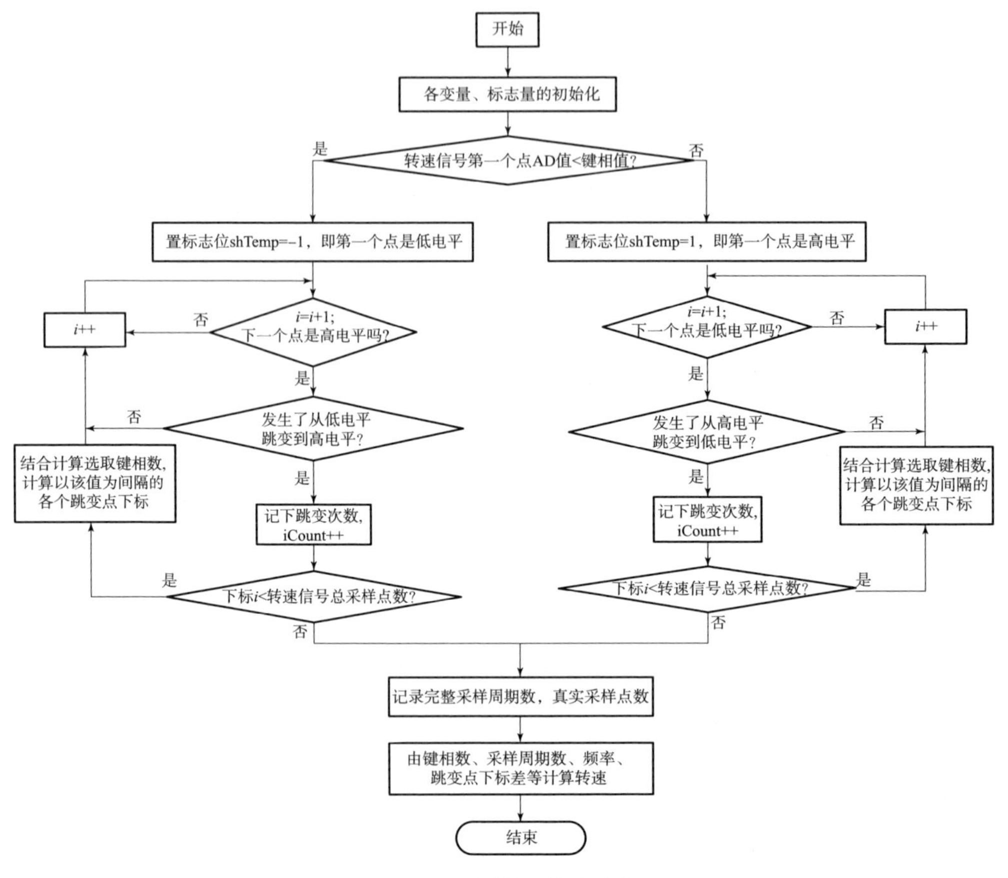

图 6.3　瞬时转速算法流程

关键步骤说明：

(1) 键相值的选取一般取转速信号采样电压幅值的中间部分电压值为宜，键相的数量一般取转轴上均匀分布的发射条纹（对光电传感器而言）或者传感器所对齿轮的轮齿数。

(2) 根据转速采样数据第一个点与键相值比较判断高低电平，结合瞬时转速计算时所选取的齿数，取完整的跳变周期数。

(3) 根据上升沿或下降沿的数据点下标及采样频率即可计算出瞬时转速值。

经过上述的计算过程，即可将图 6.2 所示来自传感器的脉冲波形转化成图

6.4 所示的瞬时转速波形。

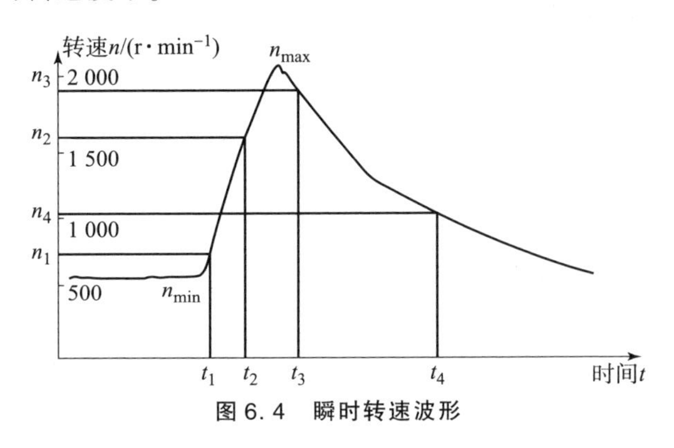

图 6.4　瞬时转速波形

6.1.1.2　基于瞬态过程转速信号的特征计算

在图 6.4 所示的瞬时转速波形中，n_1 为对应于时刻 t_1 按规定所计算加速的起始转速（r/min），n_2 对应于时刻 t_2 按规定所计算加速的终止转速（r/min）；n_3 为对应于时刻 t_3 按规定所计算减速的起始转速（r/min），n_4 为对应于时刻 t_4 按规定所计算减速的终止转速（r/min），Δt_1 为加速时间（s，秒），$\Delta t_1 = t_2 - t_1$，Δt_2 为减速时间（s，秒），$\Delta t_2 = t_4 - t_3$，则能够定义得到以下特征参数。

1）最高空转转速 n_{max}

最高空转转速是指柴油发动机在无外负载的情况下油门加到最大位置时所能达到的最高转速，它是柴油发动机战术技术性能指标中的一个重要参数，不同型号柴油发动机有一个规定值，它综合反映了柴油发动机的功率特性。其实现过程是使车辆挡位处于空挡位置，切断柴油发动机与变速箱以外的动力连接，猛踩油门加油，使柴油发动机在最大油门位置上以运动零部件的当量转动惯量为负载加速，以达到一个最大转速值。对于我军二代装甲装备来说，通常该值应能达到 2 250 r/min，若低于此规定值，柴油发动机的动力将不能全部发挥出来，应仔细检查存在问题的原因，在燃油喷射系统状态正常的情况下，一定是柴油发动机磨损较为严重所致。

最高空转转速指标提取：根据瞬态加速过程检测所得转速，按照转速的算法可计算出一系列瞬时转速值，对其进行排序比较，最大瞬时转速值即为最高空转转速，即图 6.4 中的转速最高点 n_{max}。

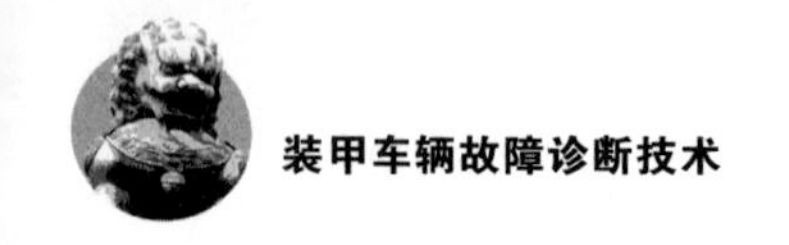

2）最低稳定转速n_{min}

最低稳定转速，有时称怠速，是指柴油发动机在无外负载并稳定转速的情况下所能达到的最低稳定转速。简言之，怠速是指柴油发动机无负荷时的最低稳定转速，处于此转速下的柴油发动机既不熄火，运转也平稳。其基本实现过程是使装甲车辆处于空挡位置，切断柴油发动机与除变速箱以外的动力连接，柴油发动机油门处于最低供油位置（自然位置），使柴油发动机稳定在一个较低的转速，其值不得低于500 r/min。该转速应符合规定，否则应对油门（位置）进行调整。注意：有时转速虽符合规定，但当柴油发动机慢慢自动熄火或运转不平稳时，应找出其他原因，进行排除。

3）加速时间Δt_1

加速时间是反映柴油发动机动力性能的重要指标，是由指定的转速迅速上升至某一给定转速所用的时间，随着柴油发动机使用期的增长、磨损增加、功率下降，加速时间将变长。

最低稳定转速到最高空转转速加速时间Δt_{10}指标的提取：求得最高空转转速与最低空转转速后，二者的时间坐标之差就是该转速范围内的加速时间，单位为秒。

4）减速时间Δt_2

减速时间是指柴油发动机在减速的情况下，由指定的转速迅速降到某一指定转速所用的时间。由于柴油发动机在减速的过程中开始减速的转速不一，所以通过选取特定的转速开始计算至熄火的时间可以对不同柴油发动机的减速性能进行比较。

5）平均功率Nem

将柴油发动机所有运动件的转动惯量（包括折算往复件的转动惯量）作为测功负载而无外加载荷，在油门从怠速突然转换到全开后，柴油发动机将自动产生加速，此时指示扭矩除克服机械阻力矩外，剩余的扭矩（有效扭矩Me）将全部用来加速机件运转，此时的运动微分方程为：

$$\mathrm{Me} = J\frac{\mathrm{d}w}{\mathrm{d}t} \quad (\mathrm{kg \cdot m}) \tag{6.1}$$

式中，J为柴油发动机运动机件对曲轴中心线的折算转动惯量，$\mathrm{kg \cdot m^{-1}}$；$\frac{\mathrm{d}w}{\mathrm{d}t}$

为曲轴角加速度，$1/s^2$。

柴油发动机有效功率 Ne 此时为

$$\mathrm{Ne}=\frac{\mathrm{Me}\cdot n}{9\ 549}=J\cdot\frac{\mathrm{d}w}{\mathrm{d}t}\cdot\frac{n}{9\ 549}\quad(\mathrm{kW})\tag{6.2}$$

式中，n 为曲轴平均转速，r/min；w 为曲轴平均角速度（1/s）。

通过测量一定转速范围内柴油发动机的加速时间来确定平均功率 Nem：

$$\begin{aligned}\mathrm{Nem}&=J\cdot\frac{\mathrm{d}w}{\mathrm{d}t}\cdot\frac{n}{9\ 549}=J\cdot\left(\frac{2\pi}{60}\cdot\frac{\mathrm{d}n}{\mathrm{d}t}\right)\cdot\frac{n}{9\ 549}\\&=J\cdot\frac{\pi n}{9\ 549\cdot 30}\cdot\frac{\mathrm{d}n}{\mathrm{d}t}\end{aligned}\tag{6.3}$$

式中，$n=\frac{n_2+n_1}{2}$表示平均转速；以平均转速变化率$\frac{n_2-n_1}{\Delta T}$代替瞬间转速变化率$\frac{\mathrm{d}n}{\mathrm{d}t}$，可得 $\mathrm{Nem}=\frac{\pi}{9\ 549\cdot 30}\cdot\frac{n_2^2-n_1^2}{\Delta T}\cdot J$，并记系数 $K=\frac{\pi}{9\ 549\cdot 30}\cdot\frac{n_2^2-\mathrm{n}^1}{\Delta T}$，所以有 $\mathrm{Nem}=K\cdot J$。

即在已知柴油发动机始末转速 n_1、n_2 时，只要测定全供油加速的时间 ΔT，就可以得出柴油发动机平均功率系数 K；由于 J 为常数，所以可推算出柴油发动机的平均功率 Nem。这种方法的误差一般在 3% ~5% 。由于同一型号的柴油发动机在制造时不可避免地存在一些误差，转动惯量的出入可达 ±1.3% ，而且内燃机通常的标定功率是在稳定工况下进行测定的，所以在突然加速工况下，柴油发动机燃油供给系统、空气供给系统和其他方面的工作特性同稳定工况下的相关数据有较大差别。

6.1.1.3　实车检测数据分析处理

这里所列举的实车检测瞬时转速的实例，选用透射式光电转速传感器。由于在实车上无法安装一同轴均匀分布的齿盘作为传感器的遮光盘，所以将传感器的发射端和接收端分别布置在主离合器主动鼓起动齿圈的两侧，此时齿圈就相当于传感器的遮光盘，如图 6.5 所示。

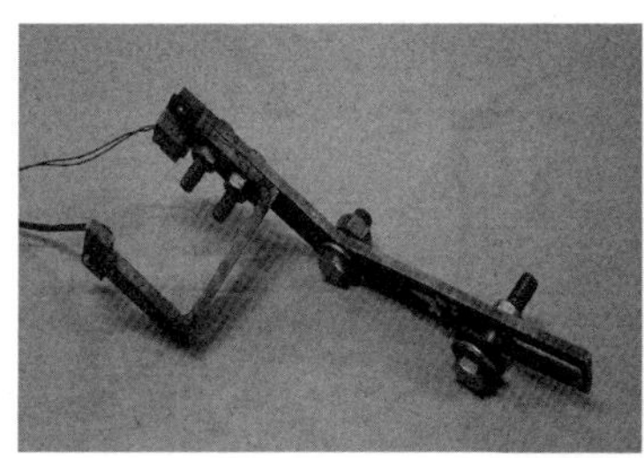

图 6.5　透射式光电转速传感器卡具及安装位置

从图6.5中可以看出，将传感器通过专门设计的卡具固定在装甲车辆变速箱与主离合器之间，使传感器发射端与接收端分别位于主动鼓起动齿轮的两侧。当齿轮的轮齿正处于传感器的发射端和接收端之间时，轮齿就挡住了光电传感器的发射端和接收端，此时传感器输出为低电平脉冲；当两个轮齿之间的空隙处于传感器的发射端和接收端之间时，传感器的发射端和接收端就处于接通状态，此时传感器输出为高电平脉冲。随着齿轮的转动，传感器的发射端和接收端时而接通、时而断开，相应地传感器输出交替的高低电平，这就得到了图6.6所示的方波信号。

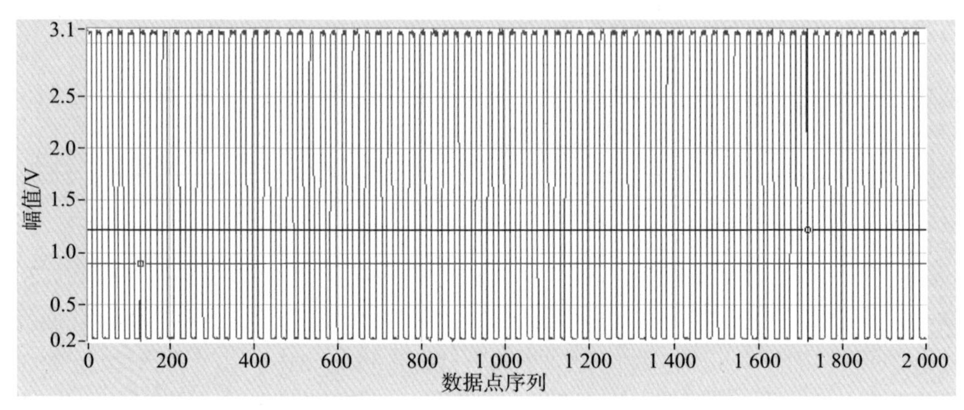

图6.6　实测柴油发动机主离合器转速信号波形

当装甲车辆柴油发动机空负荷原地工作时，柴油发动机曲轴功率输出端通过联轴器带动齿轮传动箱、主离合器、风扇联动装置和风扇旋转。主离合器上的主动鼓起动齿轮共有105个齿，曲轴与主离合器之间定轴齿轮传动箱的传动比为0.7∶1，曲轴转1圈，主离合器上的主动鼓转1/0.7圈，相当于主动鼓起动齿轮转150个齿。瞬时转速的测量就是通过检测主动鼓起动齿轮上每个齿或某几个齿的转速脉冲来实现的，即在曲轴旋转的1圈内，测量150个转速脉冲，据此计算瞬时转速，它实际上是曲轴旋转一周的平均转速。如果每连续5个脉冲计算一次瞬时转速，那就相当于曲轴每旋转360°/150/5 = 0.48°计算一次转速，这样曲轴旋转一周可得到30个瞬时转速。如果相邻两个脉冲计算一次瞬时转速，相当于曲轴每旋转360°/150/2 = 1.2°计算得到一个瞬时转速。

在进行实车实验时，应首先对柴油发动机的运行状态进行常规检查。柴油发动机运行状态常规检查包括外观、机油压力、机油温度、冷却液温度。外观检查气缸盖、水套漏气、漏油、漏水情况，进排气歧管漏气情况，异常响声情况以及排烟情况。检查机油压力时，应确保柴油发动机起动后空转时机油压力不低于0.2 MPa；正常工作时机油压力不应低于0.59 MPa或高于0.98 MPa。

柴油发动机起动后，稳定在怠速状态，然后指挥驾驶员快速一脚油门踩到底，稳定 1 ~ 2 s 后松开油门，自然恢复初始怠速状态直至停机。重点采集分析操作指令下达至停机过程中的主离合器瞬时转速脉冲信号。图 6. 6 给出了传感器实测的电压脉冲信号波形示意图（由于脉冲方波的波形相当密集，图中波形是截取了原始数据中下标点 0 ~ 2 000 点段的数据绘制的）。根据前面给出的瞬时转速计算方法及原理，可得到图 6. 7 所示的瞬时转速波形。从图中可以看出，瞬态过程的加速过程比较明显，从一个较低的波动速度 600 r/min 左右升至 2 149 r/min 后，自由减速又经历下一个减速过程。但是转速信号波形中存在一些毛刺，也就是转速波动。采取数字滤波器技术对图 6. 7 中的数据进行滤波，得到图 6. 8 所示的较为平滑的转速波形。滤波处理选用了巴特沃斯滤波器，滤波阶次选为 6。

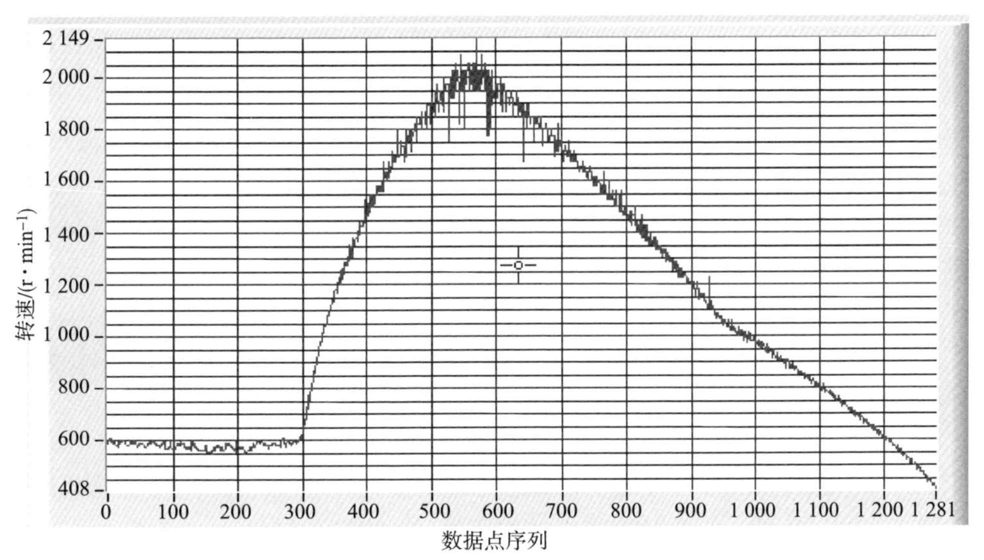

图 6. 7　实测柴油发动机曲轴瞬时转速波形

1）最高空转转速和最低稳定转速特征的计算

图 6. 8 给出的是在上述工况下所测得的怠速一脚油门工况和减速过程瞬时转速曲线的平滑去噪波形。从图中可以看出，所测装备柴油发动机的最高空转转速为 2 016 r/min；最低稳定转速为 580 r/min。

2）加速时间特征指标的计算

柴油发动机加速时间是指柴油发动机在无负荷工作状态下的起动过程从怠速加速到最高空转转速的时间。对于柴油发动机的最高空转转速，只需找出柴

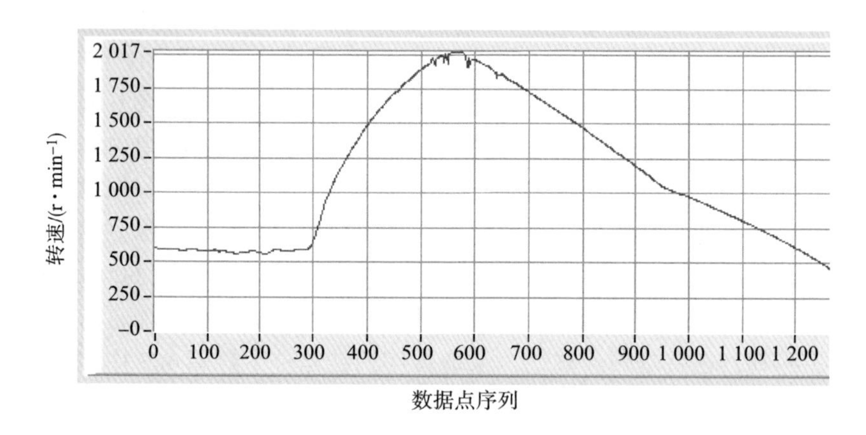

图 6.8　实测柴油发动机曲轴瞬时转速去噪后波形

油发动机在正常工作时所达到的最大峰值（柴油发动机的一个最大瞬时转速值）并对其进行记录。对于最低稳定转速，柴油发动机在实际的操纵中因为驾驶员稳定加油齿杆的过程会有些小的波动。通过计算确定瞬时转速波形中最低稳定转速580 r/min 的时间坐标和最高空转转速 2 016 r/min 的时间，二者之间的时间差就是从最低怠速到最高空转转速的时间，结果为 0.81 s。当然，对于同型号的装备柴油发动机而言，其最低怠速和最高空转转速在量值上会存在一定的差异。为了进行不同柴油发动机个体之间加速性能的横线比较，通常给定一个转速范围，确保不同柴油发动机个体都能经历这些转速，如计算从 580 r/min 加速到 2 000 r/min 的时间，这样的特征指标将更具有工程应用价值。

另外，通过检测柴油发动机在稳态工况的曲轴转速波动信号，还可以评价各缸工作的均衡性。监测各缸工作的均衡性，对发现单缸供油过大或过小、喷油器故障、高压柴油泵异常、顶缸、拉缸以及进排气门异常等故障具有十分重要的意义。

柴油发动机一个缸在一个工作循环中，当处于爆发行程时会使曲轴转速升高，当处于压缩行程时又使曲轴转速降低，在多缸同时工作时，曲轴转速的变化规律将是各缸作用结果的合成，所以柴油发动机曲轴转速是随曲轴转角的变化而改变的，即瞬时转速是变化的。当柴油发动机正常时，各缸工作状态几乎完全一样，这时认为柴油发动机各缸工作是均衡的，对应着一种标准的曲轴瞬时转速变化规律。然而当柴油发动机发生上述故障之一时，故障缸的瞬时转速变化规律必与标准不同，也与其他正常缸的不一致，从而判定缸的故障。

曲轴瞬时转速检测通常采用在曲轴输出端安装转速传感器的方法。图 6.9

为某型柴油发动机曲轴瞬时转速波形。图6.9（a）所示为各缸工作均衡时的瞬时转速波形，图6.9（b）所示为柴油发动机左三缸单缸不工作故障时的瞬时转速波形。

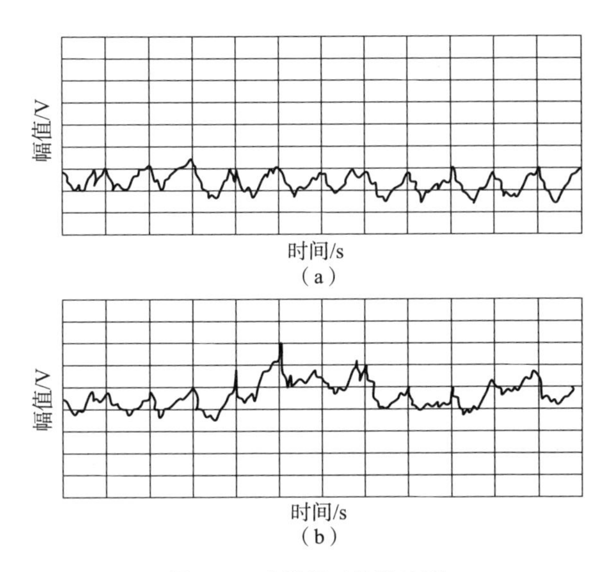

图6.9　曲轴瞬时转速波形

6.1.2　基于振动信号的烈度特征计算

6.1.2.1　振动烈度的定义

振动烈度定义为频率10～1 000 Hz范围内振动速度的均方根值，是反映一台机械设备振动状态的综合直观且实用有效的特征量。在振动标准的制定方面有两个公认的权威性国际机构：一个是国际标准化组织（ISO）；另一个是国际电工委员会（IEC）。旋转机械的几个常用标准有国际标准化组织颁布的ISO 2372和ISO 3945，德国标准VDI 2056，英国标准BS 4675，我国国家标准GB/T 11374—1989等。往复式机械国家标准有GB 7777—1987往复活塞机械振动测量与评价；GB 7184—1987中小功率柴油发动机测量方法；GB 10397—1989中小功率柴油发动机振动评级；GB/T 12779—1991往复式机器整机振动测量与评级方法等。总的来说，上述大部分通用性标准具有普遍适用性，存在的局限性是任何一个标准都是在一定的综合条件下制定的，因而针对某种装备的具体性体现不足。

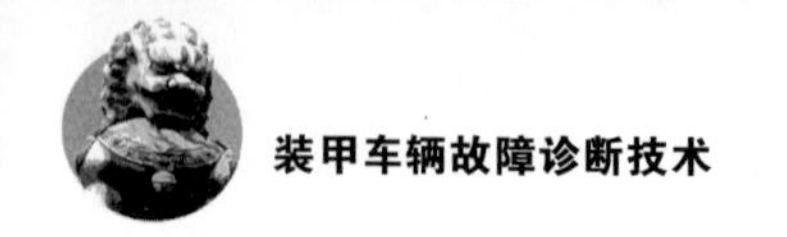

6.1.2.2 基于振动速度信号的振动烈度计算方法

1）振动烈度的时域计算

根据振动烈度的定义，基于实测的车辆振动速度离散数据 $v(n)$（$n=0, 1, \cdots, N-1$），经过 10～1 000 Hz 的带通滤波器后直接按式（6.4）计算振动烈度 $V_{\rm rms}$：

$$V_{\rm rms} = \sqrt{\frac{1}{N}\sum_{n=0}^{N-1} v^2(n)} \tag{6.4}$$

若实测的振动速度信号为连续的模拟信号，经过模拟滤波后，按式（6.5）计算其振动烈度：

$$V_{\rm rms} = \sqrt{\frac{1}{T}\int_0^T v^2(t)\,{\rm d}t} \tag{6.5}$$

式中，$v(t)$ 为振动速度信号；T 为计算所取的时间长度；$V_{\rm rms}$为计算的振动烈度结果。

但实际工程中振动检测的信号类型，可能是振动速度信号，在时域内利用现有振动烈度的标准计算公式即可求得；对于其他类型的振动信号，如振动位移信号、振动加速度信号，在时域内提取振动烈度特征时需采用微积分计算、选频滤波等，因而在时域内提取该指标时不太方便，有必要在频域内对其进行计算。

2）振动烈度的频域计算

根据巴塞伐尔定理可知，信号的能量在时域的表示和频域的表示应该是相等的，而振动烈度是信号能量或功率的直接指标，因此振动烈度的计算既可以直接利用振动速度信号的时域数据来计算，也可以利用振动速度信号对应的频域信号来计算。首先要了解一下振动烈度与信号能量或功率之间的关系。

（1）振动烈度与信号功率关系分析。

对于实测信号 $x(t)$，定义

$$P = \lim_{T\to\infty}\frac{1}{T}\int_{-T/2}^{T/2} x^2(t)\,{\rm d}t \tag{6.6}$$

式中，P 为信号的平均功率，若 $0 < P < \infty$，称 $x(t)$ 为功率有限信号，简称功率信号。

实测信号无法做到观测时间 $T\to\infty$，必须进行截断，使之成为有限长的因果信号。若计算时间长度为 T，则信号功率的实际计算公式变为

$$P=\frac{1}{T}\int_{0}^{T}x^{2}(t)\,\mathrm{d}t \tag{6.7}$$

对比振动烈度的定义，可得出结论：振动烈度在数值上也等于信号功率的平方根值或有效值，即 $V_{\mathrm{rms}}=\sqrt{P}$。

（2）周期信号的功率特性。由数学知识可知，一个以 T_0 为周期的函数 $x(t)$，如果符合狄利克雷条件，那么其三角形式的傅里叶级数为

$$x(t)=a_0+\sum_{n=1}^{\infty}\left[a_n\cos(nw_0t)+b_n\sin(nw_0t)\right] \tag{6.8}$$

式中，w_0 为角频率；$a_0=\frac{1}{T_0}\int_{-T_0/2}^{T_0/2}x(t)\,\mathrm{d}t$ 表示直流分量；$a_n=\frac{2}{T_0}\int_{-T_0/2}^{T_0/2}x(t)\cos(nw_0t)\,\mathrm{d}t$，$n=1,2,3,\cdots$ 表示余弦分量的幅值；$b_n=\frac{2}{T_0}\int_{-T_0/2}^{T_0/2}x(t)\sin(nw_0t)\,\mathrm{d}t$，$n=1,2,3,\cdots$ 表示正弦分量的幅值。

可见，傅里叶系数 a_n 是 nw_0 的偶函数，$a_n=a_{-n}$；b_n 是 nw_0 的奇函数，有 $b_{-n}=-b_n$。将式（6.9）进一步合并相同频率项后整理得到

$$x(t)=a_0+\sum_{n=1}^{\infty}A_n\sin(nw_0t+\theta_n) \tag{6.9}$$

式中，$A_n=\sqrt{a_n^2+b_n^2}$；$\theta_n=\arctan\left(\frac{a_n}{b_n}\right)$。

将式（6.9）代入式（6.7），即有

$$P=\frac{1}{T_0}\int_{-T_0/2}^{T_0/2}\left[a_0+\sum_{n=1}^{\infty}A_n\sin(nw_0t+\theta_n)\right]^2\mathrm{d}t=a_0^2+\frac{1}{2}\sum_{n=1}^{\infty}A_n^2 \tag{6.10}$$

由以上数学公式分析可以知道，周期信号的功率等于构成周期信号的各个谐波分量（简谐信号）的功率之和。

若 $x(t)=A\sin(w_0t+\theta)$ 为周期 T_0 的简谐信号，则其功率为

$$P=\frac{1}{T_0}\int_{-T_0/2}^{T_0/2}\left[A\sin(w_0t+\theta)\right]^2\mathrm{d}t=\frac{1}{2}A^2 \tag{6.11}$$

所以，简谐信号的功率为其振幅平方的一半。

通过以上分析，对于实信号 $x(t)$，若计算时间长度为 T，可将其看作以 T 为周期的某周期信号 $\tilde{x}(t)$ 的一个周期，该周期信号 $\tilde{x}(t)$ 可以通过 $x(t)$ 周期延拓而得到。这样，求 $x(t)$ 的均方根值转变为求周期信号 $\tilde{x}(t)$ 的功率，进而又转变为求 $\tilde{x}(t)$ 所包含的谐波分量及谐波分量的振幅。据此，可以利用 DFT 在频域内计算振动烈度。

（3）振动烈度的频域计算。

对有限长序列 $x(n)$，若其采样频率为 f，点数为 N，则有 DFT 公式

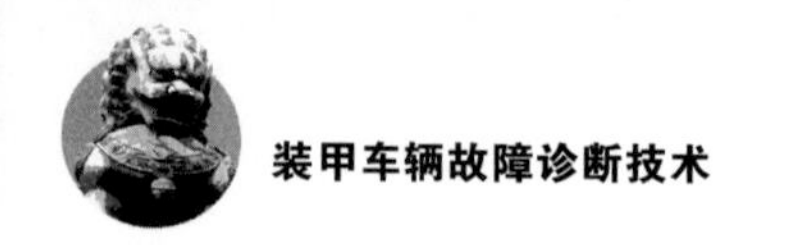

$$X(k) = \sum_{n=0}^{N-1} x(n) e^{-j\frac{2\pi}{N}nk} \tag{6.12}$$

其谐波频率公式有

$$f_k = k\frac{f}{N} \tag{6.13}$$

信号的单边幅值谱为

$$A_k = \frac{2}{N}|X(k)| \quad (k = 0,1,2,\cdots,N/2) \tag{6.14}$$

因此得到基于振动速度信号频谱的振动烈度计算公式如下：

$$V_{\text{rms}} = \sqrt{\frac{1}{N}\sum_{n=0}^{N-1} v^2(n)} = \sqrt{\frac{1}{2}(A_1^2 + A_2^2 + A_k^2 + A_n^2)} \tag{6.15}$$

当实际检测的振动信号是位移信号或加速度信号时，可通过振动加速度、速度及位移三个量之间的微分/积分关系来换算，相应的计算公式可作如下扩展。

①被测振动信号为振动位移时，振动烈度的频域计算公式为：

$$V_{\text{rms}} = \sqrt{\frac{1}{2}(A_1^2\omega_1^2 + A_2^2\omega_2^2 + A_k^2\omega_k^2 + A_n^2\omega_k^2)} \tag{6.16}$$

式中，ω_1，ω_2，ω_k，ω_k 为各阶简谐振动的角频率；A_1，A_2，A_k，A_n 为相应角频率下的振动位移峰值。

②被测振动信号为振动加速度时，振动烈度的频域计算公式为：

$$V_{\text{rms}} = \sqrt{\frac{1}{2}\cdot\left(\left(\frac{\hat{a}_1}{\omega_1}\right)^2 + \left(\frac{\hat{a}_2}{\omega_2}\right)^2 + \cdots + \left(\frac{\hat{a}_n}{\omega_n}\right)^2\right)} \tag{6.17}$$

式中，ω_i 为各阶角频率；$\hat{a}_i$ 为相应角频率的加速度信号幅值。

由于计算的频率范围为 $f_a \sim f_b$，且 f_a 与 f_b 不一定恰好是落在基频的各处谐波频率处，所以记 k_a 为不小于 Nf_a/f_s 的最小整数谱线序号，k_b 为不大于 Nf_b/f_s 的最大整数谱线序号。同时，由 DFT 得到的频谱中每条谱线代表一个较窄的频带，如图 6.10（a）所示。f_k 表示谐波频率中大于下限频率范围 f_a 的最近的一条谱线，其带宽 Δf 为 f/N，频率为 f_k 的谱线序号为 k_a，处于 f_a 右侧的频段 $f_a \sim f_k + \frac{1}{2}\Delta f$［图 6.10（b）中阴影部分］功率需要计算在内。用阴影部分占整个带宽的比例来分割频率 f_k 处所在的谱线值 A_{k_a}，则有

$$A'_{f_a} = \frac{f_k + \Delta f/2 - f_a}{\Delta f}A_{k_a} \tag{6.18}$$

用求出的 A'_{f_a} 代替 DFT 后 f_a 频率处的幅值，用阴影部分的中心频率 $f'_a = \frac{f_a + f_k + \Delta f/2}{2}$ 代替 f_a 进行计算。

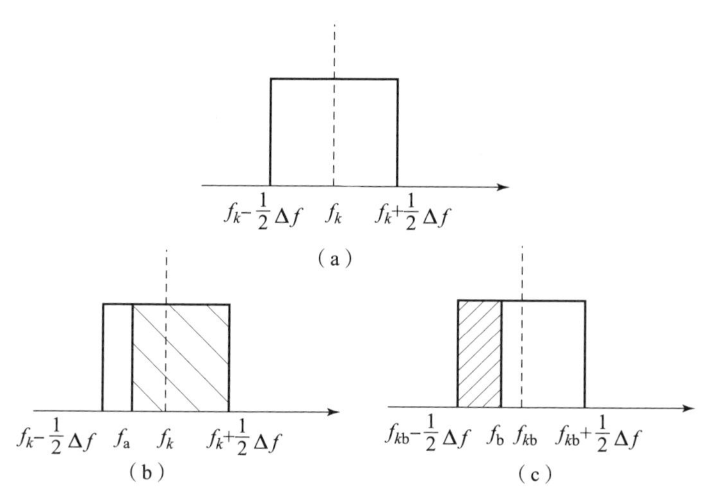

图 6.10　谱线带宽和谱线分割

同理，对于上限频率 f_b，f_{k_b} 为大于 f_b 离 f_b 最近的谐波频率，需要对频带 $f_k-\frac{1}{2}\Delta f \sim f_b$［图 6.10（c）中阴影部分］的功率进行考虑。阴影部分的中心频率为

$$f'_b=\frac{f_b+f_{k_b}-\Delta f/2}{2} \tag{6.19}$$

$$A'_{f_b}=\frac{f_b+\Delta f/2-f_{k_b}}{\Delta f}A_{k_b} \tag{6.20}$$

因此，更精确的计算公式需要修正，以振动加速度公式为例：

$$V_{rms}=\sqrt{\left(\frac{1}{2}\right)\sum_{k=k_a+1}^{k_b-1}\left(\frac{A_k}{\omega_k}\right)^2+\frac{1}{2}\left(\frac{A'_{f_a}}{2\pi\cdot f'_a}\right)^2+\frac{1}{2}\left(\frac{A'_{f_b}}{2\pi\cdot f'_b}\right)^2} \tag{6.21}$$

式中，ω_k 为各阶角频率；A_k 为相应角频率时的振动加速度幅值。

由以上计算公式可知，振动烈度的计算既可以利用振动速度或位移信号来求取，又可以利用振动加速度数据来求取。可以通过时域信号来计算，也可以通过时域信号的频谱来计算，这样不仅放宽了对振动检测信号类型的要求，也方便了计算频率范围的选择，具有较强的适用性和灵活性，还避免了在时域利用微积分进行信号类型转换和滤波等处理过程。

6.1.3　柴油发动机起动性能相关的特征提取

通过同步获取柴油发动机在不供油条件下，借助起动电机带动离合器外齿圈旋转，进而带动柴油发动机曲轴旋转过程中的蓄电池电流、电压及气缸压缩压力等信号，通过这些信号的综合分析处理，可以评价蓄电池的荷电状态和柴油发动机各缸的磨损程度。

采用起动电机拖动柴油发动机时，其电流大小决定于柴油发动机作用于起动电机的反扭矩。由于柴油发动机为往复活塞式，在被电机拖动的过程中，气缸内的压力和往复运动件的惯性力均随曲轴转角而变化。这样柴油发动机的反扭矩就呈现出周期性的变化，曲轴每旋转两周起动电流信号就出现与柴油发动机气缸数目相同的波峰与波谷。检测起动电流是将霍尔钳直接夹住起动电动机或蓄电池正极电源线，在柴油发动机断油、按下起动按钮时获取起动电流和电压信号，配合气缸压缩行程上止点信号，可计算得到各缸被压缩终了时对应的起动电流大小。实际上，在起动电机功率一定的情况下，根据 $P = UI$ 可知，起动电流信号与起动电压信号是成反比例的，在任何同一时刻二者取值的乘积就对应着电机的输出功率。

6.1.3.1　基于起动电流的各缸动力均匀性特征

柴油发动机在拖动时作为负荷，其阻力矩主要由气体压力力矩、惯性力矩、摩擦力矩几部分组成，电机的电磁力矩与之构成一对作用力矩与阻力矩。随着曲轴转角的不同，多个阻力矩的合力矩呈规律性变化，电磁力矩也随之变化。由电机的特性可知，在转速不变的情况下，电机电流将随其输出力矩的变化而变化。

对于得到的电流曲线，定义每个缸的峰值为故障诊断评判标准。对于目前装甲车辆常用的 12 缸柴油发动机而言，在柴油发动机被拖动的一个工作循环过程中能够获得的起动电流信号典型波形如图 6.11 所示，图中对应 12 个峰谷点，每个峰值点对应到某个气缸处于压缩行程终了时刻起动电机输出的最大扭矩。

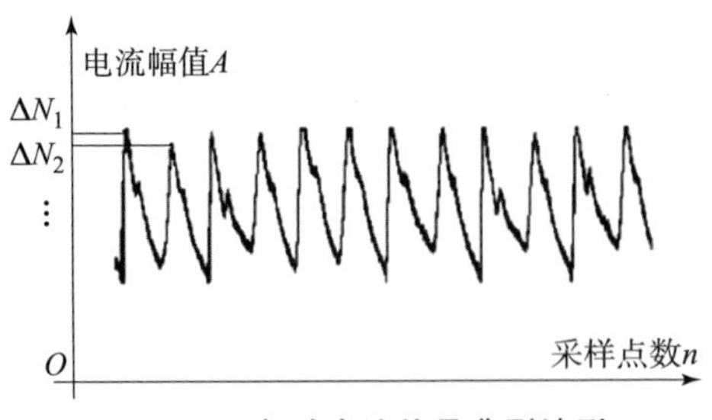

图 6.11　起动电流信号典型波形

对于信号采集得到的 n 个工作循环（$n \geqslant 1$），对第一缸每个周期对应的每个缸的峰值 ΔN_{1i} 作平均，得到对应于第 1 缸的 $\Delta \overline{N_1}$，即：$\Delta \overline{N_1} = \frac{1}{n}\sum_{i=1}^{n} \Delta N_{1i}$；同

理，可以得到对应第2，3，4，…，12缸的峰值分别为$\Delta\overline{N_2}$，$\Delta\overline{N_3}$，$\Delta\overline{N_4}$，…，$\Delta\overline{N_{12}}$。对这12组数据进行正则化处理，得到均值为1的12组新数据，进而按下式计算得到各缸动力均匀性的判据参数：

$$U_j = 12\Delta\overline{N_j}/\sum_{i=1}^{n}\Delta\overline{N_j} \qquad (j = 1,2,\cdots,12) \tag{6.22}$$

由各缸动力均匀性参数U_1，U_2，U_3，…，U_{12}，按下式计算参数间的标准偏差：

$$s = \left(\frac{1}{n-1}\sum_{j=1}^{n}(U_j - 1)^2\right)^{1/2} \qquad (j = 1,2,\cdots,12) \tag{6.23}$$

从理论上讲，柴油发动机各缸工作如果非常均匀，即每个工作循环过程中做功一样，s应该近似为0，也就是说，s越小，该柴油发动机各缸工作特性越一致；反之，s越大，柴油发动机各缸工作特性的差异就越大，因此可将s作为柴油发动机整体动力均匀性的判断标准。

6.1.3.2　蓄电池荷电状态和电机拖动功率的计算

起动电压与起动电流同属响应参数。当用电起动柴油发动机时，蓄电池供给起动电机的电压也是随曲轴转角而变化的。根据电压传感器输出的初始部分信号，即起动按钮按下去之前的蓄电池端电压数据，按照装甲车辆的使用与保养规范可以判定蓄电池的荷电状态。规范中指出，蓄电池的端电压不能过低，当其低于初始电压的90%时，其荷电状态不佳，需要对蓄电池进行充电。

通过同步测量起动电流、起动电压，可以计算出柴油发动机的平均拖动扭矩、平均拖动转速、平均功率，进而对柴油发动机的起动性能进行评估。

平均起动功率的计算公式为

$$P_s = \frac{1}{N}\sum_{i=1}^{N}U_iI_i \tag{6.24}$$

式中，P_s为平均起动功率；U为起动电压；I为起动电流。

6.1.3.3　拖动扭矩的计算

如果在测试过程中，还同步采集了柴油发动机曲轴输出端的转速，那么可以采用光电或磁电传感器来检测；当然，也可以参照6.1.1节中的方法来检测离合器外齿圈的转速，再通过传动箱的传动比换算成曲轴转速。此时的曲轴转速常称为拖动转速。当起动电路正常，起动装置及燃油系统良好时，因为活塞、活塞环与气缸套磨损，或气门关闭不严，气缸衬垫不密封，使气缸、压力和温度降低，喷入气缸的柴油不易形成良好的可燃混合气，难以发火燃烧，所以起动困难，甚至不能起动。要保证柴油发动机可靠起动，起动装置就应有足够的起动扭矩以克服柴油发动机起动瞬间的最大阻力矩（拖动扭矩），使曲轴转动。拖动扭矩是柴油发动机起动性能的一个非常重要指标。因为在拖动过程当中，起动电机所要克服的力矩和要提供的力矩相等，所以拖动扭矩不仅直接反映了起动电机在拖动过程当中实际的阻力矩、起动电机所能提供的起动力矩，还间接反映了蓄电池的工作情况。起动电机还需具有一定的功率 P_s，使柴油发动机达到稳定阻力矩 Me 时，起动转速达到一定值 n，这几个参数之间的关系如式（6.25）所示：

$$n = \frac{9\ 549P_s}{\mathrm{Me}} \tag{6.25}$$

式中，Me 为拖动扭矩，Nm；P_s 为起动功率，Wa；n 为拖动转速，r/min。

在已知拖动转速、起动电流和起动电压的前提下，可通过式（6.26）计算起动时柴油发动机的拖动扭矩：

$$\mathrm{Me} = \frac{9\ 549P_s}{n} \tag{6.26}$$

从图6.11中可以看出，起动电流信号的各个峰值对应着柴油发动机某个气缸压缩终了时刻，但要确定某个峰值到底对应哪个气缸的压缩终了过程，通常还需要在柴油发动机某个气缸内安装压力传感器以同步采集柴油发动机倒拖过程中的气缸压缩压力信号。图6.12给出了实车检测的起动电流和安装在左1缸上的压力传感器的信号波形，图的上半部分表示起动电流信号，下半部分表示基准缸的气缸压缩压力信号。

就目前装甲车辆常用的12缸柴油发动机而言，各缸的点火顺序是确定的，如图6.13所示。

因此，根据传感器实际安装的气缸序号，如安装在左排1号气缸上，则由图6.12可知，该气缸压缩压力达到最大时刻对应的起动电流峰值一定对应左排1号气缸。图中两个对应压力峰值处的竖直直线之间正好12个电流峰值，分别对应左1、右6、左5、右2、左3、右4、左6、右1、左2、右5、左4、右3等气缸压缩终了时的蓄电池输出电流，电流幅值大小在一定程度上反映对应气缸的磨损情况/状态。

6.1.4 燃油喷射系统性能检测及特征提取

检测车辆柴油发动机高压柴油泵供油压力，对发现下列故障意义很大：喷油器弹簧弹性减弱、喷雾针与座不密闭、喷油孔磨损或部分阻塞、高压柴油泵出油活门不密闭、高压泵柱塞偶件严重磨损等。供油压力检测常采用应变式压力传感器。检测某缸供油压力时，松开该缸高压油管接头，串接供油压力传感

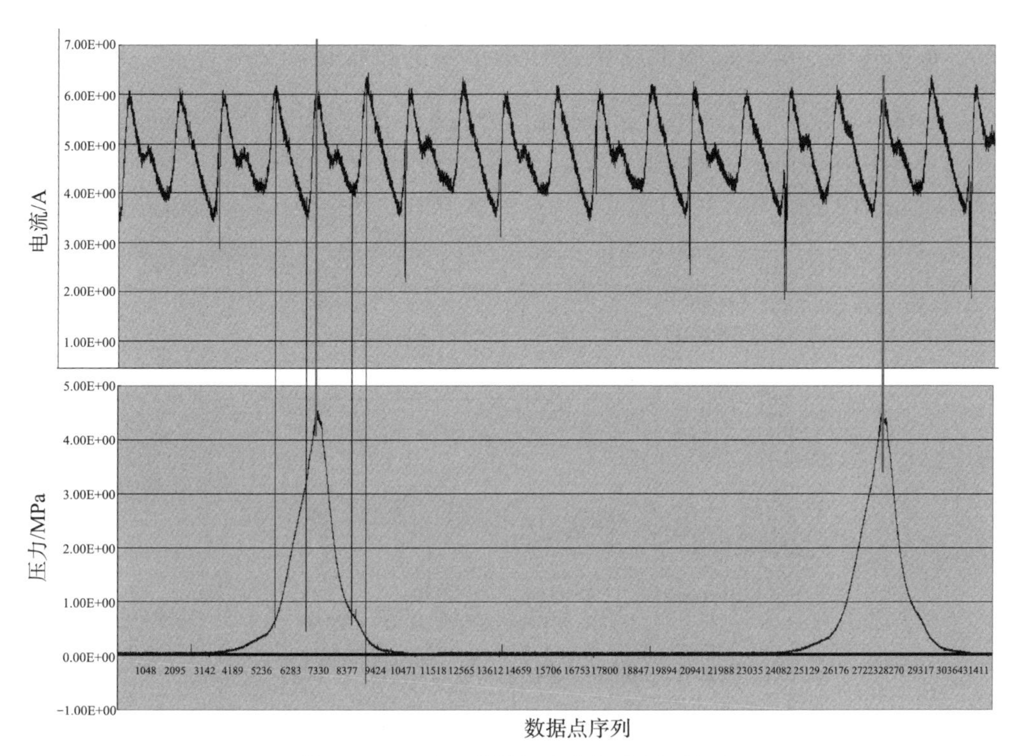

图 6.12　一个工作循环内的起动电流波形

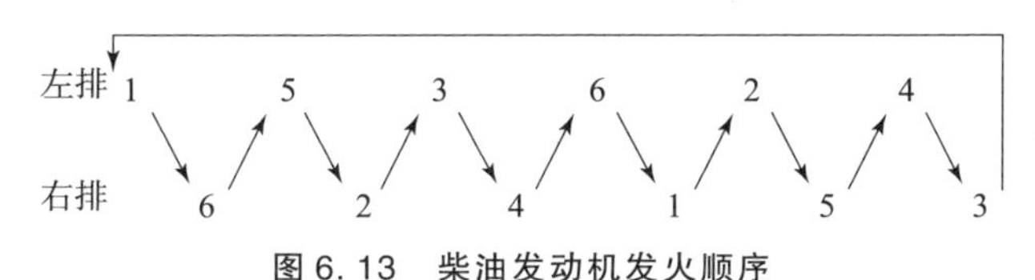

图 6.13　柴油发动机发火顺序

器即可。由此可以测量该缸供油最高压力值、油管中残余压力值和供油压力波形等。此外，供油压力检测还常采用外卡压电式传感器。这种传感器无须拆卸油管，只需要将该传感器分别卡固在各缸高压油管靠近喷油器处。再分别检出供油压力波形，将所测波形与标准波形比较，或各缸相互比较，便可判别某缸故障。若与串接供油压力传感器配合使用，可得到各缸供油压力值。这种外卡传感器检测结果受到各缸油管材料和尺寸不一致产生的影响。

柴油发动机工作时，存在空气、燃油、水和机油的流动，这些流体的压力在一定程度上可以反映出柴油发动机在某方面的技术状况，因而是检测的重要参数。燃油压力直接影响燃烧，燃烧质量关乎经济性和动力性，因而柴油发动机高压油管供油压力可以反映燃油喷射系统的工作状态。在实车不解体检测时，通常采用外卡压力传感器间接测量燃油压力，无须拆卸喷射系统。

6.1.4.1 基于高压油管供油压力信号的特征提取

图6.14所示为正常状态下的燃油压力波形：当出油阀打开时（a点），由于柱塞的挤压，高压油管内压力开始急剧上升，在b点针阀打开，燃油开始喷入气缸，由于进入喷油器的燃油量大于喷入气缸的燃油量，压力略有升高，到达最大压力（c点），此后由于回油孔打开，喷射系统再无燃油进入，燃油喷入气缸，高压油管内压力开始急剧下降，直至针阀关闭（d点）。因此高压油管供油压力波形的变化特征反映了喷油系统的技术状况。

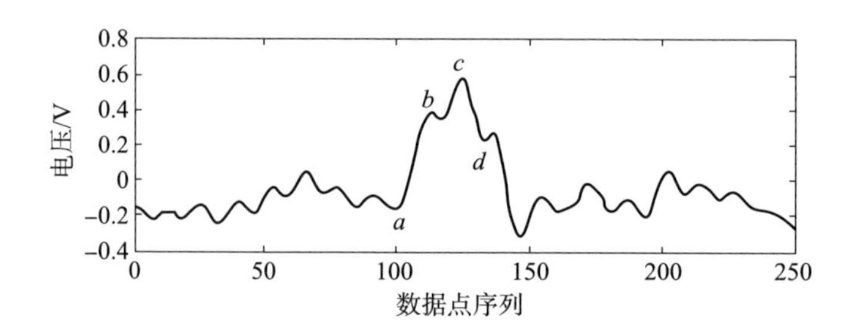

图6.14 外卡传感器测得正常状态压力波形

高压油管供油压力信号的主频较低，大约在100 Hz内。压力波形是柴油发动机高压燃油系统最重要的特征信号，它承载着大量有关燃油系统的状态信息。当燃油系统某处发生故障时，必然使原有的供油状态发生变化，这种变化反映在压力波形上，将导致波形形态的局部畸变和波形数值的改变。根据外卡压力传感器检测的高压油管压力信号可以提取喷油延迟时间、供油持续时间和供油提前角等特征指标：喷油延迟时间（从a点到b点的时间）、几何供油延续时间（从a点到c点的时间）、喷油延续时间（从b点到d点的时间），同步检测气缸的上止点信号还可以提取供油提前角。

由于供油提前角是一个重要的指标，其角度值大小的变化对柴油发动机功率有着很大的影响，常用的供油提前角的检测方法是在高压油管油路中串接压力传感器，并配合检测上止点信号来计算供油提前角。这种方法需要对柴油发动机供油管道进行拆卸，无法实现不解体测量，而且由于在高压油路中串接压力传感器会产生管道效应，对喷油规律会产生一定影响，因此在实际应用中较为不便。为便于进行实时不解体检测，利用外卡式压力传感器检测高压油管外壁面弹性变形，间接测量油管内压力脉动，该压力脉动曲线上的供油开始点与检测的上止点之间的曲轴转角即为该缸的供油提前角。因此通过同步检测某个气缸的上止点信号（同上一节的气缸压缩压力检测），结合该气缸的高压油管

供油压力信号可计算得到供油提前角特征。图 6.15 所示为计算供油提前角的算法流程。其中关键步骤说明如下。

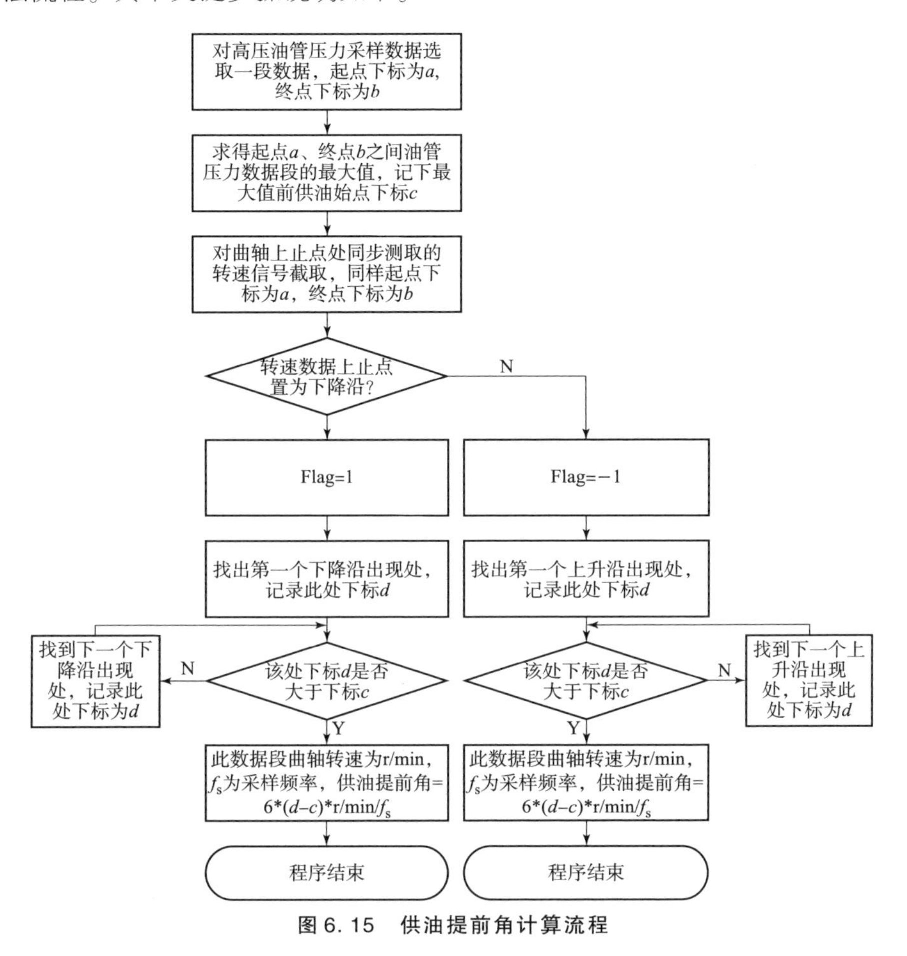

图 6.15　供油提前角计算流程

（1）计算出截取段数据供油压力波形峰值后，由峰值点前的次极大值点 b，求出供油始点 a 处，该处为一极小值点处。

（2）求出供油点 a 处下标后，最重要的是确定上止点信号处的数据点下标。

（3）求出上止点下标 d 与供油始点下标 a 之差，结合检测工况时的稳态转速，由相应计算公式即可求得供油提前角度数。

6.1.4.2　实车测试及应用

图 6.16 给出了检测高压油管压力信号的外卡压力传感器及其实车安装测点示意情况。高压油管压力信号测试选用外卡式压力传感器，基准缸上止点信

号既可采用 6. 1. 3 节中所述气缸压缩压力传感器来获取，也可按如下方式通过光电式传感器来获取。基准缸上止点信号测试传感器采用光电反射式转速传感器。检测时，将转速传感器安装在柴油发动机上曲轴箱功率输出端的中央位置，在对应左排第 1 缸上止点位置的曲轴上贴一反光片。当曲轴旋转时，每当反光片转到传感器下方，传感器就产生一个脉冲，此时，检测到的即为左排第 1 缸上止点。

图 6. 16 外卡压力传感器及实车安装情况

1）实验工况

柴油发动机原地发动，稳定转速为 1 000 r/min，采样频率为 21 kHz，数据点数为10 240 点。

2）供油提前角的计算

如图 6. 17 所示，对原始高压油管压力信号和上止点信号数据截断，截取下标自 6 000 ~ 8 000 点处的 2 000 个数据作为原始数据进行分析处理。图 6. 18 给出了原始高压油管压力信号经低通滤波和异点剔除后的波形，选用巴特沃斯滤波器，下截止频率选为 300 Hz。

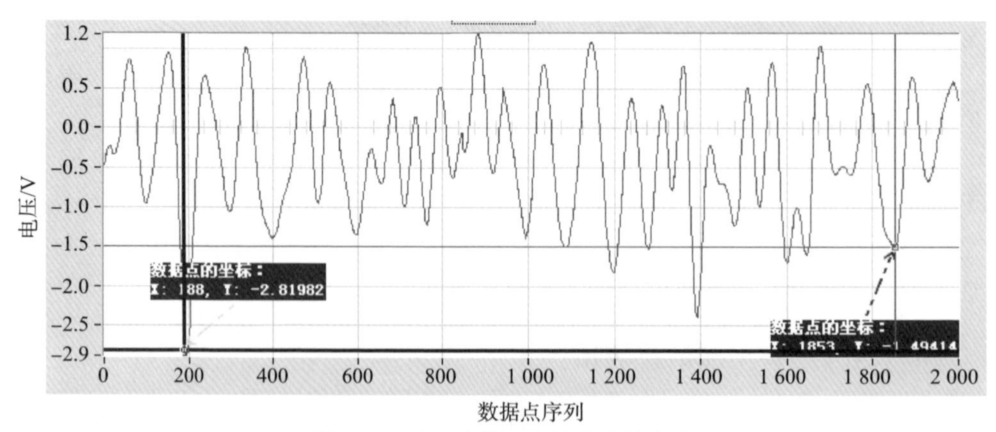

图 6. 17 高压油管压力信号原始波形

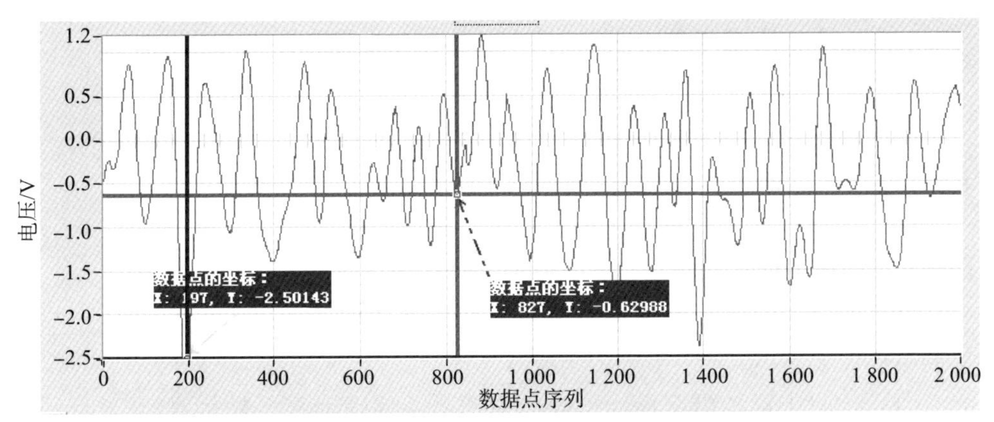

图 6.18　经剔除异常点和低通滤波后的高压油管压力信号

计算供油提前角时，需要结合对应缸的上止点信号，如图 6.19 所示。测量活塞上止点时，在曲轴功率输出端对应该缸上止点位置贴一反光片，曲轴转一圈，光电传感器检测到的信号就经历一个周期。在反光片经过传感器时，传感器输出低电平。因此，同时测量高压油管压力波形和上止点信号，在时域上可获取上止点信号中低电平到高电平转变点到压力波形供油始点之间的采样点数，设为 n，则供油提前角为

$$\theta = 360°r \cdot n/(f_s \cdot 60) = 6°r \cdot n/f_s \tag{6.27}$$

式中，r 为稳态工况的转速；n 为供油始点与上止点由低电平到高电平跳变处点数之差；f_s 为采样频率。

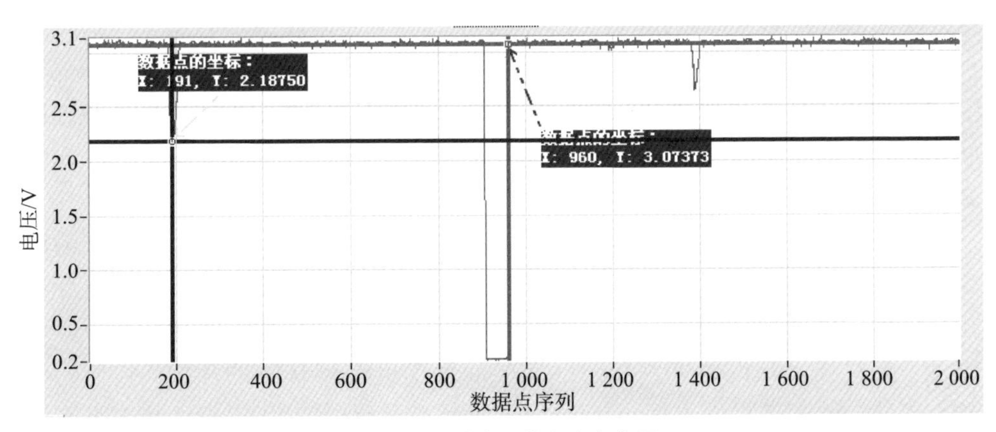

图 6.19　对应缸的上止点信号

某装备柴油发动机某气缸的上止点信号波形如图 6.19 所示，通过计算可知上述供油始点截取段下标为 843，上止点跳变点下标为 963，代入式 (6.27) 计算得到供油提前角角度值为 34.2°。

6.1.4.3 注意事项

影响供油提前角的因素有很多，一般有如下几种。

（1）喷油泵凸轮磨损较大时，使柱塞滚轮体接触凸轮的时间延迟，柱塞开始压油的时间延迟，供油提前角变小。

（2）喷油泵凸轮轴弯曲变形，使柱塞滚轮体接触凸轮的时间发生变化，柱塞开始压油的时间也变化，供油提前角变大或变小。

（3）喷油器调压弹簧太松或太紧，影响喷油泵出油阀的开启时间，供油提前角变大或变小。

（4）定时齿轮各齿磨损或啮合位置错乱，使喷油泵凸轮轴错位，供油提前角大小发生变化。

（5）曲轴一连杆副出现了磨损将会使供油提前角变小。

（6）曲轴的弯扭变形及在曲轴的磨削加工过程中由于定位的原因而造成的中心线偏移或磨削后不能消除连杆、曲轴轴颈的圆度误差和轴线不平行度均会使其发生变化。

6.2 装甲车辆柴油发动机的状态评估

柴油发动机是装甲车辆的心脏，传统上判别其技术状况的方法往往是部队使用人员单凭直觉的眼看、手摸及耳听；或者是送往工厂，通过大拆、大卸，分解检查，试验台架测试等方式进行鉴定。前者只能凭着个人经验对柴油发动机的技术状况作出粗略的估计；后者不能用于现场正在使用中的实车柴油发动机。

装甲车辆柴油发动机技术状况评估的任务是在基本不拆卸柴油发动机的情况下，通过各种参数的测量、分析与判别，结合柴油发动机工作的历史状况和现行条件，快速评估柴油发动机的技术状况好坏、性能优劣及可用程度，弄清柴油发动机技术状况的客观状态，为柴油发动机运用状态的预报、控制、调整、维修、治理等提供依据。具体地讲，科学地评估柴油发动机的状态具有如下意义。

（1）向部队使用人员及时提供柴油发动机当前的技术状况，减少或者避免由于柴油发动机拉缸、曲轴抱死等突发的恶性事故。

（2）为柴油发动机实现视情修理提供科学方法和依据。将定时大修变为

基于状态的维修，根据状态评估与诊断结果再确定是否送修。提高柴油发动机使用的合理性、运行安全性和经济性，可以充分挖掘柴油发动机潜力，延长服役期限。

（3）柴油发动机技术状况评估是随着多种学科的相互渗透、相互交叉、相互促进而建立起来并逐步发展的。利用这门新兴技术，就可以由局部推测整体、由现象判断本质以及由当前预测未来，而不必将柴油发动机逐一拆开进行鉴定，为柴油发动机的使用寿命预测奠定了基础。这就极大地满足了现代化武器装备使用、维修的需要，因此具有重要的军事意义。

本章以装甲车辆的典型代表，一、二代装甲装备上常用的12150L系列柴油发动机为对象，分析了影响装甲车辆柴油发动机技术状况的主要参数，介绍了评估指标或特征参数的确定、评估理论方法与模型等方面的内容。

6.2.1　装甲车辆柴油发动机技术状况评估的基本内容与步骤

6.2.1.1　确定装甲车辆柴油发动机技术状况诊断参数

装甲车辆柴油发动机技术状况的变化必然会通过柴油发动机性能及状态参数的变化反映出来。合理确定检测参数及相应的特征参量是正确评估装甲车辆柴油发动机技术状况的前提。

装甲车辆柴油发动机技术状况评估参数，必须满足以下条件。

（1）能够客观地反映装甲车辆柴油发动机整机或零部件的技术状况变化过程和使用寿命消耗过程。

（2）能够实现在部队使用现场的实车上进行不解体检测。

（3）检测方法和检测仪器操作简便、价格适中，适合在部队推广应用。

如前面章节所述，有多个性能及状态参数能够反映装甲车辆柴油发动机的技术状况，但是由于目前测试手段和装甲车辆柴油发动机结构布置的限制，有些参数根本无法实现实车不解体检测；有些参数的检测方法过于复杂或检测仪表价格过于昂贵，也不适宜在部队广泛应用。因此目前能够用于装甲车辆柴油发动机技术状况诊断的参数是很有限的。

6.2.1.2　建立装甲车辆柴油发动机技术状况基准样本模式

建立装甲车辆柴油发动机技术状况基准样本模式，作为技术状况评估比较的标准。根据柴油发动机制造和维修中的各种资料、数据，并考虑到装甲车辆柴油发动机的使用特点，建立装甲车辆柴油发动机技术状况基准样本等级的评估指标标准值、极限值等。

6.2.1.3 确定待检参数

有的检测参数通过直接进行实车不解体检测即可得到，但是有的检测参数不能直接实车检测，必须通过测量其他参数而间接求出。因此在实车测试之前，要确定待检参数。

6.2.1.4 实施实车不解体检测

应用先进的传感技术、计算机和信息处理技术对待检参数实施实车不解体检测，并由此求出诊断参数的检测值。

6.2.1.5 建立理论评估模型

利用标准故障或状态模式样本集，基于模糊数学方法、神经网络等建立状态评估模型，模型的输入是待评估样本的评估指标，输出就是标准故障或状态模式样本集中的某一类。

6.2.1.6 诊断决策

将基于检测参数提取的状态评估指标值代入状态评估模型，输出的评估结果即为待检柴油发动机的技术状况。

6.2.2 装甲车辆柴油发动机技术状况检测参数与评估指标的确定

6.2.2.1 影响装甲车辆柴油发动机技术状况的检测参数

如第3章所述，这里将装甲车辆柴油发动机技术状况检测参数划分为综合性参数、反映气缸—活塞组技术状况的参数、反映曲轴—轴承组和进排气凸轮轴—轴承组技术状况的参数、反映燃油系统技术状况的参数、反映配气机构技术状况的参数和反映进气系统阻力的参数六类，各类参数的具体含义及用途分述如下。

1）综合性参数

综合性参数是反映柴油发动机整机性能的参数，是综合反映柴油发动机技术状况好坏的参数。柴油发动机结构参数的改变、某一分系统性能的改变或热状况的变化都会引起综合性参数的变化。

（1）标定功率。

标定功率是柴油发动机在标定工况所发出的有效功率，是柴油发动机最重要的动力性能指标。装甲车辆柴油发动机的标定功率通常是在不安装排气歧管、空气滤清器和风扇的条件下，在试验台架上测得的。

气缸密封性、燃油供给系统、空气供给系统、配气相位以及辅助系统的任何一方面技术状况发生问题，都会影响到标定功率值的大小。

（2）标定点比油耗。

标定点比油耗是柴油发动机在标定工况运行时每千瓦有效功率、每小时消耗的燃油量。标定点比油耗是柴油发动机最重要的经济性能指标，也是综合反映柴油发动机技术状况好坏的参数。除了喷油量的改变引起标定功率的变化外，凡是影响标定功率的因素几乎都影响标定点比油耗。

通常标定点比油耗的增加是与燃烧过程的恶化密切相关的。

（3）机械损失功率。

装甲车辆柴油发动机机械损失功率通常由摩擦损失功率、带动附件功率和泵气功率三部分组成，其中摩擦损失功率占机械损失功率的60%以上。摩擦损失功率主要是由于气缸—活塞组和曲轴、连杆、凸轮机构等处的轴承与摩擦副的摩擦损耗所造成的。

在柴油发动机使用过程中标定点机械损失功率的明显增大是整机技术状况恶化的一个信号。

（4）柴油发动机加速性。

柴油发动机加速性是柴油发动机的动态性能指标，是指在全负荷下，柴油发动机由惰速加速到标定转速所需要的时间。当燃油供给系统、气缸—活塞组技术状况变差或者燃烧过程恶化时，柴油发动机加速性变差。

（5）柴油发动机最高空转转速。

燃油供给系统、调速系统的磨损增大或柴油发动机燃烧不良时，将引起柴油发动机最高空转转速下降。

相应的检测参数是柴油发动机动力输出端的曲轴转速或者主离合器起动齿圈的转速，检测条件是车辆原地空挡状态下，一脚油门踩到底的过程。

2）反映气缸—活塞组技术状况的参数

（1）气缸压缩压力。

气缸压缩压力是指在柴油发动机不发火的情况下，直接用起动电机拖动柴油发动机曲轴转动，所测得的气缸最高压力。气缸压缩压力是判断气缸—活塞组磨损状况、气门—气门座密封性以及气缸垫是否漏气的重要参数。在柴油发动机使用过程中，气缸—活塞组的磨损增加、气缸密封不严等都将引起气缸压缩压力的降低。我军的某型柴油发动机修理规范中明确规定，倒拖时气缸压缩压力低于 18 kg/cm^2，发动机就应该维修或报废。相应的检测参数是柴油发动机倒拖时气缸内的气体压力。

（2）机油消耗量。

机油消耗量是评价气缸—活塞组磨损状况的重要参数。在柴油发动机工作的过程中，活塞环的泵油作用不断将飞溅到缸壁上的机油泵入燃烧室，进入燃烧室内的机油参加燃烧或随废气排入大气。当气缸—活塞组磨损增加时，活塞环的泵油量增大，使机油消耗量增加。

进排气门导管—导杆磨损量的增加、喷油器雾化不良、喷针卡死、进气系统故障等，也使机油消耗量增大。相应的检测参数是机油量。

（3）曲轴箱漏气量/曲轴箱废气压力。

当气缸—活塞组磨损严重时，窜入下曲轴箱内的燃烧气体量增加，由于柴油发动机的下曲轴箱与机油箱是联通的，所以会进一步表现在机油箱内气体压力增大，严重时会导致机油箱的呼吸器往外冒机油。通过实时检测机油箱内的气体压力，可间接评价气缸—活塞组的磨损程度，因此曲轴箱漏气量的多少或曲轴箱废气压力的高低反映了气缸—活塞组技术状况的好坏。相应的检测参数是气体压力，压力传感器可被安装在机油箱加油口盖位置。

3）反映曲轴—轴承组和进排气凸轮轴—轴承组技术状况的参数

机油主油道压力主要反映依靠压力润滑的零件的磨损程度和是否得到良好润滑。当曲轴—轴承组或进排气凸轮轴—轴承组磨损量增加时，配合间隙增大，使机油主油道压力下降。机油主油道压力还与机油泵工作状况、机油滤清器阻力及管路有关。相应的检测参数是机油压力，可通过车载机油压力传感器来获得。

4）反映燃油系统技术状况的参数

（1）供油提前角。

供油提前角的变化，通常是由于柴油发动机摩擦副之间的磨损增加从而间隙随之增大引起的。喷油泵齿轮、花键、联轴器花键衬套、喷油泵凸轮、柱塞、推杆及套筒的磨损，都使供油时刻推后，供油提前角减小。相应的检测参数是各缸的供油压力，如第 6.1 节所述，通过供油压力波形关键特征点的时间对应关系可计算供油提前角。

（2）喷油开启压力。

喷油开启压力是影响柴油喷雾质量的主要因素。在柴油发动机使用过程

中，喷油器弹簧的塑性变形、弹力减弱，引起喷油开启压力下降。相应的技术状况检测参数是各缸的供油压力。

（3）喷油泵分缸供油不均匀性。

喷油泵分缸供油不均匀性将引起柴油发动机工作粗暴，运转稳定性恶化，造成动力性能和经济性能变差。在柴油发动机使用过程中，喷油泵分缸供油不均匀性主要是由于喷油器喷孔磨损增大、加油齿杆或燃油系统其他零件的磨损引起的。相应的技术状况检测参数是各缸的供油压力。

5）反映配气机构技术状况的参数

反映配气机构技术状况的主要参数是配气相位。在柴油发动机使用过程中，配气相位的变化一般是由于柴油发动机传动齿轮、配气凸轮、气门锁盘等零件的磨损增加而引起的。配气相位超出规定的范围时，会使某些气缸的进气不及时，会出现对应气缸的早燃或后燃现象，影响柴油发动机整体的功率特性和运转平稳性（引起机体剧烈振动）。相应的技术状况检测参数可以是柴油发动机功率，也可以是柴油发动机整体的振动。

6）反映进气系统阻力的参数

进气系统阻力的大小用空气滤清器真空度表示。当空气滤清器清洁度变差、阻塞严重时，空气滤清器真空度将增大。相应的技术状况检测参数是空气滤清器入口和出口的气体压差。

6.2.2.2　装甲车辆柴油发动机技术状况检测参数

在影响装甲车辆柴油发动机技术状况的参数中，大部分参数都能实现实车的检测，但有些参数需要设计专门的传感器安装支架或改造装备零件的局部结构才能实现。考虑到供油提前角、喷油开启压力、柴油发动机最高空转转速、配气相位等特征参量若在使用中偏离正常值，可以通过调整恢复到规定值；若空滤器的真空度减小，则可以通过清洁保养恢复到正常值，以上参数也称为可调整参数；柴油发动机加速性可以包括在标定功率的检测中。目前方便实车检测的常用参数包括转速、压力、油量、压差及振动等，通过这些信号可计算得到的评估指标包括定功率、定点比油耗、气缸压缩压力、机油主油道压力均值、标定点机械损失功率。

在柴油发动机正常使用下（突发事故除外），决定柴油发动机技术状况和使用寿命的主要因素是气缸—活塞组和曲轴—轴承组的磨损情况。在以上检测参数和评估指标中，气缸压缩压力是反映气缸—活塞组技术状况的参数，机油

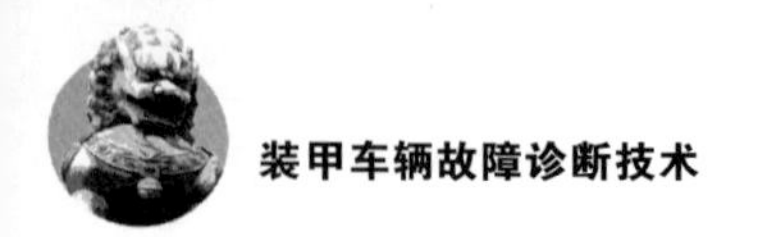

主油道压力是反映曲轴—轴承组和进排气凸轮轴—轴承组技术状况的参数，定功率、定点比油耗、标定点机械损失功率是反映柴油发动机整机技术状况的综合性参数。在可调整参数调整正确、空滤器清洁的情况下，这些检测参数及相应的特征参量（指标）可以用来评估装甲车辆柴油发动机的技术状况。

6.2.3 装甲车辆柴油发动机技术状况基准样本模式的建立

6.2.3.1 装甲车辆柴油发动机技术状况评估指标的标准值、界限值和极限值

1）标定功率均值

某型装甲车辆柴油发动机标定功率的设计标准值是382 kW（520马力）。

通常当气缸—活塞组磨损增大、气门—气门座不密封、气缸垫漏气、空滤器污染、供油提前角减小、喷油泵柱塞与套筒磨损、喷油泵雾化质量变差时，柴油发动机标定功率会下降。

随着装甲车辆柴油发动机使用时间的增加，标定功率有时出现上升的趋势。主要原因是喷油器弹簧弹力减弱、喷油开启压力下降使喷油延续时间增加；喷油器喷孔磨损，使流通截面加大；喷油泵加油齿杆端点及油量校正器弹簧支点磨损，使加油齿杆向加油方向移动；这些都导致喷油量增加，使标定功率上升。此外，活塞环磨损，刮油能力降低，机油窜入燃烧室参与燃烧做功，也是标定功率增加的原因。因此装甲车辆柴油发动机标定功率值的基准样板等级是双向制定的。

装甲车辆柴油发动机的保险期为350摩托小时，工厂保险期的试验台架规范规定，实验后功率允许下降4%，这是对产品质量的要求，不反映使用要求。标定功率4%的变化在实际使用中是觉察不出来的。如果标定功率减少了8%以上，则柴油发动机起码有一个气缸不工作，这将对装备的日常训练和作战使用造成较大的影响。

将标定功率比标准值减少8%或增加8%作为技术状况差的界限，将减少10%或增加10%作为标定功率的极限值。

2）标定点比油耗均值

装甲车辆柴油发动机标定点比油耗的设计标准值是245 g/(kW·h)，通常随着柴油发动机使用寿命的缩短，标定点比油耗会增大。随着使用时间的增加，装甲车辆柴油发动机标定点比油耗有时存在下降的现象，其主要原因与标

定功率随使用时间上升的原因相同。

将标定点比油耗比标准值增加8%或减少8%作为技术状况变差的界限，将增加10%或减少10%作为极限值。

3）气缸压缩压力峰值

装甲车辆柴油发动机规定的设计标准值是：柴油发动机转速为150 r/min时，气缸压缩压力≥27.44 MPa（28 kgf/cm²），极限值为17.64 MPa（18 kgf/cm²）。为了保证柴油发动机在使用过程中的可靠性，将20.58 MPa（21 kgf/cm²）作为技术状况变差的界限，将17.64 MPa（18 kgf/cm²）作为极限值。

4）机油主油道压力均值

装甲车辆柴油发动机规定的机油压力设计标准值是：柴油发动机转速为1 750 r/min时，机油主油道压力≥6.86 MPa（7 kgf/cm²），极限值为3.92 MPa（4 kgf/cm²）。考虑到曲轴—轴承组磨损不宜过大，以避免修理费用过高，将5.88 MPa（6 kgf/cm²）作为技术状况变差的界限，将4.9 MPa（5 kgf/cm²）作为极限值。

5）标定点机械损失功率均值

装甲车辆柴油发动机规定的标定点机械效率的设计标准值是0.78，相应的机械损失功率为108 kW。将机械效率为0.74时的机械损失功率135 kW作为技术状况变差的界限，将机械效率为0.73时的机械损失功率140 kW作为极限值。

6.2.3.2　装甲车辆柴油发动机技术状况基准样本评估指标的等级范围

若将装甲车辆柴油发动机的技术状况划分为m个等级，一般第一个等级取为新出厂的柴油发动机技术状况，第m个等级为送修或极限柴油发动机技术状况，而第2、第3、…、第$m-1$个等级表示的是中间过渡技术状况的基准样本模式。m值的确定主要考虑柴油发动机在整个使用寿命内的技术状况评估指标值的变化情况，通常取3~6为宜。所谓基准样本模式，就是根据前面确定的技术状况等级（状态类别）划分结果，划定各状态类别标准模式样本中各评估指标的取值范围，组合后形成一个含有4个评估指标值的特征样本，它可以被看作四维空间的样本点。以基准样本模式为模板，对于待评估的柴油发动机，通过采集相关参数得到上述评估指标，同样可以得到四维空间的一个样本点，称为待测样本点。通过给定的“距离”计算公式，计算待评估样本点与标准模式样本点之间的所谓“距离”，选择距离最近的那个标准模式样本对应的类别作为该待检样本的技术状况等级（状态类别）。装甲车辆技术状况评估的过程就是将待评估柴油发动机与标准模式样本之间距离加以比较，并将其归属到距离最近的那个基准模式的过程。

根据装甲车辆技术状况的标准模式样本划分来确定标准模式样本中各评估指标取值的等级范围。以装甲车辆柴油发动机为例，表 6.1 给出了柴油发动机技术状况分为“好，较好，一般，较差，差”五个等级（$m=5$）时，各个状态等级的评估指标取值范围。为了与测试仪表的读数统一，表中气缸压缩压力和机油主油道压力采用了工程单位制。

表 6.1　技术状况标准模式样本的评估指标等级范围（$m=5$）

等级	标定功率 /kW	标定点比油耗 /[g·(kW·h)$^{-1}$]	气缸压缩压力 /(kgf·cm^{-2})	机油主油道压力 /(kgf·cm^{-2})	标定点机械损失功率/kW
好	367～397	240～250	≥28	≥8	≤108
较好	382～407	235～240	26～28	7～8	108～117
	388～357	250～255			
一般	392～410	230～235	23～26	6.5～7	117～126
	355～372	255～260			
较差	400～414	225～230	21～23	6～6.5	126～135
	350～360	260～265			
差	410～420	220.5～225	19～21	5～6	135～140
	344～355	265～269.5			

6.2.4　装甲车辆柴油发动机技术状况评估指标获取

在装甲车辆柴油发动机的技术状况评估指标中，有的可以直接通过某个实车不解体检测参数来计算，有的需要通过某两个或多个检测参数才能融合计算得到相应的评估指标。这里分别介绍上述各个评估指标的获取方法。

6.2.4.1　标定功率均值

柴油发动机标定功率一般是通过实车不解体检测柴油发动机转速来计算，就是常说的无外载测功方法。其基本实施过程是：测试时保持车辆原地不动，柴油发动机先以某一低转速稳定空转。驾驶员不踩离合器，不挂挡，迅速将油

门踩到底，使柴油发动机转速上升到最高空转转速，然后计算出柴油发动机在标定转速附近的曲轴瞬时角加速度值，进而可计算标定功率。当柴油发动机在非稳定转速工作并承受外界负载时，其动力学方程表示为

$$\frac{\mathrm{d}\omega}{\mathrm{d}t}=\frac{T_{\mathrm{Qe}}-T_{\mathrm{QL}}}{J_{\mathrm{e}}+J_{\mathrm{L}}} \tag{6.28}$$

式中，ω 为曲轴角速度；t 为时间；T_{Qe}为柴油发动机有效扭矩；T_{QL}为外界负载转矩；J_{e} 为柴油发动机运行部件换算到曲轴转速的当量转动惯量；J_{L} 为外界负载换算到曲轴转速的当量转动惯量。

如果外界负载为零，即柴油发动机空负荷变速时，式（6.28）成为

$$T_{\mathrm{Qe}}=J_{\mathrm{e}}\frac{\mathrm{d}\omega}{\mathrm{d}t} \tag{6.29}$$

测量出柴油发动机角加速度 $\mathrm{d}\omega/\mathrm{d}t$，求得有效扭矩以后，进而按式（6.30）得到有效功率：

$$P_{\mathrm{e}}=0.001\omega T_{\mathrm{Qe}} \tag{6.30}$$

安装在实车上的柴油发动机，与台架上的柴油发动机相比，原位加速试验时柴油发动机本身的负载有较大的差别。当变速箱挂空挡时，与曲轴直接相连接的机件有齿轮传动箱、主离合器、变速箱主动部分、风扇等，其中风扇是通过风扇离合器与变速箱主动部分相连接的。通常装甲车辆柴油发动机的风扇转动惯量较大，当柴油发动机转速发生较大变化时，风扇会产生很大的惯性力矩。为了保护风扇传动轴等零件，在风扇与传动轴之间采用摩擦离合器传动，当两者转速差较大时，离合器打滑，以减轻风扇的惯性力矩。由此产生的问题是，当柴油发动机变速运转时，风扇离合器打滑使风扇产生动摩擦力矩，它对无外载测功法得出的标定功率值的影响必须考虑。风扇的动摩擦力矩用式（6.31）计算：

$$T_{\mathrm{Qf}}=J_{\mathrm{f}}\frac{\mathrm{d}\omega_{\mathrm{f}}}{\mathrm{d}t}+P_{\mathrm{Z}}\left(\frac{n_{\mathrm{f}}}{n_{\mathrm{Z}}}\right)^{3}\Big/\left(\frac{\pi}{30}n_{\mathrm{f}}\right) \tag{6.31}$$

式中，J_{f} 为风扇的转动惯量；n_{f} 为柴油发动机标定转速时的风扇转速；$\mathrm{d}\omega_{\mathrm{f}}/\mathrm{d}t$ 为柴油发动机标定转速附近的风扇瞬时角加速度；P_{Z} 为风扇轴功率；n_{Z} 为风扇发出轴功率时的转速。

实车检测时安装两个传感器，分别检测曲轴速度和风扇速度，由式（6.31）计算出风扇的动摩擦力矩。此时，柴油发动机的标定功率变成

$$P''_{\mathrm{e}}=0.001\omega T_{\mathrm{Qe}}+0.001\omega T_{\mathrm{Qf}}+\Delta \tag{6.32}$$

式中，Δ 为柴油发动机安装排气管后产生的功率损失。

无外载测功方法与在柴油发动机试验台架上稳态测功相比，存在着诸如气

流扰动状态、供油过程和散热条件等方面的差异，因此需要对实车检测出的标定功率值进行修正：

$$P'_e = k_p P''_e \tag{6.33}$$

式中，k_p 为动态功率修正系数，对同一型号的柴油发动机是定值。

大气状态对柴油发动机的性能有很大的影响。为了评价标准的统一，有必要将在某一大气状态下检测得到的标定功率换算为标准大气状态下的功率值。采用国家标准规定的等油量法，柴油发动机的有效功率大气修正系数是

$$\alpha = f_a^{f_m} \tag{6.34}$$

式中，f_a 为大气因数；f_m 为柴油发动机特性指数。

$$f_a = \frac{p_a}{p}\left(\frac{T}{T_a}\right)^{0.7} \tag{6.35}$$

$$f_m = 0.036q_c - 1.14 \tag{6.36}$$

式中，p_a、T_a 为标准大气状态的压力、温度。陆用柴油发动机的标准大气状态是$p_a = 100$ kPa，$T_a = 298$ K。p、T 为检测时的大气状态；q_c 为柴油发动机每循环每升排量的燃油量。

柴油发动机在标准大气状态下的标定功率：

$$P_e = \alpha P'_e \tag{6.37}$$

可见，装甲车辆柴油发动机标定功率评估指标的获取，需要检测无外载加速过程中的柴油发动机和风扇转轴的转速，将其转化为标定转速、标定转速附近的曲轴瞬时角加速度、标定转速附近风扇的瞬时角加速度，然后应用上述公式进行计算。为了得到较为精确的评估指标量值，通常采取多次检测，并将每次计算得到的评估指标值相加平均，以减少操作过程、检测误差等因素的影响。

6.2.4.2 标定点比油耗均值

实车检测的标定点比油耗用式（6.38）表示：

$$g''_e = \frac{G_T \times 10^3}{p_e} \tag{6.38}$$

式中，G_T 为柴油发动机标定功率时每小时消耗的燃油量。在实车上安装燃油流量传感器，在进行无外载测功的同时，记录下标定转速附近的燃油流量传感器的输出脉冲，确定对应的频率值，就可以求出 g''_e。

将 g''_e 修正到试验台架上稳态测量的标定点比油耗值：

$$g'_e = k_g g''_e \tag{6.39}$$

式中，k_g 为动态比油耗修正系数，对同一型号的柴油发动机是定值。

将 g'_e 修正到标准大气状况。国家标准规定的柴油发动机标定点比油耗大气修正系数是

$$\beta = 1/\alpha \tag{6.40}$$

柴油发动机在标准大气状况时的标定点比油耗为

$$g_e = \beta g'_e \tag{6.41}$$

可见，装甲车辆柴油发动机标定点比油耗的实车不解体检测，是通过测量柴油发动机的标定功率和燃油消耗量，然后采用上述公式来计算。为了得到较为精确的评估指标量值，通常采取多次测试得到多组检测参数信号，并将每次计算得到的评估指标值相加平均，以减少操作过程、检测误差等因素的影响。

6.2.4.3　气缸压缩压力峰值

在装甲车辆柴油发动机上，传统的检测气缸压缩压力的方法是在气缸盖上空气起动阀孔处安装气缸压力传感器，当起动电机拖动柴油发动机旋转时，记录压力传感器最大读数和相应的拖动转速，然后将压力传感器读数换算到柴油发动机转速 150 r/min 时的值。一般要求，气缸压缩终了的压力不得低于设计标准值的 20%。由于柴油发动机设计制造时通常没有预埋传感器，所以应用这种检测方法时，需在气缸盖上安装缸压传感器，甚至还要使用专用工具和特殊的传感器，安装十分困难，且有的气缸受车辆上空间的限制，不能进行拆卸和测试。另外，传感器本身也需要冷却，使用起来很不方便。

在实车上可以通过测量起动电机的拖动电流，间接判断各个气缸的压缩压力。当起动电机拖动柴油发动机旋转时，拖动电流的大小取决于柴油发动机作用在起动电机上的反扭矩。在柴油发动机旋转时，气缸内的压力和往复运动惯性力均随着曲轴转角变化而变化，使柴油发动机作用在起动电机上的反扭矩呈现出周期性的变化，造成拖动电流也呈现相同的变化趋势。对于四冲程柴油发动机，每旋转两转，拖动电流出现与气缸数目相同的高峰和低谷。起动电机拖动柴油发动机的功率主要消耗在柴油发动机的机械损失即各摩擦副的摩擦功、泵气功和带动附件上，还有一小部分消耗于气缸漏气和传热损失上。因此，拖动电流的周期性变化曲线，其平均值反映了柴油发动机在该拖动转速下的机械损失、漏气损失和传热损失，其波动部分主要反映出气缸压缩压力和往复惯性力的影响。

在拖动过程中，缸内气体与冷却水的温差极小，可以不考虑传热损失的影响。装甲车辆柴油发动机的拖动转速较低（通常低于 180 r/min），相应的往复惯性力较小，可以忽略往复惯性力对拖动电流的作用。因此假定拖动电流与气缸压缩压力之间存在线性关系。对于 12 150 L 柴油发动机来说，其气缸压缩压

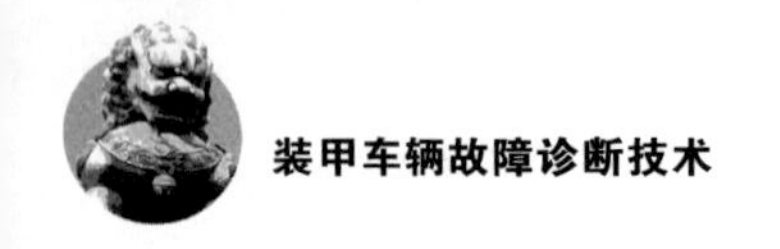

力表示为

$$p_c = 0.1853 i_p + 22.141 \tag{6.42}$$

式中，i_p 为平均压缩电流。

可见，装甲车辆柴油发动机气缸压缩压力的实车不解体检测是通过检测起动电机的拖动电流和拖动转速，然后用式（6.42）进行计算，再换算到柴油发动机转速150 r/min时的值而实现的。为了得到较为精确的评估指标量值，通常采取多次测试得到多组检测参数信号，并将每次计算得到的评估指标值相加平均，以减少操作过程、检测误差等因素的影响。

6.2.4.4 机油主油道压力均值

装甲车辆柴油发动机的机油主油道压力可以直接从装甲车辆上安装的机油压力传感器上读取。

6.2.4.5 标定点机械损失功率均值

标定点机械损失功率的实车不解体检测，通常也是通过曲轴转速信号的采集来换算，只不过此时所用的转速是无外载自由减速过程的转速信号。从式（6.28）可以得到

$$T_{Qi} - T_{Qm} = J_e \frac{d\omega}{dt} \tag{6.43}$$

式中，T_{Qi}为柴油发动机标定点指示扭矩；T_{Qm}为柴油发动机标定点摩擦损失扭矩。

当车辆在原地不动，柴油发动机在最高空转转速稳定转动时，突然松开油门，使柴油发动机自由减速，此时 T_{Qi}等于零，式（6.43）成为

$$T_{Qm} = -J_e \frac{d\omega}{dt} \tag{6.44}$$

式中，$d\omega/dt$ 为标定转速附近的角减速度。与标定功率的计算相同，考虑风扇动摩擦力矩的影响，计算出 T_{Qm}，得到动态标定点机械损失功率值 $p''_m = 0.001\omega T_{Qm}$，将其修正到试验台架上的稳态测量值：

$$p_m = k_m p''_m \tag{6.45}$$

可见，装甲车辆柴油发动机标定点机械损失功率的实车不解体检测，是通过测量无外载自由减速过程的柴油发动机转速信号，并将其换算成标定转速、标定转速附近曲轴瞬时角减速度、标定转速附近风扇瞬时角减速度，然后计算得出的。

6.2.5 装甲车辆柴油发动机技术状况的评估模型

在柴油发动机全寿命工作过程中，受使用时间、使用强度、使用条件、驾驶操作技术及维修保养水平等因素的影响，其技术状况是不断变化的。除了突发故障以外，柴油发动机从技术状况良好至技术状况恶化的过程是一个渐变过程，是一个连续变化量，是通过一系列中介状态而相互联系、相互渗透、相互转化的。一切中间状态都呈现出亦此亦彼的形态，其边界是模糊的，各种技术状态之间一般没有明确的界限。要对柴油发动机的技术状况进行定量描述，就必须考虑到这种特点。

人们对某台柴油发动机的技术状态进行诊断时，是根据其性能参数值，通过综合分析、判断而得出结论的。这基本上是知识水平与实践经验的总结，感觉的成分多，其思维具有模糊性。

传统数学的经典集合论认为“任何事物要么具有性质 P，要么不具有性质 P”，其特征函数取值为 $\{0, 1\}$ 中的两个值。这种非此即彼的形式逻辑很难建立具有以上特点的柴油发动机技术状况诊断模型。模糊数学自 1965 年创立以来，由于对传统精确数学进行了延伸和发展、可以对某些客观事物中存在的亦此亦彼的模糊现象进行分析而显示了其广泛的应用前景。模糊数学将经典集合论中的二值逻辑改变为多值逻辑，将经典普通子集的特征函数发展为模糊子集的隶属函数，取值范围是 $[0, 1]$ 内的连续量。因此用模糊数学建立柴油发动机技术状况的诊断模型，既符合柴油发动机技术状况演化过程的发展规律，又贴近人脑思维的模糊机理。

本节介绍了几种装甲车辆柴油发动机技术状况的评估模型，并给出了应用实例。

6.2.5.1 基于模糊模式识别理论的装甲车辆柴油发动机技术状况评估模型

1）模糊模式识别模型的描述和基本公式

模糊模式识别方法适合于解决已知某事物的各种类别，识别给定对象属于哪一种类别的问题。将技术状况评估指标定义为一个技术状况评估指标集，用欧氏向量表示为：

$$\boldsymbol{X} = \{x_1, x_2, \cdots, x_n\} \tag{6.46}$$

式中，$\boldsymbol{X}$ 为技术状况评估指标的集合；$x_1 \sim x_n$ 为技术状况评估指标；n 为评估指标的数目。

建立装甲车辆柴油发动机技术状况的基准模式样本，作为评估比较的标准。将柴油发动机的技术状况基准样本分为 m 个等级，定义为一个技术状况基准样本等级集，采用欧氏向量表示：

$$\boldsymbol{V} = \{v_1, v_2, \cdots, v_m\} \tag{6.47}$$

式中，$\boldsymbol{V}$ 为技术状况基准样本等级的集合；$v_1 \sim v_m$ 为不同的技术状况基准样本等级。

将评估指标进行无因次化处理：

$$u_i = x_i / x_{si} \tag{6.48}$$

式中，u_i 为无因次评估指标；x_{si}为评估指标的标准值。

根据柴油发动机在技术状况良好和技术状况恶化时各评估指标的统计数据，得到技术状况基准样本的评估指标值，采用 b_{ij}表示。

以隶属度表示单个评估指标值反映出来的柴油发动机技术状况的优劣，反映隶属度变化规律的函数称为隶属函数。隶属函数是描述模糊概念的关键，在模糊数学中占有极为重要的地位。如何确定隶属函数，在理论上还没有一个普遍适用的方法，也没有一个完全客观的评定标准。人们在研究模糊性事物的客观规律时，对模糊性事物的认识带有一定程度的主观性，因为模糊性事物的界限在每个人的心目中是不会完全一样的。因此，承认一定的主观性是模糊性的一个特点。隶属函数的建立，允许一定的人为技巧，允许人们根据自己的专业知识和实际经验灵活地构造。这带有主观因素，但主观的反映与客观的存在是有一定联系的，是受到客观制约的，所以本质上还是客观的。模糊性是客观和主观统一的反映，定量刻画模糊性的隶属函数正是这种客观与主观统一的具体体现。人们使用不同的方法建立的隶属函数可能是不同的，但是只要隶属函数能恰如其分地刻画模糊性，尽管形式不同，但在解决和处理模糊现象时仍能殊途同归。

根据大量试验数据、资料和理论分析结果，获得评估指标 x_i 的期望值区间 $[x_{i\min}, x_{i\max}]$。在确定区间端点值对技术状况基准样本等级的隶属度之后，再依据 x_i 的变化对隶属函数的影响快慢，确定线性或非线性的隶属度函数。

在模糊模式识别模型中，以正态函数表示基准样本评估指标的隶属函数：

$$\mu_{vij}(b_{ij}) = \exp[-(b_{ij} - e_{ij})^2/\sigma_{ij}^2] \quad (i = 1, 2, \cdots, n; j = 1, 2, \cdots, m) \tag{6.49}$$

式中，e_{ij}和 σ_{ij}分别为基准样本 v_j 的第 i 个评估指标 b_{ij}的均值和标准差，用以下公式计算：

$$e_{ij} = [\max(b_{ij}) + \min(b_{ij})]/2 \quad (i = 1, 2, \cdots, n; j = 1, 2, \cdots, m) \tag{6.50}$$

$$\sigma_{ij} = [\max(b_{ij}) - \min(b_{ij})]/2 \quad (i = 1, 2, \cdots, n; j = 1, 2, \cdots, m) \tag{6.51}$$

如果某一台待评估的柴油发动机 Y 经过实车 n 次检测，得到 n 个评估指标

值，经过无因次化处理，然后构造每个无因次测试值对各技术状况等级的隶属函数，以正态函数表示为

$$\mu_{yi}(u_i) = \exp[(-u_i - h_i)^2/g_i^2] \quad (i = 1,2,\cdots,n) \tag{6.52}$$

$$h_i = (\sum_{k=1}^{n} w_{ik})/n \quad (i = 1,2,\cdots,n) \tag{6.53}$$

$$g_i = \{[\sum_{k=1}^{n}(w_{ik} - h_i)]/(n-1)\}^{0.5} \quad (i = 1,2,\cdots,n) \tag{6.54}$$

式中，h_i 和 g_i 分别为对柴油发动机进行 n 次检测而得到的第 i 个无因次评估指标值的均值和标准差；w_{ik}为第 i 个无因次测试值的第 k 次检测结果。

用格贴近度 Z 表示每个评估指标的隶属度与各基准样本隶属度的贴近程度：

$$Z_{ij}[\mu_{vij}(b_{ij}),\mu_{yi}(u_i)] = \{\exp[-(h_i - e_{ij})^2/(\sigma_{ij} + g_i)^2] + 1\}/2$$
$$(i = 1,2,\cdots,n;j = 1,2,\cdots,m) \tag{6.55}$$

为了表示各评估指标在反映柴油发动机技术状况时的影响程度，引入重要程度系数模糊子集：

$$A = \{a_1,a_2,\cdots,a_n\} \tag{6.56}$$

式中，a_i 反映某评估指标判别柴油发动机是否进入极限状况的敏感程度，且满足 $\sum a_i = 1$。由判断矩阵分析法，经专家评议，得到 n 个评估指标两两因素相比的判断值，参加评议的专家要有丰富的专业知识，并熟练掌握所研究问题的全部具体情况。用 $f_{xj}(x_i)$ 表示评估指标 x_i 相对于 x_j 而言的重要程度的判断值。两个判断值之比用 d_{ij}表示为

$$d_{ij} = f_{xj}(x_i)/f_{xi}(x_j) \tag{6.57}$$

令

$$a'_i = \sqrt[5]{\prod_{j=1}^{5} d_{ij}} \tag{6.58}$$

$$a_i = a'_i \Big/ \sum_{i=1}^{5} a'_i \tag{6.59}$$

应用重要程度系数，求出柴油发动机 Y 的技术状况与 v_j 的加权格贴近度：

$$Q_j(\mu_v,\mu_y) = \{\sum_{i=1}^{5}[a_i \cdot Z_{ij}(\mu_{vij},\mu_{yi})]\} \Big/ (\sum_{i=1}^{5} a_i) \tag{6.60}$$

根据择近原则，由 Q 的最大值即可判断柴油发动机 Y 的技术状况等级。

2）应用实例

以装甲车辆柴油发动机为对象，首先确定柴油发动机的技术状况评估指标集为

$$X = \{x_1, x_2, x_3, x_4, x_5\}$$

式中，$x_1 \sim x_5$ 分别为标定功率、标定点比油耗、气缸压缩压力、机油主油道压力和标定点机械损失功率。

对3台装甲车辆柴油发动机的标定功率、标定点比油耗、气缸压缩压力、机油主油道压力和标定点机械损失功率进行了实车检测，表6.2示出了检测得到的诊断参数值，其中对每台柴油发动机的标定功率（kW）、标定点比油耗[g/(kW·h)]和标定点机械损失功率（kW）各检测了6次，对气缸压缩压力（kgf/cm²）检测了3次，对机油主油道压力（kgf/cm²）检测了1次。应用式(6.48)对评估指标值进行无因次化处理，得到了u_1，u_2，u_3，u_4，u_5 5个无因次测试平均值。5个评估指标的标准值分别取为382 kW，245 g/(kW·h)，28 kgf/cm²，7 kgf/cm²，108 kW。

将柴油发动机的技术状况基准样本分为“好，中等，差”三个等级：

$$V = \{v_1, v_2, v_3\}$$

表6.2　技术状况评估指标的实车检测值

检测序号		第1次	第2次	第3次	第4次	第5次	第6次	平均值
1# 柴油发动机	x_1/kW	398.3	408.6	390.2	375.2	398.5	396.5	394.6
	x_2/[g·(kW·h)$^{-1}$]	256.4	264.8	258.6	264.1	262.7	257.5	260.7
	x_3/(kgf·cm^{-2})	25.5	25.6	25.8				25.6
	x_4/(kgf·cm^{-2})	10.0						10.0
	x_5/kW	118.1	113.2	104.9	124.2	109.3	114.3	114.0
2# 柴油发动机	x_1/kW	398.4	391.7	395.1	379.6	381.6	403.6	390.0
	x_2/[g·(kW·h)$^{-1}$]	240.3	235.8	236.9	247.2	242.4	253.8	242.7
	x_3/(kgf·cm^{-2})	28.8	27.4	27.2				27.8
	x_4/(kgf·cm^{-2})	9.0						9.0
	x_5/kW	118.5	108.6	106.3	112.1	113.0	104.5	110.5

续表

检测序号		第 1 次	第 2 次	第 3 次	第 4 次	第 5 次	第 6 次	平均值
3# 柴油发动机	x_1/kW	408.9	419.4	415.5	414.1	409.3	410.6	413.0
	x_2/[g·(kW·h)$^{-1}$]	270.2	265.8	266.9	257.1	262.6	257.9	263.4
	x_3/(kgf·cm^{-2})	22.8	23.4	22.2				22.8
	x_4/(kgf·cm^{-2})	8.0						8.0
	x_5/kW	128.5	118.6	126.3	128.1	133.0	135.2	128.3

技术状况基本样本的无因次评估指标取值范围如表 6.3 所示，表中 b_{12}，b_{13}，b_{22}，b_{23}在基准样本等级 v_2 和 v_3 上的值是非单向变化的。将表 6.3 中的数值分别代入式（6.49）～式（6.51），求出 15 个基准样本等级的隶属函数值：

表 6.3　技术状况基准样本的无因次评估指标的取值范围

无因次诊断参数	b_{1j}	b_{2j}	b_{3j}	b_{4j}	b_{5j}
v_1	0.974～1.026	0.98～1.02	≥0.966	≥0.667	≤1.08
v_2	0.942～0.974 1.026～1.052	0.951～0.98 1.02～1.049	0.8～0.933	0.583～0.667	1.08～1.21
v_3	0.916～0.942 1.052～1.084	0.918～0.951 1.049～1.082	0.667～0.8	0.5～0.583	1.21～1.35

$$\mu_{v11}(b_{11}) = \exp[-(b_{11}-e_{11})^2/\sigma_{11}^2]$$
$$\mu_{v12}(b_{12}) = \exp[-(b_{12}-e_{12})^2/\sigma_{12}^2]$$
$$\mu_{v13}(b_{13}) = \exp[-(b_{13}-e_{13})^2/\sigma_{13}^2]$$
$$\mu_{v21}(b_{21}) = \exp[-(b_{21}-e_{21})^2/\sigma_{21}^2]$$
$$\mu_{v22}(b_{22}) = \exp[-(b_{22}-e_{22})^2/\sigma_{22}^2]$$
$$\mu_{v23}(b_{23}) = \exp[-(b_{23}-e_{23})^2/\sigma_{23}^2]$$
$$\mu_{v31}(b_{31}) = \exp[-(b_{31}-e_{31})^2/\sigma_{31}^2]$$
$$\mu_{v32}(b_{32}) = \exp[-(b_{32}-e_{32})^2/\sigma_{32}^2]$$
$$\mu_{v33}(b_{33}) = \exp[-(b_{33}-e_{33})^2/\sigma_{33}^2]$$
$$\mu_{v41}(b_{41}) = \exp[-(b_{41}-e_{41})^2/\sigma_{41}^2]$$
$$\mu_{v42}(b_{42}) = \exp[-(b_{42}-e_{42})^2/\sigma_{42}^2]$$
$$\mu_{v43}(b_{43}) = \exp[-(b_{43}-e_{43})^2/\sigma_{43}^2]$$
$$\mu_{v51}(b_{51}) = \exp[-(b_{51}-e_{51})^2/\sigma_{51}^2]$$

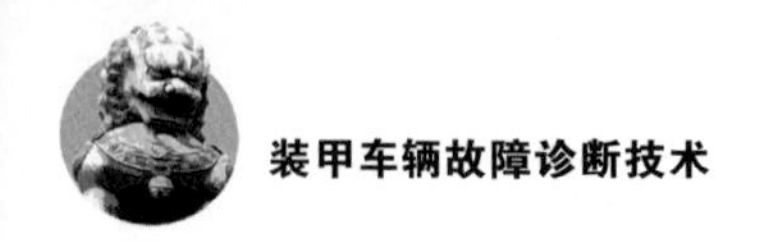

$$\mu_{v52}(b_{52}) = \exp[-(b_{52} - e_{52})^2/\sigma_{52}^2]$$
$$\mu_{v53}(b_{53}) = \exp[-(b_{53} - e_{53})^2/\sigma_{53}^2]$$

应用式（6.52）~式（6.54），求出5个无因次测试平均值对技术状况基准样本等级的隶属函数值：

$$\mu_{y1}(u_1) = \exp[-(u_1 - h_1)^2/g_1^2]$$
$$\mu_{y2}(u_2) = \exp[-(u_2 - h_2)^2/g_2^2]$$
$$\mu_{y3}(u_3) = \exp[-(u_3 - h_3)^2/g_3^2]$$
$$\mu_{y4}(u_4) = \exp[-(u_4 - h_4)^2/g_4^2]$$
$$\mu_{y5}(u_5) = \exp[-(u_5 - h_5)^2/g_5^2]$$

应用式（6.55），计算每个评估指标的隶属度与各基准样本隶属度的贴近程度：

$$Z_{11}[\mu_{v11}(b_{11}),\mu_{y1}(u_1)] = \{\exp[-(h_1 - e_{11})^2/(\sigma_{11} + g_1)^2]\}/2$$
$$Z_{12}[\mu_{v12}(b_{12}),\mu_{y1}(u_1)] = \{\exp[-(h_1 - e_{12})^2/(\sigma_{12} + g_1)^2]\}/2$$
$$Z_{13}[\mu_{v13}(b_{13}),\mu_{y1}(u_1)] = \{\exp[-(h_1 - e_{13})^2/(\sigma_{13} + g_1)^2]\}/2$$
$$Z_{21}[\mu_{v21}(b_{21}),\mu_{y2}(u_2)] = \{\exp[-(h_2 - e_{21})^2/(\sigma_{21} + g_2)^2]\}/2$$
$$Z_{22}[\mu_{v22}(b_{22}),\mu_{y2}(u_2)] = \{\exp[-(h_2 - e_{22})^2/(\sigma_{22} + g_2)^2]\}/2$$
$$Z_{23}[\mu_{v23}(b_{23}),\mu_{y2}(u_2)] = \{\exp[-(h_2 - e_{23})^2/(\sigma_{23} + g_2)^2]\}/2$$
$$Z_{31}[\mu_{v31}(b_{31}),\mu_{y3}(u_3)] = \{\exp[-(h_3 - e_{31})^2/(\sigma_{31} + g_3)^2]\}/2$$
$$Z_{32}[\mu_{v32}(b_{32}),\mu_{y3}(u_3)] = \{\exp[-(h_3 - e_{32})^2/(\sigma_{32} + g_3)^2]\}/2$$
$$Z_{33}[\mu_{v33}(b_{33}),\mu_{y3}(u_3)] = \{\exp[-(h_3 - e_{33})^2/(\sigma_{33} + g_3)^2]\}/2$$
$$Z_{41}[\mu_{v41}(b_{41}),\mu_{y4}(u_4)] = \{\exp[-(h_4 - e_{41})^2/(\sigma_{41} + g_4)^2]\}/2$$
$$Z_{42}[\mu_{v42}(b_{42}),\mu_{y4}(u_4)] = \{\exp[-(h_4 - e_{42})^2/(\sigma_{42} + g_4)^2]\}/2$$
$$Z_{43}[\mu_{v43}(b_{43}),\mu_{y4}(u_4)] = \{\exp[-(h_4 - e_{43})^2/(\sigma_{43} + g_4)^2]\}/2$$
$$Z_{51}[\mu_{v51}(b_{51}),\mu_{y5}(u_5)] = \{\exp[-(h_5 - e_{51})^2/(\sigma_{51} + g_5)^2]\}/2$$
$$Z_{52}[\mu_{v52}(b_{52}),\mu_{y5}(u_5)] = \{\exp[-(h_5 - e_{52})^2/(\sigma_{52} + g_5)^2]\}/2$$
$$Z_{53}[\mu_{v53}(b_{53}),\mu_{y5}(u_5)] = \{\exp[-(h_5 - e_{53})^2/(\sigma_{53} + g_5)^2]\}/2$$

由判断矩阵分析法，对5个评估指标确定两两因素相比的判断值：

$$f_{x2}(x_1) = 5 \quad f_{x1}(x_2) = 1 \quad f_{x3}(x_1) = 1 \quad f_{x1}(x_3) = 7$$
$$f_{x4}(x_1) = 1 \quad f_{x1}(x_4) = 7 \quad f_{x5}(x_1) = 5 \quad f_{x1}(x_5) = 1$$
$$f_{x2}(x_3) = 9 \quad f_{x3}(x_2) = 1 \quad f_{x2}(x_4) = 9 \quad f_{x4}(x_2) = 1$$
$$f_{x2}(x_5) = 2 \quad f_{x5}(x_2) = 1 \quad f_{x3}(x_4) = 1 \quad f_{x4}(x_3) = 2$$
$$f_{x3}(x_5) = 1 \quad f_{x5}(x_3) = 9 \quad f_{x4}(x_5) = 1 \quad f_{x5}(x_4) = 9$$

根据式（6.57），构造比值矩阵：

$$
\boldsymbol{D}=\begin{bmatrix} 1 & 5 & 1/7 & 1/7 & 5 \\ 1/5 & 1 & 1/9 & 1/9 & 1/2 \\ 7 & 9 & 1 & 2 & 9 \\ 7 & 9 & 1/2 & 1 & 9 \\ 1/5 & 2 & 1/9 & 1/9 & 1 \end{bmatrix}
$$

由式（6.58）、式（6.59），得到重要程度系数：

$$A=(0.101\,0, 0.030\,26, 0.471\,5, 0.357\,3, 0.039\,93)$$

应用式（6.60），求出柴油发动机 Y 的技术状况与 v_j 的加权格贴近度：

$$Q_1(\mu_{\mathrm{v}},\mu_{\mathrm{y}})=\left\{\sum_{i=1}^{5}[a_i\cdot Z_{i1}(\mu_{\mathrm{v}i1},\mu_{\mathrm{y}i})]\right\}/\left(\sum_{i=1}^{5}a_i\right)$$

$$Q_2(\mu_{\mathrm{v}},\mu_{\mathrm{y}})=\left\{\sum_{i=1}^{5}[a_i\cdot Z_{i2}(\mu_{\mathrm{v}i2},\mu_{\mathrm{y}i})]\right\}/\left(\sum_{i=1}^{5}a_i\right)$$

$$Q_3(\mu_{\mathrm{v}},\mu_{\mathrm{y}})=\left\{\sum_{i=1}^{5}[a_i\cdot Z_{i3}(\mu_{\mathrm{v}i3},\mu_{\mathrm{y}i})]\right\}/\left(\sum_{i=1}^{5}a_i\right)$$

三台柴油发动机的技术状况诊断计算结果分别示于表 6.4、表 6.5 和表 6.6。可以看出，表 6.4 中的 Q_2 值最大，所以 1#柴油发动机的技术状况是“中等”；表 6.5 中的 Q_1 值最大，所以 2#柴油发动机的技术状况是“好”；表 6.6 中 Q_3 值最大，所以 3#柴油发动机的技术状况是“差”。

表 6.4　模糊模式识别模型计算结果（1#柴油发动机）

Z_{11}　0.736 0	Z_{12}　0.983 5	Z_{13}　0.678 0
Z_{21}　0.500 1	Z_{22}　0.556 0	Z_{23}　0.994 9
Z_{31}　0.500 0	Z_{32}　0.904 6	Z_{33}　0.500 0
Z_{41}　0.999 1	Z_{42}　0.500 0	Z_{43}　0.500 0
Z_{51}　0.607 3	Z_{52}　0.998 4	Z_{53}　0.545 9
Q_1　0.706 9	Q_2　0.761 4	Q_3　0.535 2

表 6.5　模糊模式识别模型计算结果（2#柴油发动机）

Z_{11}　0.781 7	Z_{12}　0.900 5	Z_{13}　0.566 6
Z_{21}　0.965 1	Z_{22}　0.578 7	Z_{23}　0.503 0
Z_{31}　0.683 3	Z_{32}　0.629 0	Z_{33}　0.500 0
Z_{41}　0.550 6	Z_{42}　0.500 0	Z_{43}　0.500 0
Z_{51}　0.680 0	Z_{52}　0.869 4	Z_{53}　0.501 9
Q_1　0.654 5	Q_2　0.618 6	Q_3　0.507 1

表 6.6 模糊模式识别模型计算结果（3#柴油发动机）

Z_{11} 0.500 0	Z_{12} 0.500 2	Z_{13} 0.578 9
Z_{21} 0.500 3	Z_{22} 0.546 2	Z_{23} 0.944 3
Z_{31} 0.500 0	Z_{32} 0.500 8	Z_{33} 0.882 1
Z_{41} 0.500 1	Z_{42} 0.500 1	Z_{43} 0.500 0
Z_{51} 0.500 0	Z_{52} 0.525 0	Z_{53} 0.999 4
Q_1 0.500 2	Q_2 0.503 0	Q_3 0.740 0

6.2.5.2 装甲车辆柴油发动机技术状况评估的模糊综合评判模型

1）模糊综合评判模型的描述和基本公式

模糊综合评判方法是应用模糊变换原理和最大隶属度原则，考虑与被评价事物相关的各个因素，对事物进行综合评价。这种方法适合于对多个因素影响的复杂问题作出全面判断。将模糊综合评判方法应用在装甲车辆柴油发动机技术状况的评估中，建立了模糊综合评判模型。

与模糊模式识别模型类似，首先定义一个技术状况评估指标集 X 和一个技术状况基准样本等级集 V [式（6.46）、式（6.47）]。对每个技术状况基准样本等级定义一个成绩区间，取各等级成绩区间均值作为各等级 v_j 规定的参数向量：

$$\boldsymbol{C} = (c_1, c_2, \cdots, c_m)^{\mathrm{T}} \tag{6.61}$$

采用线性函数表示每个评估指标对各个基准样本等级的隶属函数，得到从 X 到 V 的模糊关系评价矩阵 $\boldsymbol{R}(r_{ij})_{n\times m}$，$r_{ij}$ 是评估指标 x_i 对基准样本等级 v_j 的隶属度。

当重要程度系数模糊子集 A 和模糊关系评价矩阵 $\boldsymbol{R}$ 为已知时，应用 $M(\cdot, +)$ 模型进行综合评判，得到

$$S' = A \cdot \boldsymbol{R} = (s'_1, s'_2, \cdots, s'_n) \tag{6.62}$$

$$(s'_1, s'_2, \cdots, s'_n) = (a_1, a_2, \cdots, a_n) \cdot (r_{ij})_{n\times m} \tag{6.63}$$

式中，S' 为基准样本等级集 V 上的模糊子集，S' 中的各元素 s'_i 是在广义模糊合成运算下得出的运算结果，是等级 v_i 对综合评判所得等级模糊子集 S' 的隶属度。

将 S' 归一化处理后，得到 $\boldsymbol{S}$，并进行等级参数综合评判：

$$P = \boldsymbol{S} \cdot \boldsymbol{C} \tag{6.64}$$

式中，P 为综合评判值。当 $0 \leqslant s_i \leqslant 1$，$\sum_{i=1}^{n} s_i = 1$ 时，可将 P 视为以等级模糊子集 $\boldsymbol{S}$ 为权向量的关于成绩参数向量 $\boldsymbol{C}$ 的加权平均值。P 反映了由等级模糊子集 $\boldsymbol{S}$ 和成绩参数向量 $\boldsymbol{C}$ 所带来的综合信息。按照 P 值的大小，由成绩区间就可以得到综合评判结果。

2）应用实例

这里仍以某型装甲车辆柴油发动机为例，说明模糊综合评判模型的应用。将柴油发动机的技术状况基准样本分为“好，中等，差”三个等级，定出每个等级的成绩区间，并示于表6.7。各等级规定的参数向量为：

表6.7　技术状况基准样本成绩区间

技术状况基准样本		成绩区间
v_1	好	[80～100]
v_2	中等	[60～80]
v_3	差	[0～60]

$$\boldsymbol{C} = (90,70,30)^{\mathrm{T}}$$

每个评估指标对各技术状况基准样本等级的隶属函数为

$$\mu_{11}(x_1) = \begin{cases} 0 & (x_1 < 350 \text{ 或 } x_1 \geqslant 414) \\ (x_1 - 350)/20 & (350 \leqslant x_1 < 360) \\ 1 - (372 - x_1)/24 & (360 \leqslant x_1 < 372) \\ 1 & (372 \leqslant x_1 < 392) \\ 1 - (x_1 - 392)/20 & (392 \leqslant x_1 < 402) \\ (414 - x_1)/24 & (402 \leqslant x_1 < 414) \end{cases} \tag{6.65}$$

$$\mu_{12}(x_1) = \begin{cases} 0.5 & (x_1 < 350 \text{ 或 } x_1 \geqslant 414) \\ 1 - (360 - x_1)/20 & (350 \leqslant x_1 < 360) \\ 1 & (360 \leqslant x_1 < 372) \\ 1 - (x_1 - 372)/20 & (372 \leqslant x_1 < 382) \\ 1 - (392 - x_1)/20 & (382 \leqslant x_1 < 392) \\ 1 & (392 \leqslant x_1 < 402) \\ 1 - (x_1 - 402)/24 & (402 \leqslant x_1 < 414) \end{cases} \tag{6.66}$$

$$\mu_{13}(x_1)=\begin{cases}1 & (x_1<350\text{ 或 }x_1\geqslant 414)\\ 1-(x_1-350)/20 & (350\leqslant x_1<360)\\ (372-x_1)/24 & (360\leqslant x_1<372)\\ 0 & (372\leqslant x_1<392)\\ (x_1-392)/20 & (392\leqslant x_1<402)\\ 1-(414-x_1)/24 & (402\leqslant x_1<414)\end{cases}\tag{6.67}$$

$$\mu_{21}(x_2)=\begin{cases}0 & (x_2<225\text{ 或 }x_2\geqslant 265)\\ (x_2-225)/16 & (225\leqslant x_2<233)\\ 1-(240-x_2)/14 & (233\leqslant x_2<240)\\ 1 & (240\leqslant x_2<250)\\ 1-(x_2-250)/14 & (250\leqslant x_2<257)\\ (265-x_2)/16 & (257\leqslant x_2<265)\end{cases}\tag{6.68}$$

$$\mu_{22}(x_2)=\begin{cases}0.5 & (x_2<225\text{ 或 }x_2\geqslant 265)\\ 1-(233-x_2)/16 & (225\leqslant x_2<233)\\ 1 & (233\leqslant x_2<240)\\ 1-(x_2-240)/10 & (240\leqslant x_2<245)\\ 1-(250-x_2)/10 & (245\leqslant x_2<250)\\ 1 & (250\leqslant x_2<257)\\ 1-(x_2-257)/16 & (257\leqslant x_2<265)\end{cases}\tag{6.69}$$

$$\mu_{23}(x_2)=\begin{cases}1 & (x_2<225\text{ 或 }x_2\geqslant 265)\\ 1-(x_2-255)/16 & (225\leqslant x_2<233)\\ (240-x_2)/14 & (233\leqslant x_2<240)\\ 0 & (240\leqslant x_2<250)\\ (x_2-250)/14 & (250\leqslant x_2<257)\\ 1-(265-x_2)/16 & (257\leqslant x_2<265)\end{cases}\tag{6.70}$$

$$\mu_{31}(x_3)=\begin{cases}0 & (x_3<20)\\ (x_3-20)/8 & (20\leqslant x_3<24)\\ 1-(28-x_3)/8 & (24\leqslant x_3<28)\\ 1 & (x_3\geqslant 28)\end{cases}\tag{6.71}$$

$$\mu_{32}(x_3)=\begin{cases}0.5 & (x_3<20)\\ 1-(24-x_3)/8 & (20\leqslant x_3<24)\\ 1-(x_3-24)/8 & (24\leqslant x_3<28)\\ 0.5 & (x_3\geqslant 28)\end{cases} \tag{6.72}$$

$$\mu_{33}(x_3)=\begin{cases}1 & (x_3<20)\\ 1-(x_3-20)/8 & (20\leqslant x_3<24)\\ (28-x_3)/8 & (24\leqslant x_3<28)\\ 0 & (x_3\geqslant 28)\end{cases} \tag{6.73}$$

$$\mu_{41}(x_4)=\begin{cases}0 & (x_4<6)\\ (x_4-6)/2 & (6\leqslant x_4<7)\\ 1-(8-x_4)/2 & (7\leqslant x_4<8)\\ 1 & (x_4\geqslant 8)\end{cases} \tag{6.74}$$

$$\mu_{42}(x_4)=\begin{cases}0.5 & (x_4<6)\\ 1-(7-x_4)/2 & (6\leqslant x_4<7)\\ 1-(x_4-7)/2 & (7\leqslant x_4<8)\\ 0.5 & (x_4\geqslant 8)\end{cases} \tag{6.75}$$

$$\mu_{43}(x_4)=\begin{cases}1 & (x_4<6)\\ 1-(x_4-6)/2 & (6\leqslant x_4<7)\\ 8-(x_4)/2 & (7\leqslant x_4<8)\\ 0 & (x_4\geqslant 8)\end{cases} \tag{6.76}$$

$$\mu_{51}(x_5)=\begin{cases}1 & (x_5<108)\\ 1-(x_5-108)/26 & (108\leqslant x_5<121)\\ (135-x_5)/28 & (121\leqslant x_5<135)\\ 0 & (x_5\geqslant 135)\end{cases} \tag{6.77}$$

$$\mu_{52}(x_5)=\begin{cases}0.5 & (x_5<108)\\ 1-(121-x_5)/26 & (108\leqslant x_5<121)\\ 1-(x_5-121)/28 & (121\leqslant x_5<135)\\ 0.5 & (x_5\geqslant 135)\end{cases} \tag{6.78}$$

$$\mu_{53}(x_5)=\begin{cases}0 & (x_5<108)\\(x_5-108)/26 & (108\leqslant x_5<121)\\1-(135-x_5)/28 & (121\leqslant x_5<135)\\1 & (x_5\geqslant 135)\end{cases} \tag{6.79}$$

将表6.2中三台柴油发动机技术状况评估指标的平均值代入式（6.65）~式（6.67），计算出$\boldsymbol{R}(r_{ij})_{5\times 3}$。应用式（6.62）和式（6.63），计算出基准样本等级集上的归一化模糊子集$\boldsymbol{S}$。应用式（6.64），计算出综合评价值P。表6.8给出了计算得到的三台柴油发动机$\boldsymbol{S}$、P值，对比表6.7给出的基本样本成绩区间可得到综合评价结果。可见，1#柴油发动机的技术状况是“中等”，2#柴油发动机的技术状况是“好”，3#柴油发动机的技术状况是“差”。

表6.8　模糊综合评判模型计算结果

计算结果	1#柴油发动机	2#柴油发动机	3#柴油发动机
S	0.432，0.429，0.139	0.598，0.389，0.0133	237，0.393，0.370
P	73.09	81.42	58.96

6.3　装甲车辆柴油发动机失火故障诊断

我军许多现役装甲装备大都使用多缸柴油发动机作为动力装置。柴油发动机失火是指单个或几个气缸内无法着火燃烧的一种故障。发生失火故障的原因很多，当缸内贫油、压缩不良、混合气过稀、存在较多的残余废气或点火能量过低时都有可能使柴油发动机发生失火故障。基于排气噪声不均匀性的失火故障诊断技术是一种不解体方法，效率高、成本低、诊断速度快、易于推广。

6.3.1　柴油发动机排气噪声检测

测试系统由声传感器、A/D转换器、计算机及信号线等组成。为了适应野外使用，对声传感器加装了防尘保护装置。

为了规范测试条件，突出排气噪声并减小车辆动力传动系统振动噪声和风扇噪声的影响，测点选在柴油发动机排烟口附近。在柴油发动机转速为1 000 r/min时原地空挡条件下进行测试。

因为柴油发动机两缸以上同时失火的可能性较小，因此只需考虑一缸失火

和两缸失火就够了。我们对多台柴油发动机通过切断一缸和两缸高压油管油路的方法，对失火故障进行了模拟，测得在实车情况下不失火时的排气噪声信号，以及一缸和两缸失火时的排气噪声信号，采用其中的部分数据来建立诊断模型，用少数几台柴油发动机的数据来验证模型。

6.3.2 柴油发动机排气噪声的特点

柴油在气缸内燃烧后产生的高压废气经过排气管形成的排气噪声主要由三部分组成：周期性排气产生的噪声、排气管的共鸣声和高速气流带来的噪声。其中以周期性排气产生的低频噪声为主。周期性排气噪声的基频为

$$f_0 = \frac{nz}{30i} \tag{6.80}$$

式中，i 为冲程数（二冲程 $i=2$，四冲程 $i=4$）；n 为转速（r/min）；z 为缸数。

图 6.20 和图 6.21 分别为 12 150 L 柴油发动机在 1 000 r/min 时排气噪声的时域波形与功率谱。根据式（6.80）可知，此时排气噪声基频 $f_0 = 1\ 000 * 12/30/4 = 100$ Hz。从功率谱图中也可以看出：排气噪声的能量集中在 100 Hz 附近。从时域波形图中也可以大致看出，每隔 0.01 s 就有一个噪声信号的波峰或波谷出现，对应着一个气缸的排气时刻。从理论上讲，若各缸工作状态一致良好，那么各个波峰的幅值大小应该基本相当，连续 12 个波峰或波谷所包含的时间正好等于 $12 \times 0.01\ \text{s} = 0.12\ \text{s}$。图 6.21 给出了正常状态下排气噪声功率谱，主频在 100 Hz 附近。由此可见，12 150 L 柴油发动机的排气噪声确实是以周期性排气产生的噪声为主。

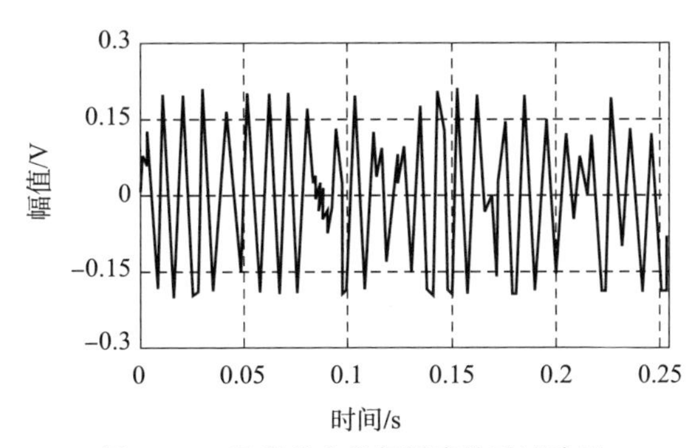

图 6.20　正常状态排气噪声的时域波形

6.3.3 信号预处理

对测得的噪声信号，首先进行去均值、去线性趋势项和数字低通滤波。这里采用双线性 Z 变换法设计了 6 阶 Butterworth 低通滤波器，滤波器的设计参数

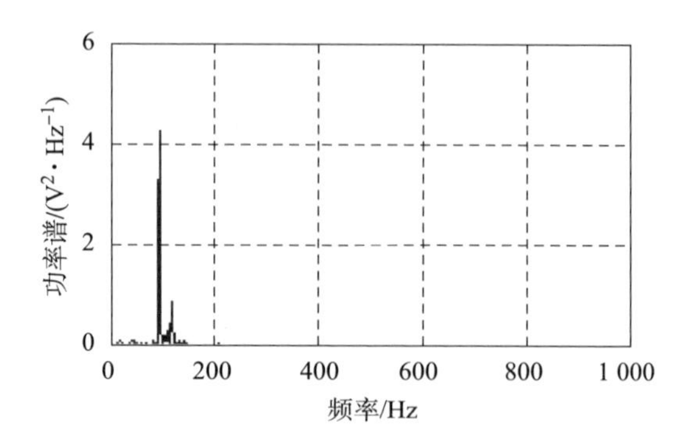

图 6.21　正常状态排气噪声的功率谱

为通带上限截止频率 $f_p = 100$ Hz，阻带下限截止频率 $f_s = 200$ Hz，通带最大衰减 $a_p = 2$ dB，阻带最小衰减 $a_s = 2$ dB，采样频率 $f = 4$ kHz。滤波器的传递函数为

$$H(z) = \frac{b_0 + b_1 z^{-1} + b_2 z^{-2} + b_3 z^{-3} + b_4 z^{-4} + b_5 z^{-5} + b_6 z^{-6}}{a_0 + a_1 z^{-1} + a_2 z^{-2} + a_3 z^{-3} + a_4 z^{-4} + a_5 z^{-5} + a_6 z^{-6}} \tag{6.81}$$

其中，各系数的取值见表 6.9，滤波器的幅频特性和相频特性如图 6.22 和图 6.23 所示。

表 6.9　低通滤波器各系数的取值

下标	***b***	***a***
0	0.000 000 175	1
1	0.000 001 052	-5.393 2
2	0.000 002 630	12.147 4
3	0.000 003 507	-14.623 8
4	0.000 002 630	9.923 0
5	0.000 001 052	-3.598 1
6	0.000 000 175	0.544 6

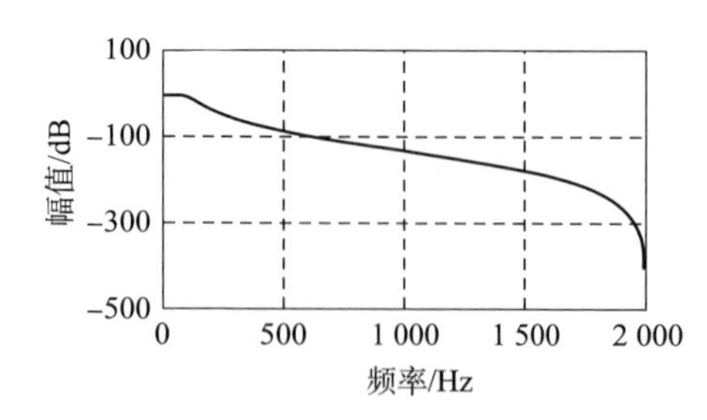

图 6.22　低通滤波器的幅频曲线

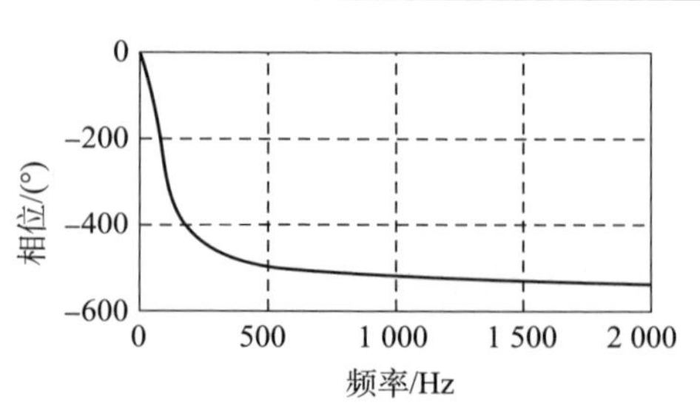

图 6.23　低通滤波器的相频曲线

图 6.24 为图 6.20 所示信号预处理后的时域波形，从而进一步可以看出，柴油发动机正常情况下的排气噪声具有很明显的周期性。

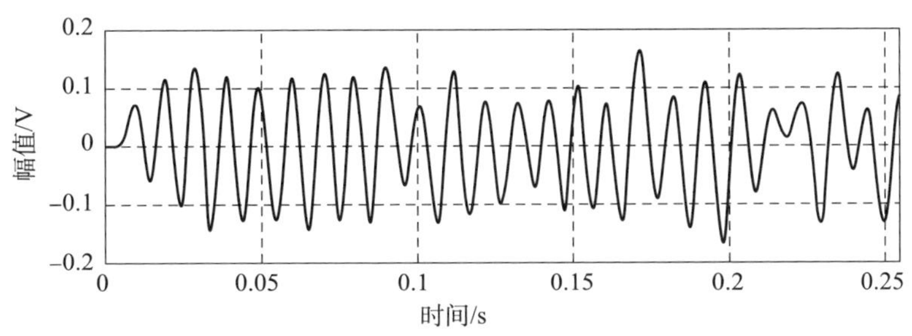

图 6.24　正常状态信号预处理后的时域波形

6.3.4　失火前后噪声信号的对比分析

图 6.25 所示为柴油发动机一缸失火时经预处理后的时域波形，图 6.26 所示为两缸失火时预处理后的时域波形。通过与正常状态下（图 6.24）的时域波形对比可以看出，柴油发动机在正常状态下波峰与波峰之间的时间间隔比较均匀，而发生失火故障（图 6.25 和图 6.26）后，原有的排气规律发生变化，波峰（谷）与波谷（峰）之间的时间间隔在有的时间段内仍比较均匀，而在有的时间段内被拉伸或压缩，整体时间间隔的均匀性变差，而且时间间隔被拉伸阶段正好对应失火缸应该排气的时刻前后。很显然，失火缸仍旧存在排气过程，但失火后的排气仅仅是压缩后的空气，是没有混合雾化柴油且没有经过燃烧的空气，此时会表现出具有不同特性的排气噪声信号。

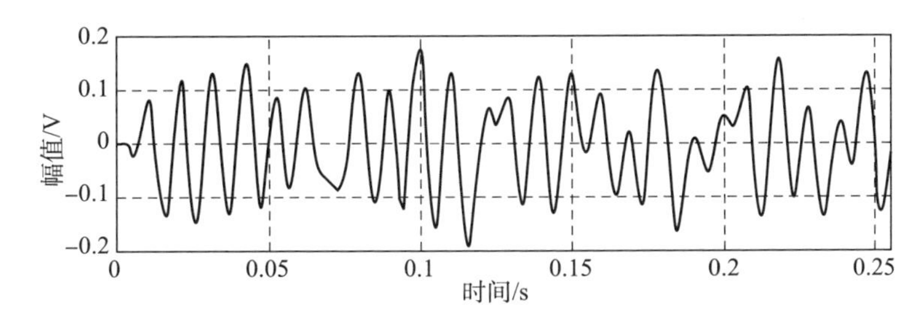

图 6.25　一缸失火时预处理后的时域波形

为了提取失火引起的排气不均匀特征，作如下特殊处理：寻找波峰点和波谷点，如果是波峰就将该点的值赋为 1，如果是波谷就将该点的值赋为 -1，其余的点均赋为 0。图 6.27 所示为正常状态时（图 6.24）经特殊处理后的时域波形，图 6.28 所示为一缸失火时（图 6.25）经特殊处理后的时域波形，图 6.29 所示为两缸失火时（图 6.26）经特殊处理后的时域波形。

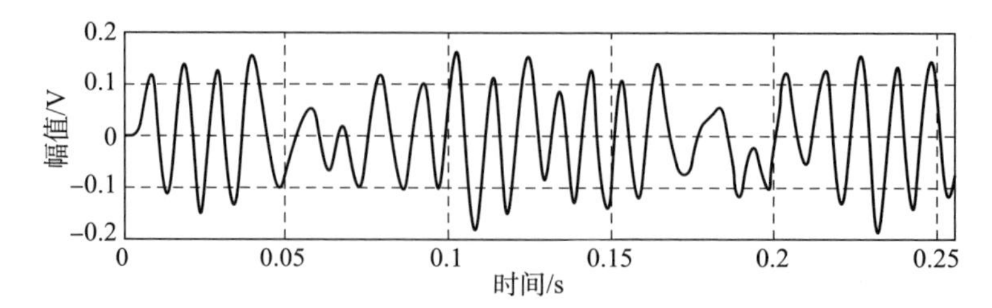

图 6.26 两缸失火时预处理后的时域波形

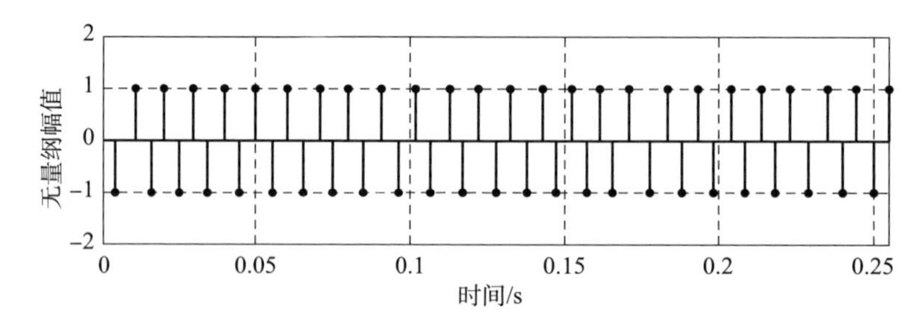

图 6.27 正常状态下经特殊处理后的时域波形

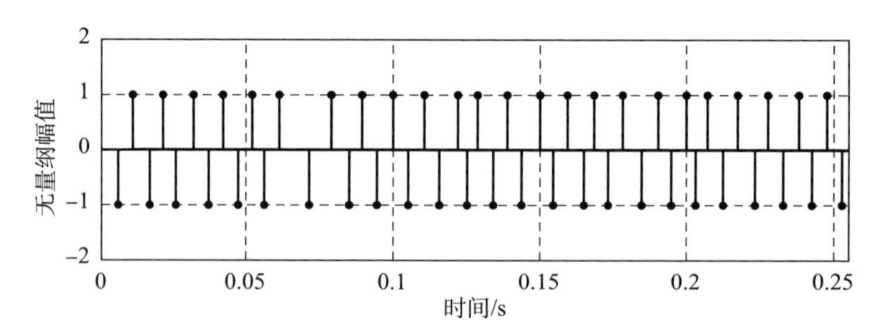

图 6.28 一缸失火时经特殊处理后的时域波形

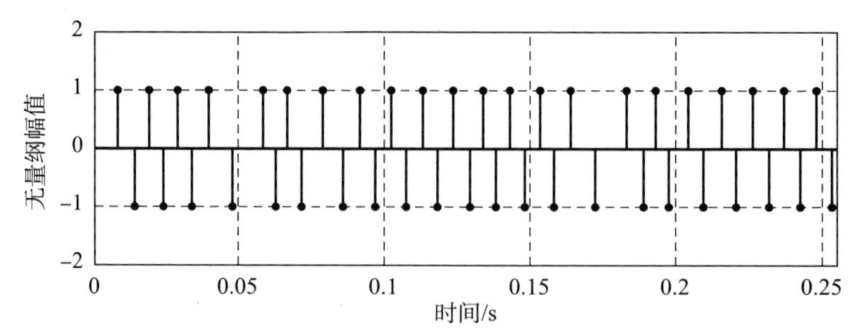

图 6.29 两缸失火时经特殊处理后的时域波形

提取有效的特征参数是识别是否发生失火故障的关键。预处理后的时域波形经特殊处理后的噪声峰－谷时间间隔的均匀度就是一种很有效的特征

参数。

6.3.5　提取噪声峰–谷值间隔信号

为了反映排气噪声信号波峰（谷）与波谷（峰）之间时间间隔的均匀程度，我们可以按照以下方法得到噪声峰值间隔信号，即对于特殊处理后的噪声序列 $x(n)(n=0,1,2,\cdots,N-1)$，假设其波峰和波谷的总数为 M 个，设第 i 个波峰（谷）对应的时间为 t_{i-1}，相邻的下一个波谷（峰）对应的时间为 t_i（图6.30），可以构造一个新的序列 $\Delta t_j=t_i-t_{i-1}(j=0,1,2,\cdots,M-2)$，其具有时间量纲（毫秒）。

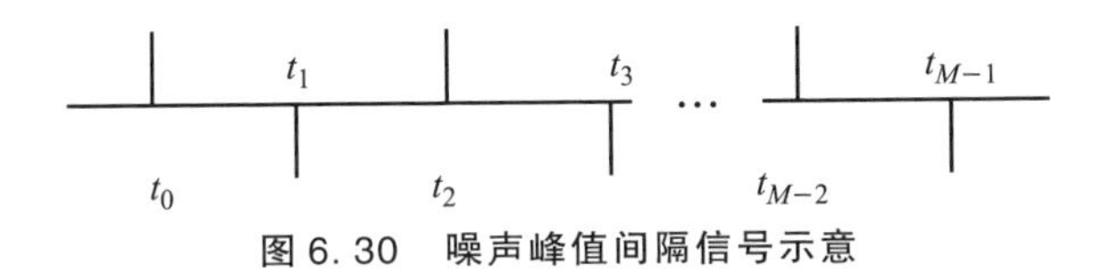

图6.30　噪声峰值间隔信号示意

图6.31所示为正常状态（图6.27）时经特殊处理后噪声峰值间隔信号波形，图6.32所示为一缸失火时（图6.28）经特殊处理后噪声峰值间隔信号波形，图6.33所示为两缸失火时（图6.29）经特殊处理后噪声峰值间隔信号波形。

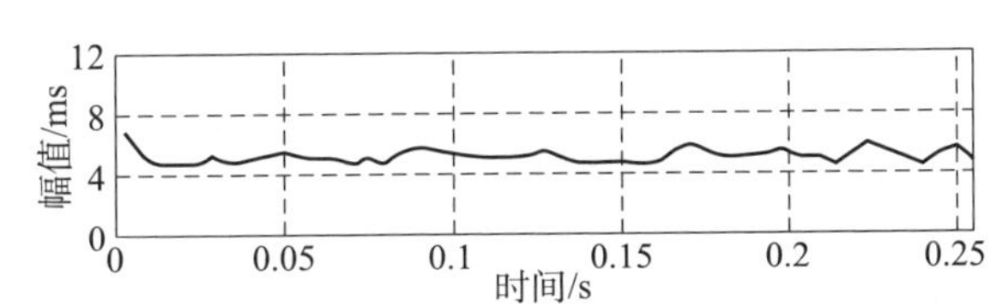

图6.31　正常状态时噪声峰值间隔信号波形

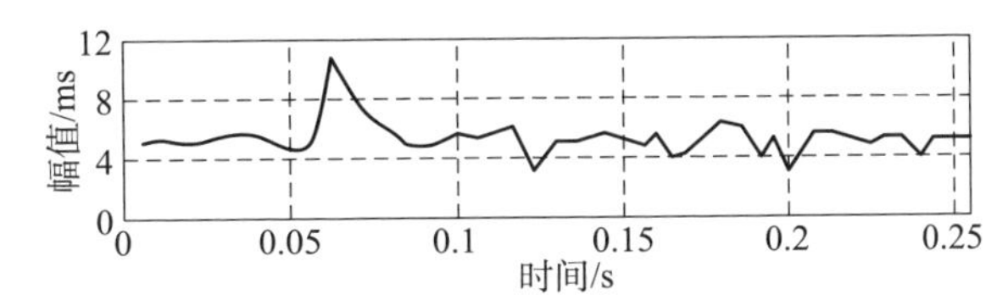

图6.32　一缸失火时噪声峰值间隔信号波形

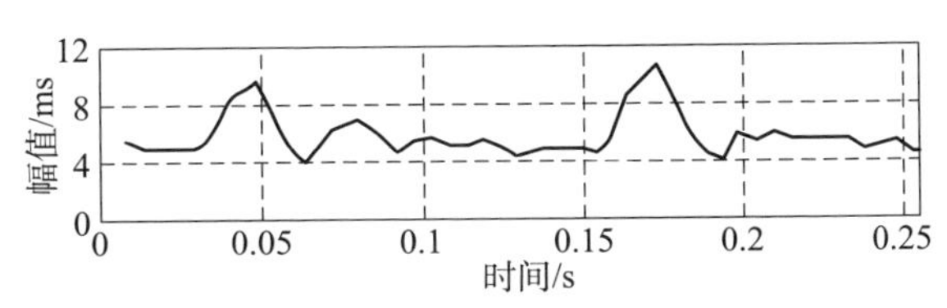

图6.33　两缸失火时噪声峰值间隔信号波形

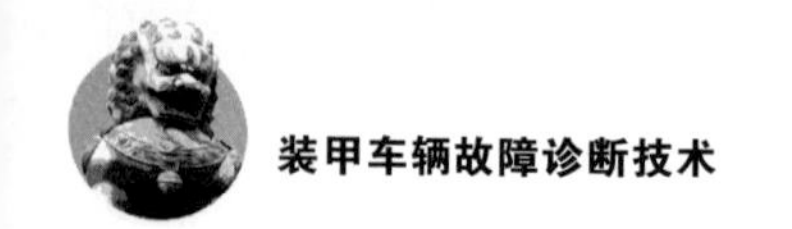

6.3.6 特征参数提取

通过 Δt_j 可以提取多种参数来反映柴油发动机工作的均匀程度。为了兼顾敏感性和稳定性，我们提取出两个特征参数：其一是序列 Δt_j 中最大值 Δt_{max} 与最小值 Δt_{min} 的比值，记为 η，$\eta = \Delta t_{max}/\Delta t_{min}$；其二是序列 Δt_j 的标准差 σ，在此我们称 σ 为柴油发动机排气噪声的不均匀度。η 为无量纲参数，敏感性较好，σ 为有量纲参数，稳定性较好。

6.3.7 失火故障模糊判别

从分析结果来看，η 的取值一般不超过 3，σ 不超过 0.5 ms；一缸失火或两缸失火时 η 的取值可高达 7，σ 可高达 1.6 ms。σ 稳定，可分性好；η 起伏较大，可分性相对差一些。因此，我们把 σ 作为主要判别参数，η 作为辅助判别参数。

假定柴油发动机不失火时 σ 的最小值记为 σ_{min}，柴油发动机一缸或两缸失火时 σ 的最大值记为 σ_{max}，由于柴油发动机失火时与不失火时不是完全可分的，必然存在一定的重叠。但 σ 越接近 σ_{min}，其不失火的可能性越大，相反 σ 越接近 σ_{max}，其失火的可能性越大。因此，我们按以下方法构造识别方法的置信度：先设定阈值 σ_0，如果 σ 不超过 σ_0，则判别结果为不失火，不失火的置信度为

$$B = \frac{1}{2}\left(1 + \left|\frac{\sigma - \sigma_0}{\sigma - \sigma_{min}}\right|\right) \times 100\% \tag{6.82}$$

如果 σ 超过 σ_0，则判别结果为失火，失火的置信度为

$$B = \frac{1}{2}\left(1 + \left|\frac{\sigma - \sigma_0}{\sigma - \sigma_{max}}\right|\right) \times 100\% \tag{6.83}$$

从图 6.34 中可以看出，σ 落在重叠区域时就有可能产生误识。根据上述构造置信度的方法也可以看出此时识别结果的置信度，识别结果的反命题成立的可能性也接近 50%。此时辅助参数 η 将起到一定的作用，如果 η 值很大，则可以认为失火的可能性大；如果 η 值很小，则可以认为不失火的可能性大。当然，一次识别结果具有较大的偶然性，因此可以进行多次识别。

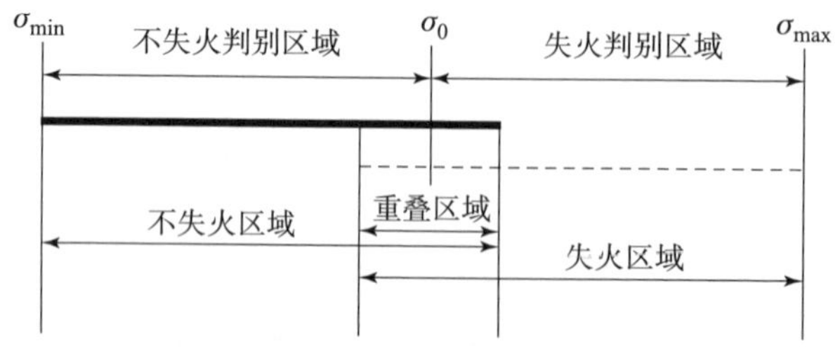

图 6.34 模糊判别置信度构造示意

6.4　装甲车辆传动箱典型故障的检测与诊断

6.4.1　概述

装甲车辆传动箱的主要组成部件是转轴、滚动轴承和齿轮。其中转轴发生故障的可能性较低，除非设计时存在刚度不足等问题，可能使用时会出现转轴弯曲、疲劳裂纹等故障。对于装甲车辆传动箱，很多零部件的设计都采用了较高的冗余可靠性设计，故通常情况下转轴很少发生故障。传动箱的运行是否正常涉及整台机器或机组的工况状态。由于制造和装配误差或在不适当的条件（如载荷、润滑等）下工作，传动箱中零件甚至组件会受到损伤。传动箱中各类零件损坏的百分比约为：齿轮 60%、轴承 19%、轴 10%、箱体 7%、紧固件 3%、油封 1%。由此可见，齿轮本身的故障比重最大，轴承故障占比排第二，即传动箱的主要故障发生在滚动轴承和齿轮上。其中滚动轴承的常见故障模式有内圈、外圈及滚动体点蚀及保持架裂纹等；齿轮的主要故障模式有磨损、裂纹和断齿等。本节主要围绕传动箱中滚动轴承和齿轮常见故障的特征分析及诊断技术展开。

6.4.2　滚动轴承的检测与诊断

6.4.2.1　滚动轴承状态的特征参量

滚动轴承特征频率是描述滚动轴承各部分状态的频域特征参量。

1）滚动轴承的回转特征频率

图 6.35 所示为滚动轴承（球轴承）示意图，它由内圈、外圈、滚动体和保持架四部分组成。图中 D 为轴承的节圆（中心圆）直径，即轴承滚动体中心所在的圆的直径；d 为转动体（滚动体）直径，即滚动体的平均直径；r_1 为内环轨道半径，即内圈滚道的平均半径；r_2 为外环轨道半径，即外圈滚道的平均半径；α 为接触角，表示滚动体受力方向与内、外圈滚道垂直线的夹角。

为分析轴承各部分运动参数，先做如下假设：

（1）滚道与滚动体之间无相对滑动。

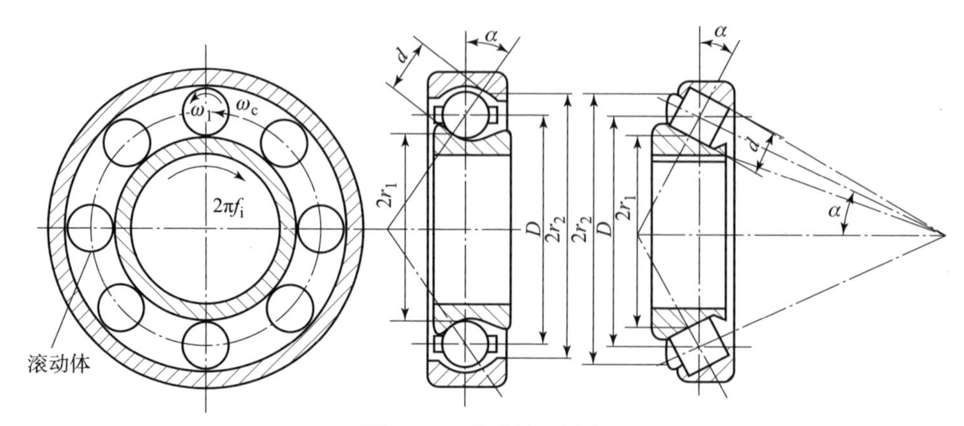

图 6.35　滚动轴承示意

（2）承受径向、轴向载荷时各部分无变形。

（3）内圈滚道回转频率为 f_{i}。

（4）外圈滚道回转频率为 f_{o}。

（5）保持架回转频率（滚动体公转频率为 f_{c}）。

对于图 6.35 所示的滚动轴承，它工作时不同位置上某点的转动速度如下：

内圈滚道上一点的速度为

$$V_{\mathrm{i}} = 2\pi r_1 f_{\mathrm{i}} = \pi f_{\mathrm{i}}(D - d\cos\alpha) \tag{6.84}$$

外圈滚道上一点的速度为

$$V_{\mathrm{o}} = 2\pi r_2 f_{\mathrm{o}} = \pi f_{\mathrm{o}}(D + d\cos\alpha) \tag{6.85}$$

保持架上一点的速度为

$$V_{\mathrm{c}} = \frac{1}{2}(V_{\mathrm{i}} + V_{\mathrm{o}}) = \pi f_{\mathrm{c}} D \tag{6.86}$$

由此可得保持架的旋转频率（即滚动体的公转频率）为

$$f_{\mathrm{c}} = \frac{V_{\mathrm{i}} + V_{\mathrm{o}}}{2\pi D}\ \frac{1}{2}\left[\left(1 - \frac{d}{D}\cos\alpha\right)f_{\mathrm{i}} + \left(1 + \frac{d}{D}\cos\alpha\right)f_{\mathrm{o}}\right] \tag{6.87}$$

单个滚动体在外圈滚道上的通过频率，即保持架相对外圈的回转频率为

$$f_{\mathrm{oc}} = f_{\mathrm{o}} - f_{\mathrm{c}} = \frac{1}{2}(f_{\mathrm{o}} - f_{\mathrm{i}})\left(1 - \frac{d}{D}\cos\alpha\right) \tag{6.88}$$

单个滚动体在内圈滚道上的通过频率，即保持架相对内圈的回转频率为

$$f_{\mathrm{ic}} = f_{\mathrm{i}} - f_{\mathrm{c}} = \frac{1}{2}(f_{\mathrm{i}} - f_{\mathrm{o}})\left(1 + \frac{d}{D}\cos\alpha\right) \tag{6.89}$$

从固定在保持架上的动坐标系来看，滚动体与内圈做无滑动滚动，它的回转频率之比与 $d/2r_1$ 成反比。由此可得滚动体相对于保持架的回转频率（滚动体的自转频率，滚动体通过内圈滚道或外圈滚道的频率）f_{bc}：

$$\frac{f_{bc}}{f_{ic}} = \frac{2r_1}{d} = \frac{D - d\cos\alpha}{d} = \frac{D}{d}\left(1 - \frac{d}{D}\cos\alpha\right)$$

$$f_{bc} = \frac{1}{2} \times \frac{D}{d}(f_i - f_o)\left[1 - \left(\frac{d}{D}\right)^2 \cos^2\alpha\right] \tag{6.90}$$

根据滚动轴承的实际工作情况，定义滚动轴承内、外圈的相对转动频率为 $f_r = f_i - f_o$。

一般情况下，滚动轴承外圈固定，内圈旋转，即

$$f_o = 0$$

$$f_r = f_i - f_o = f_i$$

同时考虑到滚动轴承有 Z 个滚动体，则滚动轴承的特征频率如下：

滚动体在外圈滚道上的通过频率

$$Zf_{oc} = \frac{1}{2}Z\left(1 - \frac{d}{D}\cos\alpha\right)f_r \tag{6.91}$$

滚动体在内圈滚道上的通过频率

$$Zf_{ic} = \frac{1}{2}Z\left(1 + \frac{d}{D}\cos\alpha\right)f_r \tag{6.92}$$

滚动体在保持架上的通过频率（滚动体自转频率）

$$f_{bc} = \frac{D}{2d}\left[1 - \left(\frac{d}{D}\right)^2 \cos^2\alpha\right)f_r \tag{6.93}$$

2）止推轴承的特征频率

止推轴承可以被看作上述滚动轴承的一个特例，即 $a = 90°$，同时内、外圈相对转动频率 $f_r = f_i - f_o$ 为轴的转动频率 f_r，此时滚动体在止推圈滚道上的频率为

$$Zf_{oc} = \frac{1}{2}Zf_r \tag{6.94}$$

滚动体相对于保持架的回转频率为

$$f_{bc} = \frac{1}{2} \times \frac{D}{d}f_r \tag{6.95}$$

以上各特征频率是利用振动信号诊断滚动轴承故障的基础，对故障诊断非常重要。

3）滚动轴承内圈严重磨损特征频率

如图6.36所示，当内圈严重磨损时，轴承会产生偏心，内圈中心即旋转轴的轴心，会绕外圈中心回转，在载荷作用下，会引起如图6.36（b）所示的

冲击振动，振动频率为转动频率 f_r 及谐频。所以，滚动轴承内圈严重磨损特征频率为

$$nf_r \quad (n = 1,2,\cdots) \tag{6.96}$$

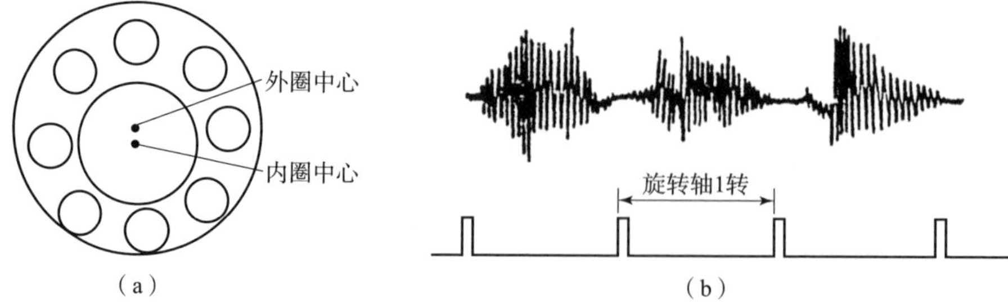

图 6.36 内圈严重磨损

4）滚动轴承内圈斑伤特征频率

如图 6.37（a）所示，内圈某处发生剥落、裂纹、压痕、划伤和污斑等斑伤时，会产生图 6.37（b）所示的高频冲击振动。当滚动轴承转动体个数为 Z 时，冲击的周期为$(Zf_i)^{-1}$。当内圈与滚动体经常以相同尺寸且无间隙接触时，内圈存在斑伤时的特征频率为

$$nZf_i \quad (n = 1,2,\cdots) \tag{6.97}$$

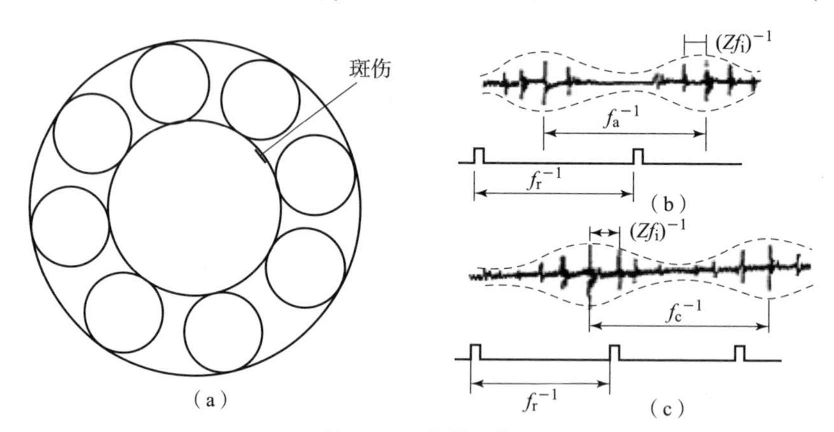

图 6.37 内圈斑伤

通常在载荷作用下，轴承产生弹性变形而引起径向间隙，所以，随着斑伤同转动体接触冲击的位置不同，振动振幅会产生周期性变化，即产生振幅被调制的调幅波。当内圈随轴转动时，冲击振动振幅被转动频率 f_r 调制，如图 6.37（b）所示，这时的内圈斑伤特征频率为

$$nZf_i \pm f_r \quad (n = 1,2,\cdots) \tag{6.98}$$

当外圈随轴转动时，冲击振幅被转动体公转频率 f_c 调制，如图 6.37（c）所示，这时的内圈斑伤特征频率为

$$nZf_i \pm f_c \quad (n = 1,2,\cdots) \tag{6.99}$$

5）滚动轴承外圈斑伤特征频率

外圈斑伤如图 6.38（a）所示，它会产生图 6.38（b）所示的振动。转动体与外圈斑伤冲击振动的周期为 $(Zf_c)^{-1}$，由于斑伤与载荷的相对位置关系保持一定，所以没有振幅调制。外圈斑伤特征频率为

$$nZf_c \quad (n = 1,2,\cdots) \tag{6.100}$$

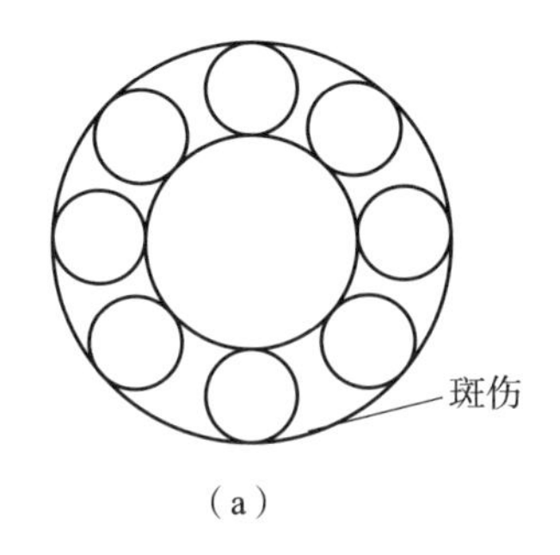

（a）

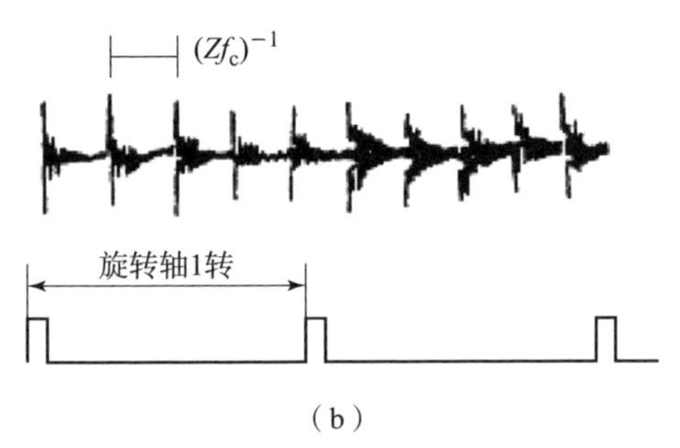

（b）

图 6.38　外圈斑伤

6）滚动轴承滚动体斑伤特征频率

滚动体发生斑伤时产生的高频冲击振动如图 6.39 所示。滚动体自转一周，其斑伤位置与内、外圈各冲击一次，所以冲击周期应为 $(2f_b)^{-1}$。当轴承存在径向间隙时，随着斑伤滚动体相对载荷位置的变化，振动振幅发生变化，振幅被滚动体的公转频率 f_c 调制，如图 6.39（a）所示。这时滚动体斑伤特征频率为

$$2nf_b \pm f_c \quad (n = 1,2,\cdots) \tag{6.101}$$

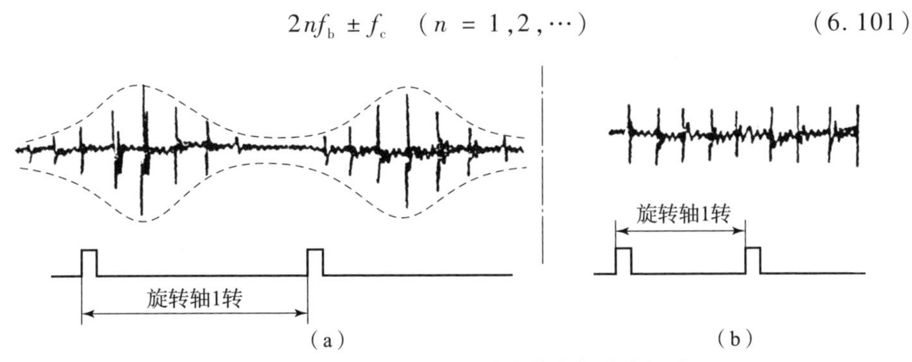

（a）　　　　　　　　（b）

图 6.39　滚动体发生斑伤时产生的高频冲击振动

当轴承的径向间隙可以忽略时，如轻载，则没有明显振幅调制，如图6.39（b）所示。这时滚动体斑伤特征频率为：

$$2nf_{b} \quad (n=1,2,\cdots) \tag{6.102}$$

滚动轴承损伤特征频率归纳于表6.10。

表6.10 滚动轴承损伤特征频率

损伤原因	特征频率	说明
内圈严重磨损	nf_{i}	轴转动频率及其高次谐频
内圈斑伤	nZf_{i}	无径向间隙
	$nZf_{i} \pm f_{r}$	有径向间隙被转频调幅
	$nZf_{i} \pm f_{c}$	有径向间隙时被滚动体的公转频率调幅
外圈斑伤	nZf_{c}	基频 Zf_{c} 及其高次谐频
滚动体斑伤	$2nf_{b}$	无径向间隙
	$2nf_{b} \pm f_{c}$	有径向间隙时被滚动体的公转频率调幅

6.4.2.2 滚动轴承检测与诊断实例

某滚动轴承检测与诊断设备原理框图如图6.40所示。

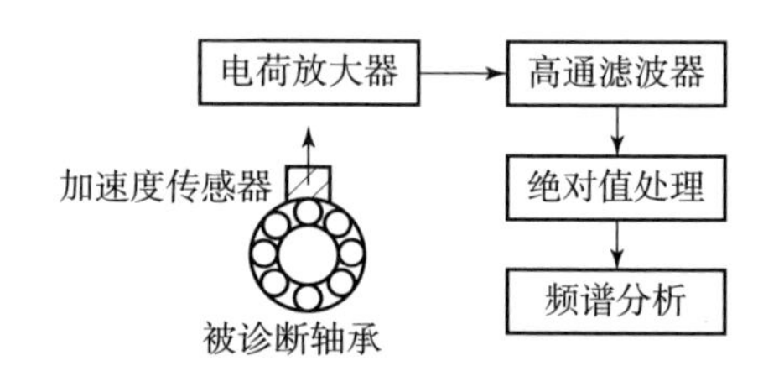

图6.40 某滚动轴承检测与诊断设备原理框图

轴承的振动信号，由加速度传感器检出，通过电荷放大器进行变换放大，放大后的信号，送到下限截止频率为1 kHZ的高通滤波器，滤除1 kHZ以下低频干扰。滤波后的信号，经绝对值处理和频谱分析。由于滚动轴承振动属随机振动，所以对高通滤波后的信号直接进行频谱分析，很难提取轴承的损伤特征频率。为解决这一问题，将滤波后的信号，送绝对值检波器进行绝对值处理，将信号变换为类周期信号，再对绝对值处理后的信号进行频域特征信息提取，便可以提取滚动轴承损伤特征频率。

根据提取的特征频率值，与表6.10中滚动轴承各损伤特征频率对照，就

可以诊断判定轴承的故障。

6.4.3　齿轮的检测与诊断

6.4.3.1　齿轮的常见故障及其机理分析

常见的齿轮典型故障有：轮齿断裂、齿面磨损、齿面疲劳和齿面塑性变形等。其中轮齿断裂又分为疲劳断裂和过负荷断裂两种。最常见的是疲劳断裂，首先，受力齿廓的齿根由于应力集中而产生龟裂，并逐渐向齿廓方向发展，最终导致断裂。过负荷断裂是由机械系统速度发生急剧变化、轴系共振、轴承破损、轴弯曲等使齿轮产生不正常的一端接触，载荷集中到齿面一端而引起的。齿面磨损主要是指由于金属微粒、污物、尘埃和沙粒等进入齿轮而导致材料磨损、齿面局部熔焊随之又撕裂的现象。齿面疲劳是由于齿面接触应力超过材料允许的疲劳极限，表面层先是产生细微裂纹，然后是小块剥落，直至严重时整个轮齿断裂。齿面塑性变形主要指压碎、起皱纹等变形。

据国外统计分析，齿轮的各种故障的比例是：断齿占41%，点蚀占31%，划痕占10%，磨损占10%，其他占8%。齿轮典型故障原因和故障振动信号的时、频域特征如表6.11所示。

表6.11　齿轮典型故障原因和故障振动信号的时、频域特征

<table>
<tr><th>典型故障</th><th>具体形式</th><th>失效原因</th><th>时、频域特征</th></tr>
<tr><td rowspan="2">齿面磨损</td><td>磨粒磨损</td><td>磨料进入工作齿面啮合区，润滑油不足或油质不清洁将造成齿面剧烈磨损</td><td rowspan="2">(1) 齿轮啮合频率及其谐波的幅值明显增大。
(2) 振动能量有较大幅度的增加。
(3) 转速达到一定值时，转速越高，齿轮故障振动频率谐波成分越明显</td></tr>
<tr><td>腐蚀磨损</td><td>润滑剂中的活性成分和齿轮材料发生化学反应，造成齿轮磨损</td></tr>
<tr><td rowspan="2">齿面胶合</td><td>热胶合</td><td>由于重载和高速的齿轮传动，在摩擦和表面压力的作用下产生高温，使接触区内的金属塑化熔焊在与之啮合的齿面上</td><td rowspan="2">回转频率没有变化。出现调制的啮合频率及其谐波周围的边频带，但与该故障无关。随着故障的恶化，出现频谱为啮合频率及其谐波，并含有分布在它们周围的以转速频率为间隔的边带频率成分，它们的振幅均加大</td></tr>
<tr><td>冷胶合</td><td>在较低滑动速度下，重载齿轮在较高的局部压力下，由表面不平或润滑油黏度不够造成金属直接接触而导致两齿面黏着</td></tr>
</table>

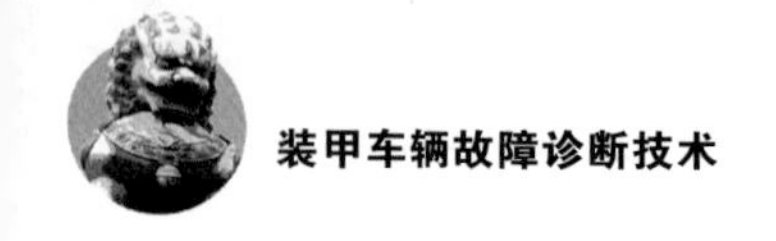

续表

典型故障	具体形式	失效原因	时、频域特征
齿面疲劳	点蚀	当齿面的接触应力超过材料所允许的剪切疲劳极限时，在表面层开始产生微细的裂纹，裂纹扩展，最终会使齿面金属小块剥落，在齿面上形成小坑，称为点蚀	齿面点蚀在频域表现为在啮合频率及其高次谐波附近存在以及点蚀齿轮所在轴的转频为调制的边频，但调制边频带少而且分布稀少
	剥落	当点蚀连成一片时，形成齿面上金属块剥落。继之由小块剥落扩大成整块剥落	
裂纹	裂纹	由于齿轮材料内部的不均匀性，即使在许用载荷条件下，个别轮齿齿根部首先产生疲劳裂纹，由于过载，特别是冲击载荷，逐渐向齿端发展直至折断	（1）齿轮齿根疲劳裂纹会对啮合振动产生调幅和调频作用。 （2）突出的特点在于相位调制的局限性。在多级齿轮传动中，一旦形成轮齿裂纹，所产生的相位调制信息就会沿传动系统传递而扩散
轮齿断裂	过负荷断裂	短时意外的严重过负荷，使得轮齿应力超过其极限应力所造成的折断	（1）时域表现为幅值很大的冲击型振动，频率等于有断齿轴的转频 （2）频域上在啮合频率及其高次谐波附近出现间隔为断齿轴转频的边频带
	疲劳断裂	轮齿在过高的交变应力作用下，从危险截面处疲劳源起始的疲劳裂纹不断扩展，使轮齿剩余截面上的应力超过其极限应力所造成的断齿	

在设备实际运行过程中，人们很难直接检测某个齿轮的故障信号，一般是在轴承、箱体表面选定合适位置进行测量，所测得的信号是轮系的信号，再从轮系的信号中分离出故障信息。当齿轮旋转时，无论齿轮存在异常与否，齿的啮合都会发生冲击啮合振动，其振动波形表现出振幅受到调制的特点，甚至既存在调幅又存在调频。因此在齿轮箱的状态检测与故障诊断技术的应用中，振动检测是目前最常用也是最有效的方法。

由于齿轮具有质量，轮齿可被看作弹簧，因而整个齿轮可以被看作一个振动系统。由于齿轮的弹簧刚度具有周期变化的性质，且有制造、装配误差的存在以及扭矩的变动所形成激励的作用，齿轮会产生扭转振动。由于轴、轴承、轴承座的变形以及齿向误差的影响，这一扭转振动将同时诱发径向和轴向的振

动。当振动通过轴承和座孔传到箱体时，箱体壁将产生振动并激发空气的振动而发出噪声。

齿轮的振动通常可以分为以下几种：齿轮的周向振动、齿轮的径向和轴向振动、齿轮的固有振动以及齿轮异常引起的振动等。齿轮的缺陷会反映到齿轮的振动信号之中，它是我们运用振动信号分析法对齿轮进行故障诊断的依据。

6.4.3.2　齿轮状态的特征参量

齿轮出现各类故障时，其振动信号将具有如下特征。

（1）高次谐波的变化。当齿轮均匀磨损时，啮合频率及其谐波分量保持不变，但幅值大小改变，高次谐波幅值增大较多。

（2）调幅现象。它是由于齿面载荷波动对幅值的影响造成的，调幅的一个原因是齿轮偏心，此时的调制频率为齿轮的回转频率。当在齿轮上有一个齿存在局部缺陷时，相当于齿轮的振动受到一个短脉冲的调制，脉冲的长度等于齿的啮合周期。

（3）调频现象。在实际情况中，同样的齿面压力的波动，在产生调幅现象的同时，也会引起频率调制现象，其结果是在谱上得到一个调幅与调频综合形成的边频带。齿轮存在偏心时，由于齿面载荷变化引起调幅现象的同时，又由于齿轮转速的不均匀而引起调频现象。

（4）附加脉冲。实际测得的信号不一定对称于零线，此时可将信号分解为两部分，即调幅部分和附加脉冲部分。附加脉冲是回转频率的低次谐波。平衡不良、对中不良和机械松动等，均是回转频率的低次谐波振源，但不一定与齿轮缺陷直接有关。附加脉冲的影响一般不会超出低频段，即在啮合频率以下。

（5）隐含谱线。隐含谱线是功率谱上的一个频率分量，其原因为加工过程误差使齿轮存在周期性缺陷。

齿轮特征频率是表征齿轮状态的频域特征参量，具体的频域特征参量有：

1）齿轮回转特征频率

齿轮是传递动力的，齿面上承受传递力。这种受力情况可以简化为悬臂梁受力。

轮齿上的作用力是周期性变化的冲击力。研究一对圆柱齿轮啮合过程后发现，某一瞬间只一对轮齿啮合，接着另一瞬间为两对轮齿同时啮合，按这样的周期变化。当齿轮传递的力保持某一定值时，且在仅有一对齿啮合瞬间，整个力作用在一个轮齿上，而在两对轮齿同时啮合瞬间，有1/2传递力作用在一个轮齿上。应强调指出，一个轮齿上受力的这种变化是在短瞬间完成的，所以带有很强的冲击性，对齿轮构成激振。这种冲击振动为齿轮固有频率的衰减振动，多为1～10 kHz的高频振动。

在齿轮的啮合回转过程中，一对轮齿从啮合开始到啮合结束所需的时间称为啮合周期，其倒数称为齿轮啮合频率。啮合频率f_m为

$$f_m = Z_1 \frac{N_1}{60}$$

或

$$f_m = Z_2 \frac{N_2}{60} \tag{6.103}$$

式中，Z_1为大齿轮齿数；N_1为大齿轮的转速；Z_2为小齿轮的齿数；N_2为小齿轮的转速。

齿轮回转特征频率为齿轮啮合频率及其高次谐频：

$$nf_m \quad (n = 1, 2, \cdots) \tag{6.104}$$

这种特征频率含在齿轮啮合冲击振动信号之中。

2）全周轮齿齿面磨损特征频率

全周轮齿齿面磨损与正常状态比较，特点是每次啮合冲击振动的幅值增大很多，冲击强度增强，频率仍为1～10 kHz的高频，如图6.41（a）所示。全周轮齿齿面磨损的低频振动特点如图6.41（b）所示。

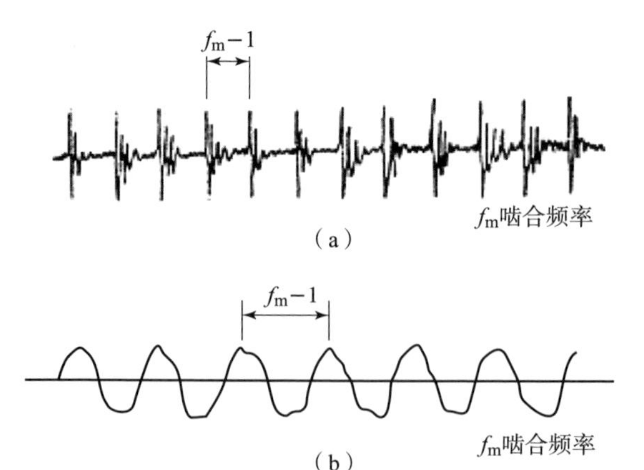

图6.41 全周轮齿齿面磨损

随着齿面磨损程度的加剧，将产生啮合频率的2次、3次等高次谐频，或者产生啮合频率1/2倍、1/3倍的分数谐频。全周轮齿齿面磨损的特征频率为

$$nf_m \quad (n = 1,2,\cdots \text{或} n = 1,1/2,\cdots)$$

3）齿轮局部损伤特征频率

齿轮局部损伤的类型，如图 6.42（a）所示，通常有：齿根大裂纹①；局部齿面磨损②；折齿③；局部节距误差或齿形误差④；齿隙改变引起的转速变化⑤等。

当齿轮只有一处局部损伤时，齿轮每转一转，仅在损伤齿啮合时发生很大冲击高频振动，如图 6.42（b）所示。因此转动频率 f_r 含在振动信号之中，周期为 f_r^{-1}，此时齿轮局部损伤的特征频率为

$$nf_r \quad (n = 1,2,\cdots) \tag{6.105}$$

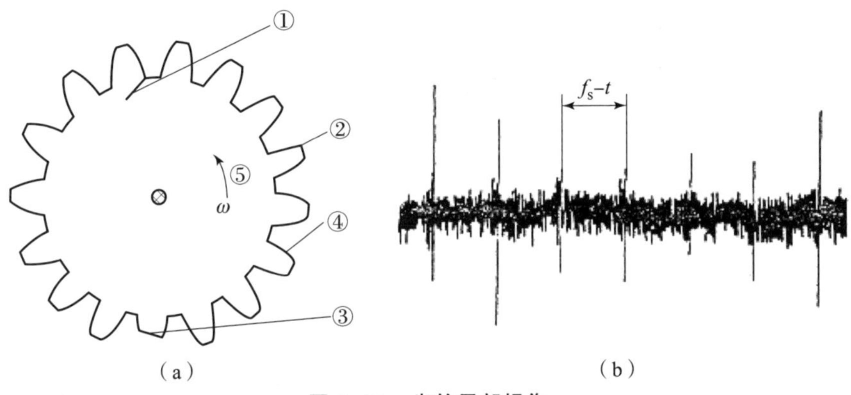

图 6.42　齿轮局部损伤

齿轮损伤特征频率归纳于表 6.12。

表 6.12　齿轮损伤特征频率

损伤原因	特征频率	说明
全周磨损	nf_m	冲击强度增大，出现啮频的高次谐频或分数谐频
局部损伤	nf_r	出现转频和其谐频

6.4.3.3　齿轮故障诊断的实例

图 6.43 所示为某齿轮诊断设备原理框图。由加速度传感器检测齿轮振动信号。对检出的加速度信号分两路进行分析，对频率为 1 kHZ 以下部分进行低频分析，对频率为 1 kHZ 以上部分进行高频分析。

1）低频分析

低频分析的目的是提取信号低频部分携带的齿轮损伤信息。加速度传感器检出的信号经电荷放大器转换放大后，用积分器把振动加速度变换成振动速度信号。由于振动速度对振动中的低频部分反应灵敏，所以齿轮的振动低频部分包含在速度信号中。

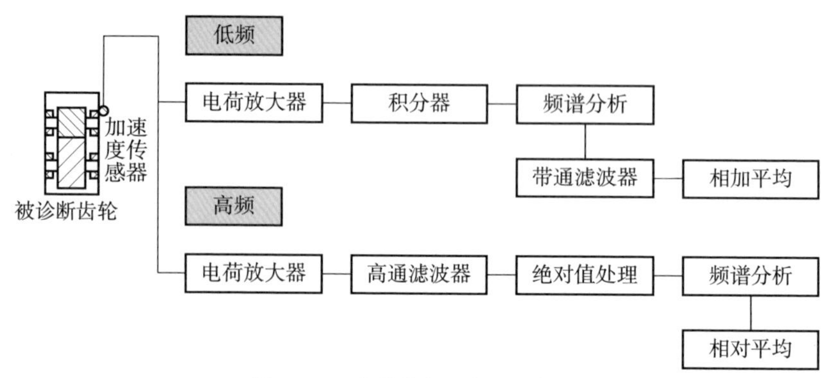

图 6.43　齿轮诊断设备原理框图

对速度信号进行频谱分析时，随着齿轮损伤状态不同，会产生具有不同特征频率的频谱。正常状态的齿轮，其频谱通常只出现明显的啮合频率和转动频率的基频峰值。当齿轮全周磨损时，它的频谱中往往发生啮合频率的高次谐频峰或分数谐频峰。当齿轮局部损伤时，它的频谱中往往出现转动频率的高次谐频峰等。

把速度信号经带通滤波，取出啮合频率成分，对齿轮轴转动同步进行相加平均处理，于是得到齿轮转一转的啮合振动信号，从而提取局部损伤状态的时域特征信息。

2）高频分析

高频分析的目的是提取齿轮高频固有频率衰减振动信号中携带的齿轮损伤信息。加速度传感器检出的信号，经电荷放大器转换放大后，由 1 kHZ 高通滤波器，滤得固有频率衰减振动信号，经高通滤波后所得的信号，其频谱图在 1 kHZ 以上基本为一条直线，可见这是随机信号，因此，必须进行绝对值处理，将其转换为类周期信号，这时频谱中齿轮的特征频率则显露出来。

根据频谱分析中提取到的特征频率及其峰值，可以诊断齿轮的状态或故障。

高频分析与低频分析，其齿轮损伤的特征频率是相同的。在两种分析中，若齿轮的某种损伤特征频率同时出现，则可用两种分析结果相互验证，可靠地

判定齿轮损伤。然而，齿轮运行的具体场合是复杂的，损伤状态也是复杂的，有时高频分析会更灵敏些，而有时低频分析会更灵敏些。

以被诊断齿轮的转速脉冲为同步信号进行相加平均处理，可得到齿轮每转的啮合振动信号，与齿轮旋转不同步的信号被极大减弱，而齿轮局部损伤时域信息被提取出来，有时甚至可得知损伤齿的位置。另外，利用相加平均分析法还可以把齿轮损伤与滚动轴承损伤区别开来。

6.4.4　军用车辆传动系统故障诊断实例

在装甲车辆传动箱的诊断中，将加速度传感器粘贴在箱体轴承座附近的测点处。检测时柴油发动机转速必须稳定，转速可在 800 ~ 1 200 r/min 的某固定转速，且应使受检的轴承或齿轮处于承载状态。图 6.44 给出了某型装备的传动系统功率谱分析的结果。

图 6.44（a）为柴油发动机转速为 1 208 r/min 时传动箱中间齿轮的功率谱。其上出现 36.25 Hz 及其谐频。理论计算转速为 1 208 r/min 时该齿轮折断一个轮齿的故障特征频率为 36.6 Hz，据此判定这时是中间齿轮某个轮齿折断故障。

图 6.44（b）为柴油发动机转速为 1 213.33 r/min 时传动箱中间齿轮的功率谱。其上出现 18.5 Hz 及其谐频。理论计算转速为 1 213 r/min 时该齿轮一处局部损伤故障特征频率为 18.38 Hz。实际为中间齿轮某轮齿的齿根存在裂纹故障。

图 6.44（c）为柴油发动机转速为 1 236.7 r/min 时某传动箱的功率谱。其上出现213.75 Hz及其 2 次谐频。该传动箱 2218 轴承外圈单点斑伤特征频率的基频为 214.14 Hz，据此判定为 2218 轴承外圈斑伤。

图 6.44（d）为柴油发动机转速为 1 254.17 r/min 时某传动箱的功率谱。其上出现 70 Hz 及其 2、3 次谐频。该传动箱 2218 轴承转一转滚动体斑伤特征频率为 71.07 Hz。由此判定为该轴承滚柱斑伤。

图 6.44（e）为柴油发动机转速为 828.33 r/min 时某变速箱的功率谱。其上出现 3.25 Hz 及其 2、3 次谐频。该变速箱一挡被动齿轮局部损伤特征频率为 3.28 Hz，据此判定一挡被动齿轮局部损伤实际为齿根裂纹。

图 6.44（f）为柴油发动机转速为 1 493.33 r/min 时某联动装置的功率谱。其上出现 32 Hz 及其高次谐频。该联动装置螺旋伞齿轮局部损伤特征频率为 32 Hz。实际为该齿轮折齿。

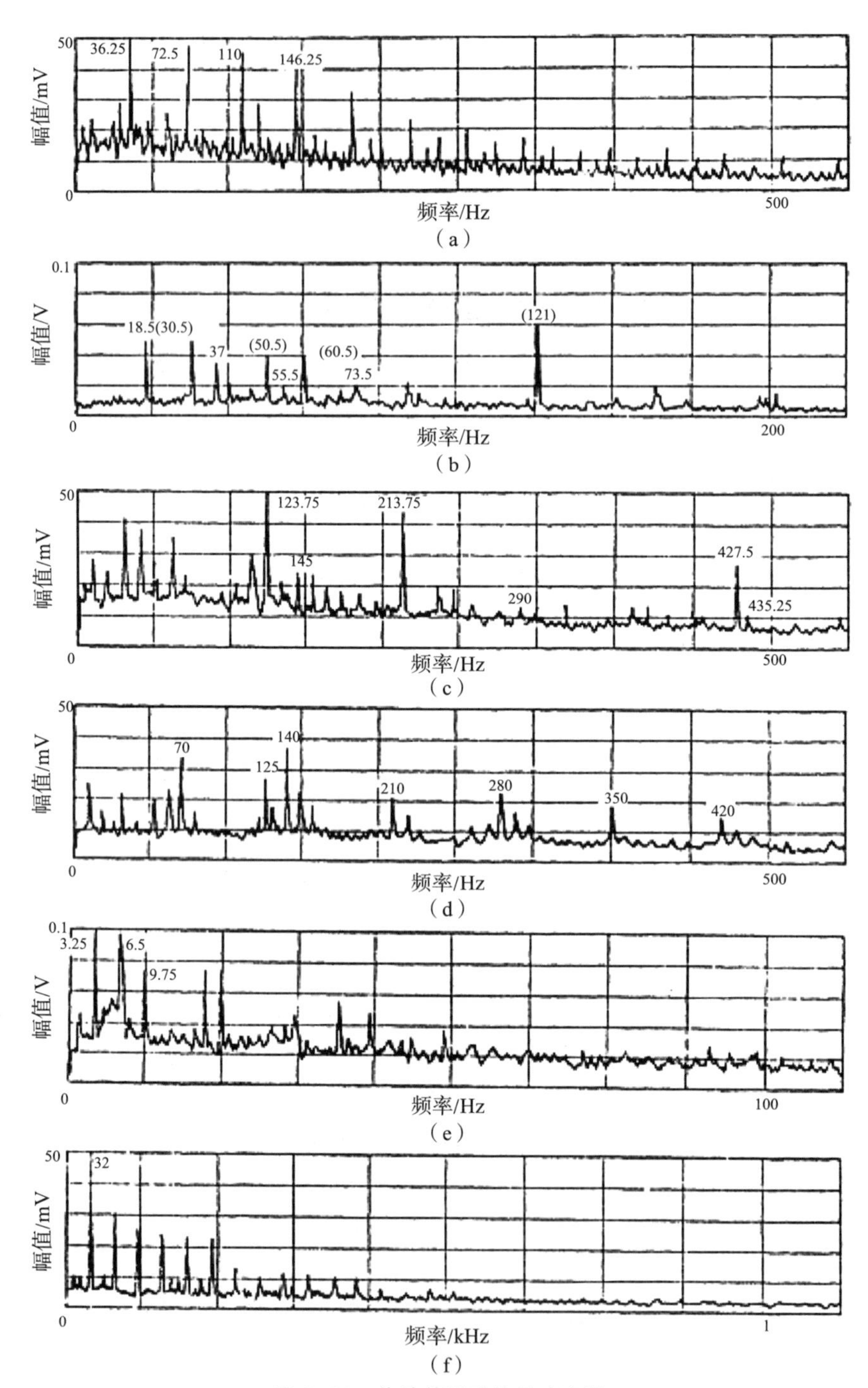

图 6.44 传动箱振动信号功率谱

6.5 装甲车辆变速箱典型故障的诊断

6.5.1 概述

顾名思义，变速箱的作用是实现车辆变速的装置。无论是民用车辆、过程工业所用的变速箱，还是坦克、装甲车辆及直升机等武器装备上所用的定轴式变速箱，其基本构成主要包括箱体、主动轴总成、中间轴总成、主轴总成、倒挡轴总成、换挡机构、助力油泵、风扇联动装置和润滑系统等部分。这里所述的装甲车辆变速箱是一种机械式的固定轴同步器换挡变速箱，有5个前进挡和1个倒挡。抽象出其组成，主要分为传动轴、不同型号轴承和齿轮等，因此下面重点介绍这几个关键组成的常见故障模式及特点。

6.5.1.1 变速箱轴承类故障

轴承在工作时，内圈和传动轴一起旋转，外圈与轴承座及机壳相对固定，滚动体在内、外圈之间滚动。虽然座圈内的滚动面加工得非常平滑，但是从微观上看仍有小的凹凸，滚动体在这些有凹凸的面上滚动时会产生振动激励；润滑油气泡也会引起振动激励，润滑油遇到轴承表面突然变化时，由于润滑油的黏性及惯性可能使油流瞬时切断，出现低压，形成气泡，气泡在压力的挤压作用下爆破，释放高压波，引起振动冲击。

另外，由于加工装配误差等原因，在轴承运转时也会产生振动激励。当变速箱内的轴系以一定的速度在一定的载荷下运转时，便对由轴承、轴承座、变速箱壳体构成的系统产生振动激励。在正常情况下，轴承产生的振动能量非常有限。但是，随着变速箱使用时间的延长，轴承内圈滚道、滚动体、外圈滚道将出现磨损，甚至产生剥落、点蚀等损伤，轴承会出现偏心现象，此情况会使轴承振动加剧。

轴承的故障对激励具有直接的影响：如果轴承元件的工作表面有损伤点，那么运行中会产生周期性脉冲冲击，脉冲的重复周期与某个特定元件的损伤相对应。在充分考虑载荷分布和轴承元件运动基础之上，就能够建立轴承在内圈、外圈或滚动体损伤时的脉冲激励表达式，用于轴承早期损伤的精确诊断。

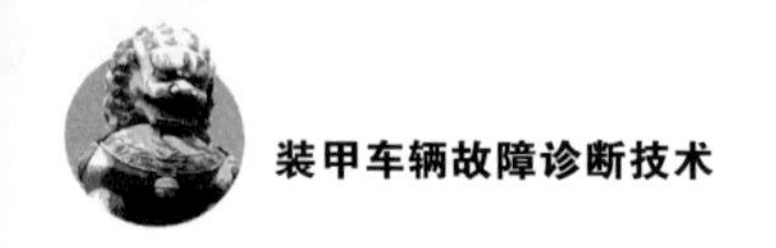

6.5.1.2 变速箱轴类故障

1）变速箱传动轴旋转质量不平衡引起的振动激励

传动轴上所装配的各个零部件，由于材质不均匀（如铸件中存在气孔砂眼）、加工误差、装配偏心，以及长期运转产生的不均匀磨损、腐蚀、变形，某些固定件松动等原因，零件发生质心偏移，造成传动轴的不平衡振动。传动轴旋转时产生的离心力是造成不平衡振动的直接原因，其大小与质量、偏心距及转速的平方成正比。

变速箱的传动轴上装有多个齿轮，并且单个齿轮轴向尺寸较大，即使整体传动轴系统没有发生质心偏移，但是，如果传动轴发生弯曲变形，那么在传动轴上相距较远的两个齿轮平面上会产生离心力形成的力偶（图6.45），产生传动轴动不平衡引起的振动激励。

2）变速箱内传动轴和轴承不对中引起的振动激励

变速箱内传动轴和轴承不对中包括轴颈与两端轴承不对中和传动轴与齿轮不对中。本书所研究的变速箱中采用的是滚动轴承，其不对中主要是由两端轴承座孔不同轴、轴承元件损坏、外圈配合松动、两端支座变形等引起的（图6.46）。当轴承不对中时，将产生附加弯矩，给轴承增加附加载荷，致使轴承间的负荷重新分配，形成附加激励，引起变速箱的振动激励。

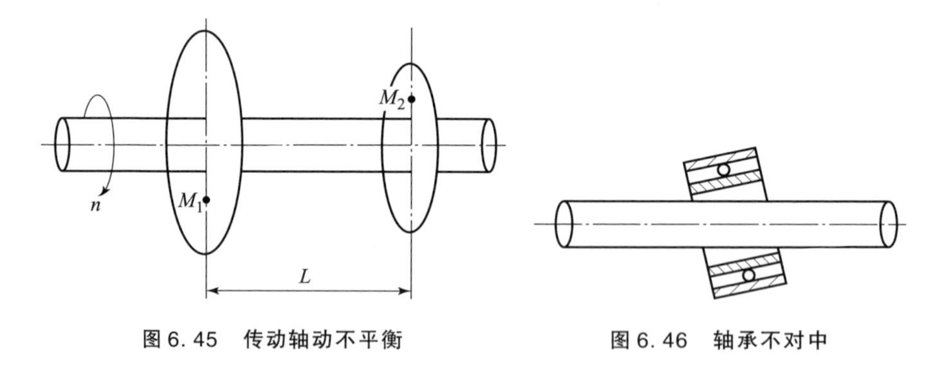

图6.45 传动轴动不平衡　　　　图6.46 轴承不对中

3）变速箱内两传动轴不平行引起的振动激励

由于传动轴装配误差的存在，传动轴装配后不可能达到理想的平行状态，而会造成传动轴上的齿轮所承受的载荷在齿宽方向上不均匀，从而产生振动激励（图6.47）。

6.5.1.3　齿轮类故障

齿轮在啮合过程中，由啮合齿数的变化、齿轮的受载变形、齿轮误差等引起齿轮动态啮合力变化，这是造成振动的主要原因。

1）啮合刚度引起的振动激励

啮合刚度引起的激励是指齿轮啮合过程中，啮合综合刚度的时变性引起的动态激励，该激励是一种参数激励。在齿轮啮合过程中，同时参与啮合的轮齿对数是随时间做周期变化的；另外，轮齿在从齿根到齿面啮合过程中的弹性变形也是随时间变化的，这些因素引起齿轮啮合综合刚度变化。啮合综合刚度的时变性引起了弹性力随时间变化，从而成为变速箱的振动源之一。影响齿轮啮合刚度的主要因素有：齿形参数（齿厚、齿高、齿形及其曲率半径）、设计参数（螺旋角、重合度、齿圈截面）、制造安装误差等。

齿轮啮合过程如图 6.48 所示。假设齿轮的重合度 $\varepsilon = 1 \sim 2$，传递的扭矩不变。在齿轮啮合过程中，有时一对轮齿啮合，有时两对轮齿啮合。在单齿啮合区 $B-C$ 中，齿轮的啮合综合刚度较小，啮合弹性变形较大；在双齿啮合区 $A-B$ 和 $C-D$ 中，此时是两对齿承受载荷，齿轮的啮合综合刚度较大，啮合弹性变形较小。所以在齿轮副的连续运转过程中，随着单齿对啮合和双齿对啮合的交替进行，轮齿弹性变形会发生周期性变化。在啮合开始时（A 点），主动轮齿在齿根处啮合，弹性变形较小，被动轮齿在齿顶处啮合，弹性变形较大。而在啮合终止时（D 点），情况正好相反。

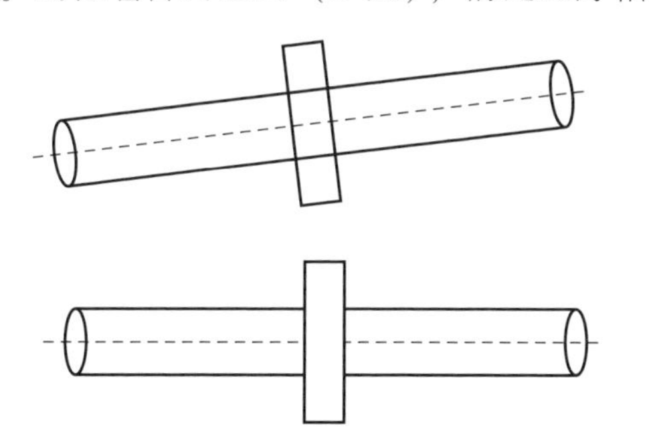

图 6.47　两传动轴不平行

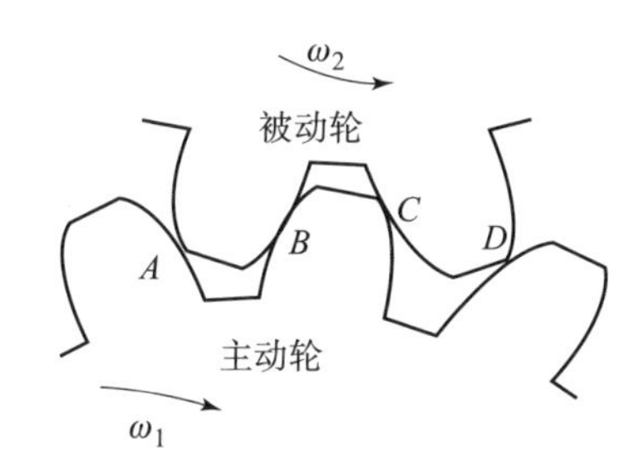

图 6.48　齿轮啮合过程

总之，齿轮轮齿综合刚度和轮齿载荷周期性的变化，引起了齿轮传动系统的动态刚度激励，刚度引起的激励在性质上是一种参数激励。

2）误差引起的振动激励

误差引起的激励是由齿轮加工、安装误差和齿形故障引起的，是齿轮啮合过程中的动态激励形式之一。齿轮啮合的误差是指实际的齿廓表面与理想齿廓位置在啮合时的偏移，破坏了齿轮的正确啮合方式，使齿轮瞬时传动比发生变化，破坏了传动的平稳性，造成齿与齿之间碰撞和冲击，产生了齿轮啮合的误差激励。在通常情况下，将齿轮的误差分解为齿距误差和齿形误差。齿距误差是指由基圆误差或齿向误差造成的齿轮实际传动与理论传动的偏差。齿形误差是指在轮齿工作部分内，包容实际齿形的两条最近的设计齿形间的法向距离，误差激励是一种位移激励。

3）啮合冲击振动激励

在齿轮啮合过程中，由于轮齿的受载弹性形变和加工误差，轮齿在进入和退出啮合时，啮入、啮出点的位置会偏离理论啮合点，在啮合齿面产生冲击，此冲击可分为啮入冲击和啮出冲击。当一对轮齿在进入啮合时，其啮入点偏离啮合线上的理论啮入点，引起了啮入冲击；而在一对轮齿完成啮合过程并退出啮合时，产生啮出冲击。啮合冲击激励是一种周期性的载荷激励。

啮入冲击如图6.49所示。当主动轮轮齿 A 与被动轮轮齿 A_1 在 K_1 点处结束啮合时，在第二对轮齿上，主动轮轮齿 B 未能与被动轮轮齿 B_1 在 K_2 点进入啮合，这时轮齿 A 的齿顶不能按时退出啮合，继续在被动轮轮齿 A_1 的齿面上运动，以刮行的方式带动被动轮旋转，被动轮逐渐减速，直至后一对轮齿 B 和 B_1 进入啮合，被动轮加速。在后一对轮齿 B 和 B_1 间发生啮入冲击。

啮出冲击如图6.50所示。当主动轮轮齿 C 与被动轮轮齿 F_1 在 K_3 点处啮合时，第二对轮齿的主动轮轮齿 D 的齿腹已经在 K_4 点，与被动轮轮齿的齿顶发生超前啮合，使被动轮加速旋转，则被动轮轮齿 D_1 的齿顶提前进入啮合，发生啮出冲击。

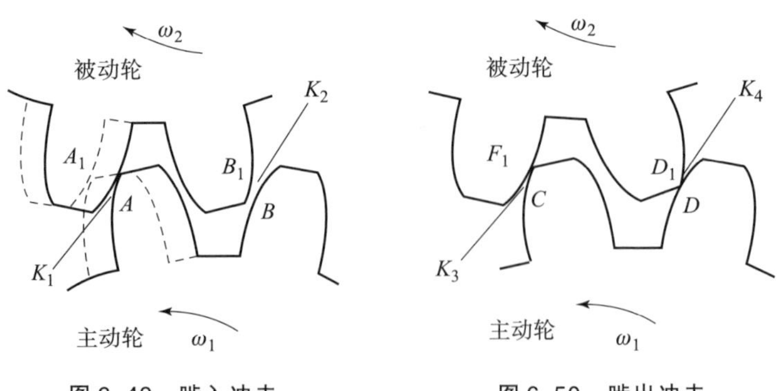

图6.49　啮入冲击　　　　图6.50　啮出冲击

这两种冲击都使啮合线发生偏移，被动轮转速发生变化，齿轮啮合发生较强烈的冲击激励。一般说来，啮入冲击对齿轮啮合过程的影响较大。

4）齿轮动不平衡振动激励

齿轮磨损以及制造、安装，使得齿轮的质心和旋转中心不重合，即存在齿轮偏心。当齿轮旋转时，偏心齿轮的质心便对传动轴产生离心力，产生齿轮动不平衡引起的振动激励。另外，松动现象也是引起变速箱振动激励的原因。变速箱出现松动现象是指箱体内零件之间正常的配合关系被破坏，造成配合间隙超差而引起松动，如轴承的内圈与转轴的配合、外圈与轴承座孔之间的配合、轴承磨损游隙超限等。

轴承激励、传动轴激励和齿轮激励最终都经轴承座传递到变速箱箱体，引起箱体产生应变和振动，并表现为空气中的噪声。

5）典型故障时齿轮啮合力分析

变速箱是一种参量激励的非线性系统。在轮齿啮合过程中，啮合齿数和啮合点的变化导致啮合综合刚度随时间做周期变化（图 6.51），这种非线性、时变参量的存在，引起了齿轮轮齿啮合力做周期变化，使啮合力成为变速箱内部的动态激励。这样，即使在外载荷常量的情况下，系统也会因刚度激励而产生振动。直齿轮轮齿刚度在单齿啮合和双齿啮合的情况下差别很大，几乎是矩形周期函数，它以啮合周期 T_z 为周期。因此齿轮的啮合作用力也是以 T_z 为周期发生变化的。

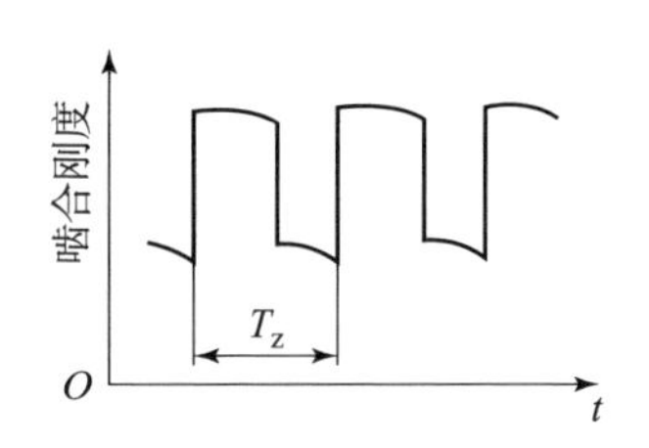

图 6.51　齿轮啮合综合刚度变化示意

变刚度特性使齿轮系统动态激励具有周期性，这决定了齿轮振动的周期性特点，因而齿轮振动包含啮合频率及啮合频率的倍频分量，特别适宜采用频谱分析方法进行研究，将齿轮啮合作用力展开为傅里叶级数：

$$f(t) = \sum_{m=1}^{\infty} F_m \sin(m\omega_g t + \theta_m) \tag{6.106}$$

式中，$\omega_g = Z\omega_s$ 为齿轮啮合频率，Z 为齿轮齿数，ω_s 为齿轮所在传动轴的旋转角频率；F_m 为第 m 阶啮合频率的啮合力幅值；θ_m 为第 m 阶啮合力的初相位。

齿轮的制造与安装误差、齿根疲劳裂纹、齿面剥落、断齿、点蚀、擦伤等局部故障，会导致以齿轮轴的回转为周期的啮合力变化，从而使啮合力产生幅值调制和相位调制，因此动态啮合力中含有轴的回转频率及其倍频。

若齿轮上有一个齿存在局部缺陷（齿轮裂纹或齿面磨损），则齿轮每旋转一周，该轮齿啮合时会产生一个附加的脉冲激励，从这个周期性的脉冲激励即

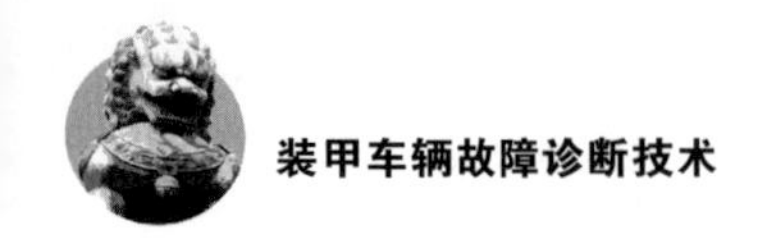

可判断出该齿轮的工作状态。具体表现为啮合力受到周期函数的调制，故式(6.106)可写为

$$f(t)=\sum_{m=1}^{\infty}F_m[1+a'_m(t)]\sin(m\omega_g t+\theta_m) \tag{6.107}$$

式中，$a'_m(t)$为对第m阶啮合频率啮合力的幅值调制函数。

幅值调制相当于两个信号在时域上相乘，在频域上求卷积，单一频率的幅值调制如图6.52所示。调制后啮合力为

$$\begin{aligned}f(t)&=X[1+A\cos(\omega_g t+\alpha)]\sin(\omega_g t+\phi)=X\sin(\omega_g t+\phi)+\\&\frac{1}{2}XA\sin[(\omega_g+\omega_s)t+\phi+\alpha]+\\&\frac{1}{2}XA\sin[2\pi(\omega_g-\omega_s)t+\phi-\alpha]\end{aligned} \tag{6.108}$$

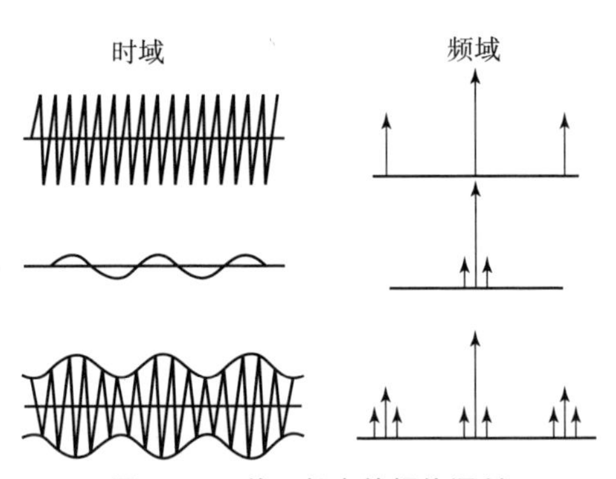

图6.52　单一频率的幅值调制

其频域可表示为

$$\begin{aligned}|F(\omega)|=X\delta(\omega-\omega_g)+\frac{1}{2}XA\delta(\omega-\omega_g-\omega_s)+\\\frac{1}{2}XA\delta(\omega-\omega_g+\omega_s)\end{aligned} \tag{6.109}$$

信号经调制后，在原来啮合频率的基础上叠加了一对分量，它们以ω_g为中心，以ω_s为间距对称分布于两侧，所以称为边频带。齿轮啮合力调幅前的总能量为$X^2/2$，调幅后的总能量为

$$\frac{1}{2}\left[X^2+\left(\frac{1}{2}XA\right)^2+\left(\frac{1}{2}XA\right)^2\right]=\frac{1}{2}X^2\left(1+\frac{1}{2}A^2\right) \tag{6.110}$$

显然，调幅作用使信号能量增加了$A^2X^2/4$，它恰好反映了齿轮故障的程度，而边频带的间距可给故障定位，确定故障所在齿轮副。

实际齿轮啮合力、载波信号和调制信号都不是单一频率的，而一般为周期函数。调幅效果近似于一组频率间隔较大的脉冲函数和一组频率间隔较小的脉

冲函数的卷积，从而在频谱上形成若干组围绕啮合频率及其倍频成分两侧的边频族（图 6.53）。此外，由于调幅效应与调相效应同时存在，边频成分相互叠加；由于边频成分具有不同的相位，叠加后有的边频值增加，有的反而下降，边频成分不会如此规则和对称。

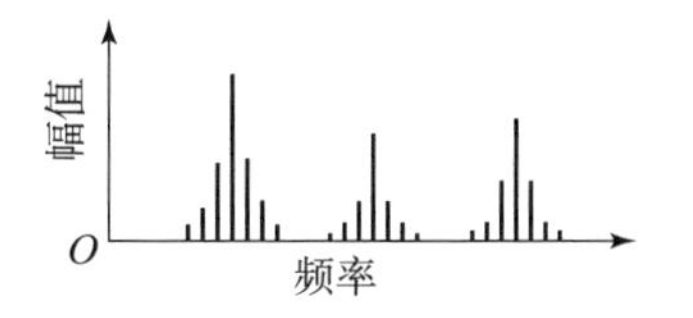

图 6.53　齿轮频谱上的边频带

综上所述，故障齿轮的激励信号往往表现为回转频率对啮合频率及其倍频的调制，在谱图上形成以啮合频率为中心、两个等间隔分布的边频带。由于调频和调幅的共同作用，最后形成的频谱表现为以啮合频率及其各次谐波为中心的一系列边频带群。显然，边频带反映了故障源信息，边频带的间隔反映了故障源的频率，幅值的变化表示了故障的程度。因此，齿轮故障诊断实质上是对边频带的识别。

6.5.2　变速箱的基本结构

这里所述的装甲车辆变速箱是一种机械式的固定轴同步器换挡变速箱，有 5 个前进挡和 1 个倒挡。变速箱由箱体、主动轴总成、中间轴总成、主轴总成、倒挡轴总成、换挡机构、助力油泵、风扇联动装置和润滑系统组成。变速箱通过三点固定于坦克上，前端借箱体上的固定脚与前支架固定在一起，两侧以主轴轴承与左右支架固定在一起。

6.5.2.1　主动轴总成

主动轴是空心的，与主动齿轮制成一体，以轴承支撑在箱体上。轴的一端制有花键，用来套装主离合器被动鼓；另一端以两个球轴承支撑风扇传动装置的主动齿轮。轴承座与主离合器固定盘被一起固定在箱体上，密封衬套用花键套在主动轴上。

6.5.2.2　中间轴总成

中间轴通过两端的滚子轴承和中间的两个圆锥滚子轴承以及轴承座支撑在箱体上。各挡主动齿轮均以花键套在中间轴上。Ⅳ挡主动齿轮与主动轴上的主动齿轮常啮合，以带动中间轴及各挡主动齿轮旋转。

6.5.2.3　主轴总成

在Ⅰ挡和倒挡被动齿轮之间装有换挡连接器，Ⅱ、Ⅲ挡被动齿轮之间，以及Ⅳ、Ⅴ挡被动齿轮之间装有同步器，在左轴承固定套上装有里程速度表联动装置。

主轴通过两端的滚子轴承及轴承座和中间的两个圆锥滚子轴承及轴承座支撑在箱体上。轴承座支撑在变速箱的侧支架上，作为变速箱的两个后支撑点。

Ⅰ、倒挡被动齿轮均以滚针支撑在与主轴花键套合的换挡连接器的连接齿轮毂上，在主轴上空转。Ⅰ挡被动齿轮与中间轴上的Ⅰ、倒挡主动齿轮常啮合，倒挡被动齿轮与倒挡齿轮常啮合。齿轮靠换挡连接器的一侧，制有外齿圈，以配合换挡连接器挂挡。

Ⅱ、Ⅲ、Ⅳ、Ⅴ挡被动齿轮均以滚针支撑在与主轴花键套合的滚针衬套上，可在主轴上空转，分别与中间轴上的Ⅱ、Ⅲ、Ⅳ、Ⅴ挡主动齿轮常啮合。齿轮靠同步器的一侧有内齿圈和锥面，以配合同步器挂挡。

6.5.2.4 倒挡轴总成

倒挡轴固定在下箱体的轴孔内，一端以凸边顶住滚子轴承的内圈，另一端通过固定板固定在箱体上。倒挡齿轮以两个滚子轴承支撑在轴上，与中间轴上的Ⅰ、倒挡主动齿轮以及主轴上的倒挡被动齿轮常啮合。支撑套装在两个滚子轴承内圈之间，用来保证倒挡齿轮在倒挡轴上的正确位置。

6.5.2.5 换挡机构

拨叉用来拨动换挡连接器或同步器，拨叉轴装在上箱体的衬套内，可在其中转动。换挡连接器用来连接或切断一挡和倒挡被动齿轮与主轴的联系。它由连接齿轮、滑接齿套、定位器组成。连接齿轮以花键套在主轴上，外圆有齿，其上有两个定位孔。滑接齿套带有内齿，其上有定位槽，套在连接齿轮上。定位器共两个，装在连接齿轮的两个定位孔中。换挡时连接齿套的内齿圈与所挂挡的被动齿轮的外齿圈啮合，该挡被动齿轮即和主轴一起旋转。

同步器用来连接或切断Ⅱ、Ⅲ、Ⅳ、Ⅴ挡被动齿轮与主轴的联系，减少挂挡时齿轮的撞击，使挂挡轻便。它由连接齿轮、滑接齿套、定位器、同步器体、拨叉环及销子组成。连接齿轮以花键套装在主轴上，外圆有齿。滑接齿套以内齿套装在连接齿轮上，齿套两侧有外齿圈，挂挡时，滑接齿套的外齿圈与被动齿轮的内齿圈啮合。定位器包括两个双头定位器（装在滑接齿套的两个通孔中）和六个单头定位器（装在滑接齿套的六个不通孔中）。同步器体套在滑接齿套上。内圆中间有环形槽，两端有锥面，锥面用来在挂挡时与被动齿轮的锥面接触。拨叉环套在同步体上，环上有四个圆孔。

6.5.2.6　箱体结构

变速箱箱体是一个承载大、形状不规则、结构不对称的复杂空间结构，分为上、下两个部分（图6.54、图6.55），箱体表面存在各种加强筋、凸台、轴承孔、倒角和螺栓连接孔等结构，并受到大功率柴油发动机、液压传动装置、传动轴等高频振源和传动操纵装置的影响。组装后的变速箱如图6.56所示。变速箱内部结构如图6.57所示。

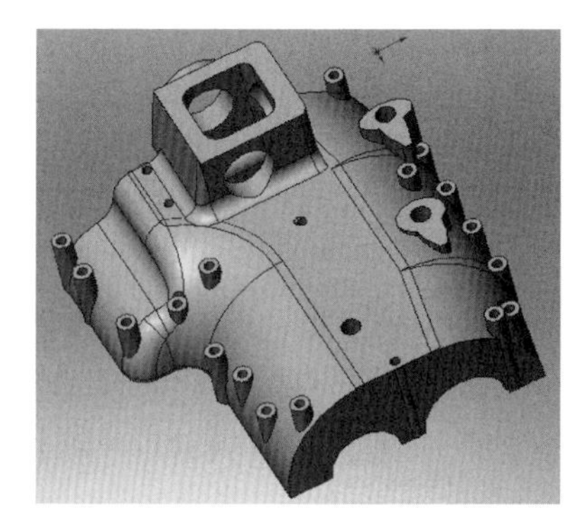

图6.54　变速箱上箱体

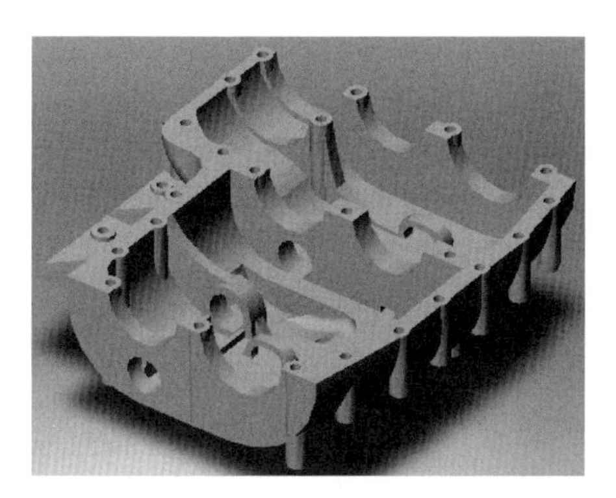

图6.55　变速箱下箱体

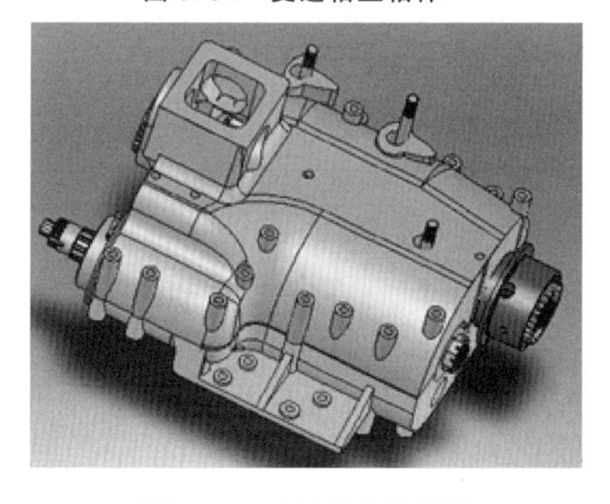

图6.56　变速箱的总装配

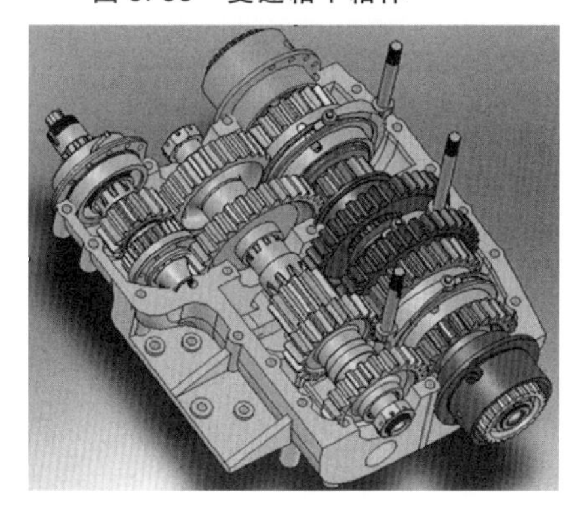

图6.57　变速箱的内部结构

6.5.3　基于包络解调分析的变速箱齿轮断齿故障的诊断

齿轮断齿是装甲车辆变速箱的一种严重故障，如果不能及时发现，就有可能带来较大的损失，变速箱箱体被打裂的情况就有先例。齿轮存在先天性缺陷、疲劳、承载过大、使用者操作不当等都有可能引起断齿故障的发生。装甲车辆在行驶过程中，并非所有齿轮都传递较大载荷，断齿之类的故障一般发生在当时的工作挡位齿轮上。因此，对工作挡位齿轮进行检测和诊断更具有针对性。

本节在实车上进行了变速箱断齿故障的模拟测试，通过更换故障件的方式采集了断齿前后变速箱箱体在同一测点处的振动加速度信号；然后利用 Hilbert 变换幅值解调法提取了振动信号的包络，并对包络信号进行了重新抽取和低频段频谱细化，在频域找到了断齿状态信号的显著特征，完成了变速箱工作挡位齿轮断齿故障的诊断。

6.5.3.1 变速箱状态参数的测量

振动检测是故障诊断中一种常用的有效手段。由于装甲车辆变速箱内部结构复杂、工作状态多变，在箱体表面测得的振动信号非常复杂。它是箱体内部各工作部件和外部连接部件共同激励以及从激励点到测点传递路径的传输特性共同作用的反映。因此，如何从复杂的振动测试信号当中提取工作挡位齿轮的有效识别特征就成为问题的关键。

变速箱状态参数主要包括振动和转速两类。其中转速传感器用于检测柴油发动机转速，其实车安装如图 6.58 所示。由柴油发动机的转速和变速箱的挡位可以推算出工作挡位齿轮的旋转频率和啮合频率。加速度传感器用于检测变速箱箱体表面的振动，其实车安装如图 6.59 所示。

图 6.58 转速传感器的安装

图 6.59 加速度传感器的安装

为了模拟齿轮断齿故障，将某型装甲车辆变速箱三挡被动齿轮的某个轮齿人工锯断，测取了断齿前后变速箱箱体的振动加速度信号。测试时的基本参数：采样频率为 12.5 kHz，每组数据采样点数 8 192。实车故障模拟，数据较为真实，但也存在一定风险。因此，实验检测条件为柴油发动机低速（不超过 700 r/min）、平坦水泥路、三挡直驶。

图 6.60 所示为正常状态下变速箱箱体垂直方向的振动信号，图 6.61 所示为断齿时变速箱箱体垂直方向的振动信号。通过对比不难看出：断齿故障时的振动信号存在周期性较大幅值的冲击，经计算发现，该冲击频率与断齿齿轮的公转频率相同。也就是说，断齿齿轮每转一周会出现一次较大幅值的冲击。由

此可以断定，这种周期性冲击信号是由齿轮啮合过程中的冲击振动引起的。

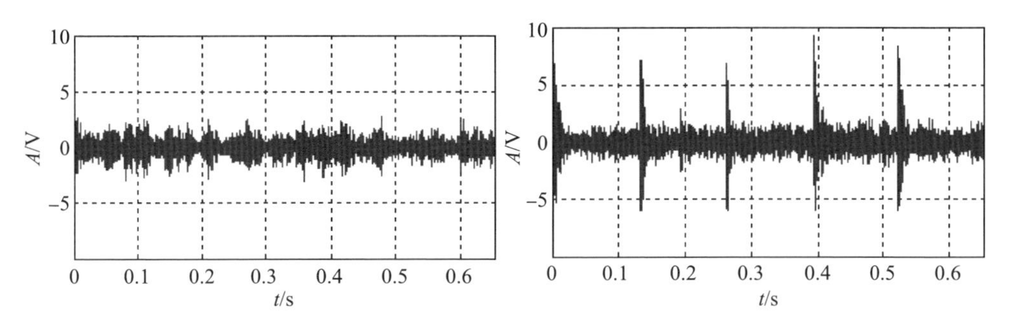

图 6.60　正常状态下变速箱箱体的振动信号　　图 6.61　断齿时变速箱箱体的振动信号

6.5.3.2　振动信号包络的提取

图 6.62 给出了利用 4.4.7 节中信号的包络分析方法得到的图 6.60 所示信号的包络。图 6.63 所示为图 6.61 所示信号去均值后的幅值谱。包络信号保留了原信号中我们所关心的较大幅值准周期性冲击的特征。这种准周期性冲击的基频是一种低频信号，如果直接对其进行频谱分析，那么由于采样频率较高，DFT 的分辨率较低，信号频谱的低频特征并不十分明显。

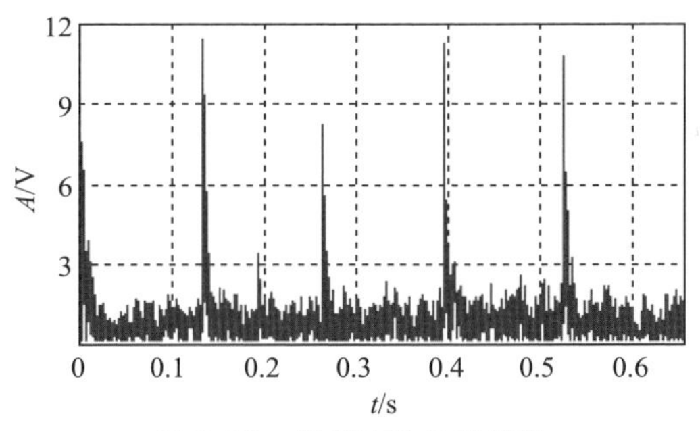

图 6.62　断齿振动包络信号

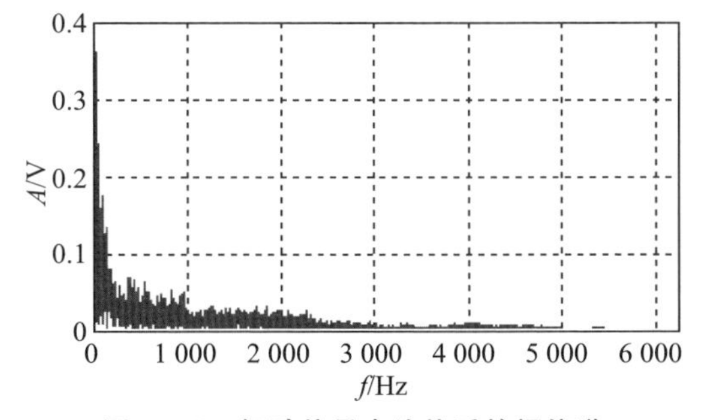

图 6.63　振动信号去均值后的幅值谱

6.5.3.3 包络信号的抽取

为了进一步降低采样频率，对图 6.62 所示断齿振动包络信号进行重新抽取，重抽方法为 8 点中抽取 1 点。为了避免频率混叠，在抽取之前利用 Kaiser 窗函数设计了 FIR 滤波器进行低通滤波，压缩其频带。重新抽取后的包络信号的数据点数为 1 024，采样频率变为 1 562.5 Hz。抽取后的包络信号如图 6.64 所示，其去除均值后的幅值谱如图 6.65 所示。由于信号二次抽取降低了采样频率，且信号的点数也随之降低，所以其 DFT 的分辨率并没有得到提高。为了更加清楚地分析信号在低频段的特征，需要对抽取后的包络信号进行细化分析以提高信号频谱的分辨率。

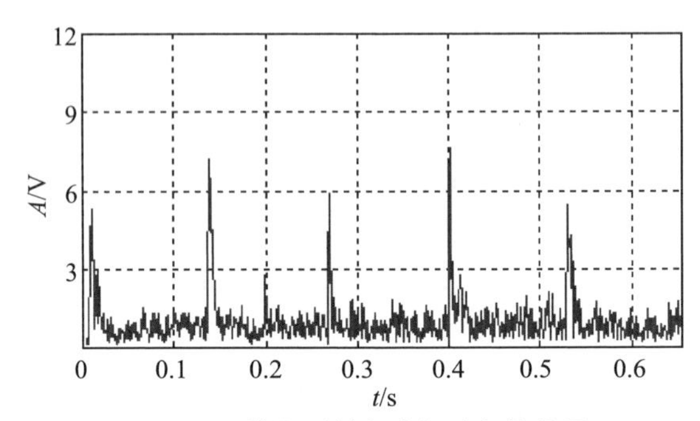

图 6.64 抽取后的断齿振动包络信号

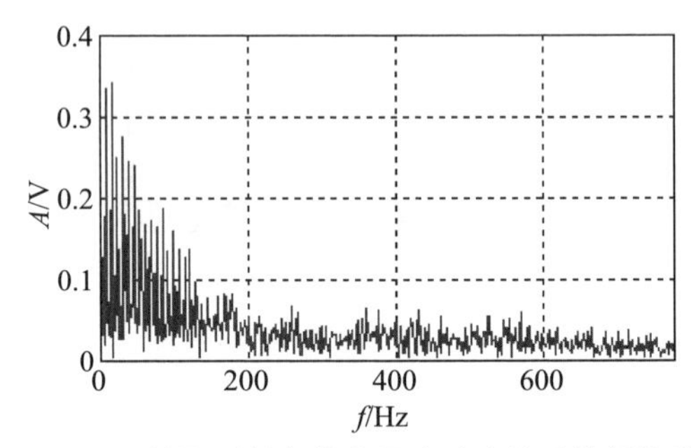

图 6.65 抽取后的包络信号去除均值后的幅值谱

6.5.3.4 包络信号的细化谱分析

根据第 4 章的包络细化谱分析方法的原理，对图 6.64 所示抽取后的包络信号在 0 ~ 100 Hz 频段进行 4 倍细化。细化后的频谱如图 6.66 所示，正常状态时细化后的频谱如图 6.67 所示。

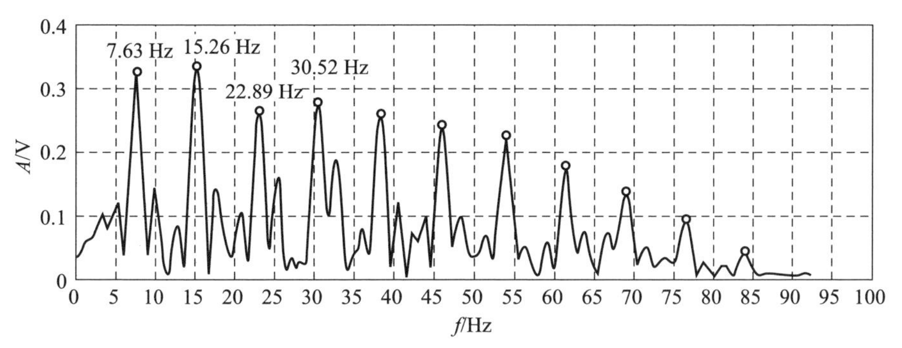

图 6.66　断齿振动包络信号细化后的频谱

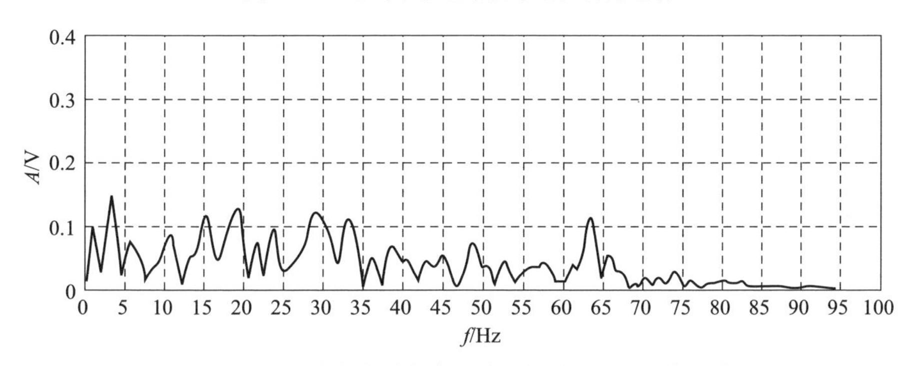

图 6.67　正常状态时断齿振动包络信号细化后的频谱

对比上述两图不难看出，变速箱断齿前后包络信号在低频段的频谱差异非常明显。断齿后的频谱以 7.63 Hz 为基频，呈谐波性变化，而齿轮正常时频谱幅值较小，且无谐波性。根据从柴油发动机到变速箱断齿齿轮的传动关系可以计算出，当柴油发动机转速为 641 r/min 时，断齿齿轮的旋转频率正好为 7.63 Hz，也就是图 6.66 所示频谱的基频。据此可以诊断出变速箱的三挡被动齿轮存在断齿故障。

6.5.4　基于支持向量聚类的变速箱状态判别

6.5.4.1　变速箱实车实验与不同状态数据的获取

对某型坦克变速箱进行实车模拟实验，共选定三种工况进行测试：一是在变速箱中间轴安装了一个被严重磨损的 7216 轴承；二是安装了一个被严重磨损的四挡主动齿轮；三是变速箱内部零部件均处于正常状态。测试工况为：三挡、柴油发动机曲轴转速固定不变、行驶路面是平坦的水泥路面。由于四挡主动齿轮是常啮合齿轮，因此，即使挂三挡行驶，所测得的振动加速度信号也应包含有四挡主动齿轮的技术状态信息。

坦克变速箱内部结构比较复杂，受到的各种作用力比较多，振动信号传递路径复杂。综合考虑可安装性及信号传递路径等因素，将传感器安装在中间轴接近7216轴承正上方的变速箱箱体上，图6.68所示为振动加速度传感器实车安装位置。为了便于截取数据，在主离合器起动齿圈处安装一对透射式转速传感器，如图6.69所示。在变速箱的技术状态判别中，仍然选择匀幅及互信息作为状态判别的特征参数（计算公式见第4章）。在计算这两个特征参数之前，需要对原始测试数据进行截取，数据截取的长度以柴油发动机曲轴工作一周为基准。由于起动齿圈有105个齿，而且传动箱的传动比是0.7，因此柴油发动机曲轴工作一周对应的方波个数约为150个[（10/7）×105]。图6.70所示是150个方波及截取的振动加速度信号（变速箱处于正常状态）。

图6.68 振动加速度传感器实车安装位置

图6.69 转速传感器安装位置

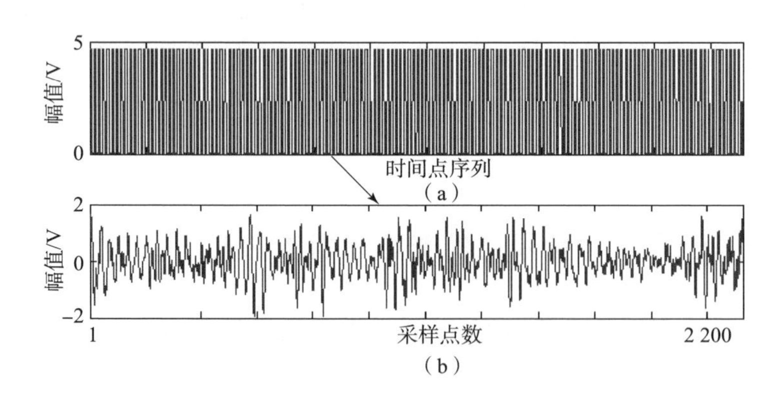

图6.70 方波及截取的振动加速度信号

（a）方波信号；（b）截取的振动加速度信号

在三种不同的技术状态下，分别选取一定数量的振动加速度时间序列样本，计算匀幅特征参数值，并以正常状态为基准，分别计算正常状态之间、轴承故障与正常状态之间、齿轮故障与正常状态之间振动加速度时间序列的互信

息值，表6.13是经过归一化处理后的部分特征参数的计算结果。从该表可以看出，匀幅特征参数的分布规律与互信息的分布规律类似，只是变速箱在三种不同的技术状态下，匀幅特征参数的变化要大于互信息特征参数的变化，这说明匀幅特征参数的灵敏度要好于互信息特征参数。

表6.13　部分特征参数计算结果（已归一化）

类别 样本序号	7216轴承磨损故障		4挡主动齿轮磨损故障		正常状态	
	匀幅	互信息	匀幅	互信息	匀幅	互信息
1	0.786 3	0.895 5	0.210 0	0.781 4	0.926 4	0.944 2
2	0.669 6	0.885 8	0.150 8	0.703 2	0.800 2	0.937 6
3	0.628 5	0.862 6	0.292 4	0.778 6	0.819 8	0.897 9
4	0.669 3	0.832 6	0.128 4	0.716 8	0.842 5	0.893 9
5	0.694 6	0.929 0	0.196 0	0.731 2	0.941 0	0.935 4
6	0.734 2	0.896 4	0.310 6	0.805 9	0.868 1	0.905 3
7	0.589 9	0.897 7	0.291 2	0.789 3	0.863 3	0.906 0
8	0.649 0	0.853 2	0.337 3	0.841 2	0.921 1	0.863 3
9	0.575 4	0.865 3	0.093 7	0.709 5	0.725 2	0.888 5
10	0.630 3	0.872 6	0.186 0	0.757 3	0.861 3	0.929 3

6.5.4.2　基于支持向量聚类的变速箱状态判别

A. Ben - Hur等在超球面支持向量机的研究基础之上提出了支持向量聚类方法。与经典的聚类方法一样，A. Ben - Hur仍然把支持向量聚类方法用于解决无监督分类问题。本章主要利用该方法进行有监督判别，其基本思想是：通过非线性映射，把原始空间中的样本映射到特征空间后得到新的特征向量，并构造一个能基本覆盖所有特征向量的超球面支持向量机，而后把该超球面映射到原始空间中，通过调整模型参数，就可得到与样本类别数量相同的若干个聚类曲线，这些由支持向量所描述的聚类曲线可以具有任意不规则形状，能够很好地反映原始样本的真实分布。在此基础上，利用Parzen窗函数法并以支持向量为核估计原始空间中所有样本的概率密度，该概率密度估计已不是通常意义上的概率密度估计，其估计值与样本到聚类核的距离成反比，训练样本的分布疏密对估计值的影响并不大。最后，以概率密度估计结果的峰值为中心，分别选择若干个典型类别代表样本，结合K近邻法对变速箱的不同状态进行判别。

1）聚类结果分析

首先利用互信息及匀幅特征参数构造超球面支持向量机的训练及测试样本向量，并选择径向基函数 $k(x,y)=\exp(-p\|x-y\|^2)$ 作为超球面支持向量机的核函数。由于模型参数的大小直接决定着聚类结果，分析研究模型参数与聚类结果的关系是利用支持向量聚类方法进行状态判别的前提和基础。共选择45个训练样本，其中无故障、轴承故障、齿轮故障类样本各15个，图6.71（a）、（b）、（c）、（d）分别是取不同的模型参数值时（C 为惩罚系数），把特征空间中的超球面反射到原始数据空间后得到的聚类曲线。由于原始数据空间中的聚类曲线对应于特征空间中的超球面，则聚类曲线上的样本映射到特征空间后到超球球心的距离相等，因此聚类曲线也是等高曲线。从该图可以看出，随着模型参数的改变，原始数据空间中的聚类曲线不断发生分裂，最终形成独立、封闭的能基本包围不同类别样本的聚类曲线。在理想情况下，所有类别样本的聚类曲线由相应类别样本的支持向量所描述，但是当不同类别的样本发生较为严重的重叠时，不同类别样本的聚类曲线上也可能有极少量的支持向量属于其他类别，这可以通过调整模型参数使聚类曲线上属于其他类别样本的支持向量尽可能少，甚至完全没有。图中颜色越浅，表示该点的样本映射到特征空间后距超球的球心越近；颜色越深，则距离越远。位于聚类曲线上的样本到超球球心的距离等于超球的半径 R，位于聚类曲线内、外侧的样本到超球球心的距离分别小于、大于 R，样本距超球球心越近，则越接近该聚类区域的核；反之，则越远离该聚类区域的核。

2）模型参数选择

由于聚类结果与超球面支持向量机的模型参数有非常紧密的关系，因此，只有选择合适的模型参数才能获得比较准确的聚类结果。另外，即使在基本保证正确聚类的前提下聚类曲线的形状及面积与样本的真实分布相差较大，也会使较多同类样本落在该聚类曲线的外侧，或者使不同类样本落在该聚类曲线之内，影响聚类质量。由于聚类结果直接由模型参数决定，故模型参数的选择在支持向量聚类中占有极为重要的地位。

基于分类模型的推广能力估计是选择模型参数的一条重要途径，在支持向量聚类方法中，最理想的办法是直接估计每个聚类区域的推广能力，但是所有的聚类区域均由一组模型参数决定，提高一个聚类区域的推广能力，则可能降低另一个聚类区域的推广能力。因此，仍将基于聚类模型的整体推广能力估计作为模型参数的选择准则。由于很难在推广能力与模型参数之间建立解析表达

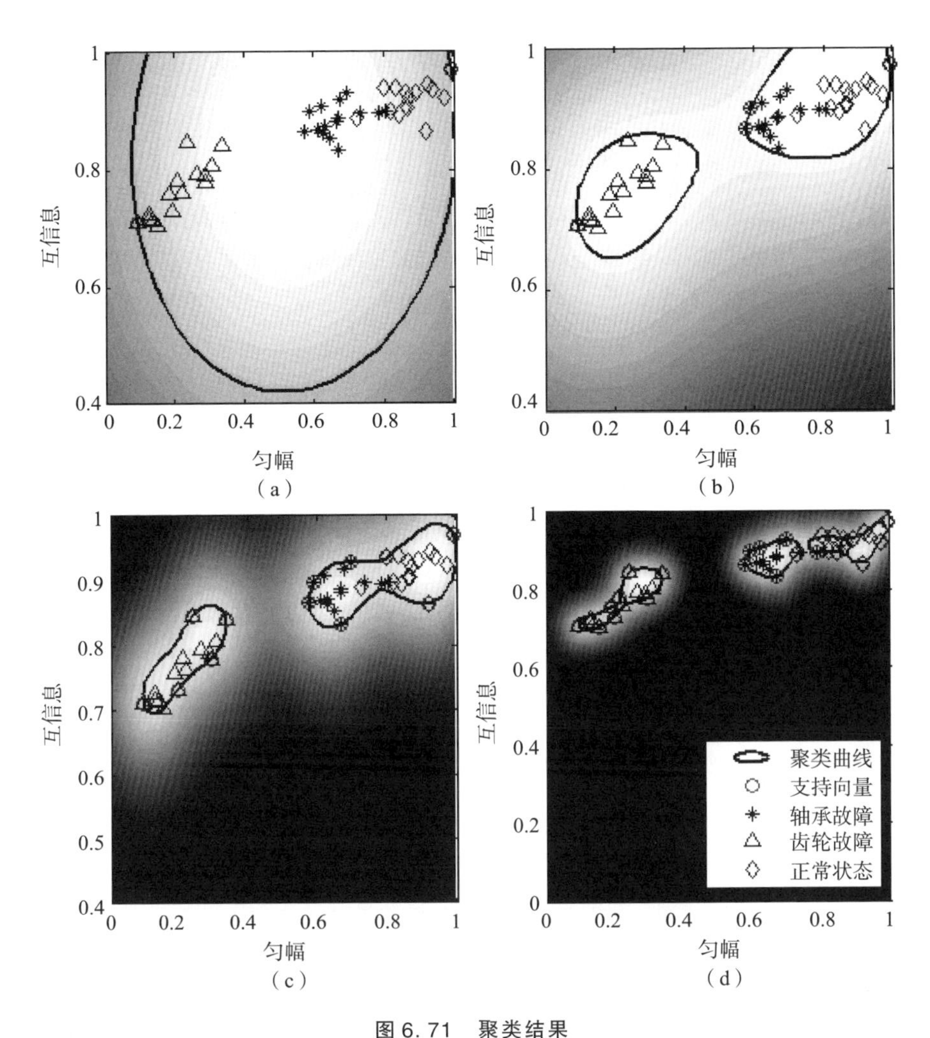

图 6.71　聚类结果

(a) $C=0.8$，$p=1$；(b) $C=0.8$，$p=3$；(c) $C=0.8$，$p=10$；(d) $C=0.8$，$p=20$

式，而且模型参数在一定范围内的变化对支持向量聚类结果的影响也比较小，所以在实际应用中，常用网格法对模型参数进行离散，并通过估计推广能力挑选出近似最优的模型参数。另外，根据支持向量聚类方法中的约束条件 $\sum_{i=1}^{n}\alpha_i = 1$、$0\leqslant\alpha_i\leqslant C$ 可知，α_i 的最大值为 1，因此，当 $C>1$ 时，就失去了惩罚系数的作用；而当 $C<1/n$ 时，则不满足约束条件，这就给模型参数 C 的选择指定了范围。此外，当 $p\leqslant p_{\text{init}}$ 时（x_i，x_j 是训练样本集中的任两个样本），特征空间中的所有样本有向一个区域集中的趋势，即仅能得到一个聚类曲线，当 $p>p_{\text{init}}$ 时聚类曲线才会由一个逐渐分裂为多个。当 p 较大时，每个样本都会在特征空间中占据一个区域。因此，在有限的取值范围内分析研究模型参数与聚类结果间的关系即可。模型参数 p、C 的离散范围及间隔为：p 在 2 ~ 48 以 2 为间隔进行离散取值，C 在 0.1 ~ 0.95 以 0.05 为间隔进行离散取值。由于是有监督支持向量聚类，所选模型参数应首先保证得到的聚类区域个数与样本类别个数一致，而后才能利用模型推广能力准则对离散的模型参数作进一步的选择，图 6.72 所示是模型参数与聚类区域个数的关系，C_{num} 表示聚类区域个数。

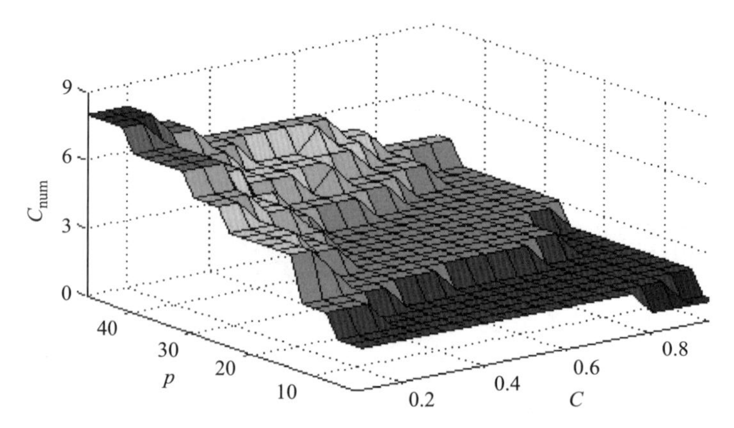

图 6.72 模型参数与聚类区域个数的关系

$$p_{init} = 1/\max_{i,j} \| x_i - x_j \|^2 \qquad (6.111)$$

A. Ben - Hur 在 David M. J. Tax 的研究基础上提出了最小支持向量个数（包括边界支持向量）的支持向量聚类终止准则。考虑到聚类曲线的形状及聚类区域的面积与支持向量个数有着很紧密的联系，而模型的推广能力又与聚类曲线形状及聚类区域的面积有非常直接的联系，因此，仍把最小支持向量个数作为模型参数的选择准则，图 6.73 是在聚类区域个数与训练样本类别个数一致的前提下，支持向量个数（用#SV 表示）与模型参数的关系，最终选择的模型参数分别为 0.8（C）、20（p）。为验证所选模型参数的有效性，重新选择 30 个测试样本（每类 10 个）并标注在原始空间中，如图 6.74 所示。从该图可以看出，除有 4 个测试样本位于聚类曲线之外，其余所有测试样本均在聚类曲线之内，表明利用所选模型参数得到的聚类结果具有良好的推广性能。在求得聚类模型参数之后，要想实现对测试样本类别归属的自动判断，需要对聚类结果做进一步的处理。本研究主要通过在不同聚类区域选择典型类别代表样本，并结合 K 近邻法实现对测试样本的自动分类。

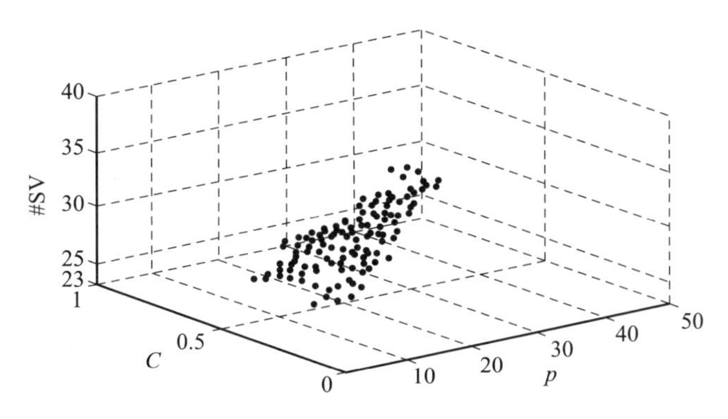

图6.73 支持向量个数与模型参数的关系

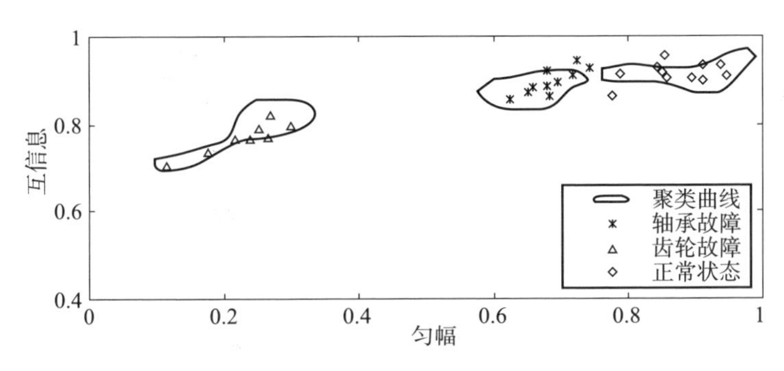

图6.74 聚类结果对测试样本的分类

3）聚类区域典型类别代表样本的选取

根据第5章支持向量机分类原理及方法求得α_i之后，把式$\boldsymbol{a} = \sum_{i=1}^{n} \alpha_i \Phi(\boldsymbol{x}_i)$代入式$R(\boldsymbol{x}^*) = \| \Phi(\boldsymbol{x}^*) - \boldsymbol{a} \|^2$得到式（6.112）[$\boldsymbol{x}^*$是原始数据空间中的任意样本，$\boldsymbol{x}_m$是落在超球面上的支持向量，$\boldsymbol{a}$是超球球心，$\Phi$（$\boldsymbol{x}$）是非线性映射函数]。

$$R(\boldsymbol{x}^*) = k(\boldsymbol{x}^*, \boldsymbol{x}^*) - 2\sum_{j=1}^{n} \alpha_j k(\boldsymbol{x}^*, \boldsymbol{x}_j) + \sum_{i=1}^{n} \sum_{j=1}^{n} \alpha_i \alpha_j k(\boldsymbol{x}_i, \boldsymbol{x}_j) \quad (6.112)$$

若$\boldsymbol{x}^*$是落在超球面上的支持向量，则可求得超球半径。

$$R(\boldsymbol{x}_m) = k(\boldsymbol{x}_m, \boldsymbol{x}_m) + \sum_{i=1}^{n} \sum_{j=1}^{n} \alpha_i \alpha_j k(\boldsymbol{x}_i, \boldsymbol{x}_j) - 2\sum_{j=1}^{n} \alpha_j k(\boldsymbol{x}_m, \boldsymbol{x}_j) \quad (6.113)$$

在原始空间中，包围所有训练样本的聚类曲线上的样本集满足式（6.114）：

$$\{\boldsymbol{x} \mid R(\boldsymbol{x}) = R(\boldsymbol{x}_m)\} \quad (6.114)$$

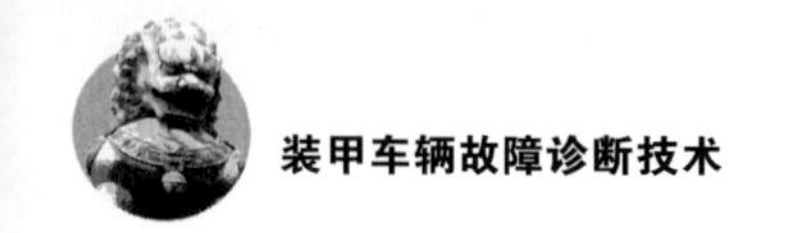

由于核函数为高斯径向基函数，则由式（6.114）可知，原始空间中聚类曲线上的样本集应满足式（6.115）：

$$\sum_{i=1}^{n}\alpha_i k(\boldsymbol{x},\boldsymbol{x}_i) = \sum_{i=1}^{n}\alpha_i k(\boldsymbol{x}_i,\boldsymbol{x}_m) \tag{6.115}$$

令 $\sum_{i=1}^{n}\alpha_i k(\boldsymbol{x}_i,\boldsymbol{x}_m) = \rho$，$\rho$ 为常数，$P_{\mathrm{SVC}} = \sum_{i=1}^{n}\alpha_i k(\boldsymbol{x},\boldsymbol{x}_i)$。根据式（6.112）、式（6.113）可知，位于聚类曲线之内的所有样本（代入高斯核函数之后）应满足式（6.116）。

$$P_{\mathrm{SVC}} = \sum_{i=1}^{n}\alpha_i \exp(-p\|\boldsymbol{x}-\boldsymbol{x}_i\|^2) > \rho \tag{6.116}$$

当模型参数 p 值很大或 C 趋于 $1/n$ 时，α_i 近似等于 $1/n$，则可得到式（6.117）。

$$P_{\mathrm{SVC}} \approx \frac{1}{n}\sum_{i=1}^{n}\exp(-p\|\boldsymbol{x}-\boldsymbol{x}_i\|^2) \tag{6.117}$$

很显然，式（6.117）等同于以支持向量为核，并基于 Parzen 窗函数法的概率密度估计。根据式（6.116）可知，位于聚类曲线外侧的样本距离聚类曲线越远，概率密度值越小，位于聚类曲线内侧的样本的概率密度值则正好相反。但是，在这种情况下，由于几乎所有的样本都是支持向量，在这样的聚类区域提取的类别代表样本的推广能力必然很低。在通常情况下，当 α_i 互不相等时，由于 $\sum_{i=1}^{n}\alpha_i = 1$，仍可以把式（6.116）看作概率密度估计；当 α_i 取不同的值时，相当于根据不同的支持向量 $\boldsymbol{x}_i$ 采用不同的权重。另外，由式（6.116）可知，基于该式的概率密度估计已不同于通常的概率密度估计，其估计值与样本空间中的样本到聚类核的距离成反比，而训练样本的分布疏密对估计值的影响并不大，因此，把这样的概率密度估计称为伪概率密度估计。图 6.75 是利用式（6.116）并采取插值法得到的以支持向量样本为核的伪概率密度估计结果。

从图 6.75 可以看出，估计结果比较好地反映了不同类别样本的真实分布，三个不同的伪概率密度峰值（按从左至右的顺序）分别表示变速箱 2、1、3 类状态（1、2、3 分别表示变速箱轴承磨损、齿轮磨损及无故障三类技术状态）下样本的聚类核。为了便于结合 K 近邻法对变速箱的不同状态进行判别，以每个伪概率密度估计结果的峰值为中心，根据估计值的大小依次寻找五个样本作为不同聚类区域的典型类别代表样本，这五个样本并不一定是原始的训练样本，而是按照插值后的估计结果重新选取，这样的类别代表样本选取方法更合理，表 6.14 是三个聚类区域的典型类别代表样本。

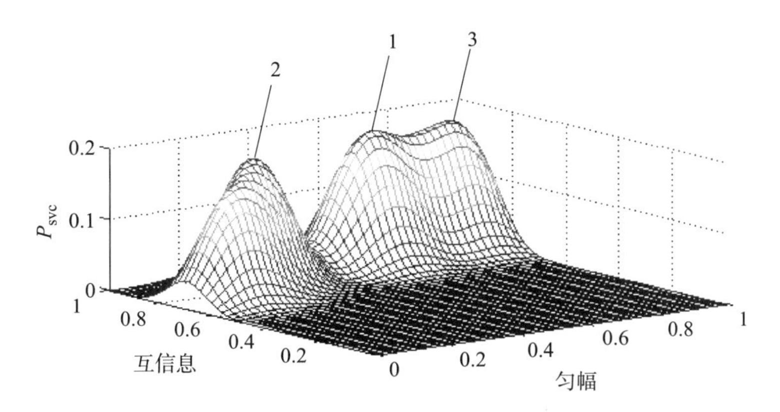

图6.75 伪概率密度估计结果

表6.14 三个聚类区域的典型类别代表样本

类别 样本序号	轴承磨损故障		齿轮磨损故障		无故障	
	匀幅	互信息	匀幅	互信息	匀幅	互信息
1	0.66	0.88	0.26	0.80	0.90	0.92
2	0.68	0.88	0.26	0.82	0.92	0.92
3	0.68	0.90	0.28	0.82	0.88	0.92
4	0.64	0.88	0.24	0.80	0.90	0.92
5	0.70	0.90	0.28	0.80	0.90	0.90

4）基于支持向量聚类的状态判别及其与直接 *K* 近邻法的比较

利用支持向量聚类法得到不同聚类区域的类别代表样本后，引入 K 近邻法实现对测试样本的自动分类。其基本过程是：假设已知的每个聚类区域的类别代表样本为：$[(x_{i1},y_{i1}),\cdots,(x_{i5},y_{i5})]$，其中 $i\in(1,2,3)$ 分别代表变速箱的三类不同技术状态，令 k_1，k_2，k_3 分别是某一测试样本 x 的 k 个近邻样本中属于某类状态的样本数，定义判别准则为 $g(x)=\max k_i$，并依此准则判别测试样本的类别归属。首先分别计算30个测试样本（每类10个）与15个类别代表样本（每类5个）的欧氏距离。

图6.76中标绘出每个测试样本与类别代表样本的距离关系（选取前5个最近距离），符号m1、m2、m3、m4、m5按从小到大的顺序分别表示5个最近距离，纵坐标轴中的1~5、6~10、11~15分别表示1、2、3类聚类区域的类

别代表样本序号，横坐标轴中的1～10、11～20、21～30分别表示1、2、3类状态的测试样本。箭头所指符号表示第2类中的第2个测试样本与第2类聚类区域中的第2个类别代表样本的欧氏距离排在5个最近距离的第4位。由图6.76可知，无论K取何值（1～5），1、2类状态的所有测试样本均能被正确分类，对于第3类测试样本，有一个测试样本被错误分类。由此可知，基于支持向量聚类的状态判别方法不仅能有效分离变速箱的三类不同技术状态，而且具有较高的判别准确率。

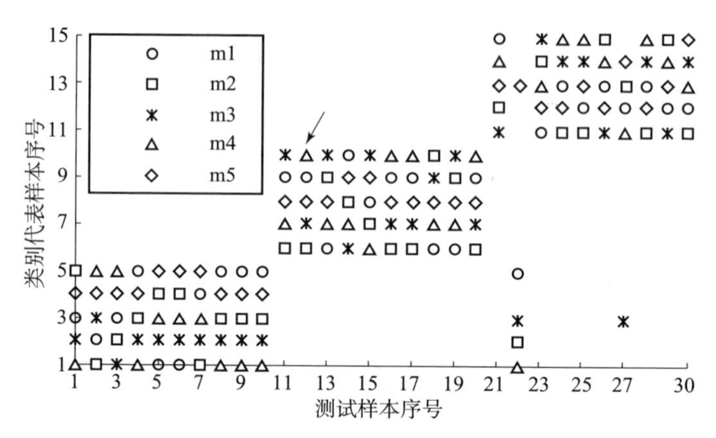

图6.76　测试样本与类别代表样本的距离关系

为进一步分析有监督情况下的支持向量聚类方法在变速箱状态判别中的效果，利用相同的训练及测试样本，并直接采用K近邻法对测试样本进行分类，表6.15是K为1～5时的分类结果。将图6.76的分类结果与表6.15中的结果进行比较后可知，在所有的情况下，基于支持向量聚类的分类正确率（96.7%）均高于后者。前者参与K近邻决策的训练样本有15个（每类5个），而后者有45个样本（每类15个）。由此可知，基于支持向量聚类法得到的类别代表样本具有更好的推广能力。

表6.15　K近邻法的分类结果

K	1	2	3	4	5
正确率/%	83.3	86.7	86.7	90	90

6.6　装甲车辆行星变速箱的故障特征提取与诊断

6.6.1　概述

由于装备内部安装空间狭小，且对传动平稳性、承载能力等要求得越来越高，得益于液压传动技术的发展和进步，除了 6.5 节所述的定轴式变速箱之外，还有一类称为行星变速箱的传动装置逐渐在作战飞机、舰船、装甲车辆、自行火炮及风力发电、工程机械等军用装备和民用装备中得到应用。行星变速箱具有重量轻、体积小、传动比大、承载能力强、传动效率高等诸多优点，但由于行星变速箱结构复杂，不仅承受重载负荷，且运行工况复杂多变，在实际使用过程中，变速箱中的液压操纵系统、换挡离合器、太阳轮、行星轮、齿圈、行星架等关键部件容易出现故障。据初步统计，2016 年送往某大修厂维修的某型行星变速箱达 300 多台，80% 以上的行星传动装置出现换挡制动器或离合器摩擦片烧蚀、翘曲、制动器或离合器油缸密封圈疲劳裂纹等故障，部分变速箱出现了齿轮磨损严重、断齿等故障，个别传动装置出现了齿轮磨秃等严重故障。行星变速箱常见故障如图 6.77 所示。

6.6.2　行星变速箱结构及振动响应仿真

6.6.2.1　行星变速箱结构及工作原理

某型装甲车辆行星变速箱由变速箱和液压控制系统两部分组成，如图 6.78 所示。变速箱部分又分为主传动部分和辅助部分，辅助部分主要有压气机、风扇以及油泵。主传动部分主要有定轴部分和行星部分，定轴部分为普通二级定轴变速箱，分别为主动轴、中间轴和被动轴；行星部分主要由三个行星排、两个离合器和三个制动器及输出轴组成，分别为：复合行星排 K1、行星排 K2、行星排 K3、Φ1 制动器、Φ2 离合器、Φ3 离合器、Φ4 制动器、Φ5 制动器。此外，辅助部分的传动形式也是二级定轴齿轮传动。行星部分的离合器和制动器通过液压系统控制液压缸促使离合器和制动器的结合和分离，实现动力沿不同路径传递，致使啮合齿轮发生改变，从而改变传动比。

图 6.77　行星变速箱常见故障
(a) 摩擦片烧蚀或翘曲；(b) 离合器油缸内密封圈疲劳；
(c) 太阳齿轮断齿；(d) 太阳齿轮严重磨损

由图 6.78 可知，复合行星排 K1 是一个外啮合双行星排，由复合框架、大太阳齿轮、小太阳齿轮、3 个大行星轮、3 个小行星轮、齿圈等组成；行星排 K2 和 K3 为简单行星排，行星排 K2 有 3 个行星轮，行星排 K3 有 6 个行星轮，各齿轮参数如表 6.16 所示。

当行星变速箱工作时，柴油发动机通过离合器将动力（转速和扭矩）传输至行星变速箱的输入轴，再通过定轴传动将动力传递至行星部分和辅助部分，行星部分的制动器和离合器通过液压系统控制其分离和结合，完成动力路径的切换，进而实现不同的传动比。此行星变速箱共有 5 个前进挡和一个倒挡，通过分析其工作原理可知各挡对应的操纵件、传动比以及各变速箱是否承载的情况，如表 6.17 所示。

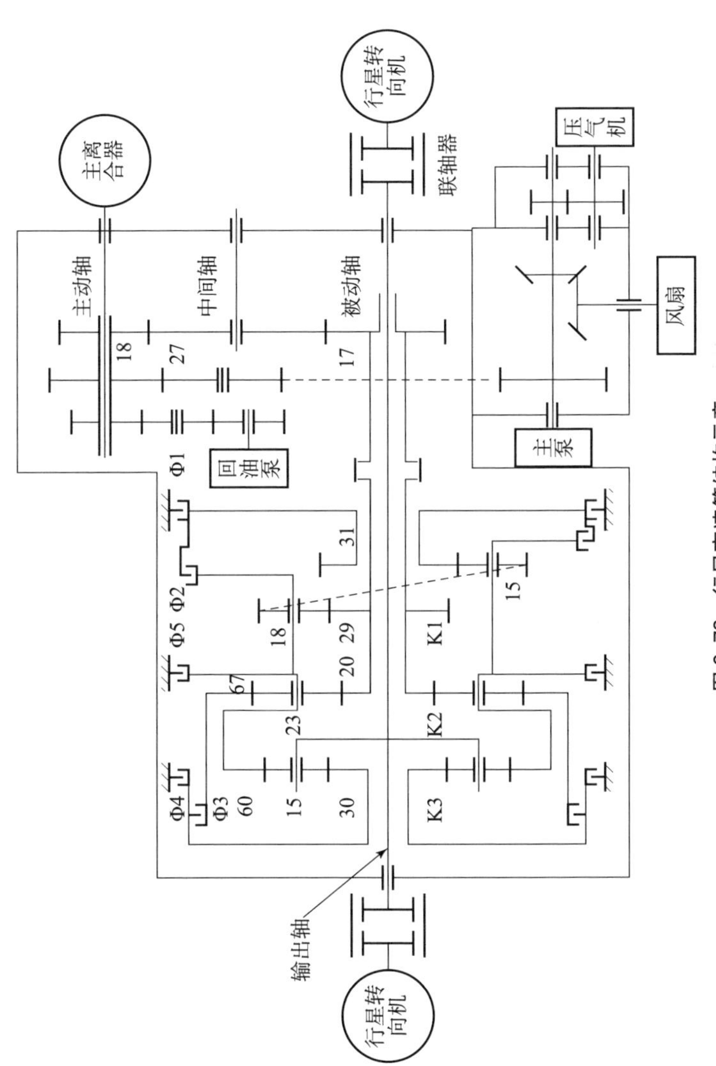

图 6.78　行星变速箱结构示意

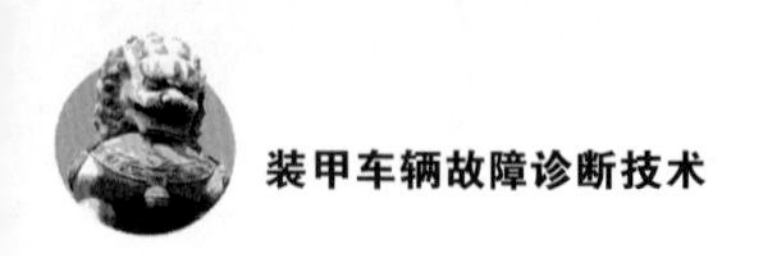

表 6.16　行星变速箱各齿轮参数

变速箱部分名称		齿轮名称	齿数	模数/mm	压力角/(°)
辅助部分	主泵	主动齿轮	29	5	20
		中间齿轮	31		
		被动齿轮	31		
	回油泵	主动齿轮	13		
		中间齿轮	14		
		被动齿轮	13		
主传动部分	定轴部分	主动齿轮	18	9	
		中间齿轮	27		
		被动齿轮	17		
	行星排 K1	大太阳轮	31	5	
		小太阳轮	29		
		大行星轮（3）	18		
		小行星轮（3）	15		
	行星排 K2	太阳轮	20		
		行星轮（3）	23		
		齿圈	67		
	行星排 K3	太阳轮	30		
		行星轮（6）	15		
		齿圈	60		

表 6.17　行星变速箱各挡结合的操纵件及对应的传动比

被结合的排挡	空挡	Ⅰ挡	Ⅱ挡	Ⅲ挡	Ⅳ挡	Ⅴ挡	倒挡
被结合的操纵件	$\Phi 4$	$\Phi 3\ \Phi 4$	$\Phi 1\ \Phi 4$	$\Phi 1\ \Phi 3$	$\Phi 2\ \Phi 4$	$\Phi 2\ \Phi 3$	$\Phi 3\ \Phi 5$
传动比		6.16	2.93	2.19	1.42	0.94	-9.492
主泵传动是否承载	√	√	√	√	√	√	√

续表

被结合的排挡	空挡	Ⅰ挡	Ⅱ挡	Ⅲ挡	Ⅳ挡	Ⅴ挡	倒挡
回油泵传动是否承载	√	√	√	√	√	√	√
主传动定轴是否承载	×	√	√	√	√	√	√
行星排 K1 是否承载	×	×	√	√	√	×	×
行星排 K2 是否承载	×	√	×	√	×	√	√
行星排 K3 是否承载	×	√	√	√	√	√	√

分析各个挡位下行星变速箱的工作情况可知：在所有挡位时，主泵和回油泵均正常工作，其对应二级定轴传动承载。主传动定轴部分仅在空挡时空载，其余挡位均承载。Ⅰ挡时，行星部分由行星排 K2 和行星排 K3 承载，行星排 K1 空载；Ⅱ挡时，行星部分由行星排 K1 和行星排 K3 承载，行星排 K2 空载；Ⅲ挡时，行星部分中行星排 K1、行星排 K2 及行星排 K3 均承载；Ⅳ挡时，行星部分由行星排 K1 和行星排 K3 承载，行星排 K2 空载，且行星排 K1 中的各齿轮之间相对静止，即行星排 K1 各齿轮之间不产生啮合振动；Ⅴ挡时，行星部分由行星排 K2 和行星排 K3 承载，行星排 K1 空载，且行星排 K2 和行星排 K3 中的各齿轮之间相对静止，不产生啮合振动，此时行星部分的传动比为 1；倒挡时，行星部分由行星排 K2 和行星排 K3 承载，行星排 K1 空载，且此时行星排 K2 各齿轮轴固定，相当于定轴传动。

仅在Ⅲ挡时，行星部分 3 个行星排同时承载且各行星排的齿轮做相对运动，因此测试Ⅲ挡时的振动信号能够最直接地诊断行星部分各行星排的齿轮运行状态。本节重点对行星变速箱Ⅲ挡时的振动响应进行建模仿真。

Ⅲ挡时，$\Phi1\Phi3$ 结合，行星部分中的行星排 K1、行星排 K2 及行星排 K3 均承载，此时主传动可简化为如图 6.79 所示。此时，主传动定轴部分的被动轴将动力输入行星部分中行星排 K1 和行星排 K2 的太阳轮；行星排 K1 和行星排 K2 的行星架与行星排 K3 的内齿圈连接为一体，保持同步旋转；行星排 K2 的内齿圈与行星排 K3 的太阳轮连接为一体，保持同步旋转；行星排 K3 的行星架与输出轴连接，输出动力。

在实验中，压气机和风扇为空载运行，此处不予考虑。假设行星变速箱的输入转速 $n = 1\ 500$ r/min，根据行星变速箱的具体参数，可得各定轴部分和行星部分啮合频率，如表 6.18 所示；主传动定轴部分各轴以及各行星架转频如表 6.19 所示。

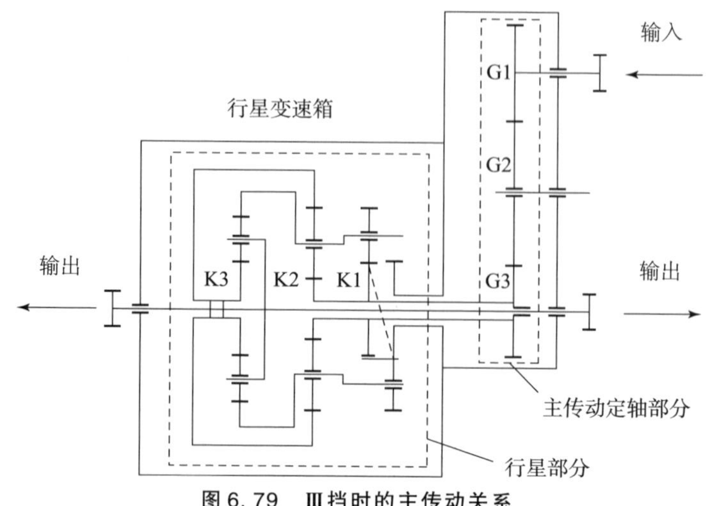

图 6.79　Ⅲ挡时的主传动关系

表 6.18　各定轴部分和行星部分啮合频率

名称	定轴部分			行星部分		
	主传动定轴	主泵	回油泵	行星排 K1	行星排 K2	行星排 K3
频率/Hz	450	725	325	396.5	273.5	81.85

表 6.19　主传动定轴部分各轴以及各行星架转频

名称	主传动定轴部分			行星部分		
	主动轴	中间轴	被动轴	行星排 K1	行星排 K2	行星排 K3
转频/Hz	25	8.65	26.47	12.79	12.79	11.43

6.6.2.2　行星变速箱振动响应信号模型

本节主要研究行星变速箱Ⅲ挡时的振动响应，以及行星轮出现故障时其振动响应的变化，并分别对定轴部分和行星部分进行分析。

1）定轴部分振动信号模型

定轴部分主要包括主传动定轴部分、辅助部分中主泵和回油泵齿轮传动。此三种齿轮传动均为二级定轴齿轮传动，其中主传动二级定轴传动啮合振动如图 6.80 所示。

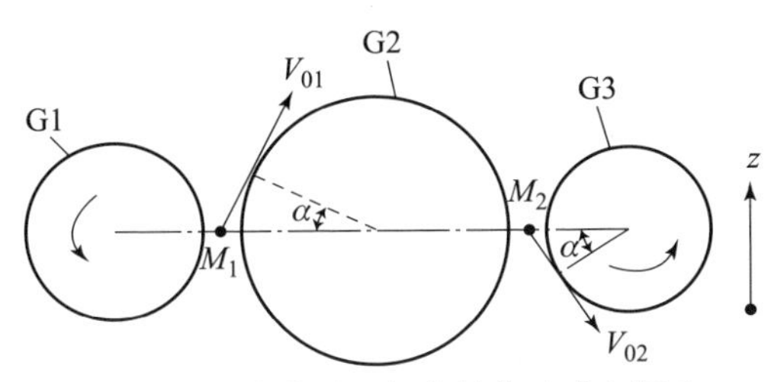

图6.80　主传动二级定轴传动啮合振动

规定垂直向上为振动信号采集正方向，主传动振动响应可表示为

$$z_{01} = (V_{01} - V_{02})\cos\alpha \tag{6.118}$$

式中，α 为压力角；V_{01}和 V_{02}分别为主动轮 G1 和中间齿轮 G2、中间齿轮 G2 和被动齿轮 G3 啮合点的振动响应，可表示为

$$\begin{cases} V_{01} = \sum_{i=1}^{\infty} A_{001i}\cos(2\pi i f_{m01} t + \theta_{001i}) \\ V_{02} = \sum_{i=1}^{\infty} A_{002i}\cos(2\pi i f_{m01} t + \theta_{002i}) \end{cases} \tag{6.119}$$

式中，f_{m01}为主传动定轴传动的啮合频率，A_{001i}，A_{002i}和 θ_{001i}，θ_{002i}分别为两啮合点处振动响应各阶振动幅值和相位。

两个啮合点的振动响应幅值和频率成分均一致，仅初相位不同，根据前文啮合点振动响应的相位关系可得

$$\theta_{001i} = Z_{G2}\pi + \theta_{002i} \tag{6.120}$$

式中，Z_{G2}为中间齿轮 G2 的齿数。

将式（6.119）和式（6.120）代入式（6.118）中，得

$$z_{01} = \sum_{i=1}^{\infty} A_{01i}\cos(2\pi i f_{m01} t + \theta_{01i}) \tag{6.121}$$

式中，A_{01i}、θ_{01i}为主动轮与中间齿轮啮合点处振动响应各阶振动幅值和相位。

同理，得出主泵定轴传动和回油泵定轴传动的振动响应：

$$z_{02} = \sum_{i=1}^{\infty} A_{02i}\cos(2\pi i f_{m02} t + \theta_{02i}) \tag{6.122}$$

$$z_{03} = \sum_{i=1}^{\infty} A_{03i}\cos(2\pi i f_{m03} t + \theta_{03i}) \tag{6.123}$$

式中，f_{m02}和 f_{m03} 分别为主泵和回油泵齿轮传动的啮合频率，A_{02i}，A_{03i}和 θ_{02i}，θ_{03i}分别为主泵和回油泵齿轮传动振动响应各阶振动幅值和相位。

因此可得定轴部分的振动响应

$$\begin{aligned} z_0 &= z_{01} + z_{02} + z_{03} \\ &= \sum_{i=1}^{\infty} [A_{01i}\cos(2\pi i f_{m01} t + \theta_{01i}) + A_{02i}\cos(2\pi i f_{m02} t + \theta_{02i}) + \\ &\quad A_{03i}\cos(2\pi i f_{m03} t + \theta_{03i})] \end{aligned} \tag{6.124}$$

式中，各字母代表含义与前文相同。

2）行星部分振动信号模型

行星轮传动部分包括复合行星排K1、行星排K2、行星排K3。下面分别对每个行星排的振动响应进行分析。

（1）行星排K1振动信号模型。

行星排K1为复合行星传动，在其运行过程中，小太阳轮轴为输入轴，大太阳轮固定，行星架轴作为输出轴，此行星排有6个行星轮，分为2类，每种类型3个，分别称为大行星轮和小行星轮，大行星轮编号为P11、P12、P13，小行星轮编号为P14、P15、P16，各啮合振动正方向如图6.81所示，粘贴在箱体上的振动传感器位置可简化至图中位置，采集垂直向上的振动信号，即图中z的方向。

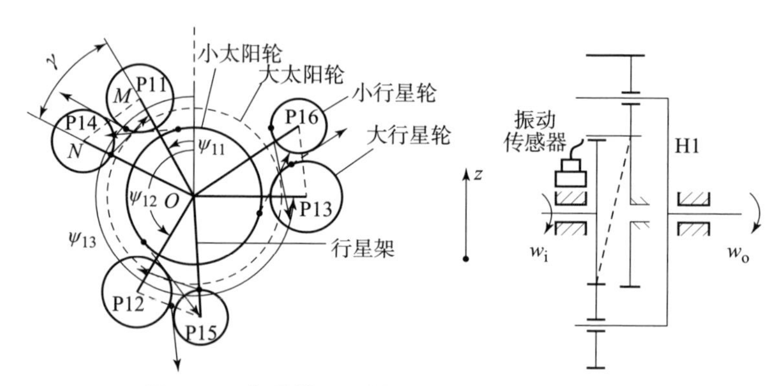

图6.81　行星排K1结构及啮合点振动响应示意

由其结构可知，因不含有齿圈，此行星排啮合振动传递路径不会因为行星轮的公转而变化，因此也不存在传递路径的调幅现象。行星排K1传感器处振动仿真信号为9个啮合点处的啮合振动在测试方向上的分量，可表示为

$$z_1 = \sum_{i=1}^{3} \{ V_{1s2p1i} \cdot [-\sin(\psi_{1it} - \alpha)] + V_{1p1p2i} \cdot [-\sin(\psi_{1it} - \angle OMN + \alpha)] + V_{1s1p2i} \cdot \sin(\psi_{1it} + \gamma - \alpha) \} \tag{6.125}$$

式中，V_{1s2p1i}、V_{1p1p2i}和V_{1s1p2i}分别表示此行星排小太阳轮与第i个大行星轮、第i个大行星轮与小行星轮、大太阳轮与第i个小行星轮之间的啮合振动。γ为大行星轮和小行星轮相对于行星架中心的圆周角，$\angle OMN$为OM连线与MN连线的夹角，$\angle ONM$为ON连线与NM连线的夹角。ψ_{1it}为行星排K1第i个大行星轮在t时刻绕行星架中心公转转过的角度

$$\psi_{1it} = 2\pi f_{H1} t + \psi_{1i} \tag{6.126}$$

式中，ψ_{1i}为第 i 个大行星轮的初始安装位置，f_{H1}为行星架 H1 转频。

啮合的小太阳轮与大行星轮中心距、大太阳轮与小行星轮的中心距以及两个行星轮中心距分别为

$$OM = m(Z_{1\mathrm{s}2} + Z_{1\mathrm{p}1})/2 \tag{6.127}$$

$$ON = m(Z_{1\mathrm{s}1} + Z_{1\mathrm{p}2})/2 \tag{6.128}$$

$$MN = m(Z_{1\mathrm{p}1} + Z_{1\mathrm{p}2})/2 \tag{6.129}$$

式中，m 为齿轮模数，$Z_{1\mathrm{s}1}$、$Z_{1\mathrm{s}2}$、$Z_{1\mathrm{p}1}$、$Z_{1\mathrm{p}2}$分别为行星排 K1 的大太阳轮、小太阳轮、大行星轮和小行星轮齿数。

计算图中行星轮 P11 和 P14 的安装位置的夹角为

$$\gamma = \arccos \frac{OM^2 + ON^2 - MN^2}{2 \times OM \times ON} \tag{6.130}$$

$$\angle OMN = \arccos \frac{OM^2 + MN^2 - ON^2}{2 \times OM \times MN} \tag{6.131}$$

将各参数具体值代入可得，$\gamma = 0.23\pi$，$\angle OMN = 0.39\pi$；由三角形的内角关系得$\angle ONM = \pi - \gamma - \angle OMN = 0.38\pi$。

此行星排齿轮正常时各啮合点啮合振动可表示为

$$\begin{cases} V_{1\mathrm{s}2\mathrm{p}1i} = \sum\limits_{k=1}^{\infty} A_{1\mathrm{s}2\mathrm{p}1ik}\cos(2\pi k f_{\mathrm{m}1} t + \theta_{1\mathrm{s}2\mathrm{p}1ik}) \\ V_{1\mathrm{p}1\mathrm{p}2i} = \sum\limits_{k=1}^{\infty} A_{1\mathrm{p}1\mathrm{p}2ik}\cos(2\pi k f_{\mathrm{m}1} t + \theta_{1\mathrm{p}1\mathrm{p}2ik}) \\ V_{1\mathrm{s}1\mathrm{p}2i} = \sum\limits_{k=1}^{\infty} A_{1\mathrm{s}1\mathrm{p}2ik}\cos(2\pi k f_{\mathrm{m}1} t + \theta_{1\mathrm{s}1\mathrm{p}2ik}) \end{cases} \tag{6.132}$$

式中，$f_{\mathrm{m}1}$为行星排 K1 的啮合频率，$A_{1\mathrm{s}2\mathrm{p}1ik}$、$A_{1\mathrm{p}1\mathrm{p}2ik}$、$A_{1\mathrm{s}1\mathrm{p}2ik}$和$\theta_{1\mathrm{s}2\mathrm{p}1ik}$、$\theta_{1\mathrm{p}1\mathrm{p}2ik}$、$\theta_{1\mathrm{s}1\mathrm{p}2ik}$分别为啮合振动$V_{1\mathrm{s}2\mathrm{p}1i}$、$V_{1\mathrm{p}1\mathrm{p}2i}$和$V_{1\mathrm{s}1\mathrm{p}2i}$的各阶幅值和初相位。根据前文啮合振动初相位之间的关系可得

$$\begin{cases} \theta_{1\mathrm{s}2\mathrm{p}1i} = Z_{1\mathrm{s}2}(\psi_{3i} - \psi_{31}) + \theta_{1\mathrm{s}2\mathrm{p}11} \\ \theta_{1\mathrm{p}1\mathrm{p}2i} = Z_{1\mathrm{p}1} \times \angle OMN + \theta_{1\mathrm{s}2\mathrm{p}1i} \\ \theta_{1\mathrm{s}1\mathrm{p}2i} = Z_{1\mathrm{p}2} \times (2\pi - \angle ONM) + \theta_{1\mathrm{p}1\mathrm{p}2i} \end{cases} \tag{6.133}$$

式中，$\theta_{1\mathrm{s}2\mathrm{p}11}$为行星排 K1 小太阳轮和第 1 个大行星轮啮合振动初相位。由其结构参数，根据式（6.132），同类啮合振动$V_{1\mathrm{s}2\mathrm{p}1i}$、$V_{1\mathrm{p}1\mathrm{p}2i}$和$V_{1\mathrm{s}1\mathrm{p}2i}$均不同步。

（2）行星排 K2 振动信号模型。

行星排 K2 为简单行星排，其太阳轮和行星架为输入，齿圈轴为输出，有 3 个行星轮。行星排 K2 结构以及各个啮合点的振动正方向如图 6.82 所示，图中，ψ_{2i}为行星排 K2 第 i 个行星轮的初始安装位置，即第 i 个行星轮初始位置的逆时针圆心角；β 为与行星轮啮合的两个啮合点之间的夹角，图中 $\beta = \pi$，

振动传感器测试垂直方向的振动，方向向上，即图中 z 方向，粘贴在箱体上的振动传感器位置可简化为图中位置。

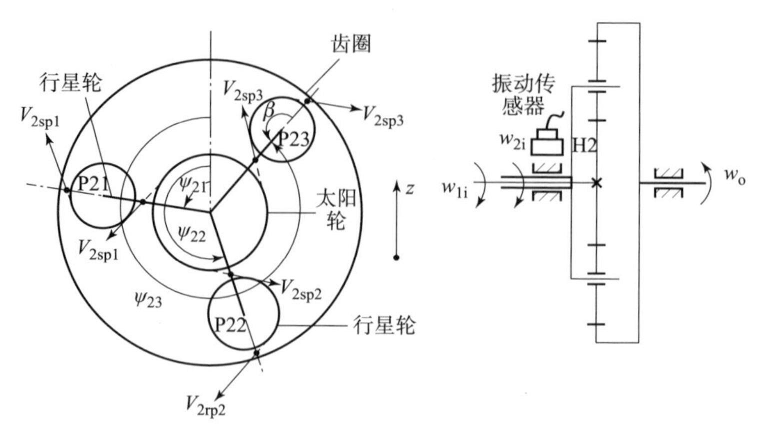

图 6.82　行星排 K2 结构及啮合点振动响应示意

由其结构可知，由于内齿圈的旋转，此行星排啮合振动传递路径亦不会因为行星轮的公转而变化，因此也不存在传递路径的调幅现象。行星排 K2 传感器处振动仿真信号为 6 个啮合点处的啮合振动在测试方向上的分量，可表示为

$$z_2 = \sum_{i=1}^{3} \{ V_{2rpi} \cdot [-\sin(\psi_{2it} - \alpha)] + V_{2spi} \cdot \sin(\psi_{2it} + \alpha) \} \tag{6.134}$$

式中，V_{2rpi}和 V_{2spi}分别表示此行星排第 i 个行星轮与内齿圈、行星轮与太阳轮之间的啮合振动，α 为齿轮压力角，ψ_{2it}为行星排 K2 第 i 个行星轮在 t 时刻绕行星架中心公转转过的角度，即

$$\psi_{2it} = 2\pi f_{H2} t + \psi_{2i} \tag{6.135}$$

式中，ψ_{2i}为行星排 K2 第 i 个行星轮的初始安装位置，f_{H2} 为行星架 H2 转频，Ⅲ挡时行星排 K1 和行星排 K2 共用行星架，即 $f_{H1} = f_{H2}$。

此行星排齿轮正常时各啮合点啮合振动可表示为

$$\begin{cases} V_{2rpi} = \sum\limits_{k=1}^{\infty} A_{2rpik} \cos(2\pi k f_{m2} t + \theta_{2rpik}) \\ V_{2spi} = \sum\limits_{k=1}^{\infty} A_{2spik} \cos(2\pi k f_{m2} t + \theta_{2spik}) \end{cases} \tag{6.136}$$

式中，f_{m2} 为行星排 K2 的啮合频率，A_{2rpik}、A_{2spik} 和 θ_{2rpik}、θ_{2spik} 分别为啮合振动 V_{2rpi}和 V_{2spi}的各阶幅值和初相位。根据前文啮合振动初相位之间的关系可得

$$\begin{cases} \theta_{2rpi} = Z_{2r}(\psi_{3i} - \psi_{31}) + \theta_{2rp1} \\ \theta_{2spi} = Z_{2p}\pi + \theta_{2spi} \end{cases} \tag{6.137}$$

式中，Z_{2r}、Z_{2p}分别为行星排 K2 的内齿圈、行星轮的齿数。由其结构参数，根据式（6.136），同类啮合振动 V_{2rpi}和 V_{2spi}均不同步。

（3）行星排K3振动信号模型。

在行星排K3运动过程中，太阳轮轴、齿圈轴作为输入轴，行星架轴作为输出轴，共有6个行星轮，行星排K3结构及啮合点振动响应如图6.83所示，粘贴在箱体上的振动传感器位置可简化图中位置。

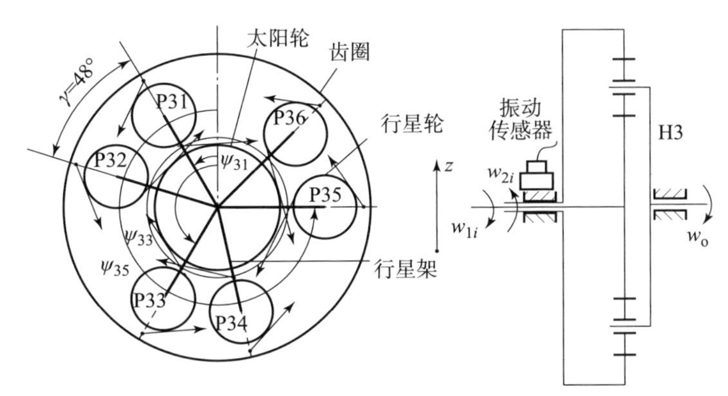

图6.83 行星排K3结构及啮合点振动响应示意

由其结构可知，由于内齿圈旋转，此行星排啮合振动传递路径亦不会因为行星轮的公转而变化，因此不存在传递路径的调幅现象。由图可得，行星排K3传感器处振动仿真信号为12个啮合点处的啮合振动在规定正方向上的分量。因此，K3行星排传感器处振动仿真信号为

$$z_3 = \sum_{i=1}^{6} \{ V_{3spi} \cdot \sin(\psi_{3ti} - \alpha) + V_{3rpi} \cdot [-\sin(\psi_{3ti} + \alpha)] \} \tag{6.138}$$

式中，V_{3rpi}和V_{3spi}分别为此行星排K3第i个行星轮与内齿圈、行星轮与太阳轮之间的啮合振动，ψ_{3ti}为行星排K3第i个行星轮在t时刻绕行星架中心公转转过的角度，即

$$\psi_{3ti} = 2\pi f_{H3} t + \psi_{3i} \tag{6.139}$$

式中，ψ_{3i}为行星排K3第i个行星轮的初始安装位置，f_{H3}为行星架H3的转动频率。

此行星排齿轮正常时各啮合点啮合振动可表示为

$$\begin{cases} V_{3rpi} = \sum_{k=1}^{\infty} A_{3rpik} \cos(2\pi k f_{m3} t + \theta_{3rpik}) \\ V_{3spi} = \sum_{k=1}^{\infty} A_{3spik} \cos(2\pi k f_{m3} t + \theta_{3spik}) \end{cases} \tag{6.140}$$

式中，f_{m3}为行星排K3的啮合频率，A_{3rpik}、A_{3spik}和θ_{3rpik}、θ_{3spik}分别为啮合振动V_{3rpi}和V_{3spi}的各阶幅值和初相位。根据前文啮合振动初相位之间的关系可得

$$\begin{cases} \theta_{3rpi} = Z_{3r}(\psi_{3i} - \psi_{31}) + \theta_{3rp1} \\ \theta_{3spi} = Z_{3p}\pi + \theta_{3spi} \end{cases} \tag{6.141}$$

式中，Z_{3r}、Z_{3p}分别为行星排 K3 的齿圈和行星轮齿数。根据此行星排结构参数，根据式（6.140），θ_{3rp1}、θ_{3rp3}和 θ_{3rp5}相互之间相差 2π 的整数倍，则啮合振动 V_{3rp1}、V_{3rp3}、V_{3rp5}同步；同理求出，啮合振动 V_{3rp2}、V_{3rp4}、V_{3rp6}同步，啮合振动 V_{3sp1}、V_{3sp3}、V_{3sp5}同步，啮合振动 V_{3sp2}、V_{3sp4}、V_{3sp6}同步。

3）行星变速箱振动信号模型

本节对行星变速箱Ⅲ挡时行星部分齿轮正常、行星排 K1 大行星轮裂纹故障、行星排 K1 小行星轮裂纹故障、行星排 K2 行星轮裂纹故障、行星排 K3 太阳轮裂纹故障五种状态下行星变速箱的振动响应进行建模仿真分析。Ⅲ挡输入转速为 1 500 r/min 时 4 种故障状态下的裂纹故障频率如表 6.20 所示。

表 6.20　Ⅲ挡时 4 种故障状态下的裂纹故障频率

故障名称	K1 大行星轮	K1 小行星轮	K2 行星轮	K3 太阳轮
故障频率/Hz	22.03	26.43	11.89	2.73

行星变速箱的振动响应主要来自定轴部分和行星部分，因此，其振动响应可表示为

$$z = z_0 + z_1 + z_2 + z_3 \tag{6.142}$$

（1）齿轮正常。

在齿轮正常时，各个啮合点正常啮合，此时定轴部分和行星部分的各啮合点振动为正常啮合振动，将各行星排在齿轮正常时的振动响应代入式（6.142）中，得到齿轮正常时行星变速箱的振动响应，其时域波形和频谱如图 6.84 所示。由其频谱可知频域中含有定轴部分和行星部分行星排 K1 和行星排 K2 的啮合频率及其倍频，并出现以行星排 K1 和行星排 K2 啮合频率为中心、以对应行星架转动频率为间隔的边频带，频谱中并未出现行星排 K3 的啮合频率及倍频。对齿轮正常时的振动响应求包络谱，如图 6.85 所示，由该图可知，包络谱主要包括行星排 K1 和行星排 K2 的行星架转动频率及其倍频，未出现行星架 K3 的行星架转动频率及其倍频。

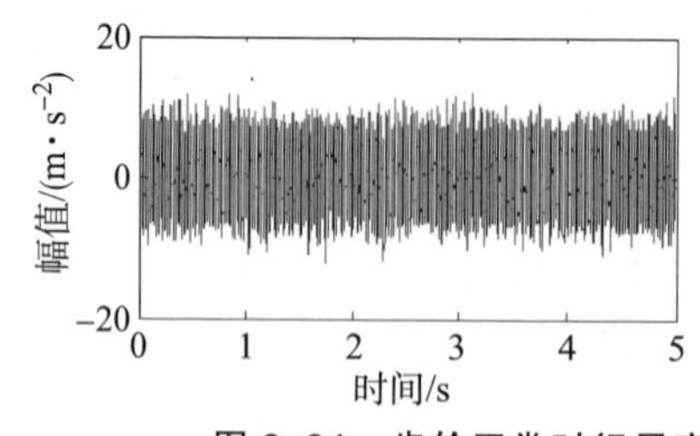

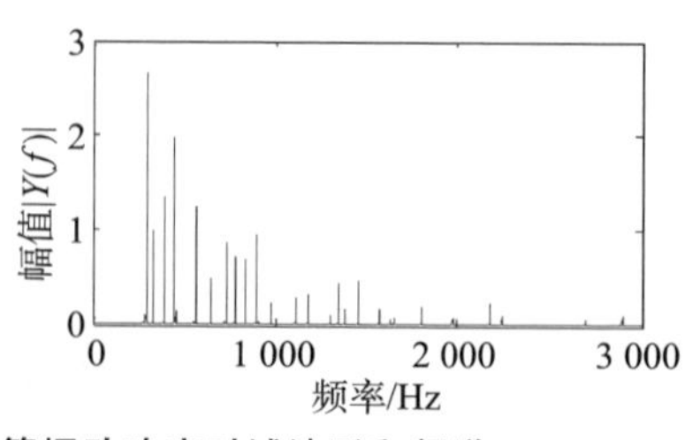

图 6.84　齿轮正常时行星变速箱振动响应时域波形和频谱

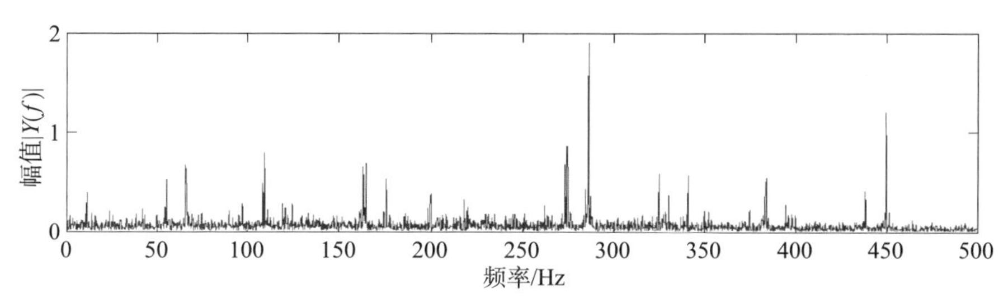

图 6.85　齿轮正常时行星变速箱振动响应包络谱

（2）行星排 K1 大行星轮裂纹故障。

行星排 K1 某一大行星轮发生故障时，影响与其啮合的小太阳轮、小行星轮的啮合点处振动响应，即 V_{1s2p1i}和 V_{1p1p2i}。设有编号为 j 的大行星轮裂纹故障，$1 \leqslant j \leqslant 3$，此行星轮与小太阳轮、小行星轮的啮合振动响应为

$$\begin{cases} V_{1s2p1j}(t) = \sum_{k=1}^{\infty} A_{1s2p1jk}(t)\cos[2\pi k f_{m1} t + B_{1s2p1jk}(t) + \theta_{1s2p1jk}] \\ V_{1p1p2j}(t) = \sum_{k=1}^{\infty} A_{1p1p2jk}(t)\cos[2\pi k f_{m1} t + B_{1p1p2jk}(t) + \theta_{1p1p2jk}] \end{cases} \tag{6.143}$$

式中，

$$\begin{cases} A_{1s2p1jk}(t) = \sum_{n=1}^{\infty} A_{1s2p1jkn}\cos(2\pi n f_{1gp1} t + \alpha_{1s2p1jkn}) \\ B_{1s2p1jk}(t) = \sum_{l=1}^{\infty} B_{1s2p1jkl}\cos(2\pi l f_{1gp1} t + \beta_{1s2p1jkl}) \end{cases} \tag{6.144}$$

$$\begin{cases} A_{1p1p2jk}(t) = \sum_{n=1}^{\infty} A_{1p1p2jkn}\cos(2\pi n f_{1gp1} t + \alpha_{1p1p2jkn}) \\ B_{1p1p2jk}(t) = \sum_{l=1}^{\infty} B_{1p1p2jkl}\cos(2\pi l f_{1gp1} t + \beta_{1p1p2jkl}) \end{cases} \tag{6.145}$$

式中，$A_{1s2p1jk}$，$B_{1s2p1jk}$和 $A_{1p1p2jk}$，$B_{1p1p2jk}$分别为第 j 个大行星轮故障对与其啮合的小太阳轮和小行星轮啮合时啮合点处振动响应调幅和调频强度，$\theta_{1s2p1jk}$，$\alpha_{1s2p1jkn}$，$\beta_{1s2p1jkl}$和 $\theta_{1p1p2jk}$，$\alpha_{1p1p2jkn}$，$\beta_{1p1p2jkl}$为初始相位；f_{1gp1} 为行星排 K1 大行星轮故障频率，$f_{1gp1} = f_{m1}/Z_{1p1}$，$Z_{1p1}$ 为大行星轮齿数。设 $j=1$，将式（6.143）代入式（6.125）中，然后将定轴部分和行星部分的振动代入式（6.142）中得到行星变速箱振动响应，其时域波形和频谱如图 6.86 所示。由其频谱可知，频域中含有定轴部分和行星排 K1 和行星排 K2 的啮合频率及其倍频，并出现以行星排 K1 和行星排 K2 啮合频率为中心、以对应行星架转动频率为间隔的边频带，且出现以行星排 K1 啮合频率为中心、以大行星轮故障频率为间隔的边频带，并未出现行星架 K3 的啮合频率及倍频。对行星排 K1 大行星轮裂纹故障时的振动响应求包络谱，如图 6.87 所示，由图可知，包络谱主要包括行星排 K1、行星排 K2 的行星架转动频率及其倍频，以及行星排 K1 大行星轮裂纹

故障频率及其倍频，并在故障频率及倍频附近出现以行星排 K1 的行星架转动频率为间隔的边频带，未出现行星架 K3 的行星架转动频率及其倍频。

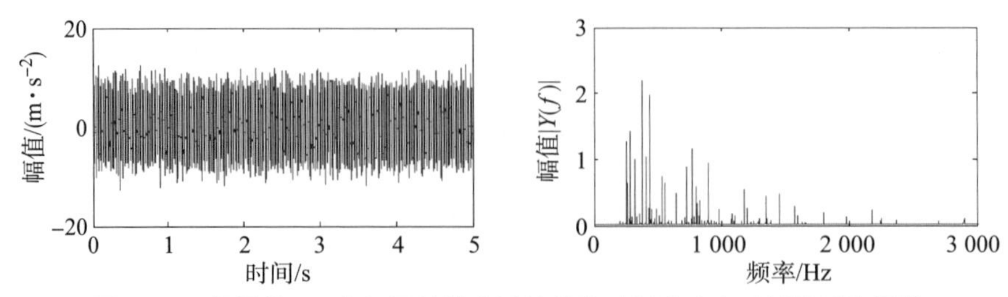

图 6.86　行星排 K1 大行星轮发生裂纹故障时振动响应时域波形和频谱

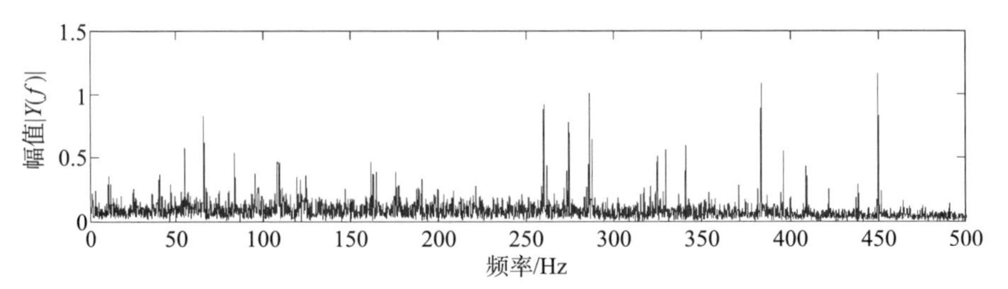

图 6.87　行星排 K1 大行星轮发生裂纹故障时振动响应包络谱

（3）行星排 K1 小行星轮裂纹故障。

行星排 K1 某一小行星轮发生故障时，影响与其啮合的大太阳轮和大行星轮的啮合点处振动响应，即 $V_{1\text{s}1\text{p}2i}$和 $V_{1\text{p}1\text{p}2i}$。设有编号为 j 的小行星轮故障，$1\leqslant j\leqslant 3$，此行星轮与大太阳轮和大行星轮的啮合振动响应为

$$\begin{cases} V_{1\text{s}1\text{p}2j}(t) = \sum\limits_{k=1}^{\infty} A_{1\text{s}1\text{p}2jk}(t)\cos[2\pi k f_{\text{m}1} t + B_{1\text{s}1\text{p}2jk}(t) + \theta_{1\text{s}1\text{p}2jk}] \\ V_{1\text{p}1\text{p}2j}(t) = \sum\limits_{k=1}^{\infty} A_{1\text{p}1\text{p}2jk}(t)\cos[2\pi k f_{\text{m}1} t + B_{1\text{p}1\text{p}2jk}(t) + \theta_{1\text{p}1\text{p}2jk}] \end{cases} \tag{6.146}$$

式中，

$$\begin{cases} A_{1\text{s}1\text{p}2jk}(t) = \sum\limits_{n=1}^{\infty} A_{1\text{s}1\text{p}2jkn}\cos(2\pi n f_{1\text{gp}2} t + \alpha_{1\text{s}1\text{p}2jkn}) \\ B_{1\text{s}1\text{p}2jk}(t) = \sum\limits_{l=1}^{\infty} B_{1\text{s}1\text{p}2jkl}\cos(2\pi l f_{1\text{gp}2} t + \beta_{1\text{s}1\text{p}2jkl}) \end{cases} \tag{6.147}$$

$$\begin{cases} A_{1\text{p}1\text{p}2jk}(t) = \sum\limits_{n=1}^{\infty} A_{1\text{p}1\text{p}2jkn}\cos(2\pi n f_{1\text{gp}2} t + \alpha_{1\text{p}1\text{p}2jkn}) \\ B_{1\text{p}1\text{p}2jk}(t) = \sum\limits_{l=1}^{\infty} B_{1\text{p}1\text{p}2jkl}\cos(2\pi l f_{1\text{gp}2} t + \beta_{1\text{p}1\text{p}2jkl}) \end{cases} \tag{6.148}$$

式中，$A_{1\text{s}1\text{p}2jk}$，$B_{1\text{s}1\text{p}2jk}$和 $A_{1\text{p}1\text{p}2jk}$，$B_{1\text{p}1\text{p}2jk}$分别为第 j 个小行星轮故障对与其啮合的大太阳轮和大行星轮啮合时啮合点处振动响应调幅和调频强度，$\theta_{1\text{s}1\text{p}2jk}$，$\alpha_{1\text{s}1\text{p}2jkn}$，$\beta_{1\text{s}1\text{p}2jkl}$和 $\theta_{1\text{p}1\text{p}2jk}$，$\alpha_{1\text{p}1\text{p}2jkn}$，$\beta_{1\text{p}1\text{p}2jkl}$为初始相位；$f_{1\text{gp}2}$为行星排 K1 小行星轮

裂纹故障频率，$f_{1gp2}=f_{m1}/Z_{1p2}$，Z_{1p2}为小行星轮齿数。设 $j=1$，将式（6.146）代入式（6.125）中，然后将定轴部分和行星部分的振动代入式（6.142）中得到行星排 K1 小行星轮裂纹故障时行星变速箱振动响应。其时域波形和频谱如图 6.88 所示。由其频谱可知，频域中含有定轴部分和行星排 K1 和行星排 K2 的啮合频率及其倍频，并出现以行星排 K1 和行星排 K2 啮合频率为中心、以对应行星架转动频率为间隔的边频带，且出现以行星排 K1 啮合频率为中心、以小行星轮故障频率为间隔的边频带，并未出现行星架 K3 的啮合频率及倍频。对行星排 K1 小行星轮裂纹故障时的振动响应求包络谱，如图 6.89 所示，由图可知，包络谱主要包括行星排 K1、行星排 K2 的行星架转动频率及其倍频，以及行星排 K1 小行星轮裂纹故障频率及其倍频，并在故障频率及倍频附近出现以行星排 K1 的行星架转动频率为间隔的边频带，未出现行星架 K3 的行星架转动频率及其倍频。

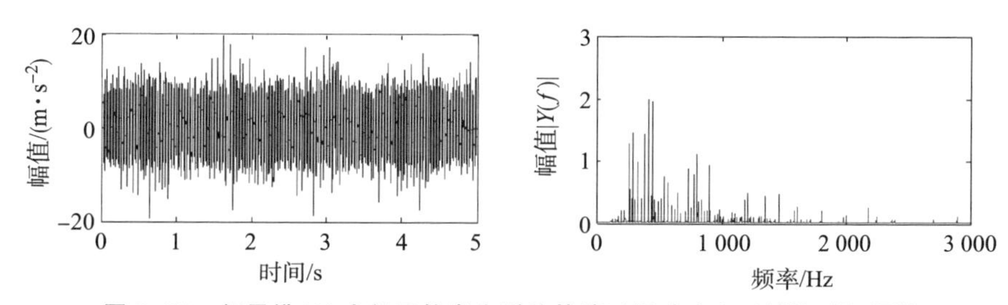

图 6.88　行星排 K1 小行星轮发生裂纹故障时振动响应时域波形和频谱

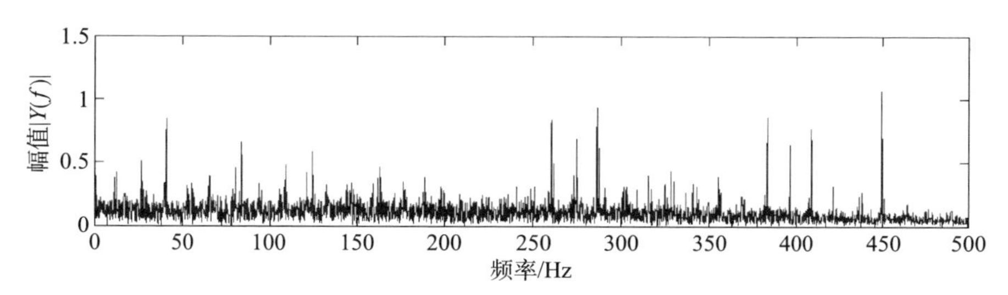

图 6.89　行星排 K1 小行星轮发生裂纹故障时振动响应包络谱

（4）行星排 K2 行星轮裂纹故障。

行星排 K2 某一行星轮发生故障时，影响与其啮合的太阳轮和内齿圈的啮合点处振动响应，即 V_{2spi}和 V_{2rpi}。设有编号为 j 的行星轮故障，$1\leqslant j\leqslant 3$，此行星轮与太阳轮和内齿圈的啮合振动响应为

$$\begin{cases} V_{2spj}(t) = \sum_{k=1}^{\infty} A_{2spjk}(t)\cos[2\pi k f_{m2} t + B_{2spjk}(t) + \theta_{2spjk}] \\ V_{2rpj}(t) = \sum_{k=1}^{\infty} A_{2rpjk}(t)\cos[2\pi k f_{m2} t + B_{2rpjk}(t) + \theta_{2rpjk}] \end{cases} \tag{6.149}$$

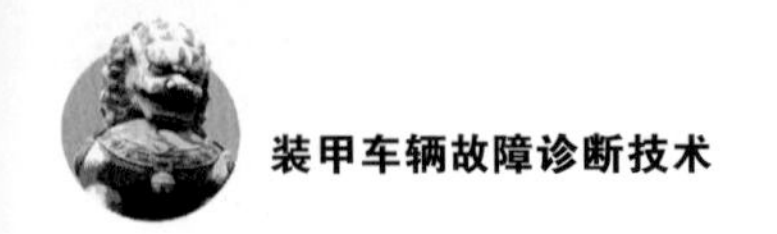

式中，

$$\begin{cases} A_{2\text{sp}jk}(t) = \sum_{n=1}^{\infty} A_{2\text{sp}jkn}\cos(2\pi f_{2\text{gp}}t + \alpha_{2\text{sp}jkn}) \\ B_{2\text{sp}jk}(t) = \sum_{l=1}^{\infty} B_{2\text{sp}jkl}\cos(2\pi f_{2\text{gp}}t + \beta_{2\text{sp}jkl}) \end{cases} \tag{6.150}$$

$$\begin{cases} A_{2\text{rp}jk}(t) = \sum_{n=1}^{\infty} A_{2\text{rp}jkn}\cos(2\pi n f_{2\text{gp}}t + \alpha_{2\text{rp}jkn}) \\ B_{2\text{rp}jk}(t) = \sum_{l=1}^{\infty} B_{2\text{rp}jkn}\cos(2\pi n f_{2\text{gp}}t + \beta_{2\text{rp}jkn}) \end{cases} \tag{6.151}$$

式中，$A_{2\text{sp}jk}$，$B_{2\text{sp}jk}$和$A_{2\text{rp}jk}$，$B_{2\text{rp}jk}$分别为第j个行星轮故障对与其啮合的太阳轮和内齿圈啮合时啮合点处振动响应调幅和调频强度，$\theta_{2\text{sp}jk}$，$\alpha_{2\text{sp}jkn}$，$\beta_{2\text{sp}jkm}$和$\theta_{2\text{rp}jk}$，$\alpha_{2\text{rp}jkn}$，$\beta_{2\text{rp}jkl}$为初始相位；$f_{2\text{gp}}$为行星排 K2 行星轮裂纹故障频率，$f_{2\text{gp}} = f_{\text{m}2}/Z_{2\text{p}}$，$Z_{2\text{p}}$为行星排 K2 的行星轮齿数。设$j=1$，将式（6.149）代入（6.134）中，然后将定轴部分和行星部分的振动代入式（6.142）中得到行星排 K2 行星轮裂纹故障时行星变速箱振动响应，其时域波形和频谱如图 6.90 所示。由其频谱可知，频域中含有定轴部分和行星排 K1 和行星排 K2 的啮合频率及其倍频，并出现以行星排 K1 和行星架 K2 啮合频率为中心、以对应行星架转动频率为间隔的边频带，且出现以行星排 K2 啮合频率为中心、以行星排 K2 的行星轮故障频率为间隔的边频带，并未出现行星架 K3 的啮合频率及倍频。对行星排 K2 行星轮裂纹故障时的振动响应求包络谱，如图 6.91 所示。由图可知，包络谱主要包括行星排 K1、行星架 K2 的行星架转动频率及其倍频，以及行星排 K2 行星轮裂纹故障频率及倍频，并在故障频率及倍频附近出现以行星排 K2 的行星架转动频率为间隔的边频带，并未出现行星架 K3 的行星架转动频率及倍频。

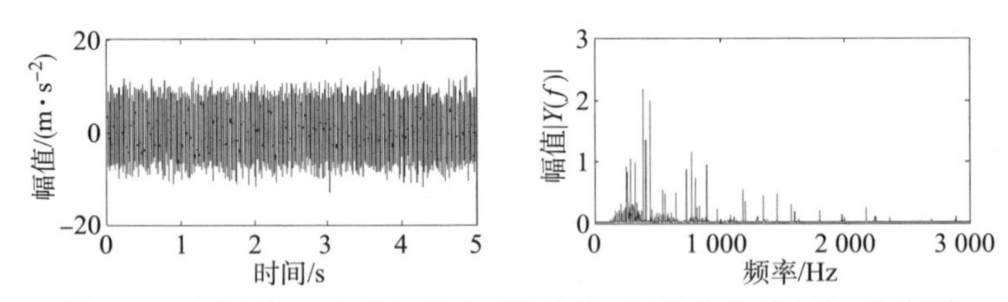

图 6.90 行星排 K2 行星轮发生裂纹故障时振动响应时域波形和频谱

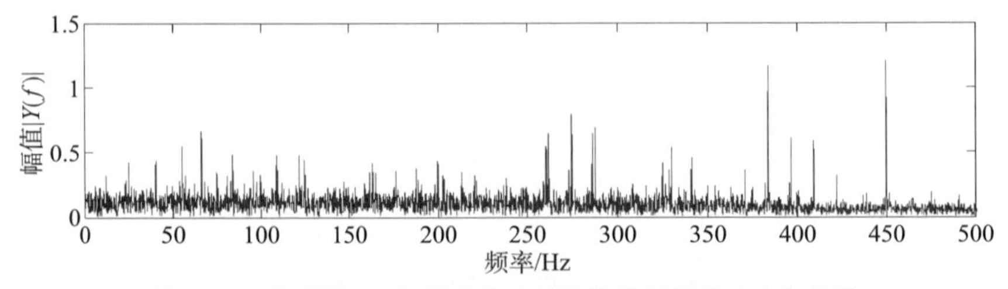

图 6.91 行星排 K2 行星轮发生裂纹故障时振动响应包络谱

（5）行星排 K3 太阳轮裂纹故障。

行星排 K3 太阳轮发生故障时，影响与其啮合的行星轮的啮合点处振动响应，即 V_{3spi}。此时，太阳轮与行星轮的啮合振动响应为

$$V_{3spi}(t)=\sum_{k=1}^{\infty}A_{3spik}(t)\cos[2\pi kf_{m3}t+B_{3spik}(t)+\theta_{3spik}] \tag{6.152}$$

式中，

$$\begin{cases}A_{3spik}(t)=\sum\limits_{n=1}^{\infty}A_{3spikn}\cos(2\pi f_{3gs}t+\alpha_{3spikn})\\B_{3spik}(t)=\sum\limits_{l=1}^{\infty}B_{3spikl}\cos(2\pi f_{3gs}t+\beta_{3spikl})\end{cases} \tag{6.153}$$

式中，A_{3spik}，B_{3spik} 分别为太阳轮故障对与其啮合的行星轮啮合时啮合点处振动响应调幅和调频强度，θ_{3spik}，α_{3spikn}，β_{3spikm} 为初始相位；f_{3gs} 为行星排 K3 太阳轮裂纹故障频率，$f_{3gs}=f_{m3}/Z_{3s}$，Z_{3s} 为行星排 K3 的太阳轮齿数。将式（6.152）代入式（6.138）中，然后将定轴部分和行星部分的振动代入式（6.142）中得到行星排 K3 太阳轮发生裂纹故障时行星变速箱振动响应，其时域波形和频谱如图 6.92 所示。由其频谱可知，频域中含有定轴部分和行星排 K1、行星排 K2 和行星排 K3 的啮合频率及其倍频，并出现以行星排 K1、行星架 K2 和行星排 K3 啮合频率为中心、以对应行星架转动频率为间隔的边频带，且出现以行星排 K3 啮合频率为中心、以行星排 K3 的太阳轮故障频率为间隔的边频带。对行星排 K3 太阳轮发生裂纹故障时的振动响应求包络谱，如图 6.93 所示。由图可知，包络谱主要包括行星排 K1、行星架 K2 和行星排 K3 的行星架转动频率及其倍频，以及行星排 K3 太阳轮裂纹故障频率及倍频，并在故障频率及倍频附近出现以行星排 K3 的行星架转动频率为间隔的边频带。

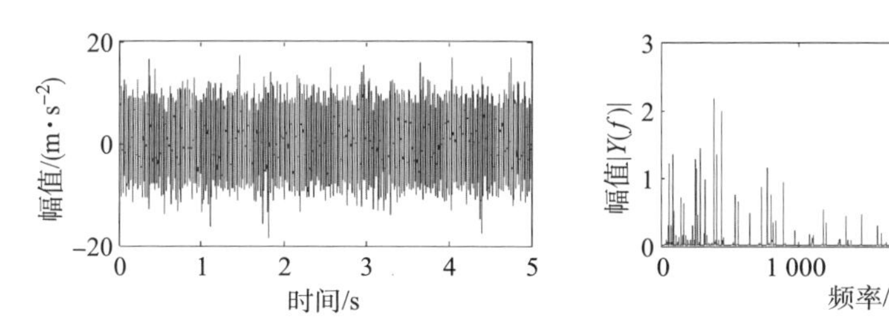

图 6.92　行星排 K3 太阳轮发生裂纹故障时振动响应时域波形和频谱

通过以上对行星变速箱Ⅲ挡时行星部分齿轮正常、行星排 K1 大行星轮裂纹故障、行星排 K1 小行星轮裂纹故障、行星排 K2 行星轮裂纹故障、行星排 K3 太阳轮裂纹故障五种状态下行星变速箱的振动响应进行建模仿真分析，总结行星变速箱振动响应特点如下。

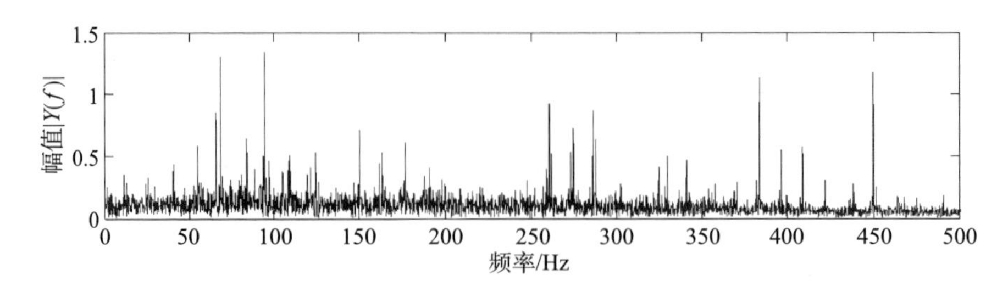

图 6.93　行星排 K3 太阳轮发生裂纹故障时振动响应包络谱

①在齿轮正常和有故障时，频谱中均存在定轴传动、行星排 K1 和行星排 K2 的啮合频率及倍频，且边带频率为 $af_{m1} \pm bf_{H1}$，$cf_{m2} \pm df_{H2}$（a、b、c、d 为正整数)。在包络谱中出现行星排 K1 和行星排 K2 的行星架转动频率及其倍频。由于行星变速箱在Ⅲ挡时不存在传递路径调制，因此，此调制现象是由啮合振动方向随行星架的旋转在传感器采集方向上的分量的周期性变化引起的。

②当行星排中的齿轮出现裂纹故障时，将影响与该齿轮相啮合齿轮的啮合点处的啮合振动，而对其余啮合振动影响较小。发生故障时，在故障齿轮所在行星排啮合频率两侧出现了频率为 $af_m \pm bf_H \pm cf_g$（a、b、c 为正整数）的边频带。在包络谱中，存在故障频率及其倍频，以及以故障频率为中心、以对应行星排的行星架转动频率为间隔的边频带 $mf_g \pm nf_H$（m，n 为正整数)，f_m、f_H、f_g 分别为故障齿轮所在行星排的啮合频率、行星架转动频率及故障齿轮的故障频率。

③在行星排 K3 齿轮正常时，行星变速箱振动信号频谱中并不存在行星排 K3 的啮合频率及其倍频，其包络谱中亦未出现行星排 K3 的行星架转动频率及其倍频。这是由于行星排 K3 的太阳轮齿轮和齿圈齿数为行星轮个数的整数倍，对应的啮合振动的初始相位相差 2π 的整数倍，其振动同步，且行星轮的对称分布使各个啮合振动相互抵消，最终使得行星排 K3 的整体振动较小。当行星排 K3 的太阳轮发生故障时，故障齿轮的啮合振动与其他啮合点振动不同步，使振动相互抵消的局面被打破，因此在频谱中产生了行星排 K3 的啮合振动及倍频，在包络谱中亦出现了行星排 K3 的行星架转动频率及倍频。

④通过分析，得到了行星变速箱各状态下的振动响应模型以及振动响应规律，可为行星变速箱振动信号特征提取和故障诊断方法的研究提供仿真数据和理论依据。

6.6.3　行星变速箱典型故障模拟试验

6.6.3.1　故障模拟试验台总体设计

根据行星变速箱的结构和运行原理，设计行星变速箱故障模拟试验台原理和实物，如图 6.94 和图 6.95 所示。试验台主要由驱动电机、传动箱、行星变速箱、加载电机、液压站、转速扭矩仪以及测试系统等组成。

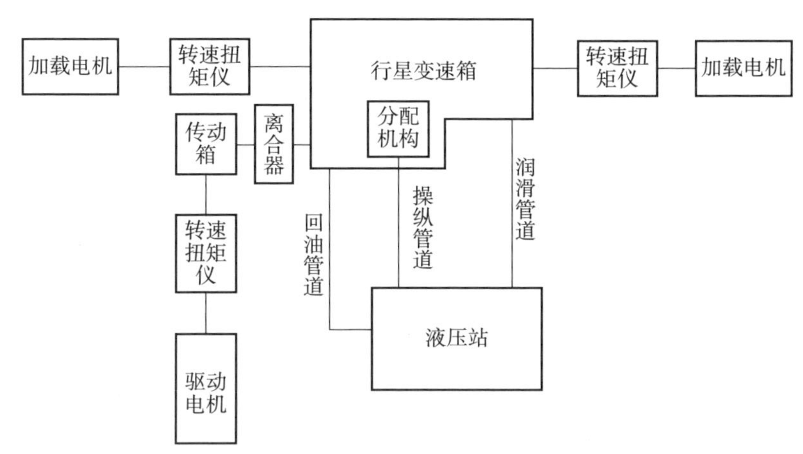

图 6.94　行星变速箱故障模拟试验台原理

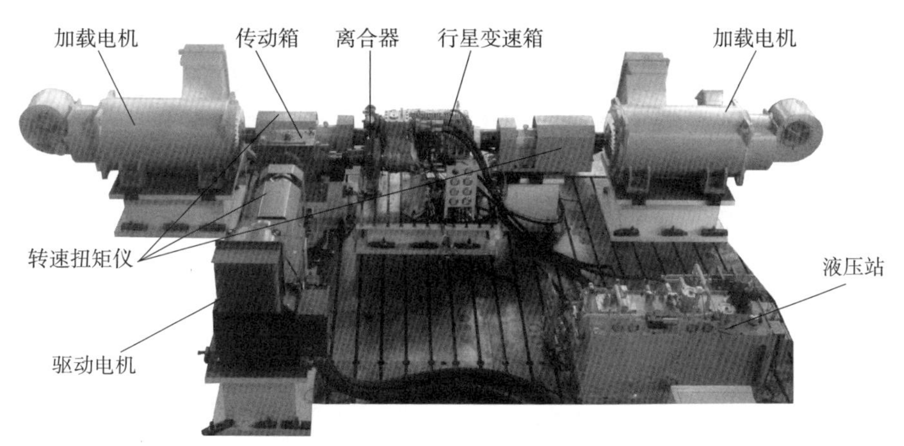

图 6.95　行星变速箱试验台

此故障模拟试验台可用于模拟行星变速箱在装备中的实际运行情况。试验台选用最大功率为 500 kW 的驱动电机作为动力源，转速可在 0 ~ 3 000 r/min 的范围内连续控制；采用两台最大功率为 425 kW 的加载电机用于模拟车辆行驶过程中的阻力，可实现 0 ~ 2 000 N · m 的连续扭矩加载控制；驱动电机的转速和加载电机的加载扭矩均通过计算机集中控制。采用90°锥齿轮换向传动箱用于避免驱动电机和同侧的加载电机的位置干涉；转速扭矩仪用于运行转速及加载扭矩的监测；离合器可实现驱动电机运转的情况下换挡；液压站主要完成行星变速箱的润滑和分配机构的供油和回油，从而实现换挡。试验台运转时，采用测试系统完成数据采集。试验台的运行完全由计算机控制，其控制面板和测试界面如图6.96所示。

图6.96　试验台控制面板及测试界面

这里采用振动信号研究行星变速箱的特征提取和故障诊断方法。由于变速箱的转速会影响齿轮副各啮合频率和故障特征频率，且传递的扭矩与振动信号的幅值及状态特征的强弱有一定的关系，因此试验主要测试振动加速度、转速、扭矩三种信号。

测试系统主要由硬件平台、软件平台、转速扭矩仪、振动传感器、电源及信号线缆等组成，其中：

（1）测试系统硬件平台采用32通道坚固型数据采集系统DH5902，每个通道采样频率可达到100 kHz，如图6.97（a）所示。

（2）测试系统软件平台为设备状态信息多通道在线测试软件，具有在线采集、特征量计算、数据存储和转换等功能，如图6.97（b）所示。

（3）传感器包括转速扭矩仪、单向振动传感器、三向振动传感器等，分别用于采集变速箱输入轴转速、箱体各测点振动以及变速箱输出轴加载扭矩等数据。单向和三向振动传感器分别采用DYTRAN仪器公司生产的127－3215M1型通用加速度传感器和127－3023M2型三向加速度传感器，两种振动传感器的灵敏度均为10 mV/g，最大量程为500 g。

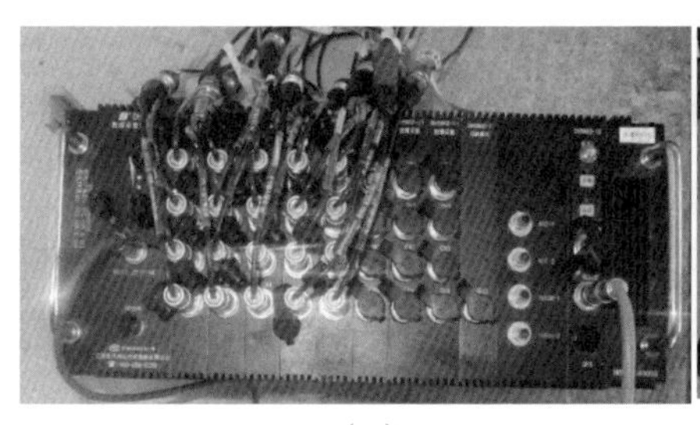

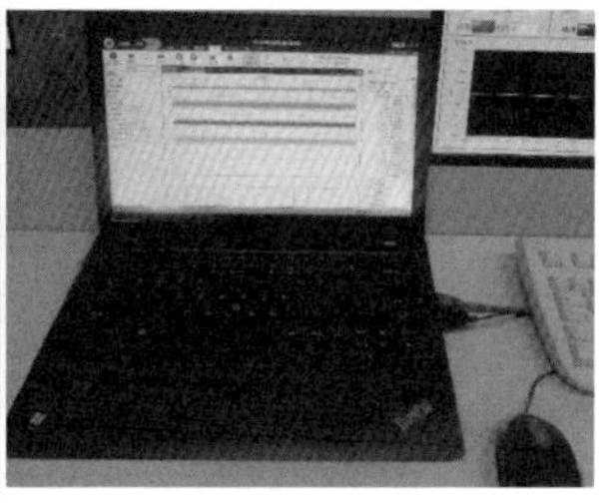

（a） （b）

图 6.97 测试系统软、硬件平台

（a）硬件平台；（b）软件平台

6.6.3.2 故障注入及测点位置设置

1）齿轮故障注入

齿轮故障注入是将含特定故障的齿轮等故障件替换试验台中变速箱的相应正常部件。在理想情况下，应该利用从装甲车辆实际作战训练过程中收集的变速箱齿轮故障件，但因收集的故障件具有故障类型和故障程度难以区分或界定等不足而不利于变速箱的故障机理研究。因此设计变速箱试验台并设置典型故障时通常采用模拟故障注入的方式，即在机械部件的相应位置，注入特定程度的故障，通过对比分析正常零部件和故障注入零部件振动信号并提取相关特征，进而诊断特定故障。

行星变速箱系统在长期服役后，轮齿根部将产生疲劳裂纹，若不及时诊断，则将迅速发展为断齿，影响变速箱的运行，且裂纹故障在故障诊断中的难度大，因此本文选取裂纹故障作为研究的重点，轮齿根部裂纹实物如图 6.98 所示。

图 6.98 轮齿根部裂纹实物

齿轮裂纹故障采用线切割制作完成，本试验设置的齿轮状态如表 6.21 所示，包括齿轮正常和四种齿轮故障。

表 6.21　行星变速箱试验齿轮状态设置

状态编号	1	2	3	4	5
状态类型	齿轮正常	K1 大行星轮裂纹	K1 小行星轮裂纹	K2 行星轮裂纹	K3 太阳轮裂纹

2）测点设置

测点位置的设置，直接影响数据采集的质量。行星变速箱试验台共涉及三类信号类型，分别为转速、扭矩和振动加速度。其中转速和扭矩由转速扭矩仪测试，用于实时监测变速箱输入轴、输出轴的转速和扭矩，试验台中转速扭矩仪布置在输入轴和输出轴处。如何设置振动传感器的测点位置，关系到试验测试数据的优劣，对后续基于试验数据的特征提取与故障诊断尤其关键。

振动传感器测点的设置应遵循以下几个方面原则。

（1）振动传感器测点应布置于振动信号传递路径上，如刚性接触的箱体。

（2）振动传感器应处于敏感位置，即距离诊断的核心部件最近的位置。

（3）振动传感器应位于能全面反映设备状态的部位，如变速箱引起径向振动及振动频率变化明显的位置。

（4）振动传感器的安装位置要可靠、平滑，确保试验过程中振动传感器牢固，不松动。

遵循以上振动传感器的安装要求，并结合行星变速箱的内部构造和工作原理及试验台实际安装情况，在行星变速箱上选择了 5 个振动测点，设置的振动传感器的测点位置如图 6.99 所示，测点 1、2、3 位于行星变速箱的箱体上，测点 4、5 位于行星变速箱内部壳体上。

图 6.99　测点位置

其中测点编号、传感器安装位置和方向、数据采集通道号及传感器类型如

表 6.22 所示。

表 6.22　振动传感器测点编号、安装方向、通道号、安装位置及类型

测点编号	安装方向	通道号	安装位置	类型
1	垂向	1	箱体右侧	单向
2	x 横向	2	箱体中部	三向
	y 纵向	3		
	z 垂向	4		
3	x 横向	5	箱体上左侧	三向
	y 纵向	6		
	z 垂向	7		
4	垂向	8	行星排 K2 内齿圈上方	单向
5	垂向	9	行星排 K3 内齿圈上方	单向

3）试验方案设计

行星变速箱振动信号的能量分布、频率成分以及调制特征与试验工况息息相关。试验工况对变速箱典型故障特征提取的主要影响因素包括变速箱输入轴转速、挡位以及负载。本文的行星变速箱试验台典型故障模式与试验工况设计如表 6.23 所示。

表 6.23　行星变速箱试验台典型故障模式与试验工况设计

齿轮状态	故障模式	转速/($r \cdot min^{-1}$)	挡位	负载/(N·m)
正常	齿轮正常	600，900，1 200，1 500	Ⅰ，Ⅱ，Ⅲ，Ⅳ，Ⅴ，倒	0，900
故障 1	K1 大行星轮裂纹	600，900，1 200，1 500	Ⅰ，Ⅱ，Ⅲ，Ⅳ，Ⅴ，倒	0，900
故障 2	K1 小行星轮裂纹	600，900，1 200，1 500	Ⅰ，Ⅱ，Ⅲ，Ⅳ，Ⅴ，倒	0，900
故障 3	K2 行星轮裂纹	600，900，1 200，1 500	Ⅰ，Ⅱ，Ⅲ，Ⅳ，Ⅴ，倒	0，900
故障 4	K3 太阳轮裂纹	600，900，1 200，1 500	Ⅰ，Ⅱ，Ⅲ，Ⅳ，Ⅴ，倒	0，900

（1）输入转速的设定。

根据行星变速箱工作状况，设定电机转速分别为：600 r/min、900 r/min、1 200 r/min、1 500 r/min。

（2）挡位的选择。

根据行星变速箱内部传动原理，为确保能够采集到各部件运行时的振动信号，选定挡位有六种：Ⅰ挡、Ⅱ挡、Ⅲ挡、Ⅳ挡、Ⅴ挡、倒挡。

（3）负载。

采用加载电机对行星变速箱进行加载，负载分别为：0 N·m（空载）、900 N·m。

6.6.4 行星变速箱典型故障特征提取

6.6.4.1 振动测点的选择

由前文试验方案可知，试验共采集包括五种行星变速箱齿轮状态、6 种挡位、4 种转速、2 种加载扭矩、9 个振动信号采集通道共计 2 160 组振动信号。如何选择最优的振动信号进行后续的分析尤为重要。

由前面仿真结果分析可知，齿轮在发生故障时，频谱中在该故障齿轮啮合频率附近将产生以故障频率为间隔的边频带。因此基于仿真结果提出了有效频率指标的概念，并将其用于振动信号通道及数据的优化选择。将有效频率指标定义为有用频率在整个频谱中的比例，对于此行星变速箱的行星部分故障诊断，有效频率指标为三个行星排的啮合频率和倍频及边频带在整个频谱中能量的比例。有效频率指标计算公式为

$$I_e = \frac{f_e}{\sum f} \tag{6.154}$$

式中，$\sum f$ 为频谱中所有频率的幅值之和；f_e 为有效频率的幅值之和，计算公式为

$$\begin{aligned} f_e = &\sum_{i=1}^{M}[i \times f_{m1} - \beta_{K1}, i \times f_{m1} + \beta_{K1}] + \\ &\sum_{j=1}^{N}[j \times f_{m2} - \beta_{K2}, j \times f_{m2} + \beta_{K2}] + \\ &\sum_{k=1}^{Q}[k \times f_{m3} - \beta_{K3}, k \times f_{m3} + \beta_{K3}] \end{aligned} \tag{6.155}$$

式中，f_{m1}、f_{m2}、f_{m3}分别为行星变速箱各个输入转速下行星排 K1、行星排 K2、行星排 K3 对应的啮合频率，各个输入转速下三个行星排的啮合频率如表 6.24 所示。$\sum[i \times f_{m1} - \beta_{K1}, i \times f_{m1} + \beta_{K1}]$ 表示频谱中频率在 $i \times f_{m1} - \beta_{K1} \sim i \times f_{m1} + \beta_{K1}$ 的幅值之和，即行星排 K1 的啮合频率和倍频及边频带幅值之和，β_{K1} 为边频带的上、下限频率范围大小；$\sum[j \times f_{m2} - \beta_{K2}, j \times f_{m2} + \beta_{K2}]$ 表示频谱中频率在 $j \times f_{m2} - \beta_{K2} \sim j \times f_{m2} + \beta_{K2}$ 的幅值之和，即行星排 K2 的啮合频率和倍频及边频带幅值之和，β_{K2} 为边频带的上、下限频率范围大小；$\sum[i \times f_{m3} - \beta_{K3}, i \times f_{m3} + \beta_{K3}]$ 表示频谱中频率在 $k \times f_{m3} - \beta_{K3} \sim k \times f_{m3} + \beta_{K3}$ 的幅值之和，即行星排 K3 的啮合

频率和倍频及边频带幅值之和，β_{K3}为边频带的上、下频率范围大小。

β_{K1}、β_{K2}、β_{K3}与其对应的啮合频率f_{m1}、f_{m2}、f_{m3}有一定的系数关系，可表示为

$$\beta_{K1} = e \times f_{m1} \tag{6.156}$$

$$\beta_{K2} = e \times f_{m2} \tag{6.157}$$

$$\beta_{K3} = e \times f_{m3} \tag{6.158}$$

根据行星变速箱结构及各故障齿轮的齿数，此处 e 取 1/5 较为合适。

表 6.24　各输入转速下三个行星排的啮合频率

挡位	输入转速/（r·min⁻¹）	f_{m1}/Hz	f_{m2}/Hz	f_{m3}/Hz
Ⅰ挡	600	236.47	163.08	48.68
	900	354.71	244.62	73.02
	1 200	472.94	326.16	97.36
	1 500	591.18	407.70	121.70
Ⅱ挡	600	158.60	109.41	102.35
	900	237.90	164.12	153.53
	1 200	317.20	218.82	204.70
	1 500	396.50	273.53	255.88
Ⅲ挡	600	158.60	109.4	32.74
	900	237.90	164.10	49.11
	1 200	317.20	218.80	65.48
	1 500	396.50	273.50	81.85
Ⅳ挡	600	0	0	211.76
	900	0	0	317.64
	1 200	0	0	423.52
	1 500	0	0	529.40
Ⅴ挡	600	0	0	0
	900	0	0	0
	1 200	0	0	0
	1 500	0	0	0
倒挡	600	307.06	211.76	63.22
	900	460.59	317.64	94.83
	1 200	614.12	423.52	126.44
	1 500	767.65	529.40	158.05

以行星排 K1 大行星轮故障、行星变速箱Ⅲ挡、输入转速 1 500 r/min、加载扭矩为 900 N·m 工况时通道 8（测点 4）的振动信号为例，任取此组振动信号中的一个样本，其振动信号的时域波形及频谱如图 6.100（a）、（b）所示，各行星排的啮合频率及其边频带范围局部放大如图 6.100（c）所示，图中仅展示各行星排一阶啮合频率及其边频带。

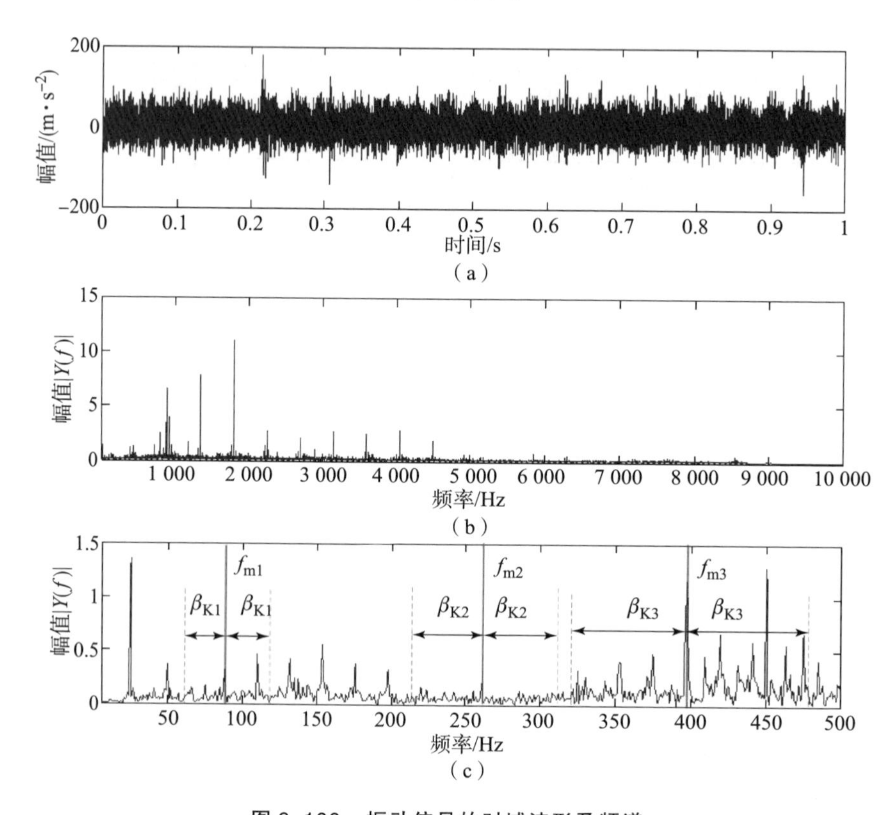

图 6.100 振动信号的时域波形及频谱

（a）时域波形；（b）频谱；（c）频谱局部放大

根据有效频率指标的定义，计算行星变速箱齿轮正常、故障时在各个工况下各通道振动信号的有效频率指标大小，其结果如表 6.25 所示。由于数据量大，本表仅展示部分值。

由计算结果可知，在行星变速箱在Ⅲ挡、输入转速为 1 500 r/min、加载扭矩为 900 N·m、通道 8（测点 4）处采集的振动信号在齿轮正常、故障时的有效频率指标的平均值最大，其值为 $I_e = 0.406\ 1$。这一结果的原因可能是在行星变速箱Ⅲ挡时，其 3 个行星排均啮合并传递动力，因此在Ⅲ挡时，行星部分的啮合振动占比更大；而输入转速越大和加载扭矩越大，信号的信噪比越高，

且冲击越明显；测点 4 位于行星排 K2 附近，更容易测试 3 个行星排的齿轮振动。因此在特征提取和故障诊断时，采用此工况下测点 4 的数据进行分析。

表 6.25　有效频率指标值

挡位	输入转速 /(r·min^{-1})	加载扭矩 (N·m)	通道编号	齿轮状态	有效频率指标	平均值
I 挡	600	0	1	齿轮正常	0.346 6	0.356 1
				故障 1	0.358 7	
				故障 2	0.357 3	
				故障 3	0.368 9	
				故障 4	0.359 1	
			2	齿轮正常	0.348 5	0.356 6
				故障 1	0.356 1	
				故障 2	0.355 7	
				故障 3	0.362 6	
				故障 4	0.360 2	
			3	齿轮正常	0.354 9	0.360 7
				故障 1	0.359 5	
				故障 2	0.359 9	
				故障 3	0.371 8	
				故障 4	0.357 3	
…	…	…	…	…	…	…

6.6.4.2　基于行星变速箱振动仿真信号的排列熵特征分析

利用前面章节得到的行星变速箱齿轮正常、行星排 K1 大行星轮故障、行星排 K1 小行星轮故障、行星排 K2 行星轮故障、行星排 K3 太阳轮故障五种状态下的仿真数据，采样频率为 20 kHz，并在仿真信号中添加信噪比为 0 dB 的高斯白噪声作为分析样本，每种状态取 30 个样本。行星变速箱 5 种状态下振动响应信号添加噪声时域波形和频谱如图 6.101 所示。

选择嵌入维数 $m_0=3$，延迟时间 $\tau_0=10$，计算每种状态下各个样本的排列熵，结果如图 6.102 所示。由图可知，每种状态下的排列熵值存在一定的差异，且熵值稳定，从而证明了排列熵能够作为行星变速箱的运行状态特征。

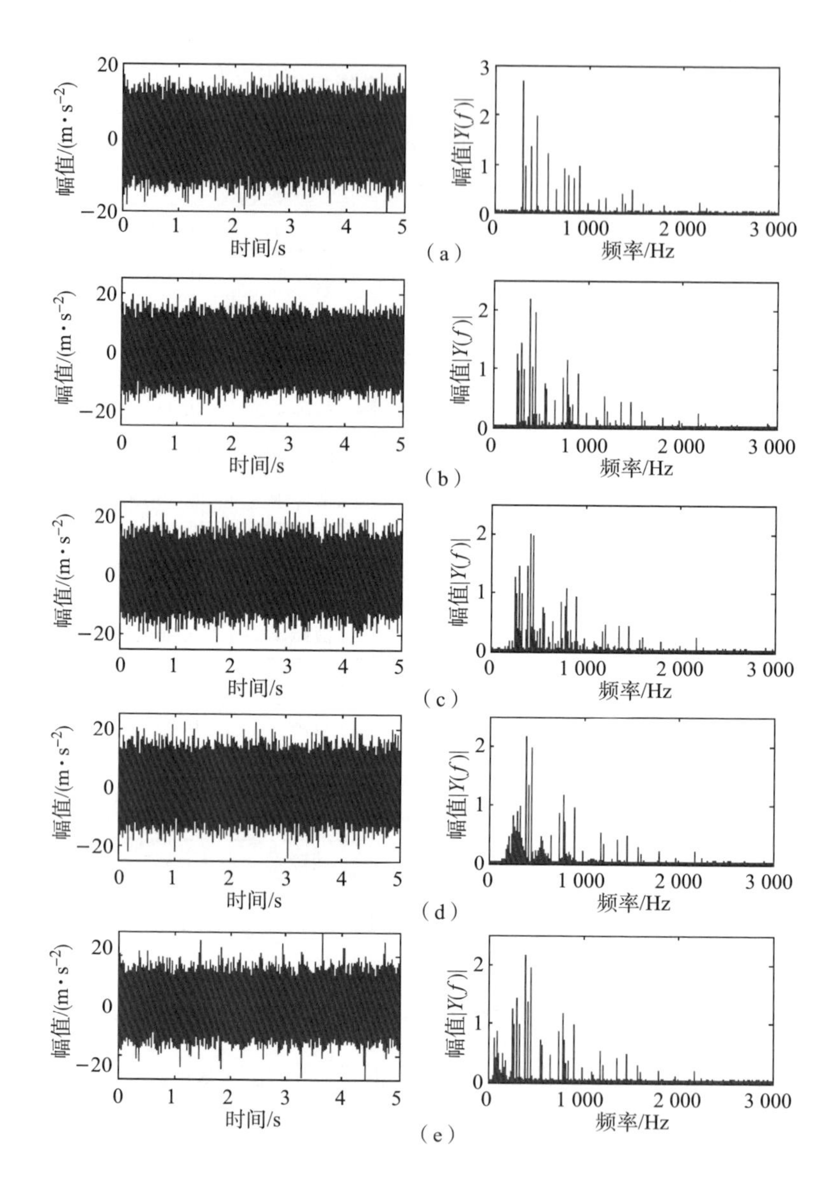

图 6.101　各状态振动响应信号添加噪声时域波形和频谱

(a) 齿轮正常；(b) 行星排 K1 大行星轮故障；
(c) 行星排 K1 小行星轮故障；(d) 行星排 K2 行星轮故障；
(e) 行星排 K3 太阳轮故障

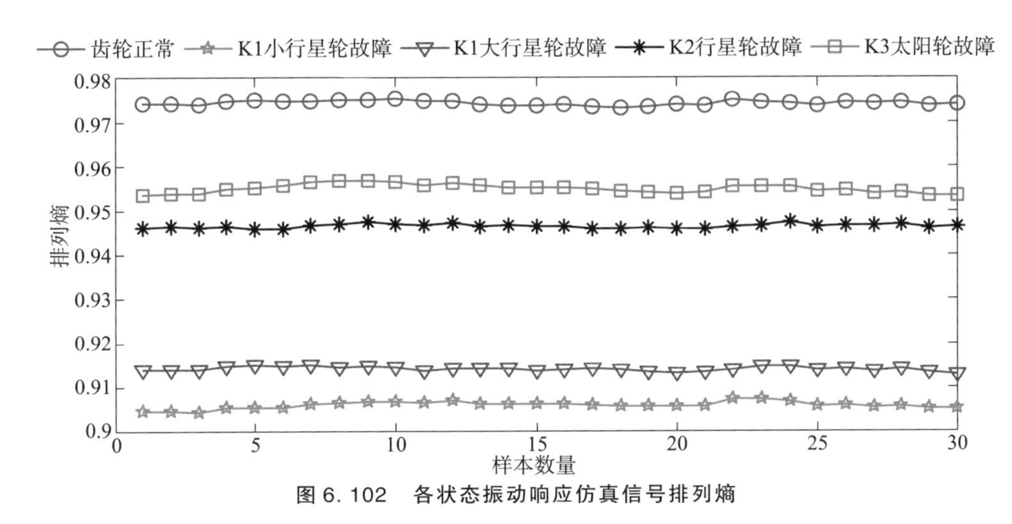

图 6.102　各状态振动响应仿真信号排列熵

6.6.4.3　基于行星变速箱故障模拟试验数据的排列熵特征提取

尽管利用行星变速箱的振动仿真信号提取排列熵特征获得了较好的状态分类结果，由于试验信号的频率成分更复杂，存在轴承、离合器等振动信号的干扰，单一尺度的排列熵有时并不能取得好的分类效果，且单尺度的排列熵对行星变速箱运行状态描述不足，因此这里提出了多尺度下的排列熵特征，增加了描述变速箱运行状态的特征；针对多个特征的选择问题，提出了敏感度指标，选取出敏感度较高的特征，为故障诊断提供支持。

1）多尺度排列熵

多尺度的概念及计算过程参见第 4 章。基于多尺度排列熵的行星变速箱特征提取方法的计算流程如图 6.103 所示。

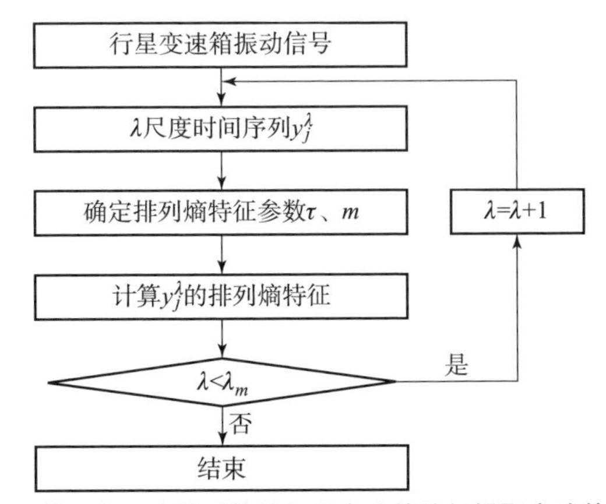

图 6.103　基于多尺度排列熵的行星变速箱特征提取方法的计算流程

2）特征选择

如前所述，得到时间序列 X 在多个尺度下的排列熵后，需要选用一定的特征选择方法从不同尺度下的排列熵结果中选择最优尺度对应的排列熵特征。特征选择的实质是从已有的特征集合中选取出对设备状态分类或故障诊断效果好的特征参数。目前，评价同一工况下特征的分类能力通常采用敏感度指标，敏感度越高，所提特征的分类能力越强；反之，敏感度越低，特征的分类能力越弱。

双样本 Z 值是计算敏感度普遍采用的特征评价方法，可有效评价两种状态下两组样本的特征值在统计上的差异状态。特征值 Z 越大，其分类能力越强；反之，分类能力越弱。

双样本 Z 值定义为

$$Z = \frac{|\overline{X}_1 - \overline{X}_2|}{\sqrt{\dfrac{S_{X_1}^2}{n_1} + \dfrac{S_{X_2}^2}{n_2}}} \tag{6.159}$$

式中，X_1 和 X_2 分别为两种状态下的特征值样本集，S_{X_1}、S_{X_2}和 $\overline{X}_1$、$\overline{X}_2$ 分别为 X_1、X_2 的标准差和均值，n_1 和 n_2 分别为样本集中的样本数量。

对于多样本情况，即多种运行状态的分类能力评价，双样本 Z 值无法做到，本文参照双样本 Z 值定义，提出多样本 Z 值计算特征敏感度的公式，定义为

$$Z = \min \frac{|\overline{X}_i - \overline{X}_j|}{\sqrt{\dfrac{S_{X_i}^2}{n_i} + \dfrac{S_{X_j}^2}{n_j}}} \quad (i,j \in \{1,2,\cdots,k\}) \tag{6.160}$$

式中，$i \neq j$，k 为运行状态的数量。若评价某种特征对于 5 种状态的分类能力，则 $k=5$；X_i、X_j 分别为对应状态 i 和状态 j 的特征值样本集，S_{X_i}、S_{X_j}和 $\overline{X}_i$、$\overline{X}_j$ 分别为 X_i、X_j 的标准差和均值，n_i、n_j 分别为 X_i、X_j 的样本数量。

与双样本 Z 值的含义相似，此多样本 Z 值可用于评价所提取特征对多种状态的分类能力。Z 值越大，敏感度越高，特征的分类能力越强；反之，Z 值越小，敏感度越低，特征的分类能力越弱。

3）试验数据分析

选取行星变速箱齿轮正常、行星排 K1 大行星轮故障、行星排 K1 小行星轮故障、行星排 K2 行星轮故障、行星排 K3 太阳轮故障五种状态下各 50 个实测振动信号样本进行分析，计算各个状态下的振动信号在各个尺度下的排列

熵值。

振动信号在尺度化处理后的最佳延迟时间和最佳嵌入维数将发生改变，利用前文延迟时间和嵌入维数的独立确定方法，当最大尺度 $\lambda_m = 30$ 时，计算各个尺度下行星变速箱振动信号相空间重构的最佳延迟时间 τ_0 和嵌入维数 m_0，如表6.26所示。

表6.26　各个尺度下相空间重构的最佳延迟时间和嵌入维数

λ	1	2	3	4	5	6	7	8	9	10	11	12	13	14	15
τ_0	10	10	10	15	14	1	1	14	15	15	10	11	11	2	1
m_0	4	3	3	5	4	4	4	3	4	5	4	3	3	5	4
λ	16	17	18	19	20	21	22	23	24	25	26	27	28	29	30
τ_0	1	4	4	4	4	15	15	15	15	16	11	11	4	2	4
m_0	5	5	4	5	4	5	3	5	3	5	5	4	4	4	4

行星变速箱5种状态下各尺度排列熵的平均值如表6.27所示。由表可知排列熵对复杂行星变速箱提取的各个尺度下排列熵存在差异，在某些尺度下的排列熵值差别较大，而另一些尺度下的排列熵值差别较小。

表6.27　行星变速箱5种状态下各尺度排列熵的平均值

尺度 λ	齿轮正常	K1 小行星轮故障	K1 大行星轮故障	K2 行星轮故障	K3 太阳轮故障
1	0.995 5	0.949 5	0.959 2	0.977 1	0.987 1
2	0.994 4	0.949 2	0.958 6	0.976 7	0.986 8
3	0.994 1	0.949 0	0.957 6	0.976 0	0.984 8
4	0.996 7	0.945 6	0.950 9	0.974 6	0.980 0
5	0.988 1	0.942 2	0.949 9	0.975 7	0.971 8
6	0.984 5	0.928 9	0.943 6	0.956 0	0.970 1
7	0.764 5	0.703 8	0.715 1	0.722 6	0.750 8
8	0.989 7	0.940 7	0.952 3	0.976 0	0.973 4
9	0.990 2	0.943 1	0.955 3	0.977 2	0.975 9
10	0.995 8	0.947 6	0.958 8	0.977 0	0.984 3
11	0.758 5	0.709 0	0.712 1	0.733 2	0.755 7
12	0.977 1	0.936 7	0.941 2	0.971 4	0.961 3
13	0.976 2	0.936 3	0.940 0	0.974 2	0.958 7

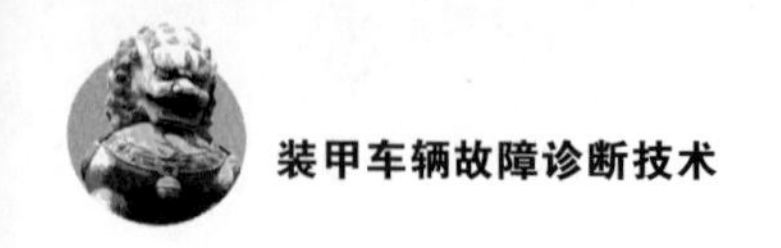

续表

尺度 λ	齿轮正常	K1 小行星轮故障	K1 大行星轮故障	K2 行星轮故障	K3 太阳轮故障
14	0.897 5	0.840 9	0.847 4	0.895 8	0.875 9
15	0.770 4	0.739 0	0.744 9	0.758 1	0.777 1
16	0.761 4	0.724 4	0.735 3	0.805 8	0.775 8
17	0.998 5	0.948 4	0.953 4	0.967 9	0.982 8
18	0.997 9	0.948 1	0.954 2	0.965 5	0.983 9
19	0.997 9	0.946 3	0.952 9	0.966 5	0.983 7
20	0.998 6	0.939 7	0.948 8	0.962 7	0.980 6
21	0.999 6	0.949 3	0.959 0	0.979 9	0.989 3
22	0.999 7	0.948 2	0.958 5	0.979 8	0.988 6
23	0.998 6	0.946 8	0.957 8	0.979 6	0.987 8
24	0.998 8	0.946 1	0.957 2	0.979 1	0.988 0
25	0.995 1	0.949 5	0.958 2	0.979 9	0.988 8
26	0.997 9	0.945 6	0.959 5	0.972 2	0.989 2
27	0.999 1	0.948 8	0.959 7	0.973 8	0.985 4
28	0.997 9	0.948 0	0.952 9	0.963 4	0.982 8
29	0.900 1	0.849 5	0.851 0	0.913 4	0.894 2
30	0.997 4	0.941 4	0.942 0	0.956 6	0.972 1

根据得出的各尺度排列熵结果，采用特征评价方法评价排列熵在各个尺度下的分类能力，并选出对应的 5 个最优尺度下的排列熵，组成特征向量。

针对行星变速箱试验台中每种状态采集的 50 个样本，选择多尺度排列熵中敏感度最大的 5 个作为排列熵特征提取的最优尺度值，并计算对应的排列熵值。根据多样本敏感度定义，将表 6.27 代入式（6.160），得到 5 种状态各尺度下排列熵的敏感度，如图 6.104 所示。

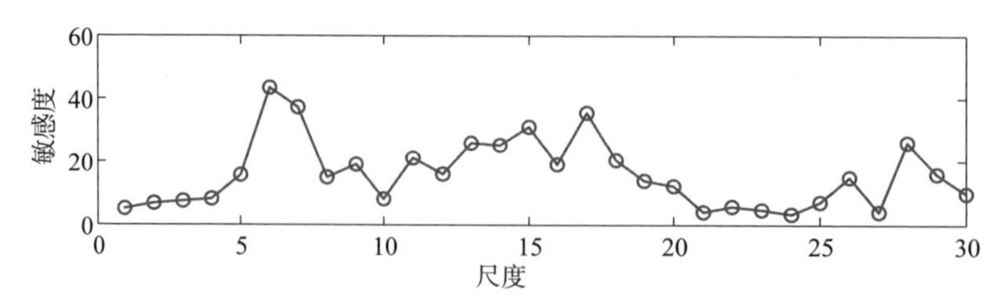

图 6.104　行星变速箱 5 种状态振动信号各尺度下排列熵特征敏感度

由图6.104可知，敏感度最大的5个排列熵对应的尺度为$\lambda=6$，7，17，15，28，敏感度如表6.28所示，选取此5个尺度下的排列熵值组成特征向量作为行星变速箱的有效特征，为后续行星变速箱的故障诊断提供有效依据。

表6.28　五个最优尺度下的排列熵敏感度

尺度 λ	6	7	17	15	28
敏感度	43.3	37.33	35.58	31	25.83

当尺度$\lambda=6$时，五种状态下的排列熵如图6.105所示。从图中可以看出，五种不同状态的排列熵均值有一定的差值，各个状态的排列熵值在一定范围内波动，整体趋于稳定，个别样本出现了不同状态下排列熵值比较接近的情况。试验数据的排列熵值较仿真信号波动更大，这是由于试验信号不仅包含有各齿轮的啮合振动和故障引起的振动，同时受到轴承、离合器、轴等其他部件的振动干扰，相对于仿真信号更为复杂。

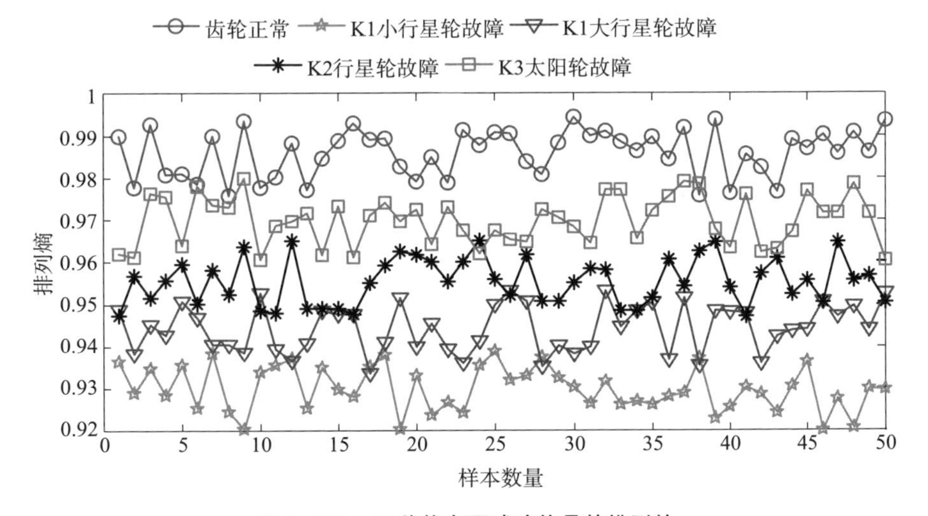

图6.105　五种状态下试验信号的排列熵

得到上述特征后，可以构建基于SVM、BP等机器学习算法的故障诊断模型，实现行星变速箱常见故障的诊断。

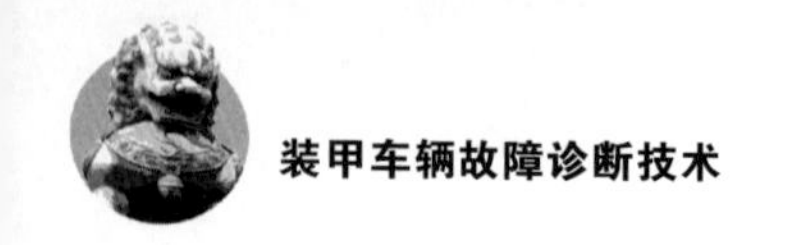

6.7 装甲车辆综合传动装置的状态评估与故障诊断

6.7.1 概述

之所以称为综合传动装置，是因为它综合了传动、转向两个基本的功能，基本构成如图6.106所示。与传统的变速箱相比，综合传动装置的结构更加复杂，系统集成化程度更高，在各项试验中都表现出良好的性能。

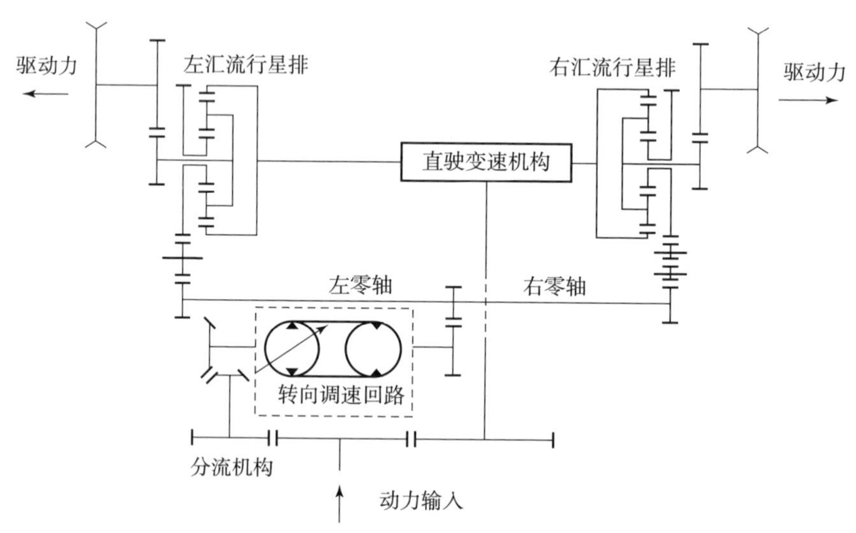

图6.106 综合传动装置的基本构成

综合传动装置在研制中所出现的故障，如汇流行星排轴承磨损、齿轮磨损等，使用油液分析、运行参数分析、热分析等手段都不能及时准确反映其故障状态。这些故障的特点是，程度轻微，在失效早期阶段对运行参数和润滑油磨粒影响不明显，但故障发展后有比较严重的后果。因此，有必要使用振动监测技术手段对此类现象给予有效的监测或识别，为达到在线监测和状态评估的目标，也有必要应用振动信号测试和诊断技术手段。

德国阿连兹失效中心以143台齿轮箱为研究对象的统计表明：齿轮箱故障中齿轮故障占60%以上，轴承故障占19%，轴故障占10%，而其他故障占11%。由此可见，齿轮、轴和轴承是齿轮箱系统中故障多发部件。此外，液力变矩器是综合传动箱中的重要部件。由于齿轮、轴和轴承的典型故障及其故障

特征和振动信号特点，与前面介绍的传动箱及变速箱故障诊断部分的内容相类似，这里不再赘述。因此本节将着重分析液力变矩器的典型故障及特点，重点围绕综合传动装置振动信号采集和状态评估标准建立来介绍。

6.7.1.1　液力变矩器的典型故障

液力变矩器主要由闭锁离合器总成、泵轮总成、涡轮和导轮组成。液力变矩器是一种以液体为工作介质的扭矩变换器，与动力换挡变速箱组成液力传动变速器。液力变矩器具有液力传动输出的自适应性，能够随车辆行驶阻力的变化而相应改变其输出扭矩和转速；能吸收和消除柴油发动机和外载对传动系统带来的冲击振动，较大地减轻操作者的工作强度，改善动力传动效率。液力变矩器的典型故障及其原因如表6.29所示。

表6.29　液力变矩器的典型故障及其原因

典型故障	故障原因
动力传动不足	（1）传动系统油位不够； （2）管路密封不严； （3）调压阀弹簧失效或发卡； （4）溢流阀弹簧失效或发卡； （5）变矩器元件磨损或损坏； （6）传动系统的油温过高，导致传动油的黏度过低，泄漏严重
油液工作温度过高	（1）变速器油位过低或过高； （2）冷却系统中水位低； （3）散热系统故障：由于冷却器堵塞，或通往冷却器的循环管路不畅等问题造成散热强度降低； （4）变矩器在低效率范围作业时间太长； （5）管路不畅：由于存在节流部位，造成局部损失过大，导致生热
液力变矩器供油压力低	（1）供油少，油位低于吸油口平面； （2）油管泄漏或堵塞； （3）流到变速器的油过多； （4）进油管或滤网堵塞； （5）油泵磨损严重或损坏； （6）油起泡沫； （7）变矩器进出口压力阀不能关闭或弹簧刚度变小

续表

典型故障	故障原因
液力变矩器漏油	（1）变矩器滤芯堵塞造成传动轴骨架油封处以及壳体接触面之间等处漏油； （2）回油泵磨损严重，回油不及时，这时壳内油压过高而外漏； （3）变矩器后盖与泵轮连接螺栓松动； （4）变矩器后盖与泵轮结合面密封圈损坏； （5）泵轮与泵轮毂连接螺栓松动； （6）油封及密封件老化
液力变矩器元件磨损或损坏	（1）由于长时间的液力冲击、气蚀、腐蚀，变矩器内部的密封元件、轴承（套）、花键等的磨损随着设备的运行时间增加而逐渐加重； （2）由于随意向系统中加入其他品牌的油液易造成油液乳化变质，导致液力变矩器内元件磨损或腐蚀

6.7.1.2　液力变矩器性能的评价指标

液力变矩器为不可拆式总成，它一旦发生故障，能用于判断故障的参数就只有柴油发动机转速（泵轮转速）和涡轮转速（变速器输入轴转速），只能通过换件试验的方法排除故障。

通过分析振动速度信号频谱，可以得到动力输入轴和经液力变矩器后输出轴的转频 f_i 和 f_o，从而可以得到液力变矩器在该工况下的传动比 f_o/f_i。或者，通过分析振动加速度信号的频谱，可以得到动力输入齿轮 Z1/Z2 和综合传动箱内其他啮合齿轮的啮合频率。通过 Z1/Z2 的啮合频率计算出其他啮合齿轮的在机械工况下的理论啮合频率，根据实测的啮合频率同理论啮合频率的比值同样可以得到液力变矩器在该工况下的传动比。

通过上述方法计算液力变矩器在相同工况下的传动比可以达到对其整体状态监测的目的，因此传动比可以作为评价液力变矩器整体性能的一项指标。表 6.30 为按照上述方法计算得出的在硬质水泥路面上行驶的二代步兵战车各个挡位、各个转速行驶下的液力变矩器的传动比范围，可供评价参考。

表 6.30　液力变矩器在各挡位、各转速下的传递效率

转速 挡位	1 000 r/min	1 200 r/min	1 500 r/min	1 800 r/min
Ⅰ挡	0.933～0.953	0.928～0.956	0.933～0.960	0.944～0.966

续表

挡位＼转速	1 000 r/min	1 200 r/min	1 500 r/min	1 800 r/min
Ⅱ挡	0.956～0.973	0.949～0.966	0.948～0.956	0.954～0.968
Ⅲ挡	0.944～0.958	0.954～0.958	0.946～0.958	0.955～0.971

6.7.2 某型综合传动箱结构

某型综合传动箱采用了液力传动、液压无级转向、三自由度定轴式变速机构、动力换挡等技术。工作时，动力由变矩器经过一对直齿轮和锥齿轮传入第一轴，通过由六个离合器组成的变速机构（其中两两不同组合），有六个前进挡和一个倒挡。

如图6.107所示，柴油发动机输出的动力，经弹性联轴器分为两路：一路带动被动圆柱直齿轮使主动锥齿轮旋转，动力传给了被动锥齿轮，使供油前泵转动；输入齿轮将动力传给两个惰轮齿轮，带动被动齿轮，经被动轴和输出齿轮把动力传给了分动箱。另一路经齿轮带动了液力变矩器的输入齿轮，使泵轮转动，通过涡轮的输出齿轮，带动惰轮和圆柱直齿轮，把动力传给了主动锥齿轮，使一轴被动锥齿轮转动。动力传给变速机构一轴，经一轴、二轴和三轴的换挡离合器以不同的方式组合，实现不同的排挡，将动力输给汇流排齿圈。同时，经过一轴和齿轮对将动力传给转向泵-马达组。

某型综合传动装置主要由弹性联轴器、变速机构、转向机构、左右行星汇流排和液压系统等组成。

6.7.2.1 盖斯林格弹性联轴器

盖斯林格弹性联轴器位于柴油发动机与综合传动装置前传动之间，主动部分与柴油发动机刚性连接，被动部分与变速箱输入轴花键连接。可以转移动力传动系统扭转振动的自振频率，将共振点移至柴油发动机常用的工作转速之外；阻尼动力传动系统的扭转振动可降低共振的振幅，保证动力传动系统的安全运行。

6.7.2.2 变速机构

变速机构主要由前传动、液力变矩器、直驶变速部分、转向驱动齿轮部分组成，被前箱体隔墙分为两个腔，前腔有前传动、液力变矩器和转向驱动齿轮部分；后腔是直驶变速部分。

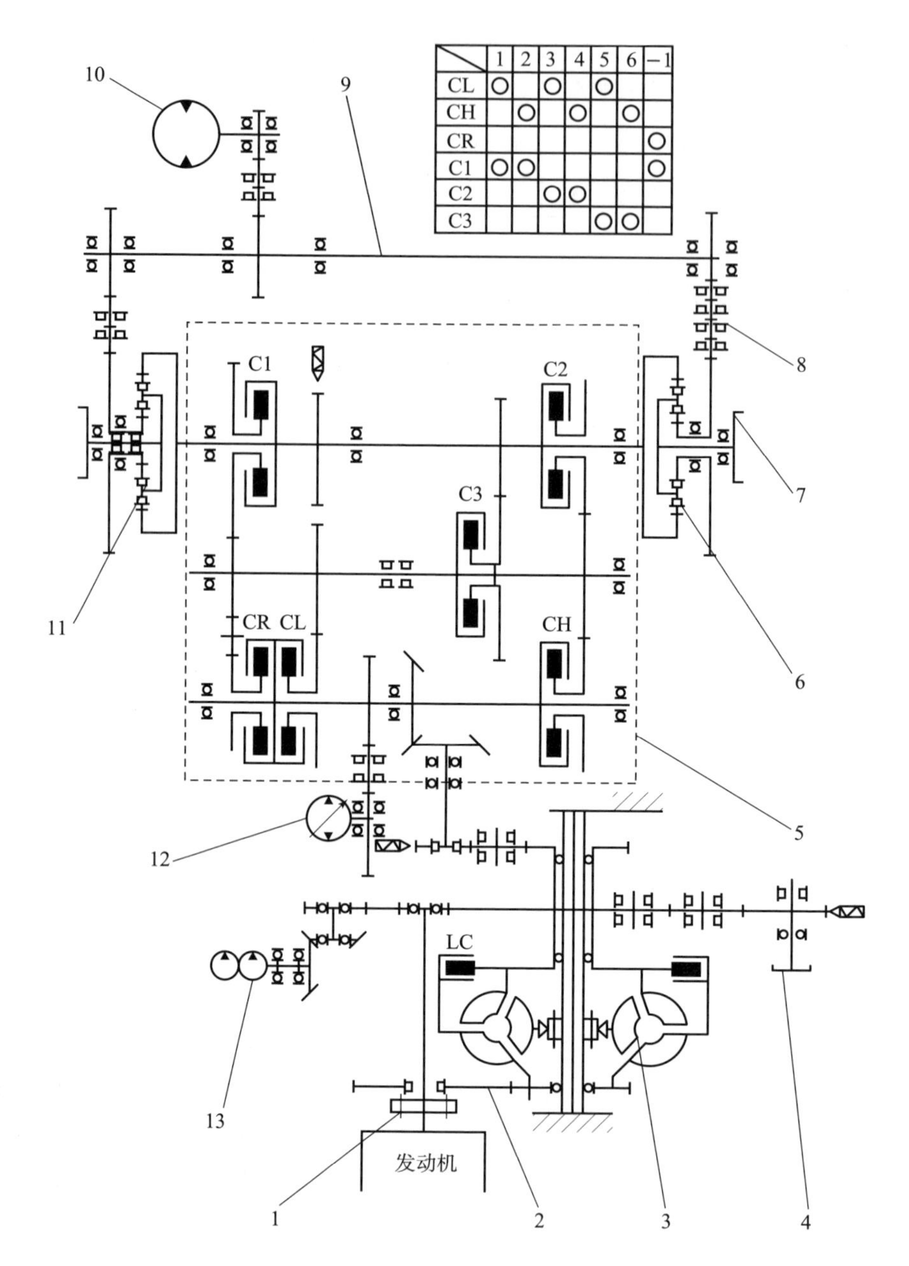

	1	2	3	4	5	6	−1
CL	○		○		○		
CH		○		○		○	
CR							○
C1	○	○					○
C2			○	○			
C3					○	○	

图 6.107　某型综合传动箱系统结构框图

1—盖斯林格弹性联轴器；2—前传动；3—液力变矩器；4—辅助动力输出；5—变速机构；6—右汇流排；7—输出齿套；8—转向驱动机构；9—转向零轴；10—转向马达；11—左汇流排；12—转向泵；13—双联泵

（1）前传动。前传动主要是提高液力变矩器的输入转速、为液压控制系统的液压前泵提供动力及提供水上动力，由输入传动、油泵驱动和分动箱驱动等机构组成。

（2）液力变矩器。液力变矩器在工作时，传动呈液力工况，其液体的动能传递来自柴油发动机的动力，由柴油发动机通过齿轮带动涡轮总成旋转，将油液甩向外侧，从而将机械能转变成液体的动能。泵轮和涡轮的转速相差越大，变矩系数就越大。当涡轮转速为泵轮转速的 82% 时，变矩系数等于 1，即涡轮扭矩和泵轮扭矩相等，这时变矩器作为液力偶合器使用。当闭锁离合器结合时，整个变矩器作为一个整体旋转，此时为机械工况，通过摩擦片结合将泵轮和涡轮刚性连接，整体旋转传递柴油发动机动力。液力变矩器通过固定轴支撑在箱体上，其导轮反力矩通过花键传递到箱体上，自成一个模块，可以整体拆卸。液力变矩器，主要由泵轮总成、涡轮总成、单向离合器总成、闭锁离合器等组成。

（3）直驶变速部分。直驶变速部分采用三自由度定轴变速，得到相同的挡位数时使用的摩擦元件少、传动齿轮对数少，是传统二自由度变速的新发展。变速机构由箱体、一轴总成、二轴总成、三轴总成和加温装置等组成。在前箱体与后箱体内布置有一轴总成、二轴总成、三轴总成和倒挡轴，其中一、二、三轴成品字布置，以缩短变速机构的纵向与横向尺寸，并相应地减少重量。

（4）转向齿轮驱动机构。转向齿轮驱动机构是由转向泵驱动机构和零轴驱动机构组成的。

6.7.2.3　转向机构

转向机构提供转向功率流，实现各挡无级转向功能，由转向泵 - 马达组、变速部分的转向齿轮驱动机构、零轴驱动机构等共同组成。

6.7.2.4　行星汇流排

行星汇流排固定在变速箱箱体两侧，通过连接轴与侧减速器相连。变速机构和转向机构二路传来的动力，经行星汇流排汇合后，以直接传动、差速传动两种工作方式，保证车辆直线行驶和转向。

6.7.3　某型综合传动箱振动信号分析

在前两节分析的基础上，本节重点分析某型综合传动箱的振动速度和加速度频谱中包含着哪些频率成分，各个信号的不同频段都包含哪些信息，是否能

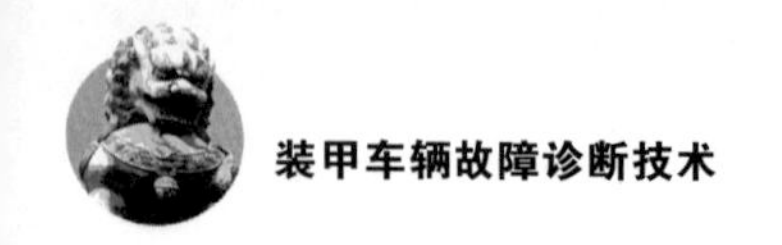

够反映综合传动箱的工作状况；同时，验证上节总结的齿轮和轴、轴承的特征频率计算公式。

6.7.3.1 某型综合传动箱振动速度信号频谱结构分析

由于振动速度的频率测量范围一般为 10 ~ 1 000 Hz，所以对信号进行上截止频率为 1 000 Hz 的低通滤波。图 6.108 为某型履带式步兵战车在 I 挡 1 000 r/min 下，综合传动箱动力输入端箱体振动速度信号的 0 ~ 500 Hz 的频谱。

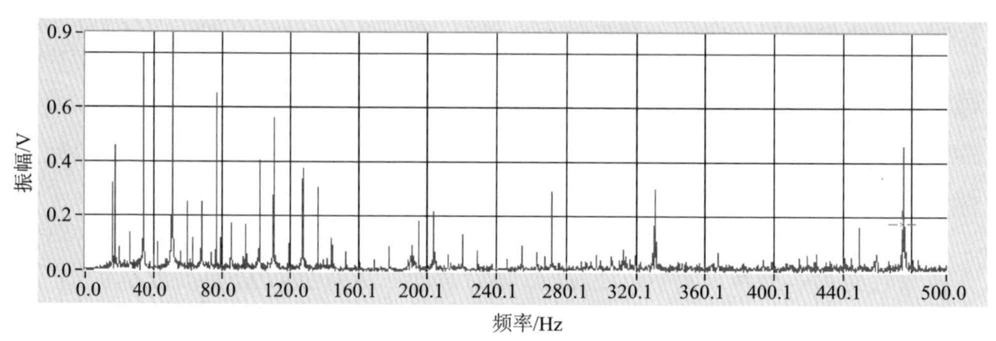

图 6.108 振动速度频谱

提取上述频谱图中与转动频率相关的一系列谐频成分，如表 6.31 所示。

表 6.31 振动速度信号的频率成分

倍频关系	0.93 倍频	基频	1.5 倍频	2 倍频	3 倍频	3.5 倍频	4 倍频
实测频率/Hz	15.806	17.005	25.409	34.011	51.017	59.420	67.823
倍频关系	4.5 倍频	5 倍频	5.5 倍频	6 倍频	6.5 倍频	7.5 倍频	8 倍频
实测频率/Hz	76.424	84.429	93.432	101.835	110.438	127.433	135.846
倍频关系	8.5 倍频	9 倍频	10.5 倍频	11.5 倍频	12 倍频	13 倍频	13.5 倍频
实测频率/Hz	144.249	152.852	178.261	195.266	203.669	220.675	229.278
倍频关系	14.5 倍频	15 倍频	16 倍频	19.5 倍频	26.5 倍频	28 倍频	
实测频率/Hz	246.284	254.687	271.692	330.913	449.953	475.352	

分析表 6.31 的频率成分及其来源：

（1）由于柴油发动机转速控制在 1 000 r/min 左右，所以综合传动箱的输入轴的转动频率为 1 000/60 Hz，约为 16.7 Hz。通过观察图 6.108 的频谱结构，可以确定 17.005 Hz 为输入轴的转动频率。而当动力输入经过液力变矩器后转速会有所改变，推知 15.806 Hz 为经液力传动后的传动轴的转动频率。所

以，可以根据振动速度频谱推算液力变矩器涡轮和泵轮的实际转速。

（2）该型战车安装有 B6V150ZAL 涡轮增压水—空中冷电子控制柴油发动机，对于 V 形 6 缸四冲程柴油发动机，曲轴旋转 2 圈，6 个缸各爆发一次，为一个完整的工作循环，所以柴油发动机完整工作循环频率是曲轴转动频率的 1/2 倍。曲轴旋转 1 圈，有 3 个气缸爆发，所以柴油发动机气缸爆发频率为曲轴转动频率的 3 倍。因此输入轴转动频率的 3 倍频为气缸的爆发频率。因此，输入轴转动频率的 3 倍频、4.5 倍频、6 倍频、7.5 倍频、9 倍频、10.5 倍频、12 倍频、15 倍频，也就是气缸爆发频率的基频、1 倍频、1.5 倍频、2 倍频、2.5 倍频、3 倍频、3.5 倍频、4 倍频、5 倍频。其中，输入轴转动频率的 3 倍频的幅值最大，并且这部分频率成分幅值总体呈衰减趋势，可以认为这些频率成分是由于气缸爆发产生的。

（3）在 Ⅰ 挡 1 000 r/min 下，齿轮的啮合频率在 200 ~ 650 Hz，在振动速度信号的频谱上也能够辨别一部分。由于测点距离变速机构较远，信号发生了衰减，所以不是很明显。此外，当转速升高时，啮合频率将超出振动速度信号的测量范围。

6.7.3.2　某型振动加速度信号频谱结构分析

图 6.109 所示为同上一节相同工况、相同测点上测得的振动加速度的频谱结构。

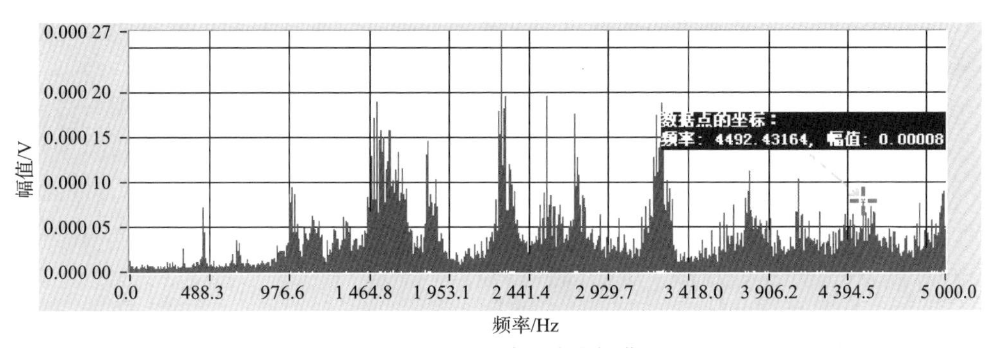

图 6.109　振动加速度频谱

采样频率设为 10 kHz，所以最高分析频率为 5 kHz。根据理论计算，综合传动箱的齿轮啮合频率集中在 200 ~ 650 Hz。通过观察，可以对照综合传动箱啮合频率的理论值在频谱图上找到对应的计算值。在高频部分，频率主要成分为齿轮啮合频率的倍频及其边频、轴承的特征频率，箱体及各元件的固有频率和高频噪声，等等。需要注意的是，由于综合传动箱采用了液力传动，在经过液力变矩器后，转速会有所降低。即在动力输入齿轮 Z1/Z2 的啮合频率对应某转

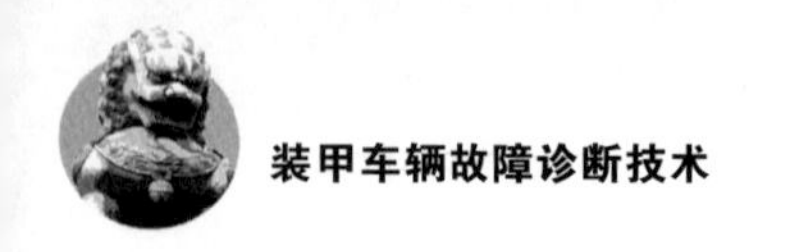

速的情况下，变速机构中的齿轮频率理论值应当比实测信号中相应的啮合频率略高。所以，可以根据振动加速度频谱推算液力变矩器涡轮和泵轮的实际转速。

6.7.4 综合传动箱状态评估标准的建立

6.7.4.1 现有的评价标准及方法

1）振动诊断标准的发展和现状

在振动标准的制定方面有两个公认的权威性国际机构，一个是国际标准化组织（ISO），另一个是国际电工委员会（IEC）。在 ISO 中，振动标准的制定工作由“机械振动和冲击技术委员会 TC108”负责。在 IEC 中，振动标准的制定工作由“技术委员会 TC50”负责。各主要工业国家的国家标准化组织、商业组织、技术学会等也制定了很多专用和通用振动标准，如美国全国标准化协会（ANSI）、美国石油学会（API）、德国标准委员会（DIN）、德国工程师协会（VDI）、英国标准化协会（BSI）、苏联标准化委员会（TOCT）等。我国于 1985 年 7 月成立了全国机械振动与冲击标准化技术委员会（CSBTS/TC53）对口 ISO/TC108 的工作，负责我国振动标准的制定工作，现行和待发布的振动标准约有 40 项。

旋转机械的振动标准经历了轴承振动振幅、转轴振动振幅以及轴承振动烈度的发展过程。早期是采用轴承振动振幅作为制定标准的基础，这是由当时的测量条件决定的。它的缺点是不能反映转轴的振动状态，且没有考虑不同轴承或同一轴承不同方向上的不等效性、对环境危害的不等效性以及不同频率振动分量的不等效性。为了克服上述缺陷，发展了以转轴振动振幅为基础的振动标准和以轴承振动烈度为基础的振动标准。ISO 已经和正在制定一套旋转机械轴承和轴振动标准。旋转机械的振动标准中有一部分是适用于各类旋转机械的通用标准，其余则是针对特定机型的专用标准。

2）常用的振动标准

按照制定标准的方法，诊断标准分为绝对标准、相对标准和类比标准。绝对标准是在规定了正确的测定方法后制定的，用若干组阈值来区分设备所处的状态。旋转机械的几个常用标准有国际标准化组织颁布的 ISO 2372 和 ISO 3945，德国标准 VDI 2056，英国标准 BS 4675，我国国家标准 GB/T 11374—1989 等。

表 6.32 给出了 ISO 3945—1985《转速范围为 10 ~ 200 r/s 的大型旋转机械

的机械振动 – 振动烈度的现场测量与评价》（等同于 GB 11347—1989）的相关规定。该标准适用于功率大于 300 kW、转速为 10 ~ 100 r/s 的大型原动机和其他有旋转质量的大型机器的振动烈度评定。振动烈度定义为频率在 10 ~ 1 000 Hz范围内振动速度的均方根值。该标准规定在轴承外壳上三个正交方向上测量振动烈度，并根据机器的支承特性将机器进行分类。所谓刚性支承是指固有频率高于机器的主激励频率的底座；而挠性支承是指其固有频率低于机器的主激励频率的底座。表 6. 32 中相邻两级的比值约为 1∶1. 6，即相差约 4 dB。

但是，该标准不适合主要工作部件为往复运动的柴油发动机和传动装置，也不适用于测量在振动环境中的旋转机械的振动，但可以作为制定针对综合传动箱振动烈度评估标准的依据。

表 6. 32　ISO 3945—1985 振动诊断标准

<table>
<tr><th colspan="2">振动烈度</th><th colspan="2">支承类别</th></tr>
<tr><th>V_{rms}/(mm · s^{-1})</th><th>V_{rms}/(in① · s^{-1})</th><th>刚性支承</th><th>挠性支承</th></tr>
<tr><td>0. 46</td><td>0. 018</td><td rowspan="3">良好</td><td rowspan="5">良好</td></tr>
<tr><td>0. 71</td><td>0. 028</td></tr>
<tr><td>1. 12</td><td>0. 044</td></tr>
<tr><td>1. 8</td><td>0. 071</td><td rowspan="3">满意</td></tr>
<tr><td>2. 8</td><td>0. 11</td></tr>
<tr><td>4. 6</td><td>0. 18</td><td rowspan="2">满意</td></tr>
<tr><td>7. 1</td><td>0. 28</td><td rowspan="2">不满意</td></tr>
<tr><td>11. 2</td><td>0. 44</td><td rowspan="2">不满意</td></tr>
<tr><td>18. 0</td><td>0. 71</td><td rowspan="3">不合格</td></tr>
<tr><td>28. 0</td><td>1. 10</td><td rowspan="2">不合格</td></tr>
<tr><td>71. 0</td><td>2. 80</td></tr>
</table>

6. 7. 4. 2　试验方案的确定

1）试验测点布置

测点的位置和传感器安装位置能够决定测量到什么频率范围的振动、信号中包含什么信息，所以必须合理地布置测点。齿轮箱故障诊断的测点选择通常是按照以下几个原则确定的。

① 1 in = 2. 54 cm。

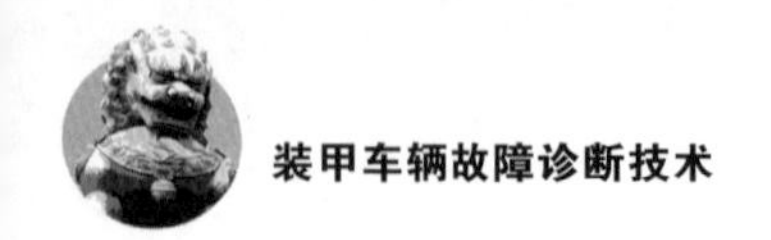

（1）轴承座附近是公认的最佳测点。当齿轮箱中轴或轴承出现故障的时候，其振动信号经过齿轮、轴和轴承传递到轴承座，然后通过箱体传递到测点位置。振动信号在传递过程中幅值会有所衰减，并且其高频成分的衰减要比低频成分快得多。如果滚动轴承发生故障，则包含有故障信息的信号成分被直接传递到轴承座上，所以轴承座附近是布置测点的最佳选择，其振动信号的衰减和畸变最小。当由于结构设计的原因在轴承座附近没有办法布置测点的时候，应该尽量靠近这些位置布置测点。

（2）在比较重要的位置（如负荷重、转速高的轴和轴承附近）要多布置一些测点，这样才能够把故障信号从各个方向都检测到。

（3）由于齿轮箱的很多故障都会引起轴向振动能量和频率发生变化，所以轴向的振动测量也不可忽视。

（4）测点的位置通常应该选择在箱体表面比较平坦的地方，这样能便于安装和拆卸传感器。

经过实车考察，最终选择了四个较为理想的测点。如图 6.110 所示，由上至下、从左到右分别是综合传动箱动力输入端、上箱体中间平坦处、综合传动箱左右输出端附近。在以上四个测点，传感器安装方便且均处于不同的轴线上，通过它们能够较好地采集到综合传动箱箱体内的振动信号。

图 6.110　某型综合传动箱测点布置

2）测试参数和传感器的选择

（1）振动速度传感器的选择。

振动速度的频率测量范围一般在 10 ~ 1 000 Hz，其均方根值就是振动烈度，且一般其他高频干扰成分对振动速度的影响不大，所以经常把振动速度作为监测量来测量综合传动箱振动烈度的变化趋势。振动速度传感器选择北京测振仪器厂生产的 CD－21 磁电式振动速度传感器，该传感器的灵敏度为 200 mV/(cm · s^{-1})，可用于水平和垂直方向的测振。速度传感器安装方便，无须提供电源。但在传感器中运动的机械部分会磨损，因此其灵敏度会随着时间发生变化，所以在试验前一般需要进行标定。

（2）振动加速度传感器的选择。

振动加速度的频率测量范围一般在 0 ~ 10 kHz，对啮合频率和滚动轴承等

高频振动频率成分的变化更加敏感，可通过检测振动加速度信号，并提取信号中对冲击性故障敏感的峭度、峰值指标和包络均方根值等特征参量来判断综合传动装置中关键部件的故障。通过振动加速度的频谱和细化谱分析可以观察各齿轮的啮合频率的幅值变化情况以及是否有边频形成。

压电式加速度传感器是一种自发电式传感器。压电式加速度传感器多采用刚度高、稳定性好的石英晶体为敏感元件。传感器中的压电元件受到惯性重块的作用而产生电荷或电压，其输出量与所感受的加速度成正比。压电式加速度传感器具有灵敏度高、频响宽、动态范围大、尺寸小、重量轻、寿命长、易于安装、稳定性好等特点。集成电路式（内置电路式）加速度传感器，简称ICP，其壳体内装有微电子信号调节器，输出阻抗低、输出信号大、抗干扰能力强、结构简单、造价低、性能好，用一根双芯电缆就可同时起到供电和传输信号的作用，特别适用于远距离测量。

振动加速度传感器选用朗斯测试技术有限公司生产的LC01系列压电式加速度传感器LC0103T（性能参数见表6.33）。该型传感器是内装微型IC放大器的压电式加速度传感器，它将传统的压电式加速度传感器和电荷放大器集于一体，能直接与记录、显示和采集仪器连接，简化了测试系统，提高了测试精度和可靠性。

表6.33 LC0103T加速度传感器性能参数

型号	灵敏度/(mV·g^{-1})	量程/g	频率范围/Hz(±10%)	谐振频率/kHz	分辨率/g	抗冲击/g
LC0103T	50	100	0.35~10 000	32	0.000 4	2 000

（3）传感器的安装。

振动测量不但对传感器的性能质量有着严格的要求，对其安装形式也有着严格的要求，不同的安装形式适用于不同的场合。一般的安装形式主要有钢制螺栓固定、永久磁座固定、用蜡固定、黏结剂固定和手压固定等。

由于综合传动箱的箱体采用铝合金材料铸造而成，综合考虑到综合传动箱的试验条件的限制和频率特性的需要，采用黏结剂固定的方式将传感器固定在箱体测点位置。在安装传感器时，先用带一字槽的螺钉将传感器固定在方形铁块上，然后将测点处箱体表面打磨擦拭，使之平整清洁，用黏结剂将铁块粘贴在箱体表面，待黏结剂固化并确保安装牢靠的情况下方可进行试验。采用这种固定方式固定传感器，频率特性良好，可达到10 kHz的水平。

3）试验工况的确定

影响综合传动箱箱体振动的因素主要是柴油发动机的转速、综合传动箱的挡位以及路面对车体的振动激励（负载）。因此，试验工况的确定主要在这三方面加以重视。

（1）柴油发动机转速的设定。

考虑到磁电式速度传感器的工作频率范围为 10 ~ 1 000 Hz，同时兼顾转轴和齿轮的啮合频率，因此柴油发动机的转速应介于 600 ~ 2 000 r/min。

（2）挡位的选择。

挡位的选择要保证被测齿轮箱的所有轴和齿轮至少要参加工作或工作一次以上，以便在发生故障的时候故障部位引起的异常信号能够被测到。分析综合传动箱的结构，可以得知在Ⅰ、Ⅱ、Ⅲ挡下工作，可以保证所有的轴和齿轮至少参加工作一次。

综合传动箱在空挡、Ⅰ挡、Ⅱ挡、Ⅲ挡和倒挡时只能使用液力工况；Ⅳ、Ⅴ、Ⅵ挡时可以选择液力工况或机械工况，但当柴油发动机转速低于 1 500 r/min使用时应使用液力工况。因此，试验设置在液力工况空转、Ⅰ挡、Ⅱ挡、Ⅲ挡等挡位下，柴油发动机转速从 800 r/min 开始，以 200 r/min 为间隔升速到 1 800 r/min，共计 6 组转速。

（3）负载。

采用断开两侧履带的方式可以使车辆在原地挂挡以减少路面激励给测试带来的影响，但是增加了一定的工作量，同时改变了被测部件的实际工作情况。为了减少工作量并且真实反映部件在工作状况下的振动规律，试验在车辆正常工作的情况下展开。试验选在平坦开阔的铺装路上进行，以减少路况对测试结果的影响。

4）信号的采集与记录

各通道以 10 kHz 为采样频率，采集 4 个测点各 40 960 点数据，将数据存入数据库中，并导成数据文件的形式存盘。需要说明的是，柴油发动机的转速是通过观察转速传感器，利用手进行油门控制的，必然存在一定的偏差。同时综合传动箱中采用了液力变矩器，使输入转速根据负载情况而改变，所以记录的转速只是一个大致的范围。但是可以通过对数据频谱结构的观察对柴油发动机的转速进行校正。

5）振动烈度的计算方法

可以利用振动速度、加速度信号得到综合传动箱箱体的振动烈度，其计算方法如下。

（1）利用振动速度信号求烈度：

$$V_{\mathrm{rms}} = \sqrt{\frac{1}{N}\sum_{n=0}^{N-1} v^2(n)} \tag{6.161}$$

振动烈度（vibration severity）定义为频率 10～1 000 Hz 范围内振动速度的均方根值，是反映一台机械设备振动状态实用有效的特征量。通常取在规定的测点和规定的测量方向上测得的最大值作为设备的振动烈度，振动烈度的单位一般用 mm/s。

（2）利用振动加速度求振动烈度：由频谱分析得到角频率 ω_i 时相应的加速度幅值 $\hat{a}_i$，振动烈度的计算公式为

$$V_{\mathrm{rms}} = \sqrt{\left(\frac{1}{2}\right)\left(\left(\frac{\hat{a}_1}{\omega_1}\right)^2 + \left(\frac{\hat{a}_2}{\omega_2}\right)^2 + \cdots + \left(\frac{\hat{a}_n}{\omega_n}\right)^2\right)} \tag{6.162}$$

通过振动速度、加速度信号的有效性判断和异常点剔除后，还需要对信号进行带通滤波，然后获取10～1 000 Hz 频段内的振动烈度值作为评价部件的烈度值。如果不对振动加速度信号进行滤波处理，随着转速的升高由振动加速度计算得到的振动烈度值将大于由振动速度计算得到的振动烈度值。这是由于随着转速的增高，综合传动箱内齿轮的啮合频率达到并超过 1 000 Hz，即超过了磁电式振动速度传感器的工作频率范围上限，高频部分发生了较大的衰减。通过试验数据分析，对比同一车辆、同一工况、同一测点振动速度和振动加速度，按上述方法计算得到振动烈度值，从中可发现计算结果十分接近，因此证明该方法具有可靠性。以 Ⅰ 挡 1 200 r/min 为例，计算结果如表 6.34 所示。

表 6.34 通过振动速度和加速度信号计算振动烈度值对比 mm/s

测点	测点 1	测点 2	测点 3	测点 4
通过振动速度计算振动烈度值	3.14	3.22	3.56	3.66
通过振动加速度计算振动烈度值	2.98	3.12	3.46	3.74

6.7.4.3 评估标准的建立

1）评估参数的选择

按照前面给出的试验方案，选取了3台某型步兵战车作为试验对象，以10摩托小时为间隔进行了长期的检测试验。经过对数据的有效性判别、异常点剔除、量纲转化、滤波和数据截取，共提出了幅值域参数、无量纲参数和频域特征参数共12个。选取数据集中车辆状况处于良好状态的10组数据集，对上述的诊断参数取平均作为基准状态的特征参数值。选取了分别处于磨合期、220摩托小时、330摩托小时和440摩托小时的有效数据各1组并计算上述特征参数。特征值的计算结果如表6.35所示。

表6.35 各个状态下特征参数的计算值

特征参数	基准状态	磨合期	220摩托小时	330摩托小时	440摩托小时
平均幅值/g	1.749 7	10.332	3.143 9	1.322 7	2.678 3
方根幅值/g	1.476 5	8.789 2	2.659 2	1.115 04	2.237 4
峰—峰值/g	19.226 7	90.576 1	30.563 3	16.052 2	32.760 6
波形指标	1.263 41	1.245 4	1.253 7	1.263 5	1.284 9
脉冲指标	5.703 3	4.458 5	4.921 3	6.483 9	6.471 8
峰值指标	4.514 2	3.579 8	3.925 2	5.130 7	5.036 5
裕度指标	6.758 7	5.241 1	5.818 8	7.690 7	7.747 3
峭度指标	3.229 4	2.884 3	2.956 9	3.198 2	3.542 8
振动烈度/($\mathrm{mm \cdot s^{-1}}$)	2.210 6	12.868 2	3.941 7	1.671 3	3.441 6
重心频率/Hz	537.756 6	525.080 3	829.216 9	1 008.948	876.543 1
均方频率/Hz^2	1 100.692	987.217 4	1 322.832	1 496.192	1 380.7
频率标准差/Hz	960.386 2	835.995 7	1 030.671	1 104.815	1 066.773

计算上述各个“状态”的特征值相对于基准状态下的灵敏度，得到表6.36。

表 6.36　各个状态下特征参数相对于基准状态的灵敏度

特征参数	磨合期（灵敏度）	220 摩托小时（灵敏度）	330 摩托小时（灵敏度）	440 摩托小时（灵敏度）
平均幅值/g	4.91	0.796 8	0.244	0.530 7
方根幅值/g	4.95	0.801	0.244 8	0.515 3
峰—峰值/g	3.71	0.589 6	0.165 1	0.703 9
波形指标	0.014	0.007 7	0.000 01	0.017
脉冲指标	0.218	0.137 1	0.136 8	0.134 7
峰值指标	0.207	0.130 5	0.136 6	0.115 7
裕度指标	0.225	0.139 1	0.137 9	0.146 3
峭度指标	0.107	0.283 5	0.009 7	0.097
振动烈度/（$mm \cdot s^{-1}$）	4.82	0.783 1	0.243 9	0.556 9
重心频率/Hz	0.023 6	0.542	0.876 2	0.63
均方频率/Hz^2	0.103 1	0.201 8	0.359 3	0.254 4
频率标准差/Hz	0.129 5	0.073 2	0.150 4	0.110 8

综合考虑参数的灵敏度和稳定性，选取振动烈度、峭度指标、脉冲指标和重心频率作为长期检测的参数，从而在幅值变化、波形变化和频率结构变化各个方面监测综合传动箱的技术状态的变化。

2）某型振动烈度评估相对标准的建立

相对标准特别适用于尚无适用的振动烈度绝对标准的设备。对同一综合传动箱的同一部位（同测点、同方向、同工况等）定期检测，把正常情况下的各个振动烈度统计或频谱平均值作为基准值。在实际检测诊断时根据实测值与基准值之间的比值来判断综合传动箱的工作状况。标准值的确定根据频率的不同分为低频（<1 000 Hz）和高频（>1 000 Hz）两部分，低频段的依据主要是经验值和人的感觉，而高频段主要是考虑了零件结构的疲劳强度。对于低频振动，通常规定实测值达到基准值的 1.5～2.0 倍时为注意区，约 4 倍时为异常区；对于高频振动，当实测值达到基准值的 3 倍时为注意区，6 倍左右时为异常区域，如表 6.37 所示。

表 6.37　相对标准

<table>
<tr><th rowspan="2">项目</th><th colspan="7">实测值与初始值之比</th></tr>
<tr><th>1.5</th><th>2</th><th>3</th><th>4</th><th>5</th><th>6</th><th>7</th></tr>
<tr><td>低频振动（≤1 000 Hz）</td><td>良好</td><td colspan="2">注意</td><td colspan="4">危险</td></tr>
<tr><td>高频振动（>1 000 Hz）</td><td colspan="2">良好</td><td colspan="3">注意</td><td colspan="2">危险</td></tr>
</table>

由于一些新型装备列装的时间比较短，劣化规律认识不清且缺乏明确评价指标，所以相对指标的应用可以解决初步装备状态评估的问题。采集某编号为1号车的试验车辆200～400摩托小时、间隔为20摩托小时的振动烈度值（低频，即<1 000 Hz），如表6.38所示。

表 6.38　1号车随摩托小时变化的振动烈度值

摩托小时	200	220	240	260	280	300	320	340	360	380	400
振动烈度/(mm·s^{-1})	3.24	3.25	3.01	2.98	2.66	2.78	3.12	3.34	3.27	3.46	3.67

选择280摩托小时下的振动烈度值作为该车的振动烈度相对标准的基准值，可以看出280～400摩托小时下的振动烈度始终处于1～1.5倍基准值的范围内，可以评价该车保持在良好的状态下。

3）某型综合传动箱振动烈度评估类比标准的建立

如果有一些或多台类型相同或相似的综合传动箱，可以用类比法的原则建立适合于当前综合传动箱的振动诊断标准，如表6.39所示。可以对多个同类综合传动箱在相同条件下，对同一部位进行测量和比较来建立类比标准，以此来判别和掌握综合传动箱的工作情况的异常程度。一般规定把其中大多数振动烈度值比较低的平均值作为基准值，根据实测值与基准值的比值来判断工作状况。在缺乏现成标准的情况下，建立类比标准是非常有效的一种解决方法，在工程实际中得到了广泛的应用。一般按照下列标准进行判断。

（1）在低频段（<1 000 Hz）测量，其振动烈度值大于其他大多数设备振动烈度值的一倍以上时，判为异常；在高频段（>1 000 Hz）实测振动烈度值大于正常值的两倍以上时，判为异常。

（2）在低频段（<1 000 Hz）测量，其振动烈度值大于其他大多数设备振动烈度值的2倍以上时，判为严重故障；在高频段（>1 000 Hz）实测振动烈度值大于正常值的4倍以上时，判为严重故障。

表 6.39　相对诊断标准

<table>
<tr><th rowspan="2">项目</th><th colspan="7">实测值与基准值之比</th></tr>
<tr><th>1</th><th>2</th><th>3</th><th>4</th><th>5</th><th>6</th><th>7</th></tr>
<tr><td>低频振动（<1 000 Hz）</td><td>良好</td><td colspan="2">异常</td><td colspan="4">严重故障</td></tr>
<tr><td>高频振动（>1 000 Hz）</td><td colspan="2">良好</td><td colspan="2">异常</td><td colspan="3">严重故障</td></tr>
</table>

按照 3.3 节的试验方案，对某摩托小时为 10 h 的某步兵战车综合传动箱采集振动速度数据。得到该车各测点在不同挡位和不同转速下的振动烈度值（<1 000 Hz）同基准值的对比情况（以 I 挡为例），如表 6.40 所示。

表 6.40　试验车振动烈度值与基准值对照关系　　mm/s

工况	测点一		测点二		测点三		测点四	
	试验车振动烈度值	基准值	试验车振动烈度值	基准值	试验车振动烈度值	基准值	试验车振动烈度值	基准值
I 挡 1 200 r/min	6.46	4.97	6.45	4.68	11.14	4.66	12.23	4.76
I 挡 1 400 r/min	8.55	5.05	8.44	5.34	13.16	5.00	14.64	5.12
I 挡 1 600 r/min	10.39	5.23	10.47	5.53	15.88	6.54	17.45	6.69
I 挡 1 800 r/min	12.32	5.32	13.36	5.82	20.43	7.64	22.25	8.04

其中，各工况、测点下的基准值是通过计算两台摩托小时分别为 290 h 和 340 h 技术状况良好的同型车辆相同工况、相同位置的振动烈度的均值得到的。通过对比可以发现，在 1 200 r/min 和 1 400 r/min 转速下，测点一和测点二的振动烈度值与基准值的比值在 1.3 ~ 1.7。随着转速的增长，该比值也逐渐增大，在转速 1 600 r/min 以上比值超过 2，这说明试验车辆的振动烈度值随着转速的增加，振动烈度值迅速增长。而测点三、四的振动烈度值与相应测点的基准值的比值在各转速下均介于 2 ~ 3。

分析其原因，主要是由于该试验车为一台摩托小时为 10 h 的新车，正处于磨合期，振动烈度值较大。由于测点一、二分别处于动力输入端和综合传动箱体中部，距离变速机构较远，即离主要振源较远，所以比值相对较小；而测点三、四处于动力输出左右两端，位于变速机构的正上方，距离振源较近且振动烈度值受转速影响较大，所以初步判断，该车综合传动箱振动烈度值较大主要是由其变速机构啮合齿轮的磨合造成的。

4）某型振动烈度评估绝对标准的初步建立

（1）标准的影响因素和使用范围。

当前针对装甲装备底盘部件振动烈度，国内尚无相应的标准。经过试验对比，才能初步给定各部件技术状况的界限值。国内外通行的各种诊断标准，一般都是建立在理论分析和科学试验基础上的，是诊断人员长期监测和广泛积累的结果；并且在标准制定的过程中参考了各种的有关文献标准。因此，从总体上来说，这些标准具有超越时空界限的普遍适用性。但是任何一个标准都是在一定的条件下制定的，没有对于某种装备的针对性。每种装备的原始状态、工作环境、运行条件等诸多因素都不可避免地存在差异，而且各个装备的使用方对于装备的运行精度要求也是不同的，从这个意义上讲，每一种标准又有它的相对性。所以在制定针对某种装备某种部件的振动标准的时候，必须注意以下几个方面的问题。

①标准所适用的诊断对象：每种标准都有它适用的诊断对象，即它只能应用于某一种或某一类装备。

②标准的适用范围：比如有的标准规定了设备的转速、功率、频率等参数的范围，有的设备还制定了设备的基础型式（刚性还是挠性），因此在制定标准的时候，必须考虑标准的适用范围。

③关于测试方面标准的其他约束条件包括诊断参数的类别（振动速度、振动加速度或是振动位移）、测点位置的影响、设备的工况（空载荷还是满载荷），等等。

图 6.111 所示为某台处于磨合期的某型步兵战车综合传动箱的振动烈度值随挡位和转速变化的曲线。从中可以看出，振动烈度值随测点、挡位和转速的变化是明显的。所以在制定标准的时候，要严格地规定试验条件，并且严格地根据试验的测点、挡位、转速进行比较判断。此外，路面给予综合传动箱箱体振动的激励是不可忽视的，所以试验的展开也要选择在铺装路上进行。

（2）振动烈度阈值制订。

取 3 辆步兵战车车辆作为试验对象，按照 3.2 节规定的试验方案以 30 摩托小时为间隔进行长期的检测。计算其处于技术状况良好、可以长期使用、技术状况不良和技术状况恶劣时不同转速下各挡位、各测点的振动烈度均值作为制定振动烈度评估标准的参考依据。结合国家标准制定了 I 挡柴油发动机 1 200 r/min转速下综合传动箱振动烈度评估标准，如表 6.41 所示。

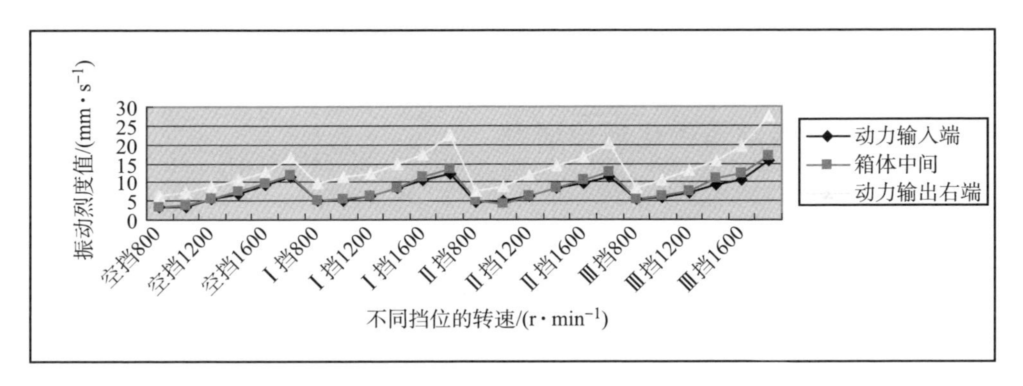

图 6.111　某综合传动箱各测点振动烈度值随挡位和转速变化的曲线

表 6.41　Ⅰ挡 1 200 r/min 转速下良好路面工况下的振动烈度标准

<table>
<tr><th>振动烈度
/($mm\cdot s^{-1}$)</th><th>测点一</th><th>测点二</th><th>测点三</th><th>测点四</th></tr>
<tr><td>1.0</td><td>良好</td><td>良好</td><td rowspan="2">良好</td><td rowspan="2">良好</td></tr>
<tr><td>1.5</td><td rowspan="3">满意</td><td rowspan="3">满意</td></tr>
<tr><td>2.25</td><td rowspan="3">满意</td><td rowspan="3">满意</td></tr>
<tr><td>3.37</td></tr>
<tr><td>5.06</td><td rowspan="3">不满意</td><td rowspan="3">不满意</td></tr>
<tr><td>7.60</td><td rowspan="2">不满意</td><td rowspan="2">不满意</td></tr>
<tr><td>11.39</td></tr>
<tr><td>17.09</td><td rowspan="2">不合格</td><td rowspan="2">不合格</td><td rowspan="2">不合格</td><td rowspan="2">不合格</td></tr>
<tr><td>25.63</td></tr>
</table>

由于在同一挡位、同一测点振动烈度的值随转速变化有一定的规律性，所以可通过拟合振动烈度函数表达式计算出其他转速下的振动烈度拟合值来比较。

例如：设试验的转速为 $N_{r/min}$，实测振动烈度值为 V_{rms}，振动烈度值在Ⅰ挡的拟合值 $V_{fit}=(V_{rms}-0.48)\times 1\,200/N_{fit}+0.48$。

实测某型步兵战车在Ⅰ挡 1 500 r/min 转速下测点三的振动烈度值为 5.88 mm/s，则拟合振动烈度为

$$V_{fit}=(5.88-0.48)\times 1\,200/1\,500+0.48=4.8(\text{mm/s})$$

由表 6.41 可知，该车处于满意的状态。

在使用振动标准的时候应注意，虽然标准一般将机器状态分为若干个等

级，但是机器的状态是连续的。也就是说，一台振幅稍低于某一级的设备，其状态并不一定比稍高于此级的设备好多少。

6.7.5 综合传动箱劣化规律研究

选取某型步兵战车作为长期检测对象，记录了该车从 10 摩托小时到 430 摩托小时 Ⅰ 挡 1 500 r/min 转速下各测点的振动烈度值，如表 6.42 所示。

表 6.42 Ⅰ 挡 1 500 r/min 转速下各测点随摩托小时变化的振动烈度值

摩托小时数	测点一 /(mm · s^{-1})	测点二 /(mm · s^{-1})	测点三 /(mm · s^{-1})	测点四 /(mm · s^{-1})
10	4.67	4.54	8.07	8.67
20	3.3	3.61	4.34	3.37
50	3.22	3.88	4.23	4.02
100	2.98	2.96	3.67	3.88
200	3.36	3.21	3.99	3.74
270	3.14	3.12	3.69	3.94
290	3.07	2.95	3.78	3.42
320	2.51	2.9	3.38	3.83
340	2.82	3.34	4.43	3.63
380	3.68	3.56	4.36	4.12
430	4.16	4.02	4.92	4.76

图 6.112 所示为综合传动箱各测点的振动烈度值随摩托小时的变化曲线。

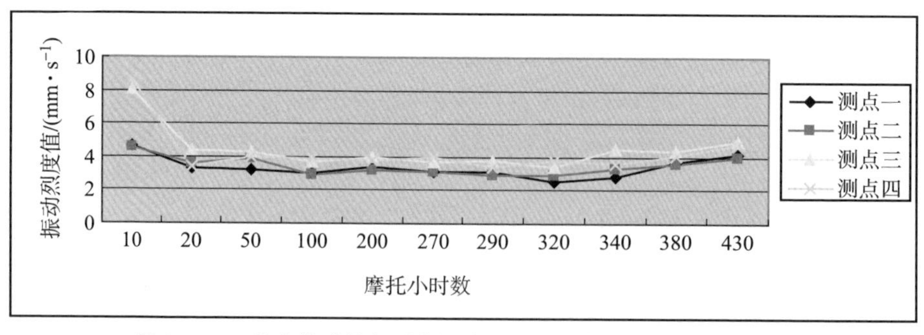

图 6.112 综合传动箱各测点振动烈度值随摩托小时的变化曲线

通过观察，可以发现：

（1）在50摩托小时内即磨合期内，综合传动箱各测点的振动烈度值下降迅速。

（2）在100～300摩托小时内，振动烈度的值趋于稳定，波动不大。

（3）在300摩托小时以后，振动烈度的值出现了波动，并且有明显的增长趋势。

第 7 章

装甲车辆故障诊断技术的实施模式及典型应用

我军装甲兵首任司令员许光达针对当时部队的实际情况，在 1953 年提出了“没有技术就没有装甲兵”的著名观点，充分体现了当时的军队领导干部对坦克装甲车辆技术工作的重视程度。这几个大字至今仍然悬挂在很多部队尤其是传统的装甲兵部队的宣传墙上。当时，许光达大将还指出“一切工作都要围绕着技术工作”“不能掌握技术就没有战车部队”，他的这些要求都是围绕装甲兵部队中技术性强的坦克装甲车辆这个装备主体而讲的，由此可见装甲装备技术工作的重要性。当然这里的“技术工作”应该包括装备的设计研制、试验定型、生产制造、部队服役等装备全寿命周期所涉及的全部技术，应该涉及装备关键系统的设计理论与方法、结构计算与仿真分析、试验理论与技术、装备使用与维护、装备管理与维修等多学科的相关技术。作为“装备技术工作”的一项关键技术，装备维修保障中的状态检测与故障诊断技术也受到了工业部门、地方大学及科研机构、军队院校及基层部队等各方面人员的重视和关注。人们围绕装备及其分系统，如柴油发动机、传动装置、电气系统、火控、武器等系统开展了大量的状态检测与诊断技术研究工作，随着计算机技术、数据采集与信号处理、故障诊断理论与方法的发展，装甲车辆的状态检测与故障技术的研究和系统的应用实施模式也同样经历了专用测试分析仪器、以计算机为核心的测试与故障诊断系统、面向装备或部件型号的便携式检测诊断设备、面向通用装备的综合检测平台、嵌入式检测设备和车载 PHM 终端等不同发展阶段。本章重点介绍不同发展阶段具有代表性的装备或分系统的状态检测与故障诊断系统的结构、组成、功能以及在装甲车辆管理与维修保障中的典型应用。

7.1　设备状态检测与故障诊断系统的基本原理与组成

20世纪70年代以来，计算机、微电子等技术得到了迅猛发展，已经逐步渗透到设备状态检测和仪器仪表技术领域。在它们的推动下，检测技术与仪器不断进步，测试系统的设计思想也发生了重大改变，部分传统的专用测试设备逐步被以计算机和应用软件为核心的现代测试系统所代替。相继出现了智能仪器、总线仪器、PC仪器、VXI仪器、虚拟仪器及互换性虚拟仪器等微机化仪器及其自动测试系统，计算机与现代仪器设备间的界限日渐模糊，检测的领域和范围不断拓宽。与计算机技术紧密结合，已是当今仪器与测控技术发展的主潮流。配以相应软件和硬件的计算机将能够完成许多仪器、仪表的功能，其实质上相当于一台多功能的通用测量仪器。这样的现代仪器设备的功能已不再由按钮和开关的数量来限定，而是取决于其内装软件的设计。从这个意义上，可以认为计算机与现代仪器设备已经趋同，两者间已表现出全局意义上的相通性。

基于计算机的设备状态检测与诊断系统具有对信号采集和处理速度快，信息量大，存储、传输方便，扩展性好等传统测试仪器设备无法比拟的优点，因此，在大型设备和机组的故障诊断技术领域，基于计算机的状态检测与诊断系统仍占主导地位。基于计算机的设备状态检测与诊断系统的典型组成如图7.1所示。

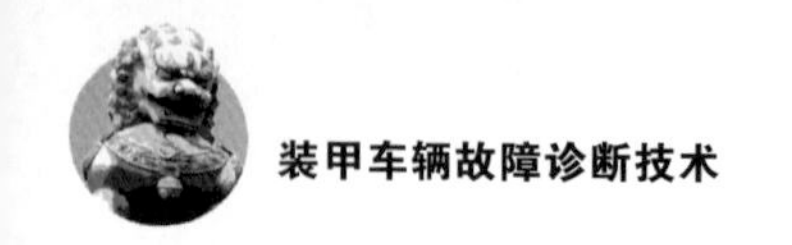

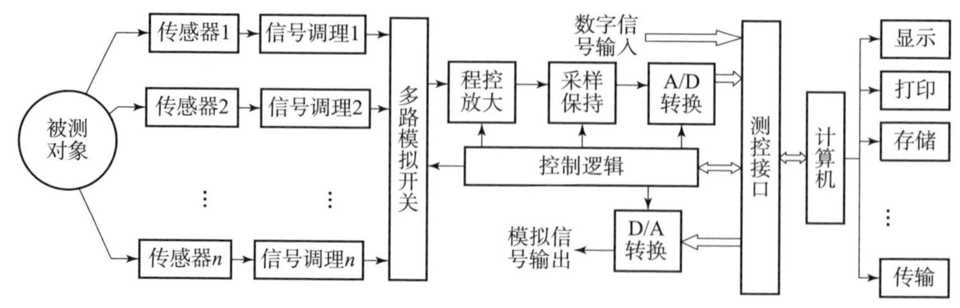

图 7.1　基于计算机的设备状态检测与诊断系统的典型组成

其中，传感器是系统的第一个环节，由它完成被测参数的感知和转换。信号调理部分旨在对传感器的输出信号作进一步加工处理（转换、放大、滤波、调制等），使之成为适应所用数据采集板卡或设备的模/数（Anology to Digital，A/D）转换输入的要求（包括信号类型和幅值范围等）。A/D 装置将模拟信号转换成数字信号送入计算机。计算机完成信号的显示、存储、分析处理以及后续基于信号的特征提取、状态评估与故障诊断等工作。

相对于一般的测试与诊断系统，计算机测试与诊断系统的集成化程度更高，易于维护和功能扩展，也易于携带和现场开展工作。另外，利用网络技术还可以实现分布式检测诊断和远程检测诊断。

7.2　便携式综合传动装置检测与诊断系统

随着以二代步兵战车、两栖突击车为底盘的战斗车辆陆续装备部队，我国装甲车辆传动已进入综合传动技术时代，综合传动装置是机、电、液等技术的有机综合，具有液力传动、液压无级转向、动力换挡和自动变速等技术特点，该类传动装置具有高功率密度、高紧凑性和高可靠性的使用特点，其功能完整、技术水平先进。综合传动装置在显著提高装甲车辆性能的同时，也带来了诸多急需解决的问题，其中较为突出的就是如何对综合传动装置运行状态进行快速测试和掌控，以保证其正常工作时良好的运行品质、发生故障征兆时的及时维护保养和发生故障时准确快速的故障诊断与维修，这些问题对于综合传动装置的整体性能、寿命、可靠性等有着重要影响，能否及时掌握运行状态直接关系到综合传动装置在部队使用中的完好性，将影响新型战车战斗力的发挥。

7.2.1　系统的功能与特点

7.2.1.1　系统的主要功能

综合传动装置状态检测与故障诊断系统主要应用于实车道路行驶过程中综合传动装置的状态快速检测与故障诊断，其中主要包括：换挡系统油压、润滑系统油压、变矩器工作油压和转向系统油压检测，各挡转速、振动和油温检测，根据检测得到压力、温度、转速及振动等状态信号，根据各测点在正常状态的检测参数取值范围，可实现各关键部件的异常状态诊断和部件级严重故障的诊断。

系统的应用对象是现役装甲车辆用CH系列综合传动装置，可完成的试验检测项目如图7.2所示，主要包括台架试验和车载试验，台架试验检测项目包括出厂磨合试验、加载试验、空损试验、效率试验、可靠性试验等，车载试验检测项目包括新车检测试验、大修检测试验和可靠性道路试验等。

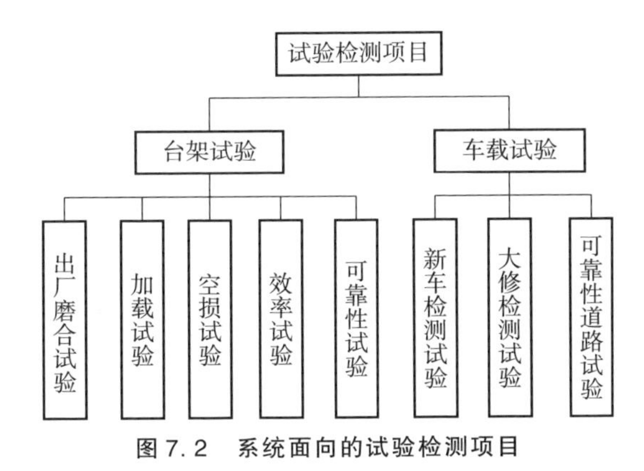

图7.2　系统面向的试验检测项目

7.2.1.2　总体结构

系统的总体结构如图7.3所示。从图中可看出，测试系统的应用对象为含有多个湿式离合器的综合传动装置，信号采集参数包括传动装置输入轴和三轴测速齿轮的转速，测速齿轮信号经磁电传感器采集后送入信号调理箱。信号采集参数还包括综合传动装置操纵油压，即各湿式换挡离合器油压、闭锁离合器油压、转向系统油压和液力变矩器油压；综合传动装置的温度信号利用温度传感器从润滑系统采集。换挡离合器油压、润滑系统油压、转向系统油压、液力变矩器油压和闭锁离合器油压需要通过测压油管将压力油引入固定在综合传动装置顶部的测压阀板，测压阀板顶部设计测压接头，用于连接压力传感器，压力传感器信号经线缆传输到信号调理箱。所有传感器将检测到的信号都经过电缆输入信号调理箱以去除信号干扰。调理后的信号由信号调理箱的输出端经 A/D 转换模块（模拟/数字转换模块）形成离散化的数字信号，提取均值、峰值等特征后送入故障诊断模块进行故障诊断，诊断结果由结果输出模块进行打印输出。

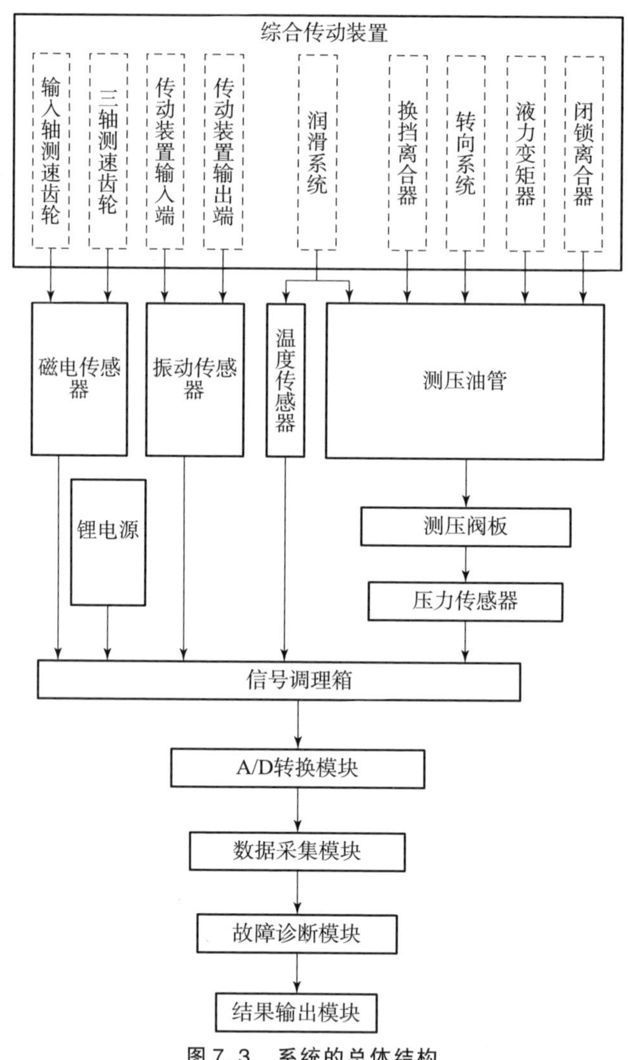

图 7.3　系统的总体结构

7.2.1.3　系统的主要检测参数

CH 系列综合传动装置状态检测系统需要检测转速、油压、温度和振动等各种传感器信号。具体检测参数如表 7.1 所示。

表 7.1　综合传动装置的主要检测参数

部件或分系统	监测信号	量程	备注
转向泵马达	转向回路 A 口油压	0 ~ 60 MPa	
	转向回路 B 口油压	0 ~ 60 MPa	
	转向泵补油油压	0 ~ 6 MPa	
	转向马达泄漏油压	0 ~ 2.5 MPa	
变速操纵装置	操纵系统油压 E3	0 ~ 2.5 MPa	已装备
	C1 离合器油压	0 ~ 2.5 MPa	
	C2 离合器油压	0 ~ 2.5 MPa	
	C3 离合器油压	0 ~ 2.5 MPa	
	CL 离合器油压	0 ~ 2.5 MPa	
	CH 离合器油压	0 ~ 2.5 MPa	
	CR 离合器油压	0 ~ 2.5 MPa	
	涡轮转速	0 ~ 4 000 r/min	
	三轴输出转速	0 ~ 5 000 r/min	已装备
传动润滑系统	一轴润滑油压	0 ~ 1 MPa	
	三轴润滑油压	0 ~ 1 MPa	
	润滑系统温度	0 ~ 150 ℃	已装备
油滤系统	变矩器精滤报警信号	开关信号	已装备
	操纵精滤报警信号	开关信号	已装备
液力变矩器	入口油压（补偿油压）	0 ~ 2.5 MPa	已装备
	出口油压	0 ~ 2.5 MPa	
	闭锁油压	0 ~ 2.5 MPa	
振动信号	振动信号 1		
	振动信号 2		

7.2.1.4　系统的工作特点

系统具有以下工作特点。

（1）采用了稳定的锂离子电源单独供电，实车道路测试过程中不需外接车辆电源，降低了电源对采集信号的干扰，提高了信号质量和诊断的准确性。

（2）信号调理箱内部隔离模块采用集成化电路设计，缩小了调理箱体积，减轻了系统重量；A/D 转换、数据采集和故障诊断模块采用集成化设计并统一

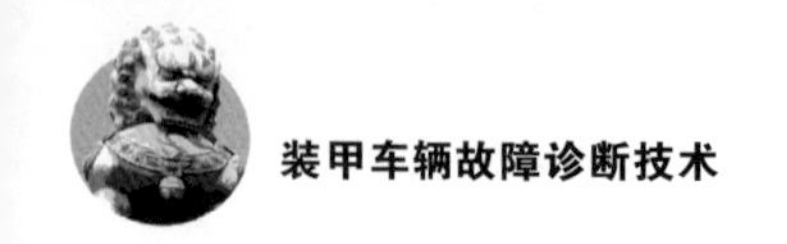

封装，提高了检测系统的便携性。

（3）综合传动装置液压油经长度为 1 m 的柔性油管转接入测压阀板，在测压阀板上的测压孔处安装压力传感器，转接油管和测压阀板起到压力缓冲作用，从而降低了换挡操作时压力冲击对传感器的损伤，提高了传感器信号采集的可靠性，延长了传感器的使用寿命。

（4）检测系统采集信号共包括 16 路压力、2 路转速、2 路振动和 1 路温度等共计 21 路信号，数量较多，测点覆盖面广，其中压力包括 1 个操纵系统油压、6 个换挡离合器油压、4 个转向系统油压、2 个润滑系统油压、3 个液力变矩器油压等共计 16 个压力信号，还包括一轴和三轴转速等 2 个转速信号和 1 个温度信号，涵盖了综合传动装置主要性能检测内容。

（5）A/D 转换模块采用单通道最高速率达 1 M 的高速 PXI 模数转换卡，保证信号转换过程的实时性。

（6）数据采集模块采用坚固稳定的便携式 PXI 机箱和 24 V 直流电源输入，电源由信号调理箱提供，故障采集过程信号显示模块采用 8 in 触摸屏设计，进一步提高了系统的可操纵性、结果显示的直观性、系统的可靠性和便携性。

（7）检测分析软件可完成综合传动装置技术指标对应的信号检测，能够实时显示诊断结果、故障代码和故障部位，诊断过程快捷，诊断结果显示直观、易懂，系统操作简单，应用范围广泛。

7.2.2 系统硬件组成

系统主要包括传感器组及电缆、信号调理箱、数据采集箱（含便携计算机）和便携式电源箱等几部分。其中，传感器组负责将不同类型的物理参数转换为电信号，信号调理箱负责为传感器供电，同时将传感器的输出信号进行隔离、滤波、降噪，最终转换为数据采集模块可接收的电信号范围，采集模块将电信号转换成离散化的数字信号后通过 USB 或网口进入便携式计算机，利用计算机中的信号分析处理软件提取各传感器信号的相关时域、频域及时频域特征，调用阈值比较、神经网络等模型实现综合传动装置的状态评估与故障诊断。

7.2.2.1 主要传感器及其特性参数

系统采用的主要传感器如下。

（1）油压传感器：数量 18 个，24 V 供电，敏感元件采用薄膜溅射工艺，输出信号为 1 ~ 6 V。

（2）温度传感器：数量 1 个，24 V 供电，敏感元件为 PT1000，输出信号

为电阻值。

（3）转速传感器：数量 1 个，采用霍尔式传感器，输出信号为方波。

（4）振动传感器：数量 2 个。

（5）传感器安装支架：用于安装传感器、连接软管等。

（6）传感器电缆：油压传感器电缆 17 根，转速 3 根，温度 1 根，振动传感器电缆 2 根，共计 23 根。

系统采用的传感器信号特性如表 7.2 所示。

表 7.2　系统采用的传感器信号特性

序号	信号名称及正常取值范围		传感器信号	
	名称	正常范围	量程	输出
1	操纵系统油压 E3	1.3 ~ 1.6 MPa	0 ~ 2.5 MPa	1 ~ 6 V
2	C1 离合器油压	1.3 ~ 1.6 MPa	0 ~ 2.5 MPa	1 ~ 6 V
3	C2 离合器油压	1.3 ~ 1.6 MPa	0 ~ 2.5 MPa	1 ~ 6 V
4	C3 离合器油压	1.3 ~ 1.6 MPa	0 ~ 2.5 MPa	1 ~ 6 V
5	CL 离合器油压	1.3 ~ 1.6 MPa	0 ~ 2.5 MPa	1 ~ 6 V
6	CH 离合器油压	1.3 ~ 1.6 MPa	0 ~ 2.5 MPa	1 ~ 6 V
7	CR 离合器油压	1.3 ~ 1.6 MPa	0 ~ 2.5 MPa	1 ~ 6 V
8	液力变矩器入口油压	0.6 ~ 0.9 MPa	0 ~ 2.5 MPa	1 ~ 6 V
9	液力变矩器出口油压	0.4 ~ 0.7 MPa	0 ~ 2.5 MPa	1 ~ 6 V
10	变矩器闭锁离合器油压	1.3 ~ 1.6 MPa	0 ~ 2.5 MPa	1 ~ 6 V
11	一轴润滑油压	0.3 ~ 0.5 MPa	0 ~ 1 MPa	1 ~ 6 V
12	三轴润滑油压	0.3 ~ 0.5 MPa	0 ~ 1 MPa	1 ~ 6 V
13	润滑系统油温	<115 ℃	0 ~ 150 ℃	电阻值
14	转向回路 A 口油压	<45 MPa	0 ~ 60 MPa	1 ~ 6 V
15	转向回路 B 口油压	<45 MPa	0 ~ 60MPa	1 ~ 6 V
16	转向泵补油油压	1.8 ~ 2.5 MPa	0 ~ 6 MPa	1 ~ 6 V
17	转向马达泄漏油压	0.2 ~ 0.5 MPa	0 ~ 2.5 MPa	1 ~ 6 V
18	涡轮转速	0 ~ 2 800 r/min	0 ~ 3 000 r/min	频压转换
19	三轴转速	0 ~ 4 500 r/min	0 ~ 5 000 r/min	频压转换
20	振动信号 A			0 ~ 5 V
21	振动信号 B			0 ~ 5 V

7.2.2.2　信号调理箱

信号调理箱的主要功能是为传感器供电，完成信号的隔离、滤波、降噪功能，并将传感器输出信号转换为采集卡可接收的信号范围。信号调理箱中包括接线端子、压力调理模块、温度调理模块、转速调理模块、振动调理模块和电源分配模块等。信号调理箱组成及工作原理如图 7.4 所示。

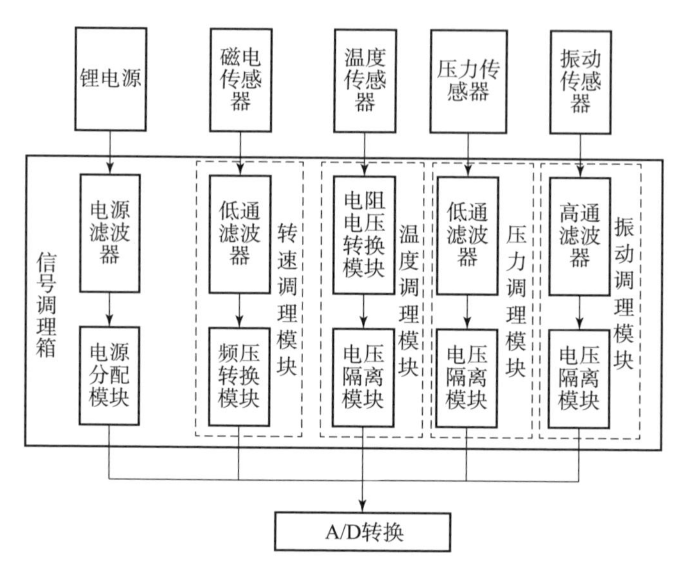

图 7.4　信号调理箱组成及工作原理

信号调理箱前、后面板分别如图 7.5、图 7.6 所示。其中前面板主要包括传感器信号输入接口，共计有 24 个接口，其中压力信号 16 路、转速信号 3 路（1 路备用）、温度信号 2 路（1 路备用）、振动信号 3 路（1 个备用）。在前面

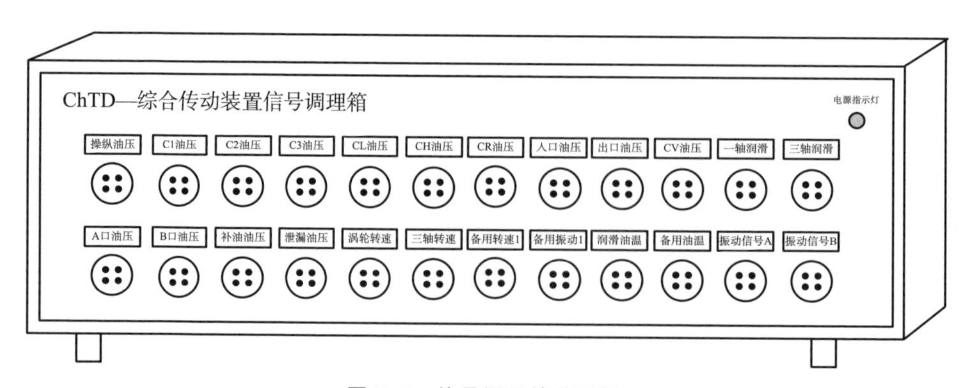

图 7.5　信号调理箱前面板

板的右上方，有一个系统电源指示灯；后面板上主要有电源输入接口、指示灯、切换开关、系统电源开关、系统保险等。后面板右侧还设计有两个信号输出接口，左侧为传感器信号输出接口，右侧为计数器信号输出接口。信号调理箱内部布局及实物如图7.7所示。

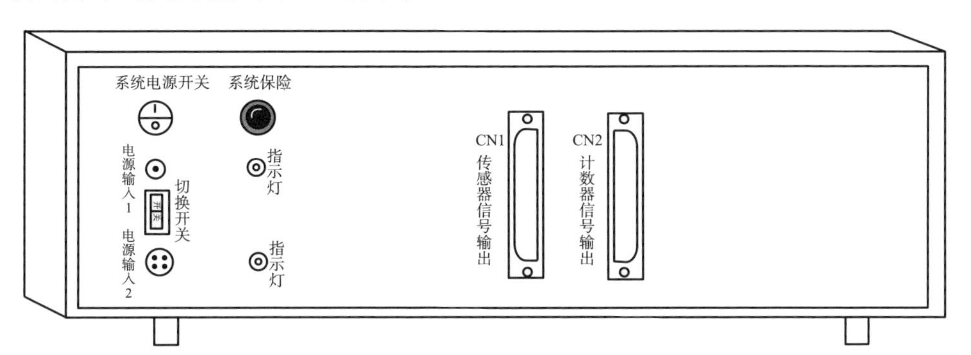

图7.6　信号调理箱后面板

图7.7　信号调理箱内部布局及实物

7.2.2.3　数据采集系统

采取“便携式加固计算机 + PXI数据采集卡”模式来构建数据采集系统。它主要包括便携式机箱、主控器和数据采集卡等。其中便携式机箱选用成熟的商业货架产品，型号为2558T 3U PXI机箱；主控器选用凌华PXI产品系列中最新的3U控制器PXI 3800，支持Windows NT/2000/XP和Linux等操作系统，具有高可靠性、高计算能力、低功耗及适于苛刻环境条件下使用等特点；数据采集卡选用型号为DAQ－2204的64通道、3 MHz/s高速多功能采集卡，即插即用，含有64路单端以及32路差动模拟量输入通道，12位AD分辨率，最高采样频率可达3 MHz，还带有1kHz A/D采样FIFO，2路带波形发生功能的D/A输出通道，2通道16位通用定时器/计数器，具有全自动校准、通过PXI触发器总线的多模块同步功能。

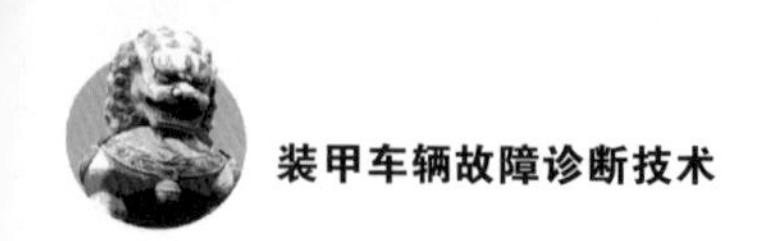

7.2.2.4 便携式电源箱

便携式锂电源如图 7.8 所示。

便携式锂电源采用了动力锂电池技术，体积更小、重量更轻、电力更加持久。

产品主要技术参数如下。

（1）电源输出电压：24 V DC（稳压）。

（2）平均输出功率：200 W。

（3）电源额定容量：310 Wh。

（4）内存电力指示：四级 LED 显示内存电力。

（5）推荐使用环境：－25 ℃～55 ℃

（6）存储环境要求：－10 ℃～40 ℃

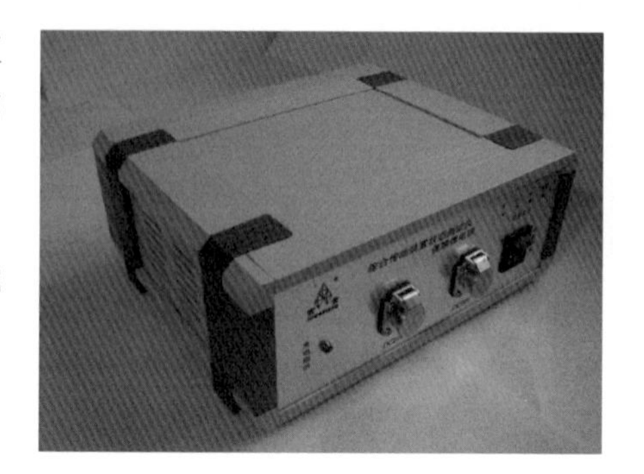

图 7.8 便携式锂电源

7.2.3 系统软件组成

7.2.3.1 系统软件的功能模块划分

CH 系列综合传动装置状态检测与故障诊断系统主要应用于实车道路行驶过程中综合传动装置状态快速测试，其中主要包括：换挡系统油压、润滑系统油压、变矩器工作油压和转向系统油压检测，各挡转速、振动和油温检测。系统的功能组成及运行流程框图如图 7.9 所示。

软件主要包括采样参数设置、在线检测、实时数据存储、故障实时报警、报表输出打印等模块。其中，在线检测模块主要完成油压、转速、温度和振动等多通道信号的实时采集，并以直观形式表示；实时数据存储模块具有多通道数据实时采集和存储功能，直接将各通道数据存储为 Excel 文件格式；故障实时报警模块主要根据采集信号幅值大小和界限值完成信号是否异常判断，在系统异常（故障）状态下，能够实时存储异常信号故障信息，并生成 Word 记录文档。系统软件的具体功能模块主要包括以下几方面。

1）采样参数设置模块

对测试信号的采样通道数、采样频率、采样长度可进行修改，设定之前需进行密码验证，密码可修改。

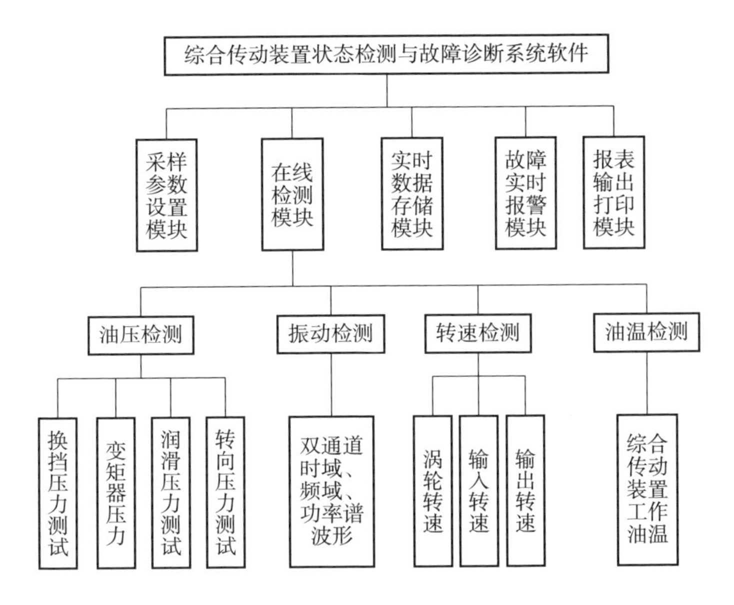

图7.9 系统的功能组成及运行流程框图

2）在线检测模块

要求能够实时显示21路传感器状态信息，对于某些异常信号能够实时报警，并给出故障代码说明；实时显示界面只对传感器信号进行实时显示，在打开采样控制开关之后，开始采集传感器数据。

对于各测试信号，分为离合器油压、转向系统油压、润滑系统油压、变矩器油压、转速和振动测试6个不同显示界面，各界面间可任意切换，油压信号主要显示数值大小，并且以柱状图和不同颜色标记正常和报警信号，转速信号主要显示传感器方波信号波形，振动信号可以显示时域、频域和功率谱图形，并给出加速度均方根值和功率谱峰值，因为工况测试分多种情况，所以不同测试部位和对象调用不同显示界面，显示不同传感器通道信号。

3）实时数据存储模块

对于测试的各通道数据，能够在线显示和实时存储；对于测试主界面能够实时存储21路传感器信号，速率为每秒钟存储5次；数据存储文件格式为xls格式，存储文件以炮号和存储时间共同命名。各通道数据按列排列，每组数据带有序号和存储时间，存储数据由存储按钮单独控制，具有快捷键（Page Down键）功能。

4）故障实时报警模块

对于主界面显示的各传感器采集数据，软件自动根据界限值进行实时检测，一旦检测到有异常信号，会马上产生报警信号，并且生成故障代码在主界面进行显示，若处于采集信号状态，则故障信息自动存储为 Word 文档。

7.2.3.2 系统的主要软件界面

1）主程序界面

图 7.10 给出了系统软件的主程序界面。打开主程序界面右下侧设备控制开关，采样灯亮，采集信号将以棒图、直方图等形式实时显示。从图中可以看出，单击下方“转向压力”“变矩器压力”“润滑压力”“转速信号”“振动测试”“报表数据存储”等按钮即可进入相应的任务界面，完成相应任务下各测点信号的采集、检测、显示以及异常结果的报警。

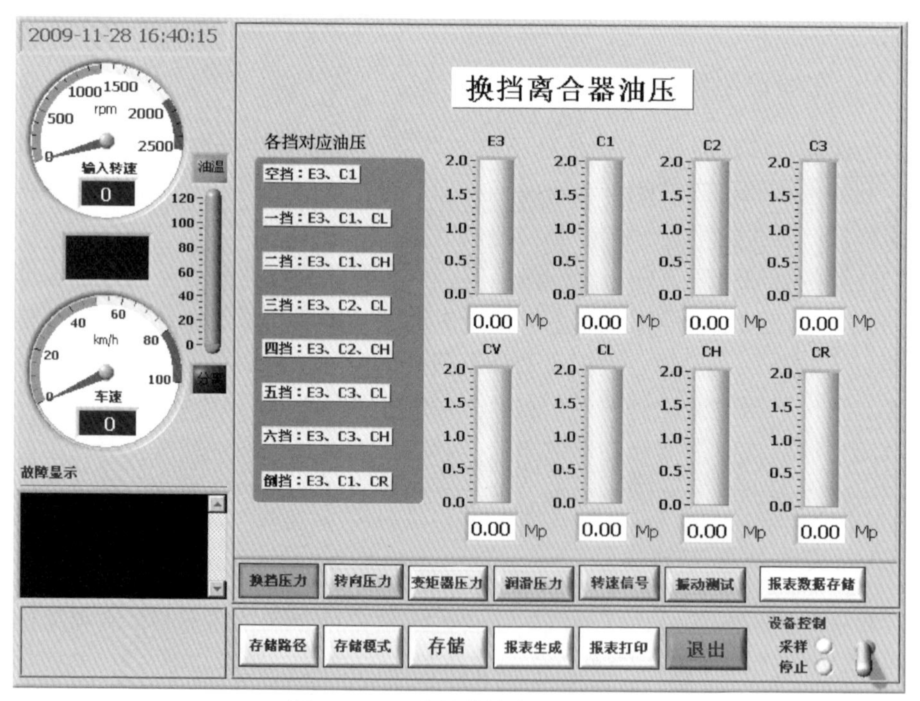

图 7.10　系统软件的主程序界面

2）转向系统压力检测

单击“转向压力”按钮（按 F2），系统则进入转向压力显示界面，如图 7.11 所示。从图中可以看出，转向压力主要包括转向泵补油压力和泄漏压力，以及转向泵 A 口和 B 口压力。若上述压力值正常，则显示“油压正常”；若压力超出正常范围，则显示“压力异常”。

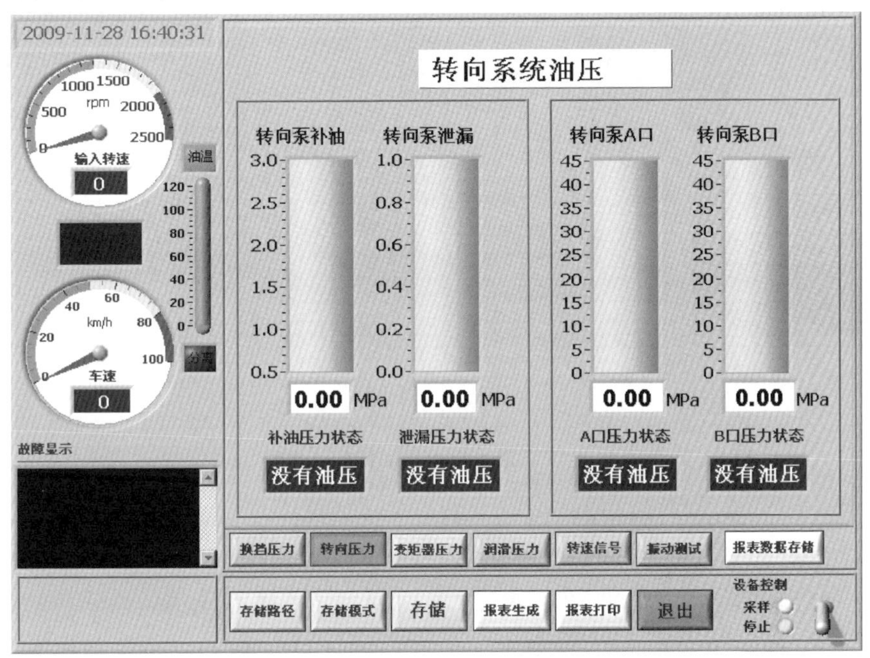

图 7.11　转向压力显示界面

3）变矩器压力检测

单击“变矩器压力”（按 F3），软件则切换到液力变矩器压力显示界面，如图 7.12 所示。图中主要显示液力变矩器入口油压、出口油压和进出口压差。若上述压力值正常，则显示“油压正常”；若压力超出正常范围，则显示“压力异常”。

在试验采集过程中，当所有信号显示正常以后，可单击“存储”按钮，开始进行数据存储，软件在自动运行到规定的采集时刻提示停止采样。采集的数据会自动存储在设定好的路径处。

4）报表数据存储

单击系统软件主程序界面下方的“报表数据存储”按钮，将完成综合传

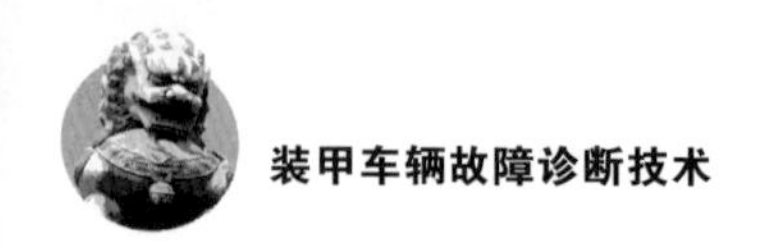

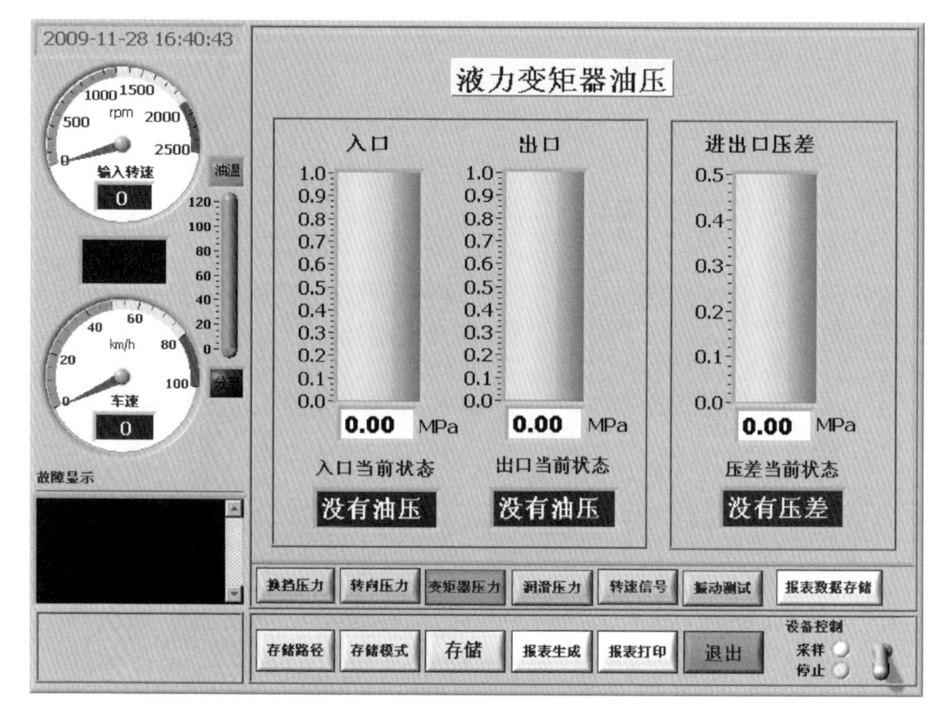

图 7.12　液力变矩器油压显示界面

动装置在一个连续升挡过程的数据采集与分析处理。在试验过程中，需要在每一个挡位的信号显示稳定后，单击该按钮（或者先按一下 F7，再单击回车键），系统则弹出“某挡信号采集完成”对话框。依次完成各挡位的“报表数据存储”后，可单击主程序界面下方的“报表生成”按钮，系统将自动生成一个报表文件，并保存在设定的存储路径处，文件名为试验采集的跑车编号。若需要打印报表，则单击“报表打印”按钮，系统会弹出“选择或输入文件路径”对话框，如图 7.13 所示，选择对应的报表文件，单击“确定”按钮即可开始打印本次试验报表。

报表存储的是每一个挡位下各离合器的压力峰值，以及输入转速、输出转速和油温等参数，可供后续信号分析处理和故障诊断模块调用，也可供第三方分析处理软件使用。

7.2.4　系统的应用

综合传动装置的基本结构及工作原理参见第 6 章的相关内容。整个状态检测与故障诊断系统的操作步骤如图 7.14 所示。

图 7.13　报表打印

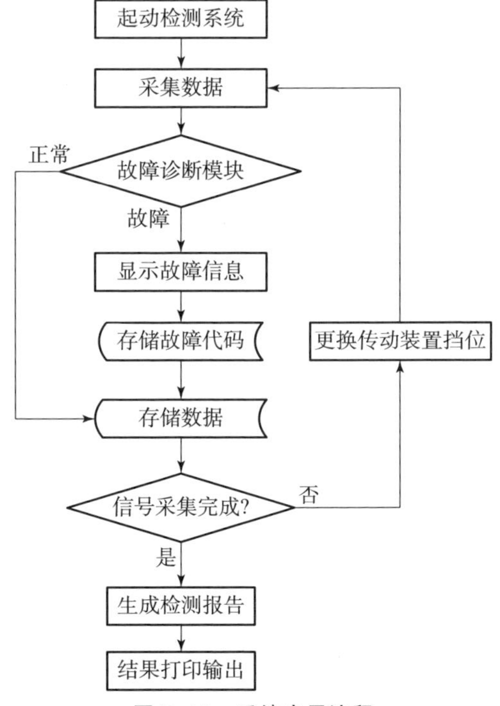

图 7.14　系统应用流程

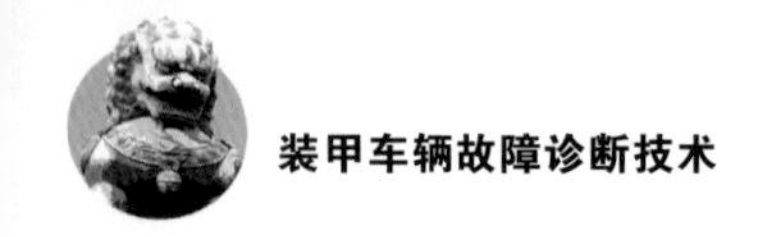

（1）在压力测点处安装测压接口，并将测压阀板固定在变速箱顶部，利用测压油管将测压接口和测压阀板连接起来，在测压阀板测压点处安装压力传感器；在各测速齿轮（输入轴锥齿轮、一轴车速齿轮、二轴车速齿轮和三轴车速齿轮）测点处安装各磁电传感器，在润滑系统压力测点处安装润滑压力传感器，在转向系统压力测点处安装转向压力传感器，在变矩器进出口压力测点处安装压力传感器，在润滑系统温度测点处安装温度传感器，最后将各传感器输出信号和锂离子电源线缆接入信号调理箱输入面板。起动车辆，使变速箱空挡运行，打开电源开关，起动检测系统。

（2）检测系统起动后，各传感器输出数据经过信号调理后进入 A/D 转换模块和数据采集模块，故障诊断模块根据采集的数据进行故障诊断，如果诊断结果正常，则存储采集数据；如果诊断结果显示变速箱故障，则实时显示故障信息，并完成故障代码存储和采集数据存储。

（3）空挡数据存储完成以后，故障诊断系统将提示空挡信号存储完成，是否要继续进行信号采集，此时可更换变速箱挡位，重复步骤（2）所述过程，直至完成所有挡位状态下的信号采集和故障诊断。

（4）所有挡位状态下的信号采集和故障诊断完成以后，故障诊断系统将根据采集数据和故障诊断记录，自动生成此次故障诊断报告，并可打印输出结果。

综合传动装置故障诊断方法工作流程如图 7.15 所示，主要包括如下步骤。

（1）故障诊断模块首先根据综合传动装置操纵压力信号、换挡离合器压力信号和闭锁离合器压力信号进行挡位压力检测。如果某一挡位各离合器压力信号正常，诊断系统可确定当前挡位信号；如果异常，则进行异常信号幅值大小记录，显示当前挡位异常信号故障信息。

（2）当前挡位确定以后，故障诊断系统将根据采集的输入轴锥齿轮转速和三轴转速换算并显示出综合传动装置当前的输入转速和车速数值，同时根据输入输出转速计算当前综合传动装置传动比大小，如果计算结果等于该挡位传动比，则显示当前挡位状态正常；如果计算结果不等于该挡位传动比，则根据输入转速、三轴转速、一轴转速和二轴转速信号诊断出当前转速故障的具体位置，并显示故障诊断结果信息。

（3）当前挡位显示以后，诊断系统将逐次检测转向系统高压出口和低压入口液压油路压力值，若高、低压油路压力值在技术指标范围内，则显示转向系统压力正常；若高、低压油路压力值超出技术指标范围，则记录并显示超标部位和具体超标数值。

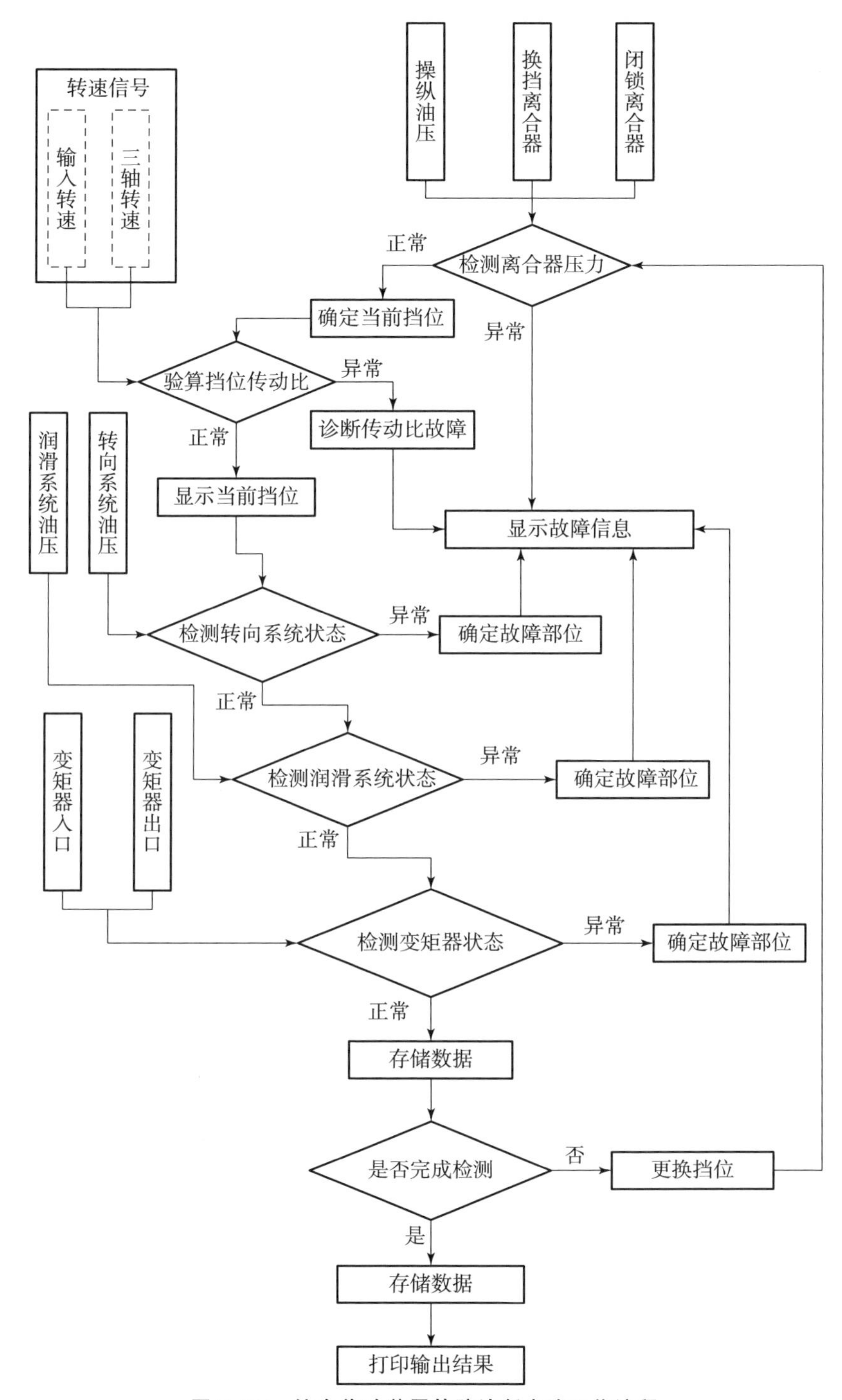

图 7.15　综合传动装置故障诊断方法工作流程

(4) 完成转向系统检测以后，将进行综合传动装置润滑系统检测，主要测量传动一轴、二轴和三轴的润滑油压，若各轴润滑压力数值正常，则显示对应各轴润滑压力状态正常；若压力值超出技术指标范围，则记录并显示润滑压力故障部位和具体数值。综合传动装置温度传感器安装在润滑系统液压油路之中，在进行润滑系统压力检测同时，故障诊断系统将显示综合传动装置温度数值。

(5) 液力变矩器是履带车辆综合传动装置故障诊断的重要对象，检测部位包括变矩器液压油路入口和出口，若变矩器入口油压、出口油压和二者压力差值在正常技术指标之内，则显示液力变矩器压力状态正常；若压力值超出技术指标范围，则记录并显示变矩器压力故障部位和具体数值。

(6) 变矩器压力检测完成以后，故障诊断系统将存储采集信号和故障信息，同时提示已完成当前挡位下信号采集和故障诊断，是否结束本次故障检测或是否需要换挡继续进行信号采集。若选择完成本次故障检测，则自动生成检测报告并打印输出。

图 7.16 给出了系统应用时在实际装备综合传动装置上测得的升挡过程中不同测点位置压力信号和转速信号的时域波形。根据图中各信号的时序关系和幅值大小，可判断换挡过程是否正确、是否存在异常。

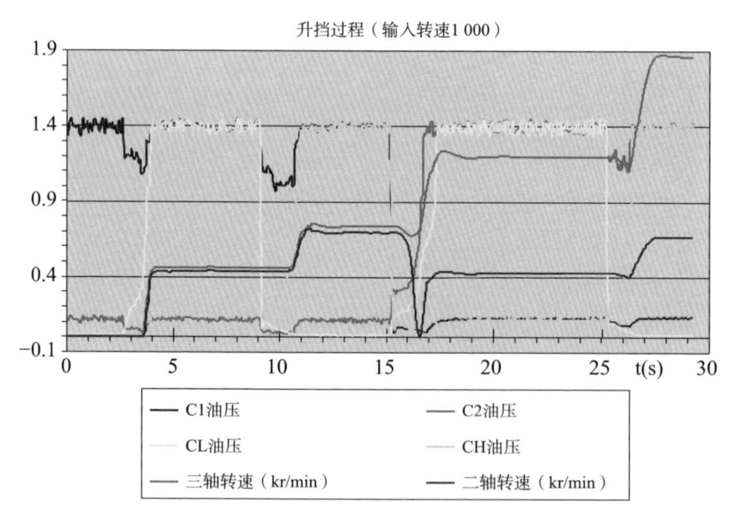

图 7.16　升挡过程中采集的不同测点位置压力信号和转速信号的时域波形

7.3　装甲车辆底盘集成测试与分析系统

7.3.1　系统组成

装甲车辆动力传动部分综合测试系统的基本组成包括各类传感器、模块化信号调理器、计算机及应用软件。系统的整体结构如图 7.17 所示。

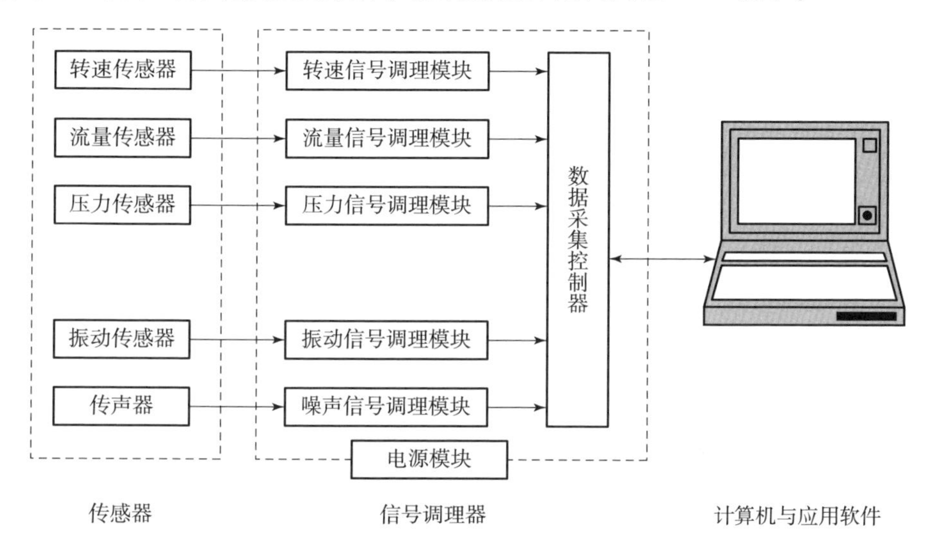

图 7.17　系统的整体结构

7.3.1.1　传感器

传感器是测试系统的第一个环节，它直接或间接与被测对象发生联系，将被测参数转换成可以直接测量的信号，为后续的传输、显示、处理等提供所必需的原始信息。传感器的性能直接影响着整个测试工作的质量。

根据所要测取的装甲车辆动力传动部分系统状态参数，自行研制了检测扭矩、高压油管脉动压力、液压管件管壁压力传感器。另外，选用了检测柴油发动机缸内压缩压力、燃油消耗量、瞬时转速、振动加速度、振动速度、噪声等传感器，实现了十余种状态参数的实车不解体检测。

7.3.1.2 信号调理器

信号的转换与调理是测试系统的第二个环节，是被测物理量经传感环节被转换为电阻、电容、电感或电压、电流、电荷等电参量的变化。为了抑制干扰噪声、提高信噪比，或便于信号传输与处理等，需要对传感器的输出信号进行调理、放大、滤波、运算等一系列的加工处理。

根据不同类型传感器的需要，研制了转速信号调理模块、振动加速度信号调理模块、流量信号调理模块、液压管件管壁压力信号调理模块、抗混叠滤波器以及噪声信号输入接口。由于不同信号的调理电路采用了模块化设计思想，因此，根据具体任务和测试参数的需要，只需选择合适的机箱，就可以快速搭建相应的信号调理器。

7.3.1.3 数据采集控制器

数据采集控制器是完成由模拟信号到数字信号转换的关键部件，系统选用性能优越的一款 UA302H 型 USB 总线数据采集产品。它可与带 USB 接口的各种台式计算机、笔记本、工控机连接构成高性能的数据采集系统。该产品采用美国新型 16 位 A/D 转换芯片，设计讲究、测量精度高、速度快、编程简便，且具有 USB 设备体积小巧、连接方便、无须外接电源、即插即用、允许带电拔插等优点，可广泛应用于科学试验、信号测量、工业控制等领域。

UA302H 主要功能及特点：分辨率：16 bit；16 路模拟信号输入通道；单通道最高采样频率 200 kHz；带有程控放大器，方便测量小信号；32 KB 先进先出（FIFO）缓冲存储器；软件或定时器触发采样；带 DC/DC 隔离电源，精度稳定；输入阻抗 >100 MΩ；丰富的软件支持。

7.3.1.4 计算机

计算机可使用带 USB 接口的各类台式机或笔记本电脑。在野外或现场条件下使用笔记本电脑时，建议安装 WindowsXP 操作系统，内存不小于 128 M，硬盘容量大于 20 G。目前使用的计算机一般都能满足要求。

7.3.2 综合测试系统的软件功能

测试系统的软件共分多通道数据采集软件、通用信号处理与分析软件、系统状态评估与故障诊断软件三大部分，主要功能模块如图 7.18 所示。整个软件系统采用 Delphi6.0、VB6.0、Matlab6.2 编写。

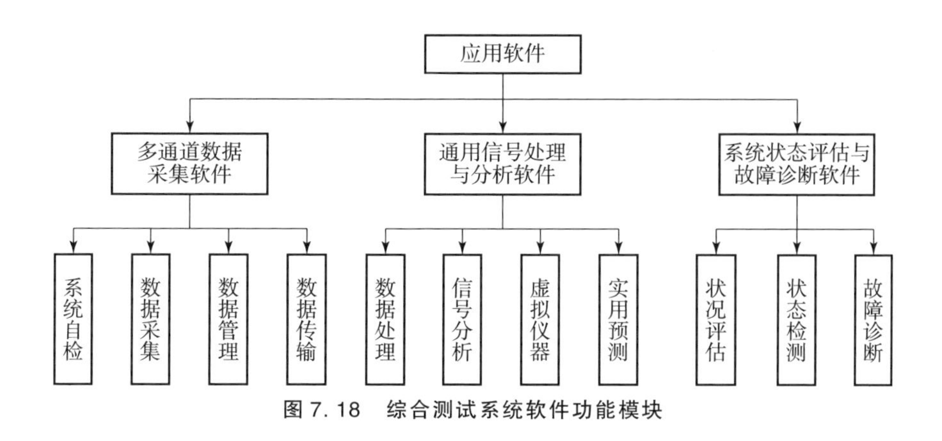

图7.18　综合测试系统软件功能模块

7.3.2.1　多通道数据采集软件

UA302H数据采集器提供了设备驱动程序和专用的动态链接库UA300. DLL。在此动态链接库中有多个简洁高效的采集与控制函数，可支持采集器的各种功能。用户可使用各种Windows编程工具，如VC++、VB、Delphi、BC++等，简单方便地调用这些函数以完成各种数据采集工作。多通道数据采集软件的主要功能模块包括系统自检模块、数据采集模块、数据管理模块和数据传输模块等。

1）系统自检模块

为了检查软件的安装以及UA302H数据采集器与计算机的连线是否正常，系统提供了自检功能。在自检报告中，用户可以得到采集器的版本号、工作状态、硬盘的可用空间等信息。

2）数据采集模块

如何实现PC机与数据采集控制器之间的数据通信是整个数据采集与分析软件开发的底层基础。在UA300. DLL动态链接库的基础上，软件系统提供了数据采集设置对话框。通过数据采集设置对话框可以设置触发方式和触发电平、程控放大倍数、采集通道、采样频率、采样点数或采样时间、保存目录、采集数据自动保存、采样设置自动保存。

3）数据管理模块

在工程测试过程中，有时需要测量的对象较多，每个对象有几个乃至几十个被测参数，而每个参数还对应被测对象不同的运行条件，这自然而然会使测试数据量增大。如果不能对其进行有效的管理，测试数据势必杂乱无章，不便于存储与查找。因此，非常有必要设计一个数据管理模块来解决上述问题。不仅在数据采集时可以随时建立数据存储目录，而且在事后数据分析时也可以快速地通过目录名称和文件名称找到所要找的文件。

4）数据传输模块

在主战坦克状态信息测量中，对于扭矩信号系统采用了存储式测试方法。为此，设计了数据传输模块，可将存储式测试系统中的数据通过通信串口上传到计算机中以进行保存与分析。

7.3.2.2 通用信号处理与分析软件

通用信号处理与分析软件的功能模块主要包括数据处理模块、信号分析模块、虚拟仪器模块和实用预测模块等几大部分。

1）数据处理模块

数据处理模块主要完成数据分析前的预处理工作，其功能主要包括信号的波形显示、隔点抽取、线性插值、信号转换、数据编辑、异常点剔除、曲线拟合、去趋势项、数字积分、数字微分、数字滤波和处理选项设置等，如图7.19所示。

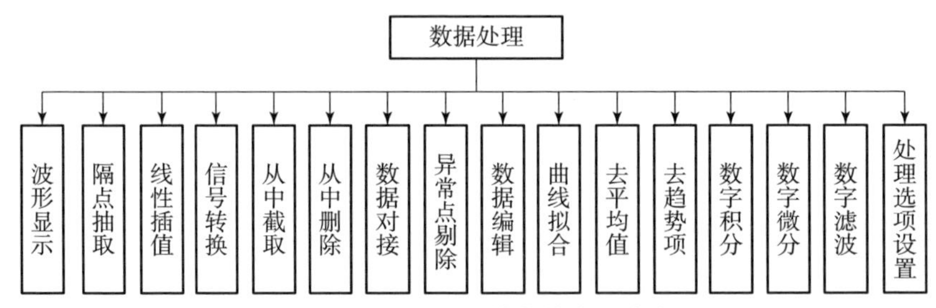

图7.19 数据处理模块的主要功能

2）信号分析模块

信号分析模块提供了测试信号分析的一些常用方法：时域分析、幅域分析、频域分析和倒谱分析等，如图7.20所示。

（1）幅域分析：概率密度；信号的均值、最大幅值、平均幅值、方根幅值、均方根值，以及故障诊断常用的斜度、峭度和无量纲参数波形指标、峰值指标、脉冲指标、裕度指标和峭度指标等幅域参数。

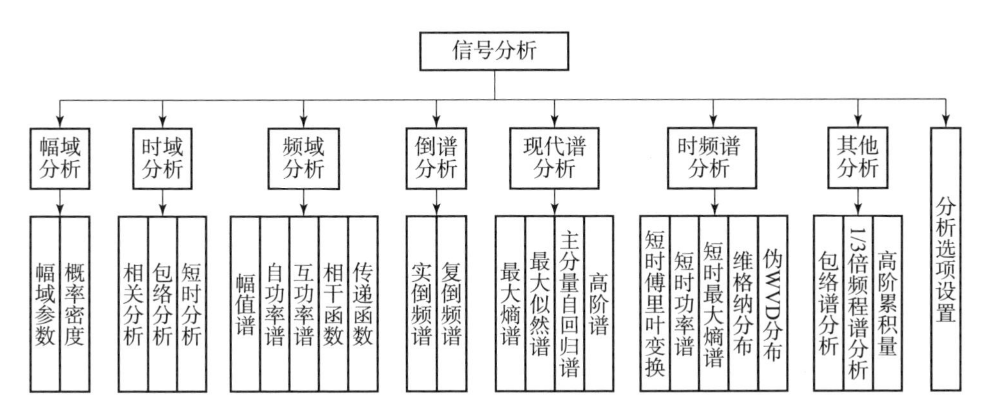

图7.20　信号分析模块的主要功能

（2）时域分析：相关分析（自相关函数、互相关函数、相关系数）、包络分析和短时分析（短时能量、短时平均幅值、短时峰值、短时过零率）等。

（3）频域分析（经典谱分析）：信号的幅值谱、自功率谱、互功率谱、相干函数、传递函数等。

（4）倒谱分析：实倒频谱和复倒频谱。

（5）现代谱分析：最大熵谱（自相关算法和Burg算法）、最大似然谱、主分量自回归谱和高阶谱（双谱、双相干谱）等。

（6）时频谱分析：短时傅里叶变换、短时功率谱、短时最大熵谱、维格纳分布和伪WVD分布等。

（7）分析选项设置：分析选项设置提供了上述数据分析的各种人机接口，主要包括频域分析时FFT的点数、重叠的点数；参数模型谱分析时模型的阶数、FFT的点数；短时熵谱分析时窗口的点数、重叠的点数、FFT的点数、模型的阶数；短时傅里叶变换和短时功率谱分析时FFT的点数和重叠的点数；时域短时分析时每段数据的长度、重叠的点数；分析结果波形纵坐标的显示方式；分析结果保存的路径等。

3）虚拟仪器模块

在数据采集与分析的基础上，我们设计并开发出了几种实用的虚拟仪器，包括通用虚拟仪器和专用虚拟仪器。通用虚拟仪器包括带记忆功能的多通道数字示波器、数据播放器、数字滤波器、FFT分析仪等。

（1）数字示波器。

数字示波器是电子测量行业最常用的测试仪器之一。数字示波器除了具有模拟示波器显示信号波形、测量信号频率与幅度等作用之外，还具有波形存储

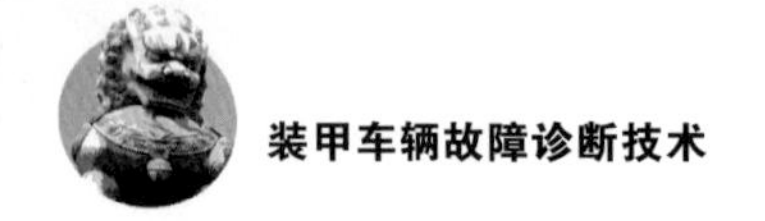

与再现的特点。

数字示波器设计主要包括以下几方面的工作：设计示波器的外观；实现数据动态采集、存储与同步显示；实现仪器和控制面板的各种功能等。我们充分利用数据采集控制器的采集功能和计算机的运行速度以及高级语言多线程编程技术，实现了信号的采集与同步显示。当示波器开始扫描时，采集到的数据依次从右侧进入，曲线运动到最左侧时，数据依次消失。控制面板提供了一些主要的人机对话功能，包括：通道切换；设置屏幕分辨率；扫描速度的快慢；波形幅值的缩放；波形数据的保存；屏幕数据读取；曲线的整体上下平移；波形局部放大、缩小、复原等。

（2）数据播放器。

在计算机数据采集过程中，有时需要对采集到的数据进行回放，以便确定数据是否正常。在数据分析过程中，采集到的数据点数一般比较多，甚至一个通道一次采集就有几十万或上百万个点，而在分析数据时常常需要截取其中的一小段就够了。另外，为了满足采样定理，通常使用较高的采样频率，有时还需要对原始数据进行降频采样。因此，我们设计并开发出外观貌似媒体播放器的虚拟仪器——数据播放器，它很好地解决了上述问题。

数据播放器综合了示波器、磁带机和数据采集器的部分功能，不仅可以像示波器那样浏览信号的波形，还可以像磁带机那样实现信号的播放、停止、进退、快放、慢放和定位等，也可以像操纵数据采集器那样设置采样点数和采样频率，在数据播放过程中随时采样。

（3）数字滤波器。

在动态测试信号处理过程中，数字滤波器是常用的测试仪器之一。我们经常用它进行抗混滤波，以避免傅里叶变换时在频域产生混叠，或从具有多种频率成分的复杂信号中将感兴趣的频率成分提取出来，而将不感兴趣的频率成分衰减掉。在传统测试仪器中，滤波器的功能通常需要依靠硬件系统来实现。在计算机辅助测试系统（computer aided test，CAT）中，以往模拟滤波器（analog filter，AF）的功能，可用数字滤波器（digital filter，DF）来替代。数字滤波器的实现不但比模拟滤波器容易得多，而且还能获得较理想的滤波器性能。

在应用过程中，先根据实际需要，确定滤波器的类型和功能，并输入具体的技术指标，系统会在窗体的标题中提示所设计滤波器的阶数，同时显示出滤波器的幅频特性曲线和相频特性曲线。如果有必要，还可以查看滤波器的系数值。设计好的滤波器就可以在信号处理中被其他应用模块调用。

（4）FFT 分析仪。

为了获得信号傅里叶分析的详细信息，系统设计了 FFT 分析仪。如果信号的长度不是 2 的整次幂，就在数据尾部补零。傅里叶分析的频率、实部、虚部、幅值、相位、谱密度等具体数值以列表的方式显示。通过 FFT 分析仪，可以随时查看原信号的曲线、实频曲线、虚频曲线、幅频曲线、相频曲线和功率谱曲线。

4）实用预测模块

（1）线性预测专家。

线性预测专家主要是利用时间序列自回归模型来进行预测。人机界面提供 AR 模型的常用定阶方法、参数估计方法和模型精度指标，可以非常方便地指定预测步数进行预测。

（2）灰色预测专家。

灰色预测专家提供了多种可选择的灰色预测模型，如常用的 GM（1，1）模型、改进的 GM（1，1）模型、累加 Verhulst 模型、累减 Verhulst 模型、DGM（2，1）模型等。如果数据中有负数，那么可以进行零点提升；如果模型精度合格，那么可以指定步数进行预测。

（3）网络预测专家。

网络预测专家提供了基于三层 BP 网络的时序预测工具，可以设置 BP 网络的结构（输入结点数、隐含层结点数，输出结点数为 1）、网络学习时训练数据长度、收敛误差、学习效率、动量因子和循环次数。在应用过程中，先用时间序列的前半部分数据训练网络，用后半部分验证预测精度。如果精度指标满足要求，就可以用它来进行预测。

7.3.3　系统状态评估与故障诊断软件

通用信号处理与分析软件为课题研究提供了很好的保障，但针对具体对象和具体任务系统，有必要研制专用评估诊断软件。

对于主战坦克动力系统、传动系统和操纵系统等关键系统，课题组针对其易发生的典型故障，具体研究了故障特征的提取与优化以及不同状态的识别与评估等理论方法和技术。

7.3.3.1　动力系统状态评估与典型故障诊断软件

1）柴油发动机技术状况评估和寿命预测

柴油发动机是一个复杂的技术系统，表征其技术状况的参数很多，各参数之间还相互影响。课题组经过试验研究，确定了能够表征柴油发动机技术状况且易实现实车不解体检测的 7 个状态参数，并研究了不同参数的特征提取方法和技术状况评估理论。

2）柴油发动机各缸工作不均匀性评价

柴油发动机各缸工作不均匀性是指各缸在工作过程中以及对外表现出的差异。柴油发动机存在失火故障时可被认为是各缸工作不均匀的一种极端表现。利用柴油发动机各缸工作不均匀性检测与失火故障诊断软件可以判断出坦克柴油发动机是否存在失火故障、置信度的大小和各缸工作不均匀性等级。

3）柴油发动机失火故障诊断

柴油发动机失火是一种常见的故障。失火不仅使车辆动力下降，而且使其运转平稳性变差。课题组利用振动信号、噪声信号以及瞬时转速信号研究了基于信息融合技术的柴油发动机失火诊断方法，大大提高了诊断结果的准确性。

4）柴油发动机气缸燃烧情况检测

柴油发动机噪声信号中包含有关缸内燃烧状况丰富的信息。课题组应用信号重抽样技术和等高线图法，通过对不同状态柴油发动机噪声信号能量面积的统计分析，提出了能够对柴油发动机各缸工作状况进行检测并对失火缸进行定位的技术手段。

5）柴油发动机燃油喷射系统故障诊断

柴油发动机燃油喷射系统故障在动力系统故障中占有很高的比例。其中的喷油器故障直接影响到燃油的喷射质量，很容易导致燃烧过程恶化。课题组提取对故障比较敏感的振动信号平均幅值、振动信号方差、振动信号均方根值、振动总功率、时序 AR 模型的一阶和二阶参数组成特征向量，利用神经网络对正常喷射、针阀磨损、喷孔堵塞、喷油器弹簧折断、针阀下卡死等故障进行了分类识别。

6）柴油发动机燃油喷射过程检测

利用上止点转速信号和高压有关管壁压力脉动信号，实现了对柴油发动机的供油提前角、喷油器开启压力和喷油延续时间的检测。

7.3.3.2　传动系统状态评估与典型故障诊断软件

1）基于高阶累积量的变速箱技术状况分析

高阶累积量具有对加性高斯噪声和对称非高斯噪声不敏感的特性，将其应用在变速箱的故障诊断中，可有效地抑制上述噪声。而短时分析方法可以在低信噪比情况下增强周期性冲击故障信号。为此，课题组在对变速箱振动信号进行短时分析的基础上，计算了原始信号及其短时能量函数的高阶累积量，实现了将正常状态、中度磨损、严重磨损和断齿状态的振动信号分离。

2）多测点振动幅域参数检测

传动系统中传动箱和变速箱是典型的旋转机械，而振动烈度是与测点振动能量密切相关的特征参数，应用非常广泛。考虑到振动烈度敏感性较差，而且对于冲击性故障，脉冲因子等参数更为有效，课题组对传动系统进行了多测点振动幅域参数检测，对传动箱和变速箱整体状态作出评价。

7.3.3.3　操纵系统状态评估与典型故障诊断软件

新型主战坦克广泛采用液压助力系统，而助力系统的检修是部队的技术难题。课题组利用倍压式高分辨力压力传感器，通过对助力系统管壁压力的不解体检测，可以对其故障进行诊断和定位。

7.4　集成式通用装备机械液压系统综合检测平台

7.4.1　平台的功能及特点

综合检测平台以通用装备机械液压系统（简称机液系统）的平时巡检、战前临检、战时维修支援保障等任务为需求，可完成通用装备机液系统状态检测与评估、故障诊断和信息管理的功能，为通用装备机液系统的技术状况评估及其统计分析、动用计划的制订、维修保障提供辅助决策依据。

从工程技术角度看，平台能够完成机液系统的振动、转速、压力、流量等数据的采集与存储，技术状况信息的分析与处理。

从系统功能角度看，平台主要完成通用装备机液系统的状态检测与评估、故障诊断及修后质量检验。

从武器装备管理角度看，平台能够根据装备管理部门下达的巡检和临检时机、抽检率、抽检对象开展工作，完成通用装备机液系统的检测与评估、故障诊断，并实现检测与评估结果、诊断信息、维修建议的上传下达。

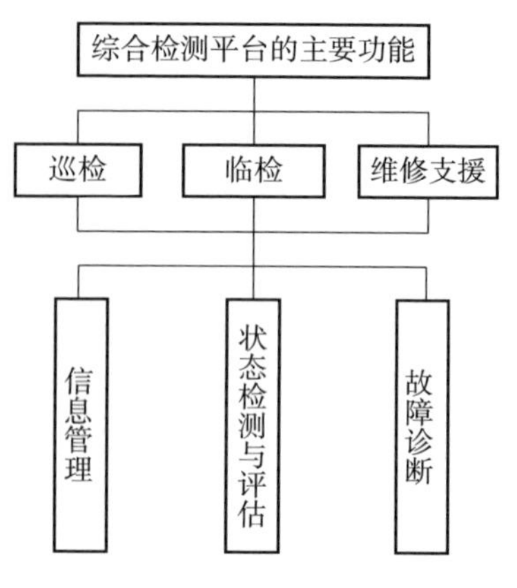

图 7.21　综合检测平台功能描述

7.4.1.1　平台的功能

综合检测平台的总体功能包括状态检测与评估、故障诊断和信息管理，如图 7.21 所示。

1）状态检测与评估功能

能够原位采集和存储通用装备柴油发动机、传动箱、离合器、变速箱、转向机、侧减速器等机械部件和液压系统的技术状况参数，如转速、振动、流量、压力、油液污染度等。

平时采取定期检测或随机抽检，采集通用装备机液系统的技术状况参数，建立通用装备的技术状况档案，实现装备技术状况的跟踪检测和状态变化趋势的分级评估，及时掌握装备的技术状况。战前配合使用分队进行临检，检查装备的技术状况是否能够满足作战需要，确保参战装备具有完好的技术状况。

通用装备机液系统的技术状况评估结果分为“良好”“堪用”“禁用”三个等级；液压系统的技术状况评估结果分为“正常”和“异常”两个等级。

2）故障诊断功能

能够对机械液压系统进行故障诊断和定位，并将故障隔离到可更换单元。通过分析采集得到的技术状况数据，提取有效特征参数，结合收集的历史技术状况数据，应用智能诊断方法给出可能的故障原因及维修建议。

液压系统故障诊断应用故障树逻辑推理的方法，通过建立具有人机交互功能的故障诊断专家系统，实现液压系统故障元件定位。

3）信息管理功能

综合平台信息管理系统能够对装备的所属单位、专业类别、装备型号、部件名称及类型等基础信息进行综合管理，实现检测内容、数据及结果的集中存

储；完成检测结果的统计分析，形成辅助决策数据信息，并实现与上级维修保障综合信息平台的信息传输，为基于状态的装备维修提供依据，为战时动用装备提供决策支持。

7.4.1.2　平台的特点

1）通用化、标准化程度高

综合检测平台利用一套测试资源，通过资源的动态配置，可满足陆军各部队主要装备机液系统的技术状况检测的要求，满足采用统一硬件平台、统一软件系统、统一标准型号的技术体制，满足所有通用武器装备机液系统的检测诊断要求，实现对所有被测对象的检测。系统的仪器和功能模块采用统一标准，并遵循相关国家标准，其接口和附件的标准化设计具有通用性，其软件具有可移植性，对保障装备通用化、标准化、组合化发展将起到积极的推动作用。

2）灵活性、可扩充性好

综合检测平台采用开放式的体系结构，体现了较好的灵活性和可扩充性。其软、硬件的模块化设计具有开放性和互换性，其软件系统可重构，其升级组件可重用，以满足不同保障对象的测试需求。

3）系统性、集成化强

综合检测平台依据我军装备维修体制编制和任务分工构建系统的测试功能和配置结构，以获得全系统的最佳效费比。平时，战役级保障分队将其用于全战区通用装备的机液系统定期巡回检测，根据部队装备保障的需求，可机动到装备使用现场，对各类机械部件和液压系统实施状态检测、评估与故障定位。战前，其可配合参战部队进行装备技术状况的检测与评估，为装备作战运用决策提供技术信息依据。战时，其可与现有保障装备在重点保障方向和地域构建战地装备保障机构，为战时装备抢修提供技术支援，实现平时、战时装备的状态检测和故障诊断一体化。

4）技术先进、功能实用

综合检测平台的研制与国内外同类研究工作相比，其关键技术性能与军事技术指标所达到的水平在总体上具有先进性，关键技术研究有创新和突破，功能上能够满足部队日常的装备维修保障任务需求。

5）操作简便

在使用上，接口连接快捷，各型号装备测试资源配置灵活方便，操作界面简单明了、直观清晰，操作过程均有图像引导和误操作警告，方便用户的使用操作。

7.4.2　平台的主要硬件组成

通用装备机械液压系统综合检测平台包括：PXI总线综合测试系统主机、通用装备机械液压系统综合检测软件、测试电缆、传感器及卡装具、附件箱、平台使用说明书等部分，平台总体构成如图7.22所示，各部分的功能及组成分别描述如下。

7.4.2.1　PXI总线综合测试系统主机

PXI总线综合测试系统是综合检测平台的“大脑中枢”，是集数据采集、信号分析与处理、技术状况评估与故障诊断等功能于一体的软硬件系统。它主要完成通用装备机械液压系统技术状况信息的原位采集、分析处理，评估与故障诊断，并将原始技术状况数据、检测与评估结果等信息进行分类与集中存储，为信息管理系统提供统计分析、维修决策与数据传输的数据源。PXI总线综合测试系统硬件主要由PXI机箱、嵌入式控制器、测试板卡、功率驱动模块、电源模块、信号调理器组成，经系统集成后封装在5U军用加固机箱内。其外形如图7.23所示。

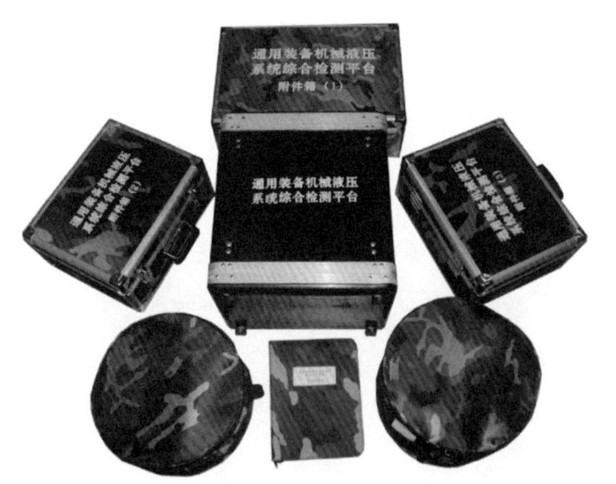

图7.22　通用装备机械液压系统综合检测平台总体构成

图7.23　PXI总线综合测试系统主机

7.4.2.2　测试电缆

系统将 2 组测试电缆用于连接传感器和测试系统；均采用高屏蔽同轴电缆，一端采用 65 芯航空插头与主机相连，一端为四芯航插和 BNC 接头与传感器相连。测试电缆将传感器连接到调理器，按参数分类配套使用，构成信号通道，检测信号电缆，根据各专业不同接口形式传感器的连接要求设计多种转换接头，构建传感器和测试板卡资源（物理通道）之间的连接通道。

另外，增加信号线组的防接错措施：采用不同尺寸大小的航插防止信号电缆组接错航插；采用不同的信号线颜色、标签和接头形式标示不同类型的信号线，以防信号线与传感器接错；测试电缆放置于测试电缆袋内，如图 7.24 所示。

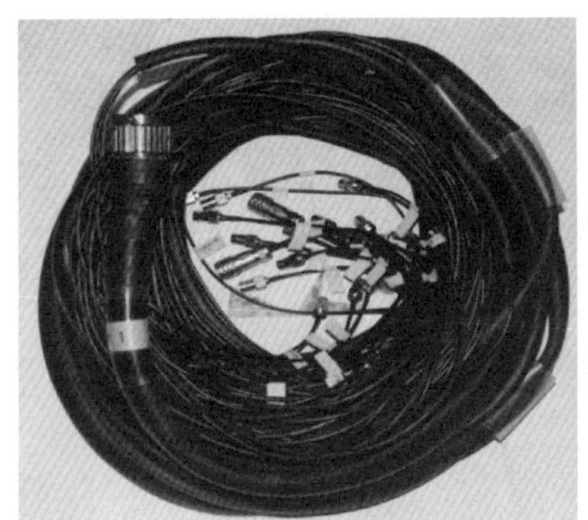

图 7.24　测试电缆及电缆袋

7.4.2.3　传感器组及卡具

传感器主要包括三向 ICP 振动加速度传感器、单向 ICP 振动加速度传感器、霍尔转速传感器、磁电转速传感器、压力传感器、流量传感器、温度传感器、液位传感器、污染度传感器、超声波流量传感器。其安装方式主要有磁性粘贴、螺栓连接、外卡、串接、专用卡具等。

7.4.2.4　附件箱

附件箱主要用于放置各种传感器、卡装具及其辅件，其外形如图 7.25 所示。

7.4.2.5　平台使用说明书

使用说明书内包括培训教材、操作说明、注意事项等内容。

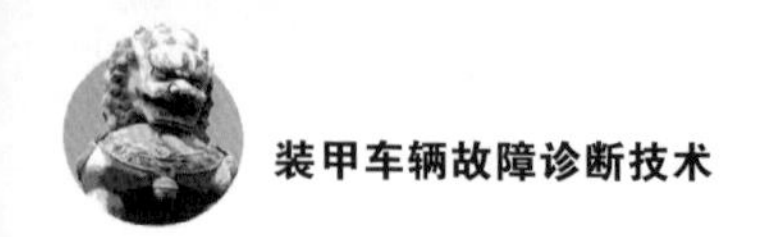

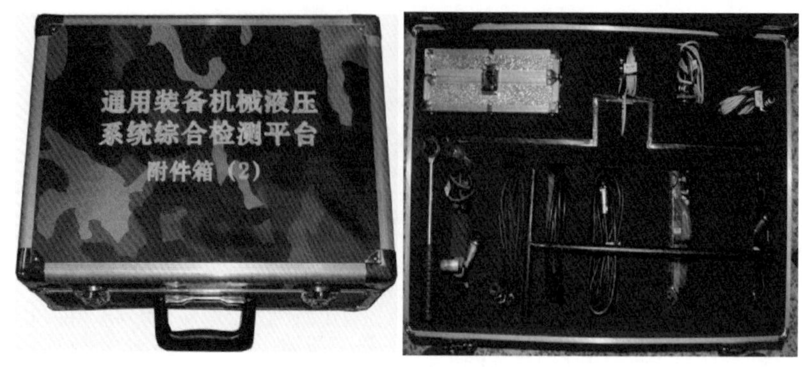

图 7.25　附件箱

7.4.3　平台软件应用及操作步骤

（1）双击机液综合检测系统图标，进入登录界面，如图 7.26 所示。登录界面包含用户名和密码两个输入框、“登录”和“退出”两个按钮。

（2）输入用户名及密码，单击“登录”按钮进入综合检测平台主界面。若结束操作，可单击“退出”按钮。

图 7.26　登录界面

（3）进入系统主界面，显示主界面动画，如图 7.27 所示。

图 7.27　主界面动画

（4）单击任意键退出动画，进入通用装备机械液压系统综合检测平台界

面，如图7.28所示。该界面由“机械系统检测”“液压系统检测”“数据查询分析”和“系统帮助”四个部分组成，能够完成装备机械系统和液压系统的检测、评估与诊断功能，历史数据的查询分析功能和系统的帮助功能。

图7.28　通用装备机械液压系统综合检测平台界面

根据所要检测的系统，单击相应的图标。如果需要检测机械系统，则单击“机械系统检测”按钮。若硬件有问题，则跳出系统提示：硬件有问题，请检查板卡。若选择继续，就会影响后面的操作。请检查板卡，调试后进入机械系统检测主界面。

（5）若硬件准备完好，单击“机械系统检测”按钮，进入“通用装备机械系统检测主界面”，如图7.29所示。

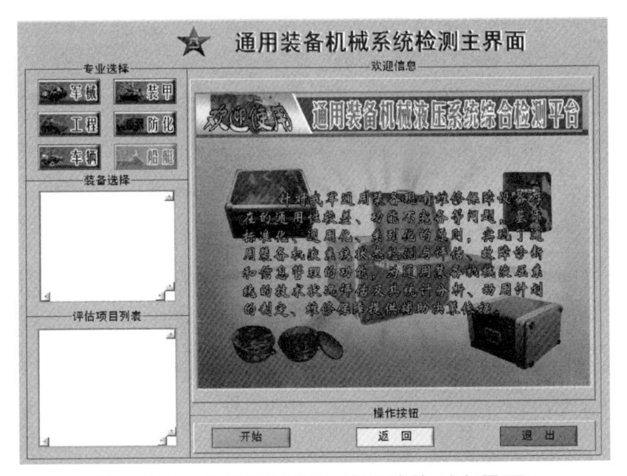

图7.29　“通用装备机械系统检测主界面”

该主界面由“专业选择”“装备选择”“评估项目列表”“欢迎信息”和“操作按钮”五个部分组成。“专业选择”中包括“军械”“装甲”“工程”

“防化”“车辆”和“船艇”六大专业装备。根据专业的不同，“装备选择”中会显示相应的装备型号。在“评估项目列表”中会显示该装备能够进行评估的项目。不同专业装备的测试过程和操作界面基本类似，这里不逐一介绍。下面主要以机械系统检测中某中型坦克装备下蓄电池荷电状态及气缸磨损不均匀度评估项目测试过程为例来详细介绍操作流程。

在“专业选择”中单击“装甲”按钮，则在“装备选择”中将显示属于装甲专业的所有装备，在“评估项目列表”中显示所选装备可进行的评估项目；同时，“测试对象”中显示所选装备的整装及各部分测点等相关图片信息。

在“装备选择”中选中某型坦克，并在“评估项目列表”中选中需要评估的项目。如需要评估蓄电池荷电状态及气缸磨损不均匀度评估项目测试，就要在“评估项目列表”中选择“蓄电池荷电状态及气缸磨损不均匀度”，如图 7.30 所示。

图 7.30 评估项目选择界面

选中相应评估项目后，即可单击“开始”按钮。若需要回到综合检测平台主界面，则单击“返回”按钮。若结束操作，则单击“退出”按钮。

（6）单击“开始”按钮后，弹出“基础信息维护”界面，如图 7.31 所示。“基础信息维护”界面包括“所属单位”“单装编号”“检测人员”“摩托小时”和“环境温度”五个输入框，以及“方案预览”“开始检测”“取消”三个按钮。根据实际情况输入基础信息，进行基础信息维护。

（7）若需要了解具体的检测步骤，则单击“方案预览”按钮，弹出“总体测试方案查看”对话框（包含“评估项目一览”栏，便于操作人员了解正在进行评估的装备部件、项目和目的；“评估项目明细”栏显示具体的检测项目、测点简称、航插编号电缆编号和传感器编号；“测点分布图示”栏显示具体部件上的传感器安装位置；“方法与步骤”栏提示每一项评估的具体操作步

图 7.31　“基础信息维护”界面

骤；“基本信息”栏显示测试的基本信息)，如图 7.32 所示。设计该操作界面的目的是让操作人员进一步了解与核查正在进行的检测评估项目，以及相应的传感器安装是否正确等内容，确保检测评估过程的正确性。

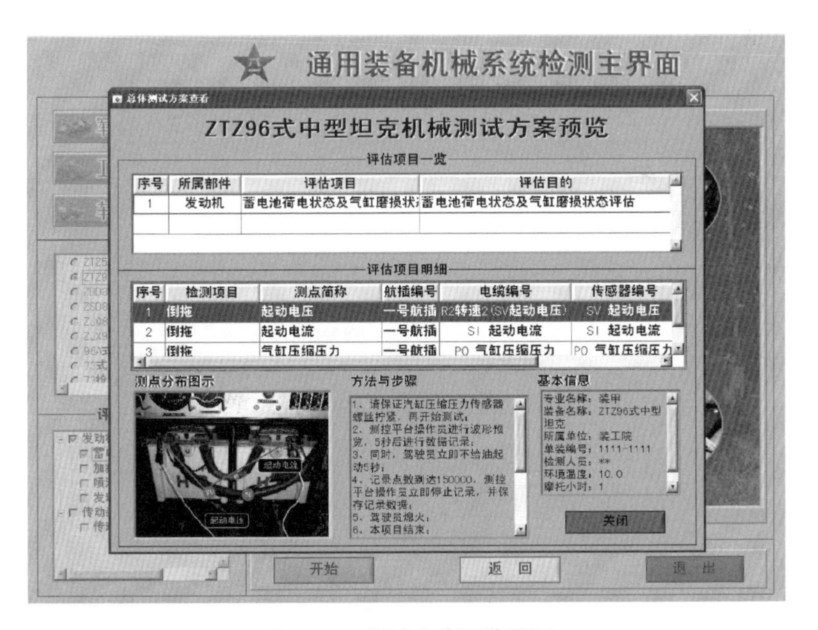

图 7.32　测试方案预览界面

单击“开始”按钮后，进入检测过程。此时的“测试对象”栏转换为“测试过程”状态信息栏，如图 7.33 所示。单击图中的“波形预览”按钮，可查看当前选中通道信号波形；单击“数据记录”按钮开始记录存储正在采集的数据，同时在“记录点数”栏中显示已完成记录的点数；单击“检测步骤提示”按钮将显示检测步骤，给操作人员实时提醒；“测点波形显示”栏可查看不同测点的波形；“发动机转速”栏可以虚拟仪表的形式实时显示柴油发动机转速；“测试过程状态信息”栏实时显示正在检测的所属部件、评估项目、检测条件和测试状态。单击“检测步骤提示”按钮可显示正在进行的评估项目的检测方法与步骤，如图 7. 34 所示。

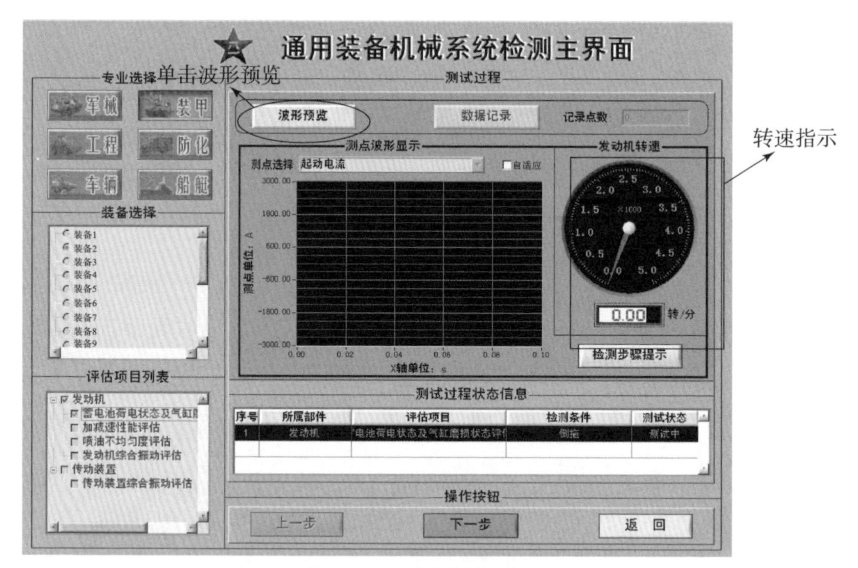

图 7. 33　检测过程界面

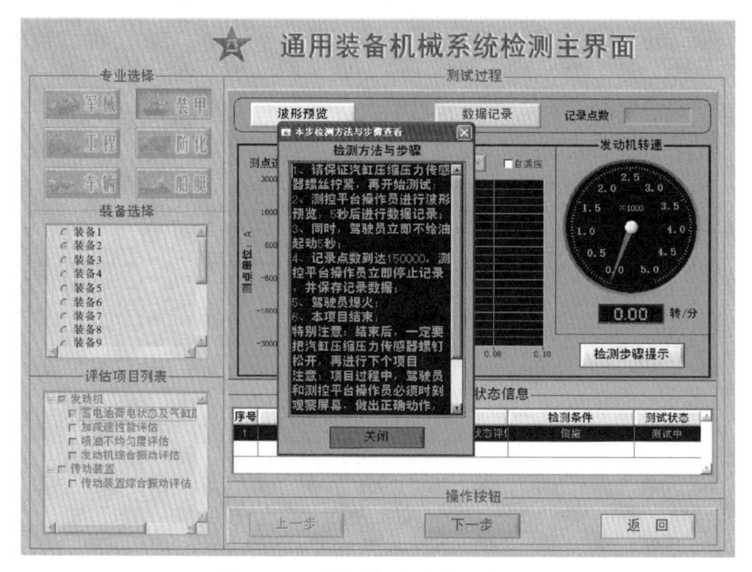

图 7. 34　检测方法与步骤查看

在测试过程中，装甲车辆上的驾驶员时刻注意观察“波形预览”按钮的状态，平台操作人员时刻注意柴油发动机转速值和记录点数，两人必须密切配合，严格按照检测方法与步骤进行操作，以确保测试工作的顺利完成。在“波形预览”状态下（图7.33），可以选择不同的测点进行预览，也可以通过选择“自适应”使波形显示的比例随窗口大小自动调整；需要注意的是，只有在此状态下才能进行数据记录。

以检测某型坦克柴油发动机气缸磨损状态以及传动装置的综合状态为例：在测试过程中，按照检测方法与步骤，测控平台操纵员点击“波形预览”按钮，并注意观察“波形预览”栏的状态，出现波形5 s后进行数据记录，这时，驾驶员应立即不给油起动5 s。测控平台操纵人员（1号检测员）时刻注意柴油发动机转速值（柴油发动机起动过程除外）和记录点数，当记录点数到达94 000时，停止记录。车辆驾驶员熄火，该测试项目结束。在检测过程中，要求两人密切配合，严格按照检测方法与步骤进行操作，以确保测试顺利完成。

平台操作员确认波形和转速正常后，单击“数据记录”按钮。驾驶员根据平台操作认识的提示，立刻进行倒拖操作，即不给油起动车辆，约5 s时间后停止（图7.35），此时，平台操作员单击“停止记录”按钮。

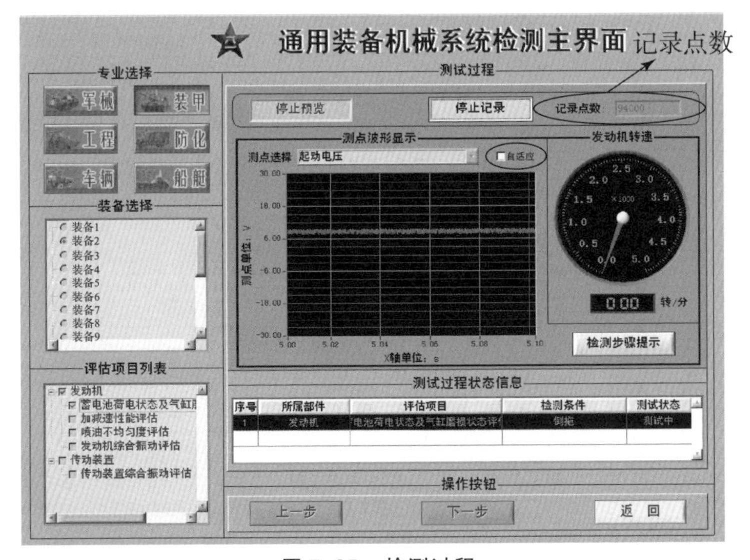

图7.35　检测过程

此时，按快捷键Ctrl + D进行数据回放（图7.36）。

使用快捷键Ctrl + S将数据存入数据库，Ctrl + T将数据导出至系统环境变量所设定的文件目录。单击“下一步”按钮，进行下一个检测项目检测。完成所有检测项目后，单击“下一步”按钮，即弹出系统的技术状况评估报告，如图 7. 37 所示。该报告采用了类似医院体检结果的模板，上半部分给出的是总体的检测与评估结果，下半部分是各检查项目的明细。前者包括执行了哪些检测项目，每个检测项目的结果是合格还是不合格；后者是各检测项目中测点数据的特征量实测值及其取值范围和对应的评估结果。

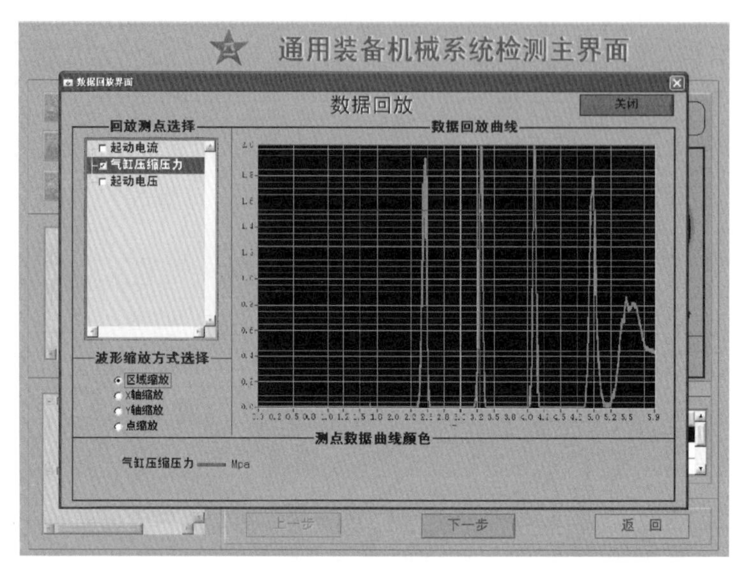

图 7. 36　数据回放

技术状况评估报告　　关闭

某中型坦克
机械系统测试报告

所属单位	装甲兵工程学院		
单据号	20100311001	检测日期	2010. 03. 11
检测人员	**	环境温度	3. 00
单装编号	2221-0091	摩托小时	135
完成情况	完成		
结　论	异常		
结论描述	蓄电池荷电状态及气缸磨损状态评估—不合格		

评估项目结论列表

序号	所属部件	评估项目名称	评估结论
1	发动机	蓄电池荷电状态及气缸磨损状态评估	不合格

图 7. 37　技术状况评估报告

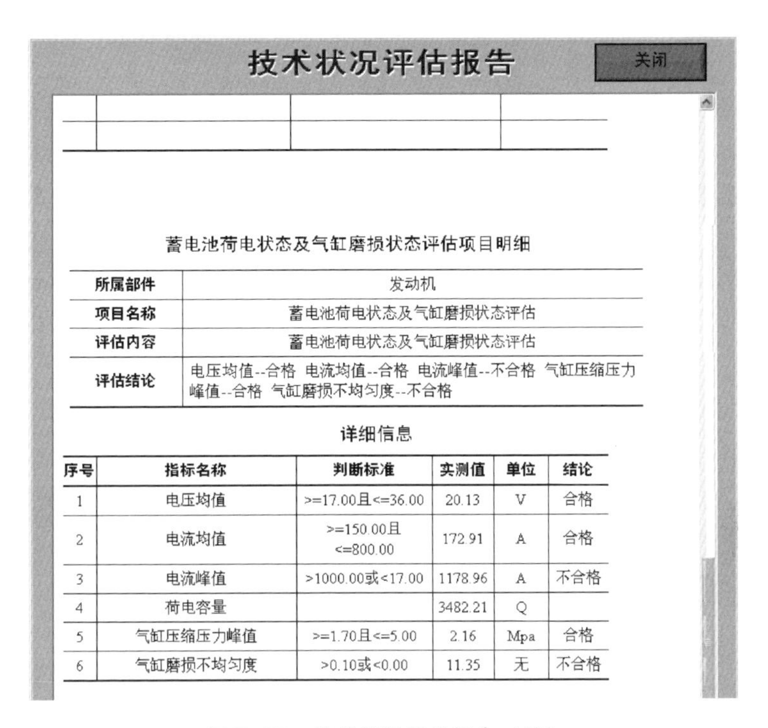

技术状况评估报告　关闭

蓄电池荷电状态及气缸磨损状态评估项目明细

所属部件	发动机
项目名称	蓄电池荷电状态及气缸磨损状态评估
评估内容	蓄电池荷电状态及气缸磨损状态评估
评估结论	电压均值--合格 电流均值--合格 电流峰值--不合格 气缸压缩压力峰值--合格 气缸磨损不均匀度--不合格

详细信息

序号	指标名称	判断标准	实测值	单位	结论
1	电压均值	>=17.00且<=36.00	20.13	V	合格
2	电流均值	>=150.00且<=800.00	172.91	A	合格
3	电流峰值	>1000.00或<17.00	1178.96	A	不合格
4	荷电容量		3482.21	Q	
5	气缸压缩压力峰值	>=1.70且<=5.00	2.16	Mpa	合格
6	气缸磨损不均匀度	>0.10或<0.00	11.35	无	不合格

图 7.37　技术状况评估报告（续）

7.5　装甲车辆 PHM 技术及应用展望

7.5.1　故障预测与健康管理的概念内涵及关键技术

随着信息技术的快速发展，作战装备的技术集成度和复杂度越来越高，其维修保障问题日益突出，所以寻求一种既便捷可靠又经济高效的装甲车辆保障模式成为研究的热点。故障预测与健康管理（prognostics and health management，PHM）技术应运而生，并不断发展壮大。基于该技术的 PHM 系统已在航空航天、国防及工业等领域逐步得到应用，初步显露出其巨大的发展潜力和应用前景。PHM 是指利用尽可能少的传感器来采集系统的各种数据信息，借助各种智能推理算法来评估系统自身的健康状态，在系统故障发生前对其故障进行预测，并结合各种可利用的资源信息提供一系列维修保障措施以实现系统的视情维修。

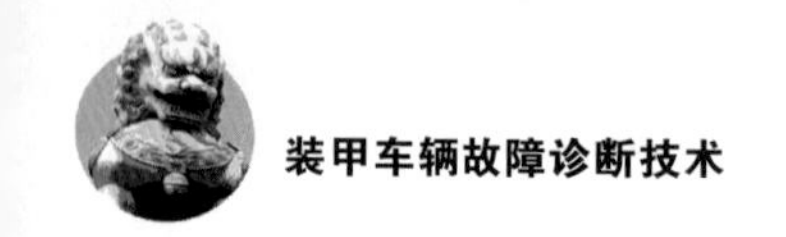

从 PHM 的定义可以看出，它代表了一种方法的转变，即从传统的基于传感器的诊断转向基于智能系统的预测，从反应式的通信转向先导式的 3R（在准确的时间对准确的部位采取准确的维修活动）。PHM 也是传统机内测试（built - in test，BIT）和状态监控能力的进一步拓展，实现了主要技术要素从状态监控转变为状态管理，最终目的是提高维修效率、降低维修费用、实现精确化保障。这种转变强调了故障预测和决策支持能力，基于此可实时预测、识别和管理故障的发生，并得到准确可靠的维修决策支持。同时，PHM 系统将传统相互独立的检测、诊断、预测和决策等技术进行了有效的集成和融合，可极大地增强装备的维修保障效率。

另外，PHM 强化了预测的概念，通过对一些关键部件进行实时状态监控和剩余使用寿命预测，可大大提高装备的后勤管理能力，从而显著改善装备维修保障模式和流程。也正因为如此，PHM 已成为实现自主后勤保障的关键使能技术。同时，PHM 技术对推动维修制度改革、提高战备完好率和维修效率、降低任务风险和维修费用、优化保障资源调度等方面具有重要意义。

PHM 技术早在 2000 年就被列入美国国防部的《军用关键技术》报告中，国防部的防务采办文件将嵌入式诊断和预测技术视为降低总费用和实现最佳战备完好性的基础，进一步明确了 PHM 技术在实现美军武器装备战备完好性和经济可承受性方面的重要地位。目前 PHM 已成为美国国防部采购武器系统的一项要求。国内在研发新型军用战斗机时，对 PHM 技术的研究投入了大量经费，要求与战机同步研发配套的 PHM 系统，而在新型陆军武器装备的研制过程中对 PHM 技术及系统的研究尚处于探索阶段。PHM 能在确保装备总体效能正常及持续发挥的基础上，充分融合当前部队的装备保障信息化建设成果，整体提高现役新型装备的维修保障水平和新型装甲装备的通用质量特性水平，促进维修保障制度的变革与完善。

PHM 系统的构建必须深入研究状态感知、数据传输、异常检测与早期诊断、数据挖掘与信息融合、状态评估与故障预测、智能推理与决策支持等关键技术，图 7.38 给出了 PHM 关键技术的组成成分。值得说明的是，各项关键技术之间并不是完全独立，而是存在较多的交叉和关联。

（1）状态感知技术。状态感知是指装备在运行过程中获取自身技术状况信息的能力。状态感知技术是 PHM 系统的关键技术之一，它是 PHM 系统正常运行的基础，并为异常检测、状态评估、故障诊断和故障预测等功能的实现提供准确可靠的状态数据。状态感知技术的研究包括扩展故障模式及其影响分析技术、系统的测试性建模以及先进的传感器技术等内容，旨在确定嵌入式系统

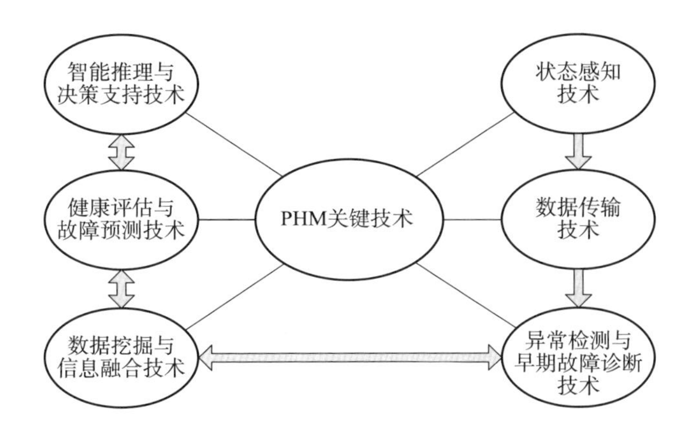

图7.38　PHM关键技术组成

状态监测所需的检测参数及测点布置，为状态感知与评估系统的设计开发提供理论指导。

（2）数据传输技术。传感器信息需要通过一定的方式传输给PHM系统。目前主要有有线传输和无线传输两种数据传输方式。针对PHM系统，应深入研究各级PHM系统的数据传输和同步机制，以及无线传输的加密技术和最有效的解决方案。

（3）异常检测与早期故障诊断技术。PHM系统的重要使命之一就是尽早发现装备的工作异常和早期故障，及时报警以避免恶性事故发生。装备技术状态发生变化初期，采集信号的信噪比往往很低，如何从强噪声背景中提取微弱的早期故障特征信息是PHM技术研究的一个重点和难点。

（4）数据挖掘与信息融合技术。PHM系统通过各种智能挖掘算法能够从大量数据中发掘具有潜在价值的信息，并以高效的融合算法把尽可能多的信息融合到一起，为装甲车辆状态的评估与预测提供有效特征数据。

（5）健康评估与故障预测技术。健康评估是根据状态监测数据、历史维修数据，结合装备特性采用各种评估算法对装备当前状态与正常状态的偏离程度作出评价。故障预测是指综合利用监测参数、工况环境和历史数据等信息，并借助各种智能算法，预测部件或系统状态发展趋势和剩余使用寿命，评估其未来的健康状态。

（6）智能推理与决策支持技术。PHM系统可根据健康评估和故障预测结果，综合利用各种可利用的资源，通过建立装备维修保障决策模型自动生成维修决策和统一调配维修资源，以便提高保障效率和精确度。

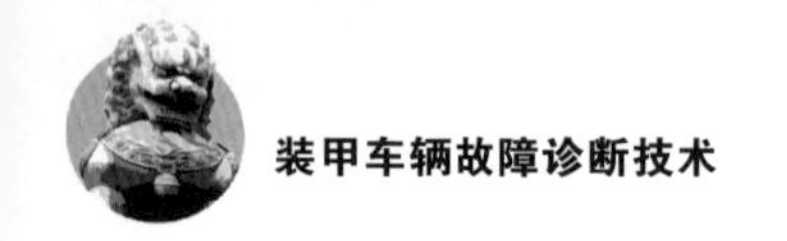

7.5.2 装甲车辆 PHM 系统的应用需求及总体方案

7.5.2.1 典型 PHM 系统分析

1）美军 JSF－PHM 系统分析

20 世纪 90 年代末，美军重大项目“F－35 联合攻击战斗机（JSF）”的启动，为 PHM 技术的全面发展和完善带来了契机。JSF 所采用的 PHM 系统代表了美军目前基于状态的维修（condition based maintenance，CBM）技术所达到的最高水平。

F－35 的 PHM 系统可对 F－35 的飞行、状态及安全情况进行持续监控。该 PHM 系统能够检测到飞机部件或分系统的所有异常，并运用智能算法隔离故障，结合预测模型推测故障发生的时间，并提前准备维修资源、规划维修活动。在飞机执行完任务返回前，该 PHM 系统便可为地面维修机构提供详细的维修决策，大大提高维修效率。F－35 的 PHM 系统的基本功能包括以下几个。

（1）增强的诊断功能：该系统采用了基于分层模型的推理程序，可准确检测和隔离故障，同时有效地减少虚警。

（2）状态管理功能：在诊断与预测信息、可用的资源和作战使用要求的基础上，明智、灵敏、准确地做出维修保障决策。

（3）预测功能：装备实际状态的评估，包括预测与确定使用寿命和剩余寿命。

F－35 的 PHM 系统体系结构由飞行器在线健康评估系统、飞行器保障系统接口、F－35 的维修人员使用的自主式保障系统及离线 PHM 三部分组成，如图 7.39 所示。

该 PHM 系统体系结构具有以下基本特征。

（1）层次化。

在 PHM 系统的机载部分，根据检测级别不同，分为不同的层次，完成对不同级别的检测、诊断和预测。这种分层的设计方法可以大大降低 PHM 系统开发的复杂度，加快开发进度。

（2）分布式、跨平台。

该 PHM 系统由机载 PHM 系统、地面 PHM 系统以及与作战指挥系统的接口组成，机载系统又由不同级别的分布式系统构成。此外，该 PHM 系统需要与多个其他系统的分布协作，才能完成其全球自主保障的使命。

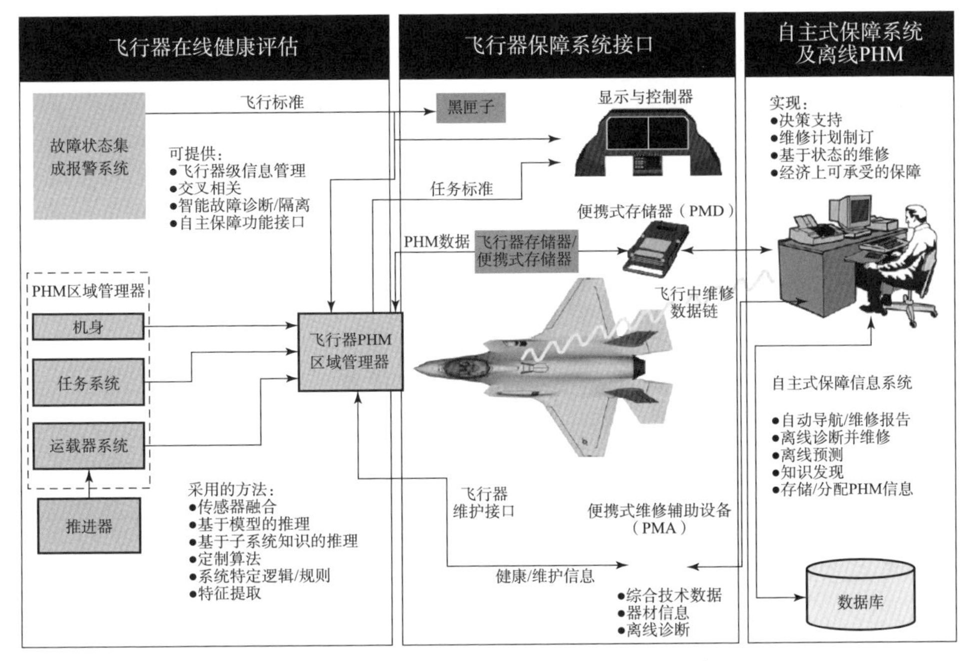

图7.39　美军F－35的PHM系统体系结构

（3）开放性、模块化和标准化。

该PHM体系结构是一个开放的系统，以保证不同供应来源的组件能够方便地集成并具有较好的互换性。另外，该系统还利用标准的、开放的接口规范综合各个功能部件，从而形成模块化的PHM系统。

（4）实时性。

该系统可实时检测和跟踪系统健康退化状态，并通过通信链路实时传送至地面PHM系统，同时对关键部件进行剩余寿命评估，生成维修保障决策。

PHM系统的应用为F－35的使用和维修带来了显著的效益，其中最重要的是使CBM取代计划性维修成为可能。PHM系统能准确、可靠地检测和预测故障，在多数情况下可将故障隔离到单个外场可更换部件，指出故障对任务的影响，并在飞机着陆前将信息下传。这样，对于必须立即进行的维修，可以通过“联合分布式信息系统（joint distribute information system，JDIS）”事先做好准备；而对于可以推迟的维修，则通过JDIS协调最佳的维修时机。

美军F－35项目办公室通过建模与仿真手段，计算出采用PHM系统后F－35飞机将达到的保障性能指标。仿真结果表明，F－35采用PHM系统后，可实现以下效果：一是保障规模显著缩减。与现有的飞机相比，F－35在部署期间所需的保障资源将大幅减少（如常规起降型飞机减少59%），维修人员比现有飞机减少 40%，每架飞机的直接维修人员规模缩减到 10 人。二是出动架次率提高。采用 PHM 系统后，F－35 的出动架次率能够提高 8%。三是任务可靠性提高。美国空军常规型、海军舰载型的任务可靠性能够达到 95%，海军陆战队短距起飞垂直降落型飞机的任务可靠性能达到 93%。每飞行小时的平均维修工时可降至 0.3 h。

总之，PHM 已成为国外新一代武器装备研制和实现自主式保障的一项核心技术，是 21 世纪提高复杂系统“五性”（可靠性、维修性、测试性、保障性和安全性）和降低寿命周期费用的一项非常有前途的技术。

2）基于 OSA 的 PHM 系统构成及运行流程

国内外典型的 PHM 系统通常采用开放体系结构（open system architecture, OSA），基于 OSA 的 PHM 系统由数据采集、数据预处理、状态监测、健康评估、故障预测、决策支持和人机接口七大模块构成，如图 7.40 所示。PHM 系统各模块之间没有明显的界限，且存在大量数据信息的交叉反馈。

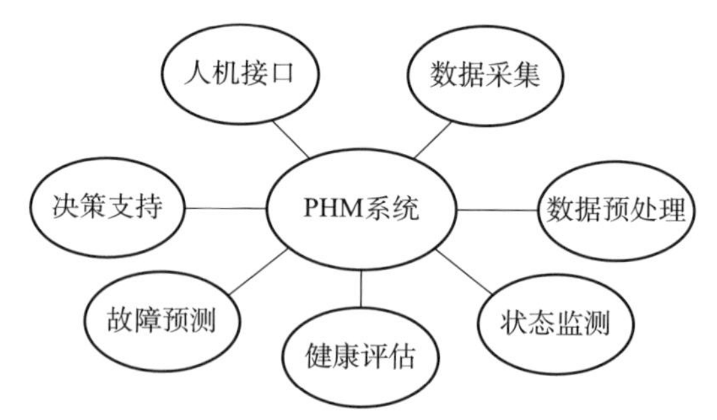

图 7.40　基于 OSA 的 PHM 系统基本组成

图 7.41 给出了该 PHM 系统运行的基本流程，主要包括数据采集、数据处理、数据分析和决策形成四个环节，其中数据分析和决策形成是其中的核心部分。

从图 7.41 可以看出，该 PHM 系统能够解决如下问题。

（1）当前系统处于其健康退化过程中的哪一种健康状况，是正常状态、性能下降状态还是某一功能失效状态，并估计当前的状态偏离正常状态的程度大小，属于状态监测与健康管理，解决“是否异常”问题。

（2）依据当前系统的健康状况决定是否维修，同时判断是由何种故障模式引起系统健康水平下降，并能对故障模块或元件尽早检测与识别，避免系统发生严重故障，属于早期故障的诊断与识别，解决“故障是什么”问题。

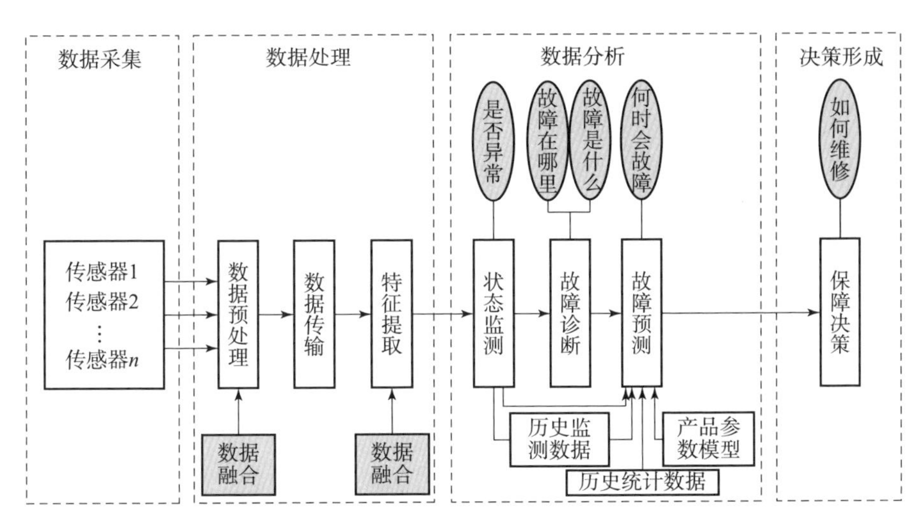

图7.41　基于OSA的PHM系统运行的基本流程

（3）如不维修，则继续监测系统当前状态并能够对其进行预测，即研究未来时间（下一次任务之内）系统是否能正常地完成其功能，并根据过去和现有的状态预测未来某时间的状态，从而可以提前预警，属于状态预测，解决“何时会故障”问题。

（4）如果维修，则根据当前维修保障人员、维修装备和器材等情况，制定合理的维修决策与计划，实现维修资源的最优化配置，提高维修效率，解决“如何维修”问题。

7.5.2.2　装甲车辆PHM系统功能需求分析

我陆军装备的机械化建设已经进入全面发展阶段，信息化建设正在逐步深入。陆军合成部队中大（中）型装备型号多、数量大，轮式、履带装备并存，装备技术水平多代并存的现象普遍。随着国防和军队改革的逐步推进，目前已确定的战役级及以下部队维修保障力量的编制大幅压减，在军民融合维修保障策略已提出，但其具体实施仍存在很多现实问题的情况下，旅级合成部队的维修保障任务量更加繁重，保障难度进一步增大，现有装备维修保障能力不足的问题日渐显现。维修保障力量的编制体制一旦确定下来，短时间内将不可能改变，故解决此现实问题的可行办法就是通过逐渐改进现役和新研装备的维修保障技术与方法，减少维修保障任务数量和劳动强度，提高装备的主动维护和自主保障能力。PHM技术的发展及其在航空、航天等领域的成功应用表明，推动PHM技术在陆军装备领域的应用将是解决该问题的有效途径。这里结合装

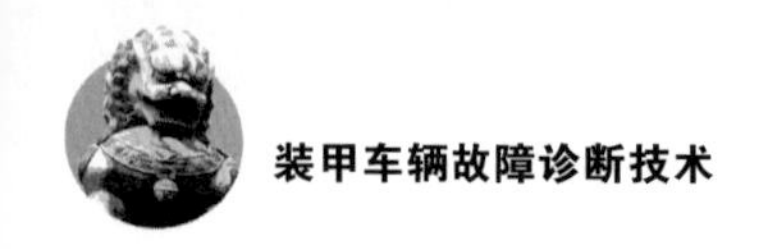

甲车辆的特点，深入分析了其作战保障的实际需求，认为装甲车辆 PHM 系统应具备以下几项基本功能。

1）装备在线监测

在线监测是指为了保证大型、重要设备的安全和可靠运行而对其状态信号进行的自动、连续或定时的采集和分析，并把分析的状态结果告知用户的一种监测方法。对装甲车辆的动力、传动和火控等重要系统进行实时在线监控，不但能及早发现故障征兆，减少和避免事故的发生，还能为故障的及时诊断和预测提供数据支持。

2）状态提前预知

实现装甲车辆状态的提前感知和故障预测是现代战争对装备保障的迫切需求，也是装甲车辆 PHM 系统所要实现的一项重要功能。通过对现有监测数据和历史数据的分析，结合先进的预测算法，根据现有状态预知装备未来某个时刻的状态和故障发生的时间范围以及装备的剩余寿命，不但可以提高装备的维修保障效率和战备完好率，还可以降低维修保障费用，提高经济效益。

3）异常实时报警

现役装甲车辆配备的相关仪表仅能显示当前装备运行的简单参数，不能实现对参数数据的实时分析和对异常状态的实时报警，限制了驾驶员和后方保障人员对车辆状况的实时掌握。这就需要通过装甲车辆 PHM 系统的研发来合理设置嵌入式传感器，在监测装备重要参数的同时，结合异常检测算法，实时分析各个系统的状态，在异常出现的时候能够及时报警，并提示异常的部位和异常的严重程度，以便驾驶员和后方保障人员采取相应的措施，保障任务的顺利完成。

4）故障自动检测与隔离

当装甲车辆在执行任务中发生故障时，要求其 PHM 系统能实时检测出故障发生的部位、故障类别和故障的严重程度，并以此确定故障的维修级别，并提供给装备维修与管理机关组织维修保障力量对装甲车辆及时进行抢修或后送，达到保障快速、准确和高效的目标，最大限度保障任务的成功率。

5）器材储供需求确定

在维修任务的执行过程中，一旦确定了所需的备件，PHM 系统应能自动

将相关信息传递至器材仓库，并由器材仓库值班人员或管理人员根据优先级别及时将备件交付至所需位置，动态完成器材保障任务。同时，对器材仓库本身，应建立与 PHM 系统相适应的“动态器材管理系统”，根据各备件的库存和供给情况，及时向供货商采购，保证关键备件、易损备件的及时供应。

6）决策自动生成

随着装备型号和数量的增多，以及装备结构的日益复杂，基于传统统计数据的人工车辆派遣和维修决策方法已不能满足现代战争精确化使用与维修保障的要求，而且由于掌握的信息不够全面，基于人工的主观臆断极易造成决策失误。这就要求装甲车辆 PHM 系统能够根据当前和历史数据，结合人工智能算法，对车辆派遣和维修保障进行自动决策，并运用运筹学原理优化决策流程，保证车辆派遣的最优配置和维修保障的高效运行。

7.5.2.3　装甲车辆 PHM 系统的设计方案

1）装甲车辆 PHM 系统的设计原则

（1）体制适应性。

PHM 系统的建设是对现有装备保障系统的全面升级，是一个系统工程过程，这个过程的核心将涉及对装备保障系统信息流、控制流、工作流和物质流的再造，这一过程与装甲装备的使用保障流程和维修管理体制密不可分。为保证 PHM 系统的配置安装与正常运行，装甲车辆 PHM 系统的设计研发必须与现行的维修保障体制一致。

（2）经济承受性。

装甲车辆 PHM 系统的建设是一个装备保障系统信息化改造的过程，其中涉及多种设备和设施的更新换代，不可避免地需要投入一定的资金。因此，在系统设计时应多方面考虑 PHM 系统的建设成本，充分利用现有设备或对现有设备进行信息化改造，在构建 PHM 系统降低维修保障费用的同时，尽可能压缩 PHM 系统自身的建设成本。

（3）功能全面性。

PHM 系统是一个完整的装备保障方案，从装备的派遣、使用、保养、维修等各个环节均有涉及，这就要求设计 PHM 系统时应充分考虑其功能全面性，不但要涵盖故障预测、状态监测、故障诊断、健康评估和维修决策等基本功能，而且 PHM 系统的相关扩展功能，如派遣决策、装备动态管理等也应一并考虑。同时，装甲车辆 PHM 系统应与现有维修、器材等信息管理系统兼容，

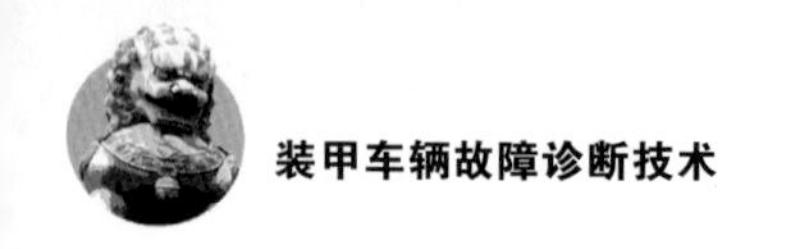

并预留有相应的功能模块接口以便将来进行功能升级和维护。

（4）信息共享性。

数据信息的获取、存储、传输和使用是 PHM 系统运行的基础和支柱，由于系统内部各个功能模块之间有信息依存关系，所以在 PHM 系统内部的数据信息应该能够高度共享，保证各功能模块间信息准确及时传递。同时，应预留标准数据接口，保证与其他信息系统进行数据交换和信息共享。

（5）应用便利性。

为了使 PHM 系统能够更好地发挥作用和提升效率，系统设计时应全面考虑其应用的便利性。在硬件安装方面，应尽可能在原有结构上调整升级；在软件安装方面，应实现系统的无值守自动安装；在系统的使用方面，应最大限度提升用户操作体验；在系统维护方面，应保证系统数据库更新和软件升级简单易行。

（6）运行可靠性。

作为装备保障系统，装甲车辆 PHM 系统在运行的过程中应首先保证系统本身的可靠性，不能因为系统本身可靠性的原因影响装备维修保障的效率。因此，在系统软硬件开发设计时，应充分考虑选用硬件的运行可靠性和开发软件的运行稳定性，并实现软件的模块化开发，使软件本身具有故障隔离功能，最大限度保证系统的可靠性。

2）系统的总体设计

在借鉴美军 F－35 战机 PHM 系统建设方案的基础上，参考基于 OSA 的 PHM 系统体系架构，结合装甲车辆的作战使用特点以及我军现行的装甲装备保障体制，同时充分考虑与现有作战指挥系统和各类保障业务管理系统之间的数据接口，初步设计了装甲车辆 PHM 系统，将其划分为地面部分（PHM 服务器）和车载部分（车载 PHM 终端）。

其中，地面 PHM 服务器的设计应充分利用已有的基层部队现有的信息化系统软硬件条件和信息资源，拓展 PHM 系统必需的软硬件，通过有线或无线链路接收车载 PHM 系统采集的原始数据和初步分析得到的故障诊断与健康评估等信息，通过维修保障决策支持系统，协调各相关部门及时展开保障行动。PHM 服务器主要包括调度、存储、计算等各类高性能计算机硬件和数据收发与解析、信号处理、健康状态评估、故障诊断、故障预测以及决策支持等各类模型软件。它平时可以固定在数字化车场内部，战时可随车搭载于装备保障指挥车内。地面 PHM 服务器是整个装备 PHM 系统的核心，是对数字化车炮场现有装备保障业务系统的功能升级。图 7.42 给出了 PHM 服务器的基本结构。

车载 PHM 终端结构分为三层，如图 7.43 所示。

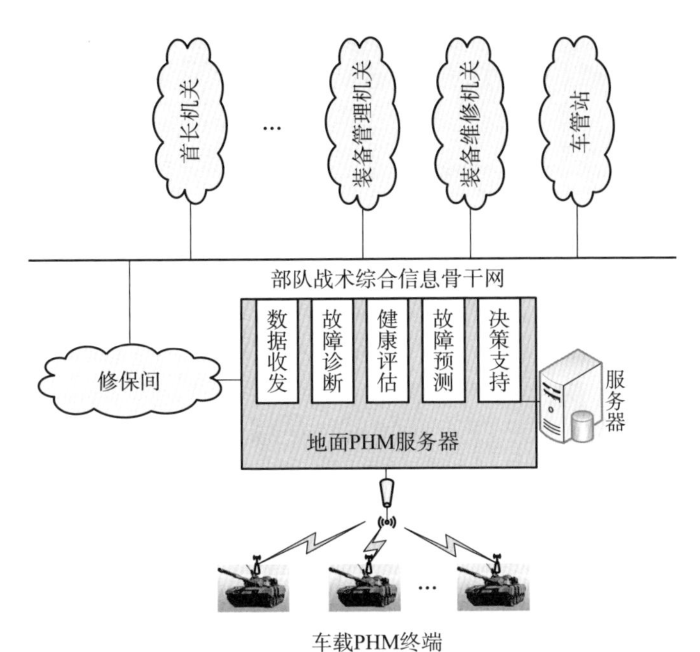

图7.42　装甲车辆PHM系统结构

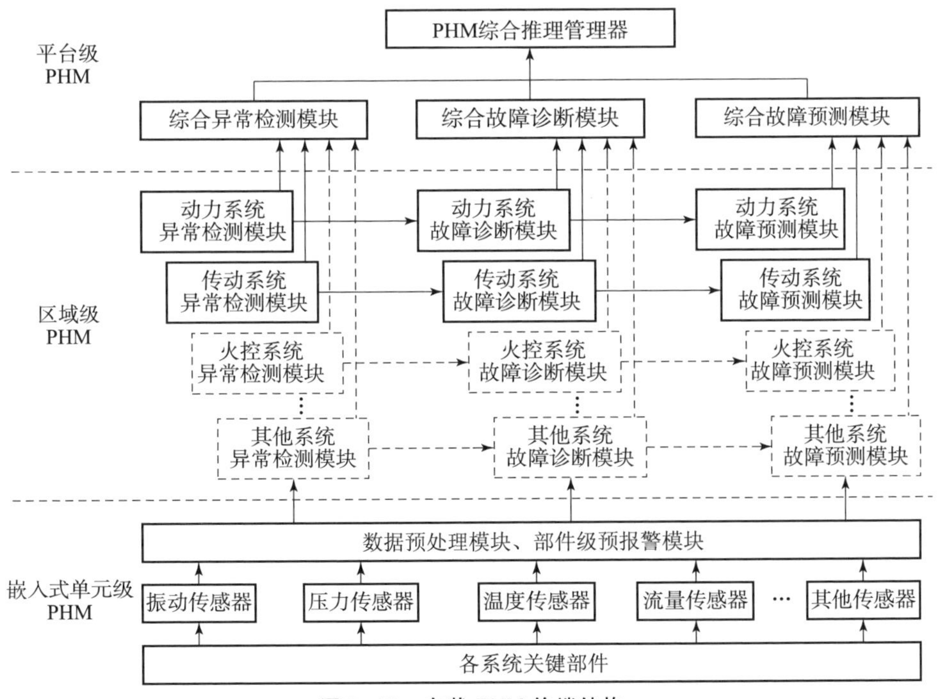

图7.43　车载PHM终端结构

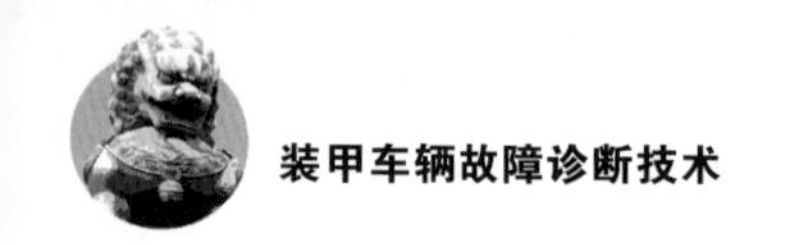

从图7.43中可以看出，车载终端的第一层是嵌入式单元级PHM，该层由装备现有的传感器加上数量尽可能少的专用传感器，以及一些由高级算法构成的虚拟传感器组成，用于完成原始数据收集和基本单元系统的预警；第二层是区域级PHM，由多个区域管理器构成，负责处理来自传感器的数据，获取装备相应子系统的健康信息。区域管理器由软件推理机或功能软件模块组成，利用模糊逻辑、数据融合、神经网络、基于模型或案例的推理技术，完成多信源的数据融合并得到分系统的健康信息；第三层是平台级PHM，用于综合装备各个子系统的信息，得到装备整体的健康评估信息，实时显示给乘员，并在必要时传至PHM系统的地面部分。车载PHM终端的设计应充分利用现有车载测控系统获取的信息，兼容现有车载总线体系（如1553B、MIC、CAN以及FlexRay等总线）。

这里提出的装甲车辆PHM系统的体系结构具有以下优点。

（1）专用传感器用量较少。这不但减轻了重量、降低了成本，而且提高了装备系统本身的可靠性。

（2）针对不同的功能子系统（如动力系统、传动系统、火控系统等），设计专门的区域管理器。每个区域管理器具有不同的计算功能和软件算法，用于对特定子系统进行连续监测，可保证监测结果的准确性和可靠性。

（3）高层数据融合统一在平台级PHM系统中进行，可以消除由于单个传感器故障引发虚警的现象。

7.5.3 装甲车辆PHM系统样机

近十几年来，北京理工大学、陆军装甲兵学院、中国兵器集团北方车辆研究所等单位围绕装甲车辆的维修保障，开展了卓有成效的科学研究工作，针对不同型号装备研制了系列装备的维修保障设备。这里给出一种针对某型轮式步战车的PHM系统实施案例，该系统的实施模式已推广到某合成旅的百余台装备上应用，取得了较好的应用效果。该PHM系统的基本组成与上一节给出的总体设计方案相一致，主要由车载PHM终端、地面PHM服务器和数据传输链路三大部分组成，下面对各部分的功能及详细组成分别进行描述。其中数据传输链路可以是无线专网，如北斗卫星、军用4G LTE、CDMA等，也可以采用物联网领域的自组网技术。当然，在网络条件不具备的情况下，也可以借鉴空军飞机装备管理的思路，关键使用及状态、预警及故障信息通过北斗卫星等专用数据链实时传输，其他数据等装备回场后采取有线传输的方式将数据汇总到地面PHM服务器。这部分内容就不在此书中详细介绍了。

7.5.3.1　车载PHM终端

针对新型装甲车辆基于大部件的车载测试系统种类繁多、接口不统一、监测信息不全面，系统封闭、信息交互能力差，在线故障预警能力弱，故障排除效率低等问题，以我军某型轮式步兵战车为研究对象，提出基于嵌入式技术、总线技术研制车载嵌入式智能数据采集装置，并研发包含于装置内部的测试诊断软件，实现装甲车辆运行状态综合信息的实时采集、在线监测、故障诊断与健康评估，为提高装甲车辆基于状态的维修保障水平提供实用的仪器、技术和方法。

1）车载终端的总体设计

（1）总体功能。

实现该型轮式步战车不同类型信号的实时采集与存储，包括模拟信号、数字信号、振动信号、CAN总线信号、MIC总线信号等，通过所采集数据的分析处理，实现车辆的在线监测、故障诊断、故障预测、健康评估等功能，如图7.44所示。

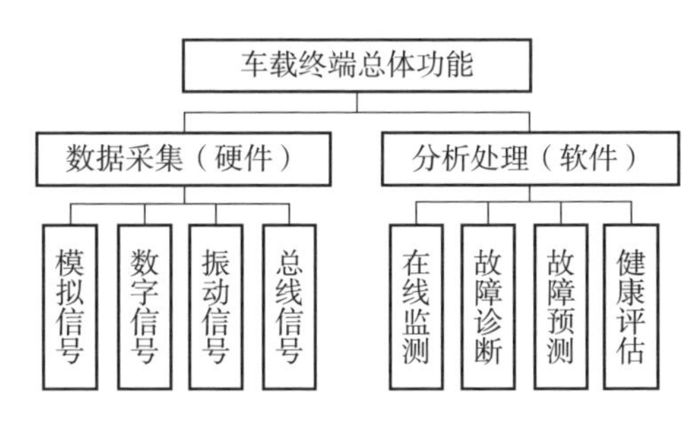

图7.44　车载PHM终端总体功能描述

（2）总体方案。

基于系统的功能需求，确定了车载终端的总体方案，如图7.45所示，其具体设计思路和内容如下。

从图7.45可以看出，车载PHM终端主要由硬件部分和软件部分组成，各部分分述如下。

①硬件部分。硬件部分主要包括数据采集模块、总线通信模块、接口板和嵌入式主板等组成，采用模块化、嵌入式设计思想，突出通用性强、功能完善、功耗低和便携式的优点，完成不同信号源信号的调理、采集、处理和分析，为软件平台提供一个功能完善的载体；传感器包括车载传感器、车

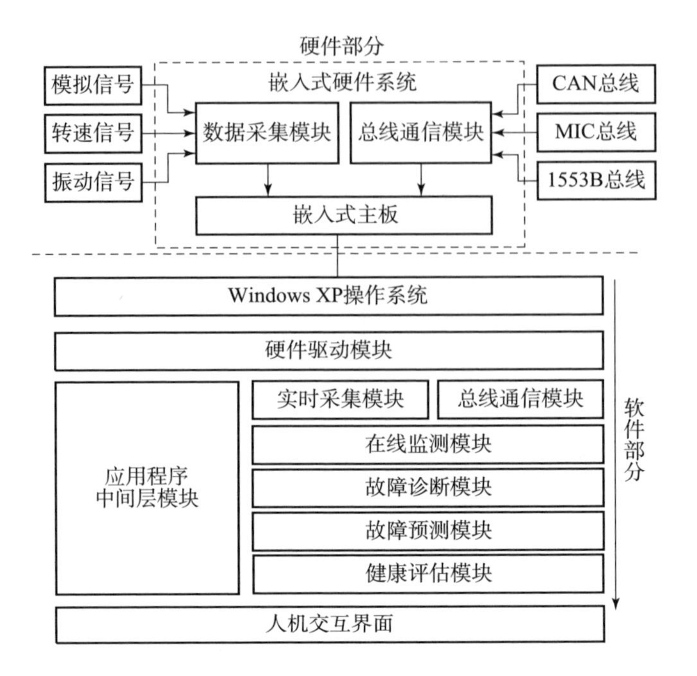

图 7.45　车载终端的总体方案

载总线与外置传感器等，可最大拓展系统获取信息的能力；测试电缆及航插转换组主要是在保证系统通用航插序列通用性基础上，针对各种信号源的传感器接口航插的不同，专门设计的一系列转接头和测试电缆。当信号源改变和外来检测任务扩展时，仅需改动测试电缆及航插转接组的转接头，即可提高车载终端的通用性，实现一套硬件系统以适应多种信号源的检测需求。

②软件部分。采用模块化、层次化设计思想，主要包括硬件驱动模块、实时采集和总线通信模块、应用程序中间层模块和人机交互界面，采用 Windows XP 操作系统，以 VisualC ++ 2010 为软件开发平台，以 SQL Server2008 为数据库平台，完成软件开发，实现各软件模块的协同作业，完成系统状态监测、状态评估、故障诊断、故障预测和健康管理等功能。

综上所述，车载 PHM 终端的硬件平台应具有各种不同类型信号源的调理与获取能力，为后续的信号分析处理提供可靠的数据来源；其软件平台采用数据库驱动的设计思想，功能可自由组合，检测和诊断方案可灵活配置，为用户评估与诊断算法验证提供技术手段。

2）车载 PHM 终端的硬件设计

车载 PHM 终端的硬件系统包括终端主机和附件，其中附件包括传感器组、测试电缆及航插转换组；终端主机采用标准 CPCI 总线的形式，CPU 采用双核 1.8G 以上、2G 内存，硬盘采用军用固态硬盘 120G 以上，系统各模块之间的连接关系如图 7.46 所示。

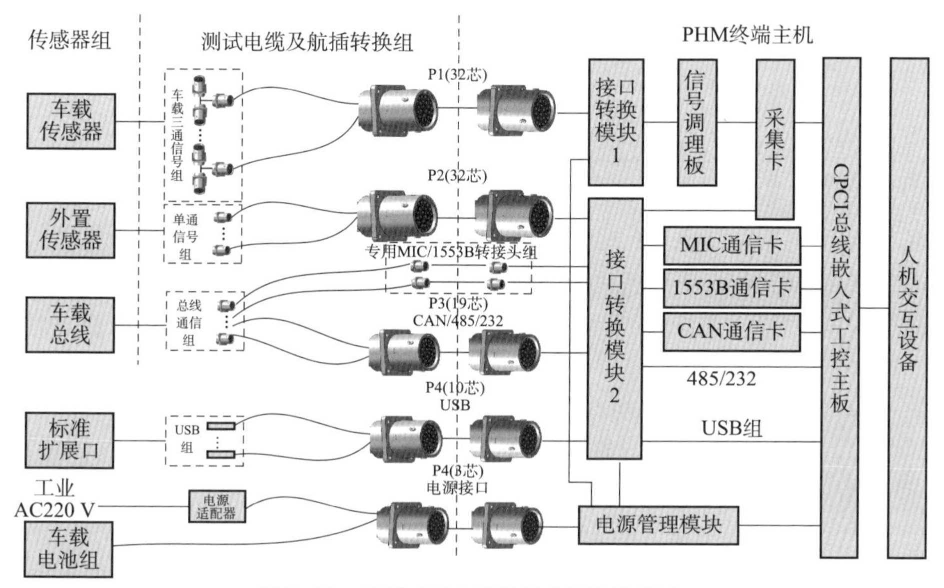

图 7.46　车载 PHM 终端组成及连接关系

（1）传感器组。

传感器组主要用于实时获取装备的技术状态参数信息，根据信号来源的不同可分为车载传感器、车载总线、外置传感器三种。其中，车载传感器包括柴油发动机转速信号，综合传动装置传动箱操纵压力、变速箱操纵压力、变速箱补偿压力等信号，可通过总线或三通方式引出上述车载传感器信号。为了达到更高的采样频率，转速信号一般采用三通方式，以直接引出原始模拟信号的方式实现转接；总线测试接口主要包括 CAN 总线测试口、MIC 总线测试口、1553B 总线测试口，可以获取含总线装备的车长计算机、火控计算机、驾驶员终端、炮塔电子装置、底盘电子装置、自动装弹机程控箱、光电对抗主控器、自动装弹机 MIC 盒、三防灭火控制盒、推进系统综合控制装置、多个电源电气管理的 MIC 控制盒柴油发动机转速、综合传动装置换挡挡位、操纵油压、补偿油压、传动油温、转向泵补油压力、润滑油压、油温、推进系统故障代码、转向油温等总线信息。外加传感器：主要包括安装在综合传动装置箱体表面不同位置的各种振动传感器。

（2）测试电缆及航插转换组设计。

测试电缆及航插转换组主要完成不同类型信号源的识别和硬件电气连接功能，为了保证系统硬件的通用性以及提高对外来扩展的各种信号源的扩展能力，项目组采用了模块化的设计思想，完成了不同信号源的硬件连接，其结构原理如图 7.47 所示。

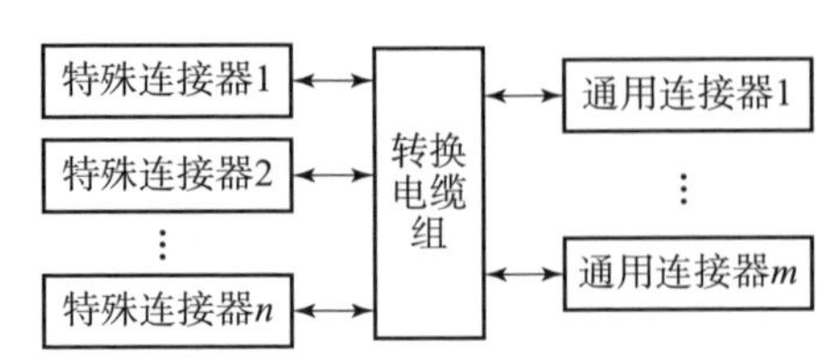

图 7.47　测试电缆及航插转换组的结构原理

该模块主要由特殊连接器组、转换电缆组、通用连接器组三部分组成，其中特殊连接器组主要直接面对具体传感器，不同类型的具体传感器配有不同的连接器；通用连接器组主要面向测控主机的接口转换模块，所有类型信号源的通用连接器组的接口形式都一样；转换电缆组连接特殊连接器组和通用连接器组，构建不同类型信号源底层硬件传感器与测控主机接口转换模块之间的桥梁，并完成二者之间电气匹配连接。当信号源改变时，仅需换用不同的特殊连接器，更换方便简单，便于实现一台车载终端适应多种信号源的检测。

（3）终端主机的设计与集成。

终端主机采用 CPCI 总线架构，它秉承了 IBM－PC 开放式总线结构优点，具有体积小、成本低、可靠性高、寿命长、工业范围宽、编程调试方便、外围模块齐全等优点，在测控领域得到了广泛的应用。主机主要由嵌入式工控主板，数据采集模块，含 MIC、1553B 和 CAN 总线通信模块等组成，可实现测试信号的隔离、调理、分析和处理。图 7.48 给出了终端主机的总线架构。

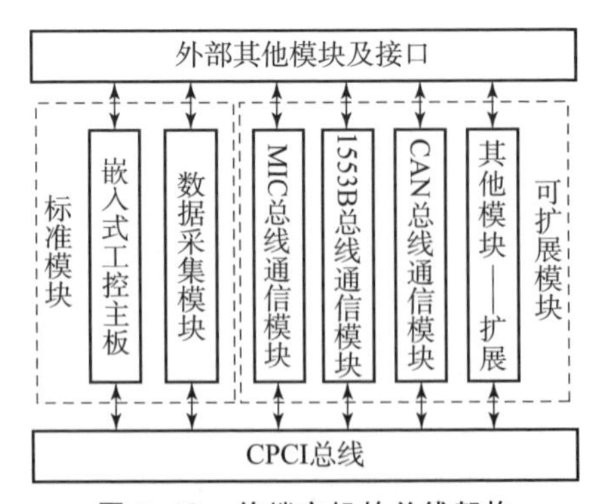

图 7.48　终端主机的总线架构

图 7.48 中，终端主机由嵌入式工控主板、数据采集模块、MIC/CAN/1553B 总线通信模块集成，其中工控主板为系统大脑和核心，决定了 CPCI 总线上其他设备 I/O 端口和中断号的分配；数据采集模块主要完成模拟类信号的采集；MIC 总线通信模块主要完成 MIC 总线上综合传动装置各种信号的监听和获取，该标配设备完全能满足终端主机对多种信号源的兼容能力。CAN 总线通信模块和其他模块主要是考虑系统以后的扩展，为扩展模块。标准模块组和可扩展模块组相互协同工作，均遵循 CPCI 总线协议，由工控主板总体控制，协调各模块工作。外部其他模块及接口主要包括接口转换模块、信号调理模块等，主要完成 CPCI 总线上各个模块与外部信号的连接与传递。部分属于市场货架产品的通用模块直接从市场采购，振动信号采集模块、接口模块、MIC 总线接口模块等经过专门的设计与加工来实现，详细设计内容在此不再赘述。终端主机组装完毕后进行硬件联调，检验终端主机各项功能是否达到设计指标要求。最终完成的机箱总体效果如图 7.49 所示。

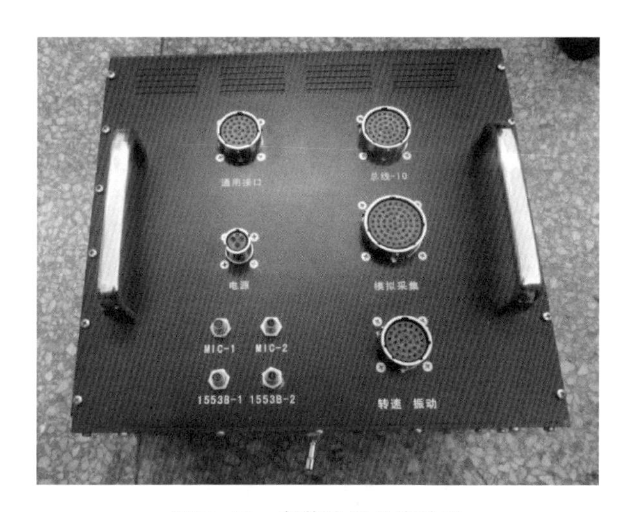

图 7.49　车载终端总体效果

3）车载终端的软件设计

车载 PHM 系统软件系统由数据采集与状态监测模块（自动、半自动检测工作软件、标定软件、驱动程序等）、车载数据分析模块（算法库、函数库、规则库、编码库、离线数据处理等）、车载无线数据传输模块、远程维修支援模块和数据库管理与系统配置模块五部分组成。车载 PHM 终端软件系统各模块的具体功能如图 7.50 所示，模块之间的关系如图 7.51 所示。

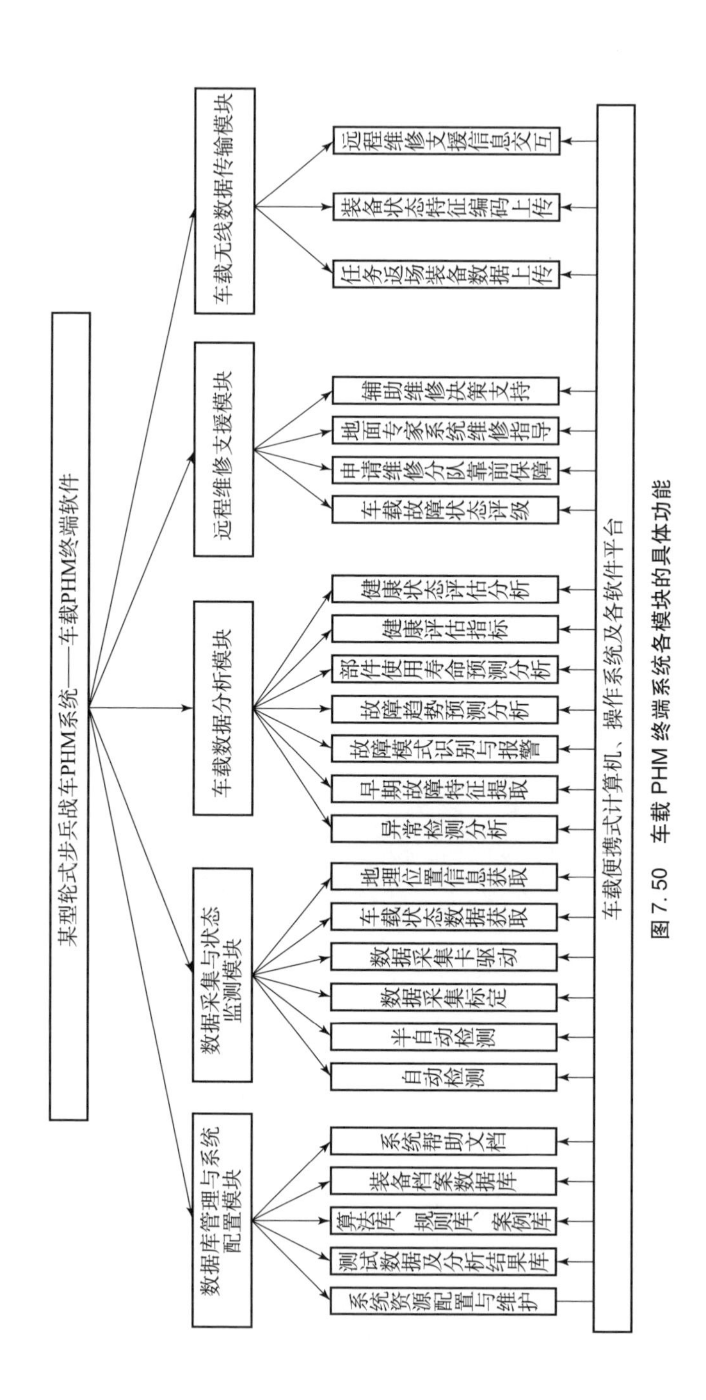

图 7.50 车载 PHM 终端系统各模块的具体功能

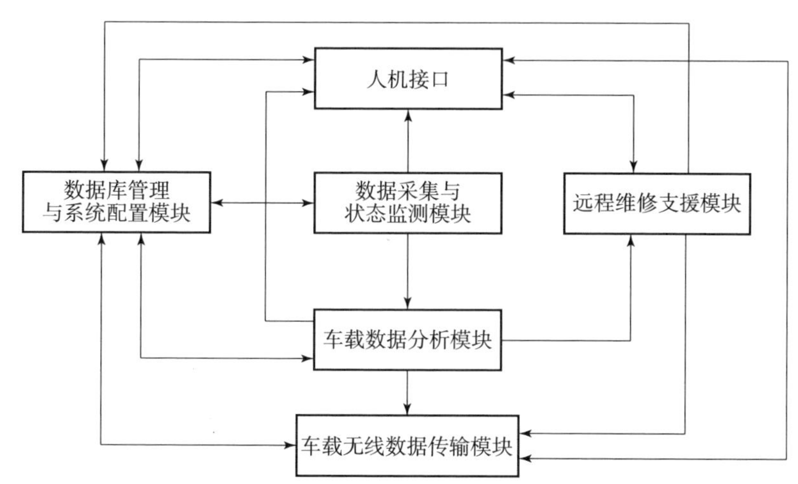

图7.51　车载 PHM 终端系统各模块之间的关系

从图7.51中可以看出：

（1）数据库是各模块的基础，其他模块从数据库获取信息，并将处理结果储存于数据库，通过人机接口可以读取并修改数据库；系统可管理配置 A/D 数据采集模块、地理位置信息采集模块、车载无线数据传输模块等系统资源的使用参数。

（2）数据采集与状态监测模块直接与人机接口交互，用于采集和获取底盘系统的实时状态数据，具有自动控制和人工触发控制两种运行模式。该模块的输出结果写入数据库，并直接用作车载数据分析模块的输入。

（3）车载数据分析模块以实测数据为基础，集成算法库、规则库，并将检测、预测、评估等的状态特征向量以及报警信息编码输出，经车载无线数据传输模块上传至地面 PHM 服务器。

（4）远程维修支援模块以车载数据分析模块的输出为基础，经车载无线数据传输模块与地面 PHM 服务器交互详细故障信息。

（5）车载无线数据传输模块对装备状态特征进行编码后上传至地面 PHM 系统，装备执行任务返场后，回收任务期间测试数据。

图7.52给出了车载 PHM 终端软件系统架构。图中的数据处理算法库支撑着系统功能中的状态监测、故障诊断、故障预测与健康管理、远程维修支援等具体功能的实现。

（1）数采程序的设计。

数采设计程序主要目的是配置数据采集的相关参数，包括数采流程/数据处理设计、数据缓冲设计、数据存储策略设计、数据文件稀疏策略设计以及数采项目管理等。其中，数采项目管理包括新数采项目的建立、数采项目的打开、数采流程的增删、数据处理流程的增删以及数据缓冲配置文件、数据存储策略、数据文件稀疏策略等文件的存储。图 7. 53 给出了数据采集项目管理选择界面。

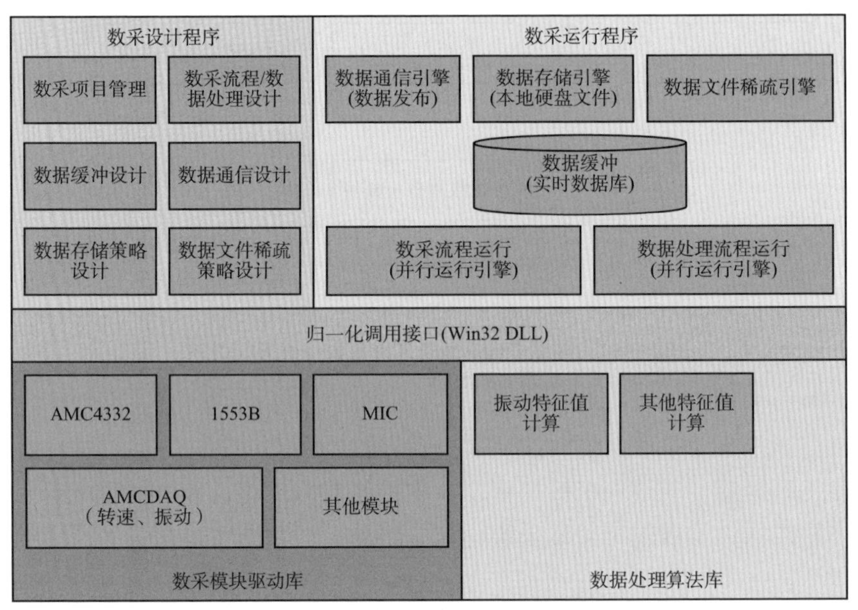

图 7. 52　车载 PHM 终端软件系统架构

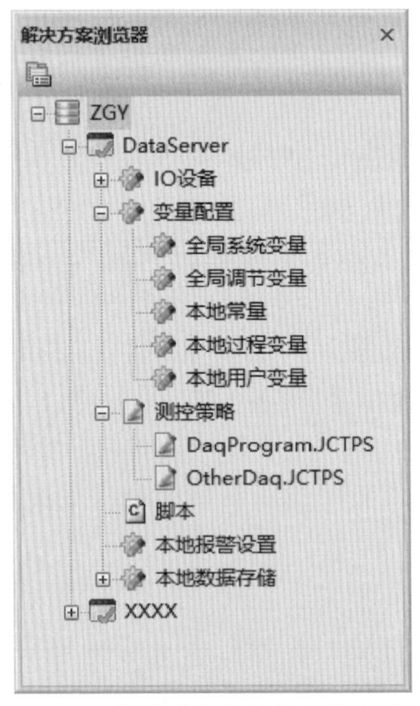

图 7. 53　数据采集项目管理选择界面

（2）数采程序的运行。

数采运行程序以数据缓冲（实时数据库）为核心，还包括数据通信引擎、数据存储引擎、数据文件稀疏引擎、并行运行引擎（数采流程运行、数据处理流程运行）等。数采运行程序的数据流如图 7.54 所示。图中的外部计算机可以被看作系统应用过程中的 PHM 服务器或其他调试阶段用到的测试计算机。

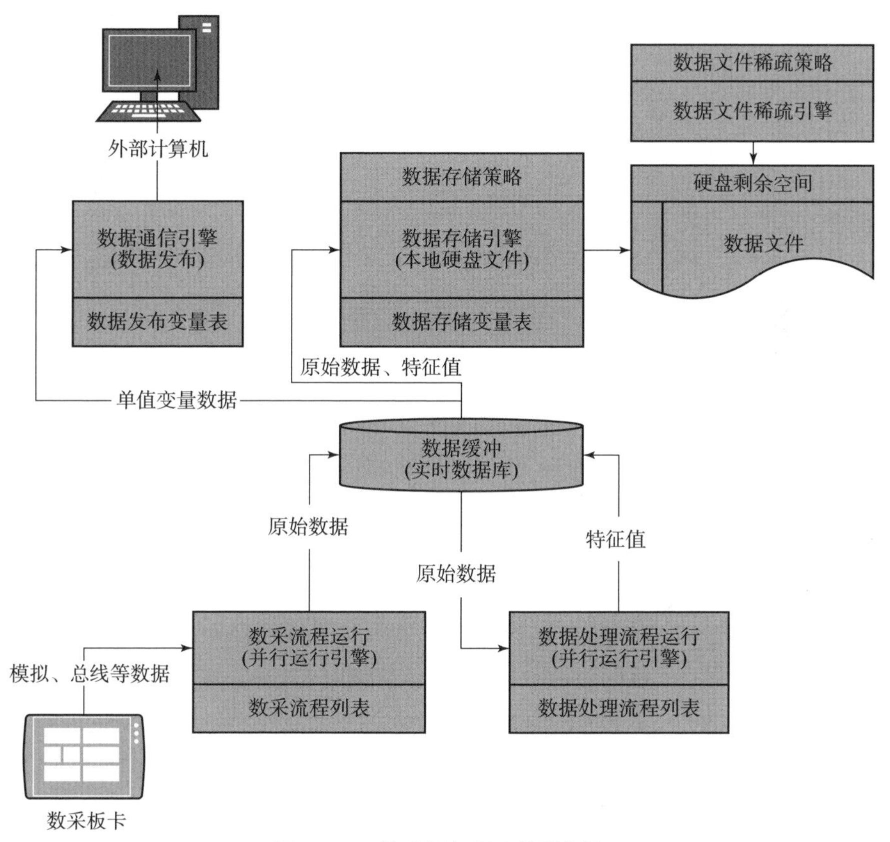

图 7.54 数采运行程序的数据流

7.5.3.2 地面 PHM 服务器

地面 PHM 服务器主要包括调度、存储、计算等各类高性能计算机硬件和数据收发与解析、信号处理、健康状态评估、故障诊断、故障预测以及决策支持等各类模型软件。对于硬件部分，可租用云服务器或直接采购调度、计算和存储等服务器的货架产品，并部署相应的硬件资源管理和软件开发平台。这里重点介绍服务器系统软件的设计与开发。

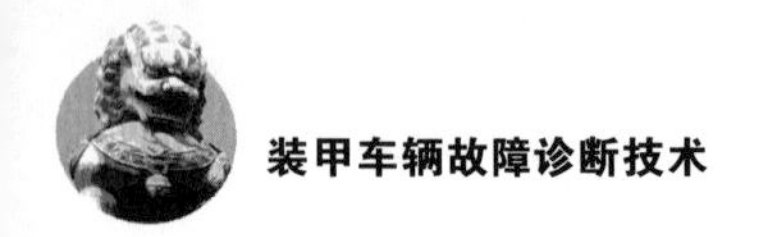

1）系统方案设计

地面 PHM 服务器系统软件由实时监测分系统和健康管理分系统组成，系统构成如图 7.55 所示。其中，实时监测分系统由数据服务软件、总体实时监测软件和单装实时监测软件组成；健康管理分系统由装备总体健康管理软件和单装健康管理软件组成。

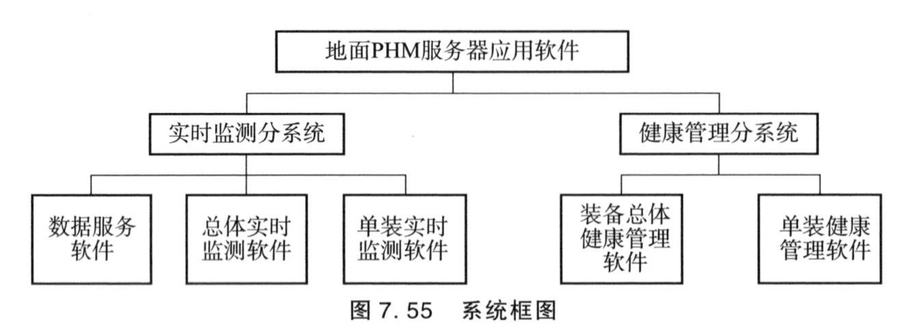

图 7.55　系统框图

（1）实时监测分系统。

实时监测分系统主要用于装备执行任务过程中的实时状态监测。其中，数据服务软件为后台软件；总体实时监测软件为全局监控软件，可监控外场所有装备的实时状态；单装实时监测软件，根据总体实时监测软件的控制指令显示某一单装的信息。

①数据服务软件。数据服务软件根据功能划分为数据库管理模块、网络通信模块、数据转发模块和席位设置模块，如图 7.56 所示。

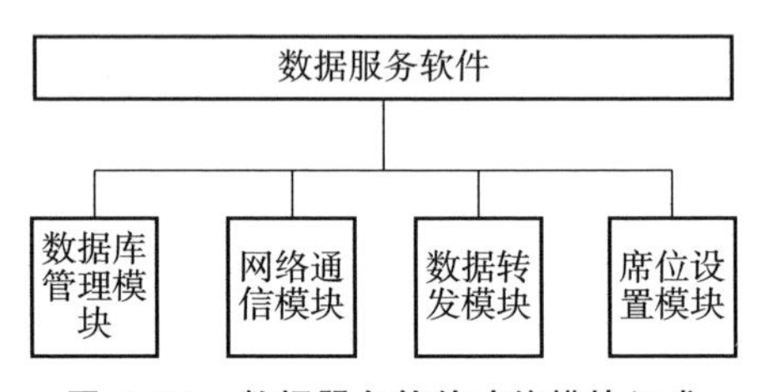

图 7.56　数据服务软件功能模块组成

各模块基本功能如下。

一是数据库管理模块：主要负责数据库查询，并保存当前各个装备的实时数据。其中，根据转发业务和席位设置业务的需求，查询数据包括装备编号、设置、席位设置等基本信息；保存的数据包括装备实时数据、席位设置数据。

二是网络通信模块：主要负责装备实时数据的接入，通过与通信系统的连接，实现外场各个装备的实时数据接入，以及总体实时监测软件、总体装备健康管理软件、单装实时监测软件和单装健康管理软件的数据接入和交互。

三是数据转发模块：主要负责将装备实时数据转发至总体实时监测软件和单装实时监测软件；根据态势软件的控制指令，向单装实时监测软件转发当前指定装备的实时数据。

四是席位设置模块：主要根据 IP 地址等信息设置总体和单装软件的席位，当多个席位同时运行进行装备监测或健康管理时，席位分组将总体实时监测软件/装备总体健康管理软件和单装实时监测软件/单装健康管理软件分为一组，同一席位内的软件可相互关联，查看总体或详细装备信息。

数据服务软件主要负责数据接收转发和席位设置两大业务，其基本工作流程如图 7.57 所示。

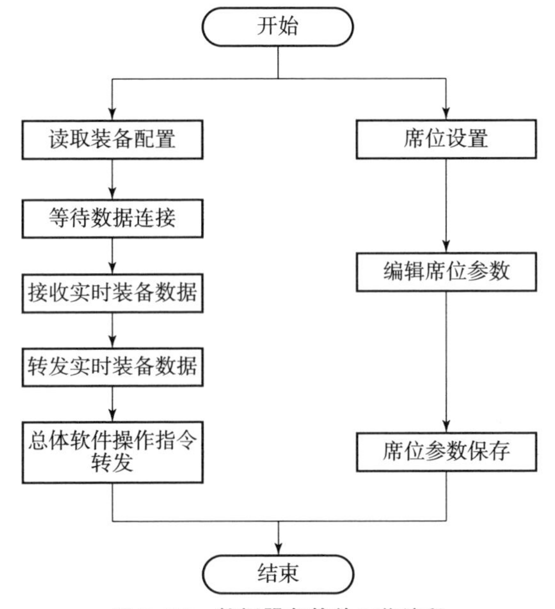

图 7.57　数据服务软件工作流程

②总体实时监测软件。总体实时监测软件根据功能划分为数据库管理模块、网络通信模块、辅助派车模块、单装操作指令下发模块、实时态势显示模块和任务状态显示模块，如图 7.58 所示。

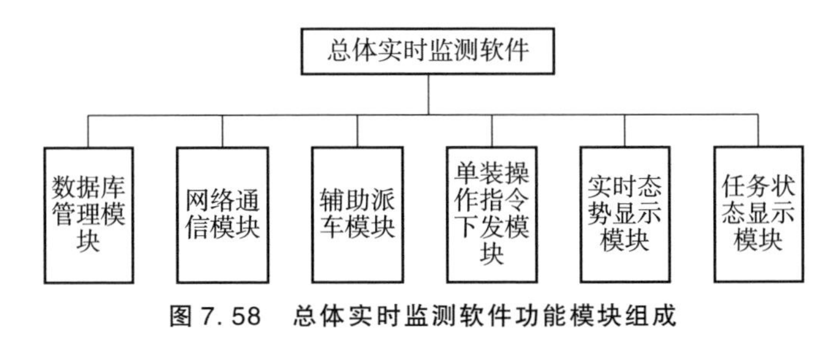

图 7.58　总体实时监测软件功能模块组成

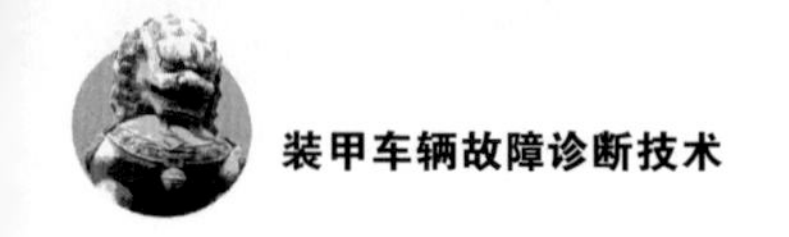

各模块基本功能如下。

一是数据库管理模块：主要负责数据的查询和保存。其中，根据辅助派车和实时监测业务的需求查询的数据包括派车的基本任务信息、任务划分、装备的基本信息和场区信息等；保存的数据主要包括派车方案和过程操作指令等信息。

二是网络通信模块：主要实现与数据服务软件的数据接入和交互。交互的主要数据包括装备实时数据和单装操作指令数据。

三是辅助派车模块：主要根据系统设置的派车任务，通过数据库中设置的派车模型，选择合适的车辆完成指定任务。

四是单装操作指令下发模块：能够在二维地图上实时监测过程中向单装下发详细状态查看指令以及故障诊断指令，该指令下发至数据服务软件，由数据服务软件根据指令转发数据至单装实时监测软件。

五是实时态势显示模块：主要是在二维地图上显示执行任务的装备位置、状态和轨迹等信息。

六是任务状态显示模块：主要是通过图形方式显示当前执行任务的装备总数、分类以及状态等信息；以列表形式显示当前外场执行任务装备的详细信息，包括装备名称、编号、当前任务、执行状态、坐标、当前状态和时间等。

总体实时监测软件的主业务流程为装备实时监测，并穿插下发单装操作指令和下发诊断指令等两个子业务，其工作流程如图 7.59 所示。

③单装实时监测软件。单装实时监测软件根据功能划分为数据库管理模块、网络通信模块、实时状态显示模块、状态趋势显示模块、车内视频显示模块和故障诊断模块，如图 7.60 所示。

各模块基本功能如下。

一是数据库管理模块：主要负责单装信息、故障信息的查询。

二是网络通信模块：主要实现与数据服务软件的数据交互。

三是实时状态显示模块：主要通过图形化的方式显示当前装备的实时运行参数，包括水温、转速等。

四是状态趋势显示模块：主要通过曲线图的方式反应装备状态（主要包括实时状态）在一段时间内的变化趋势。

五是车内视频显示模块：能够接入视频信号实时显示车长、炮长、乘员的多路视频。

六是故障诊断模块：当装备发生故障时，根据故障类型，查询数据库，获取引起故障的原因，以指导现场的故障排除，确保信息的动态实时可视化精确监控。

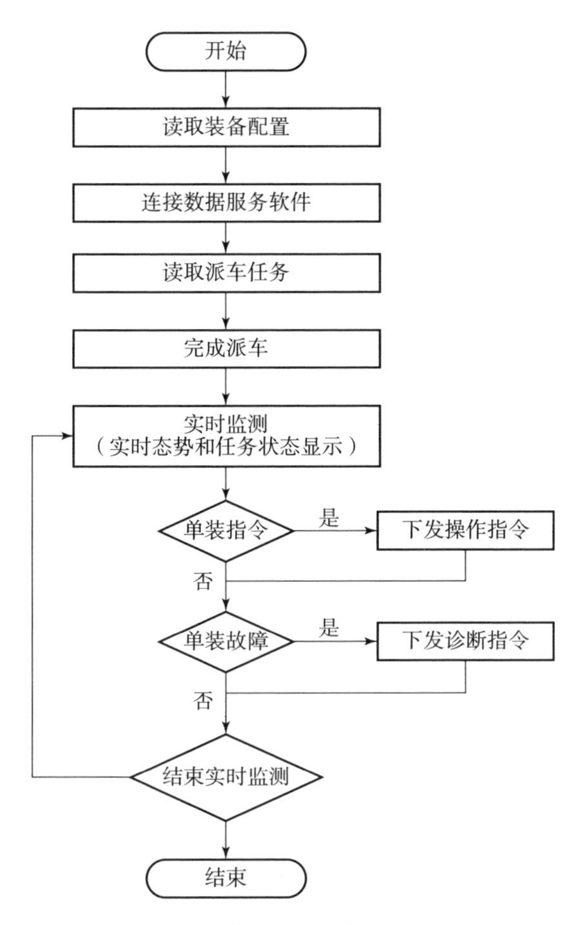

图7.59　总体实时监测软件工作流程

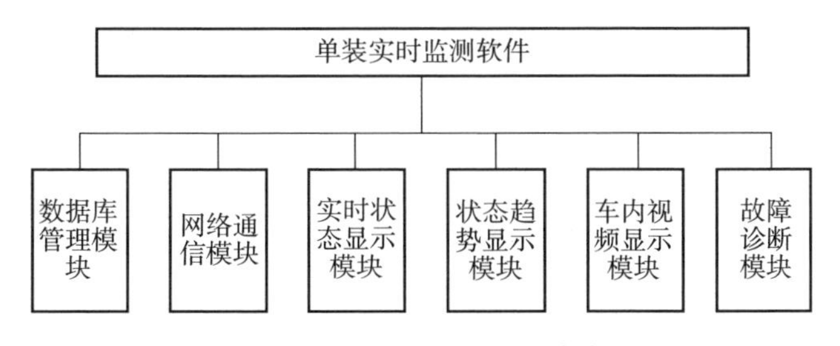

图7.60　单装实时监测软件功能组成

单装实时监测软件的主要业务为单装运行状态的实时监测以及故障诊断，主要流程如图7.61所示。

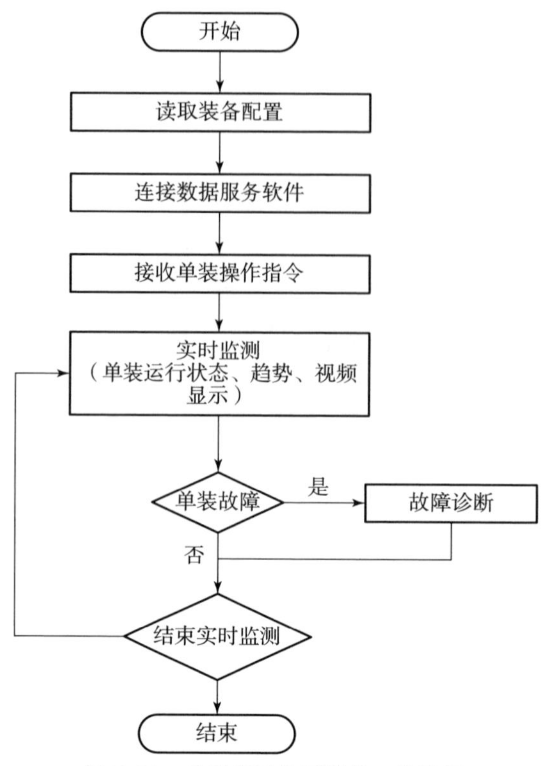

图 7.61　单装实时监测软件工作流程

（2）健康管理分系统。

健康管理分系统主要用于平时的装备精细化管理，包括装备档案、使用情况、维保情况和性能预测等功能。

①装备总体健康管理软件。装备总体健康管理软件根据功能划分为数据库管理模块、网络通信模块、装备总体信息显示模块、装备历史故障分析模块和单装操作指令下发模块，如图 7.62 所示。

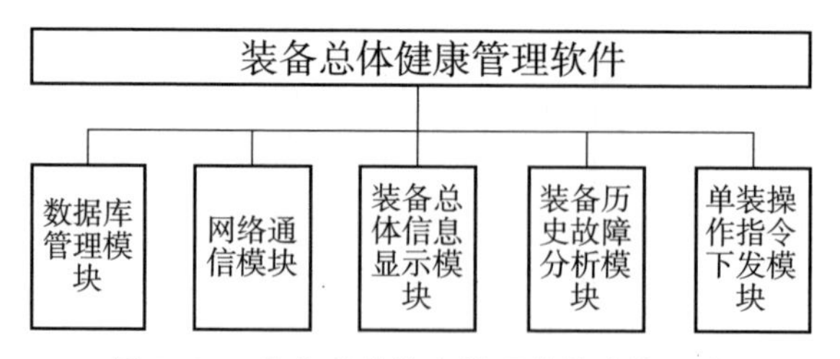

图 7.62　装备总体健康管理软件功能组成

各模块主要功能如下。

一是数据库管理模块：主要负责装备数据的查询和保存。

二是网络通信模块：主要实现与数据服务软件的数据交互，交互的数据主要包括单装的操作指令信息。

三是装备总体信息显示模块：主要实现系统所有装备的完好状态显示以及分类状态显示。

四是装备历史故障分析模块：主要分析各类装备的故障发生时间、类型数量等信息。

五是单装操作指令下发模块：主要用于查看某一单装的健康状态时，发送操作指令至数据交互软件。

装备总体健康管理软件的主要业务为装备总体信息查看、单装详细健康数据的查看，主要流程如图7.63所示。

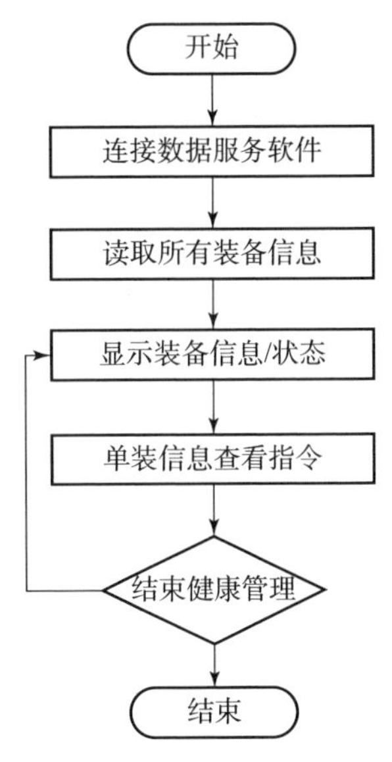

图7.63　装备总体健康管理软件工作流程

②单装健康管理软件。单装健康管理软件根据功能划分为数据库管理模块、网络通信模块、单装信息显示模块、单装维保记录模块、单装性能预测模块，如图7.64所示。

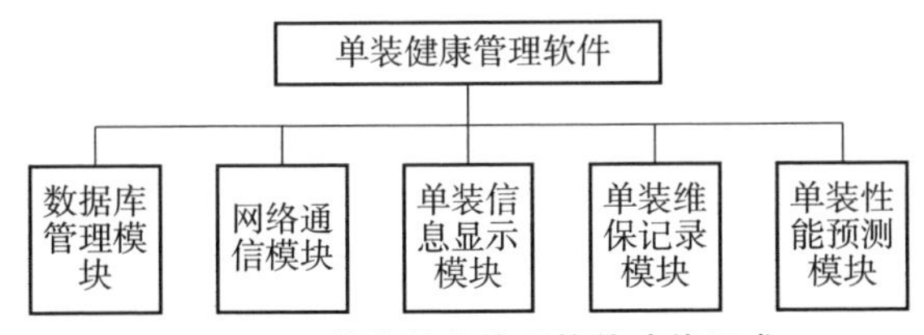

图7.64　单装健康管理软件功能组成

各模块基本功能如下。

一是数据库管理及网络通信模块：主要负责数据库的查询以及与数据服务软件的数据交互。

二是单装信息显示模块：系统实时动态监控装备使用数据，依据装备标识建立与装备唯一对应的健康数据档案，逐步实现装备平时的精细化管理。单装能够实现：装备行驶路径记录，已使用摩托小时数记录，装备行驶车速与摩托小时数的映射统计，装备行驶车速与行驶里程的映射统计，柴油发动机加减速性能评估，装备柴油发动机转速与柴油发动机机油压力、油温、水温的映射统计，驾驶员挂挡、踩油门等动作统计，射手调炮、瞄准及射击等动作统计，装备健康状态评估等功能；装备群可实现装备动用台次、摩托小时消耗统计、装备群健康状态评估统计等功能。

三是单装维保记录模块：以列表形式显示该装备的维修保养记录，并提示下次的维修保养类型和时间。

四是单装性能预测模块：利用历史使用记录和维修保养记录信息分析单装的相关性能变化趋势。

单装健康管理软件的主要业务流程如图7.65所示。

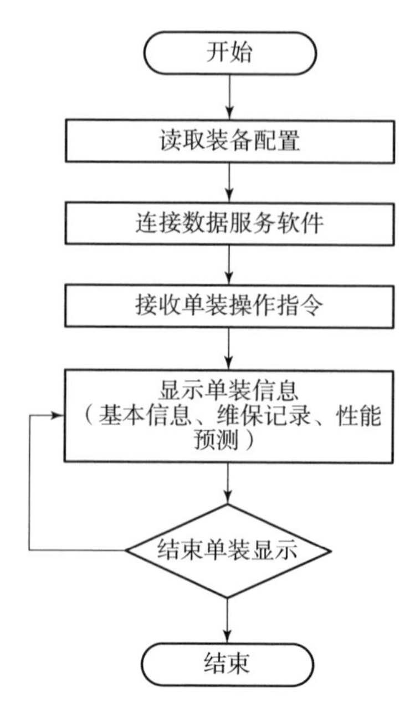

图7.65　单装健康管理软件的主要业务流程

2）系统部署

系统的部署如图7.66所示。服务器上安装数据库和数据服务软件，负责基础数据的维护、保存和实时数据的接入；一个席位由5台计算机和5个显示器组成，如需多席位同时监测，可按图所示席位配置；其中，计算机1上安装总体实时监测软件和总体健康管理软件，负责总体的实时监测和总体健康档案的查看，大屏1可根据需求在状态1和状态2之间切换显示；计算机2～5上安装单装实时监测软件和单装健康管理软件，负责某一具体单装的实时监测和健康档案查看。图7.67、图7.68分别给出了系统实时监测和健康管理的实现效果。

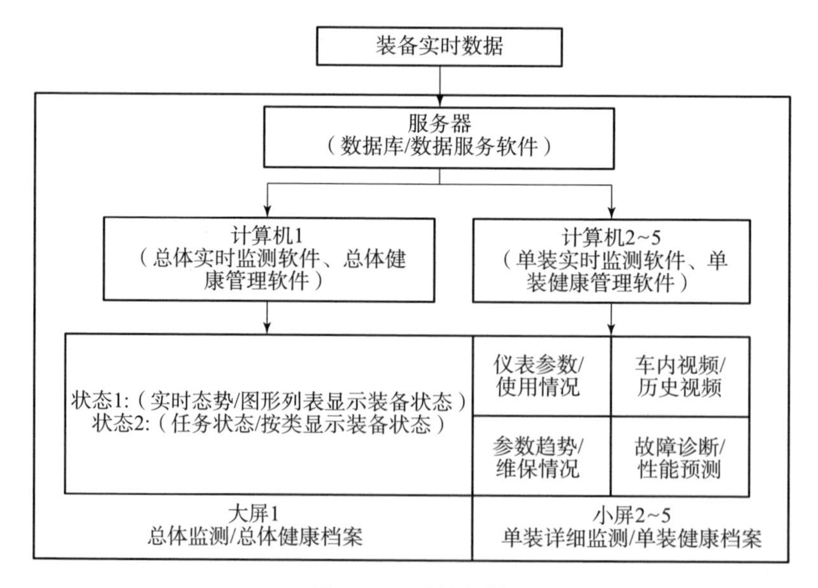

图7.66　系统部署

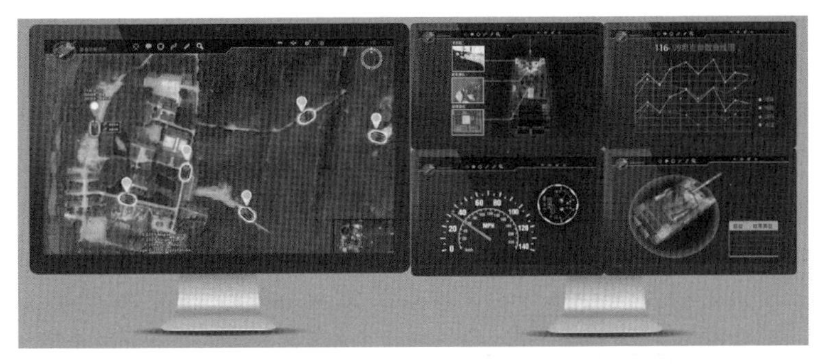

图7.67 系统实时监测的实况效果（状态1、2）

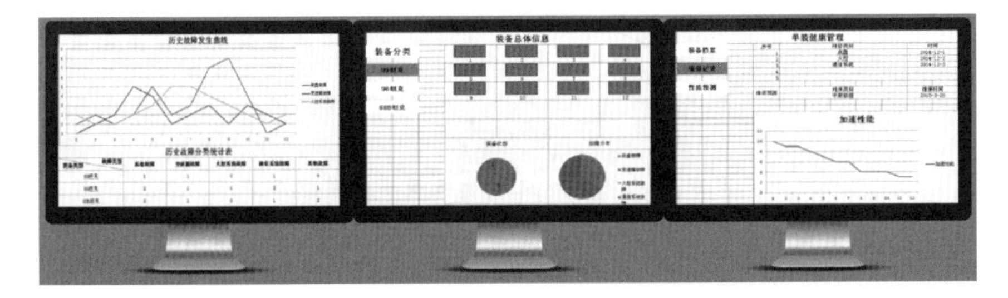

图7.68 健康管理的实况效果

3）工作流程

地面PHM服务器可选择实时监测或健康管理两大业务流程，各流程如图7.69所示。

4）数据流程

地面PHM服务器的主要数据流如图7.70所示，在使用实时监测分系统功能时，主要数据流如下。

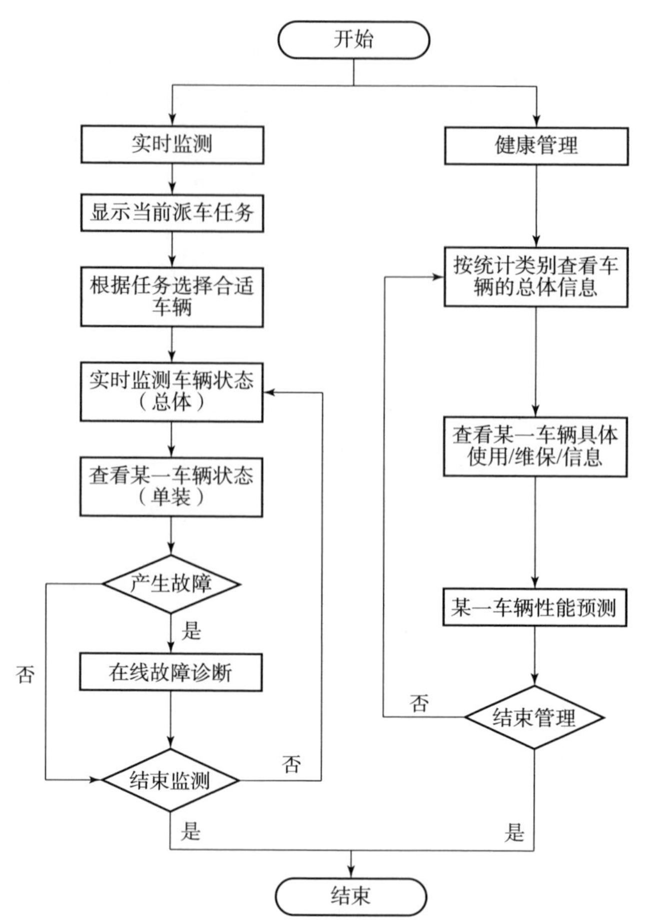

图 7.69 地面 PHM 服务器工作流程

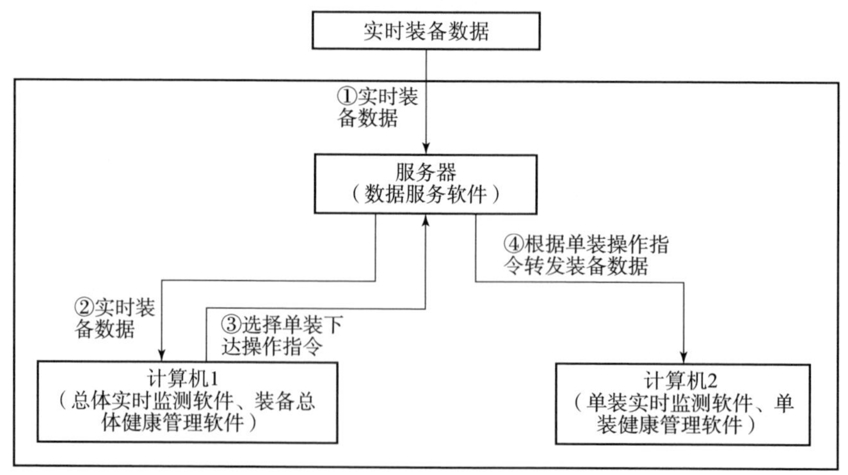

图 7.70 地面 PHM 服务器的主要数据流

(1) 实时装备数据通过无线通信设备实时或有线离线导入的方式进入局域网，而后连接进入原型系统的数据服务软件，如图7.70中序号①所示。

(2) 数据服务软件根据总体实时监测软件的连接情况，转发所有的实时装备数据至总体实时监测软件，如图7.70中序号②所示。

(3) 总体实时监测软件根据实时监测的需要，选择某一单装进行详细的实时状态监测，下发监测操作指令至数据服务软件，如图7.70中序号③所示。

(4) 数据服务软件根据总体实时监测软件的操作指令，从所有装备数据中筛选出指令要求的数据，发送至单装实时监测软件，如图7.70中序号④所示。

系统使用健康管理分系统功能时，主要数据流同实时监测分系统的序号③、④流程。

5) 系统架构

PHM系统地面服务器整体采用C/S架构，如图7.71所示。数据服务软件作为服务器，每个席位中的总体实时监测/装备总体健康管理和单装实时监测/单装健康管理软件都是客户端。席位内部的客户端数据交互通过数据服务软件进行转发，同时，席位内部可设置多个单装实时监控或单装健康管理软件，以便多人使用时监测和管理某一终端的详细状态。

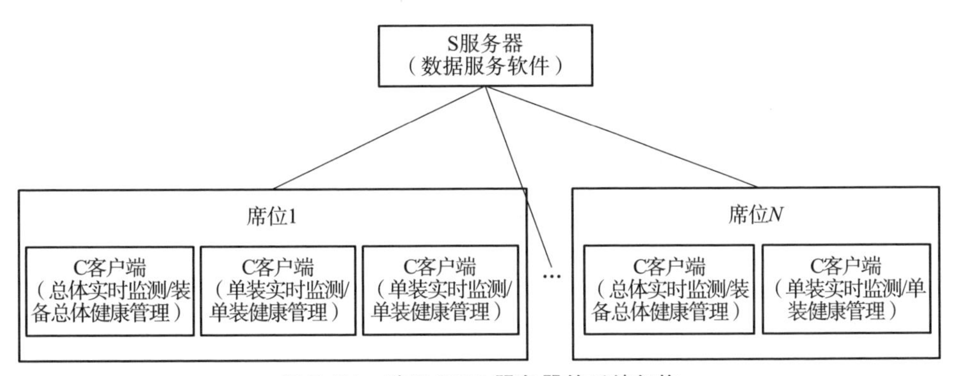

图7.71　地面PHM服务器的系统架构

7.5.4　装甲车辆PHM技术研究与应用展望

7.5.4.1　PHM对武器装备建设的影响

如前所述，PHM是一种新的维修保障理念，是CBM的高级发展阶段。从状态监控和故障诊断的角度来讲，PHM是传统机内测试（BIT）功能和监控范

围的扩展，它涉及的关键技术有很多，而且其实施贯穿装备的论证、研制、生产、使用等全寿命周期过程。传统的设备或装备的状态监测与故障诊断技术研究，都是在装备已经完成生产并已装配到用户现场之后，科研院所、公司企业的技术人员才开始去熟悉装备的结构、功能，然后根据用户提出的装备管理维修及监测诊断需求，进行装备状态监测诊断系统的研发。从某种意义上讲，此时研发的装备监测诊断系统难以全面获取装备的工况、性能和使用状态等各类信息，如受到现场装备安装空间的限制，有些传感器根本无法安装，导致部分信息不能获取，其结果是系统功能难以满足用户的装备管理、维修和监测诊断需求。PHM 理念的一个最大改变就是在装备论证、设计研制阶段就要启动 PHM 关键技术的研究，PHM 关键技术贯穿了装备研制的全寿命周期过程。如传感器的优化布局在装备的虚拟样机阶段（方案论证阶段）就要考虑，对于必须获取但又不好安装传感器的部件应该将其结构和参数感知功能进行集成设计，设计成可测试部件，这样的部件在执行其功能的过程中自动将其性能及关键状态信息传输出来，类似于《中国智能制造 2025》规划项目中提出的“机床智能主轴”“智能轴承”等概念。当然，可测试部件的研制成本很高，除非其性能及状态参数非常重要，且部件结构设计出来后无法通过安装传感器实现参数检测的情况才会考虑；如对于 PHM 中的测试性建模技术、装备测试性定量指标的分配及预计应该在装备的论证阶段完成，但其验证与核查又是在研制与生产过程中的定型试验阶段来完成，同时也可在装备部队后的使用阶段进一步完善等；对于 PHM 中故障诊断及预测技术，应该在装备定型试验阶段得到验证，在部队使用阶段加以完善和实际应用。总体来说，PHM 技术对于装备的论证、使用管理与维修等各方面都有重要作用与影响。

1）PHM 对装备通用质量特性指标论证的影响

近半个多世纪以来，世界各国武器装备建设的理念，从传统的以装备的固有能力——功能和性能为核心逐步转变为以装备效能为核心。装备效能是可用性、可信性及固有能力的综合反映。可靠性、维修性、保障性、测试性、安全性和环境适应性（以下简称通用质量特性），是决定装备效能的关键因素。

可用性、可信性的理念在 20 多年前就已被广泛接受并引入装甲装备研制中，但实际作用并不理想，装甲装备的效能仍有极大的提升空间。造成装备的通用质量特性技术与管理工作难以落实的根本原因在于两个方面：一是在装甲装备的当前建设中，装备的固有能力仍然占据主导地位，对通用质量特性工作的重视不够。具体表现是装备研制流程中功能设计与通用质量特性设计工作脱

节，通用质量特性设计分析的结果不能真正影响到装备设计；二是装备的可用性、可信性缺少有效的验证手段，使通用质量特性指标的论证工作失去依据，对装备研制中通用质量特性工作缺少有效的检查和约束。

通过开展PHM技术的研究及系统的实施，将对装备通用质量特性的论证与落实产生重要影响：一是PHM系统的输入是通用质量特性，尤其是可靠性、维修性、测试性等特性的设计分析结果，其输出将作为维修方案和保障资源配置的输入，将装备的通用质量特性指标有机地联系在一起；二是PHM的成功实施，既可以直接提升装备的战备完好率，又可以对装备的通用质量特性设计水平进行验证，由此形成倒逼机制，将有力促进装备研制中通用质量特性工作的开展与落实。

因此，通过PHM的实施，可以牵引装甲装备建设向以“效能”为核心的研制目标转变，大力推动通用质量特性设计分析工作的开展与落实。

2）PHM对装备研制生产的影响

利用现役装备维修保障的经验提出的新装备关键系统的测试性设计方案、研制的可测试部件，都将提高装备关键系统的“状态自感知能力”；同时，通过在新装备的研制生产阶段同步开展具有数据记录、存储、在线报警及复杂推理功能的PHM系统，将为长期困扰装备研制和管理部门的数据收集（性能、技术状态及典型故障数据的收集）难题提供解决途径。通过PHM系统的实施，可在线收集装备关键部件及整车样机考核、定型试验以及装备使用过程中的性能、技术状态、异常及典型故障数据，这一方面为设计型缺陷的查找与定位提供依据，另一方面还可为耗损性故障评估与诊断标准的确定奠定数据基础。这些工作将为新一代装备型号通用质量特性指标的论证提供可信的依据。

3）PHM对使用维修的影响

现代武器装备的研制、生产费用和使用与保障费用日益庞大，经济可承受性成为一个不可回避的问题。据美军综合数据可知，在武器装备的全寿命周期费用中，使用与保障费用占到了总费用的72%。与使用费用相比，维修保障费用在技术上更具有可压缩性，而PHM是压缩维修保障费用的重要手段。

PHM技术的实施将对装备的维修保障模式提出新要求，PHM的效果显现需要与之相适应的维修保障模式。工程应用及技术分析表明，PHM技术不仅可以降低维修保障费用，而且可以提高战备完好率和任务成功率。

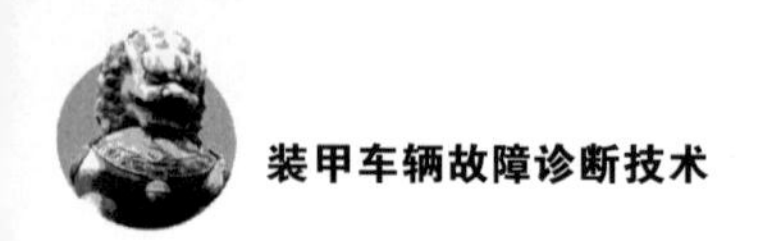

（1）发展PHM技术可提高维修效率和战备完好率、降低维修保障费用。PHM系统依靠其强大的状态监控和故障预测能力，事先作出维修决策，减少维修次数，缩短维修时间，提高装备的维修保障效率和战备完好率；同时，通过减少备件、保障设备以及维修人力等保障资源需求，可降低维修保障费用、提高经济效益。

（2）应用PHM系统是降低风险和提高任务成功率的有力保障。通过对装备状态的健康评估，实时掌握其运行状况，及时处理存在的问题，可极大地降低执行任务过程中故障引起的风险，提高执行任务的能力。

（3）PHM技术是推动装备维修制度改革、实现视情维修的必要手段，是实现统一调度资源和各部门协同保障的高效平台。在健康评估和故障预测的基础上，通过PHM系统中的决策支持系统可协同装备管理、器材及维修等相关业务部门，优化资源配置，简化工作流程，提升维修保障效率。

7.5.4.2 装甲车辆PHM系统研究思路与实施策略

1）总体研究思路

根据装备PHM系统的六大关键技术，结合装备保障的各业务需求，制定了图7.72所示的装备PHM系统的总体研究思路。在装备保障业务信息需求分析的基础上，融合装备关键系统故障机理研究成果，采用测试性建模分析设计技术确定满足装备保障业务和故障诊断需要的监测参数体系；然后通过研究嵌入式测试技术、信号调理与数据采集技术、特征提取与数据传输和各类模型，研发车载PHM终端和地面PHM服务器软硬件系统，建立基于战术互联网、北斗卫星、军用4G LTE专网或CDMA的无线网络数据传输链路，构建装备PHM系统。

2）装备PHM系统的实施策略

（1）面向现役装备的车电系统功能升级。

对于现役装备，尤其是已经采用CAN、MIC和1553B等总线技术的装备，PHM系统实施的重点是如何进一步扩展现有车电综合信息系统的功能。目前的车电综合信息系统在设计时，考虑装甲车辆动力、传动、电气、火控、武器等关键系统的运行过程控制信息、部分状态信息、使用信息、故障信息等数据的实时上报，集中显示在车长终端上，大部分底盘信息显示在驾驶员终端上，供车上乘员实时查看各系统的使用及状态信息。车电系统的数据仅用于实时监测与报警，当然也有一些如摩托小时、行驶里程等累计量的记录，数据局限在

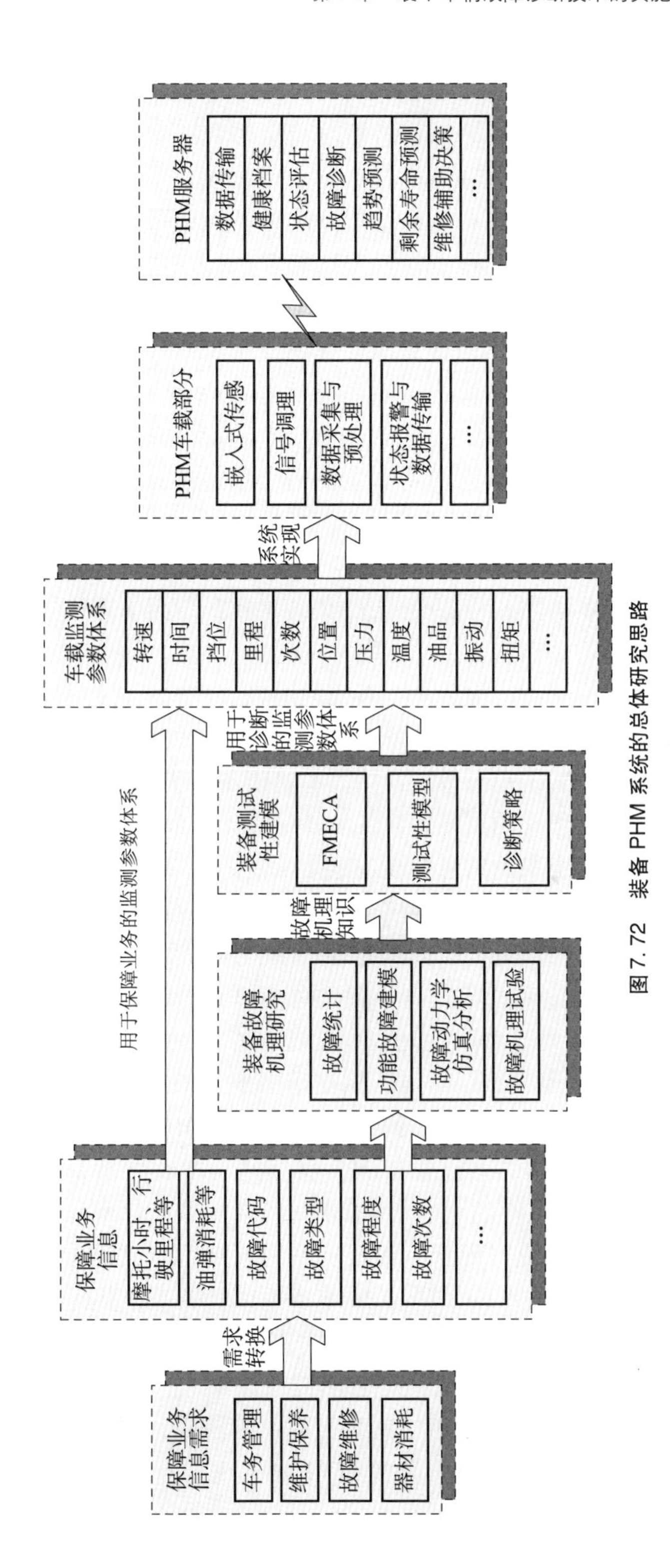

图 7.72　装备 PHM 系统的总体研究思路

单车上，没有专门的人员或机构去分析和利用这些数据。实际上大量的同车型状态及使用数据的统计分析、关联分析等可以为装备管理、使用与维修保障提供大量的第一手资料。如现在的摩托小时、行驶里程等数据均要求车辆驾驶员定期抄送，形成单装履历本，并以基层连队为建制单位汇总后上报旅级装备管理与维修机关，然后逐级上报。这种采取驾驶员抄送信息的人工获取方式，一方面增加了车辆乘员执行训练任务的额外劳动，另一方面驾驶员的责任心等也会影响数据的准确性，如不认真填报、笔误或机关助理员录入计算机系统时出现错误等情况时有发生。实际上，对车长终端或驾驶员终端的功能稍加扩展，既可将其看作车电系统的核心，也可将其看作车载 PHM 终端，这样只要增加实时存储或无线传输功能，即可将单装使用及状态信息传输到地面服务器，这就形成了装甲车辆 PHM 系统的雏形。

（2）面向新装备的车载 PHM 终端与车电系统的一体化设计。

目前，兵器工业集团各装备设计研制部门在设计装甲车辆综合电子信息系统时，其信息来源通常是自下而上的，即车辆动力、传动、火控、电气、武器等分系统提供商自行提出需要上报给车电系统的信息，车电系统统一规划各分系统的采集控制结点、通信协议等，对各分系统上报的具体内容基本上不关心。据初步调研可知，不少现役装备车电系统存在很多对装备维修保障非常重要的信息没有报上来，也有很多报上来的信息对装备维修保障无任何支撑作用，甚至出现了当初很多分系统应该报上来的信息在装备定型试验后也没有完成上报，装备定型试验过程中对车电系统的试验验证考核与验证基本上停留在数据包传输正确性、误码率等总线性能上，对部分上报数据的有效性、正确性关注不足。

对于新装备，应该考虑将车电系统与车载 PHM 终端进行一体化设计。这是因为二者在很多方面有共同之处，如挂接在车载总线上的车辆动力、传动、电气等分系统的采集控制装置结点，相当于车载 PHM 终端的区域级 PHM；各分系统采集控制结点下属的传感器相当于单元级 PHM；车长终端和驾驶员终端相当于车载 PHM 终端的平台级 PHM，当然通常车长终端是车电系统的主控制器，所以车载 PHM 终端的平台级 PHM 一般选择车长终端。

基于此，我们按照立足现状、着眼未来的原则，应该确定有限目标，围绕装备 PHM 的六大关键技术，如装备 PHM 系统应该“测什么”（监测参数）、如何“测到测准”（嵌入式传感与测试）、怎样“异常预警”（异常状态检测与预警）以及“评估模型”（信息融合与健康评估）、“预测模型”（剩余寿命预测）、“决策模型”（智能推理与辅助决策）等研究，结合信息化条件下陆军装备运用与作战实际，对于新研装备的 PHM 系统应有所侧重地开展如下装备质量管理与技术研究工作。

①加强装备测试性指标分配及预计工作的贯彻与落实。在新装备论证设计之初，重视装备测试性大纲中各项工作的贯彻与落实。由于装备 PHM 系统最终是为装备的使用与维修保障服务的，它与装备的性能状态劣化分析、故障检测、隔离与定位等维修保障需求密切相关。因此，PHM 系统的设计研制与装备测试性指标的论证、分配及预计等工作紧密相关。这就涉及装备定性及定量指标的论证提出，根据装备的功能及组成和各关键系统的可能故障模式，采取何种分配方案将装备整体的定量指标，如故障检测率、隔离率等测试性指标分配到各个分系统。各分系统在设计研制时，基于虚拟样机进行测试性建模，确定故障 - 测试性相关性矩阵，分析评估各分系统的测试性指标，进而采用一定的聚合方法得到装备总体的测试性指标预计结果。从理论上讲，只有当测试性指标自上而下的分配与自下而上的预计结果达成一致后，才能转入分系统的初样机设计研制工作。

②深入开展装备关键分系统测试性指标向监测参数的转化研究。

一是装备保障信息需求分析及其数据化研究。根据装备车务管理、维护保养、维修保障、器材筹供等各类保障业务数据的需求，梳理得到保障业务所需的监测参数体系；同时，为了适应故障维修时的自动故障诊断、快速定位与隔离，在装备关键系统故障统计分析、故障机理研究的基础上确定用于诊断的监测参数体系，融合上述两类监测参数体系构建整个装备的监测参数体系（包括参数类型及数量、采集存储方式及其相互关系，如表 7.3 所示），然后对各类数据进行规范化和标准化处理，建立装备保障综合数据库。

表 7.3　PHM 系统的监测参数体系

序号	信息类别	监测参数	实现方式	备注
1	使用/工况信息	位置、车速、油温、油压、挡位、油门位置等	装备已有	从装备黑匣子或保障信息系统获取
2	车务管理信息	装备身份、行驶里程、摩托小时、使用次数等	装备已有	对于新装备可从总线上获取大部分信息
3	性能状态信息	柴油发动机（电机）功率、振动/噪声、油品特性、应变、最大速度、液压系统压力等	附加扩展	趋势分析、状态变化规律、性能退化规律、剩余寿命预测等

续表

序号	信息类别	监测参数	实现方式	备注
4	故障信息	大部件设备代码、故障代码、故障类型、故障程度及维修方法等	利用大部件监控系统提供的故障信息，扩展部分信息	柴油发动机的电控盒、综合传动的控制盒等，增加部分使用故障的诊断能力

二是装备故障统计与故障机理研究（装备故障辅助分析技术）。作为可靠性、维修性和测试性设计的前端以及故障诊断的基础，故障统计和故障机理研究等故障分析技术很早就引起了各研究部门的重视。然而在实际应用过程中，装备关键系统的故障分析仍旧存在很多问题：首先，故障分析主要依靠经验，缺乏理论和技术支持；其次，故障统计信息描述不规范，信息继承与共享性差；最后，新装备的故障信息获取困难，装备设计和故障分析脱节。上述问题的存在大大降低了故障分析在装备关键系统设计中的作用，为后续的诊断和维修带来了很多问题。因此，有必要开展装备关键系统的动力学建模与故障仿真研究，开展基于功能模型的故障分析技术研究，开展故障模式及其影响分析技术的研究，为开发标准化通用的装备故障统计和基于功能模型的故障分析系统奠定技术基础。

三是加强装备关键系统测试性分析与评估技术研究。

在新装备的设计阶段，负责设计总体的技术人员从“保性能”（设计性能达成至上）的角度设计了一些传感器测点，对于车务管理、车况数据、乘员操作、使用消耗、状态报警及状态维修（故障代码及数据等）等信息需求没有综合考虑，因此获取装备的性能及状态信息不全面，能够用于装备服役阶段维修保障的实车状态信息更是少之又少。因此有必要基于装备关键系统的故障分析结果，开展测试性建模、分析与评估研究，确定故障－测试性相关性矩阵，确定传感器（测试）布局方案，并计算故障检测率、隔离率与虚警率等测试性指标的分析评估结果，用以分析判断论证提出的各分系统测试性指标分配结果的合理性。

四是加强装备测试性指标论证与试验验证过程的管控。

主要包括装备关键系统的测试性指标核查与验证，基于分系统的故障模式库，采用国军标规定的抽样方法，抽取一定的故障模式，采取虚拟故障注入、台架试验故障注入等方式，开展测试性试验，根据试验结果评估样机的测试性指标。各分系统的测试性指标只有满足论证时确定的分配结果，且必须经军地双方确认后才能转入下一阶段的研制工作；若不能满足要求，则必须整改直至

满足要求为止；否则，因技术水平限制确实无法满足分配给某分系统的测试性指标时，只能重新调整各分系统的测试性指标分配结果，重复上述过程。

7.5.4.3　装备 PHM 技术的发展趋势

随着 PHM 技术在军事和民用领域的广泛应用，世界各国对 PHM 技术的兴趣日渐浓厚，我国国防科技工业对 PHM 技术也有着强烈的需求。当前 PHM 技术的发展体现在以系统级集成应用为牵引，逐渐扩展到提高故障诊断与预测精度、扩展健康监控的应用对象范围等方面。借鉴和吸收国外的先进经验，研究 PHM 关键技术可为我国新一代武器装备的研制提供基础技术储备，并奠定工程应用基础，更好地促进我国国防工业的快速发展。PHM 技术研究的发展趋势主要体现在以下几个方面。

(1) 开发先进的传感器技术。传感器的开发应该向着精度高、可靠性高、集成化、小型化、能耗低、严酷环境适应性好、成本低廉等方面发展。

(2) 开展从部件到系统、从电子到机械的失效机理分析研究，更准确地根据环境条件、系统运行状况等建立预测模型，更准确地描述故障随时间发展的趋势。

(3) 结合传感器技术的发展，开发新的信号处理技术。不断寻求高信噪比的健康监控途径，提高故障预测和探测能力、性能评估能力，降低虚警率。

(4) 研究混合及智能数据融合、推理技术和方法，以准确分析各种传感器数据，加强经验数据与故障注入数据的积累，提高诊断与预测的置信度。

(5) 在完善 PHM 系统本身功能的同时，研究 PHM 系统性能评价标准及验证方法。针对 PHM 系统故障预测的不确定性，进行风险-收益分析，通过费效比的不断优化，实现自适应的保障决策。

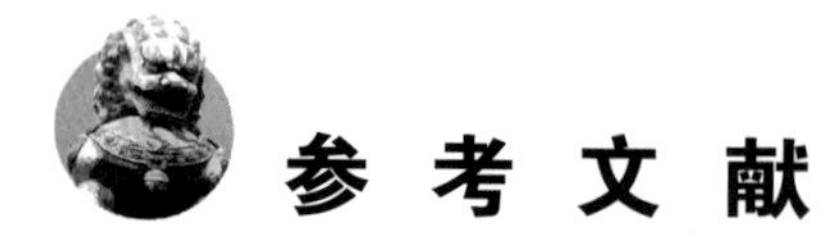

参考文献

[1] 贾伯年，俞扑，宋爱国. 传感器技术［M］. 南京：东南大学出版社，1990.

[2] 徐克俊，金星，郑永煌. 航天发射场可靠性安全性评估与分析技术［M］. 北京：国防工业出版社，2006.

[3] 贾希胜. 以可靠性为中心的维修决策模型［M］. 北京：国防工业出版社，2007.

[4] 彭顺喜. 传感器系统的设计与安装［R］//本特利内华达公司机械故障诊断与培训手册. Boston：Company of Bently，2004.

[5] 冯辅周，安钢，刘建敏. 军用车辆故障诊断学［M］. 北京：国防工业出版社，2007.

[6] 黄文虎，夏松波，刘瑞岩，等. 设备故障诊断原理、技术及应用［M］. 北京：科学出版社，1996.

[7] 张正松，傅尚新，冯冠平，等. 旋转机械振动监测及故障诊断［M］. 北京：机械工业出版社，1991.

[8] 张雨，徐小林，张建华. 设备状态监测与故障诊断［M］. 长沙：国防科技大学出版社，2000.

[9] 徐章遂，房立清，王希武，等. 故障信息诊断原理及应用［M］. 北京：国防工业出版社，2000.

[10] 屈梁生，何正嘉. 机械故障诊断学［M］. 上海：上海科学技术出版社，1986.

[11] 陈克兴，李川奇. 设备状态监测与故障诊断技术［M］. 北京：科学技术文献出版社，1991.

[12] 盛兆顺，尹琦岭. 设备状态监测与故障诊断技术及应用［M］. 北京：化学工业出版社，2008.

[13] 黄长艺，严普强. 机械工程测试技术基础［M］. 北京：机械工业出版社，1995.

[14] 周继成. 人工神经网络［M］. 北京：科学普及出版社，1993.

[15] 焦李成. 神经网络系统原理 [M]. 西安: 西安电子科技大学出版社, 1992.
[16] 高隽著. 人工神经网络原理及仿真实例 [M]. 北京: 机械工业出版社, 2003.
[17] 虞和济, 陈长征, 张省, 等. 基于神经网络的智能诊断 [M]. 北京: 冶金工业出版社, 2000.
[18] 袁曾任. 人工神经网络及其应用 [M]. 北京: 清华大学出版社, 1999.
[19] 杨行峻, 郑君里. 人工神经网络 [M]. 北京: 高等教育出版社, 1992.
[20] 胡守仁, 余少波, 戴葵. 神经网络导论 [M]. 长沙: 国防科技大学出版社, 1998.
[21] 蒋德明. 内燃机原理 [M]. 北京: 机械工业出版社, 1988.
[22] 盐见弘, 等. 故障模式和影响分析与故障树分析 [M]. 北京: 机械工业出版社, 1987.
[23] 张铁. 工程建设机械故障检测与分析 [M]. 北京: 中国石油大学出版社, 2003.
[24] 曹文汉. 柴油机智能化故障诊断技术 [M]. 北京: 国防工业出版社, 2005.
[25] 朱孟华. 内燃机振动与噪声控制 [M]. 北京: 国防工业出版社, 1995.
[26] 雷继尧, 何世德. 机械故障诊断基础知识 [M]. 西安: 西安交通大学出版社, 1991.
[27] 王伯雄. 测试技术基础 [M]. 北京: 清华大学出版社, 2003.
[28] 樊尚春, 周浩敏. 信号与测试技术 [M]. 北京: 北京航空航天大学出版社, 2002.
[29] 陈花玲. 机械工程测试技术 [M]. 北京: 机械工业出版社, 2002.
[30] 贾民平, 张洪亭, 周剑英. 测试技术 [M]. 北京: 高等教育出版社, 2001.
[31] 邱天爽, 张旭秀, 李小兵, 等. 统计信号处理: 非高斯信号处理及其应用 [M]. 北京: 电子工业出版社, 2004.
[32] 孔德仁, 朱蕴璞, 狄长安. 工程测试与信息处理 [M]. 北京: 国防工业出版社, 2003.
[33] 彭志科. 小波分析在旋转设备故障诊断中的应用 [D]. 北京: 清华大学, 2002.
[34] 杨晓帆, 陈延槐. 人工神经网络固有的优点和缺点 [J]. 计算机科学, 1994, 21 (2): 23-26.

[35] 陈志瑾，吴畏，张丽萍. 柴油机油液分析状态监测系统的建立及应用[J]. 内燃机车，2005 (1)：36-39.
[36] 李建平. 小波分析与信号处理 [M]. 重庆：重庆出版社，1997.
[37] 程正兴. 小波分析算法与应用 [M]. 西安：西安交通大学出版社，1998.
[38] 李辉，郑海起，唐力伟. 应用 Hilbert-Huang 变换的齿轮磨损故障诊断研究 [J]. 振动、测试与诊断，2005，25 (3)：200-204.
[39] 杨宇，于德介，程军圣. 基于 EMD 与神经网络的滚动轴承故障诊断方法 [J]. 振动与冲击，2005，24 (1)：85-88.
[40] 邓贞勇. 行星齿轮系统变润滑条件下动力学响应特性研究 [D]. 湘潭：湖南科技大学，2017.
[41] 王世宁，季林红，沈允文，等. 齿侧间隙对行星变速箱扭振特性的影响研究 [J]. 机械设计，2003，20 (2)：3-6.
[42] 程哲. 直升机传动系统行星轮系损伤建模与故障预测理论及方法研究 [D]. 长沙：国防科技大学，2011.
[43] 李发家，朱如鹏，鲍和云，等. 行星齿轮系动力学特性分析及试验研究 [J]. 南京航空航天大学学报，2012，44 (4)：511-519.
[44] 巫世晶，任辉，朱恩涌，等. 行星变速箱系统动力学研究进展 [J]. 武汉大学学报，2010，43 (3)：9-13.
[45] 黄奕宏，丁康，何国林. 行星传动系统振动信号数学模型及特征频率分析 [J]. 机械工程学报，2016，52 (7)：46-53.
[46] Kahraman A. Natural modes of planetary gear trains [J]. Journal of Sound and Vibration, 1994, 73 (1): 125-130.
[47] Kahraman A. Free torsional vibration characteristics of compound planetary gear sets [J]. Mechanism and Machine Theory, 2001, 36: 953-971.
[48] Kahraman A. Load sharing characteristics of planetary transmissions [J]. Mechanism and Machine Theory, 1994, 27 (8): 1151-1165.
[49] Parker R G, Wu Xionghua. Vibration modes of planetary gears with unequally spaced planets and an elastic ring gear [J]. Journal of Sound and Vibration, 2010, 329 (11): 2265-2275.
[50] Peng H M, Chang P C. Hilbert spectrum for time-domain measurement data and its application [C]. 34th Annual Precise Time and Time Interval Meeting.
[51] Ozols J, Borisov A. Fuzzy classification based on pattern projections analysis [J]. Pattern Recognition, 2001, 34 (4): 763-781.

[52] Lotlikar R, Kothari R. Adaptive linear dimensionality reduction for classification [J]. Pattern Recognition, 2000, 33 (2): 185 - 194.

[53] Pan M C, Sas P. Transient analysis on machinery condition monitoring [C] // International Conference on Signal Processing. IEEE, 1996.

[54] Taghiponr D, Banjevic A, Jardine K S. Periodic inspection optimization model for a complex repairable system [J]. Reliability Engineering & System Safety, 2010, 95 (9): 944 - 952.

[55] Wenbin Dong, Yihan Xing, Torgeir Moan, et al. Time domain-based gear contact fatigue analysis of a wind turbine drivetrain under dynamic conditions [J]. International Journal of Fatigue, 2013, 48: 133 - 146.

[56] Tristan M, Ericson, Parker R G. Planetary gear modal vibration experiments and correlation against lumped-parameter and finite element models [J]. Journal of Sound and Vibration, 2013, 332 (9): 2350 - 2375.

[57] Gu X, Velex P. A dynamic model to study the influence of planet position errors in planetary gears [J]. Journal of Sound and Vibration, 2012, 331 (20): 4554 - 4574.

[58] Tang J Y, Peng F J. Finite element analysis for dynamic meshing of a pair of hypoid gears [J]. Journal of Vibration and Shock, 2011, 30 (7): 101 - 106.

[59] Mark W D, Hines J A. Stationary transducer response to planetary-gear vibration excitation with non-uniform planet loading [J]. Mechanical Systems and Signal Processing, 2009, 23: 1366 - 1381.

[60] Lewis S A, Edwards T G. Smart sensors and system health management tools for avionics and mechanical system [C]. Digital Avionics System Conference, 1997: 285 - 287.

[61] Nickerson B, Lally R. Development of a smart wireless networkable sensor for aircraft engine health management [C]. Aerospace Conference Proceedings, 2001, 7: 3255 - 3262.

[62] 金振玉. 信息论 [M]. 北京: 北京理工大学出版社, 1991.

[63] 马明建. 数据采集与处理技术 [M]. 西安: 西安交通大学出版社, 2005.

[64] 周林, 殷侠. 数据采集与分析技术 [M]. 西安: 西安电子科技大学出版社, 2005.

[65] 包国忱. 电子装备实验数据处理 [M]. 北京: 国防工业出版社, 2002.

[66] 朱宏. 异常观测数据处理及不确定大系统的鲁棒镇定 [D]. 成都: 四

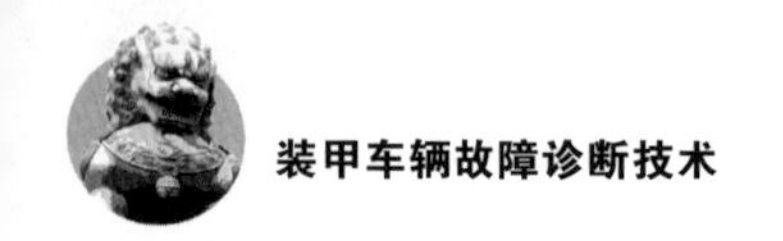

川大学，2003.

[67] 张宝珍. 2004 美陆军为“黑鹰”直升机装备“状态与使用”监控系统[EB/OL]. [2007-11-13]. http://www.mt-online.com/articles/0024.

[68] 曾声奎，Michael G Pecht，吴际. 故障预测与健康管理（PHM）技术的现状与发展［J］. 航空学报，2005，26（05）：626-632.

[69] Hess A. The joint strike fighter（JSF）prognositics and health management［C］. 4th Annual System Engineering Conference，JSF Program Office，2001，10.

[70] Smith G，Schroeder J B，Navarro S，et al. Development of a prognostics & health management capability for the joint strike fighter［C］. Autotestcon，1997.

[71] Hess A，Fila L. Prognostics，from the need to reality-from the fleet users and PHM system designer/developers perspectives［J］. IEEE，2002（6）：2791-2797.

[72] 张贤达. 现代信号处理［M］. 北京：清华大学出版社，2002.

[73] Frank P M. Fault diagnosis in dynamic systems using analytical and knowledge-based redundancy—a survey and some new results［J］. Automatical，1990，26（3），459-474.

[74] 钱祥生. 龚赤兵. 液压系统的状态监测［J］. 工程机械，1986，6：32-37.

[75] 祁仁俊. 液压系统压力脉动的机理［J］. 同济大学学报，2001，29（9），1017-1022.

[76] 雷亚国，何正嘉，林京，等. 行星齿轮箱故障诊断技术的研究进展［J］. 机械工程学报，2011，47（19）：59-67.

[77] 冯占辉. 直升机主减速箱的动力学分析与故障诊断研究［D］. 长沙：国防科技大学，2009.

[78] 冯志鹏，褚福磊. 行星变速箱齿轮分布式故障振动频谱特征［J］. 中国电机工程学报，2013，33（2）：118-125.

[79] 冯志鹏，赵镭镭，褚福磊. 行星变速箱齿轮局部故障振动频谱特征［J］. 中国电机工程学报，2013，33（5）：119-127.

[80] 冯志鹏，褚福磊. 行星变速箱齿轮故障诊断的扭转振动信号分析方法［J］. 中国电机工程学报，2013，33（14）：101-106.

[81] 柳新民，刘冠军，邱静，等. 一种改进的无监督学习 SVM 及其在故障识别中的应用［J］. 机械工程学报，2006，42（4）：107-111.

[82] Lebold M S，Reichard K M，Ferullo，et al. Open system architecture for condition-based maintenance：over-view and training material［EB/OL］.［2006-

09 - 22]. http://www. osacbm. org/Documents/Training/TrainingMaterial/TrainingDocument /OSACBM_Training_outline_ver48. pdf,2003 - 03.

[83] 姜云春，邱静，潘俊荣. 装备自治性维修保障概念与体系研究［J]. 中国机械工程，2004，(15)：402 ~405.

[84] Jay Lee. Recent advances on advanced prognostics and trends of intelligent maintenance systems [C]. Chengdu：ICME，2006.

[85] 郑永靖. 民用飞机数字化综合维修信息系统的设计与实现［D]. 武汉：华中师范大学. 2004.

[86] Baroth E，Prowers W T，Fox J. IVHM (integraded vehicle health management) technique for future space vehicles [C]. 37th Joint Propulsion Conference & Exhibit，2001.

[87] Dickson B，Cronkhite J，Bielefeld S. Feasibility study of a rotor-craft health and usage monitoring system (HUMS) usage and structural life monitoring evaluation [R]. ARL - CR - 290，1996.

[88] Bartelmus W，Zimroz R. A new feature for monitoring the condition of gearboxes in nonstationary operating conditions [J]. Mechanical Systems and Signal Processing，2009，23 (5)：1528 - 1534.

[89] Byer B，Hess A，Fila L. Writing a convincing cost benefit analysis to substantiate autonomic logistics [C]. Aerospace Conference Proceedings，2001，06：3095 - 3103.

[90] Aaseng G B. Blueprint for an integaraged vehicle health management system digital avionics systems [C]. 20th Conference of DASC，2001：14 - 18.

[91] Hess A，Fila L. The joint strike fighter (JSF) PHM concept：potential impact on aging aircraft problems [C]. Aerospace Conference Proceeding，2002，06：3021 - 3026.

[92] Proceedings of Technology Showcase' 2000 [C]. Mobile，Alabama，USA. 2000.

[93] Hadden G D，Bergstrom P，Vachtsevanos G，et al. Shipboard machinery diagnostics and prognostics/condition based maintenance：a progress report [C]. Aerospace Conference Proceedings，IEEE，2000，6：277 - 292.

[94] 张伟，康建设，王亚彬. 基于状态的维修及其建模研究［J]. 计算机仿真，2006，01：26 - 28.

[95] 张伟，康建设，温亮，等. 基于信息神经网络的状态维修［J]. 仪器仪表学报，2005，08：321 - 325.

[96] 胡静涛，徐皑冬，于海斌. CBM 标准化研究现状及发展趋势［J]. 仪器

仪表学报，2007，03：569－576.
[97] 郭前进，于海斌，徐皑冬. 基于状态维修的开放系统研究与实现 [J]. 计算机集成制造系统——CIMS，2005，03：416－421.
[98] Steven W Butcher. Assessment of condition-based maintenance in the department of defense [R]. LG903B1，August，2000.
[99] Carol Young. Army diagnostics improvement program [R]. California，July 26，2002.
[100] 钟秉林，黄仁. 机械故障诊断学 [M]. 北京：机械工业出版社，2006.
[101] 魏宗阳. 自动测试系统（ATS）和综合诊断保障系统（IDSS）的再认识 [J]. 测控技术，2002，(22)：1－4，10.
[102] 任安民，王卫国. 武器装备综合诊断技术的现状与发展 [J]. 舰船电子工程，2007，(27)：20－22，61.
[103] 曲东才. 军用测试和综合诊断技术 [J]. 测控技术，2002 (21)：67－69.
[104] 李冲祥. 神经网络和证据理论集成的数据融合故障诊断方法研究 [D]. 秦皇岛燕山大学，2003.
[105] 赵鹏. 基于信息融合技术的航空发动机故障诊断 [D]. 西安：西北工业大学，2007.
[106] 王淑娇. 航天发射塔旋转平台液压系统使用状态质量评估 [D]. 太原：中北大学，2007.
[107] 杜树新，吴铁军. 用于回归估计的支持向量机方法 [J]. 系统仿真学报，2003，15：1580－1633.
[108] 朱颖辉. 基于支持向量机的小样本故障诊断 [D]. 武汉：武汉科技大学，2006.
[109] 吴怀宇. 时间序列分析与综合 [M]. 武汉：武汉大学出版社，2004.
[110] Williams J H，Davies Drake A P R. Condition-based maintenance and machine diagnostics [M]. London：Chapman Hall，1994.
[111] Natke H G，Cempel C. Model-aided diagnosis of mechanical systems：fundamentals，detection，localization and assessment [R]. Springer Verlag，1997.
[112] 韩捷，张瑞林，等. 旋转机械故障机理及诊断技术 [M]. 北京：机械工业出版社，1996.
[113] 丁康，李巍华，朱小勇. 齿轮及齿轮箱故障诊断实用技术 [M]. 北京：机械工业出版社，2006.

[114] 李联玉. 汽车变速箱在线性能检测及声振控制的应用研究 [D]. 大连: 大连理工大学, 2004.
[115] 易良榘. 简易振动诊断现场实用技术 [M]. 北京: 机械工业出版社, 2006.
[116] 马祥. 小型变速箱检测与故障诊断系统研究 [D]. 西安: 西安理工大学, 2003.
[117] 赵永杰. 基于 LABVIEW 平台的汽车变速箱故障诊断系统研究 [D]. 上海: 同济大学, 2006.
[118] 白江飞. 现代信号处理方法及其在发动机振动信号分析中的应用 [D]. 西安: 西北工业大学, 2004.
[119] 孙开锋. 发动机振动信号分析方法研究及软件设计 [D]. 西安: 西北工业大学, 2003.
[120] 顾友华. 基于虚拟仪器的综合测试系统开发 [D]. 西安: 西北工业大学, 2003.
[121] 刘文涛. 基于虚拟仪器和嵌入式控制技术的网络测控平台设计与实现 [D]. 西安: 西北工业大学, 2007.
[122] 朱刚. 基于虚拟仪器的模拟试验台测控系统设计 [D]. 西安: 西北工业大学, 2007.
[123] 郭琳娜. 基于虚拟仪器的开放式综合测试技术研究 [D]. 西安: 西北工业大学, 2006.
[124] 刘景浩. 齿轮传动故障诊断专家系统的研究与应用 [D]. 重庆: 重庆大学, 2005.
[125] 李腾飞. 基于 LabWindows/CVI 的数字信号分析研究 [D]. 西安: 西安电子科技大学, 2007.
[126] 朱元佳. 汽车变速箱在线快速故障诊断技术研究 [D]. 上海: 同济大学, 2007.
[127] Jesús Manuel Fernández Salido. Design of a diagnosis system for rotating machinery using fuzzy pattern matching and genetic algorithms [D]. Kyushu: Kyushu Institute of Technology, 1998.
[128] 尹安东. 汽车变速箱齿轮故障模糊聚类诊断技术的应用研究 [D]. 合肥: 合肥工业大学, 2004.
[129] 王延春, 谢明, 丁康. 包络分析方法及其在齿轮故障振动诊断中的应用 [J]. 重庆大学学报, 1995 (1): 87-91.
[130] 白士红, 孙斌. 包络方法诊断齿轮箱故障 [J]. 沈阳航空工业学院学

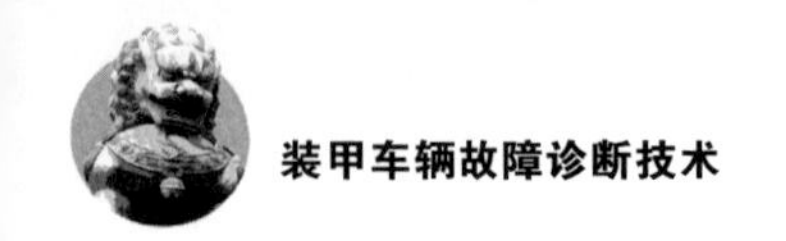

报，2000（4）：73－74.
[131] 杨建奎，高国华，孙自力，陈大光. 基于软件共振解调分析的滚动轴承故障诊断 [J]. 煤矿机械，2004（10）：129－131.
[132] 牛立勇，吕莉. 基于包络分析的坦克变速箱故障诊断研究 [J]. 焦作工学院学报（自然科学版），2003（6）：451－454.
[133] 张国柱，黄可生，姜文利，周一宇. 基于信号包络的辐射源细微特征提取方法 [J]. 系统工程与电子技术，2006（6）：795－797，936.
[134] 黄筱调，王宛山. 二次 FFT 分析法与齿轮故障边频识别 [J]. 东北大学学报（自然科学版），1999（2）：80－83.
[135] 王青松，彭东林，郭小渝. 基于共振解调技术的滚动轴承故障自动诊断系统 [J]. 工具技术，2003，37（2）：45－47.
[136] 张绪省，朱贻盛，程煜明，等. 信号包络提取方法——从希尔伯特变换到小波变换 [J]. 电子科学学刊，1997（1）：120－123.
[137] 徐洪安，徐小力，许宝杰. 旋转机组烈度趋势预测技术研究 [J]. 北京机械工业学院学报，2001（1）：11－16.
[138] 王涛，徐小力，徐杨梅. 基于均值函数信息加权的神经网络趋势预测的方法研究 [J]. 计算机测量与控制，2005（3）：262－264.
[139] 陈菲. 轻型车变速箱寿命测试系统的研究 [D]. 长春：吉林大学，2006.
[140] 虞和济，韩庆大，李沈. 设备故障诊断工程 [M]. 北京：冶金工业出版社，2001.
[141] 钟秉林，黄仁著. 机械故障诊断学 [M]. 北京：机械工业出版社，2001.
[142] 张碧波. 设备状态监测与故障诊断 [M]. 北京：化学工业出版社，2001.
[143] 孟庆丰. 滚动轴承和齿轮故障的时频域识别 [M]. 西安：西安交通大学出版社，1998.
[144] 王新峰，邱静，刘冠军. 机械故障特征与分类器的联合优化 [J]. 国防科技大学学报，2005（02）：92－95.
[145] 张子达. 基于 K－L 变换和支持向量机的滚动轴承故障模式的识别 [J]. 吉林大学学报（工学版），2005（5）：500－504.
[146] 徐敏. 设备故障诊断手册 [M]. 西安：西安交通大学出版社，1998.
[147] 孙建民，杨清梅. 传感器技术 [M]. 北京：清华大学出版社，2005.
[148] 边肇祺，张学工. 模式识别 [M]. 北京：清华大学出版社，2000.

[149] 吴勃英. 数值分析原理 [M]. 北京：科学出版社，2004.
[150] 赵赏鑫. 机械设备故障预测方法综述 [J]. 矿山机械，2005 (02)：65-67.
[151] Wang Xinfeng. New feature selection method in machine fault diagnosis [J]. Chinese Journal of Mechanical Engineering, 2005 (02): 251-254.
[152] 黄景德，王兴贵. 基于模糊评判的装备故障预测模型研究 [J]. 兵工学报，2001 (4)：512-515.
[153] 董宏，赵奇志. 齿轮故障诊断技术的应用 [J]. 新技术新工艺，2005 (7)：34-35.
[154] 赵奇志，董宏. 齿轮振动的精密诊断技术在现场中的应用 [J]. 通用机械，2005 (9)：72-73.
[155] 曹爱东，徐小力. 基于LabVIEW的振动烈度灰色预测模型 [J]. 北京机械工业学院学报，2003 (1)：5-9，15.
[156] 靳春梅，樊灵，邱阳，段志善. 灰色理论在旋转机械故障诊断与预报中的应用 [J]. 应用力学学报，2000 (3)：74-79，146.
[157] 胡广书. 数字信号处理——理论、算法与实现 [M]. 北京：清华大学出版社，1997.
[158] 王华民. 装甲车辆动力传动系统故障诊断方法研究 [D]. 北京：装甲兵工程学院，2003.
[159] 严志伟. 振动信号分析技术在电机故障诊断中的应用 [J]. 中国设备管理，1996 (5)：27-28.
[160] 李文红. 摩擦故障的机理研究与振动故障诊断技术 [J]. 新疆电力，2004 (2)：64-65.
[161] 顾伟，褚建新. 基于故障统计模型的可修系统维修周期预测法 [J]. 机械强度，2000 (1)：1-3.
[162] 曹立军，杜秀菊，秦俊奇，等. 复杂装备的故障预测技术 [J]. 飞航导弹，2004 (4)：23-27.
[163] 施国洪. 灰色预测法在设备状态趋势预报中的应用 [J]. 中国安全科学学报，2000 (5)：52-56，82.
[164] 蒋瑜，陶利民，杨雪，等. 机械设备状态预测方法的发展与研究 [J]. 现代机械，2001 (3)：84-87.
[165] 葛涛，王强. 基于虚拟样机的故障模糊预测系统设计研究 [J]. 计算机工程与设计，2004 (1)：39-41.
[166] Vladimir Svetnik, Andy Liaw, Christopher Robert P Sheridan, and Bradley

P Feuston Tong, et al. Predicting customer retention and profitability by using random forests [J]. J. Chem. Inf. Comput. Sci., 2003, 43: 1947 - 1958.

[167] Guo Shanqing, Gao Cong, Yao Jian, et al. An intrusion detection model based on improved random forests algorithm [J]. Journal of Software, 2005, 16 (08): 1490.

[168] Leo Breiman. Looking inside the black box [M]. Berkeley: University of California, 2006.

[169] L Cohen. Time frequency distribution—a review [J]. Proc. IEEE, 1989, 77 (7): 941 - 948.

[170] Cleasen T A C M, Meckelenbrauber W F G. The wigner distribution—a tool for time-frequency signal analysis, part I: Continuous-time signals [J]. Philips J. Res., 1980, 35 (3): 217 - 250.

[171] Garudadri H, Beddoes M P. On computing the smoothed winger distribution [J]. Proc. IEEE. ICASSP'87, 1087: 1521 - 1524.

[172] Sun M, Sekhar L M. Efficient computation of the discrete pseudo-winger distribution [J]. IEEE. Tran., ASSP, 1989, 37 (11): 1735 - 1741.

[173] Picone J, Prezas D P. Spectrum estimation using an analytic signal representation [J]. Signal Procession, 1988, 5 (2): 169 - 182.

[174] Mu Y, Du R. Feature extraction and assessment using wavelet packets for monitoring of machining processes [J]. Mech. Systems Signal Proc., 1996, 10 (1): 29 - 53.

索　引

A

B

C

D

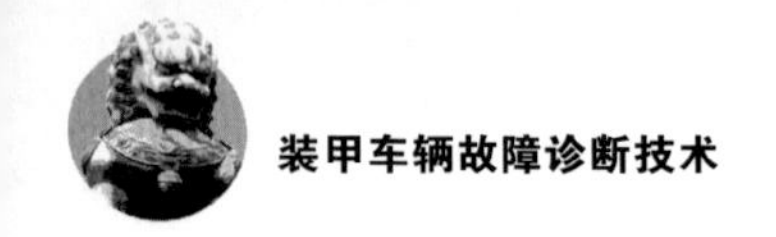

E

F

G

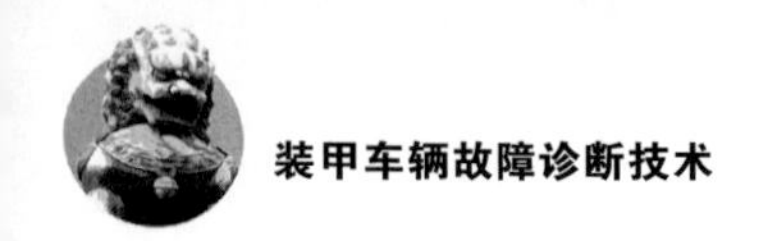

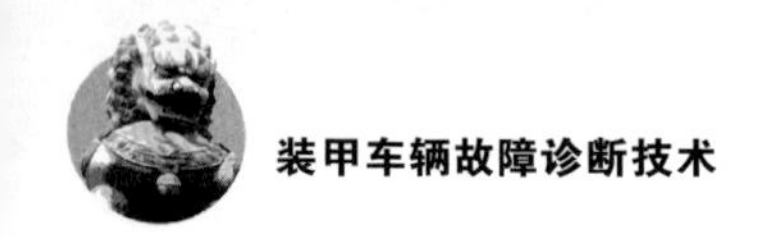

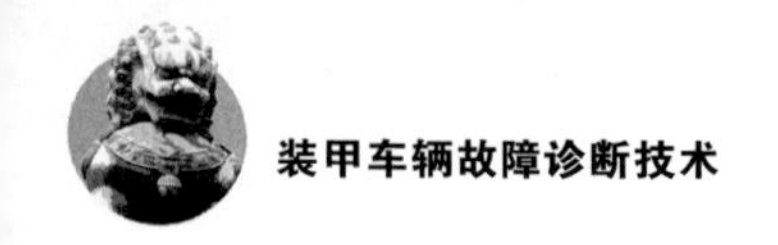

K

L

M

N

O

P

Q

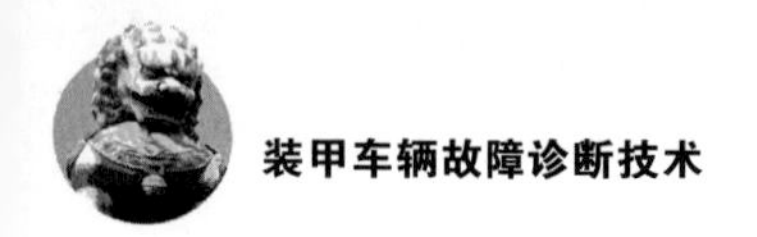

R

S

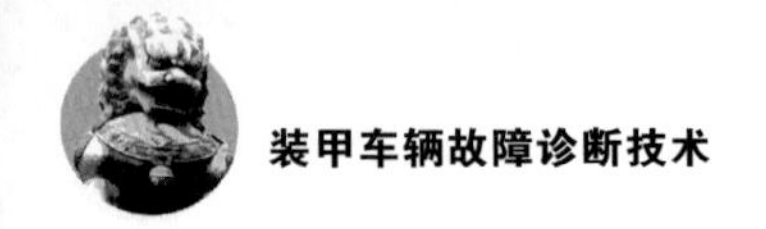

T

W

X

Y

Z

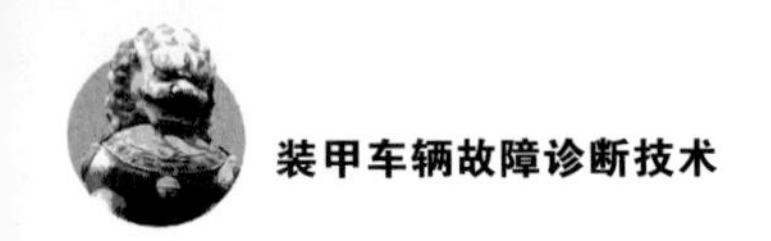

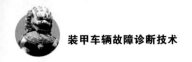

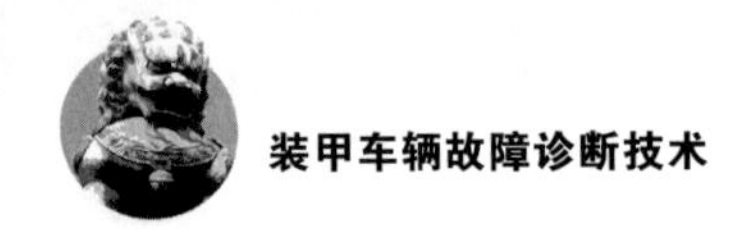

内 容 简 介

本书系统全面地介绍了装甲车辆的常见故障及其机理、性能及状态检测技术，分析归纳了装甲车辆常用的状态信号分析处理方法、故障诊断方法及其关键系统的状态评估与典型故障的诊断案例等内容。最后介绍了几种典型的针对装甲车辆发动机、综合传动装置及底盘机械液压系统的故障诊断系统的功能、特点及系统结构，提出了装甲车辆故障预测与健康管理系统的发展展望。本书具有系统性强、原理与应用并重、通俗易懂、实用性强等特点，可作为高等院校机械、车辆、兵器、舰船等专业师生的教学用书，以及工程技术人员进行继续工程教育的教材，也可作为机械工程及设备维护管理方面工程技术人员的参考书。

图书在版编目（CIP）数据

装甲车辆故障诊断技术/郑长松等编著. —北京：北京理工大学出版社，2019.4

国家出版基金项目“十三五”国家重点出版物出版规划项目 国之重器出版工程 陆战装备科学与技术·坦克装甲车辆系统丛书

ISBN 978-7-5682-6963-6

Ⅰ.①装… Ⅱ.①郑… Ⅲ.①装甲车-故障诊断 Ⅳ.①TJ811

中国版本图书馆 CIP 数据核字（2019）第 075057 号

出版发行／北京理工大学出版社有限责任公司
社　　址／北京市海淀区中关村南大街 5 号
邮　　编／100081
电　　话／(010)68914775(总编室)
　　　　　(010)82562903(教材售后服务热线)
　　　　　(010)68948351(其他图书服务热线)
网　　址／http://www.bitpress.com.cn
经　　销／全国各地新华书店
印　　刷／北京地大彩印有限公司
开　　本／710 毫米×1000 毫米 1/16
印　　张／46.25
字　　数／805 千字
版　　次／2019 年 4 月第 1 版 2019 年 4 月第 1 次印刷
定　　价／226.00 元

责任编辑／梁铜华
文案编辑／梁铜华
责任校对／杜 枝
责任印制／王美丽

《国之重器出版工程》
编辑委员会